Bayer – der ri
für Technische

Polycarbonate

Apec® HT (PC-HT)

Weiterentwicklung des Polycarbonats Makrolon mit erhöhter Wärmeformbeständigkeit von 160 °C bis 205 °C (VST/B 120) bei vergleichbarer Transparenz, Eigenfarbe und UV-Stabilität.
Haupteinsatzgebiete
Kfz-Elektrik, Lichttechnik, Elektronik/Elektrotechnik, Medizintechnik und Haushaltsgeräte.

Makrolon® (PC)

Polycarbonat mit ausgezeichneter Lichtdurchlässigkeit der transparenten Typen, hoher Festigkeit, Zähigkeit und guter Wärmeformbeständigkeit, hoher Maßhaltigkeit und gutem Isolationsvermögen; physiologisch unbedenklich.

Makrofol®/Bayfol® (PC/PC+PBT)

Schlagzähe, wärmeformbeständige Extrusionsfolien in verschiedenen Dicken und Ausführungen, z. B. transparent, transluzent und opak in ausgewählten Farbtönen (Farbnachstellungen) sowie mit verschiedenen Oberflächenstrukturen. Für die Laserbeschriftung werden spezielle Modifizierungen angeboten.
Haupteinsatzgebiete
IMD-Technologie, Kfz-Innenbereich, Elektrotechnik/Elektronik, Computertechnik, Haushaltsgeräte (dekorative und funktionelle Geräteblenden), Blisterverpackungen, Deckfolien für Sportartikel, Ausweise und ID-Karten.

Styrenics

Novodur®/Lustran® (ABS)

Bevorzugter Werkstoff für Gehäuse und Abdeckungen mit guter Zähigkeit, Festigkeit, Steifigkeit und Chemikalienbeständigkeit, mit ausgezeichneter Oberflächenqualität; problemlose Verarbeitung.
Haupteinsatzgebiete
Kfz-Industrie, Haushaltsgeräte, Rundfunk, TV, Datentechnik, Büromaschinen, Foto, Film, Spielwaren, Kühlschrankinnenbehälter.

Lustran® (SAN)

Produkte mit ausgezeichneter Transparenz, hohem Oberflächenglanz, guter Steifigkeit und Härte.
Haupteinsatzgebiete
Elektrotechnik, Datentechnik, Haushaltsartikel, Kosmetikverpackungen, Sanitäranwendungen, Campingartikel.

Bayblend® (PC+ABS)

Günstige Kombination der mechanischen, thermischen und rheologischen Eigenschaften; hohe Zähigkeit und Kältezähigkeit, Steifigkeit sowie Dimensionsstabilität.
Haupteinsatzgebiete
Kfz-Innen- und Außenteile, Gehäuse für die Datentechnik, Elektrotechnik/Elektronik, Haushaltsgeräte, Freizeitartikel, Sportartikel.

Triax® (ABS+PA)

Günstige Kombination von mechanischen und thermischen Eigenschaften. Ausgezeichnete Zähigkeit und gute Chemikalienbeständigkeit.
Haupteinsatzgebiete
Kfz-Industrie, Gartengeräte, Elektrowerkzeuge, Sportartikel, Medizintechnik, Möbelindustrie.

Cadon® (SMA und SMA-Blends)

Schlagzäh modifizierte Produkte mit hoher Wärmeformbeständigkeit und ausgezeichneter Chemikalienbeständigkeit.
Haupteinsatzgebiete
Kfz-Industrie, Innen- und Außenteile, Gebrauchsgüterindustrie, Maschinenbau, Platten und Profile.

Centrex® (ASA und ASA-Blends)

Gegenüber ABS deutlich bessere Witterungsbeständigkeit bei ansonsten ähnlichem Eigenschaftsniveau. Bevorzugt für Außenanwendungen.
Haupteinsatzgebiete
Kfz-Außeneinsatz, Gartenmöbel und -geräte, Sport- und Freizeitgeräte, Schilder und Profile.

htige Partner

Thermoplaste

Polyamide und Polyester

Durethan® (PA)

A-Typenreihe (PA 66), B-Typenreihe (PA 6), C-Typenreihe (Co-PA), T-Typ (PA amorph), RM (PA 6 + PA 66 mit reduzierter Wasseraufnahme).
Hohe Festigkeit und Steifigkeit; hohe dynamische Belastbarkeit; gute Schlagzähigkeit (auch bei tiefen Temperaturen); hohe Wärmeformbeständigkeit; ausgezeichnete elektrische Eigenschaften, praktisch keine Spannungsrißbildung; beständig gegen viele Chemikalien; gute Gasbarriereeigenschaften; hohe Abrieb- und Verschleißfestigkeit; gute Gleit- und Notlaufeigenschaften; gute geräusch- und schwingungsdämpfende Eigenschaften; gute Wiederaufarbeitbarkeit und Recyclingfähigkeit.

Haupteinsatzgebiete

Elektrotechnik/Elektronik, Elektrowerkzeuge, Haushaltsgeräte, Kfz-Außen-, Innen- und Motorraumteile, Maschinenbau, Möbelindustrie, Wintersportartikel, Spielwaren, Zweiradsektor, Verpackungssektor (Folien, Hohlkörper), Halbzeuge, Baugewerbe.

Pocan® (PBT)

Hohe Wärmeformbeständigkeit; hohe Steifigkeit und Härte; geringe Kriechneigung; gute Isolationseigenschaften; hohe Kriechstromfestigkeit; minimale Wasseraufnahme, hohe Maßhaltigkeit; gute Chemikalien- und Spannungsrißbeständigkeit; ausgezeichnetes Gleit- und Abriebverhalten, gute Schlagzähigkeit bei tiefen Temperaturen; online lackierbar.

Haupteinsatzgebiete

Kfz-Sektor, Elektrotechnik/Elektronik, Haushaltsgeräte, Datentechnik, Lichttechnik.

BAK® (PESTA)

Biologisch abbaubarer Kunststoff auf Basis von Polyesteramid

Teilkristalline, in Foliendicke weitgehend transparente Thermoplaste mit hoher Zähigkeit und Bruchdehnung. Compounds mit höherer Steifigkeit, auch auf Basis von Naturstoffen. Alle BAK-Typen sind vollständig und rückstandsfrei biologisch abbaubar und kompostierbar.

Haupteinsatzgebiete

Haushaltsartikel (Folien, Tüten, Säcke), Gartenbau (Spritzgießartikel, Bänder, Vliese).

Accord® (PESTA)

Polyesteramid mit hoher Wasserdampfdurchlässigkeit

Modifizierte teilkristalline oder amorphe Polyesteramide; im Unterschied zu den Polyesteramiden der Reihe BAK nicht kompostierbar entsprechend der DIN 54900. Mit verschiedenen Füllstoffen bis zu hohen Füllgraden modifizierbar.

Thermoplastisches Polyurethan

Desmopan®/Texin® (TPU)

Thermoplastische Polyurethane

Härteeinstellungen von 80 Shore A bis über 70 Shore D; hohe Abrieb-, Einreiß- und Weiterreißfestigkeit; hohes Rückstellvermögen; gute mechanische und akustische Dämpfung; weichmacherfrei; einfärbbar; gute Beständigkeit gegen mineralische Öle und Fette; mikrobenfeste Spezialtypen.

Haupteinsatzgebiete

Funktionsteile im Automobil-, Maschinen- und Apparatebau, Kabelummantelungen, Schläuche, Folien, Sport-/Freizeitartikel (Skischuhe, Inline-Skates, Sportschuhsohlen), Schuhindustrie, Haushaltsgeräte und Laufrollen.

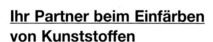

Die Nummer 1 was Leistung betrifft

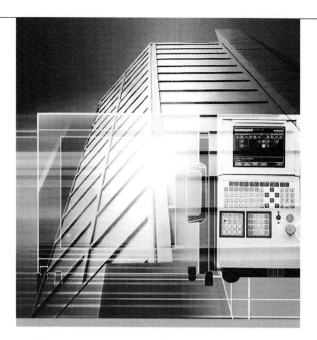

Saechtling

Kunststoff Taschenbuch

27. Ausgabe

von Dr.-Ing. Karl Oberbach

völlig überarbeitet und erweitert,
mit 347 Bildern und 199 Tafeln

Carl Hanser Verlag München Wien

Alle in diesem Buch enthaltenen Informationen wurden nach bestem Wissen recherchiert. Dennoch sind Fehler nicht ganz auszuschließen. Aus diesem Grund sind die im vorliegenden Buch enthaltenen Informationen mit keiner Verpflichtung oder Garantie irgendeiner Art verbunden. Autoren und Verlag übernehmen infolgedessen keine Verantwortung und werden keine daraus folgende oder sonstige Haftung übernehmen, die auf irgendeine Art aus der Benutzung dieser Informationen entsteht. Auch für die Vollständigkeit der erfaßten Produkte, Verfahren, Handelsnamen und Institutionen kann keine Gewähr übernommen werden.

Die Wiedergabe von Gebrauchsnamen, Handelsnamen, Warenbezeichnungen usw. in diesem Buch berechtigt nicht zu der Annahme, daß solche Namen im Sinne der Warenzeichen- und Markenschutz-Gesetzgebung als frei zu betrachten wären und daher von jedermann benützt werden dürften.

Kunststoff-Taschenbuch
Begründet von Dr. Franz Pabst
8. bis 17. Ausgabe bearbeitet von Dr. Hansjürgen Saechtling und Dipl.-Ing. Willi Zebrowski
18. bis 24. Ausgabe bearbeitet von Dr. Hansjürgen Saechtling
25. Ausgabe bearbeitet von Prof. Dr.-Ing. Wilbrand Woebcken
26. und 27. Ausgabe bearbeitet von Dr.-Ing. Karl Oberbach

ISSN 1430-7197

ISBN 3-446-19054-6

Gesamtherstellung: R. Oldenbourg, Graph. Betriebe GmbH, München
Printed in Germany

Vorworte zum Kunststoff-Taschenbuch 1936/89

Aus dem Vorwort der 1. Ausgabe

Dieses Buch soll Fragen aus den *Anwendungsgebieten von Kunststoffen* beantworten. ... Die Kürze der Ausführungen wird ermöglichen, den Preis des Buches niedrig festzusetzen. Die Kenntnis der Kunststoffe soll dadurch jedem Betriebsleiter, Meister und Arbeiter, jedem Konstrukteur, Verkäufer und Einkäufer leicht zugänglich gemacht werden.

Berlin-Dahlem, Oktober 1936 *Dr. F. Pabst*

Aus dem Vorwort der 11. Ausgabe

Dem breiten Eindringen der Kunststoffe in neue Anwendungsbereiche entsprechend werden Rohstoffe, auch soweit sie nicht nach „klassischen" Verfahren der Kunststofftechnik verarbeitet werden, und neuere Formgebungsverfahren eingehender behandelt als bisher. Die einzelnen Kapitel bzw. die Hauptabschnitte des Kapitels 4 sind nach dem Gang der Verarbeitung vom Vorprodukt und Rohstoff zum Fertigfabrikat oder Halbzeug hin geordnet. Die thermoplastischen Kunststoffe, die ihrem unverändert fadenförmigen Molekülbau nach die einfacheren sind, werden jeweils vor den duroplastischen Kunststoffen mit vernetzenden bzw. vernetzten Molekülen behandelt.

Troisdorf, im März 1955 *Dr. Hansjürgen Saechtling*
Dipl.-Ing. Willi Zebrowski

Aus dem Vorwort der 24. Ausgabe

Mit dieser Ausgabe ist das Kunststoff-Taschenbuch – einschließlich vier fremdsprachiger Fassungen – in insgesamt über 200000 Exemplaren in aller Welt verbreitet. Bearbeiter und Verleger sind mehr als fünf Jahrzehnte hindurch der Zielsetzung des Begründers treu geblieben, ein jedermann zugänglich umfassend aktuelles Fachbuch und Nachschlagewerk für das Kunststoffgebiet zu schaffen. Möge das Kunststoff-Taschenbuch, das mit dieser 24. Ausgabe Stand der Technik zur Zeit der 11. Internationalen Fachmesse K'89 erfaßt, weiterhin sich als nützliches Hilfsmittel für den Dialog der Fachinteressenten erweisen.

Frankfurt am Main
August 1989 *Dr. Hansjürgen Saechtling*

Aus dem Vorwort zur 25. Ausgabe

Diese Jubiläumsausgabe des weltweit verbreiteten Kunststoff-Taschenbuches erscheint – nach einer kritischen Überprüfung und Aktualisierung aller Kapitel durch zahlreiche Experten – 56 Jahre nach der ersten Ausgabe durch Dr. F. Pabst. Während der stürmischen Entwicklung der Kunststofftechnik ab den 50er Jahren wuchs der zu bearbeitende Stoff des Taschenbuchs ständig an; für die Herausgeber (*Hansjürgen Saechtling* und *W. Zebrowski* 1949 bis 1967, Hansjürgen Saechtling als alleiniger Herausgeber bis zur 24. Ausgabe 1989) stellte sich die Aufgabe, den wachsenden Strom der wissenschaftlichen Erkenntnisse und der Praxiserfahrungen über Kunststoffe, einschließlich ihrer Verarbeitungstechnologie, in zwar sehr knapper aber trotzdem informativer Form übersichtlich zusammenzufassen. Daß dies gelungen ist, beweist der Erfolg des Kunststoff-Taschenbuchs in all den Jahren.

Zu wünschen ist, daß das 25. Kunststoff-Taschenbuch eine weite Verbreitung, auch in den neuen Bundesländern, zum Nutzen aller Interessenten finden wird.

Würzburg, August 1992 *Wilbrand Woebcken*

Vorwort zur 27. Ausgabe

Die 26. Ausgabe des Kunststoff-Taschenbuchs erschien in einer Phase des Umbruchs in der Kunststoffindustrie. Die weltweite Rezession Anfang der 90er Jahre hat in der Branche einen lange überfälligen Restrukturierungsprozeß eingeleitet. Konsequenterweise haben Rohstofferzeuger und Maschinenbauer ihre technischen und wirtschaftlichen Ziele neu definiert. Dies alles hat Einfluß auf das gesamte Kunststoff-Fachgebiet. Eine Umstrukturierung des Kunststoff-Taschenbuchs wurde erforderlich, die mit der nun vorliegenden 27. Ausgabe weitgehend abgeschlossen ist.

Die *Globalisierung der Märkte* für wichtige Kunststoffanwenderbranchen (Elektrotechnik/Elektronik, Fahrzeugbau) zwingt Rohstofferzeuger und Maschinenbauer auf den drei großen Weltmärkten - Westeuropa, Nordamerika und Asien - präsent zu sein: mit Produktionsstätten, Kundenservice und auch Entwicklungsaktivitäten. Für die europäische Kunststoffindustrie eine große Herausforderung, die zwar erhebliche Ressourcen bindet, aber auch große Chancen für die weitere Entwicklung bietet.

Die *Produktentwicklung* der Kunststoff-Rohstofferzeuger konzentriert sich heute wieder stärker auf die anwendungsbezogene Optimierung der bestehenden Produktpalette. Die Euphorie der 80er Jahre, daß mit neuen Hochleistungskunststoffen volumenmäßig große Märkte kurzfristig erschlossen werden könnten, ist dem wirtschaftlichen Pragmatismus gewichen. Nach wie vor genügen die bekannten Kunststoffklassen den meisten anwendungstechnischen Forderungen. Hinzu kommt, daß neuere Erkenntnisse der Katalyse zu leistungsfähigeren und damit kostengünstigeren Prozessen und zu einer Verbreiterung des Eigenschaftsprofils etablierter Kunststoffe - insbesondere bei Polyolefinen - geführt haben. Entsprechende Produkte finden inzwischen Eingang im Markt.

Auch im Bereich der Kunststoffverarbeitung werden heute andere Akzente gesetzt. *Reengineering* ist angesagt auch im Kunststoffmaschinenbau. Nicht mehr alles technisch Machbare, sondern das wirtschaftlich Sinnvolle steht im Vordergrund. Automatisierung der Fertigungsprozesse, hohe und gleichbleibende Qualität der Produkte, rechnergestützte Produktions- und Informationssysteme erschließen dem Kunststoffverarbeiter Produktivitäts- und Wertschöpfungsreserven. Hinzu kommt eine Reihe von Sonderverfahren, insbesondere im Bereich der Spritzpreßtechnik, die dem Werkstoff Kunststoffe zunehmend neue Anwendungsgebiete erschließen.

Die Entwicklungszeiten für neue Produkte werden kürzer; das verlangt der Markt. Dies gilt auch für Kunststofferzeugnisse. Möglich wird dies durch rechnergestützte Bauteilauslegung und Prozeßsimulation. Dies wiederum verlangt zuverlässige *Werkstoff-Kennwerte*. Auf diesem Sektor ist in den letzten Jahren bei Kunststoffen mit der Werkstoffdatenbank Campus ein entscheidender Durchbruch erreicht worden.

Auch diese Ausgabe des Kunststoff-Taschenbuchs hat sich vorrangig wieder zwei Schwerpunkte zum Ziel gesetzt:

1. *Systematische Vermittlung von fundiertem und für das Verständnis der Kunststoffe wichtigem Grundwissen.* Hierzu dienen im wesentlichen die Kapitel 1 bis 3: Werkstoffkunde, Prüf- und Beurteilungsverfahren sowie Verarbeitungsverfahren. Kapitel 4 und 6 beschreiben umfassend die einzelnen Kunststoffklassen und daraus hergestelltes Halbzeug. Das Kapitel 5 „Kunststoffe im Vergleich" soll vor allem dem Formteilentwickler die Auswahl eines für ein bestimmtes Anwendungsgebiet geeigneten Werkstoffs erleichtern.

2. *Universelles Nachschlagwerk.* Ausgehend von der chemischen Bezeichnung, dem Kurzzeichen oder dem Handelsnamen findet der Benutzer nach einem rationellen Suchsystem infolge des einheitlichen und systematischen Aufbaus des Taschenbuchs schnelle Informationen über Aufbau, Eigenschaften, Verarbeitung, Anwendung und Lieferanten eines Kunststoffs (insbesondere Kapitel 4). In Kapitel 8 und 9 sind wichtige Informationen zur Kunststoffnormung und Gütesicherung, zu Fachzeitschriften und weiterführender Literatur, über Fachinstitute und Verbände zusammengefaßt.

Zahlreiche Fachkollegen haben mich mit Rat und Tat unterstützt. Prof. Dipl.-Ing. *B. Meyer* hat das Kapitel 1 „Grundwissen" für die 26. Ausgabe neu abgefaßt. Die toxikologisch Bewertung von Kunststoffen und Additiven (Abschnitt 1.6) stammt von Prof. Dr. Dr. *H. P. Klöcking* und Dr. *H. Hentschel*, der Abschnitt Polyurethane (Abschnitt 4.15) von Dr. *K. Uhlig*. Dr. *M. Beck* hat den Abschnitt 7.1 „Kautschuke" und Dr. *G. Mennicken* den Abschnitt 7.3 „Lacke" gründlich überarbeitet. Dipl.-Ing. *W. Land* hat uns seine umfangreiche Dokumentation über Software und Kunststoffbezeichnungen zur Verfügung gestellt. Dipl.-Ing. *F. Berg* hat die Normen aktualisiert. Allen gilt mein Dank. Ohne ihre Hilfe und ihr Fachwissen wäre das Kunststoff-Taschenbuch weniger vollständig und kompetent.

Unser Ziel ist es, mit dem Kunststoff-Taschenbuch ein Nachschlagwerk bereitzustellen, das dem Benutzer Zusammenhänge erläutert, Fachfragen beantwortet und als Ratgeber tägliche Hilfestellung leistet. Wenn dies nicht immer gelingt, bitte ich um Nachsicht und Verbesserungsvorschläge. Herausgeber und Verlag sind für alle Hinweise und Informationen aus dem Benutzerkreis dankbar, die der Aktualisierung und Optimierung des Kunststoff-Taschenbuchs dienen.

Im August 1998 *Dr. Karl Oberbach*

Hinweise zur Benutzung

Sie wollen sich allgemein über ein Thema informieren:

- Das **Inhaltsverzeichnis** auf Seite XIX ff. enthält die übergeordneten Abschnitte. Zu Beginn eines jeden Kapitels finden Sie das jeweilige ausführliche Inhaltsverzeichnis.
- Das **Sachwortverzeichnis** auf Seite 971 enthält ca. 2000 Begriffe mit Zuordnung von Seiten, in denen Ausführungen gemacht wurden.
- In Tafel 2 auf Seite XXXII finden Sie zu den in der Kunststofftechnik gebräuchlichen **Abkürzungen** (chemische **Bezeichnungen** hierzu s. Tafel 1) deren Bedeutung und die jeweiligen Abschnitte, in denen Aussagen zum jeweiligen Begriff gemacht werden.

Sie suchen Informationen zu einem Kunststoff,

- dessen **chemische Bezeichnung** Sie kennen: Das **Inhaltsverzeichnis** zu Kapitel 4 auf Seite 371 weist auf die Abschnitte hin, in denen die einzelnen Kunststoffe abgehandelt werden. Am Ende der Abschnitte des Kapitels 4 sind Beispiele für **Handelsnamen** aufgeführt. Im Sachwortregister auf Seite 971 finden Sie unter der chemischen Bezeichnung oder in Tafel 1 auf Seite XXII unter dem Kurzzeichen ggf. weitere Abschnittsnummern, in denen Aussagen zu diesem Produkt gemacht werden.
- dessen **Kurzzeichen** sie kennen: In Tafel 1 auf Seite XXII finden Sie die zugehörige **chemische Bezeichnung** und die Nr. des bzw. der Abschnitte, in denen der Kunststoff beschrieben wird.
- dessen **Handelsnamen** Sie kennen: In Kapitel 10, Seite 831, finden Sie die **Lieferfirma** und Informationen über **Art und Lieferform** des Kunststoffs und können dann in Kapitel 4 bis 7 oder mit Hilfe der Tafel 1 (chem. Kurzzeichen) auf Seite XXII weitere Informationen erhalten.

Sie suchen Kunststoffe mit bestimmtem Eigenschaftsniveau:

- In Kapitel 5 „Kunststoffe im Vergleich“ finden Sie nach Eigenschaften geordnete Richtwerte in Tafeln und Diagrammen.

Sie suchen Halbzeuge aus Kunststoffe

- In Kapitel 6 finden Sie Auflistungen von Halbzeugen mit zugeordneten Einsatzgebieten.

Inhalt

Ausführliche Inhaltsverzeichnisse finden sie jeweils am Anfang der einzelnen Kapitel.

Kurzzeichen der Kunststoff-Technik

Zur normgerechten Bildung von *Kurzzeichen für Polymere und ihre besonderen Eigenschaften* nach DIN 7728 T.1 1988 siehe Abschn. 1.2. Die international üblichen Kurzzeichen und Benennungen von Polymeren nach DIN 7728 T. 1/ISO 1043.1 für die Kunststoffpraxis stimmen nicht voll überein mit der systematischen wissenschaftlich polymerchemischen Terminologie der IUPAC. Die IUPAC-Regel, daß bei mehr als einem Namensbestandteil nach „Poly" die folgenden in Klammern zu setzen sind, wird im Kunststoff-Fachschrifttum meist nicht befolgt.

Die im Kunststoff-Taschenbuch für *Kunststoffe und Kautschuke* verwendeten Kurzzeichen sind in Tafel 1 A enthalten, ebenso die Kurzzeichen für *Weichmacher*, Tafel 1 B (S. XXXI).

Neben diesen Produkt-Kurzzeichen haben sich in der Kunststofftechnik zahlreiche *branchenspezifische Abkürzungen* eingebürgert, die für Produktformen, Verfahren, Prüfverfahren und Eigenschaften, Institutionen u. dgl. stehen. Einige dieser häufig verwendeten Abkürzungen finden sich in Tafel 2 (S. XXXII).

Tafel 1. Alphabetische Gliederung der verwendeten Kurzzeichen, chemische Bezeichnung und Abschnitt-Nr., in der das Produkt behandelt wird (nur Homopolymere, Copolymere, Vorprodukte, Kautschuke und Weichmacher).

Die verwendeten Kurzzeichen sind teilweise nicht genormt, sie entsprechen dann dem allgemeinen Sprachgebrauch. Für einige Polymere waren keine Kurzzeichen bekannt.

Nicht zu allen Kunststoffen sind in den angegebenen Abschnitten Detailinformationen enthalten.

A Kunststoff und Kautschuk

Kurzzeichen	Chemische Bezeichnung „+" = Blend, „/" = Copolymerisat	Abschn. Nr.
	Polyarylamid	4.4.1.
	B-Carotin, elektrisch leitfähig	4.20.2.1
	C_{50} Astaxanthin, elektrisch leitfähig	4.20.2.2
	Polyacen, elektrisch leitfähig	4.20.2.3
	Polyanilin, elektrisch leitfähig	4.20.2.
	Polyfuran, elektrisch leitfähig	4.20.2.
	Polyheteroaromaten, elektrisch leitfähig	4.20.2.
	Polyphenylenamin, elektrisch leitfähig	4.20.2.
	Polyphenylenbutadien, elektrisch leitfähig	4.20.2.
	Polyphenylene, elektrisch leitfähig	4.20.2.
	Polythiophen, elektrisch leitfähig	4.20.2.
	Vitamin A, elektrisch leitfähig	4.20.2.
ABAK	Acrylnitril/Butadien/Acrylat	4.2.2
ABS	Acrylnitril/Butadien/Styrol	4.2.2
ABS+PC	ABS mit Polycarbonat	4.2.3

Kurzzeichen	Chemische Bezeichnung „+“ = Blend, „/“ = Copolymerisat	Abschn. Nr.
ACM	Acrylat-Kautschuk, (ABR, ANM, EAM)	7.1.4
ACS	Acrylnitril/Polyestercarbonat-Elastomer/Styrol	4.2.2
AECM	Ethylen-Acrylester-Kautschuk	7.1.4
AEPDMS	Acrylnitril/Ethylen-Propylen-Dien/Styrol, AES	4.2.2
AES	Acrylnitril/Ethylen-Propylen-Dien/Styrol, AEPDMS	4.2.2
AFMU	Nitroso-Kautschuk	7.1.8
AMAK	Acrylnitrilmethacrylat	1.2
AMMA	Acrylnitril/Methylmethacrylat	4.4.2
ANBA	Acrylnitril/Butadien/Acrylat	4.4.1
ANMA	Acrylnitril/Methacrylat	4.4.1
APE	Aromatische Polyester,	4.7.4
APE-CS	Acrylnitril/chloriertes Polyethylen/Styrol	4.2.2
ASA	Acrylnitil/Styrol/Acrylester	4.2.2
ATPU	TPE, Basis Aliphatisches Polyurethan	4.15, 4.18.5
AU	Urethan-Kautschuk, Polyester	7.1.8
BC	Benzylcellulose	1.3.1
BR	Butadien-Kautschuk	7.1.3
CA	Celluloseacetat	4.19.1
CAB	Celluloseacetobutyrat	4.19.1
CAP	Celluloseacetopropionat	4.19.1
CF	Kresol-Formaldehyd	4.16, 4.17,1
CH	Hydratisierte Cellulose, Zellglas,	4.19.1
CM	Chlorierter PE-Kautschuk	7.1.4
CMC	Carboxymethylcellulose	4.19.1
CN	Cellulosenitrat, Celluloid	4.19.1
CO	Epichlorhydrin-Kautschuk	7.1.5
COC	Cyclopolyolefinpolymere, Topas	4.1.4, 4.18.6
CP	Cellulosepropionat	4.19.1
CR	Chloropren-Kautschuk	7.1.3
CS	Casein-Kunststoffe	4.19.2
CSF	Casein-Formaldehyd, Kunsthorn	4.19.2
CSM	Chlorsulfonierter PE(-Kautschuk)	4.1.3, 7.1.4
CTA	Cellulosetriacetat	4.19.1
DCP	Dicyclopentadien	1.3.1
EAA	Ethylen/Methacrylsäure-	4.1, 4.1.4
EAM	Ethylen-Vinylacetat-Kautschuk	7.1.4.
EBA	Ethylen/Butylacrylat	4.1, 4.1.4
EC	Ethylcellulose	4.19.1
ECB	Ethylencopolymer-Bitumen-Blend	4.1.4
ECD	Epichlorhydrin-Kautschuk	7.1.5.
ECTFE	Ethylen/Chlortrifluorethylen	4.3.2
EEA	Ethylen/Ethylacrylat	4.1.4
EIM	Polyethylen Ionomere	4.1.4
EMAA	Ethylen/Methacrylsäure	4.1.4
EMAK	Ethylen/Methacrylat	4.1.4
EML	exo-Methylenlacton	4.4.3

Kurzzeichen	Chemische Bezeichnung „+“ = Blend, „/“ = Copolymerisat	Abschn. Nr.
EN	Ethylidennorbornen	1.3.1
ENM	Ethylen-Acrynitril-Kautschuk	7.1.4.
ENR	Epoxidierter Naturkautschuk	7.1.3.
EP	Ethylen/Propylen	4.1.4
EP	Epoxid-Harze, Polyadditions-Harze	4.16, 4.17.6
EP(D)M	Ethylen/Propylen/(Dien)/-Kautschuke	4.1, 4.1.6, 7.1.4
EPS	Polystyrol-Schaumstoff	4.2.5
ETER	Epichlorhydrin-Kautschuk	7.1.5
ETFE	Ethylen/Tetrafluorethylen	4.1.4, 4.3.2
EU	Urethan-Kautschuk, Polyether	7.1.8
EVA	Ethylen/Vinylacetat	4.1, 4.1.3/4, 4.18.3
EVAL	Ethylen/Vinylalkohol, EVOH	4.1.4
EVAPVDC	TPE, Basis Ethylen/Vinylacetat+Polyvinyliden-chlorid	4.1.4, 4.2.10, 4.18.3
EVOH	Ethylen/Vinylalkohol, EVAL	4.1.4
FEP	Tatrafluorethylen/Hexafluorpropylen	4.3.2
FF	Furan/Formaldehyd	4.16, 4.17.3
FFKM	Perfluor-Kautschuk	7.1.4
FKM	Fluor-Kautschuk	7.1.4
FPM	Propylen/Tetrafluorethylen-Kautschuk	7.1.4
FZ	Phosphazen-Kautschuk mit Fluoralkyl- oder Fluoroxyalkyl-gruppen	7.1.9
GPO	Propylenoxid-Kautschuk	7.1.1
HIIR	Halogenierter Butyl-Kautschuk	7.1.3
HNBR	Hydrierter NBR-Kautschuk	7.1.3
HOA	höhere α-Olefine	4.1.1, 4.1.9
HT-P	Pyrrone, Polycyclone, Leiterpolymere	4.14
HT-PC	Polycyclone, Leiterpolymere	4.14
HT-PP	Polyphenylene (Polyarylen), Leiterpolymere	4.14
HT-PT	Polytriazine, Leiterpolymere	4.14
IIR	Butyl-Kautschuk, (CIIR, BIIR)	7.1.3
IR	Isopren-Kautschuk	7.1.3
KWH	Kohlenwasserstoffharz	4.17.9
LCP	Liquid Christal Polymere	1.3.2, 4.13
MABS	Methylmethacrylat/Acrylnitril/Butadien/Styrol	4.4.2
MBS	Methacrylat/Butadien/Styrol	4.4.2
MC	Methylcellulose	4.19.1
MF	Melamin/Formaldehyd	4.16, 4.17.2
MF+UP	Melamin/Formaldehyd+ungesättigter Polyester	4.16
MFQ	Methyl/Fluor/Silicon-Kautschuk	7.1.6
MMAEML	Methylmethacrylat/exo-Methylenlacton	4.4.3
MPF	Melamin/Phenol-Formaldehyd	4.16
MPQ	Methyl/Phenyl/Silicon-Kautschuk	7.1.6
MQ	Methyl/Silicon-Kautschuk	7.1.6
MS	α-Methylstyrol	4.2.1
MUF	Melamin/Harnstoff/-Formaldehyd	4.16
MUPF	Melamin/Harnstoff/Phenol/Formaldehyd	4.16
MVFQ	Fluor/Silicon-Kautschuk	7.1.6

Kurzzeichen	Chemische Bezeichnung „+“ = Blend, „/“ = Copolymerisat	Abschn. Nr.
MVQ	Methyl/Vinyl/Silicon-Kautschuk	7.1.6
N	Norbornen	1.3.1
NBR	Nitril/Butadien-Kautschuk	7.1.3
NBRPP	TPE, Basis Nitril/Butadien-Kautschuk/Polypropylen	4.1.5, 7.1.3.6, 4.18.3
NCR	Nitril/Chloropren/Kautschuk	7.1.3
NR	Naturkautschuk	7.1.3
PA	Polyamide	4.6
PA 11	Polyamid-11	4.6.1
PA 12	Polyamid-12	4.6.1
PA 12/MACMI	Teilaromatisches PA	4.6.3
PA 12/MACTM	Teilaromatisches PA	4.6.3
PA 1313, 613	Polyamid-1313, -613	4.6.1
PA 4, 7, 8, 9	Polyamid-4, -7, -8, -9	4.6.1
PA 46	Polyamid-46	4.6.1
PA 6	Polyamid-6	1.3.2, 4.6.1
PA 6 T	Polyamid-6-T	4.6.3
PA 6-3-T	Polyamid-6-3-T	4.6.3
PA 6-G, 12-G	Gußpolyamide, PA6 und 12	4.6.3
PA 6/12	Polyamid-6/12	4.6.2
PA 6/6-T	Polyamid-6/6-T	4.6.3
PA 610	Polyamid-610	4.6.1
PA 612	Polyamid-612	4.6.1
PA 66	Polyamid-66	4.6.1
PA 66/6	Polyamid-66/6	4.6.2
PA 66/6/610	Polyamid-66/6/610	4.6.2
PA 69	Polyamid-69	4.6.1
PA 6I	Polyamid-6I	4.6.3
PA 6I/6T	Polyamid 6I/6T	4.6.3
PA 6I/6T/ PACM/PACMT	Teilaromatisches PA	4.6.3
PA M6D6	Poly-m-xylilenadipinoamid	1.3.1, 6.3
PA MXD6	Polyamid-MXD6	4.6.3
PA/NDT/INDT	Polyamid-6-3-T	4.6.3
PA PDA T	Polyamid-PDA-T	4.6.3
PA RIM	Polyamid-Block-Copol. Für RIM-Verfahren	4.6.3
PA+ABS	Polyamid+ABS	4.6.2
PA+EPDM	Polyamid + EPDM	4.6.2
PA+EVAC	Polyamid + EVAC	4.6.2
PA+Kautschuk	Polyamid+Kautschuk	4.6.2
PA+PPE	Polyamid+PPE	4.6.2
PA+PPS	Polyamid+PPS	4.6.2
PAA	Polyacrylsäureester	4.4.1
PAC	Polyacetylen, Polyen	4.20.2
PAE	Polyacrylsäureester-(Elastomer)	4.2.6, 4.4
PAEK	Polyaryletherketon	4.11
PAEK+PEI	Polyaryletherketon+Polyetherimid	4.11
PAI	Polyamidimid	1.3.1, 4.12.2

Kurzzeichen	Chemische Bezeichnung „+“ = Blend, „/“ = Copolymerisat	Abschn. Nr.
PAN	Polyacrylnitril	4.4.1
PAR	Polyarylate, hochtemperaturbeständige	1.3.1, 4.7.4
PAR-LCP	LCP auf Basis Polyarylate	4.13
PARI	Polyarylimid	4.12.2
PASU	Polyarylsulfone	4.8.2
PB	Polybuten-1	4.1.8
PBA	Polybutylacrylat	4.4.1
PBI	Polybenzimidazol, Triazinpolymer	1.3.1, 4.12.1
PBMI	Polybismaleinimid	4.12.1
PBN	Polybutylennaphthalat	4.7.4
PBO	Polyoxadiabenzimidazol	4.12.1
PBT	Polybutylenterephthalat	4.7.3
PBT-LCP	LCP auf Basis Polybutylenterephthalat	4.13
PC+ABS	Polycarbonat+ABS	4.7.2
PC+AES	Polycarbonat+AES	4.7.2
PC+ASA	Polycarbonat+ASA	4.7.2
PC+PBT	Polycarbonat+PBT	4.7.2
PC+PE-HD	Polycarbonat+PE-HD	4.7.2
PC+PET	Polycarbonat+PET	4.7.2
PC+PMMA+PS	Polycarbonat+PMMA+PS	4.7.2
PC+PPE	Polycarbonat+PPE	4.7.2
PC+PPE+SB	Polycarbonat+PPE+S/B	4.7.2
PC+PS-HI	Polycarbonat+PS-HI	4.7.2
PC+SMA	Polycarbonat+SMA	4.7.2
PC+TPU	Polycarbonat+TPU	4.7.2
PC, (PC-BPA)	Polycarbonat (Bisphenol-A-Polycarbonat)	4.7.1
PC-BPS	Bisphenol-S-Polycarbonat	4.7.1
PC-TMBPA	Trimethyl/Bisphenol A-Polycarbonat	4.7.1
PC-TMC	Trimethylcyclohexan- Polycarbonat	4.7.1
PCPO	Poly-3,3-bis-chlormethylpropylenoxid	1.3.1
PCT	Polycyclohexandimethylterephthalat	4.7.3
PCTFE	Polychlortrifluorethylen	4.3.1
PDAP	Polydiallylphthalat	4.16, 4.17
PDCPD	Polydicyclopentadien	4.1.9
PE	Polyethylen	4.1.1
PEBA 12	TPE, Basis PA 12	4.6.4, 4.18.1
PEBA 6	TPE, Basis PA 6	4.6.4, 4.18.1
PE+PSAC	Polyethylen+Polysaccharide (Stärke)	4.1.4, 4.20.1
PE-C	Chloriertes PE	4.1.3
PE-HD	Polyethylen-High Density	4.1, 4.1.1
PE-HMW	Polyethylen-High Molecular Weight	4.1.1
PE-LD	Polyethylen-Low Density	4.1, 4.1.1
PE-LLD	Polyethylen-Linear Low Density	4.1, 4.1.1
PE-Me	PE mit Metallocen-Katalysatoren hergestellt	4.1.1
PE-UHMW	Polyethylen-Ultra High Molecular Weight	4.1.1
PE-ULD (-VLD)	Ethylen-α Olefine: Polyethylen-Ultra (Very) Low Density	4.1, 4.1.4

Kurzzeichen	Chemische Bezeichnung „+“ = Blend, „/“ = Copolymerisat	Abschn. Nr.
PE-VLD	Ethylen-α Olefine: Polyethylen-Very (Ultra) Low Density	4.1, 4.1.4
PE-X	Vernetztes PE	4.1.2
[PEA]	Polyesteramid	4.20.1
PEC	Polyestercarbonat	4.7.4
PEC-LCP	TPE, Basis Polyestercarbonate	4.13
PEEEK	Polyetheretheretherketon	4.11
PEEK	Polyetheretherketon	4.11
PEEKEK	Polyetheretherketonetherketon	4.11
PEEKK	Polyetheretherketonketon	4.11
PEI	Polyetherimid	1.3.1, 4.12.2
PEK	Polyetherketon	4.11
PEKEEK	Polyetherketonetheretherketon	4.11
PEKK	Polyetherketonketon	4.11
PEN	Polyethylennaphthalat	4.7.4
PEOX	Polyethylenoxid	4.10
PES	Polyethersulfone	1.3.1, 4.8.2
PESI	Polyesterimid	4.12.2
PET	Polyethylenterephthalat	4.7.3
PET+Elastomer	Polyethylenterephthalat+Elastomer	4.7.3
PET+MBS	Polyethylenterephthalat+MBS	4.7.3
PET+PBT	Polyethylenterephthalat+PBT	4.7.3
PET+PMMA	Polyethylenterephthalat+PMMA	4.7.3
PET+PSU	Polyethylenterephthalat+PSU	4.7.3
PET-A	Polyethylenterephthalat, amorph	4.7.3
PET-C	Polyethylenterephthalat, kristallin	4.7.3
PET-G	Polyethylenterephthalat, schlagzäh	4.7.3
PET-LCP	LCP auf Basis Polyethylenterephthalat	4.13
PF	Phenol/Formaldehyd	4.16, 4.17.1
PF+EP	Phenol/Formaldehyd+Epoxid	4.16
PFA	PTFE/Perfluoralcylvinylether, Perfluoralkoxy	4.3.2
PFMF	Phenol/Formaldehyd/Melamin	4.16
PFMT	Polyperfluortrimethyltriazin-Kautschuk	7.1.10
PFTEAF	PTFE-Colpolymerisat	4.3.2
PHA	Polyhydroxyalkalin	4.19.1
PHBA	Polyhydroxybenzoat	4.7.4
PI	Polyimidimid	1.3.1, 4.12.1
PIB	Polyisobutylen	4.1.8
PISO	Polyimidsulfon	4.12.2
PK	Aliphatisches Polyketon, Carilon von Shell	4.20.3
PLA	Polylactid	4.19.2
PMA	Polymethylacrylat	4.4.1
PMI	Polymethacrylimid	4.4.3, 4.12.2
PMMA	Polymethylmethacrylat	4.4.2
PMMA+ABS	PMMA+ABS	4.4.3
PMMA-HI	Polymethylmethacrylat, schlagzäh	4.4.3
PMMI	Polyacrylesterimid	4.12.2, 4.4.3
PMP	Poly-4-methylpenten-1	4.1.9
PMPI	Poly-m-Phenylen/Isophthalamid, Aramid	4.6.4
PMPI-LCP	LCP auf Basis PMPI-Aramide,	4.13

Kurzzeichen	Chemische Bezeichnung „+“ = Blend, „/“ = Copolymerisat	Abschn. Nr.
PMS	Poly-α-methylstyrol	1.3.1, 4.2.1
PN-IL	Wasserlösliche Poly-N-Verbindungen	4.20.1
PN-OB	Wasserunlösliche Poly-N-Verbindungen	4.20.1
PNF	Fluor/Phosphazen-Kautschuk	7.1 9
PNR	Polynorbornen-Kautschuk	7.1.3
PO	Polyolefine, Polyolefin-Derivate und -Copolymeriste	1.3.1, 4.1
POB	Poly-p-hydroxy-benzoat	1.3.1
POM	Polyoxymethylen (Polyacetalharz, Polyformaldehyd)	4.5
POM+PUR	Polyoxymethylen+PUR-Elastomer	4.5.2
POM-H	Polyoxymethylen-Homopolymerisat	4.5.1
POM-R	Polyoxymethylen-Copolymerisat	4.5.1
PPC	Polyphthalat-Carbonat	4.7.1
PP-B	Polypropylen-Block-Copolymere	4.1.6
PP-C	PP, chlorierte	4.1.6
PP-H	Polypropylen-Homopolymerisate	4.1.5
PP-Me	PP mit Metallocen-Katalysatoren hergestellt	4.1.5
PPA	Polyamid 6I/6T, Teilaromatisches PA, Polyphthalamid	4.6.3
PPE	Polyphenylenether, alt PPO	4.9
PPE+PA 66	Polyphenylenether+PA.66	4.9
PPE+PBT	Polyphenylenether+PBT	4.9
PPE+PS	Polyphenylenether+PS	4.9
PPI	Polydiphenyloxidpyrromellithimid	1.3.1
PPMS	Polyparamethylstyrol	4.2.2
PPO	Polyphenylenoxid, alt PPE	1.3.1, 4.9
PPOX	Polypropylenoxid	4.10
PPP	Poly-p-Phenylen	4.20.2, 5.4.1
PPS	Polyphenylensulfid	1.3.1, 4.8.1
PPSU	Polyphenylensulfon	4.8.2
PPTA	Poly-m-Phenylen/Terephthalamid, Aramid	4.6.4
PPTA-LCP	LCP auf Basis PPTA-Aramid	4.13
PPV	Polyphenylvinyle	4.20.2
PPY	Polypyrrol	4.20.2
PS	Polystyrol	4.2.1
PS+PC	Polystyrol+PC	4.2.3
PS+PE	Polystyrol+PE	4.2.3
PS+PE-HD	Polystyrol+PE-HD	4.2.3
PS+PPE	Polystyrol+PPE	4.2.3
PS-E	Polystyrol-Schaumstoff	4.2.5
PS-HI	Polystyrol, schlagzäh, Styrol+BR o. SBR	4.2.2
PSAC	Polysaccharide, Stärke	4.12, 4.19.1
PSU	Polysulfone	1.3.1, 4.8.2
PSU+ABS	Polysulfon+ABS	4.8.2
PTFE	Polytetrafluorethylen	1.3.2, 4.3.1
PTHF	Polytetrahydrofuran	4.10
PTMT	Polybutylenterephthalat, alte Bez., PBT	4.7.3
PTP	Polyester der Terephthalsäure	4.7.3

Kurzzeichen	Chemische Bezeichnung „+“ = Blend, „/“ = Copolymerisat	Abschn. Nr.
PTT	Polytrimethyleterephthalat	4.7.3
PUR	Polyurethane	4.15
PUR-H	Polyurethane-Hartschaumstoffe	4.15.2
PUR-I	Polyurethane-Integralschaumstoffe	4.15.2
PUR-M	Polyurethane, massive Kunststoffe, Elastomere	4.15.2
PUR-W	Polyurethane-Weichschaumstoffe	4.15.2
PVAC	Polyvinylacetat	4.2.10
PVAL	Polyvinyalkohol	4.2.10
PVB	Polyvinylbutyral	4.2.10
PVBE	Polyvinylisobutylether	1.3.1
PVC	Polyvinylchlorid	1.3.1, 4.2.6
PVC-C	Polyvinylchlorid, chloriert	4.2.6
PVC-HI	Polyvinylchlorid, schlagzäh	4.2.6
PVC-P	Polyvinylchlorid, Homopolymerisate, PVC-weich	4.2.7
PVC-U	Polyvinylchlorid, Homopolymerisate, PVC-hart	4.2.6
PVDC	Polyvinylidenchlorid	4.1.3, 4.2.10
PVDF	Polyvinylidenfluorid	4.3.1
PVF	Polyvinylfluorid	4.3.1
PVFM	Polyvinylformal	4.2.10
PVK	Polyvinylcarbazol	4.2.10
PVME	Polyvinylmethylether	4.2.10
PVP	Polyvinylpyrrolidon	4.2.10
PVZH	Polyvinylcyclohexan	1.3.1
PZ	Phosphazen/Kautschuk mit Phenoygruppen	7.1 9
RF	Resorcin/Formaldehyd	4.16
SAN	Styrol/Acrylnitril	4.2.2
SB	Styrol/Butadien	4.2.2
SB	Styrol/Butadien-Block-Copolymerisat	4.2.4
SBMMA	Styrol/Butadien/Methylmethacrylat	4.2.2
SBR	Styrol/Butadien-Kautschuk	7.1.3.
SBS	Styrol/Butadien/Styrol-Block-Copolymerisat	4.2.4
SBS	TPE, Basis Styrol/Butadien/Styrol	4.2.4, 4.18.4
SEBS	Styrol/Ethenbuten/Styrol-Block-Copolymerisat	4.2.4
SEBS	TPE, Basis Styrol/Ethenbuten/Styrol	4.2.4, 4.18.4
SEPDM	Styrol/Ethylen/Propylen/Dien-Kautschuke	4.2.2
SI	Silicone, Siliconharze	4.16
SIMA	Styrol/Isopren/Maleinsäureanhydrid	4.2.2
SIR	Isopren/Styrol-Kautschuk	7.1.3
SIS	Styrol/Isopren/Styrol-Block-Copolymerisat	4.2.4
SMA	Styrol/Maleinsäureanhydrid	4.2.2
SMAB	Styrol/Maleinsäureanhydrid/Butadien	4.2.2
SMAH	Styrol/Maleinsäureanhydrid	4.2.2
SMMA	Styrol/Methylmethacrylat	4.2.2
SMS	Styrol/-α-Methylstyrol	4.2.2
SP	Aromatische (gesättigte) Polyester	4.7
TCF	Thiocarbonyldifluorid-Cop.-Kautschuk	7.1.7
TE (BEBA 12)	TPE, Basis TPE, Basis PA 12	4.6.4, 4.18.1
TE (BEBA 6)	TPE, Basis PA 6	4.6.4, 4.18.1

Kurzzeichen	Chemische Bezeichnung „+“ = Blend, „/“ = Copolymerisat	Abschn. Nr.
TE-(EPDM+PP)	TPE, Basis Ethylen/Propylen-Terpolymer/Propylen	4.1.1/5/6, 4.18.3
TE-(EPDM-X+PP)	TPE, Basis Ethylen/Propylen-Terpolymer/Propylen, vernetzt	4.1.1/5/6, 4.18.3
TE-(NR-X+PP)	TPE, Basis Naturkautschuk/Polypropylen, vernetzt	4.18.3
TE-(NR-X+PP)	TPE, Basis Naturkautschuk/Polypropylen, vernetzt	4.1.5, 7.1.3.1, 4.18.3
TE-(PBBS+PP)	TPE, Basis Styrol/Butylen/Styrol+Propylen	4.2.4, 4.1.5, 4.18.4
TE-(PEBBS+PPE)	TPE, Basis Styrol/Ethylen-Butylen/Styrol+Polyphenylenether	4.2.4, 4.1.5, 4.9, 4.18.4
TE-(PEBS+PP)	TPE, Basis Styrol/Ethylen-Butylen/Styrol+Polypropylen	4.2.4, 4.1.5, 4.18.4
TE-(PEEST)	TPE, Basis Polyetherester	4.7.3, 4.18.2
TE-(PEESTUR)	TPE, Basis Polyetheresterurethan	4.15, 4.18.5
TE-(PESTEST)	TPE, Basis Polyesterester	4.7.3, 4.18.2
TE-(PESTUR)	TPE, Basis Polyesterurethan	4.15, 4.18.5
TE-(PEUR)	TPE, Basis Polyetherurethan	4.15, 4.18.5
TE-S(SBS+PP)	TPE, Basis Styrol/Butadien/Styrol+Propylen	4.2.4, 4.1.5, 4.18.4
TFE/HFP/VDF	TFE/Hexafluorpropylen/Vinylidenfluorid	4.3.2
TM, TE	Polysufid-Kautschuk	7 1.7
TMBPA-PC	Trimethyl/Bisphenol A-Polycarbonat	4.7.1
TMC-PC	Trimethylcyclohexan-Polycarbonat	4.7.1
TOR	Trans-Polyoctenamer-Kautschuk	7.1.3
TPE	Thermoplastische Elastomere	4.18
TPE-A	Polyether(ester)-Block-Amide, Copolyamid	4.18.1
TPE-E	TPE, Basis Copolyester	4.7.3, 4.18.2
TPE-O	TPE, Basis Olefine	4.18.3
TPE-O	TPE, Basis Ethylen/Propylen-Terpolymer/Propylen	4.1.1/5/6, 4.18.3
TPE-S	TPE, Basis Styrolcopolymere	4.2.1/4, 4.18.4
TPE-U	TPE, Basis Polyurethan	4.15, 4.18.5
TPE-U, (TPU)	TPE, Basis Polyurethan	4.15, 4.18.5
TPE-V	TPE, Basis Ethylen/Propylen-Terpolymer/Propylen, vernetzt	4.1.1/5/6, 4.18.3
TPE-V	TPE, Basis Naturkautschuk/Polypropylen, vernetzt	4.1.5, 7.1.3.1, 4.18.3
TPO	TPE, Basis Ethylen/Propylen-Terpolymer/Propylen, TPE-O	4.1.1/5/6, 4.18.3
TPS	Thermoplastische Stärke	4.19.1
TPU	TPE, Basis Polyurethan	4.15, 4.18.5
UF	Harnstoff/Formaldehyd	4.16, 4.17.2
UP	Ungesättigte Polyester-Harze	4.16, 4.17.4
VCE	Vinylchlorid/Ethylen	4.2.8
VCEMAK	Vinylchlorid/Ethylen/Methylmethacrylat	4.2.8
VCEVAC	Vinylchlorid/Ethylen/Vinylacetat	4.2.8
VCMAAN	Vinylchlorid/Maleinsäureanhydrid/Acrylnitril	4.2.8
VCMAH	Vinylchlorid/Maleinsäureanhydrid	4.2.8
VCMAI	Vinylchlorid/Maleinimid	4.2.8

Kurzzeichen	Chemische Bezeichnung „+“ = Blend, „/“ = Copolymerisat	Abschn. Nr.
VCMAK	Vinylchlorid/Methacrylat	4.2.8
VCMMA	Vinylchlorid/Methylmethacrylat	4.2.8
VCOA	Vinylchlorid/Octylacrylat	4.2.8
VCPAEAN	Vinylchlorid/Acrylatkautschuk/Acrylnitril	4.2.8
VCPE-C	Vinylchlorid/chloriertes Ethylen	4.2.8
VCVAC	Vinylchlorid/Vinylacetat	4.2.8
VCVDC	Vinylchlorid/Vinylidenchlorid	4.2.8
VCVDCAN	Vinylchlorid/Vinylidenchlorid/Acrylnitril	4.2.8
VE	Vinylester, Phenylacrylat, PHA	4.16
VF	Vulkanfiber	4.19.1
XF	Xylenol/Formaldehyd	4.16, 4.17.1

B Weichmacher s. Abschnitt 4.2.7, S. 431

Kurzzeichen	Chemische Bezeichnung	Kurzzeichen	Chemische Bezeichnung
ASE	Alkyl-Sulfonsäure-Phenyl-Ester	DITDP	Di-iso tridecylphthalat
		DIHP	Di-isoheptylphthalat
BBP	Benzylbutylphthalat	DCHP	Dicyclohexylphthalat
		DOA, DEHA	Dioctyladipat
DEHA, DOA	Di-2-ethylhexyladipat	DOP	Dioctylphthalat
DOZ	Di-2-ethylhexylazetat		
DEHP	Di-2-ethylhexylphthalat	ELO	Leinöl, epoxidiert
DOS	Di-2-ethylhexylsebazat	ESO	Sojaöl, epoxidiert
DIDA	Di-iso decyladipat		
DIDP	Di-iso decylphthalat	TCF	Tricresylphosphat
DINA	Di-iso nonyladipat	TOF	Tri-2-ethylhexylphosphat
DINP	Di-iso nonylphthalat	TOTM	Tri-2-ethylhexyltrimellitat
DIOP	Di-iso octylphthalat	TIOTM	Tri-iso-octyltrimellitat

Tafel 2. Sonstige häufig verwendete Abkürzungen der Kunststofftechnik

Kurzzeichen		
1.	Technische Begriffe	
2.	Fachinstitute, Bildungseinrichtungen	
3.	Verbände, Organisationen	
4.	Normungsgremien	

1.	Technische Begriffe	Abschnitt Nr.
	Siehe auch Tafel 1.28 Seite 59, Toxikologie der Kunststoffe	1.6.2.1
AF	Aramidfasern	6.3.1, 7.4.2
AFK	Aramidfasern-verstärkte Kunststoffe	6.3.1
Barr	Barrierekunststoff	6.3.3, 6.4
BAW	Biologisch abbaubare Werkstoffe	4.19.14.20.1
BFK	Borfaser-verstärkte Kunststoffe	7.4.2
BFT	Blowmoulding Foam Technology	3.2.5.8
BF	Bastfaser	5.1.1
BMC	Bulk Moulding Compound	3.3.2.1/8/9, 4.16.2-4
CAMPUS	Kunststoff Datenbank	2.0
CAP	Controlled Atmosphering Packing	6.3.3
CF	Carbonfasern	6.3.1, 7.4.4
CFK	Carbonfasern-verstärkte Kunststoffe	6.3.1, 7.4.4
CIM	Ceramics Injection Moulding	3.2.2.22
CPL (CL)	Continuous Pressure Laminates	6.3.1
CTI	Vergleichszahl der Kriechwegbildung	2.4.2.3
DBS	Dibenzylidensorbitol, Nukleierungsmittel	7.5.9
DC	Dünnschicht-Chromatographie	2.8.9
DCIM	Direct Compounding Injection Maschine	3.2.2
DIF	Direct Incorporation of continuous Fibers	3.2.2.20, 5.3.2.1
DK	Dielektrizitätskonstante	2.4.3
DMA	Dynamisch-Mechanische Analyse	1.3.3; 2.8.3
DMC	Dought Moulding Compound	4.16.2-4
DMLS	Direktes-Metall-Laser Sintern	3.2.11
DSC	Differential Scanning Calorimeter	1.3.3; 2.8.5
DTA	Differential-Thermoanalyse	1.3.3;2.8.5
ECM	Zweistufiger Kontinuierlicher Mischer	3.2.1.3
EM	Elektromagnetische Strahlung	2.4.1.3
EMI	Elektromagnetische Interferenz, (Abschirmung)	2.4.1.3, 7.5.3
EMV	Elektromagnetische Verträglichkeit	2.4.1.3
FMVSS	Federal Motor Vehicle Safety Standard	2.6.8.5
EN	Elektronegativität	1.3.1
EPS	Elektrostatisches Pulver-Sprühen	3.2.9.3
ES	Elektromagnetische Schirmdämpfung	2.4.1.3
ESC	Environmental Stress Cracking, (Spannungsrißbildung)	2.6.3
F_{CR}	Resistenzfaktor	2.2.3.2, 6.1.1
FDM	Fused Deposition Modeling	3.2.11.1
FKV	Faser-Kunststoff-Verbund	6.2

1.	Technische Begriffe	Abschnitt Nr.
FUNDUS	Datenbank Verstärkte Kunststoffe	2.0
GC	Gas- Chromatographie	2.8.9
GF	Glasfasern	6.3.1, 7.4.4
GFK	Glasfaser-verstärkte Kunststoffe	6.3.1, 7.4.4
GID	Gas-Injektions-Technik	3.2.2.10
GIP	Gas-Injektions-Technik	3.2.2.10
GIT	Gas-Injektions-Technik	3.2.2.10
GIT-S	Gas-Injektions-Schäum-Technik	3.2.2.11
GM	Glasmatte	7.4.3
GMC	Granulated Moulding Compound	4.16.2-4
GMT	Gasmattenverstärkte Thermoplaste	6.3.1
GPC	Gelpermeations- Chromatographie	2.8.9
GPC-FTiR	GPC/IR Spektrometer	2.8.9
GS	Gesamtschwindung	2.1.5.1
HDT	Formbeständigkeitstemperatur nach ISO 75	2.3.1.1, 5.2.2
HF	Holzfaser	5.1.1
HFV	Hochleistungs-Faser-Verbundwerkstoffe	7.4.4
Hgw	Hartgewebe	6.3.1
HKB	Heißkanalblock	3.2.10.4
HM	Harzmatte	3.3.2.1
HM	High Modulus (C-Fasern)	7.4.2/4
HMC	SMC mit hohem Glasgehalt	3.3.2.1/8
HMS	High Modulus/Strength (C-Fasern)	5.2.4, 7.4.2/4
HP	Hartpapier	5.5.4.1
HPL	High Pressure Laminates	6.3.1
HS	High Strength (C-Fasern)	7.4.4
HST	Hinterspritztechnik	3.2.2.15, 7.4.2
HT	high tenacity (C-Fasern)	7.4.2/4
HV	Haftvermittler	6.3.3/6.4
HVF	Hochleistungs-Faser-Verbundwerkstoffe	7.4.3/4/5
HVL	Hochleistungs-Verbund-Laminate	4.16.2.3
HW	Holzmehl	5.1.1
IM	Intermediate (C-Fasern)	7.4.2/4
IMC	In Mould Coating	3.3.2.8/4.16.4
IMD	In Mould -Dekorieren	3.2.2.16
IML	In Mould Labelling	3.2.2.16, 3.2.5.8
IPN	Interpenetrating Network, (Durchdringungsnetz-werk)	1.3.1, 1.4.1, 4.17.6
IR	Infrarot-Spektroskopie	2.8.1
ISF	In Mould Surfacing	3.2.2.16
KF	Kunststoffbeschichtete Spanplatten	6.3.1
KH	Kunststoffbeschichtete Hartfaserplatten	6.3.1
KKS	Kaltkanal-System	3.2.10.3/4
KP	Kunstharz-Preßholz	6.3.1
LC	Säulen-Flüssigkeits- Chromatographie	2.8.9
LD-RRIM	Low Density Reaction Injection Moulding	3.3.3.2
LFI	Lang-Faser-Injektion	3.3.3.2, 4.15.2
LM	wenig steif (C-Fasern)	7.4.2
LMS	Laser Modeling System, schnelle STL	3.2.11.1

1.	Technische Begriffe	Abschnitt Nr.
LOM	Laminated Object Manufacturing	3.2.11.1
MID	Mould Interconnect Device	3.2.2.7
MIM	Metal Injection Moulding	3.2.2.22
MIR	Mittlere Infrarot Spektroskopie	2.8.1, 2.8.10
MJM	Multi Jet Modeling	3.2.11.1
MLFM	Multi Live Feed Injection Moulding	3.2.2.13
NMR	Nuclear Magnetic Resonance, (Kernresonanz-spektroskopie)	2.8.2
NS	Nachschwindung	2.1.5.1
NTP	Normal Temperatur/Druck: 23°C/1bar	2.6.7.2
P	Permeationskoeffizient	2.6.7.1/2, 5.6.7
PG	Permeationskoeffizient für Gase	2.6.7.2, 5.6.7
PIM	Powder Injection Moulding	3.2.2.22
PMC	Pelletized Moulding Compound	4.16.2-4
PN	Nenndruck bei Rohren	6.1.1
PVD	Physical Vapour Deposition	3.2.10.1
PWD	Permeationskoeffizient für Wasserdampf	2.6.7.1
R-RIM	Reinforced Reaction Injection Moulding	4.15.2
RFI	Radiofrequenz-Interferenz	7.5.3
RIM	Reaction Injection Moulding, (Reaktionsspritz-guß)	3.3.3.2
RIM	Reaction Injection Moulding	4.15.2
RM	Rapid Modeling	3.2.11.1
RP	Rapid Prototyping	3.2.11.1
PR	Preßspan	5.1.1
RRIM	Reinforced RIM	3.3.3.2
RSG	Reaktions-Schaum-Guß	4.15.2
RT	Rapid Tooling	3.2.11.2
RTM	Injektions-Spritzpreß-Verfahren	4.17.5
S	Sicherheitsbeiwert	6.1.1
S	Elektromagnetische Abschirmung	2.4.1.3
S	Schrumpfung	2.1.5.1, 2.1.6.1
S-RIM	Struktural-Reaktions-Schaum-Guß	4.15.2
SFC	Supercritical-Fluid- Chromatographie	2.8.9
SFM	Schnelle Fertigung v. Modellen	3.2.11
SGC	Solid Ground Curing	3.2.11.1
SLS	Selective Laser Sintering	3.2.11.1
SMC	Sheat Moulding Compound, (Harzmatte, Prepreg)	3.3.2.1/8, 4.16.2-4
SPPF	Solid Phase Pressure Forming	3.2.9.1, 6.3.1
STL	Stereo-Lithographie	3.2.11.1
TD	Toxische Dosis	1.6
TF	Textilfaser	5.1.1
Tg	Glastemperatur, dynamische/statische	1.3.3
TGA	Thermo-Gravimetrische Analyse	2.8.6
TI	Temperaturindex, (Temperatur-Zeit-Grenze)	2.3.1.2
TK	Kontakt-Temperatur	2.3.4
TMA	Thermo-Mechanische Analyse	2.8.7
TMC	Thick Moulding Compound, dicke SMC	3.3.2.1

1.	Technische Begriffe	Abschnitt Nr.
TRGS	Technische Regeln für Gefahrstoffe	1.6
TSE	Thermoplast-Schaum-Extrudieren	3.2.5.7, 6.6
TSG	Thermoplast-Schaum-Spritzgießen	3.2.2.6, 4.2.9, 6.6
TVI	-Test, Methode zur Wassergehaltsbestimmung	2.6.1
UHM	Ultra High Modulus (C-Fasern)	7.4.2/4
VLC	Visible Light Curing	4.17.4
VS	Verarbeitungs-Schwindung	2.1.5.1, 2.3.6
VST	Vicat- Erweichungstemperatur	2.3.1.1
WDD	Wasserdampfdurchlässigkeit	2.6.7.1
WDS	Wand-Dicken-Steuerung	3.2.5.8
XMC	SMC mit hohem Fasergehalt (kreuzweise)	4.16.4
ZMC	Verfahren zur Herstellung großer GFK-Teile	3.3.2.9
ZMK	Zwischenmolekulare-Kräfte	1.3.1, 1.3.3
ZSK	Zweiwellen-Schnecken-Kneter	3.2.1.3
ZST	Zwischenschicht-Hinterspritztechnik	3.2.2.15

2.	Fachinstitute, Bildungseinrichtungen, Adressen s. Abschnitt 9.3, S. 814
APME	Association of Plastics Manufacturers in Europe
BAM	Bundesanstalt für Materialprüfung, Fachgruppe Polymerwerkstoffe
DEKRA	Gesellschaft für Technische Sicherheit mbH
DGQ	Deutsche Gesllschaft für Qualität
DKI	Deutsches Kunststoffinstitut
DLR	Deutsche Forschungsgesellschaft für Luft- und Raumfahrt
FTZ	Fernmeldetechnisches Zentralamt der Post
IBK	Institut für das Bauen mit Kunststoffen
IFAM	Fraunhofer Institut für angewandte Materialforschung
IKM	Institut für Kunststoffe im Maschinenbau
IKP	Institut für Kunststoffprüfung und Kunststoffkunde
IKT	Institut für Kunststofftechnologie
IKV	Institut für Kunststoffverarbeitung
ILK	Institut für Leichtbau und Kunststofftechnik
IMA	Materialforschung und Anwendungstechnik GmbH
KIMW	Kunststoffmaschinen-Institut
KT	Lehrstuhl für Kunststofftechnik
KUZ	Kunststoffzentrum in Leipzig
KVW	Lehrstuhl für Kunststoff und Verbundwerkstoffe
LSP	Lehrstuhl für Polymerkunststoffe
MPA	Staatl. Materialprüfungsanstalt, Abtl. Kunststoff
SKZ	Süddeutsches Kunststoffzentrum
TITK	Thüringisches Institut für Textil- und Kunststoff-Forschung,
TÜV	-Bayern-Sachsen, Institut für Kunststoff
TÜV	-Berlin-Brandenburg, Prüfstelle für Gerätesicherheit, Kunststoffprüfung,
TÜV	-Rheinland, Zentralabteilung Werkstoff-, Schweiß- und Kunststofftechnik, Qualitätsmanagement, Köln

3.	Verbände, Organisationen, Adressen s. Abschnitt 9.5, S. 822
AGPU	Arbeitsgemeinschaft PVC und Umwelt
AKI	Arbeitsgemeinschaft Deutsche Kunststoffindustrie
AVK	Arbeitsgemeinschaft verstärkte Kunststoffe
AVP	Arbeitskreis Verpackungen aus Polyolefinschaumstoffen, s. IK
BGA	Bundesgesundheitsamt
BVKS	Bundesverband Kunststoff- und Schwergewebekonfektion e.V.
CWFG	Chemische Wirtschaftsförderungs-Gesellschaft (Campus Datenbank)
DIK	Deutsches Institut für Kautschuktechnologie
DIN	Deutsches Institut für Normung
DKR	Deutsche Gesellschaft für Kunststoff-Recycling mbH
DPR	Deutsche PVC-Recycling GMBH
DSD	Duales System Deutschland, (Abfall-Entsorgungssystem)
DUD	Dach- und Dichtungsbahnen im IVK
DVGW	Deutscher Verband für Gas und Wasserfachleute
DVS	Deutscher Verband für Schweißtechnik
EuPC	European Plastics Converters
FDA	Food and Drug Administration
FNK	Normenausschuß Kunststoffe im DIN
FSK	Fachverband Schaumkunststoffe
FVKK	Fachgverband Kunststoff-Konsumwaren
FVTT	Fachverband Technische Teile
GDI	Gesamtverband Dämmstoffindustrie
GKL	Gesellschaft für Kunststoffe in der Landwirtschaft
GKR	Gütegemeinschaft Kunststoffrohre e.V.
GKV	Gesamtverband kunststoffverarbeitender Industrie
GMK	Gütegemeinschaft Müll- und Kunststoff-Großbehälter
GRKF	Gütegemeinschaft Recycling-Kunststoff-Profile und-Formteile
GRS	Gütegemeinschaft Recyclate aus Standardpolymeren, s.FKuR
GSH	Güteschutzgemeinschaft Hartschaum e. V.
HHK	Hauptverband der Deutschen Holz- und Kunststoff verarbeitenden Industrie e.V.
HPV	Hauptverband der Papier, Pappe und Kunststoffe verarbeitenden Industrie e. V.
IfBt	Institut für Bautechnik
IK	Industrieverband Verpackung und Folien aus Kunststoff
IVG	Interessenverband Deokunststoffe e.V.
IVH	Industrieverband Hartschaum
IVK	Industrieverband Kunststoffbahnen
IVP	Industrieverband Papier- und Plastikverpackung e.V.
IVPU	Industrieverband Polyurethan-Hartschaum
KIB	Arbeitskreis selbständiger Kunststoff-Ingenieure und -Berater
KRV	Kunststoff-Rohrverband
PTB	Physikalisch-Technische Bundesanstalt
QKE	Qualitätsverband Kunststofferzeugnisse
RAL	Deutsches Institut für Gütesicherung und Kennzeichnung
RGV	Rationalisierungs-Gemeinschaft Verpackung im RKW
SPE	The Society of Plastics Engineers
SPI	The Society of the Plastics Industry
TAKK	Technische Arbeitsgruppe Kunststoff- und Kautschukbahnen,

3.	Verbände, Organisationen, Adressen s. Abschnitt 9.5, S. 822
TGA	Trägergemeinschaft für Akkreditierung
TV	Technische Vereinigung der Hersteller und Verarbeiter typisierter Kunststofformmassen
UL	Underwriter Laboratories
VCI	Verband der Chemischen Industrie
VDA	Verband der Automobilindustrie
VDE	Verein Deutscher Elektrotechniker
VDI-K	VDI-Gesellschaft Kunststofftechnik
VDMA	Verband Deutscher Maschinen- und Anlagenbau, Fachgemeinschaft Kunststoff- und Gummimaschinen
VKE	Verband Kunststofferzeugende Industrie, Frankfurt/M
VQB	Verband Qualitätssicherung für PE-Baufolien, s. IK
VSV	Verband der Schaumstoffverarbeiter
WdK	Wirtschaftsverband der deutschen Kautschukindustrie

4.	Normungsgremien, Adressen s. Abschnitt 9.6, S. 829
AFNOR	Association Française de Normalisation
ASTM	American Society of Testing and Materials
BSI	British Standard Institute
CEN	Comité Européenne Normalisation
CENELEC	Comité Européenne Normalisation Electrotechnique
CIE	Comission International d`Eclairage
IEC	International Electrotechnical Commmission
IJS	Japanische Normen
ISO	International Organisation for Standardisation

1 Werkstoffkunde der Kunststoffe

1 Werkstoffkunde der Kunststoffe

1.1 Einführung

Kunststoffe sind organische oder halborganische Stoffe mit hoher Molmasse (Molekulargewicht), d.h. mit sehr großen Molekülen (Makromolekülen), durch die das spezifische Eigenschaftsbild dieser Werkstoffe wesentlich bestimmt ist. Im Bild 1.1 findet sich die Einordnung der Kunststoffe in das Gesamtwerkstoffgebiet, wobei als wichtigstes Zuordnungskriterium die Molekularstruktur verwendet wurde. Weitere Erläuterungen dazu folgen später.

Obwohl im vorliegenden Taschenbuch die Kunststoffwerkstoffe den inhaltlichen Schwerpunkt bilden, betreffen die Ausführungen zur Werkstoffkunde letztlich alle Polymerwerkstoffe. Es werden daher je nach Be-

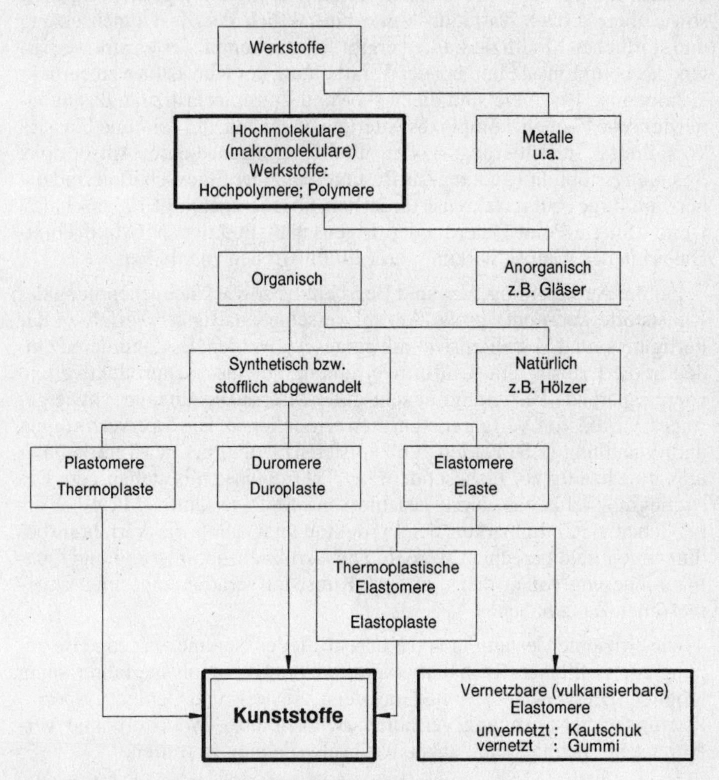

Bild 1.1. Einordnung der Kunststoffe in das Werkstoffgebiet

griffsebene die Bezeichnungen *Polymere* und *Kunststoffe* wechselseitig verwendet. Dies gilt um so mehr, da begriffliche Abgrenzungen und administrative Zuordnungen (z.B. Wirtschaftsstatistik) in der gewerblichen Praxis und im Bildungsbereich sehr unterschiedlich, teilweise sogar kontrovers, gehandhabt werden.

Allgemein kann zum Kunststoffgebiet festgestellt werden:

1. Polymere Werkstoffe bzw. Kunststoffe sind in einer großen Typenvielfalt vorhanden, die von anderen Werkstoffgruppen nicht annähernd erreicht wird. Sie repräsentieren eine extrem große Spannweite des Eigenschaftsbildes. Der in der Anfangszeit der Kunststoffentwicklung etwas euphorisch geprägte Slogan „Werkstoffe nach Maß" ist Realität geworden. In nahezu allen Bereichen des menschlichen Lebens sind Polymere als Werkstoffe oder spezielle Funktionsstoffe etabliert. Wir leben in einem Jahrzehnt, in dem das uns umgebende Polymervolumen das der Metalle übersteigt.

2. Aufgrund ihrer komplexen chemischen und morphologischen Struktur sowie ihrer großen Variationsbreite hinsichtlich der Zusammensetzung und stofflichen Modifizierbarkeit ergibt sich ein kompliziertes Stoffverhalten, das beim Einsatz und bei der Verarbeitung der Kunststoffe zu berücksichtigen ist. Beispiele sind die Visko- und Entropieelastizität, das nichtnewtonsche Fließen, komplexes Alterungsverhalten, die Teil- und Flüssigkristallinität, orientierungs- oder modifizierungsbedingte Anisotropie, Spannungsrißbildung u.a.m. Zur Beschreibung der Eigenschaften sind daher vielfältige Prüfverfahren erforderlich, um aussagefähige Eigenschaftswerte (Single-Point-Daten) oder Eigenschaftsfunktionen (Multi-Point-Daten) in der Wechselwirkung ihrer Einflußgrößen zu erhalten.

3. Für die Aufbereitung, Ver- und Bearbeitung sowie Nachbehandlung der Kunststoffe kann eine große Anzahl verschiedenartigster Verfahren der Fertigungs- und Verfahrenstechnik eingesetzt werden. Es dominieren eindeutig die Urform- und Umformverfahren, die eine hochproduktive und energiesparende Fertigung mit sehr guter Materialausnutzung sowie geringer Anzahl von Verfahrensschritten ermöglichen. Die Stoffverformung und -wandlung (z.B. Härten, Vulkanisieren) laufen bei der Verarbeitung u.U. gleichzeitig ab. Insbesondere bei Thermoplasten bestehen gute Recyclingmöglichkeiten durch geschlossene Stoffkreisläufe. Mit einer erheblichen Beeinflußbarkeit der Produktqualität durch die Verfahrensbedingungen muß gerechnet werden. Die Verfahrensoptimierung und Qualitätssicherung sollen daher in der Kunststoffverarbeitung einen angemessenen Rang haben.

4. Die effiziente Gestaltung von Kunststoffteilen ist ohne eine enge Beziehung zur stofflichen Realisierbarkeit und zum Fertigungsverfahren nicht möglich. Dies sowie der hohe Grad der Werkstoff- und Geometriespezialisierung vieler Fertigungsverfahren zwingen dazu, Werkstoff- und Verfahrensentscheidungen in enger Wechselbeziehung zu treffen.

5. Die Herstellkosten von Polymerprodukten werden wesentlich durch die

Werkstoffkosten bestimmt. Ökologische Anforderungen müssen zunehmend neben ökonomischen Zielsetzungen berücksichtigt werden. Eine zweckmäßige Werkstoffauswahl und materialsparende Konstruktion sind daher wirksame Beeinflussungsmöglichkeiten für eine wirtschaftliche Fertigung und für eine ökologisch sinnvolle Kunststoffanwendung. Möglichkeiten der Funktionsintegration infolge der besonderen Eigenschaften der Kunststoffe helfen Fertigungsschritte und damit Fertigungskosten einzusparen. Im gleichen Sinne wirkt sich eine recyclinggerechte Erzeugniskonstruktion aus.

In Bild 1.2 sind die polymeren Werk- und Funktionsstoffe nach der Art ihrer Makrostruktur (Porosität) und dem Hauptverwendungszeck gegliedert.

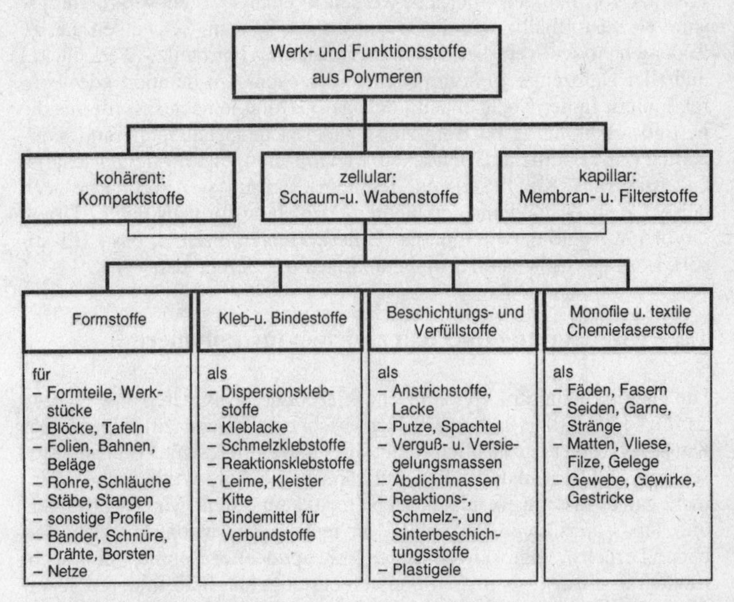

Bild 1.2. Einordnung polymerer Werk- und Funktionsstoffe nach Makrostruktur und Anwendungszweck

Das Taschenbuch befaßt sich schwerpunktmäßig mit Kunststoffen als Formstoffe. Die Chemiefasertechnologie wird in diesem Buch nicht zum Kunststoffgebiet gezählt. Desgleichen wird die Kautschuk- und Gummitechnologie in der Wirtschaftsstatistik und Fachterminologie als eigenständiges Gebiet behandelt. Faktisch sind aber solche und andere Abgrenzungen überwiegend traditioneller oder administrativer Art, da sich die Gebiete sachlich immer stärker überschneiden. Als ein Beispiel sei die im letzten Jahrzehnt besonders stürmische Entwicklung der thermoplastischen Elastomere erwähnt. Es liegt in der Tradition des Taschenbuches, daß auch Rand- und Grenzgebiete der Kunststofftechnik zumindest teilweise berücksichtigt werden.

Im Ablauf der Polymerverarbeitung lassen sich drei charakteristische Phasen unterscheiden: *Materialaufbereitung, Ver- und Bearbeitung* sowie *Nachbearbeitung* bzw. *Nachbehandlung*. Durch die Materialaufbereitung werden die Polymerrohstoffe oder Vorprodukte in verarbeitungsfähige *Formmassen* überführt, die nach der Verarbeitungsphase als eigentliche Produktwerkstoffe mit *Formstoffe* bezeichnet werden (s. DIN 7708). Erfolgt während der Verarbeitung eine chemische Reaktion zur Stoffwandlung, so sind Formmassen *reaktive Vorprodukte*, die sich von den angestrebten Werkstoffen völlig unterscheiden. Andernfalls liegt stoffliche Identität vor. Falls erforderlich, werden in einer zweiten Verarbeitungsstufe Kunststoffhalbzeuge durch Umformen, Spanen, Schweißen u.a. zu Enderzeugnissen verarbeitet bzw. Einzelteile (Formteile, Werkstücke) und/oder Halbzeuge zu kompletten Enderzeugnissen montiert oder konfektioniert. In der Nachbehandlungsphase erfolgt je nach Erfordernis die Fertigbearbeitung (z.B. Entgraten), Oberflächenbehandlung und -veredlung (z.B. Bedrucken, Beflocken, Metallisieren) und Stoffeigenschaftsänderung (z.B. Konditionieren, Tempern). Formmassen werden je nach der Art, dem Zustand und der äußeren Darbietungsform als Pulver, Grieß, Dryblend, Agglomerat, Granulat (Pellet), Prepreg, Premix, Paste (Plastisol), Lösung, Suspension, Emulsion, Latex u.a. bezeichnet.

1.2 Benennung und Kurzzeichen für Polymere

Die chemische und morphologische Vielfalt der Polymeren sowie deren stoffliche Modifizierbarkeit erfordern besonders für den Einsteiger in das Kunststoffgebiet ein sachlich schlüssiges und einprägsames Benennungsschema. Seit Beginn der steilen Aufwärtsentwicklung synthetischer Polymere gab es fast nie ein adäquates Nomenklatursystem. Vorausschauende und anpassungsfähige Vorschläge zur rechten Zeit wurden nicht hinreichend berücksichtigt, obwohl deren konzeptioneller Rahmen sich nachträglich in allen wesentlichen Punkten bestätigt hat. Statt Integration war leider die Abgrenzung bestimmend, so daß z.B. die Kunststoff- und Kautschuktechnologie unterschiedliche Bezeichnungssysteme einführten. Die Weiterentwicklung des Polymergebietes wurde immer als Folge von Kompromissen mit dem jeweiligen Istzustand im Nachlauf angepaßt. Das war sicher ein Grund, daß firmenspezifische Handelsnamen eine so überragende Rolle spielen konnten. 20 verschiedene Handelsnamen unterschiedlicher Hersteller des gleichen Kunststofftyps ist keineswegs ein Rekord. Wenn aus diesem Kunststoff bei Halbzeugherstellern z.B. Tafeln gefertigt werden, kommen u.U. nochmals neue Handelsbezeichnungen hinzu.

Die Benennung und Kurzzeichen für Kunststoffe sind Gegenstand der Normung. Der deutsche Fachnormenausschuß Kunststoffe (FNK) hat in Abstimmung mit dem zuständigen Technischen Komitee der Internationalen Standardisierungsorganisation (ISO/TC61) ein computergerecht ausgearbeitetes Datenblocksystem für thermoplastische Formmassen eingeführt. Normen für Formmassen und Formstoffe aus Reaktionsharzen und Duroplasten beruhen auf anderen Kennzeichnungs- und Typisierungssystemen. Ähnliche Regelungen gelten für duroplastische Schichtpreßstoffe und Vulkanfiber. Einzelheiten dazu sind in Kapitel 8 enthalten.

Das Datenblocksystem für Thermoplaste, aber auch teilweise die anderen Kennzeichnungssysteme sind für übliche Kommunikationszwecke durch Sprache und Schrift zu komplex bzw. zu unanschaulich. Es ist daher üblich und durch international abgestimmte Normen (Tafel 1.1) auch sanktioniert, Polymere mit einer vereinfachten Kurzzeichenschreibweise zu bezeichnen.

Tafel 1.1. Normen für die Einteilung und Kurzzeichen von Polymeren

Norm	Inhalt
DIN 7728 Teil 1	Kennbuchstaben und Kurzzeichen für Polymere und ihre besonderen Eigenschaften
DIN 7728 Teil 2	Kurzzeichen für verstärkte Kunststoffe
DIN 16913 Teil 1	Verstärkte Reaktionsharz-Formmassen – Begriffe, Einteilung, Kurzzeichen
DIN ISO 1629	Kautschuk und Latices – Einteilung, Kurzzeichen
DIN 7726	Schaumstoffe – Begriffe, Einteilung
DIN 7728 ist mit ISO/DIS 1043 abgestimmt	

Der Umfang dieses Kurzzeichensystems kann den jeweiligen Erfordernissen angepaßt werden. Nachfolgend wird eine Schema angegeben, daß alle wichtigen Möglichkeiten enthält, durch bestehende Normen abgedeckt ist bzw. diesen nicht widerspricht und in dieser oder ähnlicher Form praktiziert wird:

Polymerkurzzeichen	—	Stoffmerkmale Herstellungsart	—	Sondereigenschaften	—	Art- u. Menge von Zusatzstoffen
Tafel 1.2 bis1.5 u. 1.9		Tafel 1.6 u. 1.7		Tafel 1.6		Tafel 1.8 u. 1.9

z.B. PP-H-FR-GF20; PE–UHMW–(CG+Al); PVC–P.

Die Tafeln 1.2 und 1.3 enthalten die Kurzzeichen für Basispolymere und Copolymere, wobei im Vergleich zur letzten Fassung der DIN 7728 Ergänzungen vorgenommen wurden. Die Klammerschreibweise von Polymernamen nach den IUPAC-Regeln wurde nicht verwendet, da sie ohnehin kaum angewendet wird.

Die Kurzzeichen nach Tafel 1.2 gelten sowohl für chemisch genau definierte Typen als auch für Polymergruppen. Daher ist teilweise eine Präzisierung erforderlich (z.B. Polyamide), auf die im nächsten Abschnitt eingegangen wird. Kurzzeichen für Blockcopolymere, die als thermoplastische Elastomere größere Bedeutung haben, werden gesondert in Tafel 1.4 aufgeführt.

Tafel 1.2. Kurzzeichen für Kunststoffe – Homopolymere u. polymere Naturstoffe

CA	Celluloseacetat	PF	Phenol-Formaldehyd
CAB	Celluloseacetobutyrat	PHA	Phenacrylat
CAP	Celluloseacetopropionat	PI	Polyimid
CF	Kresol-Formaldehyd	PIB	Polyisobutylen
CMC	Carboxymethylcellulose	PIR	Polyisocyanurat
CN	Cellulosenitrat	PMI	Polymethacrylimid
CP	Cellulosepropionat	PMMA	Polymethylmethacrylat
CSF	Casein-Formaldehyd	PMP	Poly-4-methylpenten-1
CTA	Cellulosetriacetat	PMS	Poly-α-Methylstyrol
EC	Ethylcellulose	PO	Polyolefin
EP	Epoxid	POB	Poly-p-hydroxy-benzoat
MC	Methylcellulose	POM	Polyoxymethylen;
MF	Melamin-Formaldehyd		Polyacetal;
PA	Polyamid		Polyformaldehyd
PAE	Polyarylether	PP	Polypropylen
PAEK	Polyaryletherketon	PPA	Polyphthalamid
PAI	Polyamidimid	PPE	Polyphenylenether
PAN	Polyacrylnitril	PPOX	Polypropylenoxid
PAR	Polyarylat	PPS	Polyphenylensulfid
PB	Polybuten-1	PPSU	Polyphenylensulfon
PBA	Polybutylacrylat	PS	Polystyrol
PBI	Polybenzimidazol	PSU	Polysulfon
PBMI	Polybismaleinimid	PTFE	Polytetrafluorethylen
PBT	Polybutylenterephthalat	PUR	Polyurethan
PC	Polycarbonat	PVAC	Polyvinylacetat
PCT	Polycyclohexylphthalat	PVAL	Polyvinylalkohol
PCTFE	Polychlortrifluorethylen	PVB	Polyvinylbutyral
PDAP	Polydiallylphthalat	PVC	Polyvinylchlorid
PE	Polyethylen	PVC-C	chloriertes Polyvinylchlorid
PE-C	chloriertes Polyethylen	PVDC	Polyvinylidenchlorid
PEEK	Polyetheretherketon	PVDF	Polyvinylidenfluorid
PEEKK	Polyetheretherketonketon	PVF	Polyvinylfluorid
PEI	Polyetherimid	PVFM	Polyvinylformal
PEK	Polyetherketon	PVK	Polyvinylcarbazol
PEKEKK	Polyetherketon-	PVP	Polyvinylpyrrolidon
	etherketonketon	SI	Silikon
PEKK	Polyetherketonketon	SP	gesättigter Polyester
PEOX	Polyethylenoxid	UF	Harnstoff-Formaldehyd
PES	Polyethersulfon	UP	ungesättigter Polyester
PET	Polyethylenterephthalat	VF	Vulkanfiber

Für Kautschuke gelten die Kurzzeichenregeln nach DIN ISO 1629. In Tafel 1.5 werden ausgewählte Kautschuktypen angegeben, die u.a. als Blendkomponente für Kunststoffe eine Rolle spielen.

Die Kurzzeichenbildung für Polymergemische (Blends) kann der Tafel 1.9 entnommen werden. Stoffmerkmale, Herstellungsart und Sondereigenschaften können mit Kurzzeichen nach Tafel 1.6 angegeben werden. Bei mehreren Stoffmerkmalen bzw. Herstellungsarten können diese, durch Komma getrennt, in einem Block angeordnet werden, z.B. PVC-S,P.

Bei der Unterscheidung zwischen Stoffmerkmalen, Herstellungsart sowie Sondereigenschaften handelt es sich um eine im Schrifttum gelegentlich

Tafel 1.3. Kurzzeichen für Kunststoffe – Copolymere

ABAK	Acrylnitril/Butadien/Acrylat
AEPDMS	Acrylnitril/Ethylen-Propylen-Dien/Styrol
AMAK	Acrylnitril/Methacrylat
AMMA	Acrylnitril/Methylmethacrylat
APE-CS	Acrylnitril/chloriertes Polyethylen/Styrol
ABS	Acrylnitril/Butadien/Styrol
ASA	Acrylnitril/Styrol/Acrylester
EBA	Ethylen/Butylacrylat
ECO	Etylen/Cycloolefin
ECTFE	Ethylen/Chlortrifluorethylen
EEA	Ethylen/Ethylacrylat
EMAK	Ethylen/Methacrylat
E/P	Ethylen/Propylen
ETFE	Ethylen/Tetrafluorethylen
EVAC	Ethylen/Vinylacetat
EVAL	Ethylen/Vinylalkohol
FEP	Tetrafluorethylen/Hexafluorpropylen
IM	Ionomer
LCP	Flüssigkristallines Polymer
MABS	Methylmethacrylat/Acrylnitril/Butadien/Styrol
MBS	Methacrylat/Butadien/Styrol
MPF	Melamin/Phenol-Formaldehyd
PFA	Perfluoro-Alkoxyalkan
SB	Styrol/Butadien
SEPDM	Styrol/Ethylen-Propylen-Dien
SMAH	Styrol/Maleinsäureanhydrid
SMAH/B	Styrol/Maleinsäureanhydrid/Butadien
SMMA	Styrol/Methylmethacrylat
SMS	Styrol/α-Methylstyrol
SAN	Styrol/Acrylnitril
TFEHFPVDF	Tetrafluorethylen/Hexafluorpropylen/Vinylidenfluorid
VCE	Vinylchlorid/Ethylen
VCEMAK	Vinylchlorid/Ethylen/Methacrylat
VCEMMA	Vinylchlorid/Ethylen/Methylmethacrylat
VCEVAC	Vinylchlorid/Ethylen/Vinylacetat
VCMAK	Vinylchlorid/Methacrylat
VCMAH	Vinylchlorid/Maleinsäureanhydrid
VCMMA	Vinylchlorid/Methylmethacrylat
VCOA	Vinylchlorid/Octylacrylat
VCVAC	Vinylchlorid/Vinylacetat
VCVDC	Vinylchlorid/Vinylidenchlorid
VDFHFP	Vinylidenfluorid/Hexafluorpropylen

Tafel 1.4. Kurzzeichen für Kunststoffe – Blockcopolymere als thermoplastische Elastomere (TE)

Teleblockcopolymere:

ISI	Isopren/Styrol/Isopren	SEBS	Styrol/Ethylen-Butylen/Styrol
SBS	Styrol/Butadien/Styrol	SIS	Styrol/Isopren/Styrol

Segmentblockcopolymere:

PEBA	Polyetherblockamid	PESTEST	Polyesterester
PEEST	Polyetherester	PESTUR	Polyesterurethan
PEESTUR	Polyetheresterurethan	PEUR	Polyetherurethan

Tafel 1.5. Kurzzeichen für ausgewählte Kautschuke

ABR	Acrylester-Butadien-Kautschuk	IIR	Butylkautschuk (Isobutylen/Isopren)
ANM	Acrylat-Acrylnitril-Kautschuk	IR	Isoprenkautschuk (Polyisopren)
BR	Butadienkautschuk (Polybutadien)	NR	Naturkautschuk (natürliches Polyisopren)
CR	Chloroprenkautschuk (Polychloropren)	SBR	Styrol-Butadien-Kautschuk
CSM	Sulfonylchloridkauschuk (Chlorsulfoniertes Polyethylen)	TM	Polysulfidkautschuk (Thioplast)
EPDM	Ethylen-Propylen-Dien-Kautschuk	TOR	Octenamerkautschuk (Polyoctenamer)
R (Rubber für ungesättigte Kohlenstoffketten		M (Methylen) für gesättigte Kohlenstoffketten	

Tafel 1.6. Kurzzeichen für Kunststoffe – Stoffmerkmale, Herstellungsart, Sondereigenschaften

Spezielle Stoffmerkmale Herstellungsart		Sondereigenschaften durch spezielle Aufbereitung und/oder stoffliche Modifizierung	
B	Blockcopolymer	AR	zusätzlich verschleiß- u./o. reibwiderstandsgemindert
C	chloriert		
E	Emulsionspolymerisat	CHR	besonders chemikalienbeständig (außer: WR)
G	Gießharz		
H	Homopolymerisat	EMI	besondere Eignung für elektromagnetische Abschirmwirkung
HD	hohe Dichte		
HMW	hochmolekular	FR	verringerte Brennbarkeit durch Brandschutzausrüstung
J	Prepolymer		
L	Pfropfcopolymer	GC	besondere Eignung für galvanochemisches Metallisieren
LD	niedrige Dichte		
LLD	linear, niedrige Dichte	HI	hochschlagzäh
M	Massepolymerisat	HR	besonders wärmealterungsbeständig
MD	mittlere Dichte	LR	besonders licht- und/oder witterungsbeständig
N	Novolak		
P	weichmacherhaltig	RM	reduzierte Wasseraufnahme (reduced moisture)
R	statistisches Copolymer (Randompolymer); Resol		
		T	erhöht transparent
S	Suspensionspolymerisat	WR	besonders hydrolyse- oder waschlaugenbeständig
UHMW	ultrahochmolekular		
VLD	sehr niedrige Dichte	Y	erhöht elektrisch leitend
X	vernetzt, vernetzbar	Z	permanent antistatisch

angewandte Schreibweise, die so nicht ausdrücklich in Normen vorgesehen ist, diesen aber nicht widerspricht. Verwechslungen sind mit den gewählten Kurzzeichen nicht möglich. Der Schaumstoffcharakter im Sinne eines Stoffmerkmals ist in DIN 7728 durch E für „verschäumt, verschäumbar" vorgesehen. Wegen der relativen Unbestimmtheit dieser Kennzeichnung wird zur besseren Verständigung die konkretere Zeichengebung nach Tafel 1.7 vorgeschlagen. Damit ist auch eine Verwechslung mit E für Emulsionspolymerisat gemäß ISO/DIN 1043 ausgeschlossen.

Tafel 1.7. Kurzzeichen für Kunststoffe – Schaumstoffe

Begriffe und Einteilung der Schaumstoffe sind in DIN 7726 ohne Kurzzeichen festgelegt. Zur Verständigung wird behelfsweise das nachfolgende Kurzzeichensystem vorgeschlagen, bei dem die Schaumstoffkennzeichnung im Sinne eines besonderen Stoffmerkmals zusammen mit anderen Kurzzeichen angewendet werden kann:

Steifigkeit (Härte)		Struktur	
R	hart	F	Homogenschaumstoff (kurz: Schaumstoff)
SR	halbhart		
F	weich	SF	Integral- bzw. Strukturschaumstoff

Kurzzeichen für Schaumstoffe werden durch Zusammenfügen der Zeichen für die Steifigkeit und Struktur gebildet, sofern dies erforderlich ist:

Halbharter Polyurethanschaumstoff	PUR–SRF
Polypropylenstrukturschaumstoff	PP–SF

Art und Struktur von Zusatzstoffen sowie deren Mengenangaben können nach Tafel 1.8 und 1.9 bezeichnet werden.

Tafel 1.8. Kurzzeichen für Kunststoffe – Art und Struktur von Zusatzstoffen

Stoffart		Stoffstruktur	
A	Asbest	B	Kugeln, Perlen
B	Bor	C	Schnitzel, Späne
C	Kohlenstoff*	D	Mehl, Pulver, Grieß
G	Glas	F	Faser, Faserbüschel, Flocken
K	Kreide	G	Fasermahlgut
L	Cellulose*	H	Whiskers
M	Mineralien, Metall*	L	Gelege, Nähwirkstoffe
P	Glimmer	M	Matte
R	Aramid	P	Papier, Folie
S	Synthetics*	R	Roving, Strang, Draht
T	Talkum	S	Plättchen, Faserstäbchen
W	Holz*	T	Gewirk, Gestrick, Schnur
		V	Vlies, Furnier
s. DIN 7723	Weichmacher	W	Gewebe
s. Anmerkg.	sonstige Stoffe*	Y	Garn

- Kurzzeichen für Zusatzstoffe werden durch Zusammenfügen der Zeichen für die Stoffart und Stoffstruktur gebildet (z.B. Glasfaser GF, Syntheticgewebe SW).
- Mit * gekennzeichnete Stoffartenkurzzeichen können ergänzt (z.B. Ruß CB, Graphit CG) oder andere Stoffbezeichnungen durch genormte bzw. branchenübliche Kurzzeichen oder Namen eingeführt werden (z.B. Stahl St, Aluminium Al, Baumwolle CO). Bei chemisch hinreichend definierten Stoffen kann die Bruttoformel angegeben werden (z.B. Schwerspat $BaSO_4$, Titanweiß TiO_2). Polymerzusätze, die nicht als Blendbestandteile gelten (z.B. PTFE, Silicon), werden wie Zusatzstoffe behandelt.
- Die Kennzeichnung der Stoffstruktur ist nur erforderlich, wenn sie aus der Stoffart nicht zweifelsfrei abgeleitet werden kann. Eine weitergehende Kennzeichnung ist möglich und für Spezialtypen u.U. in Normen vorgeschrieben (z.B. textile Konstruktion, Bindemittel, Haftmittel, Teilchengröße).

Tafel 1.9. Kurzzeichen für Kunststoffe – Blends, Hybridfüllung, Mengenangaben

* Für Polymergemische (Polyblends, Blends, Polymerlegierungen) werden nach DIN 7728 die Kurzzeichen der Basispolymere getrennt durch Pluszeichen und in Klammern angegeben, z.B. (PC+ABS), (PP+EPDM). Zusätzlich kann die Blendzusammensetzung durch Masseprozentangabe am jeweiligen Polymerkurzzeichen ergänzt werden, z.B. (PC+ABS35).
* Zusatzstoffe treten als Einzelkomponenten oder Mischungen unterschiedlicher Stofffe (Hybridfüllung) auf. Für Hybridfüllungen kann die Blend-Schreibweise angewendet werden, z.B. (GF+K).
* Für Mengenangaben von Zusatzstoffen in Masseprozentanteilen sind u.a. folgende Varianten möglich:

Mengenangabe	Einfachfüllung	Hybridfüllung
ohne	GF	(GF + K)
Festwert	GF30	(GF25 + K15)
Bereich	GF30 ± 5	(GF20 ± 5 + K10 ± 5)
undifferenzierte Gesamtmenge	–	(GF + K)40

Kunststoffe werden im üblichen Sprachgebrauch nach dem Anwendungsumfang auch wie folgt eingeteilt:

1. Standard- bzw. Massenkunststoffe: z.B. PE, PVC, PS, PP
2. Technische Kunststoffe bzw. Konstruktionskunststoffe: z.B. ABS, PBT, PET, PA, POM, PC, PMMA, PPS
3. Hochleistungs- bzw. Spezialkunststoffe: z.B. PAEK, PI, LCP, intrinsisch elektrisch leitfähige Kunststoffe, kohlenstoffaserverstärkte Kunststoffe, biologisch abbaubare Kunststoffe.

Diesbezügliche Eingruppierungen werden unterschiedlich gehandhabt, da die Zuordnungskriterien nicht eindeutig und außerdem veränderbar sind.

1.3 Strukturbeschreibung der Polymere

Die Eigenschaften von Stoffen lassen sich aus ihrer Struktur erklären. Polymere besitzen die größte Strukturvielfalt aller vom Menschen genutzten Werk- und Funktionsstoffe. Für synthetisch oder durch stoffliche Abwandlung hergestellte Polymere gelten die gleichen Strukturierungsprinzipien wie für Biomakromoleküle (z.B. Eiweiße, Kohlehydrate), die infolge ihrer vielfältigen Strukturvariationen zur Basis des Lebens wurden. Zur fachlichen Orientierung im Kunststoff- und Kautschukgebiet und zur Eigenschaftsbewertung sind Elementarkenntnisse der Polymerstruktur sehr hilfreich. Daher soll dieser Problemkreis nachfolgend in möglichst einfacher und kurzgefaßter Weise dargestellt werden, ohne dabei immer Anspruch auf Vollständigkeit und akademische Akkuratesse erheben zu wollen. In weiteren Kapiteln (z.B. Kapitel 4) werden diese Ausführungen durch die Angabe detaillierter Struktur-Eigenschafts-Zusammenhänge ergänzt und die Aussagen angewendet.

1.3.1 Chemische Struktur (Konstitution und Konfiguration der Makromoleküle)

Organische Makromoleküle bestehen aus vielen sich wiederholenden Grundbausteinen (konstitutive Repetiereinheiten). Sie werden durch verschiedene Bildungsreaktionen aus niedermolekularen Ausgangsstoffen synthetisiert, für die sich der Begriff *Monomere* auch dann eingebürgert hat, wenn die Bildungsreaktion keine Polymerisation ist. Viele Monomere chemisch verknüpft ergeben *Polymere*. Als Art der chemischen Bindung (Hauptvalenzbindung) ist die kovalente Elektronenpaarbindung (homöopolare Bindung, Atombindung) dominierend. Die Metallbindung kommt nicht vor und die Ionenbindung nur als partielle chemische Bindung. Ionische Polymere sind *Polyelektrolyte*, falls die Ionenkonzentration wasserlösliche Polymere bedingt. Sie werden *Ionomere* genannt, wenn die geringen Konzentrationen an ionisch dissoziierten Bindungen zu wasserunlöslichen Polymeren führt. Am atomaren Aufbau sind hauptsächlich die Nichtmetallelemente Kohlenstoff (C), Wasserstoff (H) und Sauerstoff (O) beteiligt. Relativ häufig treten noch Stickstoff (N), Chlor (Cl), Fluor (F) und Schwefel (S) auf. Sog. halborganische Polymere enthalten die Halbmetallelemente Silizium (Si), als Silikone oder Polysiloxane bezeichnet, und Bor (B). Andere Elementarzusammensetzungen sollen wegen ihrer sehr speziellen Bedeutung nicht beachtet werden. Bereits die bisher besprochenen Strukturmerkmale erlauben folgende Rückschlüsse auf das Eigenschaftsbild reiner organischer Polymere:

- geringe elektrische Leitfähigkeit (elektrische Isolatoren),
- geringe Wärmeleitfähigkeit (thermische Isolatoren),
- spezifisch leichte Werkstoffe (Dichte 0,8 – 2,2 g/cm^3),
- begrenzte thermische Beständigkeit, da Aufspaltung der Elektronenpaarbindung irreversibel ist.

Art und Funktionalität (Bindigkeit) der monomeren Ausgangsstoffe bestimmen die kovalente Grundstruktur von Polymeren (Bild 1.3).

Bifunktionelle Monomere ergeben lineare Makromoleküle (Ketten- oder Fadenmoleküle). Bei tri- und höherfunktionellen Monomeren bilden sich verzweigte u./o. vernetzte Strukturen. Verzweigte Moleküle unterscheiden sich nach der Art und dem Grad der Verzweigung (Bild 1.4).

Beim Polyethylen wird z.B. der Verzweigungsgrad durch die Zahl der Seitenketten pro 1000 Hauptkettenatome quantifiziert:

- PE-HD: linear, wenige Kurzketten (ca. 4 bis 10 pro 1000 C-Atome)
- PE-LD: langkettig bis strauchartig verzweigt
- PE-LLD: linear, viele Kurzketten (ca. 10 bis 35 pro 1000 C-Atome).

Verzweigungsgrad und -art bewirken erhebliche Eigenschaftsunterschiede (Kristallisationsneigung, Härte u.a.). Bei chemischen Reaktionen entstehen Verzweigungen, sowohl gesteuert durch z.B. radikalische Chemismen, die zusätzliche Reaktionsstellen im Makromolekül erschließen,

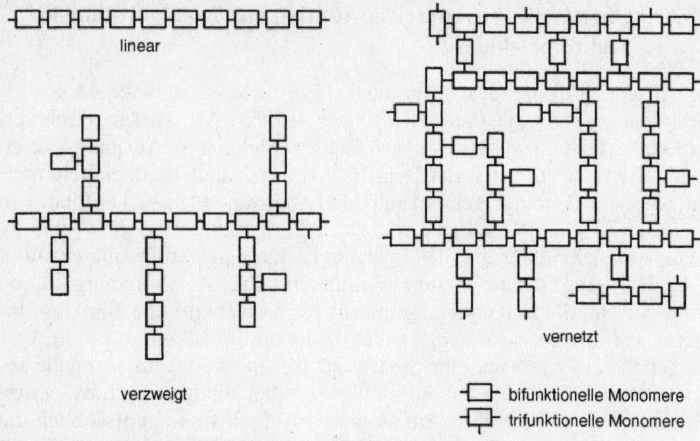

Bild 1.3. Kovalente Grundstrukturen von Polymeren

als auch durch zufällige Übertragungsreaktionen. Sind die Monomere von vornherein tri- oder höherfunktionell, so bilden sich kovalente Netzstrukturen in Form von Raumnetzmolekülen (Bild 1.5).

Eine weitmaschige Vernetzung ist die kennzeichnende Struktur von Gummi, während Duroplaste durch engmaschige Vernetzungen charakterisiert sind. Durch die Vernetzungsdichte lassen sich die Polymereigenschaften in weiten Bereichen beeinflussen (z.B. die Wärmeformbeständigkeit, Härte, Quellbarkeit).

Bestehen die Makromoleküle aus Grundbausteinen (Monomeren) der gleichen Art, werden sie als *Homopolymere* bezeichnet. Werden Monomere unterschiedlicher Arten chemisch verknüpft, so entstehen *Copolymere*. Diese neue Strukturvariation (Konstitutionsisomerie) gestattet eine Vielzahl von Anordnungsmöglichkeiten und erschließt damit Synthesemöglichkeiten für spezielle Polymerklassen. In Tafel 1.10 sind solche Variationsmöglichkeiten für lineare Copolymere angegeben, die sinngemäß auch für Raumnetzmoleküle gelten.

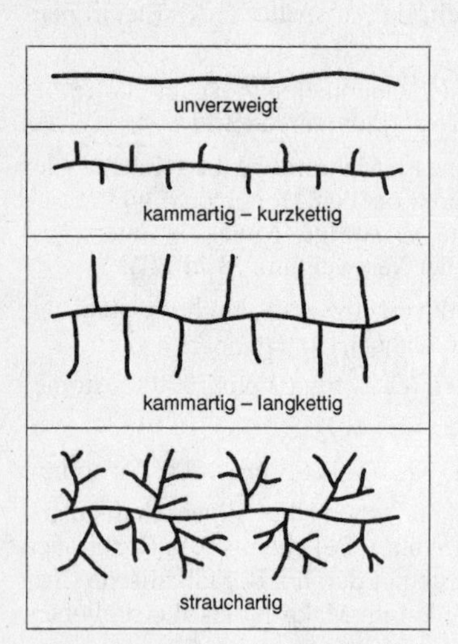

Bild 1.4. Verzweigungsarten von Makromolekülen

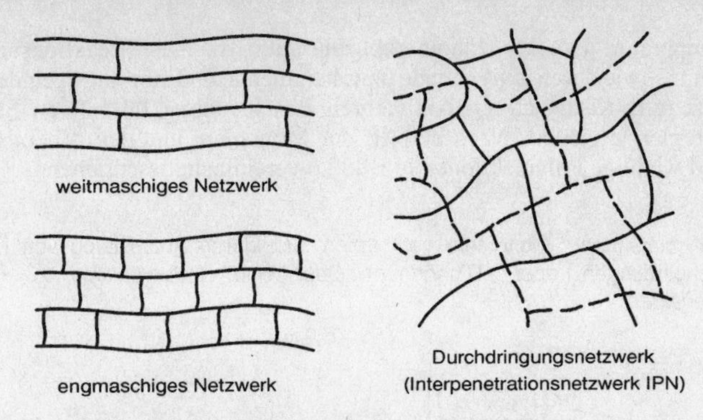

Bild 1.5. Kovalente Netzstrukturen von Polymeren

Zum Chemismus der Polymerbildungsreaktionen werden nachfolgend nur einige kurzgefaßte Hinweise gegeben. Die Bildungsreaktionen für Makromoleküle werden durch geeignete Reaktionsbedingungen (z.B.

Tafel 1.10. Konstitutionsisomerie von unvernetzten Copolymeren

Random-/ statistische Copolymere		statistische Monomeranordnung
Sequenz-copolymere		periodische Anordnung von Monomersequenzen
Segment-block-copolymere		segmentierte Anordnung von homopolymeren Molekülblöcken
Teleblock-copolymere		Anordnung von endständigen Molekülblöcken gleicher Monomerart an einem homo- oder copolymeren Mittelblock
Pfropf-copolymere		Aufpfropfen von Molekülblöcken auf einen Basisblock zu verzweigten Makromolekülen

– Nach der Anzahl unterschiedlicher Monomerarten werden Bi-, Ter-, Quater-, ... -Copolymere unterschieden.

– Blockcopolymere werden nach der Anzahl der molekülbildenden Blöcke in Di-, Tri-, Tetra-, ... -Blockcopolymere unterschieden.

Temperatur, Druck, Monomerkonzentration, mediale Reaktionsumgebung) sowie durch aktivierende bzw. hemmende und strukturregelnde Zusätze (z.B. Katalysatoren, Aktivatoren, Beschleuniger, Inhibitoren, Strukturregler) gesteuert. Nach der Art der Monomere und dem Chemismus sind wichtige Polyreaktionen in Bild 1.6 vereinfacht beschrieben.

Polymerisation: Monomere verknüpfen sich durch Aufspaltung von Mehrfachbindungen oder Ringöffnung über eine *Kettenreaktion* zu *Polymerisaten.*

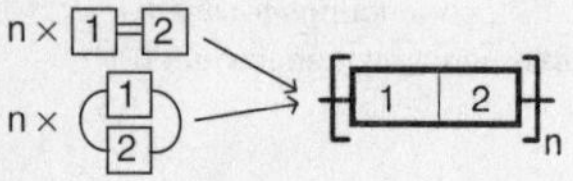

n × [1]=[2]
n × ([1][2]) → [1 | 2]n

Polykondensation: Monomere verknüpfen sich durch Abspaltung von Reaktionsprodukten (z.B. Wasser) über eine *Stufenreaktion* zu *Polykondensaten* (z.B. Veresterung).

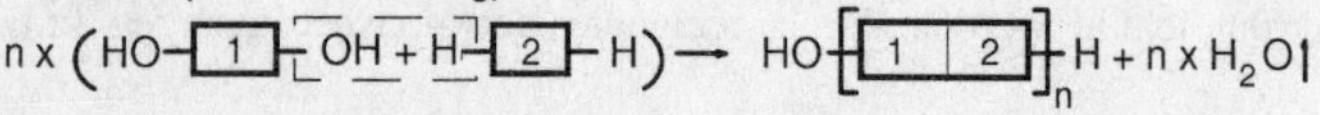

n x (HO–[1]–OH + H–[2]–H) → HO–[1 | 2]n–H + n x H_2O

Polyaddition: Monomere verknüpfen sich durch intermolekulare „Wanderung" eines Wasserstoffatoms ohne Abspaltung von Reaktionsprodukten über eine Stufenreaktion zu *Polyaddukten* (z.B. Urethanreaktion).

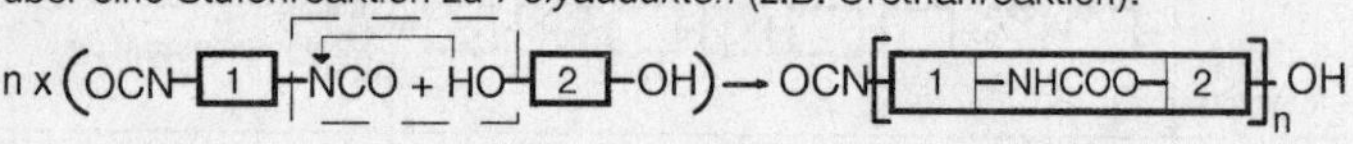

n x (OCN–[1]–NCO + HO–[2]–OH) → OCN–[1 –NHCOO– 2]n–OH

Bild 1.6. Schematische Darstellung häufiger Polymerbildungsreaktionen (Polyreaktionen)

Darüber hinaus gibt es eine Reihe anderer Reaktionstypen, auf die nicht eingegangen wird. Eine eindeutige Zuordnung von Polymeren zu den Reaktionstypen ist nicht immer möglich, da die Synthese auf unterschiedliche Weise erfolgen kann. So kann z.B. die Herstellung von Polyformaldehyd (POM) nach allen in Bild 1.6 angegebenen Reaktionstypen erfolgen. Bei anderen Polymeren, wie z.B. Polycaprolactam (PA 6), treten in verschiedenen Synthesestufen verschiedene Reaktionsmechanismen auf (Polykondensation, Polymerisation). Nach der technischen Durchführung der Polymerisation (mediale Reaktionsumgebung) wird zwischen der Masse- bzw. Substanzpolymerisation, Suspensions-, Emulsions- und Lösungspolymerisation unterschieden. Falls die Polymerisationsart von Bedeutung für das Eigenschaftsbild der Polymerisate ist, erfolgt eine entsprechende Kennzeichnung (s. Tafel 1.6). Analoge Einteilungen gibt es für die Polykondensation und Polyaddition.

Im Zusammenhang mit den Polymerbildungsreaktionen ergibt sich die Frage nach der Größe bzw. Masse der Makromoleküle als wichtige Strukturparameter. Zunächst gilt für alle synthetisch hergestellten Linearpolymere, daß es eine einheitliche Molekülgröße nicht gibt. Vielmehr handelt es sich um Gemische unterschiedlich großer Molekülfraktionen, d.h. um *polymolekulare („polydisperse") Stoffsysteme*. Die Angabe einer Molmasse (hier: relative Molmasse) ist daher immer ein statistischer Mittelwert, dessen Zahlenwert vom Verteilungsspektrum der Einzelmoleküle und der Art der Mittelwertbildung abhängt (Bild 1.7).

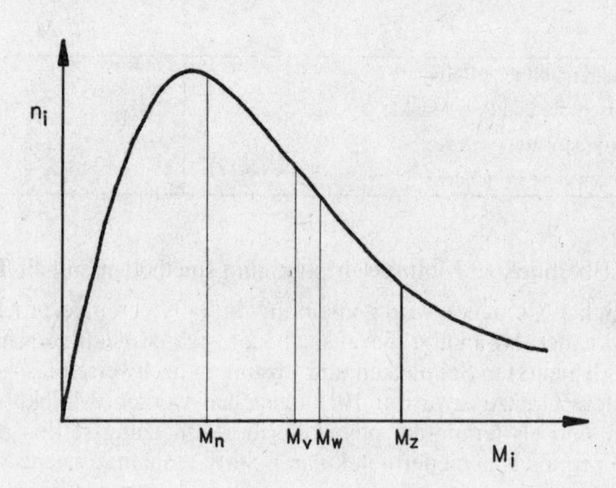

– Molmassemittelwerte:

Zahlenmittel $$M_n = \frac{\sum n_i \cdot M_i}{\sum n_i}$$

Gewichtsmittel $$M_w = \frac{\sum n_i \cdot M_i^2}{\sum n_i \cdot M_i} = \frac{\sum m_i \cdot M_i}{\sum m_i}$$

Z-Mittel $$M_z = \frac{\sum n_i \cdot M_i^3}{\sum n_i \cdot M_i^2} = \frac{\sum m_i \cdot M_i^2}{\sum m_i \cdot M_i}$$

Viskositätsmittel $$M_v = \left[\frac{\sum n_i \cdot M_i^{a+1}}{\sum n_i \cdot M_i}\right]^{1/a} = \left[\frac{\sum m_i \cdot M_i^a}{\sum m_i}\right]^{1/a}$$

– Molekulare Uneinheitlichkeit: $U = \frac{M_w}{M_n} - 1$

M_i relative Molmasse einer engen (differenziell kleinen) Molekülfraktion
n_i Anzahl der Moleküle der Molekülfraktion
$m_i = n_i \cdot M_i$ Gesamtmasse aller Moleküle der Molekülfraktion
a Exponent der Staudinger-Gleichung (meist: $0{,}5 \leq a \leq 1$)

Für Eigenschaftskorrelationen ist der Gewichtsmittelwert (M_w) praktisch von größerer Bedeutung. Zur Beschreibung der Uneinheitlichkeit von Polymeren wird noch der Zahlenmittelwert (M_n) benötigt. Beispiele dafür finden sich in Tafel 1.11.

Tafel 1.11. Polymolekularität in Abhängigkeit von der Polymerbildungsreaktion

Polymere	$\frac{M_w}{M_n}$
Molekulareinheitliche Polymere	1
Polykonsensate und Polyaddukte	2
Vinylpolymerisate	2–5
Stark verzweigte Polymere	20–50

Einen Überblick zu Molmassebestimmungsmethoden enthält Tafel 1.12.

Ab welcher Molmasse wird gemeinhin von Polymeren gesprochen? Geht man von der Molekülgröße aus, ab der sich Molekülverschlaufungen (entanglements) in Schmelzen und Lösungen nachweisen lassen, so kann die untere Grenze etwa mit 10^4 angegeben werden. Molekülverschlaufungen sind als temporäre physikalische Vernetzungsstellen anzusehen, die im Vergleich zu niedermolekularen Stoffen qualitativ neue Stoffeigenschaften (z.B. Entropieelastizität) ergeben. Eine obere Grenze der Polymermolmassen ist nicht festlegbar. Technisch genutzte Kunststoffe liegen zwischen 10^4 bis 10^7, meist $5 \cdot 10^4$ bis $5 \cdot 10^5$. Makromoleküle, die im

Tafel 1.12. Molmassebestimmungsmethoden für Polymere und Oligomere

Methode		Meßergebnis	Meßbereich
Sedimentation und Diffusion mit Ultrazentrifuge	(a)	M_w, M_z	bis 10^8
Lichtstreuung	(a)	M_w	bis 10^7
Elektronenmikroskopie	(a)	M_i, M_n	abhängig von Löslichkeit
Gelpermeationschromatographie – GPC	(r)	M_n, M_w, M_v	
Lösungsviskosimetrie	(r)	M_v	
Schmelzviskosimetrie	(r)	M_w	abhängig von Schmelzbarkeit
Membranosmometrie	(a)	M_n	$2 \cdot 10^4$ bis 10^6
Dampfdruckosmometrie	(a)	M_n	bis 10^5
Endgruppenbestimmung	(e)	M_n	bis $5 \cdot 10^4$
Kryoskopie	(a)	M_n	bis $5 \cdot 10^4$
Ebullioskopie	(a)	M_n	bis 10^4

(a) Absolutmethode (r) Relativmethode (e) Äquivalentmethode

Übergangsgebiet zwischen niedermolekularen Produkten und Polymeren etwa bei 10^2 bis 10^4 liegen, werden als *Oligomere* bezeichnet. Um eine anschauliche Vorstellung von solchen Riesenmolekülen im gestreckten Zustand zu erhalten, sollte man für technisch genutzte Kunststoffe 1 mm dicke Fäden von 2 bis 200 m Länge annehmen. Spezielle Biopolymere können um mehrere Größenordnungen längere Moleküle enthalten.

Daß Molekülketten solcher Ausdehnung in erheblichem Maße die Fließfähigkeit der Kunststoffe im Schmelzezustand oder in Lösung beeinflussen, ist verständlich. Es gibt daher Formmassekennwerte bzw. Kennwertfunktionen, die zur praktischen Beschreibung des Fließverhaltens dienen und in Korrelation zur Molmasse stehen (Tafel 1.13).

Hohe Molmassen ergeben, vor allem bei schlag- oder stoßartiger Belastung, größere Zerreißfestigkeiten der Kunststoffe. Zwischen der Verarbeitbarkeit (Fließverhalten) und den Anwendungseigenschaften müssen daher häufig Kompromisse getroffen werden. Eine möglichst enge Molmasseverteilung kann für bestimmte Verarbeitungsprozesse (z.B. Spritzgießen) notwendig werden, so daß dafür Spezialformmassen (controlled rheology) verfügbar sind.

Für Raumnetzmoleküle ist eine definierte Molmasse im Sinne der vorstehenden Ausführungen nicht bestimmbar. Im theoretischen Idealfall würde ein Kunststoffprodukt aus einem Riesenmolekül bestehen. Tatsächlich ist dies infolge molekularer und morphologischer Fehlstellen nie der Fall. Bei speziellen Eigenschaftsuntersuchungen ist aber die mittlere Molmasse zwischen den Vernetzungsstellen als Maß der Vernetzungsdichte von Bedeutung.

Vergleicht man die Abmessungen aller Strukturelemente von Polymeren im mikroskopischen Bereich, so überstreichen diese etwa 6 Größenordnungen. Für den Leser wird daher eine grobe Maßstabsorientierung von Vorteil sein, die mit Bild 1.8 gegeben wird.

Tafel 1.13. Formmassedaten zur Beschreibung des Fließverhaltens thermoplastischer Kunststoffe

Kennwerte	Normen
Prüfung von Lösungen:	
– Viskositätszahl	DIN 51 562 , ISO 1628
– Staudinger-Index bzw.	DIN 53 726
Grenzviskositätszahl	DIN 53 727
– K-Wert nach Fikentscher	DIN 53 728 , ISO 1191
Prüfung von Schmelzen:	
– Schmelze-Massefließrate (MFR)	DIN 53 735 , ISO 1133
– Schmelze-Volumenfließrate (MVR)	
– Rheogramme $\eta = f(\dot{\gamma}, \tau, T)$	DIN 54 811

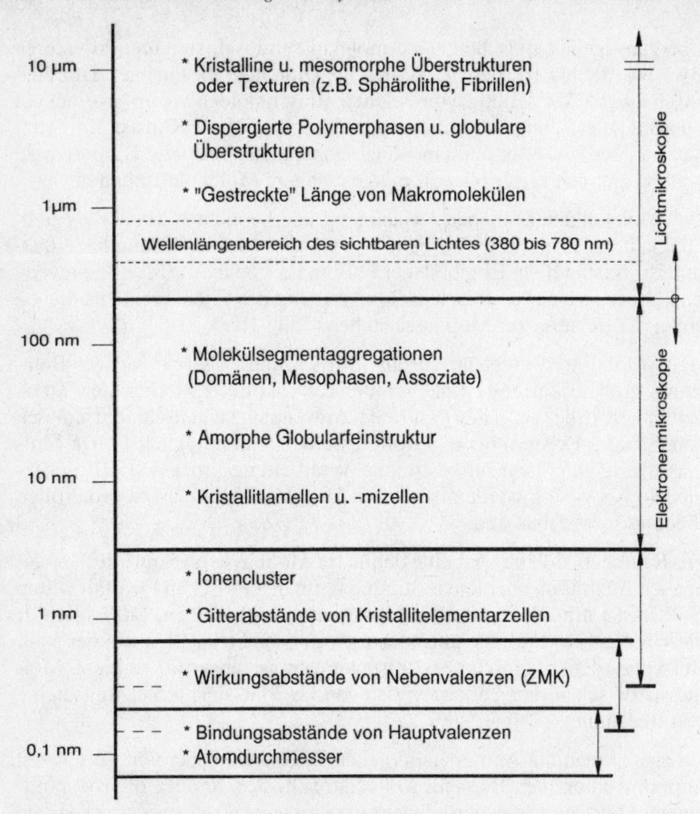

Bild 1.8. Abmessungsbereiche molekularer und morphologischer Strukturelemente von Polymeren (1 nm ≙ 10^{-6} mm)

Die in Bild 1.8 angegebenen Bereiche sind nur als ungefähre Abmessungsrelationen aufzufassen, da im Einzelfall doch größere Überschneidungen möglich sind. Eine einfache Nutzanwendung dieser Darstellung besteht darin, daß Strukturelemente mit Abmessungen unterhalb der Wellenlänge des sichbaren Lichtes die visuell wahrnehmbare Lichtdurchlässigkeit des Kunststoffes nicht beeinflussen. Beliebige strukturelle Veränderungen in diesem Größenbereich ergeben daher immer transparente Polymere.

Die Atome und Molekülgruppen sind im Makromolekül durch Hauptvalenzen so festgelegt, daß sie um diese Bindungen nur begrenzte und kooperative Translations- und Rotationsbewegungen ausführen können, ohne bestimmte räumliche Konfigurationen (z.B. Winkel zwischen Hauptkettenatomen, Anbindungslage von Substituenten) als fixierte Zuordnungsmuster zu verändern. Daraus folgt, daß durch Variation der chemischen Konstitution auch die Steifigkeit bzw. Beweglichkeit der Moleküle durch unterschiedliche Molekülkonfigurationen beeinflußbar ist. Der Gestalteinfluß von Molekülkettenbauelementen auf die Molekularbeweglicheit von Makromolekülen ist in schematischer Darstellung in Tafel 1.14 zu erkennen.

Diese Gestalt- und Bindungsasymmetrie der Molekülelemente bedingen entsprechende Anordnungsvarianten (Konstitutionsisomerie) bei der Polymersynthese (Bild 1.9).

Bei den meisten Linearpolymeren liegt die 1,2-Addition bzw. Kopf-Schwanz-Anordnung aus energetischen Gründen bevorzugt vor. Für technisch genutzte Polydiene wie Kautschuke ist die 1,4-Addition bestimmend (z.B. NR, IR, BR, CR). Berücksichtigt man bei derart asymmetrischen Molekülbausteinen noch die veränderbare räumliche Lage (Stereoisomerie), so sind durch die Taktizität und cis-trans-Isomerie weitere Strukturvariationen von Polymeren möglich (s. Bild 1.10).

Tatsächlich sind diese Strukturen bei technischen Polymeren durch eine geeignete Reaktionsführung (z.B. Stereokatalyse; Metallocen-Katalysatoren) zu realisieren. Der Leser ahnt sicher, welche Eigenschaftsvielfalt bei gleicher Elementarzusammensetzung eines Kunststoffs möglich ist. Während z.B. das weichgummiartige, amorphe PP-a wenig praktische Bedeutung erlangt hat, ist das härtere teilkristalline PP-i ein Thermoplastkunststoff mit großer Anwendungsbreite. Sog. schlagzähe Polypropylene

Tafel 1.14. Gestalteinfluß der Kettenbauelemente auf die Molekülbeweglichkeit bzw. -steifigkeit von Polymeren

Kettenbauelemente	Kettenbeweglichkeit
a) 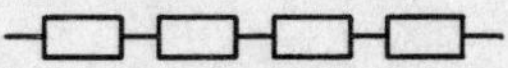	Kleine symmetrische Molekülsegmente sind über Einfachbindungen frei beweglich.
b) 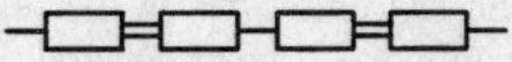	Behinderte Drehbarkeit der Molekülsegmente durch Mehrfachbindungen.
c) 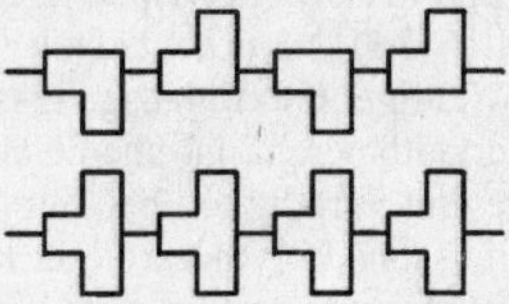	Großvolumige (sperrige) Substituenten ergeben einfach- und doppeltasymmetrische Molekülsegmente mit eingeschränkter Beweglichkeit.
d) 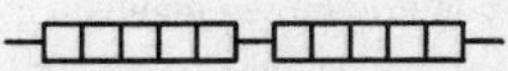	Verknüpfungen von Ringstrukturen nach dem Leiterprinzip ergeben starre Molekülsegmente (Halb-Leiter-Polymere).
e) 	Extreme Bewegungseinschränkungen bei durchgängiger Leiterstruktur (Leiter-Polymere).

Gestaltasymmetrie:	$\overset{(1)}{CH}(-R)=\overset{(2)}{CH_2}$	
a)	$-CH_2-CH(R)-CH_2-CH(R)-$	1,2–Addition (auch: Kopf-Schwanz-Anordnung)
b)	$-CH_2-CH(R)-CH(R)-CH_2-CH_2-CH(R)-CH(R)-CH_2-$	1,1/2,2–Addition
c)	Kombination von a) und b)	
Gestalt- u./o. Bindungsasymmetrie:	$\overset{(1)}{CH_2}=\overset{(2)}{C}(R)-\overset{(3)}{CH}=\overset{(4)}{CH_2}$	
a)	$[-CH_2-C(R)=CH-CH_2-]_x$	1,4–Addition
b)	$[-CH_2-C(R)(CH=CH_2)-]_x$	1,2–Addition
c)	$[-CH(C(R)=CH_2)-CH_2-]_x$	3,4–Addition
d)	Kombination von a), b) und c)	

Bild 1.9. Konstitutionsisomerie durch Anordnung asymmetrischer Monomere

sind u.U. Mischstrukturen zwischen diesen Extremen. Da in der technischen Synthese kaum 100%iges PP-i herstellbar ist, wird der ataktische Anteil als heptanlösliche Phase bestimmt und in Form des Isotaxie-Index als Formmassekennwert angegeben (DIN 16774). Naturkautschuk (NR) ist chemisch ein cis-1,4-Polyisopren und wichtiger Gummiausgangsstoff. Das ebenfalls in der Natur vorkommende Guttapercha ist chemisch ein trans-1,4-Polyisopren. Infolge seiner Härte und Sprödigkeit bei Temperaturen unter 50 °C hat Guttapercha als technisches Polymerprodukt keine Bedeutung mehr. Diese Beispiele mögen als Demonstration zum Einfluß der Stereoisomerie auf die Eigenschaften von Polymeren genügen.

Wenn für den Zusammenhalt der Moleküle nur Hauptvalenzbindungen zuständig wären, müßten alle niedermolekularen organischen Stoffe bei Raumtemperatur gasförmig sein, d.h., die kondensierten Zustände (flüssig, fest) sind damit nicht erklärbar. Tatsächlich wirken aber bei allen

Taktizität bei asymmetrisch substituierten 1,2–Polymeren:

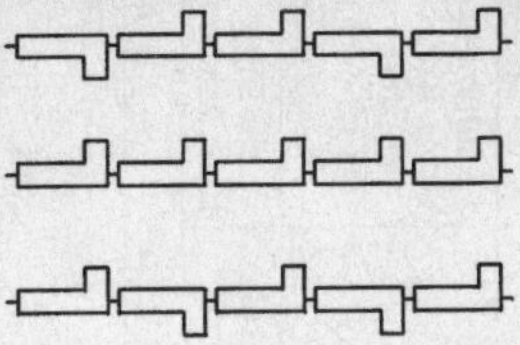

a) regellos = ataktisch (at)

b) regelmäßig einseitig = isotaktisch (it)

c) regelmäßig wechselseitig = syndiotaktisch (st)

cis–trans–Isomerie bei 1,4–Polydienen:

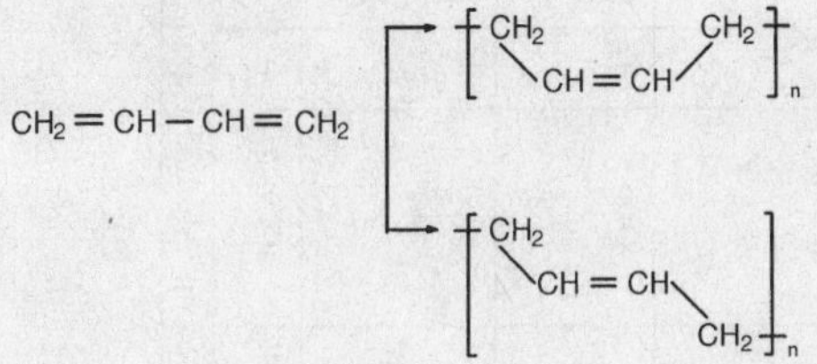

$CH_2=CH-CH=CH_2$ → $[CH_2-CH=CH-CH_2]_n$ cis–1,4–Polybutadien

→ $[CH_2-CH=CH-CH_2]_n$ trans–1,4–Polybutadien

Bild 1.10. Stereoisomerie durch Anordnung asymmetrischer Monomere

Stoffen mit kovalenter Atombindung noch *zwischenmolekulare Kräfte (ZMK)*, die gewissermaßen als physikalische Vernetzungspunkte der Wärmebewegung von Molekülen bzw. Molekülteilen entgegenwirken. Bei entsprechend tiefer Temperatur sind also der Flüssig- und Festzustand damit erklärbar. Alle für Polymere wesentlichen zwischenmolekularen Kräfte sind in Tafel 1.15 aufgeführt und erläutert.

Da die ZMK durch Wärmebewegung (Temperaturerhöhung) überwunden werden und bei Abkühlung wieder wirksam sind, handelt es sich um reversible Molekülbindungen. Trotz ihrer Vielfalt können die ZMK nach Tafel 1.15 auf zwei physikalische Grundprinzipien zurückgeführt werden:

1. Die Dispersionskräfte haben ihre Ursache in *temporären Veränderungen der Ladungsverteilung* der Elektronenbindungsorbitale, so daß Anziehungskräfte in allen Stoffen als gleichförmiges Kraftfeld schwacher Wechselwirkungen auftreten.
2. Alle weiteren in Tabelle 1.15 aufgeführten ZMK beruhen auf *permanenter Veränderung der Ladungsverteilung* in Molekülen oder Molekülteilen, die als *Polarität* bezeichnet wird. Jedes Element hat eine unterschiedliche Fähigkeit, das bindende Elektronenpaar anzuziehen. Diese Fähigkeit wird als *Elektronegativität* bezeichnet und durch Verhältniszahlen (EN) nach *Pauling* quantifiziert (Tafel 1.16).

Für den Grad der Polarität einer Atombindung ist die Differenz der EN-Zahlen ($\triangleq \Delta$EN) der miteinander verknüpften Atome maßgebend. Bei

Tafel 1.15. Zwischenmolekulare Kräfte (ZMK)

Art / Wirkungsprinzip	Absättigung durch Ladungsfixierung	Temperatur-einfluß auf Kraft-wirkung	n[1])	Einzelkraft-wirkung	Beitrag zur Molkohäsion
Dispersionskräfte: allseitig wirksame, ungerichtete Anziehung zwischen fluktuierenden Ladungsschwerpunkten von Atombindungsorbitalen (atomare Dipole)	nicht möglich	gering	7	sehr gering	meist hoch; in allen Stoffen wirksam
Induktionskräfte: wenig gerichtete, induzierte Anziehung zwischen permanenten Molekülgruppendipolen und polarisierbaren Molekülteilen mit „verschieblichen“ Elektronen (z.B. π–Elektronen in Aromaten und konjugierten Mehrfachbindungen)	nicht möglich	gering	7	gering	meist gering
Dipol- oder Orientierungskräfte: gerichtete Anziehung zwischen permanenten Molekülgruppendipolen	nicht möglich	groß	4	mittel bis groß je nach Dipolstärke	abhängig von Dipolkonzentration u. -stärke; u. U. hoch
Wasserstoffbrückenkräfte: gerichtete Anziehung zwischen permanenten Molekülgruppendipolen, die einerseits als Protonendonator mit „verschieblichen“ H-Atomen (X–H) und andererseits als Protonenacceptor (Y) wirken: X – H · · · Y	möglich (Vorstufe eines Ionengitters)	groß	4	groß	abhängig von H-Brückenkonzentration; u. U. sehr hoch
Ionenkräfte (Coulombsche Kräfte): allseitige elektrostatische Anziehung von Ionenrümpfen	in Ionengitter oder Ionencluster	gering	2	sehr groß	abhängig von Ionenkonzentration

[1]): zwischen Kraftwirkung (F) und mittlerem Teilchenabstand (r) gilt die Relation $F \sim 1/r^n$ mit Abstandsexponent n

Tafel 1.16. Elektronegativitätszahl (EN) nach *Pauling* für ausgewählte Elemente

Element	EN	Element	EN
Fluor (F)	4,0	Schwefel (S)	2,5
Sauerstoff (O)	3,5	Wasserstoff (H)	2,1
Chlor (Cl)	3,0	Silizium (Si)	1,8
Stickstoff (N)	3,0	Zink (Zn)	1,6
Kohlenstoff (C)	2,5	Natrium (Na)	0,9

$\Delta EN = 0$ liegen unpolare Stoffe vor, bei denen nur Dispersionskräfte als ZMK wirksam sind. Ist $\Delta EN \geq 1{,}8$, so handelt es sich um *Ionenbeziehung* als spezielle Form der chemischen Bindung (heteropolare Bindung). Im Zwischenbereich wird allgemein von *permanenten Dipolbindungen* gesprochen (Induktions-, Orientierungs-, Wasserstoffbrückenkräfte). Bei den bisherigen Erläuterungen zur Polarität wurden die Elektronegativitätsunterschiede zwischen zwei unmittelbar verbundenen Atomen betrachtet. Es ist einleuchtend, daß sich in einem Molekül unmittelbar benachbarte, entgegengerichtete Polaritätsunterschiede aufheben können. So wird beim Polyethylen bereits im Strukturelement der Methylengruppe [$-CH_2-$] die deutliche Bindungspolarität von $\Delta EN = 0{,}4$ für die Kohlenstoff-Wasserstoff-Bindung aufgehoben sein. Polyethylen ist, wie übrigens alle reinen Kohlenwasserstoffe, ein völlig unpolarer Stoff. Daraus darf man folgern, daß die Polarität nur als ZMK wirksam ist, wenn sie an hinreichend beweglichen Molekülgruppen (kinetische Einheiten) gebunden ist, die sich auf einen für die jeweiligen Kräftearten charakteristischen Mindestabstand annähern können (s. Bild 1.8).

Die Gesamtheit aller ZMK eines Stoffes ist die *Molkohäsion*. In Tafel 1.15 sind die Anteile einzelner ZMK-Arten an der Molkohäsion und deren Beeinflußbarkeit durch die Temperatur und Abstandsänderung erläutert. Zusammen mit der Molekülgestalt und -größe beeinflussen die ZMK nahezu alle anwendungs- und verarbeitungstechnisch wichtigen Eigenschaften der Polymere, vor allem auch die Wechselwirkung mit niedermolekularen Stoffen (Lösung, Weichmachung, Permeation u.a.) und die Mischbarkeit der Polymere untereinander (z.B. Blendherstellung). Große Polarität ist immer dann zu erwarten, wenn Heteroatome (z.B. F, Cl, O, N) in Makromoleküle eingebaut sind und deren Bindungspolaritäten sich infolge der räumlichen Lage im Molekül nicht aufheben können.

Dem Leser ist die Bedeutung der chemischen Struktur für das Eigenschaftsbild eines Kunststoffs sicher bewußt geworden. Nachstehend soll daher der chemische Aufbau einiger ausgewählter Polymergruppen etwas genauer dargestellt werden. Die Ausgangsstoffe der Polymersynthesen stammen heute im wesentlichen aus der Erdöl- und Erdgasaufbereitung (Petrochemie) und zu sehr geringen Teilen aus der Kohlechemie. Für einige Polymere werden auch natürliche Rohstoffe (Pflanzenrohstoffe), wie Cellulose, Stärke und Pflanzenöle genutzt. Nur knapp 5 % der Welterdöl-

Tafel 1.17. Chemische Konstitution von Polymeren – Polymethylene

a) Polyethylene (PE) $\left[CH_2-CH_2 \right]_n$

b) Polyvinyle $\left[CH_2-CH(R) \right]_n$

R:

$-CH_3$ Polypropylen (PP)	$-C_2H_5$ Polybuten-1 (PB)	$-C_6H_5$ Polystyrol (PS)
$-CH_2-CH(CH_3)_2$ Poly-4-methylpenten-1 (PMP)	$-O-CH_2-CH(CH_3)_2$ Polyvinylisobutylether (PVBE)	$-N$(Carbazol) Polyvinylcarbazol (PVK)
$-N(CO-CH_2-CH_2-CH_2)$ Polyvinylpyrrolidon (PVP)	$-CN$ Polyacrylnitril (PAN)	$-OH$ Polyvinylalkohol (PVAL)
$-CH(CH_2-CH_2-CH_2-CH_2-CH_2)$ Polyvinylcyclohexan (PVZH)	$-O-COCH_3$ Polyvinylacetat (PVAC)	$-COOC_4H_9$ Polybutylacrylat (PBA)
	$-Cl$ Polyvinylchlorid (PVC)	$-F$ Polyvinylfluorid (PVF)

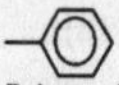

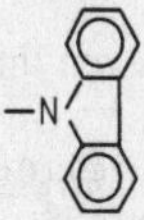

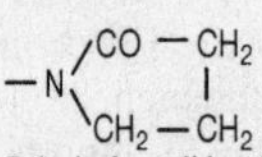

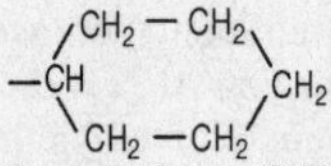

c) Polyvinylidene $\left[CH_2-CR_2 \right]_n$ R: $-Cl$ Polyvinylidenchlorid (PVDC); $-F$ Polyvinylidenfluorid (PVDF)

d) Polymethylvinyle $\left[CH_2-C(CH_3)(R) \right]_n$ R: $-CH_3$ Polyisobutylen (PIB); $-COOCH_3$ Polymethylmethacrylat (PMMA); $-C_6H_5$ Poly- α-Methylstyrol (PMS)

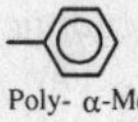

e) Perhalogenierte Polyvinyle $\left[CF_2-CF(R) \right]_n$ R: $-F$ Polytetrafluorethylen (PTFE); $-Cl$ Polychlortrifluorethylen (PCTFE); $-CF_3$ Polyhexafluorpropylen (PHFP); $-O-$ Alkyl Polyperfluoralkylether

f) Polyvinylacetale $\left[CH_2-CH-CH_2-CH \right]_n$ (mit $O-R-O$ Brücke) R: $-CH_2-$ Polyvinylformal (PVFM); $-C_4H_7-$ Polyvinylbutyral (PVB)

1

förderung wird stofflich für Polymersynthesen eingesetzt, während über 90 % verbrannt werden. Diese Relation mag als bedenkenswert für vernünftige Ressourcennutzung stehen, wenn bei Umweltdiskussionen die Kunststoffe „verteufelt" werden.

In einer Reihe von Tafeln sind nachstehend wichtige Polymergruppen durch vereinfachte Strukturformeln beschrieben. Bereits das äußere Bild dieser Formeln gestattet, die behandelten Strukturparameter an konkreten Beispielen zu veranschaulichen. Auch die genaue Benennung der Polymere ist damit möglich (z.B. Polyamide). Im Kapitel 4 werden viele dieser Kunststoffe bezüglich ihrer Eigenschaften und Verarbeitungsmöglichkeiten ausführlicher behandelt.

In Tafel 1.17 finden sich lineare Homopolymerisate, die entweder aus ungesättigten Monomeren direkt polymerisiert werden bzw. durch polymeranaloge Stoffumwandlung entstehen. Für letztere Polymere stehen Polyvinylalkohol und die Polyvinylacetale, die aus Polyvinylacetat chemisch abgewandelt werden. Kombiniert man die Monomere, so ergeben sich entsprechende Copolymere, deren Vielfalt hier eine detaillierte Formeldarstellung verbietet. Im Sprachgebrauch werden diese Kunststoffe auch nach anderen Merkmalen eingeordnet. So werden z.B. als Polyolefine (PO) alle Polymere mit olefinischen Ausgangsstoffen zusammengefaßt. In Tafel 1.17 sind das PE, PP, PB, PMP, PIB.

Tafel 1.18 enthält Polymere mit Doppelbindungen im Makromolekül, die nachträglich zu Elastomeren chemisch vernetzt werden können (z.B. durch eine Schwefelvulkanisation). Es sind also typische Vertreter der

Tafel 1.18. Chemische Konstitution von Polymeren – Polydiene, Polyalkenamere, Polycycloolefine -

			R:	
a)	1,4-Polydiene	$\left[CH_2-\underset{R}{\underset{\vert}{C}}=CH-CH_2 \right]_n$	$-H$	Polybutadien (BR)
			$-Cl$	Polychloropren (CR)
			$-CH_3$	Polyisopren (IR), Naturkautschuk (NR)
b)	Polyalkenamere	$\left[CH=CH-(CH_2)_x \right]_n$	z.B. x = 6:	Polyoctenamer (TOR)

c) Polycycloolefine, Polycyclodiene

Homo- u. Copolymere von Cycloolefinen, auch zusammen mit anderen Monomeren, zur Herstellung unterschiedlicher Thermoplaste, Elastomere und Duromere.

Cycloolefine:

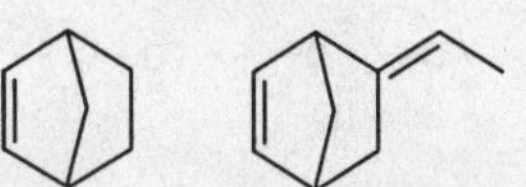

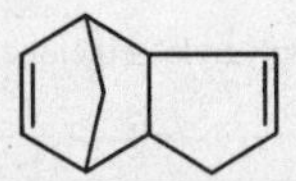

Norbornen (N) Ethylidennorbornen (EN) Dicyclopentadien (DCP)

Kautschuke. Polycycloolefine gewinnen neuerdings als besonders wärmebeständige Thermoplaste an Bedeutung.

Sind Heteroatome (z.B. Sauerstoff) in der Hauptkette enthalten, ergeben sich Polyacetale und Polyether (Tafel 1.19). Werden zusätzlich „sperrige" Aromatenbausteine eingefügt (Polyarylether, Polyaryletherketone), so wird die Wärmeformbeständigkeit dieser Polymere durch das steifere Makromolekül erheblich erhöht.

In der Anfangszeit der Kunststoffentwicklung wurden durch eine stoffliche Abwandlung von Naturprodukten, wie z.B. Cellulose, technisch interessante Polymere gewonnen, die teilweise noch heute eingesetzt werden (Tafel 1.20). Das steife Cellulosemolekül erschwert eine thermoplastische Verarbeitung, so daß diese Produkte mit Weichmachern oder anderen Polymeren abgemischt werden. Die starke Polarität dieser Verbindungen bedingt u.a. eine große Wasseraufnahme, ja sogar Wasserlöslichkeit (z.B. CMC als Tapetenkleister).

Polyamide sind lineare Polykondensate, die u.a. als Konstruktionswerkstoffe, Chemiefaser- und Folienstoffe weite Verbreitung fanden. Aus Tafel 1.21 kann ihre Struktur und Bezeichnung entnommen werden. Einige

Tafel 1.19. Chemische Konstitution von Polymeren – Polyacetale, Polyether, Polyarylether, Polyaryletherketone

a) Polyacetale	$-[CH_2-O]_n-$ Polyformaldehyd, Polyoxymethylen (POM)	$-[CH(CH_3)-O]_n-$ Polyacetaldehyd
b) Polyether	$-[CH_2-CH_2-O]_n-$ Polyethylenoxid (PEOX) $-[CH(CH_3)-CH_2-O]_n-$ Polypropylenoxid (PPOX)	$-[CH_2-C(CH_2Cl)_2-CH_2-O]_n-$ Poly-3,3-bis-chlormethyl-propylenoxid (PCPO)
c) Polyarylether	$-[C_6H_4-O]_n-$ Polyphenylether	$-[C_6H_2(CH_3)_2-O]_n-$ Poly-2,6-dimethylphenylenether (PPE)
d) Polyaryletherketone	$-[\cdots-O-C_6H_4-\cdots-CO-C_6H_4-\cdots]_n-$ Ether (E) Keton (K) Benennung nach Aufeinanderfolge der E- u. K-Gruppen Beispiele: PEK, PEEK, PEKK, PEEKK, PEKEKK	

Tafel 1.20. Chemische Konstitution von Polymeren – Cellulosederivate

Cellulosederivate sind durch Substitutionsart und Umsetzungsgrad der Hydroxylgruppen (R = –OH) der nativen Cellulose bzw. α-Cellulose sowie durch deren spezielle Präparation darstellbar.

$$\left[-O-CH\langle CH(R)-CH(R) \rangle CH-O- ;\ CH-O,\ CH_2-R \right]_n$$

		R:		
a)	Celluloseester	R:	$-O-COCH_3$ Celluloseacetat (CA)	$-O-COCH_3$ (vollst. subst.) Cellulosetriacetat (CTA)
			$-O-COC_2H_5$ Cellulosepropionat (CP)	$-O-COCH_3$ u. $-O-COC_2H_5$ Celluloseacetopropionat (CAP)
			$-O-COCH_3$ u. $-O-COC_3H_7$ Celluloseacetobutyrat (CAB)	$-O-NO_2$ Cellulosenitrat (CN)
b)	Celluloseether	R:	$-O-CH_3$ Methylcellulose (MC)	$-O-C_2H_5$ Ethylcellulose (EC)
			$-O-CH_2-C_6H_5$ Benzylcellulose (BC)	$-O-CH_2COOH$ Carboxymethylcellulose (CMC)
c)	Mercerisierte Cellulose		– Hydratcellulose, Cellulosehydrat, Zellglas (CH) – Pergamentierte Hydratcellulose, Vulkanfiber (VF)	

dieser Polymere sind infolge Wasserstoffbrückenbindungen und aromatischer Anteile besonders wärmeformbeständig. Sie haben allerdings auch eine vergleichsweise große Wasseraufnahme. Durch Variation der unpolaren Methylenanteile [$-CH_2-$] sind nahezu alle Übergangsstufen zwischen Polyolefinen und Polyamiden mit hoher Amidgruppenkonzentration [– NHCO –] möglich. Eine Vielzahl von Copolyamiden ergänzen die Eigenschaftspalette.

Lineare Polyester sind ebenfalls Polykondensate, die technisch aber nur als aromatenhaltige Polyarylester größere Bedeutung erlangten (Tafel 1.22). Spezielle Copolyester haben so steife Molekülsegmente (Mesogene), daß sie auch im flüssigen Zustand anisotrop geordnet sind und damit sog. flüssigkristalline, eigenverstärkte Polymere (LCP) darstellen.

Die größte Molekülsteifigkeit wird durch die chemische Struktur der Polyimide verwirklicht (Tafel 1.23). Einige Typen (z.B. PPI, PBI, PBMI) sind nicht mehr thermoplastisch verarbeitbar. Sie besitzen sehr hohe Wärmealterungs- und Wärmeformbeständigkeiten und sind meist Leiter- oder Halb-Leiter-Polymere (s. zum Vergleich Tafel 1.14).

Eine technisch wichtige Gruppe von thermoplastischen Kunststoffen sind die Polyarylethersulfone und Polyarylsulfide (Tafel 1.24). Als Besonderheit der chemischen Struktur ist hierbei die Kombination von aromati-

Tafel 1.21. Chemische Konstitution von Polymeren – Polyamide (PA) und lineare Polyurethane (PUR)

a) Homopolyamide aus ω-Aminosäuren oder deren Lactame

$$\left[NH - (CH_2)_x - CO \right]_n$$

Z = C-Zahl der ω-Aminosäure bzw. des Lactams (Z = x + 1)

Beispiele:	PAZ
Polycaprolactam	PA6
Poly-11-aminoundecanamid	PA11
Polylaurinlactam	PA12

b) Aliphatische Homopolyamide aus unverzweigten Diaminen u. Dicarbonsäuren

$$\left[NH - (CH_2)_x - NHCO - (CH_2)_y - CO \right]_n$$

Z_1 = C-Zahl des Diamins ($Z_1 = x$)
Z_2 = C-Zahl der Dicarbonsäure ($Z_2 = y+2$)

Beispiele:	PAZ_1Z_2
Polytetramethylenadipinamid	PA46
Polyhexamethylenadipinamid	PA66
Polyhexamethylenacelainamid	PA69
Polyhexamethylensebacinamid	PA610
Polyhexamethylendodecanamid	PA612

c) Aromatische Homopolyamide (Polyarylamide)

$$\left[NH - CH_2 - C(CH_3)_2 - CH_2 - CH(CH_3) - CH_2 - CH_2 - NHCO - C_6H_4 - CO \right]_n$$

Polytrimethylhexamethylenterephthalamid (PANDT (PA6-3-T))

$$\left[NH - (CH_2)_6 - NHCO - C_6H_4 - CO \right]_n \qquad \left[NH - (CH_2)_6 - NHCO - C_6H_4 - CO \right]_n$$

Polyhexamethylenisophthalamid (PA6I) Polyhexamethylenterephthalamid (PA6T)

$$\left[NH - CH_2 - C_6H_4 - CH_2 - NHCO - (CH_2)_4 - CO \right]_n$$

Poly-m-xylylenadipinamid (PAMXD6)

Kurzzeichenbildung wie a) und b), wobei für verzweigte aliphatische Diamine sowie für aromatische Diamine und Dicarbonsäuren Buchstabensymbole nach ISO 1874 festgelegt sind.

d) Copolyamide

Kurzzeichenbildung für Copolymere nach ISO 1043 / DIN 7728 aus den monomeren Coreaktanten.

Beispiele: PA6/12; PA6/69; PA66/6; PA66/610; PA6/6T; PA12/MACMI; PA12/IPDI; PA6I/MACMT; PA6T/6I; PA6T/IPDI/6

e) Polyurethane aus aliphatischen Diisocyanaten und Diolen

$$\left[O - OCHN - (CH_2)_x - NHCO - O - (CH_2)_y \right]_n$$

x = 6: 1,6-Hexamethylendiisocyanat
x = 4: 1,4-Butandiol

Tafel 1.22. Chemische Konstitution von Polymeren – Lineare Polyarylester

a) Polyalkylenterephthalate

$$\left[OC-C_6H_4-COO-R-O \right]_n$$

R: $-(CH_2)_2-$ Polyethylenterephthalat (PET)

$-(CH_2)_4-$ Polybutylenterephthalat (PBT)

$-CH_2-CH<(CH_2-CH_2)_2>CH-CH_2-$ Polycyclohexylterephthalat (PCT)

b) Polycarbonate

$$\left[O-C_6H_4-C(CH_3)_2-C_6H_4-O-CO \right]_n$$ BisphenolA-Polycarbonat (PC)

$$\left[\left(O-C_6H_4-C(CH_3)_2-C_6H_4-O-CO \right)_x C_6H_4-CO \right]_n$$ Polyterephthalsäure-estercarbonat (PEC)

c) Polyhydroxybenzoate

Homo- u. Copolyester von Benzoesäurederivaten mit folgenden Strukturelementen unterschiedlichster Anordnung:

$$\left[O-C_6H_4-O \right] \quad \left[O-C_6H_4-C_6H_4-O \right]$$

$$\left[O-C_6H_4-CO \right] \quad \left[OC-C_6H_4-CO \right]$$

In Verbindung mit aliphatischen Strukturen (Spacer) auch Basis für flüssigkristalline Polymere (LCP).

Beispiel für Homopolyester: $\left[O-C_6H_4-CO \right]_n$ Poly-p-hydroxy-benzoat (POB)

schen und schwefelhaltigen Kettenbausteinen zu nennen, die diesen Polymeren ausgewogene Eigenschaften als leistungsfähige Konstruktionskunststoffe verleiht.

Alle bisher beschriebenen Kunststoffe sind Linearpolymere, die entweder im plastischen Zustand durch Ur- und Umformverfahren oder im Falle der Unschmelzbarkeit aus Lösungen, Dispersionen, Pulver u.a. durch Beschichtungs- und Sintertechniken verarbeitet werden. Sollen vernetzte Kunststoffe (Duroplaste) oder Elastomerwerkstoffe (Gummi) nach der Verarbeitung vorliegen, müssen lösliche bzw. schmelzbare Ausgangsstoffe als Formmassen verwendet werden, die aus weitgehend linearen bzw. teilvernetzten Makromolekülen oder aus niedermolekularen Verbindungen bestehen. Der eigentliche Werkstoff entsteht erst bei der Verarbeitung durch Vernetzungsreaktionen (*Härtung, Vulkanisation*). In diesen Ausgangsstoffen müssen tri- oder höherfunktionelle Moleküle vorhanden sein, die zu einer Vernetzungsreaktion befähigt sind. Der Kunststoffverarbeiter muß in diesem Fall neben der Formgebung auch die chemische

Tafel 1.23. Chemische Konstitution von Polymeren – Polyimide (PI)

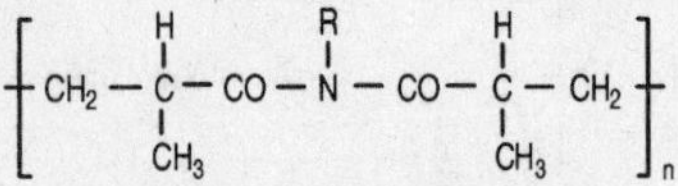

$$\left[CH_2 - C(H)(CH_3) - CO - N(R) - CO - C(H)(CH_3) - CH_2 \right]_n$$

Polymethacrylimid (PMI)

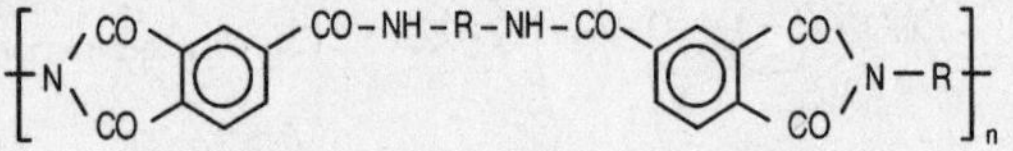

CO – NH – R – NH – CO, N – R, CO, CO

Polyamidimid (PAI)

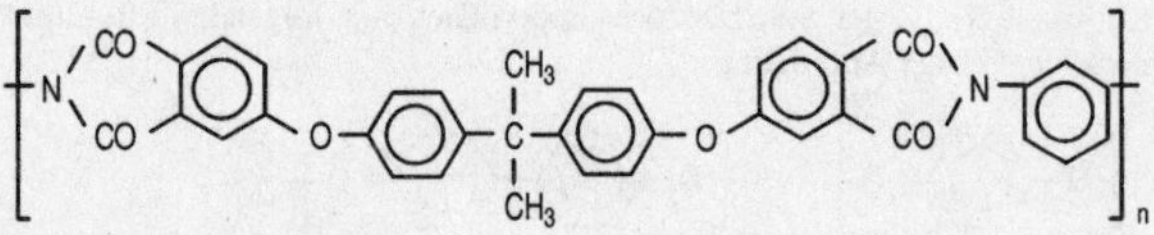

CO, N, CO, O, CH_3, C, CH_3, O, CO, N, CO

Polyetherimid (PEI)

CO, N, CO, CO, N, CO, O

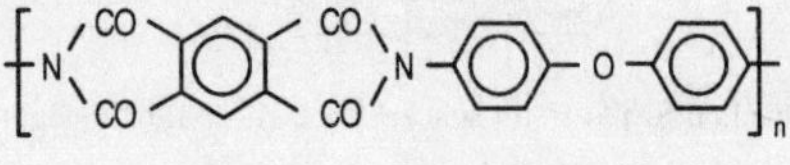

Polydiphenyloxidpyromellithimid (PPI)

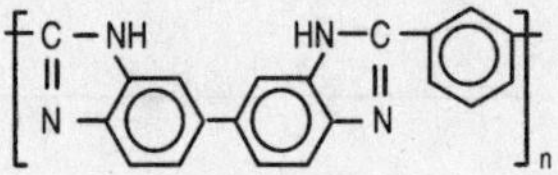

C – NH, N, HN – C, N

Polybenzimidazol (PBI)

CH – CO, CH – CO, N, R, N, CO – CH, CO – CH

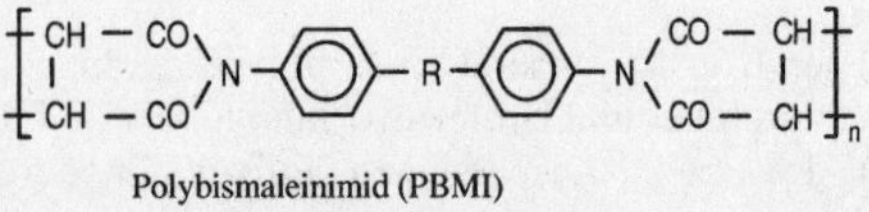

Polybismaleinimid (PBMI)

Tafel 1.24. Chemische Konstitution von Polymeren – Polyarylethersulfone, Polyarylsulfide

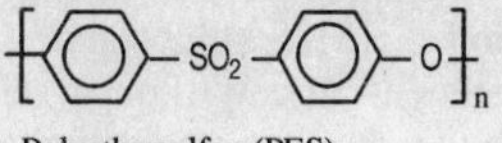

Polyethersulfon (PES)

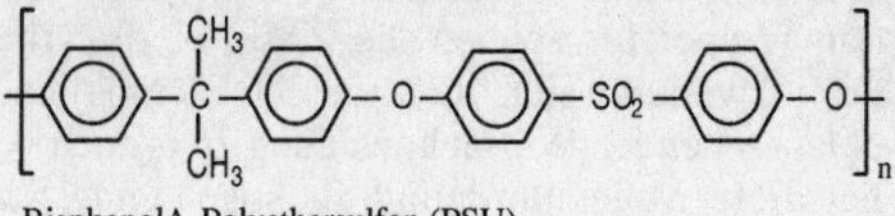

BisphenolA-Polyethersulfon (PSU)

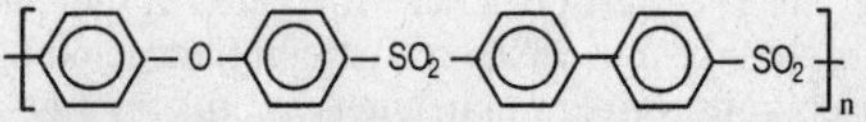

Polyphenylenethersulfon (PPSU)

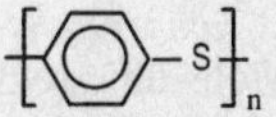

Polyphenylensulfid (PPS)

Aufbaureaktion im gewünschten Sinne steuern. Sofern nicht direkt von niedermolekularen, reaktiven Verbindungen ausgegangen werden kann, muß auf „vorgefertigte" Makromoleküle (*Prepolymere*) zurückgegriffen werden. Diese sind bezüglich der Molmasse meist als Oligomere einzuordnen. Als Vernetzungsreaktionen kommen alle Polyreaktionstypen in Frage, die bereits genannt wurden (s. Bild 1.6). Die wichtigsten vernetzten Kunststoffe sind die Phenoplaste (PF), Aminoplaste (UF, MF), ungesättigten Polyesterharze (UP), Epoxidharze (EP), Polyurethanduromere und -elastomere (PUR-X) sowie Silikonharze und -elastomere (SI-X). Durch chemische Abwandlungen verkörpern sie jeweils eine breite Typenvielfalt. Einzelheiten zu den vernetzten Kunststoffen sind den Kapiteln 4 und 5 zu entnehmen. Eine zusammenfassende Darstellung zum Chemismus der Vernetzungsreaktionen findet man u.a. bei *K. Kircher: Chemische Reaktionen bei der Kunststoffverarbeitung, Carl Hanser Verlag, 1982.*

1.3.2 Morphologische Struktur (Konformation und Aggregation der Makromoleküle)

Nachdem die chemische Zusammensetzung und die Molekülarchitektur erklärt wurde, muß die Frage nach dem Bewegungs- und Ordnungszustand der Makromoleküle bei veränderbaren äußeren Bedingungen, wie z.B. Temperaturänderung und Deformation durch Kräfte, beantwortet werden.

Bei niedermolekularen Stoffen führen die Moleküle entsprechend der jeweiligen Temperatur und der Stärke der ZMK (zwischenmolekulare Kräfte) im statistischen Sinne willkürliche Bewegungen als ganze „Individuen“ aus, die *brownsche Molekularbewegung* genannt wird. Im gasförmigen Zustand sind die Molekülabstände so groß, daß die ZMK mit der Temperatur zunehmend ihre Wirkung verlieren und die Moleküle in ihrer Gesamtheit sich gleichmäßig im verfügbaren Volumen verteilen. Sie streben den Zustand größter „Unordnung“ (Entropie) an. Bei abnehmender Temperatur spielen die ZMK eine stärkere Rolle als Anziehungskräfte, wodurch sich die Moleküle als möglichst dichte „Packung“ bei der entsprechenden Wärmebewegung zu ordnen versuchen. In der Flüssigkeit hat diese Molekülordnung als sogenannte *Nahordnung* gegenüber dem Gaszustand eine neue Qualität im Sinne einer verminderten Entropie erreicht. Das Bestreben der Moleküle zur gleichmäßigen Verteilung ist eingeschränkt. Bei weiterer Temperaturabsenkung gewinnen die Ordnungstriebkräfte infolge abnehmender innerer Energie (Wärmebewegung) so stark die Oberhand, daß die Moleküle in ihrer Lage zueinander nahezu fest fixiert (*kristalline Fernordnung)* oder zumindest in der Bewegungsfreiheit stark eingeschränkt sind (*amorphe Nahordnung*). Das Ausmaß dieser Ordnung und damit die Molekülbeweglichkeit im Festzustand ist u.a. von der Stärke der ZMK und der Molekülgestalt abhängig. Das vorstehend vereinfacht beschriebene Szenario der Molekülbewegung ist die Konsequenz der allgemeingültigen Gesetzmäßigkeit (2. Hauptsatz), daß alle sich selbst überlassenen Systeme bei konstantem Druck und Volumen spontan versuchen, möglichst einen Gleichgewichtszustand geringster freier Energie durch Verringerung der *inneren Energie* (Ordnungserhöhung) und durch Erhöhung der *Entropie* (Ordnungsverringerung) zu erreichen. Welche der beiden entgegengesetzt gerichteten Triebkräfte in welchem Ausmaß den stofflichen Ordnungszustand bestimmt, hängt von den äußeren oder inneren Bedingungen des Stystems ab (Molekülgestalt, Temperatur, verfügbare Zeit für Ordnungsumlagerungen u.a.) ab.

Naturgemäß gelten die vorstehend aufgeführten Gesetzmäßigkeiten auch für makromolekulare Stoffe. Bei sehr langen Molekülen ergeben sich aber neue Bewegungsmöglichkeiten (*Konformationen*). Die Makromoleküle können sich je nach Molekülsteifigkeit und ZMK in unterschiedlich großen Molekülsegmenten bewegen, ohne die relative Lage des Gesamtmoleküls zu verändern (Modell: Ungeordnete Schlangenbewegungen von Glieder- oder Perlenketten). Die Molekülkonformation wird also nicht mehr allein durch das ganzheitliche Makromolekül bestimmt. Das bedeutet aber auch, daß sich Zusammenlagerungen von Molekülen (Molekülordnung) nur auf Teilzonen des Makromoleküls erstrecken können. Partielle Bewegung von Makromolekülsegmenten als kinetische Einheiten wird daher *mikrobrownsche Molekularbewegung* genannt, um sie so von der relativen Lageänderung ganzer Makromoleküle, der *makrobrownschen Molekularbewegung*, abzugrenzen. Werden lineare Makromoleküle durch entsprechende Einwirkung (z.B. hohe Temperatur, Deformation durch äußere Kräfte) gezwungen, eine makrobrownsche Molekülbewegung auszuführen, so treten bei hinreichend langen Molekülen „Hindernisse“ in Form von Molekülverschlaufungen bzw. -verhakungen (entanglements) auf. Durch fortschreitende Molekülverformung werden diese Verschlaufungen zwar ständig aufgehoben, aber auch immer wieder neu gebildet. Sie wirken wie *temporäre physikalische Vernetzungsstellen*, deren bewegungshemmende Wirkung mit steigender Molmasse zunimmt. Selbst in verdünnten Polymerlösungen ist die Existenz von Molekülverschlaufungen nachweisbar. Ihre Wirkung und die große Molmasse sind die entscheidenden Gründe, daß ein gasförmiger Zustand bei Polymeren prinzipiell unmöglich ist. Bei chemisch vernetzten Polymeren ist eine makrobrownsche Molekülbewegung ohne partielle Zerstörung der kovalenten Netzstruktur nicht möglich.

Konformationsänderungen von Makromolekülen erfordern um mehrere Größenordnungen längere Zeiten als Molekularbewegungen niedermolekularer Stoffe. Fehlt diese Zeit bei molekularen Umordnungsprozessen, so entstehen die für Polymere typischen *Nichtgleichgewichtszustände* in der Stoffstruktur, die sich infolge diverser anderer Störungen auch in einer *inhomogenen Verteilung der Strukturphasen* im Stoff äußern. Eindeutige Stoffphasengrenzen fehlen daher bei den Polymeren. Da bei Überführung in den Festzustand die molekulare Ordnung in Polymeren nicht ihr thermodynamisches Gleichgewicht erreicht, bleibt im Stoff ein gewisses *Leerstellenvolumen* bzw. *freies Volumen* erhalten, dessen Ausmaß deutlich die aktuellen Eigenschaften (z.B. Festigkeit) beeinflussen kann. Es ist daher verständlich, daß alle Polymereigenschaften, die mit der Molekülbewegung zusammenhängen, nur als Funktion der Belastungszeit bzw. Belastungsfrequenz angebbar sind und außerdem von der „Vorgeschichte" der Strukturentstehung abhängen. Dieser Aspekt ist von erstrangiger Bedeutung für Entwicklung und Herstellung qualitativ hochwertiger Kunststofferzeugnisse.

Nach den notwendigen Vorbemerkungen zur molekularen Beweglichkeit von Makromolekülen sollen die wichtigsten Ordnungsstrukturen in polymeren Festkörpern erläutert werden. Sind die Moleküle hinreichend beweglich, aber durch unregelmäßige Konfiguration nicht optimal für eine enge „Molekülpackung" geeignet, so wird bei entsprechend tiefer Temperatur der Ordnungszustand durch maximale Entropie bestimmt, d.h., die Moleküle liegen als *amorphe Knäuel- oder Wattebauschstruktur* vor (Bild 1.11).

Die Bezeichnung *amorphe Struktur* beschreibt einen Zustand, bei dem eine durchgängige Fernordnung der Moleküle fehlt. Sie nehmen den energieärmsten Zustand eines statistischen Durchdringungsknäuels an, der nur im Bereich bis ca. 1 nm eine gewisse Nahordnung zuläßt, die von ZMK und Molekülgestalt abhängt. Werden bei höheren Temperaturen oder durch Anlagerung von Lösungsmittelmolekülen (Solvatation) die ZMK aufgehoben, d.h. die mikrobrownsche Bewegung freigesetzt, ist dieser amorphe Knäuelzustand für alle Polymere zutreffend, unabhängig von deren spezieller Struktur im Festzustand. In Schmelze und Lösung kann das vorstehend beschriebene Stukturmodell als experimentell gesichert gelten. Zu den Strukturdetails des amorphen Festzustandes gibt es

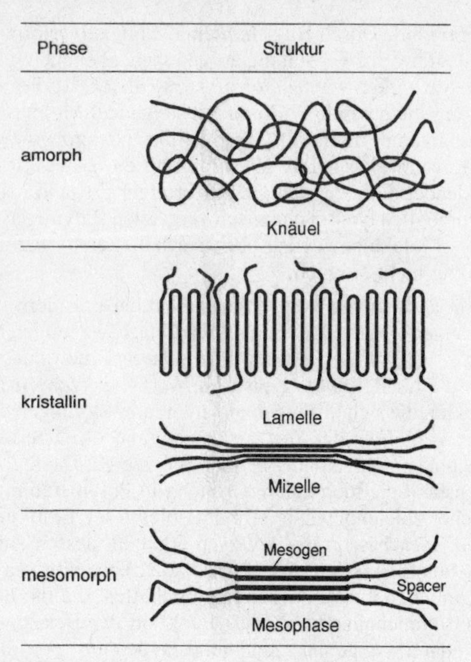

Bild 1.11. Molekulare Ordnungsstrukturen von Polymerphasen

unterschiedliche Ansichten. Aus elektronenmikroskopischen Untersuchungen glauben einige Werkstoffwissenschaftler eine *globulare Feinstruktur* („Noduln") im Abmessungsbereich 3-10 nm erkannt zu haben, die als sehr beständiges und reproduzierbares Strukturelement der amorphen Phase gilt. Andere sehen solche Beobachtungen als Experimentierfehler bzw. Fehlinterpretationen an. Theoretische Modelle (z.B. Mäander-Modell) tragen auch nicht wesentlich zur Problemlösung bei. Vielleicht sind diese „Noduln" einfach nur eine Folge „knotenartiger" Störstellen durch Molekülverschlaufungen im Moment der Erstarrung. Unabhängig davon, ob die globulare Feinstruktur physikalische Realität ist, sind im Bereich ab ca. 0,1 µm morphologische Strukturen in der amorphen Festphase beobachtet worden, die hierarchisch aufgebaute Globularüberstrukturen darstellen. Deren Art und Aufbau hängen entscheidend von der „Vorgeschichte" der Polymerherstellung ab. Als Beispiel ist in Bild 1.12 die Struktur eines PVC-Korns schematisch dargestellt.

Der amorphe Festzustand wird wegen weitgehender Übereinstimmung mit dem Zustand erstarrter Gläser auch als *Glaszustand* bezeichnet. Aus dem Abschnitt 1.3.1 lassen sich Konfigurationsmerkmale ableiten, die für amorphe Strukturen von Linearpolymeren bestimmend sind. Ataktische

Vinylpolymerisate (s. Tafel 1.17) sind wegen der unregelmäßigen Anordnung mehr oder weniger großer Substituenten im Regelfall amorphe Kunststoffe. Polymere mit kovalenten Netzstrukturen sind zumindest bei engmaschiger Vernetzung immer amorph, da die Vernetzungsstellen als Störstellen für einen höheren Ordnungszustand wirken. Weitere Beispiele sind in Kapitel 4 aufgeführt.

Werden amorphe Linearpolymere im Festzustand durch Zugkräfte gereckt, so entsteht eine *Molekülorientierung* durch Parallellagerung der Moleküle, die entsprechende *Eigenschaftsanisotropie* zur Folge hat. In Richtung der Orientierung würde sich z.B. eine Steifigkeitserhöhung ergeben, quer dazu wäre diese geringer. Die Molekülorientierung ist ein „eingefrorener Zwangszustand" geringer Entropie. Schafft man durch Erwärmung eine hinreichende mikrobrownsche Molekülbeweglichkeit, so wird sich diese Orientierung überwiegend durch Schrumpfen des Prüfkörpers gemäß dem Prinzip der Entropiemaximierung zurückbilden. Die Größe der Schrumpfung wird davon abhängen, in welchem Maß beim Recken eine makrobrownsche Bewegung der Moleküle durch irreversible plastische Verformung stattgefunden hat. Wiederholt man das gleiche Experiment im Zustand freier mikrobrownscher Bewegung, wäre die Verformungsrückstellung sofort nach der Wegnahme der Belastung wirksam. Bei diesem Effekt handelt es sich um eine nur für Polymere typische Elastizitätserscheinung, der *Entropieelastizität* oder *Gummielastizität*. Selbst bei Scherung einer Kunststoffschmelze würden Molekülverschlaufungen eine ideal makrobrownsche Molekülverformung verhindern, so daß auch im plastischen Zustand von Polymeren entropieelastische Anteile wirksam sind.

Werden Polymere einer mechanischen Belastung ausgesetzt, so ist eine zeitabhängige Verformungszunahme bei vorgegebener Spannung (*Kriechen, Retardation*) bzw. ein zeitabhängiger Spannungsabbau nach erfolgter Verformung (*Relaxation*) zu beobachten. Dieses Verhalten, auch als *Viskoelastizität* bezeichnet, läßt sich auf die gleichzeitige Wirkung von drei qualitativ unterschiedlichen Deformationsmechanismen zurückführen. In Tafel 1.25 werden diese Verformungsarten näher erläutert.

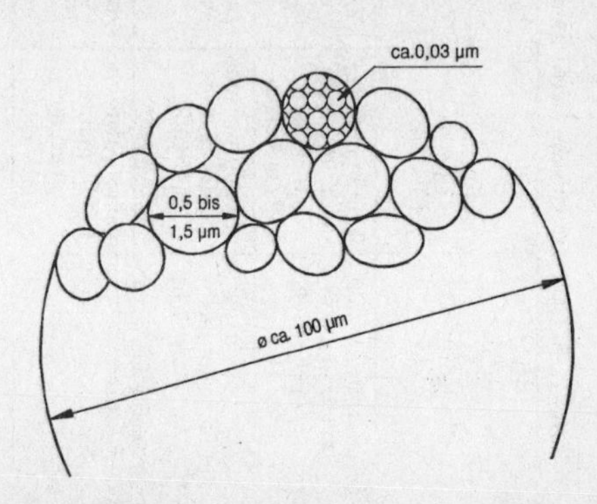

Bild 1.12. Globularüberstruktur von PVC (nach Hatori)

Tafel 1.25. Charakteristische Verformungsarten bei mechanischer Beanspruchung von Polymeren

Verformungsart	Molekulare Ursache	Zeitabhängigkeit der Verformung nach:		Verformungsmodul (Härte) bei steigender Temperatur	Bedingungen für ideale Wirksamkeit		
		Belastung	Entlastung		thermischer Zustand	mikrobrownsche Beweglichkeit	makrobrownsche Beweglichkeit
energieelastisch (auch: spontanelastisch)	Konfigurationsänderung ohne molekulare Platzwechsel	spontane Verformung	spontane Rückverformung (reversibel)	Größe: ca. 10^4 N/mm^2 gering fallend (stahlähnlich)	glasartig	minimal	minimal
entropieelastisch (auch: gummielastisch)	mikrobrownsche Konformationsänderung	zeitverzögerte Verformung	zeitverzögerte Rückverformung (reversibel)	Größe: $1–10^3$ N/mm^2 linear steigend (gasähnlich)	thermoelastisch	maximal	minimal
plastisch (auch: viskos)	makrobrownsche Konformationsänderung	zeitverzögerte Verformung	bleibende Verformung (irreversibel)	Größe: $< 10^{-1}$ N/mm^2 exponentiell fallend (flüssigkeitsähnlich)	thermoplastisch	maximal	maximal

Das unterschiedliche mechanische Verhalten von Kunststoffen und Gummi wird lediglich durch die graduell verschiedenen Verformungsanteile im jeweiligen thermischen Zustand bestimmt. Die verschiedenen molekularen Bewegungsmechanismen ergeben extrem unterschiedliche Verformungen. Sie reichen von ca. 0,1 % für energieelastische Verformung über ca. 10^2 % für gummielastische Verformung bis zu ca. 10^4 % für plastische Schmelzen. Das *nichtnewtonsche Fließen* (z.B. Strukturviskosität) von Polymerschmelzen oder -lösungen ist gleichfalls dieser Deformationsmechanik geschuldet. Stoffe mit derartig komplexem Verhalten werden auch *rheonome Stoffe* genannt. In Vergleich zur *Theorie der Viskoelastizität* mit ihrem komplizierten mathematischen Formalismus ist die theoretische Beschreibung des deformationsmechanischen Verhaltens sogenannter *skleronomer Stoffe* (z. B. Metalle) geradezu simpel. Konstrukteure von Kunststoff- und Gummibauteilen sowie Rheologen müssen sich oft damit auseinandersetzen, inwieweit ihre vereinfachten Berechnungsalgorithmen noch sinnvolle Ergebnisse liefern. Die Werkstoffprüfer stehen vor ähnlichen Problemen. Es ist anschaulich, polymere Stoffe bezüglich ihres Verformungsverhaltens als Hybride von Festkörpern, Flüssigkeiten und Gasen anzusehen. Die bereits mehrfach betonte Eigenschaftsvielfalt der Polymere wird dadurch verständlicher.

Am Beispiel der amorphen Knäuelstruktur konnten wesentliche Struktur-Eigenschafts-Zusammenhänge der Polymere erklärt werden. Sind die Makromoleküle sehr gleichmäßig aufgebaut und unterstützt ihre Konfiguration und die Stärke der ZMK eine enge Annäherung der Moleküle, so tritt *Kristallitbildung* ein, da Ordnungsvergrößerung zumindest partiell einen höheren Energiegewinn als Entropievergrößerung ergibt. Bei hinreichend flexiblen Molekülen geschieht dies durch Parallellagerung und Faltung, d.h., es entstehen Kristallite als *Lamellen*. Bei sehr steifen Molekülen (z.B. Cellulose) ist nur eine Parallellagerung möglich, die *Mizellen* ergibt. Beide Kristallitkonformationen sind in Bild 1.11 schematisch dargestellt. Die kleinsten molekularen Bauelemente dieser Kristallite sind die *Kristallitelementarzellen* mit unterschiedlichsten Gitterstrukturen. Das enge Einfügen kleiner Molekülsegmente in ein Kristallgitter führt zu charakteristischen Mikrokonformationen in Längsrichtung der Molekülketten. In Bild 1.13 ist am Beispiel PTFE ein schraubenförmig verdrehtes Molekül, die sogenannte *Helix*, dargestellt.

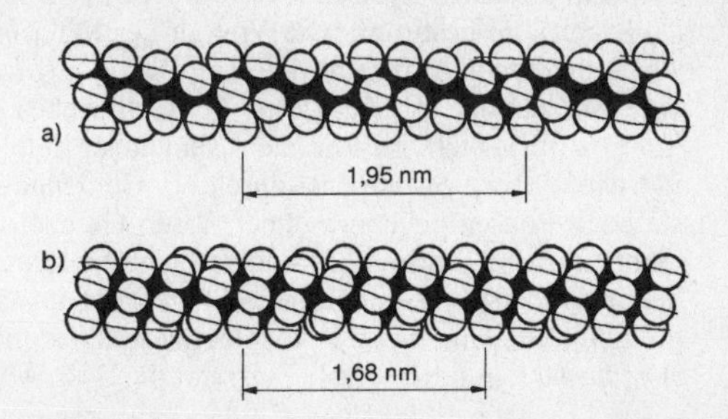

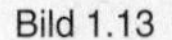
Bild 1.13

Kristallitelementarzellen von PTFE

a) > 19 °C: hexagonal kristallisiert
b) < 19 °C: triklin kristallisiert

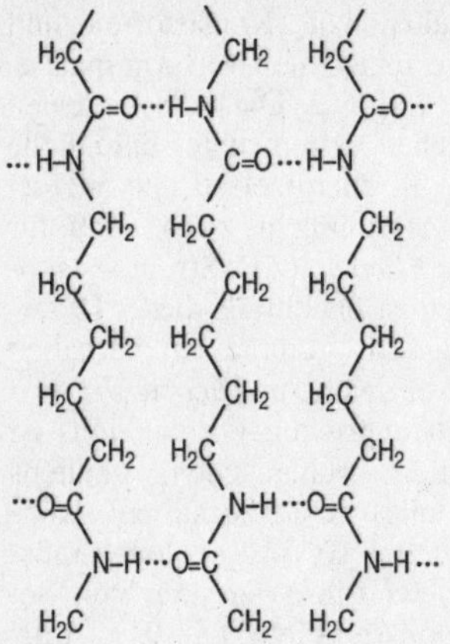

Bild 1.14. Faltblattstruktur von PA6

Dies ist die häufigste Mikrokonformation bei kristallinen Polymeren. Es sind aber auch *Zickzack-* oder *Faltblattstrukturen* möglich, wie in Bild 1.14 für PA6 erkennbar ist. Bei PA6 sind für die Kristallitbildung vor allem auch Wasserstoffbrücken verantwortlich.

Die Kristallelementarzellen sind als kleinste Strukturelemente der kristallinen Phase zwar relativ stabile Gebilde, können sich aber bei bestimmten Temperaturen in andere Gitterstrukturen umwandeln. In Bild 1.13 ist eine Kristallgitterumwandlung für PTFE bei ca. 19 °C angegeben. So wird PTFE bei Temperaturen über 19 °C ein weniger dicht „gepacktes" Gitter haben, das etwa einer Zunahme des spezifischen Volumens von ca. 1 % entspricht. Würde man aus PTFE-Halbzeug besonders maßhaltige Werkstücke spanend herstellen, so wäre dieser Einfluß, z.B. bei der Maßprüfung, praktisch durchaus von Bedeutung. Zur Vielfalt der Kristallgitterstrukturen bei Polymeren sollen hier keine weiteren Ausführungen gemacht werden.

Die Kristallisation von organischen Polymeren ist ein derart komplexes Strukturbildungsphänomen, daß hier nur eine stark vereinfachte Darstellung möglich ist. Die Kristallbildung wird, wie auch bei niedermolekularen bzw. atomaren Stoffen, durch die Teilschritte Keimbildung und Kristallwachstum bestimmt. Die Vielfalt der Makromolekülkonformationen sowie die Tendenz der Entropievergrößerung (Molekülknäuelung) lassen eine vollständige Kristallisation bei technischen Abläufen (Herstellung, Verarbeitung) nicht zu. Polymere sind daher immer nur *teilkristallin*. Ihre morphologische Struktur ist durch ein Gemenge von amorphen und kristallinen Phasen gekennzeichnet, deren Grenzen auf molekularer Ebene nicht eindeutig bestimmbar sind. Gleiche Makromoleküle können sowohl der amorphen als auch der kristallinen Phase angehören. Im Regelfall aggregieren die lamellaren bzw. mizellaren Kristallite zu *kristallinen Überstrukturen*, deren wichtigste Vertreter die *Sphärolithe* sind (Bild 1.15).

Inhomogene Kristallkeimbildung, unterschiedliche Abkühlungsgeschwindigkeit sowie Temperaturgradienten im Stoff können kristalline Strukturen erzeugen, die nach Zahl, Form, Größe und Verteilung sehr unterschiedlich sind. Die morphologische Struktur teilkristalliner Polymere wird daher immer mehr oder weniger inhomogen sein. Eine entsprechende Eigenschaftsanisotropie ist die Folge. Der kristalline Anteil wird quantitativ durch den *Kristallisationsgrad* angegeben, der bei besonders leicht kristallisierenden Polymeren 60-80 % betragen kann. Unter Laborbedingungen wurden auch höhere Werte bis hin zu *polymeren Einkristallen* erreicht.

Die Besonderheiten der morphologischen Struktur teilkristalliner Polymere waren schon immer Anlaß, diese im Sinne einer gewünschten Eigenschaftsbeeinflussung zu nutzen:

1. Durch Reckung bzw. Scherung der Makromoleküle können infolge molekularer Umlagerung bzw. Neubildung orientierte kristalline Strukturen erzeugt werden, die erhebliche Steigerungen von Festigkeit, Steifigkeit u.a. in der gewünschten Richtung bewirken. Solche kristallinen Überstrukturen sind u.a. als Fibrillen- und Schaschlik(Shish-kebab)strukturen in Bild 1.15 angegeben. In der Chemiefaserindustrie und Kunststofftechnik sind dafür viele Verfahrensvarianten bekannt (z.B. Fadenreckung, biaxiale Folienverstreckung, Spritzgieß-, Extrusions- und Walzpreßrecken). Ergebnisse dieser Manipulationen sind anisotrope Strukturen unidirektionaler oder orthogonaler Orientierung.
2. Durch bewußte Steuerung der Erstarrungsbedingungen und/oder Zugabe feinverteilter *Nukleierungsmittel* als Keimbildner wird eine möglichst homogene und feinkörnige Kristallitstruktur angestrebt, die z.B. für verschleißbeanspruchte und maßhaltige Kunststoffprodukte sehr vorteilhaft ist.

Einige Polymere sind auf Grund ihrer Molekülkonfiguration bei üblichen Erstarrungsbedingungen nicht zur Kristallisation befähigt. Durch Rek-

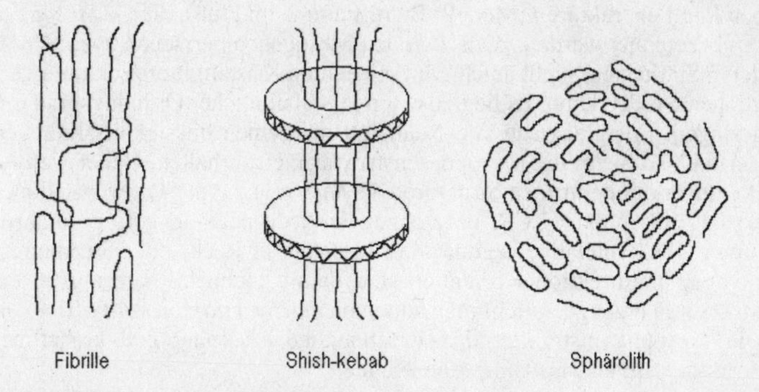

Bild 1.15. Kristalline Überstrukturen

kung ist infolge der Parallellagerung und Annäherung der Molekülsegmente aber eine teilweise Kristallisation möglich, die als *Dehnungskristallisation* bezeichnet wird. Diese Strukturbildung setzt ein gewisses Maß an mikrobrownscher Molekülbeweglichkeit voraus, da sich Kristallite nur durch molekulare Umlagerungen während des Dehnungsvorganges bilden können. Es ist daher nicht verwunderlich, daß bei Kautschuken (z.B. NR, IR, IIR, CR) diese Dehnungskristallisation häufig zu beobachten ist. Die damit verbundene Härtezunahme wird in der Elastomertechnik allerdings nicht immer geschätzt.

Kristalline Strukturen verkörpern den höchsten molekularen Ordnungszustand von Polymeren im Sinne dichtester Molekülaggregationen mit entsprechend verstärkten Anziehungskräften der ZMK. Aber auch sie sind unvollkommene Gebilde eines „eingefrorenen" Kristallisationsungleichgewichtes, so daß sie bei Erwärmung in einem unterschiedlich breiten Temperaturintervall, nicht aber an einem Schmelzpunkt, aufschmelzen. Das Aufschmelzen erfordert zusätzliche latente Wärmeenergie als *Schmelzwärme*. Beim schnellen Erstarren setzt wegen der *Unterkühlbarkeit* der Schmelzen die Kristallisation bei Erstarrungstemperaturen ein, die 20 bis 40 K unterhalb der Schmelzendtemperaturen liegen können. Nukleierungsmittel als Keimbildner können diese Differenz verringern. Kristalline Phasen erhöhen Härte, Steifigkeit und Verschleißfestigkeit der Kunststoffe und verringern Permeation, Diffusion, Löslichkeit und Quellbarkeit. In vieler Hinsicht ergeben sich ähnliche Einflüsse auf die Polymereigenschaften wie bei einer chemischen Vernetzung. Es ist daher zulässig, die kristallinen Strukturen als *physikalische Vernetzungsstellen* anzusehen, die thermisch reversibel sind.

Nach den bisherigen Strukturbetrachtungen ist es vorstellbar, daß extrem steife Makromoleküle (z.B. Leiter-Polymere) weder zu einer amorphen Knäuelstruktur, noch zu einer Einordnung im Kristallgitter befähigt sind. Die Moleküle sind wenig flexible Stäbchen (*Mesogene*), die nur einen geringen Freiheitsgad der mikrobrownschen Beweglichkeit besitzen. Falls eine makrobrownsche Bewegung möglich ist, ordnen sie sich zu anisotropen Parallelstrukturen (Modell: Baumstämme im Fluß), die als *Mesophasen* bezeichnet werden. Zwischen den Mesogenen herrschen zwar ZMK, deren Stärke aber nicht annähernd mit echten Kristallgitterstrukturen verglichen werden kann. Es liegt also ein kristallähnlicher Ordnungsgrad mit geringem Energieniveau vor. Realisiert man einen flüssigkeitsähnlichen Zustand, so bleibt die Mesophasenstruktur meist erhalten. Daher werden Polymere mit derartigen Strukturen als *flüssigkristalline Polymere* (liquid crystal polymers = LCP) bezeichnet. Da jede noch so geringe makrobrownsche Molekülbewegung die Mesogene in Reck- oder Strömungsrichtung unidirektional orientiert und damit hochbelastbare anisotrope Strukturen erzeugt, spricht man auch von *eigenverstärkenden Polymeren*. Die Mesophasenstruktur als Zwischenglied amorpher und kristalliner Struktur wird als *mesomorph* bezeichnet.

Durchgängige Leiter-Polymere (z.B. Aramide) sind durch Erwärmung nicht plastifizierbar, d.h., der flüssigkeitsähnliche Zustand ist nur in Lösung (*lyotrope LCP*) erreichbar. Sollen wärmeplastifizierbare (*thermotrope*) LCP erzeugt werden, so kann dies durch Kombination von Leiterstrukturen mit flexiblen Molekülsegmenten, den sogenannten *Spacern*, erreicht werden. Bei diesen Polymeren beschränkt sich die Mesophasenstruktur auf die Mesogene (Bild 1.11). Unterschiedliche Anordnung der Mesogene im Festzustand bzw. in der Schmelze führt zu unterschiedlichen Mesophasenstrukturen (z.B. nematisch, smektisch), die sich nach Ausrichtung und Packungssymmetrie unterscheiden. Bei bestimmten Temperaturen erfolgen Mesophasenumwandlungen, ohne die mesomorphe (anisotrope) Grundstruktur der LCP prinzipiell zu verändern. Wenn keine thermische Zersetzung auftritt, wird oberhalb einer bestimmten Temperatur (*Klärtemperatur*) die Mesophasenstruktur in eine ungeordnete isotrope Struktur überführt. Alle diese Umwandlungen erfordern nur geringe Umwandlungswärmen. Für die Spacersegmente der Makromoleküle sind alle für flexible Polymere zutreffenden Morphologien (amorph, kristallin) möglich.

1.3.3 Thermische Zustands- und Umwandlungsbereiche (Einteilung der Polymere nach der Molekülstruktur)

In Bild 1.1 ist eine Einteilung der synthetisch hergestellten bzw. stofflich abgewandelten Polymere angegeben, die in dieser oder ähnlicher Form dem Kunststofftechniker geläufig ist. Für den Einsteiger in das Kunststoffgebiet können die nicht immer glücklich gewählten Bezeichnungen zu Fehleinschätzungen führen. Daher sollen dieses Einteilungsschema und die damit verknüpften Probleme kurz erläutert werden.

Für niedermolekulare kristalline Stoffe sind die Aggregatzustände *fest, flüssig, gasförmig* eindeutig durch ihre Umwandlungstemperaturpunkte *Schmelz-* und *Siedetemperatur* zu beschreiben. Aus den Strukturbetrachtungen des Abschnittes 1.3.2 ist ersichtlich, daß eine solche einfache thermische Zustandsdefinition für makromolekulare Stoffe prinzipiell unmöglich ist. Es können drei unterschiedliche Phasenstrukturen auftreten (amorph, kristallin, mesomorph), die miteinander kombinierbar sind. Außerdem kann die mikrobrownsche und makrobrownsche Molekularbeweglichkeit durch die chemische Konstitution und andere stoffliche Modifizierung in breiten Bereichen variiert werden, wobei speziellen molekularen Platzwechselmechanismen bei Temperaturerhöhung auch sehr unterschiedliche Grade der stofflichen Veränderung (Erweichung, Volumen- und Enthalpiezunahme, mechanische Dämpfung u.a.) zukommen.

Bereits in der Anfangsphase der Kunststoffentwicklung wurden zur Beschreibung der thermischen Zustände und Umwandlungsbereiche relevante Eigenschafts-Temperaturfunktionen verwendet. Am meisten eingebürgert sind Schubmodul (G)- und Dämpfungs (d)-Temperaturschaubilder aus dem Torsionsschwingungsversuch nach DIN 53445 bei unterschiedlichen Frequenzen, s. Abschn. 2.3.1.1 und Bild 2.42. In Abschn.

5.2.2 finden sich Beispiele. Auf dieser Grundlage wurde sogar der Versuch einer Klassifikation der Polymeren unternommen (DIN 7724, VDI 2021). Weiterentwickelte Meßmethoden und -systeme der *Dynamisch-Mechanischen Analyse (DMA)* erweiterten das Instrumentarium der sogenannten *mechanischen Spektroskopie*. Besonders die Messung der mechanischen Dämpfung als Funktion der Temperatur erweist sich als sehr empfindlicher Indikator von molekularen Platzwechselvorgängen in Polymeren. Thermoanalytische Meßmethoden der Kalorimetrie, wie *Differenz-Thermoanalyse (DTA)* und *Dynamische Differenz-Kalorimetrie (DSC),* sind ebenfalls zur Identifikation thermisch initiierter Strukturveränderungen und -umwandlungen geeignet. In ähnlicher Weise ergänzen dilatometrische Messungen von Längen- oder Volumenänderungen (pvT-Verhalten) die Methoden der Strukturanalyse. Über den hier ins Auge gefaßten Zweck der Beurteilung von thermischen Zustandsänderungen hinaus ergeben die genannten Prüfmethoden wichtige mechanische, kalorische, reaktionskinetische und dilatometrische Daten zur Qualitätssicherung, zur Berechnung von Polymerbauteilen und Verarbeitungsprozessen sowie zur Werkstoffauswahl. Weitere Informationen zu den genannten Prüfmethoden finden sich u.a. in Abschn. 2.3.6; 2.8.

Bei der großen strukturellen und stofflichen Vielfalt der Polymeren wäre eine detaillierte Beschreibung thermischer Zustände und Übergangsbereiche durch Eigenschafts-Temperaturfunktionen im einführenden Kapitel nicht sinnvoll. Es sollen daher nur allgemeingültige Hinweise zum thermischen Verhalten der Strukturphasen gegeben werden (Bild 1.16).

1. *Amorphe Phase*: Mit steigende Temperatur werden im *Glaszustand* zunehmend mikrobrownsche Platzwechsel durch Abnahme der ZMK angeregt, deren „individuelle“ Wirksamkeiten durch die Temperaturlage sogenannter *Nebenrelaxationsgebiete* (*Nebeneinfriergebiete*) angezeigt werden. Bis zu 5 oder mehr solcher charakteristischer Bereiche wurden bei Polymeren gefunden, die speziellen molekularen Platzwechselmechanismen zuzuordnen sind. Jenseits des *Haupteinfrierbereichs* (*Verglasungsbereich*) ist die mikrobrownsche Molekülbewegung insgesamt durch das Aufheben aller molekularer Nahordnung freigesetzt, d.h., die ZMK haben ihre unmitelbare Wirksamkeit für die Molekülfixierung verloren. Der *thermoelastische Zustand* ist erreicht. Das Ausmaß der dadurch bewirkten Erweichung hängt vom Grad der mikrobrownsche Molekülbeweglichkeit ab. Der Haupteinfrierbereich als Übergangsbereich zwischen glasartig und thermoelastisch wird allgemein durch die *Glas- oder Haupteinfriertemperatur* gekennzeichnet. Ihre genaue Festlegung ist Sache der Prüfmethodenkonvention. Sie hängt außerdem von Art und Dauer der Beanspruchung bei der Messung ab. Die „Antwortreaktion“ der Moleküle erfolgt zeitlich verzögert zur „Lasterregung“ der Prüfmethode. So werden bei dynamisch-mechanischen Prüfungen mit hohen Lastwechselfrequenzen deutlich höhere Glastemperaturen (dynamische Glastemperatur $T_{g\ dyn}$) gemessen als bei kalorimetrischen oder dilatometrischen Prüfungen mit sehr langsamer Temperaturänderung (statische Glastemperatur $T_{g\ stat}$).

a) amorphe Phase

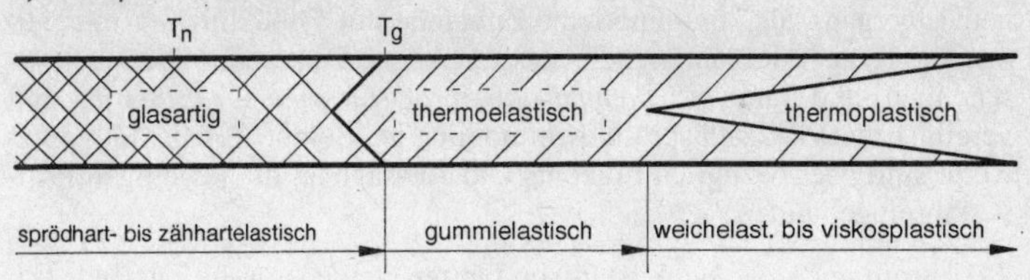

T_g Glastemperatur, Haupteinfriertemperatur

T_n Temperaturlage von Nebenrelaxationsgebieten ($T_g = T_\alpha$; $T_n = T_\beta, T_\gamma \ldots$)

b) kristalline Phase

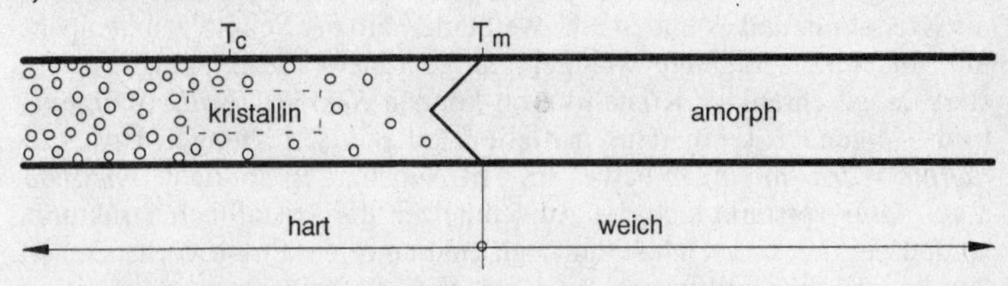

T_m Schmelzendtemperatur ($T_m > T_g$)

T_c Temperaturlage von Kristallgitterumwandlungen ($T_c = T_{c1}$; T_{c2} ...)

c) mesomorphe Phase

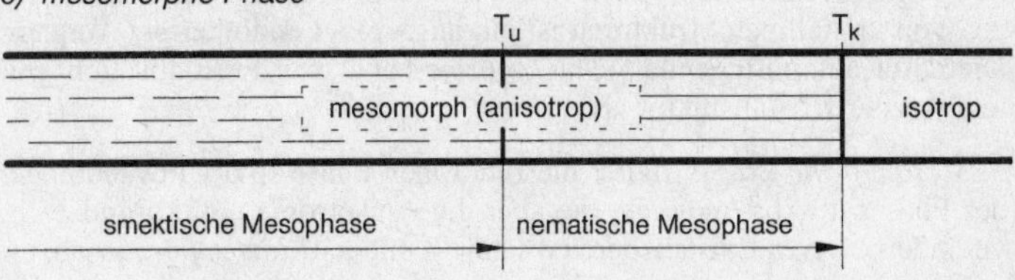

T_k Klärtemperatur ($T_k > T_g$)

T_u Temperaturlage der Mesophasenumwandlung

Bild 1.16. Thermische Zustands- und Umwandlungsbereiche von Polymerphasen

Differenzen sind je nach Polymerart und Höhe der Glastemperatur bis 50 K zu erwarten. Man könnte anschaulich auch so argumentieren, daß sich Polymere bei Temperaturerhöhung um so härter bzw. steifer verhalten, je schneller der Beanspruchungszyklus ist, s. auch Abschn. 2.2.2.1. Im thermoelastischen Zustand überwiegt Enthropieelastizität, d.h., das Polymere verhält sich gummiartig. Mit zunehmender Temperatur erhöht sich die makrobrownsche Molekülbewegung, so daß plastische (viskose)

Verformungsanteile überwiegen. Der *thermoplastische Zustand* ist in seinem Übergang als kontinuierliche Zunahme der Fließfähigkeit mit steigender Temperatur anzusehen, dessen Abgrenzung zum thermoelastischen Zustand durch *Fließtemperaturen, No-Flowtemperaturen* u.a. mit vereinbarten Viskositätsprüfungen möglich ist. Solche Temperaturgrenzwerte sind aber bezüglich Ergebnis und Aussage an die jeweiligen Prüfverfahren gebunden.

2. *Kristalline Phase*: Bei kristallinen Phasen werden nur die Zustände *kristallin* und *amorph* abgegrenzt, die aus der Sicht mechanischer Belastung unterschiedliche Härte bzw. Weichheit bedeuten. Mit steigender Temperatur können im kristallinen Zustand je nach konfigurativen Voraussetzungen verschiedene *Kristallgitterumwandlungen* (T_c) stattfinden, deren Wirkung von denen der Nebenrelaxationsgebiete mit den beschriebenen Meßmethoden nicht immer unterscheidbar ist. Insgesamt „lockern" sich die Kristallite, und es finden u.U. weit unterhalb der Schmelzendtemperatur Vorschmelzvorgänge weniger gut geordneter Strukturen statt. Bei stark eingeschränkter Kristallisation können *Rekristallisationsvorgänge* trotz steigender Temperatur partielle Steifigkeitserhöhungen bzw. *exotherme Wärmetönungen* bewirken. Mit Annäherung an die *Schmelzendtemperatur* verstärkt sich das Aufschmelzen der kristallinen Strukturen, so daß bei deren Erreichen nur noch eine amorphe Phase vorhanden ist. Aus kalorischen Prüfungen mit langsamer Aufheizgeschwindigkeit gemessene Schmelzendtemperaturen sind vergleichsweise konstante Stoffkennwerte. Sehr schnelle Erwärmungs- und Abkühlungsvorgänge bzw. hochfrequente dynamisch-mechanische Belastungen bewirken beim Schmelz- bzw. Erstarrungsvorgang ähnliche Verschiebungen, wie sie beim Einfrieren der amorphen Phase diskutiert wurden. Das Aufschmelzen von kristallinen Strukturen ist ein ausgeprägt endothermer Vorgang. Die dafür aufzubringende *Schmelzwärme* hängt von Kristallisationsgrad und Art der Kristallstuktur ab.

3. *Mesomorphe Phase*: In der mesomorphen Phase sind Umwandlungen der Phasenstruktur möglich, die aber die Anisotropie nicht grundlegend verändern. Deren Existenzbereich schließt mit der *Klärtemperatur* ab, mit der eine ungeordnete isotrope Struktur beginnt. Ob Mesomorphie im glasartigen, thermoelastischen oder thermoplastischen Zustand vorkommt, hängt von der Gesamtstruktur der Polymeren ab. Thermotrope LCP sind als technische Kunststoffe interessant, wenn sie im thermoplastischen Zustand mesomorph sind. Mesophasenstrukturumwandlungen und Aufhebung des mesomorphen Zustandes sind nur mit geringen endothermen Wärmetönungen verbunden, sofern sie überhaupt nachweisbar sind.

Polymere können je nach Phasenstruktur alle vorstehend genannten Zustands- und Übergangsbereiche durchlaufen, wenn sie sich vorher nicht thermisch zersetzen. Der thermische Zersetzungsbereich als Folge chemischer Abbauprozesse beendet die Existenz der Kunststoffe. Ein gasförmiger Zustand ist nicht möglich.

Die Einteilung der Polymeren nach Bild 1.1 beruht auf einer qualitativen Unterscheidung der Molekülbeweglichkeit bei Raumtemperatur, wobei in der Namengebung der *Thermoplaste* die Möglichkeit, nicht aber die zwingende Notwendigkeit eines thermoplastischen Zustandes erfaßt ist. In Bild 1.17 wird in schematischer Form aus Unterschieden der makro- und mikrobrownschen Molekülbeweglichkeit die Zuordnung der in Bild 1.1 benannten Polymerklassen angegeben.

Es handelt sich dabei immer um Endprodukt-Werkstoffe, also nicht um Formmassen und Vorprodukte. Die makrobrownsche Beweglichkeit zwischen Duroplasten und vernetzten Elastomeren (Gummi) einerseits und den Thermoplasten und thermoplastischen Elastomeren andererseits ist durch die kovalente (chemische) Vernetzung abgegrenzt. Duroplaste (Duromere) und Gummi sind mithin nicht oder infolge unvollkommener Netzwerkbildung nur gering plastisch verformbar. Die Abgrenzung zwischen Duroplasten und Gummi ist eine Frage der praxisüblichen Konvention, die sich in unterschiedlicher Härte bzw. Steifigkeit ausdrückt und dadurch unmittelbar mit der mikrobrownschen Molekülbeweglichkeit zusammenhängt. Verbindliche Festlegungen gibt es nicht, so daß die in Bild 1.17 angegebenen Bereiche des Kurzzeit-E-Moduls bzw. der Shorehärte D nur als grobe Orientierung gedacht sind. Es ist etwa ein Bereich, in dem Hartgummi, flexible EP-, UP-, PUR-X-, SI-X-Harze u.a. liegen. Nach diesem Einteilungsprinzip sind Thermoplaste (Plastomere) und thermoplastische Elastomere unvernetzte Polymere, d.h., sie bestehen aus linearen oder verzweigten Makromolekülen. Nur mit dieser Struktur ist die Option eines thermoplastischen Zustandes höchster makrobrownscher Molekülbeweglichkeit gegeben. Vor allem im letzten Jahrzehnt haben Po-

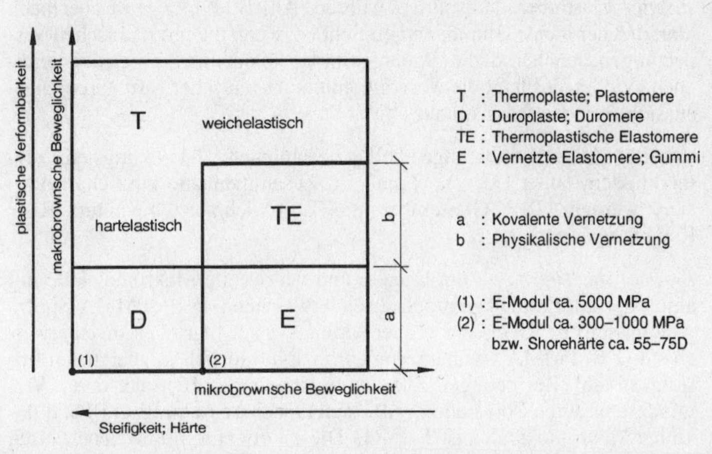

Bild 1.17. Einordnung der Polymere nach der Molekülbeweglichkeit bei Raumtemperatur

lymere zunehmend an Bedeutung gewonnen, die gummiähnliche Eigenschaften mit rationeller thermoplastischer Verarbeitbarkeit verknüpfen. Für diese Polymerklasse wurde u.a. der Begriff *thermoplastische Elastomere* geprägt. Die derzeitigen Bemühungen zur Nomenklatur dieser Polymere sind nicht nur ein erneuter Beweis, wie schwer man sich in der Polymertechnik schon immer mit Bezeichnungssystemen getan hat, sondern auch dafür, daß es aus strukturphysikalischer Sicht ein sehr komplexes Problem ist. Im Grunde soll mit diesen Polymeren ein thermoplastisch verarbeitbarer, idealer Gummiwerkstoff geschaffen werden. Diese Forderung bedeutet nach Tafel 1.25, daß möglichst große mikrobrownsche Molekülbeweglichkeit mit ausreichend gummielastischer (entropieelastischer) Verformbarkeit und geringer makrobrownscher Beweglichkeit (geringer plastischer Verformung) zu kombinieren sind. Man benötigt also ein weitmaschig vernetztes Polymer mit geringen ZMK, dessen Vernetzungsstellen thermisch reversibel sind. Solche *physikalischen Vernetzungsstellen* können auf verschiedenste Weise verwirklicht werden. In Tafel 1.26 sind die derzeit bekannten Möglichkeiten erläutert und durch Stoffbeispiele belegt.

Die in Tafel 1.26 unter a) und b) aufgeführten Polymere werden zu den Thermoplasten und die unter d) bis g) zu den thermoplastischen Elastomeren gezählt. Die Zuordnung von c) wird von der jeweiligen Härte oder anderen Gesichtspunkten abhängig gemacht. Dieses Schema zeigt die Schwierigkeit einer Zuordnung und damit auch die der Abgrenzung in Bild 1.17. Durch Molekülverschlaufungen trägt jeder Thermoplast ein gewisses „Gummipotential" in sich. In der Praxis waren PVC-P, PIB und andere weichelastische Thermoplaste als gummiähnliche Ersatzstoffe in vielen Bereichen eingesetzt, bevor sie durch moderne Typen thermoplastischer Elastomere substituiert wurden. Am Bild 1.17 wird aber auch klar, daß der ideale Gummi erst erreicht ist, wenn die physikalischen Vernetzungen annähernd die Bindungsstärke kovalenter Vernetzung erreichen. Vielleicht bietet die Vervollkommnung ionischer Strukturen einen aussichtsreichen Ansatzpunkt.

Zu den Strukturbetrachtungen sollen abschließend die wichtigsten Polymerklassen (außer LCP) nochmals im Zusammenhang kurz charakterisiert werden (T_g = Glastemperatur; T_m = Schmelztemperatur; RT = Raumtemperatur):

1. *Amorphe Thermoplaste*: Lineare und verzweigte Makromoleküle mit amorpher Struktur. Thermoplastisch erweichend (z.B. PMMA-Spritzgießmassen) bzw. bei sehr großer Molmasse nur thermoelastisch erweichend (z.B. PMMA-Gußhalbzeug). Prinzipiell löslich in geeigneten Lösungsmitteln. Bei geringen ZMK (z.B. unpolares PIB) oder deren Verminderung durch Solvatation (z.B. Weichmacherzusatz, PVC-P) und flexiblen Makromolekülen ist T_g < RT. Diese Polymere sind weichelastisch bei RT und zunehmend gummiähnlich bei größerer Molmasse. Stärkere ZMK und steifere Moleküle ergeben T_g > RT, d.h. bei RT hartelastische

Tafel 1.26. Einteilung von thermoplastischen Elastomeren und elastomerähnlichen Thermoplasten nach Art der physikalischen Vernetzungsstruktur

a) 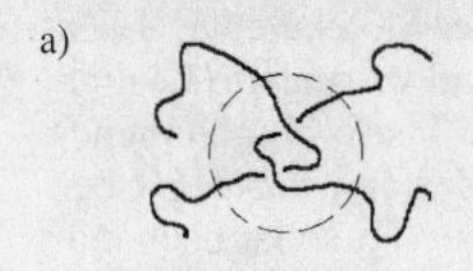	Amorphe Thermoplaste (T_g < RT), deren Molekülverschlaufungen (entanglements), insbesondere bei sehr hochmolekularen Produkten, als temporäre Vernetzungsstellen wirken. z. B. PIB, PE-C, PVC-P
b) 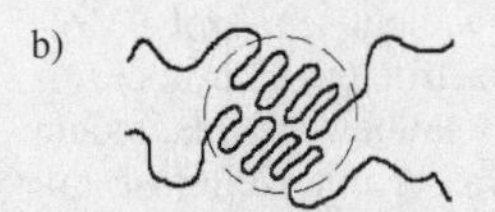	Thermoplaste (T_g < RT) mit geringem Kristallinitätsgrad, deren kristalline Bereiche als Vernetzungsstellen wirken. z. B. PE-VLD
c) 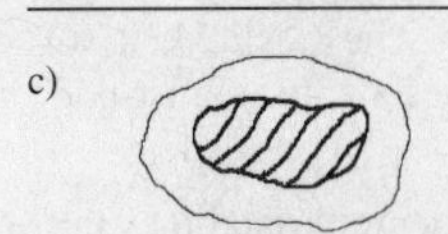 d) 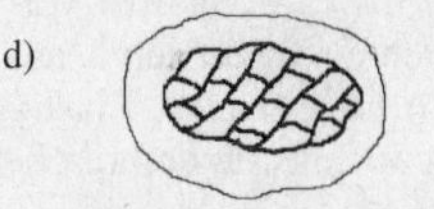	Blends aus Thermoplasten als kohärente Phase (Matrix) mit unvernetzten (c) oder vernetzten (d) Elastomeren als feindisperse Phase, wobei die Matrix als Netzwerkgerüst wirkt. Verbesserung der Phasenkopplung durch Kompatibilisatoren (z. B. Pfropfcopolymere) ist üblich. unvernetzte Phase: z. B. (EPDM + PP), (NR + PP) vernetzte Phase: z. B. (NR-X+PP), (NBR-X+PP), (EPDM-X+PP), (IIR-X+PP)
e) 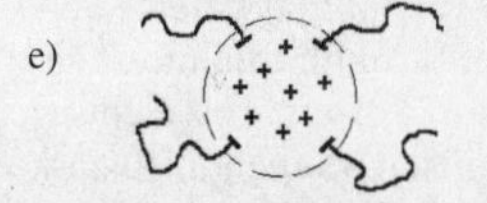	Thermoplaste (T_g < RT) mit partiellen Ionenbindungen, die als aggregierte Ionencluster wie Vernetzungsstellen wirken (Ionomere).
f) 	Amorphe Teleblockcopolymere (Triblockpolymere) mit langkettigem Weichsegmentmittelblock (T_g < RT) und endständigen Hartsegmentblöcken (T_g > RT), die sich wegen Unverträglichkeit zur Domänenstruktur entmischen und in der die Hartdomänen als Vernetzungsstellen wirken. Blends mit Thermoplasten (c) sind auch üblich. z. B. S/B/S, S/EB/S; (S/B/S+PP), (S/EB/S+PP)
g) 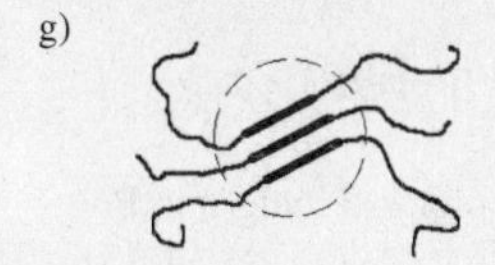	Segmentcopolymere aus langkettigen Weichsegmentblöcken (T_g < RT) sowie aus Hartsegmentblöcken mit Kristallisationsneigung, die sich zur Domänenstruktur entmischen und in der teilkristalline Hartdomänen als Vernetzungsstellen wirken. z. B. PESTEST, PEEST, PESTUR, PEUR, PEESTUR, PEBA

T_g Glastemperatur RT Raumtemperatur

Polymere. In extremen Fällen (z.B. Leiterpolymere) ist Erweichung vor der thermischen Zersetzung nicht möglich.

2. *Teilkristalline Thermoplaste*: Grundmerkmale der Moleküle wie 1. Zusätzliche Teilkristallinität bewirkt größere Härte und verringerte Löslichkeit. Für den Fall T_g < RT bewirkt die kristalline Phase hornähnliches, zähhartes Verhalten bei RT. Thermoplastischer Zustand nur bei Überschreitung von T_m möglich. Liegt T_m sehr viel über T_g, so ist nach dem Aufschmelzen der Kristallite sofort ein thermoplastischer Zustand erreicht (z.B. Polyamide). Ist dies nicht der Fall bzw. liegt sehr große Molmasse vor (z.B. hochmolekulare Polyamide), so tritt ein thermoelastischer Zustand auf. Extreme Verringerung der Molekülbeweglichkeit kann sowohl das thermoelastische Erweichen (z.B. wasserfreie Cellulose mit T_g = 225 °C) als auch den thermoplastischen Zustand (z.B. PTFE, PE-UHMW) vor der Zersetzung völlig verhindern. Die Löslichkeit solcher Stoffe bei RT ist u.U. erheblich eingeschränkt bzw. für sie ist noch kein Lösungsmittel bekannt (z.B. PTFE).

3. *Thermoplastische Elastomere*: Durch amorphe oder teilkristalline Hartsegmente (Domänen) bzw. durch Ionencluster thermisch reversibel vernetzte Makromoleküle mit geringer Vernetzungsdichte sowie Blends aus Thermoplasten mit hohen Anteilen vernetzter bzw. unvernetzter Elastomerphase. Thermoplastisch erweichende und lösliche, elastomerähnliche Polymere. Zusatzinformation in Tafel 1.26.

4. *Vernetzte Elastomere (Gummi)*: Thermisch irreversibel (kovalent) vernetzte Makromoleküle mit überwiegend amorpher Struktur und meist geringer Vernetzungsdichte (geringe Härte). Thermoplastische Erweichung nicht möglich. Prinzipiell unlöslich, aber in geeigneten Medien u.U. stark quellbar. Ausgeprägte Gummielastizität (Entropieelastizität) ohne plastische Verformung im Temperatureinsatzbereich. Dehnungskristallisation relativ häufig.

5. *Duroplaste*: Thermisch irreversibel (kovalent) vernetzte Makromoleküle mit amorpher Struktur und großer Vernetzungsdichte. Thermoelastische Erweichung je nach ZMK und Vernetzungsdichte unterschiedlich ausgeprägt. Bei sehr enger Vernetzung ohne praktische Bedeutung. Prinzipiell unlöslich, aber je nach Vernetzung mehr oder weniger quellbar in geeigneten Medien.

1.4 Stoffliche Modifizierung von Polymeren

Unter stofflicher Modifizierung soll hier die Blendherstellung aus Polymeren sowie die Zugabe von Füll- und Zusatzstoffen (Additive) für unterschiedlichste Zweckbestimmungen verstanden werden. Wegen der Vielschichtigkeit dieses Gebietes ist nur eine kurze Übersichtsdarstellung möglich. Weitere Einzelheiten zu diesem Problemkreis finden sich in den folgenden Kapiteln.

1.4.1 Polymermischungen (Blends)

Die Herstellung von Polymermischungen (*Polyblends, Polymerlegierungen, Blends*) ist fast so alt wie die Kunststofftechnik. Zur Verbesserung der Verarbeitbarkeit und zur Schlagzähmodifizierung wurden z.B. Celluloseester-Polyvinylether-Blends sowie Polystyrol-Kautschuk-Blends (sogenanntes schlagzähes Polystyrol) hergestellt. Aus energetischen Gründen ist die Mischbarkeit von Polymeren im Regelfall sehr eingeschränkt, so daß homogene Mischungen auf molekularer Ebene (homogene Blends) die Ausnahme sind.

Die Bildung eines morphologischen Mehrphasensystems (heterogene Blends) ist nicht von vornherein ungünstig, da viele nützlichen Eigenschaften der Blendkomponenten erhalten bleiben können. Voraussetzung für qualitativ hochwertige Blends ist eine stabile Blendmorphologie. Dispergierte Phase und Matrix müssen in gleichmäßiger Verteilung bei guter Phasenadhäsion vorliegen. Nach dem Stand der Misch- und Zerteiltechnik sind u.U. „Phasentröpfchen" bis zur Wellenlänge des sichtbaren Lichtes erreichbar (tansparente Blends). Zur Verbesserung der Mischbarkeit und Adhäsion werden verschiedene Methoden und Techniken praktiziert:

a) Ausgangsverträglichkeiten aufeinander abstimmen (Tafel 5.3, Abschn. 5.1.1).

b) Abstimmung der quantitativen Zusammensetzung und der Aufbereitungstemperaturführung.

c) Chemische Modifizierung durch Ionenbindungen, dynamischer Phasenvernetzung, partielle Pfropfcopolymerisation u.a., wobei die Reaktionen bei der Blendherstellung ablaufen können.

d) Zugabe von Verträglichkeitsmachern (Kompatibilizer).

e) Bildung von Durchdringungsnetzwerken (IPN) bei vernetzten Polymerstrukturen (Bild 1.5), die besonders günstige mechanische Eigenschaften ergeben.

Anfangs war die Blendherstellung überwiegend auf Verbesserung der Verarbeitbarkeit und Schlagzähmodifizierung, insbesondere für das Tieftemperaturgebiet, orientiert. Dafür wurden vorzugsweise Kautschuke als Blendkomponente eingesetzt (elastomermodifizierte Polymere). Heute werden Polymerblends für das ganze Feld der Eigenschaftsverbesserung genutzt, wie z.B. Erhöhung der Wärmeformbeständigkeit, Verringerung der Spannungsrißbildung, Lackierbarkeit, Galvanisierbarkeit, Brennbarkeitsverminderung. Die Nutzung der Blendtechnologie für thermoplastische Elastomere sei besonders betont (Tafel 1.26). Im Zusammenhang mit dem verstärkten Stoffrecycling hat die Blendtechnik einen weiteren Impuls erfahren.

Bei statistischen Copolymeren und Sequenzcopolymeren ist eine relativ gleichmäßige Verteilung unterschiedlicher Monomerbausteine gewährleistet. Die Eigenschaften dieser morphologisch homogenen Polymere ergeben sich aus der Zusammensetzung nach bestimmten Additionsregeln. So liegt z.B. eine einheitliche Glastemperatur vor, die von der Monomerzusammensetzung abhängt. Ähnlich liegen die Verhältnisse bei homogenen Blends. Schon bei Block- und Pfropfcopolymeren findet bei unverträglichen Molekülblöcken eine Entmischung auf molekularer Ebene (*Domänenstruktur*) statt, so daß für diese Polymere mehrere Glastemperaturen gefunden werden, die den jeweiligen Domänen zuzuordnen sind. Diese Domänenstruktur wird besonders für thermoplastische Elastomere (Tafel 1.26) genutzt. In verstärkter Form ist das vorstehend beschriebene Eigenschaftsbild bei heterogenen Mehrphasenblends ausgebildet. Die Eigenschaften solcher Blends sind nicht mehr durch einfache Additionsregeln aus der Zusammensetzung abzuleiten. Überwiegend finden z.Z. Zweiphasenblends (Biblends) Anwendung. Zunehmend wird aber auch auf Ter- und Quaterblends zurückgegriffen. Konkrete Beispiele zu den Polymerblends sind im Kapitel 4 enthalten.

1.4.2 Polymerwerkstoffverbunde

Polymerwerkstoffverbunde sind eine Form der Eigenschafts- bzw. Stoffmodifizierung, die sich nach der Verbindungsart wie folgt einteilen läßt:

1. *Mehrschichtenverbunde* aus geometrisch abgrenzbaren, aber stofflich verschiedenen Werkstoffschichten, s. auch Kapitel 6. Hierzu gehören *Mehrschichtenfolien, -tafeln, -rohre, -schläuche*, *Stützkernkonstuktionen (Sandwichkonstruktionen)* aus leichten Schaumstoff-, Waben- oder Homogenkernen mit relativ dünnwandigen Deckschichten, *Mehrkomponentenformteile* aus Mehrkomponenten- und Mehrfarbenspritzguß, Hinterspritztechniken u.a. sowie alle Produkte der *Insert- und Outserttechniken*, s. auch Abschn. 3.2.2 Die Schichtverbundbauweise gestattet die Entwicklung von Verbundfolien mit genau abgestimmtem Permeationsverhalten, s. Abschn. 6.3, die Herstellung leichter aber sehr biegesteifer Stützkernkonstruktionen für z.B. den Flugzeug- und Fahrzeugbau sowie eine Vielzahl anderer Eigenschaftskombinationen bezüglich Festigkeit, Steifigkeit, Gasdurchlässigkeit, Brennbarkeit, dekoratives Aussehen, Wärmeisolierung, Montierbarkeit u.a. Dabei lassen sich sowohl verschiedene Polymerwerkstoffe untereinander als auch mit anderen Werkstoffen (Metalle, Hölzer u.a.) kombinieren. Ein technologischer Schwerpunkt dieser Werkstoffmodifizierung ist die Erzielung ausreichender Haftung zwischen den Schichten, wofür eine Reihe stoff- und formschlüssiger Verbindungstechniken nach unterschiedlichen Wirkprinzipien verfügbar ist.

2. *Mischwerkstoffverbunde* aus einer Polymermatrix, in der verstärkende oder eigenschaftsverbessernde Zusatzstoffe in gewünschter Weise (isotrop, anisotrop) verteilt sind. Typisches Beispiel sind *Hochleistungsfaserverbundwerkstoffe (Composite)* aus hochfesten bzw. hochmoduligen Fasern oder Textilien. Aber auch Polymer-Beton, Schichtpreßstoffe (Hartgewebe, Hartpapiere, Hartmatten), glasmattenverstärkte Thermoplaste (GMT) sowie die große Palette gefüllter und verstärkter duroplastischer

Formstoffe und Laminate gehören zu dieser Werkstoffkategorie. Näheres dazu wird in Kapitel 4 erläutert. Am Beispiel der auf die Masse bezogenen Festigkeit und Steifigkeit von Faserverbundstoffen ist in Bild 1.18 ein Vergleich mit metallischen Konstruktionswerkstoffen angegeben.

1.4.3 Zusatzstoffe (Additive) für Polymere

Neben den bereits benannten Beispielen sind für eine verarbeitungs- und applikationsgerechte Polymermodifizierung eine Vielzahl von Additiven bzw. Hilfsstoffen im Einsatz, deren wichtigste Gruppen in Abschnitt 7.5 kurz charakterisiert werden.

1.5 Kunststoffrecycling

Kunststoffe haben häufig in der veröffentlichten Meinung und zunehmend auch im öffentlichen Bewußtsein z.Z. bei uns den Status eines „Umweltfeindes" erster Ordnung. Emotional bzw. ideologisch gefärbte oder durch Kommerzinteressen „kunststoffgeschädigter" Wirtschaftsbereiche geprägte Diskussionen überwiegen gegenüber sachlicher Argumentation. Die Kunststoffbranche ist nicht ganz unschuldig an der Eskalation dieser spezifischen Variante von Technikfeindlichkeit, da sie oft nur reagierte,

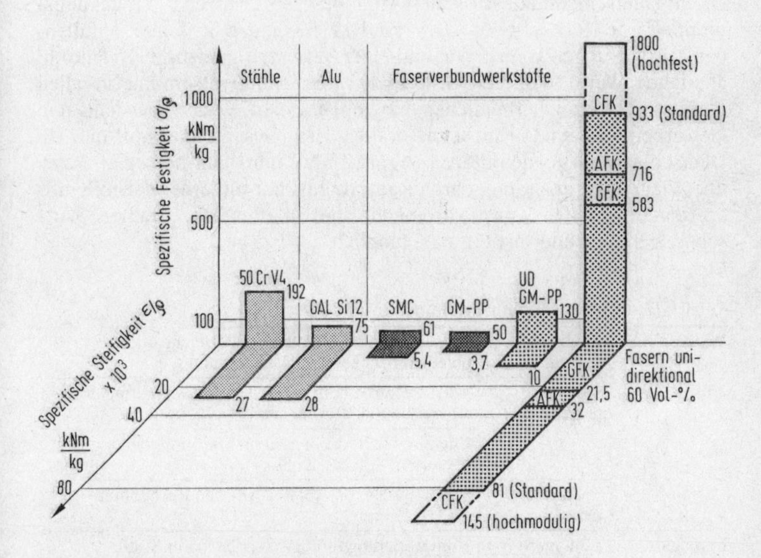

Bild 1.18. Werkstoffvergleich: spezifische Festigkeit und Steifigkeit

statt rechtzeitig und wirksam zu agieren. Wie umweltfeindlich sind nun Kunststoffe? Die detaillierte Beantwortung dieser Frage soll nicht Anliegen dieses Abschnittes sein, weshalb der Leser auch auf entsprechende Fachliteratur (z. B. *Brandrup, Bittner, Michaeli, Menges: Die Wiederverwertung von Kunststoffen, Carl Hanser Verlag, 1995*) zurückgreifen muß. Es darf aber festgestellt werden, daß mit Blick auf wichtige Umweltprobleme, wie z.B. Klimaänderung, Energie- und Ressourcennutzung, Wasser- und Bodenschädigung sowie Abfallerzeugung und -beseitigung die Kunststoffe insgesamt oft deutlich besser zu bewerten sind als sogenannte „naturgegebene" Stoffe (Metalle, Glas, Holz, Papier u.a.). Darüber hinaus erweisen sich Kunststoffe häufig als vielseitige und unverzichtbare „Helfer" bei der technischen Lösung von ökologischen Problemen. Dieses Pauschalurteil soll nicht darüber hinwegtäuschen, daß selbstverständlich auch die Kunststoffbranche ihre ökologischen Hausaufgaben erledigen muß. Hierzu sind Problemkreise der Abfallentsorgung in Reihenfolge ihrer gesellschaftlichen Priorität besonders hervorzuheben:

1. *Abfallvermeidung oder -reduzierung* durch ökologisch orientierte Werkstoffauswahl, Typenbeschränkung, Leichtbau und recyclinggerechte Bau- und Konstruktionsweise. Exzessiven Kunststoffverbrauch, der den vermeintlichen oder wirklichen Konsumgewohnheiten geschuldet ist (z.B. Verpackungsbereich), auf Normalmaß zurückführen.
2. *Abfallrecycling* mit dem Ziel verstärken, die Endlagerung von Kunststoffmüll drastisch zu reduzieren.

Die in Deutschland auf Basis des Abfallgesetzes erlassene Verpackungsordnung von 1991 schreibt z.B. per 1.7.1995 vor, daß 80 % aller anfallenden Verpackungen zu erfassen und einer Verwertung zuzuführen sind. In ähnlicher Weise will der Gesetzgeber die Abfallentsorgung in allen Kunststoffverbraucherbereichen erzwingen. Etwa 7 % des Haushalt- und Gewerbemülls sind Kunststoffabfälle. Der Gesamtkunststoffmüll in Deutschland dürfte sich derzeit bei ca. 3 Mio. t pro Jahr bewegen. Seine überwiegende Entsorgung durch Recycling ist nur mit erheblichen Kraftanstrengungen der Kunststoffbranche und aller damit befaßten Wirtschaftsbereiche und Institutionen möglich.

Tafel 1.27. Entsorgungsmethoden für Kunststoffe

Wiederverwertung	Produktrecycling	Erzeugnismehrfachnutzung für gleiche oder unterschiedliche Zweckbestimmung
	Stoffrecycling	Wiederverarbeitung aufbereiteter Rücklaufmaterialien (Recyclate) als Regenerate bzw. Regranulate
		Chemisches Recycling durch Stoffumwandlung (Pyrolyse, Solvolyse u.a.)
	Energierecycling	Verbrennung von Abfall-, Alt- und Reststoffen
Endlagerung	Deponierung	Kompostierung biologisch abbaubarer Stoffe
		Endlagerung nicht abbaubarer Stoffe

Die möglichen Entsorgungsmethoden für Kunststoffe sind in Tafel 1.27 aufgeführt.

Die Reihenfolge vom Produktrecycling bis zur Deponierung wäre vielleicht die ökologisch ideale Prioritätenfolge der Ressourcennutzung. Konsumgewohnheiten, logistische und betriebswirtschaftliche Gründe, aber auch ökologische Aspekte (z.B. Energieaufwand beim Stoffrecycling) erfordern eine ganzheitliche Nutzung aller Entsorgungsmethoden. Kontroverse Diskussionen zu Entsorgungsstrategien machen deutlich, daß Ausschließlichkeitskonzepte z.Z. wohl nicht weiterführen.

Das Potential des Produktrecycling (Mehrwegnutzung) ist in einer Industriegesellschaft mit relativ hohem Wohlstand eingeschränkt, obwohl sich auch hier zusätzliche Möglichkeiten erschließen lassen. Hingegen kann Werkstoffrecycling durch Wiederverarbeitung von Recyclaten einen merklichen Anteil zur Lösung des Wiederverwertungsproblems von Kunststoffabfällen beitragen. Wirtschaftlichkeit, technischer und logistischer Aufwand sind von der Art des Stoffkreislaufes abhängig (Bild 1.19).

Der Aufwand für Erfassung, Sortierung, Säuberung, Rückführung und Aufbereitung nimmt von Kreislauftyp 1 bis 3 überproportional zu, wenn qualitätsgleiche Rezyklate hergestellt werden sollen. Geschlossene Stoffkreisläufe des Typs 1 (Produktionsabfälle) im Verarbeitungsbetrieb bzw. durch Kooperationen verschiedener Betriebe sind weitgehend Standard. Auch für den Kreislauftyp 2 lassen sich zunehmend Beispiele finden (Automobilbranche u.a.). Wesentlich problematischer ist die Realisierung des Kreislauftyps 3 für Haushaltmüll. Die bekannten Querelen mit dem Verwertungssystem DSD der Aktion „Grüner Punkt“ sind dafür ein Ausdruck. Im Grunde geht es dabei nicht primär um die Aufbereitung der Abfälle zu wiederverarbeitbaren Rezyklaten, da dieses Problem technisch realisierbar ist, sondern um das Qualitätsrisiko bei der Verwendung der Rezyklate in Endprodukten. Selbst wenn der Preisverfall der letzten Jahre für Kunststofformmassen immer stärker kompensiert wird, gibt es kaum betriebswirtschaftliche Anreize, Rezyklate mit dem Stigma „qualitätsgemindert“ einzusetzen. Bezüglich der zulässigen Rezyklatanteile für qualitätsgerechte Kunststoffprodukte bestehen noch Unklarheiten, so daß häufig jeder Zusatz als unzumutbares Qualitätsrisiko aufgefaßt wird. Es ist durch experimentelle Untersuchungen und computergestützte Eigenschaftsprognosen schon seit langem bewiesen, daß größere Rezyklatanteile bei Thermoplasten für die Mehrheit der Eigenschaften zumindest in den Kreisläufen 1 und 2 (Bild 1.19) möglich sind. Die vorwiegend von Kunststoffherstellern genannte 20%-Grenze kann teilweise erheblich überboten werden. Selbstverständlich ist kein durchgängig 100%iger Rezyklateinsatz in geschlossenen Stoffkreisläufen möglich.

Für Duroplaste bestätigen auch neuere Untersuchungen die seit Jahrzehnten bekannte Durchschnittsgrenze von ca.10%, weil oft die Verarbeitbarkeit nicht mehr gewährleistet ist. Duroplastrezyklate wirken im wesentli-

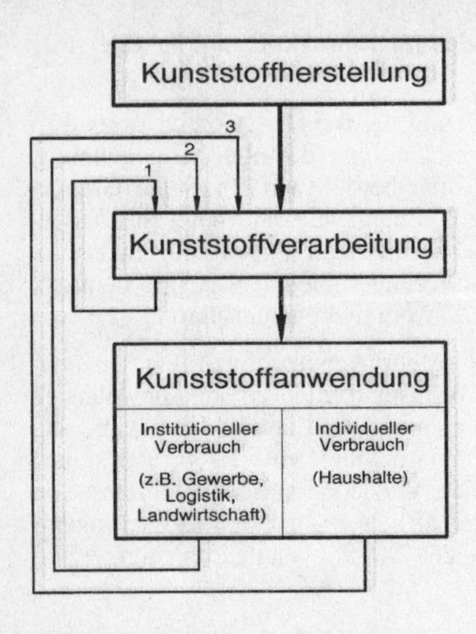

Bild 1.19. Stoffkreisläufe der Kunststoffverarbeitung und -anwendung

chen wie Füllstoffzusätze, während es sich bei Rezyklatmischungen von Thermoplasten um Blends handelt, die im Fall artgleicher Kunststoffe auf molekularer Ebene homogen sind. Übrigens haben Kunststoffverarbeiter diesbezüglich viele Erfahrungen gesammelt, die der Anwender nutzen sollte. Wenn ein deutlich verstärkter Einsatz von Rezyklaten im Endprodukt nicht massiv gefördert wird, hat das Werkstoffrecycling sehr schnell seine Grenze erreicht.

Als weitere Methoden stehen dann Rohstoffrecycling auf chemischem Wege oder Energierecycling durch Verbrennung zur Verfügung. Die Stoffumwandlung der Kunststoffabfälle zu niedermolekularen Rohstoffen der organischen Synthese kann bei entsprechender Kapazität sicher einen wirksamen Beitrag zur Mengenreduzierung der Abfälle liefern. Wirtschaftlichkeit und Ökologie dieser Verfahren werden kontrovers beurteilt. Nach den z.Z. vorliegenden Erfahrungen und Konzepten zum Kunststoffrecycling sind sich nahezu alle Fachleute einig, daß ausschließliches Stoffrecycling nicht zur Bewältigung der Müllmenge mit wirtschaftlich und ökologisch vertretbarem Aufwand führen kann. Es bleibt zu hoffen, daß die vom Gesetzgeber zur Kunststoffabfallverbrennung artikulierte Ablehnung zumindest eingeschränkt wird. Bekanntlich sind die meisten Polymere hochwertige Brennstoffe (Tafel 5.16, Abschn. 5.3.1).

Verbrennungsanlagen haben einen technischen Standard erreicht, der die geforderten Luftverunreinigungsgrenzwerte garantiert. Kunststoffe nach dem Zyklus einer stofflichen Nutzung zu verbrennen, ist mindestens so sinnvoll, wie dies mit Erdöl geschieht. Nur 5 % der Welterdölförderung werden für die Polymerherstellung stofflich genutzt, während über 90 % mit mäßigem Wirkungsgrad mehr oder weniger direkt verbrannt werden.

1.6 Toxikologische Bewertungen von Kunststoffen[1]

1.6.1 Einführung

Kunststoffe setzen sich aus hochmolekularen Verbindungen zusammen, die aus den entsprechenden Monomeren durch Polymerisation entstehen. Für die Durchführung der Polymerisation kommen Hilfsstoffe (Initiatoren, Vernetzer) zur Anwendung. Zusatzstoffe (Flammschutzmittel, Stabilisatoren, Weichmacher, Gleitmittel) beeinflussen die Eigenschaften des Kunststoffs. Hilfsstoffe sind häufig im fertigen Kunststoff chemisch gebunden und daher von geringerer toxikologischer Relevanz als die Zusatzstoffe. Diese vermögen aus dem Polymeren herauszudiffundieren (migrieren), weshalb ein direkter Kontakt mit dem Verbraucher bzw. bei der Anwendung als Medizinprodukt mit dem Patienten möglich ist. Bei der toxikologischen Bewertung sind daher nicht nur der Kunststoff als Endprodukt, sondern sowohl das monomere Ausgangsmaterial als auch die Zusatzstoffe in Betracht zu ziehen, wobei Herstellung, Verbrauch und Abbau gesondert zu bewerten sind.

1.6.2 Toxikologische Bewertung der Kunststoffbestandteile

1.6.2.1 Monomere

Bei den Monomeren handelt es sich um niedermolekulare, überwiegend reaktive Substanzen, deren Giftwirkung nicht übersehen werden darf. Je nach Aggregatzustand und chemischer Reaktionsfähigkeit sowie Einwirkungsmenge und Einwirkungsdauer von Monomeren auf den Organismus sind unterschiedliche schädigende Wirkprofile zu erwarten. Hervorzuheben sind Haut- und Schleimhautirritationen, Reizeffekte an den Atemwegen, Beeinträchtigung der Lungenfunktion, krebserzeugende und/oder erbgutverändernde Wirkung. Zum Schutz des Menschen vor Gesundheitsgefahren durch Monomere im Arbeitsprozeß sind daher gesetzlich geregelte Grenzwerte festgelegt. Diese werden als Maximale Arbeitsplatzkonzentrationen (MAK), Technische Richtkonzentrationen (TRK) sowie als Expositionsäquivalente für krebserzeugende Arbeitsstoffe (EKA) gelistet. Für die einzelnen Vertreter der Monomere sind die zugehörigen toxischen Wirkprofile und Angaben zu Grenzwerten Tafel 1.28 zu entnehmen.

[1] Von *H. Hentschel* (Gemeinsames Giftinformationszentrum der Länder Mecklenburg-Vorpommern, Sachsen, Sachsen-Anhalt und Thüringen, Erfurt) und *H.-P. Klöcking* (Klinikum der Friedrich-Schiller-Universität Jena, Institut für Pharmakologie und Toxikologie/Bereich Erfurt, Abt. für Pharmazeutische Pharmakologie und Toxikologie).

1.6.2.2 Polymere

Für die Toxizität der Kunststoffe ist neben dem Polymeren selbst insbesondere der Restgehalt an Monomeren von entscheidender Bedeutung. Die lokal krebserzeugende Wirkung bei Implantaten aus Polymeren ist vermutlich durch lokale Faktoren, wie eine Störung des physiologischen Austausches von Sauerstoff, Elektrolyten oder Nährstoffen im Gewebe bedingt („Solid-State-Kanzerogenese").

Polystyrol, Polyethylen und Polypropylen zeigen lokal eine tumorigene Wirkung. Polystyrolplatten und Polyethylenfolien verursachen bei Ratten nach subkutaner Implantation gehäuft lokale Tumoren. Auch Polypropylen führte nach subkutaner Implantation von Polypropylenplatten und -folien zu lokalen Tumoren. Polytetrafluorethylen ergab nach subkutaner Implantation von Platten sowie bei intraperitonealer Implantation als Stäbchen bzw. Puder lokale Sarkome (bösartige Geschwulst, die aus dem Bindegewebe hervorgeht). Polyamid führte innerhalb von einem Jahr bei vier von sechs überlebenden Tieren zu lokalen Sarkomen. Auch bei subkutaner Implantation von glatter Polyamidfolie wurde ein Tumorbildung beobachtet.

Da bekannt ist, daß Vinylchlorid bei Tier und Mensch kanzerogen wirkt, ist die Höhe des Restmonomergehalts von besonderer Bedeutung für die Bewertung des Einsatzes von Polyvinylchlorid (PVC). Tierversuche mit inhalativer Exposition oder Injektion von PVC erbrachten keine eindeutigen Hinweise auf eine Kanzerogenität des Polymers.

1.6.2.3 Flammschutzmittel

Unter toxikologischen Aspekten sind bei den Flammschutzmitteln anorganische Verbindungen (Aluminiumoxidhydrate, Antimontrioxid) und organische Phosphorverbindungen (Trikresylphosphate) zu erwähnen. Aluminiumoxidhydrate lösen nach Inhalation beim Menschen eine Aluminiumlunge aus, die sich in einer langsam entstehenden Lungenfibrose manifestiert. Beim Menschen bewirkt die Inhalation von Staub Reizungen der Schleimhäute des Atemtraktes. Daten aus epidemiologischen Erhebungen lassen keinen eindeutigen Zusammenhang zwischen beruflicher Antimontrioxid-Exposition und Krebshäufigkeit erkennen.

Die organischen Triarylphosphate wirken in Kunststoffen als Flammschutzmittel sowie als Weichmacher (s. Abschnitt 1.6.2.5). Für das toxikologische Wirkpotential des technischen Trikresylphosphats ist der Gehalt an verestertem o-Kresol von entscheidender Bedeutung, das neurotoxisch wirkt. Technisches Trikresylphosphat enthält heute nur Spuren von verestertem o-Kresol (< 0,1%), so daß es akut wenig giftig ist. Weitere im Einsatz befindliche Triarylphosphate - Triphenylphosphat und Tris-(1,3-dichlor-2-propyl)phosphat – sind akut gering giftig.

1.6.2.4 Stabilisatoren

Beim Einsatz von Stabilisatoren ist auf die Giftigkeit von Metallseifen

Tafel 1.28. Toxikologische Daten wichtiger Monomere

Stoffgruppe/Monomer	Allgemeine Toxizität (RTECS)	Organtoxizität Mensch	Kanzerogenität (RTECS)	MAK (DFG)	TRGS	TRK (AGS)
Ethylen (Ethen)	Säuger LCLo inh. 950000 ppm/5 min	ZNS: Asphyxie	MAK III B IARC 3			
Propylen (Propen)	Ratte TC inh. 5000 ppm/6 h/2 j intermittierend	ZNS: Asphyxie	IARC 3	nicht festgelegt		
Styrol (Vinylbenzol)	Ratte LD50 po. 2650 mg/kg LC50 inh. 24 g/m^3/4 h	Haut/Atemwege: Reizung TCLo inh. 600 ppm TCLo inh. 20 $\mu g/m^3$ (Auge) GIT: Übelkeit; Erbrechen ZNS: Sedierung; Neuropathie LCLo inh. 10000 ppm/30 min	IARC 2B	20 ppm 86 mg/m^3	900 903	
Acrylnitril	Ratte LD50 po. 78 mg/kg LC50 inh. 425 ppm/4 h	Haut/Atemwege: Reizung TCLo inh. 16 ppm/20 min (Auge) GIT: Übelkeit; Erbrechen ZNS: Sedierung; Neuropathie LCLo inh. 1 g/m^3/1 h (ZNS/GIT)	MAK III A2 IARC 2A ACGIH A2 OSHA CA NIOSH CA	H	900 905	3 ppm 7 mg/m^3
Vinylchlorid (Chlorethen)	Ratte LD50 po. 500 mg/kg LC50 inh. 18 pph/1 min	Haut/Atemwege/Auge: Reizung Herz: Arrhythmie Knochen: Acroosteolyse, M. Raynaud, Sklerodermie ZNS: Tremor, Krämpfe, Asphyxie	Mensch: Leber; Blut MAK III A1 IARC 1 ACGIH A1 NIOSH CA		900 905	allgemein: 2 ppm 5 mg/m^3 Produktion: 3 ppm 8 mg/m^3
1,1-Dichlorethen (Vinylidenchlorid)	Ratte LD50 po. 200 mg/kg LC50 inh. 6350 ppm/4 h	Haut/Atemwege/Auge: Reizung TCLo inh. 25 ppm Herz: Arrhythmie Leber/Niere: Parenchymschädigung ZNS: Narkose; Koma	Ratte: Leber; Blut MAK III B IARC 3 NIOSH CA	2 ppm 8 mg/m^3	900	
1,1-Difluorethen (Vinylidenfluorid)	Ratte LCLo inh. 128000 ppm/4 h	Atemwege: Reizung ZNS: Narkose	Ratte: Haut, Sinnesorgane MAK III B IARC 3	nicht festgelegt		
Tetrafluorethylen	Ratte LC50 40000 ppm/4 h	Atemwege: Reizung Niere: erhöhte Fluoridausscheidung	IARC 3	nicht festgelegt		

Tafel 1.28. (Forts.) Toxikologische Daten wichtiger Monomere

Stoffgruppe/Monomer	Allgemeine Toxizität (RTECS)	Organtoxizität Mensch	Kanzerogenität (RTECS)	MAK (DFG)	TRGS	TRK (AGS)
Methylacrylat	Ratte LD50 po. 277 mg/kg LC50 inh. 1350 ppm/4 h	Haut/Atemwege/Auge: Reizung; Verätzung TCLo inh. 75 ppm Niere/Harnwege: Parenchymschädigung	IARC 3	Sh 5 ppm 18 mg/m^3	900	
Methylmethacrylat	Ratte LD50 po. 7872 mg/kg LC50 inh. 78000 mg/m^3/4 h	Haut/Atemwege/Auge: Reizung TCLo inh. 125 ppm GIT: Übelkeit, Erbrechen Leber/Niere: Parenchymschädigung ZNS: Kopfschmerz; Schwindel	IARC 3	Sh 50 ppm 210 mg/m^3	900	
Diphenylmethan-4,4′-diisocyanat (MDI)	Ratte LC50 inh. 178 mg/m^3	Haut/Auge/Atemwege: Reizung; Asthma TCLo inh. 130 ppb/30 min	MAK III B IARC 3	Sah 0,05 mg/m^3		
2,4-Diisocyanattoluol (2,4-Toluylendiisocyanat)	Ratte LD50 po. 5800 mg/kg LC50 inh. 14 ppm/4 h	Haut/Auge/Atemwege: Reizung; Asthma; Lungenödem TCLo inh. 20 ppb/2 j TCLo inh. 80–500 ppb	IARC 2B	Sa 0,01 ppm 0,072 mg/m^3		
Caprolactam (6-Hexanlactam)	Ratte LD50 po. 1210 mg/kg LC50 inh. 300 mg/m^3/2 h	Haut/Auge/Atemwege: Reizung TCLo inh. 100 ppm ZNS: Krämpfe; Stör. Temp.reg.		5 mg/m^3 E	900	
Melamin (2,4,6-Triamino-1,3,5-triazon)	Ratte LD50 po. 3161 mg/kg LC50 inh. 3248 mg/m^3	Haut/Auge/Atemwege: Reizung Leber/Niere: Parenchymschädigung	Ratte: Harnwege IARC 3	nicht festgelegt		
Formaldehyd	Ratte LD50 po. 100 mg/kg LC50 inh. 203 mg/m^3	Haut/Auge/Atemwege: Reizung GIT: Ulzeration Stoffwechsel: Metab. Azidose Blut: Hämolyse ZNS: Koma TCLo inh. 17 mg/m^3/30 min TDLo po. 643 mg/kg LDLo 477 mg/kg	Ratte: Haut MAK III B IARC 2A OSHA CA NIOSH CA	Sh 0,5 ppm 0,62 mg/m^3	900 905	

Tafel 1.28. (Forts.) Toxikologische Daten wichtiger Monomere

Stoffgruppe/Monomer	Allgemeine Toxizität (RTECS)	Organtoxizität Mensch	Kanzerogenität (RTECS)	MAK (DFG)	TRGS	TRK (AGS)
Phenol	Ratte LD50 po. 317 mg/kg LC50 inh. 316 mg/m^3	Haut/Auge/Atemwege: Reizung; Verätzung GIT: Verätzung Herz/Kreislauf: Arrhythmie; Hypotension Leber/Niere: Parenchymschädigung ZNS: Krämpfe; Koma LDLo po. >10 mg/kg	Tumorpromotion IARC 3	H 5 ppm 20 mg/m^3	900 903	
Bisphenol	Ratte LD50 po. 3250 mg/kg	Haut/Auge/Atemwege: Reizung Leber/Niere: Parenchymschädigung Blut: Hämolyse; Anämie ZNS: Krämpfe; Koma		nicht festgelegt		
Ethylenoxid	Ratte LD50 po. 72 mg/kg LC50 inh. 800 ppm/4 h	Haut/Auge/Atemwege: Reizung; Lungenödem GIT: Übelkeit, Erbrechen, Diarrhöe ZNS: Krämpfe; Neuropathie TCLo inh. 12500 ppm/10 s	Ratte: GIT; Leber; Blut Mensch: GIT; Blut MAK III A2 IARC 2A OSHA CA NIOSH CA		900 905	1 ppm 2 mg/m^3
1-Chlor-2,3-epoxypropan (Epichlorhydrin)	Ratte LD50 po. 90 mg/kg LC50 inh. 250 ppm/8 h	Haut/Auge/Atemwege: Reizung; Verätzung; Lungenödem GIT: Übelkeit, Erbrechen Leber/Niere: Parenchymschädigung ZNS: Krämpfe; Neuropathie TCLo inh. 40 ppm/2 h	Ratte: GIT, Lunge MAK III A2 IARC A2 NIOSH CA		900 905	3 ppm 12 mg/m^3

Tafel 1.28. Abkürzungen, Erläuterungen

ACGIH	American Conference of Governmental Industrial Hygienists
ACGIH A1	von der ACGIH als beim Menschen eindeutig krebserregender Stoff eingestuft
ACGIH A2	von der ACGIH als beim Menschen möglicherweise krebserzeugender Stoff eingestuft
ACGIH A3	von der ACGIH als beim Tier krebserzeugender Stoff eingestuft
ACGIH A4	von der ACGIH nicht klassifiziert (inadäquate Daten)
ACGIH A5	von der ACGIH als für den Menschen nicht krebserzeugender Stoff eingestuft
AGS	Ausschuß für Gefahrstoffe
DFG	Deutsche Forschungsgemeinschaft
GIT	Gastroinstestinaltrakt
IARC	International Agency for Research on Cancer
IARC 1	von der IARC als beim Menschen eindeutig krebserzeugender Stoff eingestuft
IARC 2A	von der IARC als beim Menschen wahrscheinlich krebserzeugender Stoff eingestuft
IARC 2B	von der IARC als beim Menschen möglicherweise krebserzeugender Stoff eingestuft
IARC 3	von der IARC nicht klassifiziert (inadäquate Daten)
LC	Letale Konzentration
LC50 inh.	mittlere LC nach inhalativer Einwirkung
LCLo inh.	niedrigste LC nach inhalativer Einwirkung
LD	Letale Dosis
LD50 ip.	mittlere LD nach intraperitonealer Verabreichung
LD50 po.	mittlere LD nach oraler Aufnahme
LDLo po.	niedrigste LD nach oraler Aufnahme
MAK	Maximale Arbeitsplatzkonzentration
MAK E	gemessen als einatembarer Aerosolanteil
MAK H	Gefahr der Hautresorption
MAK III A1	Eindeutig beim Menschen krebserzeugender Stoff
MAK III A2	Eindeutig beim Tier krebserzeugender Stoff
MAK III B	Begründeter Verdacht der krebserzeugenden Wirkung
MAK Sa	Gefahr der Sensibilisierung der Atemwege
MAK Sh	Gefahr der Sensibilisierung der Haut
MAK Sah	Gefahr der Sensibilisierung der Atemwege und der Haut
NIOSH	National Institute for Occupational Safety and Health
NIOSH CA	Stoff wurde vom NIOSH als krebserzeugend eingestuft
OSHA	Occupational Safety and Health Administration
OSHA CA	Stoff wurde von der OSHA als krebserzeugend eingestuft
RTECS	Registry of Toxic Effects of Chemical Substances
TC	Toxische Konzentration
TCLo inh.	niedrigste TC nach inhalativer Einwirkung
TD	Toxische Dosis
TDLo po.	niedrigste TD nach oraler Aufnahme
TRGS	Technische Regeln für Gefahrstoffe
TRGS 900	Grenzwerte in der Luft am Arbeitsplatz
TRGS 903	Biologische Arbeitsplatztoleranzwerte
TRGS 905	Verzeichnis krebserzeugender, erbgutverändernder oder fortpflanzungsgefährdender Stoffe
TRK	Technische Richtkonzentration für gefährliche Stoffe
ZNS	Zentralnervensystem

des Cadmiums (Cadmiumstearat) und auf Organozinnverbindungen (Organozinnmercaptide und Organozinncarboxylate) hinzuweisen. Cadmiumstearat ist bei inhalativer Aufnahme giftiger als bei oraler Aufnahme. Beim Erhitzen entstehen giftige Cadmiumoxiddämpfe, die nach einer Verzögerung (Latenzzeit) von etwa 24 bis 48 h zu einer Lungenschädigung (toxisches Lungenödem) führen. Organozinnverbindungen sind meist sehr giftig und wirken lokal reizend.

1.6.2.5 Weichmacher

Bei Verwendung von technischem Diphenylkresylphosphat (Gemisch aus stellungsisomeren Kresylderivaten) als Weichmacher bzw. Flammschutzmittel sind in Abhängigkeit vom Gehalt an o-Kresolisomer neurotoxische Wirkungen im Sinne einer Polyneuropathie (nichtentzündliche Schädigung peripherer Nerven) zu erwarten. Tributylphosphat ist akut wenig giftig. Die als Weichmacher verwendeten Phthalate Di-2-ethylhexylphthalat und Dibutylphthalat zeigen eine geringe akute Toxizität. Bei längerdauernder Gabe wirken die genannten Phthalate beim Nager als Peroxisomeninduktoren (Peroxisomen sind Zellorganellen, die bestimmte Enzyme enthalten). Das Auftreten von Lebertumoren bei Nagetieren ist vermutlich auf diese Wirkung zurückzuführen.

1.6.2.6 Gleitmittel

Die als Gleitmittel eingesetzten Paraffine und Alkohole (Ethylalkohol) sind von sehr geringer akuter Toxizität, so daß von diesen Stoffen keine gesundheitsschädigenden Wirkungen zu erwarten sind.

1.6.3 Toxikologische Bewertung im Produktionsprozeß

Bei der industriellen Fertigung, bei der Verarbeitung und auch bei der Entsorgung von Kunststoffen sind wegen der unterschiedlichen Toxizität vieler Einsatzstoffe technischer und persönlicher Arbeitsschutz notwendig.

Die Hauptgefahr bei der industriellen Herstellung von Kunststoffen ist in gesundheitsschädlichen, karzinogenen oder giftigen monomeren Ausgangsstoffen zu sehen. Feste Monomere sind im allgemeinen wegen ihres niedrigen Dampfdrucks und ihrer geringen Flüchtigkeit weniger gefährlich. Als Beispiele für gesundheitsschädliche Monomere seien u.a. genannt:

Vinylchlorid (Gas) bei Polyvinylchlorid (PVC),

Acrylnitril (Flüssigkeit, KP = 78 °C) bei Polyacrylnitril (PAN),

Monostyrol (Flüssigkeit, KP = 146 °C) bei Polystyrol (PS),

Methacrylmethylsäureester (Flüssigkeit, KP = 100 °C) bei Polymethylmethacrylat (PMMA),

Phenol (fest, FP = 41 °C) bei Phenolharzen (PF),

Formaldehyd (Gas) bei Phenoplasten und Aminoplasten (PF, MF, UF),

Polyisocyanate (Flüssigkeiten, verschiedene KP) bei Polyurethanen (PUR).

Bei der Verarbeitung von Kunststoffen muß man zwischen der Verarbeitung hochpolymerer gebrauchsfertiger Thermoplaste und der Verarbeitung niedermolekularer oder monomerer Vorprodukte, die erst beim Endverbraucher zum Makromolekül aufgebaut werden, z.B. Zwei-Komponenten-Kleber, lösemittelfreie Gießharze und -lacke, unterscheiden.

Bei den Thermoplasten dürfte die Hauptgefahr im Vorhandensein von Resten des Monomeren liegen. Bei korrekter Fertigung von Thermoplasten durch den Hersteller ist diese Gefahr gering einzuschätzen.

Bei den niedermolekularen bzw. monomeren Vorprodukten, wie z. B. Zwei-Komponenten-Klebern, sind flüchtige Monomere sowie Härtungskomponenten, wie Peroxide und Amine, oft gesundheitsschädlich. Die Hauptgefahr beim Einsatz von Kunststoffen ist im unsachgemäßen Einsatz mit thermischer Überhitzung zu sehen. Dabei können schädliche und aggressive Verbindungen abgespalten werden, z. B. Chlorwasserstoff (Salzsäure) bei der thermischen Zersetzung von PVC, neben der Rückbildung des Monomers durch Depolymerisation, wie sie überwiegend bei PS, PMMA und PTFE auftreten kann. Gleiches gilt für die thermische Zersetzung von Kunststoffen.

1.6.4 Toxikologische Bewertung von Bedarfsgegenständen aus Kunststoff

Kunststoffe werden zu Gebrauchsgegenständen des täglichen Lebens verarbeitet, wie Verpackungsmaterialien, Küchengeräte, Geschirr und andere Gegenstände, die mit Lebensmitteln oder Körperpflegemitteln in Berührung kommen, sowie Spielwaren.

Von der Kommission der Europäischen Gemeinschaft wurde eine Reihe von Richtlinien „über Materialien und Gegenstände aus Kunststoff, die dazu bestimmt sind, mit Lebensmitteln in Berührung zu kommen“, erlassen (90/128/EWG; Rahmenrichtlinie 89/109/EWG). Diese Richtlinien beinhalten das Verzeichnis von zulässigen Monomeren und sonstigen Ausgangsstoffen, die zur Herstellung von Bedarfsgegenständen aus Kunststoff verwendet werden dürfen (Positivliste) sowie Migrations-Grenzwerte oder sonstige Beschränkungen. Für alle Kunststoffe gilt der Gesamtmigrationsgrenzwert (GML) von 60 mg/kg, bezogen auf Lebensmittelsimulans bzw. 10 mg/dm^2 Kunststoffkontaktfläche. Darüber hinaus sind für eine Reihe von Monomeren spezifische Migrationsgrenzwerte (SML) (Tafel 1.29) oder höchstzulässige Restgehalte des Stoffes im Bedarfsgegenstand (Qm) (Tafel 1.30) gesondert aufgeführt.

Tafel 1.29. Spezifische Migrationsgrenzwerte in Lebensmitteln oder Lebensmittelsimulanzien (SML) von Monomeren und sonstigen Ausgangsstoffen, die bei der Herstellung von Bedarfsgegenständen aus Kunsstoff verwendet werden dürfen

Monomere und sonstige Ausgangsstoffe	SML mg/kg
1,3-Benzoldimethanamin	0,05
2,2-Bis(4-hydroxyphenyl)propan	3
3,3-Bis(3-methyl-4-hydroxyphenyl)-2-indolinon	1,8
Caprolactam	15 (SML(T)[1])
Bisphenol A	3
Diethylenglykol	$3 \cdot 10^{-5}$ allein oder zusammen mit Ethylenglykol [SML(T)]
1,2-Dehydroxybenzol	6
1,3-Dihydroxybenzol	2,4
1,4-Dihydroxybenzol	0,6
4,4´-Dihydroxybenzophenon	6
4,4´-Dihydroxybiphenyl	6
Dimethylaminoethanol	18
2,3-Epoxypropyltrialkyl(C5-C15)acetat	6
Formaldehyd	15
Hexamethylendiamin	2,4
Maleinsäure	30 (SML(T))
Terephthalsäure	7,5
Tetrahydrofuran	0,6
2,4,6-Triamino-1,3,5-triazin	30
1,1,1-Trimethylolpropan	6
Vinylacetat	12

[1]) SML(T): spezifischer Migrationsgrenzwert in Lebensmitteln oder Lebensmittelsimulanzien, ausgedrückt als Gesamtgehalt der angegebenen Substanz oder Stoffgruppe.

1.6.5 Toxikologische Bewertung von Kunststoffmaterialien für medizinische Zwecke

Kunststoffe, die in der Medizin Anwendung finden, stehen in direktem oder indirektem Kontakt mit lebendem Gewebe oder Körperflüssigkeiten. Für den Einsatz über einen längeren Zeitraum sind zwei Voraussetzungen zu erfüllen: einerseits darf der Kunststoff in keiner Weise den Organismus, mit dem er in Kontakt kommt, schädigen, andererseits darf der Kunststoff nicht durch die Eigenwirkung des biologischen Milieus geschädigt werden. Ein Kunststoff, der diese beiden Voraussetzungen erfüllt, kann als bioverträglich oder biokompatibel bezeichnet werden. Die Anforderungen an Kunststoffe sind wesentlich abhängig von der vorgesehenen Applikationsform bzw. der Kontaktzeit mit der biologischen Umgebung. An Implantatmaterialien müssen höhere Anforderungen bezüg-

Tafel 1.30. Höchstzulässiger Restgehalt von Monomeren und sonstigen Ausgangsstoffen im Bedarfsgegenstand (BG) aus Kunststoffen (Qm)

Monomere und sonstige Ausgangsstoffe	Qm mg/kg
2,2-Bis(4-hydroxyphenyl)propan-bis(2,3- epoxypropyl)ether	1
Butadien	1
Carbonylchlorid	1
Cyclohexylisocyanat [Qm(T)][1]	1 (berechnet als NCO)
Dicyclohexylmethan-4,4´-diisocyanat	1 (berechnet als NCO)
3,3´-Dimethyl-4,4´-diisocyanatobiphenyl [Qm(T)]	1 (berechnet als NCO)
Diphenylether-4,4´-diisocyanat [Qm(T)]	1 (berechnet als NCO)
Diphenylmethan-2,4´-diisocyanat [Qm(T)]	1 (berechnet als NCO)
Diphenylmethan-4,4´-diisocyanat [Qm(T)]	1
Epichlorhydrin	1
Ethylenoxid	1
Hexamethylendiisocyanat	1
1,5-Naphthalendiisocyanat [Qm(T)]	1 (berechnet als NCO)
Octadecylisocyanat [Qm(T)]	1 (berechnet als NCO)
1,5-Phenylendiamin	1
Propylenoxid	1
2,4-Toluoldiisocyanat [Qm(T)]	1
2,6-Toluoldiisocyanat [Qm(T)]	1 (berechnet als NCO)
2,4-Toluoldiisocyanat, dimer [Qm(T)]	1 (berechnet als NCO)
Vinylidenchlorid	5

[1]) [Qm(T)]: höchstzulässiger Restgehalt des Stoffes im Bedarfsgegenstand, ausgedrückt als Gesamtgehalt der angegebenen Substanz oder Stoffgruppe

lich der Biokompatibilität gestellt werden als an Materialien, die nur kurze Zeit, z.B. nur wenige Minuten oder Stunden, mit dem Organismus in Kontakt kommen oder im Organismus verweilen. Die Körperverträglichkeit oder Biokompatibilität ist somit als vorrangige Eigenschaft zu nennen, die von allen in der Medizin verwendeten Kunststoffen erfüllt werden muß, wenn sie direkt oder indirekt mit dem Organismus in Kontakt kommen.

Folgen von Wechselwirkungen zwischen Körper und Biomaterial können sein:

- lokale Gewebsreaktionen (zytotoxische Wirkung).
- systemische, d.h. den Gesamtorganismus betreffende toxikologische Reaktionen (z.B. leberschädigende – hepatotoxische – Wirkung),
- allergische Reaktionen,
- karzinogene (krebserzeugende), teratogene (den Embryo schädigende) oder mutagene (das Erbmaterial schädigende) Reaktionen,

– Beeinflussung von Infektionsprozessen,
– Biodegradation des Materials.

Der Kunststoff muß mit gängigen Methoden sterilisierbar und pyrogenfrei verarbeitbar sein.

Um diese Reaktionen vorhersagen zu können und das Risiko für den Patienten so klein wie möglich zu halten, wurden zahlreiche In-vitro- und In-vivo-Tests zum Nachweis bzw. Ausschluß von Toxizität, Hämolyse, Thrombogenität, allergener Wirkung, teratogener Wirkung, Beeinflussung von Infektionsprozessen sowie Schädigung des Biomaterials durch das Körpermilieu (Biodegradation) entwickelt (s. Biologische Beurteilung von Medizinprodukten, ISO 10933 bzw. EN 30993).

1.6.6 Toxikologie beim Abbau von Kunststoffen

Abbauvorgänge, die die Haltbarkeit von Kunststoffen begrenzen, werden durch Wärme, Strahlung und mechanische Energie ausgelöst. Diese Abbauvorgänge spielen aus toxikologischer Sicht keine besondere Rolle. Dagegen sind die bei der vollständigen bzw. unvollständigen Verbrennung von Kunststoffen entstehenden Brandgase von toxikologischer Brisanz. Brandgase setzen sich aus unterschiedlichen Zersetzungsprodukten zusammen, je nachdem, welche Kunststoffmaterialien vom Brand betroffen sind (Tafel 1.31). Von toxikologischer Relevanz sind die Atemgifte Kohlenmonoxid, Zyanwasserstoff (Blausäure) sowie die Lungenreizstoffe Ammoniak, Salzsäure, Formaldehyd, Schwefeldioxid, Chlor, Stickstoffoxide bzw. Phosgen. Nach dem Einatmen von Lungenreizstoffen besteht die Gefahr der Entstehung des sog. toxischen Lungenödems (Ansammlung von Flüssigkeit in der Lunge), in dessen Folge der Betroffene erstickt.

Tafel 1.31. Beim Brand von Kunststoffen entstehende Zersetzungsprodukte (Brandgase)

Kunststoff	Zersetzungsprodukte
Polyvinylchlorid	Salzsäure, ab 170 °C Benzol und Folgeprodukte
Polyethylen	Kohlenmonoxid, Kohlendioxid
Polymethylacrylsäureester	Kohlenmonoxid, evtl. Chlor, Phosgen
Polyacrylnitril	Blausäure, Ammoniak, Ammoniumcyanid
Polystyrol	Benzol und Folgeprodukte
Polyamide	Ammoniak, Amine, Ameisensäure
Phenolharze	Phenol, Formaldehyd
Polyester	Kohlenmonoxid, Kohlendioxid, evtl. Chlor
Polyurethane	Ammoniak, Blausäure
Nitrocellulose	Kohlenmonoxid, Stickstoffoxide, Stickstoff
Celluloseacetat	Kohlenmonoxid, Essigsäure

Die Kunststoffe mit einem hohen Stickstoffgehalt zeichnen sich durch die Fähigkeit aus, Zyanwasserstoff in gefährlichen Mengen abzugeben. Mit einer wenn auch nur geringfügigen und demnach toxikologisch noch irrelevanten Zyanidfreisetzung ist schon bei Temperaturen zwischen 200 und 300 °C zu rechnen. Bei zunehmender Temperatur steigt die Menge des pyrolytisch abgespaltenen Zyanwasserstoffs sprunghaft an und erreicht im Bereich zwischen 900 und 1000 °C das Maximum. Bei höheren Temperaturen und gleichzeitigem Luftzutritt nehmen die Zyanwasserstoff-Werte wieder ab, da sich der Zyanwasserstoff spontan entzündet und in seine Oxidationsprodukte zerfällt.

2 Prüf- und Beurteilungsverfahren

2 Prüf- und Beurteilungsverfahren

(Kennwerte für verschiedene Kunststoffe s. Kap. 5 Kunststoffe im Vergleich)

2.0 Aussagekraft der Kennwerte

Kunststoffkennwerte werden zur ersten Beurteilung neuer Produkte, zum Vergleich mit bekannten Produkten, zur Vorauswahl von Kunststoffen für einen bestimmten Beanspruchungsfall und schließlich zur Bemessung von Formteilen benötigt. Um diesen Anforderungen gerecht zu werden, sind an Kennwerte bestimmte Forderungen zu stellen:

- sie müssen vergleichbar sein,
- sie müssen aussagekräftig sein,
- sie müssen rationell zu ermitteln sein.

In Datenbanken und sonstigen Produktbeschreibungen werden bis zu etwa 200 verschiedene Eigenschaften eines Produktes angeführt. Es ist wohl einleuchtend, daß diese Vielzahl von Informationen die Übersicht erschwert oder gar unmöglich macht.

Für ein Taschenbuch muß deshalb eine sinnvolle Auswahl getroffen werden. Eine weltweit anerkannte Grundlage hierzu ist der Datenkatalog nach DIN EN ISO 10350, der „Single-Point-Datenkatalog". Hierauf basiert auch die von zahlreichen Rohstoffherstellern kostenlos angebotene Kunststoff-Datenbank CAMPUS, Tafel 2.1. Alle Werte werden nach in ISO-Normen einheitlich festgelegten Prüfverfahren ermittelt. Auch die Herstellung der Probekörper erfolgt nach einheitlichen Vorschriften. Dies ist ein sehr wichtiger Punkt für die Vergleichbarkeit der Werte, denn die am Probekörper ermittelten Kennwerte können stark von den Bedingungen bei der Herstellung der Probekörper im Spritzgießverfahren abhängen. Die Datenbank CAMPUS wurde vorzugsweise für Thermoplaste konzipiert. Sie ist aber auch für Elastomere, Thermoelaste sowie duroplastische Preßmassen anwendbar. Für langfaserverstärkte Kunststoffe wurde von der „Arbeitsgemeinschaft Verstärkte Kunststoffe" (AVK) eine eigene Datenbank unter der Bezeichnung „FUNDUS" erarbeitet, die in Anlehnung an CAMPUS für diese Werkstoffgruppe eine Vereinheitlichung der Kennwerte ergibt.

Im folgenden sollen die wesentlichen in diesem Taschenbuch verwendeten Kennwerte zur Beurteilung des Verhaltens der Kunststoffe bei der Verarbeitung, d.h. bei der Herstellung der Formteile, beim bestimmungsgemäßen Gebrauch und bei Überlastung der Formteile erläutert werden. Generell ist bei der Beurteilung der Kennwerte zu beachten, daß sie keine universellen Materialkonstanten sind. Wie die Kennwerte anderer Werkstoffe können sie in mehr oder weniger starkem Maße von folgenden Einflußfaktoren abhängen:

Tafel 2.1. Campus Datenkatalog nach DIN EN ISO 10350

Nr. in ISO 10350	Eigenschaft	Norm	Probekörper Maße in mm	Einheit	Prüfbedingungen und ergänzende Anweisungen	
1.	Rheologische Eigenschaften					
1.2	Schmelze-Volumenfließrate 1. Wert	ISO 1133	Formmasse	ccm/10 min	Prüfbedingungen nach der jeweiligen Materialnorm	
	Temperatur			°C		
	Belastung			kg		
	Schmelze-Volumenfließrate 2. Wert			ccm/10 min		
	Temperatur			°C		
	Belastung			kg		
1.3	Verarbeitungsschwindung	ISO 2577		%	längs	nur Duroplaste
					quer	
2.	Mechanische Eigenschaften (Klima 23 °C ± 2 °C/50% ± 5% r. F. nach ISO 291)					
2.1	Zug-Modul	ISO 527-1, ISO 527-2	Vielzweckprobekörper nach ISO 3167 spritzgegossen: Typ A gepreßt: Typ B	MPa	1 mm/min	Dehnung 0,05% bis 0,25 %
2.2	Streckspannung				50 mm/min	
2.3	Streckdehnung			%		
2.4	Nominelle Bruchdehnung					wenn 2.2 vorhanden
2.5	Spannung bei 50% Dehnung			MPa		wenn 2.2 nicht vorhanden
2.6	Bruchspannung				5 mm/min	wenn 2.2 und 2.5 nicht vorhanden und 2.7 ≤ 10%
2.7	Bruchdehnung			%		
2.8	Zug-Kriechmodul	ISO 899-1		MPa	1 h	Dehnung ≤ 0,5%
2.9	Zug-Kriechmodul				1000 h	
2.12	Charpy-Schlagzähigkeit	ISO 179/1eU	80 · 10 · 4 [1]	kJ/m∧2	23 °C	
	Charpy-Schlagzähigkeit				–30 °C	
2.13	Charpy-Kerbschlagzähigkeit	ISO 179/1eA	V-Kerbe; r = 0,25		23 °C	wenn bei 2.12 ohne Burch, „NB“
	Charpy-Kerbschlagzähigkeit				–30 °C	
2.14	Schlagzugzähigkeit	ISO 8256	80 · 10 · 4		23 °C	45° Doppel-V-Kerbe; r = 1,0 empfohlen, wenn bei 2.13 „NB“

Hinweise: [1]) evtl. aus Vielzweckprobekörper Typ A entnommen
[2]) gepreßter oder spritzgegossener Probekörper

Tafel 2.1. Campus Datenkatalog nach ISO 10350 (Forts.)

Nr. in ISO 10350	Eigenschaft	Norm	Probekörper Maße in mm	Einheit	Prüfbedingungen und ergänzende Anweisungen	
3.	Thermische Eigenschaften					
3.1	Schmelztemperatur	ISO 3146	Formmasse	°C	Verfahren C	DTA oder DSC
3.2	Glasübergangstemperatur	IEC 1006			Verfahren A	10 K/min
3.3	Formbeständigkeitstemperatur	ISO 75-1, ISO 75-2	80 · 10 · 4 [1]		1,8 MPa	für steife Materialien: 1,8 MPa und 8 MPa; für weichere Materialien: 1,8 MPa und 0,45 MPa
3.4					0,45 MPa	
3.5					8 MPa	
3.6		ISO 75-3			langfaserverstärkt	
3.7	Vicat-Erweichungstemperatur	ISO 306	≥ 10 · ≥ 10 · 4		50 K/h, 50 N	
3.8	Längenausdehnungskoeffizient	ASTM E 831		1/K	längs	Sekantensteigung zwischen 23 °C und 55 °C
3.9					quer	
	Brennbarkeit UL 94	UL 94	125 · 13 · 1,6	Klasse	bei nom. 1,6 mm geprüfte Dicke	Angabe der Klasse aus der Reihe: NO, HB, V-2, V-1, V-0
			125 · 13 · Dicke		bei der Dicke h geprüfte Dicke	
	Brennbarkeit UL 94-5V		152 · 13 · Dicke und 152 · 152 · Dicke		bei der Dicke h geprüfte Dicke	Angabe: NO, 5VA oder 5VB
3.16	Entzündbarkeit – Sauerstoff-Index	ISO 4589	80 · 10 · 4 [1]	%	Verfahren A	
4.	Elektrische Eigenschaften (Klima 23 °C ± 2 °C/50% ± 5% r. F. nach ISO 291)					
4.1	relative Dielektrizitätszahl	IEC 250	≥80 · ≥80 · 1 [2]		100 Hz	
4.2					1 MHz	
4.3	Dielektrischer Verlustfaktor				100 Hz	
4.4					1 MHz	
4.5	Spezifischer Durchgangswiderstand	IEC 93		Ohm · m	Kontakt-Elektroden, Meßspannung 100 V	
4.6	Spezifischer Oberflächenwiderstand			Ohm		
4.7	Elektrische Festigkeit	IEC 243-1		kV/mm	20 s Stufen-Test: in Transformatorenöl nach IEC 296, 25 mm/75 mm Koaxialzylinder	
4.9	Vergleichszahl der Kriechwegbildung	IEC 112	≥15 · ≥15 · 4 [1]		Prüfflüssigkeit A	

Tafel 2.1. Campus Datenkatalog nach ISO 10350 (Forts.)

Nr. in ISO 10350	Eigenschaft		Norm	Probekörper Maße in mm	Einheit	Prüfbedingungen und ergänzende Anweisungen
5.	Sonstige Eigenschaften (23 °C ± 2 °C)					
5.2	Wasseraufnahme in Wasser bei 23 °C		ISO 62	Dicke ≤1 [2])	%	Sättigungswerte
5.3	Feuchteaufnahme bei 23 °C/50% r. F.					
5.4	Dichte		ISO 1183	Mittelstück des Vielzweck-Probe-Körpers	kg/m^3	
	Formmasse-spezifische Eigenschaften					
	Viskositätszahl		ISO 307, 1157, 1628	Formmasse	ccm/g	Prüfbedingungen nach Materialnorm
	Kennzeichnende Dichte (nur PE)		ISO 1872-1		g/ccm	
	Isotaxie-Index (nur PP)		ISO 6427 B			bezogen auf Basispolymer
	Herstellbedingungen für Probekörper					
siehe Tabelle 1 in ISO 10350	Bedingungen nach der internationalen Formmassenorm		Formmasse-norm Teil 2			
	Spritz-gießen von Thermo-plasten	Massetemperatur	ISO 294		°C	Wenn nur Preßbedingungen angegeben sind, sollen alle Probekörper gepreßt werden. Wenn beides angegeben ist (Preß- und Spritzbedingungen), sollen nur die Platten gepreßt werden.
		Werkzeugtemperatur				
		Fließfrontgeschwind.			mm/s	
		Nachdruck			MPa	
	Spritz-gießen von Duro-plasten	Massetemperatur	ISO 10724		°C	
		Werkzeugtemperatur				
		Fließfrontgeschwind.			mm/s	
		Nachdruck			MPa	
		Nachhärtungszeit			s	
	Pressen von Thermopla-sten	Werkzeugtemperatur	ISO 293		°C	
		Preßzeit			min	
		Abkühlgeschwind.			K/min	
		Entformungstemp.			°C	
	Pressen v. Duroplasten	Werkzeugtemperatur	ISO 295		°C	
		Preßzeit			min	
	Nachhärt. v. Duroplasten	Nachhärtungstemp.			°C	
		Nachhärtungszeit			min	

- der Temperatur,
- der Dauer oder Geschwindigkeit einer Belastung,
- der Häufigkeit einer Belastung,
- den Umwelteinflüssen,
- den Materialinhomogenitäten wie Bindenähten, Kerben u.a.,
- den Herstellbedingungen der Formteile und den daraus resultierenden Eigenspannungen, Orientierungen, Kristllisationsgraden und Strukturen.

Hierzu werden in den folgenden Kapiteln Beispiele erläutert.

2.1 Verarbeitungstechnische Kennwerte

Die Herstellung von Formteilen aus Kunststoffen erfolgt bei Thermoplasten, Thermoelasten und Duroplast-Formmassen durch Ausformen bei erhöhten Temperaturen, wobei dieser Vorgang bei den Thermoplasten und Thermoelasten mehrfach wiederholbar ist. Duroplaste härten bei der Formgebung aus, sie vernetzen und sind deshalb nicht wieder aufschmelzbar. Gießharze werden nach speziellen Verfahren verarbeitet, Abschn. 3.3.2.

Der Verarbeitungprozeß ist mitbestimmend für die Qualität und die Herstellungskosten eines Formteils. Für die Werkstoffauswahl und die Vorbereitung der Produktion ist deshalb die Kenntnis folgender Werte wichtig: rheologisches Verhalten, Erstarrungsverhalten, Entformungsverhalten, Abbauverhalten, Schwindungsverhalten und Toleranzen, Orientierungen, Kristallisationsverhalten.

2.1.1 Rheologisches Verhalten

Die Fließfähigkeit einer Kunststoffschmelze bei der Verarbeitungstemperatur ist sowohl für die Anzahl als auch für die Anordnung der Angüsse bei einem Spritzgießwerkzeug maßgebend. Außerdem hängt von ihr in Kombination mit dem Erstarrungsverhalten die erreichbare minimale Wanddicke ab. Die minimale Wanddicke ist zugleich ein Maß für den erforderlichen Materialeinsatz.

2.1.1.1 Fließkurven, Viskosität

Bei Thermoplasten wird das rheologische Verhalten durch Fließkurven beschrieben (DIN 54 811: Bestimmung des Fließverhaltens mit einem Kapillar-Rheometer). Sie vermitteln den Zusammenhang zwischen der Scherviskosität (das Verhältnis der Schubspannung zur Schergeschwindigkeit in einer fließenden Substanz und damit ein Maß für den Widerstand, den die Schmelze der Strömung entgegensetzt) in Pa·s und der Schergeschwindigkeit in 1/s. In Bild 2.2 sind die bei verschiedenen Verarbeitungsverfahren auftretenden Schergeschwindigkeitsbereiche einge-

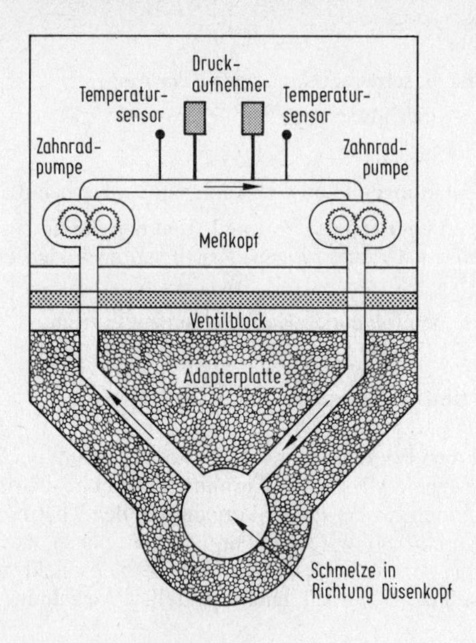

Bild 2.1 On-line-Rheometer, Bypassprinzip

zeichnet. Die Scherviskosität wird meist in Kapillarviskosimetern aus der Materialmenge bestimmt, die unter bestimmtem Druck aus einer Kapillare austritt.

On-Line-Rheometer gestatten die Überwachung von Extrusionsprozessen. Mit Hilfe von Zahnradpumpen wird hierbei dem Volumenstrom des Extrudates ein Teilstrom nach dem Bypaßprinzip entnommen., s. Bild 2.1 (Melt Flow Monitor, Fa. Rheometrics). Aus dem von den Zahnradpumpen vorgegebenen Volumenstrom und der im Bypaß über die Meßstrecke gemessenen Druckdifferenz errechnet sich die Viskosität. Bei Variation der Fließgeschwindigkeit im Bypaß kann eine Fließkurve aufgenommen werden. Die Viskosität kann auch direkt im Haupt-Volumenstrom bestimmt werden, allerdings nur bei der vom Prozeß vorgegebenen Schergeschwindigkeit.

Um die Fließkurven bei der Auslegung von Spritzgieß- und Extrusionswerkzeugen mit Hilfe von Rechenprogrammen (s. Abschn. 9.2.2)verwenden zu können, werden die Abhängigkeiten zwischen Viskosität, Schergeschwindigkeit und Temperatur durch Stoffgesetze, z.B. unter Nutzung von Potenzformeln oder des sog. Carreau-Ansatzes beschrieben. Die entsprechenden Konstanten sind in den Datenbanken CAMPUS der einzelnen Rohstoffhersteller enthalten. Mit ihrer Hilfe kann der Druckverlust beim Spritzgießen in Kanälen, Düsen und Werkzeugen berechnet werden.

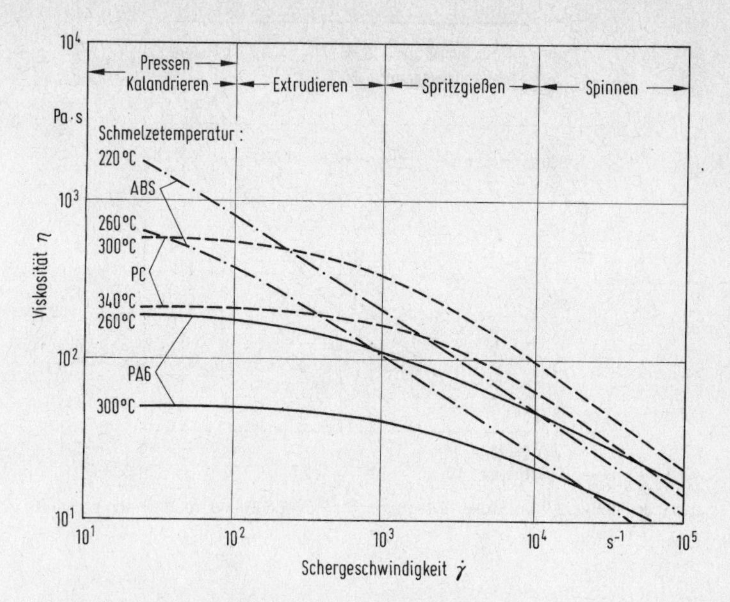

Bild 2.2. Schmelze-Viskosität einiger Thermoplaste für die normale obere bzw. untere zulässige Schmelztemperatur

Bei Verarbeitungsverfahren mit hohem Dehnanteil an der Verformung der Schmelze, wie dem Blasen von Kunststoffteilen, spielt auch die Dehnviskosität eine Rolle. Sie ergibt sich aus dem Verhältnis der auf eine Schmelze wirkenden Zugspannung zur zeitlichen Änderung der Zugdehnung und wird ebenfalls in Pa·s angegeben.

2.1.1.2 *Schmelze-Volumenfließrate MVR und Schmelze-Massenfließrate MFR*

Als reine Vergleichszahl für das Fließverhalten einer Schmelze, nicht jedoch für die Berechnung, wird die Schmelze-Volumenfließrate MVR benutzt. Sie ist definiert als das Volumen einer Schmelze, das in 10 min bei vorgegebener Temperatur und vorgegebenem Druck durch eine Kapillare festgelegter Abmessungen fließt (cm^3/10 min). Weniger gebräuchlich ist die Schmelze-Massenfließrate MFR, die unter gleichen Bedingungen ermittelt, aber in g/10 min angegeben wird. Beide Methoden werden nach ISO 1133 durchgeführt. Beim Vergleich solcher Werte muß darauf geachtet werden, daß sie auch unter gleichen Bedingungen, also bei gleichem Druck und gleicher Temperatur, ermittelt werden, s. Tafel 8.2.

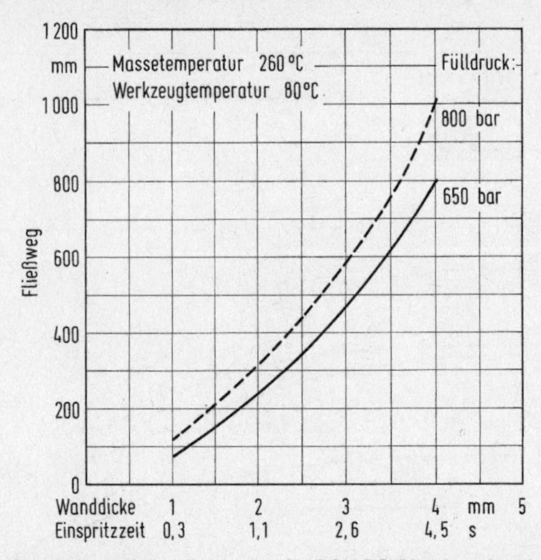

Bild 2.3. Fließweg-Wanddicken-Diagramm für PC-ABS-Blend, rechnerisch ermittelt

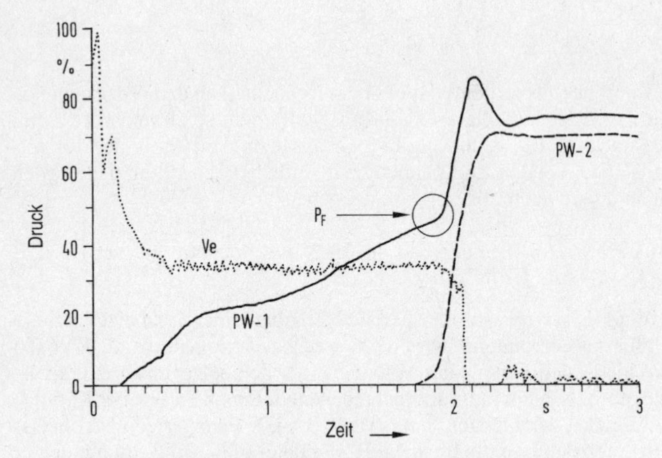

Bild 2.4. Fülldruckbestimmung aus Werkzeug-Innendruck-Messungen
PW-1 = Werkzeuginnendruck angußnah
PW-2 = Werkzeuginnendruck angußfern
Ve = Schneckenvorlauf-Geschwindigkeit
P_F = Fülldruck

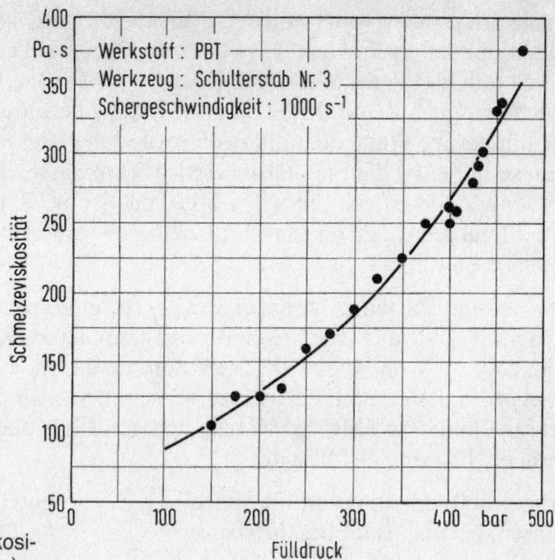

Bild 2.5
Korrelation „Schmelzeviskosität/Fülldruck" (nach *Anders*)

2.1.1.3 *Fließweg-Wanddicken-Diagramm*

Zur ersten Abschätzung der erreichbaren minimalen Wanddicke beim Spritzgießen werden häufig Fließweg-Wanddicken-Diagramme herangezogen. Sie gelten für normale Verarbeitungsbedingungen und werden entweder mit Rechenprogrammen aus Stoffwerten berechnet (s. Abschn. 9.2.2) oder beruhen auf Praxiserfahrungen. Das Diagramm in Bild 2.3 wurde rechnerisch ermittelt, wobei die Einspritzzeit jeweils so gewählt wurde, daß die Schmelzetemperatur sich über dem Fließweg nicht ändert, d.h., die Abkühlung wird durch die Wärmedissipation kompensiert.

2.1.1.4 *Fülldruck*

Eine Beurteilung des Fließverhaltens von Thermoplastschmelzen ist auf einfache Weise praxisnah mit Hilfe der Fülldruckbestimmung beim Spritzgießen möglich. Dazu wird im Spritzgießwerkzeug angußnah ein Drucksensor eingebaut. Mit diesem Sensor wird der Druck an der Unstetigkeitsstelle im Werkzeuginnendruck-Verlauf zwischen dem flacheren Druckanstieg während der Formfüllphase und dem steileren Anstieg während der Verdichtungsphase der Schmelze bestimmt, Bild 2.4. Dieser Druck ist der Fülldruck und ein Maß für die Viskosität der Schmelze. Bei gleichem Werkzeug und gleichen Spritzgießparametern besteht eine gute Korrelation zur Schmelzeviskosität, Bild 2.5. Das Verfahren eignet sich gut zu Qualitätsüberwachung, z.B. bei der Eingangskontrolle.

2.1.1.5 *Fließverhalten von duroplastischen Formmassen*

Duroplastische Formmassen werden in verschiedenen Einstellungen geliefert, die sich im Fließverhalten (hart: höchste Viskosität, normal: normale Viskosität, weich: niedrige Viskosität) und in den Härtegeschwindigkeiten unterscheiden. Das Fließvermögen wird bei der Herstellung von Formteilen (Platte, Stab oder Becher) im Preßverfahren ermittelt. Versuchsparameter sind der Fließ-Druck, der Fließ-Weg oder die Fließ-Zeit. Je dünner die Platte oder die Becherwandung oder je länger der Stab sind, um so höher ist die Fließfähigkeit der Formmasse. Als Maß für die Härtegeschwindigkeit gilt die Schließzeit, das ist die Zeit vom Beginn des ersten Druckanstiegs bis zum Stillstand des Preßkolbens (DIN 53465, Becherverfahren).

Mit einem Pastenreaktometer (SMC-Technologie, Stolberg) lassen sich Rückschlüsse auf das Mischungsverhältnis von Reaktionspartnern, auf die Dynamik im Anlauf der Reaktion, deren Ende und Aushärtungsgrad ziehen, indem das dielektrische Verhalten von Imprägnierpasten für die Herstellung von SMC, BMC oder anderen Halbzeugen in einem 60 s dauernden Test untersucht wird.

Das Fließverhalten von Gießharzen, z.B. für die GFK-Herstellung, wird durch die Viskosität beschrieben.

2.1.2 Erstarrungsverhalten

2.1.2.1 Siegelindex

Die Wirtschaftlichkeit eines Spritzgießprozesses hängt davon ab, wie schnell die Schmelze im Werkzeug erstarrt, wann der Anguß versiegelt ist und wann das Formteil ohne unzulässige Deformation oder Beschädigung entformt werden kann. Mit DSC-Messungen, vgl. Abschn. 2.8.5, kann man zwar die Kristallisations-Temperatur teilkristalliner Kunststoffe ermitteln, diese Temperatur steht jedoch nach Salewski nicht in einem direkten Zusammenhang zum Erstarrungsverhalten eines Formteils. Besser eignet sich der Siegelindex zur Beurteilung, wann eine Entformung zuläs-

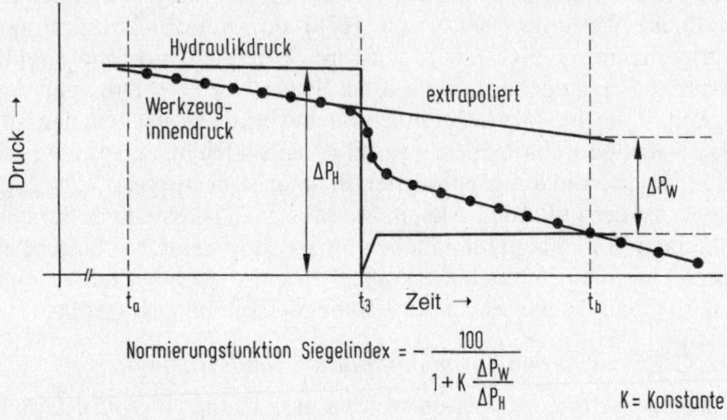

Bild 2.6. Verfahren zur Bestimmung des Siegelindex (nach *Salewski*)

sig ist. Wie bei der Bestimmung des Fülldrucks, Abschn. 2.1.1.4, werden der Hydraulikdruck und der Werkzeuginnendruck als Funktion der Zeit während der Nachdruckphase gemessen. Wie in Bild 2.6 dargestellt, verläuft die Innendruck-Kurve mit einem deutlichen Knick nach unten, wenn der Nachdruck zu einer bestimmten Zeit (t_3)auf Null reduziert wird und der Anguß noch nicht versiegelt ist. Die Schmelze hat die Möglichkeit, sich durch den Anguß zu entspannen. Aus dem Druckverlauf im Werkzeug nach der Abschaltung des Nachdrucks und dem extrapolierten Druckverlauf ohne Nachdruckabschaltung läßt sich der Siegelindex entsprechend Bild 2.6 ermitteln. Er erreicht 100%, wenn nach Abschaltung des Nachdrucks kein Abfall des Innendrucks mehr erfolgt. Der Siegelindex ist zwar von den Prozeßparametern und der Formteil- und Angußgeometrie abhängig, aber er ist praxisnah und zum Vergleich verschiedener Formmassen und zur Beurteilung von Neuentwicklungen oder Produktmodifikationen gut geeignet.

2.1.2.2 Siegelzeit

Die Siegelzeit kann auch etwas aufwendiger durch das Auswiegen der Formteile ermittelt werden. Dabei wird in einer Testreihe die Nachdruckzeit bestimmt, oberhalb der das Formteilgewicht nicht mehr zunimmt. Beide Methoden liefern gleiche Ergebnisse, Bild 2.7.

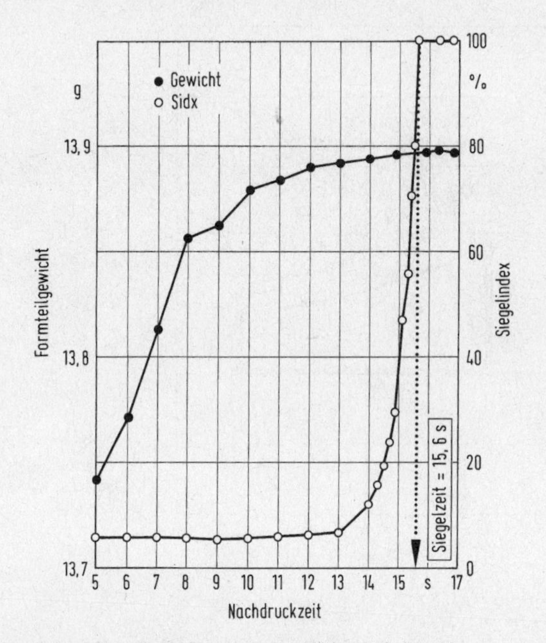

Bild 2.7. Korrelation „Siegelindex/Formteilgewicht" (nach *Salewski*)

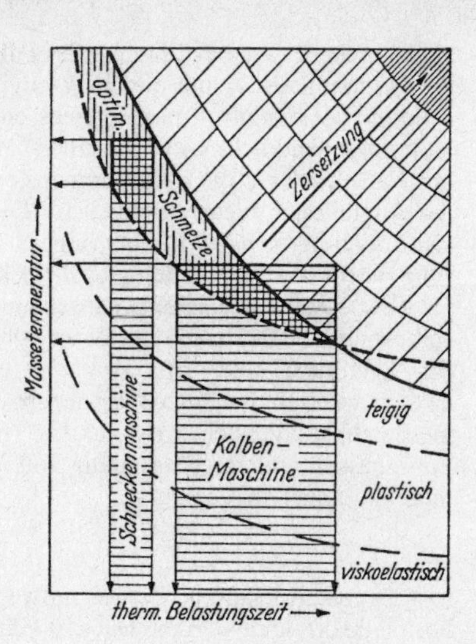

Bild 2.8.
Thermische Belastbarkeit von Kunststoffmassen in Spritzgießmaschinen (schematische Darstellung nach A. *Albers*)

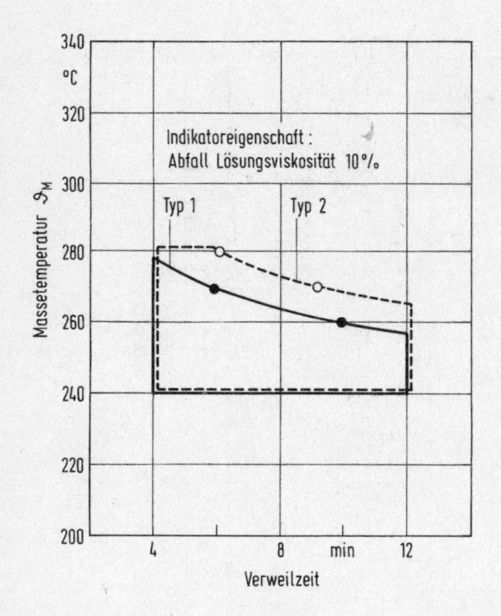

Bild 2.9.
Verarbeitungsfenster am Beispiel von zwei PBT-Typen

2.1.3 Entformungsverhalten

Nach dem Erstarren muß das Formteil aus dem Werkzeug ausgestoßen werden. Hierzu sind unter Umständen beträchtliche Kräfte erforderlich, die über Auswerferstifte oder -platten sowie über Druckluft aufgebracht werden müssen. Diese Kräfte entstehen durch das Aufschrumpfen der erkaltenden Formmasse auf Kerne im Werkzeug oder durch das Haften des Formstoffs an der Werkzeugoberfläche, also durch Schwindung und Reibung. Die übliche Methode zur Bestimmung des Entformungsverhaltens einer Formmasse besteht darin, daß man ein Becherwerkzeug abspritzt und über die Auswerfer mit einer Kraftmeßdose die Entformungskraft bestimmt. Eine Differenzierung zwischen den beiden Einflußgrößen ist jedoch nicht möglich.

Von *Dombrowski* und *Kaminski* wird ein Verfahren beschrieben, mit dem Reibungskoeffizienten unabhängig von Schwindungseinflüssen ermittelt werden können. Es eignet sich sowohl zur Beurteilung der Wirkung von Entformungs-Hilfsmitteln, die der Formmasse beigegeben werden, als auch zur Beurteilung der Einflüsse der Stahlsorten, Oberflächenbehandlungen und Rauhigkeiten der Werkzeuge auf die Reibungskoeffizienten.

2.1.4 Abbauverhalten

Auf dem Weg von der Formmasse zum fertigen Formteil wird der Kunststoff mehrmals einer hohen Temperaturbeanspruchung ausgesetzt: Bei der Granulierung, Compoundierung, Formteil- oder Halbzeugherstellung und bei einer eventuellen Thermoformung. Ob hierbei eine Schädigung auftritt, hängt außer vom Kunststoff vor allem von der Höhe der jeweiligen Temperatur und Verweilzeit ab. Dies kann besonders bei Kunststoff-Blends von Bedeutung sein. Eine Schädigung kann erfolgen, ohne daß diese optisch erkennbar ist. Eine Information über das Temperatur-Verweilzeit-Verhalten ist deshalb wichtig. Eine genormte Prüfmethode hierzu gibt es z.Z. noch nicht. In Bild 2.8 ist die thermische Belastung der Schmelze schematisch dargestellt. Ein reales sog. Verarbeitungsfenster ist in Bild 2.9 wiedergegeben: Bei Spritzgießversuchen wurden die Massetemperaturen und Verweilzeiten der Schmelze im Spritzgießzylinder systematisch variiert und an den so hergestellten Formteilen die Lösungsviskositäten als Maß für die Molmasse bestimmt, wobei ein Abfall von 10% noch als tragbar galt. Bild 2.9 zeigt deutliche Unterschiede zwischen den beiden PBT-Typen. Verarbeitungsparameter außerhalb des Fensters können zu einer Qualitätseinbuße des Formteils führen.

2.1.5 Schwindungsverhalten und Toleranzen

2.1.5.1 Schwindung

Von einem Kunststoff-Formteil erwartet man, daß es nach dem Herstellungsprozeß die Abmessungen aufweist, die die Funktionsweise mit einem gewissen Toleranzbereich fordert. Außerdem sollen die Abmessungen der Formteile während der Lebensdauer unter den gegebenen äußeren Einwirkungen erhalten bleiben.

Die Maße von Formteilen aus Kunststoff sind infolge der Verarbeitungsschwindung VS kleiner als die der Formwerkzeuge. Dies liegt an der höheren Kontraktion der Kunststoffe bei der Abkühlung, verglichen mit Stahl, und an der Volumenverringerung beim Vernetzungsvorgang bei Duroplasten bzw. der Kristallisation bei teilkristallinen Thermoplasten. Für die Maßbeständigkeit des Formstoffs kann die Nachschwindung NS infolge chemischer Reaktionen, der Stoffabgabe, Nachkristallisation oder Retardation von Belang sein. Die Nachschwindung stellt sich bei Raumtemperatur innerhalb sehr langer Zeiten ein. Sie kann durch eine Warmlagerung bei stoffspezifischen Temperaturen vorweggenommen werden. Dazu kommen Einflüsse der Formteilgestalt, der Angußart, und der Verarbeitungsbedingungen auf das Schwindungsverhalten.

Bild 2.10 zeigt die möglichen Änderungen einer Formteilabmessung mit den entsprechenden Definitionen. Die Verarbeitungsschwindung VS ist

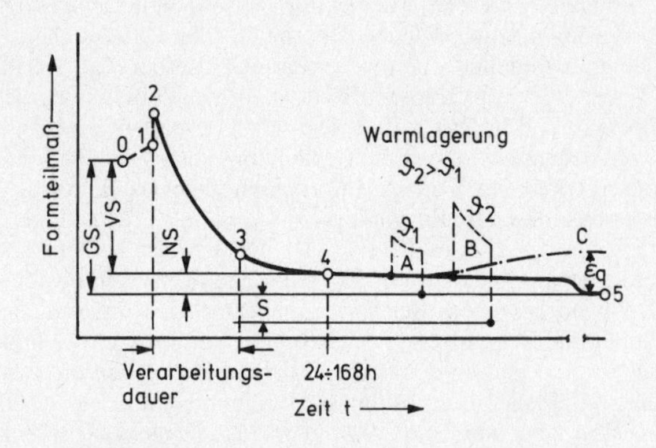

Bild 2.10. Maßänderungen von Formteilen

0	≙ Maß des kalten Werkzeugs		VS	≙ Verarbeitungsschwindung
1	≙ Maß des warmen Werkzeugs		NS	≙ Nachschwindung
2	≙ Maß des Werkzeugs unter Druck		GS	≙ Gesamtschwindung
3	≙ Maß des Formteils bei der Entformungstemperatur		S	≙ Schrumpfung
			εq	≙ Quelldehnung
4	≙ Maß des Formteils bei RT		ϑ	≙ Temperatur
5	≙ Maß des Formteils nach der evtl. Nachschwindung			

nach DIN 53464 und DIN 16901 (ISO 2577) der prozentuale Unterschied zwischen Maßen des kalten Formwerkzeugs und der darin hergestellten Formteile, gemessen frühestens 24 h und spätestens 168 h nach Herstellung und Lagerung im Normklima 23/50. Die Kompressibilität der Kunststoffschmelze ermöglicht es, der Verarbeitungsschwindung durch einen hohen Druckaufbau im Werkzeug entgegen zu wirken.

Die Schwindung in Fließrichtung der Schmelze und diejenige senkrecht dazu können aufgrund der Orientierungseffekte von Makromolekülen und/oder länglicher Füllstoffe beim Verarbeitungsprozeß unterschiedlich sein. Dies zeigt Bild 2.11 für eine Viertelscheibe, die an einer Ecke angespritzt wurde. Bild 2.12 gibt zusätzlich den Einfluß der Wanddicke auf die Verarbeitungsschwindung wieder. Die Differenz zwischen Längs- und Querschwindung wird mit Schwindungsdifferenz bezeichnet. Hohe Werte weisen teilkristalline Thermoplaste und besonders solche mit einer Faserverstärkung und Duroplaste mit organischen Füllstoffen wie z.B Holzmehl auf. Sie sind eine der Ursachen für den Verzug von Spritzgußteilen, der durch eine zweckmäßige Angußwahl und Formteilgestaltung, z.B. durch eine Verrippung, minimiert werden muß. Weitere Ursachen für den Verzug können sein: eine unterschiedlich große Schwindung auf beiden Seiten eines flächigen Formteils infolge unterschiedlicher Orientierungen oder Abkühlverhältnisse beider Formteilseiten bei der Erstarrung der Formmasse.

Nach ISO 294.3 werden die Verarbeitungsschwindungen in Spritzrichtung (VSp) und senkrecht zur Spritzrichtung (VSs) an Platten

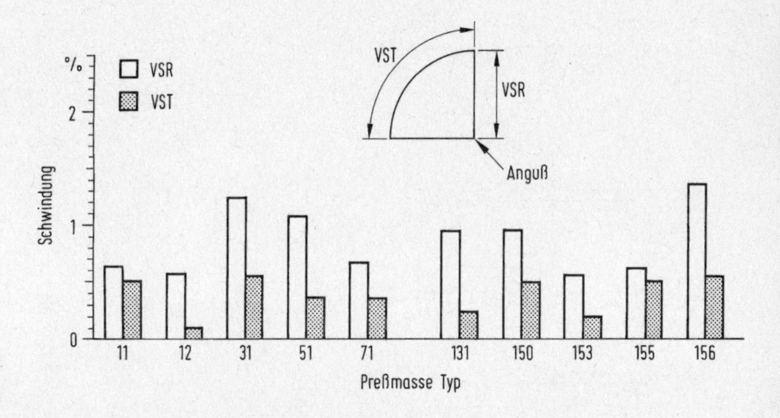

Bild 2.11. Verarbeitungsschwindung einiger Preßmassen und Thermoplaste

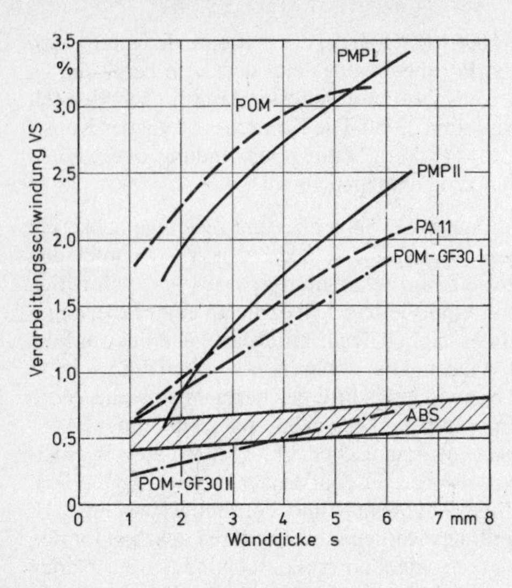

Bild 2.12.
Abhängigkeit der Verarbeitungsschwindung von der Wanddicke, ∥ bzw. ⊥ = parallel bzw. senkrecht zur Fließrichtung

$60 \cdot 60 \cdot 2\ mm^3$, hergestellt durch Spritzgießen im Wechselrahmenwerkzeug nach ISO 249.1, bestimmt, s. auch Bild 2.13:

$$VSp = \frac{L_{wp} - L_p}{L_{wp}} \cdot 100\ [\%]$$

$$VSs = \frac{L_{ws} - L_s}{L_{ws}} \cdot 100\ [\%]$$

L_{wp}, L_{ws} = Bezugsmaße im Werkzeug

L_p, L_s = Bezugsmaße an der Platte

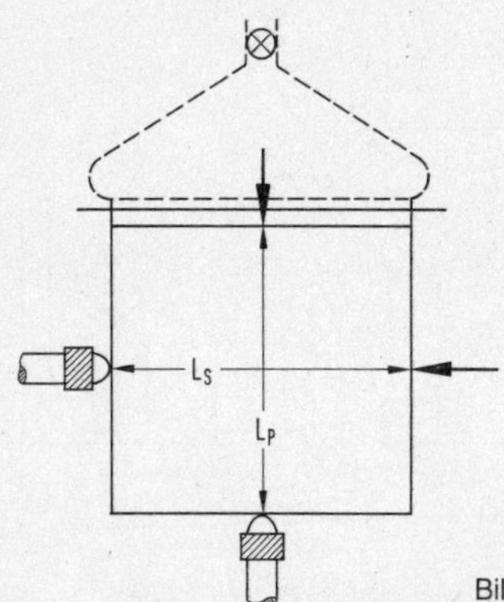

Bild 2.13 Platte für Schwindungsmessungen

Zur Abschätzung von Schwindungswerten und deren Beeinflussung durch die Spritzgieß-Parameter mit Hilfe von pvT-Diagrammen, s. Abschn. 2.3.6.

2.1.5.2 Toleranzen

Die erreichbaren Verarbeitungstoleranzen nehmen mit zunehmender Verarbeitungsschwindung der Kunststoffe ab. Nach DIN 16901 werden Bereichen von Schwindungskennwerten Maßtoleranz-Gruppen zugeordnet, s. Tafel 2.2, mit deren Hilfe aus Tafel 2.3 zulässige Maßabweichungen und Toleranzen entnommen werden können. Hierbei ist zwischen nicht werkzeuggebundenen Maßen „A“ und werkzeuggebundenen Maßen „B“ zu unterscheiden. Die Anforderungen der Toleranzgruppen „ohne Toleranzangaben“ und „Reihe 1“ können ohne besonderen Fertigungsaufwand eingehalten werden. Die Toleranzen der „Reihe 2“ und besonders die Anforderungen der Feinwerktechnik sind nur mit einem erhöhten Fertigungsaufwand zu erreichen. Mit modernen gesteuerten oder geregelten Spritzgießmaschinen sind auch engere als die angegebenen Toleranzen erreichbar.

Für die Festlegung von Funktionstoleranzen müssen im Einzelfall auch die Wärmedehnung bis zur Gebrauchstemperatur, die Schrumpfung durch Substanzabgabe und die Quellung durch Substanzaufnahme aus der Umgebung berücksichtigt werden. Insbesondere PA-Formmassen und UF-Formstoffe nehmen in feuchter Umgebung unter Volumenzunahme Wasser auf, s. Abschn. 2.6.1.

2.1.6 Orientierungen

2.1.6.1 Molekül-Orientierung

In einer nicht bewegten Kunststoffschmelze liegen die Molekülketten in einem regellosen, verknäuelten Zustand vor. Eine Ausnahme bilden LCP's, s. Abschn. 4.13. Bei bewegten Schmelzen können sich die Moleküle in einer Vorzugsrichtung ausrichten, es findet eine Molekül-Orientierung statt. Schematisch ist dies in Bild 2.14 dargestellt. Aus einem kreisförmigen Schmelzeelement wird im Fließprozeß ein orientiertes Element. Der Orientierung liegen zwei unterschiedliche Prozesse zugrunde, Bild 2.15.

1. Lokale Dehnung eines Schmelzeelements, z.B. wenn sich ein Fließkanal verengt, eine Fließfront ähnlich der Aufweitung der Hülle eines Luftballons beim Aufblasen dehnt, oder beim Blasformen oder Warmformen (Tiefziehen).

2. Scherung benachbarter Schmelzeschichten bei Strömungen mit einem Geschwindigkeitsprofil beim Spritzgießen oder Extrudieren, wenn die Schmelze an der Werkzeugwand haftet.

Der beim Spritzgießen erzeugte Orientierungszustand ist besonders bei komplex gestalteten Formteilen nur mit einiger Erfahrung abzuschätzen. Infolge der Dehnung der Fließfront und der schnellen Erkaltung dieser

Tafel 2.2. Schwindungskennwerte und Toleranzgruppen für Kunststoff-Formmassen

Schwindungskennwert	Maßtoleranz-Gruppen (nach Tafel 2.3) ohne Toleranzangabe	mit Toleranzangabe Reihe 1	Reihe 2	Thermoplaste teilkristallin
0–1	130	120	110	PA-GF*, POM-GF*
1–2	140	130	120	PP + anorg. Füllst.* PA*, POM, <150 mm lang*, PET krist.
2–3	150	140	130	PE*, POM >150 mm*, PP*, fluorierte PE/PP
3–4	160	150	140	PB-Formmassen

* bei Wanddicke >4 mm nächsthöhere Toleranzgruppe

Tafel 2.3. Zulässige Abweichungen (±-Werte) und Toleranzen für Maße an Kunststoff-

Toleranzgruppe nach Tafel 2.2	Kennbuchstabe*	Nennmaßbereich über 0 bis 1	1 3	3 6	6 10	10 15	15 22	22 30	30 40	40 53
Zulässige Abweichungen										
160	A	±0,28	±0,30	±0,33	±0,37	±0,42	±0,49	±0,57	±0,66	±0,78
	B	±0,18	±0,20	±0,23	±0,27	±0,32	±0,39	±0,47	±0,58	±0,68
150	A	±0,23	±0,25	±0,27	±0,30	±0,34	±0,38	±0,43	±0,49	±0,57
	B	±0,13	±0,15	±0,17	±0,20	±0,24	±0,28	±0,33	±0,39	±0,47
140	A	±0,20	±0,21	±0,22	±0,24	±0,27	±0,30	±0,34	±0,38	±0,43
	B	±0,10	±0,11	±0,12	±0,14	±0,17	±0,20	±0,24	±0,28	±0,33
130	A	±0,18	±0,19	±0,20	±0,21	±0,23	±0,25	±0,27	±0,30	±0,34
	B	±0,08	±0,09	±0,10	±0,11	±0,13	±0,15	±0,17	±0,20	±0,24
Toleranzen										
160	A	0,58	0,60	0,66	0,74	0,84	0,98	1,14	1,32	1,56
	B	0,36	0,40	0,46	0,54	0,64	0,78	0,94	1,12	1,36
150	A	0,46	0,50	0,54	0,60	0,68	0,76	0,86	0,98	1,14
	B	0,26	0,30	0,34	0,40	0,48	0,56	0,66	0,78	0,94
140	A	0,40	0,42	0,44	0,48	0,54	0,60	0,68	0,76	0,86
	B	0,20	0,22	0,24	0,28	0,34	0,40	0,48	0,56	0,68
130	A	0,36	0,38	0,40	0,42	0,46	0,50	0,54	0,60	0,88
	B	0,16	0,18	0,20	0,22	0,26	0,30	0,34	0,40	0,48
120	A	0,32	0,34	0,36	0,38	0,40	0,42	0,46	0,50	0,54
	B	0,12	0,14	0,16	0,18	0,20	0,22	0,28	0,30	0,34
110	A	0,18	0,20	0,22	0,24	0,26	0,28	0,30	0,32	0,36
	B	0,08	0,10	0,12	0,14	0,16	0,18	0,20	0,22	0,26
Feinwerktechnik	A	0,10	0,12	0,14	0,16	0,20	0,22	024	0,26	0,28
	B	0,05	0,06	0,07	0,08	0,10	0,12	0,14	0,16	0,18

* A für nicht werkzeuggebundene Maße, B für werkzeuggebundene Maße

nach DIN 16901

Thermoplaste amorph	Duroplaste
PS, SAN, SB, ABS, Hart-PVC, PMMA, PPO mod., PC, PET amorph	PF-, MF-Typen mit anorg. Füllstoffen
CA, CAB, CAP, CP	PF-, MF-Typen mit org. Füllstoffen UP-Typen
Weich-PVC, je nach Weichmacheranteil auch 1–3	

Formteilen, nach DIN 16901 (Nov. 82)

Nennmaßbereich											
53 70	70 90	90 120	120 160	160 200	200 250	250 315	315 400	400 500	500 630	630 800	800 1000
Zulässige Abweichungen											
±0,94	±1,15	±1,40	±1,80	±2,20	±2,70	±3,30	±4,10	±5,10	±6,30	±7,90	±10,00
±0,84	±1,05	±1,30	±1,70	±2,10	±2,60	±3,20	±4,00	±5,00	±6,20	±7,80	±9,90
±0,68	±0,81	±0,97	±1,20	±1,50	±1,80	±2,20	±2,80	±3,40	±4,30	±5,30	±6,60
±0,58	±0,71	±0,87	±1,10	±1,40	±1,70	±2,10	±2,70	±3,30	±4,20	±5,20	±6,50
±0,50	±0,60	±0,70	±0,85	±1,05	±1,25	±1,55	±1,90	±2,30	±2,90	±3,60	±4,50
±0,40	±0,50	±0,60	±0,75	±0,95	±1,15	±1,45	±1,80	±2,20	±2,80	±3,50	±4,40
±0,38	±0,44	±0,51	±0,60	±0,70	±0,90	±1,10	±1,30	±1,60	±2,00	±2,50	±3,00
±0,28	±0,34	±0,41	±0,50	±0,60	±0,80	±1,00	±1,20	±1,50	±1,90	±2,40	±2,90
Toleranzen											
1,88	2,30	2,80	3,60	4,40	5,40	6,60	8,20	10,20	12,50	15,80	20,00
1,68	2,10	2,60	3,40	4,20	5,20	6,40	8,00	10,00	12,30	15,60	19,80
1,36	1,62	1,94	2,40	3,00	3,60	4,40	5,60	6,80	8,60	10,60	13,20
1,16	1,42	1,74	2,20	2,80	3,40	4,20	5,40	6,60	8,40	10,40	13,00
1,00	1,20	1,40	1,70	2,10	2,50	3,10	3,80	4,60	5,80	7,20	9,00
0,80	1,00	1,20	1,50	1,90	2,30	2,90	3,60	4,40	5,60	7,00	8,80
0,76	0,88	1,02	1,20	1,50	1,80	2,20	2,60	3,20	3,90	4,90	6,00
0,58	0,68	0,82	1,00	1,30	1,80	2,00	2,40	3,00	3,70	4,70	5,80
0,60	0,68	0,78	0,90	1,06	1,24	1,50	1,80	2,20	2,60	3,20	4,00
0,40	0,48	0,58	0,70	0,86	1,04	1,30	1,60	2,00	2,40	3,00	3,60
0,40	0,44	0,50	0,58	0,68	0,80	0,96	1,16	1,40	1,70	2,10	2,60
0,30	0,34	0,40	0,48	0,58	0,70	0,86	1,06	1,30	1,60	2,00	2,50
0,31	0,35	0,40	0,50								
0,21	0,25	0,30	0,40								

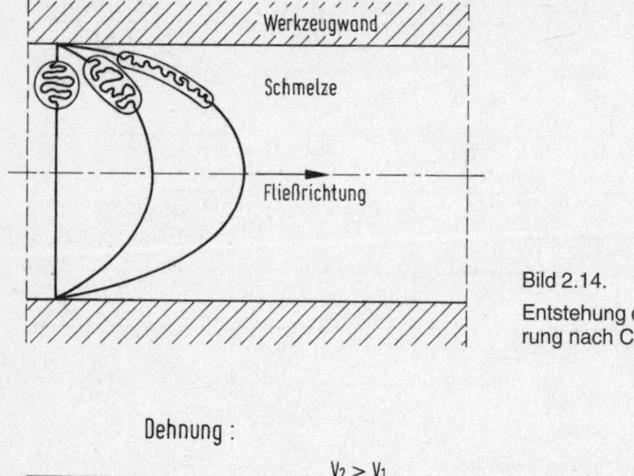

Bild 2.14.
Entstehung der Molekülorientierung nach Chatain/Wintergerst

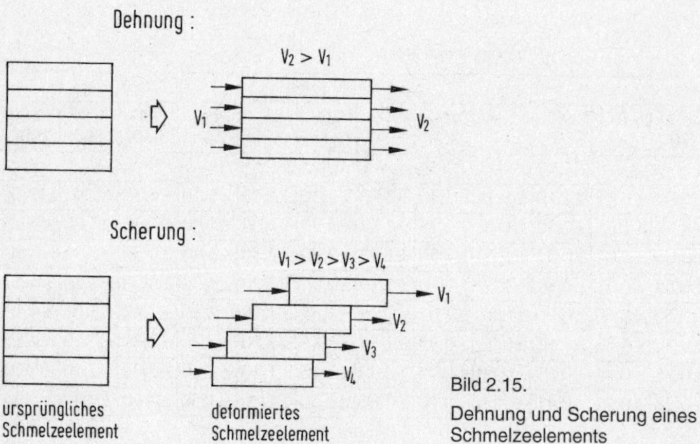

Bild 2.15.
Dehnung und Scherung eines Schmelzeelements

beim Anlegen an die Werkzeugwand liegt in der Formteiloberfläche in der Regel eine dünne, sehr hoch biaxial orientierte Schicht vor. Unterhalb der Oberfläche wird durch das dort vorliegende hohe Schergefälle bei der Werkzeugfüllung eine wesentlich in Fließrichtung orientierte Schicht entstehen. In der Mitte der Wanddicke ist das Schergefälle und damit die Orientierung gering.

Infolge der Brownschen Bewegung der Moleküle bilden sich Orientierungen in der Schmelze sehr schnell zurück, sie relaxieren. Bei den Bedingungen des Spritzgießen werden hierzu nur wenige Sekunden benötigt. Da der Abkühlvorgang im Werkzeug jedoch auch sehr schnell erfolgt, wird ein Teil der Orientierung eingefroren. Die Höhe der eingefrorenen Orientierungen hängt demnach von der Massetemperatur, der Größe der Dehn- und Scherströmung, dem Erstarrungsverhalten der Schmelze, der Werkzeugwand-Temperatur und der Wanddicke des Formteils ab. Hohe

Einspritzgeschwindigkeiten beim Spritzgießen bedeuten zwar eine hohe Orientierung der Schmelze, aber auch eine längere Verweilzeit der Schmelze bei höheren Temperaturen und damit stärkere Relaxation, so daß die eingefrorene Orientierung geringer sein kann als bei langsamer Einspritzgeschwindigkeit. Niedrige Massetemperaturen, kalte Werkzeuge und geringe Wanddicken führen zu hohen Orientierungen.

Im Bereich der Raumtemperatur relaxieren die eingefrorenen Orientierungen praktisch nicht mehr. Wird das Formteil jedoch bei erhöhten Temperaturen und längerfristig eingesetzt, so kann es zur Relaxation und der damit immer verbundenen Schrumpfung oder Verwerfung kommen, falls die Verformung nicht wie im Spritzgießwerkzeug durch Formzwang verhindert wird, s. Abschn. 2.1.5.1.

Eine Orientierung bedeutet Anisotropie der Eigenschaften: In Orientierungsrichtung liegt eine höhere Steifigkeit und Festigkeit, geringere Reißdehnung, Wärmedehnung und Verarbeitungsschwindung vor.

Bei transparenten Werkstoffen kann man Orientierungen mit Hilfe der Polarisationsoptik qualitativ nachweisen, da orientierte Bereiche doppelbrechend sind. Die röntgenographische Methode eignet sich besonders zur quantitativen Untersuchung von teilkristallinen Kunststoffen. Eine weitere Möglichkeit besteht in der Messung der Schrumpfung: Hierbei werden die ganzen Formteile, Ausschnitte oder Dünnschnitte bei erhöhter Temperatur gelagert, so daß die Orientierungen relaxieren und zu Deformationen führen. Deren Größe ist ein Maß für die eingefrorenen Orientierungen, Bild 2.16.

2.1.6.2 Füllstoff-Orientierung

Längliche Füllstoffe wie Glas-, Kohlenstoff-, Graphit- oder Textilfasern orientieren sich in einer strömenden Schmelze in ähnlicher Weise wie die Kettenmoleküle. Die Hauptorientierungs-Richtung ist die Fließrichtung. Liegt eine Quellströmung vor, z.B. wenn eine runde Scheibe über einen zentralen Anguß gefüllt wird, so werden im Formteilinnern die Fasern infolge der Dehnströmung tangential, d.h. quer zur Fließrichtung, orientiert. Da die Orientierung der Füllstoffe nicht relaxieren kann, nimmt sie mit zunehmender Einspritzgeschwindigkeit beim Spritzgießen zu. Dünnflüssige Schmelzen ergeben höhere Orientierungen.

Durch die Orientierung von faserförmigen Verstärkungsstoffen werden größere Anisotropien erzeugt als durch eine Molekülorientierung. Bild 2.17 zeigt die Abweichung der Eigenschaften, die in Fließrichtung gemessen wurden, von denen, die senkrecht dazu bestimmt wurden. Für die Untersuchungen wurden mit 30 Gewichts-% verstärktes Polycarbonat und Polyamid 6 verwendet.

Die Orientierung von Verstärkungsstoffen läßt sich röntgenographisch oder durch optische Auswertung von Anschliffen bzw. Dünnschnitten bestimmen.

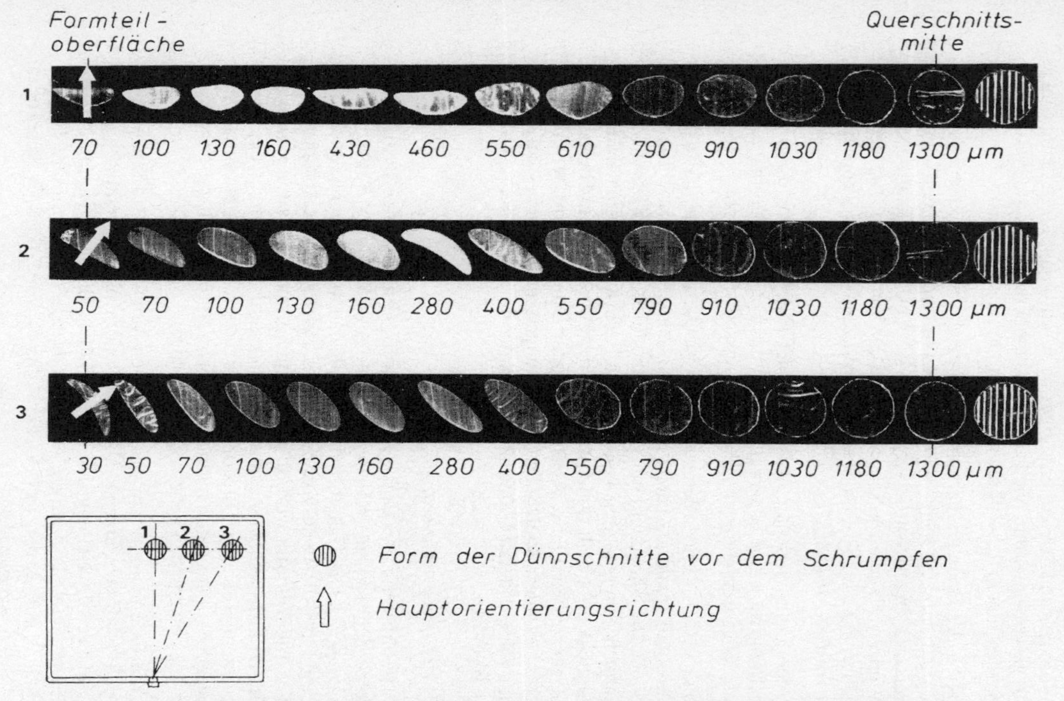

Bild 2.16. Schrumpfungsversuche an Dünnschnitten, die dem Formteil in verschiedenen Tiefen von der Oberfläche an entnommen wurden. Die dargestellten Proben zeigen den Zustand nach dem Schrumpfen (5 min bei 120°C, Werkstoff: PS). Die Zahlen geben den Abstand von der Formteiloberfläche an

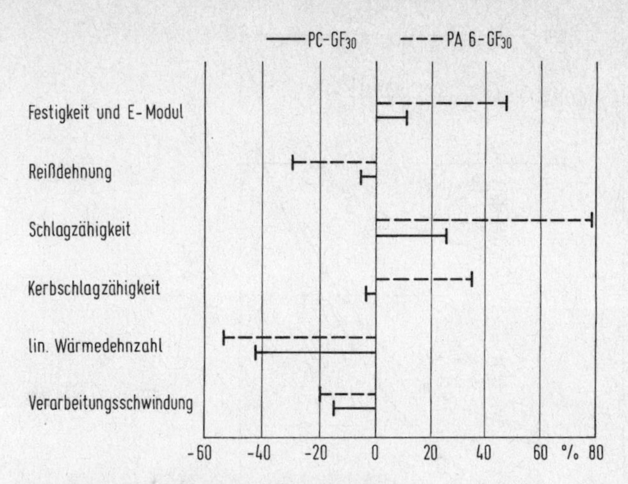

Bild 2.17. Prozentuale Abweichung der Eigenschaften in Fließrichtung von denen senkrecht zur Fließrichtung

2.1.7 Kristallisationsverhalten

Zahlreiche Kunststoffe sind wegen ihres regelmäßigen Aufbaus in der Lage, durch Parallellagerung von Molekülabschnitten Kristallite zu bilden. Sie kristallisieren jedoch auch unter günstigsten Bedingungen nur teilweise. Die Kristallite sind so klein, daß sie nicht im Lichtmikroskop, sondern nur im Elektronenmikroskop zu erkennen sind. Sie bilden aber Überstrukturen, sog. Sphärolithe, die lichtmikroskopisch gut zu erkennen sind.

Der Kristallisationsgrad bestimmt die Eigenschaften eines Kunststoffs. Je höher dieser Kristallisationsgrad ist, umso steifer und fester, aber auch spröder ist das Formteil. Geringe Kristallisation oder sehr feinkristalline Strukturen ergeben opake bis transparente Teile. Die Kristallinität wird außer durch die chemische Struktur des Kunststoffs durch den Verarbeitungsprozeß und eine eventuelle Wärme-Nachbehandlung festgelegt. Kalte Werkzeuge und hohe Abkühlgeschwindigkeiten führen zu einem geringen Kristallisationsgrad und feinkristallinen Strukturen. Dies trifft vor allem für geringe Wanddicken und die Oberflächen von Formteilen zu. Lange Verweilzeiten der Schmelze bei hohen Temperaturen ergeben hohe Kristallisationsgrade und grobe Strukturen. Diese treten vor allem im Inneren von dickwandigen Formteilen auf. Bei längerem Einsatz der Formteile, besonders bei höheren Temperaturen, tritt eine Nachkristallisation ein. Hiermit ist eine Volumenabnahme verbunden, die zum Verzug oder zu Passungsschwierigkeiten führen kann. Durch eine Wärme-Nachbehandlung, eine Lagerung über längere Zeit bei erhöhten Temperaturen, kann die Nachschwindung vorweggenommen werden, s. Abschn. 2.1.5.1 u. Bild 2.10. Bild 2.18 zeigt die Beeinflussung von Kristallisationsgrad

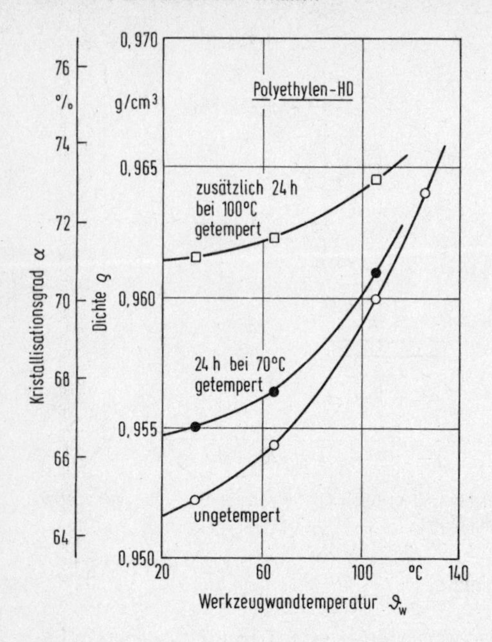

Bild 2.18. Kristallisationsgrad und Dichte von Spritzgußteilen, die bei unterschiedlicher Werkzeugwandtemperatur gefertigt wurden

und Dichte durch die Werkzeugwand-Temperatur und eine Wärme-Nachbehandlung. Die Sphärolithe können beim Verarbeitungsprozeß ähnlich wie die Makromoleküle durch Scherung ausgerichtet werden und sind dann die Ursache für ein anisotropes Verhalten der Formteile.

Der Prozentsatz des kristallinen Anteils an der Gesamtmasse kann röntgenographisch, ultrarotspektroskopisch oder mit Hilfe der Kernresonanzspektroskopie bestimmt werden. Da zwischen dem Kristallisationsgrad und der Dichte ein direkter Zusammenhang besteht, Bild 2.18, kann bei Vorliegen einer Eichkurve aus der Dichte auf die Kristallinität geschlossen werden.

2.2 Mechanisches Verhalten

2.2.0 Allgemeine Hinweise

Das mechanische Verhalten der Kunststoffe, d.h. der Zusammenhang zwischen der Spannung σ und der daraus resultierenden Dehnung ε bzw. der auf ein Formteil wirkenden Kraft F und der daraus resultierenden Verformung ΔL wird am besten durch den Zugversuch charakterisiert. Er kann im Gegensatz zum Biegeversuch auch an Probekörpern aus weichen Kunststoffen, wie z.B. Elastomeren, durchgeführt werden. Außerdem muß beim Biegeversuch mit einer Überhöhung der Festigkeitskennwerte gerechnet werden:

Bei der Biegebeanspruchung eines Balkens werden die äußeren Fasern gedehnt bzw. gestaucht, während die neutrale Faser verformungslos bleibt, Bild 2.19. Die Dehnung nimmt direkt proportional dem Abstand von der neutralen Faser zu. Ist der im Zugversuch ermittelte Zusammenhang zwischen Spannung und Dehnung linear, so ist auch die Spannungsverteilung im Biegebalken über die Dicke linear, s. rechts oben in Bild 2.19. Vor allem bei den weichen Kunststoffen ist dieser lineare Bereich, er wird mit linear-viskoelastischer Bereich bezeichnet, nur bis größenordnungsmäßig $\varepsilon = 0{,}5$ % gegeben. Da Kunststoffe vor allem bei kurzzeitiger Belastung auch außerhalb dieses Bereichs belastet werden können, ist dann die Spannungsverteilung im Balkenquerschnitt nicht mehr linear. Die zur Berechnung der Biegespannungen herangezogene Gleichung der elastischen Linie verliert damit ihre Gültigkeit und es werden zu hohe Spannungswerte berechnet, s. rechts unten in Bild 2.19. Je stärker die im Zugversuch ermittelte Spannungs-Dehnungs-Linie von der Linearität abweicht, um so mehr liegt die errechnete Biegefestigkeit über der Zugfestigkeit bzw. Streckspannung. Die Biegefestigkeit ist dann nur noch eine fiktive Spannung, die im Formteil nicht vorkommen kann, da spätestens beim Überschreiten der Zugfestigkeit Versagen auftreten wird. In Bild 2.19 sind Zahlenbeispiele für drei Kunststoffe mit unterschiedlicher Steifigkeit angegeben.

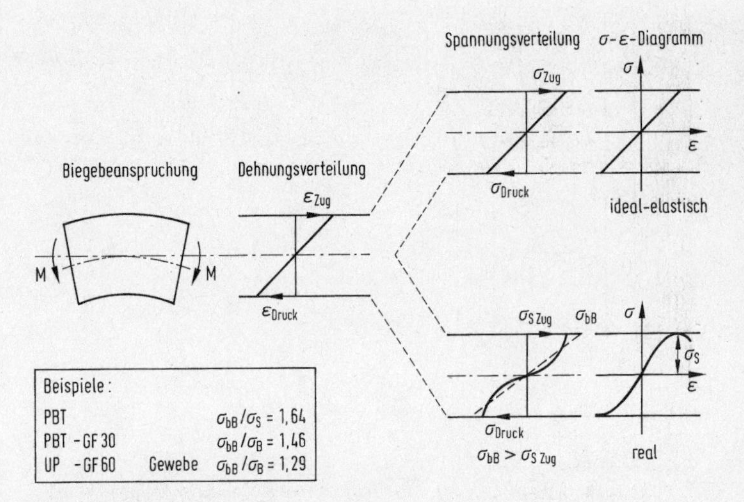

Bild 2.19. Dehnungs- und Spannungsverteilung bei Biegebeanspruchung

Der Biegeversuch wird aus den beschriebenen Gründen nur bei langfaserverstärkten Kunststoffen zur Ermittlung von Festigkeitskennwerten, z.B. auch der interlaminaren Scherfestigkeit, bei der Schubversagen in der neutralen Faser auftritt, durchgeführt. Außer bei den mit hohen Faseranteilen verstärkten Kunststoffen tritt unter Druckspannung kein Versagen auf. Deshalb wird auch der Druckversuch bei Kunststoffen nur ausnahmsweise angewendet: Stark uniaxial verstärkte Kunststoffe können unter Druckspannung durch Delamination versagen. An solchen Produkten wird der Druckversuch in der Art durchgeführt, daß ein schlanker Probekörper seitlich abgestützt und dadurch am Ausknicken gehindert wird, Bild 2.20.

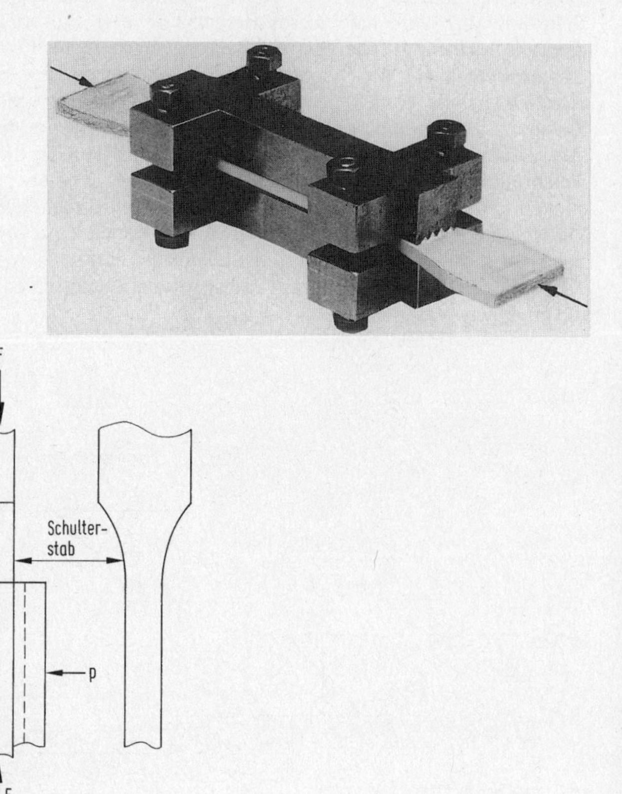

Bild 2.20. Abstützung der Meßstrecke beim Druckversuch

Auch Schub- oder Scherversuche werden nur in Sonderfällen durchgeführt. Zur Abschätzung der Belastbarkeit von mit Schubspannungen beaufschlagten Teilen aus homogenen Werkstoffen gilt:

τ_{zul} $\approx (0{,}5 \text{ bis } 0{,}74) \cdot \sigma_{zul}$
0,50 = größte-Schubspannungs-Hypothese (Tresca)
0,74 = größte-Normaldehnungs-Hypothese

Zur Bestimmung von Stanzkräften sollte mit $\tau = 1{,}0 \cdot \sigma_{zul}$ gerechnet werden.

Die Kugeldruckhärte oder sonstige Härtewerte spielen zu Beurteilung der technischen Anwendbarkeit der Kunststoffe praktisch keine Rolle.

Das mechanische Verhalten der Kunststoffe ist von vielen Einflußgrößen abhängig: der Geschwindigkeit der Verformung, der Zeitdauer und Häufigkeit einer Belastung, der Geometrie der Probekörper, den Prozeßparametern bei der Herstellung der Probekörper (s. Abschn. 2.1), und den Umweltbedingungen, vor allem der Temperatur. Die Auswirkungen dieser Einflüsse auf das Verhalten der Kunststoffe lassen sich gut am Beispiel des Zugversuchs aufzeigen.

2.2.1 Kurzzeitverhalten

2.2.1.1 Kurzzeit-Zugversuch

Im Kurzzeit-Zugversuch nach ISO 527-1 und 2 / DIN 53455 werden stabförmige Probekörper (Universalstab nach ISO 3167) mit konstanter, in der Prüfnorm vorgeschriebener Geschwindigkeit gedehnt und dabei die Kraft F mit der Längenänderung ΔL der Meßstrecke L_0 aufgezeichnet. Aus der Kraft wird bei Division durch den ursprünglichen Querschnitt A_0 des Probekörpers die Spannung σ in N/mm^2 und aus der Längenänderung bei Division durch die Ursprungslänge der Meßstrecke L_0 die Dehnung ε in % bestimmt. Aus der Anfangssteigung der Kraft-Verformungs-Kurve wird der Elastizitätsmodul E als das Verhältnis von Spannung zu Dehnung errechnet. Außerhalb des linearen Bereichs ist der Modul von der Dehnung bzw. Spannung abhängig und wird dann Sekantenmodul genannt, Bild 2.21.

In Bild 2.22 sind in einem Spannungs-Dehnungs-Diagramm die charakteristischen Kennwerte (nach CAMPUS) eingezeichnet, die zur Beurteilung von Kunststoffen herangezogen werden. Bei Kunststoffen, die eine Streckspannung aufweisen oder sich bis zum Bruch stark verformen, wird die „nominelle Bruchdehnung“ aus der Änderung des Spannzangenabstandes und der ursprünglichen Einspannlänge bestimmt. Sie ist lediglich eine Vergleichszahl für die Dehnbarkeit des Kunststoffs unter den Bedingungen des Zugversuchs.

In Bild 2.23 sind für einige Kunststoffsorten Spannungs-Dehnungs-Diagramme wiedergegeben. Hieraus lassen sich die drei in Bild 2.22 dargestellten schematischen Diagramme ableiten. Man erkennt, daß sich mit deren Hilfe der gestrichelt eingezeichnete ungefähre Verlauf der Span-

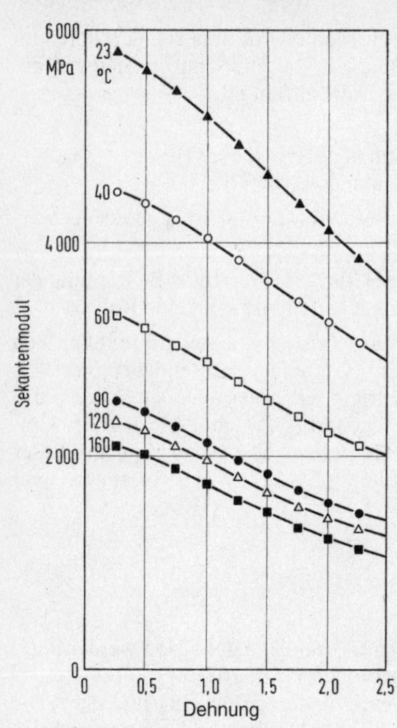

Bild 2.21. Sekantenmodul für glasfaserverstärktes PA 6

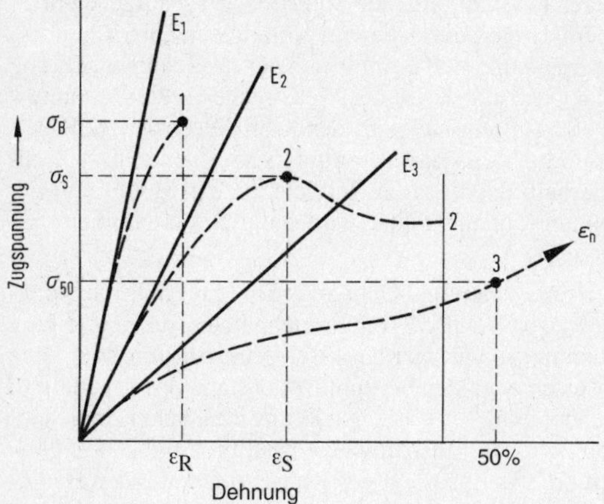

Bild 2.22. Schematische σ/ε-Diagramme mit Campus-Kennwerten für den Zugversuch

E = Zug-Elastizitätsmodul

σ_B = Bruchspannung

σ_S = Streckspannung

σ_{50} = Spannung bei 50% Dehnung

ε_R = Bruchdehnung

ε_S = Streckdehnung

ε_n = nominelle Bruchdehnung

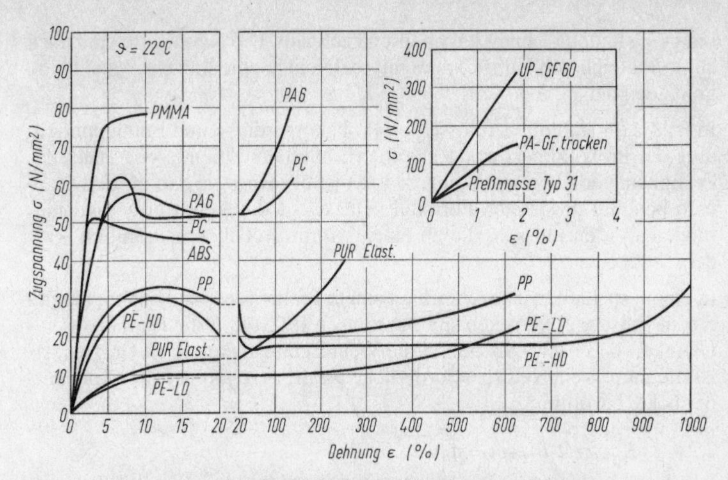

Bild 2.23. Beispiele von Spannungs-Dehnungs-Linien aus dem Zugversuch

Bei Betrachtung der Kurvenverläufe ist zu beachten, daß die Ordinate im linken Bildteil bis 20% Dehnung der deutlicheren Darstellung wegen den fünffachen Maßstab der Ordinate im folgenden Bildteil hat.

Formgeometrie	Winkel zur Spritzrichtung	Dicke	Anisotropie-Abminderungsbeiwert A
1. Stab, Endanspritzung	0°	3 mm	1
	0°	6 mm	1,2
0° Richtung	0°	12 mm	2,2
2. Platte, 2-fach Anspritzung	0°	3 mm	1,1
	90°	3 mm	1,7
	0°	6 mm	1,2
	90°	6 mm	2
0°	PP-GF		

Bild 2.24. Einfluß der Probekörperdicke und des Entnahmewinkels auf das Festigkeitsverhalten. A = 2 bedeutet: Festigkeit = 50% derjenigen vom Stab mit 3 mm Dicke (A = 1).

nungs-Dehnungs-Linien leicht abschätzen läßt. Die Kennwerte sind auch zum Vergleich von Kunststoffen mit recht unterschiedlichem Weichheitsgrad geeignet.

In Bild 2.24 sind die Einflüsse von Probekörperdicke und Entnahmerichtung des Probekörpers aus der Probe (Einfluß der Orientierung !) auf das Festigkeitsverhalten zu erkennen. Dies ist ein Hinweis darauf, daß in einem beliebig gestalteten Formteil keineswegs die Kennwerte wiedergefunden werden müssen, die an einem Norm-Probekörper ermittelt wurden.

In einem speziellen Zugversuch an einem Probekörper aus Folien, die mit einem Einschnitt versehen sind, wird nach IEC 493-2 die Kanteneinreißfestigkeit und nach DIN 53515 die Weiterreißfestigkeit nach Graves, das ist die zum Weiterreißen erforderliche Kraft, bezogen auf die Probekörperdicke, bestimmt.

2.2.1.2 Kurzzeit-Biegeversuch

Im Kurzzeit-Biegeversuch nach ISO 178/DIN 53452 werden balkenförmige Probekörper vorzugsweise mit den Abmessungen 80 mm · 10 mm · 4 mm an den Enden auf zwei Auflager gelegt und in der Mitte mit einem Biegestempel belastet. Aus den ermittelten Kräften und Durchbiegungen werden die in Bild 2.25 erläuterten Kennwerte errechnet:

$$\text{Biegespannung } \sigma_b = \frac{3 \cdot F \cdot lv}{2 \cdot b \cdot h^2} \text{ in N/mm}^2$$

$$\text{Randfaserdehnung } \varepsilon_b = \frac{600 \cdot h \cdot f}{lv^2} \text{ in \%,}$$

Bezeichnungen s. Bild 2.25 und Erläuterungen in Abschn. 2.2.0.

2.2.1.3 Druckversuch

Der Druckversuch nach ISO 604 / DIN 53455 wird mit Ausnahme für die Untersuchung von GFK (s. Abschn. 2.0) und Schaumstoffen (s. Abschn. 2.7.2) praktisch nicht mehr angewendet. Es werden die zum Zugversuch analogen Kennwerte ermittelt.

2.2.1.4 Eindruckversuch, Härtemessung

Beim Eindruckversuch wird der Eindring-Widerstand definierter Körper in eine Kunststoff-Oberfläche bestimmt. Zwischen Härte und Elastizitätsmodul besteht ein gewisser Zusammenhang, wenn der elastische Verformungsanteil bei der Prüfung überwiegt, ansonsten sind die Kennwerte für die Berechnung von Formteilen keine geeigneten Vergleichszahlen. Folgende Verfahren werden angewendet:

Kugeldruck-Härte H in N/mm² (ISO 2039-1,2, DIN 53456) ist der Quotient aus der Prüfkraft F, die über eine Kugel von 5 mm ∅ auf die Kunststoff-Oberfläche wirkt, und der Oberfläche des durch die Kugel unter Last

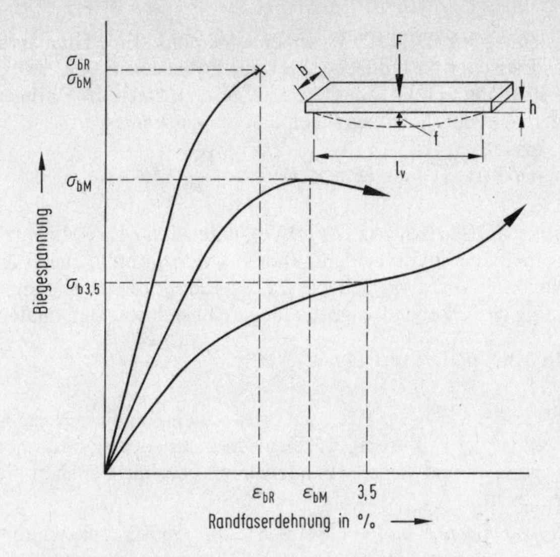

Bild 2.25. Schematische σ/ε-Diagramme für den Biegeversuch

σ_{bM} = Biegefestigkeit
$\sigma_{b3.5}$ = 3,5%-Biegespannung
σ_{bR} = Biegespannung beim Bruch
ε_{bM} = Randfaserdehnung bei Maximalspannung
ε_{bR} = Randfaserdehnung beim Bruch

erzeugten Eindrucks. Diese Oberfläche wird aus der Eindringtiefe, die unter der Last 30 s nach deren Aufbringung gemessen wird, errechnet. Je nach Härte des Kunststoffs wird eine der folgenden Laststufen angewendet: 49, 132, 358 oder 961 N und zu Indizierung bei der Werteangabe verwendet, z.B. H132.

Rockwell-α-Härte Rα (ISO 2039-2, unbenannte Zahl). Eine Kugel von 12,7 mm ∅ wirkt mit einer Kraft von 588,4 N auf die Oberfläche. Die Eindringtiefen nach 15 s (d_h) und 10 s (d_s) werden gemessen. Die Rockwell-α-Härte ist dann: $R\alpha = 150-(d_h-d_s)$.

Rockwell HR (ISO 2039/2, unbenannte Zahl). Sie wird aus der nach Fortnahme der Hauptlast (Einwirkungsdauer 15 s) gemessenen Eindringtiefe e bestimmt: HR = 130 - e. Je nach Prüfkraft F und Kugeldurchmesser d unterscheidet man vier Härteskalen: R, L, M und E und es gilt:

	F	
d	588 N	980 N
12,7 mm	R	
6,35 mm	L	M
3,175 mm		E

Vickers-Härte HV (DIN 50133, unbenannte Zahl). Eine Diamantpyramide mit quadratischer Grundfläche wird mit Prüflasten F von 100, 300 oder 600 N 40 s lang auf die Oberfläche aufgesetzt. Nach der Entlastung wird die Länge der Eindruckdiagonalen d in mm ausgemessen

Die Vickershärte HV ist dann: $HV = \frac{0{,}189}{d^2} \cdot F$.

Die Knoop-Härte HKn (ASTM D1474, unbenannte Zahl) benutzt als Eindringkörper eine Pyramide mit rhombischer Grundfläche, Längs- und Querdiagonale verhalten sich wie 7/1. Aus der Prüflast F in g und der nach Entlastung gemessenen Länge der längeren Eindruck-Diagonalen l in mm wird die Knoop-Härte errechnet: $HKn = \frac{14\,230}{l^2} \cdot F$.

Die Vickers- und Knoop-Härte gehören zu den Kleinlast-Härteprüfungen und werden zur Ermittlung mechanischer Anisotropieeffekte, z.B. von Orientierungen und Eigenspannungen in oberflächennahen Schichten, herangezogen.

Die Shore-Härten A und D (ISO 868 / DIN 53505, unbenannte Zahlen) werden an weichen Kunststoffen und Elastomeren mit handlichen Geräten bestimmt. Es wird der Widerstand gegen das Eindringen eines Kegelstumpfes (Shore A) oder eines Kegels mit abgerundeter Spitze (Shore D) als Verformung einer Feder 3 s oder bei Kunststoffen mit einem deutlichen plastischen Verhalten 15 s nach Aufdrücken des Härteprüfers auf die Oberfläche bestimmt, Bild 2.26.

Die Barcol-Härte (DIN EN 59) wird wie die Shore-Härte mit einem Handgerät und einem Kegelstumpf mit einer flachen Spitze von

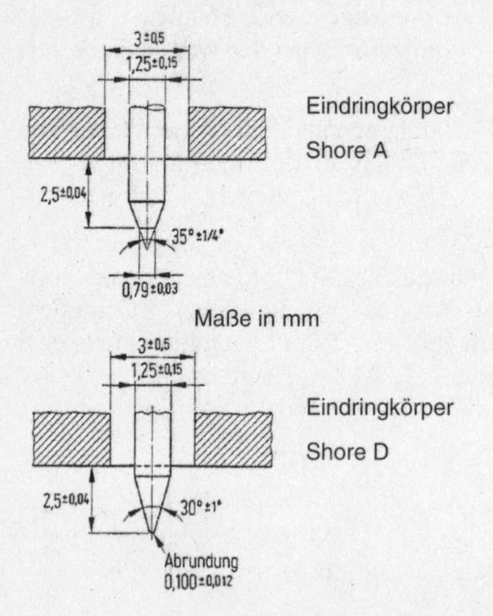

Bild 2.26.
Eindringkörper zur Bestimmung der Shore Härte

0,157 mm bestimmt und dient zur Kontrolle des Härtungsvorgangs bei ungesättigten Polyesterharzen.

Schaumstoff-Härteprüfung, s. Abschn. 2.7.2.

2.2.2 Verhalten beim Stoß

2.2.2.1 Berechnungs-Kennwerte

Beim Kurzzeit-Zugversuch wird die Dehngeschwindigkeit so gewählt, daß die charakteristischen Festigkeitskennwerte wie die Bruchspannung, Streckspannung oder Spannung bei 50% Dehnung in etwa einer Minute erreicht werden. Da die Kunststoffe zu den viskoelastischen Werkstoffen gehören, sind ihre Eigenschaften von der Geschwindigkeit der Beanspruchung abhängig. Bild 2.27 zeigt am Beispiel eines PE, daß mit zunehmen-

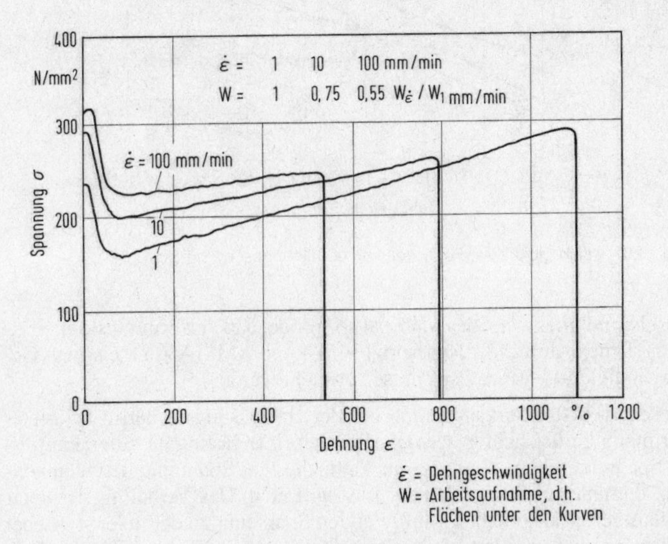

Bild 2.27. Einfluß der Dehngeschwindigkeit auf das σ/ε-Verhalten von PE

der Dehngeschwindigkeit die Streckspannung ansteigt, die Bruchdehnung und Arbeitsaufnahme (Fläche unter der Kraft-Verformungs-Linie) aber abnehmen. Auch der Elastizitätsmodul nimmt mit zunehmender Beanspruchungsgeschwindigkeit zu. In den Bildern 2.28 und 2.29 sind bei unterschiedlichen Dehngeschwindigkeiten ermittelte Festigkeitskennwerte und die 1 min nach dem Probekörperbruch ermittelten Restdehnungen dargestellt. Bei für jeden Werkstoff charakteristischen Dehngeschwindigkeiten wird ein Maximum der Festigkeit festgestellt. Bei diesen

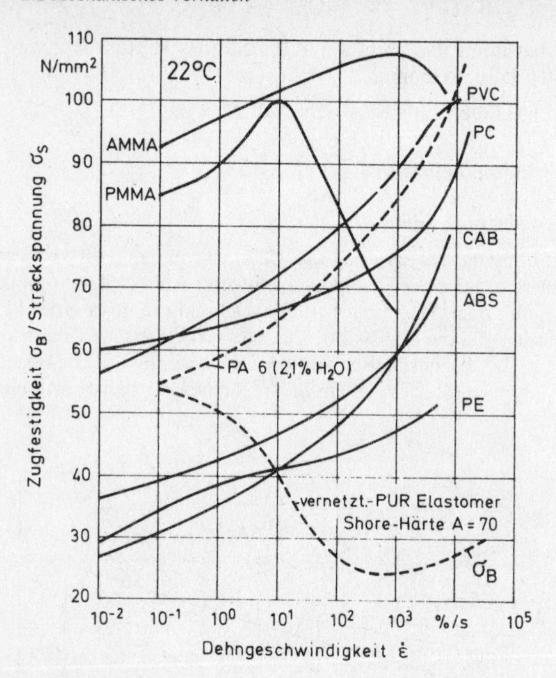

Bild 2.28. Abhängigkeit der Festigkeit von der Dehngeschwindigkeit

Geschwindigkeiten ist das Material so spröde, daß verformungslose, glasartige Brüche auftreten. Nur beim PMMA und AMMA konnten diese Geschwindigkeiten versuchstechnisch erreicht werden.

Dieses Werkstoffverhalten muß bei der Bemessung stoßartig belasteter Formteile berücksichtigt werden. Bei diesen Belastungen treten kurzzeitig Spannungsspitzen auf, die ein Vielfaches der Spannung betragen können, die unter gleicher ruhender Last auftreten. Das Verhältnis der unter stoßartiger Beanspruchung auftretenden Spannung zu der unter statischer Belastung auftretenden wird mit Stoßfaktor Ψ bezeichnet. Er läßt sich nach den in Bild 2.30 dargestellten Formeln bestimmen. In diese Formeln gehen wesentlich die Steifigkeiten der fallenden Massen C_1, des Formteils C_2 und der elastischen Abstützung C_3 ein. Je nach dem Verhältnis von C_1 zu C_2 zu C_3 muß das Formteil mehr oder weniger der anfallenden Energie absorbieren. Im rechts im Bild 2.30 dargestellten Beispiel sind die Federsteifigkeiten C_1 und C_3 als unendlich groß angesehen worden. Aus den Stoßfaktoren lassen sich erste Hinweise für die Bemessung von stoßbelasteten Formteilen ableiten, vgl. Plasten, Kautschuk, 29 (1982) 3, 178/182.

Ein anderer Weg der Berechnung führt über die Ermittlung der Verfor-

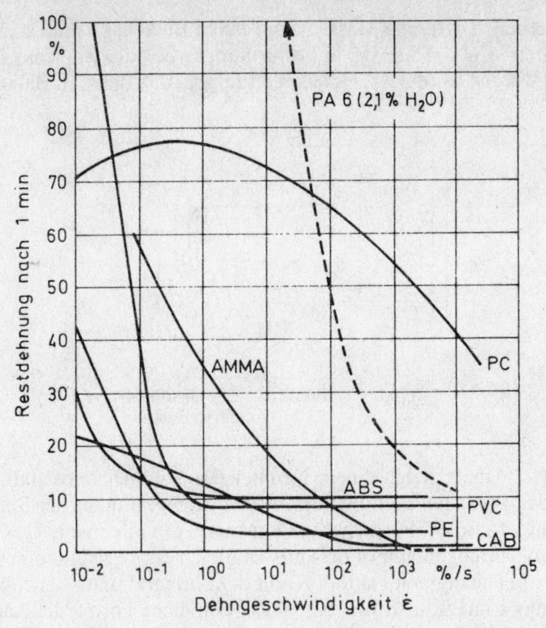

Bild 2.29. Abhängigkeit der Restdehnung 1 min nach dem Bruch von der Dehngeschwindigkeit

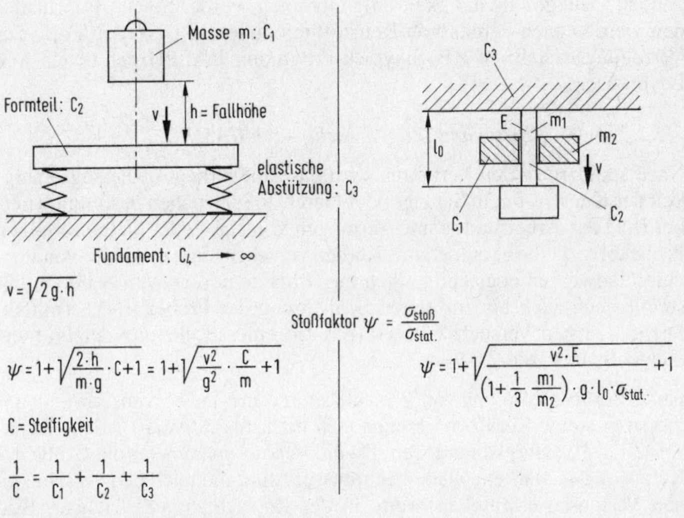

Bild 2.30. Beispiele für Stoßfaktoren

mungsarbeit. Trifft eine Masse M auf einen Balken, so muß seine kinetische Energie $W = 0{,}5\ m \cdot v^2$ in Verformungsarbeit des Balkens $\int F \cdot df$ umgesetzt werden, Bild 2.31. Es läßt sich zeigen, daß die vom Balken aufge-

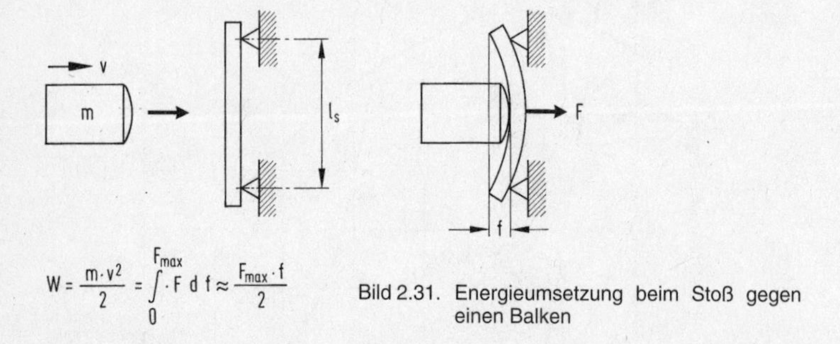

Bild 2.31. Energieumsetzung beim Stoß gegen einen Balken

nommene Arbeit gleich einem Neuntel des Volumens des Balkens zwischen den Auflagen multipliziert mit dem Integral unter der Spannungs-Dehnungs-Linie ist. Für beliebige Formteile gilt allgemein: Das Arbeitsaufnahmevermögen eines Formteils ist gleich dem Produkt eines von der Geometrie abhängigen Faktors K mit dem Integral unter der Spannungs-Dehnungs-Linie w, also $W = K \cdot w$. Bei einfachen Formteilen kann K numerisch berechnet werden, bei komplizierten müssen Finite-Element-Methoden herangezogen werden. w kann durch Integration einer Spannungs-Dehnungs-Linie ermittelt werden, die möglichst bei der beim Stoß vorliegenden Dehngeschwindigkeit aufgenommen wurde. Solche Informationen werden auch bereits von Rohstofflieferanten in Disketten-Form zur Verfügung gestellt, s. z.B. Baydisk-Programm RALPH der Bayer AG, Leverkusen.

2.2.2.2 *Schlag-Biege und -Zugversuche nach CAMPUS*

Nach standardisierten Verfahren wird das Stoßverhalten, die sog. Zähigkeit der Kunststoffe, in Schlag- oder Durchstoßversuchen bestimmt. Hierbei wird das Arbeitsaufnahme-Vermögen von stab- oder plattenförmigen Probekörpern, die eventuell mit Kerben versehen sind, mit Hilfe von Pendelschlagwerken oder Fallgeräten meist bis zum Versagen, beim Durchstoßversuch auch bis zur ersten Schädigung der Probekörper, ermittelt. Die gängigsten Versuchsanordnungen mit einer Auflistung der Prüfnormen enthalten Bild 2.32 und 2.33.

Unter Berücksichtigung von Versuchsanordnung, Probekörperart und -abmessung sowie Kerbform können sich mehr als 30 verschiedene Kennwerte für die Zähigkeit ergeben. Da die Versuchsparameter die Größe der Kennwerte in starkem Maße beeinflussen, sind die nach den verschiedenen Verfahren ermittelten Werte in der Regel nicht vergleichbar, Bild 2.33. Selbst die Reihenfolge einer Auflistung von Kunststoffen nach Zä-

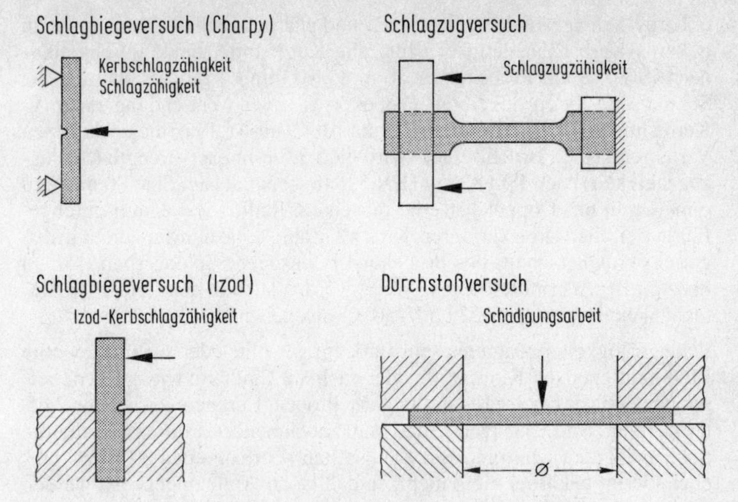

Bild 2.32. Versuchsanordnungen zur Bestimmung der Schlagzähigkeit

higkeitskennwerten ist vom Verfahren abhängig. Dies ist auch ein Hinweis darauf, daß solche Werte nur einen ungefähren Anhalt über das Zähigkeitsverhalten von Formteilen geben können. Für die Konstruktionsrechnung sind sie nicht verwertbar. Sie sind aber für die Auswahl eines Kunststoffs von Nutzen, wenn verschiedene Einstellungen der gleichen Art zur Verfügung stehen. Hierbei ist es besonders wichtig, daß für die verschiedenen Kunststoffe nach demselben Verfahren ermittelte Kennwerte zur Verfügung stehen. Es ist ein Verdienst der DIN EN ISO 10350, des single-point-Datenkatalogs, hier drei vorzugsweise anzuwendende Verfahren festgelegt zu haben, die je nach Zähigkeit des zu untersuchenden Kunststoffs zur Anwendung kommen: charpy impact strength

Prüfnorm	Methode	Probekörper[1])	Kerbform	Resthöhe mm	Kerbschlagzähigkeit kJ/m²
ISO 180	Izod	ISO-Stab	V	8,0	70[2])
ASTM D 256	Izod	ASTM-Stab	V	10,1	85[2])
ISO 179	Charpy	ISO-Stab	V	3,2	25
ISO 179	Charpy	ISO-Stab	U	2,7	40[2])
DIN 53453	Charpy	NKS	U	2,7	30

[1]) NKS: Normkleinstab 50 mm x 6 mm x 4 mm,
ISO-Stab: 80 mm x 10 mm x 4 mm,
ASTM-Stab: 63 mm x 12,7 mm x 3,2 mm
[2]) angebrochen

Bild 2.33. Nach verschiedenen Verfahren ermittelte Kerbschlagzähigkeiten eines PC + ABS-Blends

(Charpy-Schlagzähigkeit) für spröde und charpy notched impact strength (Charpy-Kerbschlagzähigkeit) für zähe Kunststoffe, beide durchgeführt nach ISO 179 am Probekörper 80 mm · 10 mm · 4 mm, Schlag auf die Schmalseite, beim gekerbten Probekörper unter Verwendung einer V-Kerbe mit einem Radius von 0,25 mm. Bei Kunststoffen, die nach diesen Verfahren keinen Bruch zeigen, wird die tensile-impact-strength (Schlagzugzähigkeit) nach ISO 8256 / DIN 53448, ebenfalls am Stab 80 mm · 10 mm· 4 mm mit Doppel-V-Kerbe mit einem Radius von 1 mm durchgeführt. Bei allen drei Verfahren wird als Zähigkeitskennwert die auf den geringsten Querschnitt des Probekörpers bezogene Schlagarbeit (kJ/m^2) bis zum Bruch ermittelt. Diese Werte werden auch in den CAMPUS-Datenbanken und zwar für 23 und –30 °C angegeben.

Schlagzähigkeiten reagieren sehr stark auf gewollte oder auch ungewollte Modifikationen der Kunststoffe oder auch auf Einflüsse wie die Verarbeitungsparameter bei der Herstellung der Proben, Kerbgeometrie oder Prüftemperatur. Bild 2.34 zeigt, daß mit zunehmender Prüftemperatur die Schlagzähigkeit zunimmt. Bei Zähigkeiten oberhalb etwa 30 kJ/m^2 brechen die Probekörper nicht mehr, so daß keine Werte angegeben werden können. Der Übergang vom spröden zum zähen Verhalten findet bei diskreten Temperaturen statt. Bei diesen treten sowohl zähes Versagen (Anbrüche) wie auch Sprödbrüche auf. Die Lage dieser Dispersionsgebiete kann durch die Massetemperatur und die Verweilzeit der Masse im Spritzgießzylinder bei der Herstellung der Probekörper beeinflußt werden. Hohe Temperaturen und lange Verweilzeiten führen beim untersuch-

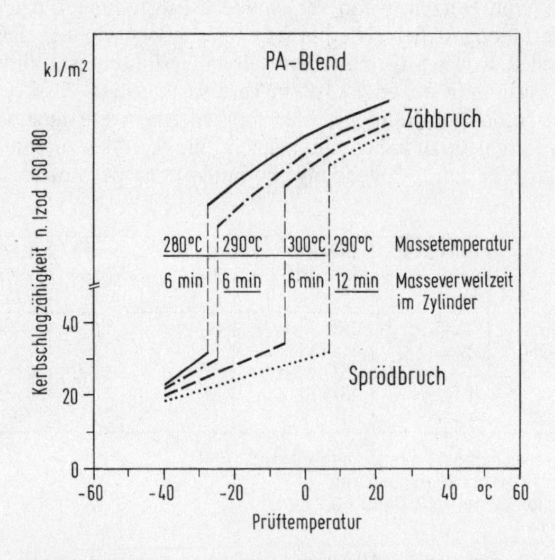

Bild 2.34. Einfluß von Prüftemperatur, Massetemperatur u. Verweilzeit der Schmelze im Spritzgießzylinder auf die Kerbschlagzähigkeit

ten Material zum Abbau und damit zur Schädigung von Formteilen, Bild 2.34.

2.2.2.3 *Weitere Normen für Schlagversuche*

DIN 53443-1,2: Stoßversuch, Fallbolzenversuch und Stoßversuch, Durchstoßversuch mit elektronischer Meßwerterfassung.

DIN 53373: Prüfung von Folien, Durchstoßversuch mit elektronischer Meßwerterfassung.

ISO 3127 / DIN 8061: Schlagzähigkeit von Rohren.

DIN EN ISO 6603–1,2: Fallbolzenversuch für plattenförmige Probekörper, mit und ohne Kraft-Weg-Messung.

2.2.3 Statisches Langzeitverhalten

2.2.3.1 *Zeitstand-Zugversuch*

Für die konstruktive Anwendung der Kunststoffe unter langzeitiger Lasteinwirkung sind die Ergebnisse sog. Standversuche wichtig. Wie bereits im Abschn. 2.2 erläutert, ist auch bei diesen Versuchen dem Zugversuch der Vorzug gegenüber Druck- oder Biegeversuchen zu geben. Der Standversuch unter Zugbeanspruchung kann als Zeitstandversuch nach DIN 53444 (Kriech- oder Retardationsversuch) oder als Entspannungsversuch nach DIN 53441 (Relaxationsversuch) durchgeführt werden. Da der Zeitstandversuch einfacher in der Durchführung ist als der Entspannungsversuch, wird er heute fast ausschließlich angewendet.

Im Zeitstandversuch werden Probekörper in einem konstanten Prüfklima durch Kräfte (meist Gewichte), die während der Versuchsdauer gleich bleiben, einachsig belastet. Gemessen werden die Dehnung der Meßstrecke und die Zeit bis zum eventuellen Bruch der Probekörper. Aus den so erhaltenen Zeit-Dehnlinien, Bild 2.35, entnimmt man zugehörige Wertepaare von Spannung und Dehnung nach bestimmten Belastungszeiten und trägt sie in ein Spannungs-Dehnungsdiagramm ein, Bild 2.36. Man erhält so die für den Konstrukteur als Arbeitsunterlage zweckmäßigen Isochronen-Spannungs-Dehnungsdiagramme. Solche Diagramme müssen für den Bereich der möglichen Einsatztemperatur des jeweiligen Kunststoffs ermittelt werden. Wie Bild 2.36 zeigt, lassen sich die Ergebnisse für mehrere Temperaturen auch in einem Diagramm zusammenfassen, indem man die Spannungsachse entsprechend empirisch transformiert. Isochrone Spannungs-Dehnungs-Diagramme sind in den Datenbanken CAMPUS enthalten.

Das Verformungsverhalten von Konstruktionselementen wird in der Regel mit Hilfe des Elastizitätsmoduls über die Gleichung der elastischen Linie für den auf Biegung beanspruchten Balken berechnet. Aus der Steigung der Isochronen Spannungs-Dehnungs-Linie kann man ähnlich wie aus den Spannungs-Dehnungs-Linien des Zugversuchs einen Modul errechnen, der mit zunehmender Belastungszeit geringer wird und somit das

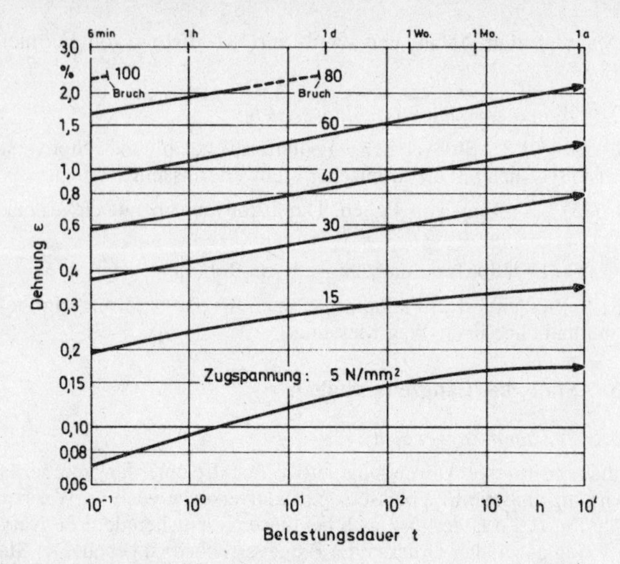

Bild 2.35. Zeit-Dehn-Linien von PA6-GF30 trocken

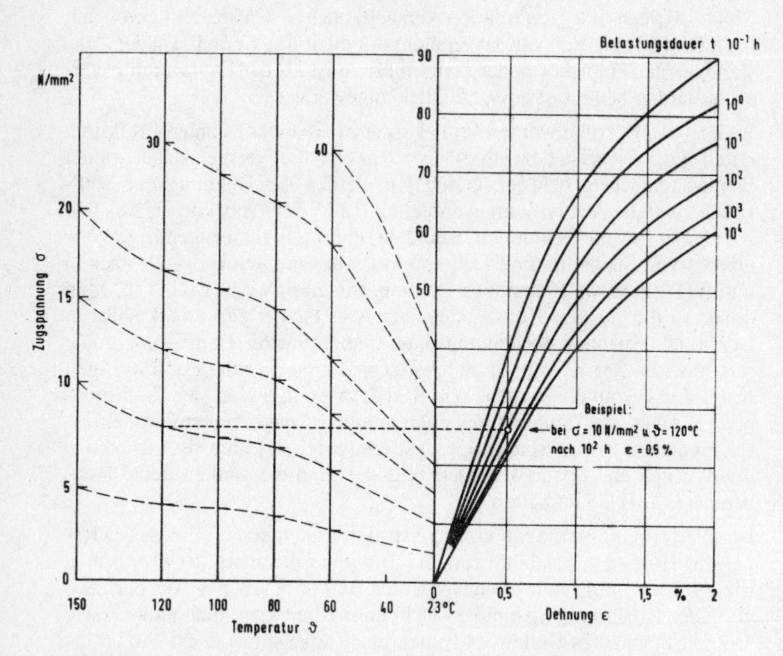

Bild 2.36. Isochrones Spannungs-Dehnungs-Diagramm von PA6-GF30

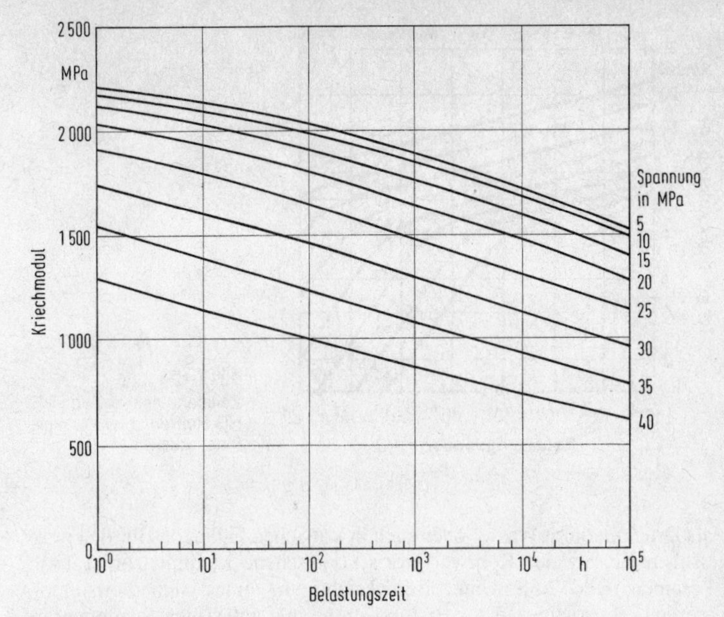

Bild 2.37. Sekanten-Kriechmodul von PC

Kriechen des Werkstoffs berücksichtigt. Man nennt diesen Modul Kriechmodul E_c, wenn er im Zeitstandversuch, und Relaxationsmodul E_r, wenn er im Entspannungsversuch ermittelt wurde. Beide Modulwerte stimmen im quasi-linearen Bereich der Spannungs-Dehnungs- Linien nahezu überein und sind dort von der Höhe der Spannung unabhängig. Da Kunststoffe jedoch auch außerhalb des linearen Bereichs eingesetzt werden, ist auch der Kriechmodul für diesen Bereich von Interesse. Dieser ist dann zeit- und spannungsabhängig, Bild 2.37.

Das Zeitstand-Festigkeitsverhalten von stabförmigen Probekörpern, d.h. der Zusammenhang zwischen der Höhe der Belastung und der Zeit bis zum eventuellen Versagen des Probekörpers, hat wesentlich an Bedeutung verloren, da das Verhalten stark von den Umweltbedingungen bei der Prüfung abhängen kann und besonders bei den weicheren Kunststoffen die Überschreitung einer zulässigen Dehnung eine wichtigere Bemessungsgrenze ist.

2.2.3.2 Zeitstand-Innendruckversuch an Rohren

Bei Rohrwerkstoffen haben Zeitbruchlinien jedoch eine hohe Bedeutung. Bei diesen werden in großem Umfang Zeitstandinnendruck-Versuche an Rohren besonders auch bei erhöhten Temperaturen durchgeführt, wobei

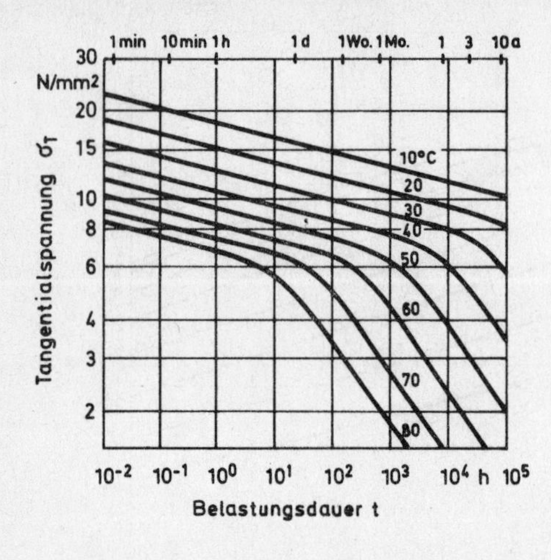

Bild 2.38.
Zeitstandfestigkeit von PE-HD-Rohren unter Wasser-Innendruck

als Druckmedium Wasser oder auch in kritischen Fällen das für den praktischen Einsatz des Rohrwerkstoffs vorgesehene Medium zum Einsatz kommen, Bild 2.38. Unter Berücksichtigung eines Sicherheitsfaktors werden die Ergebnisse zur Extrapolation einer zulässigen Spannung auf lange Zeiten für Wasserleitungsrohre auf 50 Jahre verwendet, s. Abschn. 8.2/3. Der Knick in den Zeitbruch-Linien von Bild 2.38 ist beim untersuchten PE auf Spannungsrißbildung unter dem Einfluß des Wassers zurückzuführen, s. Abschn. 2.6.3. Bei anderen Medien kann der Knick nach anderen Belastungszeiten auftreten. Nach Ehrbar kann man die Wirkung verschiedener Medien durch sog. Resistenzfaktoren F_{CR} beschreiben. Diese geben an, um welchen Zeitfaktor der steile Ast der Zeitbruchlinien im Vergleich zu Wasser nach kürzeren oder längeren Zeiten verschoben wird, s. auch DVS (Deutscher Verband für Schweißtechnik)-Merkblatt 2205.

2.2.3.3 Weitere Normen für Zeitstandversuche

DIN 50118: Zeitstand-Versuch.

DIN 50119: Standversuch, Begriffe, Durchführung.

DIN 54852: Zeitstand-Biegeversuch bei Dreipunkt- und Vierpunktbelastung.

2.2.4 Dynamisches Langzeitverhalten

2.2.4.1 Allgemeines zum Dauerschwingversuch

Bei sich oft wiederholender, stark wechselnder Beanspruchung können der Berechnung von Konstruktionselementen nicht die Festigkeitskennwerte zugrunde gelegt werden, die unter stetiger Last- oder Verformungssteigerung oder bei statischer Langzeitbelastung ermittelt wurden. Wiederholte Beanspruchung oder Vibrationen führen in der Regel bei geringeren Spannungen oder Verformungen zum Versagen von Bauteilen.

Das Verhalten von Werkstoffen bei schwingender Beanspruchung wird im Dauerschwingversuch nach DIN 50100 ermittelt. Er kann an Probekörpern oder Bauteilen durchgeführt werden. Letzteres empfiehlt sich bei kritischen Anwendungen, da ähnlich wie beim Schlagversuch die ermittelten Kennwerte stark von den Prozeßparametern bei der Herstellung der Formteile im Spritzgießverfahren und den Beanspruchungsbedingungen abhängen. Der Beanspruchungsverlauf bei Dauerschwing-Versuchen (Spannung oder Dehnung) ist meist angenähert sinus-förmig. In Bild 2.39 sind die wichtigsten Begriffe und Zeichen des Dauerschwingversuchs erläutert.

Die Kunststoffe weisen im Gegensatz zu den üblichen metallischen Konstruktionswerkstoffen eine hohe mechanische Dämpfung, ausgedrückt durch den mechanischen Verlustfaktor tan δ, auf, Tafel 2.4. Diese Dämp-

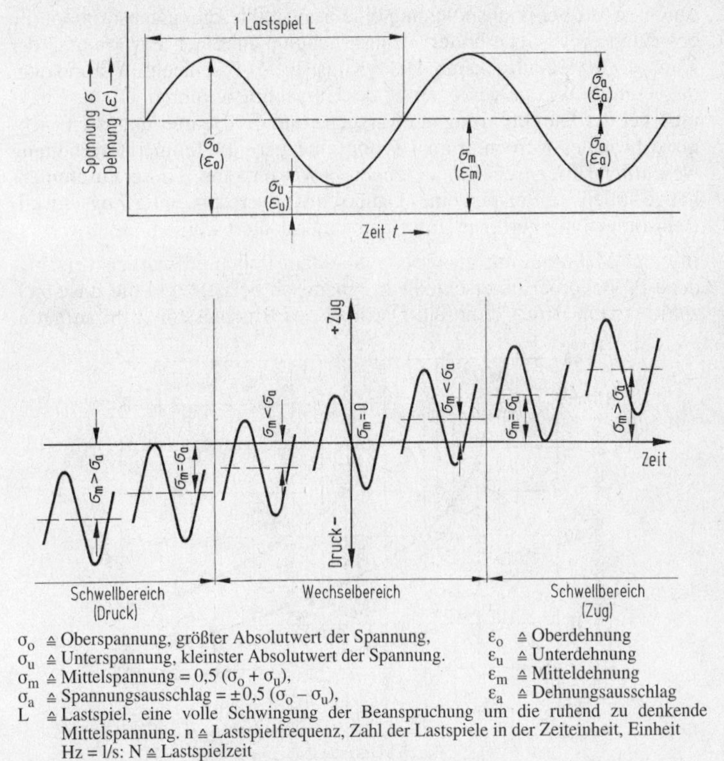

σ_o ≙ Oberspannung, größter Absolutwert der Spannung, ε_o ≙ Oberdehnung
σ_u ≙ Unterspannung, kleinster Absolutwert der Spannung. ε_u ≙ Unterdehnung
σ_m ≙ Mittelspannung = 0,5 ($\sigma_o + \sigma_u$), ε_m ≙ Mitteldehnung
σ_a ≙ Spannungsausschlag = ±0,5 ($\sigma_o - \sigma_u$), ε_a ≙ Dehnungsausschlag
L ≙ Lastspiel, eine volle Schwingung der Beanspruchung um die ruhend zu denkende Mittelspannung. n ≙ Lastspielfrequenz, Zahl der Lastspiele in der Zeiteinheit, Einheit Hz = l/s: N ≙ Lastspielzeit

Bild 2.39. Begriffe und Beanspruchungsbereiche beim Dauerschwingversuch

Tafel 2.4. Mechanischer Verlustfaktor tan δ

Werkstoff	20 °C	60 °C
PE-LD	0,17	0,06
PP	0,07	0,07
PS	0,013	0,028
ABS	0,015	0,028
PVC hart	0,018	0,025
PTFE	0,075	0,06
PMMA	0,08	0,10
POM	0,014	0,015
PC	0,008	0,010
PA-6 trocken	0,01	0,16
PA-6 luftfeucht	0,15	0,06
UP	0,02	0,4
EP	0,02	0,02
PF Typ 31	0,016	0,022
MF Typ 151	0,016	0,022
Stahl	0,00002	0,001
Kupfer	0,0002	0,001

fung bewirkt bei Beanspruchung eine irreversible Energieabsorption, die besonders bei wiederholter Beanspruchung zu einer Erwärmung der Kunststoffteile führen kann, da die Kunststoffe als schlechte Wärmeleiter die erzeugte Wärme verzögert an die Umgebung abführen. Dieser Effekt muß bei der Durchführung der Versuche und der Beurteilung der Ergebnisse beachtet werden, zumal schon eine geringe Temperaturerhöhung wesentliche Eigenschaftsänderungen bewirken kann. Diese Zusammenhänge sollen am Beispiel eines Dauerschwingversuchs unter Zugschwell-Belastungen mit geringer Unterspannung erläutert werden.

In einer Meßreihe mit glasfaserverstärktem Polyamid wurden verschiedene Probekörper unterschiedlich dynamisch belastet und die Lastspielzahl bis zum Bruch ermittelt. Der über der Bruchlastspielzahl aufgetra-

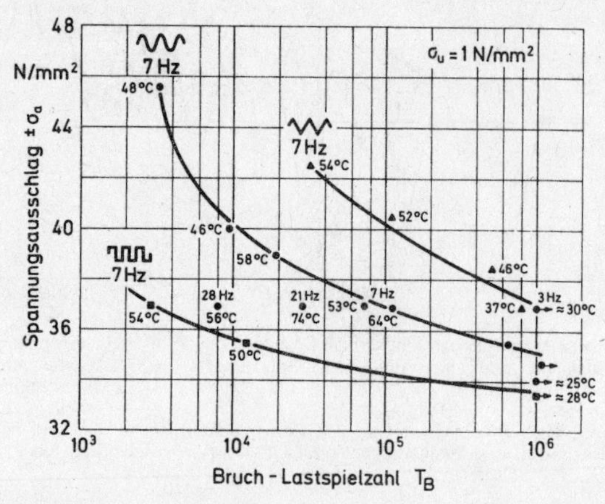

Bild 2.40. Wöhlerkurven von PA 6-GF aus dem Schwingversuch im Zugschwellbereich

gene Spannungsausschlag ergibt die Wöhler-Kurve, vgl. Bild 2.40. Die dort dargestellten Kurven wurden unter verschiedenen Randbedingungen erstellt, so daß folgende Einflüsse erkennbar sind: Die Temperaturangaben an den Meßpunkten geben in etwa die Oberflächentemperatur der Probekörper kurz vor dem Bruch wieder. Sie liegen deutlich über der Prüftemperatur von 23 °C. Bei gleicher Lastspielfrequenz von 7 Hz wird die unter rechteckförmigem Spannungsverlauf ermittelte Kurve gegenüber der mit sinusförmigem Verlauf ermittelten zu geringeren Bruchlastspielzahlen verschoben, bei dreieckförmigem Spannungsverlauf zu höheren Lastspielzahlen. Die Ursache liegt darin, daß je nach Spannungsverlauf mehr oder weniger Energie je Lastwechsel umgesetzt wird und die Erwärmung deshalb unterschiedlich schnell erfolgt. Die Meßreihe mit unterschiedlichen Lastspielfrequenzen und einem Spannungsniveau von etwa 37 N/mm^2 zeigt, daß eine höhere Lastspielfrequenz zu einem schnelleren Temperaturanstieg und damit zu einem früheren Versagen führt. Bei höheren Lastspielzahlen nähern sich die Kurven einander an, und man kann aus ihrem Verlauf abschätzen, daß im Bereich der reinen Zerrüttungsbrüche, etwa oberhalb 10^6 Lastspielen, bei denen der Bruch nicht von der Probekörpererwärmung mitbestimmt wird, die Kurven asymptotisch zusammenlaufen. Die geschilderten Einflußgrößen treten dann in ihrer Bedeutung zurück.

Nach einer neueren Prüfmethode wird über ein am Probekörper angebrachtes Thermoelement die Lastspielfrequenz so geregelt, daß die Probekörpertemperatur nur um einen festgelegten Betrag über die Umgebungstemperatur ansteigt, d.h., während des Versuchs konstant bleibt. Wie sich die daraus resultierenden unterschiedlichen Frequenzen bei unterschiedlichen Spannungsniveaus/Werkstoffdämpfungen auf die Vergleichbarkeit der Ergebnisse auswirken, wird z.Z. untersucht.

Werden Wöhlerkurven-Messungen in verschiedenen Beanspruchungsbereichen, Bild 2.40, durchgeführt, so kann man die nach 10^7 Lastspielen zum Bruch führenden Spannungsausschläge in einem Smith-Diagramm zusammenfassen, Bild 2.41. Die gestrichelte Gerade stellt die Mittelspannung dar, um die der Spannungsausschlag wechselt. Je höher diese Mittelspannung ist, um so geringer ist die überlagerbare dynamische Belastung. Bei einer Mittelspannung von etwa 90 N/mm^2 geht der Probekörper aus PA6-GF30 ohne dynamische Belastung nach einer Zeit zu Bruch, die der Lastspielzahl von 10^7 entspricht. Dies ist demnach die Zeitstandfestigkeit des Kunststoffs.

Bei der Herstellung von Kunststoffteilen im Spritzgießverfahren sind Bindenähte, d.h. Stellen im Werkzeug, an denen zwei Schmelzeströme zusammenstoßen, nicht immer zu vermeiden. Diese brauchen sich im statischen Versuch nicht als festigkeitsmindernd zu erweisen, können aber bei dynamischer Beanspruchung, ebenso wie bei Stoßbeanspruchung, Schwachstellen sein. Das gleiche gilt für Kerben jeglicher Art. Zur Charakterisierung der Empfindlichkeit der Kunststoffe gegen solche Einflüsse haben sich Abminderungsbeiwerte bewährt. Sie geben das Verhältnis von

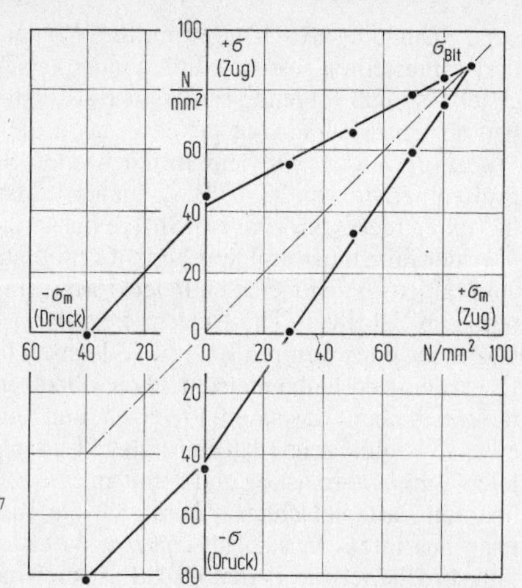

Bild 2.41.
Smith-Diagramm von PA 6-GF 30
Lastspielfrequenz = 7 Hz
Lastspielzahl bis zum Bruch = 10^7
Spannung σ = konstant
$\sigma_{B/t}$ = Zeitstandfestigkeit

im Kurzzeitzugversuch ermittelten Festigkeitskennwerten wie die Streckspannung oder Zugfestigkeit zur im Zugschwellversuch ermittelten Schwellfestigkeit wieder, Tafel 2.5. Die Schwellfestigkeit ist hierbei der mit 2 multiplizierte Spannungsausschlag, der im Zugschwellversuch am normalen oder am gekerbten bzw. mit einer Bindenaht versehenen Probekörper nach 10^7 Lastwechseln zum Bruch führt. Diese Relativzahlen haben den Vorteil, daß sie nur wenig von der Kunststoffsorte, aber stärker von der Kunststoffart abhängen.

Tafel 2.5. Abminderungsbeiwerte für die Zugschwellfestigkeit σ_{Sch} einiger Kunststoffe, auch mit 3 mm Lochkerbe ($\sigma_{Sch,\varnothing}$) oder Bindenaht ($\sigma_{Sch,BN}$) im Probekörper

Werkstoff	$A_{Sch} = \frac{\sigma_S}{\sigma_{Sch}}$	$A_{Sch,\varnothing} = \frac{\sigma_S}{\sigma_{Sch,\varnothing}}$	$A_{Sch,BN} = \frac{\sigma_S}{\sigma_{Sch,BN}}$
ABS	2,6	4,4	3,4
PA	1,8	3,0	1,8
PA-GF 30	2,5	5,4	4,5
PBT	1,7	2,0	1,8
PBT-GF 30	2,1	4,6	4,0
Probekörper	10	3	Bindenaht BN

2.2.4.2 *Normen und Verfahren*

Für Dauerschwingversuche an Kunststoffen gibt es nur die DIN 53442: Dauerschwingversuch im Biegebereich an flachen Probekörpern. Die Probekörper werden auf einer Wechselbiegemaschine einer zeitlich etwa konstanten Wechselverformung unterworfen. Infolge von Spannungsrelaxation und Erwärmung sinkt die vom Probekörper aufgenommene Spannung mit zunehmender Lastspielzahl. Um Ergebnisse vergleichbar zu machen, müssen alle die Beanspruchung beschreibenden Größen laufend gemessen und mit den Versuchsergebnissen bekanntgegeben werden.

Mit servohydraulisch geregelten Prüfmaschinen lassen sich Dauerschwingversuche an Kunststoffen mit konstant gehaltenen Spannungen oder Verformungen in idealer Weise durchführen. Allerdings ist der Aufwand beträchtlich.

Empfohlene Lit.: Becker/Braun, Kunststoff-Handbuch Bd. 1 Abschn. 5.3.3, Hanser Verlag München 1990.

2.2.5 Moduln und Querzahl

Beim einachsigen Zugversuch wird dem Probekörper eine Längsdehnung aufgezwungen. Das Verhältnis von Spannung zu Dehnung ist der Elastizitätsmodul. Senkrecht zur Spannungsrichtung findet eine Querkontraktion statt. Das Verhältnis von relativer Querkürzung ε_q zur Längsdehung ε wird mit Querzahl (auch Poissonzahl genannt) μ bezeichnet. Die Werte für μ liegen für homogene und isotrope Werkstoffe zwischen 0,3 und 0,5. Eine Querzahl von 0,5 bedeutet, daß sich bei der Beanspruchung das Volumen nicht ändert. Thermoplaste mit einem Elastizitätsmodul zwischen etwa 2000 und 3000 N/mm^2 weisen eine Querzahl zwischen 0,3 und 0,35 auf. Je geringer der E-Modul ist, um so mehr nähert sich die Querzahl dem für den gummielastischen Zustand charakteristischen Wert von 0,5 an. Dieser Wert wird auch bei den Thermoplasten bei hohen Temperaturen erreicht, Bild 2.42.

Eine Abschätzung der Querzahl mit Hilfe des Elastizitätsmoduls gelingt nach Ansätzen von Gienke und Meder, Materialprüfung 23 (1981) 3, 75/85. Einer Querzahl von 0,3 wird der höchste E-Modul Eo zugeordnet, der von dem jeweiligen Material bekannt ist, die Querzahl 0,5 entspricht

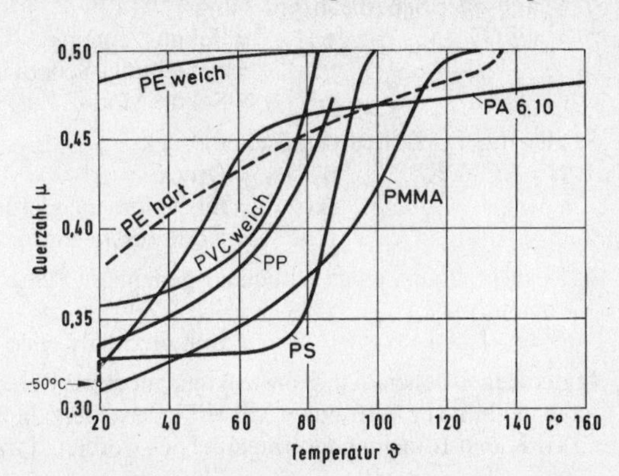

Bild 2.42.
Temperaturabhängigkeit der Querzahl

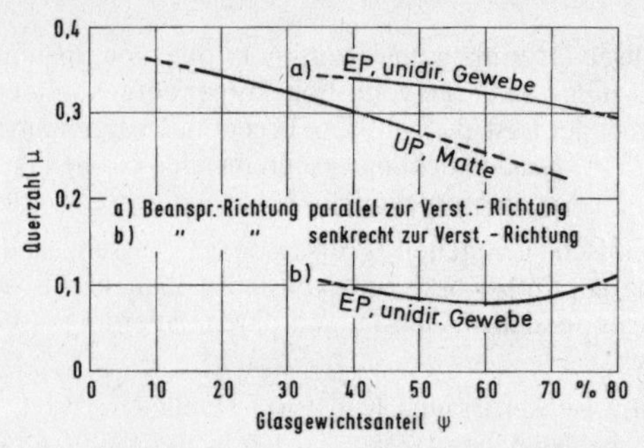

Bild 2.43. Abhängigkeit der Querzahl von Glasgewichtsanteil u. Orientierungsrichtung

einem gegen Null gehenden E-Modul. Unter Verwendung der linearen Mischungsregel kann somit jedem Zeit-, Temperatur- und Dehnungsabhängigen Modul E* eine entsprechende Querzahl zugeordnet werden:

$\mu = 0{,}3 + 0{,}2 \cdot (1 - E^*/Eo)$.

Bei inhomogenen, z.B. glasfaserverstärkten Kunststoffen ist die Querzahl vom Glasgewichtsanteil, von der Orientierung der Glasfasern und von der Richtung der Beanspruchung in bezug zur Verstärkungsrichtung abhängig, Bild 2.43.

Die Querzahl wird in der Festigkeitslehre zur Berechnung mehrachsiger Formänderungszustände benötigt. Hierzu dienen folgende Grundgleichungen:

1. Zug-/Druck-Beanspruchung

$\sigma = \varepsilon \cdot E$	σ	= Zug/Druck-Spannung
	ε	= Dehnung
	E	= Elastizitäts-Modul

2. Schub-oder Scherbeanspruchung

$\tau = \gamma \cdot G$	τ	= Schubspannung
	γ	= Schiebung, Scherwinkel
	G	= Schub-Modul

3. allseitiger, z.B. hydrostatischer Druck

$p = \Delta v/v \cdot K$	p	= Druck
	$\Delta v/v$	= rel. Volumenänderung
	K	= Kompressions-Modul

4. Beanspruchung einer seitlich ausgedehnten Platte in Richtung der Flächennormalen

$\sigma = \varepsilon \cdot L$	L	= Longitudinalwellen-Modul.

In der Regel stehen dem Konstrukteur für seine Berechnungen nur Elastizitätsmoduln zur Verfügung. Mit Hilfe der Querzahl können die 4 Moduln E, G, K und L ineinander umgerechnet werden, Tafel 2.6. Hierbei ist zu

Tafel 2.6. Zusammenhang der Moduln

Gesuchte Größe	ausgedrückt durch E, μ	G, μ	K, μ	E, G	E, K
Querzahl μ	–	–	–	$\frac{E}{2G}-1$	$\frac{1}{2}\left(1-\frac{E}{3K}\right)$
Elastizitäts-Modul E	–	$2G(1+\mu)$	$3K(1-2\mu)$	–	–
Schub-Modul G	$\frac{E}{2(1+\mu)}$	–	$\frac{3K(1-2\mu)}{2(1-\mu)}$	–	$\frac{E}{3-\frac{E}{3K}}$
Kompressions-Modul K	$\frac{E}{3(1-2\mu)}$	$\frac{2G(1+\mu)}{3(1-2\mu)}$	–	$\frac{G}{3\left(3\frac{G}{E}-1\right)}$	–
Longidutinalwellen-Modul L	$\frac{E(1-\mu)}{(1+\mu)(1-2\mu)}$	$\frac{2G(1-\mu)}{(1-2\mu)}$	$\frac{3K(1-\mu)}{(1+\mu)}$	$\frac{4G-E}{3-\frac{E}{G}}$	$\frac{3K+E}{3-\frac{E}{3K}}$

beachten, daß die in der Tafel aufgelisteten Zusammenhänge nur gelten, wenn alle Werte sich auf gleiche Temperatur, Beanspruchungsgeschwindigkeit oder Beanspruchungsdauer beziehen.

2.2.6 Dichte

Bei festen Kunststoffen wird eine Rohdichte d_R bestimmt: $d_R = m/V$. V ist das Volumen der ganzen Stoffmenge, also einschließlich etwaiger Poren, und m die Masse der Probe, s. DIN 53479 (ISO 1183). Es werden die üblichen physikalischen Methoden angewendet: Auftriebverfahren, Schwebeverfahren, Pyknometer und Dichtegradientensäule. Letztere gestattet eine sehr schnelle und bequeme Dichtemessung auch an Pulvern, Granulaten oder kleinen Formkörpern. Die Rohdichte ist nicht nur zur Kalkukation von Halbzeugen und Formteilen von Interesse, sondern sie kann z. B. bei Olefinen auch Auskunft über den Zusammenhang mit technologischen Eigenschaften geben.

Zur Herstellung von Dichtegradientensäulen s. Kunststoff Handbuch Becker/Braun, Band 1, C. Hanser-Verlag, München. Zur Rohdichtebestimmung von Schaumstoffen s. Abschn. 2.7.1.1.

2.3 Thermisches Verhalten

Die Eigenschaften der Kunststoffe sind bereits im Bereich der Raumtemperatur wesentlich von der Temperatur abhängig. Deshalb werden auch die für den Einsatz wichtigen Kennwerte in der Regel in einem weiten Temperaturbereich, der der Anwendung entspricht, ermittelt.

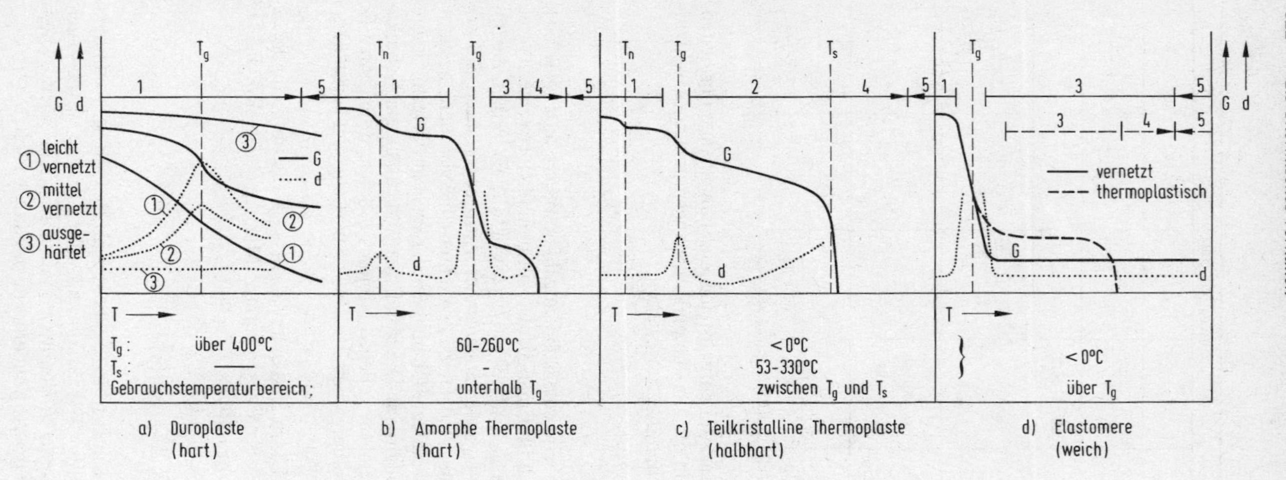

Bild 2.44. Dynamisch-mechanische Eigenschaften, gemessen im Torsionsschwingungsversuch nach DIN 53445
G Elastische Komponente des Schubmoduls, d mechanischer Verlustfaktor, Tg Glasübergangstemperatur, Hs Kristallitschmelzbereich, Tn Sekundäre Übergangstemperatur
Thermische Zustandsbereiche: (1) glasartig, (2) teilkristallin, (3) elastomer, (4) pseudoplastisch viskos fließbar, im Übergang zu (5) kurzfristig thermochemisch zersetzbar

2.3.1 Zulässige Gebrauchstemperatur

Der Anwendungs-Temperaturbereich, d.h. die zulässige obere und untere Temperaturgrenze für den Einsatz der Kunststoffe, wird durch zwei Faktoren bestimmt:

a) die reversible Erweichung oder Versprödung bei kurzzeitiger Temperatureinwirkung und

b) das Verhalten bei langzeitiger Temperatureinwirkung mit oder ohne zusätzlicher Belastung.

2.3.1.1 Kurzzeitige Temperatureinwirkung

Das Verhalten bei kurzzeitiger Temperatureinwirkung wird am besten dadurch charakterisiert, daß man die mechanischen Eigenschaften als Funktion der Temperatur ermittelt. Z.B. ist in Bild 2.44 die Temperatur zu erkennen, bei der die Probekörper einen Zäh-Spröd-Übergang mit sinkender Temperatur aufweisen.

Einen guten Überblick gestatten die als Funktion der Temperatur ermittelten Modul- und Dämpfungswerte, der Schubmodul G und der mechanische Verlustfaktor $d = \tan\delta$ nach DIN 53445. Letzterer ist ein Maß dafür, wieviel der mechanisch aufgewendeten Arbeit bei einem Belastungsvorgang bei der Entlastung nicht mehr zurückgewonnen werden kann, sondern in Wärme umgewandelt wird. G und $\tan\delta$ als Funktion der Temperatur sind quasi Visitenkarten der Kunststoffe. Bild 2.44 zeigt schematisch den Verlauf dieser Größen für Duromere, Thermoplaste und Elastomere. Charakteristische Temperaturen in diesen Diagrammen sind:

Glasübergangstemperatur Tg, auch Einfriertemperatur oder Hauptdispersions-Stufe genannt. Der Modul fällt in einem engen Temperaturbereich stark ab, da die Beweglichkeit der Molekülketten zunimmt, die Dämpfung zeigt ein ausgeprägtes Maximum.

Schmelz-Temperatur der Kristallite Ts, auch Kristallitschmelzpunkt genannt, ist bei teilkristallinen Kunststoffen die Temperatur, oberhalb der keine Kristallite mehr existieren können, der Kunststoff geht in den Schmelzezustand über.

Sekundäre Übergangstemperaturen Tn, auch Nebendispersions-Stufen genannt, treten besonders bei Kunststoff-Mischungen und -Legierungen auf und sind gekennzeichnet durch einen mäßigen Schubmodulabfall mit zunehmender Temperatur und ein geringes Dämpfungsmaximum. Mit dem Unterschreiten einer Nebendispersions-Stufe Tn ist eine Versprödung verbunden.

Duroplaste haben infolge der starken Vernetzung der Moleküle im gesamten Bereich der Anwendung einen hohen Modul und niedrige Dämpfungswerte. Ihr Einsatzgebiet bei hohen Temperaturen wird durch den chemischen Abbau, nicht durch eine Erweichung begrenzt.

Tafel 2.7. Verfahren zur Bestimmung der Formbeständigkeit in der Wärme

	Martens	Vicat	HDT
Prüfvorschrift	DIN 53462 VDE 0302/III	DIN ISO 306 VDE 0302/III	ISO 75, DIN 53461 ASTM D 648
Prüfanordnung (Maße in mm)	6; F	F; Öl	F; Öl
Belastungsart	Biegung	Eindringen einer Nadel $A = 1\ mm^2$	Biegung
Belastungsgröße	Biegespannung σ_b $5\ N/mm^2$	Druckkraft A: 10 N B: 50 N*)	Biegespannung σ_b A: $1{,}85\ N/mm^2$*) B: $0{,}46\ N/mm^2$ C: $8\ N/mm^2$
Soll-Deformation	Hebelarmsenkung 6 mm	Eindringtiefe 1 mm	Durchbiegung je nach Probekörperhöhe 0,21 bis 0,33 mm**)
Temperatur	Anstieg 50 K/h	Anstieg 50 K/h*) oder 120 K/h	Anstieg 2 K/min
Wärmeübertragungs-mittel	Luft	Flüssigkeitsbad, in Sonderfällen Luft	Flüssigkeitsbad
Probekörper (l × b × h in mm)	120 × 15 × 10 60 × 15 × 4 50 × 6 × 4	10 × 10 × 3 … 6,4	l = 110 b = 3,0 … 4,2 (13) h = 9,8 … 15
Wertangabe-Beispiel Kurzschreibweise	$t_{Martens} = 125\,°C$	VST/B 50 = 82 °C	HDT/A = 95 °C

*) bevorzugtes Verfahren. **) entsprechend einer Randfaserdehnung von ca. 0,2%

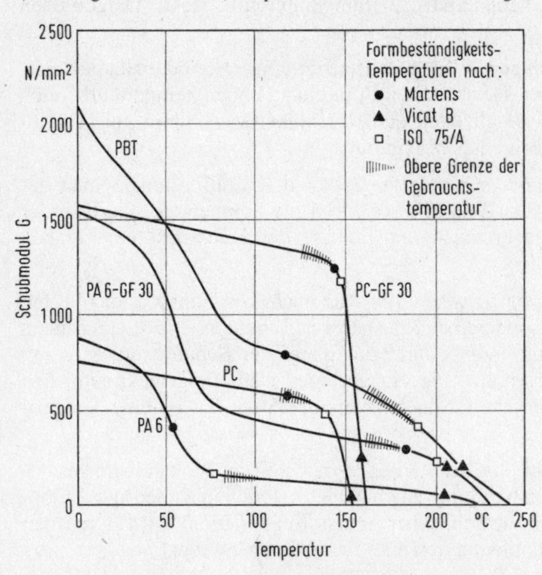

Bild 2.45. Gegenüberstellung von „Wärmeformbeständigkeiten“

Amorphe Thermoplaste werden unterhalb der Tg, die mit einem starken Modulabfall und einem hohen Dämpfungsmaximum verbunden ist, eingesetzt. Tritt ein Nebendispersionsgebiet (Tn) auf, so nimmt die Sprödigkeit unterhalb dieser Temperatur zu.

Teilkristalline Thermoplaste werden unterhalb der Kristallit-Schmelztemperatur eingesetzt, weniger unterhalb der Glasübergangstemperatur, da sie dort ihre gute Zähigkeit verlieren.

Elastomere weisen wie die amorphen Thermoplaste eine hohe Hauptdispersions-Stufe auf. Oberhalb dieser Stufe liegt ihr Einsatz-Temperatur-Bereich, da die Moduln dort über einen mehr oder weniger großen Temperaturbereich auf einem niedrigen Niveau relativ konstant bleiben.

Zur Schnellbestimmung sog. Formbeständigkeiten in der Wärme werden die beiden in Tafel 2.7 erläuterten Verfahren nach Vicat und HDT herangezogen. Der Martensgrad spielt heute keine Rolle mehr. Den Methoden ist gemeinsam, daß die Probekörper unter definierter Belastung mit einer bestimmten Aufheizgeschwindigkeit erwärmt werden und dabei die Zunahme der Deformation gemessen wird. Als Vicat-Erweichungstemperatur bzw. Formbeständigkeitstemperatur HDT sind die Temperaturen definiert, bei denen die Deformationen einen bestimmten Wert erreicht haben, Tafel 2.7. Zur Formbeständigkeit in der Wärme von Schaumstoffen s. Abschn. 2.7.2.

Solche Werte sind geeignet, das Erweichungsverhalten innerhalb einer bestimmten Werkstoffgruppe zu differentieren. Sie können jedoch über zulässige Gebrauchstemperaturen nur im Zusammenhang mit anderen Prüfdaten oder Erfahrungswerten etwas aussagen. In Bild 2.45 sind in den Schubmodul-Temperatur-Kurven einiger Kunststoffe Vicat- und HDT-Werte eingetragen. Man erkennt keinen zwingenden Zusammenhang mit den schraffiert eingezeichneten Temperaturbereichen, die die auf Erfahrung beruhenden zulässigen oberen Gebrauchstemperaturen für kurzzeitigen Einsatz ohne wesentliche Belastung wiedergeben. Die Ursache liegt in der großen Abhängigkeit der ermittelten Werte von den Prüfbedingungen, wie Bild 2.46 am Beispiel der HDT-Werte am Einfluß der Biegespannung zeigt.

2.3.1.2 Langzeitige Temperatureinwirkung

Das Verhalten bei langzeitiger Temperatureinwirkung kann in Kurzzeitversuchen nicht ermittelt werden, da hierbei zeitabhängige Alterungs- und Relaxationsprozesse eine Rolle spielen.

Das Alterungsverhalten ohne Belastung wird nach DIN ISO 2578 mit Hilfe von Temperatur-Indices TI, früher mit Temperatur-Zeit-Grenzen bezeichnet, bestimmt. Ausgewählte Eigenschaften werden vor und nach der Lagerung von Probekörpern über 5000 bis 20000 Stunden bei erhöhten Temperaturen in belüfteten Heizschränken bestimmt. Zwischen dem log. der Warmlagerungszeit und der Warmlagerungs-Temperatur, die zu einer bestimmten Änderung von Eigenschaften führt, besteht meist ein linearer

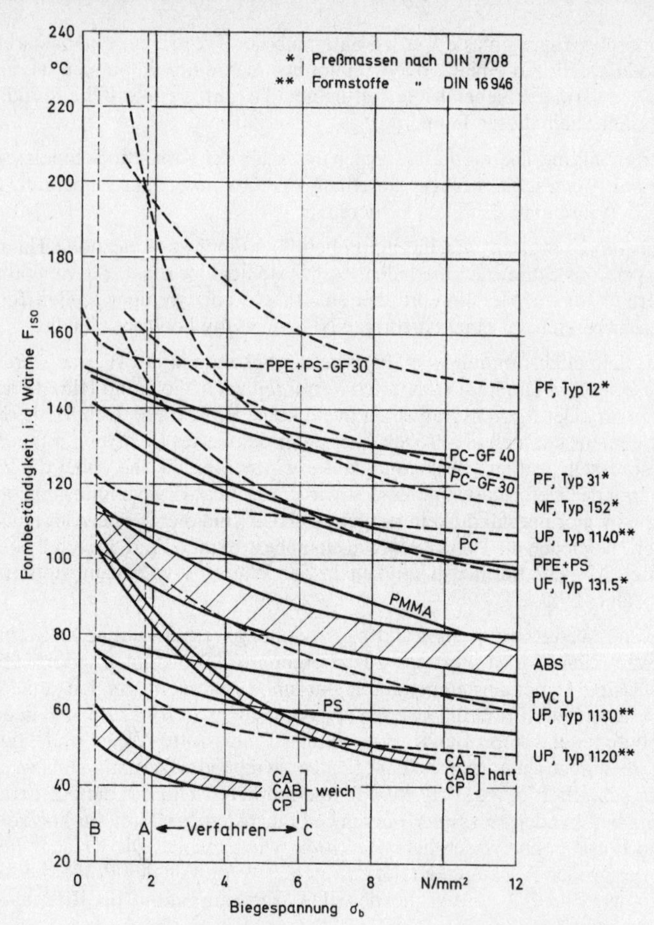

Bild 2.46. Spannungsabhängigkeit der Formbeständigkeit HDT nach ISO 75

Zusammenhang, Bild 2.47. Als Temperatur-Index wird die Temperatur angegeben, bei der nach festgesetzter Lagerungszeit der bei Raumtemperatur gemessene Eigenschaftswert auf einen bestimmten Bruchteil des Ausgangswertes abgesunken ist. Es muß beachtet werden, daß diese Indices immer nur für eine Eigenschaft und eine Eigenschafts-Änderung gültig sind. Die Wahl der Grenzbedingung richtet sich nach den Anforderungen an das Bauteil. Es können bestimmte mechanische oder elektrische Eigenschaften von Zulassungsstellen vorgeschrieben sein, wie dies bei

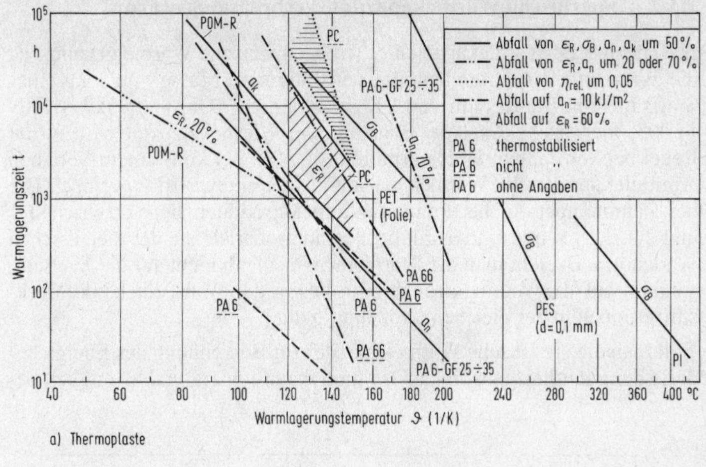

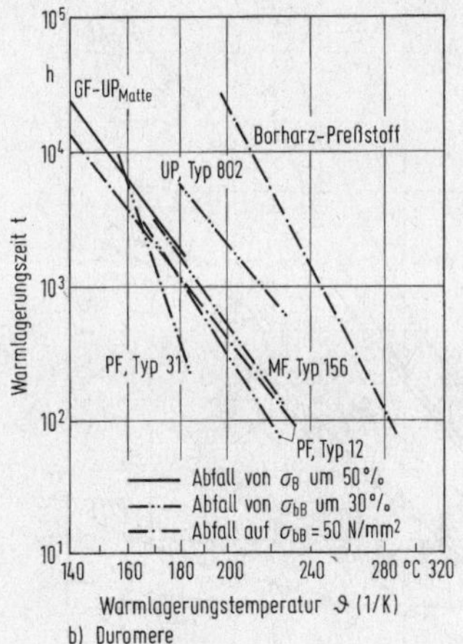

Bild 2.47. Temperatur-Zeit-Grenzen

dem international anerkannten „Underwriters Laboratories Temperature Index" geschieht.

Wirken zusätzlich zur Temperatur noch mechanische Spannungen oder Verformungen, so kann das Verhalten der Kunststoffe nur aufgrund der Ergebnisse von Zeitstand- oder Entspannungsversuchen bei den entsprechenden Temperaturen eventuell noch unter Einwirkung von in der Praxis vorkommenden Medien beurteilt werden, s. Abschn. 2.2.3.

An die Wärme- und Klimaschränke zur Durchführung von Lagerungsversuchen werden besondere Anforderungen gestellt, s. Kunststoffe 84 (1994) 1, 33/39 u. 39/41.

2.3.2 Spezifische Wärmekapazität, Verbrennungswärme

Die spezifische Wärmekapazität c_p (früher spezische Wärme genannt) ist die Wärmemenge Q, die benötigt wird, um eine Masse von 1 kg eines Stoffs um eine Temperatur von 1 K zu erwärmen: $Q = m \cdot c_p \cdot \Delta\vartheta$, s. DIN 51005: thermische Analyse, Begriffe. Die Wärmekapazität wird in der Regel bei konstantem Druck ermittelt (c_p). Die bei konstantem Volumen ermittelte spezifische Wärmekapazität c_v ist um etwa 10% geringer. Die bei Raumtemperatur bestimmten Wärmekapazitäten liegen zwischen 1 und 2 kJ/kg · K und sind damit bedeutend größer als die der metallischen Werkstoffe. Bezieht man die Wärmemenge jedoch nicht auf die Massen-, sondern auf die Volumen-Einheit, so liegen die Werte für beide Werkstoffgruppen in der gleichen Größenordnung.

Will man die spezifische Wärmekapazität zur Berechnung des Energiebedarfs beim Aufheizen benutzen, so muß ihre Temperaturabhängigkeit be-

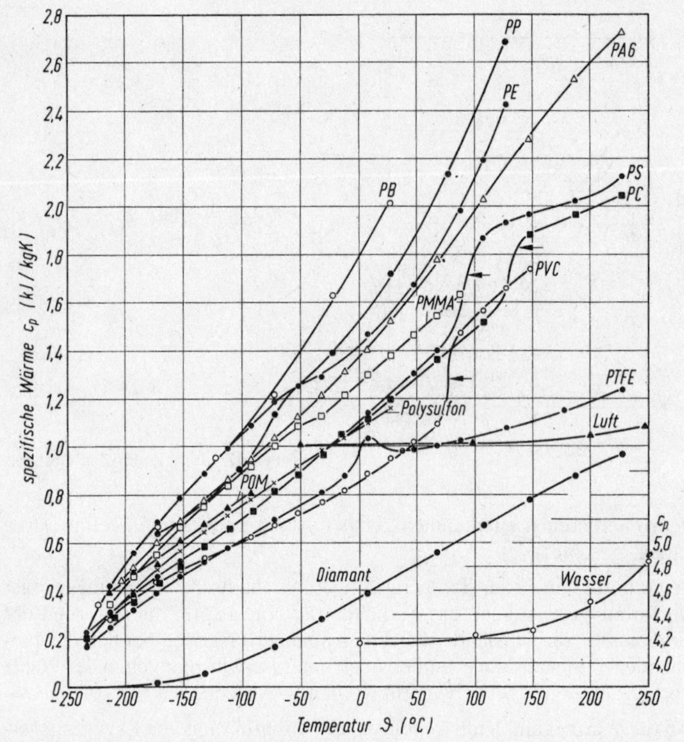

Bild 2.48. Temperaturabhängigkeit der spezifischen Wärmekapazität, → Erweichungsbereich

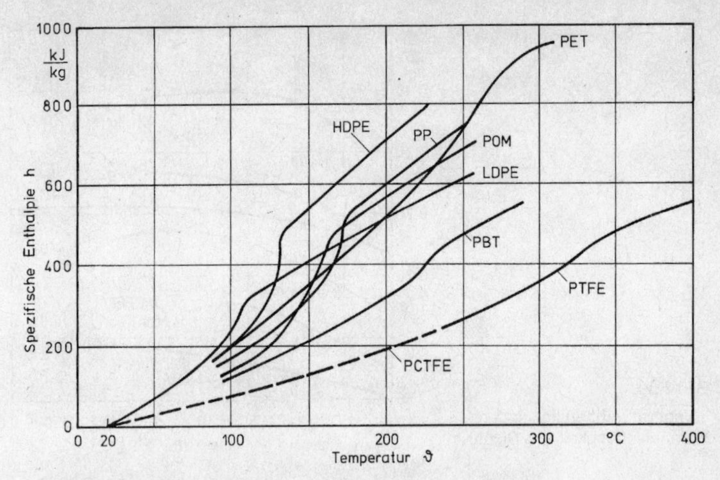

Bild 2.49. Temperaturabhängigkeit der spezifischen Enthalpie

rücksichtigt werden, Bild 2.48. Beim Nullpunkt der absoluten Temperatur (−273,16 °C) wird die spezifische Wärmekapazität Null. Bei der Ur- und Umformung von Thermoplasten müssen diese Kunststoffe aufgeheizt und wieder abgekühlt werden. Die hierzu benötigten Wärmemengen lassen sich aus den in Bild 2.49 dargestellten Enthalpie-Temperatur-Funktionen als Differenz zwischen den Werten für die Ausgangs- und die Endtemperatur ermitteln.

Bei gefüllten bzw. verstärkten Kunststoffen läßt sich die spezifische Wärmekapazität der Mischung aus den Werten der Komponenten und deren Gewichtsanteil ψ nach der Formel errechnen:

$$Cm = \psi \cdot Cf + (1-\psi) \cdot C$$

Cm = spez. Wärmekapazität der Mischung
ψ = Gewichtsanteil Füllstoff
Cf = spez. Wärmekapazität des Füllstoffs
C = spez. Wärmekapazität des Kunststoffs

Die Verbrennungswärme der Kunststoffe (Heizwert) in kWh/kg ist für die Beurteilung der thermischen Recyclierbarkeit ein wichtiger Kennwert. Sie liegt im Bereich üblicher Brennstoffe, s. Abschn. 5.3.1.

2.3.3 Wärmeleitfähigkeit

Die Wärmeleitfähigkeit λ in W/K · m gibt diejenige Wärmemenge Q in J an, die in 1 s durch eine Schicht von A = 1 m^2 Fläche mit einer Dicke von s = 1 m transportiert wird, wenn der Temperaturunterschied $\Delta\vartheta$ zwischen

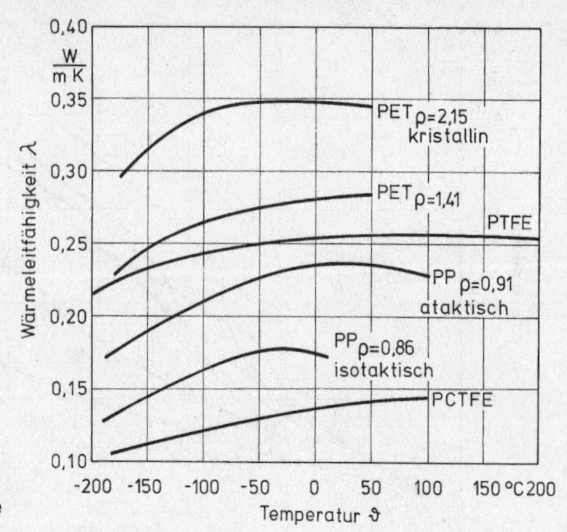

Bild 2.50.
Temperaturabhängigkeit der Wärmeleitfähigkeit, ρ ≙ Dichte

den beiden Oberflächen 1 K beträgt. Die Wärmemenge pro Dicke wird in Watt angegeben: $Q = \lambda \cdot A \cdot \Delta\vartheta/s$, s. auch DIN 1341, Wärmeübertragung, Grundbegriffe, Einheiten, Kenngrößen und DIN 52612–1,2: Plattenverfahren nach Poensgen; Behandlung der Meßwerte für die Anwendung im Bauwesen.

Kunststoffe haben besonders im Vergleich zu metallischen Werkstoffen eine sehr geringe Wärmeleitfähigkeit. Im technisch interessanten Temperaturbereich ist sie für die einzelnen Produkte zwar recht unterschiedlich, jedoch nur wenig von der Temperatur abhängig, Bild 2.50. Eine Verstrekkung und damit Orientierung der Makromoleküle oder eine Glasfaserorientierung führt dazu, daß die Wärmeleitfähigkeit in der Vorzugsrichtung (||) erhöht und senkrecht dazu (⊥) erniedrigt wird, Bild 2.51. Es gilt: $3/\lambda 0 = 1/\lambda II + 2/\lambda\perp$, mit $\lambda 0$ = Wärmeleitfähigkeit des isotropen Materials.

Mit zunehmendem Druck nimmt die Wärmeleitfähigkeit zu, Bild 2.52. Sie kann durch Abmischen mit anderen Stoffen beeinflußt werden. Quarzmehl, Glas, Metalle, Aluminiumnitrid-Pulver (150 μm) oder Kohlenstoff in Form von Fasern oder Pulvern erhöhen die Wärmeleitfähigkeit, während durch Aufschäumen mit Luft, CO_2 oder anderen Treibmitteln die Wärmeisolation verbessert wird. Beide Möglichkeiten werden bei praktisch allen Kunststoffsorten genutzt.

Die Schwierigkeit der Messung sowie die Anisotropieeffekte führen dazu, daß große Unterschiede in Werteangaben auftreten.

Die Wärmeleitfähigkeit von Mischungen läßt sich nach folgender Mischungsregel errechnen:

Bild 2.51.
Abhängigkeit der Wärmeleitfähigkeit von der Verstreckung
|| ≙ in Verstreckrichtung
⊥ ≙ senkrecht zur Verstreckrichtung

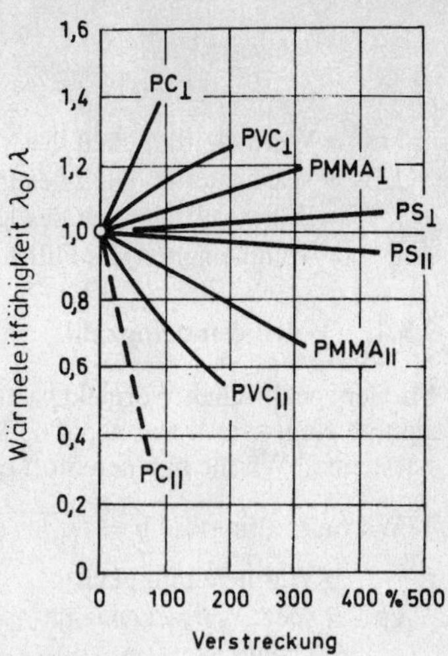

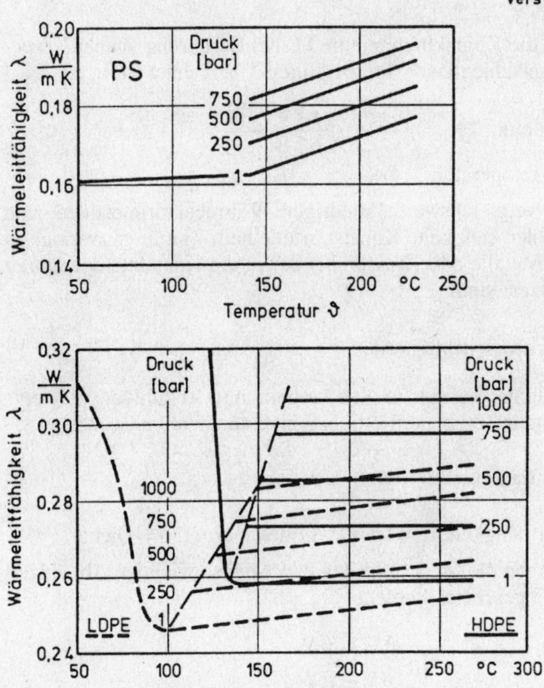

Bild 2.52. Abhängigkeit der Wärmeleitfähigkeit vom Druck für einen amorphen (oben) und teilkristalline Thermoplaste (unten)

$$\lambda m = \frac{\lambda F \cdot \lambda}{\varphi \cdot \lambda + (1 - \varphi) \cdot \lambda F}$$

λm = Wärmeleitfähigkeit der Mischung
λF = Wärmeleitfähigkeit des Füllstoffs
λ = Wärmeleitfähigkeit des Kunststoffs
φ = Volumenanteil des Füllstoffs

2.3.4 Wärmeeindringzahl

Mit der spezifischen Wärmekapazität und Wärmeleitfähigkeit lassen sich weitere Kennzahlen ableiten. Die Wärmeeindringzahl ist ein Maß dafür, wie schnell Wärme in einen Stoff eindringt:

$$\text{Wärmeeindringzahl } b = \sqrt{\lambda \cdot c \cdot \rho}$$

λ = Wärmeleitfähigkeit
cp = spez. Wärmekapazität
ρ = Dichte

Mit dieser kann die Kontakttemperatur TK bei Berührung zweier Körper A und B mit unterschiedlichen Temperaturen T berechnet werden:

$$\text{Kontakttemperatur } TK = \frac{bA \cdot TA + bB \cdot TB}{bA + bB}$$

T = absolute Temperatur.

Aufgrund der vergleichsweise niedrigen Wärmeeindringzahlen von Kunststoffen fühlen sich kalte Kunststoffteile beim Berühren wärmer an als gut leitende Metalle oder Wasser, bei denen die Kontakttemperaturen wesentlich niedriger sind.

2.3.5 Temperaturleitfähigkeit

Für den Wärmetransport, der für alle Aufheiz- und Abkühlvorgänge entscheidend ist, ist die Temperaturleitfähigkeit eine wichtige Größe:

$$\text{Temperaturleitfähigkeit } a = \frac{\lambda}{c_p \cdot \rho}$$

λ = Wärmeleitfähigkeit, c_p = spez. Wärmekapazität, ρ = Dichte

Mit ihrer Hilfe kann die für den Spritzgießprozeß so wichtige Abkühlzeit des Spritzlings abgeschätzt werden:

$$\text{Abkühlzeit } TK = \frac{s^2}{\pi^2 \cdot a} \cdot \ln \frac{\vartheta M - \vartheta W}{\vartheta E - \vartheta W}$$

s = Wanddicke, ϑM = mittl. Schmelzetemperatur, ϑW = Werkzeugtemperatur, ϑE = mittl. Entformungstemperatur

Die Temperaturleitfähigkeit von Mischungen läßt sich nach folgender Formel berechnen:

$$a_m = (1-\psi) \cdot a + 0{,}36 \cdot \psi \cdot a_F + 0{,}64 \cdot \psi^3 \cdot a_F$$

ψ = Gewichtsanteil des Füllstoffs
a_F = Temperaturleitfähigkeit des Füllstoffs

2.3.6 Wärme-Ausdehnungskoeffizient

Die Ausdehnung von Kunststoffen mit zunehmender Temperatur spielt sowohl bei der Herstellung von Formteilen und Halbzeugen, vgl. Abschn. 2.1.5 Schwindung und Toleranzen, als auch beim Gebrauch von Kunststoffteilen eine Rolle. Z.B. kann der im Vergleich zu metallischen Konstruktionswerkstoffen hohe lineare Wärmeausdehnungskoeffizient zu Schwierigkeiten bei der Verbindung der beiden unterschiedlichen Werkstoffe führen (Bimetalleffekt).

Man muß zwischen dem linearen (α) und kubischen (β) Ausdehnungs-Koeffizienten unterscheiden. Der lineare Ausdehnungs-Koeffizient gibt an, um wieviel Meter sich ein Meter eines Stoffs bei einer Temperaturänderung um 1 K verlängert bzw. verkürzt, während der kubische angibt, um wieviel Kubikmeter sich ein Kubikmeter eines Stoffs bei einer Temperaturänderung vergrößert bzw. verkleinert, s. DIN 52328: Längenausdehnungs-Koeffizient. Die Einheit ist in beiden Fällen 1/K. Für homogene, feste Körper gilt $\beta = 3 \cdot \alpha$. Mit zunehmendem Elastizitätsmodul der Werkstoffe nimmt im allgemeinen der Ausdehnungskoeffizient ab, vgl. Bild 2.53. Im doppelt-logarithmischen System erhält man angenähert eine Gerade. Damit ergibt sich der mathematische Zusammenhang: $\alpha = 1/E^m$.

Durch Kombination von Kunststoffen mit Werkstoffen, die einen geringeren Ausdehnungskoeffizienten haben wie z.B. Glas oder Graphit, läßt sich der Ausdehnungskoeffizient solcher Verbundwerkstoffe verringern und damit demjenigen der Metalle angleichen. Bei in Vorzugsrichtung orientierten länglichen Füll- oder Verstärkungsstoffen muß allerdings mit einer Anisotropie der Wärmedehnung gerechnet werden. Das gleiche gilt für Molekülorientierungen, die wie in Bild 2.54 durch Verstreckung erreicht wurde.

Da die Ausdehnungskoeffizienten nur in einem engen Temperaturintervall von der Temperatur unabhängig sind, empfiehlt sich zur Darstellung der Meßwerte eine Auftragung der relativen Längenänderung $\Delta l/l_0$ in % über der Temperatur, Bild 2.55.

Zur Optimierung des Spritzgießprozesses, besonders auch hinsichtlich der Verarbeitungsschwindung VS, s. Abschn. 2.1.5, ist die Kenntnis von p-v-T-Diagrammen hilfreich. In diesen wird das spezifische Volumen als Funktion der Temperatur mit verschiedenen, im Spritzgießprozeß auftretenden Drücken dargestellt, Bild. 2.56. Die eingezeichnete Kurve ist eine mögliche Arbeitslinie für den Spritzgießvorgang: bei „1“ wird die Formmasse eingespritzt, bei „2“ ist der Spritzdruck aufgebaut und es wird auf

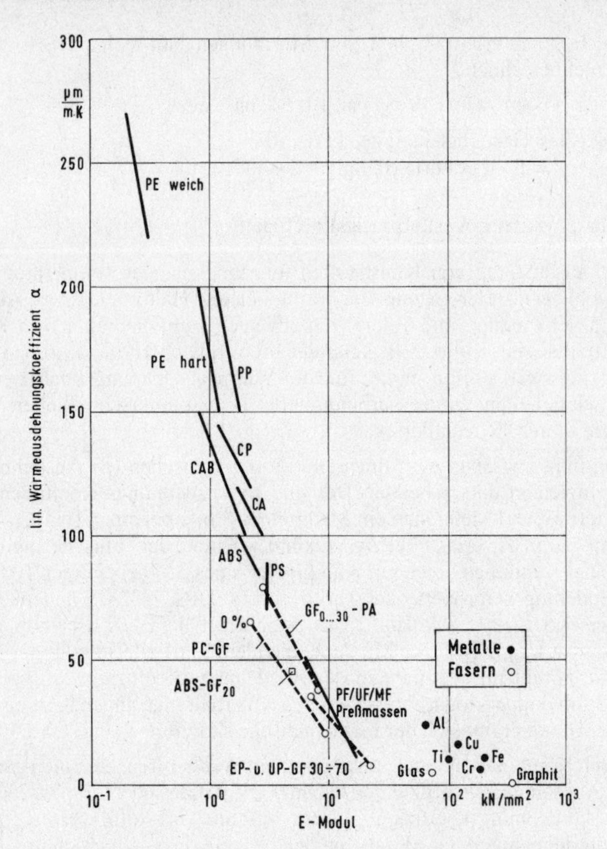

Bild 2.53. Zusammenhang zwischen dem linearen Wärmeausdehnungskoeffizienten und dem E-Modul

Nachdruck umgeschaltet, bis „3" wird isobar abgekühlt, d.h. es wird noch Schmelze aus dem Spritzzylinder nachgedrückt, bei „3" ist der Anguß versiegelt und der Werkzeugdruck fällt infolge der Kontraktion der Schmelze beim Abkühlen bis auf 1 bar ab, Punkt „4". Entscheidend für die Verarbeitungsschwindung VS ist die Temperatur, bei der der Atmosphärendruck erreicht wird, denn jetzt beginnt sich das Formteil von der Werkzeugwandung zu lösen. Die Volumenschwindung VS_v läßt sich aus dem spezifischen Volumen bei „4" V_4 und bei Raumtemperatur „5" V_5 ermitteln: $VS_v = \frac{V4 - V5}{V4}$. Unter der Annahme isotroper Schwindung folgt für die (lineare) Verarbeitungsschwindung VS $\approx VS_v/3$. Da die

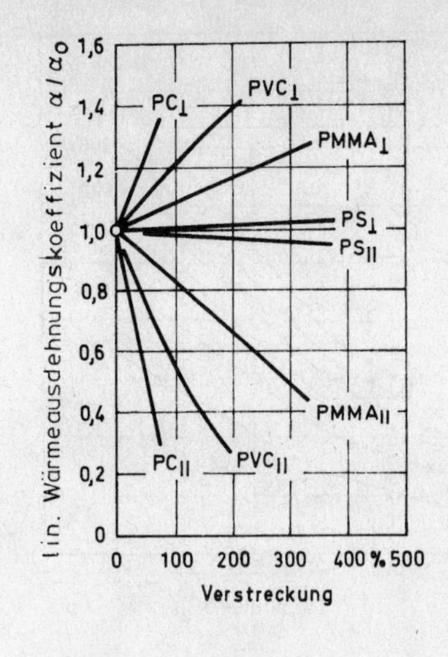

Bild 2.54.
Abhängigkeit des Wärmeausdehnungskoeffizienten von der Verstreckung
|| in Verstreckungsrichtung
⊥ senkrecht zur Verstreckungsrichtung

Schwindung in Dickenrichtung der Formteilwandung immer wesentlich größer ist als in Flächenrichtung, macht die meist nur interessierende Verarbeitungsschwindung VS nur etwa 10% der Volumenschwindung in der Formteilebene VS_v aus.

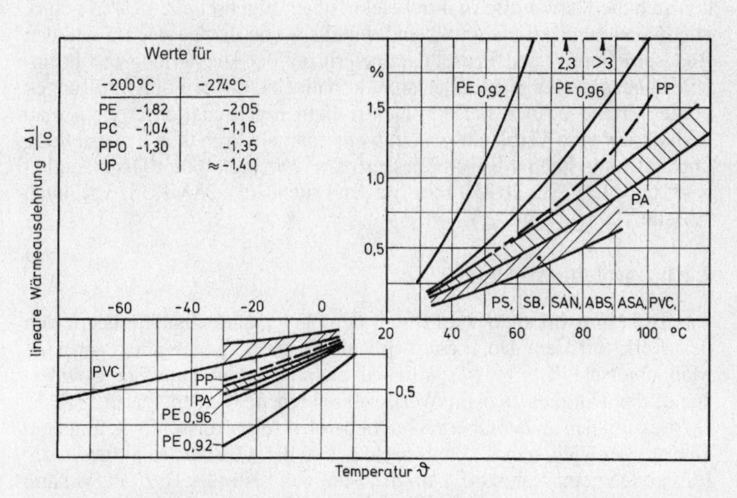

Bild 2.55. Zusammenhang zwischen relativer Längenänderung und Temperatur, Index bei PE ≙ Dichte

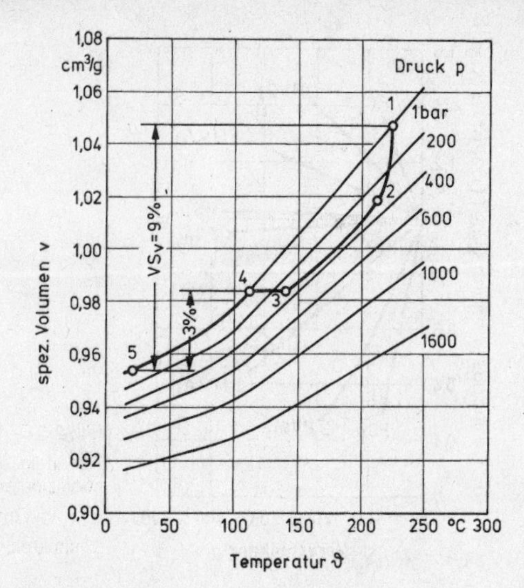

Bild 2.56.
PVT-Diagramm für ABS mit Abkühlverlauf der Schmelze im Werkzeug
VS_V = Volumenschwindung

2.4 Elektrisches Verhalten

Die Kunststoffe sind im allgemeinen gute bis ausgezeichnete Isolierstoffe, neigen andererseits aber auch zur elektrostatischen Aufladung. Der Konstrukteur kann sich diese Eigenschaften in vielen Anwendungsfällen zusätzlich zu den mechanischen zunutze machen. Allerdings unterscheiden sich die Kunststoffe in ihren elektrischen Eigenschaften ebenso stark wie in den mechanischen und sind wie diese von der Geometrie und den Beanspruchungs- und Prozeßparametern bei der Herstellung der Formteile abhängig. In vielen Fällen sind deshalb elektrische Bauteilprüfungen vorgeschrieben. Auch bei den elektrischen Eigenschaften erreicht man deshalb nur eine Vergleichbarkeit, wenn man die Probekörperherstellung und -prüfung standardisiert. Dies erfolgte im single-point-Datenkatalog nach DIN EN ISO 10350 bzw. in der Datenbank CAMPUS, vgl. auch Abschn. 2.0 und Tafel 2.1.

2.4.1 Isolationsverhalten

Das Isolationsverhalten wird durch den Widerstand charakterisiert, den der Werkstoff dem Durchgang des elektrischen Stroms entgegensetzt. Man unterscheidet im wesentlichen zwischen dem Durchgangswiderstand, der lediglich den im Werkstoffinneren fließenden Strom berücksichtigt und den an der Oberfläche fließenden Anteil ausschließt, und dem Oberflächenwiderstand, der zwischen auf der Oberfläche aufgesetzten Elektroden gemessen wird. Durch Zusatz von Leitruß z. B. zu POM kann eine Leitfähigkeit erreicht werden, die eine elektrische Aufheizung von Formteilen ermöglicht.

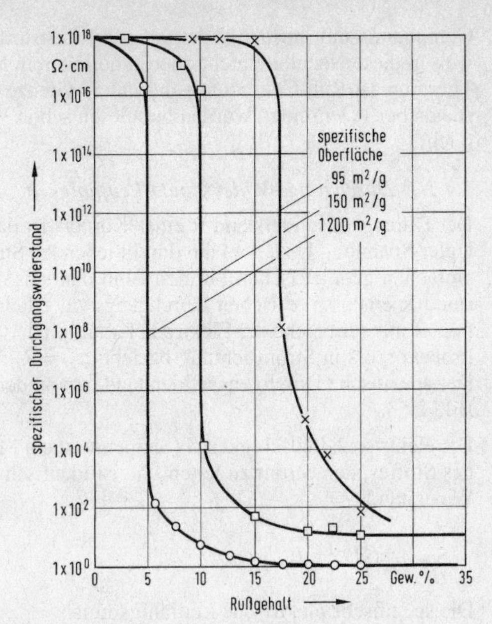

Bild 2.57
Einfluß von spezifischer Oberfläche des Rußes auf den elektrischen Durchgangswiderstand von Polypropylen/Ruß-Mischungen.

Die meisten *leitfähigen thermoplastischen Compounds* enthalten Leitruße als leitfähige Füllstoffe. Die elektrischen Widerstände solcher Compounds werden außer von der Rußkonzentration von deren spezifischer Oberfläche beeinflußt, s. Bild 2.57. Unterhalb der sogenannten Perkolationskonzentration (Steilabfall des spez. Durchgangswiderstandes) sind sie kaum niedriger als die der reinen Thermoplaste.

Weitere leitende Füllstoffe bestehend aus halbleitendem Zinn- und Antimonoxid auf Glimmer (Minatec 30 CM, Fa. Merck) oder Keramiknadeln (WK 300, Fa. Otsuka) als Trägermaterial, sind weiß bis grau und haben einen mehr stetigen Abfall des Widerstandes mit zunehmendem Füllstoffgehalt. Die Einstellung einer bestimmten Leitfähigkeit wird dadurch erleichtert.

Nachteile von Compounds aus Thermoplasten und leitfähigen Füllstoffen können sein:

- Hohe Viskosität der Schmelze
- Niedrige mechanische Festigkeit und Zähigkeit
- Zunahme der elektrischen Widerstände bei Temperatur-Wechselbeanspruchung
- Inhomogenität der elektrischen Widerstände
- Geringe Reproduzierbarkeit für antistatische Anwendung im Bereich von 10^{10}-10^{5} Ωcm, s. Bild. 2.57.
- Geringe Abschirmung im Nahbereich bei niedrigen Freqenzen.

Compounds mit intrinsisch leitfähigen Kunststoffen (s. Abschn. 4.20.2) weisen diese Nachteile nicht oder in geringerem Maße auf. Während bei Thermoplast-Ruß-Compounds die untere Grenze des Durchgangswiderstands bei 1Ωcm liegt, wurden bei diesen schon Werte von 0,01Ωcm erreicht.

2.4.1.1 Durchgangs-Widerstand / Leitfähigkeit

Der Durchgangswiderstand R eines Körpers ist das Verhältnis von angelegter Spannung U zu dem ihn durchfließenden Strom I: $R = U/I$ (Ω). Bei einfachen geometrischen Formen kann man aus dem Durchgangswiderstand R einen spezifischen Durchgangswiderstand ρ_D errechnen, indem man R mit der Fläche der Elektrode F multipliziert und auf die Dicke l des Probekörpers in Stromrichtung bezieht: $\rho_D = R \cdot F/l$ $(\Omega \cdot m)$, s. IEC 93. Der spezifische Durchgangswiderstand ist von der Temperatur abhängig, Bild 2.58.

Die elektrische Leitfähigkeit S (Siemens) ist ein Maß für die Fähigkeit eines Stoffes, den Strom zu leiten. Sie ist identisch mit dem Kehrwert des Widerstandes:

$$S = \frac{1}{R} \, (\Omega)^{-1}$$

Die spezifische elektrische Leitfähigkeit ist:

$$\sigma = \frac{1}{\varsigma} \, (\Omega \cdot m)^{-1} = \frac{s}{m}\,.$$

2.4.1.2 Oberflächen-Widerstand

Der Oberflächenwiderstand R_o ist das Verhältnis einer zwischen zwei Elektroden auf der Oberfläche eines Probekörpers angelegten Gleichspannung U zur Stromstärke I zwischen den Elektroden: $R_o = U/I$ (Ω). Der spezifische Oberflächenwiderstand ρ_o (Ω) ist der auf eine quadratische Fläche bezogene Oberflächenwiderstand, der mit einer speziellen Meßanordnung ermittelt wird, s. IEC 93. Da stets nicht bestimmbare Anteile des Probeninneren an der Stromleitung teilnehmen, sind die Meßwerte nicht auf andere Geometrien zu übertragen. Diese Werte sind deshalb auch von der Probekörperdicke abhängig und werden außerdem stark von der Luftfeuchtigkeit bei der Prüfung und einer eventuellen Oberflächenverschmutzung beeinflußt.

2.4.1.3 Elektromagnetische Abschirmung (- Verträglichkeit EMV)

Unter elektromagnetischer Interferenz (EMI) versteht man die meist unbeabsichtigte gegenseitige Beeinflussung einzelner Elektronikgeräte durch eine Störung im Stromnetz oder durch elektromagnetische Strahlung (EM). Die aus einem elektronischen Gerät maximal zulässige austretende Strahlungsmenge ist nach VDE oder in den USA nach FCC geregelt. Eine EG-

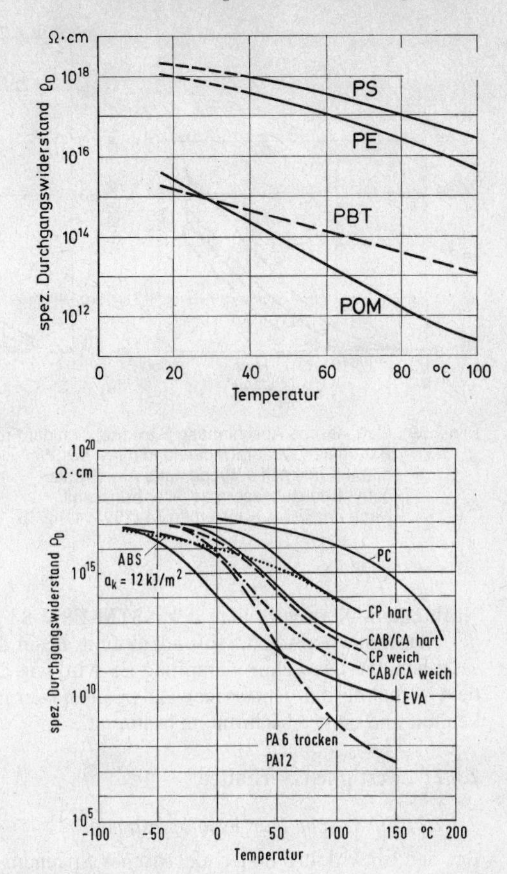

Bild 2.58.
Temperaturabhängigkeit des spezifischen Durchgangswiderstandes

Richtlinie ist in Vorbereitung. Die Elektronik kann durch leitfähige Gehäuse abgeschirmt werden, z.B. auch durch leitfähige Kunststoffe. Die Leitfähigkeit wird durch aufgedampfte Aluminiumschichten oder durch die Einarbeitung von leitfähigen Füllstoffen wie Leitfähigkeitsruß, Aluminiumteilchen, Edelstahlfasern oder metallisierte Kohlenstoff- und Glasfasern erzielt. Zur Beurteilung der Abschirmwirkung reichen der spezifische Durchgangs- oder Oberflächenwiderstand nicht aus. Die magnetische Abschirmung S in dB wird deshalb als Abschwächung eines Magnetfeldes zwischen zwei Koaxial-Rahmenantennen durch das dazwischen gestellte Testmaterial, meist als Funktion der Frequenz, gemessen:

$S = -20 \log \frac{H1}{H0}$, H1 ist die Stärke des Magnetfeldes mit und H0 diejenige ohne Testmaterial, Bild 2.59.

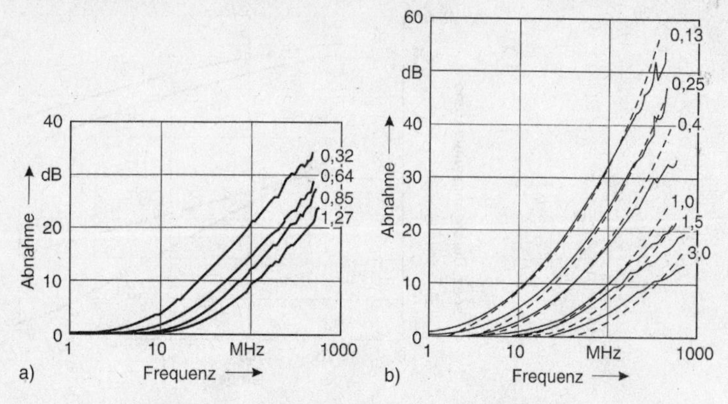

Bild 2.59 Magnetische Abschirmung S als Funktion der Frequenz.
Parameter: Quadratwiderstand (ϱ_{Dld}) des Werkstoffs.
a: auf Kunststoff aufgedampfte Al-Schichten
b: mit Edelstahlfasern gefüllter Kunststoff.
Nach *de Goeje*, Kunststoffe 84 (1994) 1, 42/45

Nach einem Normvorschlag der ASTM ES 7-83 wird zur Bestimmung der elektromagnetischen Schirmdämpfung ES in dB eine koaxiale Meßzelle benutzt. Die Schirmdämpfung ES wird wie die Abschirmung S aus dem Verhältnis der gemessenen elektrischen oder magnetischen Feldstärken mit und ohne Abschirmung bestimmt.

2.4.2 Festigkeitsverhalten

2.4.2.1 Elektrische Durchschlagfestigkeit

Bei der Einwirkung hoher elektrischer Spannungen kann es zu einem Spannungsdurchschlag kommen. Die Durchschlagfestigkeit E_d ist der Quotient aus der Spannung U_d, bei der der Durchschlag erfolgt, und dem Abstand zwischen den leitenden Teilen, an denen die Spannung anliegt, d.h. der Probekörperdicke d: $E_d = U_d/d$ (kV/mm), s. IEC 243-1. Sie ist keine Materialkonstante, sondern stark von der Elektrodenform und der Probekörperdicke abhängig, Bild 2.60. Deshalb ist für die Datenbank CAMPUS eine Dicke von 1mm vorgeschrieben, um die Vergleichbarkeit zu gewährleisten. Bild 2.61 zeigt beispielhaft die Temperatur- und Frequenzabhängigkeit (dielektrische Erwärmung!) der Durchschlagfestigkeit.

2.4.2.2 Elektrische Zeitstandfestigkeit

Die beschriebenen Kurzzeit-Durchschlagfestigkeiten können nur als Anhaltswerte zum Verhalten bei langdauernder Spannungsbeanspruchung dienen. Die zulässige elektrische Spannung ist genau wie die mechani-

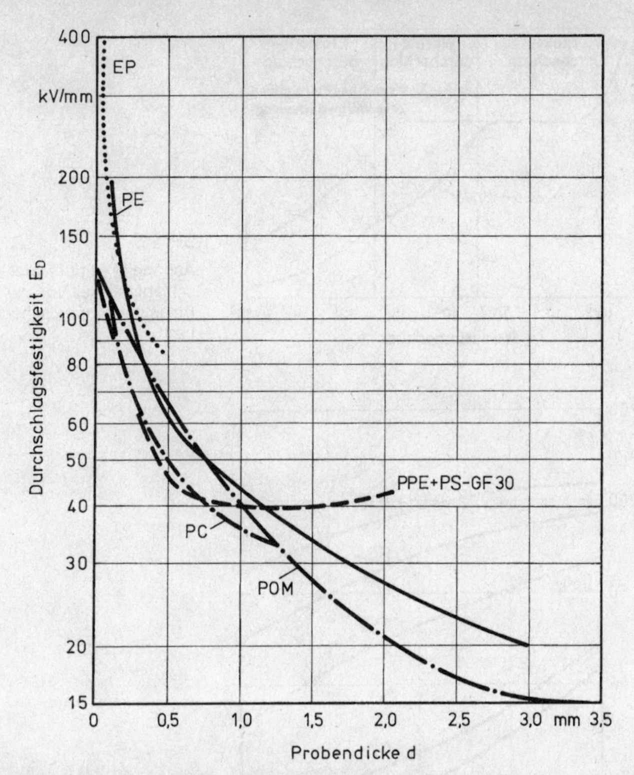

Bild 2.60. Dickenabhängigkeit der Durchschlagfestigkeit

sche Belastbarkeit von der Beanspruchungsdauer abhängig. Bei Zeiten von etwa 1 µs bis 1 s ist die Durchschlagfestigkeit nahezu konstant, Bild 2.62. Es erfolgt ein elektrischer Durchschlag, der durch Elektronen be-

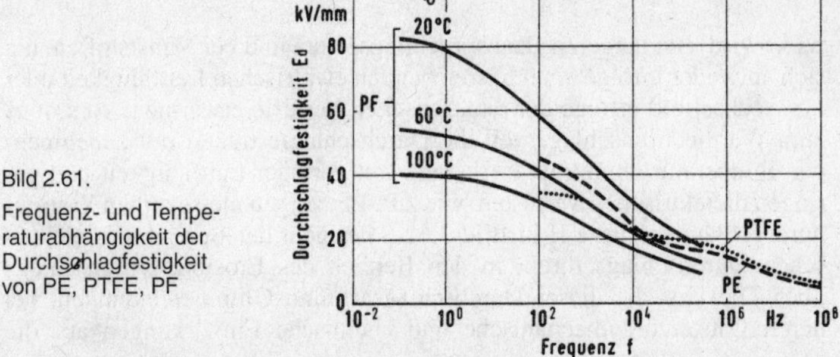

Bild 2.61.
Frequenz- und Temperaturabhängigkeit der Durchschlagfestigkeit von PE, PTFE, PF

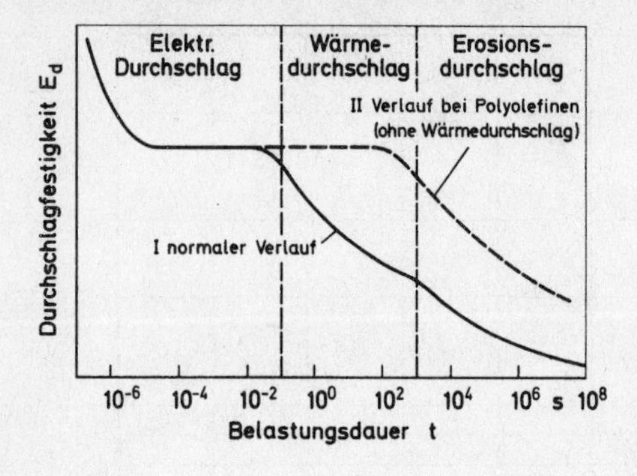

Bild 2.62.
Abhängigkeit der Durchschlagfestigkeit von der Belastungsdauer, schematisch

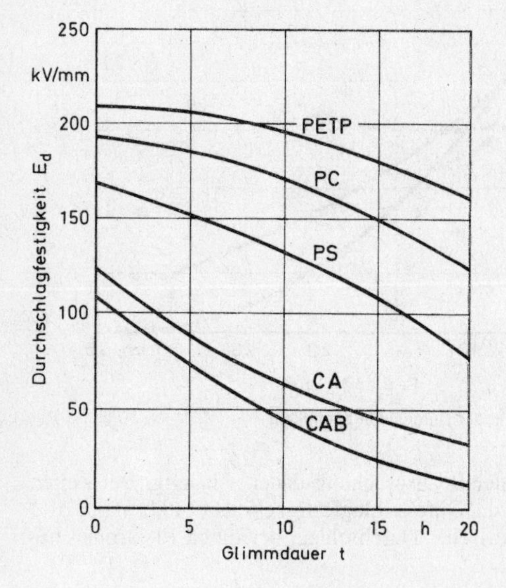

Bild 2.63.
Zeitabhängigkeit der Durchschlagfestigkeit

wirkt wird. Bei längeren Beanspruchungszeiten und bei Kunststoffen, die sich entweder infolge einer ausreichenden elektrischen Leitfähigkeit oder im Wechselfeld infolge der dielektrischen Verluste erwärmen, kommt es zum Wärmedurchschlag, weil die Durchschlagfestigkeit mit zunehmender Temperatur abnimmt. Werkstoffe mit geringer Leitfähigkeit und geringen dielektrischen Verlusten, wie z.B. PE, zeigen meist keinen Wärmedurchschlag, s. Kurve II in Bild 2.62. Hier geht der Bereich des elektrischen Durchschlags direkt in den Bereich des Erosions-Durchschlags über. Die Ursache dieser Durchschlagsart sind Glimmentladungen, bei deren Entstehung mechanische und chemische Einwirkungen auf die

Oberfläche eine Rolle spielen. Bild 2.63 zeigt ein Beispiel für die Zeitabhängigkeit der Durchschlagfestigkeit.

2.4.2.3 Vergleichszahl der Kriechweg-Bildung

Der Oberflächenwiderstand kann durch Verschmutzung oder chemische Beeinflussung so weit abgesenkt werden, daß zwischen Elektroden Kriechströme fließen, die die Ursache von Lichtbögen und schließlich für die völlige Zerstörung des Isolierteiles sind. Die Anfälligkeit gegen Kriechstrombildung wird für Prüfspannungen bis 600 V in einem Niederspannungsverfahren, s. IEC 112 oder DIN VDE 0303 Teil 1, ermittelt. Hierbei werden auf die zu prüfende Oberfläche im Abstand von 4 mm zwei Elektroden aufgesetzt. Zwischen diese Elektroden wird eine leitfähige Prüflösung getropft. Die Vergleichszahl der Kriechwegbildung CTI gibt die höchste Spannung an, der ein Werkstoff bei 50 Auftropfungen ohne Kriechwegbildung widersteht. Für die Datenbank CAMPUS ist die weniger aggressive Prüflösung A vorgesehen. Wenn die Probe 425 V aushält, ist die Vergleichszahl: CTI 425. Bei Verwendung der aggressiveren Prüfflüssigkeit B würde das Ergebnis lauten: CTI 425 M. Bei Isolierstoffen, die bei hohen Spannungen und im Freien eingesetzt werden, wird ein Hochspannungsverfahren angewendet, s. IEC 587 oder DIN VDE 0303-10. Die Einteilung der Isolierstoffe erfolgt entsprechend der meist verwendeten Methode A in 3 Klassen, je nachdem welche der 3 Spannungsstufen 2,5, 3,5 oder 4,5 kV der Stoff unter den speziellen Versuchsbedingungen 6 Stunden aushält, z.B. Klasse 3,5 A.

2.4.2.4 Lichtbogen-Festigkeit

Nach Entwurf DIN VDE 0303 Teil 5 werden zur Bestimmung der Lichtbogenfestigkeit zwei Kohleelektroden auf die Oberfläche eines Probekörpers aufgesetzt und nach Zündung eines Niederspannungs-Hochstrom-Lichtbogens (200 V) mit einer Geschwindigkeit von 1 mm/s auseinander gezogen. Die Stromstärke wird durch einen Reihenwiderstand von 50 Ω begrenzt. Dabei werden die Länge des Lichtbogens, die Leitfähigkeit der Lichtbogenstrecke während der Prüfung und nach dem Abkühlen die Beschädigung des Probekörpers bei der Prüfung beurteilt. LV 1.1.1.1 ist die beste, LV 2.2.2.2 die schlechteste Einstufung. Die Lichtbogenfestigkeit wird meist nur vom Gerätehersteller an seinen Geräten gemessen.

2.4.2.5 Elektrolytische Korrosion

Isolierstoffe, die mit Leitern in Kontakt sind, können an diesen Korrosionserscheinungen auslösen. Die Korrosion hängt von der Kombination Metall/Isolierstoff ab. Zur Prüfung werden Isolierstoffolien in Kontakt mit Messing-Prüffolien gebracht und im feuchtwarmen Klima 40 °C/92% rel. Feuchte vier Tage mit einer Gleichspannung von 100 V beansprucht. Kennwerte für die elektrolytische Korrosionswirkung werden aus den Veränderungen an den Polen abgeleitet: A1 keine Veränderung, B4 sehr starke Veränderung, s. VDE 0303 Teil 6 o. DIN 53489.

2.4.3 Dielektrisches Verhalten

Bei der Verwendung von Kunststoffen auf Gebieten wie dem Kondensatorbau und der Hochfrequenztechnik müssen die dielektrischen Eigenschaften, d.h. die Dielektrizitätszahl (DK) ε_r und der dielektrische Verlustfaktor tan δ, berücksichtigt werden. Die DK gibt an, um welches Vielfache die Kapazität eines Kondensators mit dem Kunststoff als Dielektrikum größer ist als die Kapazität desselben Kondensators mit Luft als Dielektrikum. Der dielektrische Verlustfaktor ist ein Maß für die Energie, die in einem Isolierstoff, der sich in einem elektrischen Wechselfeld befindet, in Wärme umgewandelt wird und damit als elektrische Energie verloren geht. Die dielektrischen Eigenschaften sind Materialkonstanten, die von den Methoden, wie sie bestimmt werden, s: IEC 250 oder DIN VDE 0303 Teil 4 und 13, weitgehend unabhängig sind. Da sie jedoch ihren Wert mit der Temperatur und Frequenz ändern, werden sie meist in Abhängigkeit von diesen Parametern dargestellt, s. Bild 2.64.

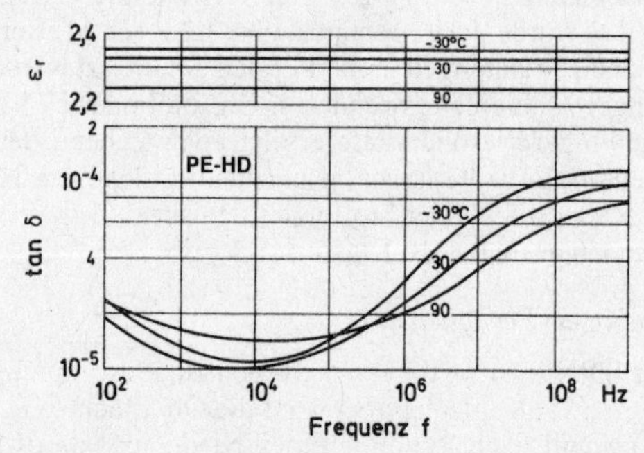

Bild 2.64. Frequenz- und Temperaturabhängigkeit von dielektrischem Verlustfaktor tan δ und Dielektrizitätszahl ε_r

Für die Erwärmung eines Kunststoffs in einem Dielektrikum ist der tan δ als Werkstoffkennwert entscheidend. Für die Wärmeleistung N gilt: $N = U^2 \cdot \omega \cdot \varepsilon_r \cdot \tan\delta$ mit U = angelegte Spannung, ω = Frequenz der Spannung. Kunststoffe, die einen hohen Verlustfaktor aufweisen, lassen sich demnach im elektrischen Wechselfeld erwärmen, z.B. verschweißen.

2.4.4 Elektrostatisches Verhalten

Als elektrisch nicht leitende Werkstoffe lassen sich Kunststoffe elektrostatisch aufladen. Die Ladung wird durch Reibung, oder genauer gesagt, durch Berühren und wieder Trennen von Oberflächen bewirkt. Es kann bereits bei der Entnahme von Formteilen aus dem Spritzgießwerkzeug eine Aufladung stattfinden. Die Höhe der Aufladung hängt vom Kunststoff und dem Reibpartner ab. Die Ladungen können positiv oder negativ sein und fließen wegen der geringen Leitfähigkeit der Kunststoffe nur langsam zur Erde ab.

Die Folgen einer elektrostatischen Aufladung sind Staubanziehung aus der Luft und eventuelle Funkenüberschläge, die beim Umfüllen brennbarer Flüssigkeiten aus Kunststoffbehältern oder beim Aufladen von Kunststoff-Fußböden in explosionsgefährdeten Räumen eine Gefahr darstellen, s. Richtlinie Nr. 4 der Berufsgenossenschaft der Chemie.

Aus den Werten für den spezifischen Oberflächenwiderstand, s. Abschn. 2.4.1.2, läßt sich bereits eine erste Voraussage über das elektrostatische Verhalten eines Werkstoffs machen, da diese Werte für die Ableitung einer irgendwie aufgebrachten Ladung maßgebend sind. Entsprechend einer Richtlinie zur Vermeidung von Zündgefahren infolge elektrostatischer Aufladung (Hauptverband der gewerblichen Berufsgenossenschaften, Bonn) muß man bei Oberflächenwiderständen oberhalb $10^{14}\ \Omega$ mit starker Aufladungsneigung rechnen. Bei Werten zwischen $10^{9}\ \Omega$ und $10^{11}\ \Omega$ ist die Aufladbarkeit abgeschwächt, während man bei Werten unterhalb $10^{9}\ \Omega$ nicht mehr von einem aufladbaren Material sprechen kann, also Zündgefahren vermieden werden.

Oberflächenwiderstände unterhalb $10^{11}\ \Omega$ weisen nur Preßmassen auf, während zumindest die ungefüllten Thermoplaste im trockenen Zustand oberhalb $10^{12}\ \Omega$ liegen. Günstiger verhalten sich Kunststoffe, die Wasser aufnehmen, wie z.B. PA.

Neben der Ableitung der Ladung spielt die absolute Aufladbarkeit eine wesentliche Rolle. Diese ist jedoch nur schwer reproduzierbar zu messen, da sie stark von der Prüfmethodik, dem Reibpartner und den Umweltbedingungen abhängt. Ein Verfahren ist in DIN 53 486 genormt. Nach dieser Norm kann man die Grenzaufladung, das ist die unter den gegebenen Versuchsbedingungen maximal erreichbare Aufladung, und die Halbwertszeit, das ist die Zeit, in der die Grenzaufladung auf den halben Ausgangswert abgefallen ist, ermitteln.

2.5 Optisches Verhalten

Die Bezeichnung der Kunststoffe als „organische Gläser" weist darauf hin, daß Kunststoffe auch für direkte optische Anwendungen eingesetzt werden, dies um so mehr, als heutige Verarbeitungsverfahren die Herstellung von Spritzlingen und Halbzeugen mit der für diese Anwendungen erforderlichen Präzision gestatten. Z.B. werden Linsen, Prismen, Verscheibungen, Lichtleiter und spannungsoptische Modelle durch spanende Bearbeitung, Gießen, Pressen, Prägen, Spritzgießen oder Extrudieren hergestellt. Zur Abschätzung der Einsetzbarkeit für solche Anwendungen sind die Kenntnis der optischen Eigenschaften, aber auch der erzielbaren Toleranzen bei der Herstellung der Teile (s. Abschn. 2.1.5) wichtig. Dies gilt ganz besonders für die Verwendung von Kunststoffen als optische Datenträger, einem weltweit expandierenden Einsatzgebiet.

2.5.1 Lichtdurchlässigkeit

Viele Kunststoffe weisen gegenüber Metallen, Holzprodukten und anorganischen Baustoffen den Vorteil der Lichtdurchlässigkeit auf. Diese transparenten Kunststoffe unterscheiden sich in ihren optischen Eigenschaften nicht wesentlich von denen anorganischer Gläser. Vielfach besitzen sie im sichtbaren Spektralbereich eine größere Lichtdurchlässigkeit und können auch im Ultraviolett- und Infrarot-Bereich besser durchlässig sein. Grob kann man die Kunststoffe in drei Klassen bezüglich der Lichtdurchlässigkeit einteilen: glasklar (transparent), durchscheinend (transluzent) und opak oder gedeckt (undurchlässig).

Als Maß für die Lichtdurchlässigkeit wird der Transmissionsgrad τ nach DIN 1349-1 verwendet: Er ist der Quotient aus dem Lichtstrom Φ_n hinter und Φ_v vor dem zu prüfenden Material: $\tau = \frac{\Phi_n}{\Phi_v} \cdot 100$ (%). Er enthält neben der Absorption auch die Streuung und die an der Probenvorder- und -rückseite auftretenden Reflexionsverluste. Der Transmissionsgrad wird im allgemeinen in Luft bestimmt und als Funktion der Wellenlänge angegeben, Bild 2.65.

2.5.2 Glanz und Reflexion, Trübung

Glanz entsteht primär durch gerichtete Reflexion des Lichts. Er ist im wesentlichen eine subjektive Eigenschaft: Bereits durch geringe Bewegung des Körpers relativ zum Beobachter kann sich der Eindruck von Glanz

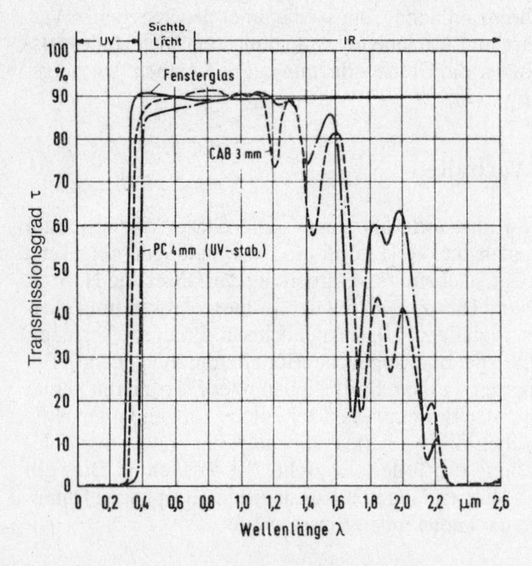

Bild 2.65.
Abhängigkeit der Lichtdurchlässigkeit von der Wellenlänge

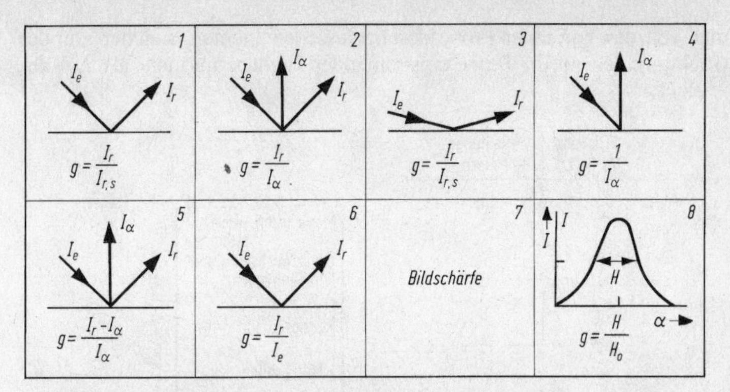

Bild 2.66. Schematische Darstellung der verschiedenen Methoden zur Messung des Glanzes von Kunststoff-Oberflächen, nach Schreyer

wesentlich verändern. Eine Definition bereitet also Schwierigkeiten. In Bild 2.66 sind verschiedene Methoden zur Glanzmessung dargestellt, vgl. auch ASTM D 523. Der Glanzgrad g wird durch das Verhältnis der Intensität des reflektierten Lichtes I_r zur Intensität desjenigen einer vollkommenen Standardfläche, z.B. eines hochwertigen optischen Spiegels $I_{r,s}$, definiert, s. 1. Feld in Bild 2.66. Die normale Messung erfolgt dabei unter einem Winkel von 45°, aber es werden auch andere Winkel angewendet, s. Feld 3. Entsprechend Feld 2 wird als Maßzahl für den Glanz das Verhältnis der Intensität des unter dem Reflexionswinkel von 45° austretenden Lichtes I_r zu derjenigen Intensität des senkrecht zur Fläche austretenden „Streulichtes" I_α gewählt. Die Felder 4 bis 6 zeigen weitere Beispiele. Die Ergebnisse der einzelnen Methoden sind nicht vergleichbar.

Der Glanz eines Kunststoffteils hängt wesentlich von dessen Oberfläche ab, die wiederum durch die Oberfläche des formgebenden Werkzeugs und dessen Temperatur bestimmt wird. Hochglanzpolierte Werkzeuge und hohe Werkzeugtemperaturen ergeben glänzende Oberflächen, hochgefüllte Kunststoffe und manche Blends erbringen mattere Oberflächen. Glanzmessungen werden gerne als zerstörungsfreie Meßmethoden zur Kontrolle der Oberflächenveränderung bei Belichtungs- und Bewitterungsversuchen eingesetzt.

Die Durchlässigkeit für gerichtetes Licht kann durch Kristallisation, Füllstoffe, Oberflächenrauhigkeiten, Verunreinigungen oder die Verkratzung der Oberfläche beeinträchtigt werden, es tritt eine Trübung auf. Als Maßzahl für die Trübung dient die Trübungszahl, s. DIN 53490. Sie ist das Verhältnis des Streulichtstromes, der von der Probe in einen Raumwinkel von 80° um die Achse des einfallenden Strahles nach vorne ausgesandt wird, zu dem nahezu rechtwinklig auf die Probe auffallenden Primärlichtstrom. Nach ASTM D 1003 ist die Trübung (auch mit „Haze" bezeichnet) der Teil des von einer Probe durchgelassenen Lichtes, welcher von der Richtung des auf die Probe einstrahlenden Lichtes um mehr als 2,5° abweicht.

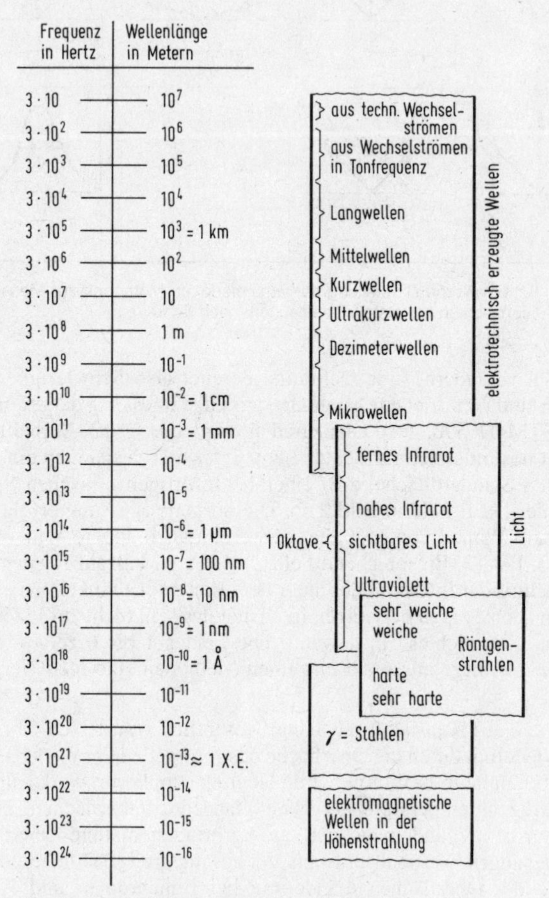

Bild 2.67 Spektrum der elektromagnetischen Wellen.

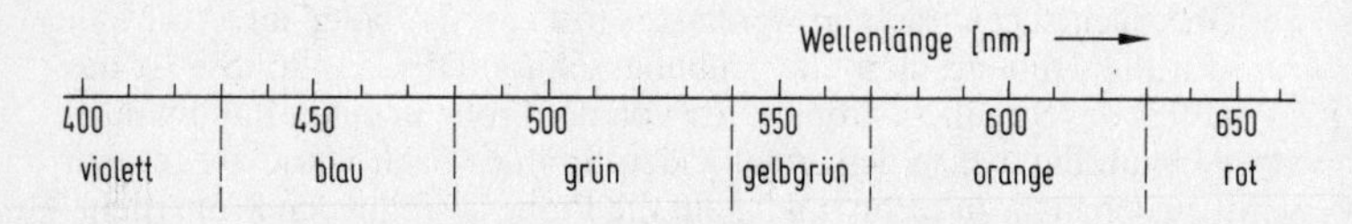

Bild 2.68 Zuordnung von Farben und Wellenlängen.

2.5.3 Farbe

2.5.3.1 Grundlagen

Farbe ist der visuelle Eindruck, den ein Betrachter von einer Oberfläche gewinnt. Warum erscheint eine Oberfläche farbig? Dazu muß man die Begriffe sichtbares Licht, Farbe und Komplementärfarbe verstehen.

Sichtbares Licht ist eine elektromagnetische Welle mit Wellenlängen von 400 nm bis 800 nm, ein nur kleiner Bereich im Gesamtspektrum der elektromagnetischen Wellen, s. Bild 2.67. Jede Wellenlänge in diesem „sichtbaren" Bereich entspricht einer bestimmten Farbe, s. Bild 2.68. „Weißes Licht" ist ein Gemisch aller Wellenlängen des sichtbaren Bereiches.

Zwei Farben, die überlagert weiß ergeben, nennt man Komplementärfarben. Mit Hilfe eines Farbenkreises, der auf Goethe zurückgeht, s. Bild 2.69, läßt sich die jeweilige Komplimentärfarbe leicht bestimmen. Zwischen den angegebenen Farben liegen alle möglichen Übergangstöne.

Fällt nun (weißes) Licht auf eine farbige Oberfläche, werden bestimmte Wellenlängen davon absorbiert, weil in den Farbmitteln der Oberfläche freie und/oder Bindungselektronen angeregt werden, wodurch diese Oberfläche dann in der Komplementärfarbe erscheint. Auf diesem Effekt beruht die Färbewirkung der Farbmittel.

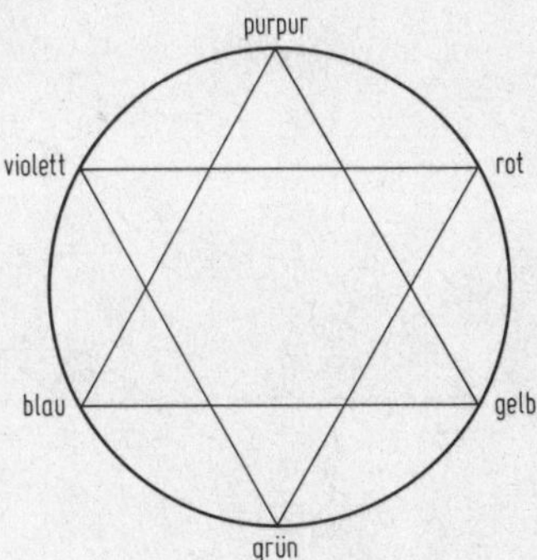

Bild 2.69
Der Farbenkreis als Hilfsmittel zur Ermittlung der Komplementärfarbe

2.5.3.2 Farbmessung

Zur Charakterisierung z. B. in Richtung Qualitätssicherung ist eine „objektive" Farbmessung nötig. Hierfür ist heute das CIE-Lab-System (Comission International d'Eclairage) überall anerkannt. Mit entsprechenden Geräten werden Remissionskurven, die Intensität des reflektierten Lichtes in Abhängigkeit von der Wellenlänge, aufgenommen. In einer horizontalen Farbebene sind die Farben wie im Goetheschen Farbenkreis ausgerichtet, lediglich mit dem Unterschied, daß die Farbebene nicht kreisrund, sondern wie inzwischen erforscht/vermessen quasi elliptisch ist (s. Bild 2.70 „CIE-Lab-Normfarbtafel"), und einer zusätzlich senkrecht dazu ste-

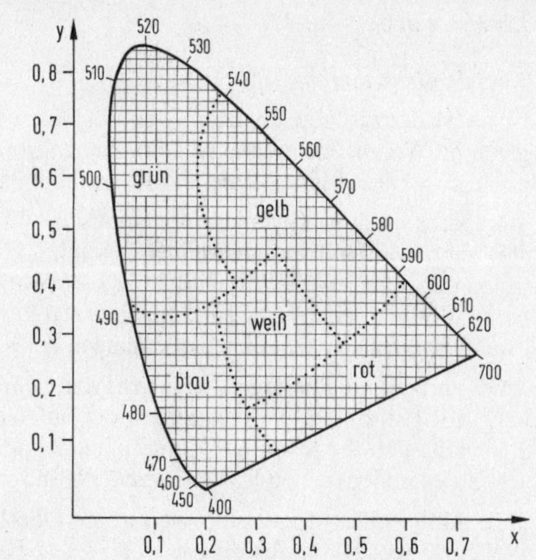

Bild 2.70. CIE-Normfarbtafel

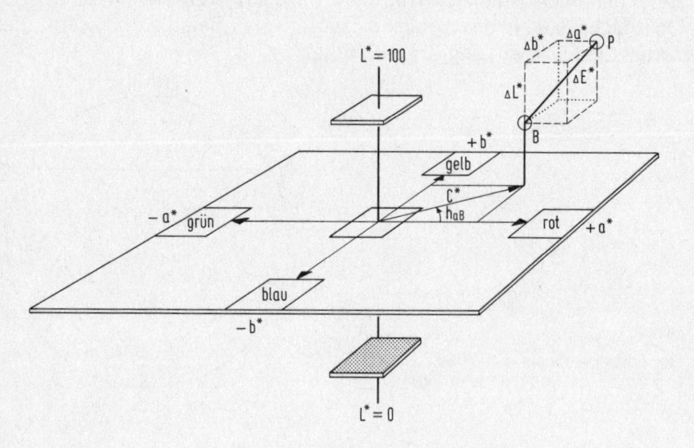

Bild 2.71. Das CIE-Lab-System zur Charakterisierung der Farbe

henden Schwarz-Weiß-Ebene, die neben der Farbe die Helligkeit definiert, s. Bild 2.71. Der Farbort ist durch die Koordinaten L, a und b gegeben: L ≙ Helligkeit, a, b ≙ Buntton und Buntheit. Entsprechend kann im Vergleich zweier Farben/zweier Farbtöne eine Farbdifferenz ΔE leicht und mit entsprechenden Meßgeräten gut reproduzierbar definiert werden. Über vorliegende Computerprogramme werden solche Auswertungen mittlerweile in Verbindung mit Farbmeßgeräten sehr einfach und genau.

Ihre Berechnung erfolgt entsprechend Bild 2.71 nach der Formel:

$$\Delta E = \sqrt{(\Delta L^*)^2 + (\Delta a^*)^2 + (\Delta b+)^2}$$

$\Delta L^* = L_P^* - L_B^*$ B = Bezug (Soll)
$\Delta a^* = a_P^* - a_B^*$ P = Probe (Ist)
$\Delta b^* = b_P^* - b_B^*$

Bei Kfz-Reparaturen werden folgende farbabhängige Toleranzen für ΔE toleriert: Weißbereich bis 0,3, Blau-Türkis bis 0,5, Grün-Gelb bis 0,7, Rot bis 0,9.

2.5.3.3 Normen zum Thema Farben

DIN 5031 Beibl. 1	Strahlungsphysik im optischen Bereich und Lichttechnik; Inhaltsverzeichnis über Größen, Formelzeichen und Einheiten sowie Stichwortverzeichnis zu DIN 5031 Teil 1 bis Teil 10
DIN 5033 Teil 1	Farbmessung: Grundbegriffe der Farbmetrik
Teil 2	Normvalenz-Systeme
Teil 3	Farbmaßzahlen
Teil 4	Spektralverfahren
Teil 5	Gleichheitsverfahren
Teil 6	Dreibereichsverfahren
Teil 7	Meßbedingungen für Körperfarben
Teil 8	Meßbedingungen für Lichtquellen
Teil 9	Weißstandard für Farbmessung und Photometrie
DIN 6160	Anomaloskop nach Nagel (Vereinfachtes Spektralgerät zur Beurteilung der Farbnormalsichtigkeit bzw. Art und Größe einer Farbenfehlsichtigkeit in Bezug auf das Rot-Grün-Sehen)
DIN 6173 Teil 1	Farbabmusterung; Allgemeine Farbabmusterungsbedingungen
Teil 2	Farbmetrische Bestimmung von Farbabständen bei Körperfarben nach der CIE-Lab-Formel
DIN 53236	Prüfung von Farbmitteln; Meß- und Auswertebedingungen von Farbunterschieden bei Anstrichen, ähnlichen Beschichtungen und Kunststoffen
DIN 67530	Reflektometer als Hilfsmittel zur Glanzbeurteilung an ebenen Anstrich- und Kunststoffoberflächen
SS 019102	Farbatlas
RAL – XXX	RAL-Standardfarbvorlagen
RAL-Design-System	Farbatlas

2.5.4 Brechungsindex, Doppelbrechung

Beim Übergang des Lichts aus einem optisch dünneren in ein optisch dichteres Medium, z.B. aus Luft in einen Kunststoff, wird das Licht zum Einfallslot hin gebrochen, im entgegengesetzten Fall von ihm weg. Die Größe der Lichtbrechung wird durch den Brechungsindex $n_{21} = \frac{\sin\alpha}{\sin\beta} = \frac{c_1}{c_2}$ gekennzeichnet. Dabei sind a und b die Winkel, die ein Strahl im ersten bzw. zweiten Stoff mit dem Einfallslot bildet und c_1 und c_2 die entsprechenden Fortpflanzungsgeschwindigkeiten des Lichts in den Medien. Im allgemeinen bezieht man die Brechungsindices auf Vakuum als ersten Stoff. Die Lichtgeschwindigkeit c_0 ist im Vakuum größer als in allen Medien. Bezeichnet man die Lichtgeschwindigkeit in einem Stoff mit c und den auf Vakuum bezogenen Brechungsindex mit n, so gilt für die Berechnung eines Lichtstrahls, der aus dem Vakuum in einen Stoff einfällt: $n = \frac{\sin\alpha}{\sin\beta} = \frac{c_1}{c_2}$.

Da die Lichtgeschwindigkeiten in Luft und in Vakuum sich nur wenig unterscheiden, gilt n praktisch auch für den Übergang Luft/fester oder flüssiger Stoff.

Der Brechungsindex ist von der Wellenlänge des Lichts abhängig, Bild 2.72. Man bestimmt deshalb den Brechungsindex bei bestimmten Wellenlängen:

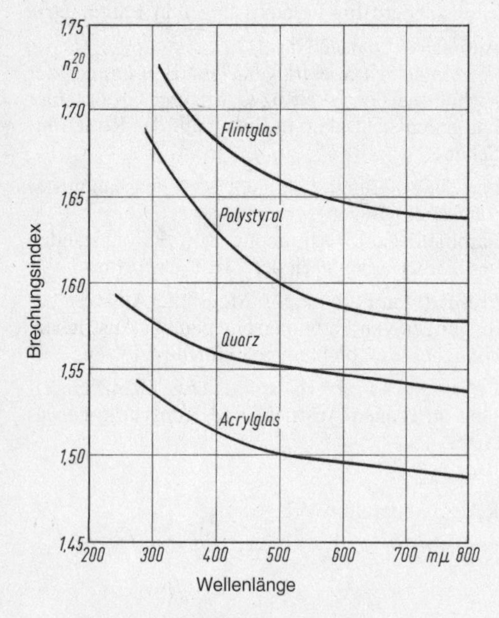

Bild 2.72. Wellenlängenabhängigkeit des Brechungsindex

n_F Wasserstoff-F-Linie; 486 nm
n_c Wasserstoff-c-Linie; 656 nm
n_D Natrium-D-Linie; 589 nm
n_e Quecksilber-e-Linie; 546 nm
$n_{F'}$ Cadmium-F′-Linie: 480 nm
$n_{C'}$ Cadmium c′-Linie; 644 nm
n_g Quecksilber-g-Linie; 436 nm.

Der Brechungsindex nimmt mit zunehmender Temperatur ab. Der Differenzialquotient dn/dT einiger Kunststoffe ist in Tafel 2.8 wiedergegeben. Oberhalb der Glasübergangstemperatur T_g ist er wesentlich größer als unterhalb.

Die bisherigen Ausführungen gelten für optisch isotrope Stoffe. Durch die Orientierung von Makromolekülen oder Kristallstrukturen oder durch die Einwirkung mechanischer Spannungen werden die Kunststoffe optisch anisotrop, d.h., der Brechungsindex wird richtungsabhängig. Als Doppelbrechung Dn bezeichnet man die Differenz zwischen den zwei aufeinander senkrecht stehenden Brechungsindices: $\Delta n = n_1 - n_2$. Sie dient zum qualitativen Nachweis von Orientierungen und Spannungen. Zum quantitativen Nachweis von Spannungen muß der spannungsoptische Koeffizient Dn/σ bekannt sein. Für PS liegt er bei $+1{,}936 \cdot 10^{-5}$ mm²/N und für PMMA bei $+0{,}636 \cdot 10^{-5}$ mm²/N. Auch zum quantitativen Nachweis von Orientierungen verwendet man einen „spannungs"-optischen Koeffizienten Δn/σ, wobei σ als die Verstreckspannung definiert ist. Für PS liegt der Koeffizient bei $-5 \cdot 10^{-3}$mm²/N, für PMMA bei $-1 \cdot 10^{-4}$ mm²/N. Beim Einsatz von Kunststoffen für optische Datenträger muß die Doppelbrechung möglichst gering sein.

Tafel 2.8. Temperaturkoeffizienten der Brechungsindizes von Polymerisationskunststoffen (Wiley und Brauer)

Stoff	T_g	Koeffizient $(-dn/dt) \cdot 10^4$	
		T < Tg	T > Tg
Polymethylacrylat	0	1,2	3,1
Polymethylmethacrylat	105	1,1	2,1
Polyäthylmethacrylat	47	1,1	2,0
Polypropylmethacrylat	33	1,3	2,9
Polybutylmethacrylat	17	1,6	2,9
Polyvinylazetat	24	1,0	3,1
Polyvinylchlorazetat	23	1,1	3,0
PVC/PvAz = 95/5	71	1,0	2,6
PVC/PvAz = 88/12	63	1,2	3,2
Polyvinylidencl./PVC (Geon 205)	55	1,0	2,8
Polystyrol	75 ± 4	1,7	4,6
Styril/Butadien Cop. (85/15)	40	1,1	3,3

2.5.5 Oberflächenstruktur

Die Beurteilung von Werkzeug- und Formteil-Oberfläche erfolgt anhand fotographischer Aufnahmen mit 20 bis 1000facher Vergrößerung oder mit Hilfe von Rauhigkeitsmeßgrößen „R", s. DIN 4768 Blatt 1. Diese werden mit elektrischen Tastschnittgeräten ermittelt. Sie sind auch für die Festlegung der erforderlichen *Entformungsschrägen* im Spritzgießwerkzeug maßgebend. Tafel 2.9 zeigt Mindestschrägen für unverstärktes PA und PC in Abhängigkeit vom Mittenrauhwert R_a. Bei glasfaserverstärkten Produkten ist sie eine Stufe höher zu wählen.

Der Kunststoff soll die Oberflächenstruktur des Werkzeugs abbilden. Die Abbildefähigkeit ist jedoch von einigen Parametern abhängig. Sie nimmt zu mit: abnehmender Viskosität der Schmelze, zunehmender Einspritzgeschwindigkeit, Werkzeugdruck, Werkzeugtemperatur und Wanddicke. Die Gestaltung der Werkzeugoberfläche muß sich deshalb nach der Art des Kunststoffs und des Formteils richten.

Je nach gewünschtem Glanzgrad werden beim *Polieren* Körnungen P 240 bis P500 oder eine Diamantpaste mit einer Korngröße von 30 µm eingesetzt. Bei optischen Teilen werden besondere Anforderungen an die Polierbarkeit des Werkzeugstahls gestellt.

Durch *Erodieren* werden samtartige bis grobkörnige Oberflächen erreicht. Sehr feine Strukturen sollten vermieden werden, da sie kratzempfindlich sind.

Beim *Fotoätzen (Narben)* werden Formnestoberflächen partiell korrosiv abgetragen. Meist wird eine Mehrfachätzung durchgeführt, um eine gleichmäßige Oberflächenrauhigkeit und somit Mattigkeit zu erzeugen. Eine Korrektur des Glanzgrades kann durch einen anschließenden Strahlvorgang z. B. mit Glaskugeln oder Kunststoffgranulat erreicht werden.

Tafel 2.9. Mindestentformungsschrägen in Abhängigkeit von der Rauhigkeit

Mittenrauhwert R_a	Entformungsschräge in Grad	
	PA	PC
<0,4	0,5	1,0
1,6	0,5	1,5
2,24	1,0	2,0
3,15	1,5	2,0
4,5	2,0	3,0
6,3	2,5	4,0
9,0	3,0	5,0
12,5	4,0	6,0
18,0	5,0	7,0

2.6 Verhalten gegen Umwelteinflüsse

In der praktischen Anwendung werden Kunststoffe außer mechanischen Beanspruchungen auch Umwelteinflüssen wie Chemikalien, der Bewitterung, energiereichen Strahlen oder einem Brandgeschehen ausgesetzt, die ihr Verhalten wesentlich beeinflussen können. Hierbei kann es von Bedeutung sein, ob mechanische und Umwelteinflüsse gleichzeitig einwirken oder nicht.

2.6.1 Wasser, Feuchtigkeit

Im Kontakt mit festen Stoffen, Gasen und Flüssigkeiten können diese Stoffe oder Bestandteile von ihnen in das Polymergefüge eindringen und dadurch die intermolekularen Bindungskräfte reduzieren und die Beweglichkeit der Moleküle steigern. Die Folgen sind: Absinken des Elastizitätsmoduls, der Härte, der Festigkeit, Erniedrigung der Glasübergangstemperatur, Beeinflussung elektrischer und physikalischer Eigenschaften. Diese Vorgänge sind physikalischer Natur und meist reversibel, sofern aus dem Kunststoff keine Bestandteile herausgelöst werden oder sich die Struktur, z.B. durch Sekundärkristallisation, nicht ändert.

Von besonderer Bedeutung vor allem für die Polyamide ist die Aufnahme von Wasser oder Luftfeuchtigkeit. Sie wird durch Lagern von Probekörpern in Wasser oder bei festgelegter Temperatur und Luftfeuchtigkeit als Funktion der Lagerungsdauer oder nach festgelegten Zeiten gravimetrisch bestimmt, s. ISO 62 oder DIN 53495. Die nach solchen konventionellen Verfahren ermittelten Werte (in mg oder % angegeben) sind quantitativ nicht vergleichbar, da die Probekörperabmessungen und die Versuchsparameter das Ergebnis beeinflussen. In der Datenbank CAMPUS werden deshalb nur die Sättigungswerte für Lagerung in Wasser und im Normklima (23 °C und 50% rel. Feuchte) vorgeschrieben.

Die Wasseraufnahme φ läßt sich nach dem 2. Fickschen Gesetz mit Hilfe der Sättigungswerte φ_s und des Diffusionskoeffizienten D berechnen. In Bild 2.73 ist die Lösung der entsprechenden Differentialgleichung links in dimensionsloser Form und rechts für ein Beispiel graphisch dargestellt. Mit diesem Diagramm läßt sich die Wasserverteilung in plattenförmigen Teilen für beliebige Zeiten nach der Einlagerung abschätzen, wenn diese beidseitig benetzt werden und die Diffusionskoeffizienten bekannt sind. In ähnlicher Weise läßt sich der mittlere Wassergehalt $\bar{\varphi}$ mit Hilfe des Diagrammes in Bild 2.74 ermitteln. Diffusionkoeffizienten können aus den Ergebnissen von Einlagerungsversuchen berechnet werden. Es muß berücksichtigt werden, daß sie mit der Temperatur stark zunehmen, Bild 2.75. Dagegen sind die Sättigungswerte der Wasser- bzw. Feuchtigkeitsaufnahme nur wenig von der Temperatur abhängig, Bild 2.76.

Mit der Wasseraufnahme ist auch eine Volumenvergrößerung verbunden. Für isotrope Kunststoffe kann man als Richtwert annehmen, daß die sich aus der Quellung ergebende lineare Quelldehnung ε_q um den Faktor 0,3

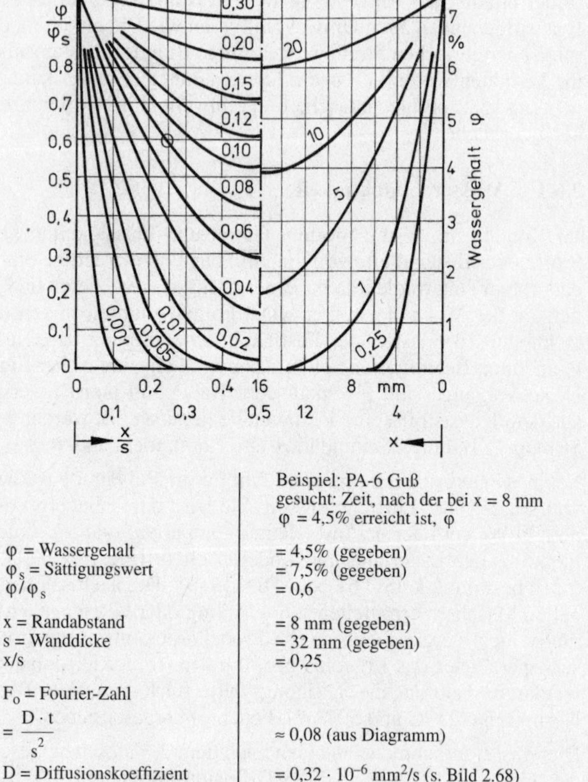

Beispiel: PA-6 Guß
gesucht: Zeit, nach der bei x = 8 mm
φ = 4,5% erreicht ist, $\bar{\varphi}$

Ordinate:	φ = Wassergehalt	= 4,5% (gegeben)
	φ_s = Sättigungswert	= 7,5% (gegeben)
	φ/φ_s	= 0,6
Abszisse:	x = Randabstand	= 8 mm (gegeben)
	s = Wanddicke	= 32 mm (gegeben)
	x/s	= 0,25
Parameter:	F_o = Fourier-Zahl	
	$= \frac{D \cdot t}{s^2}$	≈ 0,08 (aus Diagramm)
	D = Diffusionskoeffizient	$= 0{,}32 \cdot 10^{-6}$ mm²/s (s. Bild 2.68)
	t = Zeit	$= \frac{F_o \cdot s^2}{D} = 2{,}56 \cdot 10^8$ s ≈ <u>8,1 Jahre</u>
	$\bar{\varphi}$ = mittlerer Wassergehalt	$= \varphi_s \cdot \bar{\varphi}/\varphi_s = 7,5 \cdot 0{,}63\% =$ <u>4,7%</u>
	φ/φ_s	= 0,63 (aus Bild 2.67)

Bild 2.73. Diagramm zur Abschätzung der Feuchtigkeitsverteilung in flächigen Kunststoffteilen bei beidseitiger Benetzung

kleiner ist als die Wasseraufnahme. Bei glasfaserverstärkten Produkten wird die Dehnung besonders in Richtung der Fasern behindert, so daß sie in Orientierungsrichtung kleiner ist als in Dickenrichtung einer Platte.

Bei hydrolyseempfindlichen Kunststoffen wie z.B. den Polyestern können schon sehr geringe Wassergehalte im Granulat bei der thermoplastischen Verarbeitung zu Schlieren, Blasen und Molekülabbau führen, Bild 2.77.

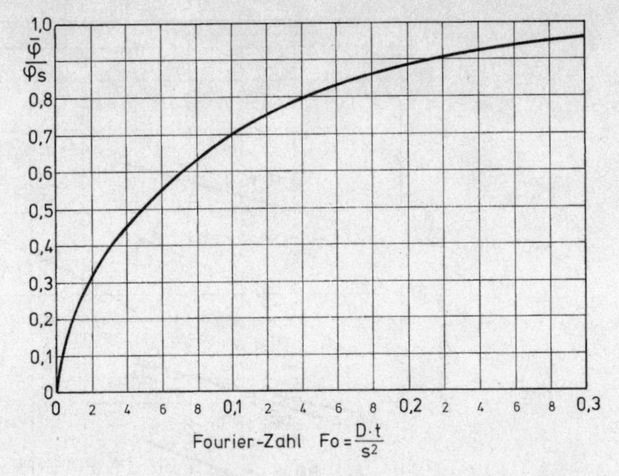

Bild 2.74. Diagramm zur Ermittlung der mittleren Feuchtigkeit (vgl. Bild 2.73)

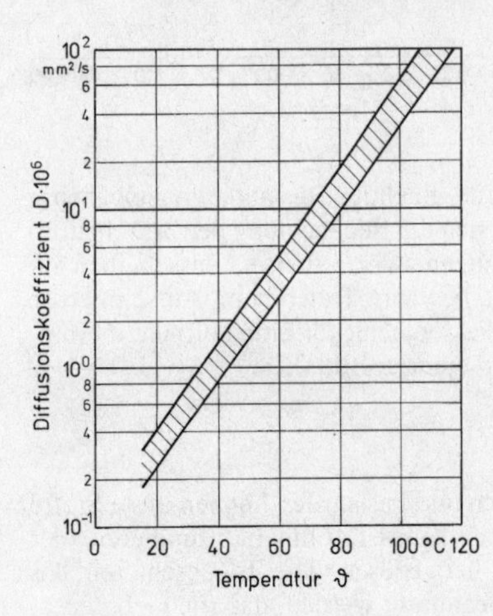

Bild 2.75.
Temperaturabhängigkeit des Diffusionskoeffizienten für AP 6, 12 und 66

Der Wassergehalt muß deshalb vor der Verarbeitung genau kontrolliert werden. Eine analytische Methode hierzu ist das Verfahren nach Karl Fischer. Es beruht auf der Umsetzung des Wassers mit SO_2 und J_2, vorzugsweise in methanolischer Lösung. Das Wasser wird dabei in einem Inertgas-Strom aus dem Kunststoff ausgeheizt. Eine Kalibrierung des Meßsystems ist nicht erforderlich. Wird mit ansteigendem Temperaturgradienten gearbeitet, so ist die Unterscheidung zwischen adsorptiv gebundenem Oberflächenwasser und chemisch gebundenem bzw. dem bei der Zersetzung gebildeten Wasser möglich. Eine zeitaufwendigere Methode ist die Wasserbestimmung durch Rücktrocknung im Vakuum-Trockenschrank.

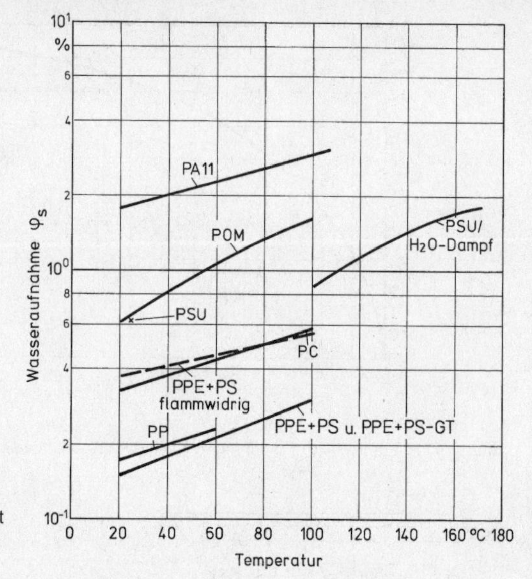

Bild 2.76.
Temperaturabhängigkeit der Sättigungs-Wasseraufnahme

Hierbei besteht die Gefahr, daß andere flüchtige Bestandteile gleichzeitig bestimmt werden. In der Praxis hat sich die Beobachtung der Bläschenbildung eines Granulatkorns beim Erhitzen zwischen zwei Glasscheiben auf einem Heiztisch, der sog. TVI-Test, bewährt. Treten beim Aufschmelzen keine Bläschen mehr auf, ist der Wassergehalt für eine normale thermoplastische Verarbeitung ausreichend niedrig, Bild 2.78.

2.6.2 Chemikalien

Im Kontakt mit Gasen, Flüssigkeiten und Feststoffen können diese Stoffe oder Bestandteile dieser Stoffe in den Kunststoff hineindiffundieren oder Bestandteile aus dem Kunststoff herauslösen. Die Eigenschaften des Kunststoffs können hierdurch so beeinflußt werden, daß die Gebrauchstauglichkeit verloren geht. Die Widerstandsfähigkeit gegen solche Einflüsse wird mit chemischer Beständigkeit oder Tauglichkeit bezeichnet. Zu deren Bestimmung werden Probekörper ohne äußere Belastung im Kontakt mit den zu prüfenden Stoffen, ggf. bei verschiedenen Temperaturen, gelagert. In größer werdenden Zeitabständen werden Probekörper entnommen und an diesen Gewichts-, Dimensions- oder Eigenschaftsänderungen gegenüber dem Ausgangszustand ermittelt, s. DIN ISO 175 und DIN 53756 (Fertigteilprüfung), DIN 53478 (Schaumstoffprüfung) und DIN 53393 (GFK-Prüfung).

Im einfachsten Fall werden die Ergebnisse dieser Prüfungen zur pauschalen Bewertungen wie beständig, bedingt beständig und unbeständig zu-

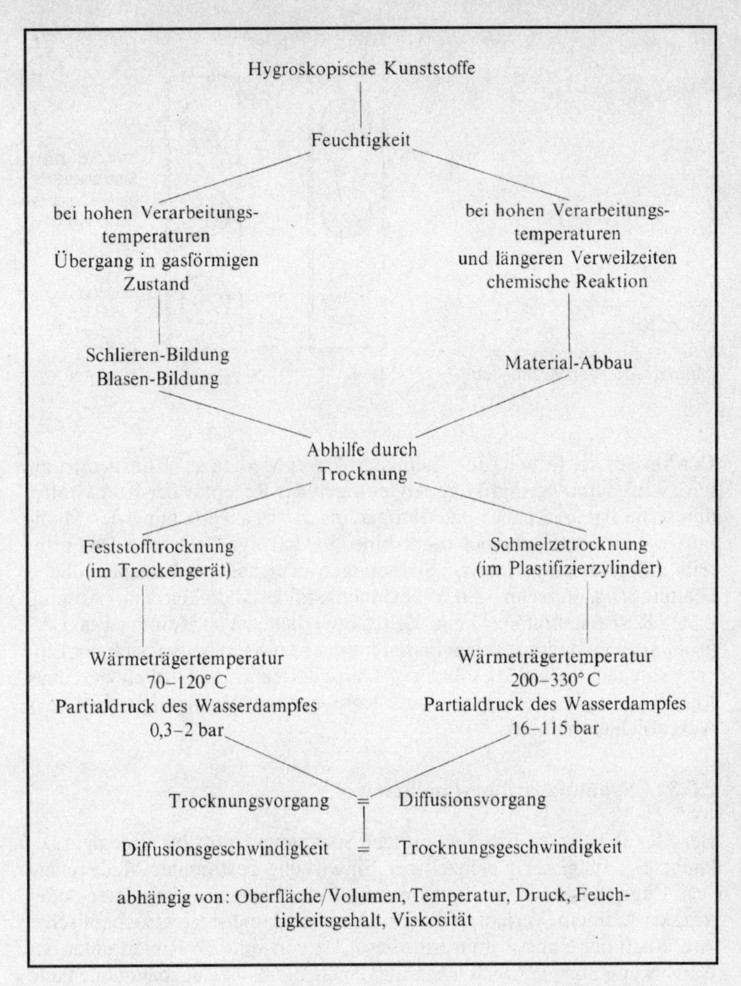

Bild 2.77. Problemkreis „hygroskopische Kunststoffe", nach Rheinfeld

sammengefaßt. Diese meist nur auf das Verhalten bei Raumtemperatur bezogene Klassifizierung ist wenig objektiv und kann deshalb nur einen ersten Anhaltspunkt über die Verwendbarkeit der Kunststoffe für einen speziellen Fall geben. Gegenwärtig bemüht sich ein CAMPUS-Arbeitskreis zusammen mit den entsprechenden Ausschüssen der ISO und des DIN eine Vorgehensweise bei der Beurteilung und eine Liste von Standardmedien für eine vergleichende Bewertung der chemischen Beständigkeit zu erarbeiten.

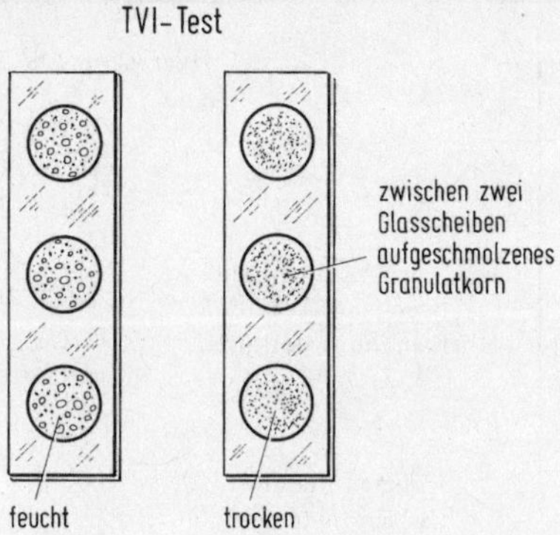

TVI-Test

zwischen zwei Glasscheiben aufgeschmolzenes Granulatkorn

feucht

trocken

Bild 2.78.
TVI-Test, Feuchtetest vor der thermoplastischen Verarbeitung

Der Verlauf der Einwirkung chemisch aktiver Medien auf Kunststoffformteile wird durch geringfügige Änderungen der Rezeptur der Kunststoffe, durch die Art, Zeitdauer und Temperatur der Beanspruchung des Mediums, weiter aber auch noch durch eine gleichzeitige Belastung des Formteils aufgrund eingefrorener Spannungen oder äußerer Lastspannungen beeinflußt, s. Abschn. 2.6.3: Spannungsrißbeständigkeit und Abschn. 2.2.3: Resistenzfaktoren beim Zeitstandverhalten von Rohren. Praxiserprobungen sind in kritischen Fällen immer anzuraten, zumal sich der Einsatz von nur bedingt beständigen Kunststoffen wirtschaftlich durchaus lohnen kann, wenn Alternativwerkstoffe nicht zur Verfügung stehen oder wesentlich teurer sind.

2.6.3 Spannungsrißbeständigkeit

Bei Metallen ist die Erscheinung der Spannungskorrosion allgemein bekannt. Sie führt bei gleichzeitiger Einwirkung bestimmter Medien und von Zugspannungen zur verformungslosen Trennung mit inter- oder transkristallinem Verlauf. Die Ursachen sind meist elektrochemischer Art. Auch bei Kunststoffen tritt diese Art von spröden Rissen unter der Einwirkung innerer Abkühlspannungen oder äußerer Zugspannungen und bestimmter Stoffe auf. Da es sich hierbei jedoch meist um rein physikalische Prozesse, z.B. Benetzung, Diffusion und Quellung, handelt, werden diese Erscheinungen bei Kunststoffen mit Spannungsrißbildung (englisch: ESC = environmental stress cracking) bezeichnet.

Am Beginn einer Schädigung werden meist von der Oberfläche ausgehende feine Haarrisse, auch Crazes genannt, beobachtet, an denen Licht reflektiert wird. Dies sind jedoch keine echten Risse, sondern Zonen, in denen der Kunststoff in Beanspruchungsrichtung verstreckt ist. Die Haarrisse werden durch verstreckte Molekülstränge überbrückt und sind deshalb in der Lage, Kräfte zu übertragen. Allerdings wirken sie bei stoßartiger Beanspruchung wie echte Kerb- und damit Schwachstellen und können sich bei langzeitiger Beanspruchung zu echten, klaffenden Rissen weiterbilden und zum Bruch führen.

Da die Ausbildung der Risse einer Zeitfunktion unterliegt, wird das Spannungsrißverhalten in Standversuchen ermittelt. Hierbei wird zwischen Versuchen mit konstanter Last und solchen mit konstanter Dehnung unterschieden. Ein einstufiges Prüfverfahren ist die Bestimmung der relativen Zeitstand-Zugfestigkeit in verschiedenen Medien bei verschiedenen Temperaturen, s. ISO 6252, DIN 53449 Teil 2. Im Kugel- oder Stifteindrückverfahren, s. ISO 4600 oder DIN 53449 Teil 1, werden durch Eindrücken von Kugeln oder Stiften mit definierten Übermaßen in ein in den Probekörper gebohrtes Loch, im Biegestreifen-Verfahren, s. ISO 4599 oder DIN 53449 Teil 3, durch Aufspannen des Probekörpers auf eine Biegeschablone zeitlich konstante Verformungen erzeugt, unter denen der Probekörper eine definierte Zeit dem Prüfmittel ausgesetzt wird. Die Schädigung wird durch die Beobachtung von Rissen bzw. durch Bestimmung der Rest-Festigkeit oder -Bruchdehnung nach der Lagerung ermittelt. Eine Wertung der Versuchsergebnisse ist nur mit Hilfe von Erfahrung mit der jeweiligen Methode und der Praxis möglich, zumal die Spannungsrißbildung von einer Vielzahl von Einflußgrößen abhängig ist. Sie nimmt zu mit:

- höherer Zugspannung, auch Eigen- oder Abkühlspannung,
- längerer Einwirkdauer,
- höherer Temperatur,
- höherer Kristallinität,
- geringerer Molmasse,
- höherer Orientierung quer zur Zugspannungsrichtung,
- geringerer Vernetzung.

Verstärkungsfasern verringern die schädliche Auswirkung der Haarrisse, da sie rißstoppend wirken.

Ein Beispiel für das Auftreten von Spannungsrissen zeigt Bild 2.38. Im Bereich des flachen Verlaufs der Festigkeitskurven weisen die Rohre ein zähes Bruchverhalten auf, im steileren Abfall brechen sie spröde ohne plastische Verformung, ein Zeichen für die Initiierung durch Spannungsrißbildung.

Zwischen chemischer Beständigkeit und Sannungsrißbeständigkeit besteht kein Zusammenhang. Im Gegenteil, ein nach Einlagerungsversuchen in einem bestimmten Medium als chemisch beständig beurteilter Kunststoff kann durchaus spannungsrißempfindlich sein.

Weitere Normen: ASTM-D 1693, Bell-Telephone-Test, speziell für PE; ASTM-D 5397, NCTL (Notched Constant Tensile Load)-Test, Zeitstand-Zugversuch an einem gekerbten Probekörper.

2.6.4 Atmosphärische Einflüsse

Unter atmosphärischen Einflüssen werden alle die Faktoren verstanden, die bei der Anwendung von Formteilen im Freien auftreten können: Sonnenstrahlung, Sauerstoff, Ozon, weitere gasförmige Bestandteile der Luft, Temperatur, Luftfeuchtigkeit, Niederschläge oder Staubablagerungen. Die Intensität und relative Dauer dieser Einwirkungen ist natürlich stark vom geographischen Ort und von der Jahreszeit abhängig. Deshalb ist eine allgemeingültige Charakterisierung der Bewitterungsbeständigkeit nicht möglich. Es werden je nach vorgesehenem Einsatz der Kunststoffe verschiedartige Expositionen durchgeführt. Im Anschluß an diese werden relative Änderungen der Farbe, des Glanzes, der Abmessungen, der Dichte und der mechanischen und physikalischen Eigenschaften bestimmt. Folgende Lagerungsarten sind üblich:

DIN 53 888: Belichtung im Naturversuch unter Fensterglas, eventuell in verschiedenen Klimazonen. Es wird im wesentlichen nur die Lichtechtheit der Farbe bestimmt.

DIN 53 386 Bewitterung im Freien in verschiedenen Klimazonen.

DIN 53 387 Bewitterung in künstlichen Bewitterungsgeräten, in denen die Probekörper zyklisch zusätzlich zur Belichtung mit einem dem Sonnenlicht angepaßten Spektrum mit Wasser besprüht werden.

DIN 53 384 Künstliche Bewitterung mit Leuchtstofflampen.

DIN 50 013/14/15/16/17 Vorzugstemperaturen/Normklimate/konstante Prüfklimate/Feucht-Wechselklima/Schwitzwasserklima. Es wird nur der Einfluß von Temperatur und Feuchtigkeit untersucht.

Es gibt viele Ansätze, aus den Ergebnissen der Exposition in künstlichen Belichtungs- oder Bewitterungsgeräten auf das Verhalten im praktischen Einsatz zu schließen. Der so ermittelte Zeitraffereffekt ist jedoch von Produkt zu Produkt und von Gerät zu Gerät unterschiedlich, so daß solche künstlichen Bewitterungs- oder Belichtungsversuche nur zur Vorauswahl von Kunststoffen oder zur Beurteilung von Produktentwicklungen oder -Modifikationen dienen können. Die Vielzahl der auf dem Markt erhältlichen Bestrahlungsgeräte erschwert den Vergleich von Ergebnissen. S. auch: Freie und künstliche Bewitterung, Übersicht über Geräte und Prüfnormen, Kunststoffe 86 (1996) 6, S. 850 ff.

2.6.5 Energiereiche Strahlung

Zu den energiereichen (ionisierenden) Strahlen zählt man alle Arten von Teilchen- oder Wellenstrahlen, deren Energie groß im Vergleich zur molekularen Bindungsenergie ist. Zu ihnen gehören: energiereiche Elektronen, Protonen, a-Teilchen und schwere Kerne, Neutronen- und Röntgen- oder g-Strahlen, s. auch Bild 2.67. Die Wirkung der Strahlung auf die Materie wird durch deren Absorptionsverhalten, weniger durch die Strahlungsart bestimmt. Wie bei anderen Beständigkeits-Untersuchungen wird durch Exposition die Energiedosis in J/kg bestimmt, die zu einer bestimmten Eigenschaftsänderung führt. Die Dosisleistung, die pro Massen- und Zeiteinheit absorbierte Energie in J/kg · h, spielt dann eine Rolle, wenn im Kunststoff bei der Bestrahlung Oxidationsvorgänge ablaufen. Bei hohen Leistungen benötigt man entsprechend kurze Bestrahlungszeiten, um eine bestimmte Schädigung des Kunststoffs zu bewirken, so daß der Einfluß von Sauerstoff gering ist, während bei geringen Dosisleistungen und entsprechend langen Zeiten der Luftsauerstoff in den Kunststoff hineindiffundieren kann und damit das Ergebnis wesentlich verschlechtert, Bild 2.79.

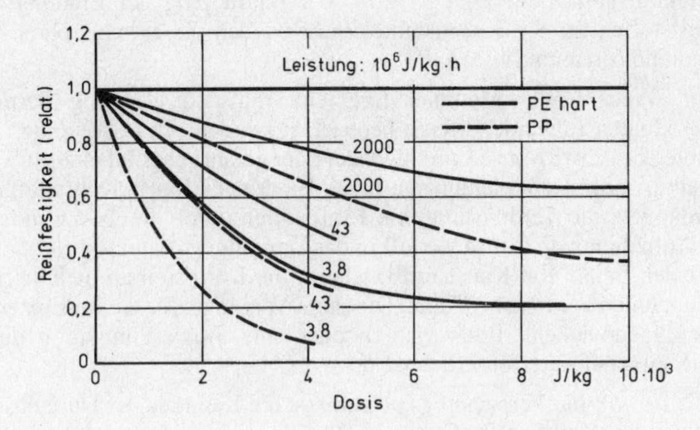

Bild 2.79. Einfluß der Dosis und der Dosisleistung auf die Beständigkeit gegen ionisierende Strahlung

2.6.6 Beständigkeit gegen Organismen

Zur Ermittlung der Widerstandsfähigkeit gegen Organismen wie Schimmelpilze, Algen oder Bakterien werden Kunststoffproben auf entsprechende Nährböden gebracht. Prüfkriterien sind einmal die Beeinflussung des Wachstums dieser Kulturen und zum anderen die Schädigung des Kunststoffs, s. DIN 53739, 53930. Die gute Mikrobenbeständigkeit der meisten Kunststoffe kann durch niedermolekulare Additive beeinträchtigt werden. In den Tropen spielt besonders die Termiten-Beständigkeit eine Rolle. Auch der mögliche Befall durch Nager muß durch Fütterungsversuche untersucht werden. Kunststoffe werden um so weniger angegriffen, je härter und glatter die Oberfläche ist.

2.6.7 Migration und Permeation

Absorption, Löslichkeit und Diffusion von Flüssigkeiten, flüchtigen Stoffen und Gasen in Polymeren und an Polymer-Grenzflächen sind Vorgänge von technischer Bedeutung auch dann, wenn sie keine wesentlichen Änderungen des Gesamtverhaltens eines Kunststoffs bewirken. Das gilt auch für das Auswandern, die Migration, von Kunststoff-Bestandteilen in die Umgebung, s. Abschn. 1.6, toxikologische Bewertung von Kunststoffen.

Praxisnahe Prüfverfahren erfassen die Gefährdung angrenzender Werkstoffe (z.B. die Spannungsrißbildung) durch Auswandern von Weichmachern (DIN 53405) und Ausbluten von Farbmitteln (DIN 53415). Hierbei werden Kunststoff-Folien bei erhöhter Temperatur gegen eine aufnehmende Kontaktfläche gedrückt und nach bestimmter Lagerungsdauer Gewichts-und Oberflächenänderungen beurteilt. Die Flüchtigkeit von Weichmachern und anderen Additiven wird im Aktivkohle-Adsorptions-Verfahren gemessen (DIN 53407). Zur Beurteilung der Eignung von Kunststoffen für den Lebensmittelsektor werden die extrahierbaren Bestandteile bestimmt (DIN 53738).

Beim Wandern eines Mediums durch eine Kunststoffwandung (Permeation) können folgende Effekte beobachtet werden: Das „Weeping" genannte Ausschwitzen verunreinigender oder gefährlicher Inhaltsstoffe aus Behälter- oder Rohrwandungen, deren Eindringen hinter Kunststoffauskleidungen, die Verdunstung von Kraftstoffen durch die Tankwandung, die Aufnahme von Luftsauerstoff in das Durchflußgut von Rohrleitungen oder den Inhalt von Kunststoffbehältern, die Korrosion an metallischen Anlageteilen verursachen kann. Dies sind Vorgänge, für die im Einzelfall speziell entwickelte Prüfverfahren oder eine Praxis-Simulation durch Langzeitversuche erforderlich wird.

Vor allem für die Verpackungsindustrie ist die Kenntnis der Durchlässigkeit von Kunststoffen für Gase und Dämpfe wichtig. Sie wird deshalb an Folien bestimmt.

Da die Permeation von Gasen und Dämpfen durch Kunststoff der Dicke umgekehrt proportional ist, gilt:

$$P = P_o \cdot d_o / d$$

P = Permeationswert einer Schichtdicke d
P_o = Permeationswert einer Bezuggsschichtdicke d_o

Für Mehrschichtverbunde gilt:

$$1/P = 1/P_1 + 1/P_2 + \ldots 1/P_i$$

P_1; P_2; P_i = Permeationswert der einzelnen Schichten

2.6.7.1 Wasserdampf-Durchlässigkeit

Die Wasserdampf-Durchlässigkeit WDD ist die Gewichtsmenge Wasserdampf, die in 24 h bei einem festgelegten Luftfeuchtegefälle von 85% (dies entspricht einer Wasserdampf-Partialdruckdifferenz von 19,68 mbar) und einer Temperatur von 20 °C durch einen Quadratmeter einer geprüften Folie diffundiert: $\text{WDD} = \dfrac{g}{m^2 \cdot 24h}$, (DIN 53122-1,2).

Die Dicke der Folie muß mit angegeben werden, da sie den Meßwert stark

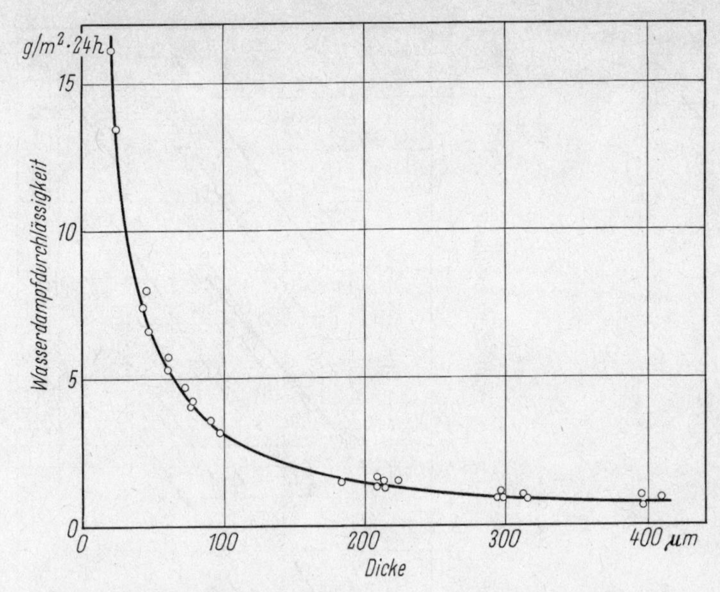

Bild 2.80. Dickenabhängigkeit der Wasserdampfdurchlässigkeit von PVC-U

beeinflußt, Bild 2.80. Durch Multiplikation mit der Probendicke und Bezug auf die Partialdruckdifferenz erhält man den Permeationskoeffizienten PWD in $\frac{g}{cm \cdot h \cdot mbar}$ (s. auch ISO 4108-4).

2.6.7.2 Gas-Durchlässigkeit

Die Gas-Durchlässigkeit q ist das auf Normbedingungen (NTP) reduzierte Gasvolumen, das in 24 h bei einer bestimmten Temperatur und einem bestimmten Druckgefälle durch eine Fläche von einem Quadratmeter einer Folie diffundiert: $q = \frac{cm^3}{m^2 \cdot 24h \cdot bar}$, (ISO 2556, DIN 53380). Auch hier muß die Probendicke angegeben werden. Der Permeations-Koeffizient PG für Gase ist die auf die Dicke und Druckdifferenz bezogene Durchlässigkeit: $PG = \frac{cm^3\,(NTP)}{cm \cdot s \cdot mbar}$.

Durchlässigkeits-Kennwerte nehmen mit der Temperatur stark zu, s. Bild 2.81, und hängen empfindlich sowohl von den Meßbedingungen als auch von der Art und dem Zustand der geprüften Folie ab. Werte aus der Literatur bieten deshalb lediglich einen qualitativen Vergleichsmaßstab, der in

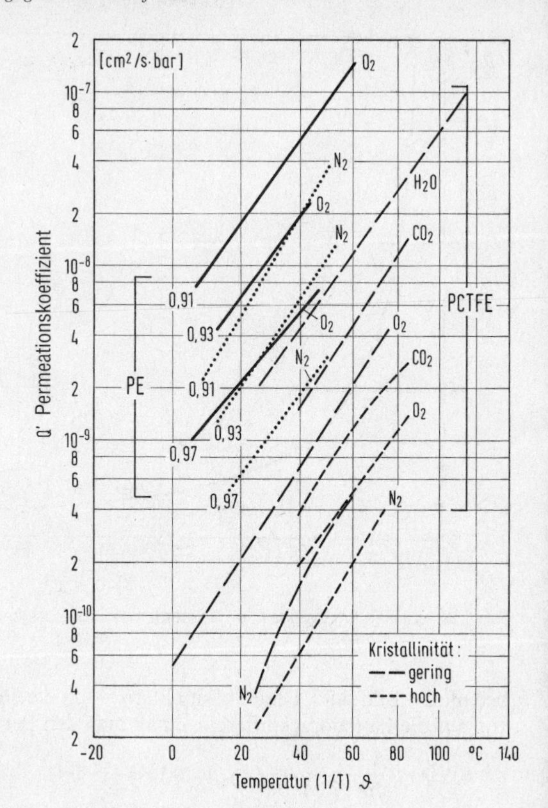

Bild 2.81. Temperaturabhängigkeit einiger Permeationskoeffizienten von PE u. PCTFE

kritischen Fällen durch Meßwerte am jeweiligen Produkt zu ergänzen ist. Für Durchlässigkeiten und Permeations-Koeffizienten werden teilweise unterschiedliche Einheiten benutzt, vgl. Umrechnungstabelle in Tafel 2.10.

2.6.7.3 Wasserdampf-Diffusions-Widerstandszahl

Die Wasserdampf-Diffusions-Widerstandszahl μ ist eine im Bauwesen für feuchtigkeits-schutztechnische Berechnungen benutzte dimensionslose Material-Kennzahl. Sie gibt an, um wieviel mal der Widerstand des Materials gegen Wasserdampf-Diffusion größer ist als der einer gleich dicken Luftschicht. Kunststoff-Folien mit μ-Werten in der Größenordnung von 10^4 bis 10^5 sind in relativ geringen Dicken als Dampfbremsen gegen Tauwasserbildung in Wänden oder Warmdächern wirksame Bautenschutz-Bahnen. Werte für die Widerstandszahl μ sind in der DIN 4108 zu finden.

Tafel 2.10. Umrechnungstafel Durchlässigkeitskennwerte für Gase und Wasserdampf

Größe	Empfohlene Einheit	Umrechnungsfaktor
Permeations-koeffizient	$1\ \frac{cm^3 \cdot 100\mu m}{m^2 \cdot d \cdot bar} \triangleq$	$10^{-2}\ \frac{cm^3 \cdot 100\mu m}{dm^2 \cdot d \cdot bar}$
		$10^{-9}\ \frac{cm^2}{d \cdot mbar}$
		$1{,}5 \cdot 10^{-14}\ \frac{cm^2}{s \cdot Torr}$
		$1{,}2 \cdot 10^{-11}\ \frac{cm^2}{s \cdot bar}$
		$1{,}2 \cdot 10^{-16}\ \frac{cm^2}{s \cdot Pa}$
		$10^{-11}\ \frac{cm^2}{d \cdot Pa}$
Gasdurchlässigkeit	$1\ \frac{cm^3}{m^2 \cdot d \cdot bar} \triangleq$	$1{,}2 \cdot 10^{-9}\ \frac{cm}{s \cdot bar}$
		$12 \cdot 10^{-6}\ \frac{cm^3}{m^2 \cdot s \cdot bar}$
		$10^{-4}\ \frac{cm}{d \cdot bar}$
		$10^{-9}\ \frac{cm}{d \cdot Pa}$
		$1{,}3 \cdot 10^{-7}\ \frac{cm}{d \cdot Torr}$
Wasserdampf-durchlässigkeit	$1\ \frac{g}{m^2 \cdot d} \triangleq$	$12 \cdot 10^{-6}\ \frac{g}{m^2 \cdot s}$
		$12\ \frac{\mu g}{m^2 \cdot s}$

2.6.8 Brandverhalten

Die Kunststoffe gehören zu den organischen Stoffen und sind deshalb von Natur aus brennbar. Eine allgemein gültige Bewertung der Kunststoffe hinsichtlich ihres Verhalten bei oder nach einer Entzündung ist jedoch nicht möglich, da das Brandverhalten keine Stoffeigenschaft ist. Für das Brandgeschehen nach der Entzündung ist die Verbrennungswärme (Heizwert) (angegeben in kWh/kg) des Kunststoffs ein wichtiger Stoffwert (s. Tafel 5.16 in Abschn. 5.3.1). Das Brandverhalten wird weiterhin bestimmt durch die Entzündlichkeit, den Beitrag zur Flammenausbreitung und Brandparallelerscheinungen wic Rauchentwicklung, Toxizität und Korrosivität der Brandgase. All diese Branderscheinungen und -folgen hängen außer vom Material zusätzlich noch von Umweltfaktoren wie der Art und Dauer der Einwirkung und der Intensität der Zündquelle, Luftzufuhr zum Brandort, Menge, Form und Anordnung des Kunststoff-Formteils im Raum usw. ab. Die Komplexität des Brandgeschens ist ein Grund dafür, daß viele Prüfverfahren entwickelt wurden und auch für die Zulassung von Kunststoff-Formteilen für bestimmte Anwendungsfälle vorgeschrieben sind. Man versucht auf diese Weise, die unterschiedlichen Brandrisiko-Situationen nachzustellen.

2.6.8.1 Brennbarkeit nach UL

Für die Datenbank CAMPUS ist zur Beurteilung der Brennbarkeit ein von den „Underwriters‘ Laboratories Inc.“ (UL) eingeführtes Verfahren (UL Subjekt 94) vorgeschrieben, da dieses weltweite Bedeutung gewonnen hat. (Zu ISO 10350: 1995 ist zur Bestimmung der Brennbarkeit die Iso 1210 vorgeschrieben. Eine Angleichung der beiden Vorschriften wird angestrebt.) Hersteller von Formmassen und Formteilen können ihre Erzeugnisse bei UL zertifizieren und überwachen lassen. Zur Prüfung werden die Probekörper horizontal bzw. vertikal eingespannt und mit einem Bunsenbrenner beflammt. Beurteilt werden die Abbrandgeschwindigkeit, Brennstrecke, Nachbrenndauer und das abtropfende Material. Die Bewertung erfolgt in Stufen: „no“, „HB“, „V-2“, „V-1“, „V-0“, „5VA“, oder „5VB“, die Reihenfolge entspricht zunehmender Schärfe des Tests. Zusätzlich wird in CAMPUS die Entzündbarkeit nach ISO 4589 angegeben.

Weitere Prüfungen von Bedeutung sind:

2.6.8.2 Allgemeine Prüfungen

Die Entzündungs- und Selbstentzündungs-Temperatur nach DIN 54836, das ist die Temperatur, bei der sich die bei der Erhitzung entstehenden Gase mit oder ohne zusätzliche Zündflamme entzünden.

Der Sauerstoffindex nach ASTM D 2836 ist die minimale Sauerstoffkonzentration in einem Sauerstoff-Stickstoff-Gemisch, bei der ein vertikal angeordneter Probekörper gerade noch kerzenartig abbrennt.

Die Rauchdichte nach DIN 53436. Es wird die optische Dichte der bei der Verschwelung bzw. Verbrennung entstehenden Rauchgase ermittelt.

Die Rauchgas-Toxizität wird in Tierexperimenten ermittelt, wobei eine Bewertung in Relation zu den an Brandgasen substituierter herkömmlicher Produkte gewonnener Ergebnisse erfolgt. Zur Erzeugung der Brandgase wird die Verschwelungsapparatur nach DIN 53436 benutzt.

2.6.8.3 Elektrosektor

UL-Prüfung, wie beschrieben.

Glühstabprüfung nach VDE 0304 Teil 3. Einteilung nach Stufen anhand der Flammenausbreitung beim Kontakt mit einem glühenden Stab (960 °C). Es gilt: I: keine sichtbare Flamme; II: Flamme erlischt vor der 1. Marke: III: Flamme erreicht 2. Marke.

Glühdrahtprüfung nach VDE 0471-2-1, DIN IEC 695-2-1. Es wird festgestellt, ob der Prüfkörper oder ein Formteil bei Berührung mit einem glühenden Draht oder glühenden Kontakt eine Brandgefahr darstellt.

Kabelprüfung nach VDE 0472 Teile 804, 813 und 814. In einem Großtest mit einem Propangasbrenner werden das selbstlöschende Verhalten und die Oberfläche beurteilt.

2.6.8.4 Bauwesen

Nach DIN 4102 wird zwischen nicht brennbaren, sogenannten A-Stoffen, die in die Leistungsstufen A1 oder A2 eingestuft werden, und den brennbaren Stoffen der Kategorie B unterschieden. Diese wird in drei Klassen eingeteilt: B1: schwerentflammbar, B2: normalentflammbar, B3: leichtentflammbar. B1 wird in einem Brandschacht an Platten 190 mm · 1 m · Dicke bestimmt, während die Einstufung nach B2 und B3 im Kleinbrennertest nach DIN 53438 erfolgt.

Feuerwiderstandsfähigkeit nach ISO 834. Sie wird an praxisgerecht eingebauten Bauteilen unter realer Brandbelastung ermittelt. Hierzu wurden Versuchsgebäude und Fassadenprüfstände errichtet.

2.6.8.5 Verkehrswesen

Kraftfahrzeug-Innenausstattungen müssen weltweit den Anforderungen des „Federal Motor Vehicle Safety Standard 302 (FMV SS 302)“ entsprechen, s. auch ISO 3795. Es wird die Abbrandgeschwindigkeit von Probekörpern bei Beflammung mit einem Bunsenbrenner auf 4 inch/min bei 15 s Beflammung (in Deutschland 110 mm/min) begrenzt.

Kraftfahrzeug-Karosserieteile werden nach DIN 53438, Teil 3 geprüft. Die Probekörper müssen bei einer streichholzähnlichen Flächenbeflammung von 15 s mit einem Kleinbrenner nach DIN 50051 unmittelbar nach Entfernung der Flamme und vor Erreichen einer Meßmarke verlöschen, Klassifizierung F1.

Kraftstoff-Behälter müssen widerstandsfähig gegen Benzinfeuer entsprechend der ECE-Reg. Nr. 34 (United Nations Agreement Concerning the Adoption of Uniform Conditions of Approval and Reciprocal Recognition of Approval for Motor Vehicle Equipment and Parts) sein.

Schienenfahrzeuge: Werkstoffe für den Innenausbau von Eisenbahnwaggons müssen der DIN ISO 5510 Teil 2 genügen. Die Probekörper (190mm*500mm*Bauteildicke) werden aus dem Bauteil entnommen und in einer Anordnung entsprechend DIN 54837 beflammt. Nach drei Kriterien wird klassifiziert: Brennbarkeit S1 bis S5, Rauchentwicklung SR1 und SR2, Tropfbarkeit ST1 und ST2. Die französische Norm NF F 16-101 enthält ähnliche Kriterien bei verschärften Anforderungen: Brennbarkeitsklassen geprüft nach NF P 92-507 M0 bis M4, Rauchentwicklungsklassen geprüft nach FN P10-702 F0 bis F5, Giftigkeit der Rauchgase geprüft nach NF X 70-100. Die für osteuropäische Länder wichtige Norm GOST 12.1.044-84 geht in ihren Forderungen ebenfalls über DIN ISO 5510 hinaus.

Flugzeugsektor: Die amerikanische Luftfahrtbehörde FAA hat einen auch OSU-Test (Ohio-State-University-Test) genannten Test FAR 25.853 vorgeschrieben. Dieser enthält die schärfsten Anforderungen aller internationaler Brandprüfungen. Es werden an einem angestrahlten und beflammten Probekörper die freigesetzte Wärmemenge HR (Heat Release) nach 2 min und die maximal freigegebene Wärme HRR (Heat Release Rate) nach 5 min bestimmt.

Entsprechend der Airbus Test Specification ATS wird die Rauchgasdichte und -toxizität ermittelt.

Schiffsbereich, Möbel und Einrichtungen, s. Becker/Braun, Kunststoff-Handbuch, Band 1; Die Kunststoffe, Carl Hanser Verlag, München 1990.

2.6.8.6 Bergbausektor

Die Brandweiterleitung von Fördergurten wird nach DIN 2218 in einem Stollenprüfstand und Beflammung mit einem Propangasbrenner untersucht.

Großversuche werden in kleinen oder großen Brandstollen der Versuchsgrubengesellschaft Tremonia in Dortmund bei einer Bewetterung von 1,2 m/s, einem Stollenausbau mit Nadelholz und einem Holz-Einleitungsfeuer durchgeführt.

2.6.9 Verschleiß- und Gleitverhalten

Die Begriffe Verschleiß und Reibung sind eng miteinander verknüpft. Mit Reibung bezeichnet man den Widerstand gegen die Änderung der relativen Lage zweier sich berührender Körper. Ein Maß für die Größe der auftretenden Reibung ist der Reibungskoeffizient μ. Solange noch keine Bewegung auftritt, ist μ größer (Haftreibungs-Koeffizient μ_s) als nach Eintritt des Gleitens (Gleit- oder dynamischer Reibungs-Koeffizient μ_D).

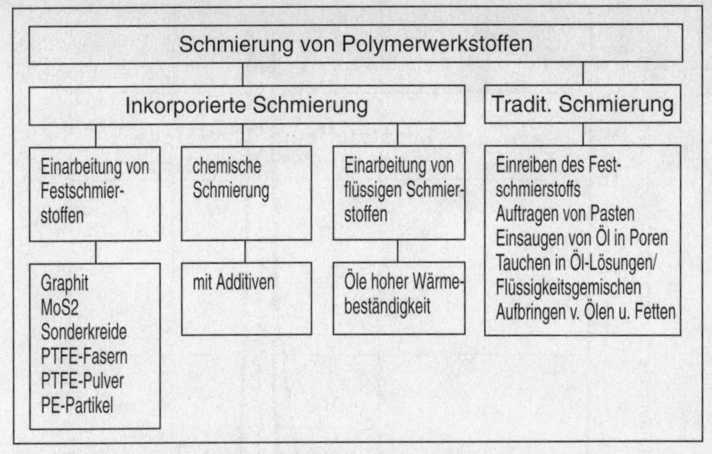

Bild 2.82. Varianten der Polymerwerkstoff-Schmierung, nach *H. Winkler*

Beim Gleitvorgang können an den gleitenden Flächen örtlich begrenzt Kräfte auftreten, die die Werkstoffe über ihre Festigkeit hinaus beanspruchen und zum Abtrag von Material, dem Verschleiß, führen. In DIN 50 320 sind die Begriffe des Verschleißes sowie eine Gliederung der verschiedenen Verschleißvorgänge enthalten.

Das natürliche Gleit- und Verschleißverhalten der Paarungen mit Kunststoff reicht häufig nicht aus, um die geforderten Anforderungen an die Lebensdauer zu erfüllen. In solchen Fällen bietet sich eine Schmierung entsprechend Bild 2.82 an. Besonders eine Kombination von inkorporierter und konventioneller Schmierung kann den Verschleiß gegen Null reduzieren und die dynamische Reibungszahl μ in die Größenordnung von 0,05 bis 0,12 bringen, solange ein schmierfähiger Film vorliegt.

2.6.9.1 Verschleiß

Zur Bestimmung des Verschleißverhaltens werden einige genormte Prüfverfahren angewendet:

DIN 53516: Bestimmung des Abriebs von Kautschuk und Elastomeren gegen Schmirgel.

DIN 52347 und 53754, ISO 9352, Reibradverfahren (Taberabrieb) gegen Schmirgel.

DIN 53863, Scheuerprüfung von Textilien, Orlonborsten gegen Folien oder Gewebe.

In einem nicht genormten Verfahren nach Bauer und Kriegel, wird der Verschleiß durch ein Sandstrahl-Luft-Gemisch erzeugt. Die Tiefe der Verschleißmulde nach einer Stunde gilt als Maß für den Verschleiß. Da das

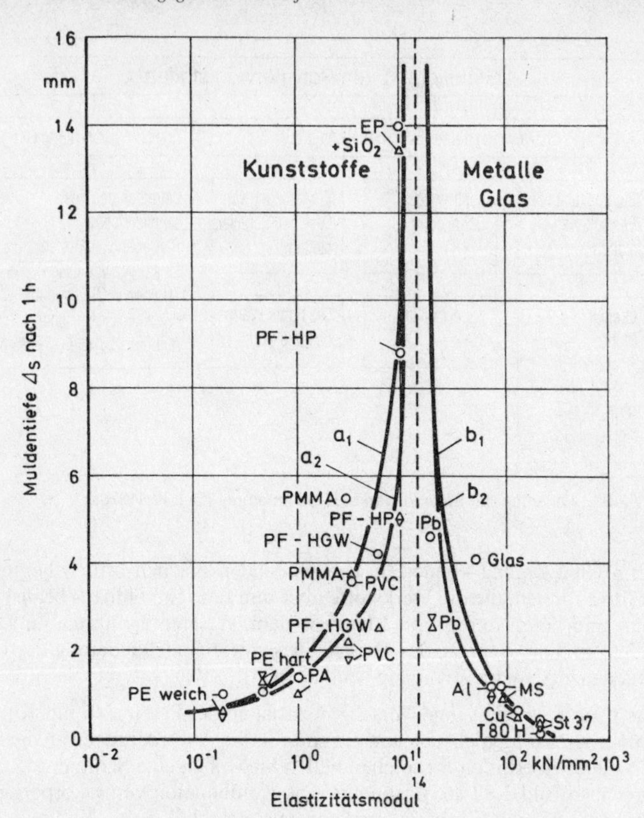

Bild 2.83. Abhängigkeit des Strahlverschleißes vom Elastizitätsmodul

HP = Hartpapier HGW = Hartgewebe

Verfahren auf alle Werkstoffe angewendet werden kann, eignen sich die Ergebnisse sehr gut, um einen Überblick über ein weites Werkstoffspektrum zu bekommen. Bild 2.83 zeigt, daß sowohl weiche Werkstoffe mit geringem Elastizitätsmodul als auch solche mit einem sehr hohen E-Modul verschleißfest sein können.

2.6.9.2 *Reibungskoeffizient*

Der Reibungskoeffizient μ ist das Verhältnis der in Richtung der Berührungsebene wirkenden Reibungskraft F, die erforderlich ist, um die Haf-

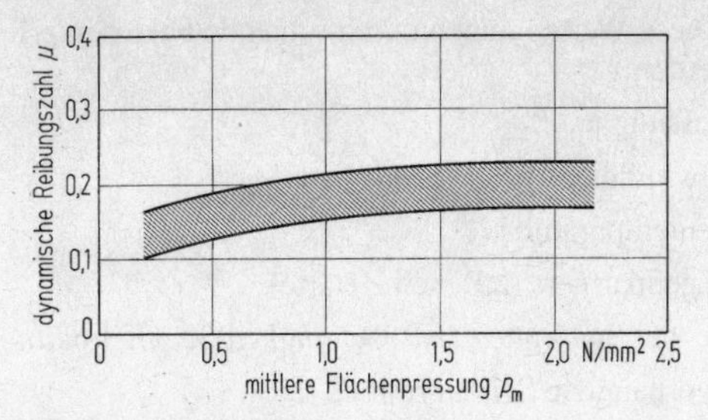

Bild 2.84. Abhängigkeit der dynamischen Reibungszahl μ von der mittleren Flächenpressung p_m für PE-HD-UHMW. Gleitgeschwindigkeit v = 10 m/min.

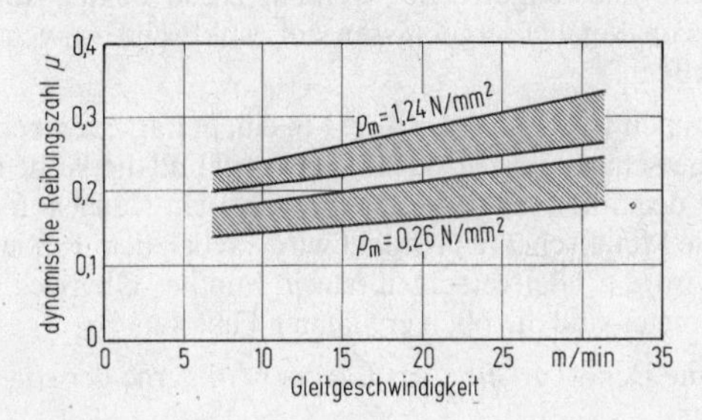

Bild 2.85. Abhängigkeit des dynamischen Reibungskoeffizienten von der Gleitgeschwindigkeit für PE-HD-UHMW

tung der beiden Flächen zu überwinden (μ_s) bzw. die beiden Flächen gegeneinander zu bewegen (μ_D), und der Normalkraft F_N auf die sich berührenden Flächen: $\mu = \frac{F}{N}$. Bei Kunststoffen gilt dieses Gesetz nur angenähert: Der Reibungskoeffizient ist von der Flächenpressung abhängig, Bild 2.84. Ebenso liegt bei μ_D eine Abhängigkeit von der Gleitgeschwindigkeit vor, Bild 2.85. Da bei jedem Gleitvorgang Wärme erzeugt wird, muß auch die Temperaturabhängigkeit berücksichtigt werden. Folien werden nach DIN 53375 und ISO/DIS 8295 geprüft. Ansonsten kann der Reibungskoeffizient mit Hilfe einer schiefen Ebene, wobei $\mu = \tan \alpha$ des Winkels ist, bei dem der gewichtsbelastete Probekörper auf dem Gegenkörper gerade noch haftet bzw. gerade gleitet. Nach einem weiteren Verfahren wird auf einer Universalprüfmaschine die Kraft F gemessen, die erforderlich ist, den mit der Normalkraft N belasteten Probekörper über eine horizontale Gleitbahn zu ziehen bzw. die Bewegung einzuleiten.

2.6.9.3 Gleitverhalten

Bei der Verwendung eines Kunststoffs als Gleitpartner genügt es nicht, Zahlenwerte für den Gleitreibungskoeffizienten und den Gleitverschleiß anzugeben. Diese Werte können durch folgende Faktoren z.T. wesentlich beeinflußt werden:

- Flächenpressung p,
- Gleitgeschwindigkeit v,
- Gleitflächentemperatur TF,
- Art des Gegenpartners (z.B. seine Härte),
- Oberflächenbeschaffenheit (z.B. Rauhigkeit der Gleitpartner),
- eventuell vorhandene Schmiermittel.

Außerdem spielen Einlaufvorgänge eine Rolle. Hinzu kommt, daß unterschiedliche Prüfverfahren, die meist einem bestimmten Anwendungsfall nachempfunden sind, angewendet werden. Diese Fakten sind bei der Übertragung von Versuchsergebnissen auf praktische Anwendungsfälle zu berücksichtigen.

Das Gleitverhalten wird entweder direkt in einem Lagerversuch ermittelt, wobei die Lagerschale meist aus dem Kunststoff und die Welle aus Metall ist, oder nach der Stift-Platten-Methode, wobei ein Kunststoffstift gegen eine rotierende Metallscheibe gedrückt wird. Neben dem Reibungskoeffizienten μ_D wird die Gleitverschleißrate in mm/km Gleitweg bestimmt. Versuchsparameter sind die oben erwähnten Faktoren.

Als Maß für die Belastbarkeit eines Lagers wird gerne der sog. p·v-Wert herangezogen:

$$p \cdot v = \frac{F \cdot v}{l \cdot d} \text{ in } \frac{N \cdot mm}{mm^2 \cdot min}$$

F = Lagerauflast
v = Gleitgeschwindigkeit
l = Lagerlänge
d = Lagerdurchmesser

Zulässige p · v-Werte sind jedoch keine Materialkonstanten und können deshalb nur als Richtwerte dienen.

Unterlagen über die Auslegung und Berechnung von Gleitelementen aus thermoplastischen Kunststoffen sind von Erhard und Strickle erarbeitet worden: Maschinenelemente aus thermopl. Kunststoffen, Bd. 2 VDJ-Verlag, 1978.

2.7 Prüfverfahren für Schaumstoffe

Schaumstoffe werden aus allen Kunststoff-Arten, Duroplasten, Thermoplasten, Thermoelasten und Elastomeren in einem weiten Bereich der Dichten hergestellt. Typische Einsatzgebiete sind Polsterungen, Verpackungen, thermische und akustische Isolierungen, Kernlagen für Verbundkonstruktionen und Baustoffe. Entsprechend den unterschiedlichen Anforderungen werden eine Reihe spezieller Prüfverfahren zur Beurteilung der Einsatzmöglichkeiten, zum Vergleich und zur Qualitätskontrolle eingesetzt, s. auch Abschn. 2.0 bis 2.6.

2.7.1 Beurteilung der Schaumstruktur

2.7.1.1 Rohdichte ρ_S

Die Rohdichte eines Schaumstoffs ist der Quotient aus seiner Masse und seinem Volumen, sie wird in kg/m^3 angegeben. Nach DIN 53420 wird sie an geometrisch einfachen Probekörpern mit einem Volumen von mindestens 100 cm^3 durch Längenmessung und Gewichtsbestimmung ermittelt. In DIN 53 570 sind die Meßgeräte zur Bestimmung der linearen Abmessungen von Schaumstoff-Probekörpern zusammengestellt, die bei geringer Kontaktkraft eine ausreichende Reproduzierbarkeit gewährleisten. Struktur- und Integral-Schaumstoffe werden mit unterschiedlicher Zellverteilung über den Querschnitt so gefertigt, daß von einer nahezu massiven Außenhaut aus die Dichte nach innen kontinuierlich abnimmt, Bild 2.86. Durch Abtragen und Ausmessen einzelner Schichten kann das Rohdichte-Profil ermittelt werden.

2.7.1.2 Zellstruktur

Die Zellstruktur ist entscheidend für die mechanischen und thermischen Eigenschaften der Schaumstoffe. Sie kann durch das Schäumverfahren und die Prozeßparameter beim Schäumen beeinflußt werden. Nach ASTM D 3576 werden die Zellgrößenverteilung, die Anordnung und Form der Zellen sowie die Anzahl der Zellen pro Längeneinheit möglichst in zwei zueinander senkrechten Richtungen mit dem Meßmikroskop bestimmt.

2.7.1.3 Offenzelligkeit

Die Offenzelligkeit wird bei weichen Schaumstoffen angestrebt, während geschlossene Zellen bei Hartschäumen die Wärmeleitfähigkeit reduziert und die Festigkeit steigert. Nach DIN ISO 4590 werden in einem Luft-

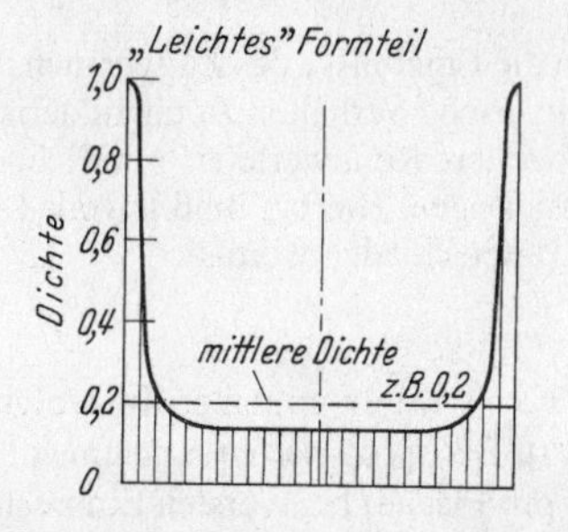

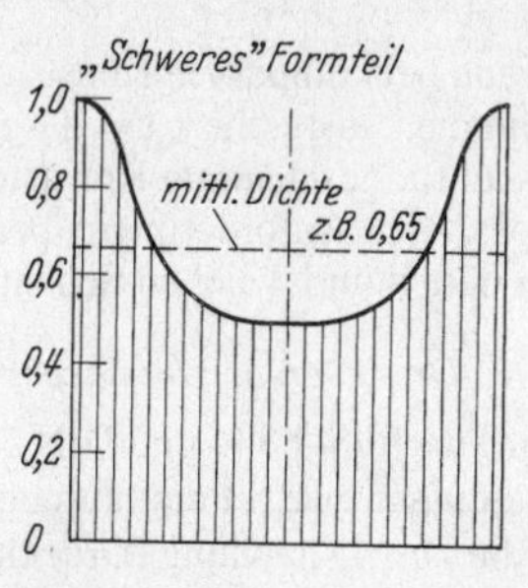

Bild 2.86. Dichteprofile von Strukturschaum-Formteilen

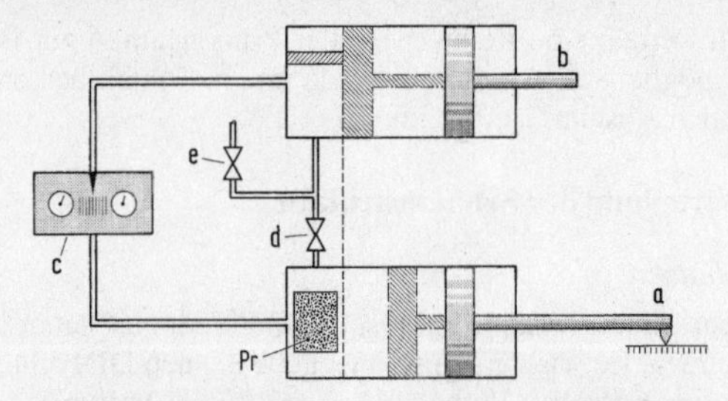

Bild 2.87. Luftvergleichspyknometer zur Bestimmung offener Zellen in harten Schaumstoffen – Prinzipskizze a: Meßkolben, b: Vergleichskolben, c: Differenzdruckmesser, d: Ausgleichsventil, e: Spülventil, Pr: Probekörper

Vergleichspyknometer nach Remington/Pariser, Bild 2.87, an einem Quader von 25 mm · 25 mm · 40 mm die Anteile offener Zellen ω und geschlossener Zellen ψ ermittelt:

$$\omega = \frac{Vg - Vi}{Vg} \cdot 100 (\text{in } \%)$$

Vg = geometrisches Volumen
Vi = gasdichtes Volumen, d.h. Probekörpervolumen, in das unter den Versuchsbedingungen kein Gas eindringt.
Es gilt: $\psi = 100 - \omega$.

Da der Meßwert durch die angeschnittenen Zellen in der Oberfläche verfälscht wird, kann man die wahre Offenzelligkeit bestimmen, indem man den Ausgangsprobekörper in kleinere Volumina aufteilt und die daran ermittelten Offenzelligkeiten über dem Verhältnis von Oberfläche zu Volumen aufträgt und gegen Null extrapoliert.

Als Maß für die Ofenzelligkeit wird auch der Koeffizient des Drucks vor und hinter einem luftdurchströmten Probekörper benutzt, s. DIN 52213.

2.7.2 Mechanisches Verhalten

Während bei kompakten Kunststoffen die Ergebnisse des Zugversuchs im allgemeinen ausreichen, um das mechanische Verhalten zu charakterisieren, sind für geschäumte Kunststoffe weitere Kennwerte erforderlich, die die speziellen Anforderungen berücksichtigen. Hierbei muß jeweils zwischen harten und weichen Schäumen unterschieden werden.

2.7.2.1 Druckversuch an harten Schaumstoffen

Er wird nach ISO 844 und DIN 53421 an Würfeln mit einer Kantenlänge von vorzugsweise 50 mm durchgeführt. Bei spröd-harten Schaumstoffen wird die Druckspannung (Druckkraft pro Fläche) beim ersten Einbrechen des Zellgefüges, dies entspricht der Druckfestigkeit σ_{dB}, und bei zäh-har-

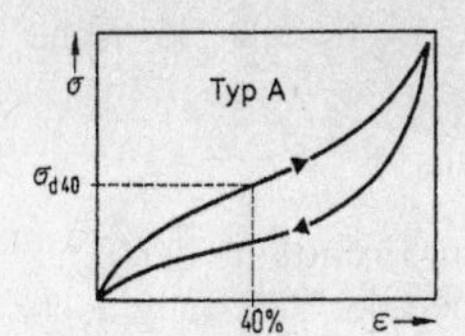

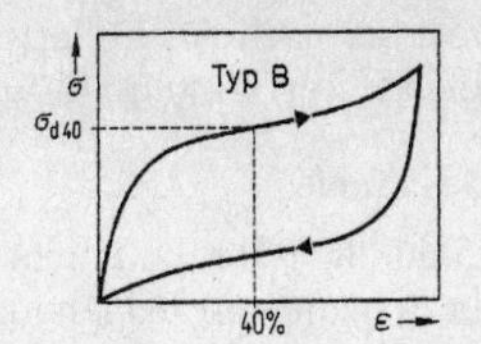

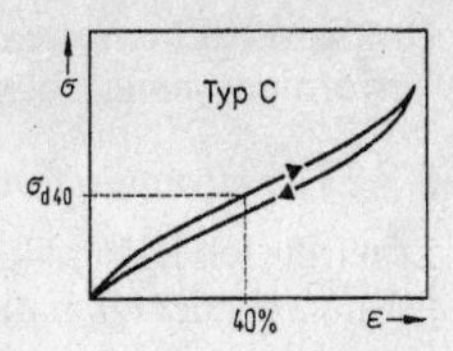

Bild 2.88. Federkennlinien von weichelastischen Polyurethan-Schaumstoffen; nach Rothermel
σ_{d40} Druckspannung bei 40% Stauchung (Stauchhärte). Belastungskurve, Entlastungskurve
Typ A weichelastischer PUR-Schaumstoff mit normaler Energieabsorption
Typ B weichelastischer PUR-Schaumstoff mit hoher Energieabsorption
Typ C weichelastischer PUR-Schaumstoff mit niedriger Energieabsorption
Ein besonders elastischer Schaumstoff ist der Typ C.

ten die Druckspannung bei 10% Stauchung σ_{d10} sowie die Stauchungen ε_{dB} ermittelt.

2.7.2.2 *Druckversuch an weich-elastischen Schaumstoffen*

Weich-elastische Schaumstoffe werden vorzugsweise zur Polsterung eingesetzt. Deshalb ist das Verhalten unter Druckbelastung von großer Wichtigkeit. Eine vollständige Information hierüber gibt die nach ISO 3386-1,2 oder DIN 53 577 an einem quadratischen Probekörper mit einer Mindestdicke von 50 mm ermittelte Federkennlinie, Bild 2.88. Sie zeigt den Zusammenhang zwischen Druckkraft und Verformung sowohl bei der Be- als auch bei der Entlastung. Die von den beiden Kurven umschlossene Fläche ist ein Maß für die Dämpfung des Probekörpers, die allerdings u.a. wegen des Strömungswiderstandes der entweichenden Luft stark von der Verformungsgeschwindigkeit abhängt. Als Kennwert wird aus diesem Versuch die Stauchhärte σ_{d40}, das ist die zu einer Verformung von 40% erforderliche Druckspannung, ermittelt.

2.7.2.3 *Eindrück-Versuch an weich-elastischen Schaumstoffen*

Nach DIN 53 576 werden Probekörper von 380 mm · 380 mm Kantenlänge und 50 mm Dicke oder Fertigteile mit einem gelochten Eindrückstempel von 203 mm Durchmesser unter festgelegten Bedingungen belastet. Die Eindrückhärte ist die Kraft in N, die erforderlich ist, um den Probekörper um 40% zu stauchen. Die Kraft wird entweder sofort bei Erreichen der Verformung bestimmt (Verfahren C) oder nach einer Wartezeit von 30 s (Verfahren A). Nach DIN 53579-1,2 werden Fertigteile wie Polster im Eindrückversuch geprüft.

2.7.2.4 *Druck-Verformungsrest an weich-elastischen Schaumstoffen*

Nach DIN 53 572 werden Quader von 50 mm · 50 mm · 25 mm in der Dicke von 25 mm zwischen zwei Stahlplatten um 50 oder 75% zusammengedrückt und 72 Stunden bei Normklima bzw. bei 70 °C gelagert. Der

Druck-Verformungsrest ist der nach der Entlastung bestimmte plastische Verformungsanteil (bleibende Verformung) in %.

2.7.2.5 *Zeitstand-Druckversuch*

Er wird nach DIN 53425 durchgeführt und dient zur Ermittlung der Temperatur, bei der ein harter Schaumstoff bei langdauernder Belastung noch formstabil ist. Quader von 50 mm · 50 mm · 25 mm werden bei verschiedenen Temperaturen mit verschiedenen Druckspannungen belastet. Gemessen wird die Stauchung der Probekörper als Funktion der Belastungsdauer. Zeitstandversuche können auch unter Zug- oder Biegebeanspruchung durchgeführt werden. Zur Durchführung und Auswertung vgl. auch Abschn. 2.2.3. DIN 18 164 enthält Anforderungen an Wärmedämmstoffe im Hochbau bezüglich des temperaturabhängigen Kriechverhaltens.

2.7.2.6 *Biegeversuch*

Er wird nach DIN 53423 an stabförmigen Probekörpern mit Dreipunkt-Auflage wie bei kompakten Kunststoffen durchgeführt. Bei spröd-harten Schaumstoffen wird die Biegefestigkeit, bei zäh-harten die Grenzbiege-Spannung, das ist die Spannung bei 20 mm Durchbiegung, bestimmt. Da an den Stellen der Krafteinleitung zusätzliche Deformationen auftreten, kann der Elastizitäsmodul nur bei 4-Punkt-Belastung ermittelt werden.

2.7.2.7 *Zugversuch*

Er wird wie bei kompakten Kunststoffen an Schulterstäben durchgeführt. An weichelastischen Schaumstoffen (DIN 53571) und an harten (DIN 53430) werden die Zugfestigkeit und die Dehnung beim Bruch bestimmt. Der an eingeschnittenen Probekörpern durchgeführte Weiterreißversuch soll Hinweise auf den Weiterreißwiderstand geben, liefert aber im Prinzip die gleiche Aussage wie der Zugversuch.

2.7.2.8 *Scherfestigkeit*

Die Scherfestigkeit nach DIN 53427 dient vor allem zur Beurteilung des Verhaltens von harten Schaumstoffen bei der Schubübertragung in Sandwich-Konstruktionen. Ein stabförmiger Probekörper von 250 mm Länge, 50 mm Breite und 25 mm Dicke wird wie in Bild 2.89 gezeigt auf Metallplatten geklebt, über die die Scherkraft eingeleitet wird. Die Scherfestigkeit τ_B ist die auf die Ursprungslänge und Breite des Probekörpers bezogene Höchstkraft F_{max}.

2.7.2.9 *Schlagzähigkeit von harten Schaumstoffen*

Sie wird nach DIN 53432 bei harten Intergral-Schaumstoffen in der Charpy-Anordnung, vgl. Bild 2.32, an ungekerbten Probekörpern mit den Abmessungen 120 mm · 15 mm · 10 mm bestimmt. Die zum Zerschlagen des Probekörpers verbrauchte Schlagarbeit wird auf den Querschnitt des Probekörpers bezogen und ergibt die Schlagzähigkeit in kJ/m^2. Sie ist wie

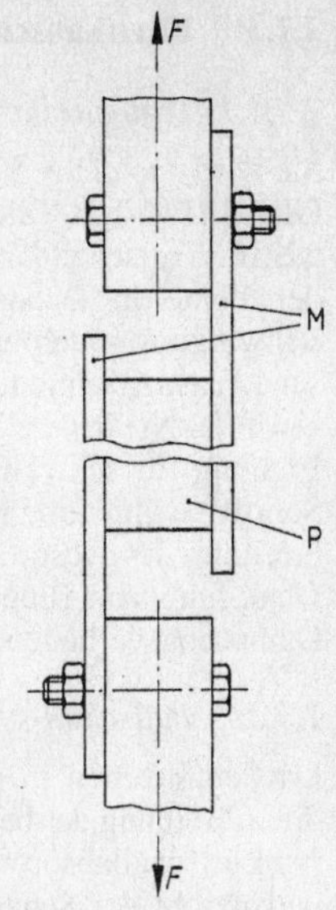

Bild 2.89. Anordnung zur Bestimmung der Scherfestigkeit nach DIN 53427

M = Metallplatten, P = Probekörper

bei kompakten Kunststoffen kein Kennwert für die Konstruktionsrechnung, vgl. Abschn. 2.2.2.

2.7.2.10 Formbeständigkeit in der Wärme

Sie wird nach DIN 53424 an harten Schaumstoffen nach zwei unterschiedlichen Methoden bestimmt: Ein stabförmiger Probekörper wird an einem Ende wie ein Kragbalken eingespannt und am anderen Ende mit einem Gewicht belastet, oder ein Quader von 40 mm · 40 mm · 20 mm wird mit einem Gewicht auf Druck beansprucht. Diese Anordnungen werden einer stetigen Temperatursteigerung unterworfen, wobei die Deformation des Probekörpers gemessen wird. Die Formbeständigkeits-Temperatur ist die Temperatur, bei der die Deformation ein bestimmtes Maß erreicht hat. Diese Temperaturen hängen sowohl vom Prüfverfahren wie auch von der Höhe der aufgebrachten Biege- bzw. Druckbeanspruchung ab und können deshalb nur in Verbindung mit anderen Kennzahlen oder Erfahrung einen Hinweis auf zulässige Gebrauchstemperaturen ergeben.

2.7.2.11 Konturstabilität in der Kälte und Wärme

Da geschlossenzellige PUR-Schaumstoffe in ihren Zellen ein Treibgas enthalten, kann in den Zellen bei Temperaturänderung ein Über- oder Unterdruck entstehen, der zum Aufblähen bzw. Schrumpfen des Schaumstoffs führt, wenn das Zellgerüst nicht stabil genug ist. Nach DIN 53431 wird die Konturstabilität durch die Ermittlung der Änderung der linearen Abmessungen nach einer Lagerung für eine bestimmte Zeit unter definierten Klimabedingungen bestimmt.

2.7.2.12 Dauerschwing-Verhalten an weich-elastischen Schaumstoffen

Es wird nach DIN 53574 an weich-elastischen Schaumstoffen für Polsterzwecke ermittelt. Ein Probekörper von 380 mm · 380 mm · 50 mm wird mit einem Stahlstempel von 250 mm ∅, der am unteren Rand eine Abrundung von r = 25 mm aufweist, im Eindruck-Schwellversuch mit konstanter Belastungsamplitude (Belastung durch ein 75 kg-Gewicht) beansprucht. Nach 80000 Schwingspielen werden die Dickenabnahme und die Änderung der Eindruckhärte, s. dort, bewertet. Die Ergebnisse korrelieren gut mit dem Praxisverhalten von Sitzpolsterungen.

2.7.3 Physikalische Eigenschaften

2.7.3.1 Dynamische Steifigkeit s′

Sie wird nach DIN 52214 an Schall-Dämmschichten bestimmt, vgl. auch DIN 18164-1,2: Dämmstoffe für die Schrittschalldämmung und DIN 52210: Trittschalldämmung, Meßverfahren. Sie beschreibt die Federung der Platte in Dickenrichtung. Aus der Resonanzfrequenz eines zur Schwingung angeregten streifenförmigen Probekörpers wird der dynamische Elastizitätsmodul E′ errechnet und auf die Probendicke a bezogen: s′ = E′/a. Niedrigere Werte lassen infolge größerer Weichheit auf bessere Eignung für schwimmende Estriche schließen. Direkte Messungen der Schrittschalldämmung sind nur nach DIN 52210-1 bis 7 möglich. Zur Beurteilung des Absorbtionsverhaltens für Luft- und Körperschall und der Dämpfung von Biegewellen bei der Entdröhnung ist die Kenntnis des Dämpfungsverhaltens des Kunststoffs erforderlich, s. Abschn. 2.3.1.1.

2.7.3.2 Luftschall-Absorption

Da Schallwellen in den offenen Zellen weichelastischer Schaumstoffe durch Reibung der bewegten Luft gedämpft werden, eignen sich diese gut zur Luftschallabsorption. In Anlehnung an DIN 52215 wird in einem Impedanzrohr der Schallreflexions-Faktor im Bereich der Hörfrequenz bestimmt.

2.7.3.3 Wärmeleitfähigkeit λ

Sie ist für harte Schaumstoffe für Isolationszwecke eine wichtige Bemessungsgröße, s. auch Abschn. 2.3.3. Nach DIN 52616 wird sie mit einem Wärmestrom-Meßplatten-Gerät an Platten, nach DIN 52613 nach dem Rohrverfahren an kreisförmigen Hohlzylindern bestimmt. Es ist zu beachten, daß die an Schaumstofen bestimmte Wärmeleitfähigkeit streng genommen eine Wärmedurchgangszahl ist, da der Wärmetransport nicht nur durch Wärmeleitung sondern auch durch Konvektion des Gases in den Zellen und durch Strahlung erfolgt. Deshalb wird sie auch stark durch die Art des Treibmittels beeinflußt und kann sich im Laufe der Zeit infolge von Diffusionsvorgängen verändern. Da die Ermittlung der Wärmeleitfähigkeit an trockenen Probekörpern (bei 10 °C) erfolgt und auch der Feuchtigkeitsgehalt der Schaumstoffe den Kennwert beeinflußt, werden die praktischen Rechenwerte für PS-Hartschaum um 5%, für PS-Extruderschaum um 10 bis 20% und für PUR-Hartschaum je nach den λ-Werten um 10% ($\lambda \leq 0{,}027$ W/K · m) bis 50% ($\lambda \geq 0{,}020$ W/K · m) höher angesetzt als die gemessenen Werte.

2.7.3.4 Stoßabsorption/Spitzenverzögerung a

Sie wird an harten und weich-elastischen Schaumstoffen nach ISO 4651 zur Beurteilung der Eignung zur Schockminderung von Verpackungen bestimmt. Sie ist die maximale Verzögerung in m/s^2 einer Masse, die aus einer bestimmten Höhe auf einen Probekörper mit quadratischer Fläche

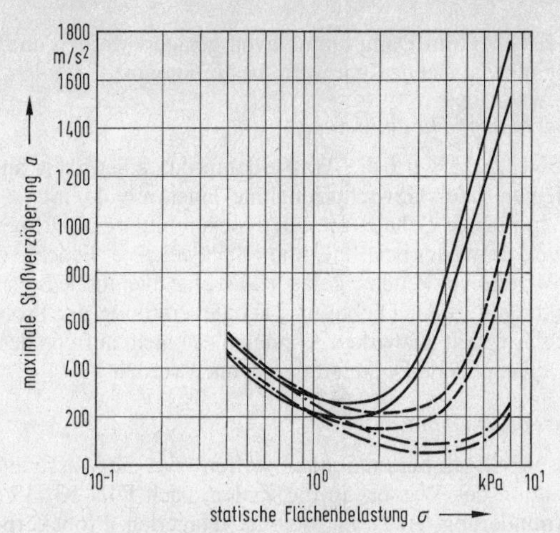

Bild 2.90. Beispiel für den Verlauf der maximalen Verzögerung eines Fallhammers als Funktion der Druckkraft, die die Fallmasse im Ruhezustand auf das Polster ausüben würde. Probendicke 10 cm

——— Fallhöhe 90 cm

– – – – Fallhöhe 60 cm

– · – · – Fallhöhe 30 cm

von 150 mm Seitenlänge und 50 mm Dicke fällt. Besonders aussagekräftig sind Diagramme, in denen die Spitzenverzögerung a als Funktion der statischen Flächenbelastung σ_{ST} (Druckkraft, die die Fallmasse im Ruhezustand auf den Schaumstoff ausüben würde, bezogen auf die Fläche des Probekörpers), Bild 2.90. Man erhält ein sog. Polsterdiagramm, wenn man in Bild 2.90 noch die jeweilige maximale Stauchung einträgt. In einem einfachen Verfahren zur Ermittlung der Stoßelastizität, auch Rückprallelastizität R genannt, wird das Verhältnis von Rückprallhöhe zur Fallhöhe eines Pendels bestimmt, s. DIN 53573.

2.7.4 Verhalten gegen Umwelteinflüsse

2.7.4.1 Belichtung und Bewitterung

Es werden die üblichen Labormethoden eingesetzt: DIN 53386, 53387, 53388. Die Rangfolge der Beurteilung bei diesen künstlichen Verfahren kann jedoch von der im Außeneinsatz ermittelten abweichen, so daß Außenbewitterungen und natürliche Belichtungen erforderlich bleiben.

2.7.4.2 Chemikalien

Die Ermittlung des Verhaltens gegen Flüssigkeiten, Gase und Dämpfe von Schaumstoffen erfolgt nach DIN 53478. Die Hydrolysealterung wird nach DIN 53578 ermittelt, indem Probekörper 3 Stunden bei 105 °C oder

5 Stunden bei 121 °C im Dampfautoklaven gelagert werden und danach die Änderung mechanischer Kennwerte bestimmt wird.

2.7.4.3 *Wasserdampf-Durchlässigkeit*

Nach DIN 53122-1,2 wird die Wasserdampfdurchlässigkeit an harten Schaumstoffen aus der Gewichtszunahme einer mit der Schaumstoffprobe abgeschlossenen Schale, die ein Trockenmittel enthält, bestimmt. Die Schale wird entweder bei 38 °C und 88,5% relativer Feuchte oder bei 23 °C und 85% relativer Feuchte gelagert. Da eine eventuelle Schaumhaut und Schwankungen in der Dichte und Dichteverteilung der Proben sich auf die Durchlässigkeit auswirken, können diese nicht auf von der Probekörperdicke abweichende Dicken umgerechnet werden.

2.7.4.4 *Wasser-Aufnahme*

An geschlossenzelligen harten Schaumstoffen wird die Wasseraufnahme durch Permeation des Wassers in die Zellen, nach DIN 53433 aus der Auftriebsverminderung eines in Wasser gelagerten Probekörpers bestimmt und in Vol.-%, bezogen auf das Gesamtvolumen des Schaumstoffs, angegeben. Die Wasseraufnahme erhöht die Wärmeleitfähigkeit und ist deshalb für den Einsatz in der Bauindustrie wichtig.

Offenzellige weich-elastische Schaumstoffe können ohne hydrostatischen Druck durch Kapillarwirkung mehr oder weniger Wasser aufnehmen, je nach dem, ob die Gerüstsubstanz hydrophil oder hydrophob ist. Zur Ermittlung des kapillaren Haltevermögens und des kapillaren Aufstiegs von Wasser werden Streifenproben mit Wasser gesättigt und danach etwa 4 Stunden über einer Wasseroberfläche senkrecht hängend austropfen gelassen. Danach wird der Streifen in Stücke von 2 cm Länge zerschnitten und deren Wassergehalt bestimmt. Der Wassergehalt in Vol.-%, aufgetragen über der Höhe der Entnahme, ergibt die Saugspannungs-Kurve.

2.8 Analytische Untersuchungen

Die wichtigsten zur Aufklärung der Struktur und der chemischen Zusammensetzung von Polymeren eingesetzten physikalischen Methoden sollen kurz erläutert werden.

2.8.1 Infrarot (IR)- und Raman-Spektroskopie

Im Wellenlängenbereich von 750 nm bis 1mm werden Absorptionsspektren der Translations-und Rotations-Schwingungen von Molekülen bzw. Molekülteilen oder -gruppen untersucht. Beide Methoden werden hauptsächlich zu analytischen Aufgaben herangezogen (Nachweis von Bestandteilen, Identifizierung), gestatten aber auch Aussagen über die Konformation und die Taktizität von Makromolekülen, über kristalline Anteile und über molekulare Orientierungen.

Im mittleren Infrarotbereich (MIR) (800 bis 2500 nm) ist die Sortierung von Polymerabfällen (PE, PP, PS, PET, PVC), nach entsprechender Eichung auch von komplexen Kunststoffgemischen, möglich (Recycling). Zur In-Line-Analytik von Polymerreaktionen in der Kunststoffschmelze z. B. in Extrudern kann die IR-Spektroskopie eingesetzt werden.

2.8.2 Kernresonanz-Spektroskopie (nuclear magnetic resonance: NMR)

Sie beruht auf der Wirkung eines Magnetfelds auf das magnetische Moment eines Atomkerns. Die hochauflösende NMR untersucht Polymere in Lösungen, die Breitlinien-NMR feste Polymerproben. Neben analytischen Fragen können Fragen zur Taktizität, zur molekularen Verzweigung, zur Zusammensetzung von Copolymeren, der Kristallinität oder der Vernetzungsdichte gummielastischer Kunststoffe untersucht werden.

2.8.3 Dynamisch-mechanische Spektroskopie, DMA

Die Methoden der mechanischen Spektroskopie ermitteln die Elastizitäts- oder Schubmoduln sowie die mechanische Dämpfung als Funktion der Temperatur und/oder der Frequenz. Streifenförmige Probekörper oder mit dem zu untersuchenden Kunststoff beschichtete Metallstreifen werden zu Torsions- ober Biegeschwingungen angeregt, ISO 537, DIN 53445: Torsionsschwingungsversuch, ISO 4663, DIN 53535, DIN 53513: Kautschuk und Elastomere, DIN 53440: Biegeschwingungsversuch. Aus der Schwingungsfrequenz wird der Modul und aus dem logarithmischen Dekrement der gedämpften Schwingung der mechanische Verlustfaktor des Materials errechnet. Beide Werte, als Funktion der Temperatur aufgetragen, zeigen charakteristische Stufen oder Maxima, die auf Glasübergänge bzw. Nebendispersionsgebiete hinweisen, s. auch Abschn. 2.3.1.1 und Bild 2.44. Auf diese Weise lassen sich einzelne Polymerklassen unterscheiden und läßt sich zwischen Polymeren mit geringen Unterschieden im chemischen Aufbau, der Taktizität, der Vernetzung, der Verzweigung oder der Kristallinität differenzieren. Das gleiche gilt für Misch- und Copolymerisate gleicher oder ähnlicher Zusammensetzung.

2.8.4 Dielektrische Spektroskopie

Das Verfahren ist mit der mechanischen Spektroskopie vergleichbar. Die Dielektrizitätskonstante ε_r und der dielektrische Verlustfaktor tan δ werden als Funktion von Temperatur und Frequenz dargestellt. Allerdings können nur polare molekulare Gruppen angeregt werden, so daß die Aussagefähigkeit im Vergleich zur mechanischen Spektroskopie limitiert ist. Das Verfahren ist jedoch wesentlich einfacher und preiswerter und gestattet das Messen in einem weiten Temperatur- und Frequenzbereich, s. auch Bild 2.64.

2.8.5 Differential-Thermoanalyse (DTA) und Differential-Kalorimetrie (DSC); DIN 53765

Beide Verfahren beruhen auf dem gleichen Prinzip: Zusammen mit der zu untersuchenden Probe wird eine Refernzprobe aufgeheizt oder abgekühlt. Dabei wird der Unterschied in der Temperatur der beiden Proben (DTA) bzw. der Unterschied in der spezifischen Wärme (DSC) als Funktion der Temperatur gemessen. Heute kommen praktisch nur noch DSC-Geräte zum Einsatz. Beim „Dynamischen Wärmestrom-Differenz-Kalorimeter" werden im Inneren eines Ofens in zwei Pfännchen einmal die Probe (0,1 bis 10 mg Einwage) und zum anderen ein inertes Vergleichsmaterial, z.B. ein Saphir, mit wählbarer konstanter Geschwindigkeit aufgeheizt. Die Temperaturdifferenz zwischen den beiden Pfännchen ist der spezifischen Wärmekapazität der Probe proportional. Das System ist kalibrierbar. Bei den „Dynamischen Leistungs-Differenz-Kalorimetern" werden beide Pfännchen mit getrennten Heizvorrichtungen so aufgeheizt, daß zwischen beiden keine Temperaturdifferenz entsteht. Aus den hierzu erforderlichen Heizleistungen und der bekannten spezifischen Wärmekapazität der Vergleichsprobe wird die spezifische Wärmekapazität der untersuchten Probe als Funktion der Temperatur bestimmt. Auf diese Weise kann man endo- oder exotherme Prozesse erkennen, deren Ursachen in einer Kristallisation, einem Glasübergang (T_g in Bild 2.91) oder in einem Desorientierungsvorgang liegen können, Bild 2.92, s. auch Abschn. 2.3.2.

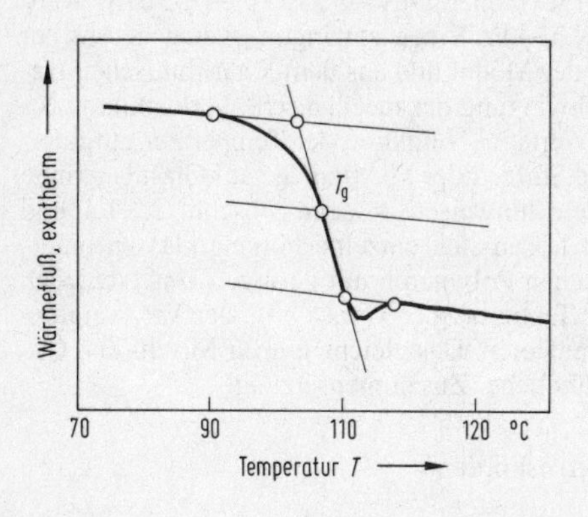

Bild 2.91.
Mit DSC an PS-a aufgenommene Wärmeflußkurve mit festgelegter Glastemperatur T_g

2.8.6 Thermogravimetrische Analyse (TGA)

An einer kleinen Werkstoffprobe wird fortlaufend mit steigender Temperatur der Gewichtsverlust bestimmt, Bild 2.93. Aus den Thermogrammen läßt sich der Zersetzungsverlauf bei kurzzeitiger Beanspruchung und damit z. B. die Eignung für Hitzeschilde ableiten.

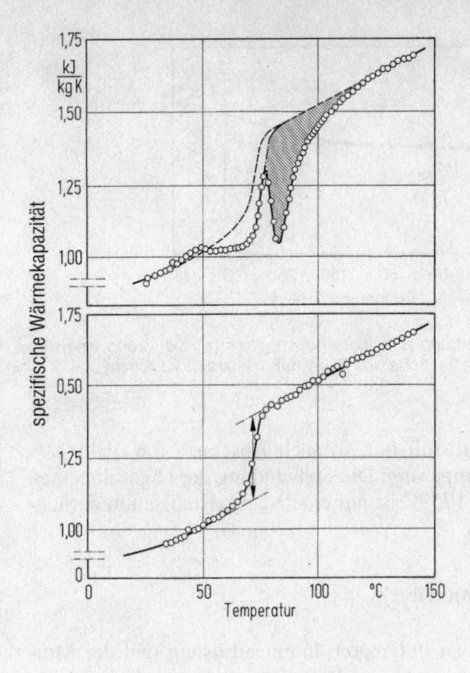

Bild 2.92.
Spezifische Wärmekapazität von PVC-U
Oben: abgeschreckte Probe
Unten: getemperte Probe

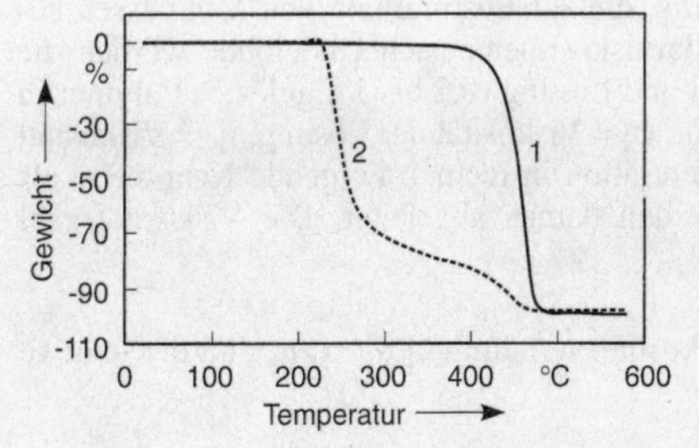

Bild 2.93.
Gewichtsverlust von PE-HD für eine Probeneinwaage von 3,1 mg unter Stickstoff (Kurve 1) und für eine Probeeinwaage von 0,8 mg unter Sauerstoff (Kurve 2), TGA
Heizrate: 20 K/min

2.8.7 Dilatometrie, thermo-mechanische Analyse (TMA)

Die Verfahren dienen zur Bestimmung der Längen- oder Volumenänderung fester Probekörper als Funktion der Temperatur. Man erhält so den temperaturabhängigen Ausdehnungskoeffizienten und die pvT-Diagramme (Zusammenhang zwischen Druck, Volumen und Temperatur), die besonders zur Beurteilung des Schwindungsverhaltens von Kunststoffen beim Verarbeitungsprozeß von Bedeutung sind, vgl. Bild 2.56. Eine Anisotropie des Ausdehnungskoeffizienten weist auf eine Orientierung

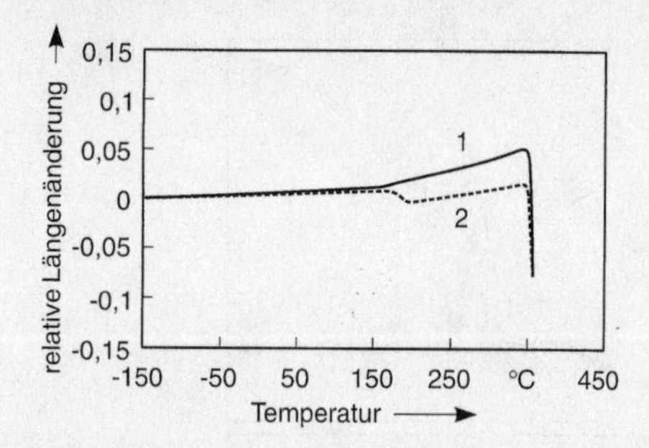

Bild 2.94. Relative Längenänderung $\Delta l/l_0$ einer getemperten (Kurve 1) und einer abgeschreckten (Kurve 2) Probe aus PEEK-GF (Heizrate: 10 K/min)

der Moleküle oder auf Füllstoff hin, so auch Abschn. 2.3.6. Bild 2.94 zeigt den Einfluß einer Temperung: Die Schwindung der abgeschreckten Probe (Kurve 2) oberhalb 175 °C ist auf eine Nachkristallisation zurückzuführen.

2.8.8 Lösungs-Viskosimetrie

Zwischen der Viskosität von Polymeren in einer Lösung und der Molmasse besteht eine Beziehung, die zur Bestimmung von Molmassen benutzt wird. In einem Kapillarviskosimeter nach Ubbelohde werden die Viskositäten von Lösemittel und Lösung (0,2 bis 1 g gelöstes Polymer in 100 ml Lösemittel) bestimmt, (η = Viskosität der Lösung, η_s = Viskosität des Lösemittels, C = Konzentration in g/cm^3). Folgende Kennwerte als Maß für die Molmasse werden daraus abgeleitet: Die Viskositätszahl

$J = \left(\frac{\eta}{\eta_s} - 1\right) \cdot \frac{1}{C}$, das Viskositätsverhältnis $\eta_{rel} = \eta/\eta_s$ und die relative

Viskositätsänderung $\eta_{sp} = \left(\frac{\eta}{\eta_s} - 1\right)$. Diese Daten werden in Entwicklungslaboratorien und zur Produktionskontrolle gerne herangezogen. Ein Abbau durch eine Belichtung, Bewitterung, energiereiche Strahlung und durch die Einwirkung von Chemikalien und Wärme ist gut nachweisbar.

Der Wert der Viskosität ist vom verwendeten Lösemittel, der Konzentration der Lösung, der Meßtemperatur und in geringem Maße auch von der Schergeschwindigkeit abhängig. Da Viskositätszahlen und daraus abgeleitete K-Werte, Bild 2.95, zur Kennzeichnung von Typen innerhalb einer

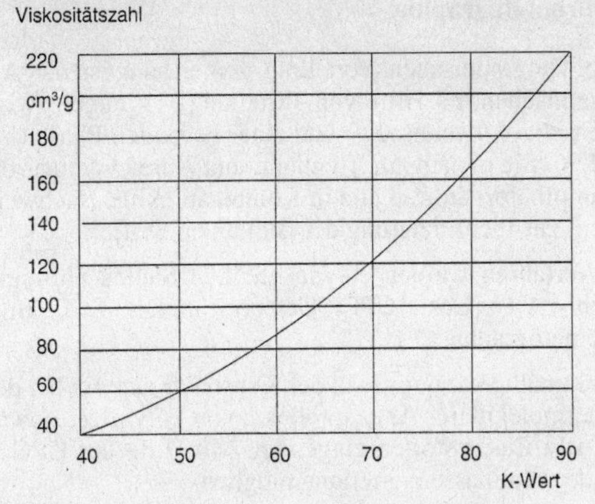

Bild 2.95. Zusammenhang zwischen K-Wert und Viskositätszahl

Kunststoffgruppe verwendet werden, sind Normen zur Bestimmung der Viskositätszahlen für bestimmte Kunststoffe erstellt worden:

DIN 51562-1 bis 3: Viskosimetrie; Messung der kinematischen Viskosität mit dem Ubbelohde-Viskosimeter, Teil 1 Normal-Ausführung, Teil 2 Mikro-Ubbelohde-Viskosimeter, Teil 3 Relative Viskositätsänderung bei kurzen Durchflußzeiten.

DIN ISO 1628 T. 1: Richtlinie für die Normung von Verfahren zur Bestimmung der Viskositätszahl und der Grenzviskositätszahl von Polymeren in verdünnten Lösungen, allg. Grundlagen.

ISO 3105: Kapillar-Viskosimeter aus Glas zur Bestimmung der kinematischen Viskosität-Anforderungen und Bedienungsanleitungen.

Prüfung von Kunststoffen:

DIN 53726; DIN ISO 1628-2: Vinylchlorid(VC)-Polymerisate

DIN 53727: PA

DIN 53728 T. 1: Celluloseacetat

DIN 53728 T. 3; DIN ISO 1628 T. 5: PET, PBT

DIN 53728 T. 4; DIN ISO 1628 T. 3: PE, PP

DIN ISO 1628 T. 4: PC

DIN ISO 1628 T. 6: Methylmethacrylat-Polymere.

2.8.9 Chromatographie

Allen chromatographischen Verfahren gemeinsam ist die Auftrennung von Stoffgemischen mit Hilfe von Verteilungsvorgängen zwischen einer unbewegten Phase (Trennsäule) und einer bewegten Phase (Fließmittel), vgl. Bild 2.96. Sie dienen zur Trennung und Anreicherung von löslichen oder verdampfbaren Stoffen und in Kombination mit Nachweisverfahren (Detektoren) zur Identifizierung der getrennten Stoffe.

Folgende Verfahren wurden entwickelt: LC: Säulen-Flüssigkeits-, DC: Dünnschicht-, GC: Gas-, GPC: Gelpermeations-, SCF: Supercritical-Fluid-Chromatographie.

Schwerpunktmäßig werden sie in der Kunststoffanalytik bei der Untersuchung niedermolekularer Abbauprodukte von Polymeren sowie zur Identifizierung von Zusatzstoffen eingesetzt. Mit Hilfe der GPC ist die Bestimmung der Molmassenverteilung möglich.

Bei der Kopplung von GPC und IR-Spektroskopie wird die GPC mit einer Durchflußzelle versehen, die im Strahlengang des IR-Spektrometers

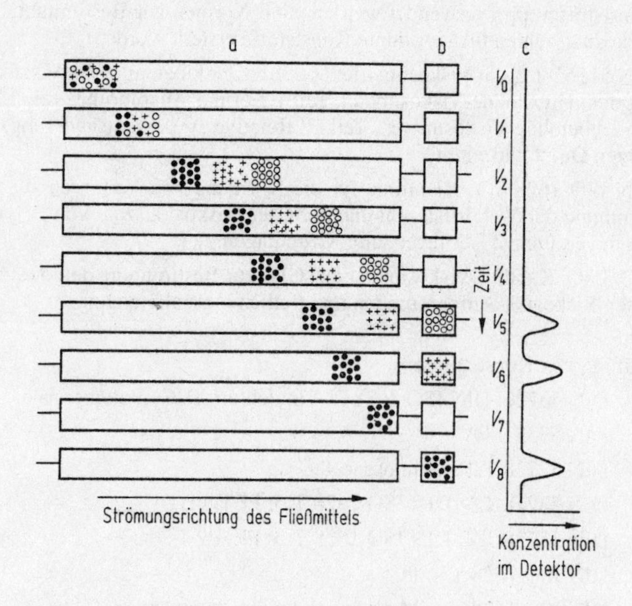

Bild 2.96 Schematische Darstellung des Trennvorganges bei der Chromatographie • + o stellen drei verschiedene Molekülsorten dar, deren Standort zu verschiedenen Zeiten in der Trennsäule (a) und dem Detektor (b) dargestellt ist. c ist das registrierte Chromatogramm: v_0 bis v_8 sind verschiedene Zeitpunkte.

liegt (GPC-FTIR-Spektrometer). Es gestattet z.B. die Trennung von Polymer-Blends.

2.8.10 Erkennen von Kunststoffen

Das Erkennen von Kunststoffen ist sowohl für die Eingangskontrolle der Formmassen als auch für die Identifizierung der Sorte im Hinblick auf das Recycling von großer Bedeutung. Nicht immer besteht die Möglichkeit, die in den Abschnitten 2.8.1 bis 2.8.9 aufgezeigten Methoden anzuwenden, da die zum Teil aufwendigen Einrichtungen nicht zur Verfügung stehen, die Analysenzeit zu lang ist oder das erforderliche Fachpersonal nicht immer zur Verfügung steht. Eine Neuentwicklung scheint hier eine ideale Lösung zu sein. So hat z.B. die Fa. Bruker eine Software und ein Gerät entwickelt, das nach dem Verfahren der „mittleren Infrarot-Spektroskopie" (MIR) z.Zt. 29 verschiedene Kunststofftypen und Blends in allen bekannten Modifikationen und Typen aufgrund abgespeicherter Spektren unterscheiden kann. Die zu identifizierenden Teile werden 1 s lang vor ein Meßfenster gehalten. Nach 3 s erscheint das Ergebnis auf dem Bildschirm eines Rechners.

Oft reicht es aus, die Kunststoffgruppe (amorpher oder teilkristalliner Thermoplast, Thermoelast oder Duroplast) oder die Art des Polymeren (PE, POM, ABS, PUR usw.) zu kennen. Hierzu sind einfache Bestimmungsmethoden bekannt.

Die Kunststoffgruppe kann nach den Angaben in Tafel 2.12 ermittelt werden. Die Dichte ist allerdings kein eindeutiger Hinweis, da sie durch Füll- und Verstärkungsstoffe oder durch Aufschäumen stark beeinflußt werden kann.

Die Art des Polymeren läßt sich mit Hilfe der in Tafel 2.11 zusammengestellten Kriterien meist auch ohne spezielle Kenntnis der Kunststoffchemie bestimmen. Es werden Methoden beschrieben, die ohne oder mit einfachsten Laborhilfsmitteln angewendet werden können. Nach einiger Erfahrung ist das Verhalten der Kunststoffe beim Erhitzen in einem Glasröhrchen oder in der Flamme sehr aufschlußreich. Man verwendet stets nur kleine Mengen und eine ganz kleine Flamme (Sparflamme eines Bunsenbrenners oder Streichholz). Zur Bestimmung der Reaktion der Schwaden, die aus dem Röhrchen aufsteigen, führt man zunächst einen mit Wasser angefeuchteten Streifen Lackmuspapier in das obere Ende des Röhrchens. Bei alkalischer Reaktion färbt sich das Papier blau, bei saurer Reaktion rot. Stark saure Reaktion stellt man anschließend mit Kongopapier (wird blau) oder Indikatorpapier ($pH \leq 2$) fest.

Weitere Erkennungsmethoden sind in „D. Braun: Erkennen von Kunststoffen, Carl Hanser Verlag 1998" zu finden, s. auch DIN ISO 11469, Kunststoffe – sortenspezifische Identifizierung und Kennzeichnung von Kunststoff-Formteilen.

Tafel 2.11. Bestimmung der Kunststoffe

Physikalische Kenndaten

Gruppe und Stoff		Spez. Gewicht		Übliche Erscheinungsformen				Elastisches Verhalten			In Lösemittel, bei ca. 20 °C l = löslich, q = quellbar, u = unlöslich							
siehe Abschnitt	Kurzzeichen	ungefüllt g/cm³	gefüllt bis g/cm³	transparente dünne Folien	massive Werkstücke: glasklar	trüb bis opak	meist gefüllt	leder- oder gummiweich	schmiegsam, federnd	hart	Benzin	Benzol	Methylenchlorid	Diethylether	Aceton	Ethylacetat	Ethylalkohol	Wasser
4.1.1 ff	PE weich	0,92		+		+			+		u/q	q	u	u/q	u/q	u/q	u	u
	bis hart	0,96							+	+	u	u/q	u/q	u	u	u	u	u
4.1.5	PP	0,905	1,3*	+		+				+	u/q	u/q	u/q	u	u	u	u	u
4.1.8	PB	0,915				+			+	+	q	u/q	u	u/q	u	u/q	u	u
4.1.8	PIB	(0,93)	1,7				+	+			l	l	l	q	u	u	u	u
4.1.9	PMP	0,83			+					+	q	q	u	u	u	q	u	u
4.2.1	PS	1,05		+	+					+	q/l	l	l	u/q	l	l	u	u
4.2.2	SB	1,05			+	+			+	+	q/l	l	l	l	l	l	u	u
4.2.2	SAN	1,08	1,4*		+					+	u	l	l	l	l	l	u	u
											Lösungsgeschw. typabhängig							
4.2.2	ABS	1,06				+			+	+	q	l	l	l	l	l	q	u
4.2.2	ASA	1,07				+				+	q	l	l	q	l	l	q	u
4.2.6	PVC	1,39		+	+					+	u	u/q	q/l	u/l	u/q	u/q	u	u
		1,35										Cop. leichter q/l als PVC						
4.2.6	PVC-C	ca. 1,5		+	(+)					+	u	u/q	u	u	u/q	u	u	u
4.2.6	PVC-HI																	
	PVCEVA	1,2–1,35		+		+		+	+	+	u/q	u/q	q/l	u/q	q	u/q	u	u
	PVCPEC	1,3–1,35		+		+			+	+	u	q	q	u	u	u	u	u
4.1.3	PE-C	1,1–1,3			+			+	+		q	zwischen PE u. PVC je nach Cl-Gehalt						
4.2.7	PVC-P	1,2–1,35	1,6	+	+	+		+			u	q	q	q	q	q	q	u
											Weichm. (meist) mit Diethylether herauslösbar							
4.3.1	PTFE	2,0–2,3				+			+		u	u	u	u	u	u	u	u
4.3.2	FEP																	
4.3.2	PFA										PFA, ETFE, q in heißem CCl_4 u.ä.							
4.3.2	ETFE	1,70																
4.3.1	PCTFE	2,1			+	+			+	+	u	u	u	u	u	u	u	u
4.3.1	PVDF	1,7–1,8	–	+	(+)	+				+	u	u	q	u/q	q	u	u	u

Pyrolyse und Einzelnachweise

Langsames Erhitzen im Röhrchen s = schmilzt z = zersetzt sich	Reaktion der Schwaden a = alkalisch n = neutral s = sauer ss = stark sauer	Anzünden mit kleiner Flamme 0 = kaum anzündbar I = brennt in der Flamme, erlischt außerhalb II = brennt nach Anzünden weiter III = brennt heftig, verpufft	Art und Farbe der Flamme	Geruch der Schwaden beim Erhitzen im Röhrchen oder nach Anzünden und Ablöschen	Weitere Hinweise Nachweis von Leitelementen (N, CI, F, S, Si)
					Unterschiedliche Schmelzbereiche
wird klar, s, z, wenig sichtbare Dämpfe	n	II	gelb mit blauem Kern, tropft brennend ab	schwach paraffinartig, PP u. PB mit Beigeruch	105–120 °C 125–130 °C 165–170 °C 130–140 °C
s, vergast, Gase entzündbar	n	II	gelb, ruhig brennend	paraffin- und gummiartig	
s, z, vergast, etw. weißer Rauch	n	II	gelb mit blauem Kern, tropft ab	schwach paraffinartig	245 °C
					Bei Bruch von Hand:
schmilzt u. vergast	n	II	flackernd, gelb leuchtend, stark rußend	typisch leuchtgasartig	Sprödbruch
s, gelblich, z	n	II		wie PS+Gummi	Weißbruch
s, gelb, z	a	II		ähnlich PS, kratzend	N, Sprödbruch
z, wird schwarz	n	II		wie PS + zimtartig	N, Weißbruch
s, z, schwarzer Rückstand	s	II		wie PS + pfefferartig	
	ss	I			
erweicht, z wird braun schwarz	ss	I	gelb rußend unterer Flammensaum ein wenig grün gefärbt	Salzsäure (CHI) und brenzlicher Beigeruch	Cl, Unterscheidungsmerkmal Cl-Gehalt und Erweichungstemperatur
	ss, s	I/II			
	ss	I			
s, wird braun	ss	I/II	gelb, leuchtend, rußend	HCl + Paraffin	
ähnlich PVC	ss	I/II	leuchtend vom Weichm.	HCl + Weichmacher	versteift beim Herauslösen des Weichmachers
wird klar, s nicht, z bei Rotglut	ss	0	brennt nicht, blaugrüner Flammensaum, verkohlt nicht	bei Rotglut stechend: HF	F PFEP, PFA schmelzen bei 300 °C, ETFE bei 270 °C
s, z bei Rotglut	ss	0	wie PTFE sprühend	Salzsäure + Flußsäure	F, Cl
s, z bei hoher Temperatur	ss	0/I	kaum entflammbar	stechend (HF)	F

Tafel 2.11. (Forts.) Bestimmung der Kunststoffe

Physikalische Kenndaten

Gruppe und Stoff		Spez. Gewicht		Übliche Erscheinungsformen				Elastisches Verhalten			In Lösemittel, bei ca. 20 °C l = löslich, q = quellbar, u = unlöslich							
siehe Abschnitt	Kurzzeichen	ungefüllt	gefüllt bis	transparente dünne Folien	massive Werkstücke: glasklar	massive Werkstücke: trüb bis opak	massive Werkstücke: meist gefüllt	leder- oder gummiweich	schmiegsam, federnd	hart	Benzin	Benzol	Methylenchlorid	Diethylether	Aceton	Ethylacetat	Ethylalkohol	Wasser
		g/cm³	g/cm³															
4.2.10	PVAC	1,18		Dispersions-Grundstoff				+	+		u	l	l	q	l	l	l	u
4.2.10	PVAL	1,2–1,3		+				+	+		u	u	u	u	u	u	u	l[1]
													[1]) acetylgruppenfrei auch heiß					
4.2.10	PVB	1,1–1,2		Sicherheitsglas-Folie				+			u	q	q/l	u	q/l	q/l	l	u
4.4	PAE	1,1–1,2		Dispersions-Grundstoffe				+	+		u/l	l	l	u	l	l	l	u[1]
														[1]) Polyacrylsäure lösl.				
4.4.2	PMMA	1,18			+					+	u	l	l	u	l	l	u	u
4.4.2	AMMA	1,17			+ gelb					+	u	u	q	u	q	u	u	u
4.5	POM	1,41	1,6*			+				+	u	u	u	u	u	u	u	u
4.6	PA	1,14 / 1,02	1,4*	+		+			+	+	u	u	u	u	u	u	u	u
		1,12			+					+	u	u	q	u	q	u	u	u
4.7.1	PC	1,20	1,4*	+	+					+	u	q	l	q	q	q	u	u
4.7.3	PBT	1,35																
4.7.3	PBT	1,41	1,5*	+	+	+			+	+	u	u	q	u	u/q	q	u	u
4.8.1	PPS					+				+	u	u	u	u	u	u	u	u
4.8.2	PSU	1,24	1,5*		(+)	+			+	+	u	l	l	u	q	u/q	u	u
4.9	PPE		1,3*			+				+	u	l	l	u	u	u	u	u
4.12.1	PI	ca. 1,4		+ gelb		+				+	u	u	u	u	u	u	u	u
4.19.1	CA	1,3		+	+				+	+	u	u	q/l[1]	u	q/l[1]	q/l[1]	u	u
												[1]) je nach Acetylierungsgrad						
4.19.1	CAB	1,2		+	+					+	u	q	l	u	l	l	q	u
4.19.1	CP	1,2			+					+	u	u	q	u	l	l	q	u
4.19.1	CN	1,35–1,4		+	+				+	+	u	u	u	q	l	l	u	u
4.19.1	CH	1,45		+					+		u	u	u	u	u	u	u	u[1]
																[1]) erweicht		
4.19.1	VF	1,2–1,3				+			+	+	u	u	u	u	u	u	u	u

Pyrolyse und Einzelnachweise

Langsames Erhitzen im Röhrchen s = schmilzt z = zersetzt sich a = alkalisch n = neutral s = sauer ss = stark sauer	Reaktion der Schwaden	Anzünden mit kleiner Flamme 0 = kaum anzündbar I = brennt in der Flamme, erlischt außerhalb II = brennt nach Anzünden weiter III = brennt heftig, verpufft	Art und Farbe der Flamme	Geruch der Schwaden beim Erhitzen im Röhrchen oder nach Anzünden und Ablöschen	Weitere Hinweise Nachweis von Leitelementen (N, CI, F, S, Si)
s, braun, vergast	s	II	leuchtend, rußend	Essigsäure u. Beigeruch	
s, z, brauner Rückstand	n	I/II	leuchtend	kratzend	
s, z, schäumt	s	II	blau mit gelbem Rand	ranzige Butter	
s, z, vergast	n	II	leuchtend, etwas rußend	typisch scharf	
erweicht, z unter Aufblähen und Knistern, wenig Rückstand	n	II	brennt knisternd, tropft ab, leuchtend	typisch fruchtartig	gegossenes Acrylglas erweicht kaum
braun, dann s, z schwarz	a	II	rußend, etwas sprühend	erst scharf, dann kratzend	N
s, z, vergast	n (s)	II	blau, fast farblos	Formaldehyd	
wird klar, s z, braun	(a)	I/II	schwer anzündbar, bläulich gelber Rand, knisternd abtropfend, fadenziehend	typisch, verbranntem Horn ähnlich	N, Schmelztemperatur °C: PA46 295, PA66 255, PA6 220, PA11 185, PA12 175
s, zäh, farblos, z, braun	(s)	I	leuchtend, rußend, blasig, verkohlt	zunächst schwach, dann Phenol	Phenolnachweis
s, z, dunkelbraun weißer Beschlag oben	s	I/II	leuchtend, knisternd, tropft ab, rußt	süßlich kratzend	PETP schmilzt 255 °C PBTP schmilzt 255 °C
wird klar, s, dann braun	s	I	stark rußend	nach H_2S	
s blasig, Dämpfe nicht sichtbar, braun	ss	II	brennt schwer an, gelb, rußend verkohlt	zunächst wenig, im Röhrchen schließl. H_2S	
wird schwarz, s, z, braune Dämpfe	a	II	brennt schwer an, dann hell, rußend	zunächst gering, dann Phenol	
s nicht, bei starkem Erhitzen braun, glüht auf	a	0	glüht auf	bei starkem Erhitzen Phenol	
s, z, schwarz	s	II	schmilzt u. tropft, gelbgrün mit Funken	Essigsäure + verbrannes Papier	
s, z, schwarz	s	II	gelbleuchtend, brennend abtropfend	Essigsäure, Buttersäure, verbr. Papier	
s, z, schwarz	s	II	wie CAB	Propionsäure, verbr. Papier	
z heftig	ss	II	hell, heftig, braune Dämpfe	Stickoxide (Kampfer)	N
z, verkohlt	n	II	wie Papier	verbranntes Papier	
z, verkohlt	n	I/II	brennt langsam	verbranntes Papier	

Tafel 2.11. (Forts.) Bestimmung der Kunststoffe

Physikalische Kenndaten																		
Gruppe und Stoff		Spez. Gewicht		Übliche Erscheinungsformen				Elastisches Verhalten			In Lösemittel, bei ca. 20 °C l = löslich, q = quellbar, u = unlöslich							
siehe Abschnitt	Kurzzeichen	ungefüllt	gefüllt bis	transparente dünne Folien	massive Werkstücke: glasklar	massive Werkstücke: trüb bis opak	massive Werkstücke: meist gefüllt	leder- oder gummiweich	schmiegsam, federnd	hart	Benzin	Benzol	Methylenchlorid	Diethylether	Aceton	Ethylacetat	Ethylalkohol	Wasser
		g/cm³	g/cm³															
	[2]	1,25		technische Harze							u	u	u	u	l	u	l	(l)
4.17.1	PF	bis																
	[3]	1,3			(+)					+								
4.17.1	PF [4]		1,8–2				+			+								
4.17.1	PF [5]		1,4				+			+								
5.5.4.1	Hp [6]										u	u	u	u	u	u	u	u
			1,3–1,4				+			+								
5.5.4.1	Hgw [7]																	
5.5.4.1	Hgw [8]		1,8				+			+								
4.17.2	UF/MF			Leimharze							u	u	u	u	u	u	u	l
4.16	UF/MF[9]		1,5				+			+								
4.16	MF[10]		2,0				+			+								
											u	u	u	u	u	u	u	u
4.16	MF+PF[11]		1,5				+			+								
5.5.4.1	Hgw[12]		1,8				+			+								
4.17.2	UP	ca. 1,2			+					+								
	[13]	1,3																
4.16	UP [14]		1,4–2			+	+			+	u	u	q	u	q	q	u	u
4.17.6	EP	ca. 1,2			+					+	u	u	q	u	q	q	u	u
4.17.6	EP [15]		1,7–2				+			+								
4.15.2	PUR [16]	1,26				+		+	+	+	u	u	q	u	q	q	u	u
	[17]	1,17–1,22		+		+		+			u	q	q	u	q	q	u	u
	[18]	>>1				+		+	+	+	u	q	q	u	q	q	u	u
7.1.6	SI [19]	1,25					+	+			q	q	q	u	u	u	u	u

[1] mit Glasfaser (o. ä.) verstärkt, steif
[2] nicht gehärtet
[3] Preß- oder Gießharz
[4] Typen 11–16: Preßstoffe, min. gef.
[5] Typen 30–84: Preßstoffe, org. gef.
[6] Hartpapier, ähnl. Preßschichtholz
[7] Hartgewebe mit Baumwolle
[8] mit Asbest- oder Glasfaser
[9] Typen 131, 152–154; org. gef. Preßstoffe
[10] Typen 155–157, min. gef. Preßstoffe
[11] Typen 180–182, org. gef. Preßstoffe
[12] 2272: MF + Glasseidengewebe
[13] selbstlöschend eingestellt
[14] typ. (Schicht-)Preßstoffe, min. gef. Glasfaser-Laminate
[15] typ. (Schicht-)Preßstoffe, GF-Laminate
[16] vernetzt
[17] linear gummielastisch
[18] Schaum
[19] vorwiegend Silikonkautschuk

Pyrolyse und Einzelnachweise

Langsames Erhitzen im Röhrchen s = schmilzt z = zersetzt sich	Reaktion der Schwaden a = alkalisch n = neutral s = sauer ss = stark sauer	Anzünden mit kleiner Flamme 0 = kaum anzündbar I = brennt in der Flamme, erlischt außerhalb II = brennt nach Anzünden weiter III = brennt heftig, verpufft	Art und Farbe der Flamme	Geruch der Schwaden beim Erhitzen im Röhrchen oder nach Anzünden und Ablöschen	Weitere Hinweise Nachweis von Leitelementen (N, CI, F, S, Si)
s, z					
	n	I	brennt schwer an, hell, rußend	Phenol, Formaldehyd	
z, springt		0/I	hell, rußend	Phenol, Formaldehyd, ev. Ammoniak	
z, springt	n(a)	I/II	verkohlt		
z, Schichtentrennung	n	II	hell, rußend	wie oben + verbr. Papier	
z, springt	n	0/I	Gerüst bleibt	Phenol, Formaldehyd	
z, springt, Dunkelfärbung, Aufblähen	a	0/I	kaum anzündbar, Flamme leicht gelb, Stoff verkohlt mit weißen Kanten Gerüst bleibt	Ammoniak, Amine, widerlicher fischiger Beigeruch (vor allem bei Thioharnstoff), Formaldehyd	N, bei Thioharnstoff auch S
wird dunkel, s springt, z ev. weißer Beschlag	n (s)	II (I)	leuchtend gelb rußend ungefüllt unter Erweichen, sonst knackend, verkohlt, Glasfaser-Rückstand	Styrol und scharfer Beigeruch	Anzündbarkeit hängt auch von Füllung und Pigmentierung ab
Dunkelfärbung vom Rand, z, springt ev. weißer Beschlag (unvernetzt)	n oder a (s)	II I/II	schwer anzündbar, brennt mit kleiner gelber Flamme, rußt	je nach Härter esterartig oder Amine (ähnlich PA), später Phenol	N bei Aminhärter oder Spezialharzen
s bei kräftigem Erhitzen, dann z	n	II	schwer anzündbar, gelb leuchtend,	typisch unangenehm stechend (Isocyanat)	N
s	s	II	schäumt,		
z	a		tropft ab		
nur bei starkem Erhitzen z, weißes Pulver	n	0	allenfalls Glimmen in der Flamme	weißer Rauch, zerklüfteter weißer SiO_2-Rückstand	Si

Tafel 2.12. Vergleich verschiedener Kunststoff-Gruppen

	Struktur	Erscheinungsform*	Dichte (g/cm^3)	Verhalten beim Erwärmen	Verhalten beim Behandeln mit Lösungsmitteln
Thermoplaste	lineare oder verzweigte Makromoleküle	teilkristallin: biegsam bis hornartig; trüb, milchig bis opak; nur in dünnen Folien klar durchsichtig	0,9 bis etwa 1,4 (Ausnahme PTFE: 2–2,3)	erweichen; schmelzbar, dabei klar werdend; oft fadenziehend; schweißbar (Ausnahmen möglich)	quellbar, in der Regel in der Kälte schwer löslich, aber meist bei Erwärmen, z. B. Polyethylen in Xylol
		amorph: ungefärbt und ohne Zusätze glasklar; hart bis (z. B. bei Weichmacherzusatz) gummielastisch	0,9 bis 1,9		von wenigen Ausnahmen abgesehen löslich in bestimmten organischen Lösungsmitteln, meist nach vorherigem Quellen
Duroplaste (Duromere) in verarbeitetem Zustand	(meist) engmaschig vernetzte Makromoleküle	hart; meist gefüllt und dann undurchsichtig, Füllstoff-frei transparent	1,2 bis 1,4; gefüllt 1,4 bis 2,0	bleiben hart: nahezu formstabil bis zur chemischen Zersetzung	unlöslich, quellen nicht oder nur wenig
Elastomere	(meist) weitmaschig vernetzte Makromoleküle	gummielastisch dehnbar	0,8 bis 1,3	fließen nicht bis nahe an die Zersetzungstemperatur	unlöslich, oft aber quellbar

* Als grobes Maß für die Härte eines Kunststoffs kann das Verhalten beim Ritzen des Fingernagels dienen: harte ritzen den Nagel, hornartige sind etwa gleich hart, biegsame oder gummielastische lassen sich mit dem Fingernagel ritzen oder eindrücken.

3 Verarbeitungsverfahren

3 Verarbeitungsverfahren

In Kap. 1 wurden die Verfahren dargelegt, nach denen aus den Grundbausteinen (niedermolekulare Ausgangsstoffe) die makromolekularen Kunststoffe erzeugt werden. Grundsätzlich lassen sich diese Verfahren bei allen Kunststoffarten, seien es Duroplaste, Thermoplaste, Thermoelaste oder Elastomere, so anwenden, daß in einem Arbeitsgang im wesentlichen fertige Formteile erzeugt werden. Die Synthese findet beim Formgebungsvorgang statt. Während bei Duroplasten und Elastomeren dies der Regelfall ist, werden Formteile aus Thermoplasten und Thermoelasten über einen thermischen Umformungsprozeß aus den hochmolekularen Formmassen erzeugt.

3.1 Thermische Zustandsbereiche

In Bild 2.44 ist der Schubmodul der vier Kunststoffarten über der Temperatur dargestellt. Anhand dieser Kurven lassen sich die möglichen Verarbeitungsverfahren ableiten.

Duroplaste

gehen mit zunehmender Temperatur vom harten Zustand (1) in den Bereich der thermischen Zersetzung (5) über, ohne so weit zu erweichen, daß eine Umformung möglich wäre. Diese Kunststoffe werden bei der Synthese in die endgültige Form gebracht. Sie können nur noch durch eine mechanische Bearbeitung oder durch Kleben weiter verarbeitet werden.

Thermoplaste

durchlaufen vor dem Erreichen des Bereichs der thermischen Zersetzung (5) einen Temperaturbereich, in dem sie reversibel umformbar sind. Die amorphen Thermoplaste weisen oberhalb der Glasübergangstemperatur Tg, der Schubmodul fällt hier stark ab, eine Art gummielastischen Bereich auf (3). In diesem Temperaturbereich läßt sich der Thermoplast unter Anwendung relativ geringer Kräfte umformen, muß aber unter Formzwang abgekühlt und in den glasartigen Zustand (1) überführt werden, da er sich sonst wieder in den Ausgangszustand zurückverformt: Warmformen, Umformen, Tiefziehen. Bei diesem Umformvorgang werden die Moleküle in Verformungsrichtung verstreckt. Bei teilkristallinen Kunststoffen ist der gummielastische Bereich in der Regel nicht ausgebildet, er kann aber z.B. durch eine Vernetzung erreicht werden. Amorphe Thermoplaste gehen nach dem gummielastischen in einen hochviskosen Zustand (4) über, während die teilkristallinen Thermoplaste nach Überschreiten der Schmelztemperatur Ts eine dünnflüssige Schmelze bilden (4). In diesem Temperaturbereich finden die für Thermoplaste charakteristischen Verarbeitungsverfahren wie das Spritzgießen und Extrudieren statt.

Thermoelaste

weisen einen ausgeprägten gummielastischen Bereich (3) auf, in dem sie aber im Gegensatz zu den Thermoplasten nicht bleibend umformbar sind, da sie leicht chemisch bzw. physikalisch vernetzt sind. Oberhalb dieser Temperatur (Bereich 3) gehen sie jedoch in einen viskosen Zustand (4) über, in dem sie wie Thermoplaste verarbeitbar sind.

Elastomere

weisen aufgrund einer chemischen Vernetzung der Moleküle einen ausgeprägteren gummielastischen Bereich auf, der bei höheren Temperaturen in den Bereich der thermischen Zersetzung (5) übergeht, eine plastische Formgebung ist also wie bei den Duroplasten in der Regel nicht möglich.

Gleitende Übergänge zwischen diesen vier Verhaltensweisen sind durch Blends oder bei Mischungen möglich und üblich.

3.2 Verarbeitung Thermoplaste und Thermoelaste

3.2.1 Aufbereiten von Formmassen

Unter Aufbereitung versteht man alle Arbeitsgänge, denen ein Rohstoff unterworfen wird, bevor die Formmasse dem eigentlichen Verarbeitungsprozeß zur Herstellung von Formteilen zugeführt wird. Hierzu gehören das Einarbeiten von Zusätzen wie Farbstoffe, Füll- und Verstärkungsstoffe, Weichmacher, Gleitmittel, Stabilisatoren, Flammschutzmittel, Treibmittel, Lösemittel oder anderer Polymere, sowie die Umwandlung der Formmasse in eine geeignete Form (Granulat, Pulver, Paste, Lösung, Dispersion). Die wichtigsten Aufbereitungsvorgänge sind das Mischen, Dispergieren, Kneten, Lösen oder Granulieren, für die Spezialanlagen entwickelt wurden.

3.2.1.1 Rotierende Feststoff-Mischbehälter

Die einzelnen Bauarten unterscheiden sich durch die Ausbildung der Mischtrommel zur Erzeugung unterschiedlicher Mischwirkungen. Es gibt einfache Rollfässer, Fässer mit Taumelbewegungen, Röhnradmischer, Taumelmischer für größere Volumina, Doppelkonusmischer und V- oder Hosenmischer. Sie werden als Vormischer für rieselfähige Produkte und Zuschlagstoffe für die Weiterverarbeitung auf Schneckenknetern, Extrudern oder Spritzgießmaschinen oder zum Nachmischen fertiger Compounds zur Chargenvereinheitlichung und zur eventuellen Trocknung verwendet.

3.2.1.2 Feststoff-Mischer mit rotierenden Werkzeugen

Die Werkzeuge arbeiten mit Umfangsgeschwindigkeiten von weniger als 2 m/s bis 50 m/s. Mit zunehmender Geschwindigkeit wird die Behandlung weniger schonend, die Mischzeiten werden geringer und die Zerteileffekte und Energieaufnahme nehmen zu. Man unterscheidet diskontinuierliche und kontinuierliche Mischer. Bei den kontinuierlichen Mischern weisen die Mischelemente eine zusätzliche Förderwirkung auf.

Typische Bauarten der Mischer zeigt Bild 3.1, wobei die rotierenden Wellen mit unterschiedlichen Mischelementen wie Schneckenbänder, Schaufeln, Spiralen oder Paddeln bestückt sein können. Beim Kegel-Schnekken-Mischer wird die Schnecke so angetrieben, daß sie außer um ihre Längsachse auch planetenartig in einer Kreisbahn an der Innenwand eines konusförmigen Behältes vorbeiwandert. Solche Mischer haben ein Nutzvolumen bis zu 30000 l, die Silo-Senkrechtmischer bis zu 100000 l. Das Nutzvolumen der diskontinuierlichen Mischer mit einer horizontalen Welle beträgt bis zu 30000 l, der Durchsatz der kontinuierlichen Mischer bis zu 450000 l/h.

Mischer mit rotierenden Werkzeugen werden für alle Mischaufgaben eingesetzt. Zum Heißmischen oder Plastifizieren von PVC werden Heiz-Kühlmischer-Kombinationen aus Trog- oder Schaufelmischern verwendet. Silo-Senkrecht- oder Kegel-Schneckenmischer dienen zum Vereinheitlichen größerer Granulatmengen.

3.2.1.3 Schneckenkneter für viskose Stoffe

Schneckenkneter werden zum kontinuierlichen Aufbereiten (Compoundieren) von Kunststoffen zu verarbeitungsfähigen Formmassen verwendet. Die vorgemischte oder über Dosierwaagensysteme kontinuierlich dosierte Rezeptur wird aufgeschmolzen und bis in den Mikrobereich hinein homogen vermischt. Gasförmige Bestandteile können in Entgasungszonen ausgedampft werden, chemische Reaktionen sind durchführbar. Man unterscheidet ein- und zweiwellige Kneter.

Einwellige Kneter

In ihrem grundsätzlichen Aufbau sind sie den Plastifiziereinheiten der Spritzgießmaschinen oder den Extrudern ähnlich, s. Abschn. 3.2.2 und 3.2.4. In einem *Plastifikator* wird PVC-weich über eine Dosierschnecke einem konusförmigen Misch- und Scherteil zugeführt, dort durch Scherung plastifiziert und über eine nachgeschaltete Schnecke ausgetragen.

Der ebenfalls einwellige *Ko-Kneter* führt neben der Rotation eine axial oszillierende Bewegung aus, Bild 3.2. In den Lücken zwischen Schnekkenflügeln und feststehenden Knetzähnen wird das Material in axialer und radialer Richtung geschert. Der Austrag erfolgt bei der Kalanderbeschickung direkt am Ende des Kneters oder über eine meist rechtwinklig zum Kneter angeordnete einwellige Schnecke in einen Granulator.

Normale Einschneckenextruder für das Spritzgießen oder Extrudieren weisen eine geringe Mischwirkung auf. Diese Mischwirkung kann durch den Einbau von Mischteilen oder Scherteilen nach Bild 3.3a und 3.3b verbessert werden. Z.B. wird in wassergekühlten Extrudern mit Schneckenlängen von 24 bis 40D PE-LD in zwei bis vier hintereinandergeschalteten

Diskontinuierliche Mischer			Kontinuierliche Mischer
Langsam-Läufer		Schnell-Läufer	V_u wie für die jeweilige diskontinuierliche Ausführung
$V_u \leq 2$ m/s $Fr \leq 1$	$V_u = 2–12$ m/s $Fr > 1$	$V_u = 12–50$ m/s $Fr >> 1$	
a 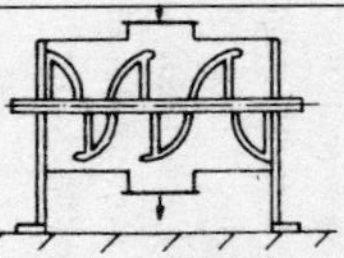 Schneckenbandmischer			b  Schneckenbandmischer
			c  Doppelspiralenmischer
	d 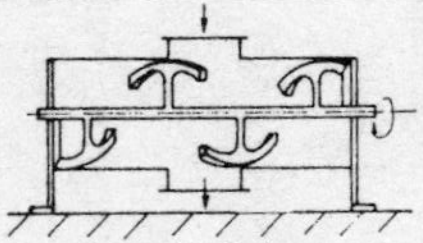 Schaufelmischer		e 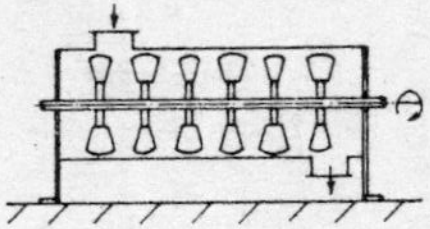 Schaufelmischer
	f 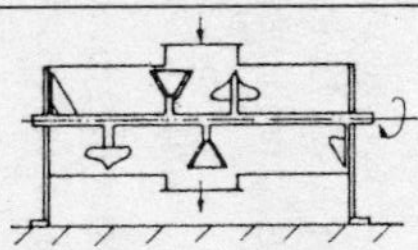 Pflugscharmischer		g 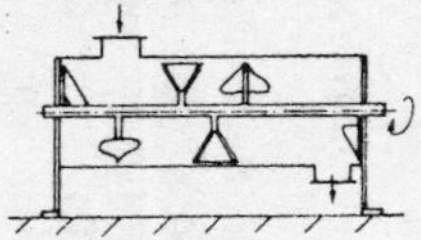 Pflugscharmischer

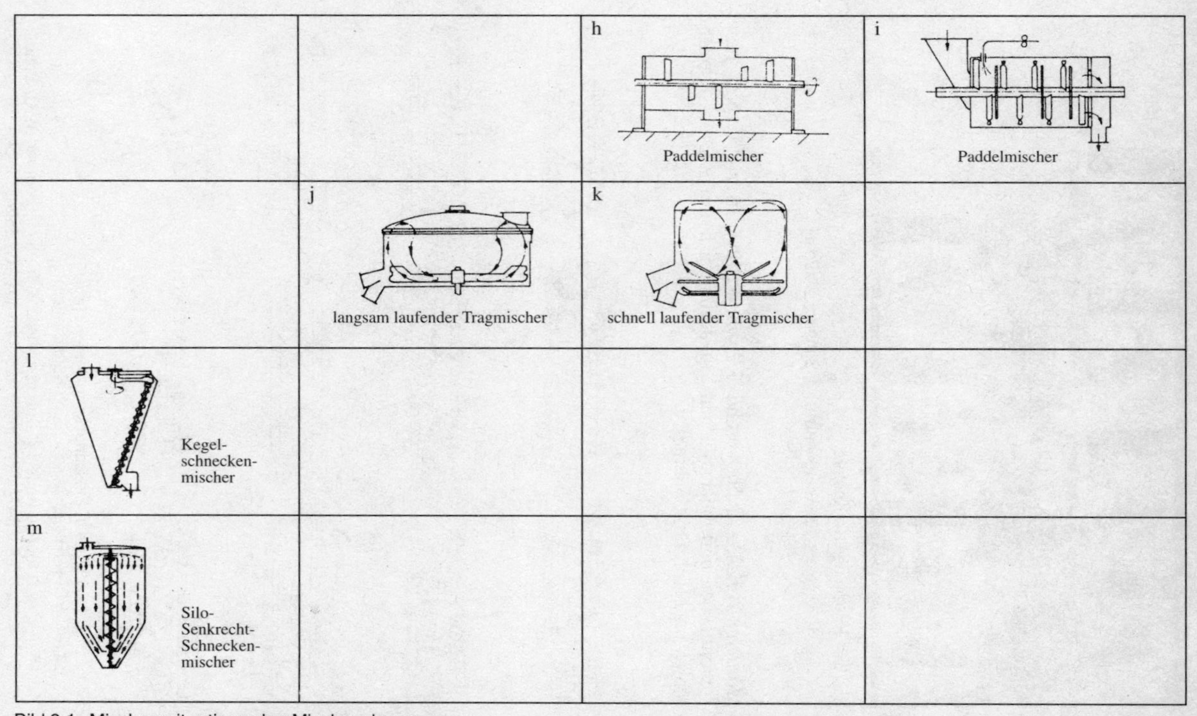

Bild 3.1. Mischer mit rotierenden Mischwerkzeugen

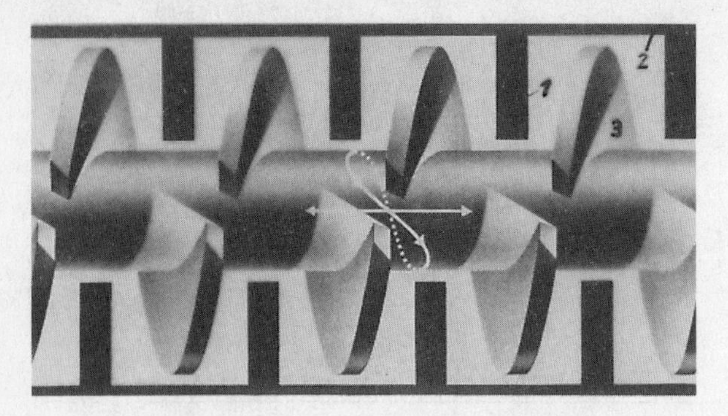

Bild 3.2. Prinzip des Ko-Kneters
1: Knetzahn, 2: Knetgehäuse, 3: Schneckenflügel

Maillefer-Zonen, s. auch Abschn. 3.2.4 und Bild 3.36, zur Verbesserung der optischen und mechanischen Eigenschaften homogenisiert. Die Beschickung erfolgt mit Schmelze.

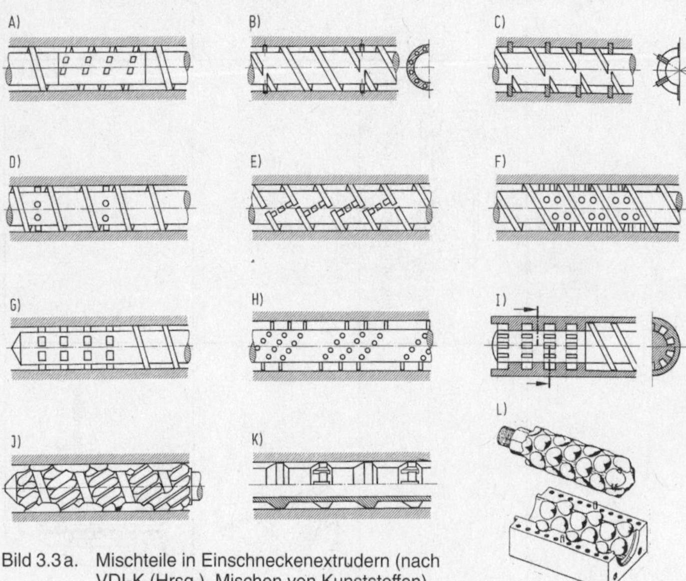

Bild 3.3a. Mischteile in Einschneckenextrudern (nach VDI-K (Hrsg.), Mischen von Kunststoffen)

A) Gegengewinde mit Durchbrüchen, B) Ring mit Bohrungen, C) Stifte im Gehäuse, D–F) Stifte im Schneckenkanal, G) Zahnscheiben, H) versetzte Stifte, I) Nocken im Zylinder und Schnecke, J) verdrehte Nuten, K) Ringspalt-Lücken-Mischteil, L) Kugelabdrücke in Welle und Zylinder

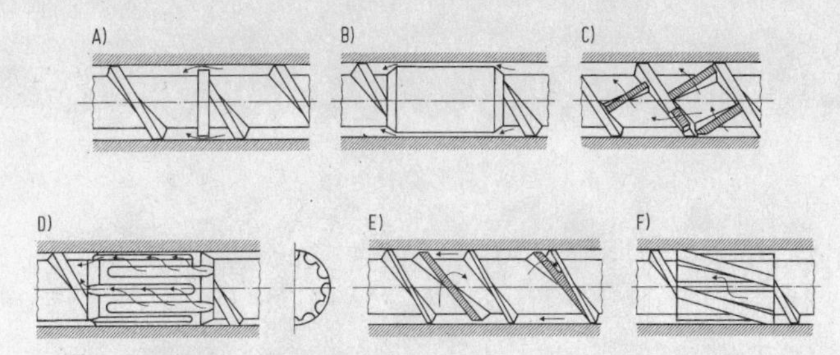

Bild 3.3b. Scherteile in Einschneckenextrudern (nach VDI-K (Hrsg.), Mischen von Kunststoffen)

A) Stauring, B) Schertorpedo, C) Stauleiste, D) Maddock-Scherteil (Sacknuten-Torpedo), E) Maillefer-Scherteil, F) Tröster-Scherteil

Zweiwellige Kneter

Gleichläufige Schneckenkneter mit ineinandergreifenden Schnecken werden am häufigsten zur Aufbereitung eingesetzt. Bei den sog. *ZSK*- oder *ZE-Maschinen* sind die Schnecken und Gehäuse nach dem Baukastenprinzip aufgebaut, Bild 3.4 und 3.5. Die einzelnen Elemente werden auf die Schneckenwellen aufgeschoben. Die Art und Abfolge der Förder-, Knet- und Dichtelemente können der Aufgabe entsprechend gewählt werden. Für die Entgasung oder Zugabe von Feststoffen, Schmelzen, Pasten oder Flüssigkeiten können entsprechende Gehäuseelemente eingebaut werden. ZSK-Maschinen sind selbstreinigend und können elektrisch, mit Flüssigkeiten oder mit Dampf beheizt werden.

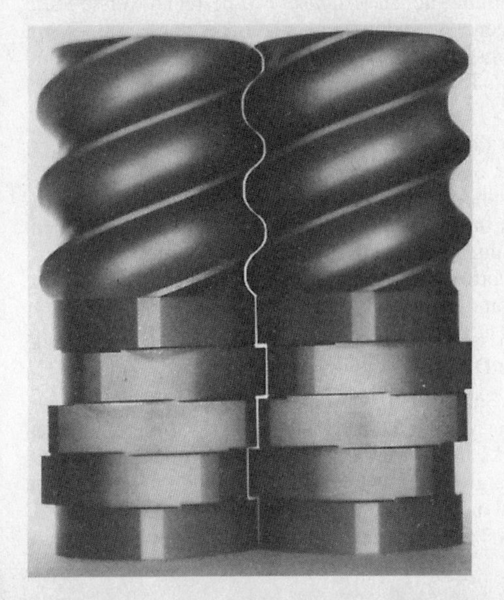

Bild 3.4.

Dichtprofil bei Schneckenelementen und Knetscheiben des zweiwelligen Schneckenkneters

Werkfoto: Werner & Pfleiderer, Stuttgart

Bild 3.5. Baukastensystem eines Gleichdrallschneckenkneters
Werkfoto: Werner & Pfleiderer, Stuttgart

Während bei der normalen ZSK-Maschine die Schmelze direkt am Schneckenende ausgetragen wird, erfolgt dies bei der Kombiplast-Maschine über eine rechtwinklig angeordnete, einwellige Schnecke mit einer Einzugs- und Entgasungszone, Endplastifizierzone und einer Druckaufbau- und Austragszone. Sie wird für empfindliche Kunststoffe wie PVC, vernetzbares PE oder hochmolekulare technische Kunststoffe eingesetzt.

Der *Doppelschnecken-Knetmischer MPC* arbeitet ähnlich wie die Kombiplast-Maschine. Das Gehäuse ist aufklappbar. Die Schnecken können in einem Stück gefertigt werden oder mit Aufsteckelementen. Ein Spalt am Ende der Aufbereitungszone kann durch Verschieben der Schnecken verstellt und damit die Knetwirkung beeinflußt werden.

Beim zweistufigen, kontinuierlichen *Mischer FCM* besteht die erste Stufe aus einem zweiwelligen, gegenläufigen, nicht ineinandergreifenden Schneckenteil als Einzugszone, die in eine Mischkammer mit Kneter und Knetschaufeln übergeht. Den zweiten Teil bildet der Schmelzeaustragextruder.

Knetschneckenextruder (Typ KEX, Fa. Drais) sind kontinuierlich arbeitende Dispersionskneter. Sie bestehen aus einer Einzugszone mit Einfach- oder Doppelschnecke, einer Austragsschnecke und dazwischen angeordneten Rotor-Stator-Paarungen, die jeweils eine Mischkammer bilden. Zwischen den Mischkammern sind Förderelemente verschiedener Konfiguration angeordnet. Vorteile: Hohe wirksame Oberfläche, einstellbare Scherwirkung, hohe Homogenisierwirkung.

Tafel 3.1 zeigt eine Übersicht über Schneckenkneter, Bild 3.6 Beispiele für Einsatzbereiche von Dispersionsanlagen.

Eine Sonderform der Schneckenkneter ist der *Scherwalzen-Extruder*, Bild 3.7. Er vereinigt die Vorteile vom geschlossenen Extruder mit denen eines offenen Walzwerks und wird zum Komprimieren, Aufschmelzen, Homogenisieren, Dispergieren, Trocknen und Granulieren von Stoffen mittlerer bis hoher Viskosität im Temperaturbereich von 20 bis 280 °C eingesetzt. Die beiden sehr langen, gegenläufigen Walzen sind horizontal

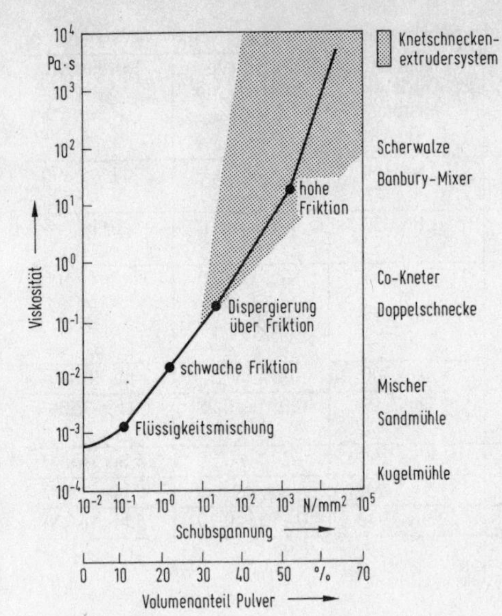

Bild 3.6
Beispiele für Einsatzbereiche von Dispersionsanlagen

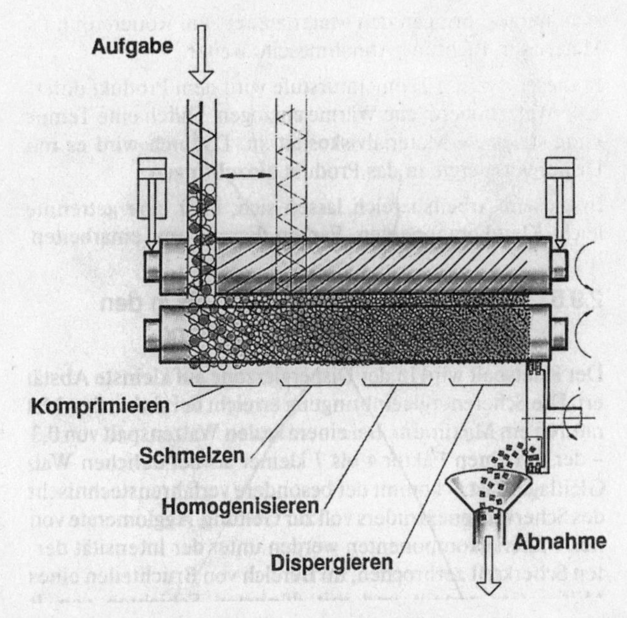

Bild 3.7. Verfahrensvorgänge beim Scherwalzenextrudieren

Tafel 3.1. Übliche Baugrößen, Antriebsleistungen, Durchsätze von Schneckenknetern

Maschinentyp	Schneckendurchmesser mm	Installierte Antriebsleistung kW	Maximale Energiedichte kWh/kg	Durchsatz kg/h
Plastifikator	230/300 bis 350/555[1])	22 bis 160	0,07 bis 0,1	200 bis 2 300
Ko-Kneter[2])	46 bis 400	11 bis 650	0,08 bis 1,1	10 bis 8 000
Einwelliger Schmelze-Homogenisierextruder	300 bis 600	1 000 bis 5 000	ca. 0,24	4 000 bis 22 000
ZSK	25 bis 300	5 bis 4 300	0,17 bis 5	1 bis 30 000
Kombiplast KP[2])	57 bis 130	17 bis 355	0,05 bis 0,28	60 bis 7 500
ZE	25 bis 230	10,5 bis 3 900	0,24 bis 0,30	35 bis 16 000
MPC[2])	51 bis 355	11 bis 1 800	ca. 0,16	70 bis 11 500
FCM[2])	50 bis 381	22 bis 2 940	0,18 bis 0,29	75 bis 16 000

[1]) Durchmesser des Knetkonus am Anfang/Ende,
[2]) Angaben für Kneter ohne Austragsschnecke

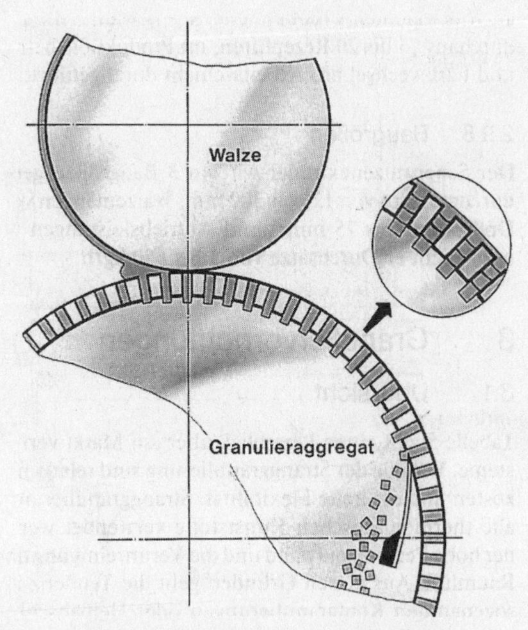

Bild 3.8. Einströmvorgang in die Bohrungen des Granulierzylinders

nebeneinander angebracht und mit ebenfalls gegenläufigen, schraubenförmigen und scharfkantigen Schernuten versehen. Diese bewirken eine Förderung des Materials von einem Ende der Walzen zum anderen. Die Breite des Scherspalts zwischen den Walzen kann eingestellt werden und zwar so, daß sie zum Walzenende hin auf 0,3 bis 0,5 mm abnimmt, um die Scherwirkung zu erhöhen. Im gesamten Arbeitsbereich der Walzen lassen sich über geeignete Fördereinrichtungen Zuschlagstoffe wie Füllstoffe, Fasern oder Farbstoffe mit fast beliebiger Konsistenz in den Walzenspalt eindosieren. Das fertige Compound wird entweder als Band von der Walze abgenommen oder granuliert, Bild 3.8. Die Masse wird durch die Bohrungen eines Granulierzylinders gepreßt. Die auf der Innenseite dieses Zylinders austretenden zylindrischen Noppen werden abgeschnitten und in einem Luftstrom abgekühlt. Die Durchsätze der z.Zt. gefertigten Geräte liegen bei 5 bis 650 kg/h.

3.2.1.4 Sonstige Mischer für viskose Stoffe

Kneter mit oder ohne Stempel wurden für die Aufbereitung von Kautschukmischungen entwickelt und werden heute noch für ABS eingesetzt, Bild 3.9. Gegenläufig rotierende Knetschaufeln rotieren in muldenförmigen Mischkammern, wobei die ineinandergreifenden Schaufeln eine höhere Energieeinleitung in die Mischung bewirken als die tangierenden Rotorsysteme, Bild 3.10.

Doppelschaufelige Trogkneter werden zur Aufbereitung niedrigviskoser Kunststoffe, sowohl als Laborgeräte mit einem Volumen bis 10 l Inhalt als auch als Produktionskneter mit einem Volumen bis zu etwa 4000 l eingesetzt, Bild 3.11.

Rührwerksmischer eignen sich zur Bildung von Lösungen und Pasten mit Viskositäten bis zu etwa 150 Pa · s, Bild 3.12.

Walzwerke, wie sie in der Kautschukaufbereitung Verwendung finden, spielen für Kunststoffe nur noch eine untergeordnete Rolle.

3.2.1.5 Herstellung von Thermoplast-Prepregs

Glasmattenverstärkte Thermoplaste (GMT) sind Ausgangs-Halbzeuge zur Herstellung von langfaserverstärkten Formteilen nach dem Preßverfahren mit Glasfasergehalten von 20 bis 50%. Sie werden nach dem Verfahren der Extruderbeschichtung, s. Abschn. 3.2.7, oder aus Thermoplastfolien und GF-Matten in Doppelbandpressen zu Platten mit einer Dicke von 2 bis 4 mm laminiert. Andere Verfahren arbeiten mit wäßrigen Aufschwemmungen von 5 bis 20 mm langen Fasern und Thermoplastpulvern, die in schnellaufenden Kreiselmischern zu Dispersionen gemischt, auf Papiermaschinensieben kontinuierlich entwässert und bis zu mehreren mm dicken luftdurchlässigen Schnittmatten-Bahnen mit Glasgehalten bis zu 70% getrocknet werden.

Sogenanntes Organoblech wird in einem kontinuierlichen Prozeß hergestellt. Im Einzugsbereich einer isobaren, beheizten Doppelbandpresse

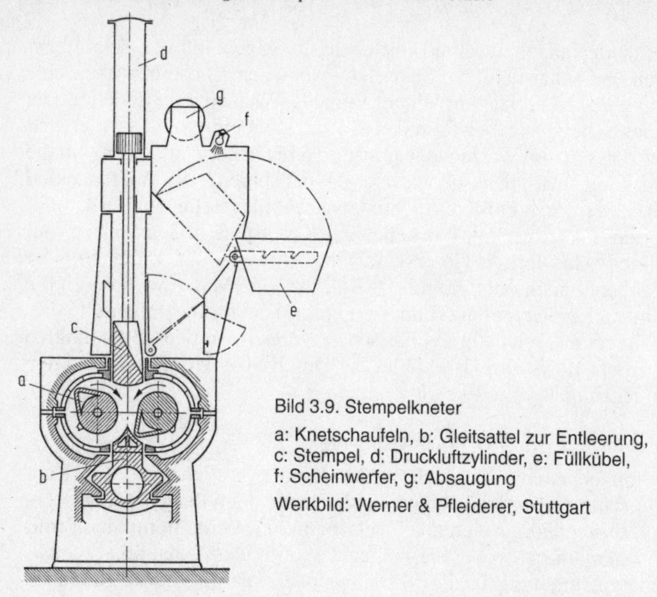

Bild 3.9. Stempelkneter

a: Knetschaufeln, b: Gleitsattel zur Entleerung, c: Stempel, d: Druckluftzylinder, e: Füllkübel, f: Scheinwerfer, g: Absaugung

Werkbild: Werner & Pfleiderer, Stuttgart

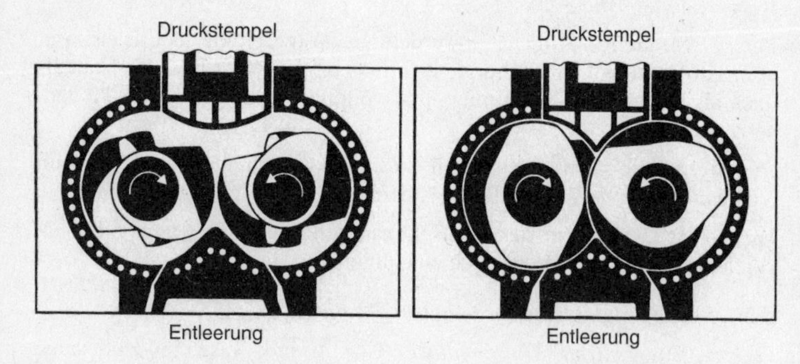

Bild 3.10. Rotorgeometrien und Anordnung in Innenmischern für die diskontinuierliche Gummiaufbereitung.

links: tangierende Rotoren, rechts: ineinandergreifende Rotoren

wird mit Hilfe einer Streueinrichtung Thermoplastpulver zwischen die Verstärkungslagen eingebracht, aufgeheizt und zwischen die Filamente gepreßt.

Hybrid-Rovings (Twintex, Fa. Vetrotex) entstehen, indem bei der Herstellung von Glasrovings im Ziehprozeß Thermoplast-Filamente (PP, PE, PET) in den Roving mit eingebracht werden. Glasgehalt 40 bis 76 Gew. %, Verarbeitung: Wickeln, Pressen, auch in Kombination mit GMT.

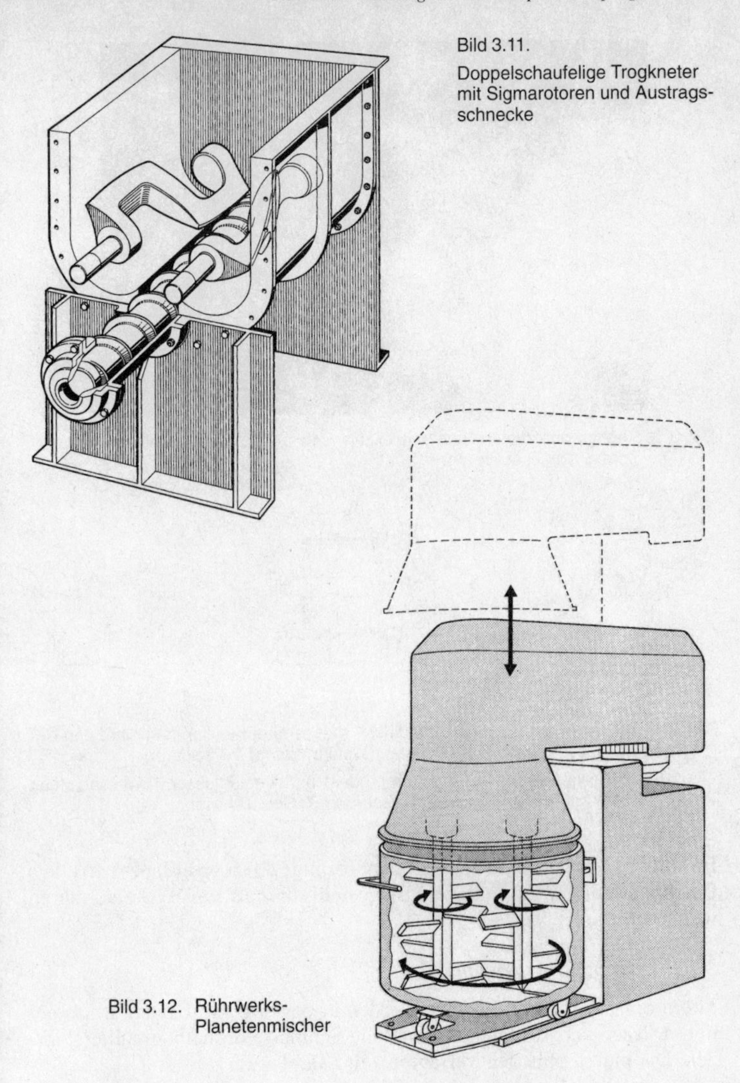

Bild 3.11.
Doppelschaufelige Trogkneter mit Sigmarotoren und Austragsschnecke

Bild 3.12. Rührwerks-Planetenmischer

Für *thermoplastische Hochleistungs-Prepregs* kommt das Laminieren von Folien mit Glasgeweben, Geweben oder Fasergelegen aus Kohlenstoff- oder Aramidfasern sowie Pulveraufgabe auf Filamente im Wirbelbett oder Verfahren der Papiertechnik in Betracht. Auch das Laminieren von Hybrid-Textilien aus Matrix- und Stützfasern ist aussichtsreich. Ebenso ist das Tränken mit Lösungen möglich.

Bild 3.13. Luftgranuliervorrichtung mit exzentrisch angeordneter Messerachse (System Werner & Pfleiderer)

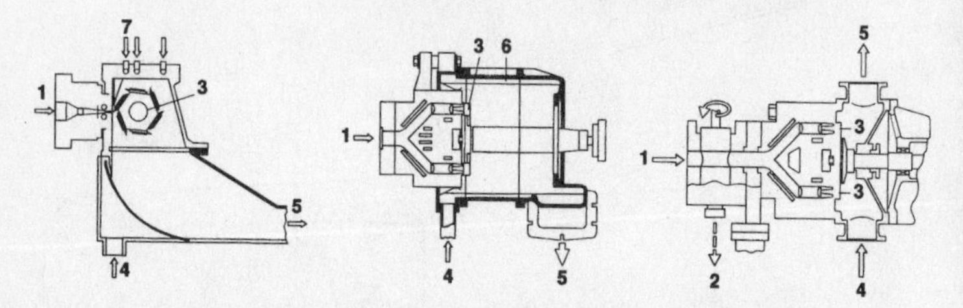

Bild 3.14. Messerwalzengranulierung (links), Wasserringgranulierung (Mitte) und Unterwassergranulierung (rechts) (System Werner & Pfleiderer)

1: Polymerschmelze, 2: Anfahrprodukt, 3: Schneidmesser, 4: Wasserzufuhr, 5: Granulate in Wasser, 6: Wasserring, 7: Sprühwasser

Im Pultrusionsverfahren werden bandförmige Prepregs (Tapes) z.B. aus PEEK-getränkten Carbonfasern hergestellt, die z.B. im Wickelverfahren weiterverarbeitet werden.

3.2.1.6 Granuliervorrichtungen

Thermoplastische Formmassen werden in der Regel in Granulatform geliefert. Nach der Aufbereitung muß die Schmelze deshalb granuliert werden. Die hierzu üblichen Verfahren zeigt Tafel 3.2.

Beim *Heißabschlag* (Kopfgranulierung) wird die Schmelze in Lochplatten zu Strängen geformt, die unmittelbar beim Austritt aus der Lochplatte auf Kornlänge geschnitten und abgekühlt werden. Die Bilder 3.13 und 3.14 zeigen Granuliervorrichtungen, die in Luft, einer Luft-Wasser-Verwirbelung oder unter Wasser arbeiten. Bei einem wenig zum Kleben neigenden Kunststoff wie PVC kann die Abkühlung auch in der Luft erfolgen, sonst wird hierzu Wasser benutzt. Danach ist eine Trocknung anzu-

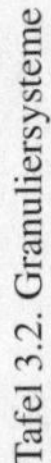

Tafel 3.2. Granuliersysteme

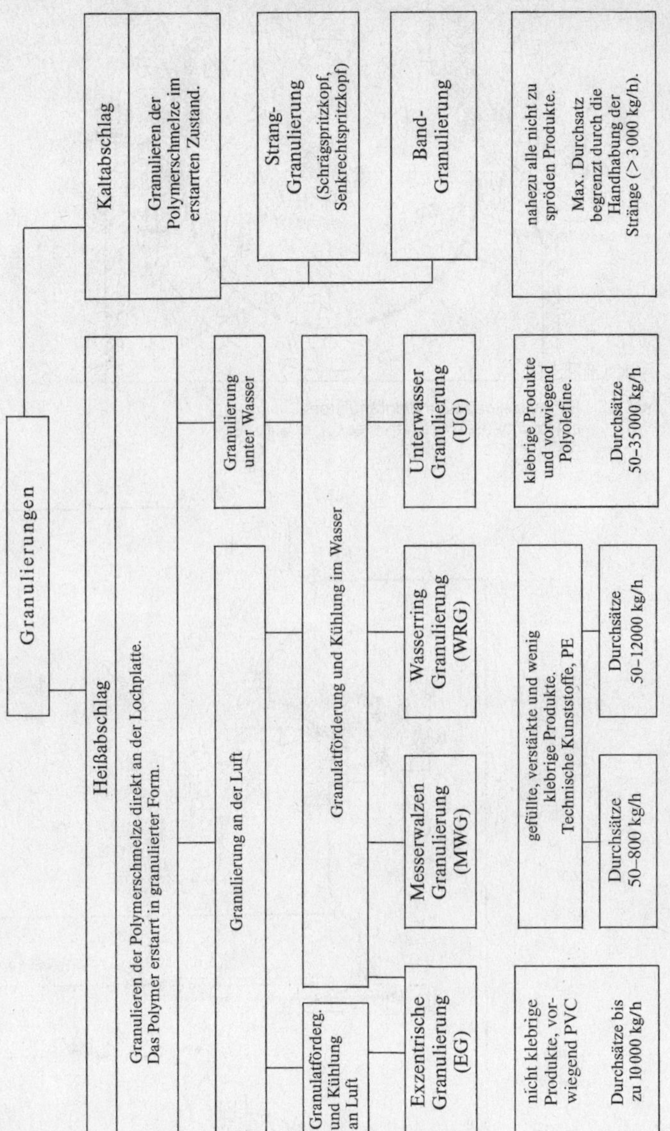

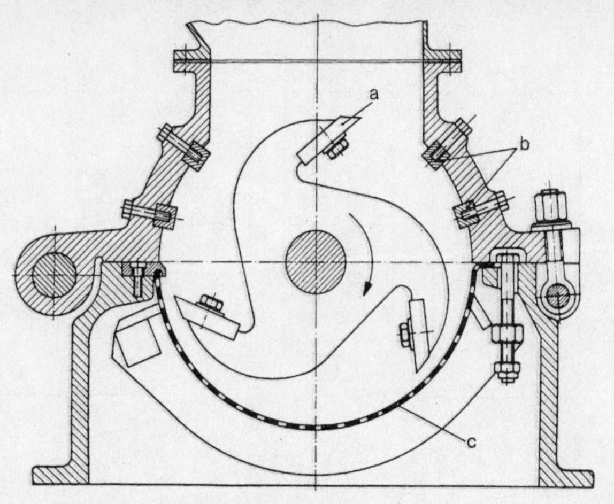

Bild 3.15. Schema eines Schneidgranulators
a: Rotormesser, b: Statormesser, c: Sieb

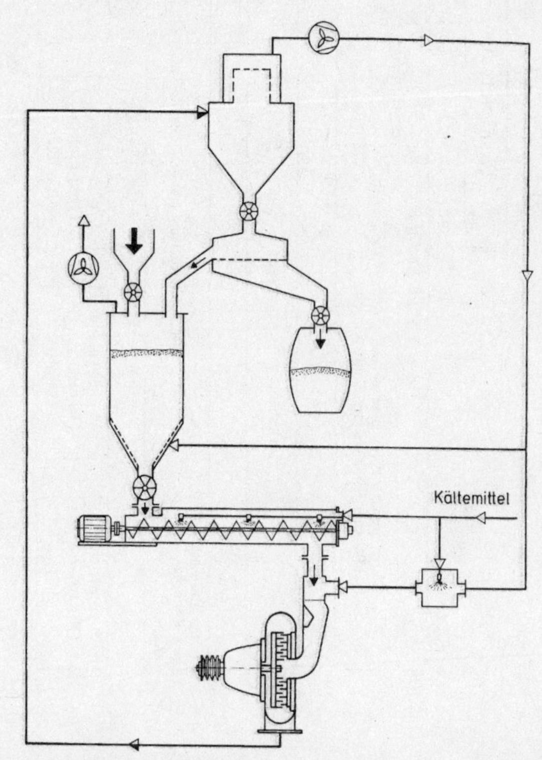

Bild 3.16.
Schema einer Kaltmahlanlage

schließen. Da die Kühlmittel in einem geschlossenen System geführt werden, ist beim Heißabschlag nicht mit einer Verschmutzung durch Staub zu rechnen. Es werden Durchsätze bis zu 25 t/h erreicht.

Beim *Kaltgranulieren* werden Stränge oder Bänder extrudiert, in einem Wasserbad abgekühlt und in Strang- oder Bandgranulatoren zu Granulaten geschnitten. Eine Trocknung ist anzuschließen. Bei dem Bandgranulator müssen die Bänder zusätzlich zum Querschnitt auch in Längsrichtung geschnitten werden. Kaltgranulier-Einrichtungen sind zwar preiswert und flexibel, erfordern aber einen höheren Personalaufwand und es besteht die Gefahr der Verunreinigung, da es sich meist um offene Systeme handelt. Solche Anlagen werden deshalb häufig für kleinere Mengen und im Laborbetrieb benutzt.

3.2.1.7 Mühlen

In Mühlen werden Kunststoffe in die für die Verarbeitung geeignete Körnung zerkleinert: Verarbeitungsabfälle beim Spritzgießen, Extrudieren oder Blasen (z.B. Angüsse, Kantenbeschnitt oder Butzen) werden gemahlen, so daß sie bei der Verarbeitung, je nach Kunststoff oder Anwendung in Mengen bis zu 50% wieder der Originalware zugemischt werden können. Feinkörnige Pulver werden zur Beschichtung und für die Sintertechnik verwendet.

Die meisten Mühlen zertrümmern die Kunststoffe nach dem Prinzip des Schlagens oder Scherens. Bild 3.15 zeigt einen Schneidgranulator. Zwischen Rotor- und Statormesser wird das Aufgabegut so lange zerkleinert, bis es durch das unten angeordnete Sieb ausgetragen werden kann. Um eine Erwärmung zu vermeiden, empfiehlt sich ein mehrstufiges Mahlen. Beim Feinzerkleinern von zähen Kunststoffen läßt sich die erforderliche Sprödigkeit durch eine vorherige Kühlung, z.B. mit flüssigem oder gasförmigem Stickstoff, erreichen. Bild 3.16 zeigt eine solche Anlage, in der Luftstrom-Prallmühlen verschiedenster Bauart zum Einsatz kommen.

3.2.1.8 Aufbereitung von Recyclingmaterial

Ein flexibles System in Modulbauweise (Fa. Ereme, Österreich) gestattet die Kombination folgender Arbeitsschritte: Schneidverdichter (Zerkleinern, Mischen, Erwärmen, Trocknen), Extruderschnecke, Schmelzefilter (Teilflächen-Rückspültechnik für geringe Verschmutzung), Hochleistungsschmelzefilter (Laserfilter für Schmutzanteil bis 7%), Entgasungszone, Compoundierzone mit Doppelschneckendosiereinheit, Granuliereinheit oder Dosierung direkt oder über eine Speichereinheit in ein Preßwerkzeug.

3.2.2 Spritzgießverfahren

Das Spritzgießen ist das für thermoplastisch verarbeitbare Kunststoffe bei weitem wichtigste Verfahren zur Herstellung von Formteilen. Fertigteile

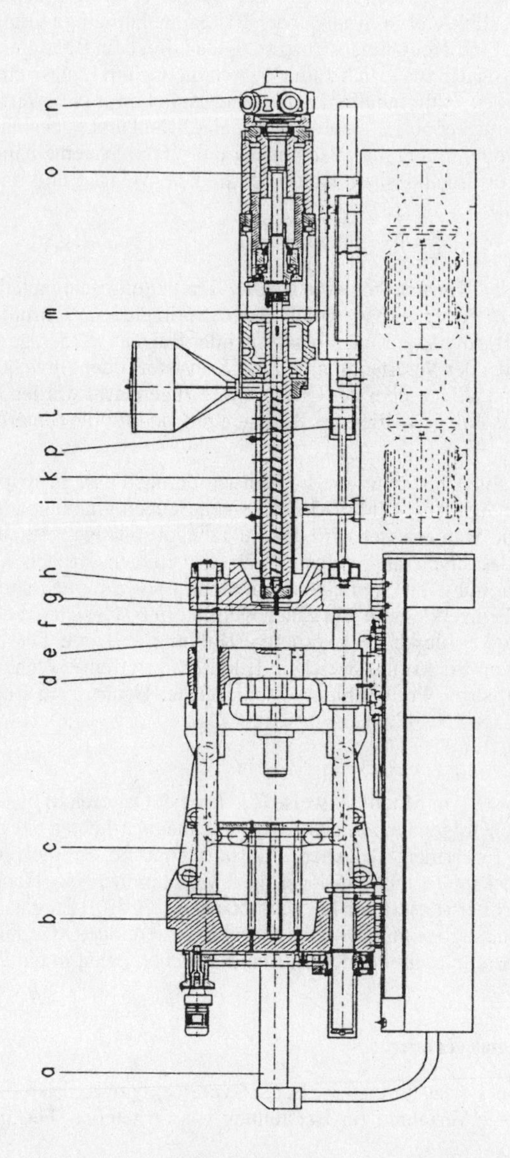

Bild 3.17 Spritzgießmaschine (Schnittdarstellung), Bauart Engel

a: Hydrozylinder für Kniehebel, b: äußere Abstützplatte, c: Kniehebel, d: bewegliche Werkzeugaufspannplatte, e: Säulen der Schließeinheit, f. Werkzeugeinbauraum, g: Düse, h: feststehende Werkzeugaufspannplatte, i: Schnecke, k: Zylinder, l: Trichter, m: Einspritzaggregatführung, n: Hydromotor für Schneckenrotation, o: Hydro-Zylinder für Einspritzen, p: Fahrzylinder für Einspritzaggregat; im Maschinenbett Antrieb mit E-Motoren und Hydropumpen (gestrichelt)

von weniger als 1 mg bis zu mehr als 10 kg können mit Zykluszeiten von Sekunden bis zu mehreren Minuten mit einem Minimum an Nachbearbeitungsaufwand hergestellt werden. Den Aufbau eine vollhydraulischen Schneckenspritzgießmaschine zeigt Bild 3.17. Das Grundprinzip und die Funktionsweise sind in Bild 3.18 dargestellt. Den Aufbau einer Schnecke zeigt Bild 3.19. Die rieselfähige Formmasse wird in Form von Granulat oder seltener von Pulver über einen Massetrichter einer sich drehenden

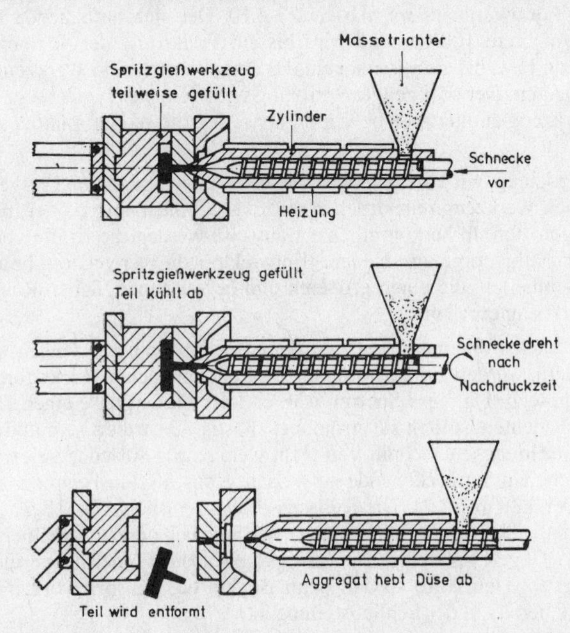

Bild 3.18. Drei Phasen des Spritzgießvorgangs: Einspritzen, Plastifizieren (Dosieren), Auswerfen (Entformen)

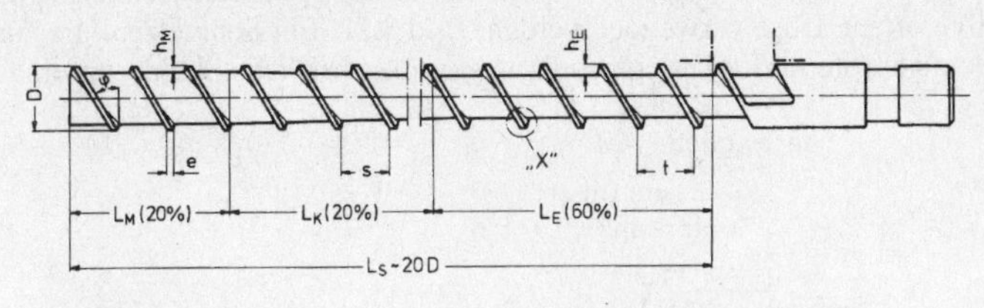

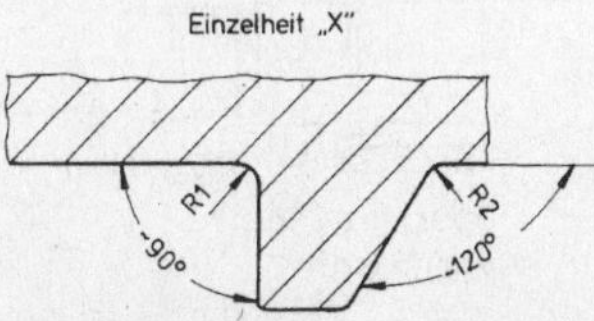

L_S wirksame Schneckenlänge
L_E Einzugszone
L_K Kompressionszone
L_M Meteringzone

Bild 3.19. Schnecke für die Thermoplastverarbeitung

und beheizten Schnecke zugeführt. Die Formmasse wird zur Schneckenspitze gefördert und dabei durch Wärme aufgrund von Wärmeleitung und Friktion aufgeschmolzen. Vor der Schneckenspitze bildet sich ein Polster aufgeschmolzener Masse, das die Schnecke rückwärts schiebt. Reicht das so erzeugte Massepolster zur Erstellung des Formteils aus, wird die Schneckenrotation gestoppt, die Schnecke meist hydraulisch vorgeschoben und dabei die Schmelze in ein in der Regel temperiertes Werkzeug gedrückt, Formwerkzeuge s. Abschn. 3.2.10. Der sich aufbauende Druck beträgt mehrere 100 bar und wird bis zur Erstarrung der Schmelze im Werkzeug bzw. bis zum Versiegeln des Angußpunktes im Werkzeug aufrechterhalten. Der so erzeugte Spritzling wird dem anschließend geöffneten Werkzeug entnommen bzw. mit Auswerferstiften oder -platten ausgestoßen.

Das Werkzeug wird in der Schließeinheit aufgespannt und gegen die durch den Werkzeuginnendruck erzeugte Kraft mechanisch oder hydraulich zugehalten. In herkömmlicher Bauweise werden die Kräfte von vier Holmen aufgenommen. Neuere Entwicklungen verwenden holmlose Schließeinheiten, die einen größeren und besser zugänglichen Raum für das Werkzeug ergeben.

Um ein Rückströmen der Schmelze beim Einspritzen und Nachdrücken zu verhindern, werden auf die vorderen Teile der Schnecken Rückströmsperren aufgesetzt. Da diese Sperren während der Dosierphase einen Druckverlust bedeuten, sollten sie strömungsgünstig konstruiert sein und einen freien Strömungsquerschnitt von nicht weniger als 80% der freien Ringspaltfläche am Schneckenende aufweisen. Konstruktionsbeispiele zeigen die Bilder 3.20 und 3.21. Die Kulissen-Rückströmsperre, Bild 3.21 D, bewirkt, daß sich ein der Fördermenge der Schnecke entsprechender Spalt einstellt. Gegen Ende des Dosierwegs gehen die Fördermenge und die Spaltweite gegen Null, so daß beim Beginn des Einspritzvorgangs der Sperring bereits in der Schließstellung ist.

Die Düse stellt als Bestandteil der Plastifiziereinheit die kraftschlüssige Verbindung zwischen dem Zylinderkopf und der Angußbuchse des Werkzeugs her. Wenn es möglich ist, sollte immer die verfahrenstechnisch günstige offene Düse verwendet werden, Bild 3.22. Bei Schmelzen, die zum Heraustropfen oder Fadenziehen neigen, werden Verschlußdüsen einge-

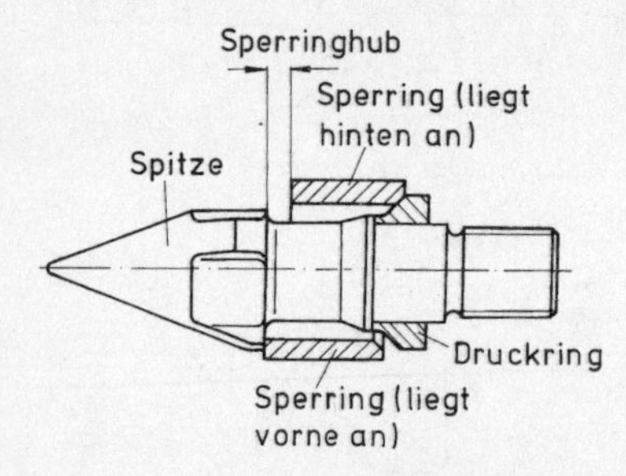

Bild 3.20.
Rückströmsperre für die Thermoplast-Verarbeitung, Normalbauart

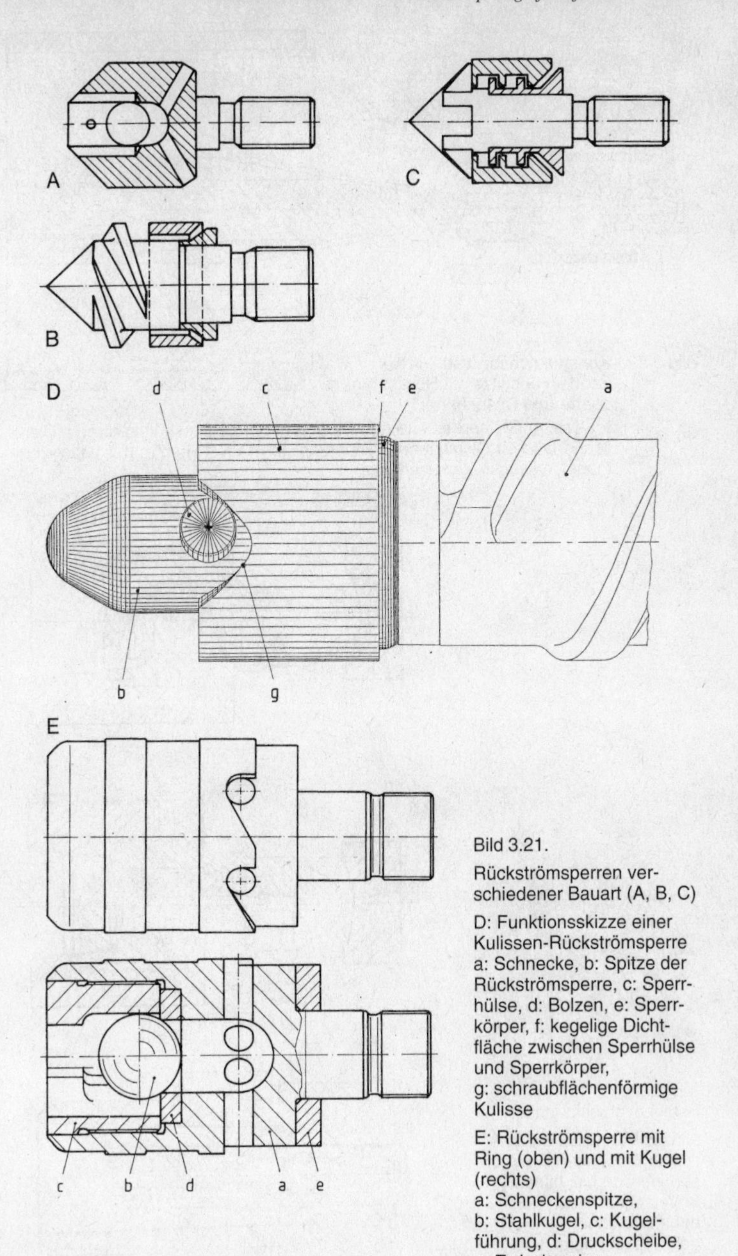

Bild 3.21.

Rückströmsperren verschiedener Bauart (A, B, C)

D: Funktionsskizze einer Kulissen-Rückströmsperre
a: Schnecke, b: Spitze der Rückströmsperre, c: Sperrhülse, d: Bolzen, e: Sperrkörper, f: kegelige Dichtfläche zwischen Sperrhülse und Sperrkörper,
g: schraubflächenförmige Kulisse

E: Rückströmsperre mit Ring (oben) und mit Kugel (rechts)
a: Schneckenspitze,
b: Stahlkugel, c: Kugelführung, d: Druckscheibe,
e: Zwischenring

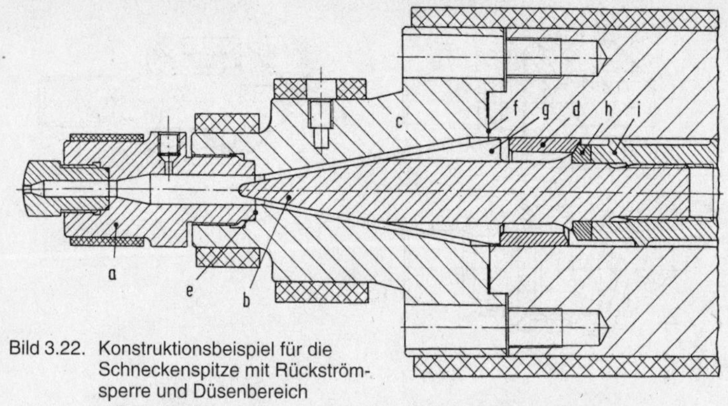

Bild 3.22. Konstruktionsbeispiel für die Schneckenspitze mit Rückströmsperre und Düsenbereich
a Düse, b Schneckenspitze, c Zylinderkopf, d Rückströmsperre, e Dichtfläche Düse, f Dichtfläche Zylinderkopf (p = 400 N/mm^2), g 4 gepanzerte Flügel, h Druckring, i Schnecke

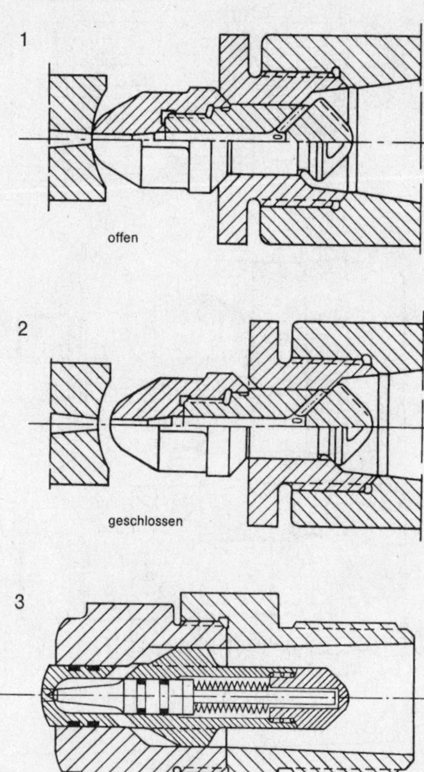

Bild 3.23. Schiebeverschlußdüsen
1 bis 2: Verschluß durch sich aufbauenden Düsenanpreßdruck öffnend
3: Verschluß durch Feder, Feder innen liegend, öffnen durch Einspritzdruck

setzt. Bild 3.23 zeigt zwei Schiebeverschluß-Düsen, die beim Anlegen an die Angußbuchse selbständig öffnen. Bei anderen Düsen wird das Schließen durch eine Nadel bewirkt, die federbelastet, Bild 3.24, und mechanisch oder hydraulich von außen gesteuert sein kann (Nadelverschlußdüsen).

Moderne Spritzgießmaschinen sind mit zahlreichen Sensoren ausgerüstet, die die Temperatur des Massetrichters, Schneckenzylinders und Werkzeugs, den Druck in der Hydraulik, an der Schneckenspitze und im Werkzeug, den Schneckenweg beim Einspritzen, die Schneckenvorlaufgeschwindigkeit und Zyklus-, Einspritz- und Nachdruckzeit zu ermitteln und gebenenfalls zu regeln gestatten. Bild 3.25 zeigt als Beispiel den Ausdruck der Datenerfassung eines Spritzgießvorgangs mit einem Dataloggergerät. Auf diese Weise können die als optimal erkannten Spritzgießparameter konstant gehalten und reproduziert werden, so daß eine gleichbleibende Qualität der Spritzlinge gewährleistet werden kann.

Dieses Grundprinzip einer Spritzgießmaschine kann sowohl in maschinenbaulicher Hinsicht als auch hinsichtlich der Verfahrenstechnik vielfach modifiziert werden.

So werden neben den voll-hydraulisch bertriebenen Maschinen zunehmend Maschinen eingesetzt, deren Funktionen teilweise (Hybridtechnik) oder ganz durch elektrische Antriebe betätigt werden. Dies bedingt einen höheren Machinenpreis, senkt aber die laufenden Energiekosten, führt zu schnelleren Bewegungsabläufen und verringert die Geräuschbelästigung.

Bei Tandemmaschinen sind zwei Werzeuge in der Schließeinheit in Reihe angeordnet. Dies kann Einsparungen von bis zu 25% in den Spritzgießkosten erbringen.

Bei Zweiplattenmaschinen wird die Schließ- und Zuhaltekraft direkt über die beiden Formträgerplatten vermittelt. Die bewegliche Werkzeugaufspannplatte entfällt, sodaß diese Maschinen kürzer sind.

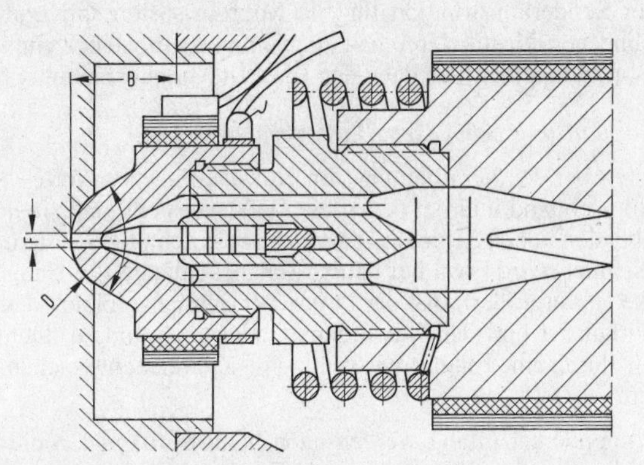

Bild 3.24. Nadelverschlußdüse mit Feder
B Düseneintauchtiefe, D Düsenradius, F Durchmesser Düsenbohrung

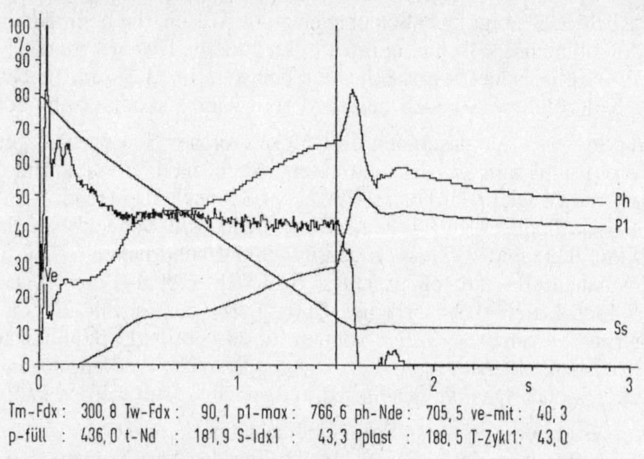

Bild 3.25. Prozeßdatenerfassung beim Spritzgießen (nach Bayer AG) (Erläuterungen siehe folgende Seite)

Eine „Direct Compounding Injection Maschine" (DCIM) besteht aus einem gegenläufigen Doppelschneckenextruder mit gravimetrischer Dosierung für Fasern, Füllstoffe, Modifikatoren usw., der das Compound direkt der Spritzgießschnecke übergibt.

3.2.2.1 Kolben-Spritzgießmaschinen

Diese Maschinen, bei denen statt der Schnecke ein Kolben zur Dosierung und Förderung der Schmelze Verwendung findet, waren in den Anfangsjahren der Spritzgießtechnik üblich. Sie werden heute nur noch zur Herstellung von Kleinstteilen verwendet.

Bei einer Sonderkonstruktion für den Mikropräzisionsspritzguß fördert eine Schnecken-Plastifiziereinheit die Schmelze in den Zylinder einer Kolbenspritzeineinheit, die dann den Einspritzvorgang ausführt.

3.2.2.2 Entgasungsschnecken, Barriereschnecken

Sie können bei der Verarbeitung von Kunststoffen von Vorteil sein, die hygroskopisch sind und bei denen die Gefahr besteht, daß sie durch das Wasser bei den hohen Schmelzetemperaturen geschädigt werden. Bei diesen Maschinen wird etwa bei halber Schneckenlänge die Gangtiefe der Schnecke so vergrößert, daß der Druck der Schmelze gleich dem Atmosphärendruck ist und der Wasserdampf oder auch andere flüchtige Bestandteile durch eine Entgasungsöffnung im Zylinder entweichen können, Bild 3.26.

In zunehmendem Umfang werden auch beim Spritzgießen die Vorteile der von der Extrusion her bekannten Barriereschnecken ausgenutzt, s. Abschn. 3.2.4.6.

Erklärung zu Bild 3.25.

Skalierung:

Hydraulikdruck (Ph):	0 bis 1500 bar
Werkzeuginnendruck (P1):	0 bis 1500 bar
Geschwindigkeit (Ve):	0 bis 100 mm/s
Weg (Ss):	0 bis 100 mm

Mold-Control-C V1.3		Prozeß-Kennwerte		
Auftragsnummer	11 890194	Massetemperatur	(±5°C)	300°C
Typ	Makrolon 2800	Werkzeugtemperatur	(±3°C)	90°C
Partie	94123	Schneckenvorlaufgeschw.	(±10%)	40 mm/s
Farbe	NATUR	Bediener		MORMELS
Maschine	ARBURG 320-210-750 (400)	Bemerkungen		RINGVERSUCH
Werkzeug	Schulterstab Nr. 3, 4 mm	Trocknertyp		Umluft
Auftraggeber	NEDDEN	Trocknung	(°C/h)	120°C/4h

Schluß	Zeit	Tm-Fdx [°C]	Tw-Fdx [°C]	p1-max [bar]	ph-Nde [bar]	ve-mit [mm/s]	p-füll [bar]	t-Nd [s]	S-Idx1 [%]	Pplast [cm^3/min]	T-Zykl [s]
1	11:40	300,2	89,4	744,6	692,9	39,3	440,2	20,0	100,0	180,5	43,0
2	11:41	300,1	89,4	743,2	691,9	39,5	438,9	20,1	100,0	182,6	43,1
3	11:42	300,0	89,5	747,1	696,5	39,3	439,2	20,0	100,0	181,2	43,1
•											
•											
•											
14	11:52	300,1	90,1	744,3	696,9	39,6	441,2	20,0	100,0	182,2	43,1
15	11:52	300,1	90,0	739,2	695,8	39,3	441,9	20,0	100,0	180,6	43,0
Minimum		300,0	89,4	729,5	691,9	39,2	438,2	20,0	100,0	180,3	43,0
Maximum		300,3	90,1	747,1	699,2	39,8	442,8	20,1	100,0	183,2	43,1
Mittelwert		300,1	89,8	741,0	695,7	39,4	440,7	20,0	100,0	181,6	43,0
Standardabw.		0,1	0,3	5,0	2,2	0,2	1,6	0,0	0,0	0,9	0,1
Variationsk.		0,0	0,3	0,7	0,3	0,4	0,4	0,2	0,0	0,5	0,1

Mittl. Produktionsrate: 85 Zyklen/Std.

Kennwert:	Beschreibung:	Einheit:
Tm-Fdx	Massetemperatur zu Beginn der Einspritzphase	[°C]
Tw-Fdx	Werkzeugtemperatur zu Beginn der Einspritzphase	[°C]
p1-max	maximaler Werkzeuginnendruck angußnah	[bar]
ph-Nde	Nachdruck (Hydraulikdruck bei Nachdruckende)	[bar]
ve-mit	mittlere Einspritzgeschwindigkeit	[mm/s]
p-füll	Fülldruck aus Werkzeuginnendruck angußnah	[bar]
t-Nd	Nachdruckzeit	[s]
S-Idx1	Siegelindex aus Werkzeuginnendruck angußnah	[%]
Pplast	Plastifizierkennwert	[cm^3/min]
T-Zykl	Zykluszeit	[s]

3.2.2.3 Fließ- oder Intrusionsverfahren

Sie ermöglichen die Herstellung von Spritzlingen, deren Volumen weit über dem maximalen Hubvolumen der Schnecke (Produkt aus maximalem Dosierweg und Querschnitt der Schnecke) liegt. Hierbei arbeitet die Spritzeinheit während der Füllung des Werkzeugs weiter und erzeugt und fördert Schmelze, allerdings nur mit dem relativ geringen Förderdruck der Schnecke. Es sind also große Anschnitte erforderlich und nur geringe Fließweg-Wanddickenverhältnisse möglich.

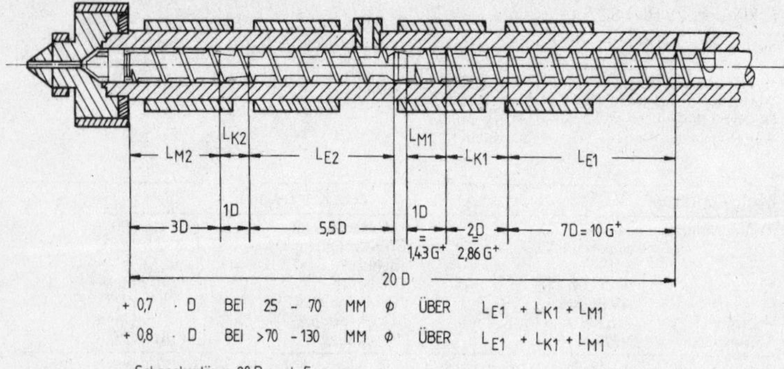

Bild 3.26. Entgasungsplastifiziereinheit für die Spritzgießverarbeitung (nach v. Hooven/Kaminski)

L_E Einzugszone, L_K Kompressionszone, L_M Meteringzone

3.2.2.4 *Spritzprägen*

Es kann bei der Herstellung von Präzisionsteilen, z.B. für optische Anwendungen, von Vorteil sein. Zum Ausgleich der thermischen Kontraktion beim Abkühlen der Formmasse im Werkzeug wird der Werkzeughohlraum, z.B. durch einen hydraulisch verschiebbaren Kern oder durch das Verschieben einer beweglichen Werkzeughälfte, verkleinert, Bild 3.27.

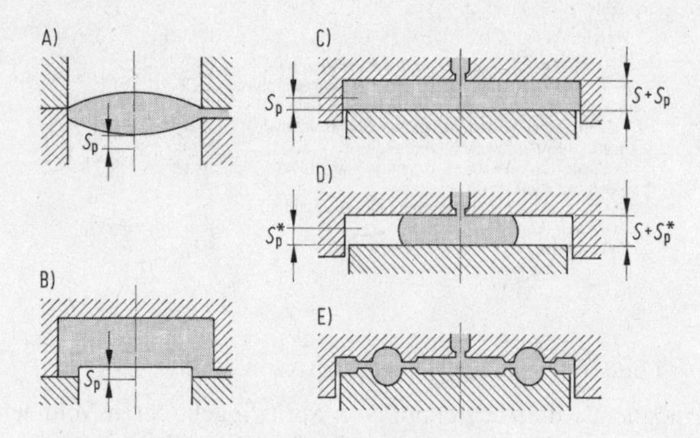

Bild 3.27. Varianten des Spritzprägens (nach Knappe/Lampl), links: mit verschiebbaren Kernen, rechts: mit beweglicher Werkzeughälfte

A) auf Querschnittsfläche wirkend, B) auf Teilfläche wirkend, C) mit vollständiger Füllung, D) mit Teilfüllung, E) mit Abquetschkanten

S: Spalt, S_p: Prägespalt, der Volumenkontraktion infolge Abkühlung ausgleicht, S_p*: Prägespalt > S_p

3.2.2.5 Spritzgieß-Preßrecken

Es ist ein Verfahren, um eine erhöhte Festigkeit in bestimmten Bereichen eines Spritzlings zu erreichen. Nach der Herstellung eines Vorformlings im konventionellen Spritzguß wird eine Werkzeughälfte ausgewechselt und der Vorformling durch einen anschließenden Preßvorgang so verformt, daß Molekülorientierungen und damit Festigkeitssteigerungen in den gewünschten Richtungen erzeugt werden.

3.2.2.6 Thermoplast-Schaum-Gießen (TSG)

Das Flächengewicht von Spritzlingen kann unter Beibehaltung der Steifigkeit dadurch erniedrigt werden, daß man treibmittelhaltige Thermoplast-Formmassen verwendet, s. auch Abschn. 3.2.8. Es entstehen Integral-Strukturen, die durch eine kompakte Außenhaut und einen zelligen Kern gekennzeichnet sind. Den Nachteil der relativ rauhen Oberflächen versucht man durch verschiedene Verfahrensvarianten zu vermeiden.

3.2.2.7 Mehrfarben-Spritzguß

Er dient zur Erzeugung von Formteilen mit Schichten oder Bereichen aus unterschiedlichen Kunststoffen oder Einfärbungen, Bild 3.28. Es werden zwei oder mehr Spritzgießeinheiten verwendet, die nacheinander in ein Werkzeug arbeiten. Nachdem die erste Einheit eine Werkzeugkavität gefüllt hat, wird das Formnest für den Spritzgießvorgang der zweiten Einheit durch Auseinanderfahren der Werkzeughälften oder Auswechseln einer Werkzeughälfte vergrößert, usw. Auf diese Weise können feste Verschweißungen der einzelnen Kunststoffe miteinander erreicht werden, aber auch gegeneinander bewegliche Verbindungen, z.B. Kugelgelenke, wenn die Schmelzpunkte der Komponenten so weit auseinander liegen, daß keine Verschweißung erfolgt. Bei intensiver Kühlung der ersten Komponente führt auch eine Überspritzung mit dem gleichen Kunststoff zu lösbaren Verbindungen.

Nach dem Verfahren des Zweifarbenspritzgusses können mechanische und elektrische Baugruppen in einem dreidimensionalen Spritzling inte-

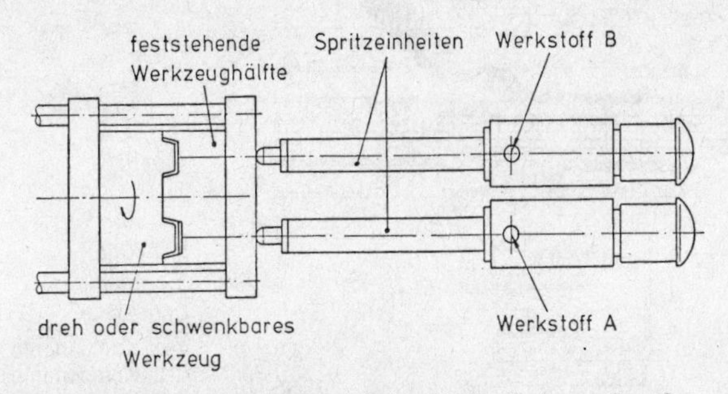

Bild 3.28. Maschine mit zwei Spritzgießeinheiten für Zweifarbenspritzguß

griert werden. Beim MID (Moulded Interconnect Device)-Verfahren ist eine der beim Zweifarbenspritzguß eingesetzten Komponenten metallisierbar. Beim PCK-Verfahren besteht diese aus mit Palladiumkeimen beladenem Kunststoff. Mit dieser wird zunächst das Leiterbild gespritzt und dann werden mit einem nicht metallisierbaren Kunststoff die Zwischenräume zwischen den vorgesehenen Leiterbahnen ausgefüllt. In der anschließenden stromlosen Beschichtung wird nur an der metallisierbaren Oberfläche Metall abgeschieden. In einem mit SKW-Prozeß bezeichneten Verfahren wird der Vorspritzling aus metallisierbarem Kunststoff in einer Zwischenstufe gebeizt und mit Palladiumkeimen aktiviert. Anschließend wird der nicht galvanisierbare Kunststoff um den Vorspritzling gespritzt. Verträglichkeit der Komponenten s. Tafel 5.4, Abschn. 5.1.1.

3.2.2.8 Mehrkomponenten-Spritzguß

Er erlaubt die Erzeugung von Teilen mit einem im Querschnitt unterschiedlichen Wandaufbau. 2-schichtige Wanddicken bis herunter zu 0,6 mm sind möglich. Auch hierbei arbeiten bis zu drei Spritzeinheiten über eine Angußdüse in ein Werkzeug. Mit der ersten Einheit wird eine teilweise Füllung des Werkzeugs vorgenommen. Die Schmelze der zweiten Einheit verdrängt dann die Schmelze der ersten aus dem Kernbereich der Wandung an die Oberfläche des Formteils. Eine dritte Spritzgießeinheit liefert dann die Schmelze für den Kern. Bild 3.29 zeigt eine Angußdüse für den Dreikomponenten-Spritzguß. Folgende Werkstoff-Kombinationen bieten sich an: harter Kern/weiche Außenhaut; geschäumter Kern/einfallfreie und glatte Oberfläche; Kern aus einem metallgefüllten Kunststoff zur elektromagnetischen Abschirmung/Außenhaut glatt oder Kern aus Recyclingmaterial.

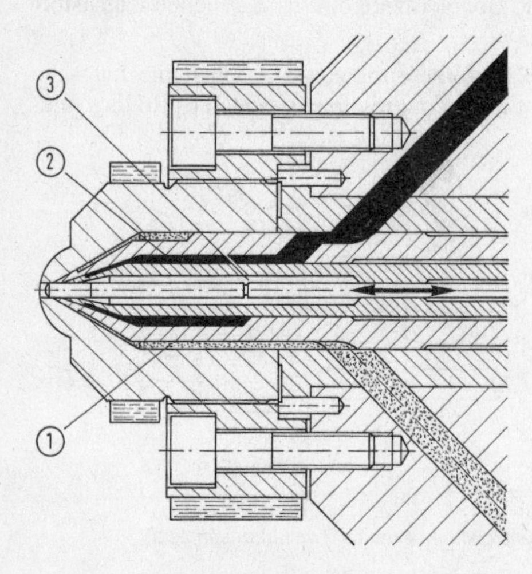

Bild 3.29.
3-Komponenten-Spritzdüse
① 1. Komponente,
② 2. Komponente,
③ 3. Komponente

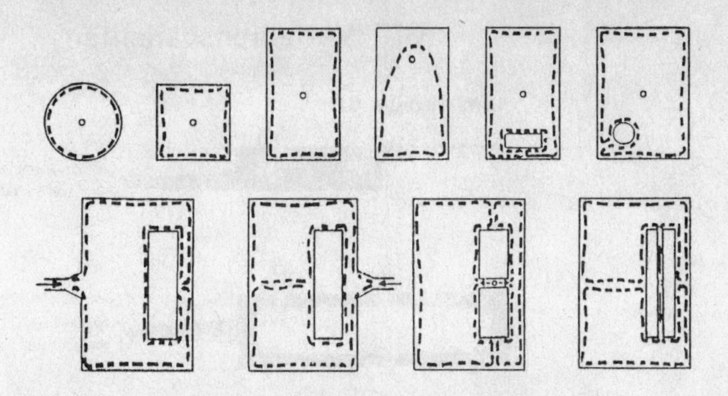

Bild 3.30 Verteilung der Kernkomponente als Ergebnis der Formteilgeometrie

Beim Monosandwich-Verfahren (Ferromatik Milacron) werden die Schmelzen über 2 separate Plastifiziereinheiten in einen gemeinsamen Einspritzraum gefördert und räumlich hintereinander geschichtet, s. Bild 3.30. Beim Einspritzvorgang verdrängt die Kernkomponente die Hauptkomponente an die Werkzeug-Oberfläche.

3.2.2.9 Sequenzverfahren

Das Sequenzverfahren ist eine Abwandlung des Mehrkomponenten-Spritzgusses und dadurch gekennzeichnet, daß die Fließfront einer Schmelze von der folgenden Schmelze, z.B. mit einer anderen Einfärbung, durchbrochen wird. Es werden auf diese Weise dekorative Oberflächeneffekte erzielt.

3.2.2.10 Gas-Injektions-Technik (GIT)

Sie verwendet statt der zweiten Kunststoff-Formmasse beim Zwei-Komponenten-Spritzguß ein inertes Gas, meist Stickstoff. Dieses Gas wird nach einer Teilfüllung des Werkzeugs mit Schmelze durch die Angußdüse oder die Werkzeugwand am Ort einer Masseanhäufung mit einem Druck bis zu 300 bar injiziert und verdrängt dabei die Schmelze an die Formwand, Bild 3.31 und 3.32. Mit dieser Technik können Spritzgußteile mit unterschiedlichen Wanddicken einfallfrei und materialsparend mit reduzierten Kühlzeiten hergestellt werden.

Nach einem Verfahren von Bauer Engineering, Hainburg, wird der Gasdruck in einem aus zwei Platten bestehenden Kompressor erzeugt. Dieser wird zwischen Aufspannplatte der Spritzgießmaschine und Werkzeug eingebaut. Zwischen den zwei Platten befinden sich Kompressionskammern, die mit Stickstoff von 1 bis 10 bar gefüllt werden. Beim Aufbau des Werkzeug-Schließdrucks kann der Gasdruck auf bis zu 225 bar erhöht werden.

GIT Verfahrensvarianten

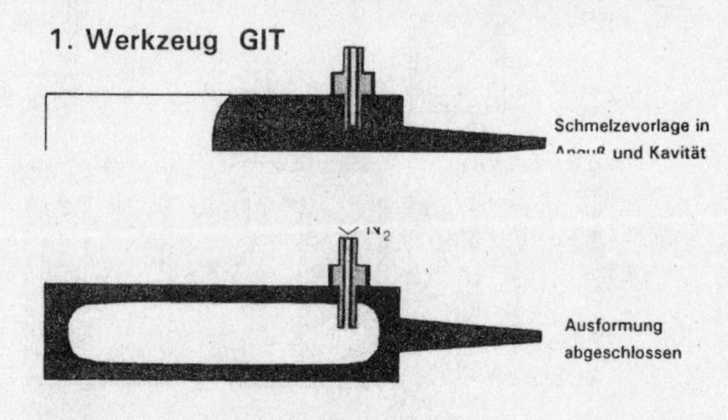

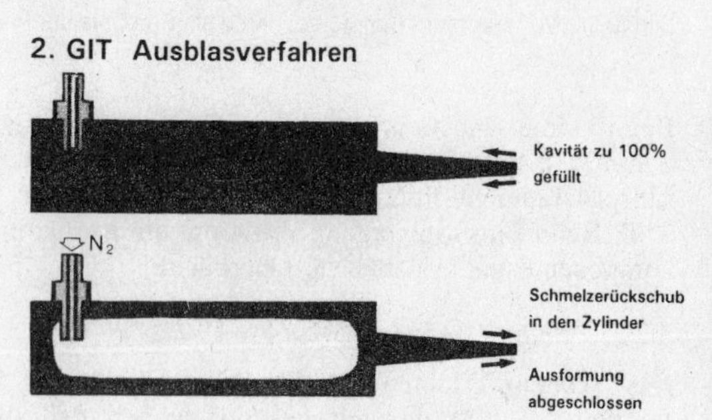

Bild 3.31.
Gasinjektions-Varianten (nach Bayer AG)
1: Gasinjektion ins Werkzeug
2: Schmelzeausblasverfahren durch Gasinjektion ins Werkzeug gegenüber dem Anspritzort

3.2.2.11 GIT-Schäumtechnik (GIT-S)

Bei dieser Variante der GIT wird ein Kunststoff verwendet, dessen Schmelze in der Lage ist, das injizierte Gas im Umfeld der Gasblase zu lösen. Beim Entspannen treibt die noch viskose Schmelzeschicht auf und bildet einen Schaum, der die Gasblase ganz oder teilweise ausfüllt.

3.2.2.12 Schmelze-Ausblasverfahren

Das Werkzeug wird ganz mit Schmelze gefüllt. Anschließend wird mit Gasdruck die Schmelze aus dem Kern verdrängt und in einen Akkumulator oder in die Spritzeinheit zurück gedrückt. Es ergeben sich Vorteile wie bei der GIT.

3.2.2.13 Oszillierende Schmelze, Kaskadenspritzguß, Sequentielles Spritzgießen

Multi-Live-Feed-Injektion-Moulding (MLFM-Verfahren) und das Gegentakt-Spritzgießen (GTS-Spritzgießen) sind Verfahren, mit deren Hilfe höhere Molekül- oder Glasfaserorientierungen erreicht und die Auswirkungen von Bindenähten, die bei mehrfach angespritzten Formteilen entstehen, reduziert werden können. Der noch nicht erstarrte Anteil der

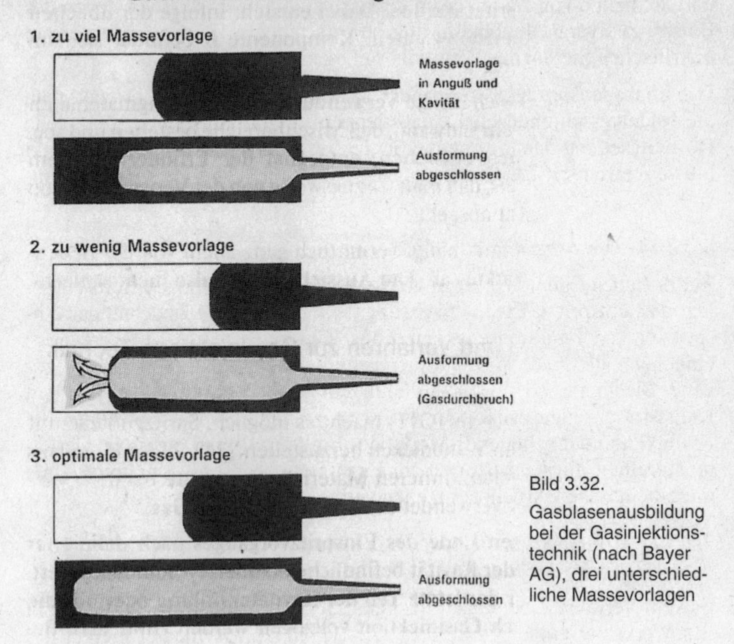

Bild 3.32. Gasblasenausbildung bei der Gasinjektionstechnik (nach Bayer AG), drei unterschiedliche Massevorlagen

Schmelze im Innern eines Formteils wird von zwei im Gegentakt arbeitenden Kolben oder Spritzgießeinheiten so lange hin und her geschoben und dabei schichtweise in Fließrichtung orientiert, bis die ganze Schmelze erstarrt ist, s. Bild 3.33.

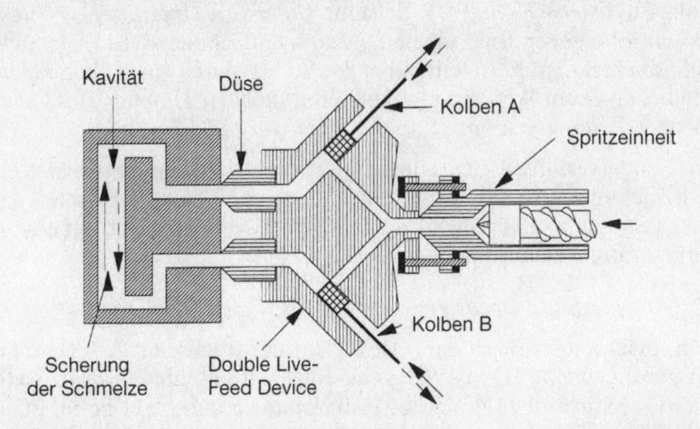

Bild 3.33. Oszillierende Schmelze. Scherbedingte Orientierung beim Spritzgießen.

Beim Sequentiellen Spritzgießen lassen sich durch kontrolliertes Öffnen und Schließen von Nadelverschlußdüsen zu unterschiedlichen Zeiten des Einspritzvorgangs die Fließfronten so verschieben, daß die Bindenähte an unkritischen Stellen des Formteils zu liegen kommen.

Das Kaskadenspritzgießen vermeidet Bindenähte ganz. Dabei steuert man die Nadelverschlußdüsen so, daß stets nur eine Fließfront existiert. Jede Düse öffnet erst dann, wenn die Schmelzefront über ihren Anspritzpunkt hinweggewandert ist. Die Verzugsneigung länglicher Teile wird verringert.

3.2.2.14 Umspritzen von Einlegeteilen

Zur örtlichen Einleitung hoher Kräfte werden in Werkzeuge Inserts eingelegt und umspritzt. Eine Umkehrung dieses Verfahrens bedeutet das Anspritzen von Funktionselementen aus Kunststoffen, wie in Werkzeuge eingelegte Platinen, sog. Outsert-Technik. Schließlich können tiefgezogene Blechteile oder GFK-Teile in ein Werkzeug eingelegt und mit Kunststoffen angespritzt oder umspritzt werden. Hierbei nutzt man die Festigkeit und den hohen E-Modul des Einlegeteils und die große Gestaltungsfreiheit mit Kunststoffen zur Erzeugung großflächiger, steifer Teile mit einem hohen Arbeitsaufnahme-Vermögen aus.

3.2.2.15 Hinter-Spritz-Technik (HST) und Zwischenschicht-Spritz-Technik (ZST)

Es sind Verfahren, bei denen flächige Substrate wie Folien und Stoffe in das Werkzeug eingelegt werden. Die Schmelze beschichtet hierbei das Substrat einseitig (HST) oder gelangt zwischen zwei Substratschichten, so daß ein beidseitig beschichtetes Formteil entsteht (ZST).

Zur Vermeidung von Faltenbildung und zur (erforderlichen) Reduzierung des Fülldrucks bietet sich der Kaskadenspritzguß an, s. 3.2.2.13. Als Textilschicht werden z.B. eingesetzt: *Oberware*: Polyester, Polyamid, Baumwolle, *Zwischenschicht:* PUR-Schaum, *Unterware (Interliner):* Polyester, Abdichtfolie gegen Eindringen der Kunststoffschmelze. Ein Umbug der Einlegeschicht am Formteilrand ist bis zu 90° durch spezielle Spannrahmentechniken im Werkzeug möglich. Ein größerer Umbug erfordert eine Nachbearbeitungsstation.

Ein Sonderverfahren der Hinterspritztechnik besteht darin, daß eine Spritzgießmaschine aus einer Breitschlitzdüse einen dem Formteil angepaßten Strang in ein Preßwerkzeug ablegt. Dieser wird dann auf eine z.B. warmgeformte Dekorfolie gepreßt (Fa. Engel).

3.2.2.16 In Mould Dekorieren (IMD)/Labelling (IML)

Beim IMD wird z.B. eine mit Dekor auf der Rückseite versehene Folie aus transparentem PC ins Werkzeug eingelegt und hinterspritzt: Aufbau einer Einschichtfolie: PC-Dekor-Haftvermittler, 2-Schicht-Folie: PC-Dekor-Haftvermittler-PC.

Unter IML wird das Dekorieren blasgeformter Behälter durch Einlegen von Etiketten verstanden. Lackträgerfilme und Folien für das Hinterspritzen werden mit „In Mould Surfacing Film“ (ISF) bezeichnet.

3.2.2.17 Schmelzkern-Technik

Spritzgußteile mit komplizierten Geometrien und komplizierten Hohlräumen, die sich nicht durch entformbare Kerne herstellen lassen, können unter Verwendung von Einlegekernen aus Werkstoffen, die nach dem Spritzgießvorgang ausgeschmolzen werden, hergestellt werden. Bewährt haben sich Kerne aus niedrigschmelzenden Metallegierungen wie Zinn-Wismut-Legierungen.

3.2.2.18 Schalen-Technik

Es ist ein weiteres Verfahren, um Hohlkörper durch Spritzgießen zu erzeugen. Es werden zwei oder mehr spritzgegossene Schalen in ein Werkzeug eingelegt und anschließend die flanschförmig ausgebildeten Kontaktflächen der Schalen mit einem Wulst umspritzt, so daß eine feste und dichte Verbindung entsteht.

3.2.2.19 Spritzgieß-Blasformen

Zur Herstellung von Behältern, vor allem für die Verpackungsindustrie, werden Vorformlinge über einen Kern gespritzt, die anschließend nach Auswechseln der äußeren Werkzeughälften aufgeblasen werden. Der Kern dient hierbei als Blasdorn. In zunehmendem Maße werden Vorformlinge nach dem Mehrkomponenten-Spritzguß, s. Abschn. 3.2.2.8, hergestellt; Beispiel PET/PET-Rezyklat/PET.

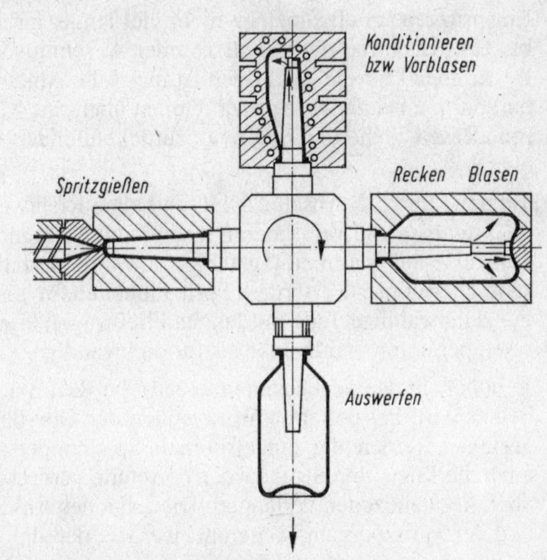

Bild 3.34.
Anlagenkonzept von Streckblasaggregaten mit 4 Operationsstationen (Draufsicht)

3.2.2.20 Streck-Blasformen

Es ist eine Variante des Spritzblasens, bei dem eine zweiachsige Verstrekkung zu einer Festigkeitssteigerung ausgenutzt wird, Bild 3.34. Transparente Behälter z. B. aus PP erhält man bei genauer Einhaltung bestimmter Blastemperaturen.

3.2.2.21 Glaseinzug-Verfahren

Bei Spritzgießmaschinen mit Entgasungsöffnungen besteht die Möglichkeit, durch diese Öffnungen Glasfaserrovings in die Schmelze einzuziehen. Diese Rovings werden von der Schnecke in vergleichsweise lange Stücke zerbrochen und verstärken den Kunststoff.

3.2.2.22 Pulver-Spritzgießen

Pulver-Spritzgießen (PIM, Powder Injection Moulding) ist eine Entwicklung zur Herstellung von Metall- und Keramikteilen. Hierbei wird ein Pulver aus Metall (Eisen, rostfreie Stähle, Werkzeugstähle, Hartmetall, Titan) [MIM, Metal Injection Moulding] oder aus Keramik (Aluminiumoxid, Zirkonoxid, Siliciumnitrid, Siliciumcarbid usw.)[CIM, Ceramics Injection Moulding] mit einem Binder aus Polymeren gemischt und im Spritzgießverfahren in speziell für diese Technologie ausgelegten Spritzgießmaschinen zu Grünlingen verarbeitet. Der Binder wird anschließend chemisch-katalytisch und/oder thermisch durch Vorsintern ohne Dimensionsänderung entfernt. Anschließend erfolgt die End-Sinterung bei 1200 bis 2000°C.

3.2.3 Allgemeine Spritzgießtechnik

Beim *Spritzgießzyklus* mit einer Schneckenspritzgießmaschine ist die Einspritzzeit im allgemeinen nicht viel länger als 1 s, die Nachdruckzeit bis zum Erstarren des Angusses oder Anschnitts einige Sekunden lang. Bestimmend für die Zykluszeit ist meist die Abkühlzeit bis zur Entformbarkeit, die bei dicken Spritzgußteilen über eine Minute sein kann. Währenddessen zieht die rotierend zurücklaufende Schnecke neue Masse ein.

Tafel 5.1 und 5.2, Abschn. 5.1.1, enthalten Richtwerte der *Verarbeitungsbedingungen* und Verarbeitungsschwindung einiger Kunststoffe, Tafel 3.3 Hinweise auf Verarbeitungsfehler und ihre Beseitigung. Neuere technische Thermoplaste erfordern Spritzeinheiten für Temperaturen bis 450 °C. Für dünnwandige Teile mit langen Fließwegen braucht man höhere Massetemperaturen und Drücke als für dickwandige.

Je höher (in den gegebenen Grenzen) die *Werkzeugtemperatur* ist, um so besser wird bei polierten Werkzeugen der Oberflächenglanz und um so geringer werden die eingefrorenen Spannungen. Gegebenenfalls wird auch die kristalline Struktur der Formteile verbessert. Allerdings werden aber die Standzeiten verlängert. Die Lage des Anschnitts muß so gewählt und der Spritzvorgang so geführt werden, daß die Masse, vom Anschnitt

Tafel 3.3. Fehler beim Spritzgießen von Thermoplasten, mögliche Ursachen und vorgeschlagene Abhilfen (unter Verwendung der Broschüre „Verarbeitungsdaten für den Spritzgießer", Bayer AG, Bestell-Nr. KU 41920 von 3.88)

Fehler	Mögliches Erscheinungsbild	Mögliche Ursachen	Vorgeschlagene Abhilfe
Verunreinigung des Granulates	Graue Fremdpartikel, die je nach Lichteinfall glänzend reflektieren	Abrieb von Beschickungsrohren, Behältern und Fülltrichtern	Keine Rohre, Behälter und Fülltrichter aus Aluminium oder Weißblech, sondern Stahl- oder VA-Rohre (innen gereinigt) bzw. Stahl-VA-Bleche verwenden. Förderwege sollten wenig Umlenkungen aufweisen
	Dunkle Stippen, Verfärbungsschlieren	Staub oder Schmutzpartikel	Trockner sauberhalten und regelmäßig Luftfilter reinigen, angebrochene Säcke und Behälter sorgfältig schließen
	Farbschlieren, Ablösung von Hautpartien im Angußbereich	Vermischung mit anderen Kunststoffen	Verschiedene Kunststoffe trennen, niemals verschiedene Kunststoffe gemeinsam trocknen, Plastifiziereinheit reinigen, nachfolgendes Material auf Reinheit prüfen
Verunreinigung des Regenerates	Wie bei Granulat (s. oben)	Mühlenabrieb	Mühlen regelmäßig auf Abrieb oder Beschädigungen kontrollieren und instandhalten
		Staub oder Schmutzpartikel	Abfälle staubfrei aufbewahren, verschmutzte Formteile vor dem Mahlen säubern, Formteile aus Feuchtverarbeitung (PC, PBT) sowie thermisch geschädigte Formteile verwerfen
		Andere Kunststoff-Regenerate	Verschiedene Kunststoff-Regenerate immer getrennt aufbewahren
Feuchtigkeitsschlieren	U-förmig langgezogene Schlieren, die gegen die Fließrichtung offen sind	Zu hohe Restfeuchtigkeit im Granulat	Trockner bzw. Trocknungsprozeß kontrollieren, Temperatur im Granulat messen, Trocknungszeit einhalten

Tafel 3.3. (Forts.) Fehler beim Spritzgießen von Thermoplasten, mögliche Ursachen und vorgeschlagene Abhilfen (unter Verwendung der Broschüre „Verarbeitungsdaten für den Spritzgießer", Bayer AG, Bestell-Nr. KU 41920 von 3.88)

Fehler	Mögliches Erscheinungsbild	Mögliche Ursachen	Vorgeschlagene Abhilfe
Silberschlieren	Silbrig-strichförmig langgezogene Schlieren	Zu hohe thermische Belastung der Schmelze durch: zu hohe Schmelzetemperatur, Schmelzeverweilzeit oder: Schneckendrehzahl, Düsen- und Fließenkanalquerschnitte zu klein	Schmelzetemperatur überprüfen, günstigeren Schneckendurchmesser wählen, Schneckendrehzahl senken, Düsen- und Fließkanalquerschnitte erweitern
Schlieren (mitgeschleppte Luft)	Strichförmig langgezogene Schlieren mit großflächiger Ausbreitung, bei transparenten Kunststoffen manchmal auch zusätzlich Blasenbildung sichtbar	Einspritzgeschwindigkeit zu hoch, Luft eingezogen, Staudruck zu gering	Einspritzzeit verlängern Staudruck im zulässigen Rahmen erhöhen
	Strich- und nasenförmig ausgebildet, konzentrierte Schwarzfärbung (Dieseleffekt) an Zusammenflußstellen oder am Fließwegende	Eingeschlossene schlagartig verdichtete Luft im Spritzgießwerkzeug, die nicht über die Trennebene oder Auswerfer entweichen kann	Werkzeugentlüftung verbessern, besonders im Bereich des Schmelzezusammenflusses, am Fließwegende und bei Vertiefungen (Stege, Zapfen und Schriftzüge), Fließfrontverlauf korrigieren (Wanddicken, Anschnittlage, Fließhilfen) oder Einspritzzeit etwas verlängern
Grauschlieren	Graue oder dunkelfarbige Streifen, ungleichmäßig verteilt	Verschleißeffekte an der Plastifiziereinheit	Austausch der gesamten Einheit oder einzelner Bauteile, Einsatz von korrosions- und abrasionsgeschützter Plastifiziereinheit
		Verschmutzte Plastifiziereinheit	Plastifiziereinheit reinigen
Wolkenbildung	Feinste Stippen oder Metallpartikel, wolkenartig ausgebildet	Verschleißeffekte an der Plastifiziereinheit	Wie oben aufgeführt
		Verschmutzte Plastifiziereinheit	Plastifiziereinheit reinigen
	Wolkenartig ausgebildete dunkle Verfärbungen	Zu hohe Schneckendrehzahl	Schneckendrehzahl absenken

Tafel 3.3. (Forts.) Fehler beim Spritzgießen von Thermoplasten, mögliche Ursachen und vorgeschlagene Abhilfen (unter Verwendung der Broschüre „Verarbeitungsdaten für den Spritzgießer", Bayer AG, Bestell-Nr. KU 41920 von 3.88)

Fehler	Mögliches Erscheinungsbild	Mögliche Ursachen	Vorgeschlagene Abhilfe
Dunkle, meist schwarz erscheinende Stippen	Größe unter 1 mm^2 bis mikroskopisch klein	Verschleißeffekte an der Plastifiziereinheit	Wie oben aufgeführt
	Größe von mehr als 1 mm^2	Aufreißen und Abblättern der an Schnecken- und Zylinderoberfläche gebildeten Grenzschichten	Plastifiziereinheit reinigen und Einsatz von korrosions- u. abrasionsgeschützter Plastifiziereinheit Für PC und PC-Blends: „durchheizen" der Zylinderheizungen bei 160 bis 180 °C bei Produktionsunterbrechungen
Verbrennungsschlieren	Bräunliche Verfärbungen mit Schlierenbildung	Schmelzetemperatur zu hoch	Schmelzetemperatur kontrollieren und absenken, Regler überprüfen
		Schmelzeverweilzeit zu lang	Zykluszeit verkürzen, kleinere Plastifiziereinheit einsetzen
		Temperaturführung im Heißkanal ungünstig	Heißkanaltemperatur kontrollieren, Regler und Thermofühler überprüfen
	Periodisch auftretende bräunliche Verfärbung mit Schlierenbildung	Plastifiziereinheit verschlissen oder „Tote Ecken" an Dichtflächen	Kontrolle der Bauelemente wie Zylinder, Schnecke, Rückströmsperre und Dichtflächen auf Verschleiß und tote Ecken
		Strömungsungünstige Bereiche in Plastifiziereinheit und Heißkanälen	Ungünstige Strömungsübergänge beseitigen
		Einspritzgeschwindigkeit zu hoch	Einspritzzeit verlängern
Abschieferungen oder Delaminierungen	Ablösung von Hautpartien im Angußbereich (bes. bei Blends)	Verunreinigung durch andere, unverträgliche Kunststoffe	Plastifiziereinheit reinigen, nachfolgendes Material auf Reinheit prüfen
Matter Fleck	Samtmatte Flecken um den Anschnitt, an scharfen Kanten und Wanddickensprüngen	Gestörter Schmelzefluß im Angußsystem, an Übergängen und Umlenkungen (Scherung, Aufreißen schon erstarrter Oberflächenhaut)	Anschnitt optimieren, scharfe Kanten, besonders beim Übergang vom Anschnitt in die Formhöhlung, vermeiden, Übergänge an Angußkanälen und

Tafel 3.3. (Forts.) Fehler beim Spritzgießen von Thermoplasten, mögliche Ursachen und vorgeschlagene Abhilfen (unter Verwendung der Broschüre „Verarbeitungsdaten für den Spritzgießer", Bayer AG, Bestell-Nr. KU 41920 von 3.88)

Fehler	Mögliches Erscheinungsbild	Mögliche Ursachen	Vorgeschlagene Abhilfe
Matter Fleck	Samtmatte Flecken um den Anschnitt, an scharfen Kanten und Wanddickensprüngen	Gestörter Schmelzefluß im Angußsystem, an Übergängen und Umlenkungen (Scherung, Aufreißen schon erstarrter Oberflächenhaut)	Wanddickensprüngen abrunden und polieren, gestuftes Einspritzen: langsam – schnell, damit die Form kontinuierlich im Quellfluß gefüllt wird und dabei die Benetzung der Konturen mit der Schmelze vom Anschnitt bis zum Formteilende systematisch ohne Abreißen des Quellflusses erfolgen kann
Schallplattenrillen oder Jahresringe	Feinste Rillen auf der Formteiloberfläche (z. B. bei PC) oder mattgraue Ringe (z. B. bei ABS)	Zu hoher Fließwiderstand im Spritzgießwerkzeug, so daß Schmelze stagniert, Schmelzetemperatur, Werkzeugtemperatur, Einspritzgeschwindigkeit zu niedrig	Schmelze- und Werkzeugtemperatur anheben, Einspritzgeschwindigkeit erhöhen
Kalter Propfen	Oberflächlich eingeschlossene kalte Schmelzepartikel	Düsentemperatur zu niedrig, Düsenquerschnitt und -bohrung zu klein	Ausreichendes Heizband mit höherer Leistung erwählen, Düse mit Thermofühler und Regler ausstatten, Düsenquerschnitt und -bohrung vergrößern. Kühlung der Angußbuchse vermindern. Düse früher von Angußbuchse abheben
Lunker und Einfallstellen	Luftleere Hohlräume in Form von runden oder langgezogenen Blasen, nur bei transparenten Kunststoffen sichtbar, Vertiefungen in der Oberfläche	Volumenkontraktion in der Abkühlphase wird nicht ausgeglichen	Nachdruckzeit verlängern, Nachdruck erhöhen, Schmelztemperatur absenken und Werkzeugtemperatur ändern (bei Lunkern erhöhen und bei Einfall absenken), Massepolster kontrollieren, Düsenbohrung vergrößern

Tafel 3.3. (Forts.) Fehler beim Spritzgießen von Thermoplasten, mögliche Ursachen und vorgeschlagene Abhilfen (unter Verwendung der Broschüre „Verarbeitungsdaten für den Spritzgießer", Bayer AG, Bestell-Nr. KU 41920 von 3.88)

Fehler	Mögliches Erscheinungsbild	Mögliche Ursachen	Vorgeschlagene Abhilfe
Lunker und Einfallstellen	Luftleere Hohlräume in Form von runden oder langgezogenen Blasen, nur bei transparenten Kunststoffen sichtbar, Vertiefungen in der Oberfläche	Nicht „kunststoffgerechte" Form des Spritzlings (z. B. große Wanddickenunterschiede)	Kunststoffgerecht konstruieren, z. B. Wanddickensprünge und Masseanhäufungen vermeiden, Fließ-kanäle und Angußquerschnitte dem Formteil anpassen
Blasen	Ähnlich wie Lunker, aber im Durchmesser wesentlich kleiner und vermehrt vorhanden	Zu hoher Feuchtigkeits-Gehalt in der Schmelze, zu hohe Restfeuchtigkeit im Granulat	Intensiv-Trocknung, ggf. Entgasungsschnecke durch Normalschnecke ersetzen und mit Vortrocknung arbeiten, Trockner und Trocknungsprozeß kontrollieren, evtl. Trockenlufttrockner einsetzen
Freier Massestrahl	Sichtbare Strangbildung der zuerst eingeflossenen Masse auf der Formteiloberfläche	Ungünstige Angußlage und -dimensionierung	Freistrahlbildung durch Verlegen des Anschnittes vermeiden (gegen eine Wand einspritzen), Anschnittquerschnitt vergrößern
		Einspritzgeschwindigkeit zu hoch	Einspritzzeit verlängern bzw. gestuft einspritzen: langsam – schnell
		Schmelzetemperatur zu niedrig	Schmelzetemperatur anheben
Nicht vollständig ausgeformte Spritzlinge	Unvollständige Füllung insbes. am Fließwegende oder an dünnwandigen Stellen	Fließeigenschaften des Kunststoffes nicht ausreichend	Schmelze- und Werkzeugtemperatur erhöhen
		Einspritzgeschwindigkeit zu niedrig	Einspritzzeit verkürzen und/oder Einspritz- bzw. Nachdruck erhöhen
		Wanddicke des Formteils zu gering	Wanddicke des Formteils erhöhen
		Düse dichtet nicht gegen das Werkzeug	Düsenanpreßdruck erhöhen, Radien von Düse und Angußbuchse überprüfen, Zentrierung kontrollieren

Tafel 3.3. (Forts.) Fehler beim Spritzgießen von Thermoplasten, mögliche Ursachen und vorgeschlagene Abhilfen (unter Verwendung der Broschüre „Verarbeitungsdaten für den Spritzgießer", Bayer AG, Bestell-Nr. KU 41920 von 3.88)

Fehler	Mögliches Erscheinungsbild	Mögliche Ursachen	Vorgeschlagene Abhilfe
		Angußsystem mit zu kleinem Querschnitt	Anguß, Fließkanal und Anbindung zum Formteil vergrößern
Nicht vollständig ausgeformte Spritzlinge	Unvollständige Füllung insbes. am Fließwegende oder an dünnwandigen Stellen	Werkzeugentlüftung nicht ausreichend	Werkzeugentlüftung optimieren
Fließnahtfestigkeit nicht ausreichend	Deutlich sichtbare Kerbe entlang der Fließnaht	Fließeigenschaften des Kunststoffs nicht ausreichend	Schmelze- und Werkzeugtemperatur erhöhen, ggf. Anschnitt verlegen, um die Fließverhältnisse zu verbessern
		Einspritzgeschwindigkeit zu niedrig	Einspritzzeit verkürzen
		Wanddicke zu gering	Wanddicken angleichen
		Werkzeugentlüftung nicht ausreichend	Werkzeugentlüftung verbessern
Verzogene Formteile	Formteile sind nicht plan, Teile weisen Winkelverzug, Propellerverzug oder Bombierung auf	Zu große Wanddicken- und Schwindungsunterschiede, starke Querorientierung von Glasfasern im Formteilinnern	Formteil „kunststoffgerecht" konstruieren, Änderung der Anschnittlage
		Einseitig stärkere Längsorientierung von Glasfasern außen	Wanddicken örtlich so ändern, daß der Schmelzefluß beidseitig zu einer symmetrischen Glasfaserverteilung führt
		Werkzeugtemperatur ungünstig	Werkzeughälften unterschiedlich temperieren
		Umschaltpunkt von Einspritz- auf Nachdruck ungünstig	Umschaltpunkt verlegen
Formteil klebt im Werkzeug	Matte Flecken bzw. fingerförmige oder kleeblattartige glänzende Vertiefungen auf der Oberfläche der Formteile (meist angußnah)	Örtlich zu hohe Werkzeugwandtemperatur	Werkzeugtemperatur reduzieren
		Zu frühes Entformen	Zykluszeit verlängern

Tafel 3.3. (Forts.) Fehler beim Spritzgießen von Thermoplasten, mögliche Ursachen und vorgeschlagene Abhilfen (unter Verwendung der Broschüre „Verarbeitungsdaten für den Spritzgießer", Bayer AG, Bestell-Nr. KU 41920 von 3.88)

Fehler	Mögliches Erscheinungsbild	Mögliche Ursachen	Vorgeschlagene Abhilfe
Formteil wird nicht ausgeworfen bzw. wird deformiert	Formteil klemmt. Auswerferstifte deformieren das Formteil oder durchstoßen es	Werkzeug überladen, zu starke Hinterschneidungen, unzureichende Werkzeugpolitur an Stegen, Rippen und Zapfen	Einspritzzeit verlängern und Nachdruck reduzieren, Hinterschneidungen beseitigen, Werkzeugoberflächen nacharbeiten und in Längsrichtung polieren
Formteil klebt im Werkzeug	Matte Flecken bzw. fingerförmige oder kleeblattartige glänzende Vertiefungen auf der Oberfläche der Formteile (meist angußnah)	Beim Entformen entsteht zwischen Formteil und Werkzeug Unterdruck	Werkzeugentlüftung verbessern
		Elastische Werkzeugdeformation und Kernversatz durch Einspritzdruck	Steifigkeit des Werkzeugs erhöhen, Kerne abfangen
Formteil wird nicht ausgeworfen bzw. wird deformiert	Formteil klemmt. Auswerferstifte deformieren das Formteil oder durchstoßen es	Zu frühes Entformen	Zykluszeit verlängern
Gratbildung (Schwimmhaut)	Bildung von Kunststoffhäutchen an Werkzeugspalten (z. B. Trennebene)	Zu hoher Werkzeuginnendruck	Einspritzzeit etwas verlängern und Nachdruck reduzieren, Umschaltpunkt von Einspritz- auf Nachdruck vorverlegen
		Werkzeugtrennflächen durch Überspritzungen beschädigt	Werkzeug im Bereich Trennflächen oder Konturen nacharbeiten
		Schließkraft bzw. Zuhaltekraft nicht ausreichend	Schließkraft erhöhen, ggf. nächstgrößere Maschine einsetzen
Rauhe und matte Formteiloberflächen (bei GF-verstärkten Thermoplasten)		Schmelzetemperatur zu niedrig	Schmelzetemperatur erhöhen
		Werkzeug zu kalt	Werkzeugtemperatur erhöhen, Werkzeug mit Wärmedämmplatten ausstatten, leistungsfähigeres Temperiergerät einsetzen
		Einspritzgeschwindigkeit zu gering	Einspritzzeit verkürzen

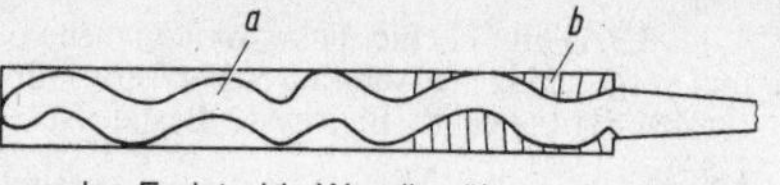

Bild 3.35. Würstchenspritzguß

a Würstchen, *b* matte Flecken, weil Masse des Freistrahls Wandberührung hatte und dann – schon etwas abgekühlt – weiterrutschte

her vorquellend, nicht im Freistrahl die Form füllt. Sonst kommt es zum *Würstchenspritzguß* (Bild 3.35) mit einer schlechten Anbindung der nachquellenden Masse und einer Störung der Oberfläche.

Spritzgießen gefüllter Formmassen

Mineralisch gefüllte und/oder verstärkte thermoplastische Formmassen erfordern i. a. eine etwas höhere Spritztemperatur und höhere Drücke als ungefüllte Massen. Da die Schmelzen rasch erstarren, muß die Einspritzzeit kurz sein. Für ein einwandfreies Auswerfen der Formteile sind Entformungsschrägen von 1 bis 2° empfehlenswert, insbesondere bei strukturierten Oberflächen. Teile mit Wanddicke unter 2 mm aus gefüllten Massen sind schwieriger herstellbar. Mit Heißkanalwerkzeugen kann man ein vorzeitiges Erstarren der Schmelze in den Fließwegen und Anguß-Abfälle vermeiden.

Zusammenhang Schußgewicht/Schneckendurchmesser

Für die Auswahl einer Spritzgießmaschiene für die Herstellung eines bestimmten Formteils ist die Kenntnis des Zusammenhangs zwischen Schneckendurchmesser, Dosiervolumen, Dichte und Schußgewicht wichtig. Dieser ist in Bild 3.36 dargestellt (nach Kaminski u. Lambeck, Bayer AG).

Das Nomogramm zeigt in einer anschaulichen Darstellung den Zusammenhang zwischen Schußgewicht und sinnvollem Schneckendurchmesser auf.

Es kann für die Auslegung von Schneckendurchmesser (Maschinengröße) und geplantem Teilgewicht bei der Verarbeitung von Thermoplasten auf Spritzgießmaschinen verwendet werden.

Es baut auf den Erkenntnissen des optimalen Dosierhubs (Dosierbereich 1–3 D) bei Dreizonen-Schnecken mit einem L/D-Verhältnis 18:1 bis 22:1 auf.

Bei Unter- und Überschreitung dieses Bereiches muß mit Qualitätseinbußen, wie z. B. Molekulargewichtsabbau oder Oberflächenstörungen an den Formteilen durch mitgeschleppte Luft, gerechnet werden.

Die Bezugslinie *1 gilt für den Dosierweg 1 D, die Bezugslinie *2 für den Dosierweg 3 D.

Am Beispiel eines zu fertigenden ABS-Teils mit 2500 g Gewicht einschließlich Anguß wird gezeigt, daß es minimal mit einer Schnecke von 100 mm (maximal genutzter Dosierweg von 3 D) und maximal mit einer

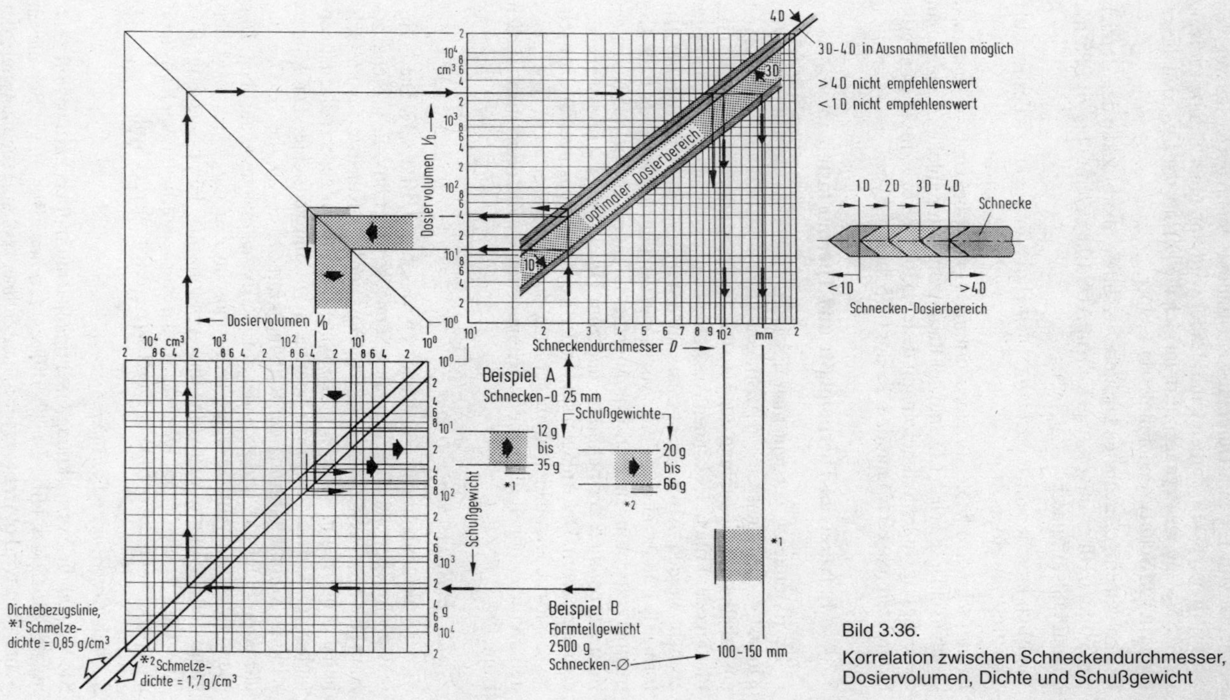

Bild 3.36.
Korrelation zwischen Schneckendurchmesser, Dosiervolumen, Dichte und Schußgewicht

Schnecke von 150 mm Durchmesser (minimal genutzter Dosierweg von 1 D) spritzgegossen werden kann. Dabei wird von einer Schmelzedichte von 0,85 g/cm^3 ausgegangen. Erhöht sich die Dichte, dann werden die erforderlichen Schneckendurchmesser kleiner.

Die beiden eingezeichneten Dichtebezugslinien überbrücken den Bereich der Schmelzedichten von ungefülltem ABS (0,85 g/cm^3) bis zu PPS mit hohem Füllstoffanteil (1,7 g/cm^3).

Natürlich kann jederzeit auch eine Dichtelinie für ein spezielles Produkt eingetragen werden.

Ist die Schmelzedichte für eine Formmasse nicht bekannt, so kann man sie überschlägig aus der Dichte bei Raumtemperatur ableiten, indem man diese für ungefüllte Schmelzen mit dem Faktor 0,85 bzw. für hochgefüllte Schmelzen (ca. 60 %) mit dem Faktor 0,95 multipliziert.

3.2.4 Extrudieren Thermoplaste und Thermoelaste

Unter Extrudieren versteht man das kontinuierliche Aufschmelzen von Kunststoff-Formmassen und Austragen durch eine formgebende Düse mit anschließender Abkühlung zur Herstellung von Halbzeugen wie Profile, Platten oder Folien. Es können Ausstoßleistungen von mehr als 1000 kg/h erreicht werden. Als Ausgangsmaterial kommen Kunststoffe in Granulatform, als Pulver oder auch als Mischungsrezeptur in Frage, da viele Extrusionseinrichtungen auch Compoundieraufgaben übernehmen können. Zum Aufbereiten der Schmelze und zum Druckaufbau gibt es verschiedene Verfahren. Die Anlagen sind in der Regel mit Sensoren für die wichtigsten Prozeßparameter so ausgerüstet, daß diese überwacht bzw. geregelt werden können und eine gleichbleibende Qualität gesichert werden kann.

3.2.4.1 Einschnecken-Extruder

Sie sind die am häufigsten verwendeten Maschinen, Bild 3.37. Die Formmasse wird über einen Trichter einer Schnecke zugeführt, die in einem zonenweise beheizten Zylinder rotiert. Dort wird der Kunststoff hauptsächlich durch Friktion, weniger durch Wärmeleitung, aufgeschmolzen, eventuell entgast, durch Scherung homogenisiert und verdichtet. Die Förderwirkung kommt aufgrund der Reibungskräfte zustande, die die Oberflächen von Schnecke und Zylinder auf die Extrusionsmasse ausüben. Den grundsätzlichen Aufbau einer Extrusionschnecke mit Einzugs-, Übergangs- oder Kompressionszone und Ausstoß- oder Pumpzone zeigt Bild 3.38. Die Geometrie der Schnecke wird dem zu verarbeitenden Kunststoff angepaßt, wenn ein optimaler Durchsatz erreicht werden soll.

3.2.4.2 Entgasungs-Extruder

Sie können die Vortrocknung feuchtigkeitsempfindlicher Kunststoff-Granulate ganz oder teilweise überflüssig machen, Bild 3.39. Bei diesen Schnecken wird etwa bei einer halben Schneckenlänge die Gangtiefe der

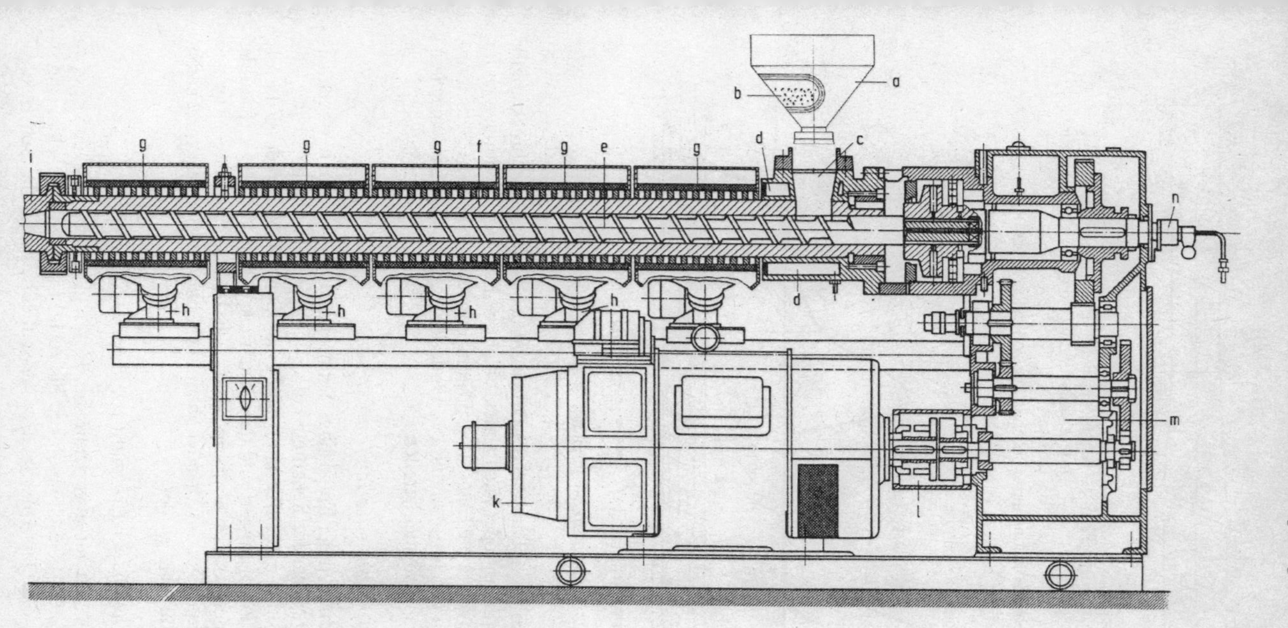

Bild 3.37. Einschnecken-Plastifizierextruder (nach BASF AG)

a: Fülltrichter, b: Extrusionsmasse, c: Einzugsöffnung, d: Kühlkanäle, e: Schnecke, f: Zylinder, g: Heizbänder, darunter Kühlkanäle für Gebläseluft, h: Kühlgebläse, i: Anschluß für Extrusionswerkzeug, k: Elektromotor, l: Kupplung, m: Untersetzungsgetriebe für Schneckenantrieb, n: Anschlüsse für die Schneckentemperierung

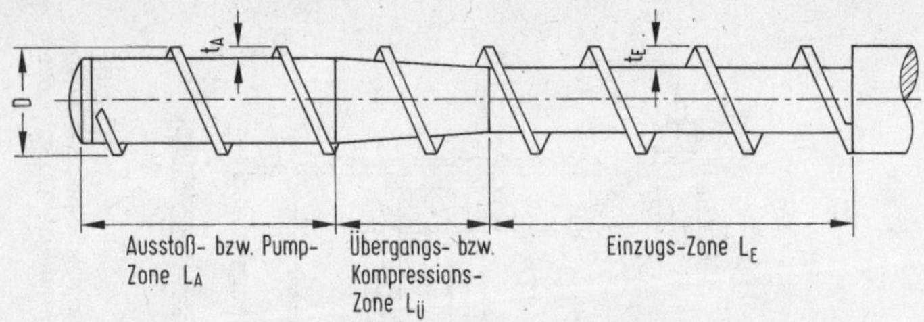

Bild 3.38. Zoneneinteilung einer üblichen Dreizonenschnecke

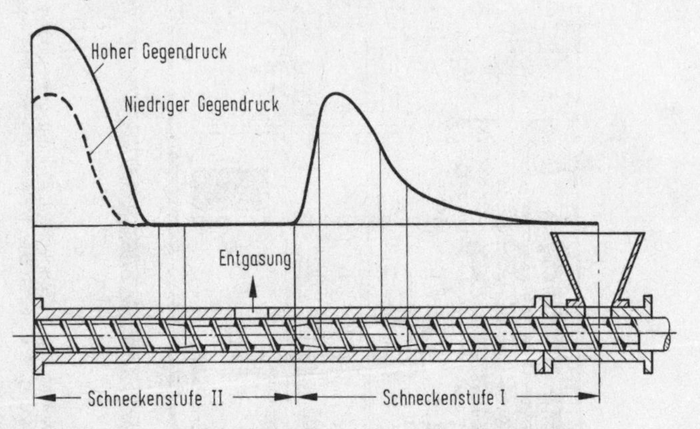

Bild 3.39. Schema und Druckverlauf bei einem Entgasungsextruder

Schnecke so vergrößert, daß der Druck auf den Atmosphärendruck abfällt und Wasserdampf oder auch andere flüchtige Bestandteile durch eine im Zylinder angebrachte Entgasungsöffnung entweichen können. Schwierigkeiten kann die Abstimmung der Förderleistung der beiden Schneckenabschnitte aufeinander bereiten.

3.2.4.3 Kaskaden- oder Tandem-Extruder

Es sind Varianten der Entgasungs-Schnecke, Bild 3.40. Sie bestehen aus einer Hintereinander-Schaltung eines Plastifizier-Extruders, der die Kunststoffschmelze aufbereitet, und eines Schmelze-Extruders, der die Schmelze homogenisiert und den Staudruck aufbaut. Da beide Extruder einen eigenen Antrieb besitzen, lassen sich die Förderleistungen der beiden Schnecken gut aufeinander abstimmen, allerdings ist der maschinenbauliche Aufwand größer.

3.2.4.4 Schnelläufer-Extruder (adiabatische Extruder)

Sie arbeiten statt mit einer Schnecken-Umfangsgeschwindigkeit von etwa 0,7 m/s mit einer Geschwindigkeit bis zu 1,2 m/s. Die Schnecken sind so konzipiert, daß das Aufschmelzen ausschließlich über die Scherenergie

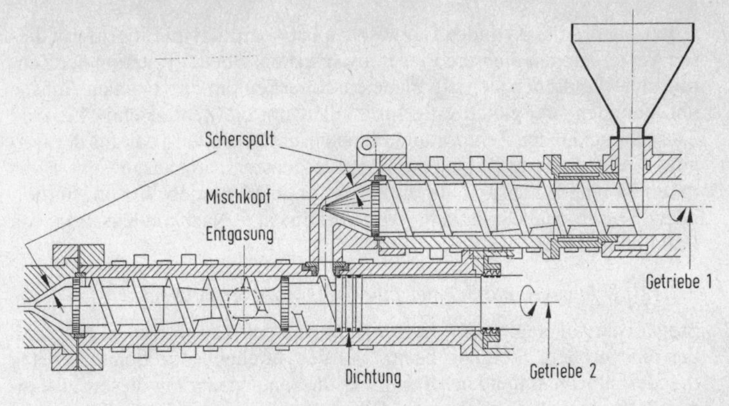

Bild 3.40 Schematische Darstellung eines Kaskadenextruders

erfolgt. Sie sind einfach in Ihrem Aufbau und geeignet für unempfindliche Kunststoffe wie z.B. PE, PS oder PA.

3.2.4.5 Planetwalzen-Extruder

Sie weisen eine sehr schonende Plastifizierung, gute Homogenisierung und Dispergierung auf und eignen sich deshalb besonders für empfindliche Kunststoffe wie PVC. Im Schneckenbereich der Übergangszone einer normalen Schnecke ist die Schnecke mit einer speziellen Verzahnung ver-

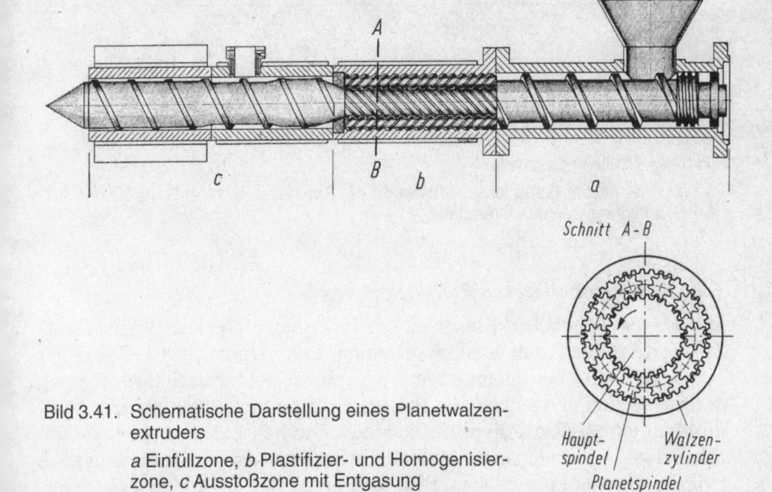

Bild 3.41. Schematische Darstellung eines Planetwalzenextruders

a Einfüllzone, *b* Plastifizier- und Homogenisierzone, *c* Ausstoßzone mit Entgasung

sehen, ebenso der Zylinder. Dazwischen befinden sich im Eingriff mit diesen Verzahnungen mehrere Planetenschnecken. Bei der Rotation der Zentralschnecke drehen sich die Planetenschnecken um ihre eigenen Achsen und befinden sich gleichzeitig im Umlauf um die Zentralschnecke, Bild 3.41. Zwischen den Zentral- und Planetenschnecken wird das aus der Einzugszone geförderte Granulat bzw. Pulver feinschichtig ausgewalzt. Hierdurch ist eine Entgasung auf äußerst geringe Monomer-, Lösungsmittel- oder Wassergehalte möglich. Weiterer Einsatz: Nachkondensation von Polykondensaten.

3.2.4.6 Schnecken mit Schmelzetrennung, Barriereschnecke

Sie weisen am Beginn der Aufschmelzzone einen zusätzlichen Steg auf, der eine größere Steigung besitzt als der durchgehende Schneckensteg und deshalb am Anfang der Kompressionszone wieder mit diesem zusammentrifft, s. Maillefer-Schnecke, Bild 3.42. Über diesen zusätzlichen Steg wird das bereits aufgeschmolzene Material in den sich in Förderrichtung vergrößernden Schneckengang gedrückt und auf diese Weise ein Vordringen von unaufgeschmolzenem Granulat in die Ausstoßzone verhindert. Außerdem wird die Aufschmelzleistung gesteigert und die Homogenisierung der Schmelze verbessert. Weitere Schnecken dieser Art sind die Barr-, Maxmelt/Lacher/Hsu/Willert-, Efficient/Dray und Lawrence- sowie VPB/Kim-, Ingen/Housz- und HPM-Schnecken.

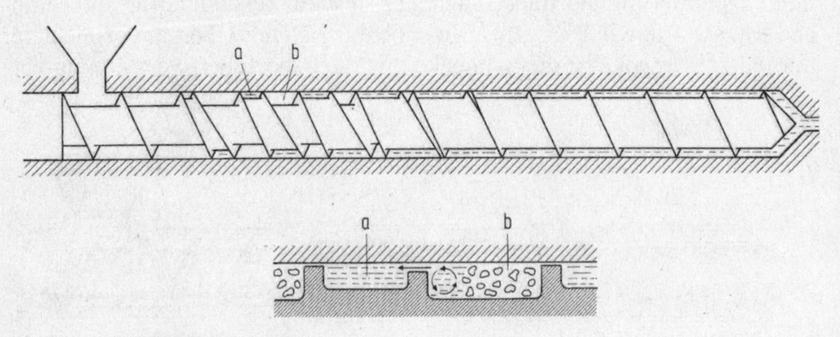

Bild 3.42. Maillefer-Schnecke
a: flacher Gang für den Transport der Schmelze, b: tiefer Gang für das Aufschmelzen des Granulats

3.2.4.7 Doppelschnecken-Extruder

Sie weisen gegenüber Einschnecken-Extrudern folgende Vorteile auf: Zwangsförderung statt Schleppströmung, hohe Durchsätze bei geringer Verweilzeit und bei einem engen Verweilzeitspektrum, Selbstreinigung der Schnecken und schonende Plastifizierung schwer einziehbarer, thermisch empfindlicher Pulver-Compounds. Die Schnecken können gleichlaufend oder gegeneinander laufend, mehr oder weniger dicht kämmend, zylindrisch oder konisch sein, Bild 3.43.

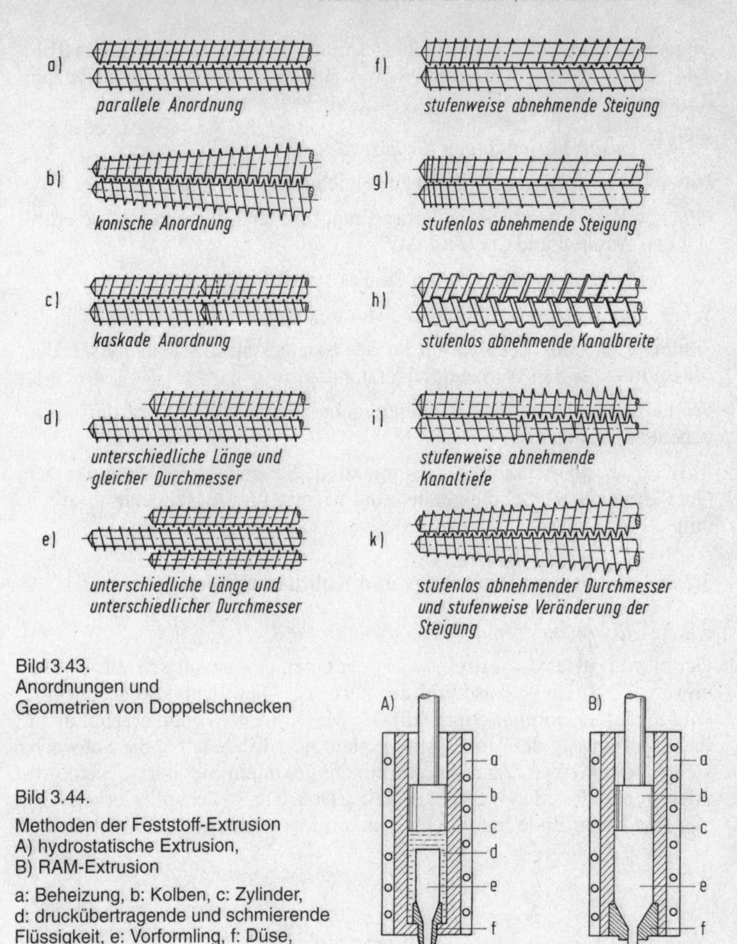

Bild 3.43.
Anordnungen und
Geometrien von Doppelschnecken

Bild 3.44.
Methoden der Feststoff-Extrusion
A) hydrostatische Extrusion,
B) RAM-Extrusion

a: Beheizung, b: Kolben, c: Zylinder,
d: druckübertragende und schmierende
Flüssigkeit, e: Vorformling, f: Düse,
g: Extrudat

Mit Gleichdrall-Doppelschneckenextrudern können bei der Herstellung z. B. von Rohren Füllstoffe wie Holzmehl oder Calciumcarbonat direkt in den pulverförmig oder granulatförmig aufgegebenen Kunststoff eincompoundiert werden. Diese Direktextrusion führt zu Einsparungen von bis zu 20% durch Wegfall eines Compoundierschrittes.

3.2.4.8 Kolben-Extruder, Ram-Extruder

Sie werden vor allem zur Extrusion gesinterter Profile aus dem Pulver schwierig plastifizierbarer Thermoplaste wie z.B. PTFE oder UHMW-PE eingesetzt. Das Prinzip dieser diskontinuierlichen Extrusion zeigt Bild 3.44. Beim Sintern wird die Düse in Bild 3.44 durch einen beheizten Rohrspalt ersetzt.

3.2.4.9 Zusatzeinrichtungen für Extruder

Dosier- und Stopfeinrichtungen zur gleichmäßigen Produktaufgabe.

Beheizte Vakuumtrichter zur Vorab-Entgasung und -Trocknung, sie erhöhen den Ausstoß und die Qualität.

Genutete Einzugszonen erhöhen die Förderleistung.

Scher- und Mischteile erhöhen die Homogenität einer Schmelze.

Staubuchsen oder Lochplatten an der Schneckenspitze, sie passen den Massedruck an den Werkzeugwiderstand an.

Schmelzepumpen sorgen für einen gleichmäßigen Massestrom zum formgebenden Werkzeug.

Auswechselbare Schmelzefilter reinigen die Schmelze und verringern den Quellkörperanteil, Schmelzefilter sind wichtig für die Rezyklat-Verarbeitung.

3.2.5 Extrusions-Werkzeuge und Kalibrierung

3.2.5.1 Rohre und symmetrische Hohlprofile

Der plastifizierte Massestrom wird über einen Dorn zentrisch aufgeweitet und im Werkzeuggehäuse und der Düse zu einem Ringkörper geformt, Bild 3.45. Die Dornhalterung teilt den Massestrom auf und erzeugt damit in Längsrichtung des Hohlprofils verlaufende Bindenähte, die Schwachstellen sein können. Zu deren Vermeidung werden Siebdorn-, Siebkorb- oder Wendelverteiler-Werkzeuge, eingesetzt. Zur Außenkalibrierung wird das Profil zum Ende hin durch einen am Dorn mit einem Seil oder einer

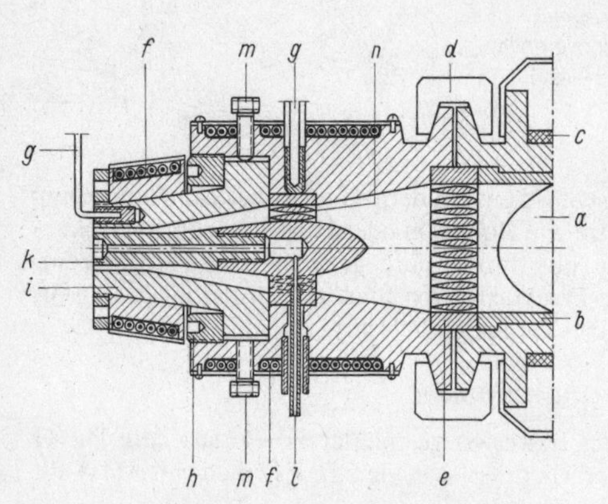

Bild 3.45
Hohldorn-Rohrwerkzeug *a* Schneckenspitze, *b* Zylinderauskleidung, *c* Zylinderheizung, *d* Befestigung des Werkzeuges mit Sperriegel, *e* Lochscheibe mit strömungsgünstigen tropfenförmigen Löchern, *f* gewickelte Heizung des Werkzeuges, *g* Temperaturmeßstellen mit Kupferkontakt, *h* Werkzeugverschraubung, *i* Düse, *k* Dorn, Parallelführung 30–40fache Spaltweite, *l* Zufuhr der Stützluft, *m* Zentrierschrauben

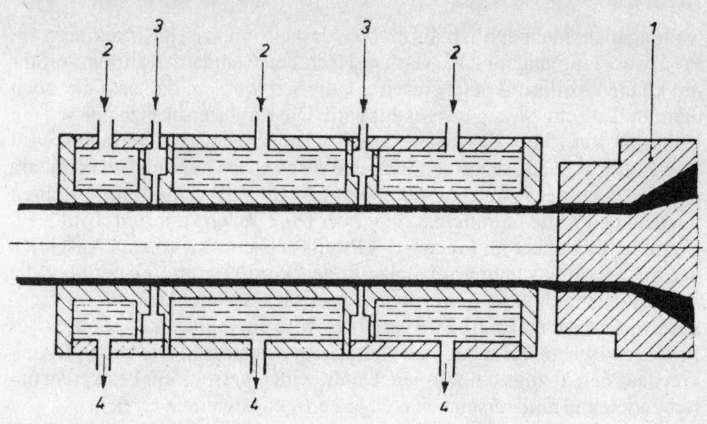

Bild 3.46. Vakuumkalibrierung

1: Rohrwerkzeug, 2: Kühlwassereintritt, 3: Vakuumanschluß, 4: Kühlwasseraustritt

Kette angehängten Schleppstopfen abgedichtet, über den Dorn mit Stützluft versorgt und durch eine gekühlte Kalibrierstrecke gezogen. Bei einer Vakuumkalibrierung kann auf Stützluft verzichtet werden, Bild 3.46.

3.2.5.2 Vollprofile

Wenn sie keinen kreisförmigen Querschnitt aufweisen, sind die Querschnitte von Düse und Extrudat wegen der ungleichmäßigen Strangauf-

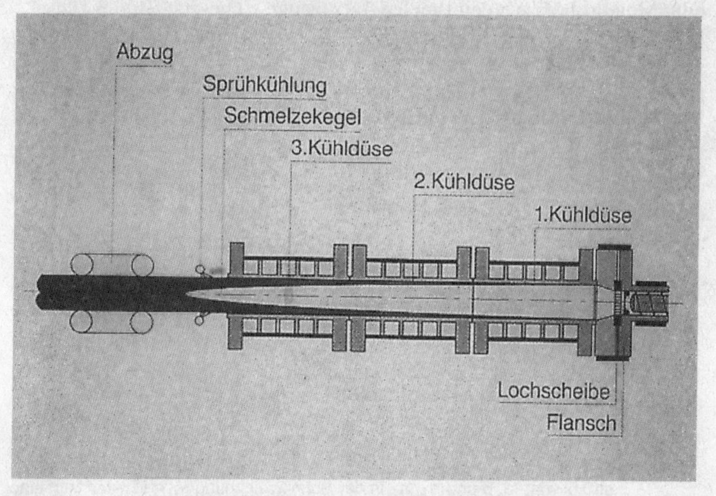

Bild 3.47. Werkzeug für die Profilherstellung nach dem Kühldüsenverfahren

weitung nicht mehr ähnlich. Es müssen deshalb empirisch Korrekturen am Profilwerkzeug angebracht werden. Nach den Standard-Kalibrierverfahren können Vollprofile nur einseitig kalibriert werden, da sonst der noch thermoplastische Strang festgekeilt wird. Die Kalibrierschlitze müssen ein Übermaß von 15 bis 20% aufweisen. Nach einem anderen Verfahren wird eine Kalibrierfläche so ausgebildet, daß sie elastisch ausweichen kann, um ein Verkeilen des Profils zu verhindern. Nach dem Kühldüsen-Verfahren werden die Profile unmittelbar hinter der Düse außen kalibriert, Bild 3.47. Damit keine Lunker im Inneren des Profils entstehen, wird zum Ausgleich der Schwindung ständig Schmelze in den Profilkern mit einem über die Drehzahl der Schnecke geregelten Massedruck nachgedrückt. Beim Technoform-Präzisions-Profil-Ziehverfahren wird ein repräsentatives Maß des Profils zwischen Werkzeug und Kalibrierung gemessen und in den Regelkreislauf des Abzugs einbezogen. Damit wird einerseits ein Festkeilen unterbunden und andererseits eine enge Fertigungstoleranz erreicht.

3.2.5.3 Hohlkammer-Profile

Sie werden ähnlich wie Rohre in der Düse geformt. Stegplatten, die aus dünnen Ober- und Unterschichten, eventuell noch einer Mittelschicht, bestehen, die zur Schubübertragung bei Biegebeanspruchung über Stege miteinander verbunden sind, können mehrere Meter breit sein. Deshalb muß der vom Extruder kommende Schmelzestrang auf diese Breite so gespreizt werden, daß in der Mitte kein Voreilen stattfindet, vgl. auch bei Tafeln und Folien. Die Kalibrierung erfolgt mit Vakuum, s. Bild 3.46.

3.2.5.4 Ummantelungen

Zur Ummantelung von Schläuchen mit Gewebeverstärkungen, Drähten oder Metallrohren werden Pinolen-Werkzeuge eingesetzt, Bild 3.48.

3.2.5.5 Tafeln und Flach-Folien

von etwa 0,3 bis 30 mm Dicke mit Breiten bis zu etwa 4 m werden mit Breitschlitz-Düsen, die verstellbare Lippen haben, hergestellt, Bild 3.49.

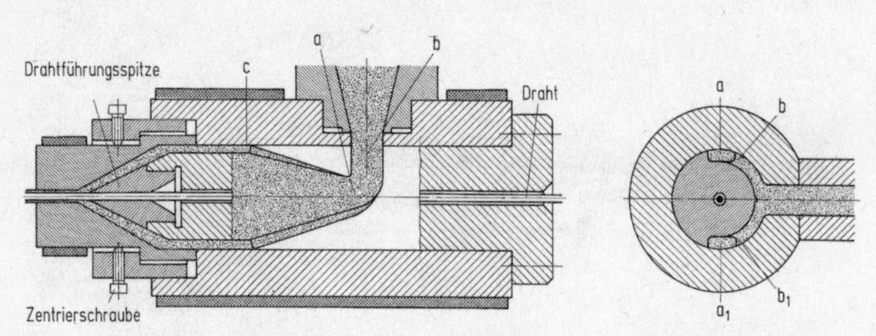

Bild 3.48. Pinolenwerkzeug für die Druckummantelung (nach BASF AG)

a, b und c: Führung der Strömung um die Pinole, die von zwei Seiten angeströmt wird (a, b und a_1, b_1 in der Schnittzeichnung rechts). Ab c liegt eine geschlossene Schmelzeschicht um die Pinole vor.

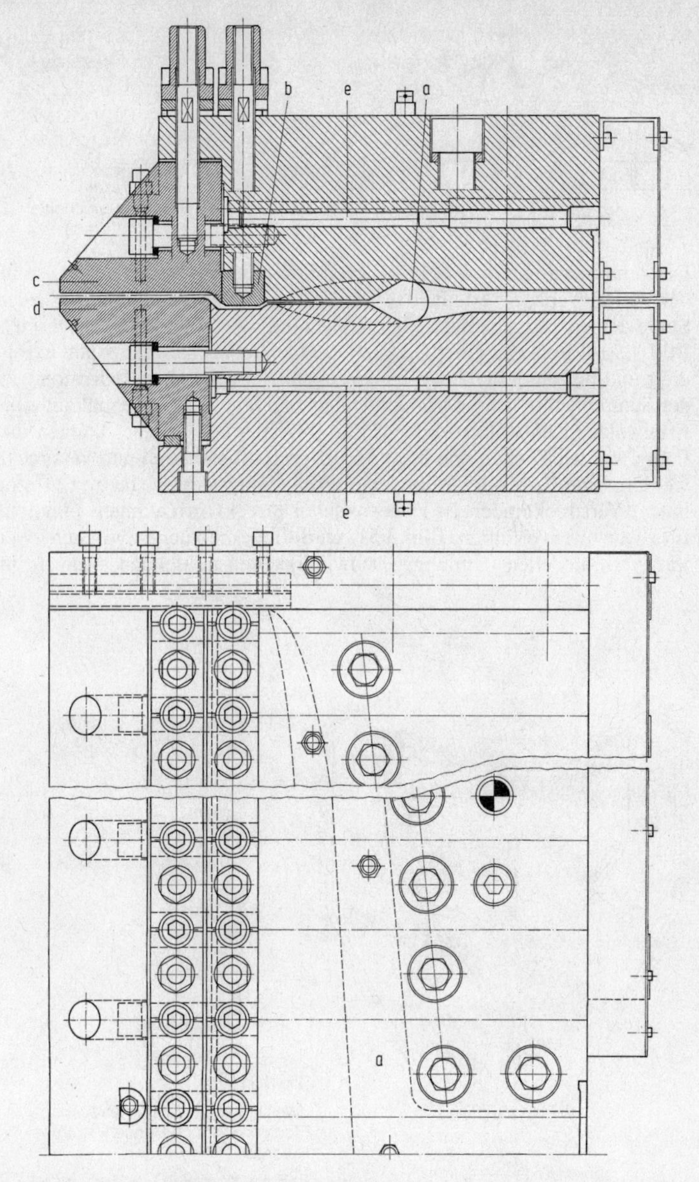

Bild 3.49. Breitschlitzwerkzeug für die Tafelextrusion im Schnitt (oben), in Draufsicht (unten) (nach Wartburg u. Hempler)

a: Verteilerkanal, b: Staubalken, c, d: Lippen, e: Heizpatronen

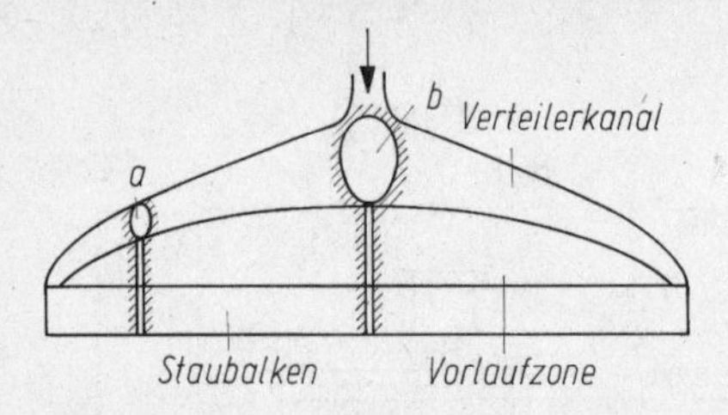

Bild 3.50
Kleiderbügelverteiler
a, b: Fließkanalquerschnitte

Die zentrisch zugeführte Schmelze wird durch einen Verteilerkanal so in der Austrittsebene verteilt, daß die mittlere Geschwindigkeit an jeder Stelle des Spaltes gleich ist. Man erreicht dies mit „Kleiderbügel-Düsen", Bild 3.50. Tafeln mit einer Dicke unter 0,5 mm werden horizontal extrudiert und mit einem Glättwerk abgezogen. Bei der Folien-Extrusion tritt der Schmelzefilm schräg nach unten aus und legt sich tangential auf eine Kühlwalze (Kühlwalzen- oder Chillroll-Verfahren). Hierbei können die Folien bis auf Dicken von 8 bis 15 µm in Extrusionsrichtung verstreckt werden. Eine Kalt- oder Warmverstreckung, uni- oder biaxial, mit extrem hohen Verstreckgraden ist in besonderen Streckvorrichtungen möglich. Im Zweistufenverfahren, Bild 3.51, wird die Folie zuerst zwischen zwei mit verschiedenen Umfangsgeschwindigkeiten laufenden Walzen in

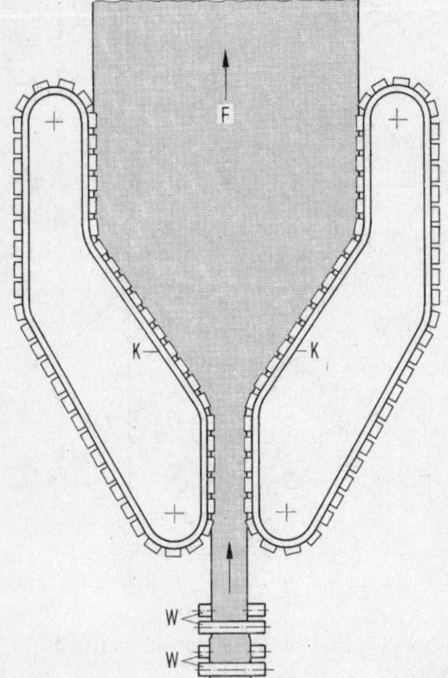

Bild 3.51.
Zweistufige biaxiale Verstreckung von Flachfolien (nach Hensen, Knappe, Potente)
F: Folie, W: Walzen für die Verstrekkung in Längsrichtung, K: umlaufende Ketten mit Kluppen für die Verstrekkung quer zur Laufrichtung

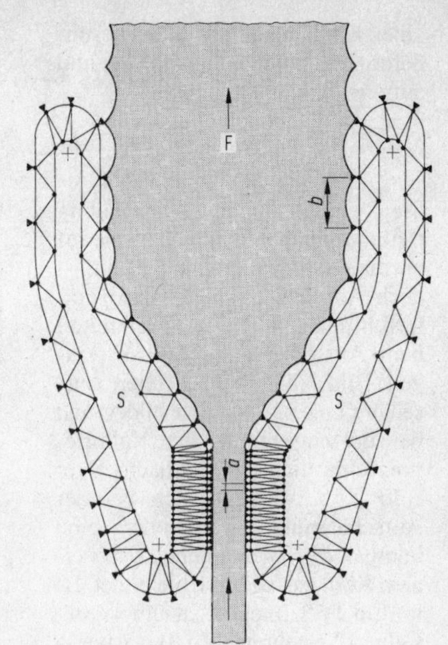

Bild 3.52.
Simultanstrecken mit Scherengittersystem (nach Hensen, Knappe, Potente)
F: Folie, S: Scherengitter mit Kluppen

Längsrichtung verstreckt. Die Querverstreckung erfolgt in der zweiten Stufe, indem die seitlichen Ränder der Folie von Kluppen erfaßt und während des Längstransports der Folie nach außen geführt werden. Bei der simultanen biaxialen Verstreckung, Bild 3.52, werden die Kluppen nach außen und gleichzeitig mit zunehmender Geschwindigkeit in Laufrichtung geführt. Durch die Verstreckung und eine thermische Nachbehandlung (Thermofixierung) werden die Festigkeit, Transparenz, Permeationsdichte, Kältefestigkeit und das elektrische Verhalten verbessert.

3.2.5.6 Schlauch-Folien

Sie werden mit Hilfe von Ringdüsen bei Schlauchumfängen bis zu 16 m und mit Dicken von 10 bis 300 μm hergestellt. Bei Pinolen-Werkzeugen umfließt die Schmelze einen im Gehäuse eingespannten Dorn, wobei der Einlaufkanal so gestaltet wird, daß eine in axialer Richtung gleichmäßige Strömung erreicht wird, Bild 3.53. Die an der Rückseite des Dornes nicht zu vermeidende Bindenaht zeichnet sich jedoch im Extrudat ab. Dies ist auch in einem verminderten Maße bei Stegdornhalter-Werkzeugen der Fall. Durch das Nachschalten von Lochscheiben und durch die Verwendung von „Verwischgewinden“ oder „Wendelverteilern“ am Dorn lassen sich die Stegmarkierungen vermindern, Bild 3.54. Nach Austritt der Schmelze aus dem Ringspalt wird die Folie mit Stützluft auf den gewünschten Schlauchdurchmeser aufgeblasen und nach dem Durchlaufen einer Kühlstrecke mit Hilfe besonderer Einrichtungen flachgelegt und aufgewickelt.

3.2.5.7 Geschäumte Profile, TSE-Verfahren

Sie werden unter Verwendung treibmittelhaltiger Formmassen auf normalen Extrudern hergestellt, s. auch Abschn. 3.2.8. Die Temperaturführung läßt das Treibmittel beim Austritt aus der Düse anspringen, Bild 3.55. Bei der freien Aufschäumung nach außen bildet sich bei der anschließenden Kalibrierung eine dichte Außenhaut, A) in Bild 3.55, während sich bei der Aufschäumung nach innen eine kompakte, glatte Außenhaut mit einem Kern geringer Dichte bildet, B) in Bild 3.55, Integralschaumprozeß, Celuka-Verfahren. Mit Begasungs-Extrudern werden Formmassen ohne Treibmittelzusatz verarbeitet. Das Treibmittel (CO_2) wird unter

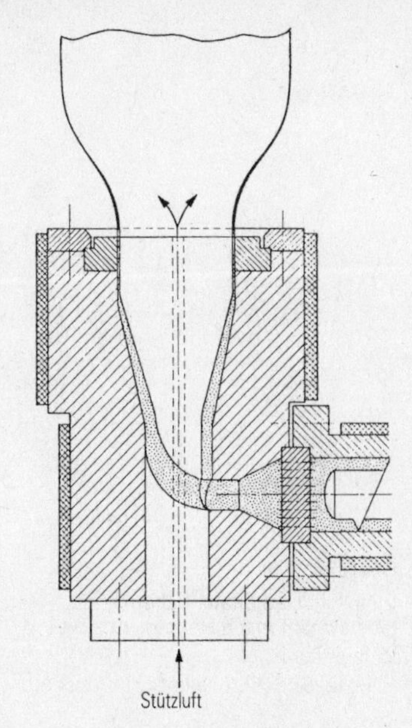

Bild 3.53. Pinolen-Werkzeug

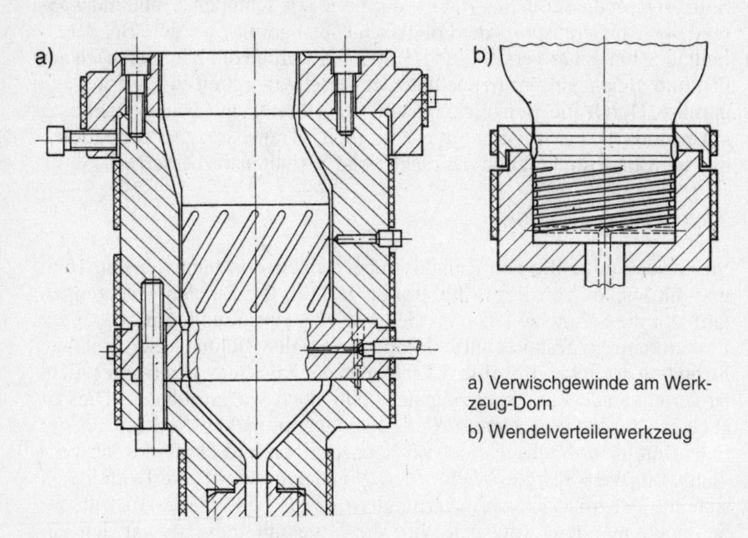

a) Verwischgewinde am Werkzeug-Dorn

b) Wendelverteilerwerkzeug

Bild 3.54. Masseverteiler in Schlauchfolien-Werkzeugen

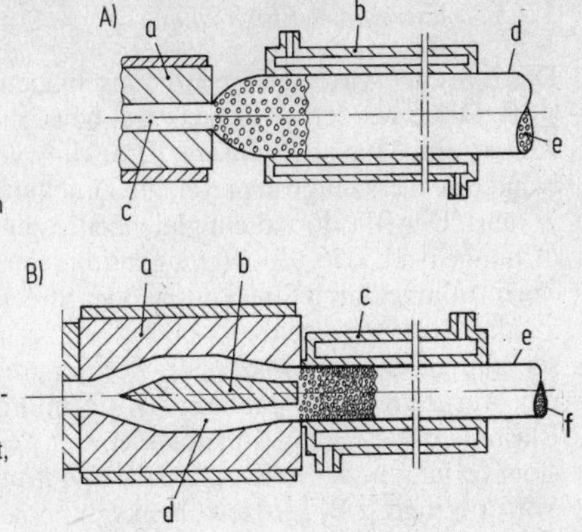

Bild 3.55.
Extrusion von Schaumstoff-Profilen
A) freie Aufschäumung. a: Düsenwerkzeug, b: Kalibrierung, c: treibmittelhaltige Schmelze, d: Außenhaut, e: Schaumkern
B) Aufschäumung nach innen. a: Düsenwerkzeug, b: Dorn, c: Kalibrierung, d: treibmittelhaltige Schmelze, e: kompakte Außenhaut, f: Schaumkern

hohem Druck in den Extruder eingespritzt und molekular in der treibmittelfreien Schmelze (PS) gelöst. Beim Austritt aus der Düse expandiert das Treibmittel.

Bei der Herstellung geschäumter Platten kann nach dem Austritt der Schmelze aus dem Extruder die Schmelze zur Stabilisierung und Vordimensionierung des Schaums in ein Vorkühlwerk geführt werden. Die Ausformung erfolgt anschließend in einem Drei-Walzen-Glättwerk.

Statt der Einschnecken-Extruder verwendet man besonders bei der Verarbeitung von PVC-U zwangsfördernde Doppelschnecken-Extruder.

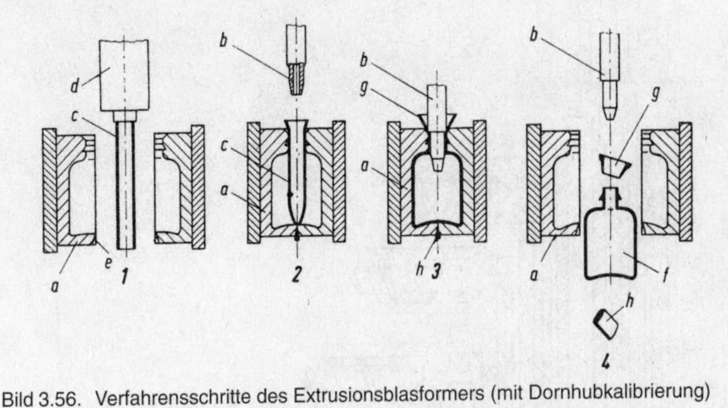

Bild 3.56. Verfahrensschritte des Extrusionsblasformers (mit Dornhubkalibrierung)

a Blaswerkzeug (Hälfte), *b* Kalibrierblasdorn, *c* Vorformling (Schlauch), *d* Schlauchkopf, e Quetschkante, *f* Blasteil, *g* Halsbutzen, *h* Bodenbutzen

1 Extrusion des Vorformlings, *2* Schließen des Blaswerkzeugs. Das untere Ende des Vorformlings wird durch die Quetschkanten des Werkzeugs verschlossen und verschweißt, *3* Einpressen des Kalibrierdorns. Kalibrieren der Flaschenmündung und Aufblasen des Vorformlings zum Blasteil. Kühlen, *4* Entformen des Blasteils, Abtrennen des Halsbutzens und des Bodenbutzens

3.2.5.8 Extrusions-Blasformen

Der Extruder wird zur Herstellung schlauchförmiger Vorformlinge eingesetzt. Diese werden zwischen zwei beweglichen Hälften eines Blaswerkzeuges eingequetscht und mit Druckluft von 5 bis 10 bar an die Innenwand des Werkzeugs gepreßt. Die Druckluft wird durch den Blasdorn zugeführt. Der Blasdorn dient gleichzeitig zur Kalibrierung der Hohlkörperöffnung, Bild 3.56. Zur Erzeugung biaxialer Orientierungen werden die Vorformlinge durch Streckdorne oder Streckzangen vor dem Aufblasen in axialer Richtung verstreckt oder zunächst in einem Werkzeug vorgeblasen und anschließend bei optimaler Verstrecktemperatur in einem größeren Werkzeug fertig geblasen. Vorformlinge bis etwa 1 kg Gewicht für Blasteile mit etwa 30 l Inhalt lassen sich kontinuierlich auch im Coextrusionsverfahren, s. Abschn. 3.2.5.10, extrudieren. Größere freihängende Vorformlinge, z.B. für Heizöltanks mit einem Inhalt bis 10000 l, würden sich wegen der relativ langen Extrusionszeit zu stark längen und abkühlen. In diesen Fällen werden Speicher von einem Extruder oder auch mehreren Extrudern kontinuierlich gefüllt und die Schmelze für den Vorformling in einem Bruchteil der Plastifizierzeit hydraulisch ausgestoßen. Zur Regelung der Wanddicke der Erzeugnisse kann die Wanddicke des Vorformlings kontinuierlich während des Extrusionsvorganges angepaßt werden, Wanddickensteuerung (WDS). Die Extrusions-Blastechnik ist

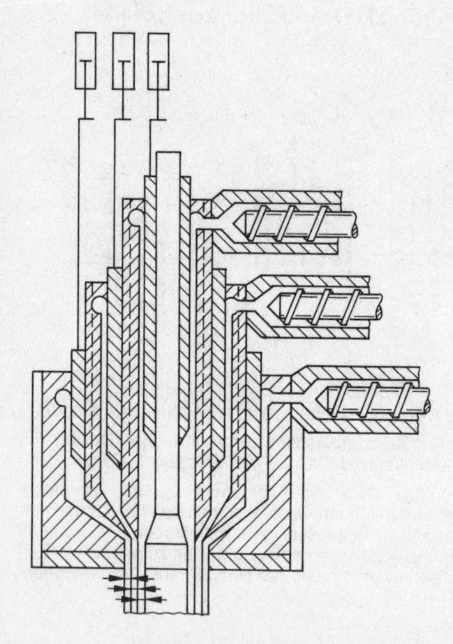

Bild 3.57

Coex-Akku-Kopf der Fa. IHI mit konzentrischen Ringkolbenspeichern.

heute so weit fortgeschritten, daß auch sehr komplizierte Hohlkörper wie PKW-Kraftstofftanks (KKB) in Großserien hergestellt werden können.

Beim Blasen von Kraftstoffbehältern werden in Coextrusionsanlagen, s. auch Abschn. 3.2.5.10, mit zusätzlichen Speicherköpfen mehrschichtige Vorformlinge hergestellt. Der in Bild 3.57 gezeigte 3-Schicht-Speicherkopf besitzt 3 konzentrische Ringkolbenspeicher, die von je einem separaten Extruder gespeist werden. Die Laminatbildung erfolgt beim Ausstoßen.

Zur Erhöhung der Steifigkeit und/oder Wärmeisolation von PE-Blasformteilen wird bei der Blow Moulding Foam Technologie (BFT) die mittlere der drei Schichten mit einem physikalisch oder chemisch wirkenden Treibmittel versetzt und so aufgeschäumt. Recyclatverwendung ist möglich.

Zur Vermeidung von Quetschnähten auch bei mehrdimensional gekrümmten Produkten werden die schlauchförmigen Vorformlinge während der Extrusion oder nach der Extrusion mit spez. Greifern (Robotern) entsprechend der Artikelkontur in die geöffnete Blasformhälfte eingelegt.

Bei der „Sequentiellen Coextrusion" werden bei der Vorformling-Herstellung unterschiedliche Materialien in Längsrichtung kombiniert, sodaß z. B. Formteile mit flexiblen Endteilen und weniger flexiblen Mittelteilen entstehen.

Beim Inmould-Labelling (IML) werden zur Dekoration der Blasteile bedruckte Folien in das Blaswergzeug eingelegt und beim Aufblasen des Vorformlings verschweißt.

Beim Selar® RB-Verfahren werden KKB aus einer Mischung von PE-HD und PA-6 mit Haftvermittler geblasen. Bei der Plastifizierung werden die PA-6-Körner angeschmolzen und durch Scherung im Extruder zu dünnen Plättchen verformt. Diese liegen parallel zur Oberfläche der KKB und erhöhen die Diffusions-Sperrwirkung.

3.2.5.9 Monofile, Bändchen, Fasern

Sie werden auf Extrudern hergestellt, die meist zur Erzeugung eines kontinuierlichen Massestroms mit Schmelzepumpen ausgerüstet sind. *Monofile* werden durch Düsenplatten mit einer Vielzahl von Bohrungen nach unten extrudiert, im Wasserbad abgekühlt und anschließend zwischen mit verschiedenen Geschwindigkeiten laufenden Reckwerken vorgereckt. In weiteren Reckwerken erfolgt die Nachverstreckung bei Streckverhältnissen von 5 bis 10 und schließlich die Fixierung in Heißluftstrecken.

Bändchen in Breiten von einigen mm und Dicken zwischen 20 und 200 μm werden durch das Aufschneiden verstreckter Folien oder durch das Aufschneiden von Folien mit anschließender Verstreckung hergestellt. Bei der einsprunggehemmten Verstreckung der Folien, Bild 3.58, wird die Querkontraktion behindert und damit die oft unerwünschte Neigung der verstreckten Bändchen zum Aufspleißen (Einsatz für Säcke und

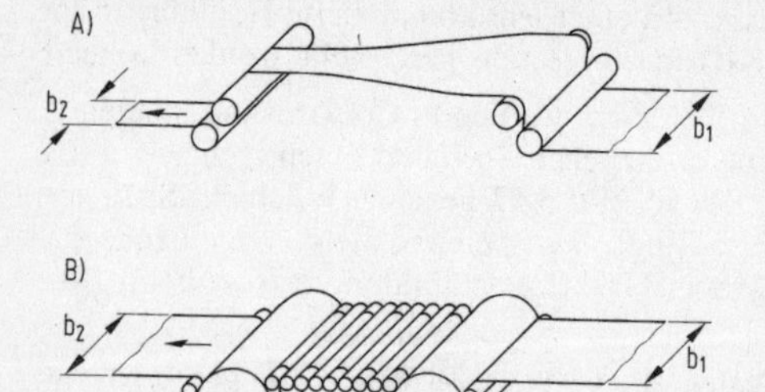

Bild 3.58.
Prinzip der einachsigen Verstreckung (oben) und der einsprunggehemmten Verstreckung (unten)
b_1: Ausgangsbreite,
b_2: Endbreite

Packbänder) reduziert. Eine große Spleißneigung ist bei der Verwendung für Seile und textile Anwendungen erwünscht. Solche Spleißfasern werden nach drei Verfahren hergestellt: Nach dem Barfilex-Verfahren werden Folien mit nutenförmigen Dünnstellen in Längsrichtung extrudiert, die an diesen Stellen bei der Verstreckung aufspleißen. Nach dem Roll-Embossing-Verfahren werden glatte Folien vor der Verstreckung mit Prägewalzen in Längsrichtung profiliert. Wird eine netzartige Struktur aufgeprägt, so entsteht bei der Verstreckung ein Netz, da die Folie an den dünnen Stellen aufreißt. Das Fibrillieren mit Nadel- und Messerwalzen nach dem Verstrecken der Folie führt zu Produkten, die den Naturfasern ähnlich sind.

Fasern werden durch Spinnbalken nach unten extrudiert und im Luftstrom abgekühlt und anschließend wie Monofile nachbehandelt.

3.2.5.10 Co- oder Mehrschichten-Extrusion

Es sind Verfahren zur Erzeugung von Extrudaten, die aus mehreren Schichten artgleicher oder artfremder Kunststoffe bestehen. Sie werden bei der Profil-, Platten-, Hohlkammerplatten-, Flach-, Blasfolien- und Blashohlkörper-Extrusion eingesetzt. 5 bis 7 Schichten sind wirtschaftlich sinnvoll, um gewünschte Eigenschaften durch Gas- oder Wasserdampf-Sperrschichten, UV-absorberhaltige Schichten oder durch sehr dünne Haftvermittler-Schichten zu erreichen oder um die Wirtschaftlichkeit durch die Verwendung von Innenlagen aus Sekundär- oder Recycling-Material zu erhöhen. Im Durchmesserbereich von 32 bis >630 mm werden Rohre mit PVC-Deckschichten und geschäumten Kernen als preiswerte und steife Kanal- und Abwasserrohre hergestellt, wobei ein oder zwei Doppelschnecken-Extruder für beide Deckschichten eingesetzt werden. Bei der Coextrusion werden die Schmelzeströme mehrerer Extruder in oder hinter einem Werkzeug zusammengeführt. Bild 3.59 zeigt ein Blaswerkzeug für Zweischichtfolien, bei dem die Schmelzeströme getrennt aus der Düse austreten und durch die Stützluft zusammengeführt

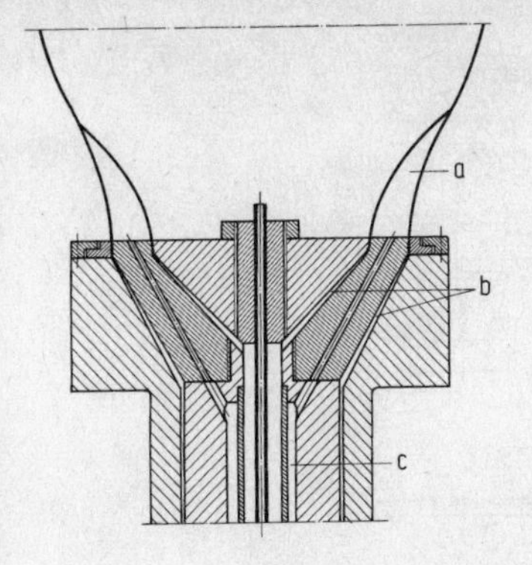

Bild 3.59.
Blaswerkzeug für Zweischichtfolien mit Schmelzetrennung und Begasungskammer
a: Begasungskammer,
b: Schmelzeströme,
c: Gaszufuhr

Düse	Adapter	Schicht (1)	Schicht (2)	Schicht (3)	Anwendungsbeispiele (1)	Anwendungsbeispiele (2)	Anwendungsbeispiele (3)
		A	A	A	PP	PS-HI	PP
		B	B	B	HV	SCRAP	HV
		C	C	C	EVOH	HV	PA
		B	D	D	HV	EVOH	EVOH
		D	C	C	SCRAP	HV	PA
		A	B	B	PP	SCRAP	HV
		–	A	E	–	PS-HI	PE-LD

(1), (3) asymmetrische Schichtstruktur
(2) symmetrische Schichtstruktur

Bild 3.60. Aufbau eines 7-Schicht-Coextrusionsadapters.

werden. Eine Gaszuführung zwischen den Schichten kann die Haftung verbessern. Bei Mehrschicht-Werkzeugen werden die Schmelzeströme kurz vor dem Austritt aus dem Werkzeug zusammengeführt, Bild 3.60. Wie beim Blaswerkzeug in Bild 3.59 lassen sich die Schmelzeströme unterschiedlich temperieren. Bei Adapter-Werkzeugen, meist zur Herstellung von Platten, Flachfolien oder Hohlkammerplatten, findet die Zusammenführung der Schmelzen vor dem Eintritt in das Formgebungswerkzeug statt, Bild 3.61. Diese Werkzeuge sind preiswert und mit Einschicht-Werkzeugen zu vergleichen. Der Modulblock ist auswechselbar. Aller-

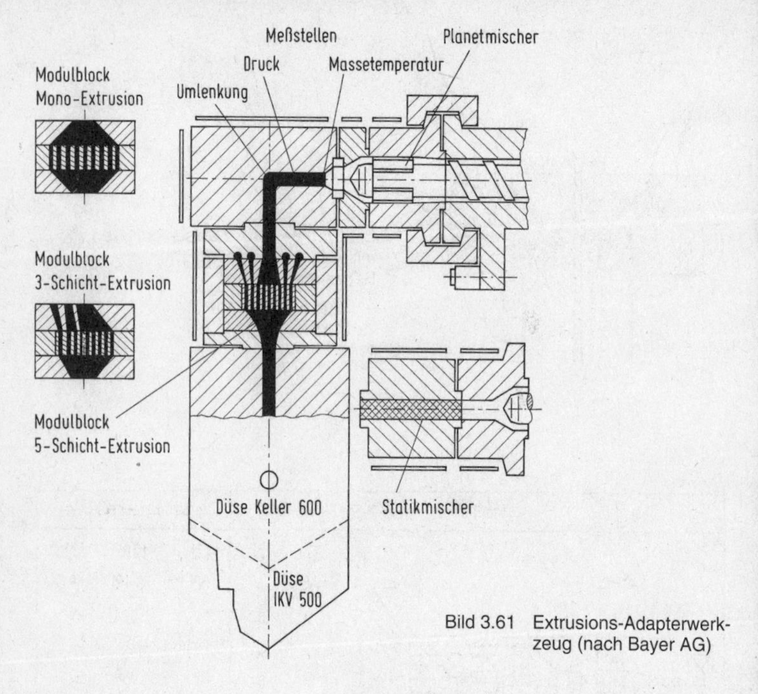

Bild 3.61 Extrusions-Adapterwerkzeug (nach Bayer AG)

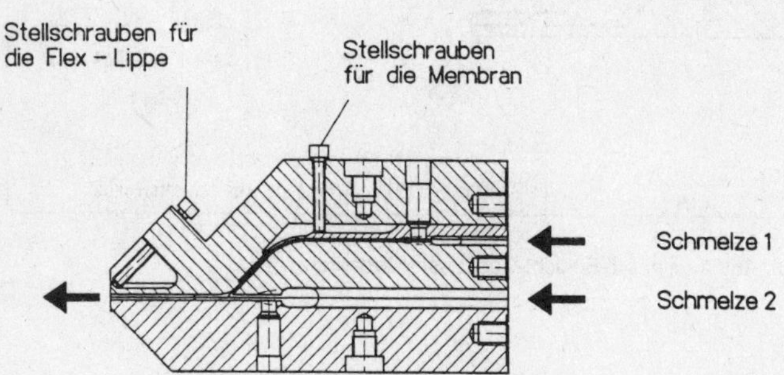

Bild 3.62. Staubalkenlose Coextrusionsdüse (nach IKV)

dings müssen die Verarbeitungstemperaturen und Viskositäten der Schmelzen etwa gleich sein.

Bild 3.62 zeigt ein Coextrusionswerkzeug, welches zur Einstellung der Schmelzestromverteilung statt des Staubalkens eine flexible Membran verwendet.

Nach dem Post-Co-Extrusionsverfahren (PCE) (Fa. Greiner, Österreich) wird auf das fertig kalibrierte Profil in einem Arbeitsgang z.B. eine Dichtlippe aus flexiblerem Material über einen Coextruder aufgetragen. Eine feste Haftung erreicht man, wenn die Verbindungsstelle über eine Aufwärmstation vorgewärmt wird. Bei einer lösbaren Verbindung erfolgt die Coextrusion in eine Nute des Hauptprofils.

3.2.6 Kalandrieren

Zu den kapitalintensivsten Anlagen der Kunststoffverarbeitung gehören die Kalanderstraßen zur Herstellung von Folien, meist aus PVC, mit Durchsatzleistungen bis zu mehreren Tonnen pro Stunde. Sie bestehen aus vorgeschalteten Anlagen zur Aufbereitung der Kunststoffmischung wie Mischer zur Herstellung der Rezeptur und Kneter, Extruder, Innenmischer, Mischwalzen oder Strainer (Extruder, die die Schmelze durch Wechselsiebe austragen) zum Plastifizieren oder Gelieren der meist pulverförmigen Formmassen und nachgeschalteten Anlagen zum Kühlen, Recken, Prägen, Randbeschneiden und Aufwickeln der Folien. Die Formgebung findet im Kalander statt. Die aufbereitete Formmasse wird von den Fütterungswalzen erfaßt und von Walze zu Walze durch enger werdende Spalten geschleppt. Bild 3.63 zeigt als Beispiel einen Vier-Walzen-Kalander zur Herstellung von PVC-P-Folien. Die Bauformen der Kalander unterscheiden sich im wesentlichen durch die Zahl und Anordnung der heiz- und kühlbaren Walzen, Bild 3.64. Bei größeren Folienbreiten, bis zu etwa 2,8 m sind möglich, müssen die Walzen zur Erreichung einer gleichmäßigen Dicke über die Breite bombiert geschliffen bzw. gebogen oder geschränkt werden.

Nach dem Luvitherm-Verfahren wird zunächst bei einer niedrigen Temperatur aus Emulsions-PVC eine spröde und brüchige Walzfolie hergestellt, die in einem zweiten Verfahrensschritt auf meist zwei bis vier Schmelzwalzen bei einer hohen Temperatur zu einer homogenen und stabilen Folie verschmolzen und anschließend im Verhältnis etwa 1:3 thermoelastisch verstreckt wird. Dabei werden hohe Festigkeiten und geringe Dicken von 0,025 bis 0,04 mm erreicht. Aufgrund des hohen Spaltdruckes müssen bei großen Bahnen mit Breiten bis 2,6 m die formgebenden Walzen durch Stützwalzen abgestützt werden. Luvitherm-Folien werden als Klebebänder verwendet.

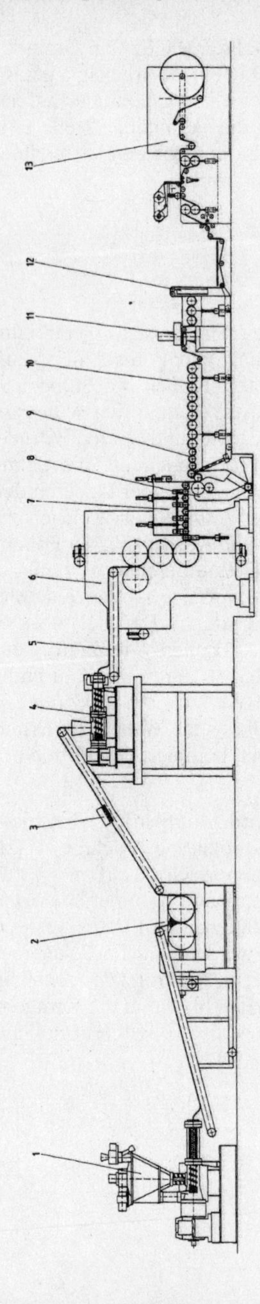

Bild 3.63. Schema einer Kalanderanlage zum Herstellen von PVC-P-Folien

1: Walzenextruder, 2: Walzwerk mit Misch- und Wendeeinrichtung, 3: Metallsuchgerät, 4: Strainer, 5: schwenkbare Beschickvorrichtung, 6: Vier-Walzen-F-Kalander, 7: Mehrwalzenabzug, 8: Prägeeinrichtung, 9: Abnahmevorrichtung, 10: Temper- und Kühleinrichtung, 11: Flächengewichtsmessung, 12: Leuchtschirm, 13: Zweifach-Wickelmaschine (Werkbild: Berstorff, Hannover)

Standardbauformen

Bauform	generelle Einsatzgebiete
 2-Walzen-Kalander, I-Form	Fußbodenbeläge, Vinylfliesen, Satinieren von IT-Platten, Kautschukgrobplatten, Sohlenplatten
 3-Walzen-Kalander, I-Form	Fußbodenbeläge, Kautschukplatten, Friktionieren
 4-Walzen-Kalander, I-Form	PVC-U-Folien, Kautschukplatten, ein- und beidseitiges Belegen von Geweben und Cordfädenbahnen, Friktionieren
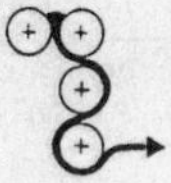 4-Walzen-Kalander, F-Form	PVC-P-Folien, Kautschukplatten, ein- und beidseitiges Belegen von Geweben und Cordfädenbahnen, Friktionieren, Dublieren
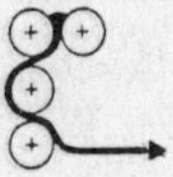 4-Walzen-Kalander, F-Form mit nachgestellter Brustwalze	PVC-P-Folien, Kautschukplatten, ein- und beidseitiges Belegen von Geweben und Cordfädenbahnen, Friktionieren, Dublieren
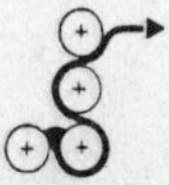 4-Walzen-Kalander, L-Form	PVC-U-Folien
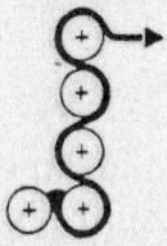 5-Walzen-Kalander, L-Form	PVC-U-Folien
 4-Walzen-Kalander, Z-Form	PVC-P-Folien, Kautschukplatten, ein- und beidseitiges Belegen von Geweben und Cordfädenbahnen, Friktionieren, Dublieren
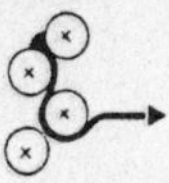 4-Walzen-Kalander, S-Form	PVC-Folien, Kautschukplatten, ein- und beidseitiges Belegen von Geweben und Cordfädenbahnen, Friktionieren, Dublieren

Bild 3.64. Kalanderbauformen (nach Vorlagen der Firma Krauss-Maffei, München)

Sonderbauformen

Bauform	generelle Einsatzgebiete
2-Walzen-Kalander, waagrechte Form	Kautschukgrobplatten, Fußbodenbeläge
2-Walzen-Kalander, Schrägform	Kautschukgrobplatten, Linoleum
3-Walzen-Kalander, Schrägform	Kautschukplatten, einseitiges Belegen von Geweben, Friktionieren
3-Walzen-Kalander, A-Form	Vorfolien für PVC-U-Preßplatten
3-Walzen-Kalander, Dreieckform	Kautschukplatten, einseitiges Belegen von Geweben, Friktionieren
4-Walzen-Kalander, Z-Form mit angehobener Vorderwalze	Kautschukplatten, ein- und beidseitiges Belegen von Geweben und Cordfädenbahnen, Friktionieren, Dublieren
4-Walzen-Kalander, I-Form mit schräg gestellter Oberwalze	Kautschukplatten, ein- und beidseitiges Belegen von Geweben und Cordfädenbahnen, Friktionieren, Dublieren

Bild 3.64 (Forts.)

3.2.7 Mehrschichtige Bahnen

3.2.7.1 Folienverbunde

Folienverbunde werden auch durch den Auftrag von PE-Schmelzen aus Breitschlitzdüsen aus Dispersionen oder Lösungen aufgebaut. Zum „Doublieren“, d.h. der Vereinigung zweier gleichartiger Folienbahnen zu einem verläßlich porenfreien Verbund, verwendet man Prägekalander. Die „Aumaanlage“, auf der vorgewärmte dickere Bahnen durch ein endlos umlaufendes Druckband aus Stahl gegen einen angetriebenen Zylinder gepreßt werden (Bild 3.65), dient zum Kaschieren dickerer Bahnen, z.B. für mehrschichtige Fußbodenbeläge.

3.2.7.2 Laminieren und Beschichten

Flexible Laminate aus thermoplastischen Kunststoffen und Trägerbahnen aus Papier oder textilen Vliesen, Gewirken, Geweben (auch auf Mineral- oder Glasfaserbasis) werden in vielfältigen Anwendungsformen für Verpackungsmittel, Schutzplanen, Baudichtungs- und Dachbahnen, Werkstoffe für das textile Bauen, rückseitenbeschichtete Textil-Bodenbeläge und mehrschichtige Elastic-Beläge, Textiltapeten, Kunstleder und Schuh-

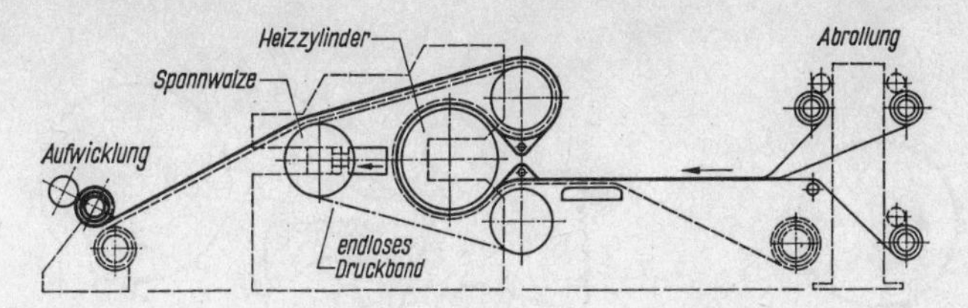

Bild 3.65. Dublieranlage zum Doublieren und Kaschieren mehrerer Folienbahnen (Berstorff-Auma, Schema)

oberstoffe gebraucht. Oft werden im kontinuierlichen Durchlauf nacheinander auf den Träger ein Haftvermittler, eine Beschichtung oder mehrere (auch schäumfähige) Beschichtungen und ein Deckstrich aufgebaut sowie Mehrfarbendruck- und Prägeanlagen in die Fertigungsstraße einbezogen. Mit weiter je nach Bedarf zwischenzuschaltenden Trocken-, Gelier- und Kühlstrecken sind dies hochspezialisierte Großanlagen. Einzelne Fertigungsschritte können sein:

- *Kaschieren mit dem Kalander* durch Einführen von (vorgestrichenen) Trägerbahnen zwischen die letzten Kalanderwalzen oder mit einer Zusatzwalze, z. B. für Textil-Tapeten, (Schaum-)Kunstleder oder als Grundschicht geschäumter Bodenbeläge mit nachträglichem Aufschäumen der unterhalb der Schäumtemperatur kalandrierten Kernschicht;
- *Streichen* auf herkömmlichen Streichmaschinen mit dickenbestimmendem Streichmesser (Rakel). Die Trägerbahn wird abgestützt unter dem Rakel durchgeführt, vor ihm wälzt sich die dickflüssige Streichmasse;
- *Walzenauftragsmaschine oder Reverse-Roll-Coater* (Bild 3.66) für höhere Auftragsgeschwindigkeiten und Dicken.

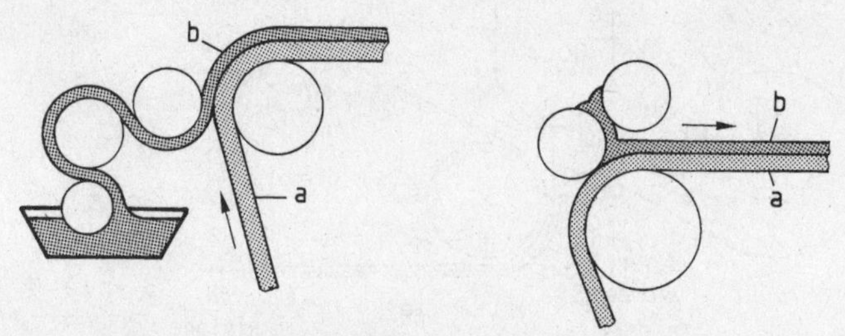

Bild 3.66. Schematische Darstellung einer Vier-Walzen-Auftragsmaschine (links) und eines Reverse-Roll-Coaters (rechts). (Werkbild Menschner)

a Warenbahn, b Beschichtung

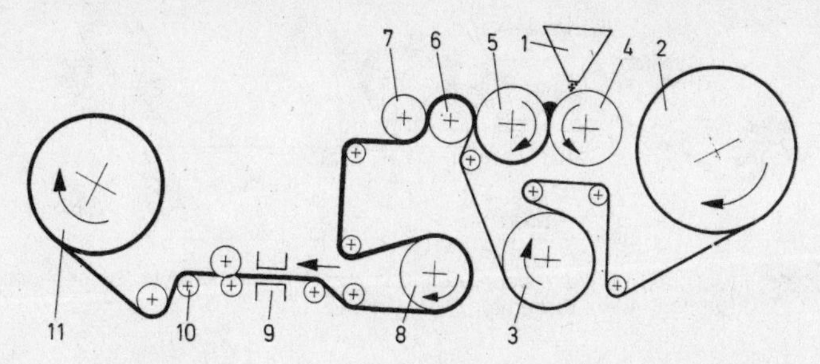

Bild 3.67. Schematische Darstellung des Schmelzwalzen-Beschichtungsverfahrens (Zimmer-Plastic)

1 Kunststoffeinspeisung (Pulver, Granulat oder Plastifikat), 2 Substratabwicklung, 3 Vorheizung, 4 verschiebbare Schmelzwalze, 5 feststehende Schmelzwalze, 6 gummierte Abnahmewalze, 7 auswechselbare Glätt- oder Prägewalze, 8 Kühlwalze, 9 Flächengewichts-Meßanlage, 10 Kantenschnitt, 11 Aufwicklung

Die beiden letztgenannten Verfahren erfordern flüssige Beschichtungsmassen (Lösungen, Dispersionen, Pasten, PUR-Vorprodukte) und anschließend Trocken- oder Gelierkanäle. Im

– *Schmelzwalzenverfahren* (Bild 3.67) wird das Beschichtungsmaterial als Pulver, Granulat, ggf. auch durch eine Zusatzwalze oder vom Extruder vorplastifiziert, zwischen die Schmelzwalzen aufgegeben. Die vielseitig ausbaubaren

  Heißschmelz-(„Hot melt")-Verfahren ohne nachzuschaltende Gelier- oder Trockenkanäle sind wirtschaftlich vorteilhaft und umweltfreundlich. Zu ihnen gehört auch das Extrusionskaschieren über eine Breitschlitzdüse, s. Bild 3.68.

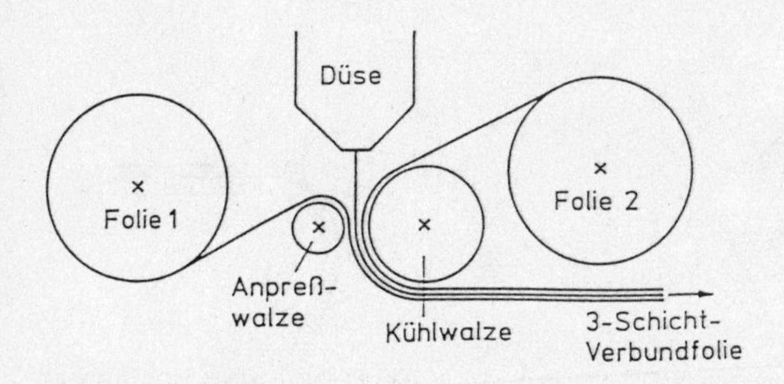

Bild 3.68. Extrusionskaschieren einer Dreischichtfolie.

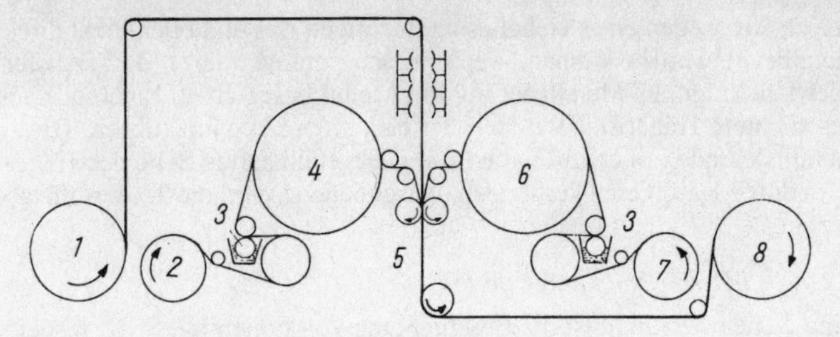

Bild 3.69. Laminieranlage

1 Gewebeabwicklung, *2* Folienabwicklung, *3* Auftragswalze, *4* Heizzylinder, *5* Laminierwalzen, *6* Heizzylinder, *7* Folienabwicklung, *8* Aufwicklung

- *Laminieranlagen* (Bild 3.69) zwischen verschiedenen als Bahnen vorliegenden Materialien können mit Lösemittel-, Dispersions- oder Schmelz-Klebstoffen betrieben werden.

Phosphatierte Stahlbleche und chromatierte Aluminiumbleche werden kontinuierlich in ausgedehnten Anlagen mit tiefziehfähigen, haftenden Kunststoffdeckschichten veredelt. Nach dem Aufstreichen und Einbrennen eines Spezialklebstoffs werden wenig weichgemachte PVC-Bahnen von etwa 0,2 mm Dicke heiß aufgewalzt. Dünnere Schichten (50 µm) werden im Walzenschmelzverfahren oder als Pulver mit Vibrationssieben auf heiße Bleche aufgetragen und homogen verwalzt oder auch aus Organosolen aufgeliert.

3.2.7.3 Metallisieren von Folien

Folienrollen werden in einer evakuierbaren Anlage in einem halbkontinuierlichen Prozeß umgewickelt und überwiegend mit Reinst-Aluminium und Schichtdicken von 0,03 bis 0,04 µm bedampft, s. Bild 3.70. Das erforderliche Hochvakuum beträgt 10^{-4} Millibar. Als Trägerfolien werden PET (Mindestdicke 9µm) und biachsial verstrecktes PP (Mindestdicke 15µm) oder PC in Breiten von 0,3 bis 2,4m eingesetzt. Einsatzgebiete: Kondensatorfolien, Wasserdampf- und Sauerstoffsperre, Dekoration.

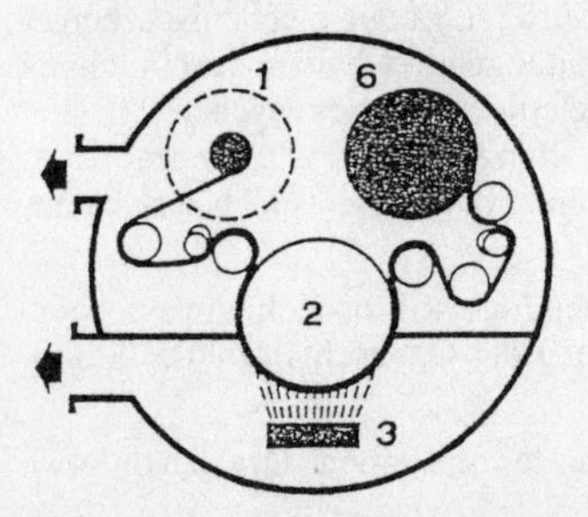

Bild 3.70. Verfahrensprinzip der Metallisierung (Quelle: Leybold-Heraeus) 1: Abwickelstation, 2: Bedampfungswalze, 3: Bedampfungsquelle, 4: Aufwicklung

Folien, die wegen eines Gehaltes an flüchtigen Bestandteilen nicht direkt metallisiert werden können, werden nach dem Verfahren der Transfer- oder Übertragungs-Metallisierung mit Metall beschichtet. Eine mit Lack beschichtete Trägerfolie wird auf der lackierten Seite metallisiert. Die zu metallisierende Folie wird darauf mit der metallisierten Seite der Trägerfolie durch Kaschieren verbunden. Anschließend wird die Trägerfolie abgezogen.

3.2.7.4 SiO_x-Beschichtung von Folien

Eine Neuentwicklung ist die Beschichtung von Folien mit SiO_x, wobei x zwischen 1,5 und 1,7 liegen soll, um einerseits eine genügende Transparenz und andererseits eine ausreichend geringe Sauerstoffdurchlässigkeit zu erreichen. Die chemische Abscheidung aus der Dampfphase ausgehend von Organosiliciumverbindungen und die Verdampfung (Sublimation) von SiO_x durch thermische Energie haben sich bisher als unwirtschaftlich erwiesen.

Zum Einsatz kommt die Elektronenstrahlbeschichtung im wesentlichen von PET, die nach dem Prinzip der Metallbedampfung, s. Abschn. 3.2.7.3, arbeitet. SiO_x wird dabei nach einem computerkontrollierten Steuerungssystem mit Elektronenstrahlkanonen verdampft. Zum Schutz der spröden SiO_x-Schicht kommen fast ausschließlich Verbundfolien zum Einsatz.

Versuche zur Beschichtung mit Metalloxiden werden ebenfalls durchgeführt.

3.2.8 Schäumen

3.2.8.1 Schäumprinzipien

Schäume aus polymeren Werkstoffen entstehen dadurch, daß im Kunststoff gelöste Treibmittel oder bei der Vernetzungsreaktion entstehende Gase freigesetzt werden.

Bei Thermoplasten wird der Schäumvorgang durch Erhitzen ausgelöst. Hierbei verdampfen in die Formmassen eingearbeitete relativ niedrigsiedende Substanzen wie Monomere oder Lösemittel (Kohlenwasserstoffe Pentan bis Heptan mit Siedepunkten von 30 bis 100 °C, Chlorkohlenwasserstoffe wie Methylenchlorid mit einem Siedepunkt von −24 °C, Trichlorethylen mit einem Siedepunkt von 87 °C) oder mechanisch beigemengte Treibmittel (z.B. Azo-Verbindungen, N-Nitrosoverbindungen und Sulfonylhydrazide mit Anspringtemperaturen zwischen 90 und 275 °C) zersetzen sich unter Gasentwicklung. Nahezu alle Thermoplaste können nach solchen Verfahren zu harten bzw. weichelastischen Schaumstoffen verarbeitet werden.

Der Einsatz von sonst sehr gut geeigneten Fluor-Chlor-Kohlenwasserstoffen (FCKW) muß wegen der Schädigung der Ozonschicht in der Stratosphäre eingestellt werden.

Permanente Gase, meist Stickstoff, werden mit einem Druck von etwa

200 bar im Airex-Verfahren in PVC- und im UCC-Verfahren in PE- oder PP-Schmelzen in Extrudern mit Akkumulatoren eingearbeitet. Anschließend wird die Formmasse frei (Airex-Verfahren) oder in einer Form (UCC-Verfahren) aufgeschäumt. Im Schlagschaumverfahren wird Luft, N_2 oder CO_2 unter geringem Überdruck in Mischern unter Mitwirkung von Tensiden mit leichtflüssigen PVC-P-Pasten verwirbelt. Dieser Naßschaum geliert bei Wärmeeinwirkung.

PVC-P-Schäume mit Raumgewichten um 250 kg/n m^3 werden aus Plastisolen mit Zusätzen von grenzflächenaktiven Mitteln und Druckluft oder CO_2 als Treibgas kontinuierlich extrudiert.

Bei duroplastischen Schaumstoffen entstehen die Treibgase bei der chemischen Vernetzung durch Abspaltung von Gasen. Es wird in Bandschäumanlagen (PF, PUR, MF), Blockformen (PUR, PF) und Werkzeugen mit speziellen Konturen (UF, PUR) geschäumt, s.auch Abschn. 3.3.3.

Chemische Treibmittel sind häufig Feststoffe, die bei höheren Temperaturen unter Freisetzung von Gasen zerfallen. Sie müssen sehr gleichmäßig im Substrat verteilt sein und ihre Zersetzungstemperatur muß mit der Verarbeitungstemperatur des Polymeren korrespondieren. Beispiele sind Azo-Verbindungen, N-Nitrosoverbindungen und Sulfonylhydrazide, die zwischen 90 und 275 °C anspringen und 100 bis 300 ml/g Stickstoff abspalten. Die Anspringtemperatur von ca 230 °C des Azodicarbonamids kann durch „Kicker" auf 200 bis 150 °C herabgesetzt werden. Für PE-Schaum gibt es gasabspaltende Vernetzungsmittel.

Zur Herstellung von geschäumten Formteilen aus Thermoplasten im Spritzguß s. Abschn. 3.2.2.6, TSG-Verfahren. Ansonsten werden Transfer- und Rundläufer-Automaten und Sondermaschinen eingesetzt, s. auch Abschn.3.3.3, PUR. Blockanlagen zur Herstellung großer Blöcke aus Partikelschaum arbeiten meist diskontinuierlich oder schrittkontinuierlich.

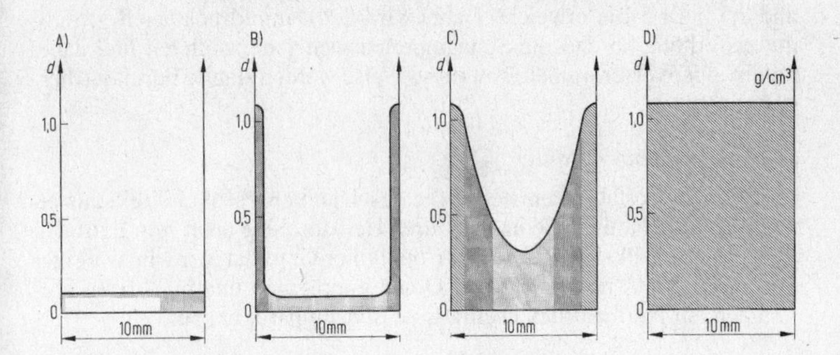

Bild 3.71. Strukturschaumstoffe, Dichteverlauf über Querschnitt

A) Schaumstoff ohne Haut, Rohdichte d = 0,1 g/cm^3, B) Strukturschaumstoff, Rohdichte 0,2 g/cm^3, C) Strukturschaumstoff, Rohdichte 0,6 g/cm^3, D) kompakter Werkstoff, Rohdichte 1,1 g/cm^3

Kontinuierlich arbeitende Anlagen, bei denen die Perlschüttung zwischen horizontal laufenden Doppelbändern aufgeschäumt wird, erbringen kaum Vorteile gegenüber modernen Großblock-Anlagen.

Je nach dem Schäumverfahren wird ein unterschiedlicher Dichteverlauf über den Querschnitt erreicht, Bild 3.71. Nach dem Spritzgießverfahren hergestellte Schaumstoffteile weisen eine Dichteverteilung nach B oder C auf (Struktur- oder Integralschaumstoff, vgl. Abschn. 3.2.2.6 und 3.2.2.11 TSG- und GIT-S-Verfahren), während extrudierte Schaumstoffe eine dünne kompakte Außenhaut nach B bilden (Thermoplast-Schaum-Extrusion, vgl. Abschn. 3.2.5.7 TSE). Beim freien Aufschäumen oder bei der Herstellung von Polystyrolschaum (EPS) nach dem Styropor®-Patent der BASF ist die Dichte nahezu konstant über dem Querschnitt, A in Bild 3.71.

3.2.8.2 Partikelschaum

Die Verarbeitung von PS-E (in zunehmendem Umfang wird auch PP-E [expandierbares PP] eingesetzt) erfolgt in zwei Schritten: Das expandierbare PS wird unter Zugabe von Treibmitteln (Kohlenwasserstoffen) durch Suspensions-(Perl-)Polymerisation (Granulatgröße 0,2 bis 0,3 mm) hergestellt und mit Hilfe von Wasserdampf bei Temperaturen von 80 bis 110 °C bis zum 80fachen des ursprünglichen Volumens vorgeschäumt. Hierzu dienen diskontinuierlich oder kontinuierlich arbeitende Vorschäumer. Der in die Zellwände diffundierende Wasserdampf unterstützt dabei den Schäumvorgang. Zum Ausschäumen der losen Schaumperlen für Verpackungen oder zur Herstellung von Blöcken mit maximalen Abmessungen von 1,25 m · 1,0 m · 8 m und Rohdichten von 10 bis 30 kg/m^3 werden diese in eine Form mit gasdurchlässigen Wandungen gefüllt und die in der Perlschüttung verbliebene Luft durch Spülung oder ein Vakuum entfernt. Unter Energiezufuhr (in der Regel Wasserdampf, zuweilen mit einer Hochfrequenzanregung) werden die Perlen dann bei 110 bis 120 °C und 0,5 bis 1,5 Bar erweicht. Dabei wird der Dampfdruck des Resttreibmittels erhöht, so daß die Schaumperlen weiter expandieren und dabei miteinander verschweißen. Auf diese Weise werden stabile Formteile hergestellt.

3.2.8.3 Neoplan-Verfahren

Im Neoplan-Verfahren entstehen die geschäumten Partikel direkt aus einer treibmittelhaltigen Schmelze durch Heißabschlag nach dem Extruder, z. B. PE-LD. PE-LLD- und PP-Copolymer-Granulat wird in wäßriger Suspension mit Treibmittel unter Druck imprägniert und bläht beim Entspannen auf Normaldruck ebenfalls zu Schaumpartikeln auf.

3.2.8.4 In Mould Skinning

Beim In Mould Skinning werden Formteile mit integraler, porenfreier Haut in einem Arbeitsgang erzeugt. Die Werkzeugoberfläche, die diese Haut bilden soll, wird vor dem Befüllen bereits auf eine Temperatur oberhalb der Erweichungstemperatur des Kunststoffs aufgeheizt und nach Erreichen der gewünschten Hautdicke schnell wieder abgekühlt.

3.2.9 Sonstige Verarbeitungsverfahren

3.2.9.1 Pressen, GMT-Verarbeitung

Das Preßverfahren wird bei unverstärkten Thermoplasten fast nur noch zur Herstellung von Tafeln und Blöcken eingesetzt. Zuschnitte von Kalanderbahnen oder Walzenfellen werden in mehreren Lagen in beheizten Etagenpressen zwischen meist polierten Preßblechen verpreßt, unter Druck abgekühlt und entnommen. Das diskontinuierliche Pressen wird eingesetzt, wenn die Oberflächenqualität nicht ausreichend ist oder die Isotropie der Eigenschaften extrudierter Platten nicht bestimmten Anforderungen gerecht wird. Dies gilt auch für die Herstellung von Platten für die Werkstoffprüfung.

Glasmattenverstärkte Halbzeuge aus Thermoplasten (GMT, Prepregs) und Hochleistungs-Prepregs werden im Preßverfahren mittels heiz- und kühlbarer Werkzeuge ausgehend von Zuschnitten zu Formteilen verpreßt, vgl. auch Abschn. 3.3.2.8. und 3.2.10.3. Im Gegensatz zum Pressen von SMC müssen die Formteile im Werkzeug vor der Entformung abgekühlt werden, was längere Formstandzeiten bedingt. Bei auf 20 bis 60 K über die Schmelztemperatur des Thermoplasten vorgeheizten Zuschnitten kann mit geringeren Werkzeugtemperaturen gepreßt werden, sodaß Taktzeiten von 30 s erreicht werden. Beim „Membran-Formen" werden die Zuschnitte zwischen plastisch verformbaren Membranen (Aluminium, Polyimide) gelegt, evakuiert und dann unter relativ geringem Druck von 0,4 bis 1,0 MPa über einer Matritze verformt. Hydraulisches Tiefziehen mit Zwischenschaltung einer Gummimembran oder Pressen über ein Preßkissen aus Gummi ist ebenfalls möglich.

Durch eine spezielle Nadelung der Verstärkungsmatten kann man deren Spinnfäden so weit brechen und verfilzen, daß daraus hergestelltes GMT durch Fließpressen in Formwerkzeugen mit dichtschließenden Tauchkanten abfallfrei geformt werden können.

Beim „Intervall-Preßverfahren" zu Herstellung von L-, U-, C-, T-, und I-Profilen und Platten (auch gekrümmte) wird das Prepreggelege in einem Werkzeug aufgeheizt, verpreßt und wieder abgekühlt. Anschließend öffnet die Presse und das Profil wird einen Schritt weiter gezogen.

Nach dem „Expreß-Verfahren" (Daimler Benz) werden abwechselnd Faservliese (Glasfasern, Grünflachs, Sisal) mit einem Kunststoff-Schmelzefilm, der mit einem fahrbaren Extruder aufgetragen wird, in beheizte Tauchkantenwerkzeuge abgelegt und verpreßt. Der Herstellschritt für GMT wird eingespart.

Nach dem „Solid Phase Pressure Forming" (SPPF) werden Halbzeuge aus kreide- oder holzmehlgefülltem PP, glasmattenverstärkte Halbzeuge oder PP-Bahnen durch Warmpressen kurz unterhalb des Kristallitschmelzbereichs mit beheiztem Stempel in kalten Formwerkzeugen zu Formteilen verpreßt.

3.2.9.2 Gießen

Das Gießen ist ein druckloses Verfahren zur Herstellung von Formteilen oder Halbzeugen. Zum Gießen von Folien werden Lösungen, Dispersionen oder Pasten durch einen breiten Schlitz, entweder auf ein umlaufendes Band aus einem blanken Metall, z.B. Nickel, oder auf eine umlaufende Trommel gegossen und anschließend an Heizvorrichtungen zur Entfernung des Lösemittels oder zur Ausgelierung der Paste vorbeigeführt.

Beim Gießen in meist größere Formen nützt man die Schwerkraft oder die Zentrifugalkraft zum Einbringen der Masse aus. Bei den Thermoplasten sind höchstens die teilkristallinen Kunststoffe gießfähig, da sie eine dünnflüssige Schmelze bilden. Ähnlich wie beim Intrusionsverfahren, s. Abschn. 3.2.2.3, wird die Schmelze in ein offenes Werkzeug extrudiert und drucklos abgekühlt.

Massive Halbzeuge wie Platten, Rohre oder Stäbe werden durch die Polymerisation in den Werkzeugen hergestellt. Beispiele sind PMMA-Halbzeuge, z.B. Platten, die zwischen Glasplatten gegossen, zu sehr hohen Molmassen polymerisiert werden und dadurch verbesserte Eigenschaften wie eine höhere Härte und Spannungsrißbeständigkeit aufweisen. Allerdings betragen die Polymerisationszeiten bis zu eine Woche. Ein weiteres Beispiel ist das Guß-PA-6, das durch eine anionische Polymerisation von Caprolactam in leichten Formen drucklos zu Halbzeugen oder massiven Formteilen wie Schiffsschrauben, Rollen oder Zahnkränzen zu PA 6 umgewandelt wird.

Nach dem *Schalengießverfahren* werden Hohlkörper aus PVC-P hergestellt. Die PVC-Paste wird in eine erwärmte Form eingefüllt und bildet dort an der Wandung durch Gelieren eine haftende Schicht. Die nicht gelierte Restmasse kann wieder ausgeschüttet werden. Statt der Paste kann man auch Sinterpulver aus einem Thermoplasten verwenden. Dieses Pulver bildet an der heißen Formwand eine angeschmolzene, haftende Schicht, die nach Entfernen des Restpulvers durch Nacherwärmen vollständig aufgeschmolzen wird.

Gibt man in ein Werkzeug eine bestimmte Menge eines Monomeren, eines Sinterpulvers oder einer dünnflüssigen Schmelze, so kann man durch Rotieren der Form um mehrere Achsen Hohlkörper fast beliebiger Gestalt und Wanddicke nach dem sog. Rotations-Gießverfahren erzeugen.

3.2.9.3 Beschichten

Das Herstellen von beschichteten oder imprägnierten Bahnen wird in Abschn. 3.2.7 behandelt.

Beim *Tauchverfahren* wird das zu beschichtende Teil in eine Lösung, eine Paste oder eine Dispersion aus Kunststoff eingetaucht. Beim langsamen

Herausziehen bildet sich auf der Form eine Haut, die anschließend sofort nach den üblichen Verfahren (Verdampfen von Lösemittel bzw. Wasser, Gelieren, Abkühlen, Vulkanisieren) verfestigt wird. Die Haut kann auch abgestreift werden, um Formteile wie z.B. Handschuhe, zu erzeugen.

Die *Pulver-Beschichtung* wird nach unterschiedlichen Verfahren vorgenommen. Beim *Wirbelsintern* werden Kunststoffpulver mit Korngrößen von 50 bis 300 µm im Wirbelsintergerät, Bild 3.72, mittels Einblasen von Luft oder Stickstoff mit einem Überdruck von etwa 0,1 bar durch poröse Bodenplatten (Porengröße <25 µm) zum Schweben gebracht, das Wirbelbett wird fluidisiert. Beim Eintauchen auf 200 bis 400 °C vorgewärmter Metallgegenstände schmilzt in 2 bis 5 s eine porenfreie Kunststoffschicht auf, die, falls erforderlich, in einem kontinuierlichen Durchlauf in einem Ofen ausgehärtet und geglättet werden kann. Je nach Tauchzeit sind Schichtdicken von minimal 75 bis 500 µm erreichbar.

Nach dem APS-/NAD-Verfahren werden Feinstpulver-Dispersionen in Wasser oder Lösemitteln mit Hochdruck- bzw. Airless-Spritzpistolen wie Lacke aufgetragen.

Für das elektrostatische Pulver-Sprühen (EPS) werden Kunststoffpulver mit Korngrößen von 40 bis 100 µm beim Austritt aus einer Druckluftpistole in einem (ungefährlichen) Hochspannungsfeld von 50 bis 90 kV elektrisch so aufgeladen, daß sie auf geerdeten Metallteilen im Sprühfeld auch auf die Rückseite aufgetragen werden und für längere Zeit haften. Anschließend werden die Kunststoffe in wenigen Minuten in Heißluftöfen bei etwa 200 °C zu Schichtdicken von 40 bis 150 µm, max. 300 µm geschmolzen und danach abgekühlt.

Beim elektrostatischen Wirbelsintern (Brennier-Verfahren) wird im Wirbelbett aufgeladenes Pulver auf geerdete Teile haftend niedergeschlagen.

Mit eingebügelten PA- oder PE- Pulvern werden Textilien versteift oder kaschiert.

Beim Flammspritzen wird das Pulver mittels einer Spritzpistole durch die heißen Gase einer Flammringdüse geführt und dabei angeschmolzen und dann auf die vorgewärmte, zu beschichtenden Oberflächen gesprüht.

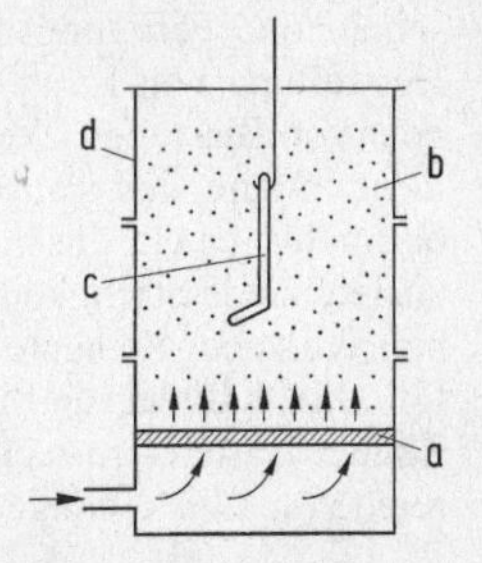

Bild 3.72. Wirbelsintern

a: poröse Platte, b: Pulverbad, c: zu beschichtendes Metallteil, d: mehrteiliger Behälter. Die Pfeile kennzeichnen die Zufuhr von Druckluft

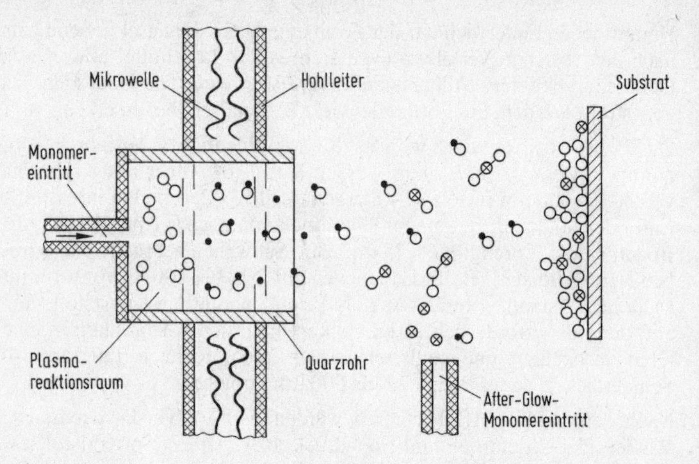

Bild 3.73 Plasmapolymerisation, Prozeßablauf (nach IKV Aachen)

Ein in der Einführung begriffenes Beschichtungsverfahren ist die Plasmapolymerisation, Bild 3.73. In ein Niederdruck-Plasma werden Monomere eingebracht, deren Moleküle durch den Zusammenstoß mit Elektronen spontan so stark aufgeheizt werden, daß chemische Bindungen aufbrechen und Reaktionen eintreten können, die normalerweise erst bei hohen Temperaturen ablaufen. Das Plasma selbst befindet sich nahezu auf Raumtemperatur, so daß das zu beschichtende Substrat thermisch nicht beansprucht wird. Durch die geignete Wahl der Monomeren und Prozeßparameter können folgende Oberflächeneffekte erreicht werden: hydrophile oder hydrophobe Schichten, Antibeschlag-Schichten, Haft- oder Antihaft-Schichten, UV-Schutzschichten, Schichten mit angepaßten Brechungsindices, Diffusionsperr-Schichten, kratzfeste Schichten.

3.2.10 Formwerkzeuge, Thermo- und Duroplaste

3.2.10.1 Allgemeines zum Formenbau

Werkzeuge (=Formen) sind zusammen mit den Kunststoffmaschinen entscheidende Fertigungsmittel bei der Verarbeitung der Formmassen zur Herstellung von Kunststoff-Formteilen (Preßteilen und Spritzgußteilen) oder von Blasteilen. Wegen der erheblichen Drücke und Schließkräfte im Formenraum sind i. a. spezielle Werkzeugstähle erforderlich. Es geht dabei nicht nur um die mechanische Festigkeit, sondern es muß auch eine ausreichende Steifigkeit gewährleistet sein. Die Verformungen der einzelnen Werkzeugelemente dürfen bei den großen Drücken im Formenraum (300 bis 1000 bar und mehr) und den entsprechend großen Schließ- und Zuhaltekräften – je nach geforderter Toleranz für die Formteile – den Bereich von 1 bis 2 hundertstel Millimeter nur selten überschreiten.

Für die formgebenden Werkzeugteile verwendet man vorwiegend *einsatzgehärtete, legierte Stähle* mit gehärteter, polierter Oberfläche und mit zähem Kern. Durchhärtende Stähle sind für flache Gravuren und hochverschleißbeanspruchte Werkzeugteile zweckmäßig, vergütet angelieferte Stähle für sehr große Werkzeuge, die sich beim Härten verziehen könnten. Werkzeuge aus Nitrierstählen erfüllen höchste Anforderungen an die Maßhaltigkeit, die dünne harte Randzone ist aber empfindlich gegen eine unsachgemäße Behandlung. Korrosionsbeständige Stähle mit einem hohen Chromgehalt sind für Kunststoffe wie PVC und Kondensations-Formmassen erforderlich und für tiefgekühlte Werkzeuge (Rostansatz durch Schwitzwasser) zu empfehlen. Preßformen werden häufig hartverchromt.

In erster Linie Werkzeuge und Komponenten aus gehärteten Werkzeugstählen erhalten durch PVD-Beschichtung (Physical Vapor Deposition) harte, oxidations- und korrosionsbeständige Oberflächen, s. Tafel. 3.4.

Tafel 3.4 Durch Lichtbogenverdampfen industriell hergestellte Schichtarten.

		TiN	CrN	TiCN	AlTiN
Härte	HV	2500	2100	3000	2800
Oxidationsbeständigkeit	°C	500	600	400	750
Reibungskoeffizienten gegen Stahl 100Cr6		0,65	0,50	0,45	0,55
Dichte	g/cm^3	5,2	6,1	5,6	5,1
Linearer Ausdehnungskoeffizient	10^{-6} K^{-1}	9,4	9,4	9,4	7,5
Typische Schichtdicke	µm	2 bis 4	3 bis 8	2 bis 4	2 bis 4
Farbe		gold	silber	rotbraun bis grau	blau bis schwarz

Werkzeuge aus Stahl werden überwiegend spanabhebend, die eigentlichen Werkzeugkonturen immer häufiger elektroerosiv gefertigt. Narbungen oder Maserungen können in Stahlformen durch Säureätzen photographisch übertragener Vorlagen angebracht werden.

Gegossene Formen aus *Zinklegierungen*, die bis etwa 100 °C temperaturbeanspruchbar sind, kommen für einfache Spritzgußteile und als Blasformen in Betracht, *Leichtmetallguß* wegen seiner porigen Oberfläche allenfalls für das Blasformen. Legierungen von *Kupfer* mit Cobalt und Beryllium, die hoch wärmeleitfähig sind, braucht man z. B. für Heißkanaldüsen oder für Werkzeugteile, die intensiv gekühlt werden sollen.

Für Formteile mit originalgetreu feinstrukturierten Oberflächen (z. B. technisches Spielzeug) können *galvanoplastisch* vom Urmodell abgeformte *Hartnickel-Formeinsätze* wirtschaftlich sein.

Zum methodischen *Konstruieren* von *Formwerkzeugen* gehört die Festlegung der Lage der Trennebenen, der Anzahl und Anordnung der Formnester, der Werkzeugbauart, der zu verwendenden Normalien sowie die Einplanung der Temperier-, Auswerfer- und Entlüftungssysteme und die

Wahl der Angußart und Lage der Anschnittstellen bei Spritzgießwerkzeugen. Hierzu dienen Software-Programme, s. Abschn. 9.2.

3.2.10.2 Spritzgießwerkzeuge und Angußarten

Den grundsätzlichen Aufbau eines Spritzgießwerkzeuges mit nur einer Trennebene zeigt Bild 3.74. Das Spritzgießwerkzeug liegt mit seiner *Angußbuchse* an der Düse der Spritzgießeinheit an. Der Radius für den Düsensitz muß etwas größer als der Düsenradius, die Angußbohrung etwas weiter als die Düsenbohrung sein, damit der Inhalt des Angußkanals – der *Anguß* am Formteil hängend mit diesem entformt und anschließend am Übergang zum Formteil – dem *Anschnitt* (der engsten Stelle im Angußkanal) – von diesem abgetrennt werden kann. Die älteste Angußform für

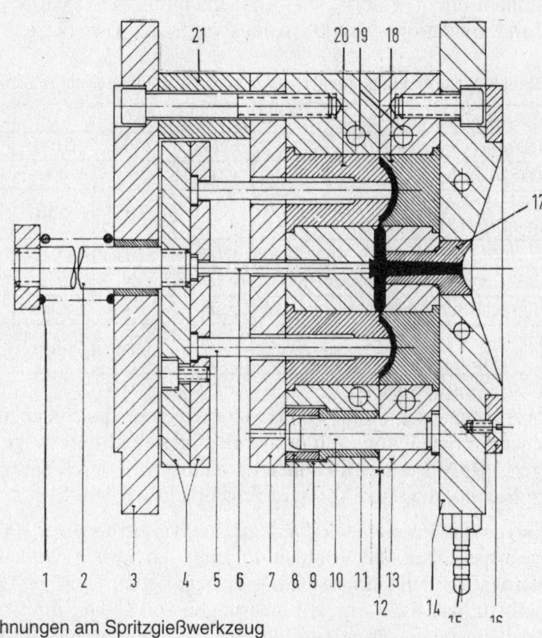

Bild 3.74. Bezeichnungen am Spritzgießwerkzeug

1 – Druckfeder
2 – Auswerferstößel
3 – schließseitige Aufspannplatte
4 – Auswerferplatte
5 – Auswerfer
6 – Mittenauswerfer
7 – Zwischenplatte
8 – Zwischenbuchse
9 – Formplatte
10 – Führungssäule
11 – Führungsbuchse
12 – Formtrennebene
13 – Formplatte
14 – spritzseitige Aufspannplatte
15 – Schlauchnippel für Anschluß der Kühlung
16 – Zentrierring
17 – Angußbuchse
18 – Formeinsatz
19 – Kühlbohrung
20 – Formeinsatz
21 – Stützbuchse

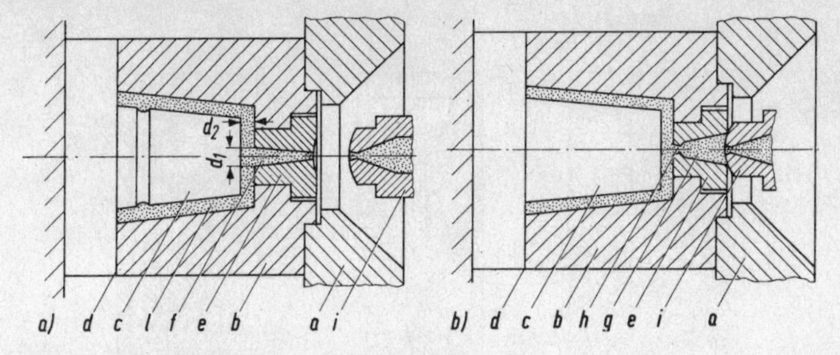

Bild 3.75. Zentralanguß für becherförmige Teile
a) Kegelanguß, b) Punktanguß mit Vorkammer
a Werkzeug-Aufspannplatte, *b* Gesenk, *c* Kern, *d* Werkzeugtrennfläche, e Angußbuchse, *f* Kegelanguß, $d_1 > d_2$, *g* Vorkammer, *h* Punktanguß, *i* Spritzdüse

Einfach-Werkzeuge ist der *Kegel- oder Stangen-Anguß*, der mit seinem größten Querschnitt in die Formhöhlung mündet (Bild 3.75). Bei dünnwandigen Formteilen ist er aufgrund längerer Kühlzeiten und größerer Abfallmenge unwirtschaftlich und führt wegen der Schwindung der großen Angußmasse u.U. zu Einfallstellen auf der Gegenseite. Man verwendet überwiegend den *Punktanguß*. Der Punktanguß *mit Vorkammer* (Bild 3.75 b) ist gewissermaßen die Vorstufe zum heute vielfach verwendeten Heißkanal-Anguß. Wenn man die Vorkammer durch Luftspalte gegen das gefüllte Werkzeug isoliert, behält der Pfropfen in der Vorkammer eine „plastische Seele", so daß man ihn zwischen den Spritzungen nicht zu ziehen braucht, sondern „durchspritzen" kann. Um angußlos spritzen zu können, füllt man die Vorkammer auch teilweise aus mit einer von der Düse her oder getrennt beheizten durchbohrten Spitze aus gut wärmeleitfähigen Kupferlegierungen.

Der Punktanguß mit Vorkammer (für das abfallfreie Spritzgießen) wurde mehr und mehr durch den Heißkanal-Anguß mit mehrfachen Düsen (Punktanschnitte) ersetzt, s. Bild 3.76. Hierbei wird die Schmelze in beheizten Kanälen im Werkzeug bis zum Anguß geführt. Neben von außen beheizten Kanälen und Düsen werden auch Innenbeheizungen speziell von Düsen eingesetzt. Diese erhöhen die Stabilität der Werkzeuge. Der Heißkanal-Anguß kann beim Abfahren der Düse durch einen hydraulisch betätigten Schieber geschlossen werden. Die Trennfläche zwischen den Platten 1 und 2 wird nur bei Betriebsunterbrechung geöffnet.

Spritzt man *ringförmige Teile* oder Rohre einseitig an, so muß die Masse den Kern umfließen. Die beim Zusammentreffen der schon abgekühlten Masseströme entstehende Bindenaht ist eine Schwachstelle und kann auch störend sichtbar sein. Zentral angespritzte *großflächige Teile* können sich verziehen, weil die Schwindung in Fließrichtung größer ist als die quer dazu. Für derartige Teile sind Filmanschnitte, Reihenpunkt-

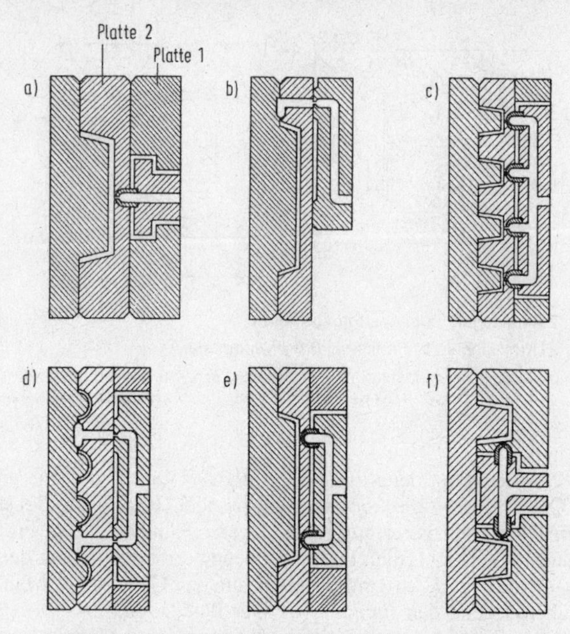

Bild 3.76. Prinzipielle Möglichkeiten der Schmelzeführung mit Heißkanälen
a zentrale Anspritzung eines Formnestes, *b* seitliche Anspritzung bei 1fach-Werkzeugen, *c* zentrale Direktanspritzung mehrerer Formnester, *d* indirekte, seitliche Anspritzung mehrerer Formnester, *e* Mehrfachanspritzung eines Formnestes, *f* seitliche Direktanspritzung mehrerer Formnester

anschnitte oder versteifende Rippen empfehlenswert. Verschiedene Angußarten und Anschnitte zeigt Bild 3.78.

Bei *Vielfach-Werkzeugen* für Kleinteile und Mehrfachanspritzungen (Bild 3.77) legt man zwecks gleichmäßiger Füllung die Verteilerkanäle so, daß die Wege von der Düse der Spritzgießmaschine bis zum Anspritzpunkt

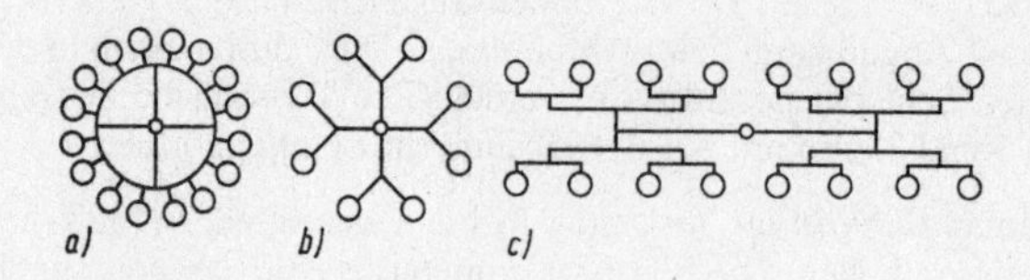

Bild 3.77. Bauformen von Vielfachwerkzeugen

a) Ringkanalanguß, b) Verteilerstern, auch mehrstufig verwendet, c) mehrstufiger Reihenanguß;

a) ist ungünstig wegen ungleich langer Fließwege, besser b) und c)

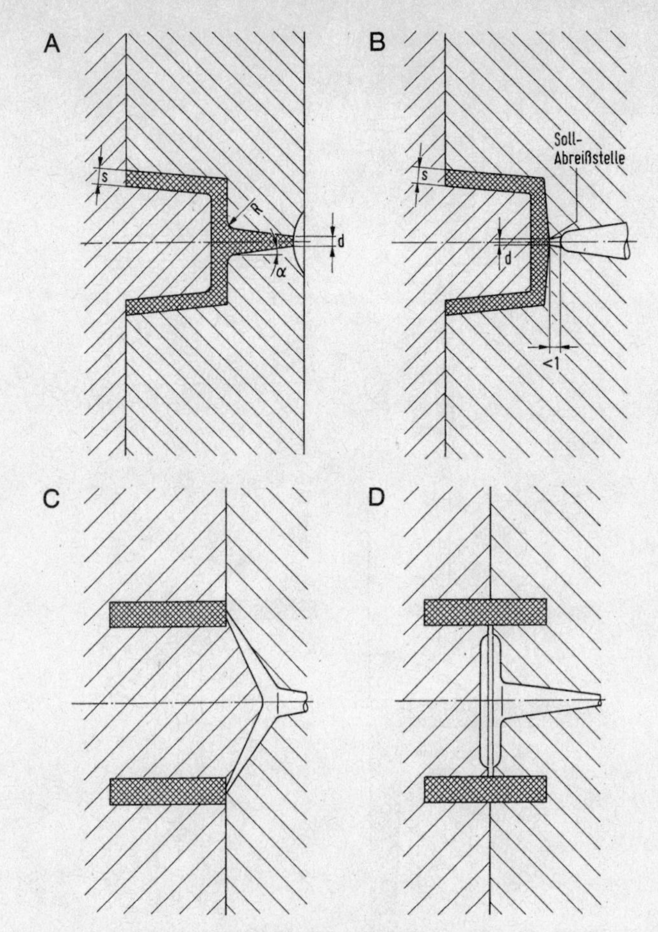

Bild 3.78. Verschiedene Angußarten und Anschnitte

A Stangenanguß, α = Entformungsschräge, s = Wanddicke, d = Stangenanguß (Durchmesser), $d \geq s$, $d \geq 0{,}5$
B Punktanschnitt, $d \leq 2/3$ s
C Schirmanguß
D Scheibenanguß

am Formnest gleich lang sind und gleichen Querschnitt aufweisen. Bei nicht gleich langen Fließwegen werden die Verteilerkanalquerschnitte rheologisch (s. weiter unten) „ausbalanciert".

Bei gebogenen Tunnelanschnitten wird der Anguß bogenförmig in einer Werkzeughälfte eingearbeitet, s. Bild 3.78 F. Beim Öffnen des Werkzeugs reißt der Anguß am punktförmigen Angußquerschnitt ab und wird vom

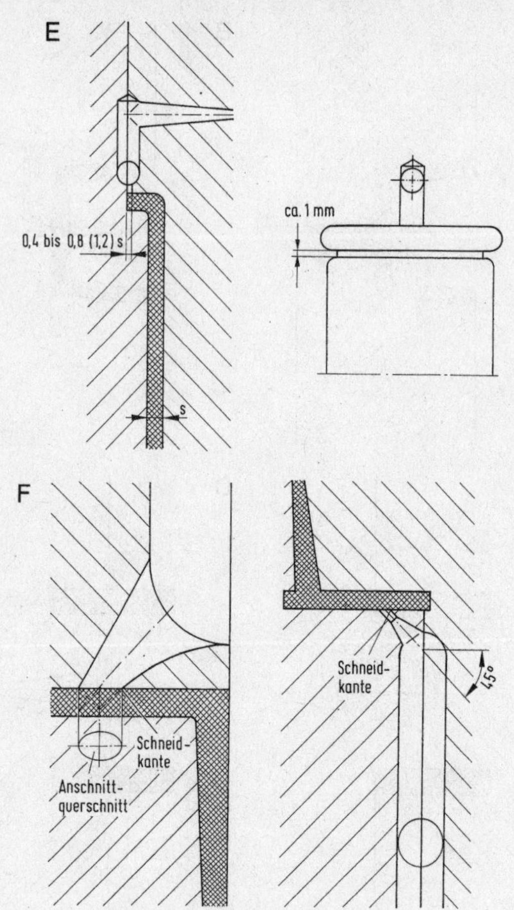

Bild 3.78. Verschiedene Angußarten und Anschnitte (Forts.)

E Bandanschnitt, vorzugsweise für großflächige Formteile
F Tunnelanschnitt

Angußverteiler herausgezogen. Bei Vielfach-Formen, bei denen ein Tunnelanguß nicht möglich ist, und bei einem mehrfachen Anguß großer komplizierter Spritzgußteile verwendet man *Dreiplatten-Werkzeuge* (Bild 3.79), bei denen der Anguß zusammen mit dem Angußverteiler in der Trennfläche 2 entformt wird.

Um die Plastifizierleistung der Spritzgießmaschine ausnutzen zu können, verwendet man für dünne großflächige Formteile auch *Mehretagen-Werkzeuge*. Bei diesen werden im Gegensatz zu regulären Werkzeugen mehrere, meist 2 Formnester in senkrechten Ebenen, den Etagen, in der Mitte des Werkzeugs „Rücken an Rücken" angeordnet und gleichzeitig gefüllt. Nachteilig ist dabei der hohe Materialverlust durch das verzweigte Angußsystem, er wird durch Heißkanal-Systeme eliminiert.

Als bewegliche Werkzeugteile für Wanddurchbrüche und äußere Hinterschneidungen verwendet man durch Kurven verzögert bewegte *Schieber* und *Gesenkbacken,* die mit Schwalbenschwanzführungen beim Entformen schräg nach oben gleiten. Sie werden durch Zuglaschen oder hydraulisch betätigt. Für Innengewinde braucht man ausschraubbare Kerne, in einfachster Ausführung zum Ausschrauben aus dem Formteil von Hand nach dem Entformen, sonst ähnlich betätigt wie andere bewegliche Werkzeugteile. Rohrkrümmer und ähnliche Teile spritzt man mit mittig im Formwerkzeug fixierten Kernen aus Metall-Legierungen, die bei 50 bis 130 °C schmelzen. Sie halten höheren Einspritztemperaturen der Masse stand und sind aus dem Formteil verlustfrei ausschmelzbar, s. Abschn. 3.2.2.16.

Vor der endgültigen Festlegung der Werkzeuggeometrien und Angußsysteme ist es besonders bei sehr großen oder bei sehr kleinen Werkzeugen sinnvoll, eine rheologische Werkzeugauslegung vorzunehmen. Mit der sog. Füllbildmethode ist es möglich, am Reißbrett oder mit dem Rechner den Vorgang der Werkzeugfüllung zu simulieren. Man erhält so Informationen über die Lage von Bindenähten, über eventuelle Lufteinschlüsse und voreilende Schmelzeströme und kann die Lage der Anschnittpunkte und das Angußsystem entsprechend korrigieren. Mit modernen Rechenprogrammen, z.B. auf der Basis der Finite Element Methoden, s. Abschn. 9.2.2, kann nicht nur der Werkzeug-Füllvorgang simuliert werden, sondern man erhält bei Verwendung entsprechender Werkstoffkennwerte und -funktionen, s. Abschn. 2.1.1, Informationen, z.B. über den zeitlichen und örtlichen Verlauf der Massetemperatur, des Massedrucks und der Scherung der Schmelze. Mit dieser Methode können auch unsymmetrische Angußsysteme so ausgelegt werden, daß eine gleichmäßige Werkzeugfüllung erreicht wird.

3.2.10.3 Preß- und Spritzpreß-Werkzeuge

Der Grundaufbau der Werkzeuge für das Pressen und Spritzpressen von oben und von unten ist in Bild 3.80 dargestellt. Zum sicheren Verdichten der Preßmassen in der Formhöhlung von Preßwerkzeugen muß man mit einem Überschuß arbeiten. Bei der einfachen, wenig empfehlenswerten *Überlauf- oder Abquetschform* (Bild 3.81a) mit waagerechten Trennflächen tritt der Überschuß als Grat schwankender Dicke zwischen den äußeren Abpreßflächen aus. *Füllraum-Formen* ermöglichen eine genauere Dosierung und mit abgeschrägten Austrittsflächen zwischen Gesenk und Stempel (Bild 3.81b und c) die Bildung eines leicht abtrennbaren senkrechten Preßgrates definierter Dicke, gegeben durch das Spiel zwischen Stempel und Gesenk. *Spritzpreßwerkzeuge* gleichen hinsichtlich der Bauweise des Formteils hinter dem Spritzkanal den Spritzgießformen. Der Spritzkanal wird für einen

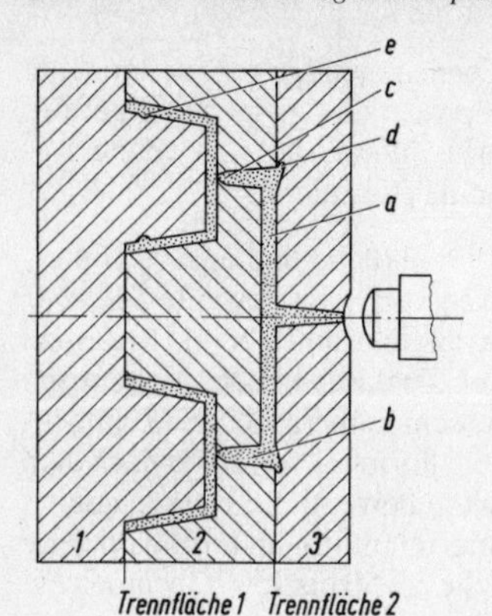

Bild 3.79.

Dreiplattenwerkzeug. Anguß mit Verteiler- und Verbindungskanal und Formteil trennen sich beim Auseinanderfahren der Platten 1, 2 und 3 voneinander

a Verteilerkanal, *b* Verbindungskanal, *c* Anschnittkanal, *d* Hinterschneidung für Anguß, *e* Hinterschneidung am Kern

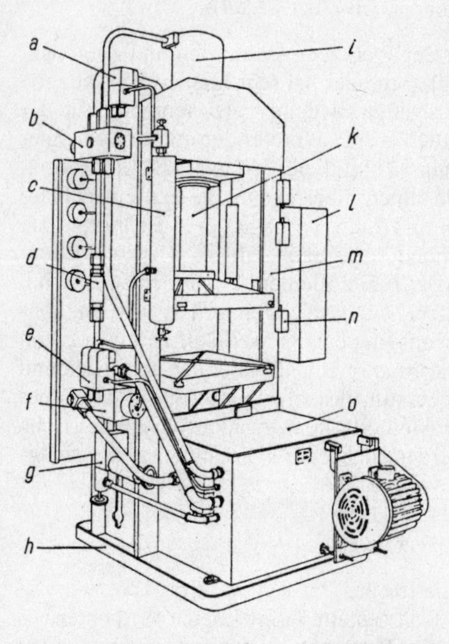

Bild 3.80.

Hydraulische Presse für 1 MN Preßkraft mit zusätzlichem hydraulischen Kolben im Pressentisch (0,4 MN), der als Spritzkolben oder Auswerfer benutzt werden kann. (Werkzeichnung Hahn & Kolb, Stuttgart)

a Magnetventil,
b Oberer Steuerschieber,
c Druckspeicher,
d Rückschlagventil,
e Magnetdoppelventil,
f Unterer Steuerschieber für Unterkolben,
g Druckregelventil für Unterkolben,
h Grundplatte,
i Oberer Preßzylinder,
k Oberkolben,
l Schaltschrank für elektrische Steuerung,
m Rahmen,
n Endschalter,
o Pumpenkasten mit Antrieb

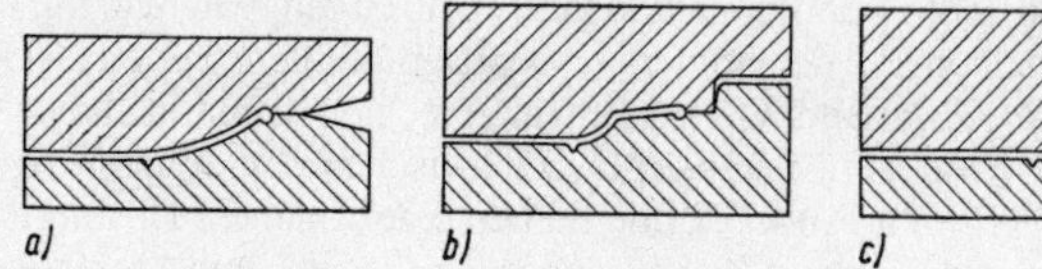

Bild 3.81. Dichtungsflächen von Preßwerkzeugen

a) Überlaufform mit horizontaler Abquetschfläche
b) Abquetsch-Füllraumform
c) Füllraumform mit vertikalem Austrieb, Auflagefläche außerhalb des Füllraums

Bandanguß (s. Bild 3.78E) oder einen (größeren) Punktanguß ausgebildet, s. Abschn. 3.3.1.6.

Kaltkanalsysteme (KKS) werden zur angußsparenden Spritzgießverarbeitung eingesetzt. Der Angußkanal wird auf niedriger Temperatur gehalten, um dort ein Aushärten härtbarer Formmassen zu verhindern. Auch Siliconkautschuke, z. B. RTV- und HTV-Typen, lassen sich problemlos verarbeiten, unter bestimmten Voraussetzungen auch andere Gummiarten.

3.2.10.4 Normalien für Werkzeuge (nach H. Emmerich, EOC-Normalien)

In DIN 16750 sind unterschiedlichste Bauteile von Spritzgießwerkzeugen in Wort und Bild normativ dargestellt. Diese und weitere Normen sind im DIN-Taschenbuch 262 Preß-Spritzgieß- und Druckgießwerkzeuge mit 66 Normen/Normenentwürfen zusammengefaßt. Sie bieten dem Anwender die Möglichkeit, mit den in vielfältiger Form zur Verfügung stehenden, standardisierten Werkzeugbauteilen, sprich Normalien, z. B. Spritzgießwerkzeuge kostengünstig mit geringstem Zeitaufwand herstellen zu können. Dem Teileproduktionszyklus innerhalb eines Werkzeuges entsprechend, sind die genormten bzw. normalisierten Standardelemente dem Füllen, Temperieren und Entformen zugeordnet.

In Bild 3.82 sind gekennzeichnet und dargestellt die Basisnormalien wie

WA Werkzeugaufbauten
P ungebohrte Platten
FP gebohrte Platten
FE Führungs-/Zentrierelement
BS Backensätze integriert in FP/WA
Af Aluminiumformenaufbau (Monoblock)
F Federn

Beispielhaft für die Füllelemente zur angußminimierten Thermoplastverarbeitung sind

HKB Heißkanalblock
D1 Düse, außenbeheizt, mit zentraler Spitze
D5 Düse, außenbeheizt, mit mehreren dezentralen Spitzen
D8 Düse, außen beheizt, mit lateralen (seitlichen) Masseaustrittsbohrungen

aufgelistet. Anwenderspezifische Spezialdüsen in vielfältigen Ausführungsvarianten stehen relativ kurzfristig zur Verfügung.

Dezentrale und zentrale Einzeldüsen *EDz*, wie auch 2- bis 32fach Kaltkanaleinheiten sind standardisiert und anwendungsspezifisch erhältlich. Zur Auswahl stehen offene und Nadelverschluß-Systeme mit Drossel zur Balancierung der Masseströme zur Verfügung, s. Abschn. 2.2.2.13.

Die Temperierung der Werkzeugelemente ist für die Produktion qualitativ hochwertiger Teile von entscheidender Bedeutung. Zum Heizen stehen elektrische Hochleistungspatronen *HP*, Heizmanschetten, starre und flexible Wendelrohrheizpatronen zur Auswahl. Flüssige Medien (Öl, Wasser)

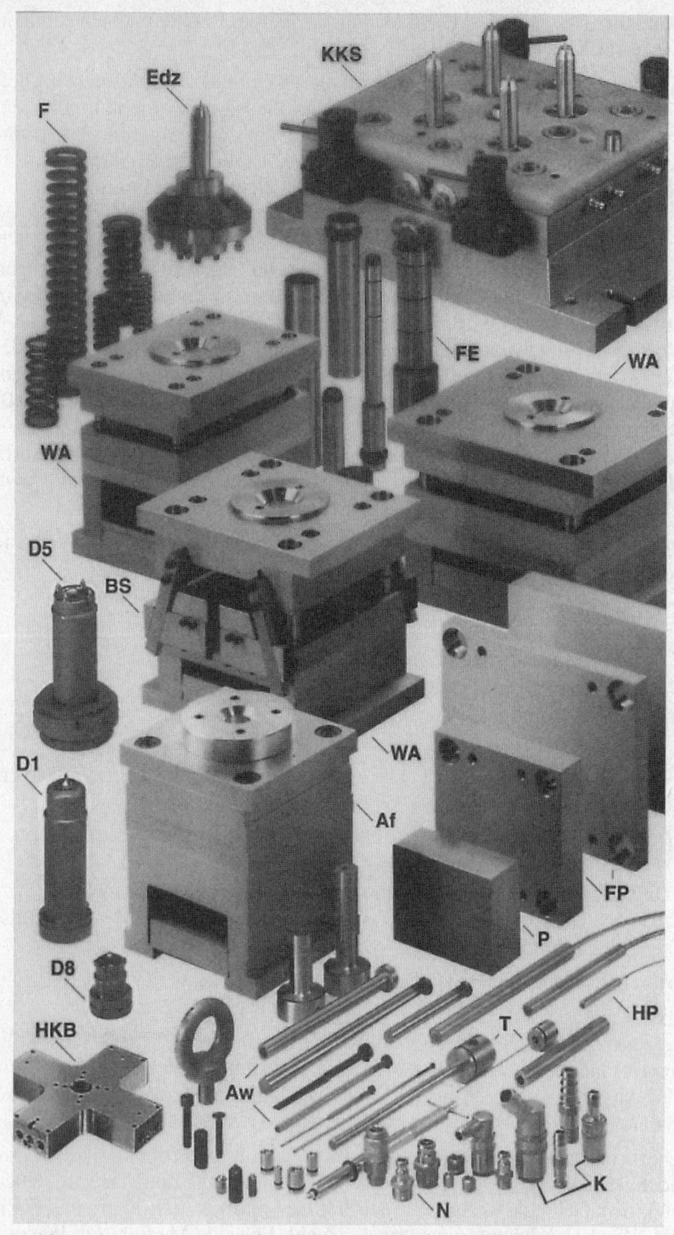

Bild 3.82 Normalien für den Werkzeugbau. Bezeichnungen s. Text.

werden einerseits zum Heizen, andererseits zum Kühlen der formgebenden Platten, Kerne und Einsätze genutzt. Bevorzugt werden in diesem Zusammenhang Temperierrohre *T*, Turbospiralen und Umlenkstege genutzt. Die Schnittstellen für die flüssigen Temperiermittel werden an den Werkzeugaußenflächen vorzugsweise mit versenkten Nippeln *N* und Kupplungen *K* ausgestattet.

Direkt wirkende (die Teile berührende) Entformungshilfen zum Ausbringen der Produkte sind mit *Aw* gekennzeichnet. Auf Grund der verschiedensten Teilegeometrien und der unterschiedlichen Entformungskräfte, welche von der Werkzeugausführung, dem Formteil, der Formmasse und der Verarbeitung in der Summe abhängig sind, werden Auswerferstifte und Auswerferhülsen mit unterschiedlich großen Querschnittsflächen, Längen und Werkstoffen angeboten. Die indirekt wirkenden (die Teile nicht berührenden) Entformungshilfen (nicht abgebildet) wie Rückzugsvorrichtungen, Zwei-Stufen-Auswerfer mit Einzelhub oder Kombihub, pneumatische Sicherheitskupplungen, Klinkenzüge rund oder eckig sind auch gerade bei komplizierten Funktionsabläufen für eine sichere Teileentformung unverzichtbar.

3.2.11 Sonderverfahren der Formteil- und Werkzeugherstellung Rapid Prototyping (RP) and Tooling (RT), nach D. Kochan

Es muß immer das Bestreben der herstellenden Industrie sein, in einem möglichst frühen Stadium der Entwicklung von Formteilen Anschauungsmuster, Prototypen, Vor- oder Kleinserienteile oder Werkzeuge zu deren Herstellung zu haben. Hierzu dienen neue Technologien zur direkten Objektgenerierung aus 3D-CAD-Daten, die besonders in der Kunststofftechnik große industrielle Verbreitung in der gesamten Wertschöpfungskette gefunden haben. Die „Schnelle Fertigung von Modellen" (SFM) spielt hierbei eine besondere Rolle, s. Bild 3.83.

Als typischer Folgeprozeß für den Einsatz von Anschauungsmodellen wird das Vakuumgießen in der Kunststofftechnik am häufigsten zur Erstellung kleiner Stückzahlen von 15-20 Teilen genutzt. Die Weiterentwicklung der Verfahren ermöglicht inzwischen die Fertigung von größeren Stückzahlen direkt im Serienwerkstoff.

3.2.11.1 Rapid Modeling (RM)

Das Grundprinzip der neuen technologischen Verfahren kann wie folgt charakterisiert werden:

Aufbau eines geschlossenen 3D-CAD-Datenmodells des Objektes.

Dieses Datenmodell wird rechnerintern in dünne Schichten (üblich 0,1-0,2mm) geschnitten, „geslict".

Diese Schnittdaten in x-, y- und z-Richtung sind Steuerdaten

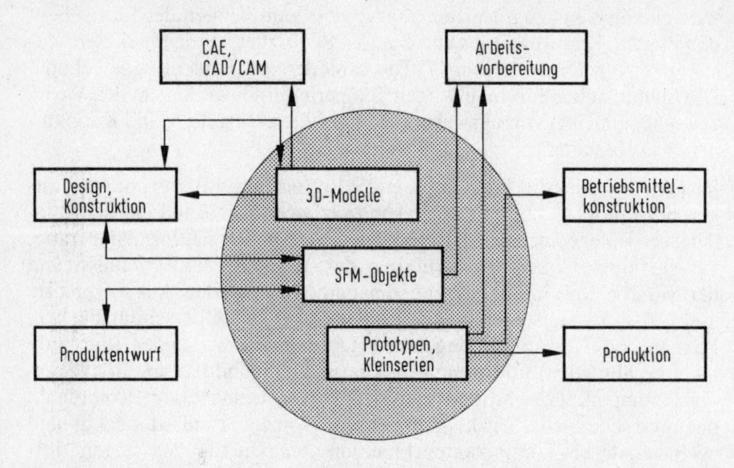

Bild 3.83 Integration der SFM-Prozeßketten in den Wertschöpfungszyklus.

für automatisierte Bauprozesse nach unterschiedlichen physikalischen Prinzipien.

Für eine detaillierte Beschreibung der industriell genutzten Verfahren wird auf folgende Lit. verwiesen: Kochan, D.: Solid Freeforming Manufacturing, Advanced Rapid Prototyping, Elsevier, 1993, Amsterdam, und Dusel, K.H., u. P. Eyerer, Materialien für Rapid Tooling Technologien in: Proceedings IPS/SFM `96, „Produkt und Prozessentwicklung mit neuen Technologien", Gfal 25. und 26. 9.1996, Dresden.

Eine Zusammenfassung der weltweit verfügbaren Systeme enthält Bild 3.84. Daraus ist zu entnehmen, daß für vielfältige Anwendungen in der Kunststofftechnik die Verfahren STL, SGC, SLS, DMLS, LOM und auch FDM besonders geeignet sind. Deswegen werden diese Verfahren in den Bildern 3.85 bis 3.90 (nach SFM-GmbH Dresden) etwas näher charakterisiert. Nach dem SLS-Verfahren lassen sich mit Elastomerpulvern gummielastische Funktionsmuster mit Reißdehnungen über 100% herstellen.

3.2.11.2 Rapid Tooling (RT)

Unter RT versteht man die schnelle Herstellung von Werkzeugen bzw. Werkzeugeinsätzen direkt aus CAD-Daten, primär für das Spritzgießen in Verbindung mit Rapid Prototyping Verfahren. Dabei unterscheidet man zwischen Soft Tooling (Silikonkautschuk für Prototypen in serienähnlichen Werkstoffen, Stückzahlen 15-20), Hard Tooling (Werkzeugeinsätze aus Epoxydharzen, Al-verstärkten Gießharzen, Metallegierungen u.a. für mittlere und große Stückzahlen in Serienmaterialien). Eine Übersicht über die wesentlichen Materialien zur Herstellung von Einsätzen für das

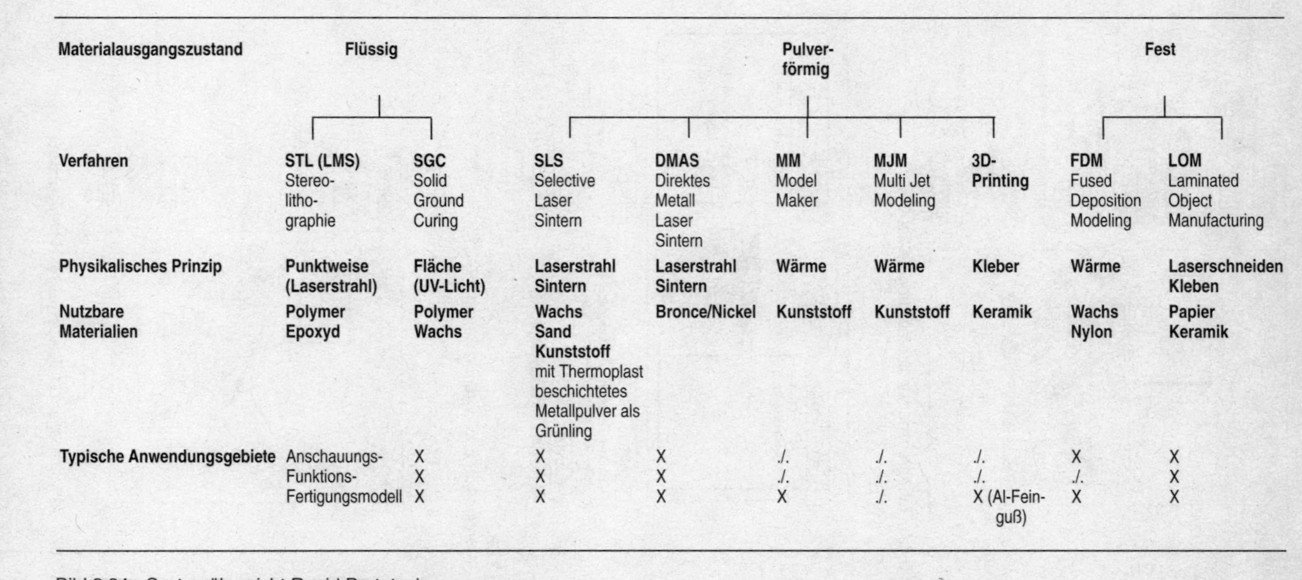

Materialausgangszustand	Flüssig		Pulverförmig					Fest	
Verfahren	**STL (LMS)** Stereo-litho-graphie	**SGC** Solid Ground Curing	**SLS** Selective Laser Sintern	**DMAS** Direktes Metall Laser Sintern	**MM** Model Maker	**MJM** Multi Jet Modeling	**3D-Printing**	**FDM** Fused Deposition Modeling	**LOM** Laminated Object Manufacturing
Physikalisches Prinzip	**Punktweise (Laserstrahl)**	**Fläche (UV-Licht)**	**Laserstrahl Sintern**	**Laserstrahl Sintern**	**Wärme**	**Wärme**	**Kleber**	**Wärme**	**Laserschneiden Kleben**
Nutzbare Materialien	**Polymer Epoxyd**	**Polymer Wachs**	**Wachs Sand Kunststoff** mit Thermoplast beschichtetes Metallpulver als Grünling	**Bronce/Nickel**	**Kunststoff**	**Kunststoff**	**Keramik**	**Wachs Nylon**	**Papier Keramik**
Typische Anwendungsgebiete	Anschauungs-	X	X	X	./.	./.	./.	X	X
	Funktions-	X	X	X	./.	./.	./.	./.	X
	Fertigungsmodell	X	X	X	X	./.	X (Al-Feinguß)	X	X

Bild 3.84 Systemübersicht Rapid Prototyping

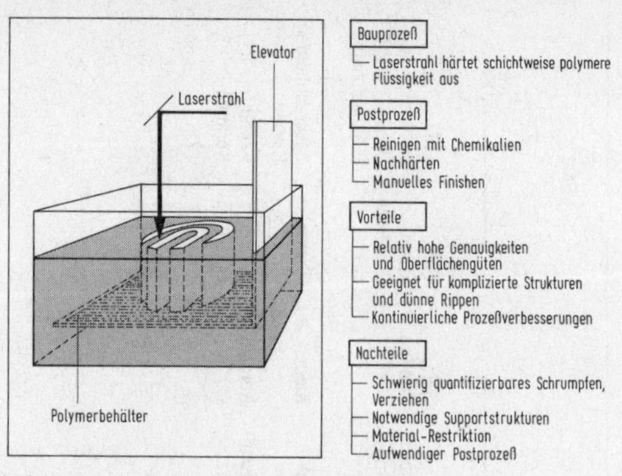

Bild 3.85. Verfahrensprinzip Stereolithographie, STL

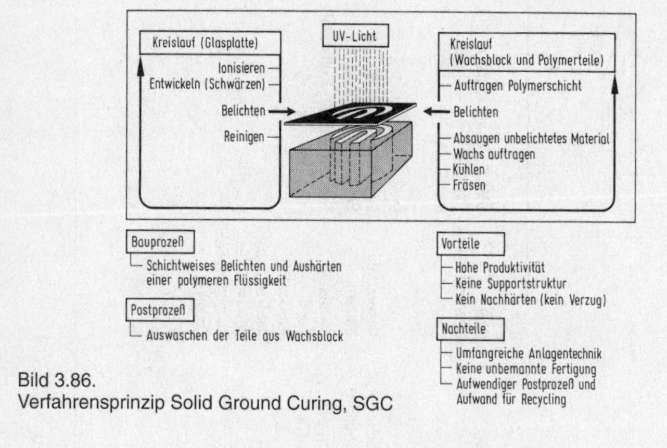

Bild 3.86.
Verfahrensprinzip Solid Ground Curing, SGC

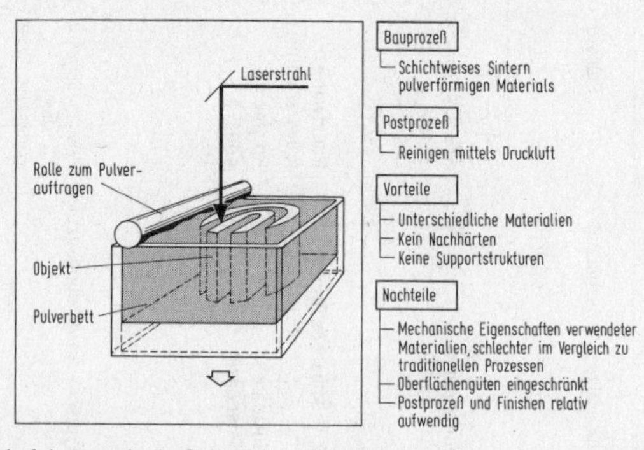

Bild 3.87. Verfahrensprinzip Selectiv Laser Sintering, SLS

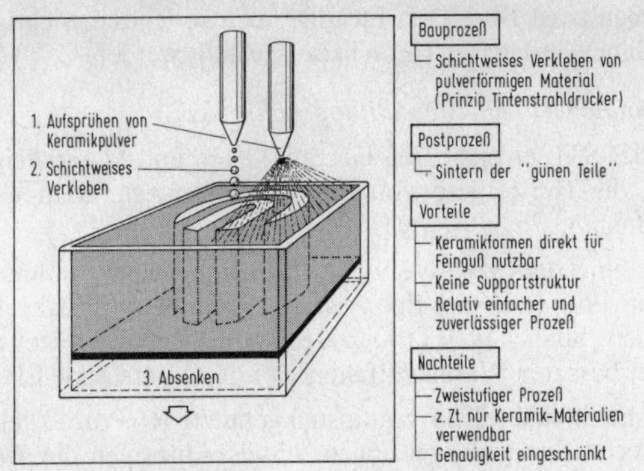

Bild 3.88. Verfahrensprinzip 3D-Printing

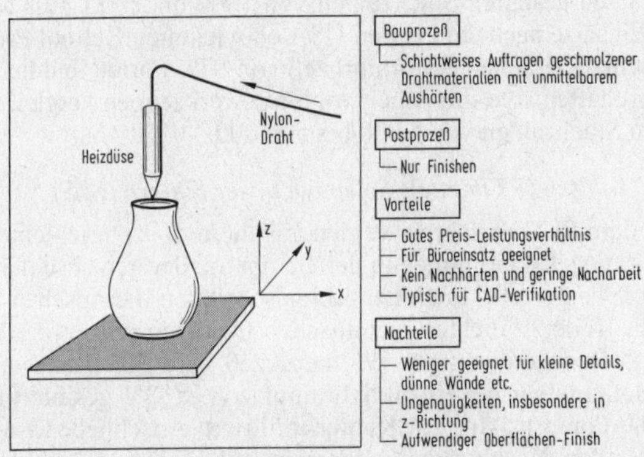

Bild 3.89. Verfahrensprinzip Fused Deposition Modeling, FDM

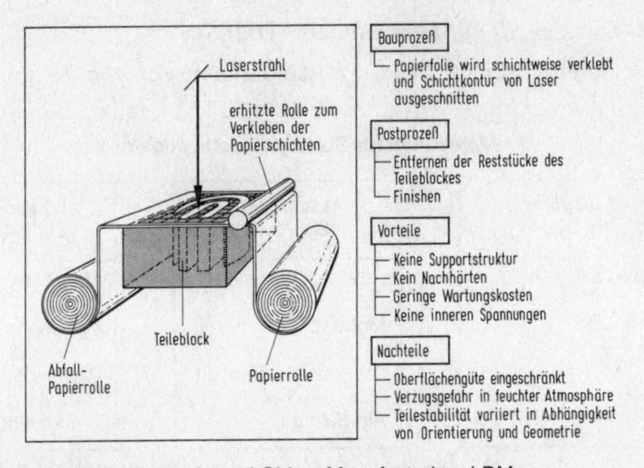

Bild 3.90. Verfahrensprinzip Laminated Object Manufacturing, LDM

Spritzgießen zeigt Bild 3.91. Im folgenden sollen die wichtigsten bisher industriell bewährten Verfahren herausgestellt werden.

Rapid Tooling (RT) mit Stereolithographie (STL)

Die mit der STL erreichbaren Genauigkeiten und Materialeigenschaften gestatten die Herstellung von Werkzeugeinsätzen. Man unterscheidet zwei Verfahren:

1. Herstellung der Negative, d. h. der technischen Hohlräume der gewünschten Formteile aus Epoxydharz. Erreichbare Stückzahlen 50 bis 100. Höhere Stückzahlen (100-200) und kürzere Zykluszeiten gestatten wegen der besseren Wärmeleitfähigkeit mit Al-verstärkte EP-Harze.

2. Der bisher industriell am häufigsten genutzte RT-Prozeß geht von STL-Positiv-Formteilen aus, von denen mittels Abformen die Werkzeugeinsätze hergestellt werden. Einsätze aus wärmebehandelten Al-verstärkten EP-Harzen gestatten Stückzahlen von 1000 bis 2000. Aus Metall gesinterte Einsätze nach dem in den USA entwickelten Keltool Prozeß werden in einem zweifachen Abformprozeß von STL Formteilen hergestellt. Die Eigenschaften sind mit denen von Stahlwerkzeugen vergleichbar und erlauben Stückzahlen von 5 000 bis 500 000.

Rapid Tooling (RT) mittels Selective Laser Sintern (SLS)

Nach dem SLS-Verfahren werden aus thermoplastbeschichtetem Metallpulver zunächst Grünlinge in der Geometrie der gewünschten Werkzeugeinsätze hergestellt. In einem nachgeschalteten thermischen Zyklus werden die Teile zu dichten metallischen Objekten weiterverarbeitet. In einem weiteren dreistufigen Wärmeprozeß wird der Binder ausgetrieben, das Metallpulver bei einem Schrumpf von ca. 3% gesintert und schließlich die Porenstruktur mit Kupfer infiltriert. Anschließend sind alle konventionellen Nachbehandlungen wie z.B. Feinerodieren oder Polieren möglich.

Beim Direkten Metall-Laser-Sintern (DMLS)

wird Metallpulver mit max. Partikeldurchmesser von 20 µm auf Basis

Materialien für Spritzgießwerkzeugeinsätze

Losgröße 10–200	Losgröße 200–2000	Losgröße 2000–20 000
Stereolithographie	Gießharz	Metalllspitzen
Gießharz	Metallspitzen	Lasersintern (Metall)
	Lasersintern (Metall)	Alu-Feinguß
	Alu-Feinguß	Stahl-Feinguß

Bild 3.91. Meistverbreitete RP-Prozeßketten zur Herstellung von Werkzeugeinsätzen.

Bronze/Nickel mit einer Genauigkeit von 0,05mm und min. Stegbreiten von 0,5mm direkt mit einem Laserstrahl z.B. zu Werkzeugeinsätzen gesintert.

Rapid Tooling (RT), weitere Verfahren

Insbesondere für größere Teile sind weitere Technologien bekannt, die einzeln oder kombiniert zum Einsatz kommen:

Werkzeugaufbau aus Normalien, s. Abschn. 3.2.10.4.

Werkzeuge oder Einsätze aus leicht zerspanbaren Metallen wie Messing oder Al.

Werkzeugaufbau mit galvanisch hergestellten (Nickel), gegossenen (Al) oder flammgesprühten (Zinn-Zink- oder Zinn-Wismut-Legierungen) Konturschalen und Hinterfütterung mit Beton oder EP-Harz.

Gegossene Werkzeuge aus Feinzink.

Für das Spritzgießen von Teilen mit 400 bis 800 mm Länge werden in den USA und Japan erfolgreiche Untersuchungen zum Einsatz von Werkzeugen, die aus laminierten Metallplatten aufgebaut sind, durchgeführt.

3.3 Verarbeitung Duroplaste

Duroplaste sind chemisch vernetzte Kunststoffe, die nicht mehr wie die Thermoplaste thermoplastisch umgeformt, sondern nur noch spanend bearbeitet werden können. Sie müssen deshalb bereits bei der Aushärtung in die endgültige Form gebracht werden. Als Ausgangsstoffe unterscheidet man hinsichtlich der Verarbeitungsverfahren zwischen den *härtbaren Formmassen,* auch Duroplast-Formmassen genannt, mit langen Fasern verstärkten *Gießharzen* und den *Polyurethanen.* Erstere sind meist rieselfähige Massen, die in einem Warmformungsvorgang mit unmittelbar anschließender irreversibler Aushärtung bei erhöhter Temperatur zu Formteilen oder Halbzeugen verarbeitet werden. Gießharze sind flüssige oder durch geringe Erwärmung verflüssigbare Reaktionsharze, die beim Zusatz von Härtern oder Beschleunigern bei Raumtemperatur oder auch bei höheren Temparaturen aushärten. Eine Sonderstellung nehmen die Polyurethane ein, für deren Verarbeitung eine eigene Technologie zur Mischung der Reaktionskomponenten, unmittelbar vor dem Formgebungsprozeß, entwickelt wurde.

3.3.1 Verarbeitung von härtbaren Formmassen

Härtbare Formmassen bilden meist vor der Aushärtung sehr dünnflüssige Schmelzen. Eine Gratbildung, z.B. durch unvermeidbare Spalten im

Werkzeug, erfordert deshalb im Gegensatz zur Thermoplastverarbeitung nach dem Entformen ein Säubern des Werkzeugs, z.B. mit Druckluft, und ein Entgraten des Formteils, z.B. durch Trommeln oder Bestrahlen mit einem weichen Granulat. Da auch die Zykluszeit wegen der für die Aushärtung benötigten Zeit, besonders bei dünnwandigen Teilen, länger ist, muß großer Wert auf eine automatische Fertigung gelegt werden, um Wettbewerbsfähigkeit zu erreichen.

3.3.1.1 Aufbereiten härtbarer Formmassen, s. Abschn. 3.2.1

Härtbare Formmassen bestehen aus dem Harz als Bindemittel und pulverigen oder faserigen Füllstoffen wie Gesteinsmehl, Holzmehl, Glasfasern, Papier, Gewebe, Fasersträngen oder Schnitzeln. Soweit es sich um pulverige oder kurzfaserige Füllstoffe handelt, werden sie im trockenen Zustand mit dem pulverisierten Harz, gegebenenfalls unter Zugabe von Verarbeitungshilfsmitteln oder Farbstoffen, vorgemischt und anschließend auf beheizten Walzwerken oder in Doppelschnecken-Extrudern plastifiziert und homogenisiert. Gleichzeitig wird das Harz auf die zur Herstellung rieselfähiger Formmassen erforderliche Viskosität vorkondensiert oder vorpolymerisiert (B- oder C-Zustand). Die Walzfelle oder extrudierten Chips werden anschließend durch Mahlen und fraktioniertes Sieben auf einheitliche Korngrößen gebracht.

Grobfaserige Massen und Schnitzelmassen werden vorwiegend in Flügelmischern durch Tränken mit flüssigen oder gelösten Harzen und anschließender Trocknung hergestellt. Mit langen Fasern verstärkte Massen werden durch kontinuierliches Tränken endloser Faserstränge, die anschließend zerhackt werden, hergestellt. Die Beharzung von Bahnen für die Herstellung von Schichtpreßstoffen findet auf Imprägniermaschinen statt, s. auch Abschn. 3.2.6/7.

3.3.1.2 Hinweise zur Formtechnik für Duroplaste

Die Zykluszeit beim Urformen von Duroplast-Formmassen wird maßgeblich durch die *Standzeit des aushärtenden Formteils* im Werkzeug bis zur Entformbarkeit bestimmt.

Beim Formpressen rechnet man mit Grundzeiten von ≥ 1 min für das Aufheizen und Plastifizieren und je nach Formmasse und Verarbeitungstemperatur 15 bis 60 s/mm Wanddicke für das Aushärten. Insgesamt ergeben sich daraus mit der Wanddicke zunehmende Härtezeiten von mehreren Minuten. Allerdings können die Zykluszeiten durch eine Hochfrequenz-Vorwärmung der Formmasse wesentlich verkürzt werden. Beim Spritzpressen wird die Masse im Spritzkanal durchmischt und durch die meistens angewandte HF-Vorwärmung erheblich fließfähiger, die Aufheiz- und Härtezeiten werden dadurch kürzer. Am günstigsten hinsichtlich der Standzeiten ist in der Regel das Spritzgießen, die Zykluszeit ist dabei wenig von der Wanddicke (Bild 3.92) abhängig. Die Einstellgrößen

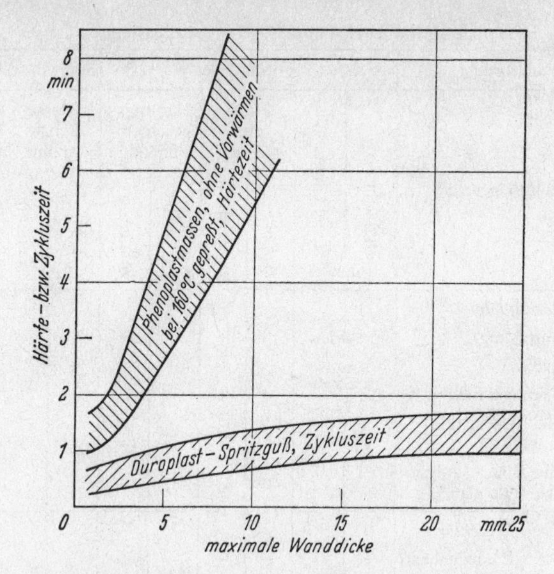

Bild 3.92. Abhängigkeit der Härtungs- bzw. Zykluszeit von der Wanddicke des Formteils bei Phenoplast-Formstoffen für das Preßverfahren ohne Vorbehandlung (obere Kurven) und für das Spritzgießverfahren (untere Kurven)

beim Spritzgießen gleichen bis auf „Härtezeit" statt Kühlzeit denen beim Thermoplastspritzgießen. Füllstofforientierungen beim Spritzpressen und Spritzgießen können Unterschiede in der Festigkeit und der Schwindung in der Längs- und Querrichtung und damit auch einen Verzug bewirken.

Duroplastische Formmassen werden in verschiedenen Einstellungen geliefert, die sich im *Fließverhalten* (weich, mittel, hart) und in den *Härtegeschwindigkeiten* unterscheiden. Spritzgießmassen müssen so eingestellt sein, daß sie einerseits bei möglichst niedriger Zylindertemperatur fließfähig werden und im Zylinder Verweilzeiten von 3 bis 6 Minuten aushalten, andererseits bei der höheren Werkzeugtemperatur rasch aushärten. Sehr weiche, extrem fließfähige Massen braucht man für Formteile mit hohem Fließweg-Wanddickenverhältnis bzw. für komplizierte Teile mit Kernen, die umflossen werden müssen, und für die halbautomatische Fertigung von Formteilen mit Einlagen, die von Hand in das Werkzeug eingesetzt werden müssen. Dann muß man aber eine langsamere Härtung in Kauf nehmen.

Für ein gleichmäßiges automatisches Dosieren trockener Massen zum Pressen, Spritzpressen und Spritzgießen braucht man eine staubfreie, rieselfähige Körnung. Für schlagfeste Formmassen mit Faser- oder Schnitzelverstärkung gibt es Spezialgranulate.

Tafel 3.5. Fehler beim Verarbeiten duroplastischer Formmassen

Fehlerortung	Formmasse						Spritz- bzw. Preß-Einheit			
			Fließ-einstellung		Härtungs-geschwindigkeit		Masse-Temperatur		Dosierung	
Fehler-Ursache	zu feucht	zuviel Gleitmittel u. a.	zu hart	zu weich	zu hoch	zu niedrig	zu hoch	zu niedrig	zu hoch	zu niedrig
1. *Materialfehler*										
1.1. Entmischung	bei grobem Füllstoff inhomogene Masse			+				+		
1.2. Porosität				+			+			+
1.3. Wolken und Schlieren				+			+	+		
1.4. Große Blasen, Teile matt, verformt	+			+		+		+		
1.5. Kleine Blasen, aufgeplatzt, Teile glatt	+						+			
2. *Oberflächenfehler*										
2.1. Unruhig (Orangenhaut)	+		+	+				+		
2.2. Zu geringer Glanz	+			+				+		
2.3. Matte Stellen	+	+					+			
2.4. Helle Flecken	z. T. überhärtet wärmeempfindlich		+		+		+			+
2.5. Brandflecken			+				+			
2.6. Klebrig						+		+		
3. *Gestaltfehler*										
3.1. Einfallstellen				+						
3.2. Lunker				+	+	+		+		
3.3. Teile nicht voll			+		+		+	+		+
3.4. Fließmarkierungen	+	+						+		
3.5. Rippen durchmarkiert		+						+		
3.6. Kleben an der Form	+			+		+				
3.7. Klemmen in der Form	+			+						
3.8. Übermäßiger Grat				+		+			+	
4. *Strukturfehler*										
4.1. Teile verzogen	+			+						
4.2. Teile gerissen	+			+	+					
4.3. Metalleinlagen beschädigt oder verbogen			+							
4.4. Masse in Metalleinlagen				+						

Spritz- bzw. Preß-Einheit					Werkzeug und Schließeinheit								
Spritz-Geschwindigkeit		Spritzdruck			Werkzeug-Konstruktion				Werkzeug Temperatur		Härtezeit		
zu hoch	zu niedrig	zu hoch	zu niedrig	Nachdruck zu wenig	Fließwege zu eng	sonst ungünstig	Auswerfer nicht richtig	Entlüftung ungenügend	zu hoch	zu niedrig	zu lang	zu kurz	Schließdruck zu niedrig
+		+			+	+							
	+		+	+	+			+					+
+		+							+				
										+		+	
+		+			+				+		+		
						+				+		+	
						+		+					
+		+			+				+		+		
+		+			+			+					
												+	
			+	+	+	+				+			
			+	+					+	+		+	
			+	+					+	+			
		+			+				+				
			+	+								+	
									+	+		+	
						+	+				+	+	
		+											+
			+	+		+					+	+	+
+		+				+		+			+	+	
+		+				+							
+		+											

Duroplastische Formmassen können bei der Verarbeitung als *„Flüchte"* gasförmig entweichende Stoffe enthalten oder entwickeln. Beim Formpressen nicht (ausreichend) vorgewärmter Massen lüftet man den Formstempel unmittelbar vor Aufgabe des Preßdrucks 2 bis 3 s lang. Mangelnde oder verspätete Lüftung macht sich durch Blasenbildung oder Porosität bemerkbar. Beim Spritzpressen und Spritzgießen müssen die Werkzeuge mit Entlüftungskanälen versehen sein, beim Spritzgießen entweicht die Flüchte großenteils durch den Einzugstrichter aus dem Spritzzylinder.

Richtwerte der *Temperaturen* und *Drücke* für das Pressen und Spritzgießen duroplastischer Massen sind in Tafel 5.2, Abschn. 5.1.1 zusammengestellt. Für das Spritzpressen sind 400 bis 500 bar höhere Drücke als für das Spritzgießen erforderlich. Für die Werkzeugheizung werden vorwiegend elektrische Heizpatronen, für den Spritzzylinder beim Spritzgießen Heizmittel-Umlauftemperierungen verwendet.

Mit Werkzeugen, deren Verteiler (Kaltkanal) auf ca. 120 °C beheizt sind, kann man auch beim Duroplastspritzguß angußlos arbeiten.

Tafel 3.5 gibt eine Übersicht über Fehler an duroplastischen Formteilen und deren mögliche Ursachen, sie ist sinngemäß auf alle Verfahren der Verarbeitung duroplastischer Formmassen anwendbar.

3.3.1.3 Pressen

Das aus Gesenk und Stempel bestehende, beheizte und in einer Presse angeordnete Preßwerkzeug wird offen mit einer abgemessenen Menge von Formmasse beschickt (Dosierung mittels Kolbendosierschieber, Füllschablonen, automatischen Waagen). Nach dem Schließen der Form füllt die in der Form bis zur Fließfähigkeit erwärmte Masse unter Preßdruck (50 bar bei Feuchtmassen, bis 150 bar bei vorgewärmten Massen, maximal 400 bar) das Formnest aus, härtet aus und kann heiß entnommen werden. Da bei Phenolharz- und Aminoplastmassen während der Härtung flüchtige Bestandteile entstehen, ist ein Lüften des Werkzeugs durch kurzes Anheben des Stempels zweckmäßig. Die Härtezeit bestimmt wesentlich die Zykluszeit. Deshalb wird die Formmasse besonders bei Preßautomaten vorgeheizt. Dies kann durch eine elektrische Vorwärmung (Hochfrequenz, Mikrowelle, Infrarot) z.B. tablettierter Formmassen oder auch durch ein Vorplastifizieren und Dosieren mit Schneckenaggregaten, Bild 3.93, erfolgen. Bei Schneckenaggregaten wird die Formmasse wie beim Spritzgießen mit einer rotierenden Schnecke plastifiziert, unter Rückzug der Schnecke in einen Stauraum gefördert und anschließend von der Schnecke eine definierte Menge ausgestoßen. Diese Masse wird von einem messerartigen Schieber abgeschnitten und dem Werkzeug zugeführt.

Preßautomaten sind meist Rundläufer, bei denen bis zu 20 gleiche oder auch unterschiedliche Werkzeuge auf einem Karussel schrittweise umlaufen und dabei die Beschickungsstation, die Werkzeug-Schließstation,

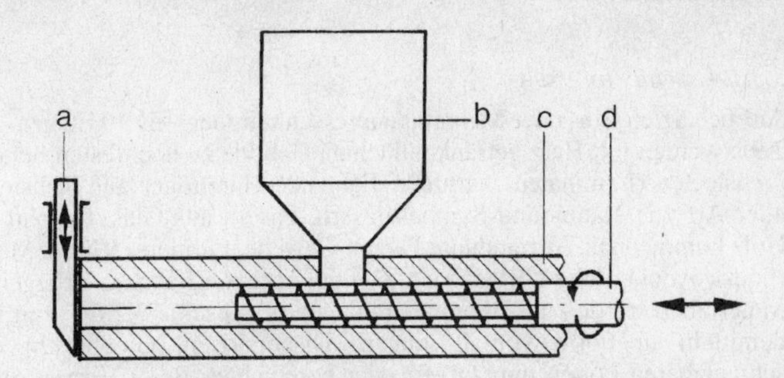

Bild 3.93. Schubschnecken-Plastifizieraggregat

a: Schneidvorrichtung, b: Fülltrichter, c: Zylinder, d: Schnecke

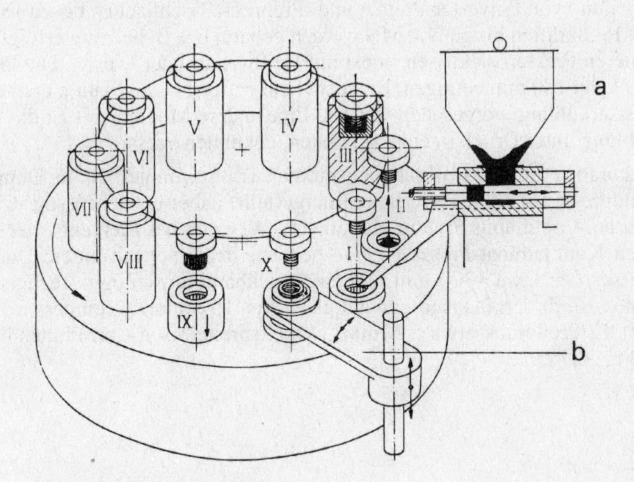

Bild 3.94. Rundläufer-Preßautomat

a: Formmassenbehälter mit Dosierschieber, b: Abschraubvorrichtung (oder Abstreifer)

Station I: Beschicken mit Formmasse, Station II: Schließen des Werkzeugs, Station III: Lüften, falls erforderlich, Station III bis IX: Härten unter Preßdruck, Station IX: Öffnen des Werkzeugs beim Übergang zu Station X, Station X: Abschrauben (oder Abstreifen) des Formteils, Ausblasen des Werkzeugs

mehrere Härtestationen sowie die Entformungs- und Reinigungsstation durchlaufen, Bild 3.94.

3.3.1.4 Schichtpressen

Auf beheizten Ein- oder Mehretagenpressen mit mehr als 40 Etagen, Bild 3.95, werden mit Harz getränkte flächige Gebilde zu hochfesten Schichtpreßstoffen (Laminaten) verpreßt. Folgende Harzträger aus Rohstoffen aller Art wie Natur- und Synthesefasern, Fasern aus Glas, Graphit und Holz kommen zur Anwendung: Papier, Gewebe, Furniere, Vliese, Matten (non-wovens), Folien, Bleche u.a. Die in Form von Bahnen vorliegenden Materialien werden auf Imprägnieranlagen (s. Abschn. 3.2.6/7) mit Bindemitteln in Form von Lösungen, Dispersionen, Gießharzen oder schmelzbaren Folien imprägniert oder beschichtet. Beim Verpressen erreicht man glatte Oberflächen durch harzreiche Decklagen und Zwischenlagen polierter Bleche zwischen Stapel und Druckplatten. Dekorative Schichtpreßplatten erhält man, wenn man unter eine im ausgehärteten Zustand durchsichtige Deckschicht eine entsprechend gemusterte oder eingefärbte Bahn anordnet.

Der erforderliche Preßdruck reicht von 5 bis 10 bar bei kalthärtenden Harzen, über 10 bis 20 bar bei der Warmhärtung, bis zu 300 bar bei der Verarbeitung von Polyester-Premix und -Prepregs. Tischflächen bis zu 15 m^2 mit Preßkräften bis zu 200 MN werden gebaut. Die Beheizung erfolgt bei neueren Pressen elektrisch, sonst mit Heißwasser oder Dampf. Die Preßzeit kann 100 min betragen. Bei nicht heiß entformbaren Platten muß eine Wasserkühlung vorgesehen werden. Eine andere Möglichkeit ist die Abkühlung unter Druck in einer separaten, gekühlten Presse.

Dekorative Schichtstoffplatten werden auch kontinuierlich in Doppelbandpressen im Endlosverfahren hergestellt, dabei entstehen sog. CPL-Platten, Continuous Pressure Laminates. Wesentliches Element einer solchen Kontilaminat-Presse ist eine beheizte Trommel mit einem Durchmesser von etwa 1300 mm, die ein Druckband umschlingt. Technische Daten sind: Umfangsgeschwindigkeit bis 15 m/min, Temperatur bis 180 °C, Preßdruck etwa 5 N/mm^2, Arbeitsbreite bis 1,4 m, Plattendicke 0,3 bis 0,7 mm.

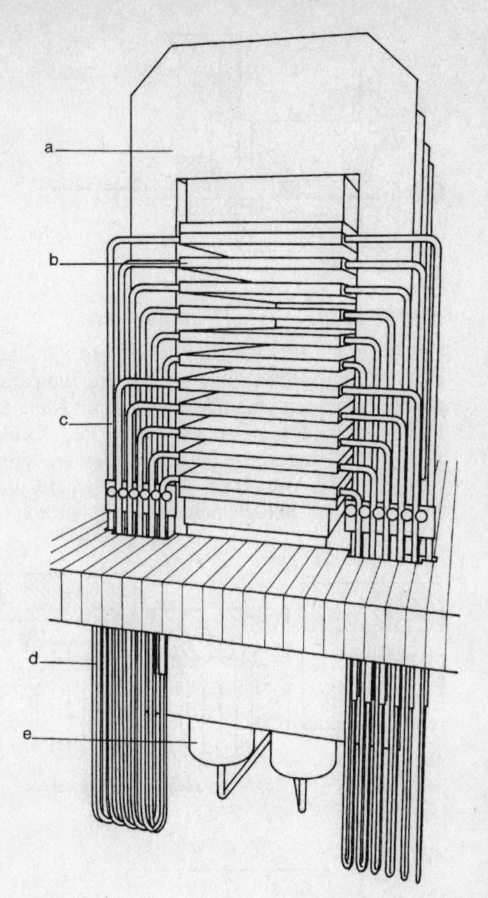

Bild 3.95.

Etagenpresse; hydraulische Unterdruck-Rahmenpresse mit zehn Etagen (Bauart Siempelkamp)

a: Rahmengestell,
b: Preßplatten,
c: Rohre für Heizung und Kühlung,
d: Schläuche für Heizung und Kühlung,
e: Arbeitszylinder

3.3.1.5 Strangpressen

Profile aus härtbaren Formmassen werden nach dem Strangpreßverfahren hergestellt. Man braucht Extruder, die so ausgelegt sind, daß das Profil in der Düse aushärtet und damit den erforderlichen Gegendruck zum Komprimieren der Formmasse aufbaut. Nach einem diskontinuierlichen Verfahren wird die Formmasse durch einen Kolben verdichtet und im beheizten Profilwerkzeug plastiziert und ausgehärtet. Das Profil wird entsprechend der Hin- und Herbewegung des Kolbens ausgestoßen, Bild 3.96.

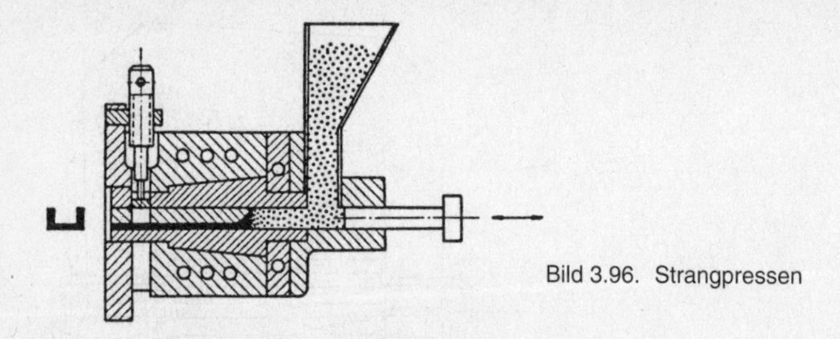

Bild 3.96. Strangpressen

3.3.1.6 Spritzpressen (Transferpressen)

Die für einen Preßvorgang dosierte bzw. tablettierte Formmasse wird in einem Druckzylinder unter Druck und Temperatur fließfähig gemacht und anschließend mit einem Stempel durch Kanäle in geschlossene, auf Aushärtetemperatur beheizte Formen gepreßt, Bild 3.97. Es werden Zweikolbenpressen eingesetzt, bei denen der größere Kolben zum Öffnen und Schließen des Werkzeugs und der kleinere zum Spritzen dient. Einzelne Pressen unterscheiden sich durch die Anordnung der Kolben und die Art

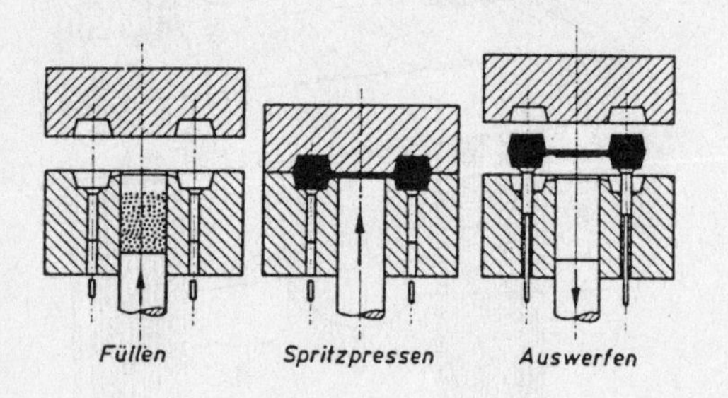

Bild 3.97.
Spritzpressen entgegen der Schließrichtung

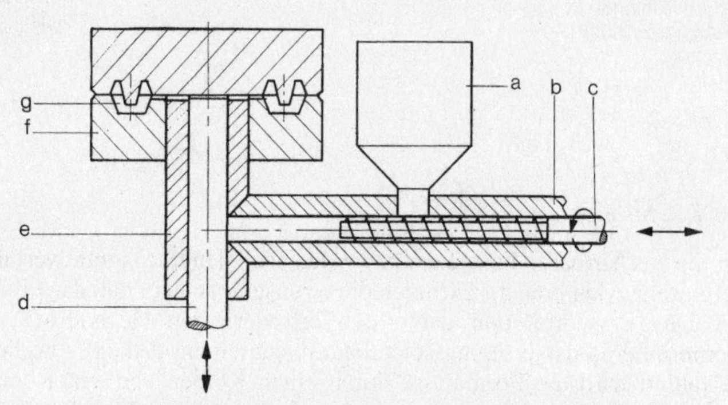

Bild 3.98. Spritzpreßautomat mit integriertem Schneckenplastifizieraggregat

a: Formmassenbehäler, b: Plastifizierzylinder, c: Plastifizierschnecke, d: Spritzkolben, e: Spritzzylinder, f: Werkzeug, g: Formhöhung

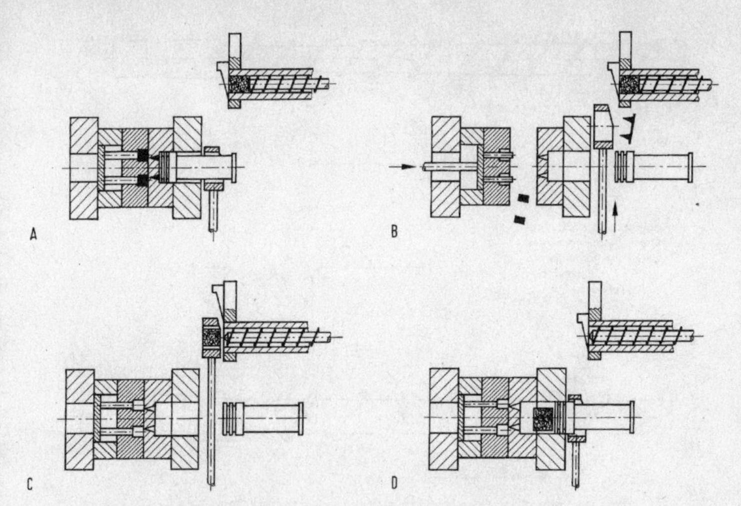

Bild 3.99. Horizontaler Spritzpreßautomat mit Vorplastifizierung

A: Spritzzylinder mit Formmasse beschickt, Formteil gespritzt, Dosierung ist für den nächsten Zyklus vorbereitet, B: Werkzeug auf, Auswerfer und Abstreifer entformen Formteil und Anguß, C: dosierte Masse wird übernommen, D: dosierte Masse befindet sich in der Spritzbuchse, die Maschine ist bereit für den nächsten Spritzvorgang

der Beschickung des Spritzzylinders. Bei der *Waagedosierung* wird die Formmasse über einen Trichter von oben in den Spritzzylinder gegeben. Bei *Preßautomaten mit Vorplastifizierung* wird die Formmasse in einem Plastifizieraggregat aufbereitet und dem Spritzkolben entweder direkt zuführt, Bild 3.98, oder mittels einer Übergabevorrichtung, Bild 3.99.

3.3.1.7 Spritzgießen

Schnecken-Spritzgießmaschinen für Duroplaste unterscheiden sich nicht wesentlich von denen für Thermoplaste. Um die vernetzbaren Massen nicht durch Scherung unzulässig zu erwärmen, haben die Schnecken geringere Gangtiefen und ein geringeres Gangtiefenverhältnis. Sie besitzen nur zwei Zonen, die Kompression ist gering, die Rückstromsperre fehlt (außer bei einer Naßpolyester-Verarbeitung), und es wird mit offener Düse gearbeitet. Die Schnecken sind kürzer, das L/D-Verhältnis liegt bei 12 bis 15D bzw. bei feuchten Massen bei 10D, Bild 3.100. Auf Verschleißschutz ist besonders zu achten. Ein wesentlicher Unterschied besteht in der Temperierung. Während bei Thermoplasten mit hohen Zylindertemperaturen und niedrigen Werkzeugtemperaturen gearbeitet wird, darf die Zylindertemperatur bei Duroplasten je nach Typ 60 bis 90 °C nicht überschreiten, um eine Vernetzung im Zylinder zu vermeiden. Der Zylinder wird in der Regel mit Wasser temperiert. Dagegen werden die Werkzeuge elektrisch auf Temperaturen von 150 bis 200 °C aufgeheizt,

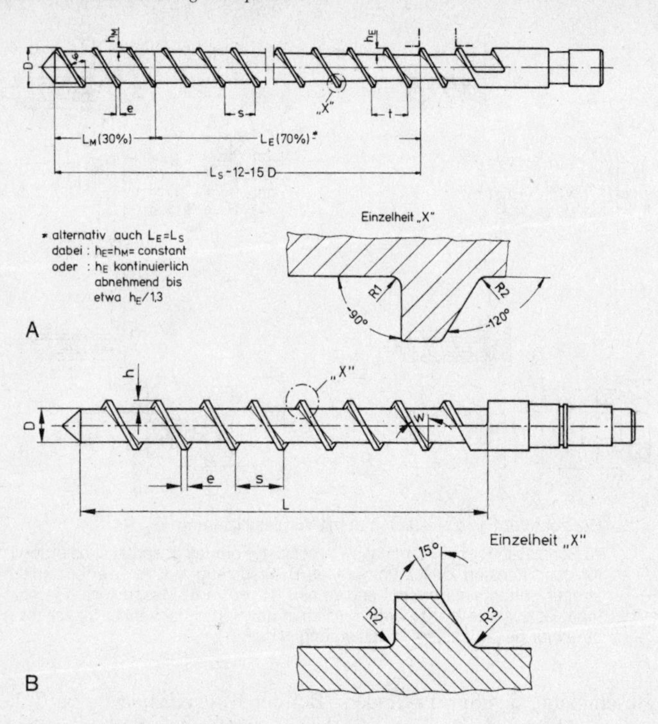

Bild 3.100. Duroplastschnecken,
A: Schnecke mit veränderlicher Gangtiefe;
B: Schnecke ohne Gangtiefenveränderung

h = Gangtiefe, h_M = Gangtiefe im Meteringbereich, h_E = Gangtiefe im Einzugsbereich, L_S = wirksame Schneckenlänge, t = Steigung, s = Kanalbreite, e: Stegbreite, w: Steigungswinkel, D: Durchmesser

um ein schnelles Aushärten der Formmasse zu erreichen. Die Formteile können bei hohen Temperaturen entnommen werden, da die vernetzten Formstoffe eine hohe Formbeständigkeit in der Wärme aufweisen. Die aufgeschmolzene Formmasse ist meist sehr dünnflüssig, so daß zwar große Fließweg-Wanddickenverhältnisse erreicht werden, aber auch besonders auf eine gute Passungen der Maschine und des Werkzeugs geachtet werden muß, um eine Gratbildung zu vermeiden. Um auch bereits leicht vernetzte Massen verarbeiten zu können, sollte der verfügbare Spritzdruck um etwa 300 bar höher sein als bei Thermoplastmaschinen.

Da bei der Aushärtung Wasser, Gleitmittel oder dergleichen freigesetzt werden können, ist auf eine gute Belüftung des Werkzeugs zu achten. Bewährt hat sich in diesen Fällen ein Lüften des Werkzeugs, d.h., nach dem Einspritzen des dosierten Volumens wird das Werkzeug kurz gelüftet, bevor die Aushärtung beginnt. Vielfach wird auch das Spritzprägen angewendet, bei dem die dosierte Masse in ein etwas geöffnetes Werkzeug gespritzt wird und die Ausformung des Formteils anschließend durch Schließen des Werkzeugs erfolgt.

Schnecken für die Elastomerverarbeitung sind denen für Duroplaste ähnlich. Um ein vorzeitiges Vulkanisieren zu vermeiden, muß noch mehr auf die Temperierung des Zylinders geachtet werden. Deswegen sind Elastomerschnecken meist hohlgebohrt, um eine Wassertemperierung zu ermöglichen.

3.3.2 Verarbeitung langfaserverstärkter Gießharze

Mit langen Fasern verstärkte Gießharze weisen im Vergleich zu denen, die Kurzfasern enthalten, höhere Steifigkeiten und höhere Festigkeiten auf. Darüber hinaus können gewollte Anisotropien durch die Ausrichtung der Fasern in bestimmte Vorzugsrichtungen erzeugt werden. Die größte Bedeutung haben die glasfaserverstärkten Kunststoffe (GFK) auf der Basis ungesättigter Polyesterharze erlangt. Neben E- und S-Glas werden Chemie-Fasern wie Aramid, Kohlenstoff- oder Graphitfasern oder auch Naturfasern und andere Harze wie Epoxid-, Phenol- oder Polyimid-Harze eingesetzt. Zur Herstellung von Formteilen aus diesen langfaserverstärkten Kunststoffen wurden spezielle Technologien entwickelt, da das Harz in feuchter oder nasser Form vorliegt. In Tafel 3.6 sind die Verfahren zusammen mit den erforderlichen Einrichtungen aufgelistet.

3.3.2.1 Aufbereiten der Gießharze

Zur Herstellung reaktionsfähiger Harzansätze werden die üblichen Dosier-, Misch- und Dispergiergeräte eingesetzt, vgl. Abschn. 3.2.1. Zum Dispergieren feinkörniger Füllstoffe im flüssigen Harz werden Walzenstühle eingesetzt. Bild 3.101 zeigt einen Dreiwalzenstuhl, bei dem die

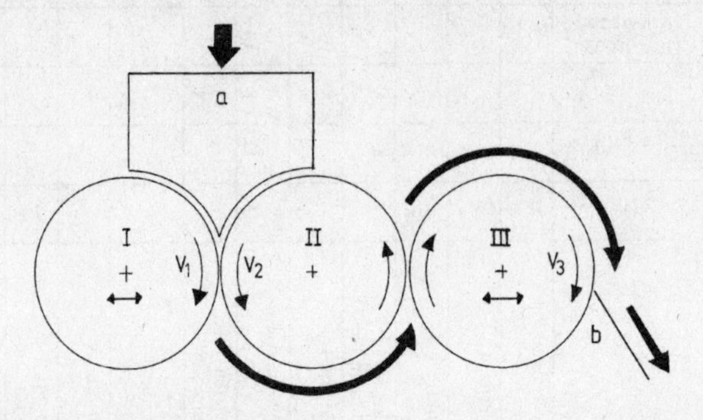

Bild 3.101. Schema eines Dreiwalzenstuhls
a Trichter, b Abstreifrakel, I, II, III Walzen, $v_1 \neq v_2 \neq v_3$

Tafel 3.6. Überblick über die bei einzelnen Verfahren benötigte Ausstattung

Verfahren \ Anlagen, Geräte	Rührwerk	Dispergier-Gerät	Waage	Gelcoat-Anlage, Spritzpistole	Ansatzspender	Laminier-Werkzeug	Kompressor	Faserspritzgerät	Vakuum-Anlage	Injektions-Anlage	Presse	Vorform-Anlage	Harzmatten-Anlage	Schneid-Anlage	Kneter	Wickelanlage Dorn, Abziehvorr.	Besäum-Gerät	Entgratungs-Anlage	UP-Beton-/Kunststein-Anlage	Rütteltisch, frequenzregelbar	Profilzieh-Anlage
Handverfahren	x		x			x											x				
	x	xx	x	x	xx	x	xx										x				
Faserspritzen						x	xx	xx									x				
	x	xx	x	x		x	xx	xx									x				
Vakuumstechnik	x		x			x			xx								x				
	x	x	x	x	(x)	x			xx								x				
Injektions-		x	x			x	xx			xx		x					(x)				
Verfahren, RTM	x	xx	xx	x		x	xx		x	xx		xx					x				
Naßpressen, kalt	x		x			x					xx						x				
	x	xx	x	x	x	x	x				xx	x					x				
Naßpressen, warm	x		x			x					xx						x				
	xx	x	x	(x)	x	x	x				xx	x					x				
Harzmatten-Ver-			(x)				xx				xx							(x)			
arbeitung (SMC)	x	xx	x				xx				xx		xx	xx				x			
Faser-Formmassen-Verarbeitung			x				xx				xx							(x)			
(DMC, BMC)	x	xx	x				xx				xx				xx			x			
Wickeltechnik	x		x			(x)										xx	x				
	x	x	x	x	x	x	x	(x)								xx	x				
UP-Beton	xx		x																	xx	
UP-Kunststein	x	x	x																xx	xx	
Profilziehen	x		x																		xx
	x	x	x		xx																xx

obere Zeile: Mindest-Ausstattung; untere Zeile: Komplett-Austattung; (x): evtl., x: ja, xx: wesentliche Anlagen bzw. Geräte

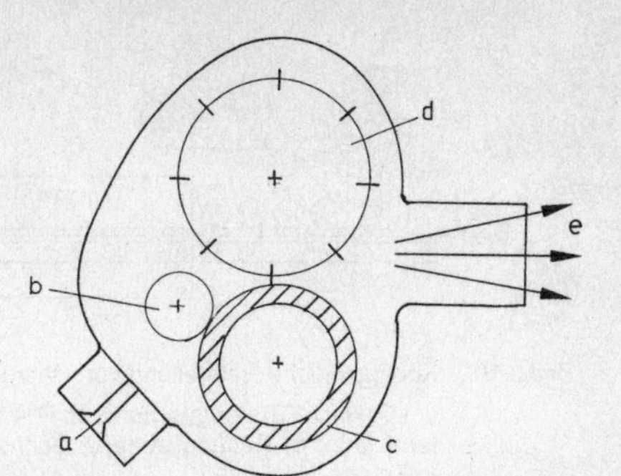

Bild 3.102.
Roving-Schneidwerk (Cutter)
a: Roving-Einführung
b: Walze,
c: Andrückwalze,
d: Messerwalze,
e: geschnittene Rovings

Friktion durch unterschiedliche Drehzahlen der Walzen I und II erzeugt wird. Das Mahlgut gelangt anschließend in den zweiten Walzenspalt zwischen Walze II und III und wird von Walze III zum Abstreifrakel transportiert. Bei einigen Verfahren kommen geschnittene Fasern zum Einsatz. Da man als Ausgangsprodukt meist Endlosfasern verwendet, müssen diese in Schneidwerken auf Längen von etwa 10 bis 50 mm geschnitten werden, Bild. 3.102. Die Rovings gelangen durch die Einführung a in das Schneidwerk, werden von einer gummibezogenen Walze b und der Andrückwalze c erfaßt und von der mit Messern bestückten Walze d geschnitten. Der Antrieb erfolgt bei Faserspritzanlagen über Druckluftmotoren.

Vor allem größere Formteile aus GFK (z.B. Karosserieteile) werden durch das Verpressen von *Harzmatten* erzeugt (SMC, sheet moulding compounds; HMC, SMC mit einem hohen Glasgehalt). Harzmatten sind mit härtbaren Kunststoffen vorimprägnierte Textilglasmatten oder flächige Lagen von Schnittrovings (Prepregs). Zur ihrer Herstellung wurden kontinuierlich arbeitende Anlagen entwickelt, Bild 3.103. Zwischen zwei mit einer Harzpaste beschichtete Folien werden in einem oder in zwei Schneidwerken auf Längen von 10 bis 50 mm geschnittene Rovings eingebracht. Zusätzlich können Endlosrovings aufgelegt werden. Andrückwalzen, Knetwalzen und Egalisierwalzen sorgen für das Entlüften und Imprägnieren und eine gleichmäßige Dicke. Mit Hilfe von Meßstationen kann der Rakelauftrag mit β- oder γ-Strahlern kontrolliert und geregelt werden. Bei der Aufbereitung des Harzansatzes muß das Harz mit einem Härter, pulverförmigen Füllstoffen, weiteren Hilfsstoffen und vor allem mit Metalloxiden als Eindickmittel vermischt werden. Letzteres sorgt nach der Imprägnierung in einem mehrere Tage dauernden Reifungsprozeß bei 30 bis 50 °C dafür, daß sich die Harzmatten gut handhaben und leicht für die Weiterverarbeitung durch Pressen auf entsprechende Formate zuschneiden lassen. Technische Daten solcher Harzmattenanlagen sind: Arbeitsbreite 1 bis 1,6 m, Produktionsgeschwindigkeit 2 bis 10, max. 20 m/min, Flächengewichte vorzugsweise 3 bis 6, max. 12 kg/m^2.

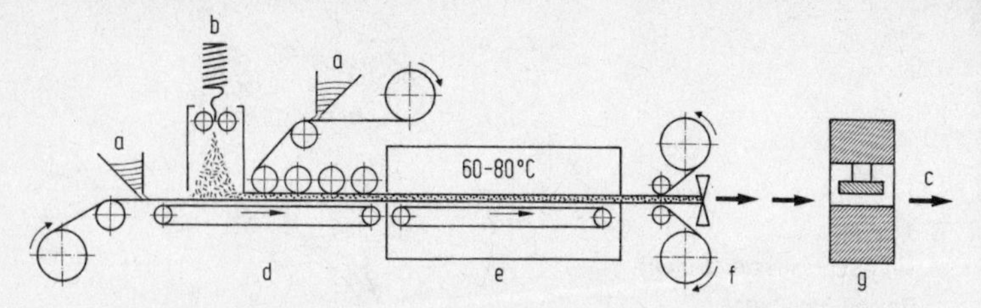

Bild 3.103. Kontinuierliche Herstellung von Harzmatten (nach Lawonn/Hesse)
a: UP-Harz/Füllstoffmischung, b: Roving, c: Nachbearbeitung, d: Harzmattenanlage, e: Reifungszone, f: Schneidvorrichtung mit Folienabwicklung, g: Presse

Mit *Textilglasmatten* statt der geschnittenen Rovings hergestellte Harzmatten werden kaum noch eingesetzt, da solche Matten nur begrenzt verformbar sind.

Im *TMC-Verfahren* (thick moulding compound) werden einerseits Schnittfasern von parallel angeordneten Rovingsträngen, andererseits eine mit einer Dosierpumpe abgemessene Harzpaste dem Mischspalt zwischen zwei gegenläufigen Rollen zugeführt. Die Masse wird durch rasch laufende Abnehmerwalzen auf eine Trägerfolie geschleudert, die zusammen mit einer Deckfolie einem Transportband zugeführt wird. Das bis 50 mm dicke Massefell mit einem GF-Gehalt von 50 bis 65% kann in Zuschnitten wie SMC verpreßt werden.

BMC (bulk moulding cmpounds) sind teigförmige, meist Polyesterharz-Formmassen mit einer langfaserigen Glasfaserverstärkung, die ähnlich wie härtbare Formmassen in Mischern hergestellt werden.

3.3.2.2 Drucklose Verarbeitunsverfahren

In *manuellen Verfahren* (Handlaminieren, Handauflegeverfahren, Kontaktverfahren) werden Großbauteile wie z.B. Schiffsrümpfe mit Längen bis zu 50 m in geringen Stückzahlen gefertigt. Auf Formen aus GFK, Holz, Blech, Gips o.ä. mit porenfrei gemachten Oberflächen wird zuerst ein Trennmittel und dann die erste meist unverstärkte, witterungs- und chemikalienbeständige Harzschicht, die sog. Gelcoat-Schicht, aufgetragen. Nach Anhärten dieser Feinschicht werden Faserverstärkungen in Form von Matten, Geweben oder auch Rovings so aufgelegt und mit Harz getränkt, daß in der Richtung größter Beanspruchung des Formteils auch die höchste Verstärkung liegt. Als letzte Schicht wird wieder eine Gelcoat-Schicht aufgebracht. Mit geriffelten Walzen werden die Schichten entlüftet und angedrückt. Die Aushärtung erfolgt bei Raumtemperatur oder leicht erhöhten Temperaturen über längere Zeiten.

Das *Faser-Harz-Spritzverfahren* ist dem manuellen Verfahren ähnlich. Es werden zerschnittene Rovings zusammen mit dem zerstäubten Harz gegen eine Form gespritzt und anschließend von Hand verdichtet und entlüftet. Das Zuschneiden von Matten entfällt. Die Verfahren werden oft kombiniert.

3.3.2.3 Schleuder- und Rotations-Verfahren

Nach dem Schleuderverfahren werden Rohre von 0,2 bis 2 m ∅ mit Längen bis etwa 10 m in beidseitig offenen Stahlrohren als Formen hergestellt. Die eingelegten Verstärkungen und das mit einem axial beweglichen Rohr gleichmäßig in Längsrichtung eingebrachte Harz werden durch die Zentrifugalkraft (bis zu 1000 g) gegen die Innenwand der Form gepreßt und entlüftet. Die Härtung erfolgt durch die Beheizung der Stahlform oder durch eingeblasene Heißluft. Statt der eingelegten Verstärkung können auch geschnittene Rovings mit einer axial verschiebbaren Vorrichtung gegen die Wandung der rotierenden Form geblasen werden. Bei für die Erdverlegung vorgesehenen Großrohren kann die Steifigkeit durch Zwischenlagen von Harz-Sand-Gemischen erhöht werden.

Beim *Rotations-Verfahren* wird die Harz-Verstärkungs-Schicht bei langsam sich drehenden Formen (5 bis 100 1/min) wie beim Laminieren von Hand oder mit speziellen Vorrichtungen entlüftet und verdichtet. Es sind Rohre mit Durchmessern bis zu 4,5 m möglich.

3.3.2.4 Niederdruck-Verfahren

Beim Niederdruckverfahren erfolgt das Tränken der Faserlagen und das Aushärten in geschlossenen Formen. Beim *Drucksack-Verfahren* wird das Harz auf die in die Form eingelegte Verstärkung gegossen. Die Durchtränkung erreicht man durch eine mit Überdruck in die Form gepreßte dehnbare Folie bei gleichzeitiger Evakuierung des Zwischenraumes zwischen Folie und Form. Bei geringen Stömungswiderständen der Verstärkung und dünnflüssigen Harzen reicht manchmal das Vakuum alleine zur guten Imprägnierung aus *(Vakuumsack-Verfahren).*

Eine Abwandlung des Vakuumsack-Verfahrens besteht darin, daß das Harz durch ein Vakuum in die mit der Verstärkung ausgelegte Form gesaugt wird, Bild 3.104, *(Vakuum-Injektionsverfahren).* Es werden auch zweiteilige Formen verwendet, um glattere Oberflächen zu erhalten. Zur stärkeren Verdichtung und um einen höheren Glasfasergehalt zu erreichen, kann bei zweiteiligen Formen ein zusätzlicher äußerer Pressendruck und bei mit Folie abgedeckten einteiligen Formen ein solcher in einem Autoklaven aufgebracht werden. Nach dem Injektionsverfahren werden zunehmend auch Sandwichbauteile mit Schaumstoffkernen hergestellt. Diese müssen allerdings eine geschlossene, luftdichte Oberfläche aufweisen.

3.3.2.5 Wickeln

Nach dem Wickelverfahren werden hochbeanspruchte Hohlkörper oder auch andere Bauteile gefertigt. Rovings, Textilglas-Fäden oder -Bänder werden mit Harz in Imprägnierstationen, Bild 3.105, getränkt und unter Vorspannung auf einen rotierenden Kern gewickelt. Danach erfolgt die

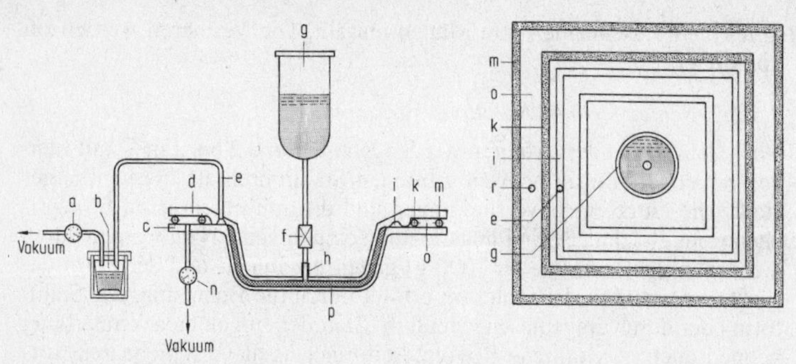

Bild 3.104. Vakuum-Injektionsverfahren (nach Schik, Siegberg, Grunz), links: Schnittbild; rechts Draufsicht

a: Unterdruck von 660 bis 800 mbar, b: Zwischenbehälter zum Auffangen überschüssiger Reaktionsharzmasse, c: Unterform, d: Oberform, e: Vakuumleitung zum Harz-Ansaugkanal, f: Absperrventil, g: Vorratsbehälter für die Reaktionsharzmasse, h: Injektionsstutzen, i: umlaufender Harz-Ansaugkanal, k, m: umlaufende Moosgummidichtung, n: Unterdruck von ca. 130 mbar, o: Vakuum-Schließkanal, p: GFK-Formteil

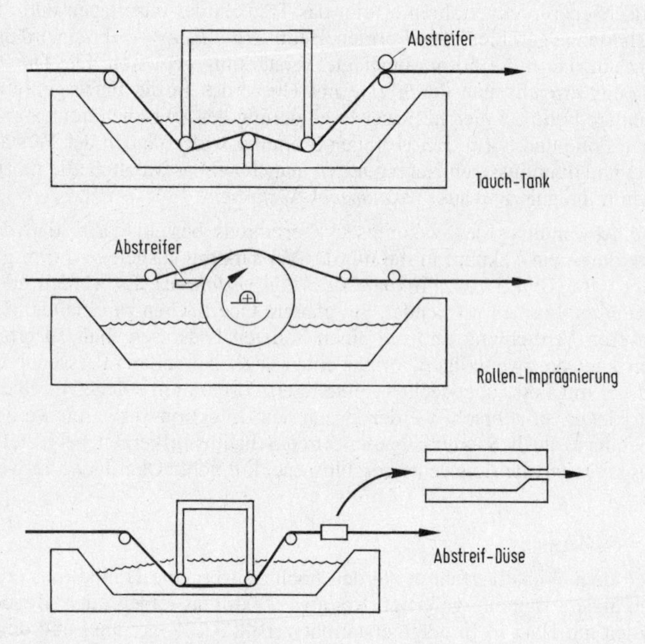

Bild 3.105 Imprägnierstationen

Kalt- oder Warmhärtung. Das Wickelmuster wird so festgelegt, daß die Glasfasern möglichst in Beanspruchungsrichtung des Formteils liegen. Einfache Bauteile wie Rohre oder Korpusse für Behälter mit einzuklebenden Böden werden nach dem *Drehmaschinenprinzip* gewickelt, wobei das Wickelmuster durch die Regelung der Drehgeschwindigkeit des Kerns und der Längsgeschwindigkeit des hin- und hergehenden Fadenauges erzeugt wird.

Mit *Polarwickelmaschinen (Planeten- und Taumelsystemen)* mit mehrachsig rotierenden Dornen oder Fadenaugen, Bild 3.106, werden geschlossene Körper auf verlorenen (z.B. Hartschaumstoff), ausschmelzbaren (niedrigschmelzende Metall-Legierungen, Paraffin), herauslösbaren (Salzgemische), zerstörbaren (Gips) sowie falt- oder zerlegbaren Kernen hergestellt.

Komplizierte Wickelkörper können heute mit Hilfe der Datenverarbeitung und elektronischer Steuerung (computer aided filament winding) optimal und reproduzierbar gefertigt werden. Die Fadenführung kann dabei ein *Roboter* übernehmen, Bild 3.107. Eine nachträgliche Imprägnierung trocken gewickelter Strukturen ist möglich.

Mit Großmaschinen werden Körper mit Durchmessern bis zu 10 m und Längen bis 50 m (Rotorblätter, Tauchboothüllen) gefertigt. Um Transportschwierigkeiten zu vermeiden, kann mit mobilen Wickelanlagen vor Ort gearbeitet werden.

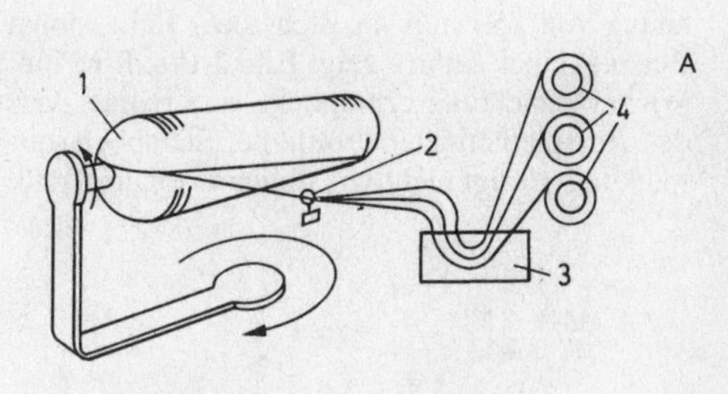

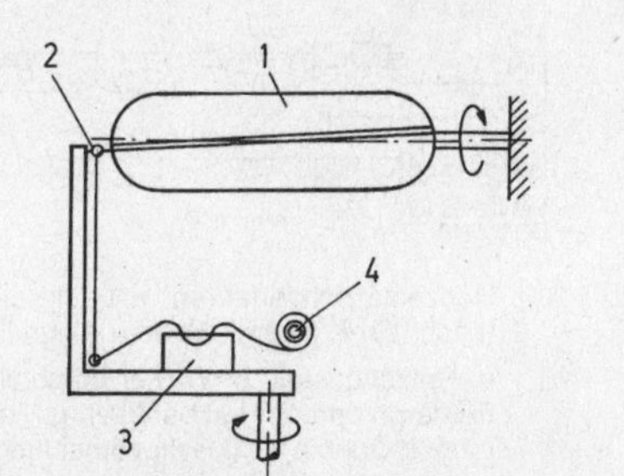

Bild 3.106.
Polarwickelmaschinen

A *Taumel-System:* Fadenauge steht fest, Dorn dreht um zwei Achsen

B *Planeten-System:* Fadenauge beschreibt Kreisbahn, Dorn ist um Hochachse schwenkbar

1 Wickelkern, 2 Fadenauge, 3 Harzbad, 4 Roving, bzw. Gewebeband

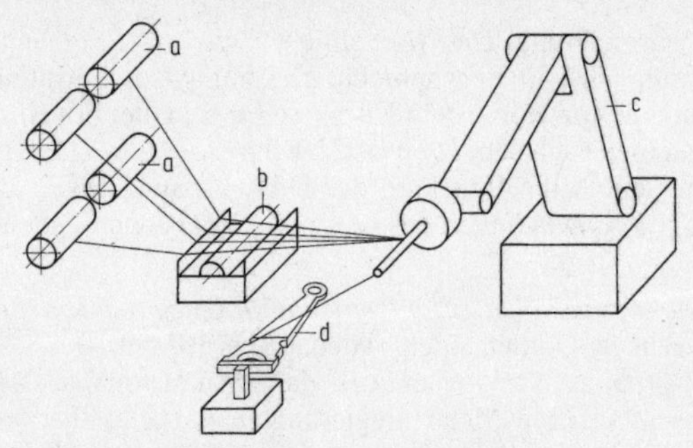

Bild 3.107. Wickelroboter (nach Menges, Ermert, Gellhorn)

a: Rovingspulen, b: Tränkvorrichtung, c: Roboter, d: Wickelteil

3.3.2.6 *Faser-Ablegeverfahren*

Eine Abwandlung des Wickelverfahrens mit Robotern ist das Faser-Ablegeverfahren. Hierbei werden imprägnierte endlose, faser- oder bandförmige Verstärkungen nach einem mit einem Rechner erstellten Plan z.B. in ein offenes Preßwerkzeug abgelegt und anschließend verpreßt. Es können so hochfeste Formteile mit gerichteten Eigenschaften erzeugt werden.

3.3.2.7 *Zieh- oder Pultrusionsverfahren*

Profile aus in Längsrichtung mit Endlosfasern verstärkten Gießharzen lassen sich mit Dicken von etwa 1 bis 30 mm und mit Arbeitsgeschwindigkeiten von 150 m/h im Zieh- oder Pultrusionsverfahren herstellen. Ein Beispiel einer Anlage zeigt Bild 3.108. Eine um die Ziehachse rotierende Wickelvorrichtung ermöglicht eine radiale Verstärkung, die die Gefahr des Aufspleißens der Profile bei Schubbelastung vermindert. Die Harztränkung erfolgt nicht wie üblich in einem Tränkbad, Bild 3.105, sondern

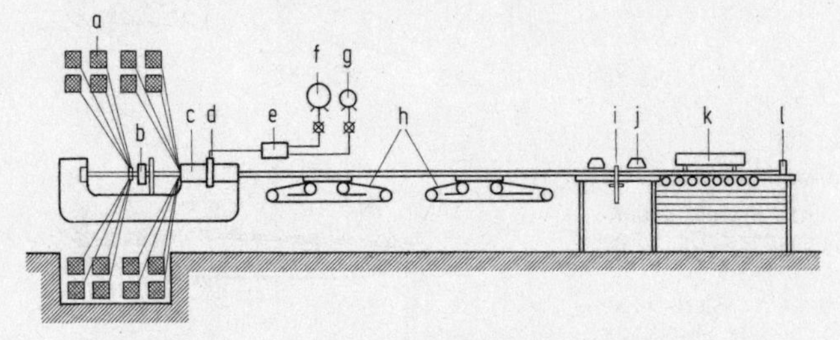

Bild 3.108. Horizontalziehverfahren mit Injektionstränkung und Wickelvorrichtung (nach VDI-K (Hrsg.): Formteile und Profile aus GFK)

a: Spulengestell, b: Wickelvorrichtung, c: Ziehofen, d: Injektionsdüse, e: Förderpumpe, f: Harzbehälter, g: Reaktionsmittelbehälter, h: Ziehvorrichtung, i: Quersäge, j: Haltevorrichtung, k: Ablegevorrichtung, l: Endschalter

in einer Injektionsdüse, in der das reaktionsfähige Harz unter Druck zugeführt wird. Die Aushärtung erfolgt in einer nicht dargestellten Heizzone, z.B. durch Mikrowellen. Werden Profile ohne eine äußere Wickellage gezogen, so erfolgt die Aushärtung in einem bis zu 70 cm langen, elektrisch beheizten Stahlwerkzeug.

Ähnlich wie bei der Herstellung von Harzmatten, Bild 3.103, können GFK-Bahnen oder -Tafeln hergestellt werden, indem zwischen zwei mit Reaktionsharzen bestrichene Folien geschnittene Rovings eingebracht und in einem Walzenspalt entlüftet und imprägniert werden. Vor der anschließenden Aushärtung können die Platten durch entsprechende Formschuhe in Längsrichtung und durch an Transportketten mitlaufenden formgebenden Elementen in Querrichtung profiliert werden (Wellplatten).

3.3.2.8 Pressen

Beim Pressen werden Zuschnitte aus *Harzmatten* (SMC, HMC) , *BMC-Masse* oder noch nicht imprägnierte Verstärkungen als Zuschnitte oder Vorformlinge zusammen mit dem *flüssigen Harzansatz* in geöffnete Preßformen gebracht Da die trockenen Verstärkungszuschnitte im Gegensatz zu den SMC-, HMC- oder BMC-Massen nicht fließfähig sind, muß ein überstehender Rand vorgesehen werden, der beim Schließen des Werkzeugs durch Quetsch- oder Schneidkanten abgetrennt wird. Vorformlinge für tiefe und komplizierte Teile werden hergestellt, indem geschnittene Rovingstränge gegen eine sich drehende Form aus gelochten Blechen geblasen, dort durch Luft angesaugt und anschließend durch aufgesprühte Bindemittel verklebt werden, s. Bild 3.109. Besonders bei großen Stückzahlen wird das Heißpressen in Stahlformen mit vorimprägnierten Massen bevorzugt. Das Kaltpressen entsprechend aktivierter Harze kann in Formen aus verstärkten Duroplasten erfolgen, wobei sich diese durch die Reaktionswärme auf 30 bis 60 °C aufheizen. Da die benötigten Preß-

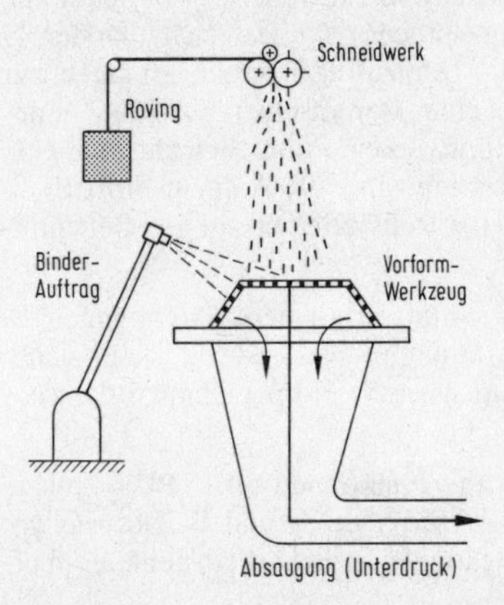

Bild 3.109. Sprühverfahren zur Herstellung von Formlingen

drücke mit 3 bis 10 bar wesentlich niedriger liegen als bei der Verarbeitung von Preßmassen und Harzmatten, können vergleichsweise leicht gebaute Pressen eingesetzt und Teile mit Flächen bis zu 30 m^2 gefertigt werden.

Um eine Blasenbildung bei der nachfolgenden Einbrennlackierung verpreßter Harzmatten zu vermeiden, wird nach der SMC/IMC(*In Mould Coating*)-Verbundtechnik dem Formteil eine etwa 0,1 mm dicke Deckschicht aus einem PUR-Flüssiglack aufgepreßt. Hierzu wird nach dem eigentlichen Preßvorgang die Presse kurz geöffnet und der Lack mit 400 bar Druck eingespritzt.

3.3.2.9 Spritzgießen

BMC-Massen werden auf Kolben- und Schnecken-Spritzgießmaschinen verarbeitet, s. Abschn. 3.3.1. Da die Massen nicht rieselfähig sind, werden zum Beschicken Stopfschnecken oder Kolben-Stopfvorrichtungen verwendet, die während der Einzugsphase der Spritzmaschine einen Druck auf die Masse von 5 bis 30 bar ausüben. Tiefgeschnittene Schnecken mit Rückstromsperren und große Angußquerschnitte sorgen dafür, das möglichst wenig Glasfasern gebrochen werden. Beim *ZMC-Verfahren* werden BMC-Massen portionsweise dem Plastifizierzylinder einer Spezial-Spritzgießmaschine zugeführt, der anschließend seinerseits in einem zweiten Zylinder verschiebbar als Spritzkolben die Masse ohne weitere Schädigung in das Formwerkzeug fördert.

3.3.3 Polyurethan(PUR)-Verfahrenstechnik

3.3.3.1 Allgemeine Grundlagen

Während der Verarbeiter von Thermoplasten den fertigen Kunststoff thermisch, also nur physikalisch umformt, ist der „Verarbeiter" von Polyurethanen streng genommen der Hersteller des Kunststoffs. Dabei bringt er flüssige Rohstoffe zur chemischen Reaktion. Entweder es reagieren alle Komponenten gleichzeitig („one-shot-process") oder nacheinander in zwei Stufen (Prepolymer-Verfahren). Demzufolge zeigen Anlagen zur Herstellung von Polyurethanen die charakteristischen Elemente eines chemischen Reaktors: Behälter mit Rührwerken, Pumpen, Rohrleitungen, Ventile etc. Die Errichtung und der Betrieb von PUR-Anlagen einschließlich des Transports und der Lagerung der Rohstoffe unterliegen Genehmigungen, z.B. nach dem BImSch-G.

Darüber hinaus sind Sicherheitseinrichtungen zu berücksichtigen, z.B. metallische Schutzwannen für Lagertanks u.a. Gebinde, Überfüllsicherungen, Absaug- und Temperieranlagen sowie Körperschutzvorkehrungen (Schutzbrille, -handschuhe, -anzug u.ä.).

In Bild 3.110 sind der Aufbau und die Funktionen einer PUR-Anlage schematisch dargestellt. Die Hauptkomponenten A und B (Polyisocyanate und Polyole) werden aus den Lagertanks in die Arbeitsbehälter überführt, auf die vorgeschriebene Temperatur gebracht und über Dosieraggregate dem Mischkopf zugeleitet. Die Reaktionsmischung wird aus dem Mischkopf ausgetragen und reagiert auf einer Unterlage oder in einem Formwerkzeug aus.

Feste Rohstoffe (z.B. für PUR-Elastomere) müssen im Arbeitsbehälter erst aufgeschmolzen, entwässert und entgast werden. Einer der Zusatzstoffe (die Komponenten C bis F) ist dabei immer ein Vernetzer oder Kettenverlängerer.

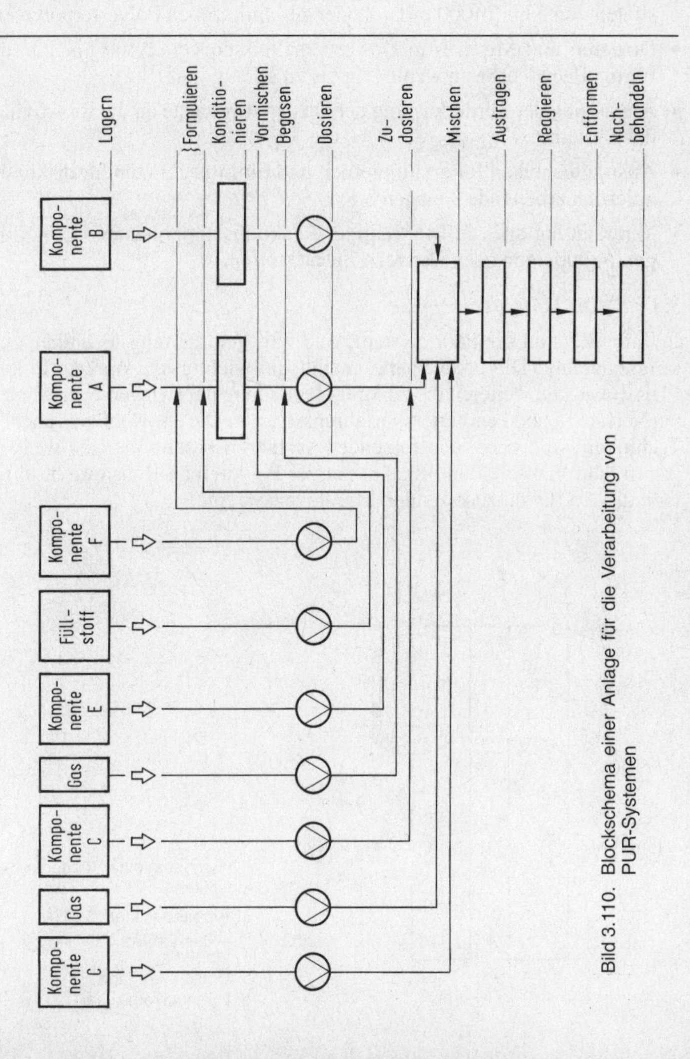

Bild 3.110. Blockschema einer Anlage für die Verarbeitung von PUR-Systemen

Durch eine separate Zudosierung von Zusatzstoffen hat der PUR-Hersteller die Möglichkeit, Rezepturen und damit die Eigenschaften seines Produktes zu steuern. Die Orte der Zudosierung können sowohl saug- als auch druckseitig vom Dosieraggregat liegen. Auch die direkte Einspeisung in den Mischkopf wird durchgeführt.

PUR-Anlagen können an z.T. extreme verfahrenstechnische Voraussetzungen angepaßt werden:

- Verarbeitung von bei Raumtemperatur flüssigen Rohstoffen mit Viskositäten von 5 bis 20000 mPa · s oder geschmolzenen Polyesterpolyolen
- Dosieren und Mischen in Dosierverhältnissen von 1:100 bis 1:1 für Formteilgewichte von wenigen g bis zu 100 kg
- Anpassung der Förderleistung der Dosier-Aggregate an die Reaktivität des Systems
- Austragtechniken für kontinuierlich und Einfülltechniken für diskontinuierlich arbeitende Anlagen
- Verarbeitung auch füllstoffhaltiger Reaktionskomponenten mit körnigen, schuppigen oder faserigen Zusatzstoffen.

3.3.3.2 *Die Verfahrensschritte*

In Tafel 3.7 sind die PUR-Systeme und ihre Verarbeitungstechniken zusammengefaßt. Die erste Spalte enthält die wichtigsten Werkstoffe auf PUR-Basis, die weiteren die zu ihrer Herstellung überwiegend verwendeten Verfahren und benötigten Verfahrensschritte. Die „Sowohl - als auch"-Techniken werden bei den folgenden Verfahrensbeschreibungen weggelassen. Die Viskosität und Reaktivität der Polyurethan-Rohstoffe bestimmen die Art der einzusetzenden Maschinensysteme.

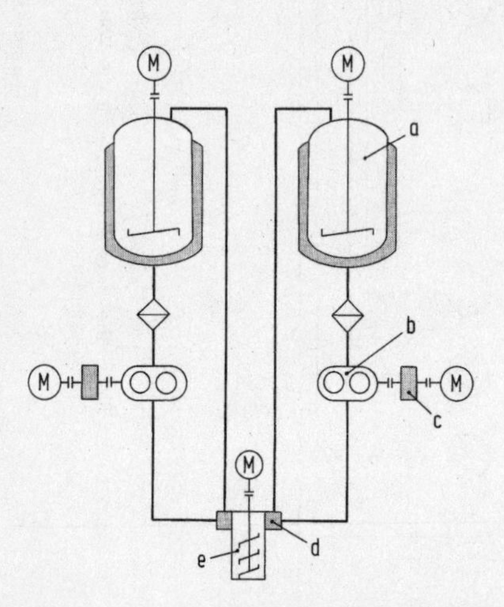

Bild 3.111.
Fließschema einer Niederdruckmaschine

a: Arbeitsbehälter
b: Dosierpumpe
c: Getriebe
d: Umschaltorgane
e: Rührwerksmischer

Tafel 3.7. PUR-Systeme und -Verfahrenstechnik

PUR-Systeme/Verfahrensschritte	1	2	3	4	5	6	7	8	9	10	11	12	13	14
Weichschaum														
Block	x				x		x	x		x				
Form	x					x			x			x		x
Füll	x					x			x			x		x
Hartschaum														
Block	x				x		x	x		x				
Hohlraum	x		x			x			x			x		x
Platten	x		x	x		x		x			x			
Rohre	x		x			x			x					
Ortschaum	x					x			x					
Integralschaum hart + flexibel	x		x	x		x			x			x	x	x
Elastomere														
Heißgieß		x					x		x			x		x
Kaltgieß	x						x	x	x			x		x
Sprüh	x						x	x						
Gießharze	x						x		x			x		x
PUR-Kautschuk		x							x			x		x
Thermoplast	x	x					x	x						
	One-Shot-Prozeß	Prepolymer-Prozeß	Vormischen	Begasen	Zudosieren	Hochdruck-Injektions-vermischung	Niederdruck-Rührwerk-vermischung	Kontinuierliche Fertigung	Diskontinuier-liche Fertigung	Block-Anlage	Doppelband-Anlage	Formen-Träger	RIM-Anlage	Entformen

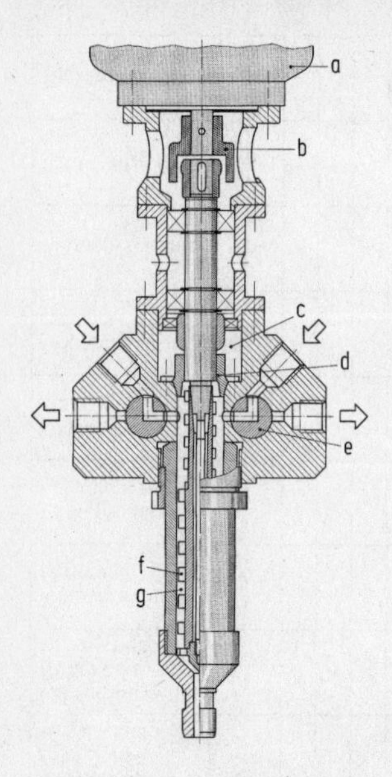

Bild 3.112.
Rührwerksmischkopf für intermittierenden Betrieb

a: Antriebsmotor
b: Kupplung
c: Schmierflüssigkeitsvorlage
d: Gleitringdichtung
e: Umschaltorgan
f: Blattrührer
g: Mischkammer

Nieder- und Hochdruckmaschinen

Für die Dosierung hochviskoser, geschmolzener Polyesterpolyole werden langsam laufende Zahnradpumpen eingesetzt. Wegen der niedrigen Arbeitsdrücke (max. 40 bar) bezeichnet man diesen Maschinentyp als *Niederdruckmaschine,* Bild 3.111. Die Vermischung erfolgt in mechanischen Rührwerken, Bild 3.112. Mit der Verfügbarkeit niedrigviskoser Poly-

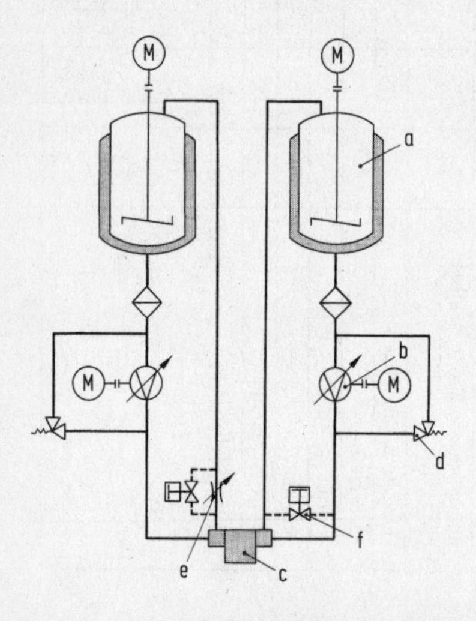

Bild 3.113.
Fließschema einer Hochdruckmaschine (Kreislaufsystem)

a: Arbeitsbehälter
b: Dosieraggregat
c: Mischkopf
d: Sicherheitsventil
e: Kreislaufdrossel
f: Niederdruckkreislaufventil

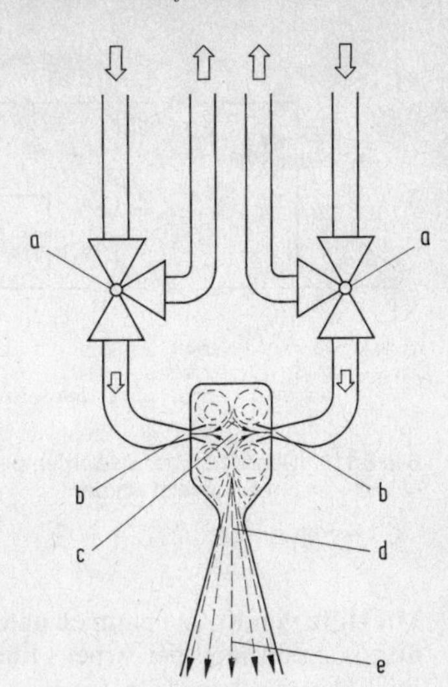

Bild 3.114.
Schematische Darstellung eines Hochdruckmischkopfes nach der Gegenstrom-Injektionsmethode; das sog. Mischermodell

a: Umschaltorgane
b: Einlaßorgane (Injektionsdüsen)
c: Mischkammer
d: Gemischdrossel
e: Beruhigungselement

ether-Polyole erfolgte die Entwicklung von *Hochdruckmaschinen,* Bild 3.113. Bei diesem Mischprinzip strömen die Komponenten mit hoher Geschwindigkeit in eine extrem kleine Mischkammer und werden dort im Durchlauf unter Ausnutzung der kinetischen Energie vermischt, Bild 3.114. In Bild 3.115 ist eine Bauform, der Parallelstrommischkopf, schematisch dargestellt.

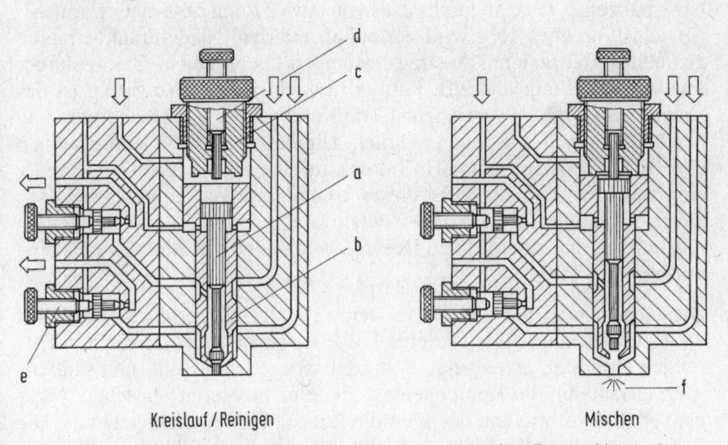

Bild 3.115. Schematische Darstellung des Parallelstromkopfes; Bauart: Hennecke
a: innere Düsennadel, b: Hohldüse, c: Einstellvorrichtung für Hohldüse, d: Einstellvorrichtung für innere Düsennadel, e: Kreislaufdrosseln, f: Mischkammer

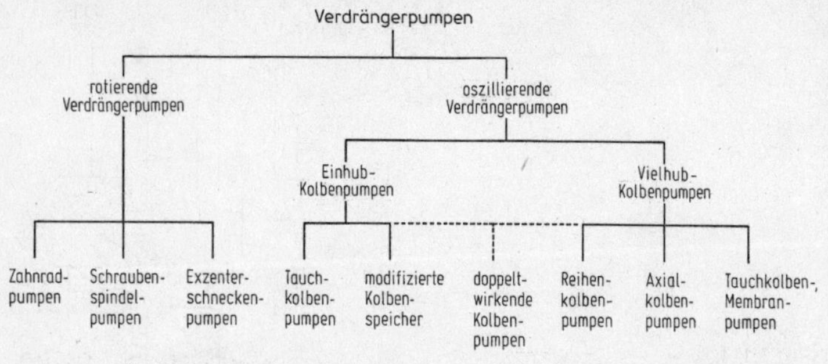

Bild 3.116. Übersicht über Dosierpumpen, die bei der Verarbeitung von PUR-Rohstoffen eingesetzt werden

Mit Hilfe von Kolbenpumpen unterschiedlicher Bauart werden die Reaktionskomponenten bei Arbeitsdrücken zwischen 100 bis 300 bar in den Injektionsmischkopf dosiert, Bild 3.116.

Entscheidende Vorteile des Hochdruckverfahrens sind neben der exakten Dosierung und Einhaltung des Schußgewichts die Möglichkeit, hochreaktive Systeme zu verarbeiten, die minimalen Materialverluste und nicht zuletzt die geringe Umweltbelastung, insbesondere bei der Verwendung von selbstreinigend ausgelegten Injektionsmischern. Die günstigeren Kosten der Niederdruckmaschinen wiegen diese Vorteile nicht auf.

Unterhalb eines Gesamtdurchsatzes von etwa 2 l/min bzw. eines Formteilgewichts von etwa 15 g wird vorteilhaft mit dem Niederdruckverfahren gearbeitet. Bei höheren Austragsleistungen bis zu einem Gesamtdurchsatz von 400 l/min und z.B. Formteilgewichten von über 50 kg ist das Hochdruckverfahren vorzuziehen. Die Kombination von Hochdruck- und Niederdrucktechnik ist auch möglich. Hierbei werden die Komponenten über Kolbenpumpen unter Hochdruck in eine Rührwerksmischkammer eingedüst. Anwendung findet dieses kombinierte Verfahren überall dort, wo mehr als vier Einzelkomponenten kontinuierlich vermischt werden müssen und man die exaktere Dosiergenauigkeit der Kolbenpumpen ausnutzen will.

Die Übertragung des Kreislaufsystems aus der Niederdrucktechnik auf die Hochdruckmaschine war eine Folge steigender qualitativer Anforderungen an das zu erzeugende Fertigteil. Vor jedem Misch- und Füllvorgang zirkulieren die Komponentenströme bereits im gewünschten Mengenverhältnis sowie unter dem für die Injektion erforderlichen Druck. Die Umsteuerung von Kreislauf- auf Injektionsstellung erfolgt in Hochdruck-Injektionsmischern mit zwangsgesteuerten Umschaltelementen. Alle Funktionselemente, die für einen einwandfreien, insbesondere synchronen Komponenteneintritt in die Mischkammer verantwortlich sind, werden zwangsweise mechanisch oder hydraulisch betätigt. Das in der Mischkammer verbleibende Reaktionsgemisch wird nach dem Füllen durch Reinigungskolben ausgestoßen oder mit Preßluft ausgeblasen.

Spritz- oder Sprühmaschinen

Neben den Nieder- und Hochdruckmaschinen für den intermittierenden Betrieb sind als weitere Gruppe die Spritz- oder Sprühmaschinen zu nennen. Bei diesen Maschinen wird sowohl die Nieder- als auch die Hochdruckdosierung angewandt. Wird nach der Niederdrucktechnik gearbeitet, muß zur Erzielung eines geeigneten Sprühstrahles zusätzlich Luft in die Mischkammer oder am Austritt des Mischraumes zugegeben werden. Bei der Hochdrucktechnik kann der durch Hochdruckpumpen erzeugte Vermischungsdruck auch zur Versprühung der Komponenten genutzt werden. Der Einsatz pneumatisch angetriebener Einzylinder-Kolbenpumpen ist dabei ebenso üblich wie Schlauchlängen bis zu 100 m. Der Mischkopf muß in allen Fällen leicht und von Hand gut bewegbar sein. Er wird meist selbstreinigend ausgelegt. Die Austragsleistungen von Sprühmaschinen liegen zwischen 2 und 7 l/min.

Anlagen

Generell wird zwischen kontinuierlich arbeitenden Anlagen zur Produktion von Halbzeugen in Form von Blöcken oder Platten und diskontinuierlich arbeitenden Anlagen unterschieden. In diesen Anlagen werden offene oder geschlossene Formwerkzeuge oder Hohlräume schußweise mit dem Reaktionsgemisch gefüllt.

Kontinuierliche Fertigung

Ein Beispiel für eine kontinuierliche Fertigung ist die Herstellung von Weichschaumblöcken, Bild 3.117. Rechteckige Querschnitte von etwa 2 m Breite und etwa 1 m Höhe sind heute Stand der Technik. Bei Rohdichten der Schaumstoffblöcke zwischen 15 und 60 kg/m^3 und gewünschten

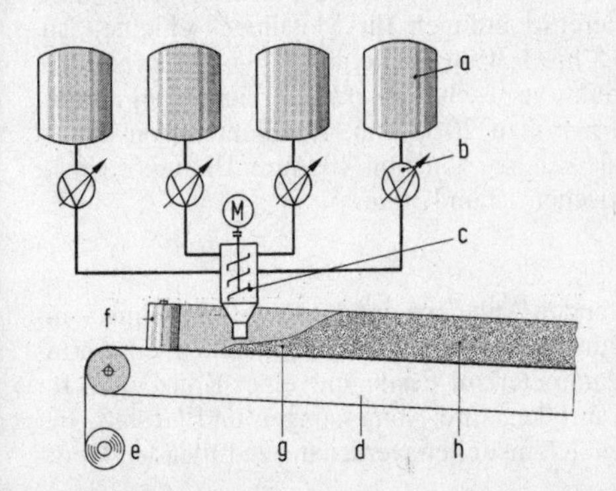

Bild 3.117.
Schematische Darstellung einer Anlage zum kontinuierlichen Herstellen von Schaumstoffblöcken
a: Arbeitsbehälter
b: Dosieraggregat
c: Rührwerksmischkammer
d: Transportband
e: Bodenpapier
f: Seitenpapier
g: Reaktionsgemisch
h: ausreagierter Schaumstoff

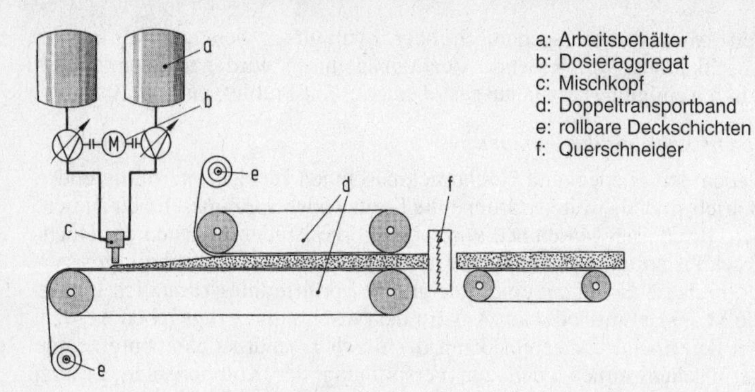

Bild 3.118. Schematische Darstellung einer Anlage zum kontinuierlichen Herstellen kaschierter Schaumstoffplatten

Bandgeschwindigkeiten bis zu 10 m/min errechnen sich daraus Austragsleistungen von 50 bis 600 l/min des Reaktionsgemisches. Daraus resultieren Bandlängen von 30 bis 100 m, je nach Rezeptur und Aushärtezeit.

Zu einer Fertigungsanlage einschließlich der „PUR-Verarbeitung" gehören ferner Transportbandsysteme mit nachfolgenden Querschneide- und Besäumungseinrichtungen sowie Weiterverarbeitungs- bzw. Konfektionierungsmaschinen.

Ein weiterer kontinuierlicher Fertigungsprozeß ist die Herstellung von Hartschaumstoffplatten auf sog. *Doppeltransportbändern,* Bild 3.118. Im Unterschied zum Weichblockschaumstoff, bei dessen Herstellung große Mengen an Reaktionsgemischen ausgetragen werden, müssen bei der kontinuierlichen Hartschaumstoffplatten-Herstellung extrem dünne Schichten aufgebracht und gleichmäßig verteilt werden. Auch bei der Fertigungsanlage für Platten schließen sich dem „Naßteil" Haspelvorrichtungen für wickelbare Deckschichten, Aufgabestationen für starre Deckschichten und Profiliereinrichtungen für Metalldeckschichten an. Hartschaum-Platten von 0,5 bis 1,30 m Breite und 5 bis 200 mm Dicke sind marktüblich. Die Produktionsgeschwindigkeiten reichen bei modernen Doppeltransportbändern bis zu 20 m/min. Rohdichten von 20 bis 60 kg/m^3 ergeben Austragsleistungen von 3 bis 40 l/min. Hieraus ergeben sich Doppelbandlängen zwischen 12 und 30 m.

Diskontinuierliche Fertigung

Bei diskontinuierlich arbeitenden Anlagen wird das Reaktionsgemisch intermittierend in den Hohlraum eines Werkzeugs gefüllt, in dem ein Formteil entsteht. Wesentliche Parameter zur Festlegung einer Konzeption für diese Anlagen sind die Losgrößen, ihre Abmessungen und Gestalt. Bei der Fertigung von Klein- und Kleinstteilen werden die zu füllenden Werkzeuge auf Trägerpaletten bzw. kleinere Schließeinheiten gesetzt, die sich kontinuierlich oder taktweise fortbewegen. Es werden Rundtische oder Ovalbänder eingesetzt, Bild 3.119. Das Einfüllen des Reaktionsgemisches aus maximal 2 Mischköpfen erfolgt in das offene Werkzeug. Bei kontinuierlich durchlaufenden Formenträgern wird der Mischkopf während des Füllvorgangs mitgeführt. Das Reaktionsgemisch wird dabei punktförmig oder zeilenförmig eingetragen. Bei taktweise bewegten Formenträgern nach dem sog. *Stop-and-Go-Prinzip* (Palettenschubanlagen oder Rundtische) kann das Reaktionsgemisch zur besseren Benetzung der Werkzeugoberfläche zeilenförmig oder kurvenförmig über Roboter und Manipulatoren eingetragen werden.

Ein 24stelliger Rundtisch mit je zwei Werkzeugen pro Palette erzielt z.B. eine Produktionsleistung von 600 Teilen/h. In beiden Anlagensystemen kommen vorwiegend Hochdruckmaschinen zum Einsatz.

Für große und besonders komplizierte Formteile arbeitet man wirtschaftlicher mit stationären Anlagen. Werden dabei nur wenige, räumlich eng zusammenstehende Werkzeuge installiert, kann die Füllung entweder von der stationären Maschine über flexible Leitungssysteme mit einem Mischkopf vorgenommen werden, oder die Anlage fährt an den Werkzeugen vorbei. Die stationäre Anlage hat sich auch überall dort durchgesetzt, wo profilähnliche lange Formteile gefertigt werden. Die Werkzeuge werden dabei stern- oder halbkreisförmig aufgebaut.

Bei hochreaktiven Systemen sind die Einfüllgeschwindigkeiten hoch und die Aushärtezeiten kurz, so daß ein Wegfahren des Mischkopfes und die anschließende Formenverriegelung nicht mehr praktikabel sind. In solchen Fällen arbeitet man nach der RIM(Reaction Injection Moulding)-Technologie und setzt grundsätzlich Hochdruckdosiermaschinen mit selbstreinigenden Injektions-Anbaumischköpfen ein. Dabei wird jedem Werkzeug mit Schließeinheit ein fest installierter Anbaumischkopf zuge-

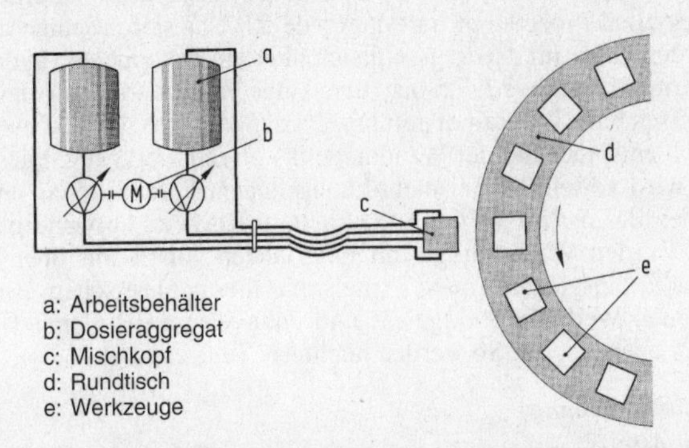

Bild 3.119. Schematische Darstellung einer Anlage mit beweglichen Werkzeugen und in Beschickungsrichtung beweglichem Mischkopf

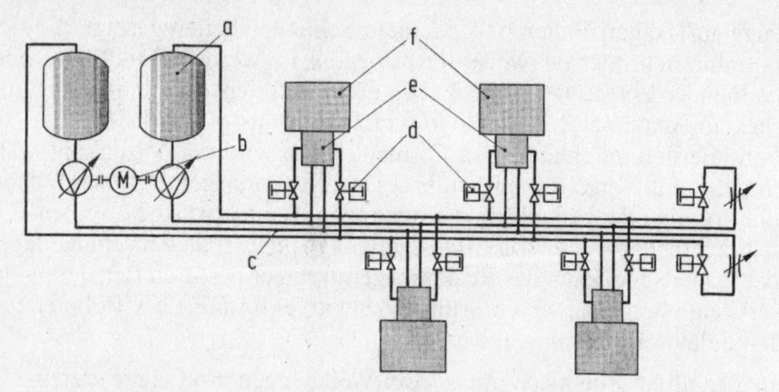

Bild 3.120. Schematische Darstellung einer Anlage mit stationären Werkzeugen, Anbaumischköpfen und Mehrstellendosierung (RIM-Anlage)

a: Arbeitsbehälter, b: Dosieraggregat, c: Ringleitungssystem, d: Zuschaltventile, e: Anbaumischköpfe. f: Schließeinheiten mit Werkzeugen

ordnet, Bild 3.120. Mehrere Anbaumischköpfe können von einem Dosieraggregat versorgt werden. Die Verteilung der Komponentenströme erfolgt über Ringleitungen. Zunächst zirkulieren die Komponenten an den zu füllenden Werkzeugen vorbei. Bei Anwählung bzw. Fertigmeldung eines Werkzeugs zur Füllung wird über entsprechende Ventile der Weg zum entsprechenden Mischkopf angesteuert.

Herstellung glasfaserverstärkter Teile

Nach dem *R-RIM-Verfahren* (Reinforced-Reaction-Injection-Moulding) werden dem Reaktionsgemisch zu Verstärkung ca. 30% Kurzglasfasern (0,1-0,3mm) beigemischt. Wird hierbei ein schäumendes System eingesetzt, spricht man vom LD-R-RIM (Low Density R-RIM)-Verfahren. Die erreichten Festigkeiten sind relativ gering

Beim *LFI-Verfahren* (Lang Faser Injektion, Krauss Maffei) werden in einen speziellen Prozeßkopf, mit dem jede RIM-Dosiermaschine ausgerüste werden kann, im Austragsschlauch über ein gekoppeltes, hydraulisch gesteuertes Schneidwerk 2,5 bis 10cm lange Faserbündel eingeleitet. Der machanisch nach Programm geführte Prozeßkopf verteilt das Faser-PUR-Gemisch entsprechend der Wanddicke ins offene Werkzeug. Dieses Verfahren wird vorteilhaft bei mehrdimensionalen Formteilen angewendet, bei denen das *S-RIM-Verfahren* (Structural-RIM) zu aufwendig ist. Bei diesem werden Vorformlinge mit Faserlängen von 10 bis über 100mm oder aus Endlosglasfasermatten (meist mit thermoplastischem Binder) in die offenen Werkzuege eingelegt und dann vom PUR-Gemisch durchtränkt, s. auch 3.3.2.8. So werden hochfeste Teile erzeugt.

Prozeßüberwachung

Die Entwicklung und der Einsatz geeigneter Meß-, Steuer-, Regel-, Überwachungs- und Datenverarbeitungssysteme ermöglichen einen hohen Automatisierungsgrad für die Polyurethan-Maschinen- und -Anlagentechnik Dazu tragen Meßwertaufnehmer sowie entsprechende Stellglieder bei. Sie messen und kontrollieren folgende Verfahrensparameter:·

- Temperaturen der Komponenten,
- Volumen- und Massestrom, stöchiometrisches Verhältnis der Komponenten,
- Mischzeiten,
- Dichten der Komponenten,
- Arbeits-, Injektions- und Kreislaufdrücke,
- Gasbeladungen,
- Werkzeugtemperaturen.

Letztendlich können mit Hilfe graphischer Online-Darstellungen sog. „lebende Schichtprotokolle“ erhalten werden.

Reinigung

Die Reinigung der Rührwerksmischkammern erfolgt durch das Ausspülen mit Reinigungsmitteln. Bei der Hochdruckvermischung werden die Mischkammern und nachgeschalteten Elemente aufgrund ihres geringen Volumens nur durch einen Preßluftstoß gereinigt. Unter Selbstreinigung ist nicht nur die Mischkammerreinigung durch Stößel zu verstehen, sondern auch die Reinigung der sich anschließenden Elemente.

PUR-Elastomere

Bei der Herstellung von PUR-Elastomeren ist dem eigentlichen Herstellungsprozeß zum fertigen Artikel meistens eine chemische Stufe vorgeschaltet. Dabei werden die Polyole mit einem Überschuß an Diisocyanat zum sog. „Prepolymer“ umgesetzt, das dann in einer zweiten Reaktion mit Vernetzern zum fertigen Polyurethan ausreagiert. In Bild 3.121 ist eine Anlage für dieses Verfahren dargestellt.

Thermoplastische PUR, TPU

Bei der großtechnischen Herstellung thermoplastischer Polyurethane (TPU) werden alle Komponenten in einem Rührkessel gemischt („one-shot-Verfahren“) und auf ein laufendens Band ausgetragen. Dabei reagiert das TPU aus und verfestigt sich zu Platten, die in einem Granulator zerkleinert und anschließend über einen Extruder und eine wiederholte Granulierung zu einem gleichmäßigen Granulat (Linsen, Zylinder) verarbeitet werden. Zu einem gleichmäßigen Granulat gelangt man auch, wenn die Reaktion in einem Doppelschneckenextruder durchgeführt wird.

Sonstige PUR-Systeme

Die in Tafel 3.7 nicht aufgeführten PUR-Systeme für Lacke und Anstrichmittel, Klebstoffe, Textil-, Leder- u.a. -Beschichtungen und Fasern wer-

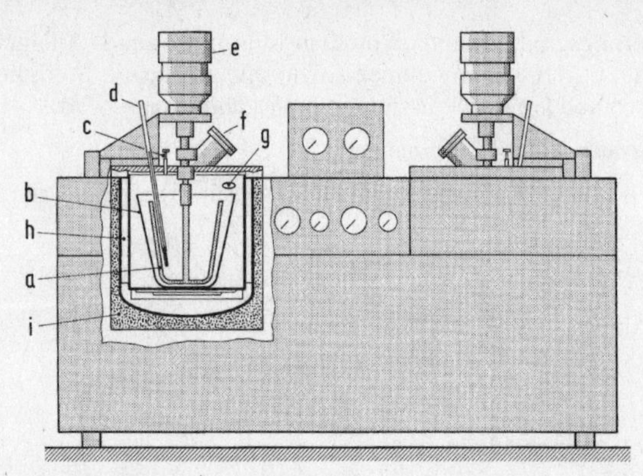

Bild 3.121. Prepolymer-Anlage zur Herstellung von PUR-Elastomeren (Doppel-Reaktionsapparatur)

a: Ankerrührer, b: Gießtopf, c. Belüftungshahn, d: Thermometer, e: Getriebemotor, f: Füllstutzen, g: Vakuumleitung zur WULFschen Flasche, h: Heizmedium, i: Isolierung

den nach den in diesen Industrien üblichen Verfahrenstechniken hergestellt.

3.4 Nachbehandeln von Formteilen und Halbzeugen

Die Kunststoff-Technologie hat gegenüber manchen anderen Verfahren zur Herstellung von Formteilen den Vorteil, auch komplizierte Konstruktionen in einem Arbeitsgang oder nur wenigen Arbeitsgängen bei geringen Nachbearbeitungen herstellen zu können. Trotzdem kann in manchen Fällen auf ein Umformen, Fügen, Beschichten, Entgraten oder Trennen nicht verzichtet werden. Hierzu wurden dem Werkstoff angepaßte Verfahren entwickelt.

3.4.1 Umformen

Unter Umformen versteht man die spanlose Weiterverarbeitung, vor allem von Halbzeugen, aber auch von Formteilen, s. VDI-Richtlinie 2008 Bl. 1. Hierbei nutzt man die Eigenschaft der Thermoplaste aus, daß im Einfrierbereich (amorphe Kunststoffe) oder im bzw. kurz oberhalb des Schmelzbereichs (teilkristalline Kunststoffe) der Elastizitätsmoduls um etwa eine Zehnerpotenz absinkt, s. Bild 2.44. In diesem sog. gummielastischen Zustand sind sie mit geringen Kräften umformbar. Allerdings sind mit diesen Umformungen Orientierungen der Makromoleküle verbunden, die bei Fortnahme der verformenden Kräfte zu einer Rückverformung führen würde. Die verformten Teile müssen deshalb entweder längere

Zeit bei möglichst hoher Temperatur unter Formzwang gelagert werden, damit die Molekülorientierungen retardieren können, oder die Teile müssen unter Formzwang abgekühlt werden, damit die Rückstellkräfte eingefroren werden. Allerdings sind damit auch Eigenschaftsänderungen (Anisotropien) verbunden (vgl. Abschn. 2.1.6), und solche Teile würden sich bei Temperaturen in der Nähe des Erweichungsbereiches rückverformen. Gummiartige Kunststoffe, deren Glasübergangstemperatur Tg unterhalb des Gebrauchstemperatur-Bereichs liegen, sind deshalb in der Regel nicht warmformbar.

Das Rückstellvermögen warmverformter Thermoplaste beim Wiedererwärmen wird bei *Schrumpfschläuchen* zur Umkleidung von Stangen und Griffen und bei *Schrumpffolien* zur Herstellung fest anliegender Verpakkungen, z.B. bei Paletten, ausgenutzt.

Amorphe Thermoplaste weisen im Gegensatz zu teilkristallinen Thermoplasten einen breiten Temperaturbereich auf, in dem sie umgeformt werden können. Für diese Kunststoffe wurden spezielle Typen der Umformtechnik entwickelt. Duromere sind in der Regel nicht warm umformbar, ausgenommen einige schwach vernetzte PUR-Platten, dünnes Hartpapier und dekorative Schichtpreßstoffe. Sie werden in warmformbaren Qualitäten geliefert und können dann mit Radien bis etwa 35 mm gebogen werden, federn nach dem Erkalten in der Biegeschablone allerdings etwas zurück.

Die Aufheizung der Tafeln oder Folien erfolgt meist mit Wärmestrahlern. Bis zu einer Dicke von 2,5 mm genügt eine einseitige Heizung. Mit einer beidseitigen Heizung können Tafeln bis etwa 10 mm Dicke für die Umformung temperiert werden

3.4.1.1 Biege-Formen

Halbzeuge wie Stäbe, Rohre und Platten werden umgeformt, indem die Biegezone mit Warmluft oder -gas, im Flüssigkeitsbad oder mit Wärmestrahlung erwärmt wird. Wie bei der Metallumformung werden *Rohre* zur Erhaltung des runden Querschnitts mit angewärmtem Sand, mit einem Stab aus Silikonkautschuk, mit einer mit Gewebe überzogenen Metallspirale oder mit einem aufgeblasenen Schlauch innen abgestützt. Größere Rohre werden aus Plattenware durch Biegen über einer Walze, z.B. mit Hilfe eines Rolltuchs, und durch anschließendes Verschweißen der Stoßkante hergestellt. Rohrmuffen werden auf dem Gegenrohr oder mit Kalibrierdornen, Überzugsrohren (die dann durch eine Wiedererwärmung auf eine Unterlage geschrumpft werden) mit Aufweitdornen hergestellt. Rohrenden werden warm in Kalibrierringe und Bundbüchsen eingepaßt, aufgebördelt oder bei Olefinen auch angestaucht.

Zum *Abkanten* von Platten eignen sich Abkantvorrichtungen, die auch kleine Biegeradien ermöglichen. Scharfkantige Biegungen werden durch die Kombination von Biegen und Schweißen *(Abkantschweißen)* erreicht, Bild 3.122.

In ähnlicher Weise kann man Filmscharniere mit sehr guter Wechselbelastbarkeit herstellen. Ein beheiztes Schwert mit abgeflachter Schneide wird in den Kunststoff eingedrückt und verstreckt diesen dabei im Bereich der Schneide.

Vor allem großflächige Teile mit geringen erforderlichen Verformungen wie Hauben aus Acrylglas werden nach dem Verfahren der *Überlegformung* hergestellt, indem die erwärmten Platten über eine meist mit reibungsmindernden Stoffen bezogene Positivform gelegt und mit einem Niederhalterrahmen oder einem übergespannten Tuch fixiert werden.

3.4.1.2 Zieh-Formen

Das Ziehformen findet meist mit Positiv- und Negativwerkzeugen statt, Bild 3.123, wobei das Oberteil auch durch ein mit Wasser gefülltes Kissen oder ein solches aus Schaumgummi ersetzt werden kann. Annähernd gleichbleibende Wanddicken werden dadurch erreicht, daß der umzuformende Plattenzuschnitt über den Rand des Werkzeugs nachgleiten kann. Die Massenproduktion einfacher, meist rotationssymmetrischer Verpackungsbehälter erfolgt mit Stempel und Ziehring entsprechend Bild 3.124 bei Temperaturen unterhalb der Einfriertemperatur amorpher und unterhalb der Schmelztemperatur teilkristalliner Thermoplaste *(Kalttiefziehen).* Die Ziehkräfte liegen bei 40 bis 60% der Kräfte, die beim Ziehen von Metallen erforderlich sind. Die Werkzeugkosten liegen bei 25 bis 35% derjenigen für das Spritzgießen. Auf Automaten sind bei Verwendung von Mehrfachformen Stückzahlen von >10000 pro Stunde möglich.

3.4.1.3 Streck-Formen

Beim Streckformen werden die Ränder der Zuschnitte so fixiert, daß die Umformung unter Verringerung der Wanddicke erfolgen muß. Die Verformungskräfte werden über Vakuum aufgebracht. Großtechnisch wird dieses Verfahren zur Herstellung von Verpackungsmitteln aus Kunststofffolien eingesetzt, darüber hinaus bei großflächigen Teilen. Warmformmaschinen weisen Formflächen von etwa 250 mm · 350 mm bis 3000 mm · 9000 mm und Ziehtiefen bis 2500 mm auf und gestatten Stückzahlen bis <5000 pro Stunde. Die Werkzeugkosten machen nur etwa 20% vergleichbarer Spritzgießwerkzeuge aus. Für Kleinserien bis etwa 50 Stück und Versuche genügen *Werkzeuge* aus Gips, Stonex-Masse oder Holz. Für größere Stückzahlen und bei feinerer Profilierung der Oberfläche werden gut wärmeleitende Werkzeuge aus Leichtmetall- oder Messing-Guß sowie aus Gießharzen mit etwa 60% Al-Pulverfüllung, in die zusätzlich Kühlkanäle eingegossen werden können, benötigt. Entwicklungsziele der Verfahrenstechnik sind die Minimierung der Wanddickenunterschiede und des Verschnitts, da in den meisten Fällen die Ränder der Tiefziehteile beschnitten werden müssen.

Das *Vakuumverfahren* in *negativer* Form (Vakuumtiefziehen) zeigt Bild 3.125. Da sich die Bereiche der Platte, die sich zuerst an die Form anle-

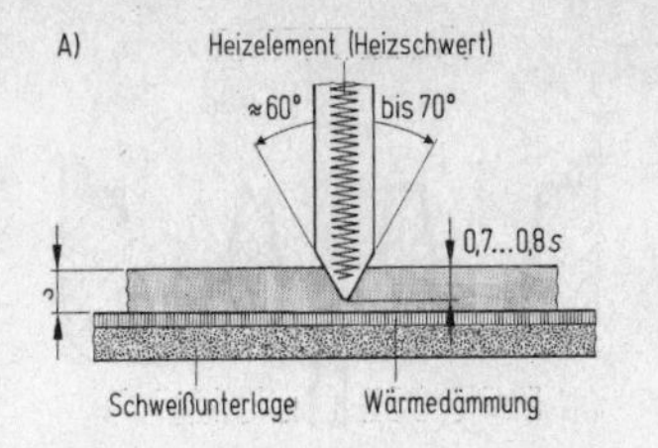

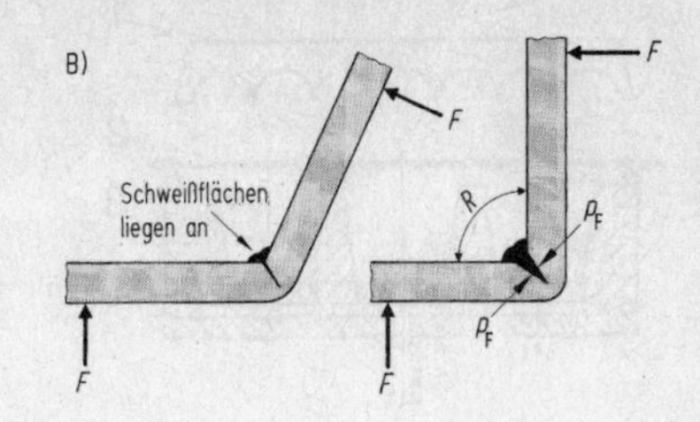

Bild 3.122. Abkantschweißen (nach Hadick)

A) Das erhitzte Heizelement wird in die Platte gedrückt, B) Abkanten der Platte, F Abkantkraft, p_F Schweißdruck

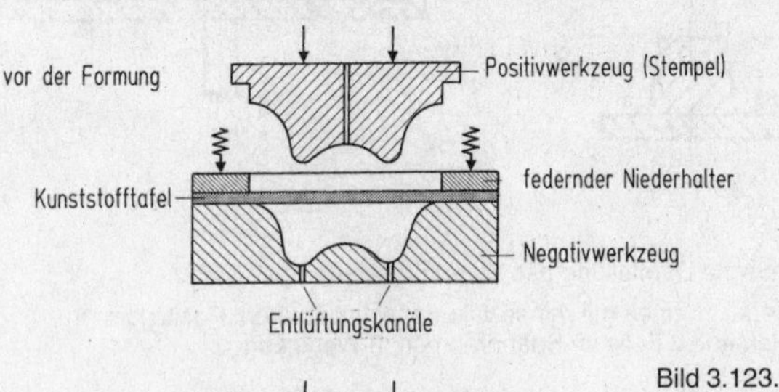

Bild 3.123.

Tiefziehen mit Positiv- und Negativ-Werkzeug (nach VDI 2008, Bl. 1)

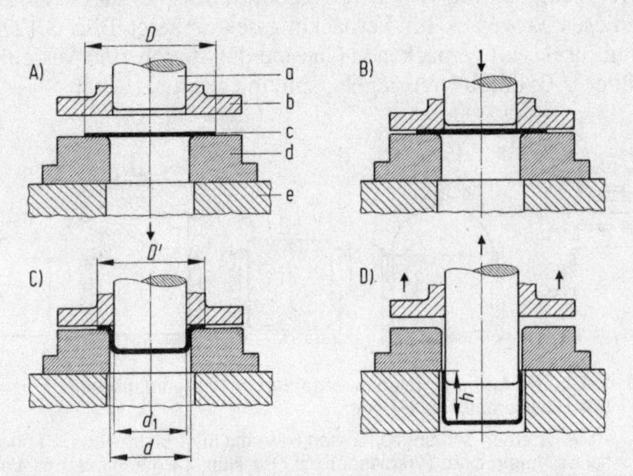

Bild 3.124. Tiefziehvorgang bei zylindrischen Teilen (nach Ebneth, Heidenreich, Röhr)

a: Ziehstempel, b: Niederhalter, c: ABS-Scheibe, d: Ziehring, e: Pressentisch

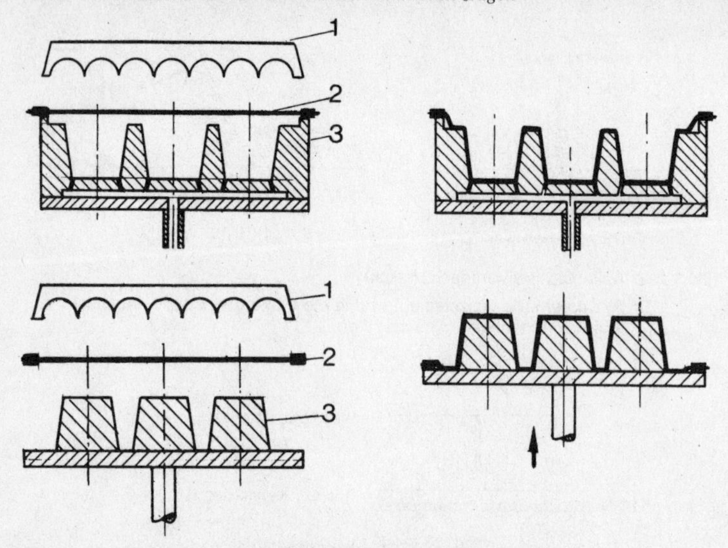

Bild 3.125. Schematische Darstellung des Warmform-Verfahrens

oben: Negativformen mit reiner Vakuumtechnik, unten: Positivformen
1 Heizelement, 2 Folie im Spannrahmen, 3 Werkzeug

gen, nicht mehr an der weiteren Umformung beteiligen, werden die Wanddicken an Ecken, Kanten und in tiefen Bereichen des Formteils stark herabgesetzt. Eine Verbesserung wird erreicht, wenn die aufgeheizte Platte pneumatisch vorgestreckt und anschließend mit einem Hilfsstempel ins Werkzeug geführt wird, Bild 3.126. Ein Beispiel für die Automatisierung dieses Prozesses im Verpackungssektor zeigt Bild 3.127. Die Füllstation für das zu verpackende Gut und die Station zum Verschließen der Behälter, z.B. durch Heißsiegeln, sind integriert.

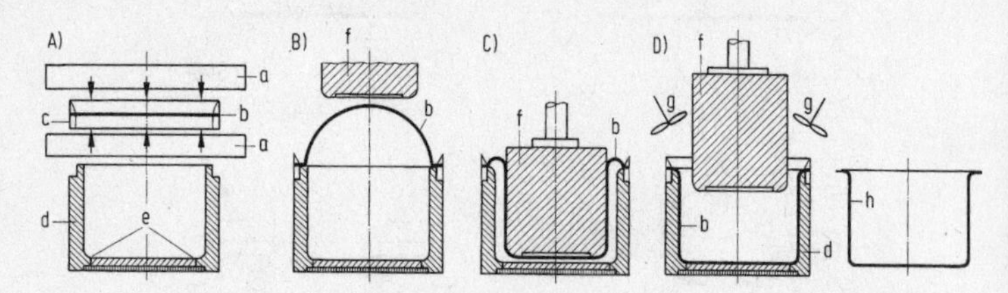

Bild 3.126. Vakuumverformung (Negativverfahren mit pneumatischem Vorstrecken und Hilfsstempel) nach Höger

A) Vorwärmen der eingespannten Folie mit Infrarotstrahlung, B) pneumatisches Vorstrecken (Vorblasen) mit Druckluft, C) mechanisches Vorstrekken mit Hilfsstempel, D) Saugen und Kühlen

a: Infrarotstrahler, b: Folie, c: Einspannrahmen, d: Negativform, e: Luftkanäle im Werkzeug, f: Hilfsstempel, g: Kühlung durch Blasluft, h: Umformteil

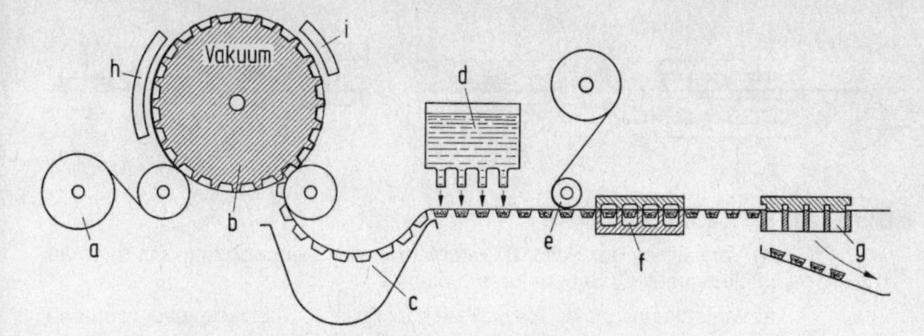

Bild 3.127. Rotations-Tiefziehen mit Vakuum (nach Missbach)

a: Abwicklung, b: Tiefziehtrommel, c: Abzugsausgleich, d: Füllstation, e: Aufbringen der Deckel-Folie, f: Verschweißen der Deckel-Folie, g: Trennen, h: Heizung, i: Kühlung

Wird die aufgeheizte Kunststoffplatte über dem Werkzeug pneumatisch vorgedehnt und dann mit Vakuum an die Wandung gesaugt, so spricht man vom *Positiv-Verfahren,* Bild 3.128. Eine Variante ist das *Skinpack-Verfahren,* bei dem das zu verpackende Gut auf einem Spezialkarton mit einer heißsiegelfähigen Schicht und Lochung für das Vakuum liegend als Positivform verwendet wird, Bild 3.129. Beim *Blister- oder Bubbel-Verfahren* werden Folien aus meist transparenten Kunststoffen mit angeformten Schalen über die zu verpackenden Güter gestülpt und mit der siegelfähigen Unterlage der Güter verschweißt.

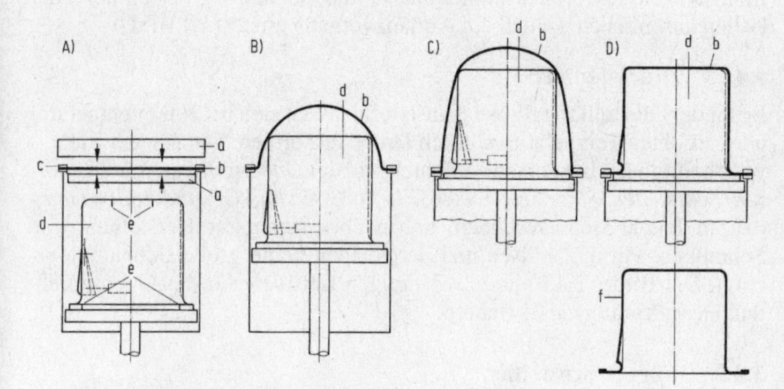

Bild 3.128. Vakuumverformung (Positivverfahren mit pneumatischem und mechanischem Vorstrecken) nach Höger

A) Vorwärmen der eingespannten Folie mit Infrarotstrahlung, B) pneumatisches Vorstrecken (Vorblasen) mit Druckluft, C) mechanisches Vorstrekken durch Hochfahren der Form, D) Saugen und Kühlen

a: Infrarotstrahler, b: Folie, c: Einspannrahmen, d: Positivform, e: Luftkanäle im Werkzeug, f: Umformteil

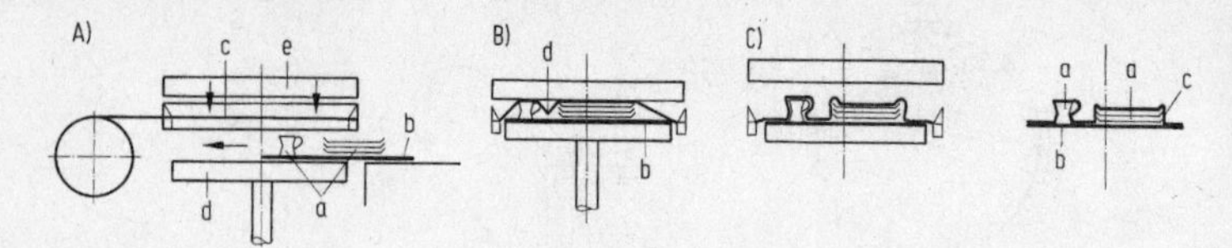

Bild 3.129. Skinpackverfahren

A) Vorwärmen der Folie. B) Hochfahren der Skinpackplatte mit dem Verpackungsgut. C) Saugen und Kühlen

a: Verpackungsgut, b: Spezialkarton, c: Folie, d: Skinpackplatte, e: Infrarotstrahler

Mit zweiteiligen Formwerkzeugen, zwischen denen zwei aufgeheizte Kunststoffplatten eingespannt und beim Zusammenfahren der Formhälften am Rand miteinander verschweißt werden, bläst man mit Druckluft oder zieht man mit einem Vakuum Hohlkörper wie Surfbretter, Twin-Sheet-Verfahren.

Das Herstellen von Hohlkörpern nach dem Spritzgieß- oder Streck-Blasfomen, s. Abschn. 3.2.2.19/20, und nach dem Extrusions-Blasformen, s. Abschn. 3.2.5.8, sowie die Verstreckung von Folien, Monofilen, Bändchen und Fasern sind auch Umformverfahren, die im Inline-Verfahren mit der Herstellung der Halbzeuge erfolgen und eine Verbesserung der Produkteigenschaften durch die Orientierung der Makromoleküle bzw. Kristallitbereiche in Umformrichtung bezwecken. Ebenso kann man das Zieh- und Streckformen unmittelbar an die Herstellung der Platten oder Folien anschließen, so daß ein Aufheizvorgang eingespart wird.

3.4.1.4 Druck-Formen

Besonders die teilkristallinen Kunststoffe lassen sich bei Raumtemperatur oder erhöhten Temperaturen durch Druck umformen. Die von der Metallverarbeitung her bekannten Verfahren wie das *Gummipreßverfahren, Walzen, Schmieden, Stauchen, Nieten, Fließpressen und Gewinderollen oder -walzen* lassen sich anwenden, haben aber außer zur Herstellung von Schrauben, Patronenhülsen und dergleichen keine große Bedeutung erlangt. Die Bilder 3.130 und 3.131 zeigen Beispiele für das Gummipreß- und Gesenkschmiede-Verfahren.

3.4.2 Fügen: Schweißen

Normen und Vorschriften zum Thema Schweißen s. Tafel 3.9.

Nach DIN 1910 Teil 3 ist Kunststoff-Schweißen das Verbinden von thermoplastischen Kunststoffen unter Anwendung von Wärme und Druck mit oder ohne Verwendung von Zusatzwerkstoffen. Hierbei werden die Oberflächen auf eine Temperatur oberhalb der Schmelztemperatur aufgeheizt

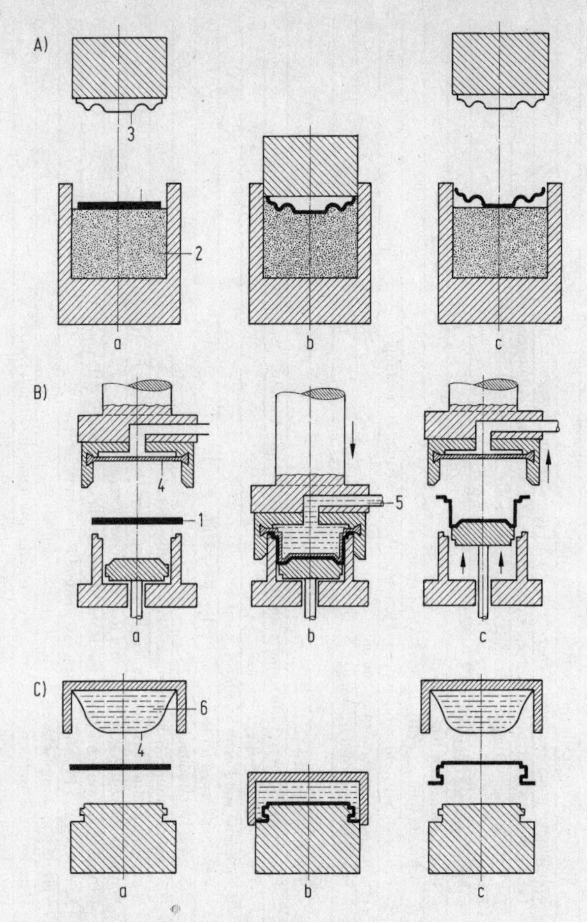

Bild 3.130. Gummipreßverfahren (nach von Finckenstein)

A) mit Gummikissen, B) mit Gummimembran und Druckwasser (Hydroformverfahren), C) mit Gummimembran und konstanter Wasserfüllung (Beutel-Ziehverfahren)

a: Einlegen, b: Umformen, c: Entformen

1: Folienzuschnitt, 2: Gummikissen, 3: Ziehstempel, 4: Gummimembran, 5: Druckwasser-Zu- und -Ableitung, 6: Wasserfüllung

und unter Druck so zusammengefügt, daß eine möglichst homogene Verbindung entsteht. In der Regel lassen sich nur Thermoplaste und Thermoelaste verschweißen, da Duroplaste und vernetzte Elastomere nicht so aufschmelzbar sind, daß sie fließfähig werden. Artfremde Kunststoffe las-

Tafel 3.9. Normen und Vorschriften zum Schweißen

DIN-Normen	Beuth-Verlag GmbH, Burggrafenstr.6, 10787 Berlin
1910 Teil 3	Schweißen, Schweißen von Kunststoffen, Verfahren
16928	Rohrleitungen aus thermopl. Kunststoffen, Rohrverbindungen, Verlegung, allgem. Richtlinien
32502	Fehler an Schweißverbindungen aus Kunststoffen, Einteilung, Benennungen, Erklärungen
DVS-Merkblätter u. Richtlinien für thermopl. Kunststoffe	DVS, Deutscher Verlag für Schweißtechnik, Postfach 101965, 40010 Düsseldorf E = Entwurf
2201...........	Prüfung von Halbzeugen
2201 Teil 1	Grundlagen, Hinweise
2201 Teil 2	Schweißeignung; Prüfverfahren-Anforderungen
2202 Teil 1	Fehler an Schweißverbindungen; Merkmale, Beschreibung , Bewertung
2203..........	Prüfung von Schweißverbindungen;
2203 Teil 1	Prüfverfahren - Anforderungen
2203 Teil 2	Zugversuch
2203 Teil 3	Schlagzugversuch
2203 Teil 4	Prüfen von Schweißverbindungen an Tafeln und Rohren, Zeitstand-Zugversuch
2203 Teil 5	Technologischer Biegeversuch
2205	Berechnung von Behältern und Apparaten
2205 Teil 1 E	Zeitstandkurven für Rohre aus PP Typ 1 bis 3, und PVDF
2205 Teil 3	Schweißverbindungen
2205 Teil 4 E	Schweißflansche, Schweißbunde - konstruktive Details
2207 Teil 1	Heizelementschweißen von Rohren, Rohrleitungsteilen und Tafeln aus PE-HD
2207 Teil 3	Warmgasschweißen von Tafeln und Rohren, Schweißparameter
2207 Teil 4	Extrusionsschweißen - Tafeln und Rohre, Schweißparameter für PE-HD und PP
2207 Teil 5	Schweißen von PE-Mantelrohren - Rohre und Rohrleitungsteile
2207 Teil 11	Heizelementstumpfschweißen von Rohrleitungen aus PP
2207 Teil 15	Heizelementschweißen von Rohren, Rohrleitungsteilen und Tafeln aus PVDF
2207 Teil 25	Heizelementstumpfschweißen von Fensterprofilen aus PVC-U
2208 Teil 1	Maschinen und Geräte; Heizelementstumpfschweißen von Rohren, Rohrleitungsteilen und Tafeln

Tafel 3.9. (Forts.) Normen und Vorschriften zum Schweißen

2208 Teil 2	Maschinen und Geräte; Warmgasschweißen
2209 Teil 1	Extrusionsschweißen; Verfahren - Merkmale
2209 Teil 2	Warmgas-Extrusionsschweißen; Anforderungen an Schweißmaschinen u. -geräte
2211	Schweißzusätze; Geltungsbereich, Kennzeichnung, Anforderung, Prüfung
2212 Teil 1	Prüfung von Kunststoffschweißern; Prüfgruppe I
2212 Teil 2	Prüfung von Kunststoffschweißern; Prüfgruppe II - Warmgasextrusionsschweißen
2212 Teil 3	Prüfung von Kunststoffschweißern; Prüfgruppe III - Bahnen im Erd-und Wasserbau
2213	Prüfungsordnung für die Kunststoff-Schweißfachmann-Prüfung
2214 E	Prüfungsordnung für die Kunststoff-Schweißfachmann-Prüfung
2215 Teil 1	Heizelementschweißen von Formteilen in der Serienfertigung
2215 Teil 2	Heizelementschweißen von Formteilen aus Polyolefinen in der Serienfertigung
2216	Ultraschallfügen von Formteilen und Halbzeugen in der Serienfertigung
2216 Teil 1	Maschinen und Geräte - Funktionsbeschreibung und Anforderungen
2216 Teil 2	Ultraschallschweißen - Verfahren und Merkmale
2216 Teil 3	Umformen mit Ultraschall - Nieten, Bördeln und Verdämmen
2216 Teil 4	Einbetten von Metallteilen und artfremden Werkstoffen mit Ultraschall
2216 Teil 5 E	Sonotrodenherstellung
2217 Teil1	Vibrationsschweißen von Formteilen und Halbzeugen in der Serienfertigung
2218 Teil1	Rotationsschweißen in der Serienfertigung; - Anlagen, Verfahren, Merkmale
2219 Teil1	Hochfrequenzfügen in der Serienfertigung; - Maschinen, Werkzeuge, Verfahrenstechnik
2225	Fügen von Dichtungsbahnen aus polymeren Werkstoffen im Erd- und Wasserbau
2225 Teil 1	– Schweißen, Kleben, Vulkanisieren
2225 Teil 2	– Baustellenprüfungen
2225 Teil 3 E	– Anforderungen an Schweißmaschinen und Schweißgeräte
2225 Teil 4 E	Schweißen von Dichtungsbahnen aus PE für die Abdichtung von Deponien u. Altlasten
2226 Teil 2 E	Prüfung von Fügeverbindungen an Dichtungsbahnen aus polym. Werkstoffen -Zugscherversuch
2226 Teil 3 E	Prüfung von Fügeverbindungen an Dichtungsbahnen aus polym. Werkstoffen -Schälversuch

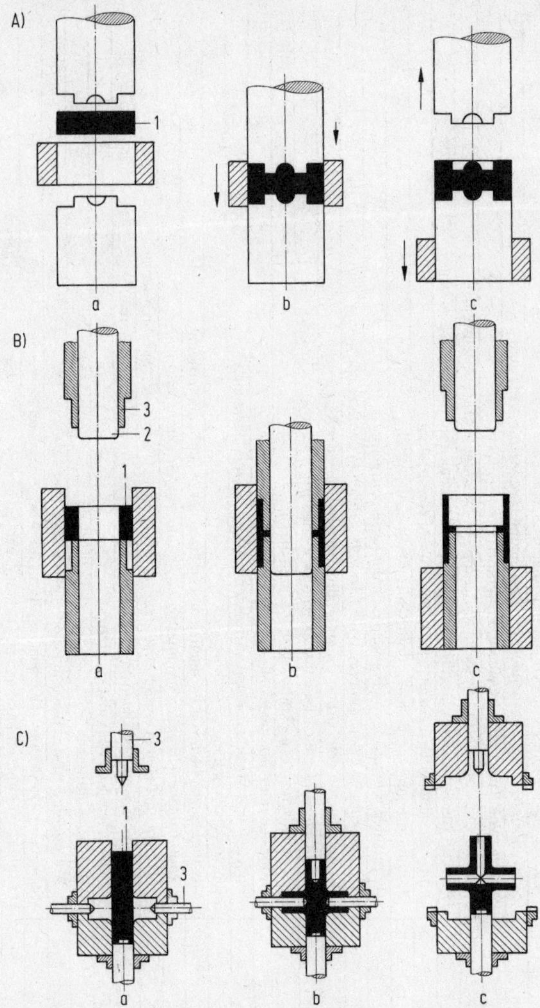

Bild 3.131. Gesenkschmieden von Kunststoffen (nach von Finckenstein)
A) Laufrad, B) Rohrmuffe, C) Ventilkörper
a: Einlegen, b: Umformen, c: Entformen, 1: Vorformling, 2: Dorn, 3: Stempel

sen sich nur miteinander verschweißen, wenn eine chemische Mindestkompatibilität vorliegt und die Schmelztemperaturen nicht allzu weit auseinander liegen (Mischmaterial-Schweißen). Tafel 5.6 Abschn. 5.1.1 bewertet beispielhaft einige Kombinationen.

Eine Bewertung der Schweißverbindung muß sowohl die Dichtheit (Rohre, Behälter, Beutel, Verpackungen) als auch die Festigkeit einschließen. Während die Dichtheit in praxisnahen Versuchen an geschweißten Formteilen untersucht wird, werden -auch an Probekörpern- Kurz- und Langzeit-Schweißfaktoren (-Gütefaktoren) ermittelt. Sie geben das Verhältnis der Festigkeit der Schweißverbindung zu der des Grundmaterials wieder und liegen im Bereich von 0,3 bis 1. Bei der Angabe von Schweißfaktoren muß immer das Prüfverfahren mit angegeben werden, da dieses Verfahren die Höhe der Faktoren stark beeinflussen kann. Gebräuchliche Prüfverfahren sind Zug-, Biege-, Faltbiege- und Schlagbiege- oder Schlagzug-Versuche und Zeitstandversuche, z.B. unter Innendruck an Rohr-Schweißverbindungen. Eine Schweißverbindung kann für das Formteil eine Kerbwirkung bedeuten. Dies kann eine dynamische Formteilprüfung erforderlich machen. Die Güte einer Schweißnaht wird auch durch die Material- und Verarbeitungsqualität (Schädigung, Kristallisation, Orientierung usw.) des Grundmaterials beeinflußt.

DIN 1910 teilt die Schweißverfahren für Kunststoffe nach der Art der Wärmezufuhr ein, s. Tafel 3.8.

3.4.2.1 Heizelementschweißen mit direkter Erwärmung

Die zu verbindenden Fügeflächen werden mit elektrisch auf etwa 180 bis 300 (550) °C aufgeheizten Metallkörpern unter leichtem Andruck so weit erwärmt, bis sich ein Wulst teigig aufgeschmolzenen Materials gebildet hat. Nach dem Entfernen des oder der Heizelemente werden die Flächen

Tafel 3.8. Schweißen thermoplastischer Kunststoffen

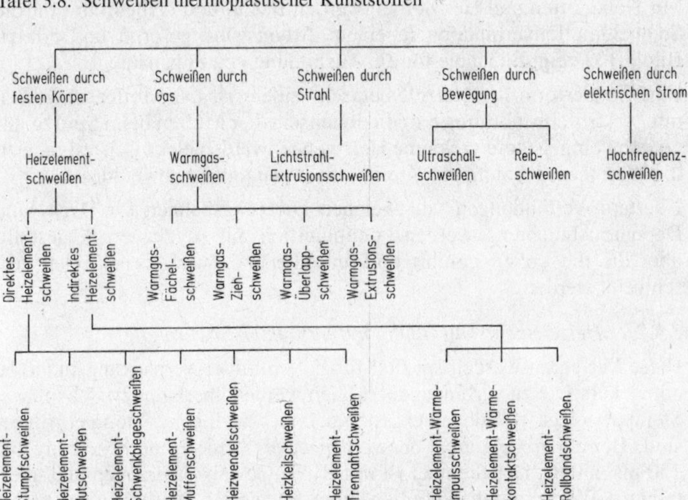

möglichst schnell unter einem Druck von 0,1 bis 2 N/mm² so zusammengefügt, daß aufgeschmolzenes Material ausgepreßt wird. Die Heizkörper, meist aus AL-Legierungen, sind dabei den Fügeflächen angepaßt (Lötkolben, Heizspiegel, Heizkeil usw.) und bei Temperaturen bis 260 °C mit einer PTFE-Antihaft-Schicht versehen. Gegen Verzunderung werden sie vernickelt oder versilbert. Für Mischmaterial-Schweißungen verwendet man Heizelemente, deren Oberflächentemperaturen den unterschiedlichen Schmelztemperaturen der Kunststoffe angepaßt werden können. Die Temperaturdifferenzen auf der Oberfläche der Heizelemente sollten 5 °C nicht überschreiten.

Eine hohe Qualität der Schweißverbindung wird mit Heizelement-Schweißvorrichtungen erreicht, die sowohl in der Werkstatt als auch auf der Baustelle eingesetzt werden können. Bei diesen Vorrichtungen werden die zu verbindenden Teile gespannt und geführt, die Heizspiegel maschinell ein- und ausgeschwenkt und der zeitliche Arbeitsablauf, die Schweißspiegel-Temperatur und der Anpreßdruck geregelt. Insbesondere Polyolefin-Halbzeuge werden so verarbeitet:

- Verschweißen und Abkanten (Bild 3.122) von Platten mit bis zu 2 m langen Heizschwertern,
- Stumpfschweißen von Rohren mit Durchmessern bis zu 1.400 mm,
- Rohr-Fitting-Schweißung mit Heizelementen, die die zu verbindenden Innen- und Außenflächen erwärmen,
- Einschweißen von Bauteilen in Platten oder Rohre (Hosenrohre),
- Gehrungsschweißen, z.B. von PVC-Fensterrahmen,
- Verschweißen von Spritzgußteilen, z.B. zu Hohlkörpern.

Mit Heizmuffen und Heizdornen werden Innen- und Außenrohre für die Schweißmuffenverbindung in einem Arbeitsgang geformt und erhitzt. Bild 3.132 zeigt Beispiele für die Ausbildung von Fügenähten.

Eine Sonderform des Heizelementschweißens ist das Muffenschweißen mit Elektroschweißfittings. In die Innenseite der Muffen beim Spritzgießvorgang eingebettete verlorene Heizwendel werden elektrisch aufgeheizt, die Wärmeausdehnung des Kunststoffs erzeugt den Schweißdruck.

Überlapp-Verbindungen von weichen Dichtungsbahnen für Dach- und Deponie-Abdichtung werden kontinuierlich mit Heizkeilen hergestellt, über die die Folien geführt und anschließend durch Druckrollen verschweißt werden.

3.4.2.2 Heizelementschweißung mit indirekter Erwärmung

Diese Verfahren wurden speziell für Folien in der Verpackungsindustrie entwickelt. Die zu verbindenden Folien werden überlappt zwischen zwei Stempel gelegt, von denen ein Stempel oder auch beide Stempel beheizt sind. Beim *Wärmekontakt-Schweißen* erfolgt eine Dauerbeheizung bei 150 bis 250 °C. Der Stempel ist mit PTFE-Gewebe überzogen und überträgt die Wärme durch die Folien an die Fügestelle. Die Schweißnahtgüte

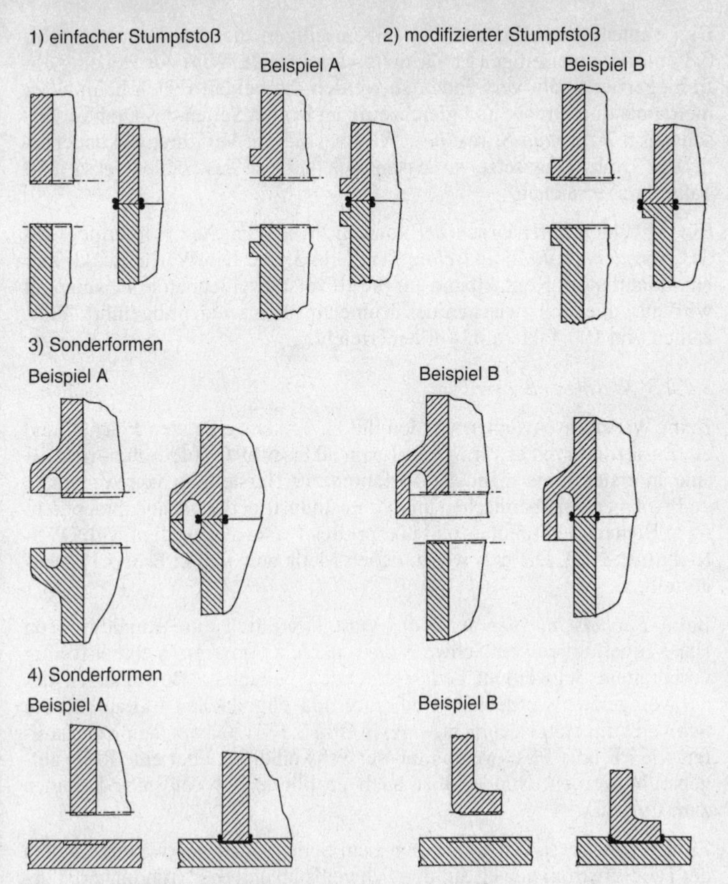

Bild 3.132. Fügenahtgestaltung beim Heizelementschweißen

wird durch die Variation der Schweißzeit und des -druckes optimiert. Da die Schweißnaht nicht unter Druck abkühlen kann, weist sie besonders bei einseitiger Beheizung und dünnen Folien oft ein unschönes welliges Aussehen auf. Man setzt deshalb das Verfahren mehr zum Aufschweißen von Deckeln, zum Heißsiegeln von Schmelzschichten und zum Verschweißen von Verbundfolien ein. Hierzu werden manuelle Systeme und vollautomatische Heißsiegel- und Beutelmaschinen eingesetzt.

Beim *Wärmeimpuls-Schweißen* liegen auf Stempeln dünne Heizbänder oder -drähte unter einer nicht zum Kleben oder Haften neigenden PTFE-Schicht. Die Heizelemente werden durch kurze Stromimpulse aufgeheizt, die Abkühlung erfolgt unter dem Druck der Stempel. Folien mit einer

Dicke unter etwa 0,1 mm werden mit einseitigen, dickeren Folien bis etwa 0,3 mm mit zweiseitiger Erwärmung verschweißt. Wird zur Heizung ein freiliegender Draht verwendet, so werden die beiden Folien beim Wärmeimpuls durchtrennt und gleichzeitig an beiden Seiten des Drahtes verschweißt: *Trennnaht-Schweißen.* Wird bei diesem Verfahren ein dauerbeheizter Draht eingesetzt, so lassen sich höchste Taktzahlen (etwa 250 Takte/min) erreichen.

Ein Abkühlen unter Druck bei konstant beheizten Stempeln ermöglicht das *Heizelement-Rollbandschweißen,* Bild 3.133. Die Wärme wirkt über ein umlaufendes Kontaktband auf die zu verschweißenden Folien ein und wird anschließend zwischen den Kühlelementen wieder abgeführt. Taktzahlen von 100 Takte/min werden erreicht.

3.4.2.3 Warmgas-Schweißen

Beim Warmgasschweißen werden die zu verschweißenden Flächen und ein Zusatzdraht mit erwärmter Luft von 80 bis 500 °C aufgeschmolzen. Es sind in erster Linie manuelle Verfahren zur Herstellung von Apparaten und Anlagen der chemischen und Photo-Industrie, die bei abnahmepflichtigen Bauteilen geschultes und überprüftes Personal erfordern, vgl. DVS-Richtlinie 2212. Die drei wesentlichen Methoden sind in Bild 3.134 dargestellt.

Beim *Fächelschweißen* wird die Warmluft durch eine Runddüse von Hand zugeführt und ein Schweißstab senkrecht von oben in eine V-förmig vorbereitete Schweißnut gedrückt. Durch pendelnde Bewegungen des Schweißgerätes werden Schweißdraht und Fügeflächen fortlaufend auf Schweißtemperatur gebracht, s. A) in Bild 3.134. Bei weichen Kunststoffen wie PE oder PVC-weich muß der Schweißdruck über eine Rolle aufgebracht werden. Runde, aber auch profilierte Schweißstäbe kommen zum Einsatz.

Zum *Warmgas-Ziehschweißen* wird ein Schweißgerät verwendet, in dem der Heißluftstrom gezielt auf den Schweißstab und das Grundmaterial gerichtet wird, s. B) in Bild 3.134. Die Schweißkraft wird über die schnabel-

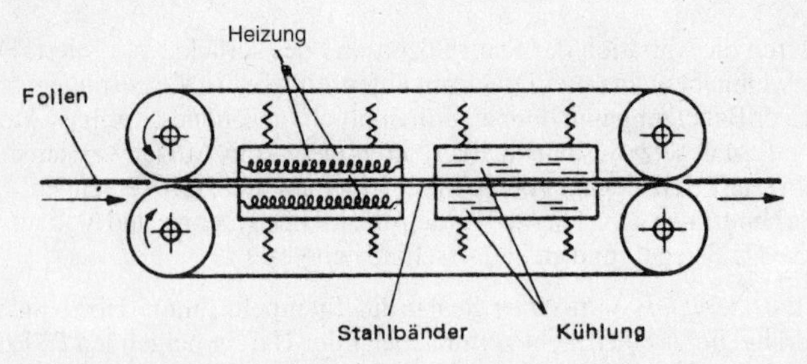

Bild 3.133. Wärmekontakt-Schweißverfahren für Flachnähte durch umlaufende Schweißbänder mit Abkühlung unter Druck (Werkbild: Doboy, Schenefeld)

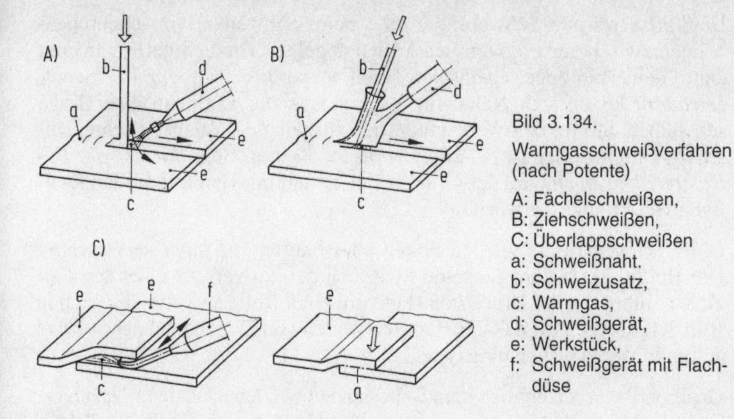

Bild 3.134.
Warmgasschweißverfahren (nach Potente)
A: Fächelschweißen,
B: Ziehschweißen,
C: Überlappschweißen
a: Schweißnaht.
b: Schweizusatz,
c: Warmgas,
d: Schweißgerät,
e: Werkstück,
f: Schweißgerät mit Flachdüse

förmige Spitze der Düse übertragen. Speziell zum Verschweißen von PVC-Fußbodenplatten nach diesem Verfahren werden selbstfahrende Maschinen eingesetzt.

Eine Weiterentwicklung des Warmgas-Ziehschweißens ist das *Extrusions-Schweißen,* das gerne bei großen Volumen der Schweißnaht und bei hohen Qualitätsanforderungen angewendet wird, Bild 3.135. Statt des Schweißstabes wird dem Schweißkopf über einen beheizten Schlauch ein in einem Extruder erzeugter Schmelzestrom zugeführt und in die mit

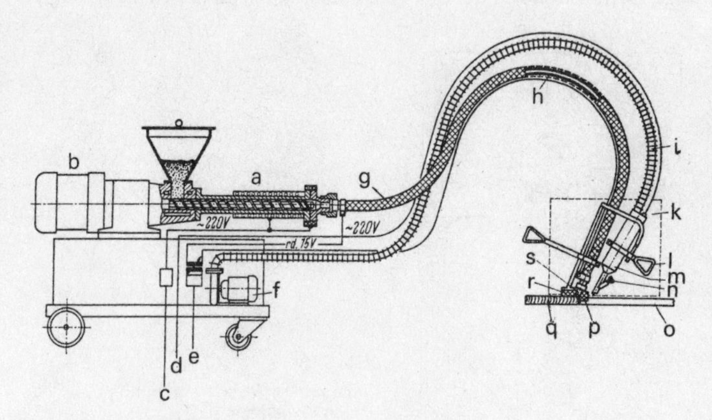

Bild 3.135. Extrusionsschweißgerät

a Extruder, b Regelmotor, c Temperaturregler für die Extruderheizung, d Stromzufuhr für die Lufterhitzer, e Temperaturregler für die Schlauchheizung, f Gebläse, g Schlauchumflechtung als Heizwiderstand, d PTFE-Schlauch, i Luftschlauch, k Schweißkopf, l Handgriff, m Lufterhitzer, n Warmluftthermometer, o Schweißfuge, p Führungsnase, q Schweißgut, r Schweißnaht, s Schweißschuh, t Schlauchmundstück

Heißluft erwärmte Schweißfuge oder beim Schweißen von Dichtungsbahnen zwischen die erwärmten Folien abgelegt. Die Schmelze wird mit dem Gleitschuh oder separat von Hand angedrückt. Mit *Hand-Schweißextrudern* lassen sich Nähte für Wanddicken bis 15mm in einer Lage schweißen, mit für den Werkstattbetrieb ausgelegten Anlagen (Schmelzestrang-Durchmesser 10 bis 20 mm) bis zu 30 mm. Beim *Lichtstrahl-Extrusionsschweißen* wird das Grundmaterial statt mit Heißluft mit langwelligen Heizstrahlern erwärmt.

Ohne Schweißzusatz werden Folien oder Platten *überlappt verschweißt.* Die Heißgasdüse wird fächelnd zwischen den zu verschweißenden Flächen geführt und der Druck von Hand mit einer Rolle aufgebracht, s. C) in Bild 3.134. Auch für das Überlappschweißen von Deponiebahnen werden automatische Anlagen eingesetzt.

Großrohre werden ähnlich dem Extruder-Schweißen nach dem *Wickelverfahren* hergestellt, indem ein extrudiertes Band auf eine beheizte Trommel so abgelegt wird, daß sich die Profilkanten überlappen und beim Andrücken verschweißen, Bild 3.136. Nach dem Abkühlen wird die Trommel nach innen zusammengeklappt, so daß das Wickelrohr entformt werden kann.

3.4.2.4 *Reib-Schweißen, Ultraschall-Schweißen*

Bei diesen Verfahren wird die zum Verschweißen der Fügeteile erforderliche Wärme durch Relativbewegungen der Fügeflächen unter Druck erzeugt. Beim Erreichen der Schweißtemperatur wird der Reibvorgang ge-

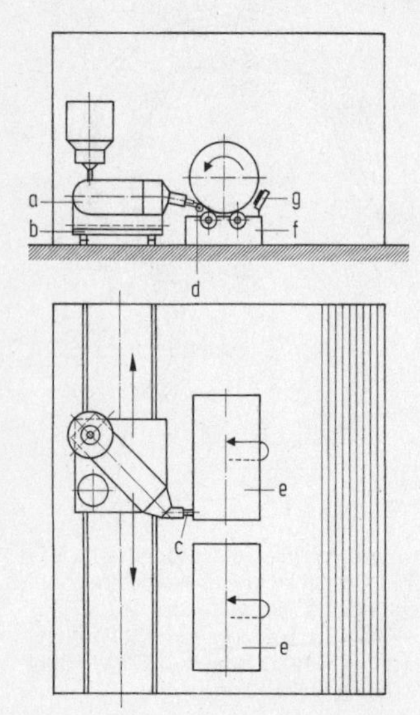

Bild 3.136.

Anlage zum Wickeln von Rohren (nach Hawerkamp)

a: Extruder,
b: Extruderfahrwagen,
c: Profilwerkzeug,
d: Profilandrückrolle,
e: Wickeltrommeln,
f: Wickelvorrichtungen,
g: Trommelheizvorrichtung

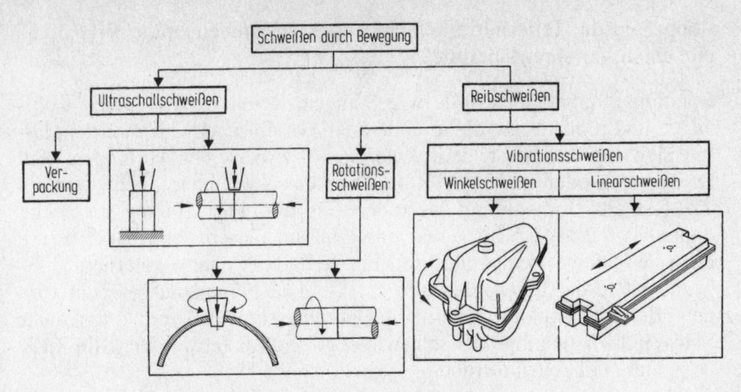

Bild 3.137. Ultraschall- und Reibschweißen (nach Potente)

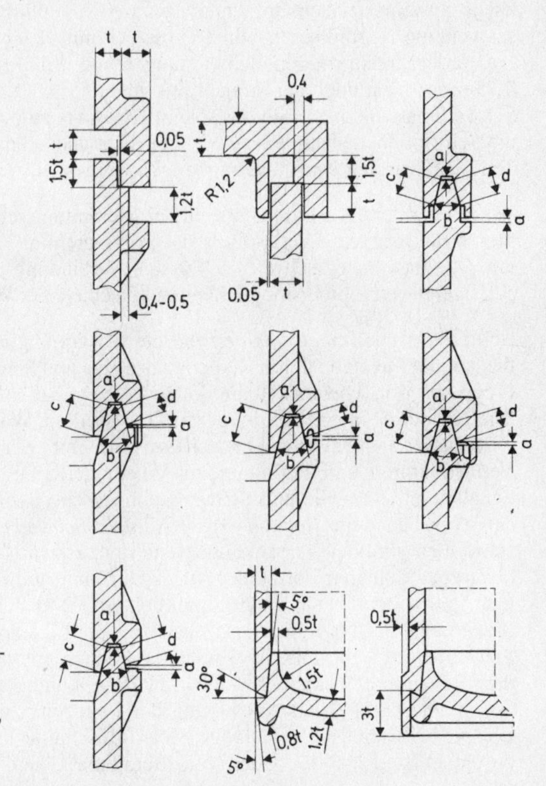

Bild 3.138.
Fügenahtgestaltung beim Rotationsreibschweißen

a: Maß der Verschiebung beim Schweißen,
b: Fügenahtwinkel,
c, d: Fügenaht-Maße,
t: Wanddicke,
R: Radius

stoppt und die Teile mit erhöhtem Druck zusammengefügt. Bild 3.137 gibt einen Verfahrensüberblick.

Rotationssymmetrische Teile wie Stangen, Rohre, Hohlzylinder, Rohrbunde und runde Teile, die in andere Körper eingeschweißt werden, lassen sich rationell nach dem *Rotations-Reibschweißen* verbinden. Auf Drehbänken oder speziellen Rotations-Reibschweißmaschinen wird ein Teil festgehalten, während das andere Teil mit einer Umfangsgeschwindigkeit von etwa 0,5 bis 8 m/s rotierend auf diesem reibt. Beim Erreichen der Schmelztemperatur soll die Relativbewegung innerhalb 0,5 s beendet und der Schweißdruck von 0,1 bis 2 N/mm^2 aufgebracht werden. Beim Stumpfschweißen mit Durchmessern >40 mm müssen die Schweißflächen ballig oder schwach kegelig gestaltet werden. Bild 3.138 zeigt einige Fügenahtformen.

Das *Vibrations-Schweißen* ist von der Formteilgeometrie unabhängiger. In speziellen Maschinen werden die Fügeteile unter leichtem Druck zusammengespannt und ein Fügeteil durch elektromagnetische oder hydraulische Systeme zu Schwingungen von wenigen Winkelgraden (Winkelschweißung), Amplituden von 0,2 bis 3,5 mm *(Linear-Schweißverfahren)*, oder kreisförmigen Schwingungen mit Minikreisen von 0,2 bis 0,75 mm Amplituden bei Frequenzen von 100 bis 280 Hz angeregt. Die Schweißmaschinen weisen Aufspannflächen bis zu 0,6 m · 2 m auf und die Schweißfläche kann bis zu 300 cm^2 betragen, so daß auch sehr große Teile, z.B. für den Kraftfahrzeugbereich, hergestellt werden können.

Je nach Partnerwerkstoffen entsteht beim Vibrationsschweißen eine Polymerverbindung, eine Verkrallung des Polymeren im Faserwerkstoff oder nur eine makroskopisch formschlüssige Verbindung. Tafel 5.7 Abschn. 5.1.1 zeigt Verbindungsmöglichkeiten verschiedener Werkstoffe.

Beim *Ultraschall-Schweißen* erfolgt die Erwärmung in den Berührungsflächen der Fügeteile durch Reibung als Folge von Schallwellen mit einer Frequenz von 20 bis 25 kHz, in Sonderfällen von 50 kHz. Da ein Teil der Energie durch innere Reibung im Kunststoff in Wärme umgewandelt wird, lassen sich bevorzugt harte Kunststoffe mit geringen mechanischen Verlustfaktoren und Formteile mit einem geringen Abstand zwischen Schalleinleitungsstelle und Schweißnaht verschweißen. Man unterscheidet zwischen dem *Kontakt- oder Nahfeld-Schweißen,* z.B. zum Verschweißen gefüllter Verpackungen und dem *Fernfeld-Schweißen* von in der Regel kleineren Formteilen wie Feuerzeuge, Filmkassetten, Diarahmen, Schreibgeräten oder Autorücklichtern, Bild 3.139. Ein Schweißdruck von 2 bis 5 N/mm^2 ist erforderlich, damit die Sonotrode nicht vom Schweißgut abhebt. Die Schweißzeiten können unter 1 s liegen. Besondere Bedeutung für die Schweißbarkeit, Optik und Qualität kommen der Formteilgestaltung und Ausbildung der Fügezone zu. Bild 3.140 zeigt Beispiele. Spezielle Anwendungen der Ultraschalltechnik sind Bild 3.141 zu entnehmen. Das Einbetten von Metallinserts und das Vernieten mit

Nietzapfen ist auch bei einigen Duroplasten möglich, da sie bei Erwärmung etwas erweichen können.

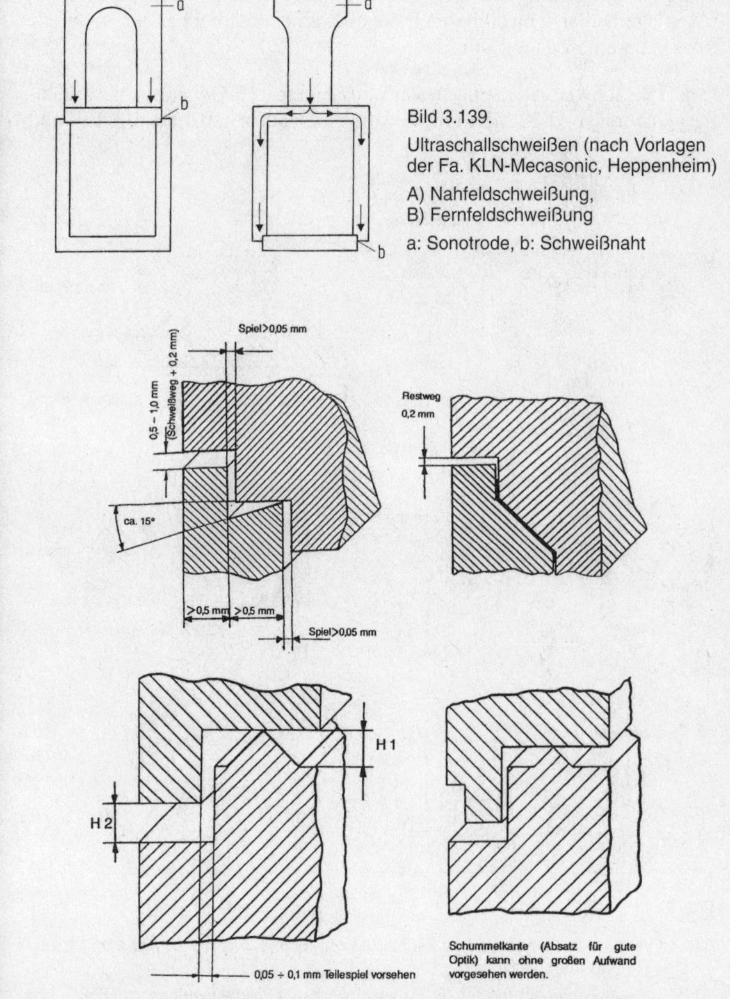

Bild 3.139.
Ultraschallschweißen (nach Vorlagen der Fa. KLN-Mecasonic, Heppenheim)
A) Nahfeldschweißung,
B) Fernfeldschweißung
a: Sonotrode, b: Schweißnaht

Bild 3.140. Fügeflächenkonstruktion beim Ultraschallschweißen (Werkbild: Hermann, Karlsbad-Ittersbach)

3.4.2.5 Hochfrequenz-Schweißen

Kunststoffe mit einem ausreichend hohen dielektrischen Verlustfaktor tan $\delta > 0{,}1$ (z.B. PVC, PUR, PVDC, EVA, PET, ABS, CA), lassen sich im hochfrequenten elektrischen Wechselfeld erwärmen und damit unter Druck verschweißen. Da der Verlustfaktor einiger Kunststoffe mit der Temperatur ansteigt, können diese Kunststoffe durch Vorwärmen oder vorgewärmte Elektroden schweißbar gemacht werden. Auch das Zwischenlegen einer schweißbaren Folie oder einer entsprechenden Verbundfolie kann eine Lösung sein.

Eine HF-Schweißmaschine besteht aus einem HF-Generator (Schweißfrequenz meist 27,12 MHz) im Leistungsbereich von 0,1 bis 100 kW und

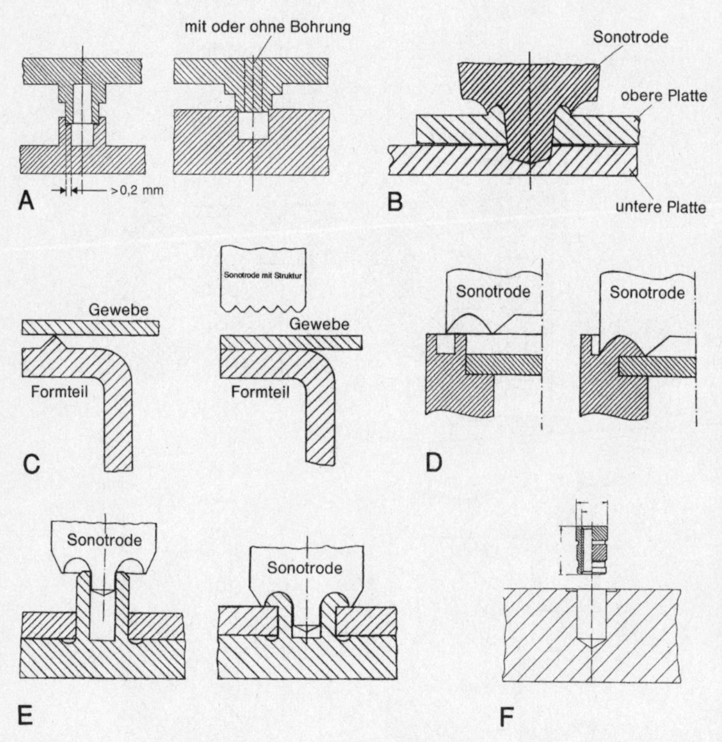

Bild 3.141. Anwendungen der Ultraschallschweißtechnik (Werkbild: Hermann, Karlsbad-Ittersbach)

A: Zapfenschweißen, B: Punktschweißen, C: Verschweißen von Folien und Geweben mit Formteilen, D: Bördeln, E: Nieten, F: Einbetten von Metallinserts

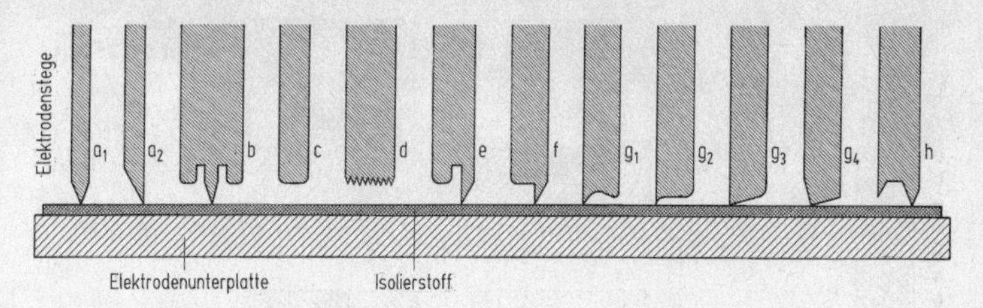

Bild 3.142. Verschiedenartige Elektrodenstege (Abele, Kunststoff-Fügeverfahren)

a_{1-2}: Trennstege (Schneidkanten) in symmetrischer und unsymmetrischer Ausführung,
b: Symmetrischer Trennsteg mit beidseitig angebrachten Schweißstegen (auch Taschenschlitz-Elektrode genannt),
c: Einfacher Schweißsteg (glatt),
d: Profilierter Schweißsteg (Dekorsteg). Es gibt längs und quer gefräste Stege, unterbrochene Linien, Steppstich- und andere Gravuren sowie Ornamentmotive in vielen Ausführungen und Stegbreiten zwischen 1 und 6 mm,
e: Standard-Schweiß-Trennelektrodensteg, lieferbar in Breiten von 1,5 bis 3 mm und Trennkanten-Höhendifferenzen von 0,1 bis 0,6 mm (Zehntel-Abstufung). Kombinierte Schweiß-Trennstege werden auch als Dekorstege angeboten,
f: Schweiß-Trennelektrodensteg ohne Wulstrand-Fräsung,
g_{1-4}: Randlos-Schweißstege verschiedener Art. Die Nutzenseite ist jeweils links vom Steg, der Randabriß rechts,
h: Randappliziersteg zum Aufschweißen andersfarbiger Folien-Randstreifen

einer pneumatischen oder hydraulichen Schweißpresse, die über die Elektroden, die obere ist die meist aus Messing gefertigte Formelektrode, die untere die isolierte plattenförmige Gegenelektrode, den erforderlichen Schweißdruck aufbringt. Entsprechend dem Haupteinsatzgebiet der HF-Schweißung (Herstellung von Täschnerwaren, Bucheinbänden, Polstern, Aufblasartikeln, KFZ-Ausstattungsteilen usw.) kommen unterschiedliche, auch dreidimensional geformte Formelektroden zum Einsatz, die unterschiedliche Zusatzfunktionen erfüllen, Bild. 3.142. HF-Schweißpressen sind meist in Produktionsstraßen eingebaut und werden dabei automatisch beschickt und entsorgt. Es lassen sich beim Schweißen ohne Schneidkanten dabei bis zu 80 Takte/min erreichen.

3.4.2.6 Induktions-Schweißen

Ein metallhaltiger Schweißwerkstoff kann durch Induktion erwärmt werden. Als elektromagnetische Zusatzstoffe (Suszeptormittel) im Grundmaterial der Fügeteile oder in einem als Schweißzusatz vorgesehenen Kunststoff, der zwischen die Fügeteile gelegt wird, werden Oxidpartikel eingesetzt. Das Prinzip zeigt Bild 3.143. Obwohl das Induktions-Schweißen

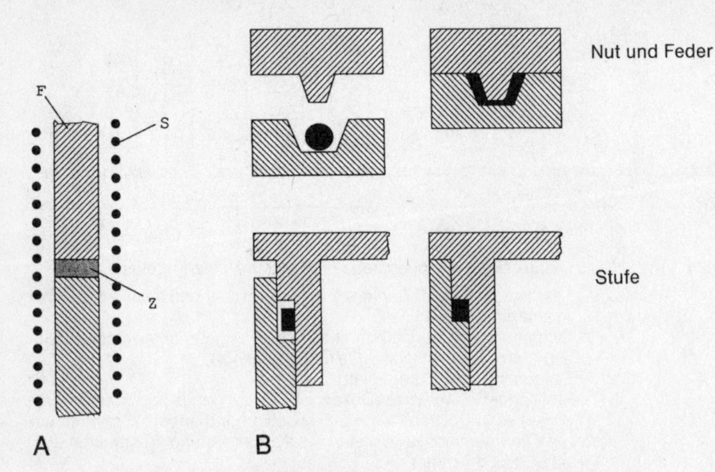

Bild 3.143. Prinzip (A) und Fügenahtgestaltung (B) beim Induktionsschweißen
S: Spule, F: Fügeteil, Z: Zusatzmaterial

(elektromagnetisches Schweißen oder EMA-Bond) z.Z. wenig bekannt ist, ist es eine aussichtsreiche Methode, da es zur Verbindung der meisten Thermoplaste geeignet erscheint.

3.4.2.7 Laserschweißen

Das Schweißen mit Laserstrahlen kommt vorzugsweise dort zum Einsatz, wo herkömmliche Verfahren Schwierigkeiten bereiten. Hierbei werden die hohe Flexibilität und Schweißgeschwindigkeit, die Möglichkeit der begrenzten Energieeinbringung auch an schwer zugänglichen Stellen und die berührungslose Arbeitsweise genutzt. CO_2-Laser (Wellenläng 10,6 µm) Nd:YAG-Laser (Wellenlänge 1,064 µm) und Hochleistungsdioden-Laser (Wellenlänge 0,8-1,0 µm) kommen zum Einsatz.

Die Art des Lasers, die Absorptionseigenschaften des bzw. der zu verschweißenden Kunststoffe und die Fügeform müssen aufeinander abgestimmt werden. Die Strahlung von CO_2-Lasern wird von allen Kunststoffen oberflächennah vollständig absorbiert, sodaß der Wärmetransport in tiefere Schichten durch Wärmeleitung erfolgen muß. Ihr Einsatz beschränkt sich auf die Bearbeitung von Kunststoffolien.

Die Strahlung der beiden anderen Laserarten dringt dagegen in fast alle Kunststoffe bis in den mm-Bereich ein. Das Absorptionsverhalten der Kunststoffe muß deshalb durch Einarbeitung von absorbierenden Füll- und Verstärkungsstoffen oder Pigmenten der Schweißaufgabe angepaßt werden. Das Schweißen von allen gängigen Thermoplasten einschließlich hochtemperatur-beständiger flourierter Kunststoffe sowie die Verbindung

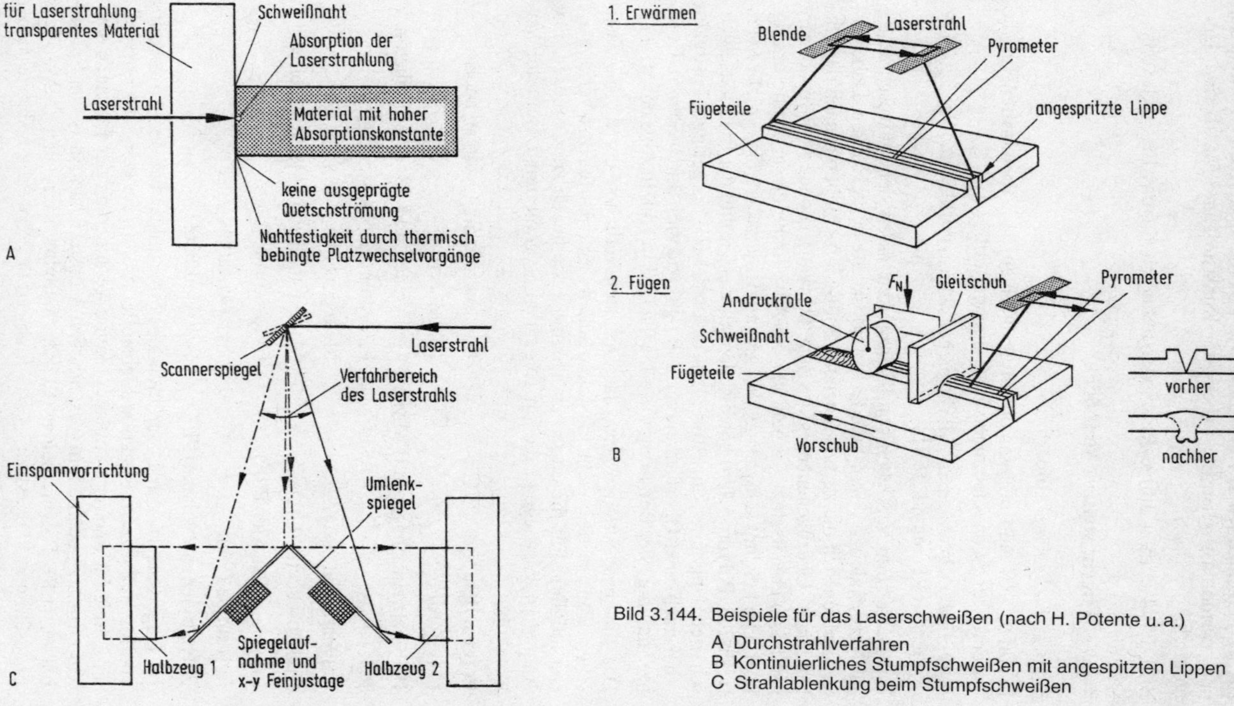

Bild 3.144. Beispiele für das Laserschweißen (nach H. Potente u.a.)

A Durchstrahlverfahren
B Kontinuierliches Stumpfschweißen mit angespitzten Lippen
C Strahlablenkung beim Stumpfschweißen

auch unterschiedlicher Werkstoffe wie PMMA und ABS, Thermoplast und thermoplastisches Elastomer oder Kunststoff und Metall sind dann möglich.

Bild 3.144 enthält einige Prinzipdarstellungen für das Laserschweißen.

3.4.3 Fügen: weitere Methoden

3.4.3.1 Kleben von Kunststoffen

In Tafel 3.10 sind allgemein gültige Normen und Vorschriften für die Durchführung von Klebungen zusammengestellt.

Literatur: IKV Aachen: Marktspiegel Kunststoffkleben, Verlag TÜV Rheinland, 1991

Haftkräfte beim Verkleben von Kunststoffen lassen sich im wesentlichen auf Nebenvalenz-, Dipol- und Dispersionskräfte zurückführen. Dabei unterscheiden sich die zu verklebenden Kunststoffe nicht nur nach der vorhandenen Oberflächenenergie (Benetzbarkeit), sondern insbesondere nach dem chemischen Aufbau, der die Ausbildung dieser Kräfte ermöglicht. Die bekannt schwierige Verklebung der unpolaren Polyolefine (Polyethylen, Polypropylen) beweist den starken Einfluß der Polaritätseigenschaften. Unpolare Kunststoffe lassen sich daher – bei geringer Festigkeit – nur nach einer Oberflächenbehandlung (Oxidation durch Säuren, Coronaentladung oder Beflammen) verkleben (s. Tafel 5.8 in Abschn. 5.1.1).

Das Lösungsvermögen bzw. das Diffusionsverhalten der thermoplastischen Kunststoffe macht in vielen Fällen deren Diffusions-Verklebung erst möglich. Für die einzelnen Thermoplaste finden zum Anlösen bzw. Anquellen vorwiegend die im folgenden aufgeführten Lösemittel Verwendung:

Polyvinylchlorid (PVC):	Tetrahydrofuran, Cyclohexanon
Polystyrol (PS):	Toluol, Xylol
Polymethylmethacrylat (PMMA):	Methylenchlorid, Methylethylketon
POM	Hexafluoracetonsesquihydrat
Polycarbonat (PC):	Methylenchlorid
Celluloseacetat (CA):	Methylethylketon, Methylalkohol
Polyphenylenoxid (PPE):	Chloroform, Toluol
Polyamide (PA):	Ameisensäure
Polyethylenterephthalat (PET):	Benzylalkohol.

Im Gegensatz zu den Lösemittelklebstoffen findet bei der Anwendung von lösemittelfreien Reaktionsklebstoffen, sofern sie keine die Fügeteile anlösenden Monomere enthalten, keine Veränderung der Fügeteile statt. Zum Einsatz gelangen im wesentlichen Klebstoffe auf Basis von Epoxidharzen (EP), Polyurethanen (PUR), Methylmethacrylaten (MMA) und ungesättigten Polyestern (UP). Eine große Anwendungsbreite haben ebenfalls die Cyanacrylate bei kleinflächigen Kunststoff- bzw. Elastomerklebungen gefunden.

Die *Diffusionsklebung* durch Anquellen oder Anlösen der Fügeflächen ist somit bei Thermoplasten mit Ausnahmen (z. B. PE, PP, POM und Polyfluorcarbonen) möglich. Sie führt zu schweißähnlichen Verbindungen, kann jedoch eine Spannungsrißbildung fördern. Die *Adhäsionsklebung* durch physikalische und chemische Bindungsvorgänge zwischen Klebflächen und Klebstoff ist bei fast allen Kunststoffen möglich.

Beispiele für Klebeverbindungen:

1. In der *handwerklichen Verarbeitung* klebt man z. B. Acrylglas für geringe Beanspruchung mit Lösemittelklebstoffen. Optisch einwandfrei und witterungsfest sind dabei auspolymerisierende Bindemittel, die in dickerer Schicht, z. B. als V-Naht, angewandt werden. Ähnlich klebt man Acrylglas mit Silikatglas, sonst mit Haftklebstoffen. PC-Klebstoffe, das sind Lösungen von nachchloriertem PVC (PC 10), gebraucht man für PVC-U im chemischen Apparatebau. In der allgemeinen Rohrleitungstechnik verwendet man anlösende und dadurch innerhalb normgemäßer Toleranzen „spaltfüllende" Klebstoffe mit Tetrahydrofuran als Lösemittel (THF-Klebstoffe nach DIN 16970, z. B. Tangit). Für aufzuarbeitende GFK-Verstärkungen wird PVC mit einem anlösenden UP-Harz als Haftvermittler behandelt.

PIB-Bahnen werden auf Beton mit Bitumen-Kunststoff-Schmelzklebstoffen, auf Metalle mit speziellen Kontaktklebstoffen geklebt. Die Richtlinien VDI 2531 bis VDI 2534 geben Einzelheiten über den Oberflächenschutz mit Kunststoffbahnen.

2. Für das Verkleben von *Kunststoffen,* vor allem in Form von Bahnen oder Tafeln, *mit undurchlässigen Trägern* (Metalle, Beton, Stein, Glas) eignen sich *Kontaktklebstoffe* auf der Basis von Natur- oder Synthese-Kautschuk. Sie werden meist auf beide Flächen aufgestrichen, die nach weitgehendem Abdunsten des Lösemittels unter Anreiben oder Anklopfen zusammengefügt werden. Gute Kontaktklebstoffe können bei dauernder Schmiegsamkeit erhebliche Scherkräfte aufnehmen, elastisch vernetzende Zweikomponentenklebstoffe auch bei höheren Temperaturen. Polychloroprenklebstoffe verfestigen durch allmähliche Teilkristallisation.

3. Zum Verkleben von *Kunststoffen*, insbesondere Folien, *mit porösen Werkstoffen* (Papier, Pappe, Filz, Textilien, Leder, Holz) eignen sich lösemittelfreie *Dispersions-Klebstoffe*. Frischer, flüssiger Klebstoff kann mit Wasser entfernt werden, eingetrockneter nicht. Die Klebungen sind weitgehend feuchtfest.

4. *Duroplastische Formstücke* werden miteinander und mit anderen Werkstoffen mit gleichartigen, kalt oder heiß härtenden Kunstharzen geklebt. *Phenolharz-Schichtpreßstoffe* (aufgerauht oder mit leimfähiger papierrauher Rückseite) binden auch mit Carbamidharz-Leimen ab. Für *dekorative Schichtpreßstoffe* werden außer diesen die unter 2. und 3. er-

Tafel 3.10. Normen und Vorschriften zum Kleben

EN 923. Klebstoffe, Begriffe und Definition; deutsche Fassung 1995	
DIN-Normen	*Beuth-Verlag GmbH, Burggrafenstr. 6, 10787 Berlin*
8580	**Fertigungsverfahren;** Einteilung
8593-1	Fertigungsverfahren **Fügen;** Einordnung, Unterteilung, Begriffe
16860	Klebstoffe für **Boden-, Wand- und Deckenbeläge;** Dispersions- und Kunstkautschukklebstoffe für **PVC-**Beläge ohne Träger; Anforderungen, Prüfung
16864	Klebstoffe für **Boden-, Wand- und Deckenbeläge;** Dispersions-, Kunstkautschuk- und Reaktionsklebstoffe für **Elastomer-Beläge;** Anforderungen, Prüfung
16909	Klebstoffe für **Schuhwerkstoffe;** Klebstoffe für Schuhbodenteile; Anforderungen, Prüfung, Klassifikation
16920	Klebstoffe; **Klebstoffverarbeitung;** Begriffe
16970	Klebstoffe zum Verbinden von **Rohren und Rohrleitungsteilen aus PVC-U;** allgemeine Güteanforderungen und Prüfungen
	Prüfung von **Metallklebstoffen** und **Metallklebungen:**
53281	" Proben; Teil 1: Klebflächenvorbehandlung; Teil 2: Herstellung; Teil 3: Kenndaten des Klebvorgangs
53282	" **Winkelschälversuch**
EN 1465	" Bestimmung der **Zugscherfestigkeit** hochfester Überlappungsklebungen
53284	" **Zeitstandversuch** an einschnittig überlappten Klebungen
EN ISO 9664	" Ermüdungseigenschaften bei Zugscherbeanspruchung
53286	" Bedingungen für die Prüfung bei verschiedenen **Temperaturen**
53287	" Bestimmung der **Beständigkeit** gegenüber Flüssigkeiten
EN 26922	" **Zugversuch**
EN 1464	" **Rollenschälversuch**
54451	" **Zugscher-Versuch** zur Ermittlung des Schubspannungs-Gleitungs-Diagramms eines Klebstoffs in der Klebung
54452	" **Druckscher-Versuch**
54453	" Bestimmung der **dynamischen Viskosität** von anaeroben Klebstoffen mittels Rotationsviskosimetern
54454	" **Losbrech-Versuch** an geklebten **Gewinden**
54455	" **Torsionsscher-Versuch**
54456	Prüfung von Konstruktionsklebstoffen und -klebungen; **Klimabeständigkeits-Versuch**
VDI-Richtlinien	*VDI-Verlag GmbH, Postfach 101139, 40002 Düsseldorf*
2229	**Metallkleben**, Hinweise für Konstruktion und Fertigung
2251	Feinwerkelemente, **Klebverbindungen**
3821	Kunststoff-Kleben
DVS-Merkblatt 2204	**Kleben von thermoplastischen Kunststoffen;** Teil 1, PVC-U; Teil 2, PO; Teil 3, PS und artverwandte Kunststoffe *Deutscher Verband für Schweißtechnik, Postfach 101965, 40010 Düsseldorf*
Richtlinie 1.1.7	Stark lösender **Klebstoff** auf Basis Tetrahydrofuran *Kunststoffrohr-Verein e.V., Dyroffstr. 2, 53113 Bonn*
Sicherheitsvorschrift VGB 81	Sammlung der Einzel-**Unfallverhütungsvorschriften** der gewerblichen Berufsgenossenschaft, Verarbeitung von Klebstoffen *Jedermann Verlag Dr. Otto Pfeffer OHG, Postfach 103140, 69021 Heidelberg*

wähnten Klebstoffe benutzt. *Vulkanfiber* und *Kunsthorn* können untereinander und mit Holz mittels üblicher Holzleime geklebt werden.

5. *Hochbelastbare Klebverbindungen* von Bauteilen aus faserverstärkten Hochleistungswerkstoffen untereinander oder mit solchen aus anderen Werkstoffen ermöglichen allgemein die lösemittelfreien, drucklos abbindenden *Reaktionsharz-Klebstoffe*. Cyanacrylat-Einkomponenten-Reaktionsharzklebstoffe werden häufig in der Feinwerktechnik eingesetzt.

6. *Klebfolien aus thermoplastischen Schmelzklebstoffen*, die bei Erwärmung reversibel erweichen, werden in erster Linie zur Verklebung von flächigen Gebilden wie Textilien, Papier, Folienbahnen, Leder und Holzprodukten eingesetzt. Neben „Bügeleisen" kommen beheizte Formpressen und kalanderartige Kaschieranlagen zur Anwendung, bei denen das Aufschmelzen des Klebstoffilms kontinuierlich durch Strahler, Beflammung oder beheizte Walzen erfolgt.

3.4.3.2 Schrauben, Nieten

Die Möglichkeiten, lösbare, bedingt lösbare und nicht lösbare Verbindungen von Kunststoffteilen untereinander oder mit Fügepartnern aus anderen Werkstoffen herzustellen, sind sehr vielfältig. Die Wahl der zweckmäßigen Kunststoffart und die Gestaltung der Formteile können vom Konstrukteur erst dann festgelegt werden, wenn die Entscheidung über das Verfahren des Fügens gefallen ist. Diese Entscheidung beeinflußt häufig in hohem Maß die Wirtschaftlichkeit bei der Fertigung und der Montage der Kunststoffteile und darüber hinaus die Wirtschaftlichkeit oder Bequemlichkeit beim späteren Gebrauch von Geräten oder Gebrauchsgegenständen.

Schrauben

Schrauben bzw. Muttern aus Kunststoffen als Befestigungsmittel sind wegen der i. a. geringen Festigkeit und/oder Steifigkeit der Kunststoffe nur dann sinnvoll, wenn spezielle Anforderungen an die Schraubverbindungen keine andere Wahl zulassen. Das kann zutreffen, wenn eine elektrische Isolation, eine sehr hohe Korrosionsbeständigkeit oder z. B. eine durchgehende Einfärbung erwünscht sind (s. a. VDI 2543 u. VDI 2544 Schrauben aus thermoplastischen Kunststoffen).

Weitverbreitet sind jedoch Schraubverbindungen mit *Metallschrauben,* indem z. B. Messingbuchsen mit Innengewinden in Spritzgußteilen umspritzt, s. Abschn. 3.2.2.14, oder z. B. mit Ultraschall nachträglich eingesenkt sind. Man kann diese Einlegeteile vermeiden und das Gewinde als Nachbearbeitung herstellen, wobei das metrische Gewinde in die Duroplast- oder Thermoplastteile eingeschnitten wird (das Einformen der Gewinde im Spritzgießprozeß ist i. a. aufwendig beim Werkzeugbau und wegen der Verarbeitungsschwindung ungenau bezüglich der Gewindesteigung). Man wählt eine Gewindetiefe von 2- bis 3mal Schraubendurchmesser. Diese Gewindeschneidarbeiten lohnen sich meistens nur dann, wenn mit den Gewindeschneidern in einem Arbeitsgang zugleich auch

Tafel 3.11. Selbstformende Schrauben ohne Schneidkerbe
Bemessungsrichtlinien für Schraubzapfen (gültig für d = 2,9 mm bis 5,1 mm)
in Anlehnung an ATI 482, Bayer AG (1988)

Werkstoffe (Beispiele für thermoplastische Kunststoffe)	Schraubentyp A[1])	Schraubentyp B[1])
ABS	$d_i = 0{,}87 \times d$	$d_i = 0{,}84 \times d$
(PC + ABS) (mit niedrigem PC-Anteil)	$d_i = 0{,}90 \times d$	$d_i = 0{,}86 \times d$
(PC + ABS) (mit hohem PC-Anteil)	nicht	$d_i = 0{,}89 \times d$
PC	empfehlens-	$d_i = 0{,}90 \times d$
PC glasfaserverstärkt	wert	$d_i = 0{,}92 \times d$
PET	$d_i = 0{,}89 \times d$	$d_i = 0{,}85 \times d$
PET glasfaserverstärkt	$d_i = 0{,}91 \times d$	$d_i = 0{,}87 \times d$
PA 66 glasfaserverstärkt, spritzfrisch	$d_i = 0{,}94 \times d$	$d_i = 0{,}90 \times d$
PA 66 glasfaserverstärkt, konditioniert	$d_i = 0{,}92 \times d$	$d_i = 0{,}87 \times d$
PA 6 spritzfrisch	$d_i = 0{,}90 \times d$	$d_i = 0{,}86 \times d$
PA 6[2]) konditioniert	$d_i = 0{,}85 \times d$	$d_i = 0{,}82 \times d$
PA 6 glasfaserverstärkt, spritzfrisch	$d_i = 0{,}92 \times d$	$d_i = 0{,}88 \times d$
PA 6 glasfaserverstärkt, konditioniert	$d_i = 0{,}90 \times d$	$d_i = 0{,}86 \times d$

[1]) Schraubentypen s. Bild 3.145 Typ A und Typ B
[2]) Tragende Länge ≥ 3 × d empfohlen, um VDE-Vorschriften zu erfüllen
[3]) Je größer Einschraubtiefe, desto besser werden VDE-Vorschriften erfüllt

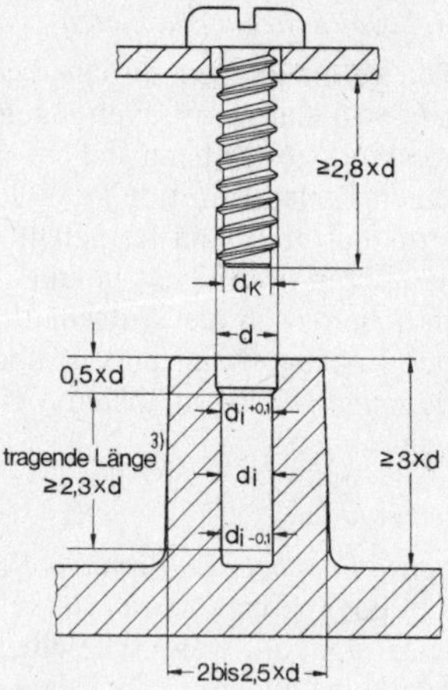

andere Nacharbeiten wie Bohren, Abschneiden, Fräsen und dergleichen verbunden werden können.

Besonders bewährt haben sich beim *Verschrauben thermoplastischer Kunststoffteile* spezielle selbstformende Schrauben mit und ohne Schneidkerbe. Tafel 3.11 enthält Bemessungsrichtlinien für einzuformende Längen und Durchmesser der gewindelosen Sacklochbohrungen bei zwei Schraubentypen A und B, s. Bild 3.145 (s. a. Anwendungstechnische Information ATI 482 der Bayer AG von 1988). Man ersieht aus der Tafel, daß bei zähen, wenig rißempfindlichen Kunststoffen (ABS, PA 6 konditioniert) der Durchmesser d_i kleiner sein kann und daß der Schraubentyp B i. a. günstiger ist, speziell auch bei PC.

Für eine speziell für Thermoplaste entwickelte Schraube ähnlich Type B in Bild 3.145 mit einem Flankenwinkel von 30° empfiehlt der Hersteller

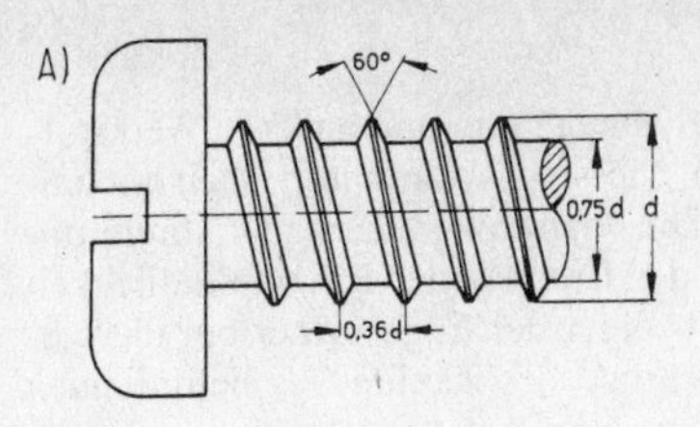

Typ A: Blechschraube mit Gewinde nach DIN 7970

Allgemeine Kennzeichen: stumpfe Flankenwinkel (ca. 60°); große Kerndurchmesser (>0,7 D); hohes zu verdrängendes Volumen bewirkt hohe Spannungen in der Schraubhülse, daher weniger geeignet für spannungsrißempfindliche Kunststoffe

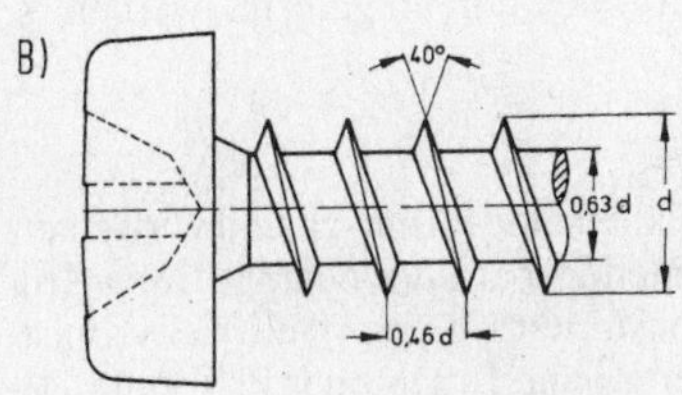

Typ B: Spanplatten-Schraube (z. B. ABC-®SPAX)

Allgemeine Kennzeichen: Spitze Flankenwinkel (<45°); kleine Kerndurchmesser (<0,65 D); meist höhere Steigung als bei Schraubentyp A; Schraubentyp B ist für thermoplastische Kunststoffe besser geeignet als Schraubentyp A

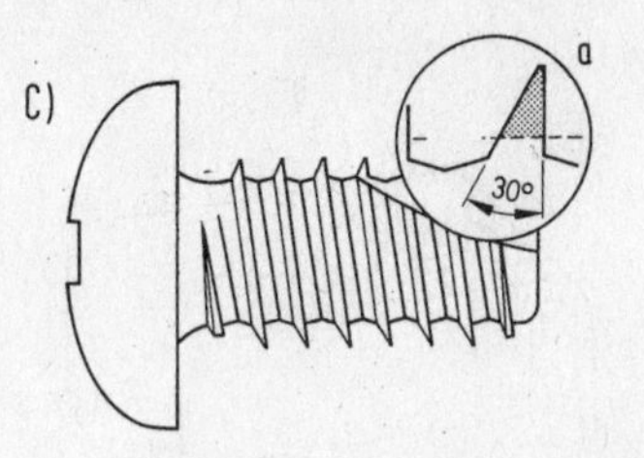

Typ C: Insbesondere geeignet für Duroplaste, mit großem Anzugs- und Lösemoment

a: Ausschnitt mit Lastflankenwinkel von 30°. Die Kerbauskehlung schafft Freiraum für zerspanten Werkstoff, der in das Sackloch (Spanraum) fällt

Bild 3.145. Beispiele für selbstformende Schrauben (siehe die dazu passenden Sackloch-Abmessungen in Tafel 3.9).

(Ejot-Verbindungstechnik) Schraubzapfendurchmesser von 1,8 bis 2,5*d, Einschraubtiefen von 1,7 bis 2,2*d und folgende Lochdurchmesser:

ca. 0,70*d:	PE-weich, POM, PP, PP mit 20% Talkum
ca. 0,75*d:	PA 46, PA 6, PA 66, PBT, PE hart, PET, POM-GF 30
ca. 0,80*d	ABS, ABS+PC, ASA, PS, PVC U, PA 46-, PA 66-, PBT-, PET-GF 30
ca. 0,85*d	PC, PC-GF 30, PMMA, PPO

Beim *Verschrauben duroplastischer Kunststoffteile* sind selbstschneidende Schrauben günstig, die nicht eine Umformung des Kunststoffes (wie bei zähen Thermoplasten), sondern eine optimale Zerspanung bewirken, Bild 3.145, Typ C. Dazu eignet sich ein asymmetrisches Gewindeprofil mit einem Lastflankenwinkel von 30°. Die Sacklochbohrung sollte etwa $0{,}85 \cdot d$ (d Schraubendurchmesser), die Spanraumtiefe mindestens $0{,}8 \cdot d$, besser mehr, betragen, damit nicht beim Einschrauben der Boden am Sacklochende abgesprengt wird.

Nieten

Das *Vernieten von Kunststoffen* untereinander oder mit anderen Werkstoffen kann mit Weichnieten aus Kupfer, Messing, Aluminium, auch mit umbördelnden Hohlnieten, geschehen. Die Nietschläge müssen in ihrem Impuls (Masse mal Geschwindigkeit) der Bruch- oder Rißempfindlichkeit des Kunststoffes angepaßt sein. Falls einer der Fügepartner ein thermoplastischer Kunststoff ist, kann das Ende der Zapfen des betreffenden Formteils durch Ultraschall zu einem Nietkopf umgeformt werden, s. Abschn. 3.4.1.2.

3.4.3.3 Schnappverbindungen

Schnappverbindungen sind in vielen Fällen eine technisch und wirtschaftlich günstige Verbindungsart, sie können lösbar oder bedingt lösbar (für nur wenige Öffnungsbewegungen) konstruiert werden. Weil viele Kunststoffe kurzzeitig recht große Dehnwerte ohne Bruch oder bleibende De-

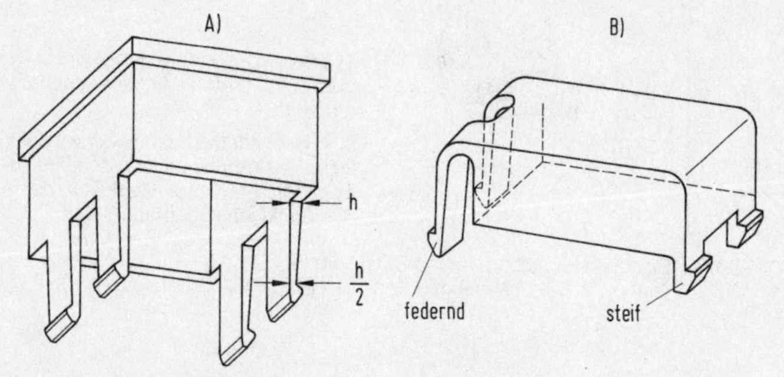

Bild 3.146. a) Baustein für Schaltwände mit vier Schnappärchen, b) Abdeckklappe mit zwei steifen und zwei federnden Schnapphäkchen

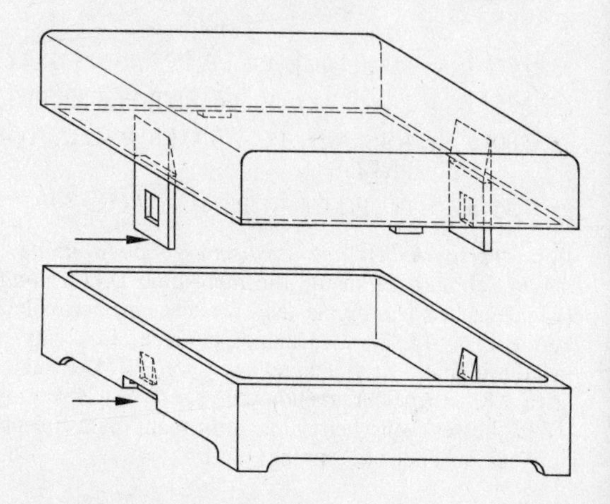

Bild 3.147. Lösbare Schnappverbindung einer Chassis-Abdeckung

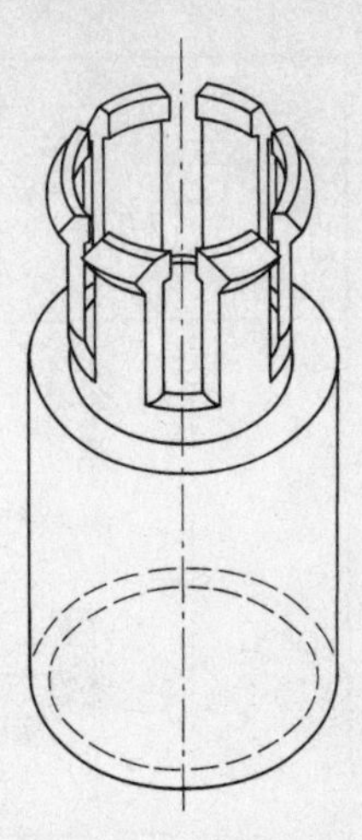

Bild 3.148. Unterbrochene Ringschnappverbindung

formationen zulassen, sind Kunststoffe in besonderem Maße für dieses Fügeverfahren geeignet. Die Bilder 3.146a und b zeigen einfache Beispiele mit Schnapphaken, Bild 3.147 zeigt eine Chassis-Abdeckung mit zwei schnappenden Laschen mit großer Kraftübertragung, die durch Daumendruck in Pfeilrichtung ausgeklinkt werden können. Bild 3.148 stellt eine unterbrochene Ringschnappverbindung dar.

Die wichtigsten Grundformen für solche Verbindungen sind: federnde Haken, Ringschnappverbindungen und Torsionsschnappverbindungen. Die Berechnungsgleichungen für zwei einfach gestaltete Schnapphaken sind Bild 3.149 zu entnehmen. Die Rohstoffhersteller geben Hinweise für ihre verschiedenen Kunststoffe, um die Hakendicke h, die Auslenkkraft Q und die Fügekraft, auch bei komplizierter Gestalt, im einzelnen berechnen zu können (z.B. Bayer AG: Schnappverbindungen aus Kunststoff, Gestaltung und Berechnung, Bestell-Nr.: KU 46036, Ausgabe 12/90, Rechenprogramme für PC, Stichwort „BAYDISK“).

3.4.4 Oberflächenbehandlungen

3.4.4.1 Vorbehandlung der Oberflächen

VDI/VDE 2421 Kunststoffoberflächenbehandlung in der Feinwerktechnik, Übersicht und Blatt 1 Mechanische Bearbeitung, Blatt 2 Metallisieren, Blatt 3 Lackieren, Blatt 4 Bedrucken und Heißprägen, s.a. VDI 2533 u. VDI 2537.

Um die Oberflächen von Kunststofferzeugnissen haftfest beschichten zu können, sind vielfach *Vorbehandlungen* zur Beseitigung von Oberflächenfehlstellen oder Verunreinigungen aus dem Herstellungsprozeß oder der Umgebung erforderlich. Schwer benetzbare Oberflächen von Polyolefinen, Polyfluorcarbonen oder Polyacetalen müssen für das Verkleben,

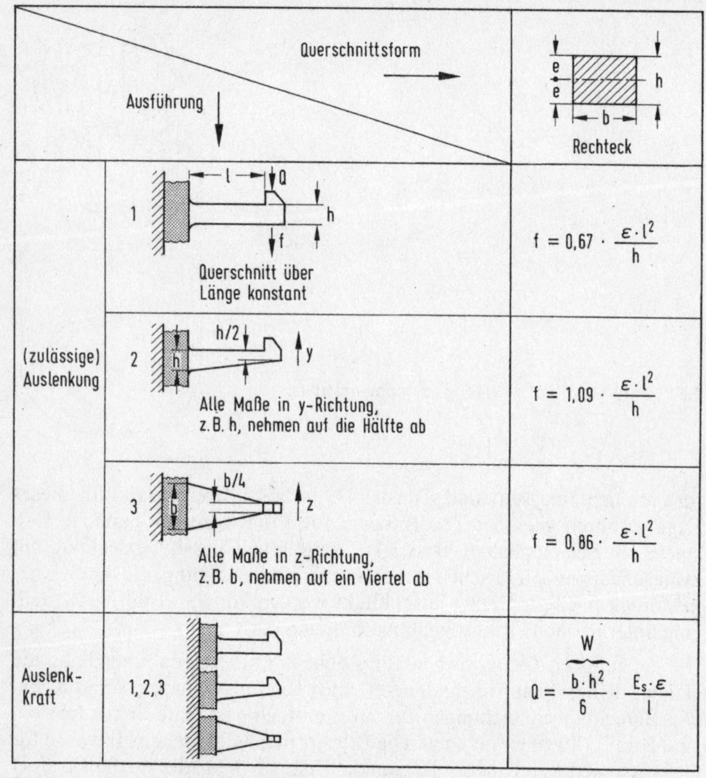

Bild 3.149. Berechnungsgleichungen für Schnapphaken

f (zulässiger) Federweg (≙ Hinterschnitt), ε (zulässige) Dehnung in der Randfaser der Einspannstelle (in den Formeln: ε als Absolutwert = Prozentwert/100), l Armlänge, h Dicke am Einspannquerschnitt, b Breite am Einspannquerschnitt, e Randfaserabstand von der neutralen Faser (Schwerpunkt), W axiales Widerstandsmoment (W = I/e; I = axiales Trägheitsmoment), E_S Sekanten-Modul, Q (zulässige) Auslenkkraft

Lackieren, Bedrucken, Metallisieren durch chemische Reaktionen „aktiviert“ werden, s. Abschn. 3.4.3.1.

Die mechanische Vorbehandlung großflächiger Teile mit porösen oder schlierigen Oberflächen durch Schleifen oder Strahlen ist arbeitsaufwendig, zur haftverbessernden Aufrauhung sowie bei hohen Anforderungen an die Oberflächengüte lackierter Teile, z. B. „Class A“ im Fahrzeugbau, zuweilen unvermeidbar erforderlich. Trennmittelreste werden durch Abwaschen mit Lösemitteln, in Spezialanlagen durch Lösemitteldampf oder

Ultraschall-Reinigung im Lösemittel entfernt. Durch elektrostatische Aufladung angezogener Staub wird mit deionisierter Luft abgeblasen.

Oberflächen-Aktivierungsverfahren sind das *Anätzen* mit hoch reaktiven (gefährlichen, gewerbehygienisch bedenklichen) Chemikalien, das *Beflammen* mit Butan- oder Propangasflammen mit O_2-Überschuß und das *Corona-Behandlung* genannte Bombardement der Oberflächen durch energiereiche Ionen im Hochspannungsfeld (10–20 kV; 10–60kHz) in Luft bei Normaldruck. Die letztgenannten Verfahren können in kontinuierliche Prozesse integriert werden, die Intensität und Dauer der Aktivierung sind begrenzt. Die Haftfähigkeit unpolarer Oberflächen von Polyolefinen kann durch Bestrahlung mit UV-Licht im Vakuum dauerhaft erhöht werden.

Der Corona-Behandlung grundsätzlich ähnlich, aber hinsichtlich Intensität und über 100 h andauernde Wirksamkeit sehr viel effektiver ist die für Thermoplaste und Duroplaste anwendbare *Aktivierung im Niederdruckplasma.* Zylindrische Zykluskammern bis zu mehreren m^3 Inhalt für Massenteile, Parallelplattengeräte für Großteile der diskontinuierlich arbeitenden Anlagen (s. Bild 3.73) werden nach dem Evakuieren auf 0,1 bis 10 mbar bei fortlaufender Pumpe kurzzeitig mit Prozeßgas (O, N, F, Edelgase) dieses Drucks unter Hochfrequenzspannung im prozeß- und volumenabhängig zu wählenden Hz bis GHz-Bereich beaufschlagt. Herausschlagen von Atomen („sputtering“) und Aktivierung („Trocken-Ätzung“) von Oberflächen durch die entstehenden hoch aufgeladen beschleunigten Anionen, Elektronen und Atome des Plasmagases (mit O_2 unter Abspaltung von abgesaugtem CO_2 und H_2O) und zugleich auftretende UV-Strahlung erfordert in Sekunden zu messende Zeiten, so daß die Zyklen nur einige Minuten dauern. Das erhebliche Anlagekosten erfordernde Verfahren arbeitet trotz der Diskontinuität daher bezogen auf die Stückkosten wirtschaftlich. Die Formteile werden im Plasmareaktor 60 bis 100 °C warm.

Setzt man dem Prozeßgas Monomere zu, so werden diese im Niederdruckplasma polymerisiert. Anwendungen des Niederdruck-Plasma-Verfahrens zur Polymer-Dünnbeschichtung, s. Abschn. 3.2.9.3 Beschichten.

3.4.4.2 Polieren

Spanlos geformte Teile werden gelegentlich poliert, um Spuren des Entgratens oder des Angusses zu entfernen, spanend gefertigte Formstücke häufig. Man arbeitet mit speziellen Schleif- und Glanzwachsen, von Hand mit Schwabbelscheiben, besser gefalteten Polierringen (Schleifen 15 bis 25 m/min, Polieren 25 bis 30 m/min, Glänzen ohne Poliermittel). Kleinteile werden getrommelt (je Arbeitsgang 8 bis 12 h, 20 bis 25 U/min, 1/3 Füllung, davon 2 Teile Poliermittel-Würfel bzw. -Kugeln auf 1 Teil Poliergut), auf hinreichend niedrige Temperaturen muß geachtet werden. Antistatische Entgratungs-Granulate und Poliermittel vermindern den lästigen Staub.

3.4.4.3 Lackieren

erfüllt schützende, dekorative oder andere funktionelle Aufgaben. Früher war man der Meinung, daß Kunststoffe im Gegensatz zu Metallen einer Lackierung nicht bedürfen, da kein korrosiver Angriff auftritt. Viele Kunststoffbauteile entsprechen aber nur dann spezifischen Anforderungen an die Optik, Haptik, Licht- und Wetterbeständigkeit, wenn sie lackiert werden.

So werden heute z. B. firmenabhängig in der Automobilzulieferindustrie bis zu 70% der Kunststoffteile für den Außen- und Inneneinsatz am Auto lackiert. Härte, Dehn- und Temperaturverhalten von Lackschichten müssen auf das Verhalten des Grundkörper-Werkstoffs abgestimmt sein. Zu harte Lackierung kann die Schlagzähigkeit eines Kunststoff-Werkstücks empfindlich herabsetzen.

Lackieren von Strukturschaumstoff- und GFK-Formteilen mit Reaktionsharzlacken erfordert meist Oberflächenvorbereitungen durch Naßschleifen und Grundieren, sofern nicht (IMC, IMP, s. Abschn. 3.3.2.8 Pressen) Lackschichten in das Formwerkzeug eingebracht werden können. Schwarzpigmentierter UV-Filterlack (Transfer-Electric) schirmt Polyolefine gegen photochemische Zersetzung ab. Abriebfeste Leitlacke gebraucht man für antistatische Beschichtungen von Benzintanks und, mit Ag, Ni oder Cu gefüllt, für die Hochfrequenzemissionsabschirmung elektronischer Geräte. Die Kratzbeständigkeit von PMMA und PC wird durch spezielle Klarlacke erhöht. Durch Sprühen, Fluten oder Tauchen werden auf transparente Kunststoffe, vorzugsweise PC, in einem Sol-Gel-Prozeß kratzfeste Beschichtungen auf Basis organically modified ceramics, kurz Ormocere, aufgebracht, die einen Einsatz als Kfz-Verscheibung ermöglichen. Für Oberflächeneffekte bei Thermoplasten, wie Perlmuttglanz mit Fischsilber oder Iriodin-Pigmenten, zweifarbiges Schattieren von Kunstledernarbungen, braucht man Lacke mit artverwandtem Grundstoff und Speziallösemitteln.

Pulverlackierbar sind Kunststoffe wie z.B. PA 6 oder PA 66, die mit Metall oder leitfähigen Keramikkugeln leitfähig gemacht wurden und höhere Einbrenntemperaturen ertragen. Anwendungen im Sanitärbereich.

3.4.4.4 Bedrucken, Beschriften und Dekorieren:

Duroplast-Erzeugnisse werden kaum bedruckt. Flächige MF- und GFK-Erzeugnisse werden durch Einbetten bedruckter oder bemalter Papiere oder gemusterter Gewebe unter einer klaren Deckschicht, Preß- und Spritzgußteile durch Einlegen von Ornamin-Dekorfolien in das Formwerkzeug dekoriert.

Folien werden von der Rolle mit üblichen Rotationsdruckmaschinen, Folienzuschnitte, auch im Zerrdruck für späteres Tiefziehen, mit Bogendruckmaschinen bedruckt, die hinsichtlich Führung und Trocknung des Druckguts für die Kunststoffmaterialien modifiziert sind. Zum mehrfarbigen Bedrucken von Formteilen gibt es Spezialmaschinen. Die Druckfarbenfabriken führen Druckfarbensortimente für Kunststoffe.

Von den üblichen Druckverfahren wird der *Hochdruck* mit Metall- oder Kunststoff-Formen für kleinere Auflagen im Bogendruck und zum Bedrucken flacher Teile angewandt. Mit Druckformen aus Gummi, die auch mehrere Farben aufnehmen können, arbeitet der für den Druck von der Rolle überwiegend gebrauchte Anilin- oder *Flexo-Druck.* Für den Bogendruck und für das Bedrucken von Formteilen wird der als *Trocken-Offset-Verfahren* bezeichnete indirekte Hochdruck gebraucht, bei dem die Druckfarben, ggf. mehrere für einen Druck, von erhabenen Formen auf Gummituch übertragen werden. Der *Tiefdruck* ermöglicht drucktechnisch eine vollendete Wiedergabe der Vorlage auf Folien und Rundkörpern, ist aber der hohen Anlage- und Druckform-Kosten wegen nur für Großauflagen wirtschaftlich. Für den universell anwendbaren *Siebdruck,* ursprünglich ein Handverfahren für kleine Auflagen, gibt es Mehrfarbendruck-Automaten, auch für Rundkörper.

Beim *Thermodiffusionsdruck für Polyolefine,* PA und POM verwendet man dick aufgetragene Druckfarben, die durch kurze Behandlung der bedruckten Teile mit 100 bis 150 °C in die Oberfläche hineindiffundieren. Das *Therimageverfahren* besteht in der Übertragung eines Tiefdrucks auf gewachstem Papier auf einem Thermoplast-Hohlkörper durch Abwickeln und Fixieren in der Wärme. Vorbedruckte Folien, die sich mit den Erzeugnissen verbinden, werden im *Formprint-Verfahren* für Blasartikel, im *Ornatherm-* bzw. bei maschineller Aufgabe der Folien im *Ornamat-Verfahren* für Spritzgußartikel vorab in das Formwerkzeug eingelegt. Unregelmäßig gestaltete und große Teile, die sich nicht bedrucken lassen, werden durch *Farbspritzen* unter Verwendung von Schablonen dekoriert.

Diese traditionellen Verfahren werden zunehmend durch berührungslose abgelöst.

Mit elektromagnetisch gesteuerten (Bauprinzip z.B. Nd-YAG, das sind Neodym-dotierte Ytrium-Aluminium-Granat-Kristalle) oder durch Schriftmasken wirkende (CO_2-)*Laserstrahlen* werden thermoplastische Formteile durch Gravieren, Verfärben, Verschäumen oder Verkohlen haltbar und kontrastreich beschriftet, Laserbeschriftung. Bei mangelnder Absorption der Lichtstrahlen können dem Kunststoff geeignete Pigmente beigegeben werden, die durch Farbänderung verschiedener Art zu Kontrasteffekten und auch mehrfarbigen Beschriftungen führen.

Auch nach dem Prinzip der Tintenstrahldrucker (Ink Jet Technik) arbeitende Beschriftungsanlagen werden eingesetzt.

Nach einer speziellen Tauchbadtechnik, Tauchbaddekorieren, können auch unregelmäßige und mehrdimensionale mehrfarbige Dekors aufgebracht werden (Marmor- oder Holzeffekt). Eine mit dem Dekor bedruckte Folie wird von einer Rolle abgeschnitten und auf die Oberfläche eines Wasserbades gelegt und anschließend von oben mit einem Lösemittel besprüht. Die Trägerschicht der Folie löst sich dabei auf, sodaß nur die

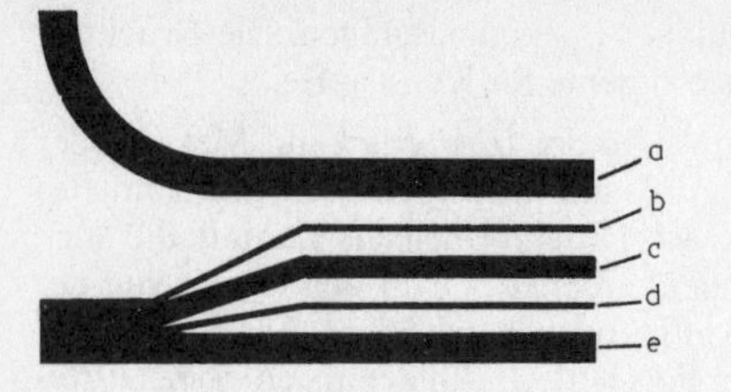

Bild 3.150.
Aufbau einer Prägefolie
a Trägerfolie, b Trennschicht, c Schutzlack, d Metallisierung, e Klebschicht. Die Schichten b bis e bilden die Prägung

hauchdünne Schicht des Dekors schwimmend zurückbleibt. Beim anschließenden Hineintauchen eines Spritzgußteiles in das Wasserbad schmiegt sich die Dekorschicht an die Oberfläche des Teiles an, wo sie haften bleibt. Eine Überlackierung mit Klarlack nach dem Trocknen der Dekorschicht erhöht die Abriebfestigkeit und optische Tiefenwirkung.

3.4.4.5 Prägen

Örtliche *Blind- und Farbprägungen* werden mit geheizten Formstempeln aufgebracht, bei PVC-Folien werden die HF-Blindprägung (s. Abschn. 3.4.2.5 HF Schweißen) und das Einschmelzen von Prägefolien oft kombiniert. Mehrfarbige Bilder werden als „Plastetten", das sind bedruckte Folienstücke, durch Prägen aufgeschweißt.

Für das positive oder negative *Heißprägen* von Skalen, Schriftzügen oder Ornamenten (auch als Konterprägung) werden insgesamt 12 bis 23 μm dicke Mehrschichtfolien (Bild 3.150) mit geschützter Farbdekor- oder Metallschicht (Al für Innen-, Chrom für Außen-Anwendungen) aufgebracht. Dies kann vom Band mit beheizten Prägestempeln von Hubpressen oder Prägerädern, beim Spritzgießen mit Durchlauf-Vorrichtungen geschehen.

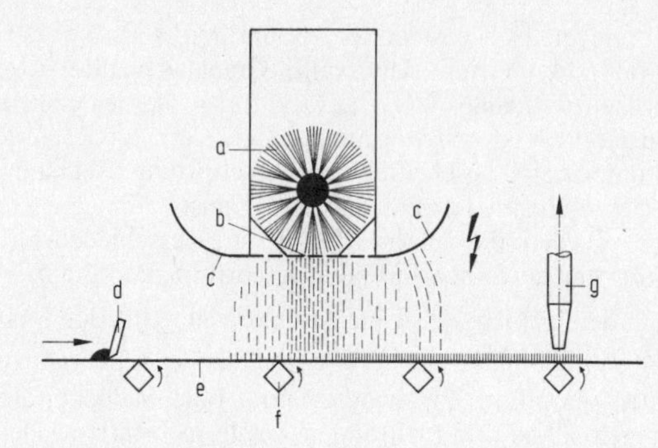

Bild 3.151. Elektrostatisches Beflocken von oben (nach Maag)

a: Flockbehälter mit Bürstendosierung, b: Dosiersieb, gleichzeitig Hochspannungselektrode, c: Vor- und Nachflockzone, d: Klebstoffauftrag, e: mit Klebstoff beschichtete Bahn, f: Schlägerwellen, g: Vorreinigung durch Absaugen

3.4.4.6 *Beflocken*

Das Beflocken von Kunststoff-Bahnen oder -Formteilen wird mit kurzgeschnittenen Textilfasern (Flock) von 0,3 bis 5mm Schnittlänge, Textilstaub oder ähnlichem Material zu dekorativen (samt-, plüsch-oder pelzartige Strukturen) oder technischen Zwecken (z.B. Auto-Fenstergleitleisten, Friktionselementen in der Feinwerktechnik, Etuiauskleidungen, Schalldämpfung oder Schwitzwasserbindung) durchgeführt. Die Flocken werden auf die mit einem Klebstoff bestrichene Oberfläche aufgesiebt, mit Druckluft aufgeblasen oder elektrostatisch niedergeschlagen. Bild 3.151 zeigt eine Anlage, in der Bahnen von oben beflockt werden. Beim Durchtreten durch das Sieb b werden die Flocken, die durch das Behandeln mit geeigneten wäßrigen Lösungen eine ausreichende elektrische Leitfähigkeit erlangt haben, aufgeladen, in Richtung der Feldlinien ausgerichtet und mit bis zu 200 cm/s in Richtung der Folie bewegt, so daß sie senkrecht auf die Klebstoffschicht auftreffen. Nicht festgeklebter Flock wird elektrisch umgeladen und wieder zur Hochspannungselektrode gezogen oder abgesaugt.

3.4.4.7 *Metallisieren*

Zum *Metallisieren* werden Einzelteile auf drehbaren Halterungen, Folien auf Umspulvorrichtungen in Hochvakuumkesseln (10^{-4} bis 10^{-5} mbar) 0,1 bis 1 μm dick mit Metallen – meist Al, für besondere Zwecke Cu oder Edelmetalle – beschichtet, die durch elektrisches Erhitzen verdampft werden. Von 0,2 μm aufwärts sind die Metallschichten undurchsichtig, dickere Schichten werden evtl. zusätzlich aufgalvanisiert. Gasende (weichmacherhaltige) Kunststoffe brauchen einen Grundlack, die spiegelnden Metallschichten eine Schutzlackierung.

Niedrig schmelzende Metalle werden auf Kunststoffe mit Metallspritzpistolen aufgebracht, Gold-, Silber- und Kupferschichten durch chemische Reduktion (z. B. mit Formaldehyd) aus den Metallsalzlösungen niedergeschlagen.

Zur Verankerung der durch *Galvanisieren* aufgebrachten Metallüberzüge von 50 bis 100 μm Dicke werden Kunststoff-Teile zunächst in Beiz-Bäder gebracht, die deren Oberfläche chemisch aufrauhen. Geeignete Kunststoff-Typen und die zugehörigen Beizmittel gibt es für die meisten thermoplastischen Kunststoffe, PF-Preßstoff, EP-Harz und PUR-Struktur-Schaum; manche Kunststoffe sind ohne Vorbehandlung galvanisierbar. Die aufgerauhten Oberflächen werden in Bädern mit Lösungen von Edelmetallsalzen so aktiviert, daß aus Kupferbädern auf der Kunststoff-Fläche festhaftend eine Kupferschicht stromlos abgeschieden werden kann. Diese wird dann galvanisch weiter verkupfert und vernickelt oder verchromt. Die Verfahren führen zu Verbundwerkstoffteilen mit erhöhter mechanischer und Temperaturstandfestigkeit (Tafel 3.12). Oberflächen-Metallisierungen sind weiterhin von Bedeutung für die Abschirmung von Elektronik-Geräten gegen elektromagnetische Felder, s. Abschn. 2.4.1.3.

Tafel 3.12. Vergleichszahlen für galvanisierte Formteile

	ABS		PP	
	nicht galvanisiert	galvanisiert	nicht galvanisiert	galvanisiert[1])
Grenzbiegespannung ..... N/mm^2	390	520	450	830
E-Modul .... N/mm^2	22000	63000	12000	61000
Kugeldruckhärte .... N/mm^2			540	860
Formbeständig bis .... °C	90	130	148	>170

[1]) nach Vorbehandlung

3.4.4.8 Einreiben

Das *Einreiben* von Kunststoffen mit antistatischen Mitteln (Antistatic C, Statexon AN, Plexiklar) verhindert eine Staubanziehung, mit Silikonöl werden der Oberflächenglanz und die Kratzfestigkeit verbessert; Preventol K wirkt keimtötend. Die Wirkung der aufgeriebenen Schichten ist zeitlich begrenzt, wenn die Schichten im Gebrauch abgetragen werden.

Beschichten s. Abschn. 3.2.9.3.

3.4.4.9 Fluorierung

Die Beaufschlagung von PE, z.B. von Innenflächen von Kfz-Tanks, mit fluorhaltigem Gas bewirkt durch die Reaktionsfreudigkeit des Fluor eine mehr oder weniger statistische Substitution von Wasserstoffatomen aus der PE-Kette durch Fluoratome. Es entstehen CF-, CF_2- und auch (unerwünschte) CF_3-Bindungen. Letztere bedeuten Bruch der PE-Kette. Die Fluorierung führt zu einer Hydrophilierung der Oberfläche und damit zu einer Verminderung der Adsorption und Sorption der hydrophoben Kraftstoffe.

3.4.5 Sonstige Bearbeitungsverfahren

3.4.5.1 Spanabhebende Bearbeitung

Obwohl die spanlose Formgebung für Kunststoffe das werkstoffgerechte Verfahren ist, ist die spanabhebende Bearbeitung in folgenden Fällen sinnvoll bzw. erforderlich:

- bei geringen Stückzahlen sind die Kosten für Formwerkzeuge zu hoch,
- erhöhte Anforderungen an die Maßgenauigkeit,
- schlecht spanlos zu verarbeitende Kunststoffe, z.B. Fluorpolymere; Folien aus PTFE werden wie Furnierholz geschält,
- Weiterverarbeitung von Duroplasten, Schichtpreßstoffen,
- nachträgliches Einbringen von Bohrungen usw., um Werkzeug einfach zu halten,

- Entgraten und Entfernen von Angüssen,
- Herstellung von Probekörpern aus Formteilen oder Halbzeugen.

Im Vergleich zu Werkstoffen wie Metall und Holz weisen die Kunststoffe einige Besonderheiten auf, die bei der spanenden Bearbeitung zu berücksichtigen sind:

- Bei Erwärmung erweichen Thermoplaste und neigen dann zum Schmieren, Duroplaste zur Verbrennung bzw. zur chemischen Zersetzung. Deshalb kleine Spanquerschnitte und hohe Schnittgeschwindigkeiten bei guter Kühlung mit Preßluft oder Inertgas verwenden. Schmier- und flüssige Kühlmittel können zur Spannungsrißbildung führen.
- Die niedrige Wärmeleitfähigkeit fördert die Erwärmung bei der Bearbeitung.
- Der Wärmeausdehnungskoeffizient ist hoch, so daß Maßkontrollen erst nach Abkühlung vorgenommen werden können.
- Der um mehr als eine Größenordnung geringere Elastzitätsmodul führt zu plastischen Verformungen bei den auftretenden Kräften, die sich zeitverzögert zurückstellen und die Ursache für Übermaße sein können: Löcher fallen meist kleiner aus als der Bohrerdurchmesser.
- Halbzeuge und Formteile können Eigenspannungen aufweisen, deren inneres Gleichgewicht durch die Bearbeitung gestört werden kann und dann zum Verzug, in extremen Fällen zu Rißbildung führt. Tempern vor der Verarbeitung kann erforderlich sein.
- Anorganisch gefüllte Kunststoffe führen zu einem erhöhten Werkzeugverschleiß, deshalb Hartmetall-, oxidkeramische oder Diamantwerkzeuge einsetzen. Der füllstoffhaltige Staub sollte abgesaugt werden. Bei ungefüllten Thermoplasten genügt SS-Stahl. Zum Bearbeiten von CFK und GFK (Herstellung von Probekörpern aus Halbzeug) haben sich Diamant-Schleifkörper bewährt, die z.B. auf Fräsmaschinen der Holzbearbeitung zum Einsatz kommen. Vorteilhaft ist das Schleifen unter Wasser.

Die VDI-Richtlinie 2003 enthält praxisnahe Daten und Hinweise für die spanende Bearbeitung und die Gestaltung der Bearbeitungswerkzeuge.

Tafel 3.13 enthält eine Bewertung von Bearbeitungstechnologien für Kunststoffe.

3.4.5.2 Trennen, Abtragen

Zuschnitte aus Halbzeugen wie Folien, Platten oder Profile werden mit Kreismessern, Langmessern oder Schneidwalzen hergestellt, das Besäumen von Extruderbahnen bei der Herstellung von Folien erfolgt ebenfalls mit Kreismessern, Langmessern oder Schneidwalzen, Ausschnitte entstehen durch Stanzen. Ein Erwärmen harter Platten reduziert die Schnittkräfte und vermeidet einen Kantenausbruch. Bei größeren Materialdicken

Tafel 3.13. Gegenüberstellung der Bearbeitungstechnologien (nach G. Spur u. St. Liebelt)

	Zerteilen		Spanen		Abtragen	
	Schneiden	Stanzen	Bohren	Fräsen	Wasserstrahl	Laserstrahl
Mechanische Belastung	gering	mittel	mittel–hoch	mittel	gering	sehr gering
Thermische Belastung	sehr gering	sehr gering	hoch	mittel–hoch	sehr gering	sehr hoch
Schadstoffentwicklung in der Luft	gering	gering (Fasern)	mittel	hoch (Staub, Fasern)	gering (leichte Aerosolbildung)	sehr hoch (Rauch, Gase)
Geräuschentwicklung	gering	mittel–hoch	hoch	sehr hoch	hoch–sehr hoch	gering
Schnittfugenbreite	—	—	—	mittel (Werkzeug)	gering	gering
engste Radien	—	—	—	Werkzeug-durchmesser	0,5 bis 1 mm	0,5 mm
Symmetrie der Schnittkante	keine Formhaltigkeit	parallel/konkav zur Stanzrichtung	senkrecht zur Werkzeugachse	senkrecht zur Werkzeugachse, leichte Aufweitung	parallel zur Strahlrichtung, leichte Aufweitung	parallel zur Strahlrichtung
Werkzeugverschleiß	mittel	mittel–hoch	hoch	hoch	gering	sehr gering
Vorschubschneidgeschwindigkeit	—	—	0,2 m/min	6 m/min	1 bis 5 m/min (reiner Hochdruck)	7 bis 15 m/min (1500 W)
Oberflächenrauhigkeit R_Z	40 µm	—	—	bis 10 µm	bis 4 µm (abrasiv) 50 µm (Hochdruck)	40 µm
Flexibilität	hoch	gering	hoch	hoch	hoch	hoch
Personalanforderungen	gering	gering	mittel	hoch	hoch	hoch

werden die Schnitte mit Kreis- oder Bandsägen, vgl. VDI-Richtlinie 2003, ausgeführt. Fur das Naß-Trennen von faserverstärkten Harzen kommen Diamant-Trennmaschinen zum Einsatz, wie sie in der Glas- und Stein-Bearbeitung üblich sind.

Thermoplastische Kunststoffe können auch durch lokales Aufschmelzen *(Trennschweißen)* getrennt werden, s. auch Abschn. 3.4.2.5. Elektrisch beheizte Klingen oder Drähte werden als Schneidwerkzeuge benutzt. So entstehen glatte Trennflächen. Besondere Bedeutung hat das *Glühdrahtschneiden* für das Trennen und Modellieren von PS- oder PUR-Schaumstoffe erlangt. Werden weiche Schaumstoffe während des Schneidens flächig oder zwischen Walzen in bestimmter Weise zusammengedrückt, so entstehen räumliche Schnitte mit einem gewünschten Oberflächenprofil, z.B. für die Verpackung empfindlicher Güter, Bild 3.152.

Mit *Laserstrahlen* lassen sich Schnittfugen in Kunststoffen mit minimalen Breiten von 0,1 mm und glatten Schnittkanten herstellen. Die hohe Energie der Strahlung führt zum Zersetzen und/oder Verdampfen des Kunststoffs. Das Verfahren ist besonders bei Einsatz numerisch gesteuerter Maschinen (Roboter) zur Herstellung unregelmäßiger Formen und zum Bohren feiner Löcher geeignet. Ohne unter Umständen gesundheitsschädliche Zersetzungsprodukte arbeitet das *Hochdruck-Wasserstrahlschneiden* (2.500 bis 4.500 bar). Der Wasserstrahl tritt mit mehrfacher

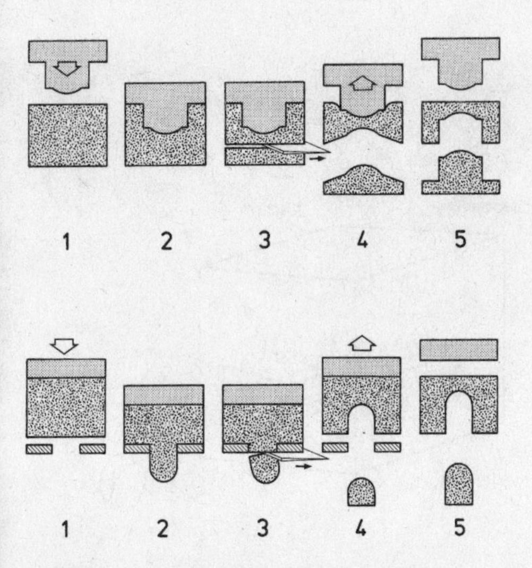

Bild 3.152. Kompressionsschnitte.
Oben: Eindrückverfahren, unten: Durchdrückverfahren

Schallgeschwindigkeit aus und spült das abgetragene Gut sofort weg. Das Verfahren eignet sich für faserverstärkte Kunststoffe, erreicht aber noch nicht die Schnittqualität wie bei der Bearbeitung mit Diamantwerkzeugen.

Tafel 3.13 enthält eine Bewertung der Technologien.

3.4.5.3 Strahlenvernetzung

Bei der Einwirkung energiereicher Strahlung können Kunststoffe, abhängig von der Struktur der Polymeren, vernetzt oder abgebaut werden. Eine Anwendung ist die Strahlenvernetzung von PE-Kabelummantelungen, die mit Elektronenstrahl-Beschleunigern sofort im Anschluß an die Ummantelung hinter der Extrusion stattfinden kann, Bild 3.153. Da Ozon, nitrose Gase und Röntgenstrahlen entstehen, sind besondere Sicherheitsmaßnahmen erforderlich. S. auch 4.1.2.

3.4.5.4 Wärmebehandlung

Mit einer Warmlagerung über eine bestimmte Zeit (Tempern) lassen sich im Kunststoff folgende Effekte erreichen:

- Nachhärtung von Duroplasten,
- Erhöhung des kristallinen Anteils und damit der Festigkeit und Steifigkeit teilkristalliner Kunststoffe
- Reduzierung oder Beseitigung eingefrorener Spannungen (Eigenspannungen) durch Lagerung bei Temperaturen im Einfrierbereich (bei amorphen Thermoplasten) oder unterhalb des Schmelzbereichs (bei

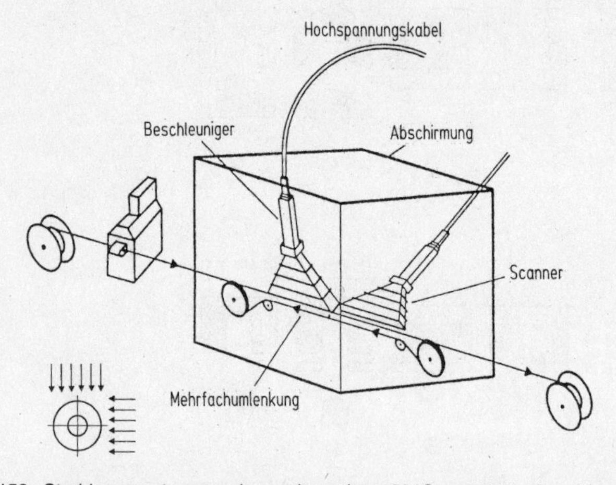

Bild 3.153. Strahlenvernetzungsanlage mit zwei um 90 °C versetzten Beschleunigern für die Kabelummantelung (nach VDI-K (Hrsg.): Kabel und isolierte Leitungen)

teilkristallinen Thermoplasten). Wichtig ist, daß die Formteile nach der Lagerung langsam abgekühlt werden, da sich sonst infolge von örtlichen Temperaturdifferenzen wieder Spannungen aufbauen.

3.4.5.5 Abbau elektrostatischer Aufladungen

Die Oberflächen von Kunststoffen mit einem hohen spezifischen elektrischen Widerstand ($\rho > 10^{12}\ \Omega \cdot \text{cm}$) laden sich elektrostatisch auf, wenn sie gerieben werden oder sich von einer anderen Oberfläche lösen. Beispiele sind das Entformen von Spritzgußteilen, das Abwickeln von Folien oder das pneumatische Fördern von Kunststoff-Pulvern oder -Granulaten. Dies kann zu unerwünschter Staubanziehung oder gar zur Funkenbildung führen. Ionisation der Luft mit Hilfe von Sprühelektroden oder radioaktiven Präparaten, Auftragen von hygroskopischen Schichten oder Erhöhung der Leitfähigkeit des Polymeren durch Zugabe von Antistatika (diese Wandern im Laufe der Zeit durch Diffusion an die Oberfläche des Kunststoffs) verringern oder beseitigen die Aufladungsneigung.

4 Beschreibung der Kunststoffe

4 Beschreibung der Kunststoffe

4.0 Allgemeine Hinweise

Zum Vergleich der einzelnen Kunststofftypen werden in den entsprechenden Tafeln soweit wie möglich Eigenschaften nach der Grundwertetabelle nach ISO 10350 (vgl. Datenbank CAMPUS Abschn. 2.0) herangezogen, s. Tafel 4.1. Die Anzahl der aus dieser Grundwertetafel übernommenen Eigenschaften wird klein gehalten, um die Übersicht zu erleichtern und die Aussagekraft hoch zu halten. So werden keine Werte für Schlagzähigkeiten angegeben, da diese Werte für die Formteil-Gestaltung und -Belastbarkeit keine direkte Aussage liefern, s. Abschn. 2.2.2. Als Faustregel für die Zähigkeit kann gelten: Haben Sorten einer Produktgruppe einen geringeren Elastizitätsmodul und eine höhere Streckdehnung (Bruchdehnung), so verhalten sich Formteile daraus bei einer Überbeanspruchung im allgemeinen duktiler und zäher.

Falls nicht anders angegeben, beziehen sich die Eigenschaftskennwerte auf nicht modifizierte Grundtypen. Da im allgemeinen keine Werte bestimmter Handelsprodukte angegeben werden, können alle Daten nur Anhaltswerte oder Bereiche wiedergeben, einzelne Kunststofftypen können stark von den angegebenen Eigenschaften abweichen. Dies trifft auch für die Einteilung nach ‚beständig' und ‚unbeständig' gegen Umwelteinflüsse zu.

4.1 Polyolefine, PO, Polyolefinderivate und -copolymerisate

Alle Polymere, die aus Kohlenwasserstoffen der Formel C_nH_{2n} mit einer Doppelbindung (Ethylen, Propylen, Buten-1, Isobuten) aufgebaut sind, werden mit dem Sammelbegriff Polyolefine bezeichnet. Zu ihnen gehören Polyethylen, Polypropylen, Polybuten-1, Polyisobutylen, Poly-4-methylpenten sowie deren Copolymere. Das heute verfügbare Angebot an Homo- und Copolymeren auf Ehtylenbasis ermöglicht eine außerordentliche Bandbreite der Eigenschaften, wie Bild 4.1 am Beispiel des Elastizitätsmoduls zeigt.

4.1.1 Polyethylen-Homopolymerisate, PE-LD, PE-LLD, PE-HD, PE-HMW, PE-UHMW

Die PE gehören zu den weichen und flexiblen Thermoplasten. Sie sind teilkristallin. Die Molmasse, Kristallinität, Struktur und damit ihre Eigenschaften hängen in großem Maße vom Polymerisationsverfahren ab. F 1 zeigt die Grundstruktur von PE mit den möglichen Kettenverzweigungen, Bild 4.2 schematisch die Kettenverzweigung von drei PE-Typen.

Tafel 4.1. Zusammenstellung der Eigenschafts-Symbole, s. Tafel 2.1

Nr. Campus	Eigenschaft	Einheit	Symbol
5.4	Dichte	g/cm^3	ρ
2.1	Zug-E-Modul	MPa	E
2.2	Streckspannung	MPa	σ_S
2.3	Streckdehnung	%	ε_S
2.4	Nominelle Bruchdehnung	%	ε_R
2.5	Spannung bei 50% Dehnung	MPa	σ_{50}
2.6	Bruchspannung	MPa	σ_B
2.7	Bruchdehnung	%	ε_B
3.1	Schmelztemperatur	°C	T_S, T_m
3.3	Formbeständigkeitstemperatur HDT/A 1,8 MPa	°C	HDT/A
3.8	Längenausdehnungskoeffizient, längs (23–55 °C)	10^{-5}/K	α_1
3.9	Längenausdehnungskoeffizient, quer (23–55 °C)	10^{-5}/K	α_q
3.10	Brennbarkeit UL 94 bei 1,6 mm Dicke	Klasse	UL 94
4.1	Dielektrizitätszahl bei 100 Hz	–	DK
4.3	Dielektrischer Verlustfaktor bei 100 Hz	$\cdot 10^{-4}$	tan δ
4.5	Spezifischer Durchgangswiderstand	Ohm · m	ϱ_D
4.6	Spezifischer Oberflächenwiderstand	Ohm	ϱ_O
4.7	Elektrische Durchschlagfestigkeit	kV/mm	E_d
4.9	Vergleichszahl der Kriechwegbildung CTI/A		CTI/A
5.2	Aufnahme von Wasser bei 23 °C, Sättigung	%	c_{WS}
5.3	Feuchteaufnahme bei 23 °C/50 % r. F., Sättigung	%	c_{50S}

$$\left[-CH_2 - \underset{\overset{|}{\underset{CH_3}{\overset{|}{(CH_2)_x}}}}{CH} - (CH_2)_n - \underset{\underset{|}{\overset{(CH_2)_y}{\underset{CH_3}{|}}}}{CH} - CH_2 - \right] \qquad \text{(F 1)}$$

Grundstruktur verzweigtes PE

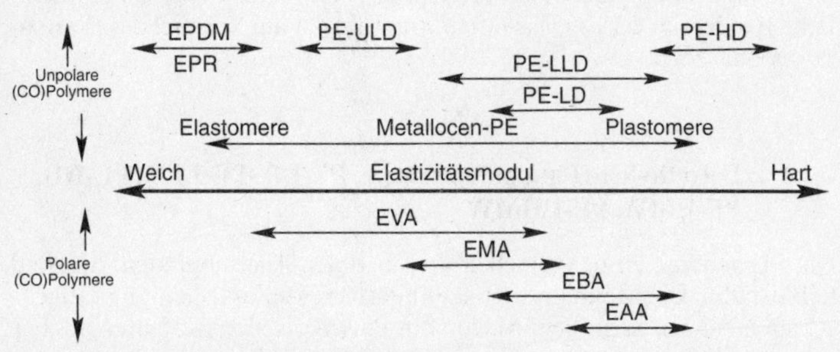

Bild 4.1. Die Polyolefin-Polymerfamilie in der Bandbreite ihrer jeweiligen Elastizitätsmodul-Spektren, nach A. Mayer.

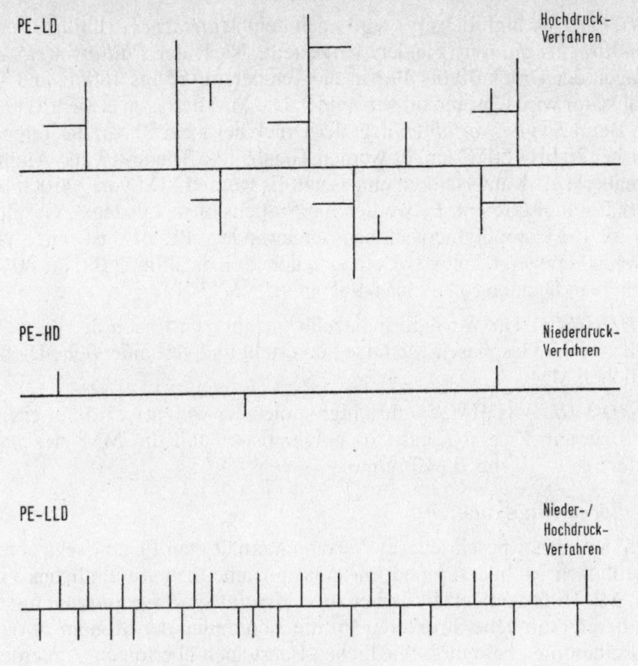

Bild 4.2. Kettenverzweigungen von Polyethylenen
Auf 1000 Kettenglieder bei
PE-LD: 8 bis 40 lange, in sich verzweigte Seitenketten
PE-HD: 5 Kurz-Verzweigungsstellen
PE-LLD: bis 100 C_4 bis C_8-Gruppen seitlich der Hauptkette

Chemischer Aufbau

PE-LD (LD = low density) wird nach dem *Hochdruckverfahren* (ICI 1939) in Autoklaven und Rohrreaktoren aus Ethylen (CH_2=CH_2) bei einem Druck von 1000 bis 3000 bar bei 150 bis 300 °C mit 0,05 bis 0,1% Sauerstoff oder Peroxiden als Katalysatoren hergestellt. Es entsteht ein stark verzweigtes PE mit unterschiedlich langen Verzweigungen. Die Kristallinität beträgt 40 bis 50 %, die Dichte 0,915 bis 0,935 g/cm^3, die mittlere Molmasse (MM) bis 600000 g/mol. Mit Hochleistungs-Katalysator-Systemen (CdF) können PE-LD-Anlagen zur Erzeugung von PE-LLD (LLD = linear low density) umgerüstet werden.

Die *PE-LLD*-Polymerisation wird mit Metallkomplex-Hochleistungskatalysatoren nach vier unterschiedlichen Verfahren durchgeführt: Im *Niederdruckverfahren* aus der Gasphase, aus der Lösung oder in einer Suspension und in einem modifizierten Hochdruckverfahren. Die höheren Molmassen dieser nur schwach verzweigten Produkte führen zu verbesserten Eigenschaften.

PE-HD (HD = high density) wird nach dem *Mitteldruck-* (Phillips) und *Niederdruckverfahren* (Ziegler) hergestellt. Nach der *Phillips-Methode* betragen der Druck 30 bis 40 bar, die Temperatur 85 bis 180 °C und als Katalysator wird Chromoxid verwendet. Die MM betragen etwa 50000 g/mol. Beim *Ziegler-Verfahren* liegt der Druck bei 1 bis 50 bar, die Temperatur bei 20 bis 150 °C und es werden Titanhalide, Titanester und Aluminiumalkyle als Katalysatoren eingesetzt. Es werden MM von 200000 bis 400000 g/mol erreicht. Es werden die Suspensions-, Lösungs-, Gasphasen- und Massepolymerisationen angewendet. PE-HD ist nur sehr schwach verzweigt, hat deswegen eine höhere Kristallinität (60 bis 80 %) und höhere Dichten (0,942 bis 0,965 g/cm^3) als PE-LD.

PE-HD-HMW (HMW = high molecular weight) wird nach der Ziegler-, Phillips- oder Gasphasen-Methode hergestellt und verbindet hohe Dichte mit hohen MM.

PE-HD-UHMW (UHMW = ultra high molecular weight) wird mit einem modifizierten Ziegler-Katalystor polymerisiert und die MM erreichen Werte von $3 \cdot 10^6$ bis $6 \cdot 10^6$ g/mol.

Metallocen-Katalysatoren

Nach den bisher beschriebenen Verfahren erhält man PE mit sehr unterschiedlichen Molmassen und mit einer uneinheitlichen räumlichen Gestalt. Mit Hilfe von gezielt variierbaren *Metallocen-Katalysatoren* lassen sich deren räumliche Strukturen auf die Anordnung der Monomere oder die Reihenfolge bei unterschiedlichen Bausteinen übertragen. Außerdem lassen sich Bausteine in das Polyolefingerüst einbauen, die einer Copolymerisation bisher nicht zugänglich waren.

Datenblocksystem

PE-Formmassen werden nach einem „*Datenblocksystem*" international gekennzeichnet und unterteilt nach den Hauptmerkmalen „*Dichte*" und „*Schmelze-Fließrate MFR*" (ermittelt bei einer Temperatur von 190 °C und einer Gewichtsbelastung von 2,16 kg (MFR 190/2,16), alte Bezeichnung Schmelzindex MFI): DIN 16776 und ISO 1872 für PE-, DIN 16778 und ISO 4613 für E/VA- sowie DIN 16774 und ISO 1873 für PP-Formmassen. Diese Kennzeichnung reicht jedoch nicht aus, um das Verhalten und die Anwendungsmöglichkeiten der zahlreichen PE-Sorten ausreichend zu beschreiben, zumal im Dichtebereich $<0{,}900$ bis 0,940 g/cm^3 höherkristalline Produkte aus den PE-LLD- und die ultraleichten ULD- oder VLD-HOA-Typen immer mehr Marktbedeutung erlangen (ULD = ultra low density; VLD-HOA = very low density higher α-olefins).

Verarbeitung

PE ist unkritisch in der Verarbeitung. Entsprechend der Variationsbreite der PE-Typen überstreichen sie einen weiten Bereich der Verarbeitungsbedingungen. Für bestimmte Anwendungen und Verfahren kommen Spezialtypen mit besonderen Verarbeitungs-Charakteristiken zum Einsatz.

Im Spritzgießverfahren liegen die Massetemperaturen für PE-LD bei 160 bis 260 °C, für PE-HD bei 260 bis 300 °C, und die Werkzeugtemperaturen entsprechend bei 50 bis 70 °C bzw. bei 30 bis 70 °C. Für Massenproduktionen werden leichtfließende Typen eingesetzt. Die Dichte und damit auch die Schwindung der Formteile ist bei diesen teilkristallinen Kunststoffen stark von der Temperaturführung bis zur Entformung abhängig. Schnell abgekühlte Formteile weisen eine geringe Kristallinität, minimale Verarbeitungsschwindung aber auch eine hohe Nachschwindung infolge einer Nachkristallisation bei erhöhten Temperaturen auf. Die Folgen können Verzug und Spannungsrißbildung durch eingefrorene Spannungen sein. In dieser Hinsicht verhalten sich PE-Typen mit geringer Schmelze-Fließrate günstiger. Gegen die sog. Angußsprödigkeit infolge hoher Molekülorientierung helfen eine Erhöhung der Massetemperatur und Formmassen mit höchster Fließrate.

Im Spritzguß sind aus PE-HD-UHMW nur Spezial-Typen (Formteile bis ca. 1 kg) verarbeitbar. Sie erfordern wegen der schlechten Fließfähigkeit Maschinen mit hohen verfügbaren Spritzdrücken (ca. 1100 bar), den Verzicht auf Rückströmsperren, möglichst genutete Einzugszonen und kurze Fließwege. Die Verarbeitungstemperaturen betragen bis zu 240 bis 300 °C, die Werkzeugtemperatur liegt zwischen 70 und 80 °C.

PE-LLD ist schwieriger zu verarbeiten als PE-LD, es gilt: Höhere Schnecken-Antriebsleistung, geringerer Ausstoß, ungünstigeres Schwindungsverhalten.

Für das Blasformen sind PE-Typen mit höherer Schmelzeviskosität erforderlich, die eine ausreichende Schmelzefestigkeit zur Verhinderung des Abreißens der Vorformlinge unter dem Eigengewicht aufweisen. Die Schmelze- und Werkzeugtemperaturen liegen bei 140 °C (PE-LD) und 160 bis 190 °C (PE-HD). PE-LLD ist wegen der engen Molmasse-Verteilung weniger für das Blasen geeignet, gut dagegen für das Rotationsgießen.

Im Extrusionsverfahren wird PE-LD bei Massetemperaturen von 140 bis 210 °C (Filme, Rohre), 230 °C (Kabelummantelungen) und 350 °C (Beschichtungen) verarbeitet. Bei PE-HD liegen die Temperaturen um 20 bis 40 K höher. Aus diesen Formmassen werden auch Tafeln und Monofile hergestellt. Aus PE-HD-UHMW werden über die Hochdruckplastifizierung (2000 bis 3000 bar) mit taktweise arbeitenden Zwillingsextrudern (Ram-Extruder) Profile gefertigt. Auch gleichlaufende Doppelschneckenextruder, die mit ca. 10 min^{-1} arbeiten, sind hierfür geeignet (Massetemperatur 180 bis 200 °C).

Die Extrusion von PE-LLD ergibt auf Extrudern, die für PE-LD ausgelegt wurden, einen um 20 bis 30 % geringeren Ausstoß. Dieser Nachteil wird durch eine erforderliche Reduzierung der Schneckenlänge von 30D auf 25 bis 20D und der Drehzahlen um 50 % bewirkt. Maßnahmen zum Ausgleich des Durchsatzverlustes: Verwendung von Schnecken größeren Durchmessers, Erhöhung der Gangtiefe der Schnecke und Vergrößerung des Düsenspaltes. Die optimale Massetemperatur liegt bei 210 bis 235 °C, für die Filmextrusion bei 250 bis 280 °C.

Durch ein absatzweises gesteuertes 30faches Verstrecken von Spinnfasern unter Bedingungen, die zur fast einkristallartigen Ausrichtung der Kristallite führen, erhält man extrem feste Verstärkungsfasern mit Festigkeiten von 1 bis 5 GPa, E-Moduln von 50 bis 150 GPa und Reißdehnungen von ca. 5 %.

Durch Abscheiden von PE aus Lösungen unter Scherung werden zellstoffähnliche Fasern, sog. Fibride, erzeugt.

Nach dem Neopolen-Verfahren werden vorgeschäumte Partikel, die aus einer treibmittelhaltigen Schmelze durch Heißabschlag gewonnen werden, zu Formblöcken oder Formteilen im Partikel-Schäumverfahren mit Dampf gesintert.

Durch Pressen werden einfache Formteile bei einem Druck von 2 bis 5 bar hergestellt. Elektrisch leitfähig eingestellte Massen können schnell durch einen Stromdurchgang aufgeheizt werden. PE-HD und PE-LD können bei 105 bis 140 °C verpreßt werden.

In der Pulvertechnik (Rotationsschmelzen, Wirbelsintern) verwendet man Pulver mit 30 bis 800 µm Korndurchmesser aus PE-Sorten mit Rohdichten von 0,92 bis 0,95 g/cm^3 und geringen Volumen-Fließraten, während solche mit einem besseren Fließverhalten für Rückenbeschichtungen von Teppichen und für Aufbügelstoffe verwendet werden. Umgefällte PE-Pulver mit gleichmäßigen Korngrößen von ca. 50 µm eignen sich zum elektrostatischen Beschichten von Metallen oder Geweben, noch feinere Partikel (8 bis 30 µm) sind z. B. für die Papierverarbeitung im Holländer oder in Druckfarben dispergierbar.

Nachbehandlung

PE ist nach den üblichen Schweißverfahren gut schweißbar: Heizelement-, Reib-, Warmgas-, Ultraschall- und Extrusionsschweißen. Induktionsschweißen leitfähiger Typen ist möglich, das Hochfrequenzschweißen jedoch wegen des unpolaren Charakters der Polyolefine nicht.

Beim Kleben und Dekorieren von PE bereiten die Unpolarität und die schlechte Lösbarkeit Schwierigkeiten. PE-Oberflächen lassen sich nur nach oxidierender Vorbehandlung im Hochspannungs-Plasma, mit Glimmentladungen, oxidierender Flamme, Ozon oder einer Chromsäurelösung haftfest bedrucken oder lackieren oder bei Verwendung von Kontaktklebstoffen verkleben. Die Klebverbindungen sind aber mechanisch nicht hoch belastbar.

Beim mechanischen Bearbeiten von PE ist darauf zu achten, daß der Werkstoff nicht zu warm wird, da er sonst zum Schmieren neigt. Teile aus weichen Typen oder mit geringen Wanddicken lassen sich gut stanzen.

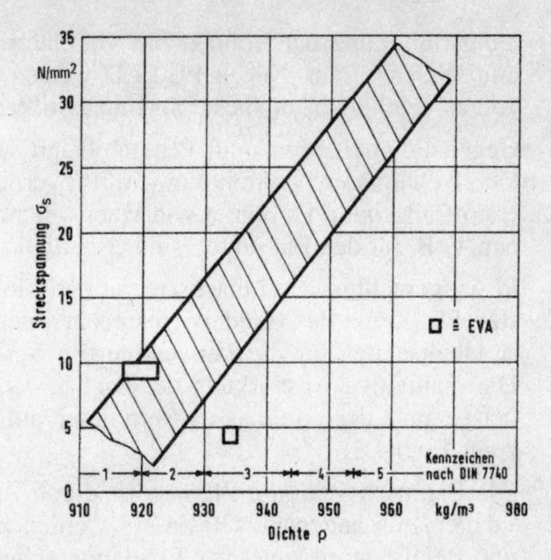

Bild 4.3
Dichte-Abhängigkeit der Streckspannung von PE

Eigenschaften

Durch die Homo- und Copolymerisation, durch die Erzeugung niedriger, mittlerer oder hoher Dichten, niedriger, mittlerer, hoher oder sehr hoher Molmassen oder enger bzw. weiterer Molmasseverteilungen lassen sich viele Typen mit sehr unterschiedlichen Eigenschaften herstellen. Niedermolekulares PE wird als Hilfsmittel für die Kunststoffverarbeitung eingesetzt. Allen hochmolekularen Polyolefinen gemeinsam sind eine im Vergleich zu anderen Kunststoffen geringe Dichte, relativ geringe Steifigkeit und Festigkeit, hohe Zähigkeit und Bruchdehnung, ein gutes Reib- und Verschleißverhalten, sehr gute elektrische und dielektrische Eigenschaften (PE ist unpolar). Die Streckspannung nimmt mit der Dichte etwa linear zu, s. Bild 4.3. Die Wasseraufnahme und Wasserdampfdurchlässigkeit sind gering. Die Durchlässigkeit für Sauerstoff, Kohlensäure und viele Geruchs- und Aromastoffe ist beträchtlich, nimmt aber mit zunehmender Dichte ab. Die zulässigen maximalen Temperaturen bei einem kurzzeitigen Einsatz liegen je nach Typ bei 80 bis 120 °C (PE-LD-UHMW kann von –268 bis kurzzeitig 150 °C eingesetzt werden), bei einem langzeitigen Einsatz bei 60 bis 95 °C (PE-LD-UHMW: 100 °C).

PE ist gegen Wasser, Salzlösungen, Säuren, Laugen, Alkohole, Benzin beständig. Unterhalb 60 °C ist PE in allen organischen Lösemittel unlöslich, quillt aber in aliphatischen und aromatischen Kohlenwasserstoffen um so mehr an, je geringer seine Dichte ist. Einzelne PE-Sorten hoher Dichte sind für Heizölbehälter, Treibstoffkanister nach DIN 16904 und Kfz-Treibstofftanks zugelassen. Behälter, die mit Fluor-Stickstoff-Mischungen fluorierte oder mit SO_3 sulfonierte Oberflächen haben, sind permeationsdicht gegen alle Kraftstoffe und andere kohlenwasserstoffhaltige Produkte, s. auch Abschn. 3.2.9, Plasmapolymerisation. Keine Beständigkeit liegt gegen starke Oxidationsmittel wie rauchende Schwefelsäure, konzentrierte Salpetersäure, Nitriersäure, Chromschwefelsäure und Halogene sowie einige Reinigungsmittel vor. Es besteht die Gefahr der Spannungsrißbildung bei Kontakt mit oberflächenaktiven Stoffen wie Netz- und Waschmitteln. Neben PE-LLD weisen PE-Sorten mit einer Dichte von ca. 0,90 g/cm^3 die beste Spannungsrißresistenz auf.

Gegen Fotooxidation muß PE stabilisiert werden, am besten mit Ruß. Durch energiereiche Strahlung wird PE vernetzt, bei Gegenwart von Sauerstoff abgebaut. Es brennt wie Wachs, flammhemmend eingestellte Typen, z. B. für den Bausektor, sind erhältlich.

PE ist geruchlos, geschmacksfrei und physiologisch indifferent. Die meisten PE-Sorten des Handels entsprechen den Richtlinien des Bundesgesundheitsamtes für die Verwendung in Verbindung mit Lebensmitteln. Die qualitative Auswirkung der Dichte, Molekülgestalt, mittleren Molmasse und der Molmassen-Verteilung auf wesentliche Eigenschaften zeigt Tafel 4.2.

Die Eigenschaften von PE werden durch Zusatzstoffe bestimmten Einsatzgebieten angepaßt: Glasfasern werden zur Erhöhung der Steifigkeit und Belastbarkeit zugesetzt, Oxidationsschutzmittel und UV-Stabilisatoren für den Außeneinsatz, Flammschutzmittel, Schäummittel, dauerhafte Antistatikausrüstungen, Ruß und andere Mittel zur Erhöhung der elektrischen Leitfähigkeit (EMI, electromagnetic interference), Antiblockmittel, geringe Zusätze von Fluorelastomeren zur Verbesserung der Schmelze-Festigkeit und -Fließfähigkeit und Farbstoffe für Einfärbungen. Einen Vergleich von Eigenschaften ermöglicht Tafel 4.3.

Einsatzgebiete

Tafel 4.4 gibt eine Übersicht über die Anwendung von PE im Spritzguß.

PE-LD: Haupteinsatzgebiet sind Folien für die Verpackung, Schwersack-Folien, Schrumpffolien, Tragetaschen, Landwirtschaftsfolien, Wasserdampfsperren bei Verbundfolien, wobei PE-LD-Copolymere als Haftvermittler zu anderen Kunststoffen mit z. B. EVA, EAA oder EEA eingesetzt werden; Rohre, Tafeln für das Tiefziehen, Ummantelungen von Fernmeldekabeln (auch geschäumtes und vernetztes PE), Beschichten von Stahlrohren, flexible Behälter und Flaschen, Kanister bis 60 l Inhalt und Einstellbehälter bis 200 l Inhalt. Blends mit PE-LLD ergeben höher dehnfähige Streckfolien.

PE-LLD: (Bis auf 5 µm ausziehbare) Folien mit guten optischen Eigenschaften, besserer Kältezähigkeit, Reiß- und Durchstoßfestigkeit sowie geringerer Spannungsrißanfälligkeit als solche aus PE-LD; Blasfolien aus Mischungen mit PE-LD, auch als Verbundfolien, zunehmender Ersatz von PE-LLD beim Rotationsformen von Containern, Kanus und Surfbrettern.

PE-HD: Spezialtypen für: Druckrohre und Fittings für die Trinkwasserversorgung und Abwasserentsorgung (Durchmesser extrudiert bis 1600 mm, größere Durchmesser gewickelt), Platten (auch glasfaserverstärkt) für die Erstellung von Apparaten für die chemische und die Kfz-Industrie (untere Motorraumabdeckung), Flaschenkästen, Abfalltonnen und -behälter bis 1100 l Inhalt, Benzinkanister, Kraftfahrzeugtanks; Fibride als

Tafel 4.2. Struktur-Parameter und Eigenschaften von PE

Struktur-Parameter	Dichte g/cm^3		Molekül-Gestalt		Molekulargewichts-Mittel		MG-Verteilung Mw/Mn	
Grenzwerte	0,915	0,97	stark und vielfach verzweigt	linear, ohne oder kurze Seitenketten	niedrig 20000 – 60000	hoch 200000– 400000	eng Mw/Mn	weit Mw/Mn
Kristallisationsgrad	–/+	++	– –	++	–	+	+	–
Schmelzindex	□		□		++	– –	□	
Verarbeitbarkeit	+	–	+	–	+	–	–	+
Zug- und Biegefestigkeit	→		→		→		←	
Bruchdehnung	←		↔		→		←	
Steifigkeit und Härte	→		→		□		←	
Schockfestigkeit	←		→		→		←	
Spannungsrißbeständigkeit	↔		↔		→		←	
Kristallit-Schmelzbereich und Wärmeformstandfestigkeit	→		→		→		←	
Kältebruch-Temperatur	→		→		→		←	
Chemische und Lösungsmittel-Beständigkeit	→		→		→		□	
Dampf- und Gas-Diffussionswiderstand	→		→		□		□	
Transparenz	←		←		□		□	

+–: hohe bzw. niedrigere Werte → in Pfeilrichtung zunehmender günstiger Einfluß □ ohne wesentlichen Einfluß

Tafel 4.3. Eigenschaftsvergleich der Polyethylene

Eigenschaft	Einheit	Polyethylen					
		PE-LD	PE-MD	PE-HD	PE-UHMW	PE-LLD	PE-Me**
Dichte	g/cm^3	0,915–0,92	0,925–0,935	0,94–0,96	0,93–0,94	ca. 0,935	0,904
Zug-E-Modul	MPa	200–400	400–800	600–1400	700–800	300–700	75
Streckspannung	MPa	8–10	11–18	18–30	ca. 22	20–30	7
Streckdehnung	%	ca. 20	10–15	8–12	ca. 15	ca. 15	–
Nominelle Bruchdehnung	%	>50	>50	>50	>50	>50	>50
Spannung bei 50 % Dehnung	MPa	–	–	–	–	–	–
Bruchspannung	MPa	–	–	–	–	–	–
Bruchdehnung	%	–	–	–	–	–	–
Schmelztemperatur	°C	105–118	120–125	126–135	130–135	126	100
Formbeständigkeitstemperatur HDT / A 1,8 MPa	°C	–	30–37	38–50	42–49	ca. 40	–
Längenausdehnungskoeffizient, längs (23–55 °C)	10^{-5}/K	23–25	18–23	14–18	15–20	18–20	–
Längenausdehnungskoeffizient, quer (23–55 °C)	10^{-5}/K	–	–	–	–	–	–
Brennbarkeit UL 94 bei 1,6 mm Dicke	Klasse	HB*	HB*	HB*	HB*	HB*	–
Dielektrizitätszahl bei 100 Hz	–	2,3	2,3	ca. 2,4	2–2,4	2,3	2,3
Dielektrischer Verlustfaktor bei 100 Hz	$\cdot 10^{-4}$	2–2,4	2	1–2	ca. 2	2	–
Spezifischer Durchgangswiderstand	Ohm · m	$>10^{15}$	$>10^{15}$	$>10^{15}$	$>10^{15}$	$>10^{15}$	$2 \cdot 10^4$
Spezifischer Oberflächenwiderstand	Ohm	$>10^{13}$	$>10^{13}$	$>10^{13}$	$>10^{13}$	$>10^{13}$	–
Elektrische Durchschlagfestigkeit	kV/mm	30–40	30–40	30–40	30–40	30–40	–
Vergleichszahl der Kriechwegbildung CTI/A		600	600	600	600	600	–
Aufnahme von Wasser bei 23 °C	%	<0,05	<0,05	<0,05	<0,05	<0,05	–
Feuchteaufnahme bei 23 °C / 50 % r. F., Sättigung	%	<0,05	<0,05	<0,05	<0,05	<0,05	–

* auch als V-2 bis V-0 verfügbar ** mit Metallocen-Katalysatoren hergestellt

Tafel 4.4. Verarbeitungsverhalten und Anwendungsbereiche von PE-Spritzgießmassen

Rohdichte	0,92 g/cm^3	0,93 g/cm^3	0,94 g/cm^3 [2]	0,95 g/cm^3	0,96 g/cm^3
MFR 190/2,16: >25 bis 15[1]	leichtest fließend, Massenartikel ohne besondere Beanspruchung	leicht fließend, großflächige Teile, geringer Verzug, guter Glanz	leicht fließend, stoßfeste Teile, ohne besondere Anforderungen an Steifheit	leicht fließend, mit geringer Verzugsneigung, spritztechnisch schwierige Haushaltsartikel	leicht fließend, hohe Härte und Steifheit, Schüsseln, Siebe, Geschirr, Transportkästen[3]), Schutzhelme
15 bis 5	Artikel besserer Festigkeit, geringer Oberflächenglanz	spannungsarme Teile mit gutem Oberflächenglanz	gut stoßfest, wenig spannungskorrosionsanfällig, hochbeanspruchte technische Teile	leicht verarbeitbar, gut stoßfest, Schraubkappen, Verschlüsse, technische Teile	stoßfest, formstabil, mechanisch stark beanspruchte Teile, z. B. Mülltonnen[3]) Sitzschalen
ca. 1,5	sehr gute mechanische Festigkeit und Widerstandsfähigkeit gegen Spannungskorrosion		gut zeitstandfest, wenig spannungskorrosionsanfällig, besonders beanspruchte Verschlüsse	spannungskorrosionsbeständig, gute Oberfläche, hochbeanspruchte technische Teile	
<1				hochmolekular, meist hochstabilisiert, Druckarmaturen, Rohrkrümmer, Fittings	

[1]) Superleichtfließende PE-LD- und -HD-Sorten sind mit MFR >100 auf dem Markt.
[2]) Oft PE-LD/HD-Blends, ähnliche Anwendungen für PE-LLD geringerer Dichte.
[3]) Flaschenkästen und Mülltonnen sind gütegesichert einschließlich von Grenzbedingungen für Mitverwendung wiederaufgearbeiteten Rücklaufmaterials.

wasserabstoßende, aber Kohlenwasserstoffe u.ä. bindende Zugaben zu Spachtelmassen, zum Aufsaugen von Ölen oder als Verstärkung für Papier, (Handelsnamen z.B. Hostapulp, Ferlosa, Lextar), Fasern und extrem verfestigte Verstärkungsfasern (Handelsnamen z.B. Dyneema SK, Tekmilon, Spectra).

PE-HD-HMW: Surfbretter bis 5 m Länge, Verpackungsfolien mit einer von 20 auf 10 bis 7 μm reduzierten Dicke für Tragetaschen und von 80 bis 120 μm als Innenbeutel für Papiersäcke, Tiefbau-(Deponie)Dichtungsbahnen.

PE-HD-UHMW: Durch Pressen hergestellte Blockmaterialien und Filterpressenplatten, Ausnutzung des sehr guten Abriebverhaltens: Auskleidungen für Trichter und Rutschen für abrasive Fördergüter, Maschinenbauelemente wie Förderschnecken, Pumpenteile, Gleitelemente, Rollen, Zahnräder, Gleitbuchsen, Walzen, kernporös gesinterte Abstandshalter in Bleiakkus, chirurgische Implantate, Prothesen, Ski-Gleitbeschichtungen.

Handelsnamen

PE-Typ	UL D	LD	LL D	HD	PE-Typ	UL D	LD	LL D	HD
Alathon	+	+	+	+	Lotrex			+	
Bapolene		+			Lupolen	+	+	+	+
Bralen		+			Marlex	+	+	+	+
Carlona	+	+	+	+	Microthene			+	+
Clearflex			+		Mirason		+	+	
Dowlex			+	+	Mirathen	+	+	+	+
Ecothene				+	Moplen				+
Eltex			+	+	NeoZex		+		+
Eraclene				+	News			+	
Escorene		+	+	+	Nipolon		+		
Exact			+		Novapol			+	+
Finathene	+	+	+	+	Novatec	+	+	+	+
Flexirene			+		Novex		+		
Fortiflex	+	+	+	+	Petrothene	+	+	+	+
Formalene				+	Polisul				+
HiFax	+	+	+	+	Rexene			+	
Hostalen				+	Riblene		+		
Innovex			+		Rigidex				+
Lacqtene		+			Ropol		+		
Ladene			+		Rotothene		+		
Lotrene		+			Sclair	+	+	+	+

PE-Typ	UL D	LD	LL D	HD	PE-Typ	UL D	LD	LL D	HD
Sholex	+	+	+	+	Tipolen		+		
Staflene				+	Tuflin			+	
Stamylan	+	+	+	+	Ultzex			+	
Stamylex	+		+		Unipol			+	
Sumikathene	+	+	+	+	Vestolen				+
Super Dylan				+	Visqueen			+	
Tafmer	+				Yukalon		+		
Tenite		+	+						

Niedermolekulares PE: Le-Wachs, Epolene, Hoechst-Wachs PA, Veba-Wachs, Vestowachs. Carboxylgruppenhaltig: AC-PE, Kuroplast KR, Zetobon. Hydroxylgruppenhaltig: Elvon.
PE-Pulver; Micropol, Microtherm.
PE-UHMW: Hostalen, Lupolen.

4.1.2 Polyethylen-Derivate; PE-X, PE+PSAC

Vernetztes PE, PE-X

Die linearen PE-Makromoleküle können dreidimensional *vernetzt* werden (*PE-X*), wodurch z. B. der Kriechwiderstand, die Tieftemperatur-Schlagzähigkeit und die Spannungsrißbeständigkeit wesentlich verbessert, die Härte und Steifigkeit etwas verringert werden. Da PE-X wie ein Elastomer nicht aufschmelzbar ist, ist es thermisch höher belastbar: Kurzzeitig bis 200, langzeitig bis 120 °C. Die Vernetzungsdichte beträgt ca. 5 Vernetzungen auf 1000 C-Atome.

Im *Spritzguß* wird mit Peroxidvernetzern versetztes PE höherer Dichte im genau festgelegten Temperaturbereich von 130 bis 160 °C im Zylinder aufgeschmolzen und im Formwerkzeug bei 200 bis 230 °C vernetzt.

In der *Extrusion* werden vier Vernetzungsverfahren angewandt:

Peroxidvernetzung: Nach dem *Engel-Verfahren* wird in einer mit Doppel-Hochdruckstößel kontinuierlich fördernden Maschine aus einem grießförmigen *PE-Peroxidgemisch* (s. F. 37, S. 545) ein Rohr gesintert und im anschließenden Heizzylinder zugleich aufgeschmolzen, in die endgültige Form gebracht und vernetzt. Nach einem modifizierten Verfahren, dem *PAM-(Pont-a-Mousson-)Verfahren*, wird das extrudierte Rohr in einem heißen Salzbad in der Kalibrierzone vernetzt. Im zweistufigen *Daopex-*

Verfahren werden normal extrudierte PE-LD-Rohre durch Lagerung in einer peroxidhaltigen Emulsion unter Druck bei Temperaturen über dem PE-Kristallitschmelzpunkt von außen her vernetzt.

Silanvernetzung: Nach den *Sioplas-*, *Hydro-Cure-* und *Monosil-*Verfahren werden silangepfropfte PE-Compounds unter Zumischung eines Silan-Vernetzungskatalysators verarbeitet. Die Vernetzungsreaktion springt bei anschließender Heißwasser-Druck-Behandlung unter Bildung von Si-O-Si-Brückenbildung an.

Elektronenstrahlvernetzung: Normal gefertigte PE-Erzeugnisse werden in gesonderten Bestrahlungsanlagen bei Temperaturen unter dem Kristallitschmelzpunkt durch Abspaltung von Wasserstoff vernetzt. Als Strahlenquellen kommen Elektronenstrahl-Beschleuniger oder Isotopen (β- oder γ-Strahler) in Betracht. Die Eindringtiefe der Strahlung kann reguliert werden (β-Strahlen bis 10 mm, γ-Strahlen bis 100 mm), so daß das Innere dicker Wandungen unvernetzt belassen werden kann.

Azovernetzung: Nach dem *Lubonyl-Verfahren* werden dem PE-Compound Azo-Verbindungen zugemischt, die in einem nachgeschalteten heißen Salzbad mit Stickstoff unter Brückenbildung vernetzen.

Einsatzgebiete für PE-X sind Mittel- und Hochspannungskabel-Isolierungen, Rohre für Warmwasser- und Fußbodenheizungen, Formteile für die Elektrotechnik, den Apparatebau und Automobilbau.

Handelsnamen u. a.: ACS, Nucrel, Softlon.

Abbaubares PE; PE+PSAC

Compounds von biologisch abbaubaren Polymeren (Polysaccharide, Stärke, PSAC) mit konventionellen, nicht biologisch abbaubaren Polymeren (PE) mit ca. 94% PE-Anteil sind biologisch abbaubar. Höhere Anteile von Stärke ergeben Verarbeitungsprobleme. Üblicherweise wird zunächst ein Stärke-PE-Farbstoff-Masterbatch hergestellt, der dann zusammen mit weiterem PE extrudiert wird. (St. Lawrence Starch Comp., Archer Daniels Midland Co., Epron Ind. Ltd., Amylum); Verwendung vor allem für Verpackungen.

Die von PE umhüllten Stärkepartikel werden nach der Diffusion von Feuchte biologisch abgebaut. Die PE-Matrix baut dabei jedoch biologisch nicht ab.

Durch einen gezielten Einbau von UV-empfindlichen Molekülstrukturen, wie Ketogruppen (z. B. ECO-Cop.), sowie durch das Einarbeiten von Fotosensibilisatoren (z. B. Eisendialkylthiocarbamate und andere metallorganische Verbindungen) kann ein Fotoabbau des Polymeren relativ genau gesteuert werden. Solche Produkte sind nicht biologisch abbaubar. Die heutigen Anwendungen fotoabbaubarer Polymere konzentrieren sich auf Agrarfolien, Tragetaschen und Müllsäcke.

4.1.3 Chloriertes- und chlorsulfoniertes PE; PE-C, CSM

Die Chlorierung von Polyolefinen erfolgt in Lösungen, Dispersionen oder durch direkte Einwirkung von Chlorgas. *PE-C* mit Chlorgehalten von 25 bis 30 % ist schmiegsam bis gummiweich und kältestandfest. *Anwendungen*: Mit vielen Kunststoffen mischbar, wird es den Polyolefinen zur Herabsetzung der Entflammbarkeit, PVC zur Erhöhung der Schlagzähigkeit, PS u. a. für Abfall-Mischcompounds zugesetzt. (PE-C+PVC)-Compounds mit 70 bis 90 % PE-C werden für weichmacherfreie und bitumenbeständige Dach- und Dichtungsbahnen, Auskleidungsfolien und Profile eingesetzt. *Handelsnamen* u. a.: Daisolac, Elaslen, Haloflex, Hostapren, Kelrinal.

Das chlorhaltige *thermoplastische Olefin-Elastomer* (MPR = melt processible rubber) auf der Basis von Legierungen mit PVDC-hart-Domänen und einer teilvernetzten weichen EVA-Copolymer-Matrix in Shore-Härten A 60 bis 70 substituiert in dem weiten Gebrauchstemperaturbereich von −40 bis 120 °C für statische Anwendungen ölbeständigen, vulkanisierten Nitril- oder Chloropren-Kautschuk. Es ist alterungs-, wetter- und ozonbeständiger als die Vulkanisate, für stark dynamisch beanspruchte Teile wie Autoreifen ist das Material wegen der hohen mechanischen Dämpfung nicht geeignet. Das mit 10 % Ruß, auch in hellfarbenen Einstellungen, in Granulatform gelieferte Produkt ist bei etwa 170 °C auf korrosionsfest ausgelegten PVC-Anlagen nach allen Thermoplast-Verarbeitungsverfahren und auf Anlagen der Kautschukverarbeitung verarbeitbar. *Anwendungen* sind: Schläuche, Dichtungen, Förderbänder, Draht- und Kabelummantelungen, Automobilbau.

PE-C kann durch verschiedene Methoden zu einem *PE-C-Elastomer* vernetzt werden. Üblicherweise erfolgt die Vulkanisation durch Peroxide (s. F. 37, S. 545), da sie höhere Bindungskräfte als die Schwefelvernetzung oder Vernetzung durch eine Bestrahlung ergeben. Das günstige Preis-Eigenschaftsverhältnis führte zu *Einsatzgebieten* auf dem Kabelsektor und in der Gummiindustrie im Wettbewerb zu CSM (chlorsulfoniertes PE), CR (Polychloropren), EPDM und NBR (Acrylnitril-Butadien-Copolymer). Die hervorstechendsten Eigenschaften sind: Alterungsbeständigkeit, Wetter- und Ozonbeständigkeit, Flammwidrigkeit, Ölbeständigkeit (auch bei höheren Temperaturen), Abriebfestigkeit, niedrige Versprödungstemperatur und gute Verarbeitbarkeit.

Chlorsulfoniertes PE erhält man durch die Behandlung von in Chlorkohlenwasserstoffen gelöstem PE (meist PE-LD) mit SO_2 und Chlorgas und gleichzeitiger Bestrahlung mit UV-Licht oder energiereichen Strahlen, z. B. mit einer Co^{60}-Quelle, s. z. B. F2, S. 395. Die Vulkanisation erfolgt mit MgO oder PbO und Beschleunigern. *Einsatzgebiete*: Auskleidung von Transportbehältern und im chemischen Apparatebau, Kabelisolationen (gute Oxidations- und Ozonbeständigkeit) und in Form von Blends

Tafel 4.5. Grundstrukturen von Olefin-und Vinylpolymeren und deren Copolymeren (Terpolymere mit PS, s. Tafel 4.8)

	Chemische Bezeichnung	Struktur der Monomeren $-[\overset{H}{\underset{H}{C}}-\overset{R_1}{\underset{R_2}{C}}]-$		Homo-poly-meri-sate	Copolymerisate mit:		
Nr.		R_1	R_2 (bei -[]- handelt es sich um die vollständige Struktur)		Ethylen	Styrol	Vinyl-chlorid
1	Ethylen	– H	– H	PE		*	VCE
2	Propylen	– H	$-CH_3$	PP	E/P	*	
3	Buten-1	– H	$-CH_2-CH_3$	PB			
4	Octen	– H	$-(CH_2)_5-CH_3$				
5	Styrol	– H	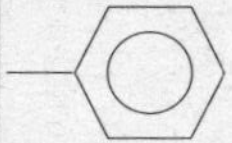	PS			
6	α-Methylstyrol	$-CH_3$	wie 5	MS		SMS	
7	P-Methylstyrol	– H	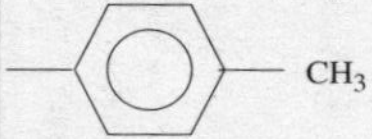 CH_3				
8	Vinylchlorid	– H	– Cl	PVC			
9	Chloriertes Ethylen	– H	– Cl	PE-C			VCPE-C
10	Vinylidenchlorid		$-[\overset{H}{\underset{Cl}{C}}-\overset{H}{\underset{Cl}{C}}]-$	PVDC			VCVDC

Tafel 4.5. (Fortsetzung)

11	Acrylsäure (Acrylat)	– H	$-C=O$ $\mid$ $O-H$	PAA	EAA		
12	Methacrylat (Acrylsäure-methylester)	– H	$-C=O$ $\mid$ $O-CH_3$		EMA	SMA	
13	Ethylacrylat (Acrylsäure-ethylester)	– H	$-C=O$ $\mid$ $O-CH_2-CH_3$		EEA		
14	Butylacrylat (Acrylsäure-butylester)	– H	$-C=O$ $\mid$ $O-(CH_2)_3-CH_3$	PBA	EBA		
15	Octylacrylat (Acrylsäure-octylester)	– H	$-C=O$ $\mid$ $O-(CH_2)_7-CH_3$				VCOA
16	Methacrylat (Methacrylsäure)	$-CH_3$	wie 11	PMA	EMAA		VCMA
17	Methylmethacrylat (Methacrylsäuremethylester)	$-CH_3$	wie 12	PMMA		SMMA	VCMMA
18	Ethylmethacrylat (Methacrylsäureethylester)	$-CH_3$	wie 13				
19	Butylmethacrylat (Methacrylsäurebutylester)	$-CH_3$	wie 14				
20	Vinylacetat	– H	$-O-C=O$ $\mid$ CH_3	PVAC	EVAC		VCVAC
21	Vinylalkohol	– H	– OH	PVAL	EVAL		
22	Vinylether	– H	$-O-R$ $R=-CH_3$ $-CH_2-CH_3$ usw.				

Tafel 4.5. (Fortsetzung)

23	Vinylmethylether	– H	$-O-CH_3$	PVME			
24	Vinylpyrrolidon	– H	N-Ring: $-N<$ (CH_2, $C=O$), CH_2-CH_2 (Pyrrolidon-Ring)	PVP			
25	Vinylcarbazol	– H	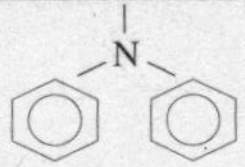 $-N<$ (Carbazol-Ring, zwei Benzolringe)	PVK			
26	Acrylnitril	– H	$-C\equiv N$	PAN		SAN	
27	4-Methylpenten-1	– H	$-CH_2-CH(CH_3)_2$	PMP			
28	Vinylbutyral		$-[CH_2-CH-CH_2-CH]_m-[CH_2-CH]_n-$ mit $O-CH(-(CH_2)_3)-O$ bzw. OH	PVB			
29	Vinylformal		$-[CH_2-CH-CH_2-CH]_m-[CH_2-CH]_n-$ mit $O-CH_2-O$ bzw. OH	PVFM			
30	Itaconsäureester	wie R 2 Zeile 20	Wie R2 Zeile 13				
31	Maleinsäure-anhydrid		$-[CH-CH]-$ mit $CO-O-CO$	VCMAH		SMAH (SMSA)	VCMAH
32	Malein(säure)imid		$-[CH-CH]-$ mit $CO-N(R)-CO$; $R=-CH_3$, $-[CH_2]_3-CH_3$ usw.				VCMAI

Tafel 4.5. (Fortsetzung)

33	Acrylsäureester-Elast.	– H	$-\underset{\underset{O}{\Vert}}{C}-O-R$ R = $-CH_3$ $-CH_2-CH_3$ $-[CH_2]_3-CH_3$ usw.	ACM			
34	EPDM-Kautschuk		$-[CH_2-CH_2]_m-[CH_2-\underset{\underset{CH_3}{\vert}}{C}H]_n-[CH_2-\underset{\underset{CH_2-CH=CH-CH_3}{\vert}}{C}H]_m-$	EPDM		SEPDM	
35	Butadienkautschuk		$-[CH_2-CH=CH-CH_2]-$	BR		SB	
36	Isopren-Kautschuk		$-[CH_2-\underset{\underset{CH_3}{\vert}}{C}=CH-CH_2]-$	IR			
37	Thermopl. PUR-Elastomer		$-[R-NH-COOR]-$	TPE-U			
38	Ethenbuten		$CH_3-\underset{\underset{-[HC-CH_2]-}{\vert}}{CH}-CH=CH_2$				
39	Ethenpropen		$H_3C-\underset{\underset{-[HC-CH_2]-}{\vert}}{C}=CH_2$				

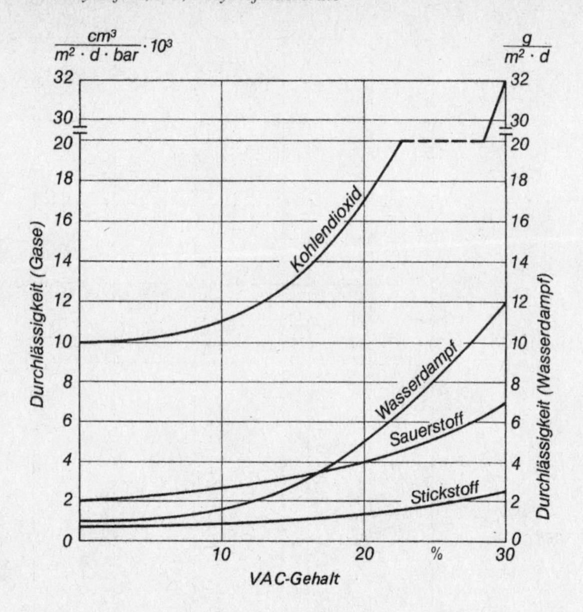

Bild 4.4. Abhängigkeit der Durchlässigkeit von EVA für Wasserdampf und Gase in Abhängigkeit vom VAC-Gehalt.

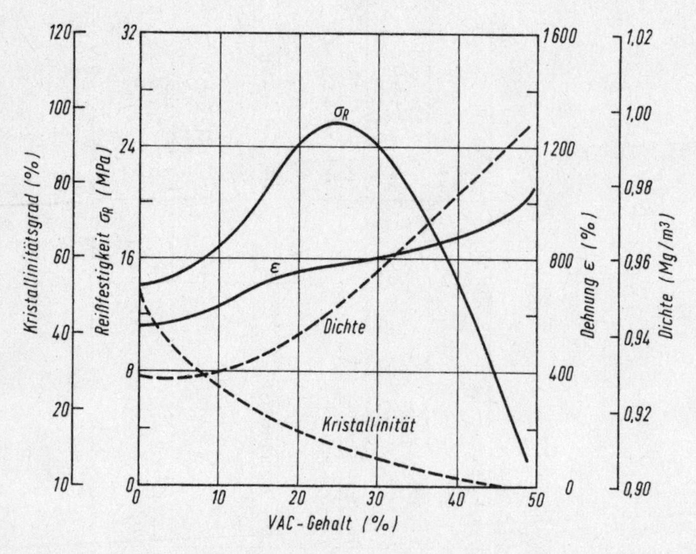

Bild 4.5. Eigenschaften von EVA-Copolymerisaten in Abhängigkeit vom VAC-Gehalt

Tafel 4.6. Eigenschaften und Anwendungen von EVAC-Copolymeren mit verschiedenem VAC-Gehalt.

VAC-Gehalt der Copolymerisate (Gew.-%)	Eigenschaften und Anwendungen
1 bis 10	im Vergleich mit PE-LD transparenter, flexibler, zäher (Schwersackfolien, Tiefkühlverpackungen), leichter siegelnd (Beutel, Verbundfolien), weniger anfällig gegen Spannungsrißbildung (Kabelummantelungen), bei niedrigerer Temperatur höherer Schrumpf (Schrumpffolien), geringere Relaxation vorgedehnter Folien (Streckfolien).
15 bis 30	noch thermoplastisch verarbeitbar, sehr flexibel und weich, kautschukähnlich (Anwendung vergleichbar mit PVC-P, besonders für Verschlüsse, Dichtungen, rußgefüllte thermoplastische Massen für die Kabelindustrie).
30 bis 40	hohe elastische Dehnung, Weichheit mit Füllstoffaufnahmefähigkeit, breiter Erweichungsbereich, Polymerisate mit großer Festigkeit und guter Adhäsion für Beschichtungen und Klebstoffe.
40 bis 50	Produkte mit noch ausgeprägteren Kautschuk-Eigenschaften (peroxidisch und mit Strahlen vernetzbar, z. B. für Kabel; für Propfreaktionen, z. B. für hochschlagfestes PVC mit sehr guter Witterungsbeständigkeit; durch Hydrolyse resultieren Polymerisate für Gewebebeschichtungen, Schmelzkleber, thermoplastische Verarbeitung zu Formkörpern und Folien mit hoher Festigkeit und Zähigkeit).
70 bis 95	Verwendung in Form von Latices für Emulsionsfarben, Papierbeschichtung, Klebstoffe und von Verseifungsprodukten für Folien und spezielle Kunststoffe.

mit anderen Kautschuken als Beschichtungsmaterial. Handelsname z. B. Hypalon.

$$\left[-[(CH_2)_6-\underset{\displaystyle Cl}{\underset{|}{CH}}]_{12}-\underset{\displaystyle O=\underset{\displaystyle Cl}{\underset{|}{S}}=O}{\underset{|}{\overset{\displaystyle H}{\overset{|}{C}}}}- \right]_n \qquad (F2)$$

Chlorsulfoniertes PE, PE-C

4.1.4 Polyethylen-Copolymere; PE-ULD, EVA, EVAL, EEA, EBA, EMA, EAA, EMAA, E/P, EIM, COC, ECB, ETFE

PP mit EP(D)M s. Abschn. 4.1.6.

Durch Copolymerisation von Ethylen mit Propylen, Buten-1, Vinylacetat, Acrylsäureester, Kohlenmonoxid u. a. wird die lineare Struktur der Methylenkette unterbrochen und damit die Kristallinität reduziert. Die Folge ist eine verringerte Schmelztemperatur. Die zwischenmolekularen Kräfte und die Lage der Glasübergangstemperatur sind von der Art und Polarität der Comonomeren abhängig. Grundstrukturen s. Tafel 4.5, Seite 390 ff., Eigenschaftsvergleich s. Tafel 4.6.

Ultraleichtes Polyethylen, PE-ULD

PE-ULD (auch HOA = higher α-olefines genannt) sind Co- und Terpolymerisate von Ethylen mit bis zu 10% Octen-, 4-Methylpenten-1 (s. Abschnitt 4.1.9) und zuweilen auch Propylen (s. Abschnitt 4.1.5) mit Dichten zwischen 0,91 und 0,88 g/cm^3. Sie sind kaum kristallin, transparent und mit einer Reißdehnung von >900% in einem weiten Temperaturbereich flexibel. *Anwendungen* sind durchstoßfeste Schwerlast-Stretchfolien, Schwergut-Sackfolien, (mehrschichtige) aromadichte oder medizinische Verpackungen und im Hochgeschwindigkeits-Spritzgießen hergestellte Formteile. Die leicht verarbeitbaren Produkte dienen auch zur Verbesserung der elastischen Eigenschaften und Spannungsrißbeständigkeit anderer PE-Sorten. Butylacrylat-modifiziertes (s. Abschnitt 4.4.1) PE ähnelt PE-LLD. Handelsnamen s. Abschn. 4.1.1.

Ethylen-Vinylacetat-Cop.; EVA

Die Grundstruktur von Vinylacetat (VA) ist in Tafel 4.5 Nr. 20, Seite 391 dargestellt. Mit zunehmendem VA-Gehalt nimmt die Gasdurchlässigkeit zu und die Produkte werden weicher, weil die Kristallinität abnimmt, s. Bilder 4.4 u. 4.5. Tafel 4.6 zeigt Eigenschaften und Anwendungsgebiete von Copolymerisaten mit verschiedenen VA-Gehalten. Produkte mit über 10% VA sind transparenter, zäher und leichter heißsiegelbar als PE-LD und für den Lebensmittelverkehr zugelassen. EVA-Copolymere werden als Schlagzäh- oder Weichmacher zur besseren Einarbeitbarkeit mit Vinylchlorid (VC) gepfropft.

Die *Verarbeitung* von EVA erfolgt wie bei PE-LD, wobei sich die Massetemperatur nach dem VA-Gehalt richtet: Massetemperaturen beim Spritzguß 175 bis 220 °C, Werkzeugtemperaturen 20 bis 40 °C. Die Extrusion sollte bei Temperaturen von 140 bis 180 °C (Flachfolien bis 225 °C) erfolgen. Zur Vermeidung der Abspaltung von Essigsäure sollte die Massetemperatur 230 °C nicht überschreiten und die Verweilzeit kurz gehalten werden. Bei Produktionsunterbrechungen empfiehlt sich ein Spülen mit PE-LD.

Bedrucken oder *Beschichten* ist wegen der polaren Struktur leichter als bei PE. Eine Vorbehandlung, meist mit Corona-Entladungen, erhöht die Haftfestigkeit.

Einsatzgebiete sind: Flexible Rohre, Profile, Draht- und Kabelummantelungen, Folienbeutel, Dichtungen, Staub- und Anästhesiemasken, Verpackungs- und Gewächshaus-Folien, falt- und verformbares Spielzeug, Material für Compounds.

EVA (und auch Ethylen/Acrylsäure-Acrylat, EAA) werden mit Paraffinen, Wachsen und Kunstharzen zu Politurmitteln, Schmelzklebstoffen und Beschichtungsmassen verarbeitet und z.T. mit Peroxiden vernetzt. Modifizierte teilverseifte EVA: Zwischenschichten in Sicherheitsgläsern.

Handelsnamen z.B.: Aclyn, Cabelec, Dumilan, Elvax, Escor, Evaflex, Evatane, Levapren, Lupolen V, Nipoflex, Nucrel, Plexar, Polybond, Primacor, Rexene, Soarblen, Soarlex, Softlex, Sumikathene, Ultrathene, Vinnapas, Visqueen, Vistalon, Yukalon, Zimek. VC-gepfropft: Baymod-L.

Ethylen/Vinylalkohol-Copolymer, EVAL

Vinylalkoholhaltige Copolymere werden wie auch PVAL durch eine Teilverseifung von EVA hergestellt. EVAL mit VAL-Gehalten von 24 bis 30% sind als Pulver für zähfeste, auch auf Metallen gut haftende elektrostatische Beschichtungen zum Korrosionsschutz und Splitterschutz auf dem Markt.

Sorten mit VAL-Gehalten von 53 bis 68% sind Barrierekunststoffe mit minimaler Durchlässigkeit für N_2, O_2 und CO_2 und Aromastoffe, aber mit erheblicher Wasserdampf-Durchlässigkeit und -Aufnahmefähigkeit. EVAL mit 3 bis 8% Wassergehalt verliert seine Sperrwirkung und wird daher in Mehrschichtfolien zwischen PE, PP und auch zusammen mit PA oder Polyterephthalaten koextrudiert. Die Glasübergangstemperatur liegt bei 66°C, die optimale Verarbeitungstemperatur zwischen 160 und 180°C. Kurzfristig werden aber Temperaturen bis 200°C ertragen, wobei die Sperrwirkung gegen O_2 reversibel verringert wird. Auch die Verminderung der Sperrwirkung beim Kochen von Verbundpackungen ist beim Abkühlen reversibel.

Polyvinylalkohole (PVA) sind teilkristalline, wasserlösliche Polymere. Vollverseifte Produkte lösen sich mit ausreichender Geschwindigkeit nur in heißem Wasser. Teilverseifte sind in kaltem Wasser leichter löslich als in heißem. Beide PVA-Typen werden zur Herstellung von Folien eingesetzt: Monofolien für wasserlösliche Beutel, als Coextrusionsfolie wegen ihrer äußerst geringen O_2-Durchlässigkeit.

Handelsnamen z.B.: Eval, Levasint, Selar-OH, Soarnol.

Ethylen-Acryl-Copolymerisate; EEA, EBA, EMAK, EAA, EMAA

Ethylacrylat-(EA), Butylacrylat-(BA) und Methacrylat-(MA)Copolymere mit PE werden für auch bei tiefen Temperaturen hoch elastische, spannungsrißbeständige, hoch füllbare Verpackungsfolien und Heißsiegelschichten eingesetzt. EBA und EMA sind bis 20%, EEA bis 8% Comonomergehalt für den Lebensmittelverkehr zugelassen. Rußgefüllte, halbleitende Folien und Schläuche werden für Chip- und Sprengstoffverpackungen sowie im medizinischen und anderen Bereichen bei einer Gefährdung durch statische Elektrizität angewandt.

EAA und EMAA, Ethylen-(Meth)acrylsäure-Copolymere und z.B. durch Acrylamid weiter abgewandelte Terpolymere werden als Haftschichten in

Tafel 4.7. Eigenschaftsvergleich der Ethylen-Copolymerisate und andere Polyolefine

Eigenschaft	Einheit	EVA	EIM Ionomer	COC 52% Norbornen	PDCPD	EA	PB	PMP
Dichte	g/cm^3	0,93–0,94	0,94–0,95	1,02	1,03	0,925–0,935	0,90–0,915 (0,94)	0,83–0,84
Zug-E-Modul	MPa	30–100	150–200	3100	1800–2400	40–130	210–260 (420)	1200–2000
Streckspannung	MPa	–	7–8			4–7	15–25	10–15
Streckdehnung	%	–	>20		4	>20	ca. 10	>10
Nominelle Bruchdehnung	%	>50	>50			>50	>50	>10
Spannung bei 50 % Dehnung	MPa	4–9	–			–	–	–
Bruchspannung	MPa	–	–	66	46	–	–	–
Bruchdehnung	%	–	–	2–3	25	–	–	–
Schmelztemperatur	°C	90–110	95–110			92–103	125–130	230–240
Formbeständigkeitstemperatur HDT / A 1,8 MPa	°C	–	–		90–115	–	55–60	40
Längenausdehnungskoeffizient, längs (23–55 °C)	10^{-5}/K	ca. 25	10–15		8,2	ca. 20	13	12
Längenausdehnungskoeffizient, quer (23–55 °C)	10^{-5}/K	–	–			–	–	–
Brennbarkeit UL 94 bei 1,6 mm Dicke	Klasse	HB	HB			HB	HB	HB
Dielektrizitätszahl bei 100 Hz	–	2,5–3	ca. 2,4			2,5–3	2,5	2,1
Dielektrischer Verlustfaktor bei 100 Hz	$\cdot 10^{-4}$	20–40	ca. 30			30–130	2–5	ca. 2
Spezifischer Durchgangswiderstand	Ohm · m	$>10^{14}$	$>10^{15}$			$>10^{14}$	$>10^{14}$	$>10^{14}$
Spezifischer Oberflächenwiderstand	Ohm	$>10^{13}$	$>10^{13}$			$>10^{13}$	$>10^{13}$	$>10^{13}$
Elektrische Durchschlagfestigkeit	kV/mm	30–35	40			30–40	20–40	
Vergleichszahl der Kriechwegbildung CTI/A		600	600			600	600	600
Aufnahme von Wasser bei 23 °C, Sättigung	%	<0,4	ca. 0,5	<0,5		<0,4	<0,1	<0,01
Feuchteaufnahme bei 23 °C / 50 % r. F., Sättigung	%	<0,2	ca. 0,3			<0,2	<0,05	<0,05

Mehrschichtfolien, z. B. zwischen PA und PE, und für Metallbeschichtungen coextrudiert. Sie sind Grundbestandteile von Ionomeren, s. weiter unten, und als Phasenkoppler in Legierungen wie z. B. von PA/PET dienlich.

Einsatzgebiet EAA s. auch EVA

Handelsnamen z. B.: Lucalen A, Nucrel, Primacor

PE-a-Olefin-Cop.; PE-α-PO-Me

Unter dem Markennamen Luflexen werden Copolymere von PE mit α-Olefinen, s. Abschn. 4.1.9 in industriellem Maßstab nach dem Metallocen-Verfahren hergestellt.

Cycloolefin-Copolymere; COC

COC sind Copolymerisate aus den Grundbausteinen Ethylen, s. Tafel 4.5, und Norbornen, s. Abschn. 7.1.3.10. Sie können unter Verwendung von Metallocen-Katalysatoren in zwei Modifikationen hergestellt werden: Als statistische (amorphe) und alternierende (teilkristalline) Polymere. Letztere weisen eine bessere Lösungsmittel-und Chemikalien Beständigkeit auf. Bei statistischen COC läßt sich die Glasübergangstemperatur von 0°C bei 12 mol-% Norbornen bis ca. 230°C bei 80 mol-% Norbornen einstellen. Diese Produkte sind hochtransparent, leicht zu verarbeiten und hydrolysefest. Spritzlinge weisen sehr geringe optische Anisotropie auf, der Brechungsindex beträgt 1,53. Angestrebtes Einsatzgebiet: CD`s, andere optische Datenspeicher, Optik.

Eigenschaftsvergleich s. Tafel 4.7, Handelsnamen: Topas

Ionomere Copolymere, EIM

Generelle Beschreibung und Verarbeitung: Im Gegensatz zu herkömmlichen Kunststoffen wirken bei Ionomeren zusätzlich zu den Nebenvalenzkräften ionische Bindungskräfte, d. h., elektrostatische Kräfte zwischen den Molekülketten. Die wichtigste Gruppe sind thermoplastische Copolymere des Ethylens mit carboxylgruppenhaltigen Monomeren, z. B. Acrylsäure, von denen ein Teil als freie Carboxylgruppen vorliegt, der Rest ist mit Metallkationen der 1. und 2. Gruppe des Periodensystems gebunden, so daß eine gewisse physikalische Quervernetzung erreicht wird, s. F 3. Bei höheren Temperaturen löst sich diese Vernetzung auf, so daß Ionomere nach allen für Thermoplaste üblichen Verfahren bei Massetemperaturen von 150 bis 260 (330) °C verarbeitbar sind. Die Schmelze weist eine hohe Elastizität auf, die die Herstellung von Platten und Folien erleichtert.

Es können porenfreie Folien von nur 12 μm Dicke extrudiert werden. Die Folien sind gut mit einem hohen Reckverhältnis warmreckbar.

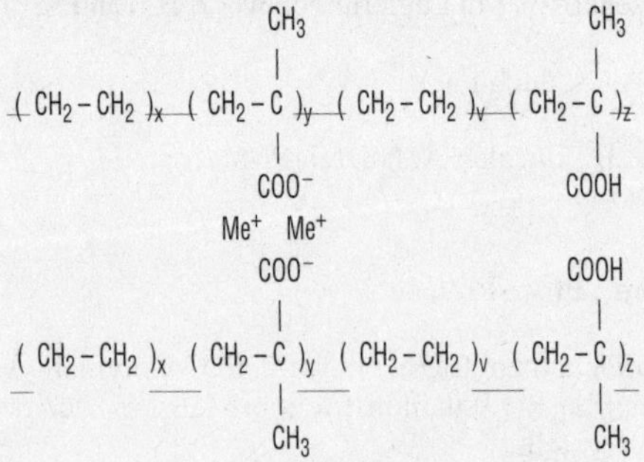

$$
\begin{array}{c}
-(CH_2-CH_2)_x-(CH_2-\underset{\underset{\displaystyle COO^-}{|}}{\overset{\overset{\displaystyle CH_3}{|}}{C}})_y-(CH_2-CH_2)_v-(CH_2-\underset{\underset{\displaystyle COOH}{|}}{\overset{\overset{\displaystyle CH_3}{|}}{C}})_z- \\
Me^+ \quad Me^+ \\
-(CH_2-CH_2)_x-(CH_2-\underset{\underset{\displaystyle CH_3}{|}}{\overset{\overset{\displaystyle COO^-}{|}}{C}})_y-(CH_2-CH_2)_v-(CH_2-\underset{\underset{\displaystyle CH_3}{|}}{\overset{\overset{\displaystyle COOH}{|}}{C}})_z-
\end{array}
\qquad (F\ 3)
$$

(Me = Metall-Kationen (Na, Mg, Zn)
Ionomer, EIM

Allgemeine Eigenschaften: Ionomere sind nicht kristallin. Im Bereich der Gebrauchstemperatur von –40 bis 40 °C und darüber sind die Erzeugnisse zäh und glasklar. Sie sind beständig gegen Alkalien, schwache Säuren, Fette und Öle. Organische Lösemittel quellen sie an. Sie sind nicht beständig gegen oxidierende Säuren, Alkohole, Ketone, aromatische und chlorierte Kohlenwasserstoffe. Es besteht kaum Neigung zur Spannungsrißbildung. Die Bewitterungsbeständigkeit ist gering, eine UV-Stabilisierung mit Ruß möglich. Die Durchlässigkeiten für Wasserdampf, O_2 und N_2 sind mit denen von PE vergleichbar, die Durchlässigkeit für CO_2 ist geringer. Ionomere brennen mit leuchtender Flamme. Für den Kontakt mit Lebensmitteln geeignete Typen sind erhältlich.

Einsatzgebiete: Glasklare Rohre für Trinkwasser, Wein und Fruchtsäfte; Klarsichtfolien für fetthaltige Lebensmittel, Labor- und medizinische Teile; Skin- und Blisterpackungen; Flaschen für Pflanzenöle, flüssige Fette, Shampoos; Schuhsohlen, Skischuhschalen, Werkzeuggriffe, transparente Beschichtungen, corona- und spannungsrißbeständige Isolierungen.

Ionomere sind Haftvermittler zwischen Polymeren unterschiedlicher Polarität in Legierungen und Laminaten. Niedermolekulare Polymere (Aclyn) sind zur Homogenisierung von Dispersionen und zur Verstärkung von Klebungen brauchbare Hilfsmittel.

Handelsnamen z. B.: Aclyn, Coathylen, Copolene, Escor (Haftvermittler), Lucalen I, Surlyn A.

Ethylen-Copolymer-Bitumen-Blend, ECB

Bei ECB bildet der Kunststoff die durchgehende Phase. Das Handelsprodukt enthält keinen Weichmacher und ist witterungs- und alterungsbeständig. Es wird als schwarzes Granulat (Dichte = 0,97 g/cm^3) geliefert und bei 140 bis 190 °C zu Bahnen extrudiert oder bei 160 bis 220 °C im Spritzguß verarbeitet. Bei 250 bis 280 °C kann es drucklos zu dickwandigen Formkörpern gegossen werden.

Einsatzgebiete: Dichtungsfolien (auch mit einer Glas- oder Polyester-Vliesarmierung) für Flachdächer, Tunnel und im Tiefbau, Zumischung zu Bitumen-Schmelz- und Asphaltmassen zur Verbesserung der Standfestigkeit.

Handelsname: Lucobit.

Copolymere mit Fluorpolymeren, ETFE, s. Abschn. 4.3.2

4.1.5 Polypropylen-Homopolymerisate; PP-(H)

PP wird durch die Polymerisation von Propylen ($H_3C–CH=CH_2$) gewonnen. Es ist wie PE ein teilkristalliner Thermoplast, besitzt jedoch eine höhere Festigkeit, Steifigkeit und Kristallit-Schmelztemperatur bei geringerer Dichte (0,905 bis 0,915 g/cm^3).

Chemischer Aufbau

Die CH_3-Gruppen des PP können bei der Polymerisation räumlich unterschiedlich angeordnet werden und damit auch unterschiedliche Eigenschaften bewirken, s. F 4.

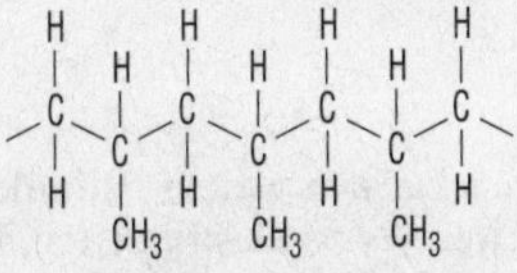

```
   H       H       H       H
   |   H   |   H   |   H   |
  -C-  |  -C-  |  -C-  |  -C-
   |  -C-  |  -C-  |  -C-  |
   H   |   H   |   H   |   H
      CH3     CH3     CH3
```

isotaktisches PP, (PP-i)

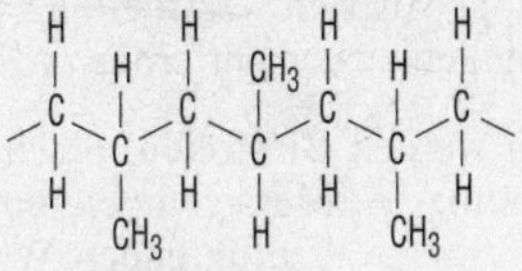

```
   H       H       H       H
   |   H   |  CH3  |   H   |
  -C-  |  -C-  |  -C-  |  -C-
   |  -C-  |  -C-  |  -C-  |
   H   |   H   |   H   |   H
      CH3      H      CH3
```

syndiotaktisches PP, (PP-s) (F 4)

```
   H       H       H       H
   |   H   |   H   |  CH3  |
  -C-  |  -C-  |  -C-  |  -C-
   |  -C-  |  -C-  |  -C-  |
   H   |   H   |   H   |  CH3
      CH3     CH3      H
```

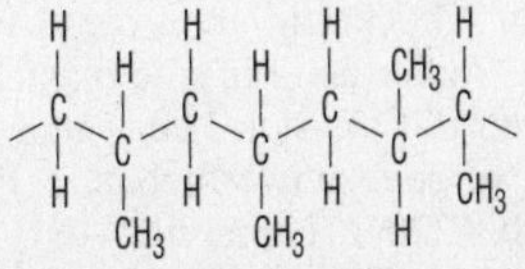

ataktisches PP, (PP-a)

Beim *isotaktischen PP* ist die Mehrzahl der CH_3-Gruppen an der gleichen Seite der C-Kette oder spiralförmig nach außen gerichtet angeordnet. Das bedeutet einen „Isotaxie-Index" von über 55 bis 95, entsprechend 4000 bis 10000 Propylengruppen in regelmäßig gleichartiger Folge. Beim *syndiotaktischen PP* liegen die CH_3-Gruppen abwechselnd auf den gegenüberliegenden Seiten der Hauptkette, während beim *ataktischen PP* die CH_3-Gruppen auf beiden Seiten der Kette statistisch verteilt sind. Ataktisches PP hat eine Konsistenz wie nicht vulkanisierter Kautschuk. Isotaktisches PP hat mengenmäßig die größte Bedeutung.

Das Grund-*Syntheseverfahren* ist die Niederdruck-Fällungs-Polymerisation von Propengas an metallorganischen, von *Natta* (1955) stereospezifisch wirksam abgewandelten, in Kohlenwasserstoffen aufgeschwemmten Ziegler-Katalysatoren. Dabei entstehen Anteile an ataktischem PP, die zu einem weicheren und weniger wärmebeständigen Produkt führen. Sie sind in Heptan löslich und können so abgetrennt werden. In neueren Gasphasen-Polymerisationsverfahren werden mit minimalen Anteilen selektiv einstellbarer Hochleistungs-Katalysatoren mit hohem Ausstoß reine Produkte (bis 97% isotaktisches PP) gewonnen. Das Spheripol-Verfahren mit gezielt auf unterschiedliche Homo- und Copolymer-Typen auszurichtenden „Catalloy"-Katalysator-Systemen liefert u.a. auch direkt ohne Granulierung verarbeitbare Partikel von 0,5 bis 4 mm Durchmesser. Zur Polymerisation mit Metallocen-Katalysatoren s. Abschn. 4.1.1, PP-Me.

Verarbeitung

Zum *Spritzgießen* stehen für den weiten Anforderungsbereich von hoch wärmebeständigen, steifen bis zu elastifizierten, kälteschlagzähen Formteilen PP-Formmassen zur Verfügung. Die Massetemperatur liegt bei 250 bis 270 °C, die Werkzeugtemperatur bei 40 bis 100 °C. Im warmfeuchten Klima kann sich Oberflächenfeuchtigkeit auf dem Granulat niederschlagen, das vor der thermoplastischen Verarbeitung durch Trocknung oder mit Hilfe von Entgasungsschnecken entfernt werden sollte.

Im *Extrusionsverfahren* werden Blasfolien, Flachfolien, Platten, Rohre, Blasformteile und Monofile bei Massetemperaturen von 220 bis 270 °C hergestellt. Wegen der großen abzuführenden Wärmemenge ist für die Folienherstellung das Chill-Roll-Breitschlitzverfahren günstiger als das Schlauchfolien-Blasen, das eine intensive Wasserkühlung des Folienschlauchs erfordert. Um (nur bei PP-H brillante) Transparenz zu erreichen, müssen die Folien schockartig unter die Kristallitbildungs-Temperatur abgekühlt werden. Außer den für eine biaxiale Orientierung vorgesehenen Folien enthalten die meisten Gleit- und Antiblockmittel. Zum Extrusionsblasformen werden schwerfließende PP-H-Formmassen bei Temperaturen von 190 bis 220 °C eingesetzt.

PP-Schaumstoffe werden nach folgenden Verfahren hergestellt:

Flexible Schäume mit kleinen, geschlossenen Zellen mit extrem geringer Dichte (10 kg/m^3) durch Extrusion.

Harte Schäume mit Dichten von 50 bis 120 kg/m^3 nach dem Hochdruckverfahren.

Strukturschäume mit Dichten um 400 bis 700 kg/m^3 unter Verwendung von gasförmigen oder chemischen Schäummitteln im Spritzgießverfahren.

Harte Profile im gleichen Dichtebereich durch Extrusion.

Im *Schmelzspinnverfahren* werden aus einem leichtfließenden, hochisotaktischen PP-H Stapelfasern, durch *Verstrecken* von Blas- oder Flachfolien Webbändchen und Spleißfasern, durch Abscheiden von PP aus Lösungen unter Scherung sog. Fibride erzeugt.

Nachbehandlung

Das *Warmformen* flächiger Halbzeuge ist wegen des engen thermoelastischen Temperaturbereichs nur eingeschränkt möglich. Dagegen läßt sich PP nach dem SPPF-Verfahren (solid phase pressure forming) dicht unterhalb der Kristallit-Schmelztemperatur (150 bis 160 °C) umformen und bei Raumtemperatur walzen und formpressen.

Zur *Oberflächenveredelung* (Bedrucken, Lackieren) muß PP wie PE vorbehandelt werden, s. Abschn. 4.1.1. Es kann im Vakuum metallisiert werden. Spezielle Typen können nach der Aktivierung der Oberfläche mit Edelmetall-Salzen galvanisiert werden. In der Regel wird zunächst eine Nickelschicht aufgebracht, die schließlich mit Nickel oder Chrom galvanisch plattiert wird, s. auch Abschn. 3.4.4.

Das *Verbinden* durch Schweißen und Kleben ist wie bei PE möglich, s. Abschn. 4.1.1. Als Klebstoffe kommen Kontaktklebstoffe auf der Basis von Naturgummi oder Chlorbutadien-Kautschuk sowie Klebstoffe auf der Basis von Silikonen, Epoxid-Harzen oder Polyurethanen in Frage. Die Oberflächen-Vorbehandlung erfolgt meist mit Chromschwefelsäure. Eine Diffusions-Klebung ist nicht möglich.

Spanende Bearbeitung ist wegen der größeren Härte von PP einfacher als beim PE, das Stanzen ist aber nur begrenzt möglich.

Eigenschaften

Die Vielfalt der angebotenen PP-Sorten ist größer als die der meisten anderen Kunststoffe. Die Molekülstruktur, die Höhe der mittleren Molmasse (200 000 bis 600 000 g/mol), die Molmasseverteilung, die Kristallinität und die Sphärolithstruktur können in weiten Grenzen variiert und damit die Eigenschaften beeinflußt werden.

Die Steifigkeit und Festigkeit liegen zwischen denen von PE und den „technischen“ Kunststoffen wie ABS, PA u. a. Die dynamische Belastbarkeit ist relativ hoch. Mit einer Glasübergangstemperatur um 0 °C verspröden alle PP-H-Typen in der Kälte. Der Kristallit-Schmelzbereich liegt bei 160 bis 165 °C und liegt damit höher als bei PE, so daß auch die maximalen Gebrauchstemperaturen höher sind: kurzfristig 140, langfristig 100 °C. Die elektrischen Eigenschaften sind denen von PE vergleichbar und werden durch eine Lagerung in Wasser nicht beeinträchtigt. Die Dielektrizitätszahl und der dielektrische Verlustfaktor sind weitgehend von der Temperatur und Frequenz unabhängig.

PP zeigt nur minimale Wasseraufnahme und -durchlässigkeit. Lebensmittelrechtlich zugelassene Erzeugnisse sind zum Heißabfüllen von Getränken und anderen Nahrungsmitteln geeignet und heiß sterilisierbar. Gase, vor allem CO_2, sowie niedrigsiedende Kohlenwasserstoffe und Chlorkohlenwasserstoffe diffundieren durch PP. Die Chlorkohlenwasserstoffe quellen es an. Wegen seines nichtpolaren Charakters ist PP chemisch sehr beständig: bis zu 120 °C ist es beständig gegen wäßrige Lösungen von Salzen, starken Säuren und Alkalien, ggf. auch gegen Waschlaugen. Beste Beständigkeit gegenüber polaren organischen Lösemitteln, Alkoholen, Estern, Ketonen, Fetten und Ölen weisen die hochkristallinen Typen auf. Gegen Treibstoffe bei höheren Temperaturen sind nur Spezialtypen beständig. Starke Oxidationsmittel wie Chlorsulfonsäure, Oleum, konzentrierte Salpetersäure oder Halogene greifen PP schon bei Raumtemperatur an. Während PE durch Sauerstoff vernetzt wird, wird PP durch Sauerstoff abgebaut.

PP muß für den Außeneinsatz witterungsstabilisiert werden, ist aber dennoch dem PE unterlegen. Es brennt mit schwach leuchtender Flamme nach Fortnahme der Zündquelle weiter. Flammgeschützte Typen sind verfügbar.

Formteile aus PP sind transluzent. Eine Verstreckung unterhalb der Kristallit-Schmelztemperatur erhöht die Transparenz, ebenso ein Zusatz von Nukleierungsmitteln zur Erzeugung eines feinkörnigen Kristallitgefüges.

PP-s-Me (Me = Metallocen) weisen bessere Fließfähigkeit, niedrigere Schmelz- und Siegeltemperatur, höhere Zähigkeit und geringere Steifigkeit, bessere Transparenz und Barriereeigenschaften auf. PP-a-Me sind sehr weiche Produkte mit hoher Reißdehnung und einer Glasübergangstemperatur von nur 0°C. S. Tafel 4.8.

Tafel 4.8. Eigenschaftsvergleich spezieller Polypropylene

Eigenschaft	Einheit	PP-a-LMW	PP-a-HMW	PP-a-HMW	PP-s-Me	PP-i-Me
Dichte	g/cm^3	0,836	0,861	0,855		0,903
E-Modul	MPa	10	8	5	61	1000-1600
Zugfestigkeit	MPa	1	1	2	2,4	20
Bruchdehnung	%	110	1400	2000		300
Schmelzindex	g/10min	670	7	0,1	3	1,8
Trübung	%	58	20	18	1,7	85
Kristallinität		gering	amorph	amorph	30-40%	unterschiedlich

Einsatzgebiete

Die besonderen Eigenschaften des PP erlauben einen außerordentlich weiten Einsatz, dem sich die Rohstoffhersteller in ihren Rezepturen angepaßt haben.

Amorphes ataktisches PP und andere ataktische α-Olefin-Polymere *(APAO)* sind bis –30 °C flexible bis harte Kunststoffe, die in der Beschichtung aus der Schmelze von Papier-Packmitteln und Teppichfliesen-Rücken, als PKW-Dämmstoffe, Korrosionsschutzbinden, Fahrbahnmarkierungs-Massen, Schmelzklebstoffe, Dichtungsmassen, Bitumenverschnitt und alterungsbeständige Baudichtungs- und Dachbahnen eingesetzt werden.

Spritzguß, isotaktisches PP: Innenausstattungen für PKW, die den Kopfaufschlagtest bestehen und schalldämpfend sind, Lüftungssysteme, Armaturenbretter, Mittelkonsolen, Scheinwerfer- und Heckleuchtengehäuse; Massenartikel wie Trinkbecher und Lebensmittelverpackungen, Werkzeug- und Reisekoffer, Transport- und Stapelkästen, Gehäuse und Funktionsteile (Filmscharniere) für Haushalts-Maschinen wie Kaffeemaschinen, Toaster, Heizlüfter, Geschirrspüler, Wächetrockner, Waschmaschinen; gefüllte und verstärkte Typen für Karosseriebauteile, PKW-Kühlflüssigkeits-Ausgleichsbehälter (für 2,3 bar Überdruck bei 125 °C), Rasenmäher, Elektrowerkzeuge, Teile für Tauchpumpen, Lüfterräder, Elektroinstallationen, Gartenmöbel.

Blasformen: schwer fließende Formmassen zu Flaschen für kosmetische und medizinische Pulver, etwas leichter fließende für die Massenfertigung von Flüssigkeitsbehältern bis ca. 5 l Inhalt, auch biaxial verstreckt; Heißwasserbehälter; Luftleitsysteme in PKW; Koffer (mit Filmscharnieren) für Werkzeuge, Nähmaschinen, Elektronikteile (antistatisch), Motorräder; Surfbretter.

Extrusion: Warmwasser-Druck- und Abwasserrohre, Profile, Platten, Kabelummantelungen, unverstreckte und biaxial verstreckte Folien (transparente) für Verpackungen („Zigarettenfolie“), Isolationen und als Verbundfolien, geschäumte Platten, Verpackungsbänder, Webbändchen, Spleißfasern, Faservliese für Geotextilien und Filter, Binderkordel für die Landwirtschaft (abbaubar eingestellt), Säcke, glasmattenverstärkte Platten (Harzmatten) für die Weiterverarbeitung durch Heißpressen.

Handelsnamen:

Isotaktisches PP: z. B.

Afax	Escorene	Noblen	Stamylan
Appryl	Extrel	Novex	Sunlet
Bicor	Formolene	Novolen	Tatren
Carlona	Fortilene	Petrothene	Tenite
Catolloy	Hifax	Platilon	Ultralen
Daplen	Hival	Profax	Valtec
Ecofelt	Lacqtene	Propathene	Vestolen P
Eltex	Marlex	Rexene	Vistalon
Eperan	Moplen		

Ataktisches PP: z. B. Afax, Stamyroid, Vestoplast.

PP-Me: Metocene

PP+40% Mineral: Hostacom

4.1.6 Polypropylen-Copolymerisate und -Derivate, Blends; PP-C, PP-B, EP(D)M, PP+EP(D)M

Die Eigenschaften des PP können außer durch Additive durch Copolymerisation und durch Blends mit anderen Polymeren in weiten Grenzen modifiziert werden.

Chloriertes PP, PP-C

PP-C hat geringere Bedeutung als PE-C. Es wird für chemikalien- und korrosionsfeste Anstriche verwendet.

Block-Copolymere

Als Copolymere kommen z. B. Ethylen, Buten-1 und höhere α-Olefine in Betracht, s. Tafel 4.5, Seite 360 ff., Nr. 1, 3, u. 27.Der Einbau von PE unterbricht die Molekülkette, die Kristallinität des PP bleibt aber bis zu einem PE-Gehalt von 20 % erhalten. PE bewirkt eine Reduzierung der Glasübergangstemperatur um 5 °C. Die Schmelztemperatur eines statistischen PE-Copolymeren wird schon bei geringeren Anteilen stark herabgesetzt. Wird das PE als Block eingebaut, wird die Schmelztemperatur nur wenig gesenkt. Durch 10 % PE wird die Schlagzähigkeit bei tiefen Temperaturen (–30 bis –40 °C) wesentlich verbessert. 20 % ergibt weiche Produkte wie PE-LD mit einem Schmelzpunk nicht unter 160 °C. Sie werden für Heißsiegelschichten, flexible Rohre und transparente Spritzlinge und Blasteile eingesetzt.

Copolymere werden von fast allen PP-Herstellern und unter den gleichen Handelsnamen wie PP-H geliefert.

Ethylen-Propylen-(Dien)-Copolymer, EP(D)M

EP(D)M entsteht durch die Copolymerisation von PE, PP und Ethylen/Norbornen (bei Terpolymeren) in Hexan mit Hilfe von Ziegler-Katalysatoren. Norbornen wird über eine Synthese aus Ethylen und Cyclopentadien gewonnen und ist ein Rohstoff für Synthesekautschuktypen. Als Ausgangsstoff für Gummi wird EP(D)M in Ballenform gepreßt, während PP-EP(D)M-Compounds als Granulat geliefert wird.

Statistische Copolymere (amorphes EP(D)M). Die Beweglichkeit der Makromoleküle des linearen PE frieren erst unterhalb –100 °C ein. Da PE-HD aber teilkristallin ist, wirkt sich diese Eigenschaft nicht in einer entsprechenden Flexibilität aus. Um amorphe Produkte zu erhalten, müssen einige H-Atome des PE durch statistisch verteilte, unpolare Gruppen ersetzt werden. Copolymere mit α-Olefinen wie PP oder Buten-1 mit bis zu 70 % PE sind amorph, räumlich vernetzt, haben eine extrem geringe Dichte von 0,86 bis 0,87 g/cm^3 und eine Glasübergangstemperatur, die genügend weit unterhalb der Raumtemperatur liegt. Sie können wie Kautschuke verarbeitet werden. Voraussetzung für die Vulkanisierbarkeit mit Schwefel und die Vorherbestimmung des Vernetzungsgrades ist der Einbau von Dienen. E/P-Copolymere (EPM) können nur mit Peroxiden chemisch vernetzt werden, mit dem Nachteil, daß sie hinsichtlich Vernetzungsgrad und -dichte nicht optimiert werden können. EP(D)M mit 50 % PE kann nicht thermoplastisch verarbeitet werden und wird im Automobil- und Hausbau und in der Kabelindustrie eingesetzt.

Sequentielle Copolymere (teilkristalline EP(D)M) sind „physikalisch" vernetzt. Die Vernetzung basiert auf der Bindung zwischen kristallinen oder glasartig festen Teilen der Polymerkette. Sie können zusätzlich vulkanisiert werden. Bei einem PE-Gehalt von mindestens 70 % sind die PE-Sequenzen lang genug, um solche Bereiche zu bilden. Solche Produkte sind thermoplastisch verarbeitbar, haben aber den Nachteil, daß sich die physikalischen Bindungen mit zunehmender Temperatur, je nach der Blockstruktur, zu lösen beginnen und der elastomere Charakter verloren geht. Vulkanisierte und nicht vulkanisierte Produkte werden wegen ihrer guten Witterungsbeständigkeit und Schweißbarkeit als Dichtungsfolien für Dächer und Böden, wegen ihrer guten Füllbarkeit mit schweren Füllstoffen als Schalldämm-Folien, z. B. im PKW-Bau, eingesetzt.

PP+EP(D)M-Elastomer-Blends. Die ideale Struktur eines Polyolefin-Elastomeren besteht aus Blockstrukturen amorpher Ethylen- und Propylen-Sequenzen in statistischer Verteilung und festen PP-Blöcken. Diese Strukturen brauchen jedoch nicht in einer Kette direkt miteinander verbunden zu sein, sondern können auch durch eine Mischung von PP mit EP(D)M erhalten werden. Solche Produkte besitzen eine hohe Steifigkeit und Erweichungstemperatur, sind durch eine Copolymerisation des PP gut modifizierbar und verträglich mit EP(D)M.

Eine UV-Stabilisierung erfolgt entweder mit Ruß oder mit sterisch gehinderten Aminen, wenn hellfarbige Produkte gefordert werden. Es besteht auch die Möglichkeit des UV-Schutzes durch eine Beschichtung mit flexiblen PUR. Die Steifigkeit kann durch Kreide oder Glasfasern erhöht werden.

Die Eigenschaften der PP+EP(D)M-Elastomere hängen vom Mischungsverhältnis ab. 90 % PP ergibt die üblichen Eigenschaften von PP mit einer etwas verringerten Steifigkeit und Erweichungstemperatur, aber auch mit einer bei −40 °C erhöhten Schlagzähigkeit, während Mischungen mit 40 % PP die typischen Eigenschaften eines thermoplastischen Kautschuks aufweisen. Neben dem Mischungsverhältnis spielen die Kristallinität, Molmasse und -verteilung des PP eine Rolle. Außerdem ist wichtig, ob ein Homo- oder Copolymer, ein statistisches oder sequentielles PP eingesetzt wird. Weiterhin besteht die Möglichkeit des Blendens mit PE. Ausgenommen die Typen, die mit Öl verschnitten wurden, entsprechen die EP(D)M-Typen der DGA-Vorschrift 21 (Gebrauchsgüter auf der Basis natürlichen und synthetischen Gummis).

Die für PP üblichen Verarbeitungsmethoden können auch für PP-Elastomer-Blends eingesetzt werden. Bei ca. 250 °C werden schwerer fließende Typen extrudiert, geblasen oder verpreßt. Leichter fließende Typen werden bei Massetemperaturen von 220 bis 260 °C und Werkzeugtemperaturen um 60 °C im Spritzguß verarbeitet.

Haupteinsatzgebiet ist der Automobilsektor: Stoßfänger, Spoiler, Radkasten- und Kofferraum-Verkleidungen, Schmutzfänger, Armaturenbretter, Konsolen und andere Innenteile, Lenkradverkleidungen; flexible Schläuche und Rohre im Installationssektor, Schuh-, Sport- und Spielzeugindustrie.

Handelsnamen z. B.:

Buna	Epsyn	Larflex	Santoprene
Dutral	Esprene	Milastomer	Trilene
Epcar	Intolan	Nordel	Vistalon
Epichlomer	Kelburon	Royaltherm	

4.1.7 Polypropylen, Sondertypen, gefüllt und verstärkt

Nukleierungsmittel als *Zusatzstoffe* bewirken eine feine Sphärolith-Struktur und damit eine erhöhte Transparenz und Flexibilität, aber auch eine geringere Steifigkeit und Wärmeformbeständigkeit. Durch Zugabe von *organischen Peroxiden* in Pulverform werden bei der Compoundierung oder Verarbeitung Radikale gebildet, die Wasserstoff von den Molekülketten abtrennen und dadurch zu einer engeren Molmasseverteilung führen. Hierdurch wird die Schmelzeviskosität reduziert und die Verarbeitung erleichtert. Da *Kupferionen* die Thermooxidation katalysieren, ist eine entsprechende Stabilisierung bei der Anwendung von PP zur Isolierung von Kupferdrähten vorzusehen. Der Einsatz im Waschmaschinensektor macht eine *Stabilisierung gegen alkalische Lösungen* und gegen *Wärmealterung* erforderlich. Antimontrioxid in Kombination mit Halogencompounds und Phosphorsäureestern wirken *flammhemmend* (B 1 nach DIN 4102, HB bis V0 nach UL 94). *Galvanisierbare* Typen enthalten Pigmente, die feinrissige Oberflächen von Formteilen bewirken, die wiederum die Haftung der ersten Metallschicht beim Galvanisieren erhöhen. Die *Witterungsstabilisierung* erfolgt mit Ruß, für farbige Anwendungen mit Aminen.

Talkum ist der bei PP meist verwendete *Füllstoff*. Er verbessert die Steifigkeit, Dimensionsstabilität, Wärmestandfestigkeit und das Kriechverhalten und wirkt als Nukleierungsmittel. Nachteilig sind die Verringerung der Kälteschlagzähigkeit, die Verschlechterung der Schweißbarkeit sowie der Oxidationsbeständigkeit bei hohen Temperaturen und die Bildung matter Oberflächen. *Calciumcarbonat* wirkt ähnlich wie Kreide, hat aber Vorteile: Leichtere Dispergierbarkeit, besser fließende Schmelze, höhere UV- und

Tafel 4.9. Eigenschaftsvergleich der Polypropylene

Eigenschaft	Einheit	Polypropylen								
		PP–H Homo-polymer	PP–R Random-polymer	PP-B Block-copolymer	(PP + EPDM)	PP-T 20 Talkum	PP-T 40 Talkum	PP-GF 30 Glasfaser	PP-GFC 30 Glasfaser chem. gek.	PP-B 25 Barium
Dichte	g/cm^3	0,90–0,915	0,895–0,90	0,895–0,905	0,89–0,92	1,04–1,06	1,21–1,24	1,21–1,14	1,12–1,14	1,13
Zug-E-Modul	MPa	1300–1800	600–1200	800–1300	500–1200	2200–2800	3500–4500	5200–6000	5500–6500	1850
Streckspannung	MPa	25–40	18–30	20–30	10–25	32–38	30–35	–	–	26
Streckdehnung	%	8–18	10–18	10–20	10–35	5–7	3	–	–	–
Nominelle Bruchdehnung	%	>50	>50	>50	>50	>20	4–10	–	–	–
Spannung bei 50 % Dehnung	MPa	–	–	–	–	–	–	–	–	–
Bruchspannung	MPa	–	–	–	–	28–30	30	40–45	70–80	–
Bruchdehnung	%	–	–	–	–	15–20	3–15	3–5	3–5	–
Schmelztemperatur	°C	162–168	135–155	160–168	160–168	162–168	162–168	162–168	162–168	–
Formbeständigkeitstemperatur HDT / A 1,8 MPa	°C	55–65	45–55	45–55	40–55	60–80	70–90	90–115	120–140	53
Längenausdehnungskoeffizient, längs (23–55 °C)	$10^{-5}/K$	12–15	12–15	12–15	15–18	10–11	8–9	6	6	0,7
Längenausdehnungskoeffizient, quer (23–55 °C)	$10^{-5}/K$	–	–	–	–	10–11	8–9	7	7	
Brennbarkeit UL 94 bei 1,6 mm Dicke	Klasse	HB*	HB*	HB*	HB*	HB*	HB*	HB*	HB*	HB
Dielektrizitätszahl bei 100 Hz	–	2,3	2,3	2,3	2,3	2,4–2,8	2,4–3	2,4–3	2,4–3	ca. 2,6
Dielektrischer Verlustfaktor bei 100 Hz	$\cdot 10^{-4}$	2,5	2,5	2,5	2,5	7–10	12–15	10–15	10–15	ca. 20
Spezifischer Durchgangswiderstand	Ohm · m	$>10^{14}$	$>10^{14}$	$>10^{14}$	$>10^{14}$	$>10^{14}$	$>10^{14}$	$>10^{13}$	$>10^{14}$	$<10^{15}$
Spezifischer Oberflächenwiderstand	Ohm	$>10^{13}$	$>10^{13}$	$>10^{13}$	$>10^{13}$	$>10^{13}$	$>10^{13}$	$>10^{13}$	$>10^{13}$	$<10,^{13}$
Elektrische Durchschlagfestigkeit	kV/mm	35–40	35–40	35–40	35–40	45	45	45	45	ca. 28
Vergleichszahl der Kriechwegbildung CTI/A		600	600	600	600	600	600	600	600	600
Aufnahme von Wasser bei 23 °C, Sättigung	%	<0,2	<0,2	<0,2	<0,2	<0,2	<0,2	<0,2	<0,2	–
Feuchteaufnahme bei 23 °C / 50 % r. F., Sättigung	%	<0,1	<0,1	<0,1	<0,1	<0,1	<0,1	<0,1	<0,1	<0,01

Oxidations-Stabilität, höhere Oberflächenqualität, geringerer Werkzeugverschleiß und geringere Zykluszeit beim Spritzgießen. 40 % *Glimmer* erhöhen die Steifigkeit im gleichen Maße wie 30 % Glasfasern bei geringeren Kosten. *Holzmehl* verbessert die akustische Dämpfung, *Calciumsilicate* die Schlagzähigkeit sowie die elektrischen und thermischen Eigenschaften. *Zinkoxid* schützt vor Mikroorganismen und erhöht die UV-Beständigkeit.

Mit speziell gecoateten Füllstoffen in Verbindung mit Additiven und mineralischen Füllstoffen werden kratzfeste Oberflächen erreicht wie beim ABS.

Glasfaserverstärktes PP wird mit gemahlenen und geschnittenen Glasfasern angeboten. Kurze Glasfasern erhöhen die Steifigkeit und Zähigkeit, während längere Fasern zusätzlich die Festigkeit und den Kriechwiderstand anheben. Chemisch gekoppelte Glasfasern haben einen zusätzlichen Effekt in dieser Richtung. Besonders lange Glasfasern bewirken eine anisotrope Schwindung durch die Faserorientierung (und damit besteht Verzugsgefahr), matte Oberflächen und einen erhöhten Werkzeugverschleiß. *Glaskugeln,* auch in Kombination mit Glasfasern, ergeben ein verstärktes PP mit höherer Steifigkeit und Druckfestigkeit sowie mit geringerer Verzugsneigung.

Bei einem mit 40% Mineral verstärktes PP wurde die Geruchsbelästigung so reduziert, daß eine Verwendung in PKW-Klimaanlagen möglich ist, Handelsnamen Hostacom.

Eigenschaftsvergleich s. Tafel 4.9.

4.1.8 Polybutene; PB, PIB

Polybuten-1; PB

Chemischer Aufbau

Polybuten-1 entsteht durch die stereospezifische Polymerisation von Buten-1 mit spezifischen Ziegler-Natta-Katalysatoren, s. F 5. PB ist ein weitgehend isotaktischer, teilkristalliner Kunststoff mit einer hohen Molmasse von 700 000 bis 3 000 000 g/mol und einer sehr geringen Dichte von 0,910 bis 0,930 g/cm^3. Beim Abkühlen kristallisiert es zu etwa 50 % zunächst in einer metastabilen, tetragonalen Modifikation (Dichte ca.0,89 g/cm^3) zu einem weichen, gummiähnlichen Produkt. Dieses wandelt sich bei Raumtemperatur in ca. einer Woche unter entsprechender Nachschrumpfung in eine stabile, doppelt hexagonale Modifikation um. Bei höherem Druck erfolgt die Umwandlung schneller, bei höheren und tieferen Temperaturen als der Raumtemperatur langsamer. Während dieser Umwandlung nehmen die Dichte, Streckspannung, der Elastizitätsmodul und die Härte zu.

$$\left[CH_2 - \underset{\underset{\displaystyle CH_3}{|}}{\underset{\displaystyle CH_2}{\underset{|}{CH}}} \right] \qquad \text{(F 5)}$$

Polybuten–1, PB

Verarbeitung

Bei den hauptsächlichen Verarbeitungsverfahren (Spritzguß und Extrusion) ist eine Trichtertrocknung pigmentierter Typen erforderlich. Die Massetemperaturen beim Spritzguß liegen bei (190) 240 bis 280 °C, bei der Extrusion bei 190 bis 290 °C. Die Temperatur der Spritzgießwerkzeuge sollte zwischen 40 und 80 °C liegen. Es ist zu beachten, daß PB nach der thermoplastischen Verarbeitung umkristallisiert. So kann man Rohrbögen herstellen, indem man ein extrudiertes Rohr auf eine Trommel wickelt und auf dieser das Material in die stabile Modifikation übergehen läßt.

Eigenschaften

Hinsichtlich der mechanischen Eigenschaften bei Raumtemperatur ordnet sich PB in der stabilen Modifikation zwischen PE und PP ein. Auch bei höheren Temperaturen weist es wegen seiner hohen Molmasse und der zwischen den kristallinen Bereichen herrschenden hohen Bindungskräfte eine hohe Zeitstandfestigkeit, eine geringe Kriechneigung und eine hohe Spannungsrißbeständigkeit auf. Die guten Eigenschaften bleiben beim Füllen mit bis zu 20 % Ruß erhalten. Hervorzuheben ist das sehr gute Abriebverhalten, z. B. beim Transport von Schlamm oder aufgeschwämmten Feststoffen. PB-Rohre erfüllen die internationalen Normen (Zeitstandsdiagramm).

PB ist gegen nichtoxidierende Säuren, Öle, Fette, Alkohole, Ketone, aliphatische Kohlenwasserstoffe und Reinigungsmittel beständig, nicht beständig ist es gegen aromatische oder chlorierte Kohlenwasserstoffe. Wie alle Polyolefine brennt PB leicht und muß beim Außeneinsatz stabilisiert werden. Der Kontakt mit Lebensmitteln ist zulässig, PB ist physiologisch unbedenklich. Der Kontakt und das Einatmen von Buten-1-Dämpfen ist zu vermeiden, da sie anästhesierend wirken.

Eigenschaftsvergleich, s. Tafel 4.7.

Einsatzgebiete

Warmwasserleitungen, Rohre für Fußbodenheizungen, Fittinge, extrusionsgeblasene Hohlkörper, Apparate der chemischen Industrie, Telefonkabel, Zwei-Schicht-Blas- oder Breitschlitz-Folien mit PA/PE, PE oder PP als Trägerfolie und einer peelfähigen Siegelschicht aus einer PE/PB-Mischung für kalt und heiß einzufüllende Lebensmittel- und Fleischverpakkungen. Ein 1- bis 5%iger PB-Zusatz erhöht die Extrusionsgeschwindigkeit von PE, PP und PS. In Abmischungen von 25 bis 35% PB mit aliphatischen Klebstoff-Komponenten (Tackifiern) und mikrokristallinen Wachsen lassen sich spezielle Schmelzklebstofformulierungen herstellen, die sich durch eine lange offene Zeit und hohe Temperaturbeständigkeit auszeichnen.

1 bis 2% PB als Verarbeitungshilfe für C_4-PE-LLD reduziert Schmelzebruch bei der Blasfolien-Extrusion.

Handelsnamen z.B.: Shell Polybuten.

Polyisobutylen, PIB

Chemischer Aufbau

PIB (Rohdichte 0,91 bis 0,93 g/cm^3) entsteht durch die Polymerisation von Isobutylen, s. F 6.

$$\left[-CH_2 - \underset{CH_3}{\overset{CH_3}{\overset{|}{\underset{|}{C}}}} - \right] \qquad \text{(F 6)}$$

Polyisobutylen, PIB

Verarbeitung

Die *Verarbeitung* fester, gummiähnlicher Produkte erfolgt wie bei Kautschuk in Knetern, auf Walzwerken, Kalandern, Pressen, Extrudern und Spritzgießmaschinen. Die Massetemperaturen liegen zwischen 150 und 200 °C. Bei zu geringen Temperaturen neigt PIB zum mechanischen Abbau. Dispersionen zum Beschichten und Schäume können hergestellt werden.

Eigenschaften, Einsatzgebiete

Je nach der Molmasse (MM) erhält man viskose Öle, klebrige bis weichplastische Massen oder gummiähnliche thermoplastische Produkte. Daraus resultieren entsprechende *Einsatzgebiete*:

Alle MM sind zur Herstellung von Klebstoffen und Dichtungsmassen geeignet, die ihre Eigenschaften von der Einfriertemperatur (−60 °C) bis fast 100 °C nur wenig ändern, zur Copolymerisation mit anderen Polyolefinen (Verbesserung der Verarbeitbarkeit), Styrolen und anderen. In Kautschukmischungen verbessert PIB die Witterungs- und Alterungsbeständigkeit und Haftfestigkeit von Reifen-Laufflächen und verringert die Gasdurchlässigkeit.

MM (Zahlenmittel) von ca. 820 bis 2400 g/mol: Elektroisolieröle, viskositätsverbessernde Zusätze zu Mineralölen, haftfördernde Additive für Stretchfolien.

MM (Viskositätsmittel) um 1 Mio. g/mol: Zumischungen zu Kaschierwachsen, Kaugummi (stabilisatorfreie Sorten).

MM (Viskositätsmittel) bis zum Maximum von ca. 4 Mio g/mol: (mit lichtschützenden und mineralischen Füllstoffen) zu *Elektroisolierfolien, Auskleidungs- und Abdichtungsbahnen* gegen Säuren und drückendes Wasser, für Flach- und Steildächer. Hierfür maßgebende Eigenschaften sind: Sehr hohe Dehnbarkeit, auch nach Füllung, bei allerdings sehr geringer Festigkeit, sehr geringe Wasserdampf- und Gasdurchlässigkeit, ausgezeichnete dielektrische Werte ($\rho_D = 10^{15}$ Ohm · cm, $\varepsilon_R = 2{,}2$ und $\tan\delta = 0{,}004$), Gebrauchstemperaturen kurzzeitig –40 bis 80 °C, langzeitig –30 bis 65 °C. PIB ist beständig gegen Säuren, Alkalien und Salze, bedingt beständig gegen Salpeter- und nitrierte Säuren, unbeständig gegen Chlor, Brom und Chlorschwefelsäure, löslich in aromatischen, aliphatischen und chlorierten Kohlenwasserstoffen, quillt in Butylacetat, Ölen und Fetten und ist unlöslich in Estern, Ketonen und niederen Alkoholen. Bei der Einwirkung von Sonnenlicht und UV-Strahlung muß PIB stabilisiert werden (z. B. mit Ruß). Es brennt wie Gummi.

Handelsnamen z. B.: Hyvis, Oppanol, Parapol, Rhepanol, Vistanex.

4.1.9 Höhere Poly-(α-Olefine) HOA, PMP, PDCPD

Poly-4-Methylpenten-1; PMP

Chemischer Aufbau, Eigenschaften

Das stark verzweigte 4-Methylpenten-1 ergibt bei der Polymerisation einen spezifisch sehr leichten (Rohdichte 0,83 g/cm^3), glasklaren (90 % Lichtdurchlässigkeit), aber harten, teilkristallinen Thermoplasten, s. Tafel 4.5, S. 360 ff., Nr. 27.

Die Kristallinität beträgt ca. 65 % und die Transparenz beruht darauf, daß die amorphen und kristallinen Bereiche nahezu den gleichen Brechungsindex aufweisen. PMP-Homopolymerisate sind meist etwas wolkig, da sich zwischen den amorphen und kristallinen Bereichen aufgrund ihrer unterschiedlichen Ausdehnungskoeffizienten Mikrospalten bilden. Der Schmelzpunkt liegt bei 245 °C und kann durch eine Copolymerisation erniedrigt werden. Dadurch verringert sich auch die Neigung zur Spaltenbildung. Die Gebrauchstemperaturen liegen kurzzeitig bei 180 °C, langzeitig bei 120 °C. Die elektrischen Eigenschaften entsprechen denen des PE-LD.

PMP ist gegen mineralische Säuren, alkalische Lösungen, Alkohole, Reinigungsmittel, Öle, Fette und kochendes Wasser beständig, nicht beständig ist es gegen Ketone, aromatische und chlorierte Kohlenwasserstoffe, außerdem ist es spannungsrißempfindlich. Die Witterungsstabilität, auch stabilisierter Typen, ist gering. PMP vergilbt und verliert dann die guten mechanischen Eigenschaften. Es brennt mit leuchtender Flamme und ist für den Kontakt mit Lebensmitteln zugelassen und physiologisch inert.

Eigenschaftsvergleich, s. Tafel 4.7.

Verarbeitung

PMP wird im Spritzguß bei Massetemperaturen von 280 bis 310 °C und einer Werkzeugtemperatur von ca. 70 °C verarbeitet. Das Extrudieren ist wegen des engen Schmelzbereichs schwierig. Das Hohlkörperblasen bei Temperaturen von 275 bis 290 °C ist möglich, ebenso das Warmformen. Es ist wie alle Polyolefine schweißbar und etwas besser klebbar als PE, wenn die Oberflächen vorher aufgerauht werden. Die Behandlung in einer Chromschwefelsäure führt zwar auch zu einer guten Haftung, aufgrund der Probleme bei der Entsorgung der verbrauchten Chromschwefelsäure sollte vorzugsweise auf eine Plasma- oder Freistrahlcorona-Behandlung zurückgegriffen werden.

Einsatzgebiete

Sichtgläser, Innenraum-Beleuchtungskörper, sterilisierbare Formteile und Folien für Medizin und Verpackungen, Verpackungen für Fertiggerichte, Färbespulen, Raschigringe, transparente Rohre und Fittings, bis –10 °C flexible Kabelisolierungen.

Handelsnamen z. B.: TPX-Polymer

Polydicyclopentadien; PDCPD

Chemischer Aufbau, Verarbeitung

Dicyclopentadien fällt als Nebenprodukt im Crack-Prozeß bei der Benzinherstellung an. In einer Reinheit von 99% erhält es im Gemisch mit Norbornen eine oberhalb -2 bis 0°C flüssige Konsistenz. In Gegenwart von Katalysatoren wie Alkylaluminium findet durch Aufspaltung von Doppelbindungen und Ringöffnungen eine Polymerisation zu einem vernetzten PDCPD statt. Vermischt mit Additiven läßt sich DCPD in Form von 2-Komponentensystemen mit konventionellen RIM-Anlagen, s. Abschn. 3.3.3.2, mit Reaktionszeiten von 15s bis 2min verarbeiten.

Eigenschaften, Anwendungen

Die Eigenschaften und Einsatzgebiete sind vergleichbar mit hartem PUR-RIM. Es weist jedoch höhere Zähigkeit, Steifigkeit und Formbeständigkeit in der Wärme auf, s. Tafel 4.6. Anwendungen sind im Bereich von Karosserieteilen von Landwirtschafts- und Baumaschinen zu finden.

Vertrieb: Telenor, Drocourt/Frankreich

4.2 Vinylpolymere

4.2.1 Polystyrole, Homopolymerisate; PS, MS

Polystyrol; PS, Poly-α-Methylstyrol, MS

Chemischer Aufbau

Polystyrole (PS, MS) sind chemisch gesehen Polyvinylbenzole, bei denen die Phenylgruppen normalerweise zufällig entlang der Kette verteilt sind, s. Tafel 4.5, S. 390ff., Nr. 5 und 6. Es können sich deshalb keine kristallinen Bereiche bilden, so daß PS ein amorpher, transparenter Thermoplast ist. Die Polymerisation erfolgt nach dem Suspensions-, Perl- oder Masse-Polymerisationsverfahren und führt zu glasklaren Produkten. PS gehört zu den wichtigsten Kunststoffen für Konsumgüter, die im großtechnischen Maßstab hergestellt werden und relativ preiswert sind. Bei Verwendung von stereospezifischen Natta-Katalysatoren erhält man isotaktische Polymere, bei denen alle Phenylgruppen in der gleichen räumlichen Anordnung vorliegen. Die Produkte sind bei langsamer Abkühlung aus der Schmelze oder nach einer Temperung bei 150 °C bis zu 50 % kristallin und opak.

Unter Verwendung von Metallocen-Katalysatoren, s. Abschn. 4.1.1.1, polymerisiertes PS führt zu syndiotaktischem PS, (PS-s-Me). Dieses ist kristallin, hat einen Schmelzpunkt von 270°C und gehört deshalb zu den hochwärmebeständigen Kunststoffen. Einsatz: Spritzguß und Extrusion, Elektronik, hitzebeständige Haushaltsprodukte.

Verarbeitung, Eigenschaften, Einsatzgebiet und Handelsnamen
s. Abschn. 4.2.2

4.2.2 Polystyrole, Copolymerisate, s. Tafel 4.5 und 4.10

Chemischer Aufbau

Zur Modifizierung bestimmter Eigenschaften wie z. B. der Wärmestandfestigkeit, Steifigkeit, Schlagzähigkeit, der chemischen Beständigkeit und der Spannungsrißempfindlichkeit und zur Anpassung an spezifische Anforderungen wurde eine Vielzahl von Copolymerisaten (auch in Kombinationen) und Blends entwickelt. Tafel 4.5, S. 390 ff. listet Grundstrukturen von Copolymeren auf, Tafel 4.10 zeigt einige Terpolymere. MABS und MBS s. auch Abschn. 4.4.2.

Verarbeitung

Styrolpolymerisate werden zum überwiegenden Teil im *Spritzguß* verarbeitet. Der Bereich der Massetemperatur reicht von 180 bis 280 °C, der der Werkzeugzemperatur von 5 °C (kurzlebige Massenartikel) bis 80 °C. Niedrige Werkzeugtemperaturen und hohe Einspritzgeschwindigkeiten führen zu eingefrorenen Spannungen und Orientierungen und reduzieren damit die Langzeitqualität der Formteile. Die geringe Verarbeitungs-

Tafel 4.10. Polystyrol-Ter- und Blockcopolymere

Terpolymere	Kurzzeichen	s. Nr. in Tafel 4.5 S. 390ff.
Acrylnitril-Butadien-Styrol	ABS	5 + 26 + 35
Methacrylat-Butadien-Styrol	MBS	5 + 12 + 35
Styrol-Butadien-Methylmethacrylat	SBMMA	5 + 35 + 17
Acrylnitril-Styrol-Acrylat	ASA	5 + 26 + 33
Acrylnitril-chloriertes PE-Styrol	ACS	5 + 26 + 9
Acrylnitril-EPDM Kautschuk-Styrol	AES (AEPDMS)	5 + 26 + 34
Styrol-Maleinsäureanhydrid-Butadien	SMAHB	5 + 31 + 35
Styrol-Isopren-Maleinsäureanhydrid	SIMA	5 + 36 + 31
Methylmethacrylat-Acrylnitril-Butadien-Styrol	MABS	5 + 17 + 26 +35
Blockcopolymere, TPE-S		
Styrol-Butadien	SB	5 + 35
Styrol-Butadien-Styrol-	SBS	5 + 35 + 5
Styrol-Isopren	SI	5 + 36
Styrol-Isopren-Styrol-	SIS	5 + 36 + 5
Styrol-Ethylen-Propylen	SEP	5 + 1 + 2
Styrol-Ethenbuten-Styrol	SEBS	5 + 38 + 5
Styrol-Ethenpropen-Styrol	SEPS	5 + 39 + 5

schwindung ermöglicht maßgenaue Teile. Schlagzäh-Modifikatoren erhöhen in der Regel die Schmelzeviskosität und verringern damit die Fließfähigkeit. Mit Treibmitteln versehene Formmassen können zu Strukturformteilen verspritzt werden.

Grundsätzlich lassen sich alle Styrolpolymerisate auch zu Profilen und Tafeln oder Folien *extrudieren*. Bevorzugt aus SB und ABS werden Tafeln für das anschließende Tiefziehen auch großflächiger Teile hergestellt. Spritzblasen und Extrusionsblasen sind übliche Verarbeitungsverfahren.

Standard-PS ergibt beim *Vakuum-Metallisieren* mit Aluminium spiegelnde Oberflächen. Besonders ABS eignet sich nach einer speziellen Vorbehandlung der Oberfläche sehr gut zum *Galvanisieren*. Lackieren, Bedrucken und das Beschriften mit Laserstrahlen sind möglich. Verklebungen können mit Kleblacken, die dem Kunststofftyp angepaßt sind, oder auch mit Zweikomponenten-Klebstoffen durchgeführt werden. Für Thermoplaste übliche Schweißverfahren sind je nach Typ einsetzbar.

Herstellung von *EPS* s. Abschn 3.2.8.

Eigenschaften

PS-Homopolymerisat ist wasserklar und besitzt einen hohen Oberflächenglanz. Besonders die leichtfließenden Typen sind steif und hart, aber auch spröde und bruchempfindlich und für dynamische Beanspruchungen nur mit Einschränkungen geeignet. Die Verschleiß- und Abriebfestigkeit und Wasseraufnahme sind gering, die Dimensionsstabilität hoch. Die kurzzei-

Tafel 4.11. Einfluß von Comonomeren auf die Eigenschaften von Polystyrol

Monomer	Zeilen-Nr. in Tafel 4.5	Einfluß auf PS
α-Methylstyrol	6	höhere Wärmestandfestigkeit
Chloriertes Ethylen	9	Schlagzäh-Modifizierer
Methylmethacrylat	17	ergibt in PS und ABS Transparenz
Vinylcarbazol	25	höhere Wärmestandfestigkeit, aber toxisch
Acrylnitril	26	höhere Festigkeit, Zähigkeit, Beständigkeit, Wasseraufnahme; geringere elektr. Eigenschaften, Gelbstich
Acrylsäureester-Elast., ACM	33	Schlagzäh-Modifizierer, verringerte Wärmestandfestigkeit, Steifigkeit, Festigkeit, gegenüber BR erhöhte Witterungsbeständigkeit
EPDM-Kautschuk, EPDM	34	wie Acrylsäureester-Elastomer
Butadienkautschuk, BR	35	wie EPDM, aber verringerte Wärmestandfestigkeit
Isopren-Kautschuk, IR	36	wie BR
Thermopl. PUR-Elastomer	37	erhöhte Schlagzähigkeit und Abriebfestigkeit

tige maximale Gebrauchstemperatur liegt zwischen 75 und 90 °C, die langzeitige zwischen 60 und 80 °C. PS besitzt sehr gute elektrische und dielektrische Eigenschaften. Es ist unempfindlich gegen Feuchtigkeit und beständig gegen Salzlösungen, Laugen und nichtoxidierende Säuren. Ester, Ketone, aromatische und chlorierte Kohlenwasserstoffe wirken als Lösemittel und die Lösungen sind als Kleblacke verwendbar. Benzin, etherische Öle und Aromastoffe (Zitrusschalenöl, Gewürze) wirken spannungsrißauslösend. Die Neigung zur Bildung von Spannungsrissen ist groß, insbesondere wenn durch schnelles Abkühlen der Formmasse im Spritzgießwerkzeug oder durch ungünstige Anschnitte Spannungen eingefroren werden. Während PS in geschlossenen Räumen über Jahre den Glanz und die Transparenz bewahrt, ist es für den Außeneinsatz nicht geeignet. PS brennt nach dem Anzünden leicht weiter.

PS sowie auch seine Copolymere und Blends werden gegen den Abbau bei hohen Verarbeitungstemperaturen und gegen Vergilbung bei Beanspruchung durch UV-Strahlen stabilisiert. Es gibt leichtfließende, glänzende, antistatisch eingestellte, nichthaftende (antiblocking), intern und extern geschmierte, eingefärbte oder mit organischen oder anorganischen Pigmenten versehene und für die Galvanisierung geeignete Typen.

Füll- und Verstärkungsstoffe werden insbesondere bei reinem PS nur wenig eingesetzt, da sie das Eigenschaftsbild bezüglich der Härte, Sprödigkeit und Spannungsrißbildung nur wenig beeinflussen. Kreide, Talkum und Glasfasern/Glaskugeln kommen eher beim ABS oder dessen Blends zum Einsatz.

Die generelle Wirkung von Copolymer-Bausteinen ist in Tafel 4.11 wiedergegeben. An dieser Stelle sollen einige Copolymere, die auf diesen Bausteinen basieren, beschrieben werden. Eine Auflistung von Copolymeren und Blends mit Handelsnamen enthält Tafel 4.12.

Tafel 4.12. Styrolpolymerisate und Blends sowie deren Handelsnamen

Kurzzeichen	Handelsnamen, zB.
Styrol-Homo- und Copolymerisate	
PS (SMS)	Diarex, Dylene, Edistir, Esbrite, Extir, Hitanol, isomat, Kanelite, Kardel, Krasten, Opticite, Polyrex, Pyro-Chek, Rigipore, Santoclear, Sircel, Stylex, Styrodur, Styropor, Toporex, Vestyron
SAN	Ardylan, Cebian, Geloy, Kostil, Litac, Luran, Lustran, Restil, Sanrex, Sconarol, Starglas, Toyolac, Vestyron, Vinuran
SB	Diarex, Emu Pulver, Lipaton, Lipolan, Rhodapas, Styroplus, Vestyron; transparent: Cyrolite, Styrolux
EPDMS	
SMA, SMAB	Cadon, Dylark
SMAHB	Stapron S
ABS („A“ steht für AN)	Blendex, Cycolac, DiapetDiarex, Forsan, Kane Ace, Lastiflex, Lustran, Magnum, Novodur, Polylac, Restiran, Ronfalin, Sconater, Shinko Lac, Starglas, Sternite, Stylac, Sunloid, Terluran, Toyolac
ASA (1. „A“ steht für AN)	Geloy, Luran S, Richform, Vitax
AEPDMS („A“ steht für AN)	
AES („A“ steht für AN)	Novodur AES, Rovel, Ultrastyr OSA
ACS	ACS Resin
Paramethyl-styrol	Elite HH
PVK	
Styrol-Blends	
SMA+PC	Arloy
PS+PPE	Noryl
SAN+EPDM	Rovel
SAN+PSU	
ASA+PVC, PMMA	Geloy
ASA+PC	Terblend A, Bayblend A
ABS+PA	s. Abschn. 4.7 PA: Ronfaloy, Triax, Stapron N
ABS+TPU	Cycolac, Desmopan, Estane
ABS+PVC	Cycovin, Enplex, Lastiflex, Lustran, Polyman
ABS+PC	s. Abschn. 4.8.1: PC; Bayblend-TFR, Cycoloy, Koblend, Lastlac, Pulse, Ryulex, Stapron C, Terblend B, Triax
ABS+SMA	Cadon
ABS+PSU	s. Abschn. 4.9.2: PSU; Mindel
AES+PC	Koblend
M+BS	Cyrolite, Sicoflex
M+ABS	Toyolac, Terlux, Luran S.

Tafel 4.12. (Forts.)

Thermoplastische Elastomere, TPE	
SBS, $(SB)_nX$	Cariflex, Kraton D, Finaprene, Europrene, Stereon, Tufprene
SIS	Asaprene
SEBS	Thermoplast K Compound, Evoprene G, Kraton G, Dryflex G
Modifizierharze für PVC, s. auch Abschn. 4.3	
ABS	Baymod, Blendex, Elix, Kraton, Vinuran
MBS	Blendex, Paraloid, Kane ACE, Kureha BTA
Schäumbares PS, PS-E	
PS-E	Dylite, Dytherm (Maleinsäure-Cop.), Extir, Jackodur, Koplen, Neopor, Peripor, Rigipore, Snowpearl, Styropor, Vestypor

Zur Erhöhung der mechanischen Eigenschaften und der Wärmeformbeständigkeit können PS-Gruppen durch *MS* ersetzt werden. Bei einem Gehalt von 50% steigt die Glasübergangstemperatur von 95 auf 115 °C. In gleicher Richtung wirken *AN* und *MA*. Beispiele: *SAN, ASA, AEPDMS, AES, SMA oder SMAB*. *AN* führt zu höherer Zähigkeit, Beständigkeit gegen Öle und Fette, aber auch höherer Wasseraufnahme und leichter Vergilbung. *SAN*-Modifikationen mit PVK (PVK ist giftig!) führen zu sehr wärmebeständigen aber toxischen Produkten, solche mit Dimethylcarbonsäureestern zusätzlich zu höherer chemischer und UV-Beständigkeit.

PVK wird außer zur Erhöhung der Wärmestandfestigkeit von PS auch als homopolymere Formmasse eingesetzt: Dichte 1,19 g/cm^3, Elastizitätsmodul 3500 MPa, Gebrauchstemperatur kurzzeitig 170, langzeitig 150 °C, spröde. Einsatzgebiete: Isolierstoff im Hochfrequenz- und Fernsehsektor mit hoher mechanischer und thermischer Beanspruchung, *Handelsname* z. B. Luvican.

Schlagzähes PS (PS-HI) erhält man durch Pfropf-Copolymere mit z. B. 5 bis 15% Butadien-(Styrol-)Synthesekautschuk (*BR, SBR*). Copolymerisate mit 15 bis 40% *BR* sind Hilfsmittel der Kautschukverarbeitung. Mehrphasige technische Kunststoffe (Pfropfpolymere und/oder Thermoplast-Blends) mit einem ausgewogenen thermischen, mechanischen und Zähigkeits-Verhalten (bis zur lederartigen Zähigkeit) gibt es in vielen Modifikationen mit ACM, *EPDM*, *PE-C* oder thermoplastischen *PUR*-Elastomeren, s. Tafel 4.5, S. 390 ff.

Die Steifigkeit und Festigkeit dieser Produkte sind reduziert, die Schlagzähigkeit, besonders auch bei tiefen Temperaturen, und die Spannungsrißbeständigkeit sind erhöht. Es gibt opake und auch transparente Typen. Butadienhaltige Produkte sind weniger UV-beständig als SAN-Copolymere und butadienfreie schlagzähe Typen.

Besondere Bedeutung haben die *ABS-Polymerisate* wegen der breiten Variationsmöglichkeit ihrer Eigenschaften erlangt. Die beiden wichtigsten Herstellungsprozesse sind:

1. Pfropfpolymerisation von Styrol und Acrylnitril auf Butadienlatex. Das entstandene Pfropfpolymer wird mit SAN gemischt, coaguliert und getrocknet.

2. Das Pfropfpolymere und SAN werden getrennt hergestellt, getrocknet, vermischt und dann granuliert. Durch entsprechende Wahl der Kautschukkomponente und Ersatz von Styrol durch α-Methylstyrol können besonders die Glasübergangstemperatur und damit die Wärmeformbeständigkeit und Schlagzähigkeit beeinflußt werden.

Einen Eigenschaftsvergleich zeigen Tafeln 4.13 und 4.14.

Einsatzgebiete

Standard-PS wird mehr für kurzlebige, nicht technische Einsatzgebiete wie Einwegverpackungen für Lebensmittel, Pharmazeutika und Kosmetika eingesetzt.

PS-Copolymerisate, insbesondere auch ABS und ähnliche Produkte und deren Blends, finden in höherwertigen Einsatzgebieten Verwendung: Isolierfolien und Platten für die Weiterverarbeitung, z. B. durch Warmformen, Rohre und Profile; Formteile und Gehäuse für Radios, Fernsehgeräte, Telefone, Rechner, Elektrowerkzeuge, Optik-Geräte, Haushalts- und Gartengeräte; Zeicheninstrumente, Leuchtschirme, Spielzeuge; Innenverkleidungen für Eisschränke und Tiefkühltruhen. In der Kfz-Industrie: Verkleidungselemente, Armaturentafeln, Ventilationsysteme, Dach-Innenverkleidungen, Batteriegehäuse. Bewitterungs- und UV-beständige Typen: Spoiler, Kühlergrills und Radkappen im Pkw, Außenteile für Traktoren, Lkw, Motorräder, Wohnwagen, Bootskörper, Gartenmöbel.

Handelsnamen s. Tafel 4.12.

4.2.3 Polystyrol-Blends, Modifizierharze und Haftvermittler

Polystyrol-Copolymerisate werden umfangreich als Blend-Komponenten für andere Thermoplaste verwendet. Die Gründe hierfür sind beim *ABS* die polare Natur der CN-Bindung und die relativ niedrige Schmelzeviskosität der SAN-Gruppe. Für PVC stehen spezielle Modifizierharze zur Verfügung. Die einzelnen Komponenten eines Polyblends sollen möglichst gut miteinander verträglich sein. Die Eigenschaften der Blends liegen in der Regel zwischen denen der Ausgangspolymeren. Angestrebtes Ziel ist die Herstellung von Blends, deren Eigenschaften mehr als dem Mischungsverhältnis entsprechend verbessert werden. Zielgrößen sind z. B.: Preisreduzierung, Erhöhung der Wärmestandfestigkeit, Schlagzähigkeit, Beständigkeit; Verbesserung der Verarbeitbarkeit (Fließfähigkeit, Entformung, Schwindung), des Brandverhaltens, der Transparenz. In Tafel 4.12 sind Beispiele für PS-Blends aufgeführt, teilweise sind in den entsprechenden Kapiteln der Blendkomponenten weitere Informationen zu finden.

Haftvermittler auf der Basis von SB-Blends braucht man als Binde-Schichten beim Laminieren von Tafeln und dem Coextrudieren von Fo-

Tafel 4.13. Eigenschaftsvergleich der Styrol-Homopolymerisate und -Copolymerisate

Eigenschaft	Einheit	Styrol-Homopolymerisate und -Copolymerisate							
		PS	SMS	SB schlagzäh	SB-T schlagzäh transparent	SB-HI hochschlag-zäh	SAN	SAN-GF35	SMAHB
Dichte	g/cm³	1,04–1,05	1,05–1,06	1,03–1,05	1,0–1,03	1,03–1,04	1,07–1,08	1,35–1,36	1,05–1,13
Zug-E-Modul	MPa	3100–3300	3300–3500	2000–2800	1100–2000	1400–2100	3500–3900	10000–12000	2100–2500
Streckspannung	MPa	–	–	25–45	20–40	15–30	–	–	37
Streckdehnung	%	–	–	1,1–2,5	2–6	1,5–3	–	–	–
Nominelle Bruchdehnung	%	–	–	10–45	20– >50	40– >50	–	–	–
Spannung bei 50 % Dehnung	MPa	–	–	–	–	–	–	–	–
Bruchspannung	MPa	30–55	50–60	–	–	–	65–85	110–120	–
Bruchdehnung	%	1,5–3	2–4	–	–	–	2,5–5	2–3	11–26
Schmelztemperatur	°C	–	–	–	–	–	–	–	
Formbeständigkeitstemperatur HDT / A 1,8 MPa	°C	65–85	80–95	72–87	60–75	60–80	95–100	100–105	103–115
Längenausdehnungskoeffizient, längs (23–55 °C)	10^{-5}/K	6–8	6–8	8–10	7–14	8–11	7–8	2,5–3	6–9
Längenausdehnungskoeffizient, quer (23–55 °C)	10^{-5}/K	–	–	–	–	–	–	2	
Brennbarkeit UL 94 bei 1,6 mm Dicke	Klasse	HB*	HB*	HB*	HB	HB*	HB*	HB*	HB
Dielektrizitätszahl bei 100 Hz	–	2,4–2,5	2,4–2,5	2,4–2,6	2,5–2,6	2,4–2,6	2,8–3	3,5	
Dielektrischer Verlustfaktor bei 100 Hz	$\cdot 10^{-4}$	1–2	1–2	1–3	2–4	1–3	40–50	70–80	
Spezifischer Durchgangswiderstand	Ohm · m	$>10^{14}$	$>10^{14}$	$>10^{14}$	$>10^{14}$	$>10^{14}$	10^{14}	10^{14}	10^{13}
Spezifischer Oberflächenwiderstand	Ohm	$>10^{14}$	$>10^{14}$	$>10^{13}$	$>10^{14}$	$>10^{13}$	10^{14}	10^{14}	$>10^{15}$
Elektrische Durchschlagfestigkeit	kV/mm	55–65	55–65	45–65	40–50	45–65	30	40	25
Vergleichszahl der Kriechwegbildung CTI/A		350–500	350–500	350–550	600	350–550	400–550	600	
Aufnahme von Wasser bei 23 °C, Sättigung	%	<0,1	<0,1	<0,2	<0,1	<0,2	0,2–0,4	0,2–0,3	
Feuchteaufnahme bei 23 °C / 50% r. F., Sättigung	%	<0,1	<0,1	<0,1	<0,1	<0,1	0,1–0,2	0,1	0,2

Tafel 4.14. Eigenschaftsvergleich der Acrylnitril-Styrol-Copolymerisate und Blends

Eigenschaft	Einheit	Acrylnitril-Styrol-Copolymerisate und Blends						
		ABS	ABS-HI	ABS-GF 20	(ABS + PC)	ASA	(ASA + PC)	ABS+PA⁺
Dichte	g/cm^3	1,03– 1,07	1,03–1,07	1,18–1,19	1,08–1,17	1,07	1,15	1,07–1,09
Zug-E-Modul	MPa	2200–3000	1900–2500	6000	2000–2600	2300–2900	2300–2600	1200–1300
Streckspannung	MPa	45–65	30–45	–	40–60	40–55	53–63	30–32
Streckdehnung	%	2,5–3	2,5–3,5	–	3–3,5	3,1–4,3	4,6–5	
Nominelle Bruchdehnung	%	15–20	20–30	–	>50	10–30	>50	>50
Spannung bei 50 % Dehnung	MPa	–	–	–	–	–	–	
Bruchspannung	MPa	–	–	65–80	–	–	–	
Bruchdehnung	%	–	–	2	–	–	–	
Schmelztemperatur	°C	–	–	–	–	–	–	
Formbeständigkeitstemperatur HDT / A 1,8 MPa	°C	95–105	90–100	100–110	90–110	95–105	105–115	75–80
Längenausdehnungskoeffizient, längs (23–55 °C)	10^{-5}/K	8,5–10	8–11	3–5	7–8,5	9,5	7–9	9
Längenausdehnungskoeffizient, quer (23–55 °C)	10^{-5}/K	–	–		5–6	–		
Brennbarkeit UL 94 bei 1,6 mm Dicke	Klasse	HB*	HB*	HB*	HB*	HB*	HB*	HB
Dielektrizitätszahl bei 100 Hz	–	2,8–3,1	2,8–3,1	2,9–3,6	3	3,4–4	3–3,5	
Dielektrischer Verlustfaktor bei 100 Hz	$\cdot 10^{-4}$	90–160	90–160	50–90	30–60	90–100	20–160	
Spezifischer Durchgangswiderstand	Ohm · m	10^{12}–10^{13}	10^{12}–10^{13}	10^{12}–10^{13}	$>10^{14}$	10^{12}–10^{14}	10^{11}–10^{13}	$2–10^{12}$
Spezifischer Oberflächenwiderstand	Ohm	$>10^{13}$	$>10^{13}$	$>10^{13}$	10^{14}	10^{13}	10^{13}–10^{14}	$3–10^{14}$
Elektrische Durchschlagfestigkeit	kV/mm	30–40	30–40	35–45	24			30
Vergleichszahl der Kriechwegbildung CTI/A		550–600	550–600	600	250–600	600	200–225	
Aufnahme von Wasser bei 23 °C, Sättigung	%	0,8–1,6	0,8–1,6	0,6	0,6–0,7	1,65	1	
Feuchteaufnahme bei 23 °C / 50 % r. F., Sättigung	%	0,3–0,5	0,3–0,5	0,3	0,2	0,35	0,3	1,3–1,4

* Auch als V-2 bis V-0 verfügbar ⁺ konditioniert

lien aus Styrolpolymerisaten mit Polyolefinen, PC, PMMA, PA und als Haft-Vermittler in Mischungen von Formmassen aus wiederaufzuarbeitenden Kunststoff-Gemischen.

4.2.4 Polystyrol, thermoplastische Elastomere, TPE-S

Die anionische Polymerisation mit z.B. Lithium-Butyl erlaubt es, nacheinander Blöcke aus Styrol und Butadien und wahlweise nochmal aus Styrol aufzubauen. Dies ergibt Zwei- bzw. Drei-Block-Copolymere vom Typ S B bzw. SBS. Ähnlich lassen sich Polymere vom Typ SI bzw. SIS (I=Isopren) herstellen. Die elastischen Eigenschaften dieser Polymere rühren daher, daß sich die Polystyrol-Kettenabschnitte zu harten Domänen und die Polybutadien-Kettenabschnitte zu flexiblen Kautschuk-Bereichen aggregieren (2-Phasen-Kunststoff). Die harten Domänen wirken als physikalische Vernetzungspunkte, die sich im Bereich der Schmelztemperatur des PS auflösen und dann eine thermoplastisch verarbeitbare Schmelze bilden.

Wegen der Oxidationsanfälligkeit der BR- bzw. IR-Ketten hydriert man die Polymeren. Hierbei entstehen aus SBS-Drei-Block-Copolymeren Styrol-Ethenbuten-Styrol-Drei-Block-Copolymere (SEBS) bzw. aus SIS Styrol-Ethenpropen-Styrol-Drei-Block-Copolymere (SEPS). Diese Produkte besitzen aber nicht mehr die hohe Elastizität der SBS bzw. der SIS Typen, sondern sind steifer.

TPE sind Austauschstoffe für vulkanisierten Gummi mit dem Vorteil rationeller thermoplastischer Verarbeitbarkeit: Schläuche und Profile, medizinische Artikel, angespritzte Sohlen in der Schuhindustrie, Kabel-Isolier- und Mantelmassen, Schallschutzelemente im Kfz-Motorraum, Faltenbälge.

TPE-S werden auch als Weichkomponente beim Hart-Weich-Mehrkomponentenspritzguß eingesetzt. Gute bis sehr gute Haftung wird z. B. mit folgenden Kunststoffen erreicht: PE, PP, PS, ABS, PA, PPO, PBT.

4.2.5 Polystyrol-Schaumstoff; EPS

Zur Herstellung von Strukturschaum-Erzeugnissen sind PS-, SB- und ABS-Formmassen zum Auftrommeln von chemischen Treibmitteln, treibmittelhaltigen Konzentraten und gebrauchsfertigen Massen, auch mit Brandschutzausrüstung, auf dem Markt. Die Treibmittel werden im Verarbeitungsbetrieb zusammen mit je etwa 0,2% Butylstearat oder Paraffinöl als Haftvermittler aufgetrommelt. Strukturformteile werden meist aus schlagfest modifizierten Formmassen im Dichtebereich von 0,7 bis 0,9 g/cm^3, mindestens 5 mm Wanddicke und bis zu 30 kg Gewicht im Spritzgießverfahren (TSG) hergestellt. Die Außenhaut solcher Teile ist für manche Anwendungen zu rauh, so daß ein nachträgliches Schleifen und Lackieren erforderlich ist. Bau- und Möbelprofile werden extrudiert.

Beim Extrudieren leichterer geschäumter Halbzeuge wie z.B. Verpackungsfolien mit Dichten von 0,1 g/cm^3 oder Dämmplatten mit 0,025 g/cm^3 verwendet man PS mit eingearbeiteten physikalischen Treibmitteln oder dosiert solche unmittelbar in den Extruder.

Ausgangsprodukte für *PS-Leichtschaum, PS-E* (PS-Partikelschaum), sind Perlpolymer-Kugeln mit Durchmessern von 2 bis 3 mm, in die ein niedrigsiedender Kohlenwasserstoff, vorzugsweise Pentan, als Treibmittel einpolymerisiert ist. Diese werden in einem dreistufigen Verfahren zu steifen Formteilen, z.B. für Verpackungen oder zu Blöcken bis zu 1,25 m ×1 m×8 m ausgeschäumt, s. Abschn. 3.2.8. EPS-Perlen werden auch als schwer entflammbare Einstellungen nach DIN 4102 und/oder beständig gegen aliphatische Kohlenwasserstoffe geliefert. Schäume aus Styrol-Copolymerisaten mit Maleinsäure sind bis 120 °C temperaturbeständig.

EPS-Form- und Blockschäume werden im Isoliersektor, bei der Trittschalldämmung und in der Verpackungsindustrie eingesetzt. Zementgebundener EPS-Leichtbeton mit einer Dichte von 700 bis 900 kg/m^3 wird mit EPS-Perlen als Zuschlagsstoff hergestellt. Durch Zerkleinern von EPS-Formteilen oder aus Abfällen mit Korngrößen von 4 bis 25 mm hergestellte Flocken werden zur thermischen Isolierung im Stopfverfahren oder zur Bodenverbesserung (Styromull) verwendet.

Handelsnamen s. Tafel 4.12

4.2.6 Polyvinylchlorid hart, Homopolymerisate; PVC-U

Chemischer Aufbau

Die Haupt-Unterscheidungskriterien für Vinylpolymerisate sind einmal die verschiedenen Polymerisationsverfahren (Emulsions-Polymerisation, sog. E-PVC, Suspensions-Polymerisation, S-PVC und Masse-Polymerisation, M-PVC) und unterschiedliche Eigenschaften (harte Formmassen ohne Weichmacher (PVC-hart oder PVC-U, *u*nplasticized), weichgemachte Formmassen (PVC-weich oder PVC-P, *p*lasticized) und PVC-Pasten.

Tafel 4.5, S. 390ff., gibt einen Überblick über Grundstrukturen von Vinylchlorid (VC) und seinen Copolymeren.

Vinylchlorid (VC) wird heute überwiegend durch eine ein- oder zweistufige Anlagerung von Chlor an Ethylen hergestellt. Der hohe Gehalt an aus der NaCl-Elektrolyse reichlich verfügbarem Chlor (homopolymeres PVC enthält 56,7 % Chlor) ist mitbestimmend sowohl für die hohe wirtschaftliche Bedeutung als auch die besonderen Eigenschaften der VC-Polymerisate. Das amorphe, thermoplastische PVC kann nach den drei wesentlichen Verfahren der Emulsions- (E-PVC), Suspensions- (S-PVC) und Masse-Polymerisation (M-PVC) hergestellt werden. M-PVC ist sehr sauber und besitzt eine enge Verteilung der Korngöße (ca. 150 µm). Die Verarbeitbarkeit und

Thermostabilität sind besser im Vergleich zum S-PVC. Die Aufnahmefähigkeit für Weichmacher und flüssige Additive ist sehr gut.

Lieferformen, Verarbeitung

Während andere Thermoplaste überwiegend als gebrauchsfertige Formmassen auf dem Markt sind, werden VC-Polymerisate vielfach aus pulverförmigen Rohstoffen und den für die Verarbeitung und Anwendung erforderlichen Zusatzstoffen im Verarbeitungsbetrieb gemischt. Sofern die Aufbereitung der Rohstoffe zum Granulat über Extruder nicht aus technischen Gründen notwendig ist, werden rieselfähige Pulvermischungen (nicht zu geringe Korngrößen), Agglomerate oder rieselfähige sandige Trockenmischungen (Dry-blends oder Heißmischungen) verwendet. Diese Art der Aufbereitung ist sehr wirtschaftlich und schont außerdem die thermisch empfindlichen PVC-Rohstoffe.

E-PVC entsteht als Primärteilchen mit Durchmessern von 0,1 bis 2 µm. Die endgültige Größe und Form der Pulverkörner wird durch die Aufbereitungsbedingungen (Trocknung) festgelegt. Auf diese Weise werden für den jeweiligen Anwendungsbereich folgende Produkte hergestellt: *Feinstteilige* für die Plastisolverarbeitung, s. Abschn. 4.2.9; *feinteilige*, gut aufschließbare für die Kalanderverarbeitung; *grobkörnige*, gut rieselfähige mit hoher Schüttdichte für die Extrusion (PVC-U); *grobkörnige*, poröse für die Anwendung in PVC-weich (PVC-P, s. Abschn. 4.2.7). E-PVC enthält bis zu 2,5% Emulgator sowie teilweise anorganische Zusätze. Abhängig von der Art und Menge dieser Zusätze sind Transparenz, Wasseraufnahme und elektrische Isoliereigenschaften in der Regel ungünstiger als bei S- oder M-PVC. E-PVC hat den Vorteil leichter Verarbeitbarkeit, Formteile weisen glatte, geschlossene Oberflächen, höhere Zähigkeiten und eine geringere elektrostatische Aufladbarkeit auf.

S-PVC mit Korngrößen zwischen 0,06 und 0,25 mm und *M-PVC* mit besonders gleichmäßiger Teilchengrößen-Verteilung um 0,15 mm sind dem Herstellungsverfahren entsprechend sehr reine Produkte und bei geringer Stabilisierung für glasklare, hochwertige Produkte geeignet, die mechanisch und elektrisch hoch belastet werden können und sich hinsichtlich der Korrosions- und Witterungsbeständigkeit günstig verhalten. Typen mit porösen Körnern (Schüttdichten von 0,4 bis 0,5 g/ml) sind für PVC-P, solche mit kompakten Körnern (Schüttdichten von 0,5 bis 0,65 g/ml) für PVC-hart (PVC-U) geeignet. Mikro-S-Polymerisate sind verkapselbar (Korngrößen 10 bis 1 µm).

PVC-C mit einem durch eine Nachchlorierung bis >60% erhöhten Chlorgehalt ist schwerer verarbeitbar als PVC, aber bis >100°C temperaturstandfest und z. B. gegen Chlor noch beständiger.

VC-Polymerisate können nicht ohne Stabilisatoren verarbeitet werden, die die Verfärbung und weitergehende Schädigung durch Oxidation und HCl-Abspaltung während der Verarbeitung bei hohen Temperaturen wie auch durch Wärme- und Lichteinwirkung im Gebrauch gering halten.

Dazu kommen Fließ- und Gleitmittel und UV-Absorber. Feingemahlenes Calciumcarbonat als Füllstoff in Anteilen von 5 bis 15 % erleichtert das Extrudieren und erhöht die Kerbschlagzähigkeit.

PVC-Schmelzen sind hochviskos, scher- und temperaturempfindlich, haften aber an den Kontaktflächen der Förderorgane weniger als andere Kunststoffe. Die wichtigsten Verarbeitungsarten sind das *Extrudieren* von Rohren, anderen Profilen und Tafeln, das *Kalandrieren* und das *Pressen* von Platten. Daneben sind das *Spritzgießen* und *Blasformen* üblich.

Die PVC-Hartfolien-Herstellung auf dem *Kalander* im Großbetrieb erfolgt in folgenden Schritten: Abwiegen und Mischen der Mischungskomponenten, Plastifizierung in meist kontinuierlich arbeitenden Schneckenknetern, Kalandrieren im Hochtemperatur-Verfahren mit von 160 auf 210 °C ansteigenden Temperaturen zu Folien von 0,02 bis ca.1 mm, vorwiegend 0,1 bis 0,2 mm Dicke (S-PVC und M-PVC). Im Tieftemperatur-(Luvitherm-)Verfahren werden Folien aus E-PVC mit hohen K-Werten, K-Wert s. weiter unten, bei Temperaturen, die von 175 auf 145 °C abnehmen, kalandriert, anschließend nach Führung über eine 240 °C heiße Walze auf 0,02 bis 0,2 mm Dicke in einer Richtung oder in beiden Richtungen schrumpffähig gereckt. Aus etwa 0,5 mm dicken Kalanderfolien werden weitgehend spannungsfreie Tafeln und Blöcke durch Laminieren von Folienpaketen zwischen Preßblechen in Etagenpressen hergestellt.

Bei der PVC-U-Verarbeitung auf *Extrudern* bei 170 bis 200 °C kann man von Pulvermischungen oder vom Granulat ausgehen. Pulvermischungen erfordern Doppelschnecken- oder Einschneckenextruder mit 20D Schneckenlänge.

Für den *Spritzguß* (Massetemperatur 180 bis 210 °C, Werkzeugtemperatur 30 bis 50 °C) und das *Blasformen* von Flaschen und anderen Hohlkörpern sind nur Formmassen aus S- oder M-PVC mit niedrigen K-Werten, versehen mit Verarbeitungshilfsmitteln, geeignet. Die Verarbeitung muß schonender als bei den meisten anderen Thermoplasten erfolgen, da Überhitzungen vermieden werden müssen. Die fließgerechte Gestaltung der Schnecken und Werkzeuge unter Vermeidung toter Ecken ist besonders wichtig, um eine Zersetzung und damit Abspaltung von Salzsäure zu vermeiden. Deswegen ist auch eine korrosionsfeste Ausstattung zweckmäßig.

PVC-U läßt sich nach allen für Thermoplaste üblichen Verfahren durch Aufschmelzen verschweißen: Heißgas-, Heizelement-, Ultraschall- und Hochfrequenz-*Schweißen*. Kleblacke auf der Basis von Tetrahydrofuran (THF) oder Zweikomponenten-Klebstoffe auf EP-, PUR- oder PMMA-Basis werden zum *Verkleben* eingesetzt. Adhäsionsverklebungen erfolgen mit PUR-, Nitril- oder Chlorbutadien-Kautschuk-Klebstoffen.

Das Warmformen von Tafeln, Rohren usw. wird im großen Maßstab beim Bau von chemischen Apparaten angewendet.

Tafel 4.15. Vergleich zwischen K-Werten und Viskositätszahl J.

K-Wert 0,5 g/100 ml Cyclohexanon bei 25 °C (DIN 53726)	Spezifische Viskosität 0,5g/100 ml Cyclohexanon bei 25 °C	Viskositäts-zahl J (DIN 53726 T.8)	Inherent Viscosity ASTM D 1243-58 T (Methode A)	Spezifische Viskosität ASTM D 1234-58 T (Methode B)	UK-K-Wert 0,5 g/100 ml Dichlorethylen bei 25 °C	Molare Masse	
						Zahlenmittel M_n	Gewichts-mittel M_w
45	0,25	50	0,42	0,155	42	20000	40000
46	0,26	52	0,44	0,165	43		
47	0,27	54	0,47	0,175	44		
48	0,28	57	0,49	0,185	45	26000	54000
49,3	0,30	59	0,52	0,195	46		
50,5	0,31	61	0,55	0,206	47	30000	
51,5	0,32	64	0,57	0,217	48		
52,7	0,34	67	0,60	0,228	49		
53,9	0,35	70	0,62	0,239	50	36000	70000
55	0,37	73	0,65	0,25	51		
56,1	0,38	77	0,67	0,264	52	40000	
57,2	0,40	80	0,70	0,275	53		
58,3	0,42	83	0,73	0,285	54		
59,5	0,44	87	0,75	0,3	55	45000	100000
60,6	0,45	90	0,78	0,31	56		
61,9	0,47	94	0,80	0,32	57	50000	
62,9	0,49	98	0,83	0,33	58		
64	0,51	102	0,85	0,34	59		
65,2	0,53	105	0,88	0,36	60	55000	140000
66,3	0,55	109	0,91	0,37	61		
67,4	0,57	113	0,92	0,38	62		
68,5	0,59	117	0,95	0,39	63	60000	
69,5	0,61	121	0,98	0,40	64		
70,5	0,63	125	1,01	0,41	65	64000	200000
71,5	0,65	130	1,03	0,43	66		
72,4	0,67	134	1,06	0,44	67		

Tafel 4.15 (Forts.)

K-Wert 0,5 g/100 ml Cyclohexanon bei 25 °C (DIN 53726)	Spezifische Viskosität 0,5g/100 ml Cyclohexanon bei 25 °C	Viskositätszahl J (DIN 53726 T.8)	Inherent Viscosity ASTM D 1243-58 T (Methode A)	Spezifische Viskosität ASTM D 1234-58 T (Methode B)	UK-K-Wert 0,5 g/100 ml Dichlorethylen bei 25 °C	Molare Masse	
						Zahlenmittel M_n	Gewichtsmittel M_w
73,3	0,69	138	1,08	0,45	68	70000	
74,2	0,71	142	1,11	0,46	69		
75,1	0,73	145	1,13	0,47	70	73000	260000
76	0,75	149	1,16	0,49	71		
76,9	0,77	153	1,18	0,50	72		
77,7	0,79	157	1,21	0,51	73		
78,5	0,81	161	1,23	0,53	74	80000	
79,3	0,83	165	1,26	0,54	75	82000	340000
80,1	0,85	169	1,28	0,56	76		
80,9	0,87	173	1,30	0,57	77		
81,7	0,89	177	1,33	0,58	78		
82,4	0,90	181	1,35	0,6	79	90000	
83,2	0,93	185	1,38	0,61	80	91500	480000

Tafel 4.16. Anwendungsbereiche von PVC-Sorten

PVC-Sorten	PVC–U			PVC-P		
	E	S	M	E	S	M
Verarbeitung	K-Werte*)			K-Werte*)		
Kalander (Schmelzwalzenmaschinen, Plattenpressen)	(60–65)	57–65	57–65	70–80	65–70	70
Thermisch vergütete Folien	78	–	–	–	–	–
Bodenbeläge	–	–	–	65–80	65–80	
Extruderverarbeitung Hart-PVC						
Rohre	–	67–68	67–68			
Fensterprofile	–	68–70	–			
Möbel- u. Bauprofile	60–70	60–68	60–68			
Tafeln und Flachfolien	60–65	60	60			
Blasfolien	60	57–60	57–60			
Extruderverarbeitung Weich-PVC allgemein				65–70	65–70	65–70
Kabelmassen				–	70–90	
vorzugsweise				–	70	70
Hohlkörperblasen	–	57–60	57–60		65–80	60–65
Spritzgießen	–	50–60	56–60	–	65–70	55–60
Pastenverarbeitung	–	–	–	65–80	(70–80)	

*) nach DIN 53726: 0,25 g PVC in 50 ml Cyclohexanon.

Kennzeichnung

VC-Polymerisate werden entsprechend ihrer Molmasse durch K-Werte oder Viskositätszahlen gekennzeichnet. Beide Zahlen basieren auf der Messung der relativen Lösungsviskosität und stehen in einem festen Verhältnis zueinander. Tafel 4.15 enthält eine Gegenüberstellung verschiedener international üblicher Werte mit den entsprechenden Molekulargewichten. PVC für die thermoplastische Verarbeitung hat K-Werte nach DIN 53726 zwischen 50 und 80. Je höher der K-Wert ist, um so besser sind die mechanischen und elektrischen Eigenschaften der Erzeugnisse, andererseits wird die Verarbeitung besonders von PVC-U in gleicher Richtung schwieriger. Die für die einzelnen Verarbeitungsverfahren gebräuchlichen K-Werte zeigt Tafel 4.16. DIN 7746/1 (entsprechend ISO 1060/1) enthält eine Einteilung und Bezeichnungen von Vinylchlorid-Polymerisaten (Datenblocksystem).

Eigenschaften

PVC-U gehört zu den Thermoplasten mit hoher Festigkeit und einem hohen Elastizitätsmodul, aber geringer Abriebfestigkeit, Schlagzähigkeit bei tieferen Temperaturen und Dauerschwingfestigkeit. Auch die Gebrauchstemperaturen sind relativ gering: kurzzeitig bis ca. 75 °C, langzeitig bis ca. 65 °C. Bei geeigneter Wahl von Stabilisatoren und Zusatzstoffen erhält man ausgezeichnete elektrische Eigenschaften, besonders im Bereich geringer Spannungen und Frequenzen. Bei höheren Frequenzen tritt infolge des hohen elektrischen Verlustfaktors Erwärmung auf. Die N_2-, O_2-, CO_2- und Luftdurchlässigkeit sind geringer als die Durchlässigkeit der Polyolefine, die Wasserdampfdurchlässigkeit ist höher.

Bis zu Temperaturen von 60 °C ist PVC-U beständig gegen die meisten verdünnten und konzentrierten Säuren, bis auf oleumhaltige Schwefelsäure, Milchsäure und konzentrierte Salpetersäure, verdünnte und konzentrierte Laugen und Salzlösungen. Gasförmiges Chlor bildet eine Schutzschicht chlorierten Materials, flüssige Halogene greifen PVC an. Gegenüber niederen Alkoholen, Benzin, Mineralölen, anderen Ölen und Fetten besteht Beständigkeit, Ester, Ketone, Chlorkohlenwasserstoffe und aromatische Kohlenwasserstoffe quellen oder lösen es mehr oder weniger an. Tetrahydrofuran und Cyclohexanon sind Lösemittel (Kleblacke). PVC ist weitgehend spannungsrißbeständig. Entsprechend stabilisiertes PVC-U ist für den Außeneinsatz geeignet (Fensterprofile usw.).

PVC-U ist physiologisch indifferent. Die Brauchbarkeit von Erzeugnissen für den Lebensmittelsektor hängt von der Art der Stabilisierung ab. Die meisten PVC-U-Erzeugnisse sind ohne eine Brandschutzausrüstung schwer entflammbar (B1 nach DIN 4102, bis V0 nach UL 94). Die Flamme verlöscht nach dem Entfernen der Zündquelle. Je nach der Art der Polymerisation ist PVC transluzent bis transparent und gut einfärbbar.

Füllstoffe werden bei PVC in der Regel nur als Extender (Streckmittel), Glasfasern als Verstärkungsmittel nur selten eingesetzt, s. Tafel 4.17. 1 bis 2 % feinkörnige *Kreide* (5 bis 10 µm) wirkt bei der Rohr- und Profilherstellung als Verarbeitungshilfsmittel für PVC-U. 5 bis 15 % Zugabe können die Kerbschlagzähigkeit auf das Doppelte anheben. Je nach der Höhe der mechanischen Beanspruchung von z. B. Rohren und Profilen (Druckrohre, Abflußrohre, Drainagerohre, Sonnenblendenprofile) werden mehr als 40 % als Füllstoff beigegeben. PVC-P kann je nach Einsatzgebiet bis zu 350 Teile Kreide enthalten. Sie wirkt als Absorber abgespaltener Säure und erhöht damit die thermische Stabilität. Kreide wirkt dem Plate-out-Effekt (Niederschlag von ausschwitzenden Bestandteilen auf Kalandern und Extrudern) entgegen.

Tafel 4.17. Eigenschaften von gefülltem und verstärktem PVC

Zusatz zu PVC–U	Gewichts-anteil %	Zugfestigkeit MPa	Dehnung bei Höchstkraft %	E-Modul MPa	Vicat-Temperatur °C	Dichte g/cm³
ohne	–	60	6–10	2700	85	1,36
nat. $CaCO_3$	30 100	46 –	8 –	3200 –	94 116	1,53 1,78
gefälltes $CaCO_3$	15	30–47	6	3100	87	1,45
Kreide	20	34	6	3500	–	1,48
Quarzmehl	20	38		3100	–	–
Glasfasern	40	25	3	8000	85	–
Wollastonit	20	25	5,4	–	–	1,47

Da *Kaolin* den Durchgangswiderstand erhöht, wird es in PVC-P-Kabelmassen eingesetzt. *Silikate* reduzieren den Plate-out-Effekt, erhöhen die Thixotropie und ergeben Produkte mit matten Oberflächen, während *Aluminiumhydroxid* die Flammwidrigkeit, z. B. von Teppichrücken-Beschichtungen, erhöht. *Bariumferrit* wird als Füllstoff für magnetische Dichtungsprofile für Eisschränke und dergleichen verwendet.

Hoch-schlagzähe *PVC-HI-Sorten* (HI = hight impact) mit 5 bis 12% Schlagzähmachern sind zweiphasig. Als Schlagzähmacher kommen *Polyacrylsäureester-Elastomere, PAE, PE-C* und *EVAC* als disperse Weichphase in Frage. Die PAE werden als Pfropfcopolymerisate mit VC mit 6 bis 50% AN-Anteil oder als Copolymerisate mit Methylmethacrylat (MA) mit 60 bis 90% AN-Anteil eingesetzt. Hochprozentige PAE werden mit S-, M- oder E-PVC auf eine gebräuchliche Schlagzähmacher-Konzentration von 5 bis 7% oder auch darüber abgemischt. Im Gegensatz zu PAE sind PE-C und EVAC als Schlagzähmacher in gewissem Maße scherempfindlich, d. h., die erreichbare Zähigkeit hängt von den Verarbeitungsbedingungen ab. *Polyacrylate* können mit Styrol modifiziert für transparente, erhöht schlagzähe Formteile eingesetzt werden.

Alle diese PVC-HI sind langzeitwetterfest und damit für den Außeneinsatz geeignet. Schlagzähmacher für glasklare Packmittel sind *MABS* und, vor allem für Hohlkörper, MBS, s. Abschn. 4.2.2. Wegen des Butadienanteils sind diese für den Außeneinsatz weniger geeignet.

Eigenschaftsvergleich s. Tafel 4.18.

4.2.7 Polyvinylchlorid-weich, PVC-P

Aufbau

Die Härte und Sprödigkeit von PVC können durch die Zugabe von Weichmachern in einem weiten Umfang beeinflußt werden. Sie vergrößern den Abstand zwischen den PVC-Kettenmolekülen und reduzieren dadurch die Bindungskräfte. Bei „interner Weichmachung“ wird ein verträgliches Polymer mit niedriger Glasübergangstemperatur in die Kette eingebaut, s. auch Abschn. 4.2.8, VCEVAC. Bei „äußerer Weichmachung“ dringt ein niedermolekularer Weichmacher in das PVC ein und bewirkt eine Art Quellung. Hierbei besteht die Gefahr des Ausschwitzens, besonders bei höheren Temperaturen und über längere Zeit. Man unterscheidet deshalb zwischen Primärweichmachern, die gut gelatinieren und nicht ausschwitzen, und Sekundärweichmachern, die nur geringe Dipolwirkung aufweisen und wenig gelatinieren. Letztere werden in Kombination mit Primärweichmachern verwendet, die die Migrationsneigung reduzieren und die Tieftemperatur-Zähigkeit und den Extraktionswiderstand erhöhen. Primärweichmacher werden zur Preisreduzierung oft teilweise durch „Extender“, das sind Streckmittel in Form von Flüssigkeiten geringer Flüchtigkeit und mäßiger Polarität, ersetzt. Sie wirken nicht als Gelatiniermittel, können aber das Fließverhalten von Plastisolen verbes-

Tafel 4.18. Eigenschaftsvergleich der Vinylchloridpolymerisate und Blends

Eigenschaft	Einheit	Vinylchlorid-Polymerisate und Blends							
		PVC-U	PVC-C	VCA acrylatmod.	PVC + VCA	PVC + PE-C	PVC + ASA	PVC-P mit DOP	
								75/22	60/40
Dichte	g/cm^3	1,38–1,4	1,55	1,34–1,37	1,42–1,44	1,36–1,43	1,28–1,33	1,24–1,28	1,15–1,20
Zug-E-Modul	MPa	2700–3000	3400–3600	2200–2600	2500–2700	2600	2600–2800	–	–
Streckspannung	MPa	50–60	70–80	45–55	45	40–50	45–55	–	–
Streckdehnung	%	4–6	3–5	4–5	4–5	3	3–3,5	–	–
Nominelle Bruchdehnung	%	10–50	10–15	35–>50	>50	10–>50	ca. 8	>50	>50
Spannung bei 50% Dehnung	MPa	–	–	–	–	–	–	–	–
Bruchspannung	MPa	–	–	–	–	–	–	–	–
Bruchdehnung	%	–	–	–	–	–	–	–	–
Schmelztemperatur	°C	–	–	–	–	–	–	–	–
Formbeständigkeitstemperatur HDT / A 1,8 MPa	°C	65–75	ca. 100	72	74	69	65–85	–	–
Längenausdehnungskoeffizient, längs (23–55 °C)	10^{-5}/K	7–8	6	8–9	7–7,5	8	7,5–10	18–22	23–25
Längenausdehnungskoeffizient, quer (23–55 °C)	10^{-5}/K							–	–
Brennbarkeit UL 94 bei 1,6 mm Dicke	Klasse	V-0	V-0	V-0	V-0	V-0	V-0	–	–
Dielektrizitätszahl bei 100 Hz	–	3,5	3,5	3,5	3,5	3,1	3,7–4,3	4–5	6–7
Dielektrischer Verlustfaktor bei 100 Hz	$\cdot 10^{-4}$	110–140	140	120–140	120	140	100–120	0,05–0,07	0,08–0,1
Spezifischer Durchgangswiderstand	Ohm · m	$>10^{13}$	$>10^{13}$	$>10^{13}$	10^{13}	10^{12}–$>10^{13}$	10^{12}–$>10^{14}$	10^{12}	10^{11}
Spezifischer Oberflächenwiderstand	Ohm	10^{14}	10^{14}	$>10^{13}$	$>10^{13}$	$>10^{13}$	10^{12}–10^{14}	10^{11}	10^{10}
Elektrische Durchschlagfestigkeit	kV/mm	20–40	15	30				30–35	ca. 25
Vergleichszahl der Kriechwegbildung CTI/A		600	600	600	350–600	600	350–600	–	–
Aufnahme von Wasser bei 23 °C, Sättigung	%	0,1	0,1	<0,25	0,5	0,1	0,4–0,8	–	–
Feuchteaufnahme bei 23 °C / 50 % r. F., Sättigung	%	0,01	0,01	<0,01	<0,1	0,03	0,1–0,3	–	–

* Auch als V-2 bis V-0 verfügbar

Tafel 4.19. PVC-Primär-Weichmacher.

Gruppe Nr.	Name	Kurzzeichen[1)]	Charakterisierung
1.	Phthalat-Weichmacher		
	Dioctylphtalat Di-iso-heptylphthalat Di-2-ethylhexylphthalat Di-iso-octylphthalat (Phthalsäureester-Gemisch)	DOP DHP DEHP DIOP	Spezialweichmacher für Plastisole Standardweichmacher für PVC, hohes Geliervermögen, wenig flüchtig, ausgeglichene Hitze-, Kälte-, Wasser-Beständigkeit und elektrische Eigenschaften
	Di-iso-nonylphthalat Di-iso-decylphthalat Di-iso-tridecylphthalat	DINP DIDP DITDP	Von DINP zu DITDP nehmen (gegenüber DOP) Weichmacherwirkung, Flüchtigkeit, Kältebeständigkeit ab, Hitzebeständigkeit, elektrische Werte zu. Hohe Verarbeitungstemperatur (Bisphenol A-Zusatz), Spezialweichmacher für Kabelmassen
	C_7–C_9 Phthalate überwiegend C_9–C_{11} linearer Alkohole C_6–C_{10} n-Alkylphthalate C_8–C_{10} Alkylphtahalate	– – – –	Misch-Alkohol-Ester, gegenüber DOP: geringe Viskosität (für Pasten), bessere Kältefestigkeit und Wasserbeständigkeit, geringere Flüchtigkeit (wichtig für Kunstleder, Fußbodenbeläge)
	Dicyclohexylphthalat	DCHP	begrenzt einsetzbar, resistent gegen Benzinextraktion
	Benzylbutylphtalat	BBP	gut gelierend, für Schaumpasten, Streichbodenbeläge
2.	Adipin-, Azelain- u. Sebacinsäureester		
	Di-2-ethylhexadipat	DOA, DEHA	DOA hervorragend kältefest weichmachend, lichtstabil flüchtiger und wasserempfindlicher als DOP
	Di-iso-nonyladipat Di-iso-decyladipat	DINA DIDA	DINA-DIDA: weniger kältefest und geringer flüchtig als DOA
	Di-2-ethylhexylazelat	DOZ	weniger wasserempfindlich als Adipate, ähnlich DOS
	Di-2-ethylhexylsebacat	DOS	beste Kältefestigkeit, wenig flüchtig

Tafel 4.19. (Forts.)

Gruppe Nr.	Name	Kurzzeichen[1)]	Charakterisierung
3.	Phosphat-Weichmacher		
	Trikresylphosphat	TCF	flammwidrig, für mechanisch und elektrisch hoch beanspruchbare Artikel, nicht für Lebensmittelgebrauch
	Tri-2-ethylhexylphosphat	TOF	flammhemmend, lichtbeständig, weniger hitzebeständig als TCF, niederviskos (für Pasten)
	Aryl-alkyl-mischphosphate	–	ähnlich TOF, benzinbeständig
4.	Alkyl-Sulfonsäure-Phenyl-Ester	ASE	ähnlich DOP, geringer flüchtig als Phthalate, Vergilbungsneigung, witterungsbeständig
5.	Acetyl-tributylcitrat	–	ähnlich DOP, für Gebrauch mit Lebensmitteln
6.	Tri-2-ethylhexyltrimellitat Tri-iso-octyltrimellitat	TOTM TIOTM	gering flüchtig, thermisch hoch belastbar, hoher Preis (Kabelmassen)
7.	Epoxidierte Fettsäureester		Butyl-, Octyl-epoxystearat kältefest, wenig flüchtig, synergistisch stabilisierend mit Ca-Zn-Stabilisatoren
	Epoxidiertes Leinöl Epoxidiertes Sojaöl	ELO ESO	ELO und ESO primär zur Verbesserung der Wärmestabilität, extraktionsbeständig
8.	Polyesterweichmacher	–	Polyester aus (Propan-, Butan-, Pentan- und Hexan-)Diolen mit Dicarbonsäuren der Gruppen 1 und 2. Nicht flüchtig, wenig temperaturabhängig, weitgehend extraktions- und spezifisch migrationsbeständig
	Oligomerweichmacher	–	Viskosität <1000 mPa · s, auch mit Monomerweichmacher gemischt, für Pasten
	Polymerweichmacher	–	Viskosität bis 300000 mPa · s, für Extrudieren und Kalandrieren geeignet

sern (Fettsäureester, alkylierte Aromate, Naphtene) oder die Flammwidrigkeit erhöhen (flüssige Chlorparaffine).

Polymere Weichmacher sind besonders beständig gegen Lösemittel und Migration.

Lieferform, Verarbeitung

PVC-P-Formmassen werden für den Spritzguß und das Hohlkörperblasen in Granulatform, für die Extrusion auch als rieselfähige Agglomerate verarbeitungsfertig mit Stabilisatoren, Gleitmitteln usw. geliefert. Pulvermischungen werden für das Wirbelsintern und die elektrostatische Beschichtung eingesetzt.

PVC-P-Schmelzen fließen unter verhältnismäßig geringem Druck, sollten aber beim *Spritzgießen* bei der höchsten für die Formmasse verträglichen Massetemperatur (170 bis 200 °C) verarbeitet werden. Bei zu niedriger Verarbeitungstemperatur erreichen die Formteile nicht die optimalen mechanischen und elektrischen Eigenschaften, sie schwinden unregelmäßig nach und haben ungleichmäßige, matte Oberflächen. Ähnlich wirkt eine schnelle Abkühlung, d.h. ein kaltes Werkzeug (Werkzeugtemperaturen von 15 bis 50 °C). Wie bei PVC-U sollen die Werkzeuge und Maschinen korrosionsbeständig ausgelegt sein. Durch *Extrusion* werden Formmassen mit Shore-A-Härten von 60 bis 80 im Schmelzetemperaturbereich von 120 bis 165 °C verarbeitet, härtere Mischungen erfordern 150 bis 190 °C. *Blasformen* von Hohlkörpern aller Art ist eine übliche Technik.

Alle für Thermoplaste üblichen *Kleb-* und *Schweißverfahren* sind möglich, für Täschnerwaren insbesondere das Hochfrequenzschweißen.

Weichmacher

Tafel 4.19 gibt eine Übersicht über gebräuchliche Gruppen von *PVC-Primärweichmachern* und ihrer charakteristischen Eigenschaften. DIN 53 400 betrifft Prüfung der Kennzahlen für Gleichmäßigkeit und Reinheit von Weichmachern.

Phthalat-Weichmacher (1), in erster Linie der Allzweckweichmacher DOP, machen 65 bis 70 % der Verarbeitungsmenge aus. Für bestimmte Anwendungsbereiche werden vorzugsweise die Phthalate kurzkettiger Alkohole angewandt.

Ester aliphatischer Dicarbonsäuren (2) werden überwiegend im Verschnitt mit Phthalaten zur Verbesserung der Kälteschlagzähigkeit von PVC-weich-Artikeln gebraucht.

Phosphorsäureester (3) werden bevorzugt für die Herstellung von technischen Erzeugnissen mit hoher Flammwidrigkeit eingesetzt.

Alkylsulfonsäureester des Phenols (4), im Weichmacherverhalten ähnlich dem DOP, weisen minimale Flüchtigkeit auf. Diese Ester ergeben ein gutes HF-Schweißverhalten und gute Witterungsstabilität trotz leichter Vergilbung.

Zitronensäureester (5) sind Spezialweichmacher für bestimmte Produkte, die den lebensmittelrechtlichen Bestimmungen unterliegen.

Trimellitate (6) werden für Erzeugnisse eingesetzt, die über längere Zeit höheren Gebrauchstemperaturen ausgesetzt sind.

Epoxidierte Produkte (7) werden PVC-P vor allem wegen ihrer costabilisierenden Wirkung zugesetzt, ihr alleiniger Einsatz in größerer Menge kann zu Ausschwitzerscheinungen führen.

Polyester-Weichmacher (8) als Oligomer- und Polymerweichmacher haben sowohl durch Wahl der Veresterungskomponenten als auch der Molmasse im Bereich von 600 bis 2000 g/mol und mehr zu einem breiten Sortimentsangebot geführt. Neben ihrer geringen Flüchtigkeit zeichnen sie sich durch eine gute Extraktionsbeständigkeit gegenüber Fetten, Ölen und Treibstoffen aus. Mit diesen Weichmachern lassen sich Migrationsprobleme bei Kontakt mit anderen Stoffen lösen, wobei die Produkte aufeinander abzustimmen sind.

Eigenschaften

PVC-P-Formmassen enthalten 20 bis 50% Weichmacher. Geringe, zur homogenen Gelbildung nicht ausreichende Weichmacherzusätze bewirken eine Versprödung, d.h., die Festigkeit nimmt zu und die Bruchdehnung kann abnehmen, s. Bild 4.6. Jenseits dieser Grenze verhält sich PVC-P mit zunehmendem Weichmachergehalt gummiähnlicher. Es ist

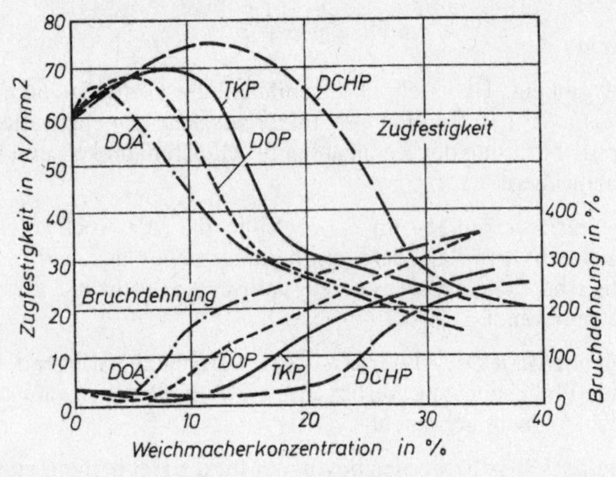

Bild 4.6 Zugfestigkeit und Bruchdehnung von PVC-P bei 23 °C in Abhängigkeit von Art und Menge des Weichmachers (nach *Ghersa*).

DOP = Dioctylphthalat DOA = Dioctyladipat
TCP = Trikresylphosphat DCHP = Dicyclohexylphthalat

Tafel 4.20. Shore-Härte A und D von PVC-P

Shore-Härtebereiche		Allgemeine Kennzeichnung	Kälte-sprödigkeits-Bereich*) °C
A	D		
98–91	ca. 60–40	halbhart	0 bis −20
90–81	39–31	kernlederartig	−10 bis −30
80–71	nicht gebraucht	stramm weichgummiartig	−10 bis −45
70–61	nicht gebraucht	mittel weichgummiartig	−30 bis −50
60	nicht gebraucht	sehr weiche Spritzgußteile	−40 bis −50

*) gemessen mit der Fallhammerprüfung

deshalb üblich, die PVC-P-Typen durch die Shore-Härte zu charakterisieren. Für das Extrudieren sind Shore-Härten A von 96 bis 60, für das Blasformen von 85 bis 65 und für das Spritzgießen bis 50 üblich. Hochgefüllte Massen mit Shore A 85 bis 70 für Fußbodenbeläge und Kabelummantelungen haben geringere Bruchdehnungen und sind weniger kältebiegsam als ungefüllte.

Die Kältesprödigkeit hängt von der Art und Menge des Weichmachers ab, s. Tafel 4.18 und Tafel 4.20. Bei 40 bis 60 °C zeigt PVC-P nach längeren höheren mechanischen Belastungen deutliche bleibende Verformungen und unterscheidet sich hierdurch von Gummi. Die obere Dauergebrauchs-Temperatur ohne Belastung liegt bei etwa 80 °C, da darüber der Weichmacherverlust stark zu- und die Festigkeit stark abnehmen. Für temperaturbeständigere Formmassen, z. B. für Kabelummantelungen, kommen die im Kälteverhalten ungünstigeren Trimellitat- und Polyester-Weichmacher in Frage.

Der spezifische Durchgangswiderstand nimmt mit zunehmendem Weichmachergehalt in der Regel ab. Eine Zugabe von >13 % leitfähigem Ruß senkt den Durchgangs- und Oberflächen-Widerstand um ca. 6 bzw. 8 Zehnerpotenzen.

Monomerweichmacher können beim Kontakt mit anderen Stoffen wie thermoplastischen Kunststoffen, Gummi oder Lacken in diese hineinwandern (migrieren). Die Folgen sind eine Versprödung des PVC-P und eventuelle Schädigung des aufnehmenden Stoffs, z. B. eine Spannungsrißauslösung. Obwohl die meisten Weichmacher physiologisch indifferent sind, ist die Verwendung weichmacherhaltiger Polymere im Kontakt mit Lebensmitteln unerwünscht, wenn die Gefahr des Weichmacherübergangs besteht. Die Kunststoff-Kommission des Bundesgesundheitsamtes hat Empfehlungen über die Zusammensetzung und Anwendungsbereiche von Fördergurten, Getränkeschläuchen, Folien und Beschichtungen aus PVC-P für den Lebenmittel-Einsatz herausgegeben.

Verschnitte von PVC-P mit PVCEVA-Elastifikatoren, TPU oder NBR/AN-Copolymeren weisen sehr gute Kälteschmiegsamkeiten in Verbindung mit einer allgemeinen Dauergebrauchsbeständigkeit in einem weiten Temperaturbereich auf. Die TPU- und NBR-Typen sind auch gegen Fette, Öle und Treibstoffe beständig.

Eigenschaftsvergleich s. Tafel 4.18

Einsatzgebiete

Spritzguß: Dichtungsringe, Schutzkappen, Haftsauger, Fahrrad- und Motorradgriffe, an Leitungen angespritzte Elektrostecker, Stiefel, Sandalen, Schuhsohlen, Stoßdämpfer.

Extrusion: Rohre, Schläuche, Handlaufprofile, Dichtungsprofile, Kabel- und Draht-Ummantelungen, Isolierbänder und -schläuche (wegen der hohen Dielektrizitäts-Zahlen auf niedrige Frequenzen beschränkt); (auch im Kalanderverfahren): Platten, Folien für Duschvorhänge, Beschichtungen von Textilien für Regenkleidung, Förderbänder u. a.; Fußbodenbeläge.

Blasformen: gegen PUR-Schaum beständige Armlehnen in der Kfz-Industrie, Puppen, Bälle, Tuben, Flaschen.

4.2.8 Polyvinylchlorid, Copolymerisate und Blends

Aufbau

Eine Aufstellung von Vinylchlorid-Copolymeren enthält Tafel 4.5, S. 390 ff., von Terpolymeren Tafel 4.10. Tafel 4.21 zeigt den Einfluß von Comonomeren auf die Eigenschaften von Polyvinylchlorid.

VCVAC werden als Formmassen mit bis zu 50 % VAC eingesetzt. Die Eigenschaften gleichen denen des PVC, sie sind bei niedrigeren Massetemperaturen schonender zu verarbeiten, weisen aber eine geringere Wärmestandfestigkeit auf. *Einsatzgebiete* sind speziell Tiefziehfolien und im Preßverfahren hergestellte Schallplatten. Auch Copolymere mit Vinylethern und *PP* kommen dafür in Betracht.

VCVDC mit einem hohen Gehalt an VDC sind temperaturfester als PVC, wegen der Neigung zur HCl-Abspaltung bei höheren Temperaturen aber schwieriger zu verarbeiten. Homopolymeres PVDC zersetzt sich unterhalb der Schmelztemperatur und ist deshalb nicht auf dem Markt.

Modifizierharze, meist auf der Basis hochmolekularer Methacrylat-(Multi-)Polymere sind mit PVC einphasig mischbar und ergeben glasklare Erzeugnisse. Sie verbessern das Fließverhalten der Schmelze und

Tafel 4.21. Einfluß von Comonomeren auf die Eigenschaften von Polyvinylchlorid

Monomer	Zeilen-Nr. in Tafel 4.5 S. 360 ff.	Einfluß auf PVC
Ethylen	1	höhere Zähigkeit in der Kälte, besser verarbeitbar
α-Methylstyrol	6	höhere Wärmestandfestigkeit
Chloriertes Polyethylen	9	Cl statistisch verteilt, höhere Schlagzähigkeit, schwerer verarbeitbar
Vinylidenchlorid	10	geringere Wärmestandfestigkeit, leichter verarbeitbar
Methacrylat	16	leichter verarbeitbar, besser tiefziehbar
Vinylacetat	20	geringere Wärmestandfestigkeit, leichter verarbeitbar
Vinylether	22	höhere Festigkeit, schwerer verarbeitbar
Acrylnitril	26	höhere Festigkeit und Schlagzähigkeit
Malein(säure)imid	32	höhere Wärmestandfestigkeit, schwerer verarbeitbar
Acrylsäureester-Elastomer	33	höhere Schlagzähigkeit

die Tiefziehbarkeit im thermoelastischen Bereich, so daß stoßfeste und gut witterungsbeständige Produkte unter schonenden Verarbeitungsbedingungen erzeugt werden können. Modifizierharze auf der Basis von *MSAN* und *SMA* verbessern die Wärmebeständigkeit um 10 bis 15 K.

Eigenschaftsvergleich s. Tafel 4.18.

Einsatzgebiete

PVC-U, Copolymere und Blends: Halbzeuge wie Folien, Platten, Wellplatten, Profile, Druck-Rohre für Wasser und chem. Industrie, Abflußund Drainagerohre, Fittinge, Apparate für die Chemie, Rolladenstäbe, Dachrinnen, Fenster- und Türrahmen, Fassadenverkleidungen, Straßen-Reflektionspfosten, Gehäuse, Verpackungsfolien, Flaschen und andere Blasteile für die Verpackung, Schallplatten (VCVAC), Schaumstoff, Sperrschichten gegen O_2, H_2, und Aroma-Stoffe (VCVDC) im Lebensmittelbereich, weichmacherfreie Weichfolien (VCEVAC), Fasern, Fäden, Vliesstoffe, Netze.

Handelsnamen s. Tafel 4.22

4.2.9 Polyvinylchlorid: Pasten, Plastisole, Organosole, Schäume

Pasten, Plastisole, Organosole

Die PVC-Pastentechnologie ist eine spezielle Methode zu Erzeugung von PVC-P-Erzeugnissen und besteht in der Dispergierung feinteiliger PVC-U-Partikel (K-Werte von 56 bis 80) in Weichmachern. Bei Temperaturen bis ca. 35 °C findet keine Reaktion zwischen dem PVC und den Weichmachern statt. Beim Erwärmen auf 150 bis 220 °C gelieren die Pasten und

Tafel 4.22. VC-Polymerisate und Handelsnamen

Kurzzeichen	Handelsnamen, z B.
	Homo- und Copolymerisate, Blends
PVC	Astralon, Benvic, Bipeau, Carina, Corvic, Duraflex, Ensolite, Ethyl, Fiberloc, Genopak, Geon, Hishiplate, Kureha, Norvinyl, Oltvil, Ongrovil, Orgavil, Pevikon, Pliovic, Ravinil, Rosevil, Solvic, Trosiplast, Trovidur, Varlan, Vestolit, Viclon, Vinacel, Vinnolit, Vinychlon, Vinylfoil, Vipla, Viplast, Vipopham, Vixir, Vycell Vygen, Vynaloy, Vynide, Welvic
PVC-C	Lucalor, Temp Rite, Rhenoflex
VCVDCAN	Diofan, Ixan
VCPAEAN	Solvic, Vestolit Bau, Vinnolit K, Vinuran SZ
VCMAAN	KaneAce, Paraloid
EVACVC oder PVC+ EVAC	Ethyl, Krene, Laroflex, Lutofan, Solvic, Trosiplast, Varlan, Vinidur, Vinnolit
PVC + SPAE	Vestolit
PVC+PE-C	Vinnolit Z
PVC+Acryl	Vinnolit, Kydene, Vinidur
PVC+MMA	Acryalloy V
PVC+NBR	Elaster
	Modifizierharze, s. auch Abschn. 4.2.2
Methacrylat-Polymere	Degalan, Diakon, KaneAce, Paraloid, Plexigum, Vestiform
MS	Baymod A, Vinuran
SMA	Cadon, Dylark
TPU	Baymod PV
NBRAN	Chemigum

weisen dann die für PVC-P typischen Eigenschaften auf. Zur Erniedrigung der Geltemperatur können VCVAC-Copolymerisate eingesetzt werden.

Entsprechend der Zusammensetzung der Pasten unterscheidet man *Plastisole*, sie bestehen im wesentlichen aus PVC und Weichmacher und eventuell geringen Mengen an Extendern (s. Abschn. 4.2.7), Stabilisatoren, Pigmenten und Füllstoffen. *Organosole* sind Plastisole mit größeren Mengen an flüchtigen Verdünnungsmitteln wie Benzin oder Glykole zur Reduzierung der Viskosität, die damit z. B. für Lacke in Frage kommen, und *Plastigele*, die durch hohe Zusätze kolloidaler Kieselsäure oder Metallseifen in einen gelartigen, knetbaren Zustand gebracht wurden.

Zur Auswahl der Weichmacher s. Abschn. 4.2.7. Als polymerisierbare Weichmacher setzt man monomere Glykolmethacrylate, die die Viskosität der Pasten herabsetzen, zu. Mit ebenfalls zugegebenen Katalysatoren polymerisieren sie bei der Gelierung zu Produkten mit erhöhter Härte.

Pasten können in einer PVC-Weichmacher-Zusammensetzung zwischen 50 : 50 und 80 : 20 hergestellt werden und ergeben dann gummi- bis PVC-U-ähnliche Produkte. Bei einem höheren Weichmachergehalt erhält man gallertartige Massen. Die Herstellung erfolgt in schnellaufenden Mischern mit anschließender Filtration und Entlüftung, die besonders bei Tauch- und Gießpasten erforderlich ist. Temperaturempfindliche Massen werden in langsam laufenden Mischern mit anschließender Passage auf wassergekühlten Kalandern hergestellt, s. auch Abschn. 3.2.1.

PVC-Pasten können im *Streich-, Tauch-, Gieß- oder Spritzverfahren* sowie im *Rotations-Siebdruck* verarbeitet werden. Im Streichverfahren werden flächige Träger (Textil, Papier, Glas- und Mineralvlies, Blech usw.) zu Kunstleder, Textilien für Regenbekleidung, Planenstoffen, Boden- und Wandbelägen sowie Fassadenverkleidungen, überwiegend in mehreren hintereinander geschalteten Beschichtungs-Vorgängen mit kompaktem oder geschäumtem Material beschichtet. Im *Tauchverfahren* werden Schutzhandschuhe oder Schutzüberzüge auf metallischen Trägermaterialien hergestellt. Im Gießverfahren, vorzugsweise Rotationsgießen, produziert man Hohlkörper wie Bälle, Puppen, Faltenbalge usw. *Spritzfähige Plastisole* werden (meist im Airless-Verfahren) zur Metallbeschichtung, z. B. als Unterbodenschutz im Kfz-Bereich, eingesetzt. Im *Rotations-Siebdruck* trägt man PVC-Pasten vollflächig oder partiell auf Papier, Textil u.ä. zur Herstellung von Planenstoffen, Kunstledern sowie Boden- und Wandbelägen (Tapeten) auf.

Schäume

Verarbeitungfertige, treibmittelhaltige PVC-U-Formmassen für das Extrudieren strukturgeschäumter Rohre und anderer Profile und den Thermoplast-Schaumguß (TSG) sind lieferbar. Sie werden z. B. zu Türzargen, Rolladenkästen, Fensterbrettern und Möbelteilen mit Rohdichten von 0,7 bis 0,9 g/cm^3 verarbeitet. Aus 0,5 Teile Treibmittel enthaltenden PVC-P-Compounds (z. B. 100/70 PVC/DOP), die mit 20 bis 30 Teilen Nitrilkautschuk (NBR) oder EVA verschnitten sind, stellt man Dichtungsprofile, Schuhsohlen, Puffer und Stoßdämpfer her.

Bei einem Druck von 200 bis 600 bar werden nach dem *Airex-Verfahren*, s. Abschn. 3.2.8, Blöcke aus PVC-U oder -P mit geschlossenen Zellen hergestellt. Eine Vernetzung mit Diisocyanat erhöht die Wärmestandfestigkeit.

Pasten für das Aufschäumen auf Trägerstoffen sind in Hinblick auf das Gelieren und Aufschäumen in einem Arbeitsgang, z. B. im Heizkanal einer Streichmaschine bei 180 bis 200 °C, eingestellt. Nach dieser Methode werden ein- und mehrschichtige Schaumkunstleder sowie trägerlose Schaumfolien gefertigt. Bei chemisch geprägten Cushioned-Vinyl-Boden- und -Wandbelägen wird die bei niedrigen Temperaturen (ca. 140 °C) vorgelierte Schaumschicht mit einem Inhibitor (TMSA, Benzotriazol) bedruckt, der bei der folgenden Verschäumung bei 190 bis 220 °C örtlich die Aufschäumung verhindert.

4.2.10 Vinylpolymere, weitere Homo- und Copolymerisate; PVDC, PVAC, PVAL, PVME, PVB, PVFM, PVB, PVK

Die Grundstrukturen der Homopolymeren sind in Tafel 4.5 S. 390 ff. enthalten.

Polyvinylidenchlorid; PVDC

PVDC zersetzt sich unterhalb der Schmelztemperatur und wird deshalb nur als Comonomer mit PVC verwendet.

Polyvinylacetat; PVAC

PVAC (Dichte = 1,17 g/cm^3, MM = 35 000 bis 2 000 000 g/mol) sind glasklare, weiche bis harte Harze, die mangels ausreichender Temperaturfestigkeit für Formmassen nicht geeignet sind, aber in den meisten Lösemitteln (außer aliphatischen Kohlenwasserstoffen und wasserfreien Alkoholen) gut löslich sind. Sie bilden lichtechte, benzin-, öl- und wasserfeste, etwas in Wasser (Wasseraufnahme bis 3 %) quellbare Filme mit einem hohen Pigment-Bindevermögen und begrenzter Verträglichkeit mit Nitrozellulose und Weichmachern. PVAC ist für eine Verseifung anfällig.

Einsatzgebiete: Anstrichmittel, Klebstoffe, Appreturmittel, Beschichtungsmittel, auch in Form von Dispersionen.

Handelsnamen für PVAC und EAA-Copolymere z. B.: Daratak, Gohsenyl, Mowioll (Holzleim), Mowilith, Rhodopas, Vinnapas, Vinalit, Vipolit.

Polyvinylalkohol; PVAL

PVAL entsteht durch Verseifung von Polyvinylacetat und ist ein weißes bis gelbliches, in organischen Lösemitteln unlösliches Pulver. Teilverseifte Sorten mit ca. 13 % PVAC-Anteilen sind gut wasserlöslich, besser als vollverseifte PVAL.

Einsatzgebiete: klare Folien; mit hydrophilen mehrwertigen Alkoholen wie Glyzerin als Weichmacher wird PVAL thermoplastisch zu alterungsbeständigen, lederartigen Erzeugnissen verarbeitet: treibstoff-, öl- und lösemittelfeste Schläuche, Membranen, Dichtungen, Trennfolien, z. B. für die Verarbeitung von UP-Harzen; PVAL mit einem Bichromatzusatz wird durch UV-Bestrahlung wasserundurchlässig und im graphischen Gewerbe verwendet.

Allgemeine Verwendungsgebiete der Lösungen: Schutzkolloide zum Dispergieren und Stabilisieren, Verdickungsmittel in der Kunststoff-Industrie, in der kosmetischen und der chemisch-pharmazeutischen Industrie, Textil-Schlichten und -Appreturen, Papierleime, Bindemittel für Farbstiftminen, Streich- und Druckfarben, Klebstoffe, Überzugsmassen.

Handelsnamen z. B.: Elvanol, Gohsenol, Monosol, Mowiol, Poval, Vinarol, Viplavilol.

Polyvinylmethylether; PVME

PVME sind in kaltem Wasser und fast allen organischen Lösemitteln außer in benzinartigen Kohlenwasserstoffen, Ethylether, Isobutylether und Decalylether löslich. Je nach Polymerisationsgrad sind es Öle, weiche oder harte, elektrisch hochwertige, nicht verseifbare Harze.

Einsatzgebiete: elektrische Isolation, selbstklebende Massen, Verschnittharze für Kaugummi und Dentalmassen; Oktadecylether für Hochglanz-Bohnerwachs (V-Wachs). Verwendung der Lösungen s. PVAL.

Polyvinylbutyral, Polyvinylformal; PVB, PVFM

Polyvinylacetale entstehen durch die Umsetzung von Polyvinylalkoholen mit Aldehyden. PVB und PVFM sind in organischen Lösemitteln lösliche feste Harze.

Einsatzgebiete: Lacke (Folienlacke, auch heißsiegelfähig, Einbrennlacke, Goldlacke, Druckfarben, Primer), Imprägnierstoffe, Klebstoffe, Schrumpfkapseln, abziehbare Verpackungen, öl- und benzinfeste Schläuche und Dichtungen. Aus hochmolekularem PVB entstehen Zwischenschichtfolien für Sicherheitsgläser, mit PVFM entstehen treibstoffbeständige Lacke für Benzinbehälter, in Verbindung mit Phenolharzen Drahtlacke und heißhärtbare Metallklebfolien.

Handelsnamen z. B.: Butacite PVB, Formvar, Mowital, Saflex, Trosifol (für Sicherheitsglas).

Polyvinylcarbazol, PVK

PVK ist wie PS ein glasklarer Thermoplast, weist jedoch infolge der voluminösen Seitengruppen, s. Tafel 4.5, S. 390, wesentlich höhere Wärmebeständigkeit auf: kurzzeitig 170, langzeitig 150 °C. Copolymere mit Styrol sind bekannt. Die elektrischen Eigenschaften sind sehr gut. PVK ist beständig gegen alkalische und Salz-Lösungen, Säuren (außer konzentrierter Salpeter-, Chrom- und Schwefelsäure), Alkohole, Ester, Ether, Ketone, Tetrachlorkohlenstoff, aliphatische Kohlenwasserstoffe, Mineralöle mit geringem Gehalt an Aromaten, Trafoöle, Rizinusöl, Wasser und Wasserdampf bis zu 180 °C. Es ist unbeständig gegen Dimethylformamid, Treibstoffe, aromatische Kohlenwasserstoffe, chlorierte Kohlenwasserstoffe wie Chloroform, Methylenchlorid, Tetrahydrofuran. Die Spannungsriß- und Witterungsbeständigkeit sind sehr gut. PVK ist selbstverlöschend, darf aber nicht in Kontakt mit Lebensmitteln verwendet werden.

PVK wird in der Chemie wegen der guten thermischen und chemischen Beständigkeit und in der Hochfrequenz bei zusätzlicher mechanischer Beanspruchung eingesetzt.

Polyvinylpyrrolidon und Copolymere, PVP

PVP gibt es in wasserlöslichen und stark wasserquellbaren Modifikationen. Sie finden als gesundheitlich unbedenkliche, hautverträgliche Bindemittel für kosmetische, medizinische und gewerbliche Erzeugnisse vielseitige Anwendungen. Das Blutersatzmittel Periston ist eine Lösung von Polyvinylpyrrolidon.

Handelsnamen z. B.: Collacral V, Luviscol K 30 und K 90.

4.3 Fluorpolymere

4.3.1 Fluor-Homopolymere; PTFE, PVDF, PVF, PCTFE

Chemischer Aufbau

In Fluor-Polymeren sind Wasserstoff-Atome (H) der Kohlenstoff-Hauptketten ganz oder teilweise durch Fluor-Atome (F) ersetzt, s. Tafel 4.23. Die F-Atome sind voluminöser als H-Atome und bilden um die Kohlenstoffkette einen dichten, schützenden Mantel. Außerdem ist die F-C-Bindung sehr stabil, so daß solche Polymere eine ausgezeichnete chemische Beständigkeit, auch bei erhöhten Temperaturen, aufweisen. Sie sind ohne eine Stabilisierung wetterfest, physiologisch indifferent, nicht entflammbar und verspröden erst bei tiefen Temperaturen. PTFE weist von den technischen Kunststoffen die höchste Wärmestandfestigkeit auf: Die obere Grenze der Gebrauchstemperatur liegt kurzzeitig bei 300 °C und langzeitig bei 250 °C. Die Festigkeiten (Reißfestigkeiten unter 50 MPa) und Steifigkeiten (Elastizitätsmodul 350 bis 1800 MPa) sind eher gering, die Reißdehnungen liegen oberhalb 100 %. Der Kristallisationsgrad kann je nach der Molekülstruktur und Verarbeitung bis zu 94 % betragen. Je nach Fluorgehalt kann die Rohdichte bis zu 2,2 g/cm^3 betragen, sie gehören damit zu den Kunststoffen mit den höchsten Dichten. Die Verarbeitungsschwindung ist entsprechend dem Kristallisationsgrad hoch.

In den folgenden Abschnitten werden die allgemeinen Eigenschaften der Polyfluorcarbone und ihre Einsatzgebiete behandelt. Hinweise auf die Molekülstruktur, Anwendungstemperatur-Bereiche, Verarbeitungsmöglichkeit sowie Handelsnamen sind in Tafel 4.23 zu finden. Tafel 4.24 gibt eine Übersicht über Kennwerte.

Tafel 4.23 Übersicht über fluorhaltige Polymere

Nr.	Kurz-zeichen	Grund-Struktur	Gebrauchstemperaturen °C kurzzeit.	langzeit.	Verarbeitung: Pressen = P Spritzgießen = S Extrudieren = E	Handelsnamen. z.B.
1	PTFE	$-[CF_2-CF_2]-$	300	-270 b. +260	P, Sintern, Ram-E	Algoflon, Fluon, Halon, Hostaflon TF u. TFM, Polyflon, Teflon
2	PVDF	$-[CH_2-CF_2]-$		-60 b. +150	S, E, Beschichtung	Dalvor, Dyflor, Foraflon, Hylar, KF, Kureha, Kynar, Neoflon, Solef, Vidar L
3	PVF	$-[CH_2-CHF]-$		-70 b. +120	(Halbzeug)	Kel-F, KF Piezo Film,, Tedlar
4	PCTFE	$-[CFCL-CF_2]-$	180	-40 b. +150	S, Strang-P	Aclon, Edifren, Kel-F, Neoflon, Voltalef
5	ECTFE	$-[CFCL-CF_2]-[CH_2-CH_2]-$	160	-75 b. ca+140	S, E, Sintern	Halar
6	ETFE	$-[CF_2-CF_2]-[CH_2-CH_2]-$	200	+155 b.-190	S, E,	Aflon, Hostaflon ET, Hyflon, Neoflon, Tefzel
7	FEP	$-[CF_2-CF_2]-[CF_2-CF]-$ | CF_3	250	-200 b. +205	S, E, P, Sintern	Aflon, Hostaflon FEP, Neoflon, Teflon
8	PFA	$-[CF_2-CF_2]-[CF_2-CF]-$ $R = C_nF_{2n}$ | $O-R$		PFA: -200 b. +260 TFB: -100 b. +130	S, E, Beschichtung	Aflon, Hostaflon FA u. TFB, Hyflon, Neoflon AP, Teflon PFA
9	AF	$-[CF_2-CF_2]-[CF-CF]-$ | | O O \ / C / \ CF_3 CF_3	300	-50 b. +260	S, E, Beschichten	Teflon AF
10	TFEHFPVDF (THV)	$-[CF_2-CF_2]-[CF_2-CF]-[CH_2-CF_2]-$ | CF_3		-50 b. +130	S, E, Beschichten	Hostaflon TFB, Viton, Fluorel, Tecnoflon, Dai-el

Tafel 4.24. Eigenschaftsvergleich der Fluorpolymere

Eigenschaft	Einheit	Fluorpolymere							
		PTFE	PCTFE	PVDF	FEP	PFA	E/TFE	E/TFE-GF 25	E/CTFE
Dichte	g/cm^3	2,13–2,23	2,07–2,12	1,76–1,78	2,12–2,18	2,12–2,17	1,67–1,75	1,86	1,68–1,70
Zug-E-Modul	MPa	400–750	1300–1500	2000–2900	400–700	600–700	800–1100	8200–8400	1400–1700
Streckspannung	MPa	–	–	50–60	ca. 10	ca. 50	25–35	–	ca. 50
Streckdehnung	%	–	–	7–10			15–20	–	
Nominelle Bruchdehnung	%	>50	>50	20–>50	>50	>50	>50	–	>50
Reißfestigkeit	MPa	20–40	30–40	–	15–25	20–35	40–50	–	40–50
Bruchspannung	MPa	–	–	–	–	–	–	80–85	–
Bruchdehnung	%	–	–	–	–	–	–	8–9	–
Schmelztemperatur	°C	325–335	210–215	170–180	255–285	305	265–270	270	240
Formbeständigkeitstemperatur HDT / A 1,8 MPa	°C	50–60	65–75	95–110	–	45–50	70	210	ca. 75
Längenausdehnungskoeffizient, längs (23–55 °C)	10^{-5}/K	15–20	6–7	10–13	8–12	10–12	7–10	2–3	7–8
Längenausdehnungskoeffizient, quer (23–55 °C)	10^{-5}/K	–	–	–	–	–	–	>3	–
Brennbarkeit UL 94 bei 1,6 mm Dicke	Klasse	V-0	V-0	V-0	V-0	V-0	V-0	V-0	V-0
Dielektrizitätszahl bei 100 Hz	–	2,1	2,5–2,7	8–9	2,1	2,1	2,6	2,8–3,4	2,3–2,6
Dielektrischer Verlustfaktor bei 100 Hz	$\cdot 10^{-4}$	0,5–0,7	90–140	300–400	0,5–0,7	0,5–0,7	5–6	30–50	10–15
Spezifischer Durchgangswiderstand	Ohm · m	$>10^{16}$	$>10^{16}$	$>10^{13}$	$>10^{16}$	$>10^{16}$	$>10^{14}$	$>10^{14}$	$>10^{13}$
Spezifischer Oberflächenwiderstand	Ohm	$>10^{16}$	$>10^{16}$	$>10^{13}$	$>10^{16}$	$>10^{16}$	$>10^{14}$	10^{15}	10^{12}
Elektrische Durchschlagfestigkeit	kV/mm	40	40	40	40	40	40	40	40
Vergleichszahl der Kriechwegbildung CTI/A		600	600	600	600	600	600	600	600
Aufnahme von Wasser bei 23 °C, Sättigung	%	<0,05	<0,05	<0,05	<0,05	<0,05	<0,05	<0,05	<0,05
Feuchteaufnahme bei 23 °C / 50 % r. F., Sättigung	%	<0,05	<0,05	<0,05	<0,05	<0,05	<0,05	<0,05	<0,05

Polytetrafluorethylen, PTFE

Verarbeitung

PTFE erleidet bei 19 °C eine Phasenumwandlung, verbunden mit einer 1,2 %igen Volumenvergrößerung, die bei der Bemaßung und der häufig erforderlichen spanabhebenden Bearbeitung von Formteilen – zweckmäßig bei 23 °C – berücksichtigt werden muß. Der Volumenzunahme von 30 % beim Erwärmen von 20 °C bis zum Kristallitschmelzbereich um 327 °C, in dem PTFE in eine klare gelartige Masse übergeht, führt zu entsprechender, verfahrensabhängig richtungsmäßig unterschiedlicher Schwindung beim Abkühlen vom Formstoff.

Aus PTFE-Suspensionspolymerisat-Pulver werden bei 20 bis 30 °C Vorformlinge gepreßt, die durch Sintern oberhalb 327 °C nach folgenden Verfahren verschmolzen werden:

a) Formfrei-Sintern: Mit 20 bis 100 MPa werden bei 20 bis 30 °C einfache Vorformlinge in automatischen Pressen, solche mit Hinterschneidungen oder Hohlräumen unter allseitigem Druck (isostatisch) mit flexiblen Formwerkzeugen gepreßt, anschließend nach einem vorgegebenem Temperaturprogramm in Öfen freistehend aufgeheizt, bei 370 bis 380 °C gesintert und langsam abgekühlt. Frei gesinterte Formteile ($d_R \sim 2{,}1$) sind nicht porenfrei.

b) Drucksintern oder Sintern mit Nachdruck: Sintern des (aus leitfähig modifiziertem PTFE elektrisch rasch aufheizbaren) Formstücks im Werkzeug unter Druck, bzw. nachträgliche Druckaufgabe auf das im Werkzeug drucklos gesinterte heiße Formstück und Abkühlung unter Druck, oder formgebendes Schlagpressen eines vorgesinterten Rohlings. Die Verfahren ergeben formtreue, porenfreie Erzeugnisse höchster Dichte und Festigkeit. Ein wenig unterhalb des Schmelzpunkts warmgeformte Teile haben Rückstellbestreben, das wird ausgenutzt für Lippendichtungen, die sich in der Wärme anlegen.

c) Ram-Extrusion (Pulverextrusion) von Stäben und dickwandigen Rohren: Im Anfangsteil des langen, zylinderförmigen Formwerkzeuges wird zufließende Formmasse durch einen hin und her gehenden Kolben diskontinuierlich zu Tabletten gepreßt, die im folgenden, auf 380 °C geheizten Werkzeugteil unter Gegendruck durch Wärmeausdehnung und Wandreibung zum kontinuierlich austretenden, wenn erforderlich, am Ende des Sinterrohrs zusätzlich abgebremsten Stab oder Rohr versintern.

d) Folien werden vom gesinterten Rundblock geschält, sie können durch Walzen vergütet werden.

Dünnwandige Erzeugnisse großer Länge, hauptsächlich Schläuche bis 250 mm Durchmesser mit Wanddicken von 0,1 bis 4 mm und Kabelummantelungen werden – im „Pasten"-Extrusionsverfahren – mit einem Kolbenextruder aus Emulsionspolymerisat hergestellt, das mit 18 bis 25 % Testbenzin zu einer knetbaren Masse angeteigt wird. Dem Extruder ist ein Durchlauf-Ofen nachgeschaltet, in dem zunächst das Gleitmittel verdampft und dann das Erzeugnis bei 380 °C gesintert wird. Gewindedichtbänder, die porös bleiben sollen, werden nach dem Extrudieren nicht gesintert, sondern nur gewalzt und getrocknet. Aus PTFE-Dispersionen werden dünne Folien gegossen, weiter dienen diese zum Imprägnieren von Glasfasererzeugnissen und Formteilen aus Graphit oder porösen Metallen, mit anschließendem Sintern oder Verpressen bei 380 °C. Aus Dispersionen auf metallische oder keramische Oberflächen, gegebenenfalls mit Haftvermittler, aufgebrachte, anschließend eingebrannte PTFE-Gleitschichten sind nicht porendicht und daher als Korrosionsschutzbeschichtung nicht brauchbar.

Durch Anätzen mit Lösungen von Alkalimetallen wird PTFE klebfähig, für Temperaturen bis 130 °C gibt es Spezialklebstoffe. Spanabhebendes Bearbeiten erfordert scharfe Werkzeuge.

Lieferform, Eigenschaften

PTFE ist der wichtigste Fluorkunststoff. Wegen der hohen Schmelzeviskosität (Schmelzpunkt >327 °C) ist er nicht nach den für Thermoplaste üblichen Verfahren verarbeitbar. Er wird als nach dem Suspensionspolymerisations-Verfahren hergestelltes Pulver zum Verpressen, Sintern oder für das Ram-Extrudieren geliefert. Emulsionspolymerisat-Pulver ist für die „Pasten“-Extrusion, als Dispersion für Beschichtungen und Imprägnierungen oder als Additiv in anderen Kunststoffen zur Verringerung der Gleitreibung gedacht.

PTFE ist ein wenig steifer und fester Kunststoff. Seine Vorteile liegen in dem weiten Temperatur-Anwendungsbereich (–270 bis 300 °C, PTFE versprödet erst unterhalb –260 °C), der universellen chemischen Beständigkeit, der Unlösbarkeit in allen bekannten Lösemitteln unterhalb 300 °C, der Bewitterungsbeständigkeit ohne Stabilisierung, der Brennbarkeits-Einstufung SE-O nach UL 94, in den hervorragenden elektrischen und dielektrischen Eigenschaften und dem besten Gleit- und Antihaftverhalten aller Kunststoffe. Das Verschleißverhalten ist weniger gut, kann aber ebenso wie die Steifigkeit und Festigkeit durch Modifikation (5 bis 40 Vol.-%) mit Graphit, E-Kohle, Bronze, Stahl, MoS_2 oder Glasfasern verbessert werden.

Einsatzgebiete

Statisch und dynamisch beanspruchte Dichtungen, Bälge, Kolben und andere Maschinenelemente, Schmelztiegel, Beschichtungen und Ummantelungen, Träger für gedruckte Schaltungen, Folien und andere Halbzeuge für die spanende Bearbeitung.

Polyvinylidenfluorid, PVDF

Verarbeitung

Die Massetemperaturen bei der Verarbeitung (Spritzguß und Extrusion) liegen zwischen 230 und 270 °C, die Werkzeugtemperaturen zwischen 60 und 90 °C. Die Temperaturen beim Beschichten mit modifiziertem PVDF durch Sprühen, Tauchen oder Gießen liegen zwischen 190 und 215 °C. Bei 180 °C kann warmgeformt werden. Die Schmelze von PVDF darf nicht mit borhaltigen Produkten (Schnecken, Zylinder, bestimmte Glasfasern) oder MoS_2 in Berührung kommen, da es dann zum spontanen Abbau der Schmelze kommen kann. Auch sollten nur vom Hersteller empfohlene Farbmittel, Füll- und Verstärkungsstoffe verwendet werden. Alle üblichen Schweißverfahren sind möglich, ebenso das Verkleben mit Kleblacken oder Zweikomponenten-Klebstoffen.

Flexiblere Modifikationen haben einen Schmelzbereich von ca. 165 °C.

Eigenschaften

PVDF enthält 57 % Fluor. Die Kristallinität hängt von der thermischen Vorbehandlung der Formteile ab: Schnelles Abkühlen dünner Folien führt zu transparenten Produkten, während ein Tempern bei 135 °C hochkristalline und steife Teile ergibt. Die polare Struktur schließt eine Verwendung in der Hochfrequenztechnik aus. Bei einem Außeneinsatz (Wellenlänge der Strahlung 200 bis 400 nm) findet ein allmählicher Abbau statt. PVDF ist UV-beständig und überragt alle anderen Fluorpolymere in der Beständigkeit gegen energiereiche Strahlen. Es erfüllt höchste Ansprüche an die Reinheit und wird deshalb z. B. für Reinstwasserrohrleitungen, Verpackungen von Chemikalien (gas- und aroma-undurchlässige Flaschen), im Apparatebau und in der Halbleiterfertigung eingesetzt.

Einsatzgebiete

Dichtungen, Membranen, Pumpen- und Ventilteile, Rohre, Schrumpfschläuche, Auskleidungen, Laminierungen für den Außeneinsatz, Verpackungsfolien.

Polyvinylfluorid, PVF

Eigenschaften

PVF wird nur als Folie (glasklar) und in Form von Tafeln geliefert. Schwach orientierte oder biaxial verstreckte Folien sind erhältlich. Im Vergleich zu PVDF hat PVF eine höhere Festigkeit und Steifigkeit, geringere Dichte, Dehnbarkeit und Dauergebrauchstemperatur. Wegen der guten UV-, IR-, Wetter- und Korrosionsbeständigkeit wird PVF im Außenbereich auch als Beschichtung für andere Werkstoffe eingesetzt. Die thermoplastische Verarbeitung erfolgt bei 260 bis 300 °C. Halbzeuge sind schweißbar und mit EP-Harzen klebbar.

Einsatzgebiete

Dachabdichtungen, Bedachungen, Sonnenkollektoren, Laminierungen für den Außeneinsatz, Straßenschilder, Verpackungsfolien, Schrumpfschläuche.

Polychlortrifluorethylen, PCTFE

Verarbeitung

PCTFE wird hauptsächlich durch Pressen, Spritzgießen und Extrudieren verarbeitet. Die Schmelzetemperaturen liegen zwischen 270 und 300 °C, die Werkzeugtemperaturen zwischen 80 und 130 °C. Metallteile können mit Hilfe von Dispersionen beschichtet werden. Da kupfer- und eisenhaltige Metalle den Abbau von PCTFE katalysieren, ist bei der Ummantelung von Drähten eine Vernickelung der Drähte vorzusehen. Hochfrequenz- und Ultraschallschweißungen sind möglich, beim Kleben ist eine Vorbehandlung erforderlich.

Eigenschaften

Da Chloratome größer sind als Fluoratome, wird die Symmetrie der Makromoleküle durch den Einbau von Cl-Atomen gestört, so daß die Kristallinität geringer und die Kettenabstände größer sind. Trotzdem sind infolge der höheren Polarität der Chloratome die Festigkeit und Steifigkeit größer, die Verwendung im Hochfrequenzbereich ist jedoch nur eingeschränkt möglich. Die chemische Beständigkeit ist jedoch geringer als die Beständigkeit von PTFE. PCTFE hat die geringste Wasserdampfdurchlässigkeit aller transparenten Folien, ist witterungsstabil, spaltet jedoch bei Bestrahlung mit energiereichen Strahlen Chlor ab, brennt nicht, ist physiologisch inert, wird im medizinischen Sektor eingesetzt und kann in Kontakt mit Lebensmitteln verwendet werden.

Einsatzgebiete

Fittinge, Schläuche, Membranen, Schmelztiegel, gedruckte Schaltungen, Spulenkerne, Isolationsfolien, Verpackungen.

4.3.2 Fluor-Copolymerisate und -Elastomere; ECTFE, ETFE, FEP, PFA, AF, TFEHFPVDF (THV), [FKM, FPM, FFKM]

Zahlreiche Copolymerisate mit modifizierten Eigenschaften, insbesondere verbesserter thermoplastischer Verarbeitbarkeit, werden angeboten, s. Tafel 4.23. Dort sind auch Handelsnamen aufgeführt. Einen Eigenschaftsvergleich bringt Tafel 4.24.

Ethylen-Chlortrifluorethylen-Copolymer, ECTFE

Dieses Block-Copolymere gehört zu den fluorhaltigen Polymeren mit dem höchsten E-Modul und höchster Festigkeit bei hoher Schlagzähigkeit. Es wird in Form von Granulat und Pulver für den Spritzguß, die Extrusion, das Rotationsformen und Wirbelsinten und für geschäumte Kabelisolierungen geliefert. Die Schmelzetemperatur bei der Verarbeitung liegt zwischen 260 und 300 °C. Schweißen und Kleben ist möglich.

Einsatzgebiete

Kabelummantelungen in den Bereichen Rechner, Flugzeugbau, Ölbohrung, Strahlenchemie, Auskleidungen für Behälter und sonstige Formteile der chemischen Industrie, Verpackungen für Pharmazeutika, flexible gedruckte Schaltungen, Folien zum Laminieren, Fasern für Filtertücher und feuerbeständige Polster.

Ethylen-Tetrafluorethylen-Copolymer, ETFE

Durch einen Anteil von ca. 25 % Ethylen im PTFE wird die thermoplastische Verarbeitbarkeit wesentlich erleichtert: Massetemperatur 300 bis 340 °C beim wichtigsten Verarbeitungsverfahren Spritzgießen. Allerdings wird die max. Gebrauchstemperatur um ca. 100 K gesenkt. Die Steifigkeit und Festigkeit sind erhöht, die Beständigkeiten vergleichbar. Eine Stabilisierung gegen thermischen und photochemischen Abbau ist erforderlich. Eine Glasfaserverstärkung bewirkt eine deutliche Erhöhung der Steifigkeit und Festigkeit.

Einsatzgebiete

Zahnräder, Pumpenteile, Verpackungen, Laborartikel, Auskleidungen, Kabelisolationen, geblasene Folien für transparente und sehr dauerhafte Bedachungen.

Polyfluorethylenpropylen, FEP

Verarbeitung

Bei der thermoplastischen Verarbeitung durch das Spritzgießen oder Extrudieren müssen hohe Temperaturen angewendet werden: Massetemperaturen von 315 bis 360 °C und Werkzeugtemperaturen von 200 bis 230 °C. Extrusionsblasen ist möglich. Die Zylinder der Verarbeitungsmaschinen müssen aus eisenfreien Legierungen wie Hastelloy, Xaloy, Reiloy oder Monel sein. FEP neigt zum Schmelzebruch. Die Kristallinität kann durch Tempern bei 210 °C von 40 % bis auf 67 % gesteigert werden. FEP-Pulver wird zum Wirbelsintern verwendet.

Eigenschaften

Zum Erreichen einer thermoplastischen Verarbeitbarkeit wird PTFE mit 50 bis 90 % Hexafluorpropylen copolymerisiert. Im Vergleich zu reinem PTFE besitzt FEP eine geringere Schmelzeviskosität, höhere Schlagzähigkeit, geringere Festigkeit und Steifigkeit, niedrigere Dauergebrauchstemperatur, aber eine vergleichbare chemische und Witterungsbeständigkeit, Brennbarkeit und vergleichbare elektrische Eigenschaften.

Graphit und gemahlene Glasfasern sind die wesentlichen Verstärkungsstoffe zur Erhöhung der Steifigkeit und Verschleißfestigkeit. Der Füllstoffgehalt wird durch die relativ hohe Schmelzeviskosität nach oben begrenzt.

Einsatzgebiete:

Kabelisolierungen und Beschichtungen, Auskleidungen von Behältern, flexible gedruckte Schaltungen, Spritzgußteile für die Elektro-, Elektronik- und chemische Industrie, Verpackungsfolien, Imprägnierungen, Heißklebstoffe.

Perfluoralkoxy, PFA

PFA ist ein Copolymerisat von Tetrafluorethylen (TFE) mit Perfluorvinylethern.

PFA erreicht die Dauergebrauchstemperatur von PTFE, ist aber thermoplastisch verarbeitbar, da die Schmelzevikosität geringer ist. Auch die sonstigen Eigenschaften sind denen von PTFE vergleichbar. Die Massetemperatur bei der Verarbeitung muß bei 330 bis 425 °C liegen, die Werkzeugtemperaturen zwischen 90 und 200 °C. Alle schmelzeführenden Teile müssen korrosionsbeständig sein, die Werkzeuge hartverchromt oder aus einer Nickellegierung.

Auskleidungen, technische Artikel, Kabelisolation, Heißklebstoff für Einsatztemperaturen von −200 bis 260 °C, Kaminauskleidung bei Brennwert-Heizsystemen. Hostaflon TFB ist ein bei 160 bis 185 °C leichtfließendes Terpolymer, das für Beschichtungen und als Klebfilm verwendet wird.

PTFE-Copolymer mit AF, PTFEAF

Es handelt sich um ein Copolymerisat mit 2,2 Bis(trifluormethyl)-4,5-Difluor-1,3-Dioxolan.

Die bisher beschriebenen fluorhaltigen Polymere sind alle teilkristallin und deswegen opak bis transluzent und unlöslich. Dieses Copolymerisat ist dagegen amorph, transparent und löslich, so daß Substrate leicht damit beschichtet werden können (Antihaftbeschichtung). Es ist steif und kriechfest, die Schmelze besitzt gute Fließeigenschaften und die geringste Dielektrizitätskonstante im GHz-Bereich aller Kunststoffe.

Einsatzgebiete

Korrosions- und Antihaftbeschichtungen, Lichtleiter, Teile für die Elektro- und Elektronikindustrie.

Tetrafluorethylen-Hexafluorpropylen-Vinylidenfluorid-Copolymer, TFEHFPVDF; (THV)

Dieses Terpolymer schmilzt bei 160 bis 185 °C, hat eine geringe Festigkeit, einen sehr niedrigen E-Modul und eine sehr hohe Reißdehnung auch noch bei tiefen Temperaturen. Im sichtbaren Bereich liegt die Transparenz bei 97 %. Die chemische Beständigkeit gleicht derjenigen von

PVDF, die Flammbeständigkeit ist besser, die Bewitterungsbeständigkeit soll 10 bis 15 Jahre betragen. Es ist thermoplastisch verarbeitbar, mit Wärme und Hochfrequenz schweißbar.

Einsatzgebiete

Beschichtung von Geweben (auch mit Dispersionen), Lichtleitern, Solarzellen; flexible Rohre für den medizinischen Sektor und die Chemie, Kabelisolation.

Fluorkautschuk; FKM, EPM, FFKM

Siehe Abschnitte 7.1.4.7 bis 7.1.4.9

4.4 Polyacryl- und Methacrylpolymere, Polyacrylsäureester, PAE

Zu den Acrylatpolymerisaten gehören alle Polymere auf der Basis von Acrylsäure und Methacrylsäure, s. Tafel 4.5, S. 391, Nr. 11 bis 16.

Sie zeichnen sich durch besonders gute Transparenz und Witterungsbeständigkeit aus.

4.4.1 Polyacrylate, Homo- und Copolymerisate; PAN, PMA, PBA, ANBA, ANMA

Polyacrylnitril; PAN

PAN entsteht durch Polymerisation des Acrylnitrils, Grundstruktur s. Tafel 4.5, S. 392, Nr. 26. Haupteinsatzgebiet ist die Herstellung von Fasern, s. Abschn. 6.7, S. 716, und der Einsatz als Copolymer mit Styrol (ABS, SAN) und Butadien (NBR: Nitrilkautschuk), s.Abschn 4.2.2. PAN weist gute Sperrwirkung gegen die meisten Gase auf. Da reines PAN aber kaum thermoplastisch verarbeitbar ist, werden als Sperrschichten bei Verpackungsfolien Acrylnitril-Copolymere eingesetzt.

Polyacrylate, Spezialprodukte, (Handelsnamen in Klammern)

Homopolymere Acrylsäureester (PAA), s. Tafel 4.5, S. 391, Nr. 11, sind weiche Harze, deren Bedeutung wegen ihrer guten Beständigkeit gegen Licht, oxidative Einflüsse und Wärme und ihrer elastifizierenden Wirkung in der Co- und Terpolymerisation mit PS, PVC, VA, MA, AN und Acrylsäure liegt. Diese werden als Festharze oder Lösungen, hauptsächlich aber als Dispersionen geliefert (Acronal, Acrysol, Plexigum, Plexisol). *Oxalidin-modifizierte Acryllack-Harze* sind mit Isocyanaten vernetzbar. *Elastoplastische Copolymerisate* sind Grundstoffe für Fugendichtungsmassen, solche mit >20% Acrylsäure sind wasserlöslich. *Polyhydroxyethyl-methacrylat* wird mit ca. 40% Wasser gesättigt für Kontaktlinsen und zur Beschichtung (z.B. von Brillen) und Umhüllungen mit kontrollierten Wasser-Aufnahmen und -Durchlässigkeiten in der Medizin und Technik, eingesetzt. Im Verdauungstrakt *lösliche Acrylharze* braucht man zur Umhüllung von Medikamenten. Durch Einpolymerisieren untereinander oder mit Zweitkomponenten *vernetzbarer* Komponenten stellt man heiß- oder strahlenhärtbare Lackharze her (z.B. Degalan, Larodur, Macrynal, Plex, Synthacryl). Hart eingestellte *Methacrylat-Copolymerisate* verwendet man als Schlußstrich für Kunstleder und andere treibstoffbeständige Lackierungen. *MMA-VC-Copolymere* (z.B. Paraloid) sind Elastifikatoren für PVC. Ungesättigte aliphatische Polyurethan-Acrylatharze (Crestomer) sind mit H_2O_2 vernetzbare, zähe, flexible GFK-Laminierharze.

4.4.2 Polymethacrylate, Homo- und Copolymerisate; PMMA, AMMA, MABS, MBS

Polymethylmethacrylat, PMMA

Chemischer Aufbau

PMMA ist der bekannteste Acrylattyp. Aus Methacrylsäure entsteht durch eine Block-, Emulsions- oder Suspensions-Polymerisation ein Thermoplast mit hoher Molmasse, Grundstruktur s. Tafel 4.5, S. 391, Nr. 17. Die Blockpolymerisation zwischen Glasplatten oder in Formen führt zu Halbzeugen wie Platten, Vollprofilen oder Rohren mit hoher Festigkeit, hohem Elastizitätsmodul und gutem Oberflächenfinish. Als Polymerisations-Initiatoren für die Warmhärtung dienen u.a. Peroxide, für die Kalthärtung werden dieselben Peroxide mit Zusätzen von Aminaktivatoren oder anderen Redox-Polymerisations-Startsystemen eingesetzt. Bei Mitverwendung mehrfunktioneller Komponenten entstehen teilvernetzte Kunststoffe. Die Molmasse ist in der Regel so hoch, daß nur eine Weiterverarbeitung durch Warmformen, Kleben oder eine spanende Bearbeitung in Frage kommt.

Zur Herstellung von Spritzgußmassen werden Blöcke in flachen Beuteln polymerisiert und anschließend vermahlen. Gleichförmiges Granulat wird durch eine Extrusion mit anschließender Granulierung erzeugt.

Verarbeitung

PMMA-Formmassen können im Spritzguß oder durch Extrusion verarbeitet werden: Massetemperaturen 200 bis 230 °C, Werkzeugtemperaturen 50 bis 70 °C. Vortrocknen der Formmasse oder Verwendung von Entgasungsschnecken ist erforderlich. Beim Bedrucken oder Lackieren ist wegen der Gefahr der Spannungsrißbildung auf Freiheit von Eigenspannungen und eine richtige Auswahl der Farben zu achten. PMMA kann mit und ohne Vorbehandlung metallisiert werden. Schweißen mit Heißluft, Hochfrequenz und Ultraschall und Kleben, z.B. mit Ein- oder Zweikomponenten-Methylmethacrylat-Klebstoffen oder mit Kleblacken aus

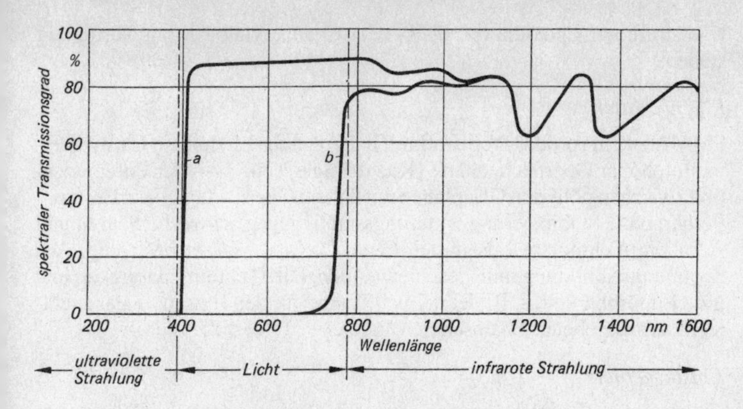

Bild 4.7 Spektraler Transmissionsgrad von glasklarem (a) und IR-durchlässig schwarz eingefärbtem (b) PMMA (Probendicke 3 mm)
(Quelle: Röhm GmbH, Darmstadt)

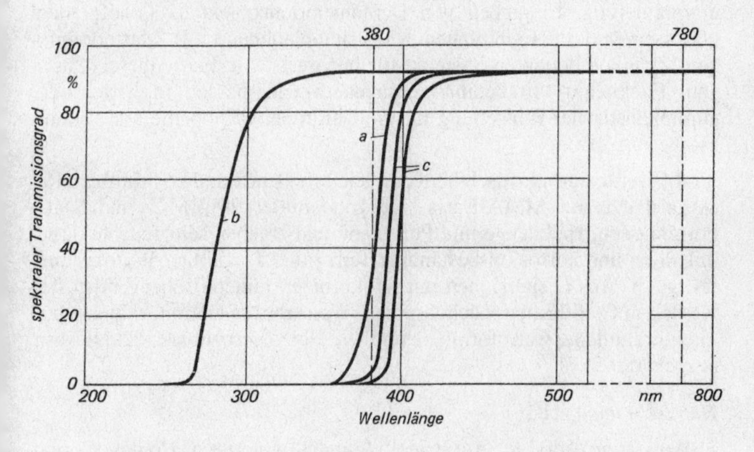

Bild 4.8 Spektraler Transmissionsgrad von glasklaren (a), glasklaren, UV-durchlässigen (b) und zwei glasklaren, UV-absorbierenden (c) PMMA-Typen. (Probedicke: 1 mm)
(Quelle: Röhm GmbH, Darmstadt)

Methylenchlorid oder chlorierten Kohlenwasserstoffen ist möglich. Die lösemittelhaltigen Kleblacke sollten aufgrund der Umweltbelastung aber nicht mehr verwendet werden, zumal dem Kunststoff angepaßte

Klebstoffe auf Epoxidharz-, PUR- oder Cyanacrylatbasis zur Verfügung stehen.

Eigenschaften

PMMA ist ein spröder Werkstoff mit hoher Festigkeit, hohem Elastizitätsmodul, hoher Oberflächenhärte (Kratzfestigkeit) und bei der Polymerisation zwischen polierten Glasplatten mit hohem Oberflächenglanz. Es ist polierbar, ohne Stabilisierung witterungsstabil, gegen schwache Säuren und Alkalien, nichtpolare Lösemittel, Fette, Öle und Wasser beständig. Auf Spannungsrißbildung muß geachtet werden. Die Lichtdurchlässigkeit und gute Einfärbbarkeit, s. Bilder 4.7 u. 4.8, sind für den Einsatz in der Lichttechnik maßgebend. Eigenschaftsvergleich s. Tafel 4.25.

Einsatzgebiete

Formmassen: Rohrleitungselemente, Sanitäreinrichtungen; Gläser, Linsen, Gehäuse, Abdeckungen, Sichtscheiben, Lichtleiter in der Lichttechnik; Solartechnik, Cockpit- und Stadionverscheibungen, Lichtkuppeln, Filter für definierte Wellenlängen, Schmuckindustrie, optische Speicher.

Gießharze: spaltfüllende Acrylglas-Klebstoffe, Mehrschichtenglas, Holzimprägnierung, Eingießen von Demonstrationsobjekten, Knopfplatten, glasfaserverstärkte Lichtplatten, Kunststeinplatten mit z. B. Marmoreinlagen. Zweikomponenten-Systeme für hochresistente Estrichbeschichtungen, Flickbeton, Straßenmarkierungen, Spezialmassen in harter oder gummielastischer Einstellung für die Chirurgie, Orthopädie und Dental-Prothetik.

Modifizierte, duroplastisch härtbare, leichtfließende und hochfüllbare Reaktionsharze auf MMA-Basis sind Bindemittel für BMC- und SMC-Formmassen, Halbzeuge und Pultrusion und ergeben sehr feuchte-, chemikalien- und korrosionsbeständige Teile mit z.T. erhöhter Wärmestandfestigkeit. Aus Dispersionen mit feinkörnigen mineralischen Füllstoffen werden in Gießformen Küchenspülen, Wasserbecken, Sanitärobjekte und marmorähnliche, warmformbare und wie Holz bearbeitbare Platten warm ausgehärtet.

Handelsnamen z. B.

Formmassen: Acrylite, Acrypanel, Altuglas, Asterite, Casoglas, Corian, Deglas, Lucite, Lucryl, Oroglas, Paraglas, Perspex, Plexiglas, Vestiform.

Gießharze: Corian, Degadur, Plexilith, Plexidon.

Härtbare Gießharze: Acpol, Asterite, Avron, Corian, Modar, Silacron.

Acrylnitril-Methylmethacrylat-Copolymerisate, AMMA

Copolymerisate und Blends mit Methylmethacrylat dienen zur Erhöhung der Wärmestandfestigkeit, Schlagzähigkeit und Spannungsrißbeständigkeit gegen Alkohole.

Grundstruktur s. Tafel 4.5, S. 391 ff., Nr. 17 und 26.

Verarbeitung

Die hohe Viskosität der Schmelze und der weite Erweichungsbereich prädestinieren AMMA für das Blasformen und Tiefziehen. Zum Spritzgießen bei Massetemperaturen nicht über 230 °C muß das Granulat vorgetrocknet werden.

Eigenschaften

Die Lösemittel-Beständigkeit und Wärmestandfestigkeit und bei einem AN-Anteil von mehr als 50 auch die Schlagzähigkeit werden erhöht. Da AN beim Erhitzen zur Ausbildung von Ringstrukturen neigt, ist AMMA etwas gelbstichig. Eine Lichtstabilisierung ist erforderlich. Eine in-situ-Copolymerisation führt zu gegossenen Platten. Durch eine biaxiale Verstreckung bis zu 70 % werden die Schlagzähigkeit, Berst- und Einreißfestigkeit erhöht, so daß sie speziell für Verglasungen mit hoher Beanspruchung wie in Sportstadien zum Einsatz kommen können.

Die geringe Gasdurchlässigkeit von Polyacrylnitril bestimmt das Verhalten der als „Barriere"-Kunststoff bezeichneten, etwa 70 % Nitril enthaltenden (Pfropf-)Copolymerisate mit Methacrylat oder Styrol, z.T. noch mit butadienhaltigen, elastifizierenden Komponenten. Die Permeabilität nimmt mit zunehmender biaxialer Verstreckung noch ab, die Bruchfestigkeit und Schlagzähigkeit zu.

AMMA ist gegen mäßig konzentrierte Säuren und Laugen und die meisten Lösemittel beständig. Methanol und Ketone quellen es an, Dimethylformamid und Acetonitril sind Lösemittel.

Eigenschaftsvergleich s. Tafel 4.25

Einsatzgebiete

Verpackungen für flüssige und feste Lebensmittel wie Gewürze, Vitaminpräparate, Suppenpulver und Fleischprodukte und für PKW-Pflegemittel und Kosmetika. Getränke dürfen nicht mit nitrilhaltigen Kunststoffen in Kontakt kommen, so daß Mehrschicht-Verpackungen eingesetzt werden.

Handelsnamen z. B.: Barex

Methylmethacrylat-(Acrylnitril)Butadien-Styrol-Copolymere, M(A)BS

Grundstruktur s. Tafel 4.5, S. 390 ff., Nr. 17, (26), 35, 5.

Sie sind auch bei tiefen Temperaturen schlagzäh, klar und lichtdurchlässig. Wegen der Butadienkomponente sind sie nicht witterungsbeständig,

Tafel 4.25. Eigenschaftsvergleich der Methylmethacrylat-Polymerisate

Eigenschaft	Einheit	Methylmethacrylat-Polymerisate						
		PMMA Formmassen	PMMA Halbzeuge hochmol.	PMMA-HI elastmod.	MBS	MABS	AMMA Halbzeug	PMMI
Dichte	g/cm^3	1,17–1,19	1,18–1,19	1,12–1,17	1,05–1,16	1,07–1,09	1,17	1,22
Zug-E-Modul	MPa	3100–3300	3300	600–2400	2000–2800	2000–2200	4500–4800	4000
Streckspannung	MPa	–	–	20–60	30–55	40–50	90–100	–
Streckdehnung	%	–	–	4,5–5	3–6	3–5,5	10	–
Nominelle Bruchdehnung	%	–	–	20–>50	25–30	20–30	40–>50	–
Spannung bei 50 % Dehnung	MPa	–	–	–	–	–	–	–
Bruchspannung	MPa	60–75	70–80	–	–	–	–	90
Bruchdehnung	%	2–6	4,5–5,5	–	–	–	–	3
Schmelztemperatur	°C	–	–	–	–	–	–	–
Formbeständigkeitstemperatur HDT / A 1,8 MPa	°C	75–105	90–105	65–95	85	90	75	1,60
Längenausdehnungskoeffizient, längs (23–55 °C)	10^{-5}/K	7–8	7	8–11	9	9	6,5–7	4,5
Längenausdehnungskoeffizient, quer (23–55 °C)	10^{-5}/K	–	–	–	–	–	–	–
Brennbarkeit UL 94 bei 1,6 mm Dicke	Klasse	HB	HB	HB	HB	HB	HB	HB
Dielektrizitätszahl bei 100 Hz	–	3,5–3,8	3,5–3,8	3,6–4,0	3,0–3,2	2,9–3,2	4,5	–
Dielektrischer Verlustfaktor bei 100 Hz	$\cdot 10^{-4}$	500–600	600	400–600	270–290	160–200	600	–
Spezifischer Durchgangswiderstand	Ohm · m	$>10^{13}$	$>10^{13}$	$>10^{13}$	$>10^{13}$	$>10^{13}$	$>10^{13}$	–
Spezifischer Oberflächenwiderstand	Ohm	$>10^{13}$	$>10^{13}$	$>10^{13}$	$>10^{13}$	$>10^{13}$	$>10^{13}$	–
Elektrische Durchschlagfestigkeit	kV/mm	30	ca. 30	30	25–30	35–40	ca. 30	–
Vergleichszahl der Kriechwegbildung CTI/A		600	600	600	600	600	600	–
Aufnahme von Wasser bei 23 °C, Sättigung	%	1,7–2,0	1,7–2,0	1,9–2,0	0,4–0,6	0,7–1,0	2–2,25	5
Feuchteaufnahme bei 23 °C / 50 % r. F., Sättigung	%	0,6	0,6	0,5–0,6	0,2–0,3	0,35	0,7–0,8	2,5

jedoch beständig gegen Öle, Fette, Treibstoffe und für eine Gammastrahlen-Sterilisation geeignet.

Verarbeitung: Spritzguß, Extrusion, Blasformen. Heißsiegeln, Kleben, Ultraschall-, Heizspiegel- und Reibschweißen.

Eigenschaftsvergleich s.Tafel 4.25

Einsatzgebiete: Flaschen für kosmetische Produkte, Sprüh- und Reinigungsmittel; technische Hohlkörper; medizinische Einweggeräte, Armaturen und Verpackungsteile.

Handelsnamen z. B.: Cyrolite.

4.4.3 Polymethacrylate, Modifizierungen und Blends; PMMI, PMMA-HI, MMA-EML-Copol., PMMA+ABS

Polymethacrylmethylimid, PMMI

PMMI ist formal ein Copolymer aus Methylmethacrylat (MMA) und Glutaramid, wird jedoch durch die Umsetzung von PMMA mit Methylamin (MA) bei hoher Temperatur unter hohem Druck hergestellt, s. F 7.

$$\text{PMMA} \xrightarrow[-\,2\,CH_3OH]{+\,CH_3NH_2} \text{PMMI} \qquad \text{(F 7)}$$

PMMA Imidierung PMMI

Es ist wie PMMA glasklar farblos, hat eine hohe Lichtdurchlässigkeit und keine Trübung. Der Ringschluß ergibt eine höhere Kettensteifigkeit und damit auch höhere Wärmeformbeständigkeit. Je nach Imidisierungsgrad können alle Eigenschafts-Zwischenwerte im Vergleich zum PMMA erreicht werden. PMMI hat eine geringe Sauerstoffdurchlässigkeit und ist weniger spannungsrißempfindlich gegenüber Ethanol, Ethanol/Wasser- und Isooctan/Toluol-Gemischen. Die Eigenschaften sind vom Imidgehalt abhängig, s. Bild 4.9.

Die Verarbeitung im Spritzguß erfolgt nach Vortrocknung des Granulats bei 140 °C bei Massetemperaturen von 200 bis 310 °C und Werkzeugtemperaturen von 120 bis 150 °C.

Eigenschaftsvergleich s. Tafel 4.25

Einsatzgebiete:

Scheinwerfer-Streulichtscheiben für Kfz, Straßenleuchten-Abdeckungen,

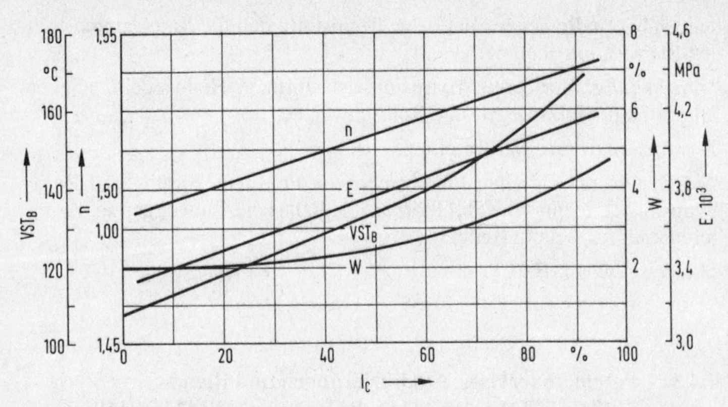

Bild 4.9. Abhängigkeit der Eigenschaften wie Vicaterweichungstemperatur (VSTa), Elastizitätsmodul (E), Brechzahl (n) und Wasseraufnahme (W) vom Imidgehalt.

Lichtleiter, als Blendkomponente und als faserverstärkter Konstruktionswerkstoff. PMMI-Schaum s. Abschn. 4.12.2.

Handelsnamen z. B.: Pleximid, Kamax, PMI-Resin.

Schlagzähe PMMA, PMMA-HI

Schlagzähe Formmassen werden durch die Suspensions- oder Emulsionspolymerisation zweiphasig hergestellt. In der PMMA-Matrix bilden z. B. mit Styrol modifizierte Acrylat-Elastomere (≤30 %, im Brechungsindex angeglichen) die zähmachende disperse Phase. Durch diesen Aufbau sind Formstoffe aus den uneingeschränkt mit PMMA mischbaren schlagzähen Massen in gleicher Weise witterungsstabil und glasklar wie reines PMMA. Ihre Spannungsrißempfindlichkeit ist geringer, ihre Heißwasser-Beständigkeit besser.

Die *Verarbeitung* erfolgt nach Vortrocknung oder mit Entgasungsschnecken im Spritzguß und durch Extrusion bei Massetemperaturen von 210 bis 230 °C und Werkzeugtemperaturen von 60 bis 80 °C .

Eigenschaftsvergleich s. Tafel 4.25

Einsatzgebiete

Witterungsschutzschicht bei Bauprofilen wie z. B. PVC-Fensterprofile, Haushalts-, Zeichen- und Schreibgeräte; Sanitärteile, Leuchtenabdeckungen.

Handelsnamen z. B.: Diakon, Lucryl, Oroglas, Plexiglas.

Methylmethacrylat-exo-Methylenlacton- Copolymerisat; MMA-EML-Copol.

Gegenüber PMMA weist ein Copolymerisat von Methylmethacrylat mit exo-Methylenlactonen, z.B. mit Methylen-Methyl-Butyrolacton, s.F. 8 verbesserte Eigenschaften auf: Bei einem EML-Gehalt von 15 bis 40 % betragen die Glastemperaturen 140 bis 180°C, die Zugfestigkeit 82 bis 46Mpa, der E-Modul 3600 bis 4000Mpa, die Reißdehnung 4,7 bis 1,2% und die Wasseraufnahme 2,5 bis 4,3%. Der Brechungsindex ist mit 1,54 höher als beim PMMA (1,49). Die Massetemperatur bei der Verarbeitung liegt zwischen 230 und 280°C.

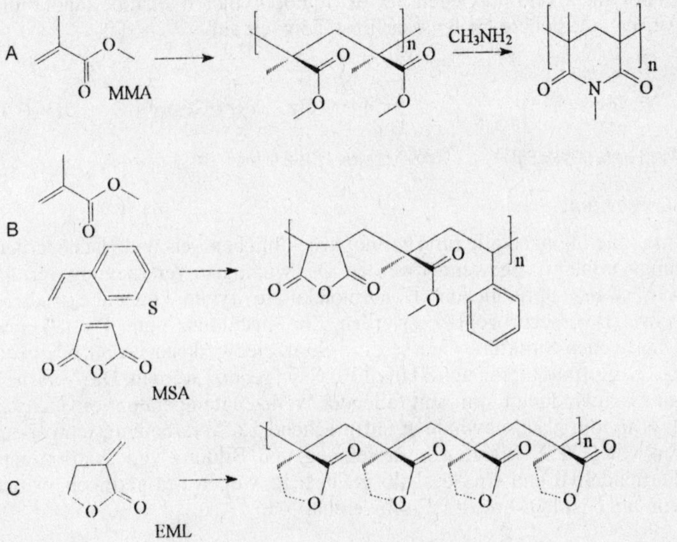

(F 8)

Die hohe Härte, optische Brillanz, Witterungs- und UV-Beständigkeit und Lackierbarkeit lassen den Einsatz bei Kfz Frontscheinwerfern (Streuscheiben und Reflektoren) möglich erscheinen. Weiterer Einsatz: Lichtwellenleiter.

PMMA+ABS

Ein Blend dieser Art findet für Kfz-Teile (Gehäuse, Reflektoren) sowie im Apparatebau und der Elektroindustrie Anwendung. Das Material ist metallisierbar, zeigt gutes Schweißverhalten und besitzt eine bessere Witterungsbeständigkeit und Steifigkeit als ABS.

Handelsname: Plexalloy

4.5 Polyoxymethylen (Polyacetalharz, Polyformaldehyd); POM

4.5.1 Polyoxymethylen-Homo- und Copolymerisate; POM-H, POM-R

Chemischer Aufbau

POM (Polyoxymethylen, Polyformaldehyd, Polyacetale) sind teilkristalline Thermoplaste, die durch Homo- (POM-H) oder Copolymerisation (POM-R) von Formaldehyd entstehen, s. F 9.

Copolymere sind im Gegensatz zu Homopolymeren alkalibeständig und weisen eine höhere Heißwasser-Beständigkeit auf.

$$\left[CH_2 - O \right] \qquad \left[(CH_2 - O)_n - (CH_2 - CH_2)_m \right] \qquad (F\ 9)$$

Acetal-Homopolymer, POM-H   Acetal-Copolymer, POM-R (n und m statistisch verteilt)

Verarbeitung

Prinzipiell können alle für Thermoplaste üblichen Ver- und Nachbearbeitungsverfahren angewendet werden. Das wichtigste Verarbeitungsverfahren ist das Spritzgießen. Höhermolekulare Typen können extrudiert, schwach vernetzte geblasen werden. Zur Ausbildung guter Kristall- und Oberflächen-Strukturen müssen die Spritzgießwerkzeuge und Glättwalzen beim Extrudieren auf 60 bis 130 °C aufgeheizt werden. Die Verarbeitungsschwindung nimmt mit fallender Werkzeugtemperatur von 3 auf ca. 1 % ab, die Nachschwindung entsprechend zu. Verarbeitungstemperaturen von 220 °C führen zur Zersetzung und Bildung von gasförmigem Formaldehyd und sind deshalb gefährlich. Wegen des geringen Wertes von tan δ ist POM nicht HF-schweißbar.

Eigenschaften

Unverstärktes POM zählt zu den steifsten und festesten thermoplastischen Kunststoffen und besitzt eine sehr gute Dimensionsstabilität. Es versprödet erst unterhalb –40 °C und ist kurzzeitig bis ca. 150 °C und langzeitig bis ca. 110 °C einsetzbar. Hohe Oberflächenhärte und niedrige Reibwerte sind die Gründe für das gute Gleit- und Verschleißverhalten. Die guten Isolationswerte und dielektrischen Eigenschaften sind wenig temperatur- und frequenzabhängig. Die Durchlässigkeit für Gase und Dämpfe, auch von organischen Stoffen, ist gering. Von starken Säuren (pH 4) und Oxidationsmitteln werden beide Arten angegriffen. Sie sind in allen gebräuchlichen organischen Lösemitteln, auch in Treibstoffen und Mineralölen, nicht löslich und kaum quellbar. Nicht stabilisierte Typen werden durch UV-Strahlung angegriffen, daher sind UV-stabilisierte oder rußgefüllte Typen zu verwenden. Folien aus POM sind transluzent. POM brennt

Tafel 4.26. Eigenschaftsvergleich der Polyacetale

Eigenschaft	Einheit	Polyacetale				
		POM-H	POM-H-HI schlagzäh. mod.	POM-R	POM-R-HI elastmod.	POM-R-GF30
Dichte	g/cm^3	1,40–1,42	1,34–1,39	1,39–1,41	1,27–1,39	1,59–1,61
Zug-E-Modul	MPa	3000–3200	1400–2500	2800–3200	1000–2200	9000–1000
Streckspannung	MPa	60–75	35–55	65–73	20–55	–
Streckdehnung	%	8–25	20–25	8–12	8–15	–
Nominelle Bruchdehnung	%	20–>50	>50	15–40	>50	–
Spannung bei 50 % Dehnung	MPa	–	–	–	–	–
Bruchspannung	MPa	–	–	–	–	125–130
Bruchdehnung	%	–	–	–	–	3
Schmelztemperatur	°C	175	175	164–172	164–172	164–172
Formbeständigkeitstemperatur HDT / A 1,8 MPa	°C	105–115	65–85	95–110	60–85	155–160
Längenausdehnungskoeffizient, längs (23–55 °C)	10^{-5}/K	11–12	12–13	10–11	13–14	3–4
Längenausdehnungskoeffizient, quer (23–55 °C)	10^{-5}/K	–	–	–	–	6
Brennbarkeit UL 94 bei 1,6 mm Dicke	Klasse	HB	HB	HB	HB	HB
Dielektrizitätszahl bei 100 Hz	–	3,5–3,8	3,8–4,7	3,6–4	3,7–4,5	4,0–4,8
Dielektrischer Verlustfaktor bei 100 Hz	$\cdot 10^{-4}$	30–50	70–160	30–50	50–200	40–100
Spezifischer Durchgangswiderstand	Ohm · m	$>10^{13}$	10^{12}–10^{13}	$>10^{13}$	$>10^{11}$	$>10^{13}$
Spezifischer Oberflächenwiderstand	Ohm	$>10^{14}$	$>10^{14}$	$>10^{13}$	10^{11}–10^{12}	$>10^{13}$
Elektrische Durchschlagfestigkeit	kV/mm	25–35	30–40	35	30–35	40
Vergleichszahl der Kriechwegbildung CTI/A		600	600	600	600	600
Aufnahme von Wasser bei 23 °C, Sättigung	%	0,9–1,4	1,6–2,0	0,7–0,8	0,8–1	0,8–0,9
Feuchteaufnahme bei 23 °C / 50 % r. F., Sättigung	%	0,2–0,3	0,9	0,2–0,3	0,2–0,3	0,15

mit schwach bläulicher Flamme und tropft ab. Es ist physiologisch einwandfrei, für den Gebrauch mit Lebensmitteln stehen Typen zur Verfügung.

Eigenschaftsvergleich s. Tafel 4.26

Einsatzgebiete

Ersatz besonders für Präzisionsteile der Feinwerktechnik aus Metallen wie Zahnräder, Hebel, Lager, Schrauben, Spulen; Teile für Textilmaschinen, Rohrleitungsfittinge, heißwasser- und kraftstoffführende Pumpenteile; im „Outsert"-Spritzguß werden Platinen mit bis zu 120 POM-Funktionselementen gespritzt; POM-PUR-Kombinationen werden für schlagbeanspruchte Kettenräder, Gehäuseteile, Filmscharniere, Skibindungen und Reißverschlüsse eingesetzt.

Handelsnamen

POM-H: z.B. Delrin, Tenac

POM-R: z.B. Celcon, Duracon, Hostaform, Kematal, Kepital, Tarnoform, Tenac, Ultraform

4.5.2 Polyoxymethylen, Modifizierungen und Blends; POM+PUR

Zur Erhöhung der Steifigkeit und Festigkeit werden 10 bis 40% Glasfasern, Glaskugeln oder mineralische Füllstoffe (richtungsunabhängige Verstärkung) eingearbeitet. Zur Erhöhung der Zähigkeit bei gleichzeitiger Verringerung der Festigkeit und Steifigkeit werden Blends mit bis zu 50% PUR-Elastomeren hergestellt, s. Bild 4.10, und speziell leichtfließende Typen für dünnwandige Teile. Das Reib- und Trockengleitverhalten wird

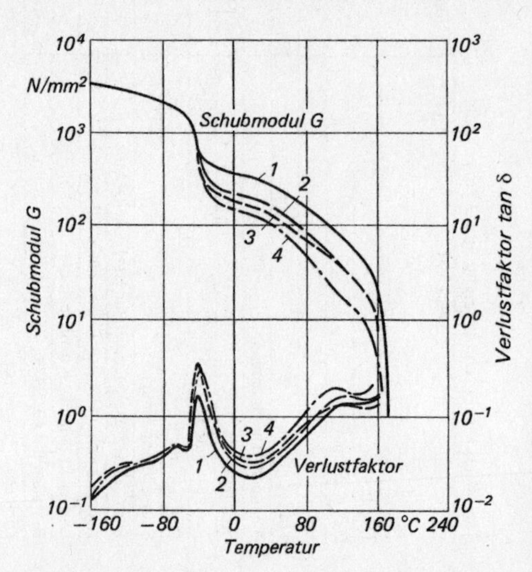

Bild 4.10
Schubmodul von Acetal-Copolymer/PUR-Mischungen, Verhältnis 1 : 1. (Kurve 1 bis 4 zunehmende Durchmischung)

durch Zusätze von MoS_2, PTFE, PE, Siliconölen oder speziellen Kreiden verbessert. Mit Aluminium- oder Bronzepulver können die Wärmestandfestigkeit und die elektrische Leitfähigkeit erhöht werden.

4.6 Polyamide, PA

4.6.1 Polyamide, Homopolymerisate (AB u. AA/BB-Polymere)

Chemischer Aufbau

Die Amid-Gruppe, s. F 10, ist charakteristisch für alle Polyamide.

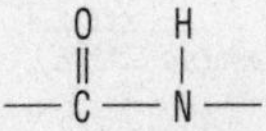

$$-\overset{\overset{\large O}{\|}}{C}-\overset{\overset{\large H}{|}}{N}- \qquad \text{(F 10)}$$

Amid-Gruppe

Die Makromoleküle der AB-Polymeren *PA 6, PA 11* und *PA 12* bestehen aus einer Grundeinheit. Die Zahlen bei den Kurzzeichen kennzeichnen die Anzahl der C-Atome des Molekül-Grundbausteins. Die AA/BB-Polyamidtypen *PA 46, PA 66, PA 69, PA 610* und *PA 612* werden durch zwei Grundeinheiten charakterisiert, die Zahlen bei den Kurzzeichen geben die Anzahl der C-Atome in den beiden Einheiten an, Tafel 4.27.

Folgende weitere Polyamidtypen dieser Aufbausysteme sind herstellbar, haben aber bisher keine größere technische Bedeutung erlangt: *PA 4* (Herstellung von Fasern, hohe Wasseraufnahme), *PA 7, PA 8, PA 9, PA 1313, PA 613*.

Der starke polare Charakter der CONH-Gruppe bewirkt eine Wasserstoff-Brückenbildung zwischen benachbarten Molekülketten, s. Bild 4.11. Diese Bindungen sind für die Zähigkeit, Temperaturstandfestigkeit und den hohen E-Modul verantwortlich. Typen mit glatten aliphatischen Segmenten zwischen den CONH-Gruppen sind hochkristallin.

Mit steigendem Verhältnis von CH_2-Gruppen zu CONH-Gruppen, s. Tafel 4.27, nimmt die für Polyamide so charakteristische Wasseraufnahme ab, s. Bild 4.12. Bild 4.13 zeigt die Abhängigkeit des Gleichgewichtsfeuchtigkeitsgehalts von der rel. Luftfeuchte.

Mit größer werdendem Abstand (zunehmender Zahl von CH_2-Gruppen) zwischen den Amidgruppen nehmen die zwischenmolekularen Kräfte ab.

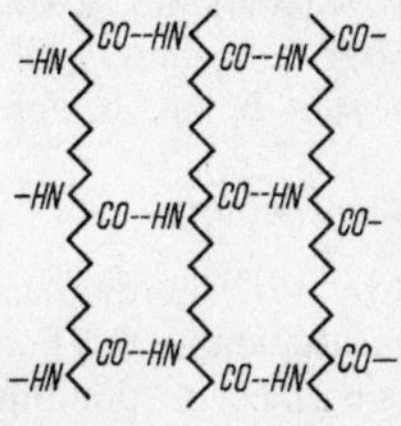

-HN CO--HN CO--HN CO-
-HN CO--HN CO--HN CO-
-HN CO--HN CO--HN CO-

Bild 4.11 Wasserstoffbrückenbindung in PA 6

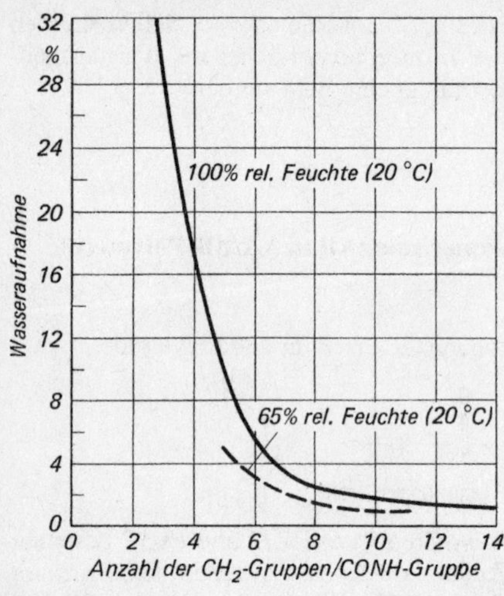

Bild 4.12
Struktureller Aufbau und Wasseraufnahme aliphatischer Polyamide

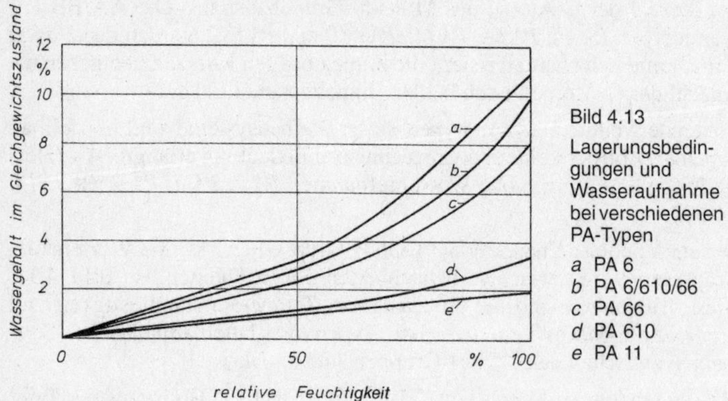

Bild 4.13
Lagerungsbedingungen und Wasseraufnahme bei verschiedenen PA-Typen
a PA 6
b PA 6/610/66
c PA 66
d PA 610
e PA 11

Deshalb ist z. B. PA 11 weicher und hat eine niedrigere Schmelztemperatur als PA 6.

Die Kristallinität der PA kann je nach der Abkühlgeschwindigkeit zwischen 10 % (schnelles Abkühlen: feinkörnige Struktur, hohe Zähigkeit) und 50 bis 60 % (langsames Abkühlen: große Sphärolithe, hohe Festigkeit, hoher E-Modul, hohe Abriebfestigkeit, geringere Wasseraufnahme) variieren.

Verarbeitung

Alle für Thermoplaste üblichen Verarbeitungsverfahren sind möglich. Vortrocknung der Formmasse ist erforderlich. Die teilkristallinen PA bilden eine sehr dünnflüssige Schmelze (Verschlußdüsen sind beim Spritz-

Tafel 4.27 Struktur und Ausgangsstoffe der Polyamide

Kurzzeichen	Grundstruktur	Dichte, g/cm^3	CH_2/CONH-Verhältnis	Ausgangsstoffe	Gebrauchstemperatur kurzzeitig °C	Gebrauchstemperatur langzeitig °C
	AB-Polymere $[-NH-(CH_2)_x-CO-]_n$					
PA 6	x = 5	1,12–1,15	5	ε-Caprolactam	140–180	80–100
PA 11	x = 10	1,03–1,05	10	Aminoundecansäure	140–150	70–80
PA 12	x = 11	1,01–1,04	11	Laurinlactam	140–150	70–80
	AA/BB-Polymere $[-NH-(CH_2)_x-NH-CO-(CH_2)_y-CO-]_n$					
PA 46	x = 4, y = 4	1,10	4	1,4 Diaminobuten u. Adipinsäure	280	140
PA 66	x = 6, y = 4	1,13–1,16	5	Hexamethylendiamin u. Adipinsäure	170–200	80–120
PA 69	x = 6, y = 7	1,06–1,08	6,5	Hexamethylendiamin u. Azelainsäure		
PA 610	x = 6, y = 8	1,07–1,09	7	Hexamethylendiamin u. Sebacinsäure	140–180	80–110
PA 612	x = 6, y = 10	1,06–1,07	8	Hexamethylendiamin u. Dodecandisäure	130–150	80–100
PA 6T	$[-NH-(CH_2)_6-NH-CO-C_6H_4-CO-]_n$	1,18		Hexamethylendiamin u. Terephthalsäure	120–130	70–90
PA 6-3-T	$-NH-CH_2-C(CH_3)_2-CH_2-CH(CH_3)-(CH_2)_2-NH-CO-C_6H_4-CO-_n$	1,12		Trimethylhexamethylendiamin u. Terephthalsäure	130–140	80–100
PA MXD6	$[-NH-CH_2-C_6H_4-CH_2-NH-CO-(CH_2)_4-CO-]_n$	1,43		m-Xylylendiamin u. Adipinsäure	190–230	110–145

Tafel 4.27 (Forts.) Struktur und Ausgangsstoffe der Polyamide

Kurz-zeichen	Grundstruktur	Dichte, g/cm³	CH_2/CONH-Ver-hältnis	Ausgangsstoffe	Gebrauchs-temperatur kurzzeitig °C	Gebrauchs-temperatur langzeitig °C
PA 6I	$[-NH-(CH_2)_6-NH-CO-C_6H_4-CO-]_n$	1,18		Hexamethylendiamin u. Isophthalsäure		
PA 6/6T	s. PA 6 und PA 6T	1,18		Caprolactam/Hexamethylendiamin u. Terephthalsäure		90
PA-Elastomer		1,01–1,02		PA 12 u. Tetrahydrofuran- oder Polyether-Blöcke	130	100
PEBA		0,99–1,03		Polyamid u. Dihydroxipolyether	130	100
PA-RIM		1,13		PE-, PP-Glykol oder Polybutadien mit Caprolactam		
PMPI	$-CO-[C_6H_4-CO-NH-C_6H_4]_n-NH-$			Isophthaloylchlorid u. m-Phenylendiamin	260	
PPTA	$-CO-[C_6H_4-CO-NH-C_6H_4]_n-NH-$	145		Terephthaloylchlorid u. Phenylendiamin	>250	>200

guß erforderlich!) mit ausgeprägten Schmelz- und Erstarrungstemperaturen. Beim Extrudieren und Blasformen sind deshalb besondere Maßnahmen erforderlich, oder es kommen Spezialtypen zum Einsatz. Die Volumenkontraktion beim Erstarren beträgt 4 bis 7%. Entsprechend hoch ist die Verarbeitungsschwindung (bis ca. 3%), und bei dickeren Formteilen ist mit Lunkerbildung zu rechnen. Folien werden bevorzugt nach dem Chill-Roll-Verfahren hergestellt. Tafel 4.28 gibt eine Übersicht über Verarbeitungsparameter.

Caprolactam und Laurinlactam werden großtechnisch bei 250 bis 300 °C zu schmelzflüssigem PA 6 und PA 12 polymerisiert. Co-Katalysatoren (Acylierungsmittel, insbesondere Isocyanate) ermöglichen eine rasche, drucklose, aktivierte anionische Polymerisation bei 100 bis 200 °C von hochmolekularem *Guß-PA 6* oder *-PA 12*. Auf diese Weise gießt man drucklos große, dickwandige Teile bis zu einer Masse von 1 000 kg in einfach herzustellenden Formwerkzeugen, wie sie z. B. im Metallguß verwendet werden. Rotationskörper werden im Schleuderguß, Hohlkörper im Rotationsguß hergestellt.

Tafel 4.28. Verarbeitungsparameter der PA

PA-Typ	Spritzgießen			Extrudieren	Extrusionsblasen	
	Masse-temp. °C	Werkzeug-temp. °C	Schwindung %	Masse-temp. °C	Masse-temp. °C	Werkzeug-temp. °C
6	230–280	80–90 (120)	0,5–2,2	240–300	250–260	80
46	295–330					
66	260–320	80–90 (120)	0,5–2,5	250–300	270–290	90
610	230–280	80–90 (120)	0,5–2,8	230–290	230–250	80
11/12	210–250	40–80	0,5–1,5	230–290	200–230	70
6-3-T	260–290	70–90	0,4–0,6	250–280	240–255	40
MXD6	250–280	100–140				

PA sind durch Aufschmelzen schweißbar, lassen sich mit Spezialklebstoffen auf der Basis von Cyanacrylaten oder Zweikomponenten-EP-Harzen verkleben und sind spanabhebend gut zu bearbeiten. Das Verkleben mit Resorzin und Kresolen ist denkbar, aber aufgrund der Arbeitsplatzbelastung und der Gesundheitsgefährdung zu vermeiden.

Eigenschaften

Die einzelnen PA-Typen unterscheiden sich nur wenig in ihren Eigenschaften. Im trockenen Zustand, unmittelbar nach der thermoplastischen Verarbeitung, sind sie hart und mehr oder weniger spröde. Bei Wasseraufnahme aus der Atmosphäre oder bei Wasserlagerung werden sie zäher und abriebfester, der E-Modul sinkt. Die Wasseraufnahme ist mit einer Volumenzunahme und damit auch mit einer Vergrößerung der Abmessungen, was bei der Konstruktion berücksichtigt werden muß, verbunden. Das Gleit- und Verschleißverhalten der PA ist sehr gut: sie besitzen gute Trockenlaufeigenschaften, sind unempfindlich gegen Verschmutzungen und chemikalienbeständig. Da die Glasübergangstemperaturen Tg im oder nur wenig über dem Bereich der Raumtemperatur liegen, erweichen die PA bei relativ niedrigen Temperaturen und können dann nicht mit hohen Dauerlasten beaufschlagt werden, obwohl sie bis in die Nähe der Schmelztemperatur eingesetzt werden können (große Zeitabhängigkeit des Kriechmoduls). Verstärkte oder gefüllte Typen zeigen ein wesentlich besseres Tragverhalten, auch oberhalb Tg.

Die elektrischen Eigenschaften verschlechtern sich ebenso wie die mechanischen stark mit zunehmender Temperatur und zunehmendem Wassergehalt. Der Oberflächenwiderstand wird so gering, daß mit einer Staubablagerung oder mit elektrostatischer Aufladung nicht gerechnet werden muß.

Mit abnehmender Wasseraufnahme nimmt die Wasserdampfdurchlässigkeit der PA ab, die sonst geringere Durchlässigkeit für Gase (O_2, Aromastoffe) allerdings leicht zu. Letztere macht die PA geeignet für Verpakkungsfolien, oft in Form von Verbundfolien, z. B. mit Polyolefinen.

PA sind beständig gegen Lösemittel, Öle, Fette, Kraftstoffe, schwache alkalische Lösungen, Ketone und kochendes Wasser (kann sterilisiert werden), unbeständig gegen starke alkalische Lösungen und starke Säuren. Natürliche Farbstoffe (Tee, Kaffee, Fruchtsäfte usw.) können PA anfärben. Beim längeren Einsatz bei Temperaturen z. B. oberhalb 100 °C oder beim Außeneinsatz muß PA entsprechend stabilisiert werden (z. B. durch Zusatz von ca. 2 % Ruß). Bei glasfaserverstärktem PA wird die Oberfläche durch Bewitterung stärker angegriffen, was bei einem Angriff über mehrere Jahre zur Oberflächen-Erosion führen kann. Nicht modifizierte PA brennen nach Entfernung der Zündquelle weiter.

Eigenschaftsvergleich s. Tafel 4.29

Einsatzgebiete

Technische Teile wie Lager, Zahnräder, Rollen, Schrauben, Dichtungen, Fittinge, Verkleidungen, Gehäuse; Pumpenteile, Spulenkörper, Vergaserteile, Ansaugkrümmer für Verbrennungsmotore, Ventilatoren, Teile für Haushaltsgeräte und Verbrauchsgüter; extrudierte Halbzeuge wie Stangen, Rohre, Schläuche, Platten, Kabelummantelungen; Skischuhe, Schuhsohlen, Membranen, Dichtungen; geblasene und Flach-Folien, Verpackungen, Blasformteile; Fasern, Borsten, Angelleinen.

Gußpolyamide: dickwandige Halbzeuge, Zahnräder, Laufrollen, Schiffsschrauben bis 1000 kg Masse; große Öltanks bis 10 000 l Inhalt.

Handelsnamen

PA 6 und *PA 66*: z. B. Akulon, Amodel, Durethan, Grilamid, Grilon, Grivory, Maranyl, Sniamid, Stanyl, Technyl, Torayca, Zytel

nur PA 6: z. B. Amilan, Capron, Grilon, Latamid, Nivionplast, Orgamid, Plaskon, Reny, Silon, Sniamid,

Tafel 4.29. Eigenschaftsvergleich der aliphatischen Homopolyamide, ungefüllt

Eigenschaft	Einheit	Aliphatische Homopolyamide										
		PA 6		PA 12		PA 66		PA 610		PA 46		PA-MXD6-GF30
		trocken	kond.*	trocken	kond.*	trocken	kond.*	trocken	kond.*	tr.	kond.	
Dichte	g/cm³	1,12–1,14		1,01–1,03		1,13–1,15		1,06–1,09		1,18		1,43
Zug-E-Modul	MPa	2600–3200	750–1500	1300–1600	900–1200	2700–3300	1300–2000	2000–2400	1300–1600	3300	1000	11500
Streckspannung	MPa	70–90	30–60	45–60	35–40	75–100	50–70	60–70	45–50	100	55	
Streckdehnung	%	4–5	20–30	4–5	10–15	4,5–5	15–25	4	15			
Nominelle Bruchdehnung	%	20–>50	>50	>50	>50	10–40	>50	30–>50	>50			
Spannung bei 50% Dehnung	MPa	–	–	–	–	–	–	–	–			
Bruchspannung	MPa	–	–	–	–	–	–	–	–			190
Bruchdehnung	%	–	–	–	–	–	–	–	–			2,4
Schmelztemperatur	°C	220–225		175–180		255–260		210–220		295		
Formbeständigkeitstemperatur HDT / A 1,8 MPa	°C	55–80		40–50		70–100		60		160		
Längenausdehnungskoeff., längs (23–55°C)	10^{-5}/K	7–10		10–12		7–10		8–10		0,8		1,8
Längenausdehnungskoeff., quer (23–55°C)	10^{-5}/K	–		–		–		–		1,0		
Brennbarkeit UL 94 bei 1,6 mm Dicke	Klasse	HB-V-2**		HB**		V-2**		V-2**		V-2 (0,75) mm		HB
Dielektrizitätszahl bei 100 Hz	–	3,5–4,2	12–20	3,7–4	5–6	3,2–4	5–11	3,5	4			3,9
Dielektrischer Verlustfaktor bei 100 Hz	$\cdot 10^{-4}$	60–150	2100–3500	300–700	800–1000	50–150	1000-2400	70–150	1000–1800			100
Spezifischer Durchgangswiderstand	Ohm · m	$>10^{13}$	10^{10}	$>10^{13}$	$>10^{12}$	$>10^{12}$	10^{10}	$>10^{13}$	10^{10}	10^{13}	10^{6}-10^{9}	$2\cdot10^{13}$
Spezifischer Oberflächenwiderstand	Ohm	$>10^{12}$	$>10^{10}$	$>10^{13}$	$>10^{12}$	$>10^{10}$	$>10^{10}$	$>10^{12}$	$>10^{10}$	$>10^{15}$	10^{13}-10^{14}	
Elektrische Durchschlagfestigkeit	kV/mm	30	25–30	27–29	28–32	25–35	25–35			>25	15–20	30
Vergl.-Zahl d. Kriechwegbildung CTI/A		600	600	600	600	600	600	600	600	600		>400
Aufnahme v. Wasser b. 23°C, Sättigung	%	9–10		1,3–1,7		8–9		2,9–3,5				3,2
Feuchteaufnahme b. 23°C / 50% r. F., Sättig.	%	2,5–3,4		0,7–1,1		2,6–3		1,2–1,6		3,7		1,0

* Lagerung der Prüfkörper bei 23°C/50% rel. Feuchte bis zur Sättigung ** Auch als V-1 und V-0 verfügbar

nur PA 66: z.B. Leona, Minlon

PA 11: z.B. Rilsan

PA 12: z.B. Grilamid, Rilsan, Vestamid

PA 46: z.B. Stanyl

PA 6-3-T: z.B. Durethan, Trogamid T, Ultramid, Grilamid, Zytel

PA MXD6: z.B. Ixef, Reny, Selar

PA PACM 12: z.B. Trogamid CX

PA 6/6T: z.B. Ultramid T

PA 6T/6I: Grivory HT, Selar PA

PPA: Amodel AS

PA-Elastomere: z.B. Grilamid ELY 60, Vestamid E

PEBA: z.B. Pebax

PA-RIM: z.B. Nyrim

PA+ABS: z.B. Ronfaloy, Triax

Modifikationen

Zusatzstoffe

PA werden gegen die schädigende Wirkung von Sauerstoff bei der Verarbeitung, bei hohen Temperaturen und bei einer UV-Strahlung stabilisiert. Einfärbung erfolgt mit anorganischen Pigmenten, die bis oberhalb 300 °C stabil sind. Bei Cadmiumpigmenten und organischen Farbstoffen besteht Abbaugefahr. Typen mit Brandschutzausrüstung werden angeboten. Leichtfließende Spritzgießmassen werden zum schnelleren und feineren Kristallisieren nukleiert (mit Keimbildnern versehen) und weisen bessere mechanische Eigenschaften, eine geringere Wasseraufnahme und Zähigkeit auf. Geschmierte Typen lassen sich besser entformen.

Verstärkung, Füllung

Da PA bei höheren Temperaturen erweichen, werden viele mit bis zu 50% Glas-, Kohlenstoff- oder sonstigen Fasern verstärkte Typen angeboten, die die Festigkeit, den E-Modul und die Wärmestandfestigkeit erhöhen. Siliciumdioxid, Talkum, Kreide und Glaskugeln erhöhen die Steifigkeit und verringern die Verzugsneigung und Schwindung. Da solche Typen Bedeutung für technische Teile erlangt haben, gibt Tafel 4.30 eine Übersicht.

Metallpulver wie Aluminium, Kupfer, Bronze, Stahl, Blei, Zink oder Nickel erhöhen die Wärmestandfestigkeit und führen zu elektrisch leitfähigen Produkten. Mit 80% Bariumferrit-Füllung werden Magnete hergestellt. Das Gleit- und Verschleißverhalten wird durch Zusätze von MoS_2, PTFE, PE-HD und Graphit verbessert.

Tafel 4.30. Eigenschaften verstärkter und gefüllter Polyamide, konditioniert 23 °C, 50 % rel. Feuchte

PA-Typ	Füllstoff-Gehalt	Dichte	Festig-keit	Bruch-dehnung	E-Modul	Formbeständig-keitstemperatur HDT/A
	%	g/cm³	MPa	%	MPa	°C
PA 6	–	1,13	64	220	1200	80
Kurzglasfasern	30	1,37	148	3,5	5500	–
Glaskugeln	30	1,35	65	20	3000	208
C-Fasern	20	1,23	100	–	8000	–
Siliciumdioxid	10	1,19	57	140	1000	–
Kreide	30	1,35	50	30	3000	60
PA 66	–	1,14	63	60–300	1500	66–85
Kurzglasfasern	30	1,37	153	3,0	7200	204–249
Glaskugeln	30	1,35	81	5,0	3700	74
C-Fasern	20	1,23	197	4	16900	257
Glimmer	30	–	39		6900	
PA 610	–	1,19	60	85–300	1900	
Kurzglasfasern	30	1,30	128	3	7800	204
Talkum	20	1,25	60	5	4000	
PA 11	–	1,04	58	325	1200	58
Kurzglasfasern	30	1,26	93	4	6200	173
Bronzepulver	90	4,0	34	4	5500	100
PA 12	–	1,02	60	270	1200	
Kurzglasfasern	30	1,23	83	6	3500	147
Glaskugeln	30	1,23	45	25	2500	120

4.6.2 Polyamide, Copolymerisate; PA 66/6, PA 6/12, PA 66/6/610 Blends, PA+:ABS, EPDM, EVA, PPS, PPE, Kautschuk

Zur Optimierung bestimmter Eigenschaften werden Copolymere hergestellt wie z. B. PA 6/12, PA 6/66. Die Eigenschaften entsprechen im wesentlichen dem Mengenverhältnis der monomeren Bausteine.

Misch-PA wie *PA 6/66* sind in wäßrigen alkoholischen Mischungen löslich. Die Lösungen dienen u. a. zur Herstellung von treibstoffbeständigen Elektroisolierlacken, von gut auf Metallen, Holz, Pappe und Glas haftenden Überzügen und von gegossenen dünnen Folien. Für Textil-Verklebungen und Beschichtungen gibt es gebrauchsfertige Lösungen (Nylosol). PA 12-Copolymer wird als Schmelzklebstoff (Gril-Tex, Vestamelt) eingesetzt.

Bei PA 6 und 66 wirken Restmonomere wie aufgenommenes Wasser elastifizierend. 10 bis 20 % aliphatisches Glykol oder aromatische Sulfonamide (Benzolsulfonsäure-n-butylamid) sind sehr gute Weichmacher für niedrigkristalline PA wie PA 11 und 12 (z. B. Rilsan F). Meist feindisperse zweiphasige Legierungen mit ABS, PPS, PPE, Elastomeren wie EPDM oder EVA, SBR, Acrylat- o.a. Synthesekautschuken haben ebenfalls eine höhere Zähigkeit.

Eine Aufpropfung von 17 % Acrylat-Elastomer, s.Tafel 4.5, 393, Nr. 33, auf die PA 6 Ketten ergibt ein hochschlagzähes Polymer.

Im spritzfrischen, trockenen Zustand schlagzähe Formmassen enthalten 10 bis 20 % PE, das über haftvermittelnde Ionomere oder chemisch (Carboxylierung, Pfropfung mit Maleinsäureanhydrid oder Acrylsäure) angekoppelt wird.

Eigenschaftsvergleich s. Tafel 4.31 und 4.32.

Handelsnamen s. Abschn. 4.6.1.

4.6.3 Polyamide, Spezialpolymere; PA 6-3-T, PA PACM 12, PA 6I, PA-MXD6, PA-6-T, PA-PDA-T, PA6/6T, PA 6-G und 12-G, PEBA (TPE-A)

Grundstrukturen und weitere Informationen s. Tafel 4.27.

Baut man in PA-Moleküle anstelle „glatter" -CH_2-Segmente sperrige ein, wie z. B. aromatische Dicarbonsäuren oder verzweigte aliphatische bzw. acyclische Diamine, kann man halbkristalline oder amorphe, glasklare PA herstellen. Beispiele: *PA 6-3-T* (Bezeichnung nach ISO 1874: PA NDT/INDT) und *PA 6 I*.

Weitere teilaromatische, amorphe PA sind:

PA	*Monomere*
PA 6I/6T[1])	Hexamethylendiamin, Isophthalsäure, Terephthalsäure
PA 6I/6T/PACM/PACMT	wie PA 6I/6T + Diaminodicyclohexylmethan
PA 12/MACMI	Laurinlactam, Dimethyl-Diaminodicyclohexylmethan, Isophthalsäure
PA 12/MACTM	Laurinlactam, Dimethyl-Diaminodicyclohexylmethan, Terephthalsäure

[1]) Polyphthalamid, Kurzzeichen auch PPA, TG=130 °C, TS=330 °C, Fiso/A≈280 °C (GF33)

Ein *PA 12* auf Basis von Dodecandisäure (DDS) und einem cyclischen aliphatischen Diamin (PACM), Bezeichnung nach ISO 1874: PA-PACM 12 , ist mikrokristallin und deshalb dauerhaft transparent und zeigt dem PMMA vergleichbare Farbstabilität bei Bewitterung. E-Mod.: 1450 MPa, Fiso/A 105 °C.

Durch Erhöhen der Zahl der Amidgruppen und den Einbau aromatischer Monomere in die Moleküleinheiten kann die Schmelztemperatur erhöht werden: *PA 6T:* 371 °C und *PA-PDA-T* (PDA = Phenylendiamin): 500 °C, (nicht mehr als Schmelze verarbeitbar). Haupt-Anwendungsgebiet sind hochfeste und temperaturbeständige Fasern. *PA 6/6T*-Copolymerisate (Schmelztemperatur 295 °C) sind wärmebeständiger als PA 66 und nehmen nur 6 % Wasser auf, so daß sie besonders mit einer Glasfaserverstär-

Tafel 4.31. Eigenschaftsvergleich der aliphatischen Homopolyamide, gefüllt und modifiziert

Eigenschaft	Einheit	Aliphatische Homopolyamide, gefüllt und modifiziert									
		PA 6–GF30		PA 66–GF30		PPA GF 33	PA 6–HI schlagzähmod.		PA 66–HI schlagzähmod.		PA 12-P weich-macher-haltig
		trocken	konditio-niert*	trocken	konditio-niert*	trocken	trocken	konditio-niert*	trocken	konditio-niert*	
Dichte	g/cm^3	1,35–1,37		1,36		1,46	1,01–1,13		1,04–1,13		1,0–1,05
Zug-E-Modul	MPa	9000–10800	5600–8200	9100–10000	6500–7500	11700	1100–2800	450–1200	1800–3000	900–2000	220–750
Streckspannung	MPa	–	–	–	–		25–80	20–45	50–80	40–55	15–35
Streckdehnung	%	–	–	–	–		4–5	15–30	5–7	15–30	20–45
Nominelle Bruchdehnung	%	–	–	–	–		>50	>50	20–>50	>50	>50
Spannung bei 50 % Dehnung	MPa	–	–	–	–		–	–	–	–	–
Bruchspannung	MPa	170–200	100–135	175–190	115–14-	220	–	–	–	–	–
Bruchdehnung	%	3–3,5	4,5–6	2,5–3	3,5–5	2,5	–	–	–	–	–
Schmelztemperatur	°C	220–225		255–260			220		255		160–175
Formbeständigkeitstemp. HDT / A 1,8 MPa	°C	190–215		235–250		285	45–70		60–75		40–50
Längenausdehnungskoeff., längs (23–55 °C)	10^{-5}/K	2–3		2–3			8,5–15		7–8,5		12–17
Längenausdehnungskoeff., quer (23–55 °C)	10^{-5}/K	6–8		6–8			–		–		–
Brennbarkeit UL 94 bei 1,6 mm Dicke	Klasse	HB**		HB**			HB**		HB**		HB**
Dielektrizitätszahl bei 100 Hz	–	3,8–4,4	7–15	4	8		3–4	5–14	3,5–4	7–9	4–24
Dielektrischer Verlustfaktor bei 100 Hz	$\cdot 10^{-4}$	100–150	2000–3000	140	1300–2300		100–400	500-3000	70–240	900–1800	900–3500
Spezifischer Durchgangswiderstand	Ohm · m	10^{13}	10^{11}	10^{13}	10^{11}		$>10^{13}$	$>10^{10}$	$>10^{12}$	10^{10}–10^{12}	10^{9}–10^{11}
Spezifischer Oberflächenwiderstand	Ohm	$>10^{13}$	$>10^{11}$	$>10^{13}$	$>10^{11}$		10^{10}–10^{12}	10^{8}–10^{10}	$>10^{13}$	10^{13}	10^{11}–10^{15}
Elektrische Durchschlagfestigkeit	kV/mm	35–40	25–35	40	35		30–35	25–35	30–35	30–35	20–35
Vergleichszahl d. Kriechwegbildung CTI/A		400–600	400–600	400–600	400–600		600	600	600	600	600
Aufnahme v. Wasser bei 23 °C, Sättigung	%	6,0–6,7		5,0–5,5			6,5–9,0		6,5–8,0		0,8–1,5
Feuchteaufna. bei 23 °C /50 % r. F., Sättigung	%	1,4–2,0		1,0–1,7			1,8–2,7		2,2–2,5		0,4–0,7

* Lagerung der Prüfkörper bei 23 °C/50 % rel. Feuchte bis zur Sättigung   ** Auch als V-1 und V-0 verfügbar

Tafel 4.32. Eigenschaftsvergleich der aromatischen Polyamide, Copolyamide u. Polyetherblockamide

Eigenschaft	Einheit	Aromatische Polyamide, Copolyamide u. Polyetherblockamide											
		PA 6/6 T		PA 6-3-T	PA MXD6 – GF 30	PA 6 I		PA 6/66 PA 66/6	PEBA 12		PEBA 6		PPA
		trock.	kondi-tioniert*	kondi-tioniert*		trocken	kondi-tioniert*		Shore D 40–55	Shore D 55–65	trocken	kondi-tioniert*	
Dichte	g/cm^3	1,18		1,12	1,43	1,18		1,13–1,14	0,99–1,02	1,02–1,03	1,03		ca. 1,5
Zug-E-Modul	MPa	3500	3000	2800–3000	11 800	3300	3000	2200–3000	70–250	270–450	90–250	60–140	
Streckspannung	MPa	110	100	80–90	–	110	90	80	–	20–25	–	–	
Streckdehnung	%	5	6	7–8	–	5	6		–	30–35	–	–	
Nominelle Bruchdehnung	%	10–20	10–20	>50	–	>50	>50	>50	>50	>50	>50	>50	
Spannung bei 50 % Dehnung	MPa	–	–	–	–	–	–	–	10–20**	–	10–15**	8–12**	
Bruchspannung	MPa	–	–	–	185	–	–	–	–	–	–	–	
Bruchdehnung	%	–	–	–	2,5	–	–	–	–	–	–	–	
Schmelztemperatur	°C	295–300		–	225–240	175–180		200–245	140–155	160–170			
Formbeständigkeitstemp. HDT / A 1,8 MPa	°C	110		120	228	105		50–60	<50	50–55	34		
Längenausdehnungskoeff., längs (23–55 °C)	10^{-5}/K	6–8		5–6	1,5–2	6			18–23	14–18	15–20		
Längenausdehnungskoeff., quer (23–55 °C)	10^{-5}/K	–		–		–			–	–			
Brennbarkeit UL 94 bei 1,6 mm Dicke	Klasse	V-2***		V-2***	HB***	V-2***		V-2***	HB	HB	HB		
Dielektrizitätszahl bei 100 Hz	–	4	4,5	4–4,2	3,9	4,3	4,6	3.7	6–11		4	6	
Dielektrischer Verlustfaktor bei 100 Hz	$\cdot 10^{-4}$	300	400	170–210	100	400	480	300	400–1300		300–500	950–1100	
Spezifischer Durchgangswiderstand	Ohm · m	10^{13}	10^{13}	$>10^{13}$	$>10^{13}$	$>10^{13}$	$>10^{13}$	10^{13}	10^{10}–10^{12}		10^{11}	10^{10}	
Spezifischer Oberflächenwiderstand	Ohm	10^{14}	10^{13}	$>10^{14}$	$>10^{14}$	$>10^{15}$	$>10^{15}$	10^{12}–10^{13}	10^{12}–10^{13}		10^{12}	10^{11}	
Elektrische Durchschlagfestigkeit	kV/mm	50	80	25	30	25	28		30–40		35–40	30-35	
Vergleichszahl d. Kriechwegbildung CTI/A		600	600	600	500–600	600	600	600	600		550–600	550–600	
Aufnahme v. Wasser bei 23 °C, Sättigung	%	6,5–7,5		6,5–7,5	3,5–4	6		9–10	0,6–1,5		3,5–5,,0		
Feuchteaufn. b. 23 °C / 50 % r. F., Sättigung	%	1,8–2,0		2,8–3	1,6	2		3–3,2	0,3–0,7		1,0–1,5		

* Lagerung der Probekörper bei 23 °C/50 % rel. Feuchte bis zur Sättigung **≙ Reißfestigkeit *** auch bis V-0 verfügbar

kung dort ihren Einsatz finden, wo PA mit hohen Dauergebrauchstemperaturen und geringer Wasseraufnahme gefordert werden.

Die amorphen oder schwach kristallinen Polyamide wie PA 6-T, PA MXD6 nehmen eine Sonderstellung ein. Die Wasseraufnahme liegt in der Regel deutlich niedriger im Vergleich zum PA 6 oder PA 66. Sie lassen sich nicht so leicht anfärben, sind maßhaltiger und verzugsärmer und weisen nahezu keine Nachschwindung auf. Die Gesamtschwindung liegt bei 0,5 %. Da der Erweichungs-Temperaturbereich breiter und die Schmelzeviskosität höher sind, wird die Verarbeitung im Spritzguß, in der Extrusion und besonders beim Blasformen erleichtert.

Produkte wie terephthalathaltige Copolymere (*PA6/6T*, E-Modul 3,5 GPa) oder Poly-m-Xylylenadipamid (Polyarylamid *PA MXD6*) mit 30 bis 60 % GF-Verstärkung, auch in erhöht schlagfester Einstellung für die Elektrotechnik, besitzen die höchste Festigkeit und Steifigkeit aller PA-Typen bei guter Wärmestandfestigkeit und mit anderen PA-Typen vergleichbarer Chemikalienbeständigkeit. Reines PA MXD6 wird auch als Barriere-Sperrschicht mit anderen PA oder PET bei Flaschen gegen O_2, CO_2, Kohlenwasserstoffe, Lösemittel und Aromen verwendet.

Copolymere aus PA 6T und PA 6I (PA 6T/6I) lassen sich trotz hohen Kristallit-Schmelzbereichs (330°C) thermoplastisch bei 340 bis 350°C Massetemperatur und 140 bis 160°C Werkzeugtemperatur im Spritzgießen verarbeiten. Einsatz meist mit 50 % Kurzglasfaser-Verstärkung; beständig gegen im Kfz gebräuchliche Medien, Heißwaser und saure Entkalkungslösungen; lebensmittelrechtlich zugelassen.

Eigenschaftsvergleich s. Tafel 4.32.

Handelsnamen s. Abschn. 4.6.1.

Gußpolyamide, PA 6-G, PA 12-G

Die Eigenschaften gleichen denen von PA 6 bzw. PA 12. Da die Molmasse oft höher ist, kann auch die Steifigkeit höher und die thermoplastische Verarbeitung erschwert oder in besonderen Fällen unmöglich sein. Der Volumenschrumpf beim Gießen beträgt ca. 15 % und muß bei der Formauslegung berücksichtigt werden.

Polyamid-Elastomere, TPE-A, PEBA, PA-RIM

PA-Elastomere besitzen dem vulkanisierten Kautschuk vergleichbare Eigenschaften, haben aber den Vorteil thermoplastischer Verarbeitbarkeit, da sie eine niedrige Glasübergangstemperatur Tg mit einer hohen Schmelztemperatur verbinden. Es sind Block-Copolymere, bei denen harte, kristallisierende Segmente wie die PA 12-Bausteine durch weiche Segmente mit niedriger Tg wie Polytetrahydrofuran (PTHF) verbunden sind.

PEBA ist ein Copoly-Ether-Ester-Amid mit sehr geringer Festigkeit und Steifigkeit und entsprechend hoher Streck- und Bruchdehnung und Zähigkeit im Temperaturbereich von −40 bis 80 °C, das anstelle von Gummi eingesetzt wird.

PA-RIM ist ein „NBC-RIM" (Nylon-Block-Copolymer), das nach dem Zweikomponenten-RIM-Verfahren (reaction injection molding, Reaktions-Gieß-Verfahren) verarbeitet werden kann. Längere in die Kette eingebaute Polyether-Blöcke (Polymere mit Sauerstoffbrücken in der Kette) erhöhen die Schlagzähigkeit und verringern die Steifigkeit, so daß die Eigenschaften beliebig zwischen denen des PA 6 und denen eines PA-Elastomer liegen können. Die niedrige Viskosität der Rezeptur erlaubt hohe Füll- und Verstärkungsstoff-Gehalte.

4.6.4 Aromatische Polyamide, Aramide; PMPI, PPTA

Poly(m-Phenylenisophthalamid); PMPI

PMPI zeichnet sich durch hohe Wärmestandfestigkeit aus und besitzt bei 260°C noch die Hälfte seiner mechanischen Eigenschaften. Der Kristallitschmelzpunkt liegt bei 368 bis 390°C.

Einsatzgebiete: Fasern für Hitzeschutzkleidung und elektrische Isolation bei hohen Temperaturen

Poly(p-Phenylenterephthalamid); PPTA

PPTA wird als Faserwerkstoff eingesetzt. Diese weisen das höchste Festigkeits/Dichte Verhältnis aller kommerziellen Fasern auf. Nach 100 Stunden bei 250°C besitzen sie noch ca. 50 % der ursprünglichen Festigkeit. PPTA ist unschmelzbar und beginnt bei 425°C zu carbonisieren. Dichte ca. 1,45 g/cm^3, Zugfestigkeit ca. 3,5 GPa, E-Modul ca. 150 GPa, Reißdehnung 2,0-2,5 %.

Handelsname: Aramid

4.7 Aromatische (gesättigte) Polyester; SP

Chemischer Aufbau

Thermoplastische (gesättigte, lineare) Polyester enthalten in regelmäßigen Abständen eine Ester-Gruppe in der Kette, s. F 12, und werden meist durch Kondensation von Dicarbonsäuren und Diolen oder deren Abkömmlingen hergestellt.

$$-\overset{\overset{\displaystyle O}{\|}}{C}-O-R- \qquad \text{(F 12)}$$

Ester-Gruppe

Polyester mit aromatischen Gruppen (Benzolringen) sind thermoplastische Grundpolymere für technische Anwendungen. Die aromatischen Ringe versteifen die Molekülketten und führen zu um so höheren Formbeständigkeits- und Schmelz-Temperaturen, je dichter sie aneinandergefügt sind. Vollaromatische Polyester (PAR, Polyarylate) sind thermisch sehr stabil.

Halbaromatische Polyester werden einerseits durch aliphatische Kohlenwasserstoffe, andererseits zumindest durch Ethanol und höhere Alkohole nicht angegriffen. Sie absorbieren kaum Wasser und sind grundsätzlich physiologisch inert. Infolge des Gehalts an verseifbaren Estergruppen werden sie durch Alkalien zerstört. Ihre Beständigkeit gegen (oxidierende) Säuren und bei dauernder Einwirkung von Wasser oder Wasserdampf oberhalb 70 °C ist begrenzt. Um Hydrolyseschäden bei der thermoplastischen Verarbeitung zu vermeiden, müssen die Formmassen vollkommen trocken sein.

4.7.1 Polycarbonat; PC

Polycarbonat auf Basis Bisphenol A, PC (PC-BPA)

Chemischer Aufbau

Polykondensation und Grundstruktur s. F 13.

$$HO{-}C_6H_4{-}C(CH_3)_2{-}C_6H_4{-}OH \; + \; O{=}CCl_2$$

Bisphenol A, BPA — Phosgen

$$\longrightarrow \left[{-}O{-}C_6H_4{-}C(CH_3)_2{-}C_6H_4{-}O{-}C({=}O){-} \right] \qquad \text{(F 13)}$$

Polycarbonat, PC

Das wichtigste Polycarbonat wird durch die Umsetzung von Bisphenol A (entstanden aus Phenol und Aceton) mit Phosgen hergestellt. Dagegen hat das Schmelz-Kondensationsverfahren aus Bisphenol A und Diphenylcarbonat an Bedeutung verloren. Die Molmasse liegt in der Regel nicht über 30 000 g/mol, da die Schmelzeviskosität sonst zu hoch wird. PC ist ein amorpher Thermoplast.

Verarbeitung

PC läßt sich nach allen für Thermoplaste üblichen Verfahren ver- und nachbearbeiten. Die hohe Schmelzeviskosität erfordert hohe Spritzkräfte bzw. bedingt relativ geringe Fließweg-Wanddicken-Verhältnisse. Die Verarbeitungstemperaturen beim Spritzgießen liegen zwischen 280 und 320 °C (Werkzeugtemperatur 80 bis 120 °C), beim Extrudieren zwischen 240 und 280 °C. Die Restfeuchte muß dabei durch Trocknung 4 bis 24 h bei 120 °C unter 0,01 bis 0,02 % gebracht werden. Entgasungsschnecken können vorteilhaft sein. Die Verarbeitungsschwindung liegt bei 0,6 bis 0,8 %, die Nachschwindung ist sehr gering. PC ist sehr gut zur Herstellung von Präzisionsteilen im Spritzgießverfahren für die optische und Elektroindustrie geeignet. Dünnste Folien können aus Lösungen von PC in Methylenchlorid gegossen werden. Bei Verwendung schäummittelhaltiger Granulate ist das Spritzgießen und Extrudieren von sehr großen Formteilen mit Integralstruktur möglich. PC kann mit Kleblacken (z. B. aus PC und Methylenchlorid) oder Reaktionsharzklebstoffen geklebt oder mit Ultraschall oder Hochfrequenz verschweißt werden.

Eigenschaften

Unverstärktes PC ist glasklar, hat einen hohen Oberflächenglanz und ist in allen Farben und Farbdichten einfärbbar. Im Temperaturbereich von – 150 bis 135 °C ist PC schlagzäh und besitzt eine hohe Steifigkeit und Festigkeit. Die maximalen Gebrauchstemperaturen liegen kurzzeitig bei 150, langzeitig bei 130 °C. PC ist allerdings kerbempfindlich, was sich auch in einer geringen Dauerschwingfestigkeit äußert. Bei Abrieb ist es nur bedingt einsetzbar. Die guten elektrischen Eigenschaften werden durch Feuchtigkeit nicht beeinflußt. PC ist gut beständig gegen energiereiche Strahlen und in größeren Wanddicken bzw. bei UV-Schutz, der bei plattenförmigen Halbzeugen nur in der der Bewitterung zugekehrten Oberfläche aufgebracht wird, gut wetterbeständig. Die chemische Beständigkeit ist begrenzt. Es besteht die Gefahr der Spannungsrißbildung. Die Durchlässigkeit für CO_2 ist relativ hoch, so daß bei Verwendung für Flaschen CO_2-haltiger Flüssigkeiten eine Sperrschicht, z. B. aus PET oder PBT, vorgesehen werden muß. PC ist sterilisierbar und selbstverlöschend nach Fortnahme der Zündquelle.

Für die Herstellung großflächiger Teile (z. B. Lampenabdeckungen) oder von Compact Discs stehen leichter fließende Typen zur Verfügung. Zur Erhöhung der Steifigkeit, besonders bei erhöhten Temperaturen und zur Verringerung der Auswirkung von Spannungsrissen werden Typen mit 10 bis 40 % Kurzglasfasern hergestellt. Mit Graphit, MoS_2 oder PTFE gefüllte Typen weisen ein besseres Gleit- und Verschleißverhalten auf, während eine Füllung mit Aluminium-Pulver die elektromagnetische Abschirmung daraus hergestellter Gehäuse verbessert.

Eigenschaftsvergleich s. Tafel 4.33

Polycarbonat-Copolymere

Polyethercarbonat ist ein Blockcopolymerisat aus „harten“ BPA-Carbonat-Einheiten, s. F 13, und „weichen“ Polyethylenglykol-Einheiten, s. F 14. Im Koagulationsverfahren lassen sich daraus Dialysemembranen herstellen, die blutverträglich sind und bessere Trennwirkung aufweisen als Cellulosemembranen.

$$-[O-(CH_2-CH_2-O)-CO]_n- \quad \text{(F 14)}$$

Polyethylenglykol

Cokondensate von BPA mit Fluorenon-Bisphenol weisen erhöhte Wärmeformbeständigkeit auf (bis 220°C).

Cokondensate von BPA mit längerkettigen aliphatischen Dicarbonsäuren ergeben sehr zähe und leichtfließende Produkte, jedoch mit geringerer Wärmeformbeständigkeit.

Polycarbonat auf Basis Trimethylcyclohexan/Bisphenol A; PC-TMC/BPA

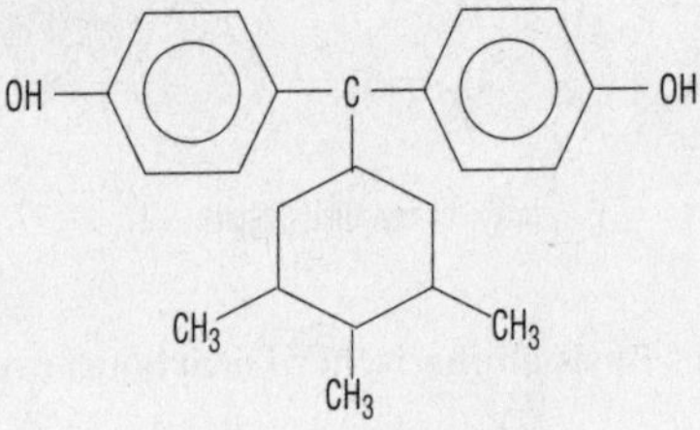

(F 15)

Trimethylcyclohexan-Bisphenol (TMC)

PC-Copolymere auf der Basis von Bisphenol A und Bisphenol TMC (Trimethylcyclohexan s. F 15) sind ebenfalls glasklar und erweitern den Temperatur-Anwendungsbereich je nach TMC-Gehalt auf 160 bis 205 °C (Vicat-Erweichungstemperatur). Die Zähigkeit nimmt jedoch in gleicher Richtung ab.

Polyphthalat-Carbonat; PPC

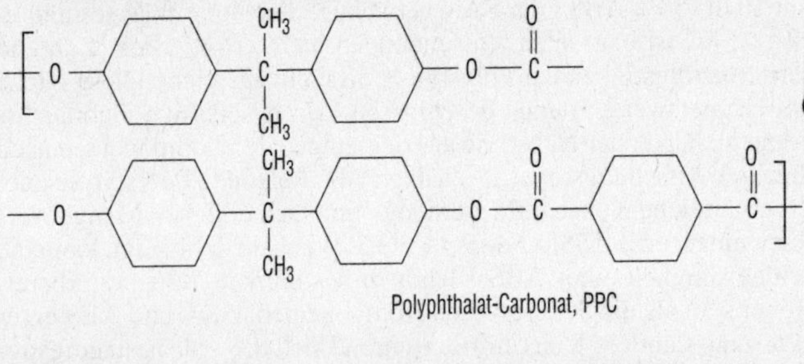

(F 16)

Polyphthalat-Carbonat, PPC

PPC ist ein transparentes PC-Copolymerisat, s. F 16, mit ca. 10 K höherer Wärmeformbeständigkeit als PC-BPA und hoher Schlagzähigkeit.

Eine erhöhte Flammwidrigkeit wird bei Copolymeren mit halogenierten Bisphenolen, speziell Tetrabrombisphenol (F 17), erreicht. Alternative Flammschutzmittel gewinnen gegenüber diesen jedoch an Bedeutung.

Ein zunehmender Anteil von Bisphenol S (Dihydroxydiphenylsulfid), F 18, erhöht die Kerbschlagzähigkeit.

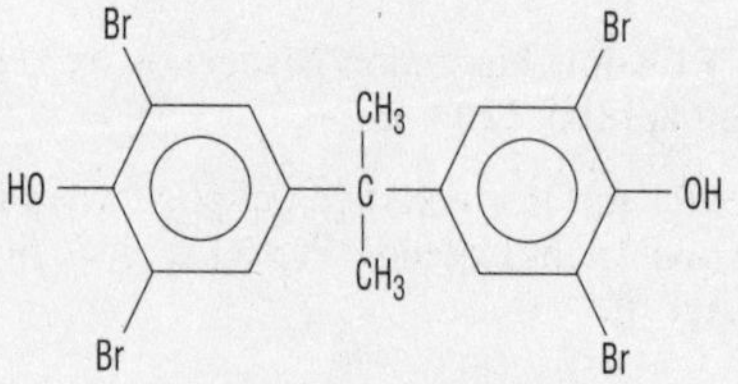

(F 17)

Tetrabrombisphenol

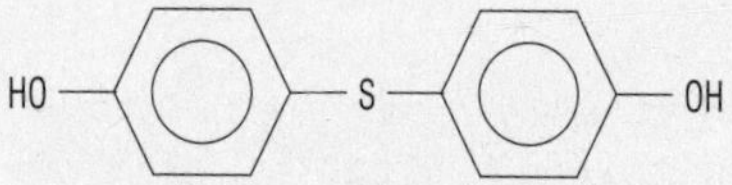

(F 18)

Dihydroxydiphenylsulfid (Bisphenol S)

Polycarbonat auf Basis aliphatischer Dicarbonsäuren

Diese Polyccarbonate basieren auf einer Random-Copolymer-Technologie, mit der wahlweise das Fließvermögen oder die mechanischen Eigenschaften erhöht werden können, ohne im einen Fall die Schlagzähigkeit oder im anderen die Verarbeitbarkeit zu beeinträchtigen.

4.7.2 Polycarbonat-Blends; PC + : ABS, ASA, AES, PMMA+PS, PBT, PET, PPE+SB, PS-HI, PPE, PP-Cop., SMA, TPE-U

Ca. 15% des produzierten PC wird zur Herstellung von Blends, insbesondere mit 10 bis 50% ABS oder SAN verwendet. Die hohe Wärmestandfestigkeit von PC ist bei vielen Anwendungen nicht erforderlich, während die Wärmestandfestigkeit der Polystyrole oft nicht ausreicht. Diese Lücke wird durch preiswerte Blends geschlossen, deren zulässige Gebrauchstemperatur sich in erster Näherung aus denjenigen der Komponenten nach einer linearen Mischungsregel abschätzen läßt. Folgende Polystyrole oder polystyrol-ähnliche Kunststoffe werden in unterschiedlichen Mengenverhältnissen eingesetzt: *ABS, ASA, SMA, AES*. Wie Bild 4.14 zeigt, kann die Kerbschlagzähigkeit eines ABS-Blends in bestimmten Temperaturbereichen höher sein als die der einzelnen Komponenten. ASA und AES ergeben witterungsstabilere Kunststoffe, während sich die Wärmestandfestigkeit, z. B. durch den Einsatz von SMA, eines methylstyrol-haltigen ABS oder spezieller PC-Typen erhöhen läßt. *Flammwidrig* eingestellte (auch

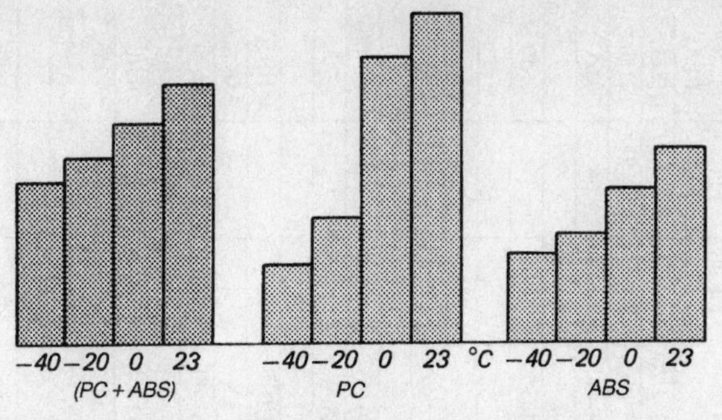

Bild 4.14 Vergleich der Izod-Kerbschlagzähigkeit von ABS und PC mit der eines daraus hergestellten Polymer-Blends

chlor- und bromfreie), mit 10 bis 30% Kurzglasfasern verstärkte und *schäumbare* Typen sind im Markt.

PC-Blends mit *PMMA* erhöhen die UV-Beständigkeit. Blends mit modifizierten *PPE* oder mit *PP-Copolymeren* werden ebenfalls hergestellt.

Blends aus PC und LCP (LCP-Gehalt deutlich unter 50%) weisen sehr gute Fließfähigkeit (Halbierung der möglichen minimalen Wanddicke beim Spritzgießen im Vergleich zu PC+ABS) und gegenüber PC erhöhte Festigkeit und Steifigkeit (richtungsabhängig!) ohne Glasfaserverstärkung auf. Die Verstärkerwirkung beruht auf der Ausrichtung des mit PC nicht verträglichen LCP im Scherfeld zu Vibrillen.

Zur Erhöhung der Kerbschlagzähigkeit wird PC mit *TPU*, *PBT* bzw. *PET* kombiniert. Die Wärmestandfestigkeit des PC bleibt bei PBT- und PET-Blends weitgehend erhalten, die Kraftstoff-Beständigkeit wird erhöht.

Eigenschaftsvergleich s. Tafel 4.33

Einsatzgebiete

Ausnutzung der Transparenz, Wärmestandfestigkeit und Schlagzähigkeit: Straßenleuchten, Verkehrsampeln, Fahrzeugsignallichter, Abdeckkästen und -scheiben für Schalt- und Meßgeräte und Verteilerstationen, Verscheibungen für Stadien und Gewächshäuser aus extrudierten Platten, Sicherheitsverbundglas, Brillengläser und Linsen; Formteile und Gehäuse für die Elektrotechnik, Elektronik, für Küchenmaschinen, Meßinstrumente, Ferngläser, Chronometer, Projektionsgeräte, Steckerleisten, Schutzhelme, hochwertiges Geschirr, Mehrweg-Getränkeflaschen, Milchflaschen, Trinkwasserbehälter bis 20 l Inhalt. Großteile wie Straßenbriefkästen, Kabelverteilerschränke, Montageplatten, Laternenmasten aus PC-Strukturschaum mit und ohne Glasfaserverstärkung. Optische Datenspeicher (compact discs) und Präzisions-Formteile aus speziellen

Tafel 4.33. Eigenschaftsvergleich der Polycarbonate und Blends

Eigenschaft	Einheit	Polycarbonate und PC-Blends									
		PC (BPA)	PC-GF 30	PEC unterschiedl. Esteranteil	(PC+ ABS)[2]	(PC+ABS) –GF 20	(PC+PET)	(PC+PBT)	(PC+PBT) – GF 30	PC + LPC	PC (TMC/ BPA)
Dichte	g/cm^3	1,20	1,42–1,44	1,19–1,21	1,08–1,17	1,25	1,22	1,2–1,26	1,43–1,45		1,18–1,14
Zug-E-Modul	MPa	2300–2400	5500–5800	2000–2400	2000–2600	6000	2100–2300	2300	7000	2600–4000	22509
Streckspannung	MPa	55–65	–	65–70	40–60	–	50–55	50–60	–	66	65
Streckdehnung	%	6–7	–:	7–9	3–3,5	–	5	4–5	–	5,6–2,9	7
Nominelle Bruchdehnung	%	>50	–	>50	>50	–	>50	25–>50	–		>50
Spannung bei 50 % Dehnung	MPa	–	–	–	–	–	–	–	–		–
Bruchspannung	MPa	–	70	–	–	75	–	–	90	74–82	–
Bruchdehnung	%	–	3,5	–	–	2	–	–	3		–
Schmelztemperatur	°C	–	–	–	–	–	–	–	–		–
Formbeständigkeitstemp. HDT / A 1,8 MPa	°C	125–135	135–140	135–165	90–110	115	105	70–95	150	120–135	140–180
Längenausdehnungskoeff., längs (23–55 °C)	10^{-5}/K	6,5–7	2,5–3	7–8	7–8,5	3–3,5	9–10	8–9	3		7,5
Längenausdehnungskoeff., quer (23–55 °C)	10^{-5}/K	–		–	5–6		–	–			
Brennbarkeit UL 94 bei 1,6 mm Dicke	Klasse	V-2[1]	V-1[1]	HB[1]	HB[1]	HB[1]	HB[1]	HB[1]	HB[1]		HB[1]
Dielektrizitätszahl bei 100 Hz	–	2,8–3,2	3,3	2,8–3,3	3	3,2	3,3	3,3	4		3,0→2,8
Dielektrischer Verlustfaktor bei 100 Hz	$\cdot 10^{-4}$	7–20	9–10	10–20	30–60	20–30	200	20–40	30–40		16→13
Spezifischer Durchgangswiderstand	Ohm · m	$>10^{14}$	$>10^{14}$	$>10^{14}$	$>10^{14}$	$>10^{14}$	$>10^{13}$	$>10^{14}$	$>10^{14}$		$>10^{14}$
Spezifischer Oberflächenwiderstand	Ohm	$>10^{14}$	$>10^{14}$	$>10^{14}$	10^{14}	$>10^{14}$	$>10^{15}$	$>10^{14}$	$>10^{14}$		$>10^{14}$
Elektrische Durchschlagfestigkeit	kV/mm	30–75	30–75	35–45	24	30	30	35	35		35
Vergleichszahl d. Kriechwegbildung CTI/A		250–300	150–175	225–375	250–600	200–300	250–275	250–500	300–500		325→600
Aufn. von Wasser bei 23 °C, Sättigung	%	0,35	0,28–0,30	0,32	0,6–0,7	0,4–0,5	0,35	0,35	0,25		
Feuchteaufn. b. 23 °C / 50 % r. F., Sättigung	%	0,15	0,11–0,15	0,15	0,2	0,15–0,2	0,15	0,15	0,1		

[1] auch als V-0 verfügbar [2] bei geringem PC-Anteil auch als (ABS+PC), s. Tafel 12 in 4.2.3

leichtfließenden Formmassen. PC-Copolymere werden bei erhöhten Anforderungen an die Wärmeformbeständigkeit eingesetzt.

PC-TMC/BPA: Beleuchtungssektor und Gießfolien mit höherer Temperaturbelastung, Streuscheiben mit Kratzfestlack, Autoverscheibung mit 4–8 μm Siloxanlackbeschichtung.

Handelsnamen

PC: z. B. Calibre, Durolon, Lexan, Makrolon, Novarex, Panlite, Polycarbafil, Polygard, Sinvet, Sparlux, Star-C, Stat-Kon, Xantar

PC-TMC/BPA: z. B. Apec HT, Lexan PPC

PC/Bisphenol S: z. B. Merlon T

PC-Fluorenon-Bisphenol

PC-aliphatische Dicarbonsäure: Lexan SP

PC+ABS: z. B. Bayblend-T/FR, Cycoloy, Koblend, Mablex, Pulse, Ryulex, Stapron C, Terblend B, Triax

PC+ASA: z. B. Bayblend A, Terblend S

PC+SMA: z. B. Arloy

PC+AES: z. B. Koblend

PC+TPU: z. B. Texin

PC+PBT/PET: z. B. Lexan, Makroblend, Stapron E, Ultrablend, Xenoy

PC+PS-HI: z. B. Bayblend H

PC+PP mod./-Copolymer: z. B. Azloy, Multilon

PC+PMMA: z. B. Makrolon Longlife-UV.

PC+LCP: z. B. Vectra

4.7.3 Polyester der Terephthalsäure, Blends, Blockcopolymere; PTP

Polyethylenterephthalat, PET

Chemischer Aufbau

Die Ausgangsstoffe für die Kondensation von PET sind Terephthalsäure und Ethylenglykol. Die Grundstruktur zeigt F 19.

PET ist ein teilkristalliner Thermoplast, der anfänglich nur für die Herstellung von Fasern, später auch für Folien eingesetzt wurde. Höhermolekulare Typen, die zur Beschleunigung der Kristallisation mit Nukleierungsmitteln versehen sind, machten den Einsatz im Spritzgießsektor möglich.

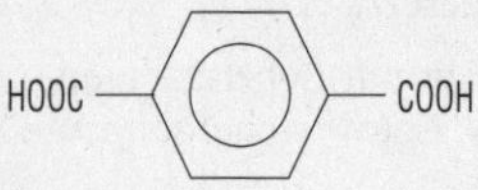

$$HOOC-C_6H_4-COOH \qquad HO-CH_2-CH_2-OH$$

Terephthalsäure Ethylenglykol

$$\left[-\overset{O}{\overset{\|}{C}}-C_6H_4-\overset{O}{\overset{\|}{C}}-O-CH_2-CH_2-O- \right] \tag{F 19}$$

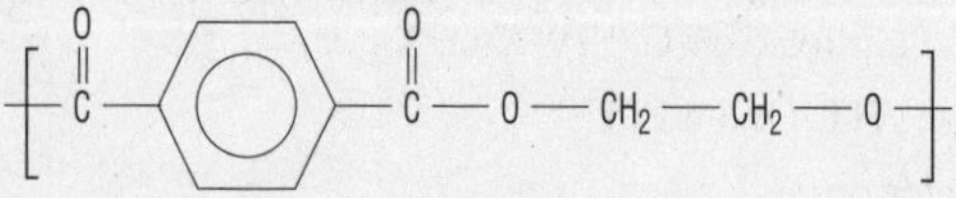

Polyethylenterephthalat, PET

Man unterscheidet drei unterschiedliche PET Typen: kristallines PET (PET-C), amorphes PET (PET-A) und PET Copolymerisate mit erhöhter Schlagzähigkeit (PET-G).

Durch den Einbau voluminöser Comonomere wie Isophthalsäure oder 1,4-Cyclohexandimethylol (CHDM), s. F 20, kann die Kristallinität verringert werden, so daß die Herstellung transparenter Formteile (z. B. Flaschen) möglich ist.

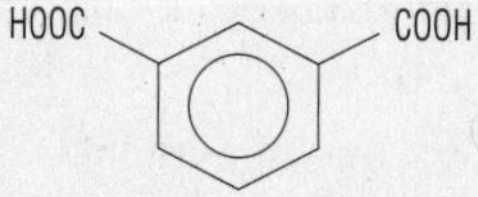

$$HOOC-C_6H_4-COOH \text{ (1,3)}$$

Isophthalsäure

(F 20)

$$HO-H_2C-C_6H_{10}-CH_2-OH$$

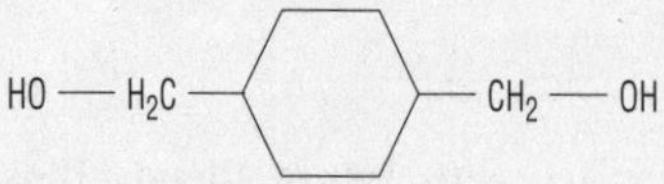

Cyclohexan-1,4-dimethylol

Verarbeitung

Hauptsächliches Verarbeitungsverfahren für PET ist das Spritzgießen. Folien, Platten und massive Profile werden extrudiert. Vor der thermoplastischen Verarbeitung muß feuchtes Granulat ca. 10 h bei etwa 130 °C getrocknet werden. Die Massetemperatur muß 260 bis 290 °C, die Werkzeugtemperatur beim Spritzgießen von amorphen Formteilen über 60 °C, von teilkristallinen Formteilen (Wanddicken über 4 mm) ca. 140 °C betragen. Trotz der hohen Verarbeitungsschwindung teilkristalliner Formteile von 1,2 bis 2,5 % ist ein Umspritzen von Metallteilen gut möglich, wenn die Wanddicke entsprechend groß gewählt wird. Verbindungen können nach folgenden Verfahren hergestellt werden: Ultraschall-, Reib-, Heizspiegel- und Heißgasschweißen und Kleben mit Cyanacrylat-, EP- oder PUR-Klebstoffen.

Eigenschaften

Die mechanischen Eigenschaften werden stark vom Kristallinitätsgrad bestimmt, der wiederum von den Prozeßparametern beim Spritzgießen abhängt. Werkzeugtemperaturen von 140 °C, lange Verweilzeiten und eine Nachtemperung führen zu einer Kristallinität von 30 bis 40 %. Solche Formteile weisen unterhalb 80 °C eine hohe Festigkeit und Steifigkeit auf und zeigen geringe Kriechneigung unter statischer Dauerlast. Die Schlagzähigkeit ist jedoch gering, das Gleit- und Verschleißverhalten gut.

Amorphe Formteile werden angestrebt, wenn neben hoher Transparenz hohe Zähigkeit, sehr gutes Gleit- und Verschleißverhalten, eine geringe Verarbeitungsschwindung und hohe Dimensionsstabilität verlangt werden.

PET weist bei ca. 80 °C einen Glasübergangsbereich der amorphen Anteile auf, in dem der Elastizitätsmodul, besonders der nicht verstärkten Typen, deutlich abfällt. Hochverstärkte Typen sind bis ca. 250 °C formstandfest. Die langzeitige Gebrauchstemperatur liegt bei 100 bis 120 °C. Die guten elektrischen Eigenschaften sind wenig frequenz- und temperaturabhängig. PET weist geringe Durchlässigkeiten für O_2 und CO_2 auf, so daß es für alkohol- und kohlensäurehaltige Getränkeflaschen gut geeignet ist. Es ist beständig gegen schwache Säuren und alkalische Lösungen, Öle, Fette, aliphatische und aromatische Kohlenwasserstoffe und Tetrachlorkohlenstoff. Es ist nicht beständig gegen starke Säuren und alkalische Lösungen, Phenol und bei langem Einsatz in heißem Wasser oberhalb 70 °C. Spannungsrißbildung ist bei PET nicht bekannt. Es besitzt eine gute Bewitterungsstabilität, insbesondere wenn der Formstoff mit Ruß gegen UV-Strahlung geschützt wird.

PET brennt mit orange-gelber Flamme, wenn es nicht flammgeschützt ist. Es entspricht den Anforderungen für den Kontakt mit Lebensmitteln, kann wegen der geringen Hydrolysebeständigkeit jedoch nur in Ethylenoxid-Atmosphäre oder durch Bestrahlung sterilisiert werden.

Die Steifigkeit und Festigkeit werden durch Kohle- und Glasfaserverstärkungen erhöht, die Verarbeitungsschwindung auf 0,4 bis 0,8 % reduziert. Allerdings nimmt die Schwindungsanisotropie zu, so daß Typen mit Mikroglaskugel eingesetzt werden, wenn es nur um die Versteifung geht, z. B. bei Anwendungen in der Elektroindustrie.

Eigenschaftsvergleich s. Tafel 4.34

Einsatzgebiete

Verschleißfeste Teile (auch aus glasfaserverstärktem PET) wie Lager, Zahnräder, Wellen, Führungen, Kupplungen, Schloßelemente, Türgriffe. Isolier-, Magnetband-, Antihaft-Folien für die Gießharzverarbeitung und

Tafel 4.34. Eigenschaftsvergleich der Polyalkylenterephthalate und Polyesterelastomere

Eigenschaft	Einheit	Polyalkylenterephthalate und Polyesterelastomere									
		PET			PBT			PTT	(PBT+ ASA)	PEEST (TPE-E)	
		amorph PET-A	teilkrist. PET-C	–GF30	unverst.	elastmod.	–GF 30			Shore D 35-50	Shore D 55–75
Dichte	g/cm^3	1,33–1,35	1,38–1,40	1,56–1,59	1,30–1,32	1,2–1,28	1,52–1,55	1,35	1,21–1,22	1,11–1,20	1,22–1,28
Zug-E-Modul	MPa	2100–2400	2800–3100	9000–11 000	2500–2800	1100–2000	9500–11 000	2700	2500	30–150	200–1100
Streckspannung	MPa	55	60–80	–	50–60	30–45	–	67	53	–	–
Streckdehnung	%	4	5–7	–	3,5–7	6–20	–		3,6	–	–
Nominelle Bruchdehnung	%	>50	>50	–	20–>50	>50	–		>50	>50	>50
Spannung bei 50 % Dehnung	MPa	–	–	–	–	–	–		–	10–30*	30–50*
Bruchspannung	MPa	–	–	160–175	–	–	130–150		–	–	–
Bruchdehnung	%	–	–	2–3	–	–	2,5–3		–	–	–
Schmelztemperatur	°C	–	250–260	250-260	220–225	200–225	220–225	225	225	155–210	215–225
Formbeständigkeitstemperatur HDT / A 1,8 MPa	°C	60–65	65–75	220–230	50–65	50–60	200–210	59	80	–	50–55
Längenausdehnungskoeffizient, längs (23–55 °C)	10^{-5}/K	8	7	2–3	8–10	10–15	3–4,5		10	15–22	10–18
Längenausdehnungskoeffizient, quer (23–55 °C)	10^{-5}/K	–	–	7–9	–	–	7–9		–		
Brennbarkeit UL 94 bei 1,6 mm Dicke	Klasse	HB[1)]	HB[1)]	HB[1)]	HB[1)]	HB[1)]	HB[1)]		HB[1)]	HB[1)]	HB[1)]
Dielektrizitätszahl bei 100 Hz	–	3,4–3,6	3,4–3,6	3,8–4,8	3,3–4,0	3,2–4,4	3,5–4,0		3,3	4,4–5	
Dielektrischer Verlustfaktor bei 100 Hz	$\cdot 10^{-4}$	20	20	30–60	15–20	20–130	20–30		10	100–200	
Spezifischer Durchgangswiderstand	Ohm · m	$>10^{13}$	$>10^{13}$	$>10^{13}$	$>10^{13}$	$>10^{13}$	$>10^{13}$		$>10^{14}$	ca. 10^{10}	
Spezifischer Oberflächenwiderstand	Ohm	$>10^{14}$	$>10^{14}$	$>10^{14}$	$>10^{14}$	$>10^{14}$	$>10^{14}$		$>10^{15}$	$>10^{13}$	
Elektrische Durchschlagfestigkeit	kV/mm	250	30	30–35	25–30	25	30–35		30	20–25	
Vergleichszahl der Kriechwegbildung CTI/A		300–400	300–400	250–275	600	600	350-525		600	600	
Aufnahme von Wasser bei 23 °C, Sättigung	%	0,6–0,7	0,4–0,5	0,4–0,5	0,5	0,4–0,7	0,35–0,4		0,5	0,6–1,2	0,4–0,8
Feuchteaufnahme b. 23 °C / 50 % r. F., Sättigung	%	0,3–0,35	0,2–0,3	0,2	0,25	0,15–0,2	0,1–0,15		0,2	0,3–0,6	0,2–0,4

*) ≙ Reißfestigkeit [1)] auch als V-0 verfügbar

Backwaren, Farbbänder für Drucker, Trägerfolien für Photofilme, Schrumpfschläuche, Fasern.

Handelsnamen

Formmassen: z. B. Arnite, Cleartuf, Crastin, Polyclear, Selar, Tenite, Ultradur

Fasern: z. B. Terylene, Dacron, Trevira.

Folien: z. B. Mylar, Hostaphan.

Polybutylenterephthalat, PBT (PTMT)

Chemischer Aufbau

PBT (auch unter der Bezeichnung Polytetramethylenterephthalat, PTMT, bekannt) ist im chemischen Aufbau und auch in den Eigenschaften dem PET sehr ähnlich. Bei der Kondensation wird statt Ethylenglykol 1,4-Butandiol verwendet, s. F 21.

$HOOC-C_6H_4-COOH$ (Terephthalsäure) $\qquad HO-[CH_2]_4-OH$ (1,4-Butandiol)

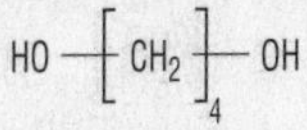

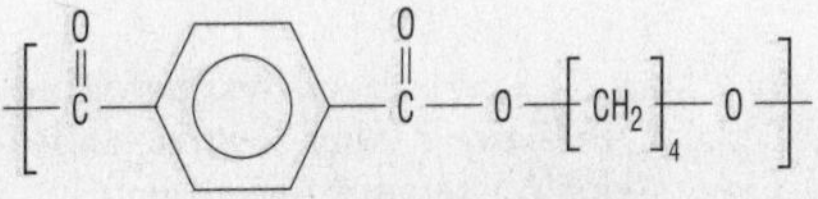

$$\left[-\overset{O}{\overset{\|}{C}}-C_6H_4-\overset{O}{\overset{\|}{C}}-O-[CH_2]_4-O-\right] \qquad \text{(F 21)}$$

Polybutylenterephthalat, PBT

PBT ist ebenfalls ein teilkristalliner Thermoplast, der jedoch schneller kristallisiert und sich für das Spritzgießen besser eignet als PET.

Verarbeitung

PBT wird hauptsächlich durch Spritzgießen bei Massetemperaturen von 230 bis 270 °C verarbeitet. Werkzeugtemperaturen unterhalb 60 °C sind üblich, jedoch wird eine optimale Oberfläche erst bei 110 °C erreicht. Eine Granulattrocknung ist wie beim PET erforderlich. Verbindungsverfahren sind das Ultraschall-, Reib-, Heizspiegel- und Heißgasschweißen sowie das Kleben mit Reaktionsharzklebstoffen.

Eigenschaften

Die Festigkeit und Steifigkeit sind etwas geringer als beim PET, die Zähigkeit bei tiefen Temperaturen etwas besser. Das Gleit- und Verschleißverhalten ist sehr gut. Der Glasübergang der amorphen Phase liegt bei 60 °C. Die maximale Formbeständigkeitstemperatur liegt mit 180 bis

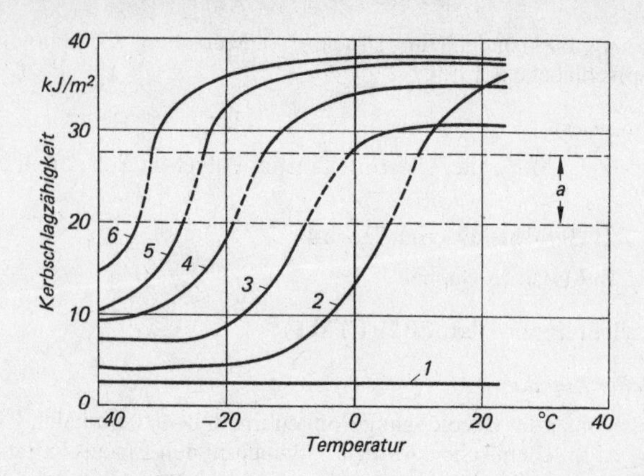

Bild 4.15 Kerbschlagzähigkeit unverstärkter modifizierter Polybutylenterephthalate in Abhängigkeit von der Temperatur
1 nicht modifiziert
2 mit Polyacrylat-Kautschuk
3 mit Polyolefin-Pfropfpolymer
4 mit PC und Polybutadien-Pfropfpolymer
5 mit Polybutadien-Pfopfpolymer
6 mit modifiziertem Polybutadien-Pfropfpolymer
a Übergangsbereich Duktil-/Sprödbruch

200 °C entsprechend tiefer, jedoch sind die langzeitigen Wärmeformbeständigkeiten mit 100 bis 120 °C gleich. PBT ist ein guter elektrischer Isolator, dessen Eigenschaften wenig von der Wasseraufnahme, Temperatur und Frequenz beeinflußt werden. Die Durchlässigkeit für CO_2 ist wesentlich größer als die Durchlässigkeit des PET, die Beständigkeit gegen Chemikalien und Bewitterung und das Brennverhalten sind vergleichbar. Die Beständigkeit gegen heißes Wasser ist besser. PBT-Typen sind für den Kontakt mit Lebensmitteln zugelassen.

PBT-Typen werden mit folgenden Modifikationen geliefert: leichtfließend, flammhemmend, höher schlagzäh durch Elastomermodifizierung, s. Bild 4.15, verstärkt oder gefüllt zur Erhöhung der Steifigkeit, Festigkeit, des Verschleißwiderstandes oder zur Verringerung des Gleitreibungskoeffizienten.

Eigenschaftsvergleich s. Tafel 4.34

Einsatzgebiete

Gleitlager, Rollenlager, Ventilteile, Schrauben, Steckerleisten, Pumpengehäuse und Räder, Teile für Haushaltsgeräte wie Kaffeemaschinen, Eierkocher, Toaster, Haartrockner, Staubsauger, Kochgeräte.

Handelsnamen

Z.B. Celanex, Pocan, Ultradur, Vandar, Vestodur, Pibiter, Arnite, Crastin, Celanex, Valox, Novadur, Shinco-Lac, Toray BPT, Tufpet PBT.

Polytrimethylenterephthalat; PTT

Die Eigenschaften dieser Neuentwicklung sind vergleichbar denen von PBT. Die Glastemperatur T_g liegt etwas höher, so daß der E-Modul mit zunehmender Temperatur weniger abfällt.

Eigenschaftsvergleich s. Tafel 4.34

Entwicklungsprodukt der Shell

Thermoplastische Polyester-Elastomere; TPE-E

TPE-E sind Blockcopolymere von Weichsegmenten aus Polyalkylenether-diolen und/oder langkettigen aliphatischen Dicarbonsäureestern mit teilkristallinen PBT-Segmenten. Die Eigenschaften reichen von gummiartig bis zu hochflexibilisierten technischen Kunststoffen. Der Anwendungs-Temperaturbereich liegt zwischen −40 und 100 °C, bei höheren Temperaturen ist eine Wärmestabilisierung erforderlich. Diese TPE sind gegen Treib- und Schmierstoffe beständig, hydrolysefest, UV- und witterungsbeständig einstellbar.

Eigenschaftsvergleich s. Tafel 4.34

Die *Verarbeitung* erfolgt nach der Trocknung des Granulats im Spritzguß und durch Extrusion bei Temperaturen um 220 °C mit möglichst kurzen Verweilzeiten, um einen Abbau zu vermeiden.

Anwendungen: Membranen, Druckluft- und Hydraulik-Schläuche, Kabel-Ummantelungen, Faltenbälge, Abdeckkappen, Kupplungs- und Antriebselemente, Dichtungen, Sohlen für Skischuhe und Fußballschuhe, Rollen, Lager und Befestigungsteile im PKW.

Handelsnamen: z.B. Arnitel, Bexloy, Ecdel, Hytrel, Lomod, Pelprene, Pibiflex, Riteflex.

Polyethylenterephthalat-Blends: PET + : PBT, MBS, PMMA, PSU, Elastomer

Blends mit PBT, MBS, PMMA und PSU weisen eine verbesserte Verarbeitbarkeit auf. Zur Verbesserung der Schlagzähigkeit unter Beibehaltung der Transparenz werden Blends mit MBS mit allen drei PET-Typen hergestellt, PET+MBS. Bei der Herstellung von MBS (Methacrylat-Butadien-Styrol-Copol., s. Abschn. 4.4.2.) wird auf einen weichen Kautschkkern eine harte Schale aufpolymerisiert. Einsatzgebiet: Gefrierpackungen auch für Mikrowelle.

4.7.4 Polyester aromatischer Diole und Carbonsäuren; PAR, PBN, PEN

Polyarylate, PAR

Chemischer Aufbau, Eigenschaften

PAR sind thermoplastische Kondensate rein aromatischer Polyester (APE) und Polyestercarbonate (PEC). F 22 zeigt beispielhaft eine Struktur.

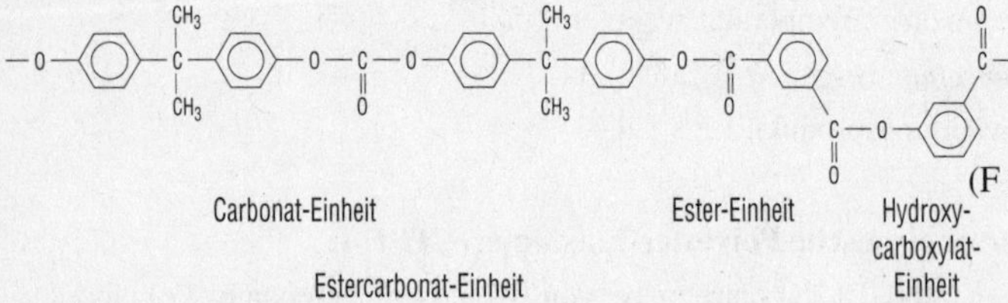

(F 22)

Carbonat-Einheit Ester-Einheit Hydroxy-carboxylat-Einheit

Estercarbonat-Einheit

Sie sind transparent, in den mechanischen und elektrischen Eigenschaften und in der chemischen Beständigkeit mit PC vergleichbar. Typen für den Kontakt mit Lebensmitteln stehen zur Verfügung. PAR ist sterilisierbar. Die Glasübergangstemperatur liegt oberhalb 180 bis 325 °C, die Dauergebrauchstemperatur liegt bei 150 °C. PAR sind von Natur aus schwer entflammbar, sehr beständig gegen UV-Strahlung und für den Außeneinsatz auch ohne Stabilisierung geeignet, sie neigen aber ohne UV-Absorber zur Vergilbung.

In neuerer Zeit werden zwei PAR-Typen (PAR 15 und PAR 25) mit einer sehr hohen Temperaturbeständigkeit angeboten, s. F 23.

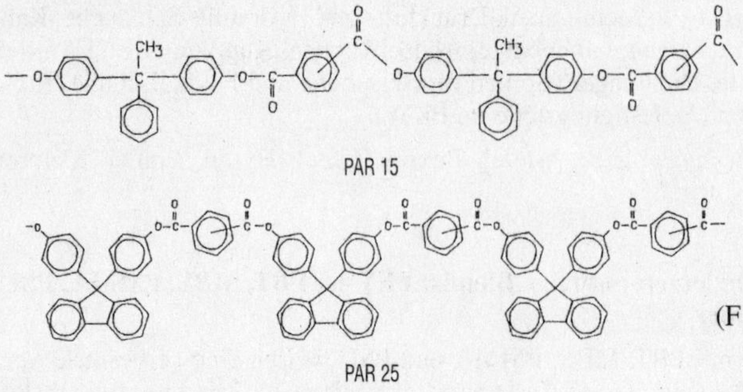

PAR 15

PAR 25

(F 23)

Die Glasübergangstemperaturen liegen bei 250 °C (PAR 15) und 325 °C (PAR 25). Aus beiden Thermoplasten können durch *Sintern* Halbzeuge wie Platten und Stäbe hergestellt werden. PAR 15 kann außerdem im *Spritzguß* verarbeitet werden. Die PAR 15 und 25 zeichnen sich durch eine hohe Konstanz der mechanischen und elektrischen Eigenschaften im

Temperaturbereich von 4 K bis etwa 200 bzw. 300 °C aus. Aufgrund ihrer amorphen Struktur sind die Formteile und Gießfolien glasklar. *Anwendungen* liegen im Bereich von UV-Filtern, Membranen, der Lichttechnik, von Schweißausrüstungen, der Elektronik und Elektrotechnik.

Eigenschaftsvergleich s. Tafel 4.35.

Tafel 4.35. Eigenschaftsvergleich PAR

Eigenschaft	Einheit	PAR 15/25	PBN GF 30	PEN-A
Dichte	g/cm³	1,21/1,22	1,63	
Zug-E-Modul	MPa	2350/2800		2400
Streckspannung	MPa			81
Streckdehnung	%			7,2
Nominelle Bruchdehnung	%			>50
Spannung bei 50 % Dehnung	MPa			
Bruchspannung	MPa	76/100	153	
Bruchdehnung	%	9–115	5	
Schmelztemperatur	°C			
Formbeständigkeitstemperatur HDT / A 1,8 MPa	°C	235/305	228	87
Längenausdehnungskoeffizient, längs (23–55 °C)	10^{-5}/K			
Längenausdehnungskoeffizient, quer (23–55 °C)	10^{-5}/K			
Brennbarkeit UL 94 bei 1,6 mm Dicke	Klasse	VO		
Dielektrizitätszahl bei 100 Hz	–			
Dielektrischer Verlustfaktor bei 100 Hz	$\cdot 10^{-4}$			
Spezifischer Durchgangswiderstand	Ohm · m	$1–20 \cdot 10^{14}$		
Spezifischer Oberflächenwiderstand	Ohm			
Elektrische Durchschlagfestigkeit	kV/mm		66	

Verarbeitung

PAR müssen vor der thermoplastischen Verarbeitung, im wesentlichen dem Spritzgießen und Extrudieren (Massetemperatur 340 bis 400 °C), bei 120 bis 130 °C bis auf einen Wassergehalt unter 0,02 % getrocknet werden. Die Werkzeugtemperatur kann bis zu 150 °C betragen, die Verarbeitungsschwindung beträgt in Fließrichtung ca. 0,2 %, senkrecht dazu ca. 0,7 bis 0,9 %. Sonstige Ver- und Nachbearbeitungen wie bei PC.

Modifikationen

Einarbeitung von Faser- und Füllstoffen, insbesondere Glasfasern und Kaliumtitanatfasern erhöhen die Steifigkeit. Auch Talkum wird als Verstärkungsstoff verwendet. Durch Brandschutzadditive wird das schon gute Brandverhalten (V2 nach UL 94) noch verbessert.

Mischungen mit anderen Polymeren erbringen Vorteile, besonders hinsichtlich der Verarbeitbarkeit, Beständigkeit gegen Treibstoffe, die Gefahr der Hydrolyse und Verringerung des Preises. Die Verringerung der

Kälteschlagzähigkeit wird durch gepfropfte Silikon-Kautschuke kompensiert, s. Tafel 4.36.

Einsatzgebiete

PAR werden dort eingesetzt, wo die Wärmeformbeständigkeit der PC nicht ausreicht und PSU aus Preisgründen nicht in Frage kommen: z. B. Bedienungspaneele für Küchenherde, Teile für Haartrockner und Mikrowellenöfen, Lampengehäuse und -reflektoren, Handwerkzeuge, Elemente für Büro- und sonstige Maschinen.

PAR 15/25: Gesinterte Halbzeuge wie Platten, Rohre, Stäbe; transparente Gießfolien für die Elektro- und Elektronikindustrie zum Isolieren oder für Mehrschichtverbunde, Flüssigkristall-Bildschirme, Klebebänder, UV-Filter; Aus Sinterhalbzeugen oder spritzgegossenen Halbzeugen: temperaturbeanspruchte Funktionselemente für alle Bereiche der Technik.

Tafel 4.36. Vorteile von Mischungen aus Polyarylaten mit anderen Polymeren

Mischungspartner	Treibstoff-festigkeit	Hydrolyse-stabilität	Verarbeit-barkeit	Preis	Sonstiges
Polyalkylenterephthalate	x		x	x	
aliphatische Polyamide	x		x	x	
aromatisches Polycarbonat			x		
Polyolefine			x	x	höhere Zähigkeit
ABS-Polymere		x	x		höhere Zähigkeit
Polyphenylensulfid		x			höherer Brandwiderstand
Polyetherimid	x				
Polycarbonat-Siloxan-Blockcopolymere	x		x		höhere Zähigkeit
gepfropfte Silikon-Kautschuke	x				höhere Zähigkeit

x vorrangige Verbesserung

Polybutylennaphthalat; PBN

PBN ist ein Polymerisat auf Basis von Dimethyl-2,6-Naphthalendicarboxylat (NDC) und Butandiol. Es weist gegenüber BPT höhere Wärmeformbeständigkeit auf (lötfest), hat geringere Durchlässigkeit für Methan und Methanol als PA 11 oder PE-HD.

Eigenschaftsvergleich s. Tafel 4.35.

Einsatzgebiete: elktronische Bauelemente, kraftstoff-führende Teile (Copolymerisate [TPE] für Schläuche und Kabel.

Polyethylennaphthalat; PEN

PEN ist ein Polymerisat auf Basis von Dimethyl-2,6-Naphthalendicarboxylat (NDC) und Ethylenglykol. Es ist amorph und transparent und wird als Alternative zu PET im Bereich Flaschen, Folien und Fasern eingesetzt.

Verarbeitung: Spritzgießen, Extrudieren Warmformen, Blasen.

Eigenschaften, s. auch Tafel 4.35,: sehr geringe Sauerstoffdurchlässigkeit, sehr gute UV-Beständigkeit und Beständigkeit gegen Chemikalien und Hydrolyse, deshalb Einsatz im medizinischen Sektor, Blutentnahmevorrichtung, Verpackung, Behälter.

Handelsnamen

PAR: z.B. Ardel, Arylon, Durel.

PAR 15/25.

4.8 Aromatische Polysulfide und -sulfone; PPS, PASU, PSU, PES, PPSU, PSU+ABS

4.8.1 Polyphenylensulfid; PPS

Chemischer Aufbau

Polyphenylensulfide sind teilkristalline Polymere, bei denen aromatische Monomereinheiten über Schwefelatome miteinander verbunden sind. Sie zeichnen sich durch sehr hohe Wärmeformbeständigkeiten (Schmelztemperatur bis 445 °C), eine hohe Chemikalienbeständigkeit und Steifigkeit aus, s. F 24.

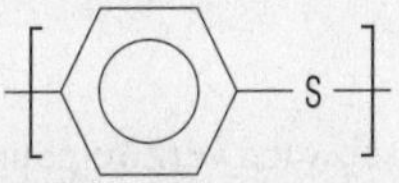

S (F 24)

Polyphenylensulfid, PPS

Sie können als vernetzbare Duroplaste und als Thermoplaste produziert werden, wobei letztere bei weitem die größere Bedeutung haben.

Verarbeitung

Spritzgießen

Das wichtigste Verarbeitungsverfahren ist das Spritzgießen: Massetemperatur 315 bis 370 °C, Werkzeugtemperatur 25 bis 200 °C. Oberhalb einer Werkzeugtemperatur von 120 °C wird die Formteiloberfläche glatt und glänzend, bei 40 °C wird die höchste Zähigkeit erreicht. Da glasfaserverstärkte Formmassen weniger als 0,05 % Wasser enthalten, ist eine Vortrocknung nur in besonderen Fällen erforderlich, wenn z.B. hydrophile Füllstoffe verwendet werden. Eine Lagerung bis zu 6 h bei 150 °C hat sich in jedem Fall als zweckmäßig erwiesen. Da PPS eine sehr geringe Schmelzeviskosität aufweist, gehören auch die gefüllten Typen zu den leichtfließenden Formmassen und es können geringe Wanddicken gespritzt werden.

Pressen/Sintern

PPS kann auch durch Pressen oder Sintern (z.B. zur Oberflächenbeschichtung) verarbeitet werden. Die Pulver werden vorher durch oxidative Vernetzung auf die erforderliche Schmelzeviskosität gebracht. Arbeitsschritte beim Pressen und Sintern von Formteilen sind: Verdichten in kalten Formen bei 70 MPa, Aufheizen der Form innerhalb einer Stunde auf 360 °C, erneutes Pressen bei 70 MPa, Preßzeit 2 min je 2,5 mm Wanddicke, Abkühlen mit weniger als 10 K/h, Entformen bei etwa 150 °C.

Die hohe Wärmeform- und Chemikalienbeständigkeit lassen PPS geeignet für den Einsatz bei Hochleistungs-Verbundwerkstoffen erscheinen, bei denen die Verstärkungsfasern (hauptsächlich Glas-, Kohlenstoff- oder Aramidfasern) in endloser Form vorliegen. Zur Haftvermittlung und Imprägnierung wurden verschiedene Techniken entwickelt.

Nacharbeiten

Beim mechanischen Bearbeiten sind besonders bei den hochgefüllten Formmassen Hartmetallwerkzeuge zweckmäßig. Das Ultraschall- und Spiegelschweißen ist gut möglich, weniger die Hochfrequenzschweißung. Wegen der hohen chemischen Beständigkeit ist ein Kleben mit Lösemittel-Klebstoffen nicht möglich, jedoch ergeben Zweikomponenten-Klebstoffe auf Epoxidharz- oder Polyurethanbasis feste Verbindungen. Zum Lackieren müssen die Oberflächen durch Beflammen oder durch ein Plasma vorbehandelt werden, oder es muß eine Grundierung auf PUR-Basis aufgebracht werden.

Eigenschaften

Thermoplastisches PPS ist schwach verzweigt und deshalb hochkristallin. Die Kristallinität hängt in starkem Maße von der Temperatur-Zeit-Historie bei der thermoplastischen Verarbeitung ab. Die Dauergebrauchstemperatur liegt bei 200 bis 240 °C, die maximale Gebrauchstemperatur bei 300 °C. Lösemittel unter 200 °C sind nicht bekannt, es kann jedoch bei erhöhten Temperaturen angequollen werden. Es ist gegen Alkalien und nichtoxidierende Säuren beständig, mit Ausnahme von Salzsäure, und wird von Oxidationsmitteln wie Salpetersäure angegriffen. Licht bewirkt bei nichtstabilisierten oder nicht pigmentierten Typen einen oberflächlichen Angriff. Die Gasdurchlässigkeit ist größer als bei anderen teilkristallinen Thermoplasten. PPS ist von Natur aus flammwidrig und erreicht bei 0,4 mm Dicke die Einstufung V0 nach UL 94.

PPS gehört zu den spröden Thermoplasten und wird deshalb in ungefüllter Form als Spritzgießformmasse nur wenig eingesetzt. Solche Anwendungen sind z. B. die Herstellung von Folien nach dem Breitschlitz-Extrusionsverfahren oder von Fasern. Für das Spritzgießen werden deshalb Compounds aus faserigen Verstärkungsstoffen, mineralischen Füllstoffen und Kombinationen aus diesen bevorzugt. Zur Verstärkung werden in erster Linie Glas-, aber auch Kohlenstoff- und Aramidfasern, als Füllstoffe Calciumcarbonat, Calciumsulfat, Kaolin, Glimmer, Talkum oder Quarz

Tafel 4.37. Eigenschaftsvergleich der Polyarylsulfide und -sulfone

Eigenschaft	Einheit	Polyarylsulfide und - sulfone					
		PPS –GF 40	PES		PSU		(PSU + ABS)
			unverst.	–GF 30	unverst.	–GF 30	
Dichte	g/cm^3	1,60–1,67	1,36–1,37	1,58–1,6	1,24–1,25	1,44–1,45	1,13
Zug-E-Modul	MPa	13 000–19 000	2600–2800	9000–11 000	2500–2700	7500–9500	2100
Streckspannung	MPa	–	80–90	–	70–80	–	50
Streckdehnung	%	–	5,5–6,5	–	5,5–6	–	4
Nominelle Bruchdehnung	%	–	20–50	–	20–>50	–	>50
Spannung bei 50 % Dehnung	MPa	–	–	–	–	–	–
Bruchspannung	MPa	165–200	–	125–150	–	110–125	–
Bruchdehnung	%	0,9–1,8	–	1,9–3	–	2–3	–
Schmelztemperatur	°C	275–290	–	–	–	–	–
Formbeständigkeitstemperatur HDT / A 1,8 MPa	°C	ca. 260	200–205	210–225	170–175	185	150
Längenausdehnungskoeffizient, längs (23–55 °C)	10^{-5}/K	1,5–2,5	5–5,5	2–3	5,5–6	2	6,5
Längenausdehnungskoeffizient, quer (23–55 °C)	10^{-5}/K	3,5–5	–	4–4,5	–		–
Brennbarkeit UL 94 bei 1,6 mm Dicke	Klasse	V-0	V-0	V-0	V-2/HB[1]	V-0/V-1	HB[1]
Dielektrizitätszahl bei 100 Hz	–	3,9–4,8	3,5–3,7	3,9–4,2	3,2	3,5–3,7	3,1–3,3
Dielektrischer Verlustfaktor bei 100 Hz	$\cdot 10^{-4}$	10–20	10–20	20–30	8–10	10–20	40–50
Spezifischer Durchgangswiderstand	Ohm · m	$>10^{13}$	$>10^{13}$	$>10^{13}$	$>10^{13}$	$>10^{13}$	$>10^{13}$
Spezifischer Oberflächenwiderstand	Ohm	$>10^{14}$	$>10^{13}$	$>10^{13}$	$>10^{15}$	$>10^{15}$	$>10^{14}$
Elektrische Durchschlagfestigkeit	kV/mm	20–30	20–30	20–30	20–30	30–35	20–30
Vergleichszahl der Kriechwegbildung CTI/A		125–150	100–150	125–175	125–150	150–175	175
Aufnahme von Wasser bei 23 °C, Sättigung	%	<0,1	1,9–2,3	1,5	0,6–0,8	0,4–0,5	0,3
Feuchteaufnahme bei 23 °C / 50 % r. F., Sättigung	%	<0,05	0,6–0,8	0,6	0,25–0,3	0,15–0,2	0,1

[1] auch als V-0 verfügbar

eingesetzt. Füllgrade bis 70 Masse-% sind möglich. Die mechanischen Eigenschaften werden stark von der Art und Menge der Zusatzstoffe beeinflußt, s. Tafel 4.37. Blends mit Fluorpolymerenverbessern die tribologischen Eigenschaften. Leitfähige Compounds sind in der Entwicklung.

Eigenschaftsvergleich s. Tafel 4.37

Einsatzgebiete

Mikro-Präzisionsspritzguß, Einkapselung von Chips und anderen Elektronik-Bausteinen, Lampen- und Scheinwerfersockel, Pumpengehäuse und andere -Teile, Strukturschaum-Teile, Folien.

Handelsnamen

Z.B. Asahi PPS, Crastin, Fortron, Larton, Primef, Ryton, Star PPS, Supec, Susteel PPS Compound, Tedur, Thermocomp.

4.8.2 Polyarylsulfone PASU; PSU, PSU+ABS, PES, PPSU

Chemischer Aufbau

Polysulfone sind Polykondensate, die als charakteristische Molekülgruppe Diarylsulfon-Gruppen im Kettenmolekül enthalten, s. F 25.

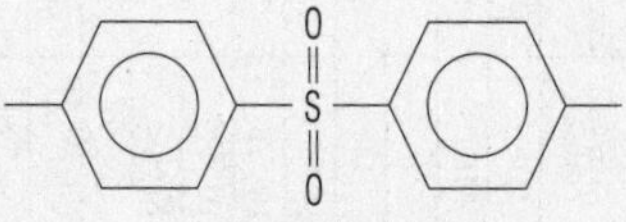

$$-C_6H_4-\underset{\underset{O}{\|}}{\overset{\overset{O}{\|}}{S}}-C_6H_4- \qquad \text{(F 25)}$$

Diarylsulfon-Gruppe

Bekannte Handelsprodukte sind Polyarylate (aromatische Ringe, die durch O-, S-, SO_2- oder andere Brücken verknüpft sind), die zusätzlich Ether-Bindungen (-O-) und teilweise auch -$(CH_3)_2$-Bindungen aufweisen. Chemische Bezeichnungen und Kurzzeichen sowie eine Zusammenstellung von Grundstrukturen, Gebrauchstemperaturen, Verarbeitungstemperaturen und Handelsnamen zeigt Tafel 4.38.

Verarbeitung

PSU kann nach allen für Thermoplaste üblichen Verfahren verarbeitet werden. Das *Spritzgießen* ist die am häufigsten angewendete Methode. Eine Vortrocknung der Formmassen bei je nach Sorte 150 bis 260 °C über 3 bis 6 h ist erforderlich. Es müssen hohe Masse- und Werkzeugtemperaturen bei der Verarbeitung zur Anwendung kommen, da die Schmelzen hochviskos sind. Hierdurch werden Molekülorientierungen und Eigenspannungen reduziert und damit auch die Spannungsrißempfindlichkeit. *Verbindungen* können z.B. durch das Heizelement- oder Ultraschall-

Tafel 4.38. Polysulfone und Polysulfon-Modifikationen

Kurz-zeichen	Grundstruktur	Gebrauchs-temperaturen °C		Masse–temperatur °C	Werkzeug-temperatur °C	Handelsnamen z. B.
		kurzzeitig	langzeitig			
PES		260	200	340 bis 390	bis 150	Victrex, Ultrason
PES		180	160	385 bis 420	175 bis 260	Radel A
PPSU				360 bis 390	140 bis 165	Radel R
PSU		180	160	350 bis 400	70 bis 150	Stabar, Udel, Ultrason
PSU + ABS		rel. Temp. Index nach UL 769B 130 bis 170		280 bis 410	70 bis 160	Mindel

schweißen oder durch das Kleben mit Kleblacken (PSU, gelöst in Lösemitteln) oder Zweikomponenten-Klebstoffen hergestellt werden.

Eigenschaften

PSU sind amorphe Thermoplaste und weisen im ungefüllten Zustand eine hohe Transparenz auf. Die zulässigen Gebrauchstemperaturen, s. Tafel 4.38, liegen höher als bei den üblichen Kunststoffen für technische Anwendungen. Sie weisen bei hoher Festigkeit und Steifigkeit eine hohe Reißdehnung auf, die Kerbempfindlichkeit ist allerdings groß. Abrieb und Gleitverhalten sind gut und können durch das Einarbeiten von PTFE oder Graphit noch verbessert werden. Beständigkeit ist gegen viele Chemikalien gegeben, es besteht aber Spannungsrißempfindlichkeit. Beim Außeneinsatz muß PSU durch eine Pigmentierung, z. B. mit Ruß oder durch Oberflächen-Schutzschichten, gegen eine UV-Licht-Einwirkung geschützt werden. Gegen energiereiche Strahlung besteht gute Beständigkeit. PSU ist je nach Sorte von Natur aus in die Klasse V0 bis V2 nach UL 94 eingestuft.

An Modifikationen von PSU sind erhältlich: höhermolekulare Typen mit erhöhter Schmelzeviskosität für die Extrusion, flammhemmend ausgerüstete Typen (auch transparente), verstärkte Typen mit Glasfasergehalten von 10 bis 30 % zur Erhöhung der Steifigkeit und Festigkeit und mineralisch gefüllte Typen zur Erhöhung der Wärmeformbeständigkeit und Verringerung der Spannungsrißempfindlichkeit.

PSU-Blends mit ABS und anderen Kunststoffen für technische Anwendungen erfüllen Anforderungen nach Galvanisierbarkeit, erhöhter Chemikalienbeständigkeit und geringerem Preis.

Eigenschaftsvergleich s. Tafel 4.37 u. 4.38.

Einsatzgebiete

Steckerleisten, Spulenkerne, Isolatoren, Kondensatoren, Bürstenhalter, Alkalie-Batterien, gedruckte Schaltungen, temperaturbeanspruchte Teile für Haushaltsmaschinen und -geräte, medizinische Geräte und Molkereianlagen, Filtrationsmembrane (Micro- und Ultrafiltration, Dialyse), Linsen, Spotlichter, Reflektoren, Lampenhalter, Schutzüberzüge für Metalle.

Handelsnamen s.Tafel 4.38

4.9 Aromatische Polyether und -blends

Polyphenylenether; PPE

Chemischer Aufbau

Modifizierte Polyphenylenether (oder -oxide, PPE, PPO), s. F26, verdanken beträchtliche technische und wirtschaftliche Bedeutung der unbegrenzten Compoundierbarkeit von PPE mit Thermoplasten wie PS, PA oder PBT zu preisgünstigen Formmassen, die bei Temperaturen <320 °C zu gut kälteschlagzähen steifen, bis >100 °C dauergebrauchsfähigen Formteilen verarbeitet werden können. Reine PPE finden praktisch keine Anwendung.

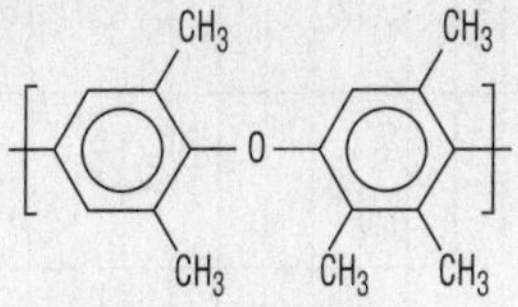

(F 26)

Polyphenylenether, PPE

Polyphenylenether-Blends

Wirtschaftliche Bedeutung hat ein *Polyblend* aus *Polyphenylenether* und *PS-HI* im Verhältnis etwa 1:1 gewonnen. Dieses Blend weist eine bessere Oxidationsbeständigkeit auf als reines PPE, das oberhalb 100 °C zu einem beschleunigten oxidativen Abbau neigt. Die Verarbeitbarkeit wird verbessert, die Massetemperatur liegt bei 260 bis 300 °C. Die Gebrauchstemperaturen liegen jedoch wesentlich niedriger: kurzzeitig 120 bis 130 °C, langzeitig 100 bis 110 °C. Der Styrolanteil führt zu größerer Spannungsrißanfälligkeit.

Bevorzugte Anwendungsgebiete der steifen Typen sind Fahrzeugarmaturentafeln und Innenverkleidungsteile, Gehäuse, auch als strukturgeschäumte Großformteile für Büromaschinen, Fernseh- und Elektrogeräte sowie andere Formteile für Installations- und Elektrotechnik. Laminieren oder Coextrudieren hochviskoser, auch verstärkter PPE-Typen mit schwefelvernetzbaren Kautschukmischungen führt beim Heiß-Vulkanisieren zu Kunststoff-Kautschuk-Verbunden, deren Verbundfestigkeit höher als die Reißfestigkeit des vulkanisierten Kautschuks ist.

Blends oder Legierungen aus dem amorphen PPE mit teilkristallinen Polykondensaten bieten optimierte Eigenschaftsprofile mit besserer Lösungsmittel- und Spannungsrißbeständigkeit als der amorphe, geringerer Verarbeitungsschwindung und Verzugsneigung als der kristalline Werkstoffanteil.

Temperaturstandfestigkeit bis 210 °C bei vorzüglicher Kälteschlagzähigkeit hat man mit unverstärkten und verstärkten Blends auf Basis von PPE+PA 66 für on-line lackierbare Karosserieteile sowie öl- und treibstoffbeständige Teile unter der Haube erreicht. (PPE+PBT)-Legierungen nehmen weniger Wasser auf, sind aber nicht ganz so temperaturbelastbar.

PPE/PA-Pulver werden in wäßriger Schaumemulsion mit Glasfasern nach dem Radlite-Herstellungsverfahren zu flächigem glasmattenverstärktem Vlies-Halbzeug für großflächige Formteile verarbeitet.

Schäumbare Kombinationen von PS-E (expandierbarem PS) mit PPE lassen sich zu Schäumen mit Rohdichten von 25 bis 250 kg/m^3 und entsprechenden Biegefestigkeiten von 0,5 bis 8,5 Mpa verarbeiten (Partikel-

Tafel 4.39. Eigenschaftsvergleich der modifizierten Polyphenylenether und Polyetherketone

Eigenschaft	Einheit	Modifizierte Polyphenylenether und Polyetherketone									
		(PPE + S/B)		(PPE + PA 66)		PEEKK			PEKEKK		PEEK
		unverst.	GF 30	unverst.	GF 30	unverst.	GF 30	CF 30	unverst.	GF 30	
Dichte	g/cm^3	1,04–1,06	1,26–1,29	1,09–1,10	1,32–1,33	1,30	1,55	1,45	1,30	1,53	1,32
Zug-E-Modul	MPa	1900–2700	8000–9000	2000–2200	8300–9000	4000	13 500	22500–23000	4000	12 000	3500
Streckspannung	MPa	45–65	–	50–60	–	105–110	–	–	105–115	–	
Streckdehnung	%	3–7	–	5	–	6	–	–	5–5,5	–	5
Nominelle Bruchdehnung	%	20–>50	–	>50	–	30–35	–	–	30–>50	–	>60
Spannung bei 50 % Dehnung	MPa	–	–	–	–	–	–	–	–	–	
Bruchspannung	MPa	–	100–120	–	135–160	–	170–180	220	–	190	100
Bruchdehnung	%	–	2–3	–	2–3	–	2,2–2,4	2	–	2,5–3,5	
Schmelztemperatur	°C	–	–			365	365	365	375–380	375–380	343
Formbeständigkeitstemp. HDT / A 1,8 MPa	°C	100–130	135–140	100–110	200–220	165	350	360	170	350	155
Längenausdehnungskoeff., längs (23–55 °C)	10^{-5}/K	6,0–7,5	3	8–11	2–3	4,5–5	1,5	1,2	4	2	4,7
Längenausdehnungskoeff., quer (23–55 °C)	10^{-5}/K	–		–		–	0,4	–	–	–	
Brennbarkeit UL 94 bei 1,6 mm Dicke	Klasse	HB[1)]	HB[1)]	HB[1)]	HB[1)]	V–O	V–O	V–O	V–O	V–O	V–O
Dielektrizitätszahl bei 100 Hz	–	2,6–2,8	2,8–3,2	3,1–3,4	3,6	3,6	3	–	3,4	3,9	3,2
Dielektrischer Verlustfaktor bei 100 Hz	10^{-4}	5–15	10–20	450	420	8	10	–	35–30	25–30	
Spezifischer Durchgangswiderstand	Ohm · m	$>10^{14}$	$>10^{14}$	$>10^{11}$	$>10^{11}$	$>10^{13}$	$>10^{13}$	10^3–10^4	$>10^{13}$	$>10^{13}$	510^{14}
Spezifischer Oberflächenwiderstand	Ohm	$>10^{14}$	$>10^{14}$	$>10^{12}$	$>10^{12}$	$>10^{13}$	$>10^{13}$		$>10^{13}$	$>10^{13}$	
Elektrische Durchschlagfestigkeit	kV/mm	35–40	45	95	65	20	20–30	–	20	20–30	
Vergleichszahl der Kriechwegbildung CTI/A		200–400	175–250	600	300	175	200	–	125–150	150–175	
Aufnahme von Wasser bei 23 °C, Sättigung	%	0,15–0,3	0,15	3,4–3,5	2,7–3,6	0,45	0,4	0,42	0,8	0,5	0,8
Feuchteaufn. bei 23 °C / 50 % r. F., Sättigung	%	<0,1	<0,1	1,1–1,2	0,8–1,2	0,18	0,12	0,14–0,18	0,25	0,1	0,25

1) auch als V-1 bis V-0 verfügbar

schäume). Die Wärmeformbeständigkeit liegt bei 104 bis 118°C (PS-E: 95°C).

Eigenschaftsvergleich s. Tafel 4.39

Einsatzgebiete

PPE + PS: Fahrzeugarmaturentafeln und Innenverkleidungen, Radkappen, Kühlergrills, Gehäuse, auch große Formteile für Büromaschinen, Fernseh- und Elektrogeräte in Strukturschaum, Teile für Haushaltsmaschinen.

Handelsnamen

PPE + PS: z. B. Biapen, Gecet, Iupiace, Luranyl, Necofene, Noryl, Pebax, Prevex, Tarnoform, Vestoblend, Xyron

PPE + PA: z. B. Noryl GTX, Vestoblend

PPE + PBT

PPE + PS-E: z. B. Caril, Gecet

4.10 Aliphatische Polyester (Polyglykole); PEOX, PPOX, PTHF

Polyethylen(propylen)oxide sind Polymere auf Basis von Ethylen(Propylen)oxid. Je nach Molekulargewicht (PEOX: 200 bis 20 000 g/mol, PPOX: 400 bis 2 000 g/mol) entstehen flüssige, wachsartige bis feste Polymere. Grundstruktur s. F. 27.

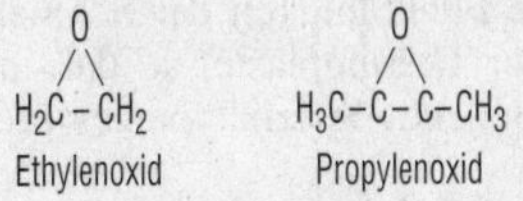

$$\underset{\text{Ethylenoxid}}{H_2C\overset{O}{-}CH_2} \qquad \underset{\text{Propylenoxid}}{H_3C-C\overset{O}{-}C-CH_3} \qquad \text{(F. 27)}$$

PEOX ist in Wasser und vielen anderen Lösemitteln löslich, farblos, geruchsfrei und ungiftig und wird bei pharmazeutischen und kosmetischen Artikeln wie Gesichts- und Haarwasser, Lippenstift, Salben, Schmier- und Gleitmittel usw. eingesetzt.

PPOX ist im Unterschied zu PEOX noch bei höheren Molekulargewichten flüssig und wird als Schmiermittelzusatz und als Brems- und Hydraulikflüssigkeit eingesetzt.

PTHF Polytetrahydrofuran

4.11 Polyaryletherketone (Aromatische Polyetherketone) und Derivate, PAEK; PEK, PEEK, PEEEK, PEKK, PEEKK, PEEKEK, PEKEEK, PAEK+PI

Chemischer Aufbau

PAEK entstehen durch lineare Verknüpfung von Ringstrukturen mit Sauerstoffbrücken (Ethergruppen) mit solchen mit CO-Gruppen (Ketongruppen), s. F 28. Es sind teilkristalline Polymere, deren Schmelztemperatur vom Anteil der Ketongruppen abhängt, s. Tafel 4.40. Die Bezeichnung erfolgt entsprechend der Zahl und Anordnung der verschiedenen Gruppen, z. B. zwei Ether eine Ketongruppe: Polyetheretherketon PEEK.

$$\left[-C_6H_4-O-C_6H_4-\overset{O}{\overset{\|}{C}}- \right]_n \qquad \text{(F 28)}$$

Poly – Ether – Keton: PEK

Verarbeitung

Bei Massetemperaturen von 350 bis 420 °C und Werkzeugtemperaturen von 150 bis 190 °C (bei komplexen Geometrien bis zu 250 °C) kann PAEK nach den üblichen Verfahren für Thermoplaste im Spritzguß oder durch Extrusion verarbeitet werden. Entstehen durch zu schnelles Abkühlen amorphe Oberflächenschichten, so kann die Kristallisation durch Nachtempern erhöht werden. Eine Vortrocknung bei 150 bis 200 °C über mindestens 3 h ist erforderlich. Beschichtungen, z. B. durch Wirbelsintern, sind möglich. Die Fließfähigkeit der Schmelze ist geringer als die anderer Hochtemperatur-Thermoplaste, so daß sich bei dünnwandigen Spritzgußteilen leichtfließende Spezialtypen empfehlen.

Eigenschaften

PAEK gehören zu den in einem weiten Temperaturbereich hochfesten und -steifen Kunststoffen. Als teilkristalline Thermoplaste weisen sie eine hohe Dauerschwingfestigkeit auf. Die Schlagzähigkeit ist gut, allerdings sind insbesondere die unverstärkten Typen kerbempfindlich. Die Dauergebrauchstemperaturen liegen bei 250 °C. Chemisch sind die PAEK weitgehend resistent gegen nichtoxidierende Säuren, Laugen, Öle, Fette und Bremsflüssigkeiten aus dem Kfz-Bereich, auch bei hohen Temperaturen. Sie sind durch heißes Wasser oder Dampf nicht hydrolisierbar und nicht oxidationsempfindlich. Sie sind bedingt beständig gegen oxidierende Säuren. Das einzige bekannte Lösemittel bei Raumtemperatur ist konzentrierte Schwefelsäure. Wegen der geringen UV-Beständigkeit muß bei einem dauernden Außeneinsatz eine entsprechende Pigmentierung oder Lackierung erfolgen. Ohne Zusatz flammhemmender Additive erreichen sie die Einstufung V0 nach UL 94 und weisen im Vergleich zu anderen Thermoplasten eine außerordentlich geringe Rauchgasdichte auf.

Zur Erhöhung der Steifigkeit und Festigkeit, insbesondere auch bei erhöhten Temperaturen, werden Glas- und Kohlenstoffasern und Gleitzusätze wie PTFE und Graphit eingearbeitet.

Verschiedene Typen weisen in einem bestimmten Bereich vollständige Mischbarkeit mit einem isomorphen Verhalten auf. Dieser Bereich liegt innerhalb einer Differenz des Ketonanteils von 25%. Der Kristallitschmelzpunkt solcher Blends weist eine lineare Abhängigkeit vom Ketongruppen-Anteil auf, s. Tafel 4.40.

PAEK ist mit Polyetherimid (*PEI*) im Bereich unter 30 bis über 70 Masse-% vollständig mischbar. Solche Blends weisen eine höhere Schlagzähigkeit als die Einzelkomponenten auf. Liegt der PAEK-Anteil unter 80%, so erhält man amorphe, transparente Spritzlinge mit besserer Chemikalienbeständigkeit im Vergleich zum PEI.

Eigenschaftsvergleich s. Tafel 4.39

Einsatzgebiete

PAEK: Ausnutzung des guten Verhaltens im Brandfall und der Wärme- und Chemikalienbeständigkeit: Spritzgießteile für die Automobil-, Luftfahrt- und Elektroindustrie, Kabelisolierungen, Folien, Fasern, Bänder und Platten aus mit K-Fasern verstärktem PEEK $>10^{14}$ Ohm·cm.

Handelsnamen

PAEK: z. B. Arotone, Doctolex, Kadel, Mindel, Stabar, Zyex

PEK und PEEK: z. B. Victrex

PEEKK

PEK und *PEKEKK:* z. B. Ultrapek

Tafel 4.40. Thermische Eigenschaften verschiedener Poly(aryl)etherketone

Materialbeschreibung	Anteil Keton-gruppen %	Schmelz-temperatur °C	Glas-temperatur °C
PPE, s. Abschn. 4.9	0	285	110
PEEEK	25	324	129
PEEK	33	335	141
$P(E)_{0.625}(K)_{0.375}$	37.5	337	144
PEEKEK	40	345	148
PEK	50	365	152
PEEKK	50	365	150
$P(E)_{0.43}(K)_{0.57}$	57	374	157
PEKEKK	60	384	160
PEKK	67	391	165

4.12 Aromatische Polyimide, PI

Chemischer Aufbau

Polyimide besitzen die höchste Wärmestandfestigkeit. Sie enthalten die charakteristische Imid-Gruppe, s. F 29.

$$-R\begin{matrix}\overset{O}{\overset{\|}{C}}\\ \underset{O}{\underset{\|}{C}}\end{matrix}N-R' \qquad \text{(F 29)}$$

Imid-Gruppe

Durch Polykondensation aromatischer Diamine mit aromatischen Dianhydriden entstehen als Zwischenstufe schmelzbare Produkte, die durch Erhitzen unter Abspalten von Stoffen in einen unlöslichen und nicht mehr schmelzbaren Zustand übergehen. Sie werden als Duroplaste und Thermoplaste verwendet. Letztere lassen sich aber in der Regel nicht wie normale Thermoplaste verarbeiten, sondern es werden spezielle Techniken angewendet: Pressen oder Sintern eines pulverförmigen Zwischenprodukts. Einige Typen lasssen sich bei hohen Temperuturen um 350 °C im Spritzguß oder durch Extrusion verarbeiten. Polyadditions-Produkte entstehen aus Kurzketten-Prepolymeren mit ungesättigten aliphatischen Endgruppen, die durch thermisch polymerisierende Gruppen abgesättigt werden. Solche Typen haben eine etwas geringere Wärmestandfestigkeit als die Polykondensate. Sie werden in beheizten Pressen oder in Autoklaven zu Laminaten verpreßt oder im Wickelverfahren verarbeitet. Beim Aushärten ist die Entstehung flüchtiger Stoffe zu beachten. Typen zum Sprühen und zur Beschichtung von z. B. Blechen sowie zum Kleben und Schweißen sind verfügbar.

Tafel 4.41 u. 4.42 enthalten eine Zusammenstellung von Grundstrukturen und Eigenschaften einiger duroplastischer und thermoplastischer Polyimide.

4.12.1 Duroplaste Polyimide; PI; PBMI; PBI; POB und weitere

Polyimid, PI

Der Aufbau rein aromatischer PI durch Polykondensationen kann wegen der erforderlichen Abführung flüchtiger Nebenprodukte nur in Spezialverfahren bis zu unschmelzbaren und unlöslichen Formstoffen geführt werden. Massive Halbzeuge und präzisionsgesinterte Formteile (Vespel) sowie 7,5 bis 125 μm dicke Elektrofolien (Apical; Kapton) aus solchen PI, die von −240 °C bis 260 °C an Luft, bis 315 °C im Vakuum oder inerter Atmosphäre dauerbeanspruchbar sind, werden vom Rohstoffhersteller unmittelbar geliefert. Dasselbe gilt für sehr hochmolekulare, unter CO_2-Abspaltung aufzubauende Polyimide aus Carbonsäuredianhydriden und Diisocyanaten (Sintimid P84; Upilex-Folie) und Polybenzimidazole (PBI, Celazol). Kapton-Schrumpffolien, elektrisch und/oder wärmeleitfähig eingestellte und beidseitig mit PFA-Klebschicht ausgestattete Folien sind Sondereinstellungen. Ähnliche Folien aus dem Harnstoff-Derivat Paraban-Säure sind bis 155 °C wärmebeständig.

Eigenschaftsvergleich s. Tafel 4.42 u. 4.60

Polybismaleinimid, PBMI

PBMI werden durch Kondensation mit *p*-Diaminen gewonnen und härten über endständige Doppelbindungen mit sich selbst oder über Reaktionspartner stufenweise vernetzend aus. Die Entstehung flüchtiger Produkte bei der Polykondensation erfordert besondere Maßnahmen bei der Verarbeitung. Hervorstechende Eigenschaften sind die Wärmestandfestigkeit, die Strahlenbeständigkeit, das Selbstverlöschen bei Entfernung der Flamme, die chemische Beständigkeit und die rationelle Verarbeitbarkeit. Preß- und Spritzpreßmassen enthalten 20 bis 50 % Glas-, Graphit-, Kohlenstoff- oder synthetische Fasern oder PTFE zur Verbesserung des Gleit- und Reibverhaltens.

Beim Pressen werden Werkzeugtemperaturen von 190 bis 260 °C benötigt, beim Spritzpressen ca. 190 °C. Spritzgießtypen können auf Duromer-Spritzgießmaschinen bei Werkzeugtemperaturen von 220 bis 240 °C und Zykluszeiten von 10 bis 20 s/mm Wanddicke hergestellt werden. Sinterpulver werden in einem stufenweisen Prozeß verarbeitet. Ein Nachtempern bei 200 bis 250 °C über 24 h ist in allen Fällen erforderlich.

Einsatzgebiete: Metallsubstitutionen, z. B. bei Vakuumpumpen, Zigarrenanzünder, Vergaserflansche, integrierte Schaltkreise, gedruckte Schaltungen, Kabelverbinder, Raketenspitzen.

Handelsnamen: z. B. Kinel.

Polybenzimidazol, PBI; Triazinpolymer

PBI gehört zu den Halbleiter-Polymeren. Bei diesen ist das Prinzip der Leiterpolymeren durchbrochen, da sie neben den Doppelketten der Leiter noch einfache Ketten enthalten. Sie werden durch Schmelzkondensation gebildet. Unter Luftausschluß zeigen sie erst oberhalb 500 °C einen leichten Gewichtsverlust, während in Gegenwart von Luft bereits oberhalb 300 °C ein schneller Abbau beginnt. Wird in der labilen NH-Gruppe der Wasserstoff durch die Phenyl-Gruppe ersetzt, nimmt die Wärmebeständigkeit zu.

PBI haften bei ihrer Kondensation sehr gut an metallischen Oberflächen und werden deshalb als wärmebeständige Metallklebstoffe verwendet. Die Oxidation bei erhöhter Temperatur spielt wegen der geringen offenliegenden Klebfugen dann nur eine geringe Rolle. PBI sind beständig ge-

Tafel 4.41. Polyimid und einige PI-Modifikationen

Grundtyp	Kurz-zeichen	Grundstruktur	Gebrauchstemperatur kurzzeit °C	Gebrauchstemperatur langzeit °C	Bemer-kung
Duroplaste					
Polyimid	PI	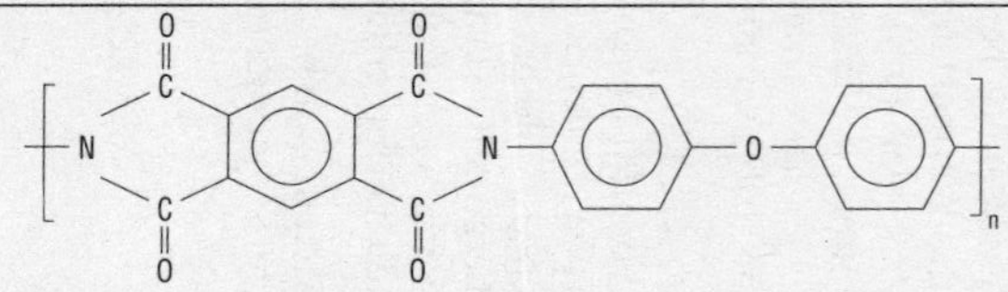 O O C C N N O C C O O n	<400	260	Beispiel: Pyralin
Polybismaleinimid	PBMI	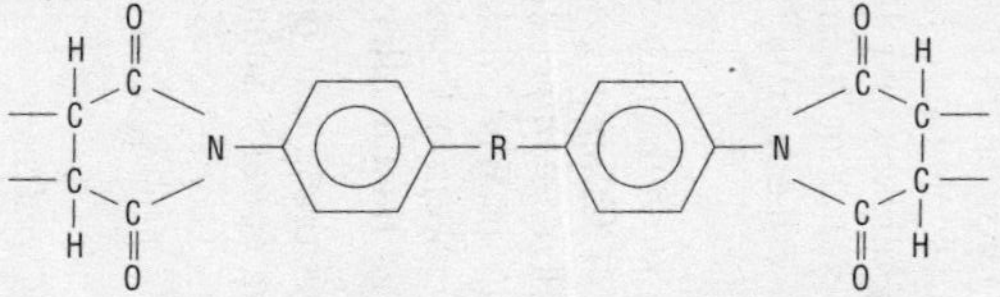 O O H C C H C C N R N C C H C C H O O	250	190	
Polybenzimidazol	PBI	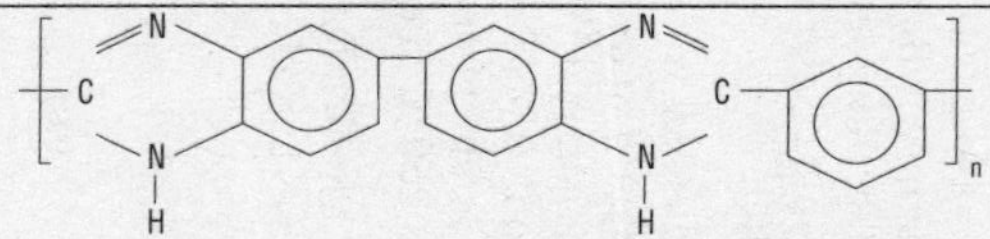 N N C C N N H H n	<500 o. Luft <300 m. Luft		Halb-leiter-Polymer
Polyoxadiazo-benzimidazol	PBO	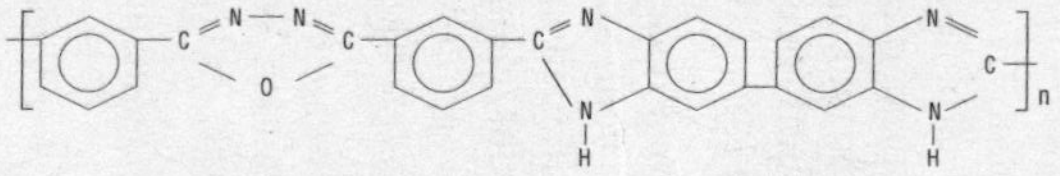 C N N C C N N O C N N H H n	<500		

Tafel 4.41. Polyimid und einige PI-Modifikationen (Forts.)

Grundtyp	Kurz-zeichen	Grundstruktur	Gebrauchstemperatur kurzzeit °C	langzeit °C	Bemer-kung
Thermoplaste					
Polyamidimid	PAI	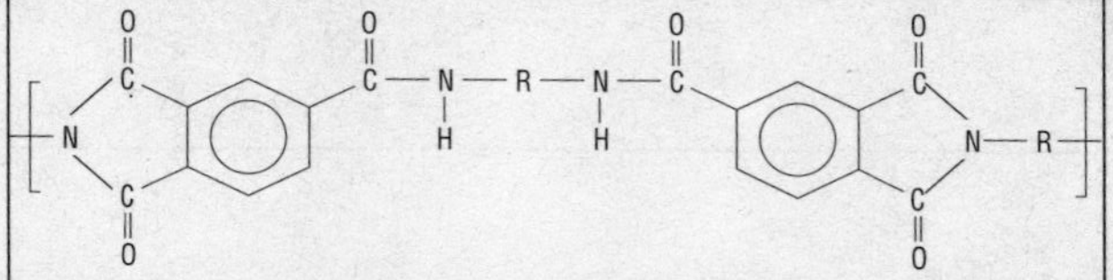	300	260	
Polyetherimid	PEI	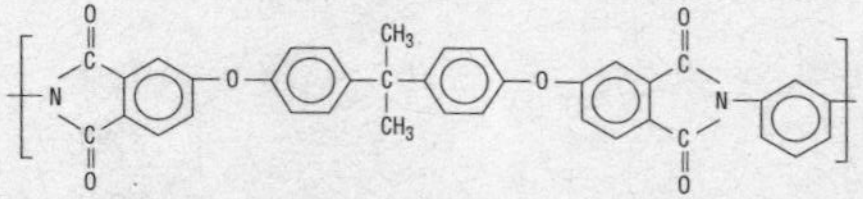	>200	170	
Polyimidsulfon	PISO	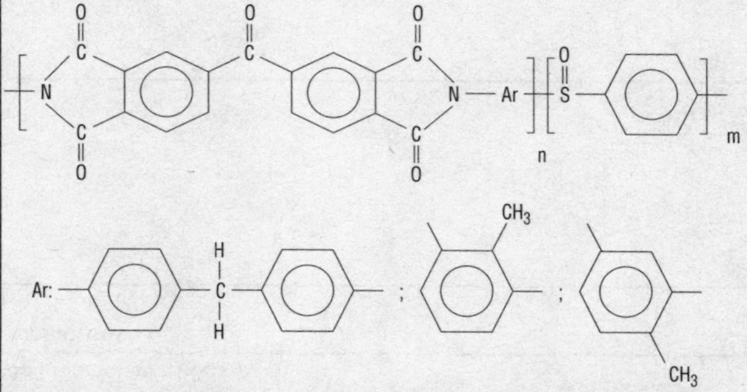	>250	210	

Tafel 4.41. Polyimid und einige PI-Modifikationen (Forts.)

Grundtyp	Kurzzeichen	Grundstruktur	Gebrauchstemperatur kurzzeit °C	Gebrauchstemperatur langzeit °C	Bemerkung
Polymethacrylimid	PMI	H_3C, CH_3, O, N, H, O		180	Hartschaum
PMI modifiziert	PMMI	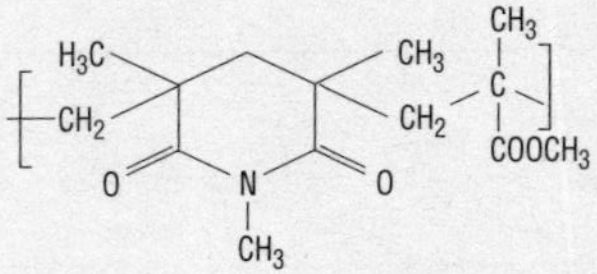 H_3C, CH_2, O, N, CH_3, O, CH_3, CH_2, CH_3, C, $COOCH_3$		120–150	
Polyesterimid	PESI	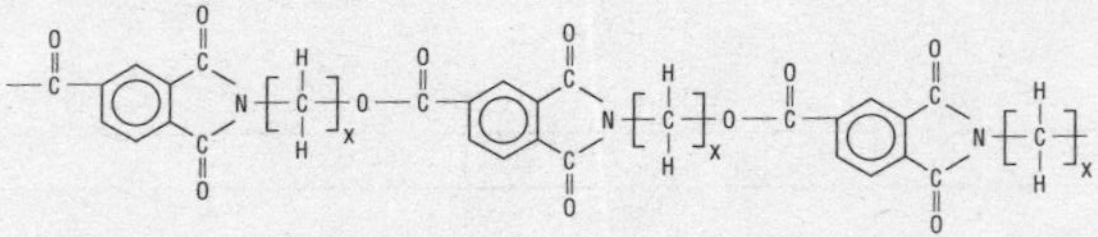 —C(=O)—[Phthalimid]—N—[C(H)(H)]$_x$—O—C(=O)—[Phthalimid]—N—[C(H)(H)]$_x$—O—C(=O)—[Phthalimid]—N—[C(H)(H)]$_x$		200	Halbleiter-Polymer

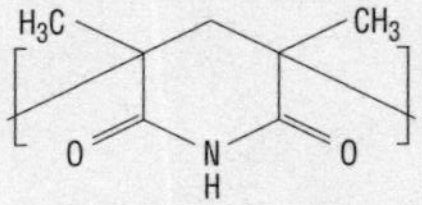

Tafel 4.41. Polyimid und einige PI-Modifikationen (Forts.)

Grundtyp	Kurzzeichen	Grundstruktur	Gebrauchstemperatur kurzzeit °C	Gebrauchstemperatur langzeit °C	Bemerkung
Leiterpolymere					
Polyimidazopyrrolon (Pyrrone)					Leiter-Polymer
Polycyclon			1000 (Faser)		Leiter-Polymer

gen alle Lösemittel, Öle, Säuren und Alkalien und werden deshalb in speziellen Fällen auch als Lacke zum Oberflächenschutz eingesetzt.

Die Endgruppen von Dicyanaten (–O–C≡N) bilden nach der Formel F 30 (R = Bisphenol-A-Rest) den „Triazin"-Kern von stufenweise vernetzbaren, meist mit BMI modifizierten Polymeren.

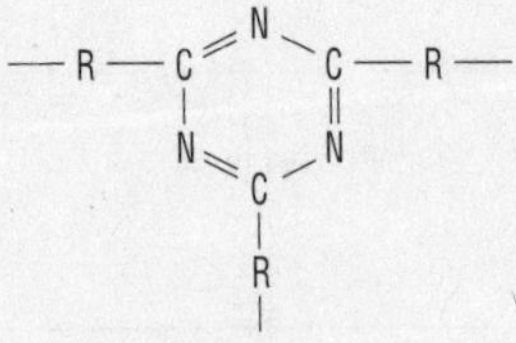

$$-R-C\overset{N}{\frown}C-R- \quad (\text{Triazin-Ring: } C_3N_3 \text{ mit drei R-Substituenten}) \tag{F 30}$$

Triazin-Kern

Sie sind als Prepolymere bei 30 bis 130 °C niedrigviskos schmelzbar und vielfältig verarbeitbar und erreichen ausgehärtet eine Glasübergangstemperatur von 200 bis 300 °C. Die ausgezeichneten mechanischen, elektrischen und dielektrischen Eigenschaften führen zu Anwendungen als kupferkaschierte Schichtstoffe (Träger gedruckter Schaltungen), andere Bauteile der Mikroelektronik, Isolierstoffe für große Motoren, Isolier- und Lagerwerkstoffe in der Kfz- und Flugzeug-Industrie.

Polyoxadiazobenzimidazol; PBO

Das Produkt schmilzt bei 525 °C und zersetzt sich bei 550 °C.

4.12.2 Thermoplastische Polyimide PAI, PEI, PISO, PMI, PMMI, PARI, PESI

Polyamidimid, PAI

PAI ist mit 220 N/mm^2 Reißfestigkeit und 6% Bruchdehnung bei –196 °C, 66 N/mm^2 (verstärkt bis 137 N/mm^2) Reißfestigkeit bei 232 °C und hoher Zeitstandfestigkeit ein Sonderwerkstoff, sowohl für die Kälteindustrie als auch für die Luft- und Raumfahrttechnik. Es ist beständig gegen aliphatische, aromatische, chlorierte und fluorierte Kohlenwasserstoffe, Ketone, Ester und Ether, energiereiche Strahlen, schwache Säuren und Basen. Von Wasserdampf und Alkalien bei höherer Temperatur wird PAI angegriffen. Mit PTFE oder Graphit modifizierte Einstellungen sind bis 250 °C bewährte Werkstoffe für ungeschmierte Lager mit minimalen Reibungsbeiwerten. Für höchste Gebrauchswerte müssen Formteile durch mehrtägiges Tempern bei 250 °C auspolymerisiert werden.

Im Gegensatz zu den schwer verarbeitbaren Polyimiden lassen sich die PAI durch Spritzgießen zu komplizierten Formteilen verarbeiten und auch extrudieren. Die Massetemperatur bei der Verarbeitung liegt bei 330 bis

370 °C, die Werkzeugtemperatur bei 200 bis 230 °C. Eine Vortrocknung von 8 bis 16 h bei 150 bis 180 °C ist erforderlich. Insbesondere zur Erhöhung der Verschleißfestigkeit empfiehlt sich eine Temperung der Formteile bei 245 bis 260 °C über 24 h bis zu 5 d.

Modifikationen mit Graphit und PTFE werden als Lagerwerkstoffe eingesetzt, Glas- und Kohlenstoffasern und Mineralstoffe dienen zur Erhöhung der Steifigkeit und Festigkeit und zur Reduzierung des Preises.

Die Verarbeitbarkeit kann durch Zumischen von niedrigviskosen technischen Thermoplasten wie Polysulfonen, Polyetherimiden, Polyamiden, Polyphenylensulfiden und Polycarbonaten verbessert werden.

Eigenschaftsvergleich s. Tafel 4.42.

Einsatzgebiete: Mechanisch oder elektrisch beanspruchte Konstruktionselemente bis 260 °C wie Laufräder für hydraulische oder pneumatische Pumpen, Lager und Gehäuse für Kraftstoffmesser, Gleitelemente. Lösungen in polaren Lösemitteln für Drahtlackierungen und als Kleblacke.

Handelsnamen: z. B. Kermel, Nolimold, Pyralin, Rhodeftal, Torlon, Tritherm 981.

Polyetherimid, PEI

PEI ist dank ausgezeichneter Fließfähigkeit durch angußloses Spritzen, Spritzblasen, Extrudieren und Schäumen verarbeitbar. Mit guter Zeitstandfestigkeit unter Belastung bis zu hohen Temperaturen, guten elektrischen Werten, gemessen am Sauerstoff-Index höchster Flammwiderstandsfähigkeit aller Thermoplaste außer Polyfluorolefinen und bei mäßigem Preis ist es für einen breiten Anwendungsbereich geeignet. Der amorphe, nicht pigmentiert bernsteingelb transparente Kunststoff ist löslich in Methylenchlorid und Trichlorethylen, wird von Alkoholen, Kraftfahrzeug- und Flugzeug-Treibstoffen, Schmier- und -Reinigungsmitteln auch unter Spannung nicht angegriffen, ist beständig gegen Säuren und schwache Alkalien (pH<9), gegen Hydrolyse durch Heißwasser und Dampf, UV- und energiereiche Strahlung.

PEI wird hauptsächlich durch Spritzgießen bei Massetemperaturen von 375 bis 425 °C und Werkzeugtemperaturen von 100 bis 150 °C verarbeitet. Eine Vortrocknung von 7 h bei 120 °C oder 4 h bei 150 °C ist erforderlich. Da auch Compounds mit Glasfasergehalten bis zu 40 % zum Einsatz kommen und die Viskosität der Schmelze hoch ist, sollte der maximale Spritzdruck der Spritzgießmaschine 1500 bis 2000 bar betragen. PEI-Typen mit Entformungsmitteln weisen einen um 10 % verbesserten Fließweg auf. Typen mit Mineralfüllung und/oder mit PTFE modifiziert besitzen ein verbessertes Gleit- und Abriebverhalten. Mit bis zu 40 % Glasfasern und mit Kohlenstoffasern verstärkte Typen haben eine erhöhte Steifigkeit und Festigkeit.

Eigenschaftsvergleich: s. Tafel 4.42

Tafel 4.42. Eigenschaftsvergleich der thermoplastischen Polyimide

Eigenschaft	Einheit	Duroplast	Thermoplastische Polyimide				
		PI	PAI			PEI	
			unverst.	–GF 30	–CF 30	unverst.	–GF 30
Dichte	g/cm^3	1,43	1,38–1,40	1,59–1,16	1,45–1,50	1,27	1,49–1,51
Zug-E-Modul	MPa	2300	4500–4700	12 000–14 000	24 500	2900–3000	9000–11 000
Streckspannung	MPa	210	–	–	–	85	–
Streckdehnung	%		–	–	–	6–7	–
Nominelle Bruchdehnung	%		–	–	–	>50	–
Spannung bei 50 % Dehnung	MPa		–	–	–	–	–
Bruchspannung	MPa		150–160	205–220	250	–	150–165
Bruchdehnung	%	88	7–8	2–3	1,2	–	ca. 2
Schmelztemperatur	°C		–	–	–	–	–
Formbeständigkeitstemperatur HDT / A 1,8 MPa	°C	>400	275	280	280	190	205–210
Längenausdehnungskoeffizient, längs (23–55 °C)	10^{-5}/K	20	3,0–3,5	1,6	0,9	5,5–6,0	2
Längenausdehnungskoeffizient, quer (23–55 °C)	10^{-5}/K		–			–	5
Brennbarkeit UL 94 bei 1,6 mm Dicke	Klasse		V-0	V-0	V-0	V-0	V-0
Dielektrizitätszahl bei 100 Hz	–		3,5–4,2	4,4	–	3,2–3,5	3,6
Dielektrischer Verlustfaktor bei 100 Hz	$\cdot 10^{-4}$		10		–	10–15	15
Spezifischer Durchgangswiderstand	Ohm · m		$>10^{15}$	$>10^{15}$		$>10^{15}$	$>10^{14}$
Spezifischer Oberflächenwiderstand	Ohm	$>10^{15}$	$>10^{16}$	$>10^{16}$		$>10^{16}$	$>10^{15}$
Elektrische Durchschlagfestigkeit	kV/mm	200	25	25–35	–	25	25
Vergleichszahl der Kriechwegbildung CTI/A					–	150	150
Aufnahme von Wasser bei 23 °C, Sättigung	%	3,5				1,25	0,9
Feuchteaufnahme b. 23 °C / 50 % r. F., Sättigung	%	2,0				ca. 0,5	ca. 0,4

Einsatzgebiete: Hochspannungs-Unterbrechergehäuse, Steckerleisten, Teile für Mikrowellenöfen, lötbadbeständige Teile, Kolben- und Bremszylinder-Teile, Vergasergehäuse, Lager, Zahnräder, Ventilator-Laufräder.

Blends aus PEI und PEC (Polyestercarbonat, s. Abschn. 4.7.4) werden aufgrund ihrer thermischen Eigenschaften, der hydrolytischen Stabilität, der Fleckenunempfindlichkeit als Mikrowellengeschirr, aber auch als Kfz-Scheinwerfer-Reflektoren eingesetzt.

Handelsnamen: z.B. Airex, Danar 1.000, Danat, Electrafil, Thermocomp, Ultem.

Polyimidsulfon, PISO

PISO, transparent, 250 bis 350 °C Glasübergangs-, 208 °C Dauergebrauchstemperatur ist beständig gegen alle üblichen Lösemittel, besser verarbeitbar als das zugrunde liegende PI-System. Auch PTFE- oder graphitgefüllte Spritzgießmassen auf PISO-Basis (Verarbeitungstemperatur <370 °C) sind auf dem Markt. Nicht modifizierte lineare PISO der in Tafel 4.41 angedeuteten Struktur ($T_g > 310$ °C) sind nicht mehr fließfähig, Folien können aus Dimethylformamidlösung gegossen werden.

Handelsnamen: z.B. Tribon, Upjohn.

Polymethacrylimid, PMI (Hartschaumstoff)

Aus den Monomeren Methacrylnitril und Methacrylsäure sowie chemischen (Formamid) oder physikalischen Treibmitteln (Isopropanol) wird in einer ersten Fertigungsstufe ein gegossenes Polymerisat, hergestellt. In einer zweiten Fertigungsstufe werden entsprechende Polymerisatplattenzuschnitte in einem thermischen Prozeß bei Temperaturen zwischen 170 und 220 °C zu Dichten zwischen 30 und 300 kg/m^3 aufgeschäumt. Die Imidierungsreaktion findet während des Schäumprozesses statt.

Lieferformen: Tafeln maximal 2500 mm$\times$1250 mm, 1 bis 65 mm Dicke, in Dichten von 30 bis 300 kg/m^3 *(Maximal-Angaben, gelten nicht für alle Typen).*

Eigenschaften: Geschlossenzelliger, vibrationsfester Hartschaumstoff mit hohen Festigkeitswerten und hoher Wärmeformbeständigkeit.

Eigenschaften in Abhängigkeit von Typ und Dichte:

E-Modul nach DIN 53457	20 bis 380 N/mm^2
Druckfestigkeit nach DIN 53421	0,2 bis 15,7 N/mm^2
Schubfestigkeit nach DIN 53294	0,4 bis 7,8 N/mm^2.

Wärmeformbeständigkeit nach DIN 53424 bis 215 °C, Dauergebrauchstemperatur bis 180 °C.

Alle Typen beständig gegen die meisten Lösemittel und Treibstoffanteile, nicht gegen Alkalien.

Sehr gutes Kriechverhalten, auch bei hohen Temperaturen, und damit Eignung zur Herstellung von Sandwichbauteilen im Autoklaven bis 180 °C und 0,7 N/mm^2 Druck. Eignung für ‚co-curing'-Verfahren, d.h.

Aushärten der gesamten Sandwichstruktur (Prepregdeckschichten + Kern) in einem Arbeitsgang. Thermoelastisch vorformbarer Sandwichkern für das IMP (In Mould Pressing). Dieses Verfahren beruht auf der Druckerzeugung durch den Schaumkern im geschlossenen Werkzeug. Dieser Druck wird bei normalen Rohacell-Typen durch Nachschäumen und bei vorgepreßten Typen durch Expandieren des Kernes erzeugt. Da die Expansion des Kernes in dem geschlossenen Werkzeug behindert wird, wird Druck aufgebaut und somit das Deckschichtlaminat an die Werkzeugwandung gepreßt. Bei der Expansion vorgepreßter, d.h. thermoelastisch verdichteter Kerne bedient man sich des Memory-Effektes zur Druckerzeugung.

PMI-Hartschaumstoff läßt sich mit herkömmlichen Zweikomponenten-Klebstoffsystemen, sowohl mit sich selbst als auch mit gängigen Deckschichtlaminaten problemlos verkleben.

Einsatzgebiete: Kernwerkstoff für Serienstrukturbauteile im Flugzeugbau (Flaps, Klappen, Stringer); für Hubschrauberrotorblätter; im Schiffsbau als Kern im Rumpf bzw. in den Aufbauten; im Kfz-Bau als Kerne für Karosseriebauteile; Sandwichkerne für Hochleistungsfahrradrahmen/-Felgen; Langlauf- und Alpinskikerne, Kerne für Tennisschläger; Antennen- und Radombau; Satellitenbauteile, Modellbau, gut Röntgenstrahlen durchlässige Röntgenliegen, selbsttragend.

Handelsname: Rohazell

Polymethacrylatmethylimid; PMMI

Durch Einfügen von Methylmethacrylat in die PMI-Kette entstehen transparente Kunststoffe, die im Vergleich zu PMMA folgende Vorteile aufweisen: erhöhte Wärmeformbeständigkeit (120 bis 150 °C), höhere Steifigkeit, Festigkeit, chemische Beständigkeit und höherer Brechungsindex (1,53). Der lineare Ausdehnungskoeffizient ist geringer, die Lichtdurchlässigkeit beträgt 90 %.

PMMI läßt sich zwischen 270 und 300 °C durch Spritzgießen und Extrusion verarbeiten und hat bei der Coverarbeitung mit z.B. PET, PA, PC, PVC, S/AN und ABS auch ohne Haftvermittler eine gute Verträglichkeit.

Einsatzgebiete: Front- und Heckleuchten, Instrumentenabdeckungen, optische Fasern, Sonnendächer und Seitenfenster im Automobilbau und Verpackungen für Lebensmittel, Kosmetika und im medizinischen Bereich.

Handelsname: Kamax.

Polyesterimid; PESI

Polyesterimide sind im Spritzguß verarbeitbare Thermoplaste. In organischen Lösemitteln lösliche Tränkharze werden durch Einbrennen verleitert und zur Drahtlackierung in der Elektroindustrie eingesetzt. Sie sind dann bis 200 °C dauernd belastbar.

Handelsnamen: z. B. Daron XP21, Dobeckan FN, Icdal, Imidex, Imipex, Montac, Terebec.

Polyarylimid; PARI

Handelsname: Sintimid.

4.13 Selbstverstärkende teilkristalline Polymere, LCP

(flüssigkristalline Polymere, Liquid Crystal Polymers)

Chemischer Aufbau

Chemisch basieren LCP im wesentlichen auf folgenden Polymeren:

Polyterephthalate und -Isophthalate; PET-LCP, PBT-LCP, s. Abschn. 4.7.3

Poly(m-phenylenisophthalamid), PMPI-LCP, s. Abschn. 4.6.4

Poly(p-phenylenphthalamid), PPTA-LCP, s. Abschn. 4.6.4

Polyarylate, PAR-LCP, s. Abschn. 4.7.4

Polyestercarbonate, PEC-LCP, s. Abschn. 4.7.4.

Aber auch auf den Gebieten Polyazomethine, Polythioester, Polyesteramide und Polyesterimide wird geforscht.

Es ist seit langem bekannt, daß bestimmte Stoffe und auch Polymere im füssigen Zustand oder in Lösung steife, kristalline Bereiche bilden. Dieser hochgeordnete Zustand in der Lösung oder in der Schmelze steht im Kontrast zu den ungeordneten Makromolekülen herkömmlicher Kunststoffe. LCP bilden einen flüssigkristallinen Zwischenstatus zwischen dem flüssigen und dem festen Zustand, der mit „mesomorph“ bezeichnet wird. Die steifen kristallinen Bereiche in einer Molekülkette werden „mesogene“ Bereiche genannt, s. Bild 4.16. Ein LCP, das nur aus mesogenen Bereichen in der Hauptkette besteht, ist thermoplastisch nicht verarbeitbar, da es erst bei 400 bis 600 °C, d. h. oberhalb der Zersetzungstemperatur, schmilzt. Durch den gezielten Einbau von Störstellen zwischen den mesogenen Bereichen solcher Moleküle kommt man zu „thermotropen“, bei 250 bis 400 °C schmelzbaren Hauptketten-LCP. Störstellen können flexible -CH_2-Sequenzen, eingebaute Winkel (z. B. durch Isophthalsäure), Parallelversatz (2,6-Hydroxynaphtholsäure, HNA, o. ä., „Crankshaft“-Polymere) oder voluminöse Substituenten sein. Monomereinheiten, die zur

Ausbildung linearer starrer Kettensegmente führen, sind zum Aufbau von Hauptketten-LCP geeignet. Ein Beispiel zeigt F 31.

PET-Struktur

$$\left[\overset{O}{\overset{\|}{C}} - C_6H_4 - O - \overset{O}{\overset{\|}{C}} - C_6H_4 - O - \overset{O}{\overset{\|}{C}} - C_6H_4 - \overset{O}{\overset{\|}{C}} - O - CH_2 - CH_2 - O \right]$$

linear, starr — flexibel

Polyethylenterephthalat-LCP-Struktur, PET-LCP (F 31)

In Seitenkettenpolymeren sind die mesogenen Bereiche in den Seitenketten angeordnet und über bewegliche Zwischenglieder (Spacer) quer an leicht schmelzbare Makromoleküle angepfropft. Mesogene sind in der kristallinen Schmelze im elektrischen Feld ausrichtbar (Doppelbrechung). Seitenketten-LCP sind deshalb als „Funktionspolymere" für die Speicherung elektro-optischer, einfrierbarer und durch Aufschmelzen wieder löschbarer Informations-Speicher anwendbar.

Verarbeitung

LCP werden hauptsächlich durch Spritzgießen verarbeitet, wobei die gute Fließfähigkeit der Schmelze, die Flammwidrigkeit, Dimensionsstabilität bei hohen Temperaturen, die geringe thermische Ausdehnung und die chemische Beständigkeit eher ausgenutzt werden als die me-

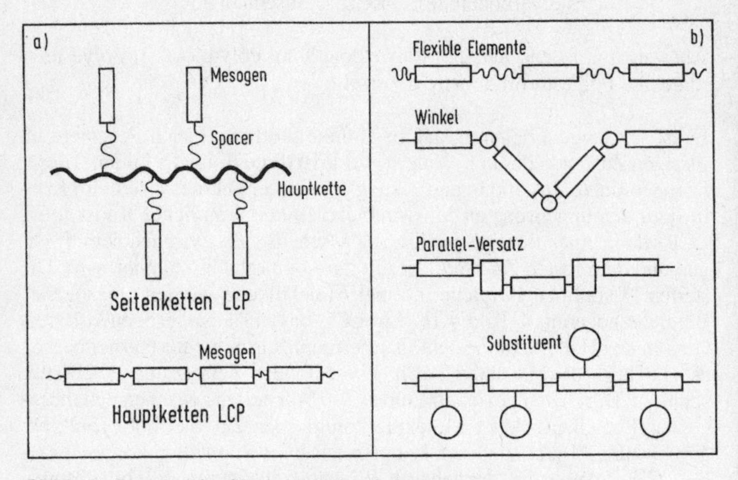

Bild 4.16 Bauprinzipien flüssig-kristalliner Polymere
a) Hauptketten- und Seitenketten-LCP
b) Störstellen in thermotropen Hauptketten-LCP

chanischen Eigenschaften. Die Massetemperaturen liegen zwischen 280 und 330 °C, die Werkzeugtemperaturen bei 70 bis 130 °C. Um Grate an den Spritzlingen zu vermeiden, ist auf gut schließende Werkzeuge zu achten. Wegen der starken Orientierung der Schmelze muß der Angußlage besondere Beachtung geschenkt werden, Bindenähte sind Schwachstellen. LCP-Formteile und extrudierte Halbzeuge können mit den üblichen Methoden mechanisch bearbeitet, mit für Polyester geeigneten Klebstoffen und mit Ultraschall verbunden werden. Metallisieren ist möglich.

Eigenschaften

LCP für die thermoplastische Verarbeitung sind in der Schmelze dünnflüssig, so daß filigrane Formteile mit geringen Wanddicken herstellbar sind. Beim Verarbeitungsprozeß orientieren sich die Moleküle in Scher- oder Dehnströmungen, woraus eine hohe Anisotropie der Eigenschaften und eine sog. Selbstverstärkung in Orientierungsrichtung folgt. Die meist angegebenen hohen Zähigkeiten und Festigkeiten (bis 240 MPa), die hohen Elastizitätsmoduln (bis 40 GPa), die geringen thermischen Ausdehnungskoeffizienten (bis ca. Null 1/K) liegen nur in der Orientierungsrichtung der Moleküle vor. Die Langzeit-Formbeständigkeit ohne eine mechanische Belastung liegt je nach Formmasse bei 185 bis 250 °C.

LCP sind in einem weiten Temperaturbereich beständig gegen Hydrolyse, schwache Säuren und Basen, Alkohole, Aromaten, chlorierte Kohlenwasserstoffe, Ester, Ketone und alle Chemikalien, die sonst Spannungsrisse auslösen, außer stark oxidierenden Säuren und starken Alkalien. Die Witterungsstabilität und Beständigkeit gegen γ-Strahlen und Kurzwellen sind gut. Sie sind von sich aus flammwidrig (V0 nach UL 94) und weisen bis auf eine geringe Kriechstromfestigkeit sehr gute elektrische Eigenschaften auf.

Glas- und kohlefaserverstärkte Typen weisen eine etwas höhere Festigkeit und Steifigkeit auf. Eine Füllung mit Mineralien reduziert die Anisotropie der Eigenschaften der Spritzlinge. LCP werden zur Verbesserung der Fließfähigkeit der Schmelze anderen Thermoplasten beigemischt (5 bis 30%). Umgekehrt soll die Zugabe geringer Mengen anderer Thermoplaste die Richtungsabhängigkeit der Eigenschaften von LCP verringern.

Eigenschaftsvergleich s. Tafel 4.43

Einsatzgebiete

Kleinstteile für den Einsatz in einer aggressiven Umwelt, Träger für gedruckte Schaltungen und Chips, Kupplungen für Lichtleiter, Lager, Dichtungen, Schüttungen für Destillierkolonnen, Funktionselemente für Pum-

Tafel 4.43. Eigenschaftsvergleich von flüssigkristallinen Copolyestern

Eigenschaft	Einheit	PC-LCP	PET-LCP		
		unverst.	unverst.	–GF 30	–CF 30
Dichte	g/cm³		1,40	1,6	1,5
Zug-E-Modul	MPa	2500→4300	10400	16100	23000
Streckspannung	MPa		–	–	–
Streckdehnung	%		–	–	–
Nominelle Bruchdehnung	%		–	1,8	–
Spannung bei 50 % Dehnung	MPa		–	–	–
Bruchspannung	MPa	62→94	156	188	167
Bruchdehnung	%	5,6→3,7	2,6	2,1	1,6
Schmelztemperatur	°C		280	280	280
Formbeständigkeitstemperatur HDT / A 1,8 MPa	°C	125→135	168	232	240
Längenausdehnungskoeffizient, längs (23–55 °C)	10^{-5}/K		–0,3	–0,1	–0,1
Längenausdehnungskoeffizient, quer (23–55 °C)	10^{-5}/K		+6,6	+4,7	+5,2
Brennbarkeit UL 94 bei 1,6 mm Dicke	Klasse		V-0	V-0	V-0
Dielektrizitätszahl bei 100 Hz	–		3,2	3,4	–
Dielektrischer Verlustfaktor bei 100 Hz	$\cdot 10^{-4}$		160	134	–
Spezifischer Durchgangswiderstand	Ohm · m		10^{14}	10^{14}	50–100
Spezifischer Oberflächenwiderstand	Ohm		$>10^{13}$	$>10^{13}$	10^{4}
Elektrische Durchschlagfestigkeit	kV/mm		39	43	–
Vergleichszahl der Kriechwegbildung CTI/A			150	125	–
Aufnahme von Wasser bei 23 °C, Sättigung	%		<0,1	<0,1	0,1
Feuchteaufnahme bei 23 °C / 50 % r. F., Sättigung	%		<0,05	<0,05	0,06

pen, Meßinstrumente, Teile auch im Kontakt mit Kraftstoffen im Kfz-Motorraum.

Handelsnamen

Polyterephthalate: z. B. Vectra, Econol
Polyarylate: z. B. Xydar, Victrex, Ultrex
Polyestercarbonate: z. B. Rodrun, Granlar

4.14 Leiterpolymere: Zweidimensionale Polyaromaten und -heterocyclen

Chemischer Aufbau

Leiterpolymere bestehen aus linearen Ketten, die in gleichmäßigen Abständen vernetzt sind, Beispiele s. Tafel 4.41, S. 508, Pyrrone und Polycyclone. Aufgrund dieses Aufbaus weisen sie höchste Temperaturstabilität und Steifigkeit a563
uf.

Das Synthese-Prinzip besteht aus einer Verknüpfung von Monomeren mit Ringstrukturen, welche überwiegend aus aromatischen (Benzol-) Ringen oder stickstoffhaltigen Heterocyclen aufgebaut sind bzw. sich bei Verknüpfung bilden. Dabei entstehen bifunktionelle und multifunktionelle Polymerbausteine, die bei weiterer Vernetzung leiterartige oder Raumnetz-Strukturen bewirken. Schwierigkeit und Kosten der mehrstufigen Synthesen wie auch der Verarbeitung sind hoch. Leiterpolymere können weder thermoplastisch noch in Lösung verarbeitet werden. Die Formgebung muß deshalb bereits bei der Molekül- bzw. Leiterbindung noch aus den löslichen oder schmelzbaren Vorprodukten erfolgen.

Lineare Polyarylene, HT-PP

Lineare oder verzweigte *Polyphenylene* (Elmac 221, H-resins) sind im Endzustand unlöslich und unschmelzbar. Ihre Dauergebrauchstemperaturen – außer gegen geschmolzene Alkalimetalle – liegen bei 200 bis 300 °C, bei Sauerstoffausschluß bis 400 °C.

Poly-p-Xylylene (Parylene) sind Dielektrika für einen Dauergebrauch bis >200 °C in Form dünner Folien oder Beschichtungen. Diese werden durch Polymerisation bei 600 °C im Vakuum vergaster Dimer-Radikale des Xylols $(CH_3-C_6H_4-CH_3)$ oder chlorierter Xylole auf kalten Flächen abgeschieden. Wegen des Gehalts an $-CH_2-$Gruppen sind sie nur bis etwa 80 °C oxidationsbeständig.

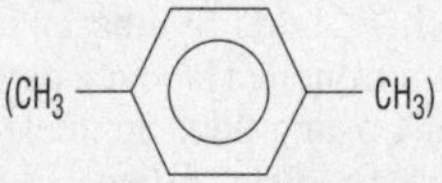

Poly-p-hydroxybenzoat (Ekonol) aus dem Monomeren

HO—C_6H_4—COOH

ist ein linearer Polyarylester (s. Abschn. 4.7.4), der außer den –O–CO–Estergruppen nur aromatische Ringe enthält. Das bei 550 °C schmelzende Polymere kann im Flammspritzverfahren und, durch Zusätze schmiedbar gemacht, zu Lagerwerkstoffen verarbeitet werden. Copolymere mit etwa 40 % Diphenol-Terephthalat sind „selbstverstärkende" Spritzgießmassen, s. Abschn. 4.13. Die langen, relativ steifen Makromoleküle ordnen sich in der Schmelze zu „thermotropen" flüssig-kristallinen Phasen. Aus der anisotropen Schmelze spritzgegossene Formkörper sind in Fließrichtung mehrfach fester und steifer als senkrecht dazu. „Lyotrop" flüssigkristalline Lösungen nicht schmelzbarer Aramide werden zu Fasern verarbeitet.

Polyimidazopyrrolon, Pyrrone, HT-P

Polyrone sind echte Leiterpolymere und zeichnen sich durch eine hohe Resistenz gegen Hochenergie-Strahlung aus. Sie wurden für Zwecke der Raumfahrt entwickelt.

Polycyclon, HT-PC

Zu dieser Gruppe gehören Polycyclobutadien (Handelsname Pluton) und Polycycloacrylnitril (Handelsname Fiber-HF). Es sind Leiterpolymere. Sie sind weder thermoplastisch noch in Lösung verarbeitbar und werden speziell zur Herstellung von zwar wenig festen, aber kurzfristig bis 1000 °C erhitzbaren Fasern verwendet. Da bereits bei 200 °C eine schnelle Oxidation in Luft mit starkem Festigkeitsabfall erfolgt, kann die hohe Wärmestandfestigkeit nur ausgenutzt werden, wenn die Fasern in eine Harzmatrix eingebettet oder metallisiert werden.

Weitere Leiterpolymere

Die Synthese von PI-ähnlichen langkettigen Leiterpolymeren mit heterocyclischen Kernen der in Tafel 4.44 aufgezeigten Konfigurationen und Benennung ist ein Entwicklungsgebiet. Diese werden als Kleb- und Tränkharze für die Träger gedruckter Schaltungen, in der Mikroelektronik und als strahlungsvernetzende „Photoresist"-Lacke für gedruckte Schaltbilder auf Halbleiter-Chips der Computertechnik, die bei Temperaturen um 400 °C und bei sonstigen Beanspruchungen in nachfolgenden Arbeitsgängen nicht zerstört werden, gebraucht. Zu den Synthesen wird auch die vielfältige Reaktionsfähigkeit multifunktioneller Isocyanate genutzt. Man strebt „offenkettige", in konzentrierter Lösung oder Schmelze flüssig-kristalline (s. Abschn. 4.1.3) Prepolymere an, die auf dem Träger vorgeordnet aufgetragen zum unlöslichen und unschmelzbaren Endprodukt verleitert oder cyclisiert werden können.

Das zur PPE-Gruppe (s. Abschn. 4.9) gehörende, aber nur aromatische Ringe enthaltende *Poly-2,6-diphenyl-phenylenoxid* (Tenax), mit $T_g = 235\,°C$, $T_m = 480\,°C$, wird aus organischen Lösemitteln zu Fasern für Filtergewebe und für Hochspannungskabel-Isolierpapiere versponnen.

Tafel 4.44. Heterocyclen für den Aufbau von Leiterpolymeren

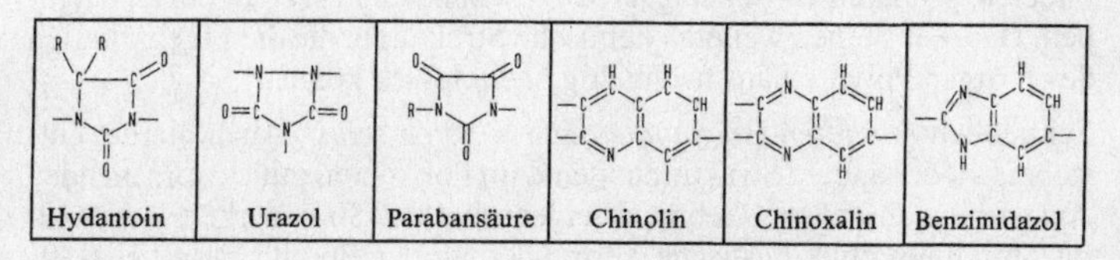

4.15 Polyurethane, PUR

Vom chemischen Aufbau her sind Polyurethane nie „reine" Kunststoffe wie z. B. PVC aus Vinylchlorid oder Polyethylen aus Ethylen, sondern stets chemisch-strukturell gemischte Polymere. Die Urethangruppe, der Namensgeber dieser Kunststoffklasse, ist häufig nur in untergeordnetem Maße im Makromolekül enthalten. Auch „PUR"-Produkte ohne eine Urethangruppe sind bekannt. Allen Variationen sind jedoch die Prinzipien der „Polyisocyanat-Chemie" gemeinsam. Bestimmt wird das Eigenschaftsprofil der PUR-Werkstoffe weitestgehend von anderen als den Urethan-Strukturmerkmalen. Dieser Sachverhalt begründet deren einmalige Vielfalt unter den Kunststoffen: Polyurethane sind vor allem als Schaumstoffe, Elastomere und massive Formteile bekannt. Darüber hinaus spielen sie als PUR-Lacke und Anstrichstoffe, als Klebstoffe, Beschichtungsmateralien, Elastifikatoren für andere Kunststoffe und schließlich als Fasern eine z. T. entscheidende Rolle bei technischen Anwendungen.

Chemischer Aufbau

Isocyanate sind durch die energiereiche, d. h. durch die sehr reaktionsfähige Isocyanatgruppe, $-N=C=O$, gekennzeichnet. Sie reagiert *exotherm* nicht nur mit wasserstoffaktiven Verbindungen, sondern unter geeigneten Bedingungen auch mit sich selbst. Wie schnell eine NCO-Gruppe mit ihrem Reaktionspartner reagiert, hängt außer vom Partner besonders von der Struktur des Molekülrestes ab, an dem sie gebunden ist. Die wichtigsten wasserstoffaktiven Verbindungen besitzen OH- oder NH_2-Funktionen, es sind Alkohole oder Amine. Eine besondere Rolle spielt Wasser als OH-Komponente bei der Herstellung von Schaumstoffen: Bei der Umsetzung mit Isocyanaten entsteht gasförmiges Kohlendioxid CO_2, das als Treibmittel wirkt. Ebenfalls entsteht CO_2 bei der Reaktion der NCO-Gruppe mit organischen Säuren. Sie sind durch die Carboxylgruppe -COOH gekennzeichnet. Darüber hinaus kann im Reaktionsgemisch noch unverbrauchtes oder überschüssiges Isocyanat mit dem bereits gebildeten, primären Umsetzungsprodukt sekundäre *Folgereaktionen* eingehen. Dabei entstehen weitere chemische Strukturen, die die Eigenschaften des fertigen Polyurethans nachhaltig beeinflussen können.

Schließlich *reagieren Isocyanate auch mit sich selbst.* Auch hierbei entstehen wieder andere Strukturelemente im Polymeren mit entsprechenden Auswirkungen auf die Gebrauchseigenschaften: So bewirken Isocyanurat-Strukturen eine drastische Verminderung der Brennbarkeit bei Hartschaumstoffen für die Bauindustrie. Die Reaktionsfähigkeit der -N=C=O-Gruppe ist mit den angegebenen Möglichkeiten nicht erschöpft. Sie kann auch *mit Verbindungen ohne aktiven Wasserstoff reagieren:* Beispielsweise sei hier die Reaktion mit Epoxiden erwähnt. Dabei werden Produkte erhalten, die Bedeutung als Vergußmassen und Gießharze erlangt haben. In Tafel 4.45 sind die Prinzipien der Polyisocyanat-Chemie zusammengefaßt und stichwortartig erläutert.

Herstellung

(s. auch Abschn. 3.3.3 Polyurethan-Verfahrenstechnik)

Die in der Regel flüssigen Rohstoffe werden meistens bei Raumtemperatur vermischt. Dabei sind exakte stöchiometrische Mengenverhältnisse einzuhalten. Die Berechnungsmodalitäten dazu stellt der Rohstofflieferant zur Verfügung. Dabei ist die sog. *Kennzahl* der wichtigste Parameter: Sie gibt das prozentuale Verhältnis der tatsächlich eingesetzten Isocyanat-Menge zur stöchiometrisch, d.h. berechneten NCO-Menge an, z.B.:

Kennzahl = 100: Die eingesetzte Menge Isocyanat entspricht der berechneten.

Kennzahl = 110: Die eingesetzte Menge Isocyanat ist *10% höher* als die berechnete.

Kennzahl = 90: Die eingesetzte Menge Isocyanat ist *10% niedriger* als die berechnete.

Mit Hilfe des Kennzahl-„Spieles" hat der PUR-Hersteller die Möglichkeit, innerhalb bestimmter Grenzen Einfluß auf die Verarbeitbarkeit des Reaktionsgemisches bzw. auf die Eigenschaften des PUR-Werkstoffes zu nehmen. Häufig wird vom Rohstofflieferanten im Rahmen von Richtrezepturen ein optimaler Kennzahlbereich empfohlen.

Selbstverständlich kann der Hersteller eigene Rezepturen entwickeln. Er wird vorzugsweise aus ökonomischen, d.h. auch aus logistischen und ökologischen Gründen, ein 2-Komponenten-System beziehen, das aus

Tafel 4.45. Prinzipien der Polyisocyanat-Chemie

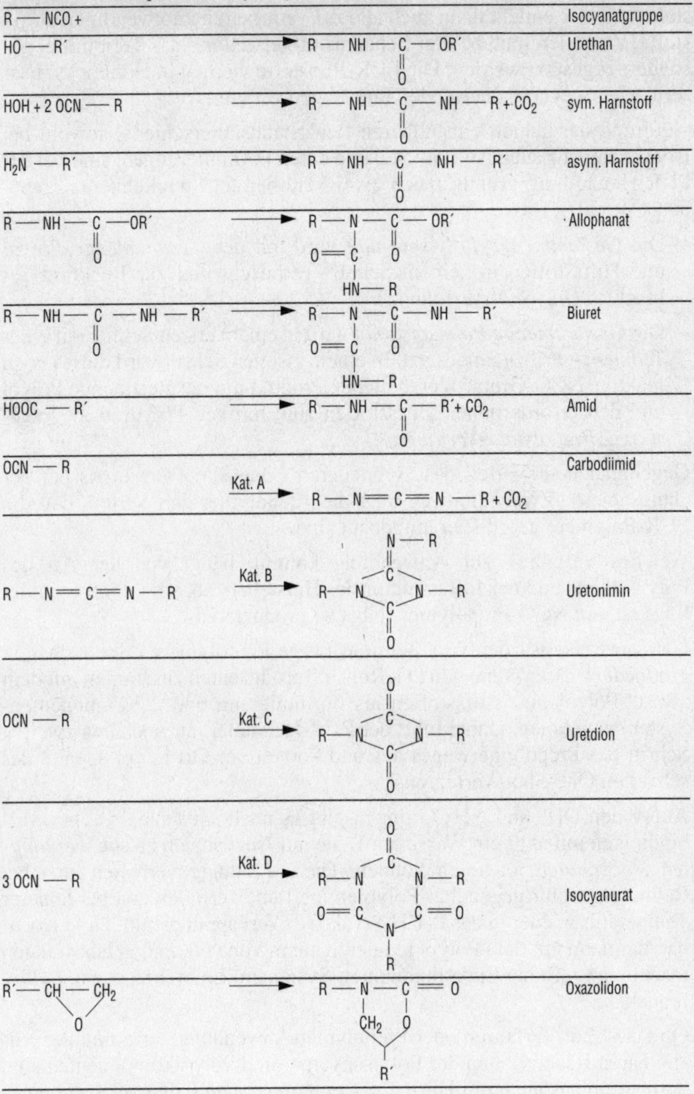

R — NCO +		Isocyanatgruppe
HO — R′	→ R — NH — C(=O) — OR′	Urethan
HOH + 2 OCN — R	→ R — NH — C(=O) — NH — R + CO_2	sym. Harnstoff
H_2N — R′	→ R — NH — C(=O) — NH — R′	asym. Harnstoff
R — NH — C(=O) — OR′	→ R — N(— C(=O) — NH — R) — C(=O) — OR′	Allophanat
R — NH — C(=O) — NH — R′	→ R — N(— C(=O) — NH — R) — C(=O) — NH — R′	Biuret
HOOC — R′	→ R — NH — C(=O) — R′ + CO_2	Amid
OCN — R	Kat. A → R — N = C = N — R + CO_2	Carbodiimid
R — N = C = N — R	Kat. B → R — N[— C(=N — R) —, — C(=O) —]N — R (Vierring)	Uretonimin
OCN — R	Kat. C → R — N[— C(=O) —, — C(=O) —]N — R (Vierring)	Uretdion
3 OCN — R	Kat. D → Sechsring aus drei R — N und drei C = O (Isocyanuratring)	Isocyanurat
R′ — CH — CH_2 (über O verbrückt, Epoxid)	→ R — N — C = O, N — CH_2 — CH(R′) — O — C (Fünfring)	Oxazolidon

dem Polyisocyanat einerseits und der Polyolkomponente andererseits besteht. Letztere enthält dann auch alle zur Verarbeitung notwendigen Hilfsstoffe. Zuweilen muß bei der Schaumstoffherstellung das Treibmittel gesondert zugesetzt werden. Die PUR-Rohstoffe werden in Hobbocks, Fässern, Mehrwegcontainern oder Tankwagen geliefert.

Aufgrund der gezielt einstellbaren Reaktivitätsunterschiede, sowohl bei Isocyanaten als auch bei Polyolen und deren Formulierungen, sind bei der PUR-Herstellung grundsätzlich zwei Verarbeitungsmöglichkeiten gegeben:

- Die *Gesamtmenge Polyisocyanat* wird mit der *Gesamtmenge Polyol* und Hilfsstoffen in „einem Schuß" vermischt und zur Reaktion gebracht: *„One-Shot-Verfahren"*
- Die *Gesamtmenge Polyisocyanat* wird in einem ersten Schritt mit einer *Teilmenge Polyol* umgesetzt. In einem zweiten Schritt wird dieses noch reaktive NCO-Gruppen enthaltende Produkt mit der Restmenge Polyol und den erforderlichen Hilfsstoffen zum fertigen Polyurethan umgesetzt: *„Prepolymer-Verfahren"*.

Gegenüber dem Vorteil des „schnelleren" One-Shot-Verfahrens hat der „langsamere" Zweistufenweg über das Prepolymer den Vorteil, daß die PUR-Polymere geordneter aufgebaut sind.

Welches Verfahren zur Anwendung kommt, hängt von der Art des Polyurethans und der Infrastruktur des Herstellers ab, so u. a. ob er in der Lage ist, ein NCO-Prepolymer selbst zu produzieren.

Üblicherweise werden verarbeitungsfertige Prepolymere oder auch sog. *Modifizierte Isocyanate* von den Rohstoffproduzenten zusammen mit dem „Rest"-Polyol und Hilfsstoffen als Formulierung und 2-Komponenten-System angeboten. Dabei führt der PUR-Hersteller nur noch den zweiten Schritt des Prepolymerweges aus und kommt vor Ort in den Genuß des schnellen One-Shot-Verfahrens.

Außer den OH- und NH_2-Gruppen gibt es noch spezielle $-CH_2-$ -Verbindungen mit aktivem Wasserstoff, die mit Isocyanaten zu sog. *verkappten Isocyanaten* reagieren können. Diese Produkte verhalten sich bei Raumtemperatur gegenüber Polyolen inert und zerfallen erst bei höherer Temperatur wieder in das ($-CH_2-$ -aktive) Verkappungsmittel und Isocanat, das dann mit dem Polyol reagieren kann. Von verkappten Isocyanaten macht man z. B. bei Einkomponenten-Systemen (Einbrennlacke u. a.) Gebrauch.

Ob One-Shot-Verfahren oder Prepolymer-Anwendung, aufgrund der einstellbaren Reaktivitäten der Polyisocyanat- und Polyolkomponenten sind darüber hinaus auch mit Hilfe eines umfangreichen Hilfsstoffsortimentes verschiedene Verfahrenstechniken zugänglich, nach denen Polyurethane hergestellt werden können:

Gießen, Sprühen, Schäumen, Spritzgießen, Extrudieren, Walzen (Kautschukindustrie), Beschichten, Spinnen

z. B. für:

Blöcke, Platten, Formteile, Hohlraumausschäumungen, Composites, Beschichtungen, Imprägnierungen, Filme, Folien, Fasern u. a.

Qualitätssicherung (QS)

Aufgrund der gesplitteten Struktur des Polyurethanmarktes in PUR-*Rohstoff*hersteller und PUR-Hersteller ist ein detailliertes und besonders kooperatives Qualitätsmanagement angezeigt: Während der Rohstoffhersteller die in *Spezifikationen* festgelegten Daten der Polyisocyanate und Polyolkomponenten garantiert, ist der PUR-Hersteller für die Einhaltung der Prozeßparameter verantwortlich; denn letzterer sichert z. B. als Zulieferer der Autoindustrie seinem Kunden eine dessen Vorgaben entsprechende Teilequalität zu. In Tafel 4.46 sind einige verarbeitungstechnisch wichtige chemische und physikalische Kenndaten von PUR-Rohstoffen aufgeführt, die Bestandteile von Spezifikationen sein können.

Tafel 4.46. Verarbeitungstechnisch wichtige chemische und physikalische Kenndaten von PUR-Rohstoffen

Eigenschaft / Rohstoff	Reinheit oder NCO-Gehalt %	OHZ [1] mg KOH g	SZ [2] mg KOH g	Visk. mPa · s	H_2O-Gehalt %	Dichte g/cm³	Sonstige (z. B.)			
							pH-Wert	Hydrol. Cl. %	Sediment %	PHI-Gehalt ppm
(Di-/Poly-) Isocyanate	X			X		X		X	[X]	[X]
Polyether-Polyole		X	[X]	X	X	X	X			
Polyester-Polyole		X	X	X	X	X	X			

[1]) OH-Zahl [2]) Säurezahl

Zum Aufbau eines PUR-QS-Systems gehören interne und externe Audits. Grundlagen der QS-Richtlinien sind die Normen EN 29000 bis EN 29004.

Handhabung der Rohstoffe: Arbeitssicherheit

Anlagen zur *Herstellung von PUR* sind – ggf. mengenabhängig – genehmigungspflichtig. Für den Transport, die Ent- u. Beladungsvorgänge und die Lagerung der Rohstoffe gelten die einschlägigen Vorschriften und Gefahrgut-Kennzeichnungen, um Einträge in die Umwelt zu verhindern oder – wenn unvermeidlich – zu minimieren.

Darüber hinaus regeln Gesetze und Verordnungen die Arbeitssicherheit der mit den Rohstoffen umgehenden Mitarbeiter (nach Schätzungen ca. 500 000 Personen weltweit). Die Rohstofflieferanten stellen dazu ausführliches Informationsmaterial einschließlich Informationen zur Inertisierung von Rohstoffresten zur Verfügung, ferner zu jedem Produkt ein aktuelles Sicherheitsdatenblatt.

Brandverhalten

Wie alle organischen (Werk-)Stoffe sind auch Polyurethane brennbar. Sowohl bei der Herstellung als auch bei der Verwendung bestehen daher Brandrisiken.

Während bei der Lagerung und Handhabung der *Rohstoffe* wegen der relativ hohen Flammpunkte der Produkte keine besonderen Brandrisiken bestehen, muß z.B. bei der *Herstellung* von (Weich-)Schaumstoffblöcken dem besonderen Risiko der Selbstentzündung Rechnung getragen werden: Durch Fehldosierungen kann die ohnehin starke Exothermie der PUR-Reaktion über Verfärbungen/Verbrennungen im Kern eines Blockes bis zur Selbstentzündung führen. Schon aus versicherungstechnischen Gründen müssen frisch geschäumte Blöcke bis zur völligen Abkühlung in feuerbeständigen Räumen zwischengelagert werden. Für die Lagerung anderer PUR-Fertigprodukte gelten die allgemeinen Maßnahmen des vorbeugenden Brandschutzes so wie für andere brennbare Industrieprodukte auch.

Für die jeweilige *Anwendung* können Polyurethane flammwidrig ausgerüstet werden (vgl. 4.15.1). Dabei werden sie nach brandschutztechnischen Prüfungen bewertet und in Brandschutzklassen eingestuft.

Darüber hinaus werden auch Brandparallelerscheinungen beurteilt, z.B. brennendes Abtropfen, die Rauchgasdichte und -toxizität. Nicht alle Brandprüfmethoden sind international genormt; überwiegend sind sie länderabhängig. Zusätzlich sind sie noch anwendungsorientiert, z.B. für den Bergbau- und Verkehrssektor, für den Bereich Möbel und Einrichtungen und in besonderem Maße für die Bauindustrie genormt.

Bei der Interpretation von Ergebnissen aus brandschutztechnischen Prüfungen von Polyurethanen ist Vorsicht geboten: Die Resultate lassen keinen unmittelbaren Rückschluß auf jedes in der praktischen Anwendung mögliche Brandrisiko zu.

Umweltschutz, Sicherheit und Abfallverwertung

Bei bestimmungsgemäßer *Verwendung* gehen *vom fertigen PUR-Endprodukt* keine schädlichen Einflüsse auf die Gesundheit und Umweltverträglichkeit aus. PUR ist in der Regel längerlebig als die PUR-enthaltenden Produkte: Nach deren Lebenszyklus entsteht PUR-Abfall, ebenso wie bei dessen Herstellung, z.B. als Verschnitt, Angüsse, Ausschußteile u.ä. Dieser PUR-Abfall kann einer weiteren Verwertung zugeführt werden.

PUR-Abfall entsteht bei der PUR-Herstellung (Angüsse, Austrieb, Verschnitt) und am Gebrauchsende. Der Verbleib des Abfalls auf einer *Depo-*

nie ist die schlechteste Methode der Produktentsorgung. In Tafel 4.47 sind die wichtigsten Verfahren zur Wiederverwertung von PUR-Abfall zusammengefaßt. Während das *werkstoffliche Recycling* weitgehend vom PUR-Hersteller selbst durchgeführt werden kann, ist für das *rohstoffliche Recycling* detaillierte chemische Sachkenntnis erforderlich. Hierfür stehen bereits industrielle Kapazitäten zur Verfügung. Je nach den regionalen Gegebenheiten kann die thermische Verwertung (z. B. Verbrennung) unter *Energiegewinnung,* sowohl vom Hersteller als auch von Betreibern spezieller Anlagen (z. B. moderne Hausmüllverbrennungen), durchgeführt werden.

Aus Kostengründen und/oder logistischen Schwierigkeiten (z. B. Sammeln, Separieren, Identifizieren, Sortieren) können häufig die technischen Möglichkeiten nicht ausgeschöpft und kann die ohnehin limitierte Aufnahmefähigkeit des Marktes für Recyclate kurzfristig nicht erhöht werden. Vor diesem Hintergrund ist die Verbringung von PUR-Abfall auf *Deponien* leider noch unvermeidlich.

Beispiele für ein *werkstoffliches Recycling* sind Flockenverbunde aus PUR-Weichschaum-Produktionsabfällen: Allein in Deutschland werden z. B. für Gymnastikmatten, Spezialpolster, Schallschluckelemente u. a. zwischen 5000 und 10 000 t/a vermarktet. Dazu kommen ca. 4000 bis 6000 t/a Preßplatten aus zerkleinertem PUR-Hartschaum-Abfall. Für bestimmte Bauanwendungen finden 200 bis 300 t/a RIM-PUR-Granulate aus Automobilanwendungen Absatz.

Als Beispiel für das *rohstoffliche Recycling* wird auf die Glykolproduktion verwiesen: Sie betrug für verschiedene Anwendungen in Deutschland 1994 ca. 800 t.

Tafel 4.47. Verfahren zur Wiederverwertung von PUR-Abfällen

Werkstoffliches Recycling	Rohstoffliches Recycling	Energiegewinnung
Klebpressen	Glykolyse	Hausmüllverbrennung
Partikelverbund	Hydrolyse	Wirbelschichtofen
Pulvereinarbeitung	Pyrolyse	Drehrohrofen
Spritzguß	Hydrierung	Schwel-Brenn-Verfahren
Fließpressen	Gaserzeugung	Metallurgisches Recycling

4.15.1 Rohstoffe

Das Rohstoffsystem der Polyurethane besteht aus drei Komponenten: A: den Polyisocyanaten, B: den Polyolen und C: den Hilfsstoffen. Mit letzteren kommt der PUR-Hersteller weniger in direkten Kontakt, wenn er fertig formulierte 2-K-Systeme bezieht und verarbeitet.

Di- und Polyisocyanate

Die gesamte technische Polyurethanchemie beruht nur auf wenigen Typen verschiedener Grundisocyanate. Sie sind in Tafel 4.48 zusammengestellt. Dabei handelt es sich überwiegend um Diisocyanate. Höherfunktionelle Triisocyanate sind Spezialprodukte, z. B. für Lacke oder Klebstoffe. Ein mehr als difunktionelles Isocyanat ist auch das polymere Diphenylmethan-4,4'-diisocyanat (PMDI). Es ist noch vor TDI das mengenmäßig wichtigste Polyisocyanat.

Tafel 4.48. Technisch wichtige Di- und Polyisocyanate für die Polyurethanchemie

TDI CH_3, NCO, NCO; CH_3, OCN, NCO Toluylen-2,4-diisocyanat + Toluylen-2,6-diisocyanat 80 % + 20% = TDI 80/20 65 % + 35 % = TDI 65/35	NDI NCO, OCN Naphtylen- 1,5-diisocyanat
MDI OCN — CH_2 — NCO MDI-Monomer OCN, NCO, NCO, CH_2, CH_2 MDI-Polymer (PMDI) Diphenylmethan-4,4´-diisocyanate	
IPDI H_3C, H_3C, N＝C＝O, H_3C, CH_2—N＝C＝O Isophorondiisocyanat	HDI O＝C＝N—$(CH_2)_6$—N＝C＝O Hexan-1,6-diisocyanat

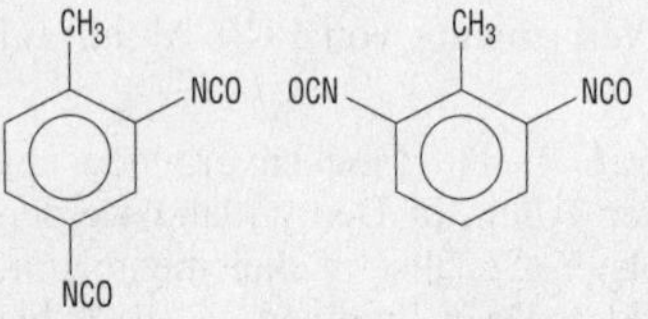

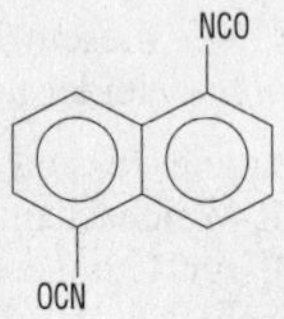

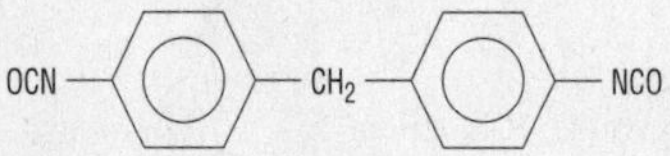

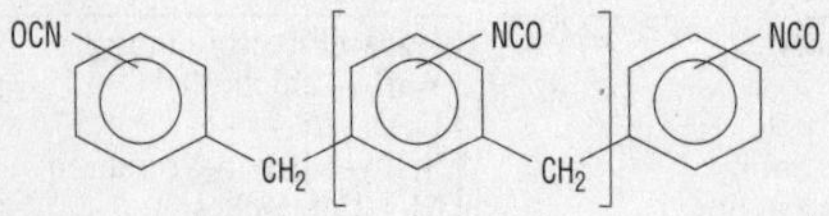

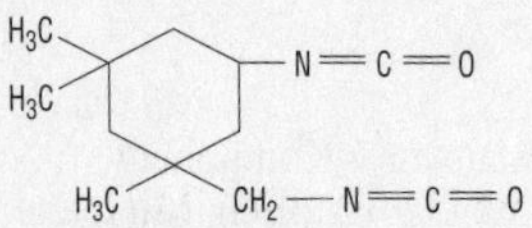

Das von den Rohstofflieferanten angebotene umfangreiche Sortiment von Polyisocyanaten basiert nahezu ausschließlich auf nach Tafel 4.47 durchgeführten Modifikationen der Grundisocyanate.

Polyole, Polyamine, Vernetzer, Kettenverlängerer

Die hier genannten Produktklassen sind die wichtigsten Reaktionspartner der Isocyanate. Die technisch verfügbare Typenvielfalt übersteigt um Zehnerpotenzen die Zahl der Isocyanatprodukte. Durch eine geschickte, d.h. auf Wissen und Erfahrung beruhende Kombination verschiedener Polyole, ggf. mit Polyaminen und/oder Vernetzern wird die Erscheinungsvielfalt der Polyurethane erzielt.

Polyetherpolyole sind das am meisten gebrauchte „Rückgrat" für Polyurethane. Durch die technisch einfache Zugänglichkeit aus zwei- und mehrwertigen Alkoholen und Epoxiden (Propylen- und/oder Ethylenoxid) ist eine breite Palette lang- und kurzkettiger Polyetherpolyole mit 2 bis 8 OH-Gruppen pro Molekül (Funktionalität) verfügbar. Damit wird bei Polyurethanen ein Eigenschaftsspektrum von wenig vernetzt/linear-weich bis hochvernetzt/hart abgedeckt. Polyetherpolyole sind weitgehend hydrolysestabil; gegen Photooxidation müssen sie mit Hilfsstoffen stabilisiert werde.

Polyesterpolyole werden in weit geringerem Maße als Polyetherpolyole verwendet. Sie sind in der Herstellung teurer und bei vergleichbarer Kettenlänge viel viskoser als Polyether. Andererseits sind sie weit weniger empfindlich gegen Photooxidation, dagegen sehr hydrolyseanfällig. Der unbestrittene Vorteil der Polyesterpolyole liegt in ihrem Beitrag zur hohen Festigkeit im fertigen Polyurethan.

Organisch gefüllte Polyole sind in bemerkenswertem Umfang eingesetzte Spezialtypen. Sie sind einerseits als Pfropf-, SAN- oder Polymerpolyole und andererseits als PHD-Polyole bekannt. Es sind milchigweiße, stabile Dispersionen von Styrol-Acrylnitril-Polymerisaten im ersteren und von Polyharnstoffen im zweiten Fall. Sie verleihen zum Beispiel Weichschaumstoffen bei relativ niedrigen Rohdichten eine höhere Eindruckhärte und Elastizität.

(Poly-)Amine sind gegenüber Isocyanaten hochreaktive Reaktionspartner. Es sind höher- oder niedermolekulare Verbindungen mit zwei oder mehr Amino-(NH_2-)Gruppen. Erstere sind z.B. Polyetheramine. Letztere leiten über zu den

Vernetzern bzw. Kettenverlängerern. Über die NH_2-Gruppe werden in das PUR-Gerüst Harnstoff-Segmente eingebaut (Tafel 4.45), die dem Polymeren Härte und eine verbesserte Temperaturbeständigkeit verleihen. Darüber hinaus kann mit Aminoverbindungen die Reaktionsgeschwindigkeit der Polyaddition erhöht werden. Auch werden niedermolekulare, zwei- und mehrwertige Alkohole, wie z.B. Butandiol oder Glycerin als sog. „OH-Vernetzer" verwendet. Damit kann die Netzwerkdichte des Polymeren gesteuert und Einfluß auf die Eigenschaften genommen werden.

Hilfsstoffe

Für die Herstellung von Polyurethanen sind außer den Grundrohstoffen Polyisocyanat und Polyol auch Hilfs- oder Zusatzstoffe notwendig. Mit diesen Chemikalien kommt der PUR-Hersteller nur dann in unmittelbaren Kontakt, wenn er Eigenentwicklungen seiner Rezepturen betreibt. In den vom Rohstoff-Lieferanten verarbeitungsfertig formulierten 2-Komponenten-Systemen sind fast alle erforderlichen Hilfsstoffe enthalten:

Katalysatoren dienen der Reaktionsbeschleunigung. Dafür werden meistens tertiäre Amine und/oder Organo-Zinn-Verbindungen eingesetzt.

Tenside, z.B. *Emulgatoren*, bewirken eine bessere Mischbarkeit der eigentlich „unverträglichen" Reaktionspartner Polyisocyanat/Polyol/Wasser und tragen in Kombination mit Katalysatoren zu einer gleichmäßigen PUR-Reaktion bei. Spezielle siliciumorganische Verbindungen dienen als *Schaumstabilisatoren* und/oder *Zellregler* bei der Schaumstoff-Herstellung. Sie stabilisieren den aufsteigenden Schaum bis zur Aushärtung. Darüber hinaus regeln sie die Offen- und Geschlossenzelligkeit und die Porengröße der Schaumstoffe.

Treibmittel dienen zur Herstellung von Schaumstoffen aus der flüssigen, viskosen Reaktionsmasse. Dabei wird zwischen chemischen und physikalischen Treibverfahren unterschieden. Das erstere beruht auf der Isocyanat-Wasser-Reaktion (F 32); sie liefert gasförmiges Kohlendioxid (CO_2) als Treibgas. Beim physikalischen Verfahren wird durch den Zusatz niedrigsiedender Flüssigkeiten das exotherm reagierende Gemisch durch Verdampfen des Treibmittels aufgeschäumt. Dabei werden anstelle der früher verwendeten FCKW aus Gründen des Umweltschutzes heute die Ozonschicht weniger bzw. nicht schädigenden HF (C) KW und/oder Kohlenwasserstoffe (Pentan, Cyclopentan) verwendet.

$$R-N=C=O + H_2O \longrightarrow \left[R-NH-\overset{\overset{\displaystyle O}{\|}}{C}-OH \right] \xrightarrow{R-NCO} R-NH-\overset{\overset{\displaystyle O}{\|}}{C}-NH-R + CO_2 \qquad \text{(F 32)}$$

Nach einem CarDio genannten Verfahren, Fa. Cannon, Italien, werden mit einer konventionellen Mehrkomponenten-Dosieranlage neben 3 bis 5 Gew.% Wasser ca. 4 Gew.% flüssiges CO_2 dem Polyolgemisch zugeführt und auf diese Weise sehr weiche Blockschäume mit gleichmäßiger Zellstruktur umweltfreundlich erzeugt. Eine Weiterentwicklung, das CannOxide-Verfahren, gestattet die Herstellung entsprechender weicher Formschäume.

Flammschutzmittel werden zur Verminderung der Brennbarkeit von PUR zugesetzt. Dafür kommen sowohl anorganische (z.B. Aluminiumoxidhydrate, Ammoniumpolyphosphate) als auch organische Chlor, Brom und/oder Phosphor, gelegentlich auch Stickstoff enthaltende Verbindungen in Frage.

Tafel 4.49. PUR-Rohstoffe, Auswahl einiger Handelsprodukte und Hersteller

Produkt	Handelsname	Hersteller
Isocyanate	Caradate	Shell
	Desmodur	Bayer
	Isonate	Dow Chem.
	Lupranat	BASF
	Mondur	Bayer (USA)
	Papi	Dow Chem.
	Rubinate	ICI (USA)
	Sumidur	SBU (Japan)
	Suprasec	ICI
	Systanat	BASF
	Takenate	Tekeda
	Tedimon	Montedipe
	Voranate	Dow Chem.
Polyole/Systeme	Arcol	Arco
	Bay...	Bayer
	Caradol	Shell
	Dalto..	ICI
	Desmophen	Bayer
	Elasto...	Elastogran/BASF
	Glendion	Montedipe
	Lupranol	BASF
	Multranol	Bayer/USA
	Spec..	Dow Chem.
	Sumiphen	SBU/Japan
	Systol	BASF
	Vora.. (nol)	Dow Chem.
Thermoplastische Polyurethane (TPU)	Desmopan	Bayer
	Estane	Goodrich
	Pellethane	Dow Chem.
	Texin	Bayer/USA
ATPU (Polyether)	Tecoflex	Thermedics
	Morthane	Morton
ATPU (Polycarbonat)	Carbothane	Thermedics
	Chronoflex	Polymedica

Füllstoffe (z.B. Ruß, Kreide, Silikate, Schwerspat) können auch bei Polyurethanen zum „Strecken", d.h. zur Verbilligung eingesetzt werde. Zur Verbesserung der physikalischen Eigenschaften besitzen *Glasfasern* als Verstärkungsmaterialien in Integralschaumstoffen (RIM-Technologie) größte Bedeutung.

Alterungsschutzmittel gegen die Photooxidation und Hydrolyse sind in vielen Anwendungen für Polyurethane unverzichtbar. Dafür wird von der einschlägigen Industrie ein umfangreiches Produktsortiment angeboten.

Farbmittel zur Masse-Einfärbung stehen als Teige oder Pasten zur Verfügung. Es sind Zubereitungen aus anorganischen oder organischen Farbstoffen oder Pigmenten in Polyolen.

Antistatika vermindern die elektrostatische Aufladung und *Biozide* schützen Polyurethane gegen Angriffe von Mikroorganismen (Bakterien, Pilze).

Trennmittel zur leichten und schnellen Entnahme von PUR-Formteilen aus dem Werkzeug sind als sog. innere Trennmittel z. T. in der Polyolformulierung enthalten. Meistens ist jedoch eine externe Oberflächenbehandlung des Werkzeuges unerläßlich. Dafür wird von Spezialfirmen eine breite Produktpalette angeboten.

Handelsnamen

Polyurethane kommen in einer kaum überschaubaren Zahl von Warenzeichen in den Handel bzw. zur Anwendung. Dagegen ist die Zahl der Handelsnamen der PUR-Rohstoffe zwar auch sehr umfangreich, jedoch limitiert. In Tafel 4.49 ist eine kleine, repräsentative Auswahl zusammengefaßt.

4.15.2 PUR-Kunststoffe

Bild 4.17 zeigt die *Zustandsformen* der Polyurethane. Daraus ist ersichtlich, daß sich die generelle Frage nach den *„Eigenschaften von Polyurethanen"* nicht beantworten läßt. Vielmehr kann nur die Frage nach den Eigenschaften *eines* Polyurethans, am besten im Zusammenhang mit seiner konkreten *Anwendung* beantwortet werden. Die Tafel 4.50 kann deshalb nur einen ersten Anhalt über die Eigenschaften der unterschiedlichen Schaumstoffarten geben.

Weichschaumstoffe, PUR-W

Weichschaumstoffe sind *offenzellig* und weisen bei einer Druckbeanspruchung einen relativ geringen Verformungswiderstand auf (DIN 7726). *Blockschaumstoffe* werden kontinuierlich oder diskontinuierlich als Halbzeug hergestellt und anschließend auf die der Anwendung entsprechende Abmessung bzw. Kontur geschnitten. Die üblichen Rohdichten liegen bei 20 bis 40 kg/m^3. Hauptanwendungsgebiete sind Polstermöbel (40 %), Matratzen (25 %) und die Fahrzeugausstattung (20 %).

Formschaumstoffe werden je nach Rohstoffsystem als *Kaltschaum* oder *Heißschaum* hergestellt, d. h., ohne oder mit äußerer Wärmezufuhr zur vollständigen Aushärtung. Je nach Anwendung liegen die Rohdichten im Bereich von 30 bis 300 kg/m^3.

Weiche PUR-Formschaumstoffe werden hauptsächlich als Sitze im Fahr- und Flugzeugbau eingesetzt; darüber hinaus in der Polstermöbelindustrie und für technische Artikel (z. B. Schalldämmatten). Flexible *Füllschaumstoffe* mit Rohdichten von 150 bis 200 kg/m^3 werden als Innenraumschutzpolster und Armaturenbretter im Automobil eingesetzt. Sie werden durch Hinterschäumen von Deckschichten (PVC-, ABS-Folien) in geschlossenen Formen hergestellt.

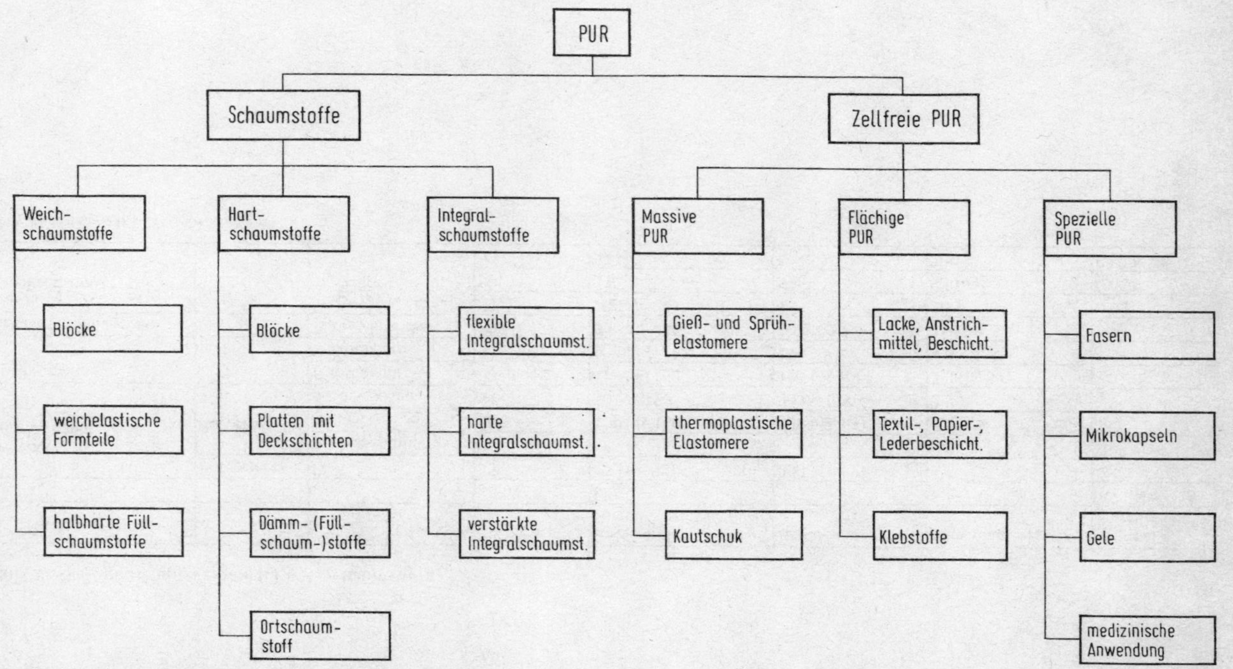

Bild 4.17 Zustandsformen der Polyurethane

Tafel 4.50 Eigenschaftsvergleich PUR-Schaumstoffe

Schaumart			Dichte	Zugfestigkeit	Reißdehnung	Stauchhärte 1)	Wärme-leitfähigkeit
			kg/m³	kPa	%	kPa	W/mK
weicher Blockschaum	Polyester		35	160 bis 120	200 bis 450	6,5	
	Polyether	hochtragfähig	36			6,0	
		normal	36	100 bis 180	100 bis 400	4,5	
		hochelastisch	34	50 bis 120	80 bis 200	2,7	
Formschaum		Kaltschaum	38 bis 44	110 bis 152	125 bis 150	3,3 bis 5,6	
		Heißschaum	33	90 bis 112	190	4 bis 4,7	
halbharter Schaumstoff		Energieabsorber	80 bis 100	350 bis 450	10 bis 25	150 bis 320	
harter Blockschaum			32	200	4	200 2)	0,021
			50	270	5,2	350 2)	0,021
			90	900	5	700 2)	0,027

1) Druckspannung bei 40 % Stauchung

Hartschaumstoffe, PUR-H

Hartschaumstoffe weisen bei Druckbeanspruchung einen relativ hohen Verformungswiderstand auf (DIN 7726). Ihre Haupteigenschaften bestehen in der hervorragend niedrigen Wärmeleitung infolge der in den *geschlossenen Zellen* vorhandenen Dämmgase und der Fähigkeit, mit fast allen flexiblen oder starren Deckschichten feste Verbunde einzugehen. *Blockschaumstoffe* werden kontinuierlich oder diskontinuierlich als Halbzeug hergestellt und anschließend auf die der Anwendung entsprechende Abmessung und Kontur geschnitten. Im Rohdichtebereich von 30 bis 90 kg/m^3 werden sie für Dämmplatten, Halbrohr-Dämmschalen, Kfz-Innenraumverkleidungen u. a. verwendet.

Platten mit Deckschichten werden kontinuierlich auf Doppelband-Anlagen oder diskontinuierlich nach der Hüll- bzw. Füllbauweise hergestellt. Die Deckschichten können flexibel oder starr sein. Kraftpapier, Aluminium, Span- und Gipskartonplatten, Stahl vom Coil oder gesickte Bleche und beschichtete Glasfaserfliese sind einige Materialbeispiele. Verwendung finden die Fertigprodukte in der Bauindustrie als Dachdämmplatten, Trockenputzplatten, Sandwichelemente für Industriehallen und Kühlhäuser, Installationswände u.a. Die Kernrohdichte des Schaumstoffes liegt dabei zwischen 30 und 40 kg/m^3. *Füllschaumstoffe* werden als flüssige Reaktionsgemische in Hohlräume und -körper beliebiger Form eingetragen und füllen diese durch Ausschäumen aus. Mit einem Rohdichtebereich von 30 bis 60 kg/m^3 dienen sie als Wärme- und Kältedämmstoffe in Kühlmöbeln aller Art, Kühlhäusern und -zellen, für Heißwassergeräte und Fernwärmerohre. Der *Ortschaum* für Dach- und Wanddämmungen, Fensterrahmen- und Türzargenbefestigungen und für Fugenabdichtungen wird direkt am Verwendungsort mit Hilfe transportabler Schäummaschinen oder aus Druckbehältern als Ein- oder Zwei-Komponentenschaum hergestellt. Die Rohdichte beträgt ca. 30 kg/m^3; bei Sprühschaum für Dachabdichtungen bis 55 kg/m^3.

Integralschaumstoffe, PUR-I

Während sich Weich- und Hartschaumstoffe in der chemischen Struktur grundsätzlich unterscheiden (gering/hoch vernetzt), sind *Integralschaumstoffe* mehr eine *verfahrenstechnische Variante:* Sie sind sowohl als flexible als auch als harte Produkte ausschließlich durch *Formverschäumung* zugänglich: Das flüssige, hoch aktive Reaktionsgemisch wird in eine geschlossene Form injiziert, wobei Schaumbildung und Werkzeugtemperatur so gesteuert werden, daß Formteile mit zelligem Kern und zellfreier Randzone entstehen. Dabei ist der Übergang von innen nach außen nicht abrupt, sondern kontinuierlich (Bild 4.18). Für die verfahrenstechnische Beherrschung dieser hochreaktiven PUR-Systeme mit besonders kurzen Formstandzeiten (formteilabhängig bis herab zu einigen Sekunden) hat sich der Begriff „Reaktionsschaumguß (RSG)“ oder international *„Reaction Injection Moulding (RIM)“* durchgesetzt.

Tafel 4.51 Eigenschaften verstärkter PUR-Integralschaumstoffe, R-RIM

		Anteil Verstärkung	Dichte	Shore-Härte	Biege-E-Modul	Zugfestigkeit	Reißdehnung	Anwendung, s.u.
PUR-System	Verstärkung	Gew.-%	g/cm^3		MPa	MPa	%	
Flexibel		0	1,05 bis 1,10	D 66	500 bis 760	26 bis 33	135 bis 150	A
	Glasflocken	20	1,20	D75	1550	31	30	A
	Glimmer	22	1,25	D75	1720	30	25	A
	Glasfasern, mittlere Faserlänge180 µm	15 20 25	1,20 1,24 1,30	D 68 D 70 D 71	950 1400 1700	31 28 27	140 130 120	A A A
für Schuhsohlen		0	0,55 bis 0,60	A 55 bis 60		8 bis 10	550 bis 460	B
		0	0,60	A 60		25	600	C
Hart	Glasmatte 225 g/cm^2	30	0,25		250	5,8[1)]	2,3	D
	300 g/cm^2	20	0,48		900	25[1)]	2,2	E
	600 g/cm^2	20	1,0		3500	110[1)]	2,2	F
	1800 g/cm^2	32	1,4		650	170[1)]	2,8	G
S-RIM[2)]		25	1,05		4200	70	1,9	H
LFI[3)]		25-30	0,7-1,0		4500-6000	54-68	2,2-1,8	H

[1)] Biegefestigkeit; [2)] Structural RIM; [3)] Langfaser-Injektion

A	Karosserieteile	B	Integral-Schuhsohlen
C	Schuhsohlen	D	Pkw-Dachverkleidungen
E	Pkw-Dachrahmen, -Säulen/Tür/Sitz/Kofferraum-Verkleidungen, Hutablagen	F	Pkw-Instrumentenbrett-Träger, -Konsolen, -Sitzrahmen und -Schalen, -Rückenlehnen, -Reserverad- und Motorabdeckungen
G	Pkw-Sitzrahmen und-Schalen, Stoßfängerbalken	H	Vergleichs-Beispiel: Schiebedachhimmel

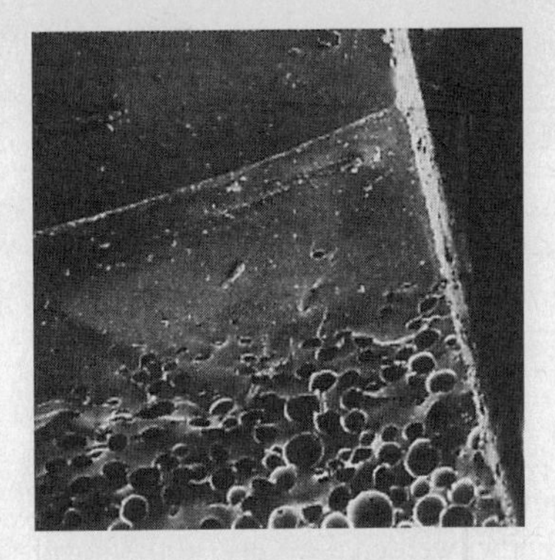

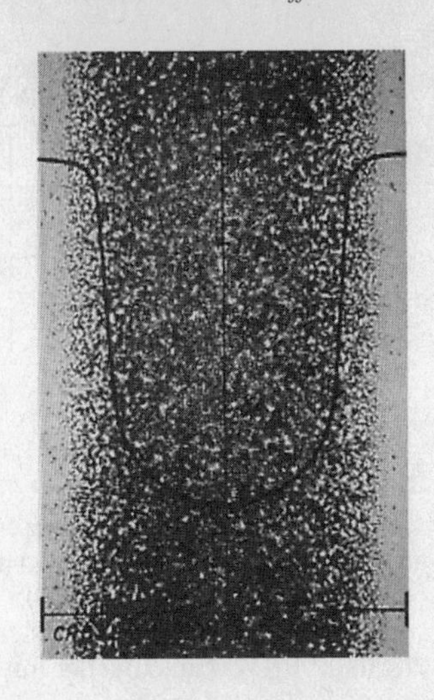

Bild 4.18 Integralschaumstoffe
links: Schaumstruktur
rechts: Dichteverlauf über Probenquerschnitt

Flexible Integralschaumstoffe mit Rohdichten von 200 bis 1100 kg/m^3 werden für Karosserie-Außenteile, Fahrradsättel, Schuhsohlen u.a. verwendet.

Harte Integralschaumstoffe vergleichbarer Rohdichten dienen als Konstruktionswerkstoffe für technische Teile, Bau-, Möbel- und Sport-/Freizeitartikel verschiedenster Art. *Glasfaserverstärkte Integralschaumstoffe („R-RIM“* = „Reinforced“ RIM) mit Dichten um 1,0 bis 1,4 g/cm^3 werden für Karosserieelemente, Gehäuse verwendet.

Tafel 4.51 zeigt einen Überblick über die Eigenschaften verschiedener Integralschaumstoff-Systeme. Ein Beispiel für Eigenschaften von flexiblen Integralschaumstoffen speziell für den Einsatz im Kfz-Sektor gibt Tafel 4.52.

Tafel 4.52 Eigenschaftsvergleich flexibler PUR-Integralschaumstoffe für den Kfz.-Bereich, RIM

Eigenschaften	Einheit	Anwendung, s. unten					
		A		B	C	D	
		Kern	Haut				GF 22
Dichte	g/cm^3	0,120 bis 0,175		0,7	0,95 bis 1,08	1,0 bis 1,1	1,22
Zugfestigkeit	MPa	0,27 bis 0,50	1,7 bis 3,5	5,7	14 bis 31	17 bis 28	23
Biegemodul	MPa			17	75 bis 720	40 bis 350	1300
Reißdehnung	%	220 bis 125	220 bis 120	230	220 bis 140	>300 bis 230	130
Shore Härte				A 75	D 39 bis 69	D 33 bis 57	D67

Anwendungen:
Typ A: Motorradsitze, innere Pkw-Sicherheitsteile
Typ B: Pkw-Stoßfänger-Außenhaut, Türschutzleiste
Typ C: Stoßfänger, Lkw-Kotbleche, äußere Karosserieteile
Typ D: Karosserieteile

Tafel 4.53 Eigenschaftsvergleich gegossener massiver PUR-Harze
A: Polyether-Urethan, B: Polyester-Urethan

Rezeptur		A, hart	B, hart	A/B, flexibel	B, flexibel	B, flexibel
Shore D		86	85	61	20	21
Shore A		100	99	96	70	71
Zugfestigkeit	MPa	86	60	20	4,5	
Reißdehnung	%	6,5	5,9	87	73	200
Glasübergangstemperatur	°C	138	90	47	15	-21

Während in Europa ca. 90% der Kfz-Außenteile aus Kunststoff off line lackiert werden, lassen sich R-RIM-Teile mit z.B. 20 bis 25% Wollastonit-Verstärkung on line lackieren. Hierbei werden die Kunststoffteile vor der Elektrotauchlackierung an der Rohkarosse befestigt. Bei Temperaturbelastungen von bis zu 2·45 min bei 200°C liegt die Schwindung bei 0,80 bzw. 0,57%. Solche Systeme eignen sich auch für die Dünnwandtechnik: PKW-Türschweller mit 2mm Dicke und einer Länge von 2m.

Massive PUR-Kunststoffe, PUR-M

Massive PUR-Werkstoffe werden als Formteile, Platten, Folien und „dicke" (ab 1 mm aufwärts) Beschichtungen hergestellt. Für *Gieß- und Sprühelastomere* werden die flüssigen, eventuell aufgeschmolzenen Aus-

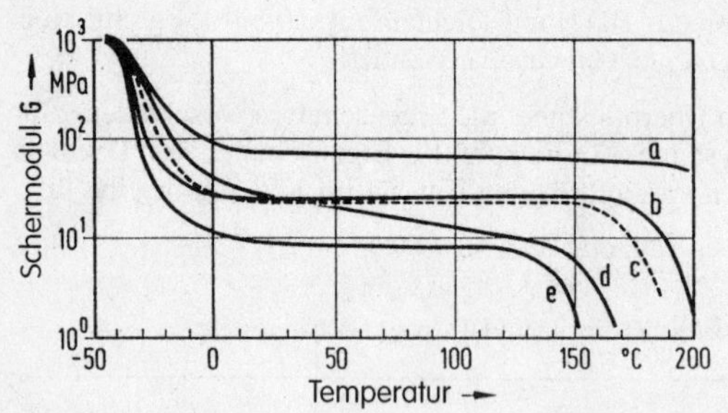

Bild 4.19 Einfluß der Rezeptur auf den Schubmodul von TPE-U

Rezeptur	a	b	c	d	e
			Mole		
Poly(ethylenadipat)	1	1	1	1	1
NDI	4	2			
TDI			2		
MDI				4	2
Butandiol-1,4	2,6	0,85		2,6	
spez. Isobutylester			0,85		
1,4-bis(β-hydroxy-ethoxy)-benzene					0,85

Tafel 4.54 Eigenschaftsspektrum thermoplastischer Polyurethan-Elastomere, TPE-U und ATPU

		TPE-U	ATPU
Dichte	g/cm^3	1,15 bis 1,25	
Shore Härte A		82 bis 98	
Shore Härte D		32 bis 73	44 bis 54
E-Modul	MPa	15 bis 650	
Bruchspannung	MPa	30 bis 50	26 bis 36
Bruchdehnung	%	500 bis 250	360 bis 645
Schmelzetemperatur beim Spritzgießen	°C	180 bis 245	190 bis 210
obere Gebrauchstemperatur, kurzzeitig	°C	80 bis 120	

gangskomponenten vermischt und in offene Formen gegossen. Je nach Rohstoffbasis härtet das Teil bei Raumtemperatur *(„Kaltgießsysteme")* oder bei höheren Temperaturen (60 bis 130 °C: *„Heißgießverfahren"*) aus. PUR-Elastomere sind im Shore-Härte-Bereich von 10 A bis 70 D zugänglich. Sie werden z. B. für Vollreifen, Rotorlager, Kupplungen, Walzenbeschichtungen, Rollen, Siebböden, Dichtungen und Schalmatten verwendet, darüber hinaus für Beschichtungen im Apparate-, Schiffs- und Fahrzeugbau sowie im Tief- und Hochbau.

Tafel 4.53 zeigt einen Überblick über Eigenschaften einiger Systeme.

Mit Hilfe *thermoplastischer PUR-Elastomere* (TPE-U) ist das PUR-spezifische Eigenschaftsniveau auch für die Spritzgießverarbeitung zugänglich, ferner für die Verarbeitung über Extruder und Kalander. Dabei wird ein Shore-Härte-Bereich von 70 A bis 80 D abgedeckt. Aliphatische thermoplastische Polyurethane (ATPU) sind Block-Copolymere und entstehen durch Polyaddition langkettiger Diole (Kettenverlängerer: 1,4-Butandiol und 1,6-Hexandiol, langkettige Diole: Polyetherdiole, Polycarbonatdiole) mit aliphatischen Diisozyanaten (MDI, IPDI, HDI, s. Tafel 4.48). Sie können als „biostabil" bezeichnet werden. Sie gelten als Kurzzeit-Implantate, können u. U. mehrere Jahrzehnte eingesetzt werden, obwohl ein gewisser hydrolytischer und/oder physiologischer Abbau stattfindet. Den Einfluß der Rezeptur auf den Schubmodul zeigt Bild 4.19, die Variationsbreite der Eigenschaften Tafel 4.54.

Anwendungsbeispiele sind Gelenkabdichtungen, Siebbauteile, Kupplungsteile, Kabelummantelungen, Skistiefel sowie Haushalts- und Bedarfsgegenstände.

PUR-Kautschuk wird nach den Verfahren der Gummi-Industrie, z. B. auf Walzen (auch mit Schwefel) vernetzt und zu Formartikeln mit Shore-Härten von 50 A bis 60 D verpreßt oder extrudiert. Beispiele sind Stoßdämpfer, Schleifteller und Pumpenauskleidungen.

Zu den *nichtzelligen, flächigen,* d. h. in „dünnen" Schichten (unter 1 mm Dicke) hergestellten *PUR-Werkstoffen* gehören Lacke (DD-Lacke) und Beschichtungen für Textilien, Papier, Leder u. a. Substrate. Ferner können hierzu auch PUR-Klebstoffe und spezielle Polyisocyanate zur Herstellung von Spanplatten gerechnet werden. Eine Sonderklasse sind *PUR-Fasern* (Elastane), die dem Verbraucher aus der Bekleidung und Bademode bekannt sind.

Schließlich sollen Sondergebiete für PUR-Mikrokapseln (z. B. für Durchschreibepapiere), PUR-Gele und medizinische Anwendungen für Dialysatoren, künstliche Blutgefäße und Gips-Ersatz-Binden nicht unerwähnt bleiben.

4.16 Duroplaste: härtbare Formmassen, Prepregs Formaldehyd-Preßmassen: PF, RF, CF, XF, FF, MF, UF weitere Massen, Prepregs: UP, VE (PHA), EP, PDAP, Si

Duroplaste (früher auch Duromere genannt) ist der Oberbegriff für aus räumlich engmaschig vernetzten Makromolekülen aufgebaute Kunststoffe. Sie sind in der Regel hart und verhalten sich bis zur Zersetzungstemperatur elastisch, so daß sie nicht thermoplastisch verarbeitet, nur in Ausnahmen in geringem Maße umgeformt werden können. Die Formgebung erfolgt gleichzeitig oder vor der endgültigen chemischen Vernetzung (Härtung).

Ausgangsstoffe für Duroplaste sind Reaktionsharze (härtbare Harze), die durch Zugabe von Härtern schon bei Raumtemperatur oder ohne Härter bei höheren Temperaturen reagieren. Die Härtung kann auch durch Elektronenstrahlen oder UV-Strahlen erfolgen.

Härtbare Formmassen (Preßmassen) sind Formmassen, die sich durch Pressen, Spritzpressen, Strangpressen oder (bestimmte Typen) auch durch Spritzgießen unter gleichzeitiger Bildung der Makromoleküle (Vernetzung) verarbeiten lassen. Sie sind (z.T. hoch) mit Füll- und Verstärkungsstoffen gefüllt. Lieferformen: staubfreies Mahlkorn, Granulat, schüttfähige Stäbchen- oder Schnitzelmassen.

Prepregs (preimpregnated) sind flächige oder strangförmige Gebilde, bei denen die Verstärkungen aus Fasern in Form von Matten, Geweben oder Rovingsträngen, die anisotrop bis uniaxial ausgerichtet sein können, bestehen.

4.16.1 Chemischer Aufbau

Formaldehyd-Formmassen, PF, RF, CF, XF, FF, MF, UF

Die Polykondensation der Formaldehyd-Formmassen soll am Beispiel des Phenol-Formaldehyds (PF) dargestellt werden. Sie beginnt mit der im

Laufe der Aushärtung vervielfältigten und mit andersartigen Brückenbildungen kombinierten Grundreaktionen, s. F 33 bis 35:

Anlagerung zu Phenolalkoholen:

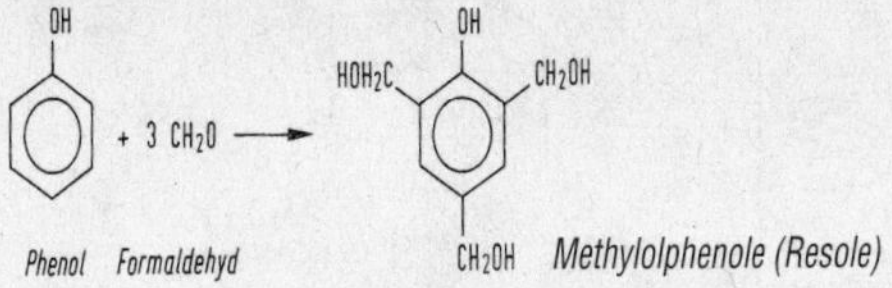

Phenol + 3 CH_2O → Methylolphenole (Resole) (F 33)

Phenol Formaldehyd

Kondensation unter Wasserabspaltung:

n Methylolphenol + n Phenol → Methylenbrücke $-CH_2-$, $- nH_2O$ (F 34)

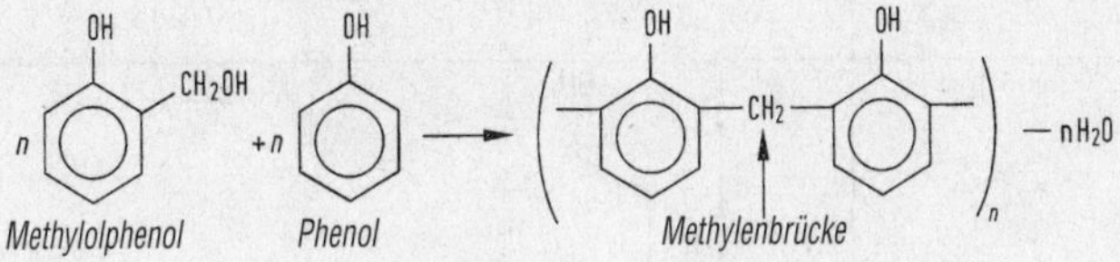

Kondensation unter weiterer Wasserabspaltung:

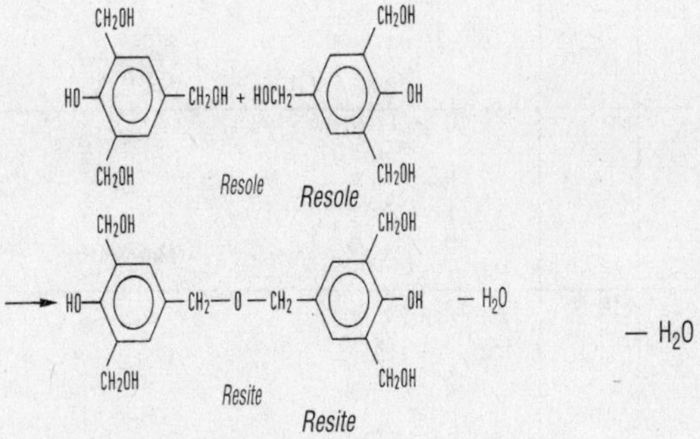

Resole → Resite $- H_2O$ (F 35)

Die Kondensation wird stufenweise durchgeführt, um das Entweichen der entstehenden flüchtigen Reaktionsprodukte zu ermöglichen. Im Zustand „A“, Resol, ist das Reaktionsprodukt noch löslich und schmelzbar. Im Zustand „B“, Resistol ist das Produkt nur noch quellbar und erweicht beim Erhitzen, während im Zustand „C“, Resit, die völlige Vernetzung eingetreten ist, (F 35). Das Produkt ist unlöslich und unschmelzbar. Die Herstellung von Formteilen erfolgt z. T. ausgehend vom Zustand A, vorwiegend aber vom Zustand B.

Tafel 4.55 Übersicht über Grundbausteine für Formaldehyd-Harze

Formmasse, Harz	Kurz-zeichen	Grundstruktur
(Formaldehyd)		
Phenol-Formaldehyd	PF	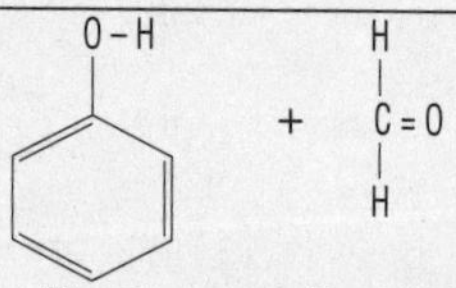 Phenol + Formaldehyd
Kresol-Formaldehyd	CF	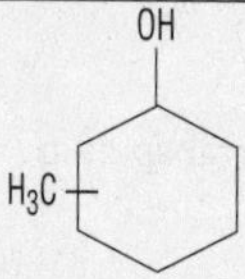 Kresol
Resorcin-Formaldehyd	RF	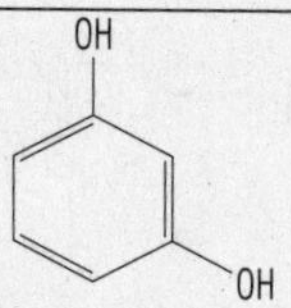 Resorcin
Xylenol Formaldehyd	[XF]	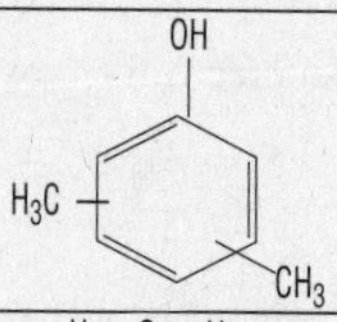 Xylenol
Harnstoff-Formaldehyd	UF	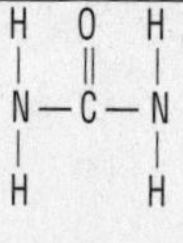 Harnstoff
Melamin-Formaldehyd	MF	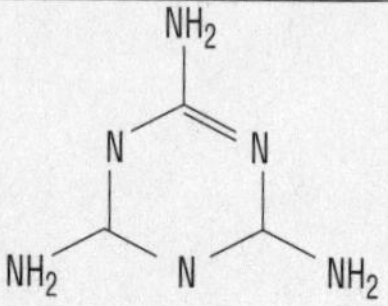 Melamin
Furfurylalkohol Formaldehyd, Furanharz	FF	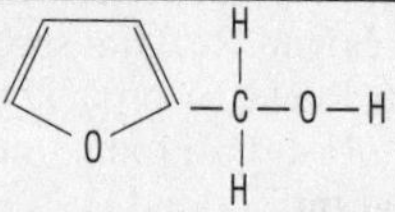 Furfurylalkohol

Tafel 4.55 gibt eine Übersicht über Grundbausteine für Formaldehyd-Harze, die alleine oder auch in Kombination Anwendung finden. Der Ver-

lauf der Kondensation ist ähnlich dem beim PF aufgezeigten. Furanharze werden nicht aus Furan selbst, sondern aus Furanabkömmlingen wie Furfurol, Furfurylalkohol und Tetrahydrofurfurylalkohol hergestellt.

PF, CF, RF und [XF] werden als Phenoplaste, UF und MF als Aminoplaste bezeichnet.

Ungesättigte Polyester-Harze, UP

Ungesättigte Polyester sind lösliche und schmelzbare Polyester (die Kettenbausteine der Polyester sind durch Sauerstoffbrücken verknüpft), die mindestens eine ungesättigte Komponente aufweisen. Sie werden meist im Gemisch mit polymerisierbaren Verbindungen wie Styrol oder anderen monomeren Vinyl-, Allyl- oder Acryl-Verbindungen unter Zugabe von organischen Peroxidverbindungen zu harten, nicht mehr schmelzenden und unlöslichen duroplastischen Kunststoffen copolymerisiert.

Der erste Schritt bei der Herstellung eines linearen Polyesters (Pre-Kondensat) ist die Polykondensation einer Säure, z. B. Maleinsäureanhydrid, und eines Alkohols, z. B. Ethylenglykol, s. z. B. F 36.

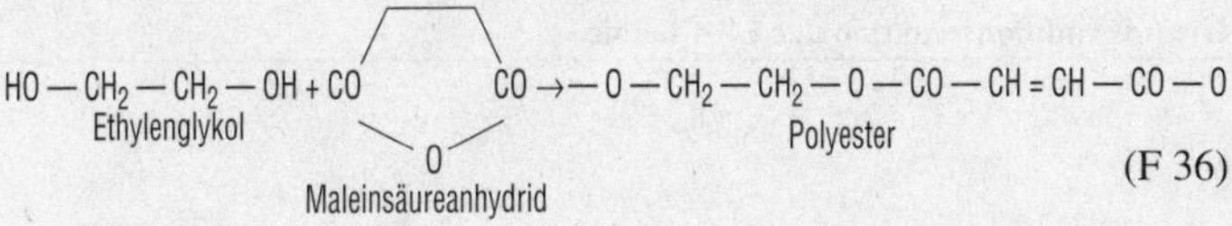

$$\underset{\text{Ethylenglykol}}{HO-CH_2-CH_2-OH} + \underset{\text{Maleinsäureanhydrid}}{CO\overset{\frown}{\ \ }\underset{O}{\smile}CO} \rightarrow \underset{\text{Polyester}}{-O-CH_2-CH_2-O-CO-CH=CH-CO-O} \qquad \text{(F 36)}$$

Höherwertige Glykole wie Propylenglykol oder Butandiol führen zu flexibleren und wasserbeständigeren Kunststoffen. Über die in der Molekülkette enthaltene Doppelbindung in der Maleinsäure-Gruppe können die linearen Polyester vernetzt werden. Die Vernetzung geschieht meistens in einer Lösung von monomeren Verbindungen und läuft so lange, wie Lösemittel vorhanden sind. Der Übergang (Polymerisation) von der ungesättigten in die gesättigte, räumlich vernetzte Form erfolgt nur, wenn die Mischung z. B. durch Peroxide katalysiert wird, s. z. B. F 37.

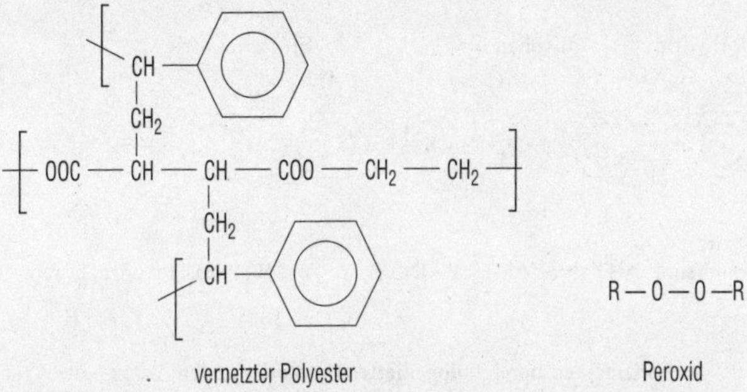

$$\left[-CH(C_6H_5)-\right] - CH_2 - \left[-OOC-CH-CH-COO-CH_2-CH_2-\right] - CH_2 - \left[-CH(C_6H_5)-\right] \qquad R-O-O-R \qquad \text{(F 37)}$$

vernetzter Polyester — Peroxid

Vinylester-Harze, VE, (Phenacrylat-Harze, PHA)

sind Reaktionsharze aus z.B. Bisphenol A-Glycidylethern s. Tafel 4.56 oder epoxidierten Novolaken, mit endständig veresterter Acrylsäure und/oder Methacrylsäure s. Tafel 4.5, S. 391. Gelöst in Styrol (o.ä.), härten sie beim Verarbeiten mit speziellen Peroxid-Cobalt-Amin-Systemen durch Copolymerisation mit dem Lösemittel (ähnlich wie UP-Harze) vernetzend aus. Die endständige Vernetzung führt zu schwingungsfesten zähharten Produkten.

Epoxid-Harze, EP

Die Vielfalt der Epoxidharz-Chemie (Tafel 4.56) beruht auf der Fähigkeit der Epoxy-(oder Oxiran-)Gruppe, unter jeweils geeigneten Reaktionsbedingungen durch Katalysatoren gesteuert Verbindungen mit „aktivem" Wasserstoff (Alkohole, Säuren, Amide, Amine) additiv unter Verschiebung des Wasserstoffs zum Sauerstoff der Epoxy-Gruppe so anzulagern, daß primär erneut eine aktive HO-Gruppe im Additionsprodukt entsteht.

Tafel 4.56. EP-Chemie

Grund-Additionsreaktion der EP-Chemie

$$-CH_2-\underset{O}{CH-CH_2} + H-R \longrightarrow -CH_2-\underset{OH}{CH}-CH_2-R$$

Epoxy-Gruppe; Glycid [G]-Gruppe

Beispiele von Di-Epoxid-Prepolymeren

(1) Bisphenolglycidether-Typen

$$\underset{\text{Epichlorhydrin}}{\overset{O}{CH_2-CH}-CH_2-Cl} + (n+1)\ \underset{\text{Bisphenol A}}{OH-C_6H_4-C(CH_3)_2-C_6H_4-OH} + (n+1)\ \underset{\text{Epichlorhydrin}}{Cl-CH_2-\overset{O}{CH-CH_2}} \xrightarrow[-(n+2)\ NaCl]{NaOH,\ Katalysator}$$

$$G-\left[O-C_6H_4-C(CH_3)_2-C_6H_4-O-CH_2-\underset{|}{\overset{OH}{CH}}-CH_2\right]_n-O-C_6H_4-C(CH_3)_2-C_6H_4-O-G$$

„Dian"-Harz:
n = 0: Bisphenol A-Diglycidether (BADGE), $0 < n < 10$: flüssige oder feste Harze

Varianten: Flammhemmend durch halogeniertes Dian oder andere Bisphenole

(2) Epoxid-(Kresol)-Novolak-Typ

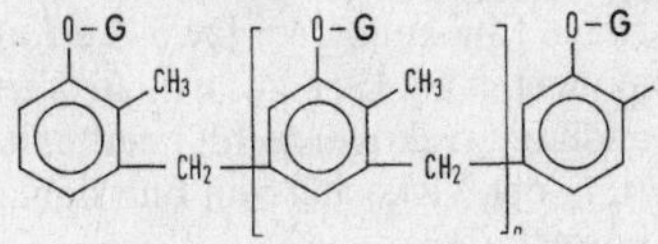

(3) Aliphatische Diglycidether-Typen

$G-O-(CH_2)_n-O-G$ flexible Harze mit z. B. $n = 4$

(4) Diglycidamin-Derivate

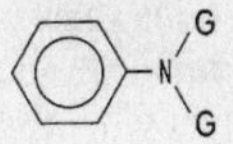

Diglycidanilin
(bifunktioneller Verdünner)

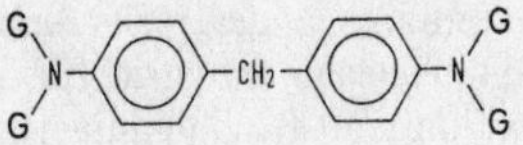

Multifunktionell
für HT-Beschichtungsharze

(5) Cycloaliphatische Diglycidester-Typen

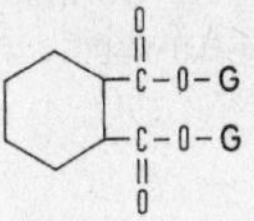

Hexahydrophthalsäure-Diglycidester
für lichtbogen- und kriechstromfeste HT-Harze

(6) Cycloaliphatische Typen mit direkt gebundenen EP-Gruppen

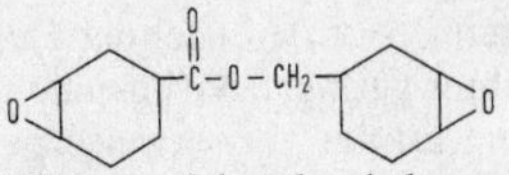

3,4-Epoxycyclohexylmethyl-
3,4-Epoxycyclohexancarboxylat
Grundstoffe für elektrotechnische
Verkapselungs- und Vergußharze

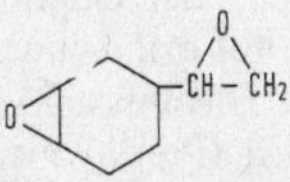

Vinylcyclohexendioxid

Diese kann zu weiteren Epoxid-, aber auch anderen Additions-Reaktionen, z. B. mit Isocyanat (s. Abschn. 4.17.6) genutzt werden.

Mit Epichlorhydrin einerseits, bi- oder multifunktionellen Komponenten andererseits stellt man „Epoxid-Harze“ genannte, monomolekulare oder niederpolymere „Diglycidyl“-Verbindungen („G“ in den Formeln 1 bis 5, Tafel 4.56) mit endständigen Epoxy-Gruppen her, mit anderen Aufbaureaktionen baut man solche aber auch z. B. unmittelbar in Vorprodukte, z. B. nach Formel 6, Tafel 4.56, ein.

Reaktionsmittel für den Aufbau polymer hochvernetzter EP-Harz-Produkte sind bi- oder multifunktional „aktiven“ Wasserstoff enthaltende niedermolekulare Produkte. Da diese nicht, wie z. B. Härter und Beschleuniger für UP-Harze die Vernetzungs-Reaktion des Pre-Polymeren lediglich katalytisch anregen, sondern durch Addition an die Epoxy-Gruppe chemisch in das Makromolekül eingebaut werden, kommt es bei der Epoxidharz-Verarbeitung auf genaue Einhaltung der jeweils erforderlichen Anteile der Vernetzungskomponenten an. Eine zusätzliche Variationsmöglichkeit bietet die Mitverwendung „reaktiver Verdünner" mit nur einer Epoxy-Gruppe zur Verminderung der Viskosität von Flüssigharzen und Erhöhung der Flexibilität von Formstoffen.

Für die *Kalthärtung* flüssiger Epoxidharze werden vorwiegend flüssige aliphatische Polyamine und Polyamidoamine verwendet, tertiäre Amine dienen als katalytisch wirksame Härtungsbeschleuniger. Für die *Warmhärtung* >80 °C verwendet man einerseits aromatische Amine oder deren Abkömmlinge, andererseits Anhydride der Phthalsäuren oder verwandter Säuren (Hetsäureanhydrid für schwerentflammbare Laminate), auch in Verbindung mit Beschleunigern. Beste Beständigkeit gegen Chemikalien haben mit aliphatischen, gegen Lösemittel mit aromatischen Aminen, beste Witterungs- und Säurebeständigkeit anhydridisch gehärtete Systeme.

Viele Reaktionsmittel, insbesondere Amine, sind ätzende und auch sonst gefährliche Chemikalien, beim Arbeiten mit ihnen sind gewerbeaufsichtliche Vorschriften wie das einschlägige Merkblatt A6 der Berufsgenossenschaft der chemischen Industrie und die besonderen Anweisungen der Hersteller zu beachten.

Diallylphthalat-Harze, Allylester, PDAP

PDAP entsteht durch Umsetzung von Allylgruppen (CH_2=CH-CH_2) mit Phthalaten oder Isophthalaten zu zwei unterschiedlichen Formmassetypen, die mit ortho- und meta-Form bezeichnet werden. Bei der Herstellung von Formmasen werden sie wegen ihrer geringen Viskosität vorpolymerisiert (Prepolymere). Die Vernetzung erfolgt vorzugweise peroxidisch, z. T. unter Zusatz von Beschleunigern wie Co-Naphthenat oder Aminen. Sie härten bei 140 bis 180°C unter Druck aus.

Silicon-Harze, Si

Silicone weisen Silizium und Sauerstoff als Kettenglieder auf:

$$
-\overset{\displaystyle R}{\underset{\displaystyle R}{\overset{|}{\underset{|}{\mathrm{SiO}}}}}- \qquad \text{(F 38)}
$$

Als organische Reste „R" werden eingesetzt: Alkyl-, Aryl- oder Chloralkyl-Gruppen. Werden bei der Polykondensation trifunktionelle Organotrichlorsilane oder Siliciumtetrachlorid eingesetzt, so entstehen vernetzte bzw. verzweigte Polymere. Die mit anorganischen Füllstoffen versehenen Preßmassen werden bei 175°C verpreßt.

4.16.2 Verarbeitung, Lieferformen

Härtbare Formmassen kommen in der Regel als Gemische von heißhärtenden Harzen mit organischen oder anorganischen Füll- und Verstärkungsstoffen, Farbstoffen oder weiteren Zusätzen zum Einsatz. Spezielle Kalt-Formmassen werden kalt verpreßt und nachträglich im Ofen gehärtet. Lieferformen für härtbare Formmassen sind: staubfreies Mahlkorn, Granulat, schüttfähige Stäbchen- oder Schnitzelmassen. Aminoplaste gelten als Schnellpreßmassen.

Die folgenden Kurzzeichen und Bezeichnungen sind eingeführt:

GMC (Granulated Moulding Compounds) bzw. PMC (Pelletized Moulding Compounds): trockene, schütt- oder rieselfähige granulierte bzw. pelletierte (Stäbchen-) Formmassen.

BMC (Bulk Moulding Compounds): feuchte, teigig-faserige Massen, chemisch verdickt, ISO 8606.

DMC (Dough Moulding Compounds): feuchte, teigig-faserige Massen mit erhöhtem Füllstoffgehalt, ISO 8606.

SMC (Sheat Moulding Compounds, Harzmatten) und SMC-R (R = random) sind impregnierte (Prepreg)-Formmassen mit zweidimensional unorientiert liegenden, meist 25 bis 50 mm langen Verstärkungsfasern (Glasfaserrovings, 25 bis 65 Gew.-%), längs und quer gleichermaßen fließfähig. Herstellung s. Abschn. 3.3.2.1.

SMC-D (D = direkt) mit einem Anteil 75 bis 200mm langer, längs gerichteter Fasern, längs kaum fließfähig.

SMC-C (C = continuous) Mit einem Anteil endloser Längsfasern, längs nicht fließfähig.

Gewebe-Prepregs impregnierte Gewebe , Fasergehalte bei Glas von 35 bis 60 Gew.-%.

Prepregbänder (Tapes) aus Endlosfasern hergestellte, unidirektional verstärkte Bänder.

Neben 12 bis 25 (65) Gew.-% Glasfasern enthalten UP-Formmassen etwa 40% feinteilige mineralische Füllstoffe. Bei Sonderpreßmassen werden auch organische Füllstoffe oder Textilfasern zugesetzt. GMC werden styrolfrei meist mit Diallylphthalat als festem Vernetzer geliefert. Die Lagerfähigkeit bis zur Verarbeitung beträgt bis zu einem Jahr. BMC und DMC enthalten in Styrol gelöste Harze. Sie sind schwieriger zu dosieren, reduzieren aber weniger die Ausgangslänge der Verstärkungsfasern bei der Verarbeitung. Lagerfähigkeit einige Monate.

EP-Formmassen werden als körnige, flockige oder stäbchenförmige, auch eingefärbte Massen mit (chemisch angekoppelten) anorganischen Füllstoffen über die Schmelze hergestellt. Sie sind je nach Harz-Härtersystem bei >20°C nur begrenzt lagerfähig. Wegen ihres hervorragenden Fließvermögens lassen sich die Massen bei niedrigen Drücken besonders gut nach dem Spritzpreßverfahren und auf Schnecken-Spritzgießmaschinen verarbeiten, s. Tafel 4.57)). Die oberhalb T_g (ca 45°C) beschleunigte Härtungsreaktion erfordert rasche Förderung der Massen in das Formwerkzeug wenig oberhalb der Schmelztemperatur der Harze von 70°C.

EP-Prepregs werden durch Tränkung von GF-, CF- oder Synthesefasern mit Harzlösungen und anschließendem Verdampfen der Lösemittel hergestellt.

Die Formmassen werden unter Druck- und Wärmeeinwirkung in der Plastifiziereinheit einer Verarbeitungsmaschine bzw. im Werkzeug plastifiziert, ausgeformt und unter Druck gehärtet. Eine Vorwärmung der Masse begünstigt und beschleunigt die Verarbeitung.

Tafel 4.57 enthält Angaben über die Verarbeitungsbedingungen wichtiger härtbarer Formmassen. Die Kondensationsharze PF, UF, MF erfordern eine Werkzeugentlüftung und höhere Verarbeitungsdrücke- und -Temperaturen als die leichter fließenden UP- und EP-Harze. Da die Formteile heiß aus dem Werkzeug entnommem werden können und eine schnelle Aufheizung bei Wanddicken oberhalb etwa 4 mm durch eine exotherme Reaktion möglich ist, sind beim Spritzgießen solcher Formteile kürzere Zykluszeiten als bei Thermoplasten erreichbar.

Tafel 4.57. Richtwerte für die Verarbeitung härtbarer Formmassen

Verfahren	Pressen		Spritzgießen					
Formmassen	Preß-temperatur °C	Preß-druck bar	Zylinder-temperaturen[1]) Förderzone °C	Düse °C	Werkzeug-Temperaturen °C	Stau-druck bar	Spritz-druck bar	Nach-druck bar
PF, Typ 11–13	150–165	150–400	60–80	85–95	170–190	bis 250	600–1400	600–1000
Typ 31 u. ä.	155–170	150–350	70–80	90–100	170–190	300–400	600–1400	800–1200
Typ 51, 83, 85	155–170	250–400	70-80	95–110	170–190	bis 250	600–1700	800–1200
Typ 15, 16, 57, 74, 77	155–170	300–600						
MF, Typ 131	135–160	250–500	70–80	95–120	150–165	300–400	1500–2500	1000–1400
Typ 150–152	145–170	250–500	70–80	95–105	160–180	bis 250	1500–2500	800–1200
Typ 156, 157	145–170	300–600	65–75	90–100	160–180	bis 150	1500–2500	800–1200
MF/PF, Typ 180, 182	160–165	250–400	60–80	90–110	160–180		1200–2000	
UP, Typ 802 u. ä.	130–170	50–250	40–60	60–80	150–170	ohne	200–1000	600–800
EP	160–170	100–200	ca. 70	ca. 70	160–170	ohne	bis 1200	600–800
PE, vernetzbar	120 °C Schmelz-, bis 200 °C Vernetzungstemperatur		135–140	135–140	180–230			

[1]) Die Masse-Temperaturen sind wegen des Beitrags von Reibungs- und Reaktionswärme nicht genau bestimmbar.

Tafel 4.58. Richtwerte für Reaktionsharz-Formmassen

Eigenschaften	Harz	UP		
	Verstärkung	GF-Kurzfaser	GF<20mm	GF
	Lieferform	Granulat	Stäbchen, BMC	Granulat
	Kennzeichnung	Typen[2]) 802/804	Typen[2]) 801/803	keramikartig
Dichte	g/cm^3	1,9–2,1	1,8–2,0	ca. 2,1
Mechanisch				
Zugfestigkeit	MPa	>30	>25	ca. 35
Biegemodul	GPa	10–15	12–!5	5–9
Schlagzähigkeit (Charpy)	kJ/m^2	4,5–6	22	5–6
Kerbschlagzähigk. (Charpy)	kJ/m^2	2,5–4	22	3–4
Thermisch				
Formbest. Temperatur ISO 75/A (1,8 MPa)	°C	>200	200–260	ca. 265
Dauergebrauchstemperatur	°C	>160	150	≥200
Thermischer Längenausdehnungskoeffizient	$10^5 \cdot K^{-1}$	2–4	2–5	1,5–3,0
Wärmeleitfähigkeit	W/K · m	0,8	0,4	0,9
Elektrisch				
Spez. Durchgangswiderstand	Ohm · cm	10^{12}	10^{12}	10^{14}
Oberflächenwiderstand	Ohm	10^{12}	10^{10}–10^{12}	10^{13}
Durchschlagfestigkeit DIN 5348	kV/cm	120–180	130–150	–
Dielektrizitätszahl	50 Hz–1 MHz	4–6	4–6	4,5–7
Diel. Verlustfaktor	50 Hz–1 MHz	0,04–0,01	0,06–0,02	0,02
Kriechstromfestigkeit		>600	>600	>600
Wasseraufnahme (DIN-ISO) 4 d, 23 °C	mg	45	100–60	30–40
Wasseraufnahme ASTM D 570, 24 h/23 °C[1])	%	0,1–0,5	<0,5	0,2

[2]) DIN 16911, Typen 803 u. 804 schwer entflammbar.

Tafel 4.58. Fortsetzung

	EP		DAP		SI
GF-Schnitt-matten	mineralisch	GF	mineralisch	GF	Quarz
Schnitt-matten	Mahlgranulate oder Stäbchenmassen				
SMC, Typ[3]) 830–834	nicht typisiert				
1,7–2,4	1,6–2,0	1,6–2,1	1,65–1,85	1,7–2,0	1,9
50–230[4]) 1–7 50–70 40–60	30–85 11–13 6–7 2	35–140 10–25 9–100 3–100	35–56 7–10 – –	42–77 8,5–11 – –	ca. 40 10–18 4,3–4,6 –
180–>200 150 1–4 0,5	107–260 150–>200 2–4 0,6	107–260 150–>200 1–3 0,6	160–288 150–180 2–7 0,3–1,0	166–288 150–180 2–5 0,2–0,6	>250 300 3,1–3,5 0,4–0,6
10^{12}–10^{15} 10^{10}–10^{11} 130–150 4–6 <0,1–<0,01 >600	10^{14}–10^{16} $>10^{12}$ 130–180 3,5–5 0,07–0,01 >600	10^{14}–10^{16} $>10^{12}$ 140–150 3,5–5 0,04–0,01 >600	10^{11}–10^{15} 10^{10}–10^{14} – 4–5 0,007–0,015 >600	10^{13}–10^{16} 10^{10}–10^{14} – 4–4,5 0,004–0,009 >600	10^{16} 250 3,4–3,6 0,001–0,002 >600
<100 0,1–0,3	30 0,03–0,2	30 0,04–0,2	– 0,2–0,5	– 0,1–0,3	– 0,1

[3]) DIN 16913, el. Werte nur für .5 Typen. [4]) SMC-R bis SMC-C, 25–65 GF.

4.16.3 Eigenschaften

Härtbare Formmassen enthalten neben den Harzen Füll- und Verstärkungsstoffe der verschiedensten Art auch in Kombination: Holzmehl, Zellstoff, Baumwollfasern, Baumwollgewebe-Schnitzel, Kunstseidenstränge, mineralische Fasern, Gesteinsmehl, Glimmer, Kurz- und Langglasfasern, Glasmatten u.a. Sie werden in DIN-Normen typisiert: PF DIN 7708 Teil 2, UF u. MF DIN 7708 Teil 3, PF-Kaltpreßmassen DIN 7708 Teil 4, UP DIN 16911, UP-Harzmatten DIN 16913. Dort sind auch Angaben über Eigenschaften zu finden, die allerdings nicht nach den für die Datenbank Campus vorgeschriebenen Richtlinien , s. Abschn. 2.0 und DIN ISO EN 10350 ermittelt wurden.

Die „Arbeitsgemeinschaft Verstärkter Kunststoffe“ (AVK), früher: „Technische Vereinigung der Hersteller und Verarbeiter typisierter Formmassen e. V. (TV)“, jetzt mit der AVK vereinigt, ist seit 1924 mit der Überwachung von Preßmassen und daraus hergestellter Formteile befaßt, s. Abschn. 8.3.

Ausgehärtete *Duroplast-Formteile* weisen Eigenschaftskombinationen auf, die sie als Kunststoffe für ingenieurtechnische Anwendungen kennzeichnen:

- Vielfältige Einstellbarkeit auf spezifische Gebrauchsanforderungen durch zweckmäßige Auswahl der mit einem Anteil von 40 bis 60 Gew.-% das Gesamtverhalten der Formstoffe wesentlich mitbestimmenden Füllstoffe, eigenschaftsverbessernden und verstärkenden Zuschläge zum Harz;
- Eignung auch für hoch flammwidrige elektrotechnische Isolierbauteile;
- bis zu hohen Gebrauchstemperaturen kaum abfallende, bei Kältetemperaturen unveränderte Festigkeit und Steifigkeit;
- Dauergebrauchstemperaturen im Bereich von 100 bis >200 °C, verbunden mit kurzzeitiger Überlastbarkeit bis zu mehreren 100 K, damit ergeben sich Notlaufeigenschaften und eine Sicherheitsreserve bei extrem hohen Temperaturen;
- Maßhaltigkeit, auch geringe Verarbeitungs- und Nachschwindung der Formteile bis – je nach Massetyp und Verarbeitung – <0,1 %, insbesondere bei Vorwegnahme der Nachschwindung durch Tempern.

Das spröde Bruchverhalten des hochvernetzten Formstoffs ist durch eine anforderungsgerechte Auslegung der hochfesten und steifen Formteile ausgleichbar. Es gibt zudem neuere PF-Formmassen mit bis 2 % Bruchdehnung bei Erhaltung einer guten Wärmeformbeständigkeit.

Anorganisch gefüllte Formstoffe haben höhere Dauergebrauchstemperaturen, sie verhalten sich gegen Feuchtigkeitseinwirkungen günstiger als organisch gefüllte Formstoffe (Bild 4.20). Mit zunehmender Längen- bzw. Flächenausdehnung der Zuschläge wird der Formstoff kerbunempfindlicher, indessen unterliegt die Verarbeitbarkeit in gleicher Richtung zunehmend Einschränkungen hinsichtlich der Rieselfähigkeit, des Füllfaktors und der Fließfähigkeit der Masse sowie der Oberflächengüte des Formteils.

Tafel 4.59 gibt einen Überblick über DIN-typisierte Duroplast-Formmassen mit Hinweisen auf durch die Typentafeln der Normblätter nicht erfaßte Eigenschaftsrichtwerte.

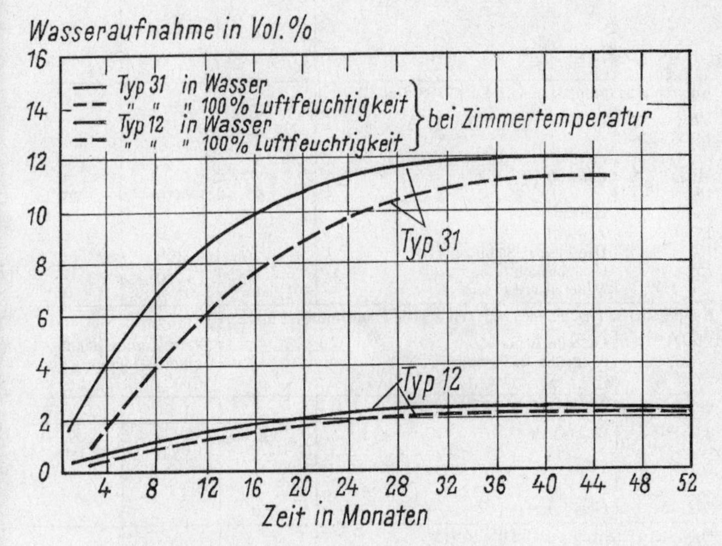

Bild 4.20 Feuchtigkeitsaufnahme von organisch (Typ 31) und anorganisch (Typ 12) gefüllten Kunstharzpreßstoffen, gemessen an Normalstäben 15×10×120 mm^3, Lineare Maßänderung bei Sättigungszustand: Typ 31 ± 1,2%, Typ 12 ± 0,2%

Tafel 4.59. Allgemeine Richtwerte für typisierte härtbare Formmassen

Formmassen		Rohdichte DIN 53479	Max. Gebrauchs-Temperatur ohne zusätzliche Beanspruchung	
Typ-Nummern	Füllstoff-Gruppen		Stunden bis Tage	Monate
		g/cm³	°C	°C
Phenoplast-Formmassen nach DIN 7708, Teil 2				
11.5–16	mineralisch, körnig oder faserig	1,8–2,1	160–170	130–150
30.5–32 85	Holzmehl	1,4	140	110
51–84	organische Fasern, Stränge, Schnitzel	1,35	140–150	110–120
Aminoplast-Formmassen nach DIN 7708, Teil 3[1])				
UF: 131, 131.5 MF: 152	} Zellstoff	} 1,5	} 110	70
150	Holzmehl	} 1,5		
152.7	Zellstoff	} 1,5		
153, 154	Bw.-Fasern, Schnitzel	} 1,5	100	80
155	Gesteinsmehl	2,0	} 140	110
156–158	Mineralische Fasern	1,7–1,8	} 140	
Kaltpreßmassen nach DIN 7708, Teil 4[2]) (PF-Bindemittelbasis)				
214/215	Gesteinsmehl, Mineralische Fasern		Wärmeformbeständigkeit nach Martens >200 °C	
Polyesterharz-Formmassen nach DIN 16911				
801, 803	Glasfasern	1,8	200	160
802, 804	Glas-Kurzfasern	~2,0		
Polyester-Harzmatten nach DIN 16913				
830–834	überwiegend Glasmatten	1,8–2,1	200	160

[1]) Aminoplast-Phenoplast-Formmassen (Typen 180–183, Kurzzeichen MP) stehen in ihrem Eigenschaftsbild zwischen PF- und MF-Formmassen.
[2]) Diese Formmassen werden heute kaum noch hergestellt.
[3]) Die Zahlenwerte gelten für den bisherigen Probekörper 120 × 15 × 10, Änderungen s. S. 784.

Tafel 4.59. Fortsetzung

Anwendungsgebiete	Mechanische Eigenschaften[3])		Thermische Eigenschaften	
	Zugfestigkeit DIN 53455 GPa	Elastizitätsmodul DIN 53457 GPa	Lineare Wärmedehnzahl VDE 0304 $10^{-6} \cdot K^{-1}$	Wärmeleitfähigkeit DIN 52612 W/m · K
gegen Feuchtigkeit und Wärme unempfindliche Formteile, mit mineralischen Fasern mechanisch hoch beanspruchbar	15–25	7–15	20–30	0,7
Formteile aller Art bis zu Gehäusen, Elektroisoliermaterial	~ 30	6–8	30–40	0,3
Technische Teile mit gegenüber Typ 31 steigend höheren Anforderungen an Kerbunempfindlichkeit und (gerichteter) Festigkeit	~ 25	4–9	30–40	0,3
hellfarbige Formteile, Elektro- und Installationsmaterial	~30	6–10	50–60	~0,35
Eß- und Trinkgeschirr				
kriechstromfeste Elektroteile, Typwahl nach sonstiger Beanspruchung	15–30	8–13	20–40	~0,7
gering, kriechstromfeste Elektroteile	σ_{Bb} 40 MPa, a_n 2,2–2,3 kJ/m^2, a_k 2,2–2,3 kJ/m^2			
schlagfeste Gehäuse, Abdeckungen; hoch beanspruchte Isolierteile	25 30	12–15 9–11	35 20–30	0,6 ~0,7
Mechanisch hoch beanspruchte große Formteile	60–200	5–8	15–30	~0,2

Die Eigenschaften der Formstoffe (ausgehärtete Formmassen) werden wesentlich durch die Art der Füll- und Verstärkungsstoffe bestimmt. Für die verschiedenen Formstoff-Arten kann man darüber hinaus einige generelle Aussagen machen:

Phenoplast Formstoffe, PF, CF, RF, [XF]

Im Sonnenlicht oder bei längerer Wärmeeinwirkung dunkeln PF Formstoffe nach und werden gelblich braun. Sie werden deshalb nur in gedeckten und dunklen Farben eingesetzt.

Gegen organische Lösemittel, Treibstoffe, Fette und Öle sind alle PF-Formstoffe auch bei erhöhten Temperaturen beständig, gegen stärkere Säuren und Alkalien allenfalls bedingt beständig, wobei organisch gefüllte wegen ihrer höheren Wasseraufnahme bei längerer Einwirkung stärker als anorganisch gefüllte angegriffen werden. Die Geschwindigkeit der Wasseraufnahme (Bild 4.20) ist bei allen PF-Formstoffen so gering, daß sie durch kurzzeitige Beanspruchung mit Wasser nicht geschädigt werden. Gut ausgehärtete Formteile dürfen nach halbstündigem Auskochen in Wasser oder Farbstofflösungen (Kochversuch nach DIN 53499) keine Schäden aufweisen. Da die langsame Feuchtigkeitsaufnahme bis zur Sättigung bei organisch gefülltem Formstoff zu einem Absinken der elektrischen Isolationswerte führt, sind für Isolierteile, die im Freien oder in feuchten Räumen gebraucht werden, anorganisch gefüllte Massen zu verwenden.

Aminoplast-Formstoffe, UF, MF

Um bei *UF-Formmassen* eine ausreichende Fließfähigkeit zu erreichen, ist ein Harzgehalt von etwa 60% erforderlich. Die hellfarbigen Massen ergeben mit gebleichter Zellulose transluzente Formstoffe mit guter farblicher Tiefenwirkung und Lichtbeständigkeit. Die Teile sind geschmacks- und geruchsfrei, beständig gegen Lebensmittel und Öle, weniger beständig gegen Säuren und Basen.

Mit 60% a-Cellulose gefüllte Teile aus *MF-Formstoff* sind weiß und in allen bunten Farben licht-, heißwasser-, koch- und spülmittelbeständig. Die Kratzfestigkeit ist höher als die von MPF (Melamin-Phenolharz-Formstoffen) oder UF. Die Typen 152, 153, 154 sind kriechstromfeste, feuchtebeständige und auch mechanisch hoch belastbare Isolierstoffe. Die anorganisch gefüllten Typen 155 und 156 sind lichtbogen- und glutbeständig und praktisch nicht brennbar. MF wird von Säuren und starken Laugen angegriffen, ist aber gegen Treibstoffe, Öle, Lösemittel und Alkohol weitgehend beständig. MF-Massen sind nur in Spezialeinstellungen durch Spritzgießen oder Spritzprägen verarbeitbar. Wegen der hohen Nachschwindung können MF-Teile spannungsriß-gefährdet sein.

Melamin-Phenolharz-Formstoffe, MPF

MPF sind Mischharzformstoffe, die zwar nicht mehr ganz die Vorzüge der MF bezüglich Kriechstromfestigkeit, Formbeständigkeit in der Wärme und Lichtbeständigkeit aufweisen, aber auch in hellfarbigen Ausrüstungen für viele Zwecke ausreichend farbbeständig sind. Vorteilhaft gegenüber MF ist die wesentlich geringere Nachschwindung.

Melamin-Polyesterharz-Formstoffe, MF+UP

Die mit Cellulose oder gemischt organisch/anorganisch gefüllten Teile vereinen die Farbbrillanz, Kriechstrom- und Lichtbogenbeständigkeit von MF mit minimaler Nachschwindung, Rißunanfälligkeit und erhöhter Dimensionsstabilität bei Wärmebeanspruchung von UP.

Polyesterharz-Formstoffe, UP

UP-Harze für Formmassen sind bei der Verarbeitungstemperatur leicht fließbar unter geringem Druck. Sie härten durch Polymerisation ohne Abspaltung flüchtiger Nebenprodukte rasch und vollständig aus. Die ausgehärteten Formteile schwinden kaum nach, bleiben daher maßgetreu und sind nicht spannungsrißanfällig. Sie sind beliebig hell pigmentiert lichtbeständig, beständig gegen Alkohol, Ether, Benzin, Schmierstoffe und Fette, bedingt beständig gegen Benzol, Ester, schwache Säuren und siedendes Wasser, nicht beständig gegen Laugen und starke Säuren (höher korrosionsbeständige Spezial-Bindemittel, auch Phenacrylat- oder Vinylesterharze s. Abschn. 4.17.5). Sie weisen hohe Glasübergangstemperaturen und gute elektrische Eigenschaften mit hoher Kriechstromfestigkeit und geringe dielektrische Verluste auf. Die anorganisch gefüllten Formstoffe können lichtbogenfest, glutbeständig und durch (Zusatz-)Füllstoffe wie Aluminiumhydroxid schwer entflammbar in die Stufen UL 94 HB bis V0 eingestellt werden. Allgemeine Eigenschafts-Richtwerte siehe Tafel 4.58.

Während GMC, PMC, BMC, DMC und SMC-R in der Formteilfläche weitgehend isotrope Eigenschaften aufweisen, lassen sich mit SMC-C und SMC-D Teile mit in Beanspruchungsrichtung optimierten Festigkeiten herstellen. Längs ins Preßwerkzeug eingelegte Langfaser-Strangmassen ergeben Formteile mit extrem hoher gerichteter Belastbarkeit.

Die Verarbeitungsschwindung von 0,2 bis 0,4 % führt besonders bei großflächigen Pkw-Teilen zu nicht akzeptabel unruhigen Oberflächen. Zusätze von 5 bis 25 % in Styrol gelöstem PVAC, PS, PMMA oder CAB zur Preßmasse ergeben Low Profile-Harze (LP-Harz). Beim Aushärten des UP verdampft das im Thermoplasten gelöste Styrol und kompensiert durch seinen Dampfdruck die Schwindung des UP-Harzes, so daß glatte Oberflächen entstehen. Richtwerte s. Tafel 4.58.

Vinylester-Formstoffe, VE (PHA)

VE weisen im Vergleich zu UP höhere Reißdehnung (3,5 bis 6%) und Dauergebrauchstemperaturen von 100 bis 150°C auf. Sie sind gegen 37%-ige HCl und 50%-ige NaOH, nasses Chlor, Chlordioxid und Hypochlorite in allen Konzentrationen sowie gegen Kohlenwasserstoffe und sauerstoffhaltige organische Medien beständig. Die erhöht temperaturbeständigen Harze sind auch gegen chlorierte und aromatische Lösemittel beständig.

Epoxidharz-Formstoffe, EP

EP-Formstoffe zeichnen sich bei geringer Verarbeitungsschwindung und praktisch keiner Nachschwindung auch bei erhöhten Temperaturen durch eine hohe Maßgenauigkeit aus. Die Einbettung sehr feiner Metallteile ist wegen des guten Fließvermögens ohne deren Verformung möglich, desgleichen die dichte und gut haftende Ummantelung von größeren Metallteilen.

EP ist beständig gegen Treibstoffe und Hydrauliköle. Richtwerte s. Tafel 4.58.

Diallylphthalat-Formstoffe, PDAP

PDAP zeichnen sich durch besonders gute elektrische Eigenschaften auch bei hohen Temperaturen und durch gute Wärmeform- (bis über 200°C) und Witterungsbeständigkeit aus. Die meisten Formstoffe sind selbstverlöschend. Richtwerte s. Tafel 4.58.

Siliconharze-Formstoffe, SI

Sie gehören zu den hochtemperaturbeständigen Kunststoffen und weisen nach einer Temperung eine Wärmestandfestigkeit von 250 bis 300°C auf. Richtwerte s. Tafel 4.58.

4.16.4 Einsatzgebiete

Phenoplaste: PF, RF, CF, [XF], FF

Mit Holzmehl und Kautschuk gefüllte *Sondermassen* erhöhter Schlagzähigkeit, allerdings wesentlich verringerter Wärmeformbeständigkeit, werden für Zubehörteile der Elektrotechnik wie Kabelstecker, Gehäuse und Sockel, mit Kurzglasfasern gefüllte, bis 180 °C wärmeformbeständige, hochmaßhaltige in der Fernmeldetechnik und Elektronik verwendet. Mineralisch immer mehr auch mit Glasfasern gefüllte, kurzzeitig bis 280 °C, dauernd bis 180 °C beanspruchbare Formmassen gebraucht man für hitze- und spülmaschinenbeständige Griffe und Beschläge von Haushaltsgeräten, Töpfen und Pfannen, für Heizungsarmaturen, im Kraftfahrzeug (treibstoffbeständig) u. a. für die Zündelektronik, Vergaserköpfe, Zylinderkopfdeckel, komplette Kühlmittelpumpen, Wasserauslaßstutzen, Vielfach-Ansaugrohrformteile (z. B. über verlorenem Metallschmelzkern), Brems- und Kupplungs-Verstärkerkolben. Brems- und Kupplungsbeläge sind kurzzeitig bis 600 °C belastbar, ähnlich hoch Raketenbauteile. Hochwertige Isoliermassen (kurzzeitig 400 °C, KC 275) sind auch kupferadhäsiv für Kollektoren mit hohen Schleuder-Drehzahlen lieferbar. Weitere Sondermassen-Anwendungsbereiche sind Schleifringkörper für Schiffsgeneratoren, Wasserpumpenflügelräder, (Flüssig-)Getriebeteile, galvanisierte Schreibmaschinen-Kugelköpfe und Schrifttypen auf Typenrädern.

Mit Cu-Pulver gefüllte Massen sind gut wärmeleitend, mit Fe oder Bariumferrit magnetisierbar, mit Pb-Pulver zur Abschirmung von Röntgenstrahlen geeignet, Massen mit relativ hoher Graphitfüllung für Halbleiter, Pumpenteile oder Schmierstifte in Pkw-Achsschenkeln.

Glasfaserverstärkte PF-Prepregs und fließfähige SMC sind von Bedeutung für Verkehrsmittel-, insbesondere Flugzeugausrüstungen, Tunnel- und Bergwerksauskleidungen, wegen ihrer Temperaturstandfestigkeit (T_g 300 °C), geringer Rauchgasdichte und Schwerentflammbarkeit. Die mit hochkonzentriertem, flüssigen Resol und Spezialhärter getränkten SMC-Bahnen brauchen 6 bis 8 Tage Reifezeit. Sie sind dann zwei Monate lagerfähig.

Aminoplaste, MF, UF, MPF

MF: Anorganisch (Typen 155 bis 156, auch mit Glasfasern) gefüllte Massen sind lichtbogen- und glutbeständig. Sie sind praktisch nicht brennbar, daher für feuergefährdete Räume und für den Schiffbau zugelassen. MF-Formstoffe werden von Säuren und starken Laugen angegriffen, sind aber sonst, insbesondere gegen Treibstoffe, Öle, Lösemittel, Alkohol weitgehend chemikalienbeständig.

MF-Massen sind nur in Spezialeinstellungen durch Spritzgießen oder Spritzprägen verarbeitbar. Infolge hoher Nachschwindung können sie spannungsrißgefährdet sein.

UF: Bevorzugt in weiß für Verschraubungen in der Kosmetik, für sanitäre Teile, Haushaltgeräte und für elektrisches Installationsmaterial. Für Eß- und Trinkgeschirrteile sind Harnstoffharz-Preßmassen wegen nachträglicher Abgabe geringer Mengen von Formaldehyd nicht zulässig.

MPF: Hellfarbige Teile für die Elektrotechnik, Haus- und Küchengeräte, Verschraubungen.

MF+UP: Elektro-, Haushalts- und Schaltgeräte, Lampensockel u. a. Elektrobauteile.

Hauptanwendungsgebiet sind hoch beanspruchte, auch kompliziert gestaltete Bauteile der Elektrotechnik und Elektronik, Autoelektrik, Autoscheinwerfer-Reflektoren und Bauteile von Haushaltsgeräten. Die Typen 803 und 804 unterscheiden sich von den sonst jeweils gleichartigen 801 und 802 durch flammwidrige Einstellungen (UL 94 V0, nonburning nach ASTM D 635). Im sonstigen Verhalten dem Typ 804 ähnliche, durch Pressen, Spritzpressen und Spritzgießen verarbeitbare rieselfähige Formmassen für Formteile mit Formbeständigkeit nach Martens 200 bis 240 °C, deren Maßhaltigkeit, mechanische und elektrische Eigenschaften durch erhöhte Temperaturen und feucht-warmes Klima kaum beeinträchtigt werden, erfüllen gleiche elektrotechnische Anforderungen wie Keramik oder Steatit.

UP-SMC (Harzmatten): Das Fließvermögen der Harzmatten ermöglicht die Herstellung großflächig doppeltgekrümmter Teile, auch mit Nocken und Rippen wie Fahrerhäuser, (Schiebe-)Dächer, Motorverkleidungen, Heckklappen, Stoßstangen, Schaltkulissen, Sitzschalen im Nutz- und Personenfahrzeugbau, die Bauelemente der Post-Telefonzellen, Kabelverteilerschränke, Langfeldleuchten und Innenausstattungs-Großteile im Schiff- und Flugzeugbau; Typ 834 erfüllt dafür geltende Brandschutzanforderungen. Um Blasenbildung bei einer folgenden Einbrennlackierung solcher Teile zu vermeiden, wird in der SMC/IMC (In Mould Coating) Verbundtechnik dem Formteil in einem zweiten Pressenhub eine ca. 0,1 mm dicke Deckschicht aus einem unter 400 bar Druck eingespritzten PUR-Flüssiglack aufgepreßt. Für Karosserieteile der „Knautschzone" kommen durch Elastomerzusatz modifizierte flexible LP-SMC mit niedrigem E-Modul in Betracht. Spezifisch leichte, gut schlagfeste Strukturschaum-Formteile ($d \geq 1$ g/cm^3) erhält man durch Zusatz von ca. 1 % mikroverkapselter Fluoralkane zum Prepreg. Endlosmatten-Prepregs Unipreg sind für dünnwandige komplizierte Teile vorteilhaft. Mit Spezial-UP- oder Phenacrylatharzen, auch CF-verstärkt, erreichen sie nahezu das Eigenschaftsprofil der teureren High-tech-EP-Prepreg-Verbunde (s. Tafel 4.60). Anwendungsbeispiele für solche, nach Maß der jeweiligen Belastung von Einzelbereichen der Bauteile konstruierte „HMC (=high modulus continuous) advanced SMC" sind Pkw-Stoßstangen und -Türrahmen. Einsatzgebiete für hochtemperaturstandfeste, schwerentflammbare Phenolharz-SMC-Großformteile s. Abschn. 4.16.2.1.

Glasarmierte Preglas-Oberflächenmatten verpreßt man als Deckschicht hochbeanspruchter Holzwerkstoffe. Klebe-Prepregs für die Elektroindustrie sind UP-Harz-Laminate auf flexiblen Trägerschichten, die beim Spulenwickeln mit 100 bis 120 °C heißem Draht zunächst schmelzen und beim Nachtempern aushärten.

Die mechanisch am höchsten beanspruchten Glasgewebe-Prepregs sind nur für ebene oder einachsig gekrümmte Formteile brauchbar. Ähnlich hohe mechanische Werte mit über 750 MPa Biegefestigkeit, über 200 kJ/m^2 Kerbschlagzähigkeit bei freierer Gestaltungsmöglichkeit erzielt man mit den kreuzweis gewickelten füllstofffreien XMC-Matten mit 65 bis 72 % GF-Gehalt.

Prepregs aus licht-initiierten UP-Harzen (s. Abschn. 4.15.5) – für opake Erzeugnisse mit Aluminiumhydroxid gefüllt – und Schnitzelmatten oder geschnittene Rovings bis 35 % GF-Gehalt werden zwischen PVAL-Deckfolien 0,5 mm bis 6 mm dick in einem Arbeitsgang kontinuierlich hergestellt und verdickt (Durodet LH). Das lederartige weiche Material ist licht- und UV-undurchlässig verpackt bei Raumtemperatur mehrere Wochen lagerfähig.

Aus diesen Prepregs werden bei der Warmumformtemperatur der Deckfolien (80 bis 90 °C) Formteile in begrenztem Umformgrad tiefgezogen. Man kann dafür übliche Thermoplast-Formmaschinen, aber auch für große Formteile (Bootskörper, Spoiler, Abdeckungen) einfache Kastenformen mit Rand-Einspannung und Vakuumanschluß benutzen. Die Formteile sind in der Regel formstandfest genug, um in einem anschließenden Lampenfeld mit 40 bis 50 s Belichtungszeit für 4 mm Dicke ausgehärtet zu werden. Die Deckfolien sind dann leicht abziehbar, es sind aber auch Kaschierungen beim Warmformen möglich.

EP, trockene Formmassen: allgemein für technisch hochwertige Präzisionsteile bis zu kleinsten Abmessungen, besonders mit Metalleinlagen, in der Elektroindustrie Ausspritzen von Ankern und Kollektoren und Umspritzen von Wickelkondensatoren. Mengenmäßig größtes Anwendungsfeld ist die Umhüllung von elektronischen Halbleiter-Bauelementen (Chips) im Spritzpreßverfahren mit 240 bis 360 Kavitäten enthaltenden Vielfach-Formwerkzeugen. Dafür braucht man hochreine, mit hohem *T*g (z.B. durch Benzophenontetracarbonsäure-Anhydrid) aushärtende, quarzgefüllte Spezial-Formmassen.

EP-Gewebe Prepregs: Laminate und Verbundbaustoffe mit Waben und anderen Kernwerkstoffen, insbesondere für die Luft- und Raumfahrt, kupferkaschiert für gedruckte Schaltungen.

EP-Unidirektional Prepregs, Tapes: Anwendung u.a. als Konstruktionswerkstoff für gerichtet gewickelte autoklavgehärtete Flugzeug-Leitwerke, Druckkörper für Raumfahrt, Hochleistungs-Sportgeräte.

PDAP-Formmassen: vor allem für elektronische Bauteile in militärischem und Raumfahrtgerät, nutzen hohe Dimensionsstabilität bis über 200 °C und die Temperatur- und Witterungsstabilität sowie die vorzüglichen elektrischen Eigenschaften unter extremen Umweltbedingungen und Klimaschwankungen aus.

SI-Formmassen: Elektronik-Bauteile für hohe Temperaturen.

4.16.5 Handelsnamen, z.B.:

PF-Formmassen: z.B. Bakelite, Durez, Fenoform, Lerite, Moldesite, Perstorp, Plenco, Resinol, Supraplast, Sirfen, Tecolite, Vyncolite.

MF-Formmassen: Bakelite, Beetle, Cymel, Melaform, Melaicar, Melmex, Melochem, Melopas, Melsprea, Neonit, Nikalet, Perstorp, Prolam, Supraplast.

UF-Formmassen: z.B. Bakelite, Beetle, Carbaicar, Perstorp, Scarab, Supraplast, Urochem, Uroform, Uroplas.

UP-Formmassen: z.B. Ampal, Aropol, Bakelite, Crystic Impel, Durapol, Esteform, Haysite, Hetron, Illandur, Keripol, Menzolit, Stypol, Uromix, Vyloglass.

UP-Prepregs: Elitrex, Grillidur-Harzmatten.

EP-Formmassen: Elitrex.

PDAP-Formmassen: Bakelite, Durez, Supraplast, mit langen GF Neonit.

SI-Formmassen: Hersteller z. B. Wacker-Chemie

4.17 Duroplaste: härtbare Gieß- und Laminierharze

Während der Verarbeiter bei der Herstellung von Teilen aus härtbaren Formmassen und Prepregs im wesentlichen nur einen physikalischen Umformungs- und chemischen Aushärtungsprozeß mit der angelieferten, eventuell auch selbst hergestellten Formmasse durchführt, muß er die reaktionsfähige Harzmischung zum Gießen oder Laminieren selbst herstellen, s. hierzu Abschn. 3.2.1.

Im wesentlichen kommen die gleichen Harztypen wie für Formmassen und Prepregs zum Einsatz.

4.17.1 Phenoplaste, PF, CF, RF, [XF]

PF: Phenol-, CF: Kresol-, RF: Resorcin-, [XF]: Xylenol-Formaldehyd

Chemischer Aufbau

Auf den chemischen Aufbau wurde bereits in Abschn 4.16.1 eingegangen.

Die Kondensation der Phenoplaste PF, CF, RF und [XF] kann katalysiert werden durch:

1. Säuren mit einem Überschuß an Formaldehyd; die gebildeten Harze werden Novolake genannt. Sie sind löslich und verdünnbar mit organischen Lösemitteln. Die Härtung (Vernetzung) erfolgt vorzugsweise mit Hexamethylentetramin (Hexa-Härter), s. F 39.

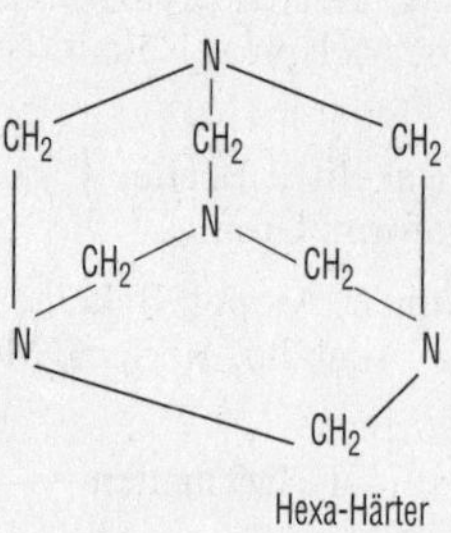

N; CH_2 CH_2 CH_2; N; CH_2 CH_2; N N; CH_2 (F 39)

Hexa-Härter

2. Basen mit einem Überschuß an Formaldehyd. Hierbei werden stufenweise die Zustände Resole, Resitole und Resite durchlaufen, s. Formel F 33 bis 35.

Verarbeitung, Einsatzgebiete:

Phenolharze kommen fest, flüssig, gelöst aber auch als frei fließende Pulver sowie in Form stabiler wässriger Dispersionen in den Handel. Ein großes Anwendungsgebiet sind härtbare Formmassen, s. Abschn. 4.16. Ungefüllte Resole liefern bei der Härtung bei erhöhter Temperatur durchscheinende Gegenstände z. B. Besteckgriffe oder ähnliches, bei Zusatz von Bicarbonat oder anderen gasabgebenden Additiven werden Schaumstoffe gebildet. Resitole werden mit Gewebeeinlagen zu Platten, Zahnrädern oder Schleifscheiben verarbeitet. Besonders vielfältig werden Phenolharze zu Lacken verarbeitet, durch Veretherung (n-Butylalkohol) oder Veresterung (Fettsäuren) werden plastifizierte bzw. elastifizierte Harze mit höherer Elastizität und besserer Löslichkeit und Verträglichkeit erhalten.

Werden Bisphenol A oder Analoga als Phenolkomponenten verwendet, entstehen Harze ohne Vergilbungsneigung. Durch Reaktion von Novolak mit Epichlorhydrin werden polyfunktionelle Epoxide erhalten, (s. 1 in Tafel 4.56). Vernetzungen von Phenolharzen mit Epoxiden ergeben hochwertige Innen-Beschichtungen von Dosen, Containern für Lebensmittel und Getränke.

Die Wasser-Lacke der Phenolharze basieren auf Resolen mit Carboxyl- und Amin-Funktion und werden vorwiegend im Automobilsektor sowie als Reparaturlacke eingesetzt.

Weitere Verwendung finden die Phenolharze für: Holzwerkstoffe, Spanplatten, härtbare Formmassen, s. Abschn. 4.16, Kern- und Formsand-Bindemittel, Dämmstoffe, Schleifmittel, Kitte, Klebstoffe, Feuerfestprodukte, Gerbstoffe, Ionenaustauscher (nach Einkondensation saurer bzw. basischer funktioneller Seitengruppen), Schaumstoffe, Fasern sowie Lacke, hochwertige Bremsbeläge (bis 600 °C belastbar), Bindemittel für Fe oder Ba-Ferrit (magnetisierbar) oder für Pb (Strahlungsabschirmung), ferner glasfaserverstärkte Prepregs und fließfähige SMC für den Auto-, Flugzeug- und Bergbau.

Phenolharz-Schaumstoffe entstehen bei der exothermen, säurekatalysierten Aushärtung von Resolen, meist in Gegenwart von niedrigsiedenden (Halogen-) Kohlenwasserstoffen als Treibmittel. Block- und Bandfertigung sind gebräuchlich. Neben offenzelligen Produkten werden auch geschlossenzellige Schaumbahnen hergestellt.

Handelsnamen z.B.:

Niederdruckharze: Phenodur VPW
Schichtpressstoffe: Pagholz

Tafel 4.60. Beispielwerte für faserverstärkte Composite-Halbzeuge

Produktgruppe		Stranggezogene Rohre und Profile[1])			
Harz/Faser-Gruppe		UP/GF	EP/GF	EP/AF	EP/CF
Verstärkt mit		Rovings			
Harz-Gehalt	%	ca. 30			
Spez. Gewicht	g/cm^3	1,9	2,1	1,4	1,6
Wasseraufnahme	%	ca. 1	0,2–0,3	0,5	0,2
Zugfestigkeit	MPa	700	700	1300	1400
Bruchdehnung	%	2	2	1,8	0,6
E-Modul aus Zug	GPa	35	35	75	130
Temperatur-Gebrauchsbereich nach	°C	< 150	< 180	–	–
Lineare Wärmeausdehnung	$10^{-6} \cdot K^{-1}$	10	10	0	0,2
Wärmeleitfähigkeit	$\frac{W}{m \cdot K}$	0,20	0,24	–	–

[1]) Wacosit

Tafel 4.60. Fortsetzung

Faserverstärkte Kunststoffplatten						
EP/GF		PI/GF	EP/GF	EP/AF	PI/CF	
Bisphenol-Typ	TGDA-Typ					
Gewebe			Unidirektional Gewebe	Gewebe		Undirektional Gewebe
35			32	–	50	40
1,9–2,0			2,1	–	1,5	1,6
0,2	0,2	0,2	0,2	–	0,8	0,8
300 2 23	350 2 22	350 2 21	900 <2 35	350–500 – 29	550/450 – –	1400 – –
≤ 130 –	155 –	200	130	allg. –55 bis +80 °C 0	 –	

Korrosionsschutz: Asplit, Bakelite, Keraphen,
Schaumstoffe: Cellobond K.

4.17.2 Aminoplaste, UF, MF

UF: Harnstoff-, MF: Melamin-Formaldehyd

Chemischer Aufbau, s. auch Abschn. 4.16.1

Zur Einstellung bestimmter Gebrauchseigenschaften werden Melaminharze mit Alkoholen, Polyalkoholen, Zucker, Lactamen, Acrylaten, Sulfiten u.a. modifiziert. Auch Kombinationen mit anderen Harztypen wie PF, EP, UP sind üblich.

Melaminharz-Schaumstoffe mit Raumgewichten um 7kg/m^3 entstehen aus MF-Vorkondensat mit einemulgierten, niedrig siedenedn Treibmitteln beim Aushärten mit einem Säurehärter.

Eigenschaften, Einsatzgebiete:

UF und MF zeichnen sich durch hohe Kratzfestigkeit und Temperatur- (UF: 90°C, MF: 150°C) und Chemikalienbeständigkeit bei guter Lichtechtheit aus.

Einsatzgebiete: Härtbare Formmassen s. Abschn. 4.16, Imprägnierharze, Leime, Bindemittel, Vernetzer, Spanplattenveredelung, Dämmstoffe, Lackharze, Parkettversiegelung, Einbrennlacke, Papier-und Lederhilfsmittel, Vliesbindemittel, Schaumstoffe als Wärmedämmung, Nähr- und Wirkstoffträger.

Handelsnamen z.B.:

Lösungen bzw. wasserlösliche Pulver: Cymel, Kauramin, Luwipal, Madurit, Melan, Maprenal, Supraplast, Urecoll.

Schäume: Basotect, Hetron, QuaCorr.

4.17.3 Furanharz, FF

Chemischer Aufbau: s. auch Abschn. 4.16.1. Durch Einwirkung starker Säuren (HCl, H_2SO_4) auf z. B. Furfurylalkohol erfolgt in kurzer Zeit Polykondensation zu einem festen Harz. Variationsmöglichkeiten ergeben sich durch die Veretherung der Methylolgruppe des Furfurolalkohols und die Mischkondensation mit PF-, UF-, MF-Harzen sowie mit Ketonen und Aldehyden.

Eigenschaften: hervorragende Lösemittel- sowie Säure- und Alkalibeständigkeit, Wärme- und Dimensionsstabilität, Neigung zur Vergilbung.

Einsatzgebiete: Härtbare Formmassen, Laminierharze, Kitte, Gießerei- und Baustoffbindemittel, Schaumstoffe, Klebstoffe, Schleif- und Poliermittel.

Handelsnamen z.B.: Bakelit-Furanharz.

4.17.4 Ungesättigte Polyester-Harze, UP

Chemischer Aufbau, Verarbeitung

S. auch Abschn. 4.16.1. Durch Variation der Säuren, Glykole und Vinylmonomere können die Eigenschafte der Harze dem gewünschten Verwendungszweck angepaßt werden: z.B. ergeben Zusätze von Styrol oder Vinylacetat infolge dichterer Vernetzung härtere Harze, Methylmethacrylat dagegen bildet lange, flexible Blöcke zwischen den Polyesterketten und entsprechend weiche Harze. Besonders harte und stark vernetzte Spezialharze enthalten z.B. auch α-Methylstyrol oder Allylderivate. S. Tafel 4.5, S. 390 ff.

UP-Harze sind so stabilisiert, daß sie bei kühler und lichtgeschützter Lagerung mehrere Monate haltbar sind. Die Vernetzungstemperatur bei Verwendung von Peroxidkatalysatoren, s. F 37, S. 545, liegt bei 80 bis 100 °C und kann durch den Einsatz von Aktivatoren bis auf Raumtemperatur abgesenkt werden, wobei die Aushärtezeit je nach Rezeptur wenige Minuten bis Stunden betragen kann. Die Topfzeit beträgt etwa 60 % der Härtungszeit. Härter und Beschleuniger dürfen nie miteinander vermischt werden (Explosionsgefahr!).

Flüssige UP-Harze sind brennbar in niedriger Gefahrenklasse. Peroxidpaste und Aminbeschleuniger sind ätzend. Peroxide zersetzen sich bei unsachgemäßer Handhabung. Die gewerbeaufsichtlichen Schutzvorschriften, auch diejenigen für die Begrenzung der Styrol-Emission durch zweckmäßige Luftführung am Arbeitsplatz und Abluft-Reinigungsanlagen, sind zu beachten.

Die Kalthärtung mit Peroxid und Beschleuniger ist beim Erstarren des Harzes noch unvollständig. UP-Formteile, von denen gute Alterungs-, Chemikalien- oder Warmwasserbeständigkeit gefordert wird, oder die lebensmittelrechtlichen Anforderungen genügen sollen, müssen im Anschluß an die Kalthärtung in Heißluft 5 Stunden bei 80°C bis >100°C nachgehärtet werden. Mindestforderung ist ein bis zwei Wochen Trockenlagerung von Formteilen bei >20°C vor Ingebrauchnahme. UP-Harz-Estriche und -Beschichtungen sind erst nach einigen Tagen mechanisch und chemisch voll belastbar. Wasser, Füllstoffe und Pigmente können den Reaktionsablauf beeinflussen.

Alkydharze sind mit Fettsäuren oder deren (fetten) Ölen (=Triglyzeride) modifizierte Polyesterharze und stellen eine Sondergruppe innerhalb der Polyesterharze dar. Es sind Bindemittel für Lacke.

Tafel 4.61. Richtwerte für GFK-Laminate

Eigenschaft		UP-GF-Harz-Formstoffe				
Glasgehalt	Gew.-%	25	45	50	65	65
Textilglas-Aufbau		Matte, quasi-isotrop		Gewebe,Gelege längs und quer gleich <450 g/m²		Gewebe, Gelege, 90% längs
Rohdichte	g/cm³	1,35	1,45	1,60	1,80	1,80
Zugfestigkeit	MPa	70	140	200	3000	500
E–Modul	MPa	5000	9000	10 000	19 000	28 000
Biegefestigkeit	MPa	120	180	220	350	550
Längenausdehnungskoeffizient	$10^6 \cdot K^{-1}$	35	25	18	15	12
Wärmeleitfähigkeit	W (mk)	0,15	0,23	0,24	0,26	0,26

Eigenschaft		EP-GF-Harz-Formstoffe				Zum Vergleich Cr-Ni-Stahlblech
Glasgehalt	Gew.-%	50	65	65	67–78	
Textilglas-Aufbau		Gewebe. Gelege längs und quer gleich		Gelege fast 100% längs	S–Glas 92% längs Spezialharz	
Rohdichte	g/cm³	1,60	1,80	1,80	1,8–2,0	8,0
Zugfestigkeit	MPa	220	350	700	1300–1700	ca. 500
E–Modul	MPa	10 000	18 000	30 000	ca. 60 000	195 000
Biegefestigkeit	MPa	280	400	800	1200–1600	220
Längenausdehnungskoeffizient	$10^6 \cdot K^{-1}$	18	15	12		
Wärmeleitfähigkeit	W/K · m	0,24	0,26	0,26		

Eigenschaften, Einsatzgebiete

UP-Harze werden nach den in Abschn. 3.3.2 beschriebenen Verfahren mit Langfaserverstärkung zu Halbzeugen und Formteilen verarbeitet, Eigenschaften s. Tafel 4.60 und 4.61. Weitere Einsatzgebiete sind härtbare Formmassen, s Abschn. 4.16, Vergußmassen, Leichtbeton und Schaumstoffe. Die Eigenschaften der Harze können dem Anwendungsfall durch chemische Modifikationen weitgehend angepaßt werden:

Ungefüllte UP-Harze erleiden beim Härten eine Schwindung von 6 bis 8 Volumen-%. Für das Warmpressen gibt es schwinungsarme (low profile) Zweiphasensysteme, s. Abschn. 4.16.3. Ungefüllt ausgehärtete UP-Harze sind transparent, mit Glasfasern durchscheinend (Angleichung der Brechungsindices durch MMA-Zusätze). Oberhalb 140°C kann Depolymerisation beginnen, über 400°C entzünden sich die Gase, nicht schwer entflammbar eingestellte Formstoffe brennen dann weiter. Mineralisch hoch gefüllte Massen sind praktisch nicht entflammbar.

Vernetzen mit sichtbarem Licht von GF-UP-Laminaten bis 20 mm Dicke, z. B. mit handelsüblichen Leuchtstofflampen, ist durchführbar mit im Dunkeln lagerstabilen Eintopf „VLC"-(Visible Light Curing-)UP-Harzen (Palapreg, Synolite L) mit Lichtsensibilisatoren. Das Verfahren ist bei der kontinuierlichen Fertigung von Laminatbahnen zwischen Deckfolien durch Lichttunnel, beim Vakuum-Injektionsverfahren mit Belichtung durch transparente Oberformen hindurch, im Wickelverfahren mit Lampenfeldern, beim Recycling von Abwasserkanälen mit eingezogenen Lampenketten, für Dachbeschichtungen und zu Reparaturzwecken auch mit Sonnenlicht anwendbar. Die Betriebs-Parameter können unter erheblicher Energieeinsparung gegenüber einer Peroxid-Heißhärtung so eingestellt werden, daß die Produkte einer Nachhärtung nicht bedürfen. Opake, hoch gefüllte, mit lichtundurchlässigen Carbon- oder Aramidfasern verstärkte Produkte können nicht lichtgehärtet werden.

Standardharze auf Basis von Ortophthalsäure und einfachen Diolen, sind bei Raumtemperatur beständig gegen Wasser, Salzlösungen, verdünnte Säuren, Kohlenwasserstoffe, unbeständig gegen Chlorkohlenwasserstoffe, viele Lösemittel, Laugen, konzentrierte und oxidierende Säuren, Formstandfestigkeit ca. 70 °C;

flammhemmend eingestellte Harze sind mit bromierten oder hoch chlorierten (Hetsäure) Säurekomponenten und Antimontrioxid, raucharm niederviskose Harze mit speziellem Aluminiumhydroxid $Al(OH)_3$ bis zum Verhältnis 1:1,8 gefüllt;

erhöht korrosionsbeständige Harze auf Basis von Iso- oder Terephthalsäure und Neopentylglykol (F 40) sind auch für dauernd durch erwärmtes Wasser beanspruchte Feinschichten (Schwimmbecken) geeignet, mit guten mechanischen Eigenschaften;

hoch hydrolyse- und verseifungsbeständige Harze auf Basis von Bisphenol A, die gegen Wasser und 20 %ige Salzsäure bis 100 °C, gegen 70 %ige

$$HOCH_2-\overset{CH_3}{\underset{CH_3}{C}}-CH_2OH \qquad (F\,40)$$

Neopentylglykol

Schwefelsäure, 20%ige Alkalilauge bis 80 °C langzeitbeständig sind, HDT 110 bis 125 °C;

flexible Harze mit aliphatischen $HOOC(CH_2)_xCOOH$ Dicarbonsäure-Anteilen (x=4 Adipinsäure, x=7 Azelainsäure) zum Abmischen oder (mit Isocyanat modifiziert), z. B. für schlagfeste Bodenbeläge,

hochtransparent witterungsbeständige Harze enthalten Methylmethacrylat als Co-Monomeren.

„Hybrid"-Harze aus relativ niedermolekularen UP-Harzen mit Hydroxylendgruppen und Diisocyanat in Styrol gelöst, härten zu langkettig vernetzten weich elastomer bis hart und schlagzäh einstellbaren Endprodukten mit Eigenschaftsprofilen aus, die von UP oder PUR allein nicht erreicht werden (z. B. σ_B 80 bis 95 MPa, ε_B 7 bis 12 %, $E \geq 3$ GPa, σ_{bB} 142 bis 160 MPa). Die niederviskosen hoch füllbaren Zweikomponentenharze, bei denen jede Komponente den Vernetzungskatalysator für die andere enthält, werden im Injektions-Kaltpreß-(RTM)- oder RIM-Verfahren oder durch Pultrusion zu Gelcoats und Schaumstoffen verarbeitet. Ein Anwendungsbereich von wachsender Bedeutung sind strukturelle Fahrzeug-Bauteile.

Wasseremulgierbare UP-Harze (Filabond, WMC, Wist) werden als mit 40 bis 70 % Wasserfüllung verarbeitbare Gießharze für holzartige Möbel-Bauteile u. a. angeboten.

Beimischen von 3 bis 4 % Microspheres aus PVDC zu Bootsbau-Laminatharzen ergibt syntaktischem Schaum ähnliche leichte Verbundstoffe. Da PVDC in Styrol löslich ist, müssen die Harze kurze Zeit nach dem Anmischen verarbeitet werden.

Strukturgeschäumte Mattenlaminate, d_R 0,4 bis 0,8 g/m^3, werden im Niederdruckverfahren mit stickstoff-abspaltendem Treibmittel in Verbindung mit speziellen Inhibitor-Beschleunigersystemen gefertigt. Das gleiche System wird beim Faser-Harzspritzen mit zusätzlicher Treibmittelzuführung für mikrozellulare Stützschichten von PMMA-Badewannen gebraucht. Das Bindemittel im UP-Harz-(Legupren-)Leichtbeton ist mit CO_2-abspaltendem Treibmittel auf d_R 0,05 bis 0,2 g/cm^3 aufgeschäumt.

Handelsnamen

Normalharze: z. B. Aropol, Beetle, Crystic, Durapol, Esteform, Haysite, Hetron, Illandur, Keripol, Menzolit, Oldopal, Palatal, Rigolac, Rosite, Selectron, Shimoco, Uromix, Vestopal.

Licht-vernetzende Harze: z. B. Palapreg, Synolite.

Hoch temperaturbeständige Harze: z. B. Palapreg LHZ.

Hybrid-Harz: z. B. Xycon.

4.17.5 Vinylester-Harze, VE, (Phenacrylat-Harze, PHA)

Chemischer Aufbau, Verarbeitung, Eigenschaften s. Abschn. 4.16

Einsatzgebiete

Im Wickelverfahren gefertigte Groß-GFK-Rohre und -Apparatebauteile, z. B. für einen Dauerbetrieb bei 110 °C ausgelegt, durch H_2SO_4-, HCl-, HF-haltiges Kondensat beanspruchte selbsttragende Rauchgaswaschtürme bis 9 m Durchmesser und 35 m Höhe mit PHA-Matrix für Chemieschutzschichten und tragendes Laminat. In Entwicklung sind warm schnellhärtende Spezialharze zur Verarbeitung mit vorgeformten GF-Verstärkungen im Injektions-Spritzpreß-Verfahren (RTM) zu Karosserie- und anderen Fahrzeugbauteilen, welche die hohe Schwingfestigkeit der PHA-Harze nutzen.

Handelsnamen:

Z. B. Palatal, Atlac, Corezyn, Corrolite, Hetron, Ripoxy, Spilac.

4.17.6 Epoxid-Harze, EP

Chemischer Aufbau, s. Abschn. 4.16

Eigenschaften und Einsatzgebiete

Für jeweilige Anwendungen spezifisch formulierbare Epoxidharze weisen hohe Haftfestigkeit auf fast allen Werkstoffen, geringen Schwund beim Vernetzen, gute Korrosionsbeständigkeit, Temperaturbeanspruchbarkeit und elektrische Eigenschaften auf. Etwa 50 % der EP-Produkte werden als lösemittelfreie Flüssig- oder (Pulver-) Schmelz-Lacke für den Oberflächenschutz (auch wäßrig als EP-Dispersion) und für konstruktiv belastbare Klebverbindungen eingesetzt, je etwa 20 % für Reaktionsharz-Beton und -Klebmörtel und in der Elektro-/Elektronik-Industrie. Schmelzmatrixharze zum Tränken von Carbon- oder Aramidfaser-Strukturwerkstoff-Prepregs (s. Abschn. 4.16) für die Luft- und Raumfahrt gewinnen zunehmend an Bedeutung. Dafür sind auch Kombinationen von EP-Harzen mit höchst temperaturstandfesten Thermoplasten z. B. als „Interpenetrating Network" IPN in der Entwicklung, die mehrfach zäher als EP sind, s. Abschn. 1.4.

Standardharze sind flüssige bis feste Diglycidylether mit dem chemischen Aufbau nach (1) oder (2) in Tafel 4.56, Typen nach (3) sind Flexibilisierharze, die Cycloaliphaten (5), (6) und multifunktionalen Amin-Abkömmlinge (4) braucht man für die Hochtemperatur-Elektronik, Klebstoffe, Beschichtungen und Spezial-Verbundwerkstoffe. Sehr widerstandsfähige, auf fast allen Untergründen fest haftende Produkte (Dosenlacke) sind mit UV-Licht schnellhärtende cycloaliphatische Harze .

Nach *Einsatzgebieten* werden Mehrzweckharze, Gieß-, Imprägnier- und Träufelharze für die Elektrotechnik, Laminierharze für hoch beanspruchte faserverstärkte Strukturwerkstoffe (s. Tafel 4.60 u. 4.61), Werkzeugharze und Harze für den Oberflächenschutz unterschieden. Warmgehärtete Epoxidharzformstoffe mit hochfesten und hochwärmestandfesten Verstärkungsfasern können bis etwa 240 °C langzeitig belastet werden, die Temperaturstandfestigkeit normaler, insbesondere kaltgehärteter Epoxidharze ist geringer, aber gut im Verhältnis zu vergleichbaren Produkten. Mit Füllstoffen fast auf Null reduzierbarer Volumenschrumpf, Maßhaltigkeit, Temperaturstandfestigkeit, hohe Härte und Abriebfestigkeit sind Eigenschaften, die den gefüllten Epoxidharzen verbreitete Anwendung für Meß- und Prüflehren, Kopier- und Arbeitsmodelle, wie auch für Werkzeuge zum Formen von Metallen und Kunststoffen verschafft haben, siehe auch VDI 2007 Epoxidharze im Fertigungsmittelbau. Wegen der Haftung der EP-Harze auf allen Oberflächen muß man immer mit Trennmitteln arbeiten. Die Haftung und die Härtung von EP-Flüssigharzen mit aliphatischen Polyaminen werden durch Feuchtigkeit in der Haftfläche beeinträchtigt. Spezialhärter, insbesondere Polyaminoamidaddukte (Eurelon, Versamide), sind wasserunempfindlich, so daß damit angesetzte Massen auf feuchtem Untergrund binden, z. T. unter Wasser oder als wäßrige Dispersion verarbeitet werden können.

Für die Anwendung im Bau sind weiter bei tiefen Temperaturen anspringende „Nullgrad“-Härter und maskierte, durch Wassereinwirkung aktivierbare Härter (Ketimide) von Bedeutung. Die reaktionsfähigen Epoxidgruppen können mit vielen anderen Stoffen, z. B. Teerprodukten oder flüssigem Polysulfid-Kautschuk (s. Abschn. 7.1.7.1), vernetzen. Die allgemein gute chemische Beständigkeit der EP-Harze läßt sich durch die Vernetzungsmittel variieren, besonders gut ist ihre Alkalibeständigkeit.

EP-Schaumstoffe mit 0,03 bis 0,3 g/cm^3 werden aus Pulverharzen mit chemischen, aus Flüssigharzen mit physikalischen Treibmitteln unter starkem Rühren hergestellt. Zum Einbetten elektronischer Bauteile werden bis 200 °C zeitstandfeste, in der Tiefseetechnik bis 60 bar druckfeste, auch als elastische Werkzeugharze brauchbare „syntaktische“ EP-Harzschäume angewandt.

Handelsnamen:

Z. B. Araldit, Beckopox, Blendur, Conapoxy, Epidian, Epikote, Epocast, Epodite, Epolene, Epon, Eponac, Epophen, Eurepox, Grilonit, Lekutherm, Ravepox, Rütapox, Stycast.

UV-härtende EP

4.17.7 Dicyclopentadien

s. F 41, ein niederviskos-flüssiges Monomer, kann durch Aufspaltung und Wiederherstellung inner C=C–Ring-Doppelbindungen, zu einem olefinischen Duroplasten polymerisiert werden. Im Metton-RIM-Verfahren werden den Monomer-Komponenten einerseits ein Metathen-Katalysator, andererseits Aktivator und Inhibitor zugesetzt. Nach Vermischen in der eingestellten Latenzzeit polymerisiert das Gemisch in wenigen Sekunden aus dem Werkzeug entnehmbar. Die mechanischen Werte (E_b 1,9 GPa, σ_B 34 MPa) und die Zeitstandfestigkeit auch bei erhöhten Temperaturen (HDT 85 °C, GT 95 °C) können durch GF oder andere verstärkende Zuschläge verbessert werden. Anwendung des hydrophoben, aber gut lackierbaren, bis ca. −30 °C schlagzähen Materials: Großteile (≥2,3 kg), für Spezial-Fahrzeuge, Sportgeräte.

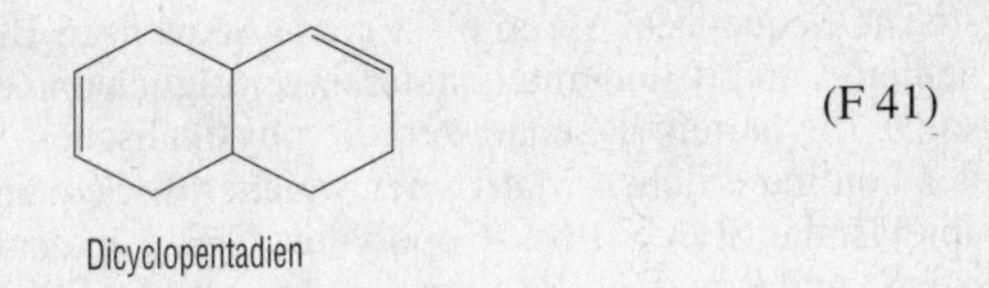

(F 41)

4.17.8 Diallylphthalat-Harze, PDAP

S. Abschn. 4.16. Als Gießharze mit hoher Transparenz, Schlag-, Kratz- und Abriebfestigkeit werden sie für leichte Brillengläser eingesetzt.

Handelsnamen z. B.: CR 39, Durez.

4.17.9 Kohlenwasserstoff-Harze

Es sind lösliche Kunstharze, die vorzugsweise durch kationische, z. T. auch durch thermische Polymerisation ungesättigter Kohlenwasserstoffe hergestellt werden. Stark ungesättigte Harze wie Copolymerisate aus überwiegend Butadien mit Styrol lassen sich im Gemisch mit Monomeren mittels Peroxid-Katalysatoren warm und u. U. auch kalt vernetzen, (Buton-Harze). Solche Gießharze werden wegen der günstigen dielektrischen Werte in der Mikrowellentechnik eingesetzt, Radar, 10^9 Hz.

Bisdien-Harze werden durch Umsetzung von Cyclopentadien-Natrium mit einer aliphatischen Dihalogenverbindung über eine Prepolymerstufe in Gegenwart von Polybutadien bei erhöhter Temperatur erhalten. Diese Kohlenwasserstoffharze werden wegen ihrer bis ca. 200°C reichenden außergewöhnlich guten dielektrischen Werte für gedruckte Schaltungen eingesetzt.

4.18 Thermoplastische Elastomere; TPE

Chemischer Aufbau

Die TPE vereinen die gummielastischen Eigenschaften vernetzter Elastomere, s. Abschn. 7.1, Kautschuk, mit dem Vorteil der thermoplastischen Verarbeitbarkeit. Aufgrund der Zusammensetzung lassen sie sich in zwei Gruppen einteilen:

Polymer-Blends bestehen aus einer „harten“ thermoplastischen Polymermatrix, in die unvernetzte oder vernetzte Elastomerpartikel als „Weichphase“ eingearbeitet sind. Ein Beispiel sind die thermoplastischen Polyolefin-Elastomere TPE-O oder TPE-V, die aus PP mit bis zu 65% eingearbeitetem Ethylen-Propylen-[Dien] Kautschuk (EP[D]M) bestehen. „O“ bzw. „V“ stehen für unvernetzten bzw. vernetzten Kautschuk.

Pfropf- oder *Copolymere* enhalten in ihrem Polymermolekül thermoplastische Sequenzen A und elastomere Sequenzen B. Die beiden Komponenten A und B sind miteinander unverträglich und entmischen sich lokal, sodaß die harten A-Sequenzen die physikalischen Vernetzungspunkte in der kontinuierlichen Matrix der weichen B-Sequenzen bilden. Ein Beispiel ist das Styrol-Block-Copolymer TPE-S, in dem Blöcke von Polystyrol (S) und Butadien (B) einander abwechseln: SSSSSSSS-BBBBBBBB-SSSSSSS.

Die weichen B-Sequenzen befinden sich bei Gebrauchstemperatur oberhalb ihrer Glastemperatur (Einfriertemperatur), die harten A-Sequenzen dagegen unterhalb ihrer Glastemperatur (bei amorphen Polymeren) bzw. ihrer Schmelztemperatur (bei teilkristallinen Polymeren). Oberhalb der Umwandlungstemperatur der A-Sequenzen erweichen diese, so daß die TPE thermoplastisch verarbeitet werden können.

Verarbeitung, Eigenschaften, Einsatzgebiete

In Tafel 4.62 sind thermoplastische Elastomere mit Hinweis auf die Abschnitte, in denen die Grundpolymere behandelt, teilweise Eigenschaften dargestellt und Hinweise auf die Verarbeitung gegeben werden, aufgelistet. Dort sind auch Handelsnamen aufgeführt.

Tafel 4.63 enthält einen Eigenschaftsvergleich. Die dort angeführten Daten können nur als Anhalt dienen, da die Eigenschaften in weitem Rahmen modifiziert werden können.

Tafel 4.64 gibt einen Hinweis darauf, welche Kunststoff- und Kautschuktypen durch TPE in bestimmten Einsatzgebieten ersetzt wurden.

Handelsnamen:

TPE-A: Pebax, Vestamid
TPE-E: Hytrel, Arnite, Pibiflex, Lomod
TPE-O: Keltan TP, Hifax

TPE-V: Santoprene, Sarlink
TPE-S: Kraton, Finaprene, Europrene
TPE-U: Desmopan, Elastollan, Pellethane, Estane

Tafel 4.62 Zusammenstellung der thermoplastischen Elastomere; TPE

Nr.	Chemische Bezeichnung	Kurzzeichen	Nomenklatur nach ISO/SAE/VDA	s.Abschnitt
18	Thermoplastische Elastomere	TPE		
18.1	Polyetherester-Block-Amide	TPE-A		
	PA 6-Basis	BEBA 6	TE (BEBA 6)	4.6.4
	PA 12-Basis	BEBA 12	TE (BEBA 12)	4.6.4
18.2	Copolyester	TPE-E		4.7.3
	Polyesterester		TE-(PESTEST)	4.7.3
	Polyetherester		TE-(PEEST	4.7.3
18.3	Olefine	TPE-O, TPE-V		4.1.6
	Ethylen/Vinylacetat	E VAC		4.1.4
	Ethylen/Vinylacetat+Poly-vinylidenchlorid	EVA PVDC		4.1.4, 4.2.10
	Ethylen/Propylen-Terpolymer/Propylen	TPE-O	TE-(EPDM+PP)	4.1.1/5/6
	Ethylen/Propylen-Ter-polymer/Propylen, vernetzt	TPE-V	TE-(EPDM-X+PP)	4.1.1/5/6
	Naturkautschuk/Poly-propylen, vernetzt	TPE-V	TE-(NR-X+PP)	4.1.5, 7.1.3.1
	Nitril-Butadien-Kautschuk/ Polypropylen	NBR PP		4.1.5, 7.1.3.6
18.4	Styrolcopolymere	TPE-S		4.2.1
	Styrol/Butadien	S B		4.2.4
	Styrol/Butadien/Styrol	S B S		4.2.4
	Styrol/Ethenbuten/Styrol	S EB S		4.2.4
	Styrol/Isopren-Block	S I S		4.2.4
	Styrol/Butadien/Styrol/ Propylen	TE-(SBS+PP)		4.1.5, 4.2.4
	Styrol/Butylen/Styrol/ Propylen	TE-(PBBS+PP)		4.1.5, 4.2.4
	Styrol/Ethylen-Butylen/ Styrol/Polyphenylenether	TE-(PEBBS+PPE)		4.1.5, 4.2.4 4.9
	Styrol/Ethylen-Butylen/ Styrol/Polypropylen	TE-(PEBS+PP)		4.1.5, 4.2.4
18.5	Polyurethan	TPE-U, (TPU)		4.15
	Polyesterurethan	TE-(PESTUR)		4.15
	Polyetheresterurethan	TE-(PEESTUR)		4.15
	Polyetherurethan	TE-(PEUR)		4.15
	Aliphatische TPE-U	ATPU		4.15.2

Tafel 4.63 Eigenschaftsvergleich thermoplastischer Elastomere; TPE

TPE	Typ	Dichte	Shore-Härte		Gebrauchstemperatur °C			Glastemperatur T_G	Beständigkeit gegen[2])				
		g/cm³	A	D	max. kurzzeitig	max. dauernd	min. dauernd	°C	Abrieb	Öl	Säure	Basen	Alterung
TPE-A	PEBA 6		>70	< 75	160	80	-40		2	1	2	2	2
TPE-A	PEBA 12	1,0-1,2	>65	< 75		85	-60	80					
TPE-E		1,1-1,3	>35	> 85	150	120/150	-65	160/220	2	1	3	4	2
TPE-O		0,9-1,0	>50	< 75		115	-50	160	4	4	2	1	2
TPE.O	EVA-PVDC		>55	< 80	100		-40						
TPE-V	PP-EPDM	0,94-1,0	>35	< 75	145	125	-50	160	3	3	1	1	1
TPE-V	PP-NBR		>45	< 70	110		-40	160					
TPE-S	SES	0,9-1,1	>27	< 50	90	80	-40	95	2	4	2	2	2
TPE-S	SEBS		>10	< 75	150	130	-50						
TPE-U		1,1-1,3	>65	< 80	110	100/80[1])	-50	130-200	1	1	3	4	1

1) Polyether/Polyester
2) 1= hervorragend, 2= gut, 3=ausreichend, 4= mangelhaft

Tafel 4.64 Beispiele für den Ersatz von Kunststoff und Kautschuk durch TPE

Kunststoff	Kautschuk	TPE
PE, PTFE	CR	TPE-A
PE, PTFE	CR, NBR, EPDM, ECO	TPE-E
PVC-P, PC+PBT	NR, SBR	TPE-O
PVC-P, PA+PPE, PC-Blends, PUR	NR, CR, SBR, NBR, EPDM, ECO	TPE-V
PVC-P, PUR	NR, CR, SBR, EPDM	TPE-S
PE, PP, PTFE, PVC-P, ABS, PUR	NR, CR, SBR, EPDM, NBR	TPE-U

4.19 Natürlich vorkommende Polymere

4.19.1 Cellulose-und Stärke-Derivate, CA, CTA, CP, CAP, CAB, CN, EC, MC, CMC, CH, VF, PSAC

Chemischer Aufbau

Unter dem Oberbegriff Cellulosederivate werden alle Kunststoffe zusammengefaßt, die von der Cellulose abgeleitet werden. Diese ist ein in allen Pflanzen als Gerüststoff außerordentlich verbreitetes Kohlehydrat. Cellulose wird aus Holz gewonnen, indem das Lignin und größtenteils auch das Pektin herausgelöst werden. In den Samenhaaren der Baumwolle liegt Cellulose in nahezu reiner Form vor. Baumwoll-Linters (kurzhaarige Faserabfälle) werden meist als Rohstoff für die Kunststoffproduktion eingesetzt. Cellulosederivate entstehen durch Veretherung (mit Alkoholen) oder Veresterung (mit Säuren) der Cellulose. Hierbei können bis zu drei OH-Gruppen des Ringsystems (Glukoserest) reagieren, s. Tafel 4.65, „OR".

CA entsteht durch Veresterung mit Eisessig, Essigsäureanhydrid und Schwefelsäure oder Zinkchlorid als Katalysator und meist Methylenchlorid als Lösemittel. In weiteren Arbeitsschritten können Essigsäuregehalte von ca. 44 bis 61% eingestellt werden. Man erhält so niedrig-bis hochviskose Produkte.

Beim *CTA* wird jede der drei OH-Gruppen des Glukoserestes mit Essigsäure verestert.

CP entsteht durch Veresterung der Cellulose mit Propionsäure. Im amerikanischen Sprachgebrauch wird CP mit CAP bezeichnet, da es neben einem Anteil von 55-62% Propionsäure etwa 3-8% Essigsäure enthält.

Beim *CAB* wird Cellulose im Unterschied zu CA zusätzlich mit Buttersäure verestert. Der Essigsäuregehalt beträgt 19-23%, der der Buttersäure 43-47%.

CN, fälschlich auch mit Nitrocellulose bezeichnet, wird durch Umsetzung von Cellulose mit einem Gemisch aus Schwefel- und Salpetersäure ge-

Tafel 4.65 Grundstrukturen von Cellulosederivaten

Kunststoff	Chemische Bezeichnung	Grundstruktur
		OR OR ROH_2C O O
		R
CA, [CTA]	Cellulose(tri)acetat	$-COCH_3$
CP (CAP)	Cellulosepropionat	$-COCH_2CH_3$
CAB	Celluloseacetobutyrat	$-COCH_3$/ -CO(CH2)2CH3
CN	Cellulosenitrat	$-NO_2$
MC	Methylcellulose	$-CH_3$
EC	Ethylcellulose	$-CH_2CH_3$
CMC	Carboxymethylcellulose	$-CH_2COOH$
	Oxethylcellulose	$-(CH_2)_2OH$

wonnen, wobei der Stickstoffgehalt von 10,6 bis max. 16% eingestellt werden kann.

MC (EC) Wird durch Umsetzung von 1,3 bis 1,5 (2,0 bis 2,6) der möglichen drei OH-Gruppen des Glukoserestes mit Methylchlorid (Ethylchlorid) erhalten. Hierbei geht man von der Alkalicellulose aus, die durch Tauchen von Zellstoff in 18%iger Natronlauge hergestellt wird.

Bei *CMC* wird Alkalicellulose mit dem Natriumsalz der Monochloressigsäure umgesetzt, wobei auf 10 Glukoseeinheiten 6 bis 10 Carboxymethylgruppen kommen können.

Oxethylcellulose entsteht durch Umsetzung von Cellulose mit Ethylenoxid.

CH (Hydratzellulose) entsteht durch intramicellare Quellung von Cellulose in Natronlauge. Dadurch wird lediglich der Abstand der Kettenmoleküle vergrößert, es findet keine chemische Umsetzung statt.

PSAC Polysaccharide. Durch Anwendung von etwa 10% Feuchte und Temperaturen von 100 bis 150°C wird Stärke zu einem biologisch abbaubarem thermoplastischen Werkstoff destrukturiert.

Ein mit *TPS* (thermoplastische Stärke) bezeichnetes Produkt wird unter Zugabe eines Quell- oder Plastifizierungsmittels (z.B. Glycerin oder Sorbitol) unter Verwendung von trockener Stärke im Compoundierextruder bei 120 bis 220°C hergestellt.

PHA Polyhydroxyalkalin, ist ein auf der Basis von Zucker durch Fermentierung von Mikroorganismen erzeugtes Polymer.

Verarbeitung

Die üblichen Celluloseester CA, CAB, CP lassen sich nach allen für Thermoplaste üblichen Verfahren verarbeiten. Die Fließfähigkeit ist gut und ermöglicht Punktangüsse. Werkzeuge müssen zur Vermeidung von Weichmacherniederschlägen gut entlüftet werden. Eine Vortrocknung bei 60 bis 90 °C über ca. 3 h im Umlufttrockner oder ca. 1,5 h im Schnelltrockner ist erforderlich. Der Wassergehalt sollte beim Spritzgießen unter 0,15 und bei der Extrusion unter 0,05 % liegen. Entstehende Weichmacherdämpfe sind abzusaugen. Die Massetemperaturen beim *Spritzgießen* liegen zwischen 180 und 230 °C und die Werkzeugtemperaturen zwischen 40 und 80 °C, wobei die höheren Temperaturen für härtere Einstellungen mit geringeren Weichmachergehalten gelten.

Folien und Platten lassen sich mit Breitschlitzdüsen *extrudieren*, Folien unter 0,8 mm werden nach dem *Chill-roll-Verfahren* gegossen. Zierleisten für die Kfz-Industrie werden durch eine *Extrusions-Ummantelung* mit CAB von mit Haftvermittlern versehenen Aluminiumfolien von 50 bis 100 µm Dicke in Querspritzköpfen hergestellt.

CAB- und CP-Pulver werden zum *Rotationsformen* und Metallbeschichten nach dem *Wirbelsinterverfahren* eingesetzt.

Spanendes Bearbeiten, Polieren, Schweißen (weniger gut mit Ultraschall), Kleben mit Kleblacken (*CA*: Methylglykolacetat; *CAB* und *CP*: 50 % Methylglykolacetat und 50 % Ethylacetat) oder mit 2-Komponenten-Klebstoffen auf der Basis von PUR oder EP-Harzen, Lackieren, Bedrucken, Metallisieren sind möglich.

Eigenschaften, Einsatzgebiete, Handelsnamen

Cellulose(tri)acetat, CA, [CAT]

Mit zunehmendem Acetatgehalt nimmt die Viskosität des *CA* zu: etwa 44-48% niedrigviskos, Einsatz: Textilhilfsmittel, Druckfarben; etwa 52-56% mittelviskos, Einsatz: Formmasse, Lacke, Klebstoffe; etwa 56-61% hochviskos, Einsatz: Sicherheits- und Elektroisolierfolien. Um eine thermoplastische Verarbeitung zu ermöglichen, werden 15-20 (38) Masse-% Weichmacher zugegeben: Dimethyl-, Diethyl- und Dimethylglykol-Phthalat, sowie Trichlorethylphosphat in Kombination mit Dimethyl- oder Diethylphthalat und nur in Kombination mit diesen Dibutyl-, Diisopropyl- und Di-2-ethylhexylphthalat.

Die Eigenschaften von CA lassen sich durch den Gehalt und die Art des Weichmachers in weiten Grenzen variieren, s. Bilder 4.21 und 4.22. Mit zunehmendem Weichmachergehalt nehmen die Wärmeformbeständigkeit ab und die Fließfähigkeit der Schmelze wie auch die Kriechneigung unter mechanischer Belastung zu. Diese Produkte sind gut für Werkzeuggriffe einsetzbar, da sie die durch das Aufschrumpfen auf Metalle entstehenden Spannungen abbauen. CA ist glasklar-transparent und läßt sich brilliant und tief einfärben. Es ist kriechstromfest und infolge der Wasseraufnahme antistatisch (nicht staubanziehend). Von Fetten, Ölen, Mineralölen und aliphatischen Kohlenwasserstoffen wird CA nicht angegriffen, die Gebrauchstauglichkeit gegenüber Treibstoffen, Benzol, Chlorkohlenwasserstoffen und Ethern hängt von der Zusammensetzung ab. Die Alkali- und Säurebeständigkeit ist gering. CA ist nicht dauerhaft witterungsbeständig einstellbar. CA ist gegen Spannungsrißbildung wenig anfällig, da Spannungen abgebaut werden.

CAT weist eine höhere Wasser- und Wärmebeständigkeit auf als CA, ist aber kaum noch thermoplastisch verarbeitbar, Einsatzgebiet: Elektroisolierfolien, Acetatseide.

Eigenschaftsvergleich s. Tafel 4.66.

Einsatzgebiet Formmassen: isolierende Werkzeuggriffe, Schreibgeräte, Kämme, Schnallen, Knöpfe, Phonoindustrie, Brillenfassungen (aus Platten geschnitten), Hohlfasern für Blutwäsche.

Allgemeine Einsatzgebiete, gelten auch für CP und CAB: Fasern, Filme, Lacke, Klebharze, low-profile-Additive für SMC (sheet-molding-compound) und BMC (bulk-molding-compound).

Handelsnamen: z.B. Bergacell, Cellolux, Dexel, Setilithe, Sicalit, Tenite Acetate.

Cellulosepropionat; CP, (CAP)

Auch CP-Formmassen werden mit 2-5 (25) Masse-% Weichmacher versetzt: Dibutyl- und Di-2-ethylhexyl-Phthalat bzw.-Adipinat, Dibutyl- und Dioctylsebazat, Dibutyl- und Dioctylacetat. Für den Einsatz im Lebensmittelsektor werden Zitronensäure- und Palmitinsäureester verwendet.

Die allgemeinen Eigenschaften gleichen denen von CA. Die Bewitterungsbeständigkeit von CP (witterungsstabilisiert) ist jedoch besser als die von stabilisiertem CA.

Die monomeren Weichmacher zeigen besonders bei höheren Temperaturen eine Tendenz zum Auswandern. Ein Colymerisat von CP mit Ethylenvinylacetet-Pfropfpolymerisat , s. Abschn. 4.1.4, hat ein höheres Eigenschaftsniveau in bezug auf Festigkeit, Steifigkeit, Kriechwiderstand, Wärmeformbeständigkeit und Migrationsfreiheit. Der Gehalt an Polymermodifikator kann 5-30 Masse-% betragen. Die gute Löslichkeit für UV-und IR-Absorber wird für den Einsatz bei optischen Filtern ausgenutzt.

Eigenschaftsvergleich s. Tafel 4.66.

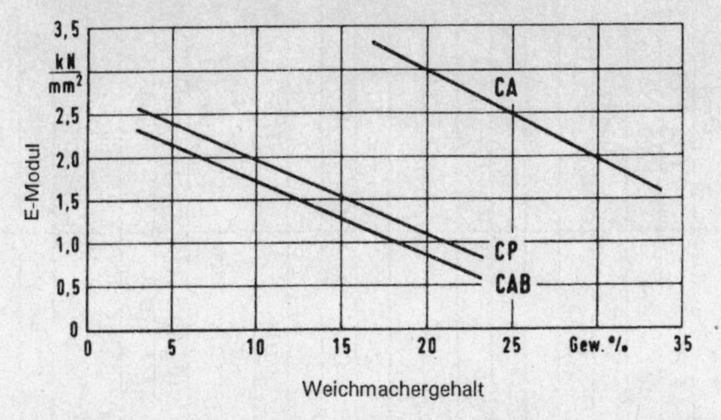

Bild 4.21 Abhängigkeit des E-Moduls vom Weichmachergehalt von CA, CAB, CP

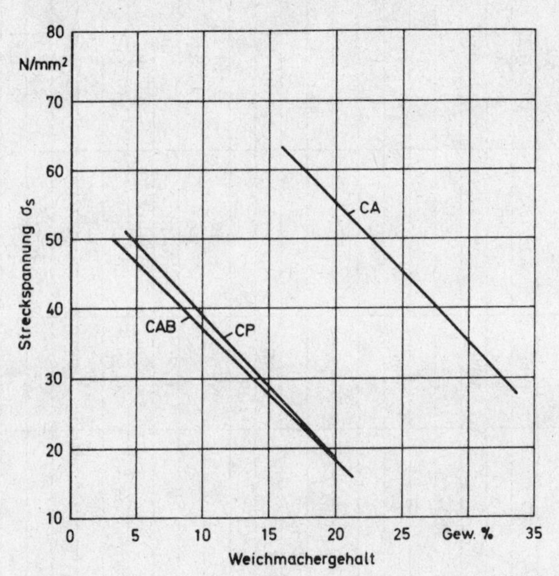

Bild 4.22 Abhängigkeit der Streckspannung vom Weichmachergehalt von CA, CAB, CP

Einsatzgebiete

Ähnlicher Einsatz wie CAB, Modelleisenbahn-Aufbauten, Puderdosen, hochwertige Sonnen- und Korrektionsbrillen-Gestelle, Schriftschablonen, Zahnbürstenstiele.

Handelsnamen

CP: z. B. Cellidor CP, Tenite Propionat.

Tafel 4.66. Eigenschaftsvergleich der Cellulosederivate

Eigenschaft	Einheit	Cellulosederivate			
		CA	CAB	CP	EC
Dichte	g/cm^3	1,26–1,32	1,16–1,22	1,17–1,24	1,12–1,15
Zug-E-Modul	MPa	1000–3000	800–2300	1000–2400	1200–1300
Streckspannung	MPa	25–55	20–55	20–50	35–40
Streckdehnung	%	2,5–4	3,5–5	3,5–4,5	
Nominelle Bruchdehnung	%				
Spannung bei 50 % Dehnung	MPa	–	–	–	–
Bruchspannung	MPa	–	–	–	–
Bruchdehnung	%	–	–	–	–
Schmelztemperatur	°C	–	–	–	–
Formbeständigkeitstemperatur HDT / A 1,8 MPa	°C	45–80	45–95	45–95	ca. 50
Längenausdehnungskoeffizient, längs (23–55 °C)	10^{-5}/K	10–12	10–15	11–15	10
Längenausdehnungskoeffizient, quer (23–55 °C)	10^{-5}/K				
Brennbarkeit UL 94 bei 1,6 mm Dicke	Klasse	HB	HB	HB	HB
Dielektrizitätszahl bei 100 Hz	–	5–6	3,7–4,2	4,0–4,2	ca. 4
Dielektrischer Verlustfaktor bei 100 Hz	10^{-4}	70–100	50–70	50	100
Spezifischer Durchgangswiderstand	Ohm · m	10^{10}–10^{14}*	10^{10}–10^{14}*	10^{10}–10^{14}*	10^{11}–10^{13}*
Spezifischer Oberflächenwiderstand	Ohm	10^{10}–10^{14}*	10^{12}–10^{14}*	10^{12}–10^{14}*	10^{11}–10^{13}*
Elektrische Durchschlagfestigkeit	kV/mm	25–35	32–35	30–35	ca. 30
Vergleichszahl der Kriechwegbildung CTI/A		600	600	600	600
Aufnahme von Wasser bei 23 °C, Sättigung	%	3,5–4,5	2,0–2,3	1,9–2,8	
Feuchteaufnahme bei 23 °C / 50 % r. F., Sättigung	%	ca. 1,2	0,6–0,8	0,6–0,9	

* Angaben für konditioniert bis trocken

Celluloseacetobutyrat; CAB

Um CAB Formmassen thermoplastisch verarbeitbar zu machen, werden nach Art und Menge die gleichen Weichmacher eingesetzt wie beim CP. Während die allgemeinen Eigenschaften denen von CA und CP gleichen, weist stabilisiertes CAB die beste Witterungsstabilität auf. Durch Copolymerisation mit EVAC, s. Abschn. 4.1.4, wird das Eigenschaftsniveau in der gleichen Richtung wie beim CP verbessert.

Eigenschaftsvergleich s. Tafel 4.66.

Einsatzgebiete

Kfz-Lenkradummantelungen, Bedienungsknöpfe, Griffe, Außenleuchten, Lichtkuppeln (warmgeformt), Werbeschilder, Skibrillen, Zierleisten, Tier-Ohrmarken.

Handelsnamen

z. B. Cellidor B, Tenite Butyrate

Cellulosenitrat, CN, Celluloid

CN mit Stickstoffgehalten von 10,6 bis 10,8 % ergibt alkohollösliche Thermoplaste, ein Gehalt von 12 bis 12,2 % esterlösliche. Ein N-Gehalt von > 13 bis max. 16 % ergibt Schießbaumwolle. Für die Herstellung von Celluloid wird CN mit einem N-Gehalt von ca. 11 % mit Kampfer als Weichmacher versehen. Celluloid ist der älteste in großem Maße verwendete Thermoplast, wird aber heute wegen seiner leichten Entflammbarkeit nur noch zur Herstellung von z. B. Tischtennisbällen, Spielzeug, Zahnbürsten und Kämmen eingesetzt. Andere Einsatzgebiete für CN sind Bindemittel für Lacke und Klebstoffe und Beschichtungsmaterialien für Kunstleder.

Methylcellulose, MC

MC mit 1,3-1,5 OH-Gruppen je Glukoserest ist in kaltem Wasser löslich, koaguliert jedoch je nach Molekulargewicht, Veretherungsgrad und Konzentration bei höherer Temperatur. Bei etwas mehr als 2 OH-Gruppen ist MC wasserunlöslich. Einsatzgebiete: Imprägniermittel, Oberflächenbefilmung von Papier (fett- und ölfest), Verdickungsmittel, Klebstoff, Anstrichbinder.

Ethylcellulose, EC

EC wird in verschiedenen Viskositätseinstellungen geliefert. Hoch- und mittelviskose Typen dienen als Formmassen zur Herstellung von Folien und Spritzgußteilen, mittel- und niedrigviskose für Lacke und Klebstoffe.

Handelsname: Ampec.

Carboxymethylcellulose; CMC

Im Gegensatz zu MC sind alle Viskositätseinstellungen der CMC in kaltem und in warmem Wasser löslich.

Einsatzgebiete: Klebstoffe, Anstrichbindemittel, Zusatzstoffe bei Bohrspülungen und Waschmittel, Hilfsmittel in der Textilindustrie, Emulgier- und Verdickungsmittel.

Oxethylcellulose

Oxethylcellulose weist gleiches Verhalten gegenüber Wasser auf wie CMC und findet die gleichen Einsatzgebiete.

Cellulosehydrat, CH, Zellglas, Vulkanfiber, VF

CH (auch Regeneratcellulose genannt).

Einsatzgebiete z. B.: glasklare Folien (Zellglas), die durch beidseitiges Lackieren wetterfest gemacht werden. Zellglas weist eine geringe Durchlässigkeit für Wasserdampf, Gase, Öle usw. auf.

Zur Herstellung von *Vulkanfiber* und Echtpergament werden saugfähige Papiere oder Zellstoff in hochkonzentrierter warmer Zinkchlorid-Lösung aufgequollen, zu Platten geschichtet, ausgewaschen und anschließend verpreßt. *Einsatzgebiete*: hoch beanspruchte Teile wie Zahnräder, Schleifscheiben oder Kofferplatten.

Polysaccharide; PSAC, thermoplastische Stärke; TPS

Heute werden bereits fast 50% der produzierten Stärke im non-food-Bereich eingesetzt. Zunächst wurde die Stärke jedoch lediglich Thermoplasten als Füllstoff beigegeben, um eine biologische Abbaubarkeit zu erreichen: Der Stärkeanteil verrottet und bewirkt einen Zerfall des Matrixharzes in kleine Partikel (PE +Stärke für Tragetaschenfolien). Neuerdings werden Kunststoffe aus Stärke erzeugt, die ohne synthetische Beimischungen auskommem. Es werden lediglich Zusatzstoffe wie biologisch abbaubare Weichmacher (Wasser), Öle und Fette zugegeben.

PSAC gehört zu den biologisch abbaubaren Werkstoffen (BAW). Sie werden meist in Kombination mit anderen Werkstoffen oder als Copolymerisate eingesetzt.

Ein aus einer Mischung von Holzschliff und Mais bestehendes, auf dem Doppelschneckenextruder hergestelltes Granulat läßt sich durch Spritzgießen bei Massetemperaturen von ca 150°C und Werkzeugtemperaturen von 60°C zu Formteilen verarbeiten.

Eigenschaften: Dichte 1,4 g/cm^3, Zugfestigkeit 25 MPa, Bruchdehnung 1-1,5%, E-Modul 13000 MPa.

Einsatzgebiete: Ersatz von Holzteilen in der Spielzeugindustrie und im Dekorationsbereich, Griffe, Knöpfe, Ornamente.

Handelsnamen: Fasal.

TPS, thermoplastische Stärke, ist biologisch abbau- und kompostierbar. Sie wird in Granulatform geliefert und kann im Spritzgießverfahren zu

Formteilen oder in Blas- oder Flachfolienanlagen zu Folien verarbeitet werden.

Eigenschaften: Dichte 1,1-1,2 g/cm^3, E-Modul 1000-2600 MPa, Zugfestigkeit ca 30 MPa und Bruchdehnung 600-850% (Folien), Vicat A/50 73-103°C.

Einsatzgebiete: kompostierbare Verpackungen, kurzlebige Verbrauchsgüter in Form von Folien und Formteilen.

Handelsnamen: Bioplast.

Polyhydroxyalkalin, PHA

PHA entsteht durch chemische Fermentation von Zucker (Glukose) mit Hilfe von Bakterien. Es soll als biologisch abbaubares (kompostierbares) Biopolymer in der Kosmetik- und Lebensmittelverpackung Verwendung finden.

Handelsnamen: Biopol.

4.19.2 Casein-Kunststoffe, CS; CSF, PLA

Casein-Formaldehyd, Kunsthorn; CSF

Aus Magermilch gewonnenes Casein wird durch Härtung mit Formaldehyd zu einem Kunststoff, der dem Naturhorn chemisch verwandt ist und ihm auch im Äußeren und in der Bearbeitbarkeit gleicht. Casein wird nach Zugabe von Weichmachern und eventuell von Farbstoffen durch Kneten plastifiziert, zu Halbzeugen verformt und anschließend je nach Dicke der Teile für Tage bis Monate in eine 5%ige wäßrige Formaldehydlösung gebracht. Nach dem Trocknen läßt sich CSF spanend bearbeiten, aber auch in warmen Bädern umformen. CSF ist wasserempfindlich und wird hauptsächlich zu Knöpfen und Schnallen für die Bekleidungsindustrie verarbeitet.

Polylactid, Polymilchsäure; PLA

Die Milchsäure hat in ihrem Molekül eine Hydroxyl- sowie eine Carboxylgruppe. Sie kann zu einer Molekülmasse von 60000 bis 200000 polymerisiert werden. Je nach Kohlenstoffanhängsel an der Carboxylgruppe unterscheidet man zwischen Poly-D-, Poly-L- und Poly-D,L-Milchsäure. Sie unterscheiden sich in der für den biologischen Abbau benötigten Zeit, die auf Jahre bis Wochen eingestellt werden kann. Die thermoplastischen Werkstoffe lassen sich spritzgießen oder zu tiefziehbaren Folien verarbeiten.

Einsatzgebiet: wie PSAC, TPS, PHA, chirurgisches Nahtmaterial

Handelsname: EcoPLA

4.19.3 Naturharze

Kanadabalsam wird aus der amerikanischen Balsamtanne gewonnen und zum Verkitten von optischen Linsensystemen verwendet.

Bernstein ist verhärtetes Harz der Bernsteinfichte und anderer Nadelhölzer. Haupteinsatzgebiet ist die Schmuckindustrie.

4.20 Neue/sonstige Polymere

4.20.1 Abbaubare und wasserlösliche Kunststoffe

Abbaubare Kunststoffe werden üblicherweise in photoabbaubare und biologisch abbaubare Polymere eingeteilt. Als Untergruppe sind wasserlösliche Polymere anzusehen, die in wäßriger Lösung biologisch abbaubar sind.

Wegen sich verschlechternder physikalischer Eigenschaften ist ein photochemischer oder biologischer Abbau der üblicherweise auf Langlebigkeit optimierten Kunststoffe i. a. unerwünscht, was man durch Einarbeitung von Stabilisatoren und Konservierungsmitteln zu verhindern sucht.

Das Ziel, einen Teil der Kunststoffe abbaubar zu machen, dient der Minderung des Kunststoffabfall-Volumens mittels Zerfalls der Polymerketten, möglichst in Kohlendioxid und Wasser und zusätzlich beim biologischen Abbau zu nichttoxischen Ausscheidungsprodukten von Mikroorganismen. Derzeit sind die zuständigen Normenausschüsse um eine klare Definition und um standardisierte Prüfmethoden zur Vergleichbarkeit des Grades der Abbaubarkeit bemüht.

Wasserlösliche Kunststoffe, PVAL, PEOX, PPOX, MC, CMC, PSAC

Hierzu gehören:

Polyvinylalkohol, PVAL, s. Abschn. 4.2.10
Polyethylenoxide, PEOX, s. Abschn. 4.10
Polypropylenoxid, PPOX, s. Abschn. 4.10
Methylcellulose, MC, s. Abschn. 4.19.1
Carboxymethylcellulose, CMC, s. Abschn. 4.19.1
Hydroxypropylcellulose, wasserlöslich und biologisch abbaubar, für Verpackungs-Hohlkörper vorgeschlagen
Polysaccharide, PSAC, (thermoplastische Stärke, TPS), s. Abschn. 4.19.1.

4.20.1.1 Fotoabbaubare Kunststoffe

Durch einen gezielten Einbau von UV-empfindlichen Molekülstrukturen, wie Ketogruppen (z. B. E/CO-Cop.), sowie durch das Einarbeiten von Fotosensibilisatoren (z. B. Eisendialkylthiocarbamate und andere metallorganische Verbindungen) kann ein Fotoabbau des Polymeren relativ genau gesteuert werden. Solche Produkte sind nicht biologisch abbaubar. Die heutigen Anwendungen fotoabbaubarer Polymere konzentrieren sich auf Agrarfolien, Tragetaschen und Müllsäcke (Ecolyte-P und S für PE und PS; Ecolon; Eslen-PS; Ercoten; Plastor, Plastopil).

4.20.1.2 Biologisch abbaubare Kunststoffe

Ein biologischer Abbau kann sowohl aerob als auch anaerob stattfinden, jedoch immer nur in Gegenwart von Wasserfeuchte. Daher müssen biologisch abbaubare Kunststoffe von der Oberfläche her hydrophil sein. Die Feuchteaufnahme führt zu einer negativen Beeinflussung der mechanischen Eigenschaften. Diese Produkte sind auf folgenden Wegen herstellbar bzw. verfügbar:

→ Mischungen von Kunststoffen mit wasserlöslichen Polymeren zerfallen bei Einwirkung von Feuchtigkeit. Allerdings sind die Zerfallsprodukte nur dann biologisch abbaubar, wenn alle Mischungskomponenten dies sind.

→ Polyesteramid, PEA, ist ein synthetisches teilkristallines Polymer, das in 60 Tagen biologisch abbaubar ist, wenn genügend Feuchtigkeit und eine ausreichende Konzentration von Bakterien und Pilzen vorhanden ist, s. Formel 42. Die mechanischen thermischen Eigenschaften gleichen sehr denen von PE-LD. Es gibt Typen für die Folienherstellung und für das Spritzgießen.

$$[-\overset{O}{\overset{\|}{C}}-(CH_2)_4-\overset{O}{\overset{\|}{C}}-O-(CH_2)_4-O]-[\overset{O}{\overset{\|}{C}}-(CH_2)_5-\underset{H}{\underset{|}{N}}-] \qquad (F\ 42)$$

Polyesteramid

Einsatzgebiete: Müllbeutel, Mulchfolien, Einweg-Pflanztöpfe und -Geschirr, Flaschen, Kanister, Trauerfloristik. Bezeichnung: BAK (Bayer).

→ Polylactid, PLA, s. Abschn 4.19.2.

→ Polyhydroxyalkalin, PHA, s. Abschn. 4.19.1.

→ Spezielle Bakterienstämme bilden Hydroxycarbonsäure-Polyester: Polyhydroxy-butyrat und -valeriat (Biopol, ICI), Polymilchsäuren und Polycaprolakton.

→ Compounds von biologisch abbaubaren Polymeren (Polysaccharide, Stärke) mit konventionellen, nicht biologisch abbaubaren Polymeren (PE), s. Abschn. 4.1.2.

Eine besondere Stellung in dieser Gruppe nimmt das aus einer speziellen Stärke (bis zu 80 %) und einem nicht-olefinischen thermoplastischen Matrix-Polymeren bestehende „Mater-Bi" (Montedison) ein. Im Gegensatz zu anderen biologisch abbaubaren Polymeren ist „Mater-Bi" nach den bekannten Verarbeitungsverfahren thermoplastisch verarbeitbar und wird – einschließlich des Matrix-Polymeren – biologisch recht gut abgebaut.

Der hohe Stärkeanteil verleiht dem Material gute Sauerstoff- und Fettbarriere-Werte. Verwendung für Folien und Beschichtungen im Hygienebereich, Tiefzieh- und Spritzgußartikel.

→ Chemisch abgewandelte „thermoplastische" Stärkeprodukte befinden sich noch im Entwicklungsstadium, darunter auch hydroxypropylierte Stärke (Ems Chemie/Batelle, Warner Lampert, Fluntera AG, National Starch and Chemical Co., American Excelsior Corp.).

→ Unter hohem Druck und Feuchte verpreßte Kartoffelstärke (Südstärke), Mais- und Reisstärke (Storopack Hans Reichenecker & Co.) als Ersatz für geschäumte PS-Chips und schließlich mit Pflanzenfasern verpreßte Stärke (Ges. f. biologische Verpackung Biopack).

→ Nur in wäßriger Lösung abbaubare Polymere für wasserlösliche Verpackungen aus Polyvinylalkohol (PVAL), s. Abschn. 4.2.10, sowohl im Gießverfahren als auch im billigeren Blasextrusionsverfahren hergestellt, kalt- und heißwasserlöslich; erstere speziell zur Verpackung von giftigen pulverförmigen Substanzen, z. B. Pflanzenschutzmitteln; (Aicello, Aquafilm Ltd.), letztere besonders zur bakteriendichten heißwasserlöslichen Verpackung von Hospital-Infektionswäsche (Aquafilm Ltd., Aicello).

Soweit die genannten temporären Verpackungsmaterialien wasserlöslich sind, bedürfen sie immer einer weiteren Umverpackung.

Nach weltweit in Lizenzen vergebenem Belland-Verfahren (CH) werden Polymere auf Vinyl-, Acryl- oder Urethan-Basis mit einpolymerisierten polaren Gruppen (-COOH, $-NH_2$) hergestellt, die wasserbeständig, aber in Gegenionen enthaltenden Lösungen löslich und aus diesen wiederverwendbar auszufällen sind. Als Anwendungsbeispiele seien abwaschbare Schutzlackierungen für den Transport von Neuwagen von der Fabrik zum Ausstellungsraum, Klebstoffe für vor dem Recycling abzulösende Papieretiketten auf Kunststoff-Flaschen, Beschichtung oder Matrix für Einweggeschirr oder Sanitär-Textilien genannt.

4.20.2 Elektrisch leitfähige Polymere

(S. auch: C. C. Ku u. R. Liepins, Electrical Properties of Polymers, C. Hanser, München 1987 und H. Schaumburg, Werkstoffe und Bauelemente der Elektronik, Bd. 6 Polymere, B.G. Teubner, Stuttgart 1997)

Das von Natur aus gegebene gute elektrische Isolationsvermögen polymerer Werkstoffe ist für viele Anwendungen in der Elektrotechnik eine Voraussetzung. Zur Vermeidung elektrostatischer Aufladung, zur Erzeugung einer Abschirmwirkung von Kunststoffgehäusen gegenüber elektromagnetischen Wellen, zur Herstellung von Elektroden, Leuchtdioden, Feldeffekt-Transistoren usw. werden jedoch Kunststoffe mit gezielt einstellbaren Leitfähigkeiten gewünscht.

Leitfähige Thermoplast-Compounds werden durch Einarbeitung von leitfähigen Füll- oder Verstärkungsstoffen in Polymere erzeugt, s. Abschn. 2.4.1.1. An dieser Stelle soll auf leitfähige Polymere eingegangen werden.

Chemischer Aufbau

Intrinsisch (von sich aus) leitfähige Polymere werden seit vielen Jahren erforscht und finden zunehmend Einsatz. Diese organischen Werkstoffe besitzen ausgedehnte -C=C-Doppelbindungssysteme, Beispiel s. Bild 4.23. Eine Zugabe von Elektronen-Donatoren (Na, K, Cs) oder -Akzeptoren (J_2, $SbCl_5$, $FeCl_3$, o.ä.), Atomen oder Molekülen, die Elektronen abgeben oder aufnehmen, führt zu erhöhter Elektronenbeweglichkeit und zu Leitfähigkeiten bis zu 10^5 S/cm. Dieser Vorgang wird wie bei Halbleitern als Dotierung bezeichnet. F 43 zeigt dies am Beispiel von Polyacetylen, PAC, (Polyene).

(Akzeptor J_2): $3\,J_2 \ldots CH=CH-CH=CH-CH=CH^{(+)}-2\,J_3^-$ (Kation)

$\ldots CH=CH-CH=CH-CH=CH$ ↗ ↘

(Donator Na): $Na \ldots CH=CH-CH=CH-CH=CH^{(-)}-Na^+$ (Anion)

Dotierung von Polyacetylen, PAC (F 43)

Bild 4.24 gibt einen Überblick über die durch Dotierung erreichbare Leitfähigkeit .

Eigenschaften

Polyacetylene, *PAC*, sind als Pulver, Gele oder Filme (auch transparent, verstreckbar bis ca. 600%, dann höchste Leitfähigkeit von $>10^5$ S/cm) erhältlich. Sie sind unlöslich und können abhängig vom Polymerisationsverfahren Leitfähigkeiten von 10^{-5} bis $>10^5$ S/cm aufweisen. Die Dichten liegen vor dem Dotieren bei 0,4 bis 0,9, danach bei 1,12 bis 1,23 g/cm^3 .

Polyphenylene. Die undotierten Polymere sind thermostabil bis ca. 450 °C. Durch positive Dotierung mit z.B. $FeCl_3$ werden Leitfähigkeiten von ca. 10^2 S/cm erreicht. Die Produkte sind hydrolyseempfindlich, solche mit z.B. negativer K-Dotierung zusätzlich sauerstoffempfindlich.

Polyphenylvinylene, *PPV*, Struktur s. Bild 4.23. Verwendung als flächige Leuchtdioden, Elektrolumineszenz.

Polyheteroaromaten, *Polypyrrol PPY*, (*Polyfuran*, *Polythiophen*), Strukturen s. Bild 4.23. Sie sind elektrochemisch polymerisierbar und können als Filme von der Anode abgelöst werden. Freitragende Filmdicken ab ca. 30 µm, Beschichtungen ab 0,01 µm, Leitfähigkeiten ca. 10^{-4} bis 10^2 S/cm, Reißfestigkeit 20 bis 80 N/mm^2, Reißdehnung 10 bis 20%.

Anwendungen z.B.:Antistatische Ausrüstungen (PSU-Folien), Heizbänder, Sicherungen, Sensoren, Batterien, Informationsfixierung.

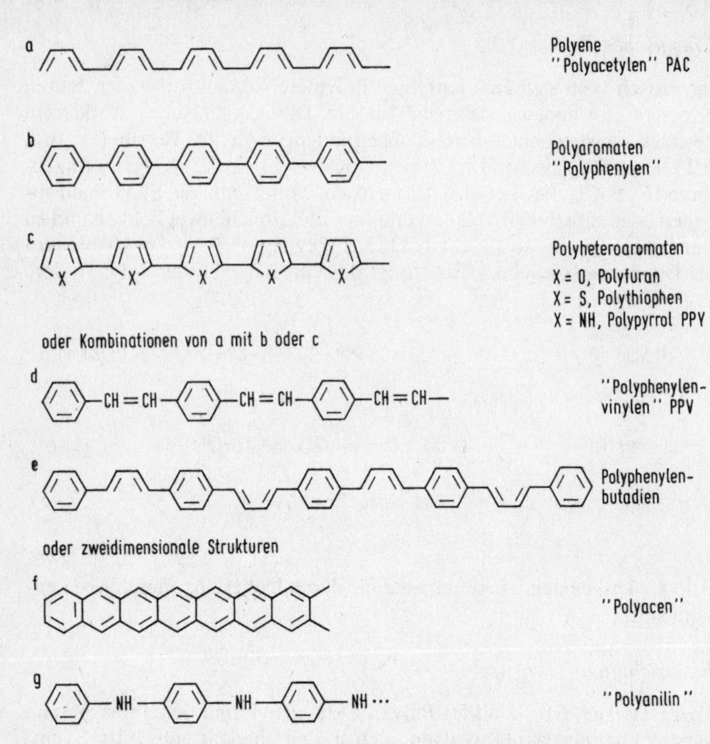

Bild 4.23. Beispiele für alternierende C-Einfach- und Doppelbindungen

Polyanilin, Struktur s. Bild 4.23. Polyanilin kann durch Dotierung mit verschiedenen Säuren in wäßriger Lösung eine Leitfähigkeit von ca. 10 S/cm erreichen.

Polyphenylenamin ist ein nicht löslicher und nicht schmelzbarer Kunststoff. Als fein disperse Beimischung zu Lacken verschiebt er das Korrosionspotential von damit lackiertem Eisen, Stahl, Aluminium, Zink, Edelstahl und Kupfer in die edlere Richtung der Spannungsreihe der Metalle und verlangsamt somit die Korrosionsgeschwindigkeit, besonders bei geringfügigen Schadstellen.

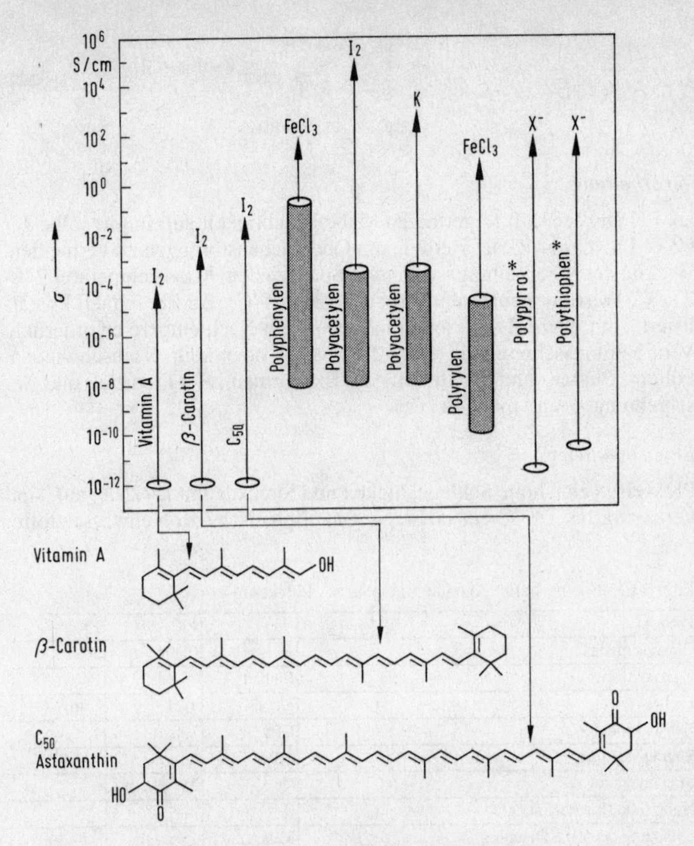

Bild 4.24. Steigerung der elektrischen Leitfähigkeit in Abhängigkeit von der Struktur des Ausgangspolymeren und des Dotierungsmittels

4.20.3 Aliphatisches Polyketon; PK

Chemischer Aufbau

PK wird mit einem speziellen Katalysatorsystem aus den Bestandteilen Kohlenmonoxid, Ethylen und Propylen synthetisiert, s. F 44. PK ist teilkristallin mit einem Kristallinitätsgrad von ca 40%.

$$-[\underset{R}{\overset{|}{C}}-C-\underset{O}{\overset{\|}{C}}]_n-\underset{R}{\overset{|}{C}}-C-\underset{O}{\overset{\|}{C}}- \quad R = H \text{ oder } CH_3 \qquad (F\,44)$$

aliphatisches Polyketon

Verarbeitung

Da PK aus der Luft in geringem Maße Feuchtigkeit aufnimmt, sollte bei 60°C 4 h vorgetrocknet werden, um Oberflächenstörungen zu vermeiden. Wichtigstes Verarbeitungsverfahren: Spritzgießen, Massetemperatur 240-270°C, Werkzeugtemperatur 60-80°C (20-120°C). Da PK schnell kristallisiert, sind kurze Zykluszeiten möglich, kein Nachtempern erforderlich, Verarbeitungsschwindung 1,8-2,2%, wenig oder kein Nachschwinden. Folien-, Platten- und Profilextrusion, Blasformen , Rotationsguß und Beschichtungen sind möglich

Eigenschaften

PK weisen eine hohe Schlagzähigkeit und Streckdehnung (25%) auf, sind kurzzeitig bis 180°C einsetzbar, gegen aliphatische Kohlenwasserstoffe,

Tafel 4.67. Eigenschaftsvergleich aliphatisches Polyketon

Produkt		PK	PK
Glasfasergehalt	%	0	30
Eigenschaft	Einheit		
Dichte	g/cm3	1,24	1,46
Zug-E-Modul	GPa	1,4	7,3
Streckspannung	MPa	60	
Streckdehnung	%	25	
Nominelle Bruchdehnung	%		
Spannung bei 50 % Dehnung	MPa		
Bruchspannung	MPa		120
Bruchdehnung	%		3
Schmelztemperatur	oC	220	220
Formbeständigkeitstemperatur HDT/A 1,8 MPa	oC	100	215
Längenausdehnungskoeffizient, längs (23-55°C)	$10^{-5/K}$		
Längenausdehnungskoeffizient, quer (23-55°C)	$10^{-5/K}$		
Brennbarkeit UL 94 bei Dicke 1,6 mm	Klasse	HB	HB
Dielektrizitätszahl bei 100 HZ	-		
Dielektrischer Verlustfaktor bei 100 Hz	$*10^{-4}$	250	500
Spezifischer Durchgangswiderstand	Ohm*m	10^{11}	10^{11}
Spezifischer Oberflächenwiderstand	Ohm	10^{14}	10^{14}
Elektrische Durchschlagfestigkeit	kV/mm	18 (d=1,6mm)	24 (d=1,6mm)
Vergleichszahl der Kriechwegbildung CTI/A		600	600
Wasseraufnahme in Wasser bei 23°C, Sättigung	%		
Feuchteaufnahme bei 23°C/50 % r.F.,Sättigung	%	0,5	0,3

Salzlösungen, schwache Säuren und Laugen und im Kfz-Sektor verwendete Medien beständig. Sie weisen höhere Verschleißfestigkeit auf als z.B. PA oder POM, insbesondere als Reibpartner zu anderen Kunststoffen. FR-Typen erreichen bei 3,2 und 1,6 mm V0. Eigenschaftsvergleich s. Tafel 4.67.

4.20.4 Polymerkeramik

Hinter dem Begriff Polymerkeramik verbirgt sich eine neue Werkstoffklasse. Die preiswerten Rohstoffe, die einfache und energiesparende Verarbeitbarkeit im Vergleich zu Keramik und die hohe Temperaturbelastbarkeit lassen weitere Entwicklungen erwarten. Lit.: W. Tobias, M. Müller, Keramische Zeitschrift 48 [7] 1996, S. 580 ff.

Polymerkeramiken sind Polymer-Tonmineral-Verbundwerkstoffe, die durch Reaktion von Schichtsilikaten (Phyllosilicaten), speziell deren reaktiven OH-Gruppen, mit den funktionellen Bindungen des Siliciums von Alkalimethylsiliconaten entstehen. Die Verarbeitung erfolgt durch Trokkenpressen bei Temperaturen bis zu 150°C. Ohne den bei normalen Keramiken erforderlichen nachgeschalteten Sinterprozeß entstehen Formteile mit hohem räumlichen Vernetzungsgrad. Eine Metallisierung sowie mechanische Bearbeitung nach allen üblichen Verfahren ist möglich. Das Material besitzt eine offene Porosität von 10% und weist eine sehr geringe Verarbeitungsschwindung <1% auf, schmilzt nicht, ist nach UL 94 nicht brennbar und widersteht 250°C über mehrere Stunden, kurzfristig 950°C. Es ist beständig gegen Korrosion, Oxidation und viele Chemikalien. Die Biegefestigkeit liegt bei 30MPa.

Einsatzgebiete: Führungen, Lager, Buchsen, Isolierstücke

5 Kunststoffe im Vergleich (Richtwert-Tafeln und -Diagramme)

5 Kunststoffe im Vergleich (Richtwert-Tafeln und -Diagramme)

5.0 Allgemeine Hinweise

In diesem Kapitel werden die Bilder (Seite 607 bis 629) und Tafeln (Seite 630 bis 677) am Ende des Kapitels zusammengefaßt.

In Kap. 4 und 6 werden die Eigenschaften einzelner Kunststofftypen innerhalb einer Gruppe verbal, in Tafeln mit wenigen Kennwerten und teilweise in Diagrammen vergleichend dargestellt. Hierdurch wird die Auswahl eines Kunststofftyps aus einer Kunststoffgruppe für ein bestimmtes Einsatzgebiet erleichtert. In diesem Kap. 5 werden Kennwerte und Kennfunktionen zusammengefaßt, die einen Überblick über das gesamte Kunststoffspektrum und weitere Eigenschaften erleichtern sollen. Diese sind, wie im Kap. 2.0 dargestellt, in der Regel nur zum Vergleich und nicht als direkte Werte für die Konstruktion zu verwenden, da sie von einer Vielzahl von Faktoren (z. B. Verarbeitungs- und Prüfparametern, Umweltbedingungen) beeinflußt werden. Es sind keine Stoff- sondern Probekörper-Kennwerte. Beispiele: Festigkeits- und Verformungskennwerte, Kennwerte der Verarbeitungsschwindung, Wärmestandfestigkeiten, Diffusions- und Permeationswerte, Reibungs- und Verschleißwerte. Andere Eigenschaftswerte unterliegen dieser Einschränkung weniger oder gar nicht und sind für die Formteilgestaltung oder die Prozeßsteuerung bei der Formteil- oder Halbzeugherstellung direkt verwendbar. Beispiele: thermische Stoffwerte, rheologische Kennfunktionen. In einigen Fällen werden auch Vergleiche mit anderen Werkstoffen herangezogen.

Trotz der teilweise angeführten großen Werte-Bereiche können Spezialtypen von den Tafel-und Kurvenwerten abweichen. Maßgebend sind immer die Empfehlungen der Rohstofflieferanten.

Die Gliederung von Kap. 5 entspricht im wesentlichen der von Kap. 2. Zur Bewertung der Aussagekraft der dargestellten Daten sei auf die entsprechenden Abschnitte das Kap. 2, insbesondere auf Abschn. 2.0 verwiesen.

5.1 Verarbeitungstechnische Kennwerte

5.1.1 Übersichtstafeln

Die Tafeln 5.1 bis 5.8 geben für einige Kunststoffe eine Übersicht über bei der Verarbeitung wichtige Kennwerte:

Tafel 5.1: Spritzgießkennwerte und -parameter. Spezielle Einstellungen können abweichende Parameter erfordern.

Tafel 5.2: Richtwerte für die Verarbeitung härtbarer Formmassen.

Tafel 5.3: Verträglichkeit verschiedener Kunststoffe bei der thermoplastischen Verarbeitung. Haftvermittler können die Verträglichkeit verbessern.

Tafel 5.4: Haftung verschiedener Kunststoffe beim 2-Komponenten-Spritzgießverfahren.
Da durch Zusatz von Haftvermittlern und Verträglichmachern (z. B. Maleinsäureanhydrid), spezielle Compoundierungen, s. TPE-S-Spezial, besondere Maßnahmen beim Spritzgießprozeß usw. die Haftung sowohl im positiven wie auch im negativen Sinn (keine Haftung beim Spritzen z.B. von Gelenken aus gleichen Werkstoffen) beeinflußt werden kann, kann die Tafel nur zur Orientierung dienen.

Tafel 5.5: Nachbearbeitung von Kunststoffen.

Tafel 5.6: Materialkombinationen bei der Mischmaterialschweißung.

Tafel 5.7: Vibrationsschweißen von Kunststoffen mit Faserwerkstoffen.

Tafel 5.8: Klebbarkeit einiger Kunststoffe.

5.1.2 Fließkurven, Druck-spezifische Volumen-Temperatur-Diagramme

Wie in Kap. 2 ausgeführt, sind Kennfunktionen immer aussagekräftiger und für die Auslegung von Werkzeugen und Formteilen besser geeignet als Kennzahlen. Insbesondere werden die sogenannten *Fließkurven* (Schmelzeviskosität als Funktion der Schergeschwindigkeit), s. Abschn. 2.1.1.1, zur Berechnung von Formfüllvorgängen und erreichbaren minimalen Wanddicken herangezogen. Sie sind damit aussagekräftiger als die in Tafel 5.1 angegebenen Fließlängen, da diese durch die Wahl der Prozeßparameter beeinflußbar sind. Bild 5.1 zeigt einige Fließkurven für die jeweilige mit angegebene Standard-Massetemperatur.

Die in Tafel 5.1 angegebenen *Verarbeitungsschwindungen* sind ebenfalls durch die Prozeßparameter beim Spritzgießen beeinflußbar und außerdem in und quer zur Fließrichtung der Schmelze im Werkzeug unterschiedlich, s. Abschn. 2.1.5. Die Kennwerte sind auch noch nicht nach einheitlichen Richtlinien ermittelt, so daß sie nur grobe Anhaltswerte darstellen. Die sogenannten *pvT-Diagramme* (spezifisches Volumen als Funktion der Massetemperatur bei verschiedenen Drücken), s. Abschn. 2.1.5.1 und 2.3.6, geben nicht nur Hinweise auf die Höhe und Beeinflußbarkeit der Volumenschwindung durch die Prozeßführung beim Spritzgießen, sondern werden zur Regelung eines optimierten Spritzgießprozesses herangezogen, s. Bild 2.55 und 5.18.

Die in Bild 5.2 wiedergegebenen *Verarbeitungsschwindungen* als Funktion der Wanddicke stellen praktische Erfahrungswerte dar. Bei härtbaren Formmassen muß neben der Verarbeitungsschwendung noch mit z.T. erheblicher Nachschwindung gerechnet werden, s. Tafel 5.1.

5.2 Mechanisches Verhalten

5.2.1 Übersichtstafeln

Tafel 5.9 und 5.10 geben einen *Überblick über mechanische, thermische und elektrische Eigenschaften* einiger Kunststoffe. Außer bei den härtbaren Formmassen handelt es sich in allen Fällen um ungefüllte, nicht verstärkte Einstellungen.

Die Eigenschaften von geschäumten Kunststoffen können durch Dichte und Zellstruktur in weiten Grenzen den Erfordernissen angepaßt werden. Dies gilt insbesondere für die PUR. Die Tafeln 5.11 und 5.13 können deshalb nur einen ersten Überrblick geben. S. auch Abschn. 6.6.

5.2.2 Temperatur- und Zeitabhängigkeit

Die *Temperaturabhängigkeit* der mechanischen Eigenschaften wird sehr deutlich am Verlauf des *Schubmoduls* über der Temperatur. Bild 5.3 bis 5.6 zeigen eine Zusammenstellung solcher Kurven, bei denen abweichend von der üblichen Darstellungsart der Schubmodul nicht im logarithmischen sondern im linearen Maßstab aufgetragen ist. Andere mechanische Eigenschaften zeigen eine ähnliche Temperaturabhängigkeit.

Zulässige Gebrauchstemperaturen

Sie sollen darüber Auskunft geben, in welchem maximalen Temperaturbereich die Kunststoffe ohne wesentliche Belastung eingesetzt werden können. Dabei spielen sowohl die mechanischen Eigenschaften wie auch das Alterungsverhalten eine Rolle. Tafeln 5.14 und 5.15 zeigen, daß zwischen den sogenannten Formbeständigkeits-Temperaturen HDT und den aus Erfahrung resultierenden zulässigen Gebrauchstemperaturen kein zwingender Zusammenhang besteht, s. auch Temperatur-Zeit-Grenzen Bild 2.47 und 5.18 und $T_S/T_M//T_g$ Bild 2.44.

Die *Zeitabhängigkeit* der mechanischen Eigenschaften wird in isochronen Spannungs-Dehnungs Linien dargestellt, s. Bild 2.36. Ein Vergleich verschiedener Kunststoffe ist mit diesen nur schwer möglich. Es sei deshalb auf die Schubmoduldiagramme hingewiesen, die auch eine Aussage zum Kriechverhalten gestatten: in den Temperaturbereichen, in denen der Schubmodul mit zunehmender Temperatur stark abfällt, ist auch die Zeitabhängigkeit, z.B ausgedrückt durch den Kriechmodulabfall, groß.

Das *Festigkeitsverhalten,* die sogenannte Zeitstandfestigkeit, spielt besonders bei der Dimensionierung von Rohren eine Rolle, s. Abschn. 6.1.1. Diese erfolgt auf Grund der Ergebnisse von Zeitstand-Innendruckversuchen, s. Bild 5.7 und 6.1. Mit PE 100 steht ein neuerer Rohrwerkstoff mit wesentlich verbesserten Eigenschaften zur Verfügung, s. Bild 5.8.

5.3 Thermisches Verhalten

Die Kennwerte für *spezifische Wärmekapazität* c_p, *Wärmeleitfähigkeit* λ und *linearen Ausdehnungskoeffizienten* α (vgl. Tafel 5.9). c_p, λ und α, sind von der Temperatur abhängig.

5.3.1 Spezifische Wärmekapazität c_p, Verbrennungswärme

Statt der spezifischen Wärmekapazität c_p, s. Bild 2.48, wird gerne die *Enthalpie* als Funktion der Temperatur dargestellt, da aus diesen direkt die zum Aufheizen von einer zur anderen Temperatur erforderlichen Wärmemengen als Differenzbeträge abgegriffen werden können. s. Bild 2.49 sowie Bild 5.9.

Im Zusammenhang mit dem energetischen Recycling von Kunststoffen, s. Abschn. 1.5, ist der Heizwert im Vergleich zu Brennstoffen von Interesse, s. Tafel 5.16.

5.3.2 Wärmeleitfähigkeit

Bild 2.50 und Bild 5.10 bis 5.15 zeigen die Abhängigkeit der Wärmeleitfähigkeit von der Temperatur und teilweise auch vom hydrostatischen Druck bzw. von der Verstreckung.

5.3.3 Wärmeausdehnungskoeffizient

Mit steigendem Elastizitätsmodul der Werkstoffe (Faserverstärkung) nimmt der *lineare Ausdehnungskoeffizient* α ab, s. Bild 2.53. Entsprechend nimmt er mit zunehmender Temperatur bei Kunststoffen von einem unteren Grenzwert von ca. $3 \cdot 10^{-5}$ K^{-1} bei tiefen Temperaturen bis zu einem oberen Wert von 20 bis $30 \cdot 10^{-5}$ K^{-1} im Erweichungsbereich zu, s. Bild 5.16. Da der Elastizitätsmodul auch mit zunehmender Verstreckung zunimmt, ist α auch von dieser abhängig, s. Bild 2.54. Für das Abschätzen von Längenänderungen bei Temperaturänderungen haben sich Kurvendarstellungen entsprechend Bild 2.55 sowie Bild 5.17 bewährt.

5.3.4 p-v-T-Diagramme

p-v-T-Diagramme, in denen das spezifische Volumen über der Temperatur bei verschiedenen Drücken dargestellt wird, werden sowohl zur Abschätzung der Verarbeitungsschwindung beim Spritzgießen als auch zur Steuerung des Spritzgießprozesses herangezogen, s. Abschn. 5.1.2 und Bild 2.56 (ABS). Bild 5.18 zeigt die 1-bar-Kurve unterschiedlicher Kunststoffe im Vergleich.

5.4 Elektrisches Verhalten

Kennwerte für das *elektrische Isolations-, Festigkeits- und dielektrische Verhalten* vgl. Tafel 5.10. Diese Kennwerte sind von der Temperatur und der Frequenz und teilweise von der Probekörperdicke, dem Wassergehalt und der Einwirkdauer der Spannung abhängig.

5.4.1 Isolationsverhalten

Die Temperaturabhängigkeit des *spezifischen Durchgangswiderstands* belegen Bild 2.58 und 5.19, die Abhängigkeit vom Wassergehalt (PA 6 und 66) Bild 5.20.

Eine elektrische Leitfähigkeit von Kunststoffen wird durch Compoundierung mit leitfähigen Füll- und Verstärkungsstoffen oder mit leitfähigen Kunststoffen, s.Abschn. 4.20.2, erreicht, s. Tafel 5.17. Leitfähige Kunststoffe selbst werden meist in Form von Folien oder Beschichtungen eingesetzt, s. Tafel 5.18.

5.4.2 Festigkeitsverhalten

Die folgenden Diagramme zeigen die Abhängigkeit der *Durchschlagfestigkeit* E_D von:

- Probendicke: Bild 2.60 und 5.21,
- Prüffrequenz: Bild 2.61,
- Glimmdauer und Zeit: Bild 2.62 und 5.22,
- Temperatur: 5.23 bis 5.26

5.4.3 Dielektrisches Verhalten

Der dielektrische *Verlustfaktor tan* δ und die *Dielektrizitätszahl* ε_r können sich in einem Temperaturbereich von 20 K und in einem Frequenzbereich von zwei Zehnerpotenzen um den Faktor 10 ändern, s. Bild 5.27 und 5.28.

5.4.4 Elektrostatisches Verhalten

Kennwerte für das elektrostatische Verhalten sind in Tafel 5.19 zusammengestellt. Sie charakterisieren die elektrostatische Aufladbarkeit.

5.5 Optisches Verhalten

Tafel 5.20 zeigt eine Übersicht über die Lichtdurchlässigkeit von Kunststoffen, die im nicht eingefärbten und ungefüllten Zustand glasklar bis opak sind, und deren Brechungsindex.

Bild 2.72 gibt die Abhängigkeit des Brechungsindex von der Wellenlänge, Tafel 2.8 von der Temperatur wieder.

5.6 Verhalten gegen Umwelteinflüsse

5.6.1 Wasser, Feuchtigkeit

Tafel 5.21 enthält die Sättigungswerte der *Wasseraufnahme* bei 23 °C und der *Feuchtigkeitsaufnahme* im Normklima (23 °C/50 r.F.), sowie die zur Berechnung der Wasseraufnahme erforderlichen *Diffusionskoeffizienten.* Diese Sättigungswerte sind von der Temperatur, s. Bild 2.76, und von der relativen Luftfeuchte der Umgebung, s. Bild 5.29 und 5.30, abhängig. Auch die Diffusionskoeffizienten sind von der Temperatur abhängig, s. Bild 2.75 und 5.31.

5.6.2 Chemikalien

Eine Übersicht über die Beständigkeit gegen Chemikalien zeigt Tafel 5.22. Es muß bedacht werden, daß gerade bezüglich der Beständigkeit Spezialtypen stark abweichendes Verhalten aufweisen können. Auch synergetische Effekte können eine Rolle spielen.

In Tafel 5.23 sind Beständigkeiten für Tafeln aus einigen im Apparatebau eingesetzten Kunststoffen und für eine Dichtungsbahn zusammengestellt, die auch den Einfluß der Temperatur zeigen, nach Fa. Eilenburg Plastic.

5.6.3 Spannungsrißbildung

Eine einheitliche Beurteilungsstrategie für die Spannunsrißempfindlichkeit steht noch aus (Campus-Arbeitskreis). Tafel 5.24 gibt einen qualitativen Überblick über einige Kunststoff/Medien Kombinationen. Tafel 5.25 enthält *rißauslösende Medien,* die zur Auslösung von Rissen durch eingefrorene innere oder äußere Spannungen und damit zur Beurteilung der Spannungsriß-Beständigkeit Verwendung finden.

5.6.4 Atmosphärische Einflüsse

Die *Bewitterungsstabilität* von Kunststoffen kann durch Stabilisierung und Pigmentierung deutlich verbessert werden, so daß die Angaben in Tafel 5.26 nur Anhaltswerte sein können.

5.6.5 Energiereiche Strahlung

Bild 2.78 zeigt den Einfluß der Dosisleistung und damit auch des Sauerstoffs auf die Beständigkeit gegen ionisierende Strahlung. In Tafel 5.27 sind die Halbwertsdosen zusammengefaßt, die zu einem Abfall der Reißdehnung um 50% führen. Tafel 5.28 gibt einen qualitativen, auf Erfahrung beruhenden Überblick über Thermoplaste, Duroplaste und Elastomere. Beständigkeit von Kabelwerkstoffen s. Abschn. 6.5, Tafel 6.18.

5.6.6 Beständigkeit gegen Organismen

S. Tafel 5.26.

5.6.7 Migration und Permeation

Wasserdampf- und Gasdurchlässigkeiten nehmen mit zunehmender Probekörperdicke ab, da diese Werte nicht auf die Dicke bezogen werden, s. Bild 2.80, 5.32 und 5.33. Mit zunehmender Temperatur erhöhen sich die Werte deutlich, s. Bild 2.81 (auf die Dicke bezogene Durchlässigkeiten!), Bild 5.34 und 5.35. Große Unterschiede bestehen zwischen den einzelnen Kunststoffen, s. Tafel 5.29, wobei auf die unterschiedliche Probekörperdicke zu achten ist. Bei Copolymerisaten beeinflußt die Zusammensetzung die Durchlässigkeiten, s. EVAC Bild 4.3. Tafel 5.30 gibt die Temperatur- und Feuchteabhängigkeit der Sauerstoffdiffusion von einigen Barrierefolien wieder.

Um die optischen und mechanischen Eigenschaften und die Barrierewirkung gegenüber Gasen des in der Verpackungsindustrie weit verbreiteten EVAL zu verbessern, genügen geringe (ca. 20 %) Zumischungen eines speziellen transparenten PA (Solar PA), s. Tafel 5.31.

Im Bausektor verwendete *Wasserdampf-Diffusions-Widerstandszahlen* μ gibt Tafel 5.32 wieder.

5.6.8 Brandverhalten

Beim Vergleich des Brandverhaltens nach UL in Tafel 5.33 ist daran zu denken, daß das Verhalten mit zunehmender Dicke der Probekörper günstiger wird.

5.6.9 Verschleiß- und Gleitverhalten

Da Verschleiß und Reibungskoeffizienten stark von den Versuchsparametern abhängen, lassen sich nur nach gleichen Prüfverfahren (vom gleichen Autor) ermittelte Werte vergleichen.

Die Abhängigkeit des *Strahlverschleißes* mit Sand und Korund vom Elastzitätsmodul bzw. der Härte der Werkstoffe zeigen Bild 2.83 und Tafel 5.34, s. Abschn. 2.6.9.1. Den auf PE-HD-UHWM bezogenen *Verschleiß in einer Sandaufschlämmung* gibt Tafel 5.35 wieder. Hoff und Langbein ermittelten die Erosionsgeschwindigkeit beim *Tropfenschlagverschleiß,* indem sie Wassertropfen mit 410 m/s gegen die Probekörper prallen ließen, s. Tafel 5.36. Den auf PA 6 bezogenen Verschleiß und zulässige *$p \cdot v$-Werte* beim Gleiten gegen Stahl geben Tafel 5.37 und 5.38 wieder.

Gleitreibungskoeffizienten reagieren stark auf Veränderungen der Oberflächen beider Gleitpartner (Rauhigkeit, Benetzung). Deshalb können die Angaben in Tafel 5.39 nur Tendenzen und den Einfluß von Zusätzen aufzeigen. Es muß beachtet werden, daß Zusätze, insbesondere in Pulverform, die Festigkeit verschlechtern können.

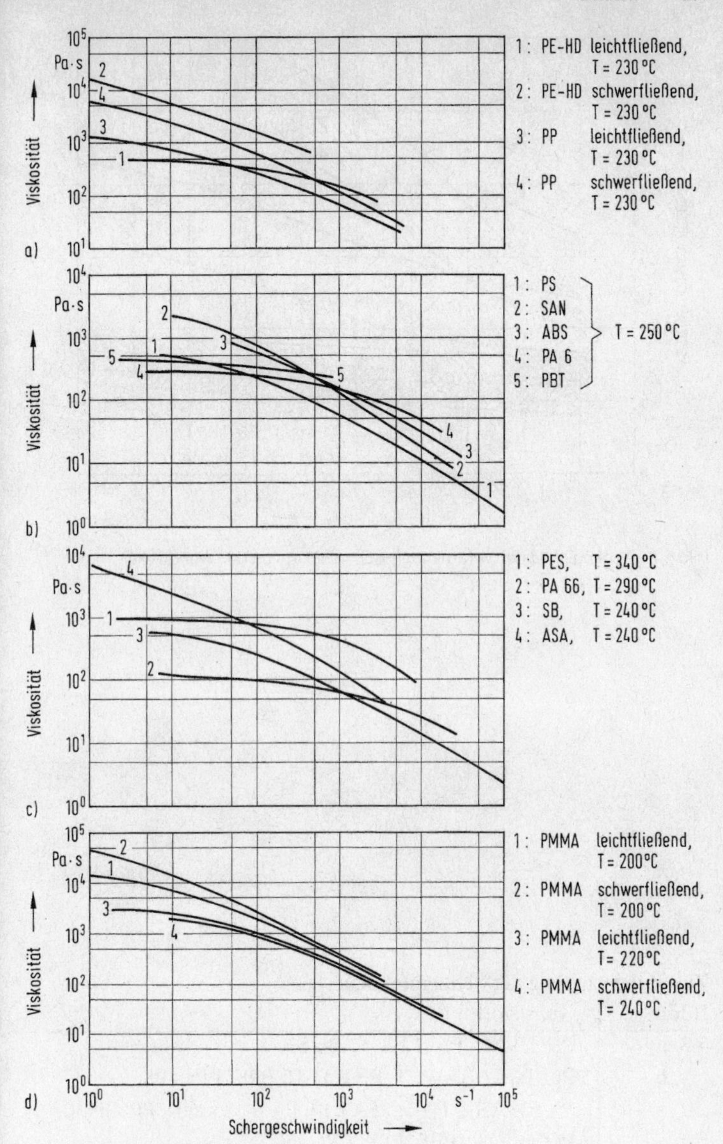

Bild 5.1. Fließkurven verschiedener Kunststoffe

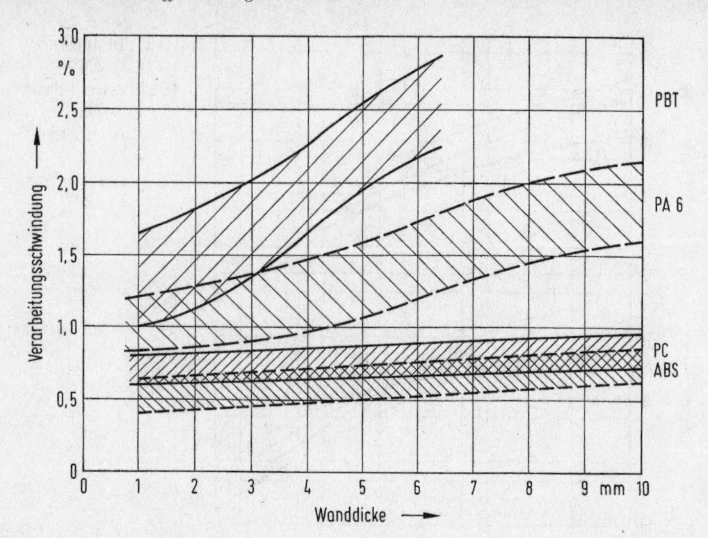

Bild 5.2. Abhängigkeit der Verarbeitungsschwindung von der Wanddicke

Zusammenstellung der Schubmodulkurven:

Bild	Kunststoff
5.3 a	PE, EVAC, PMP, PS, SAN, SB
b	PC, PC+ABS, PET, PBT, PSU, PPE, PPE+PS
c	PA 6, PA 12, PA 66, PA 610, PA 6-, PA 66-, PP-GF 30
5.4	POM, PAR, PES, PPS, PEI, PK
5.5	PVC-P
5.6	UP-GF

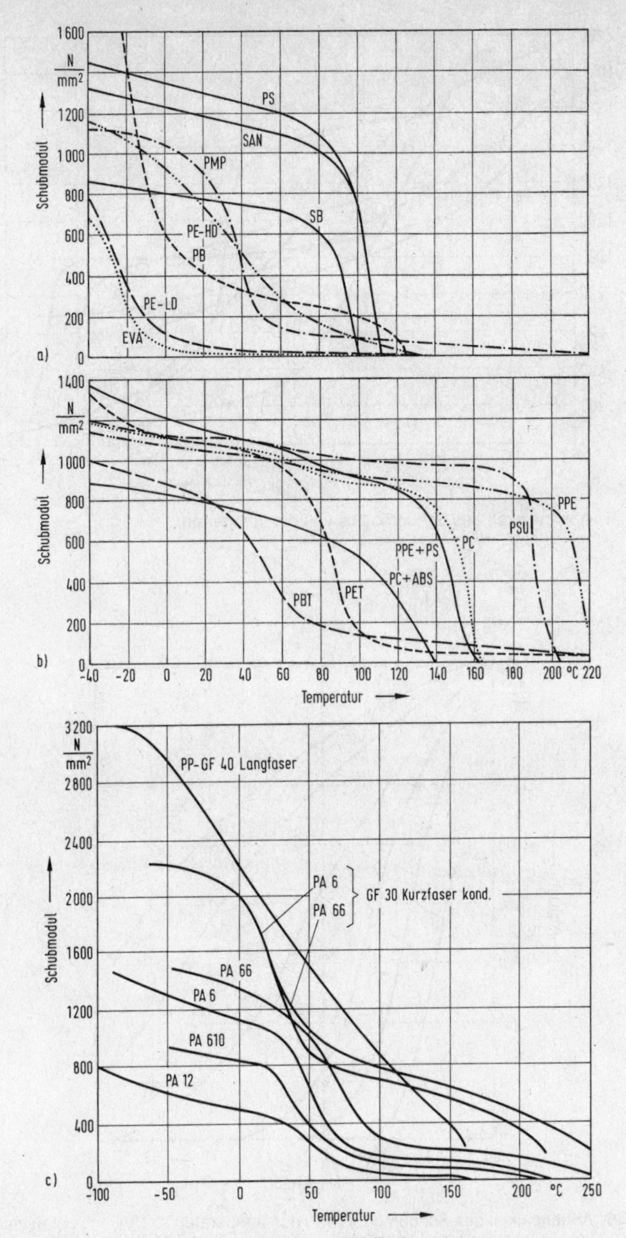

Bild 5.3. Abhängigkeit des Schubmoduls von der Temperatur

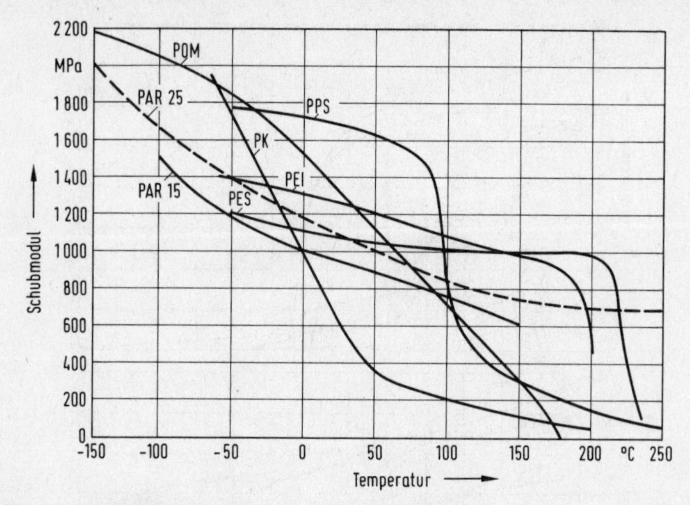

Bild 5.4. Abhängigkeit des Schubmoduls von der Temperatur

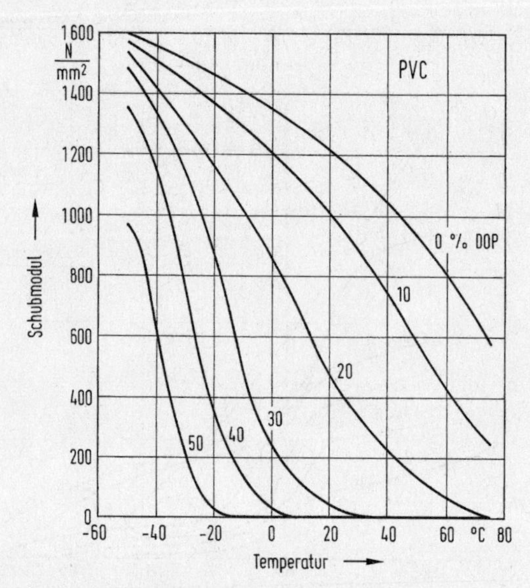

Bild 5.5. Abhängigkeit des Schubmoduls von der Temperatur für PVC mit unterschiedlichem Weichmachergehalt

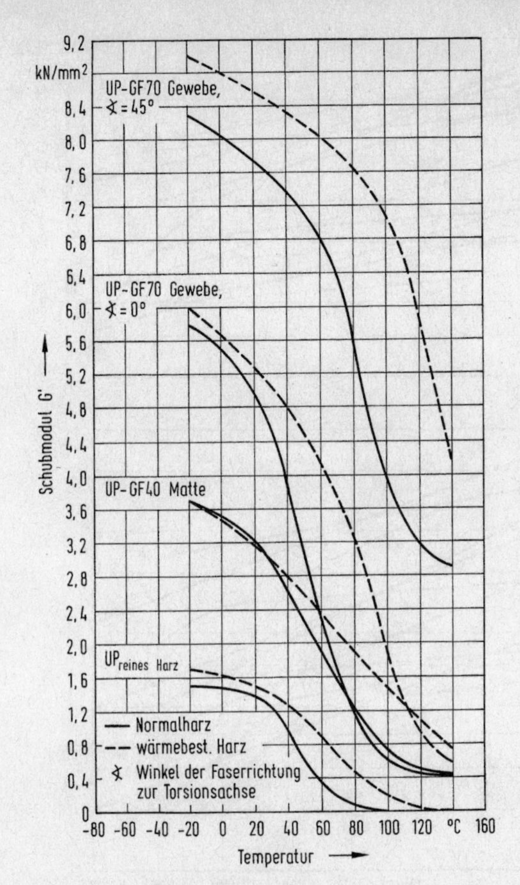

Bild 5.6. Abhängigkeit des Schubmoduls von der Temperatur

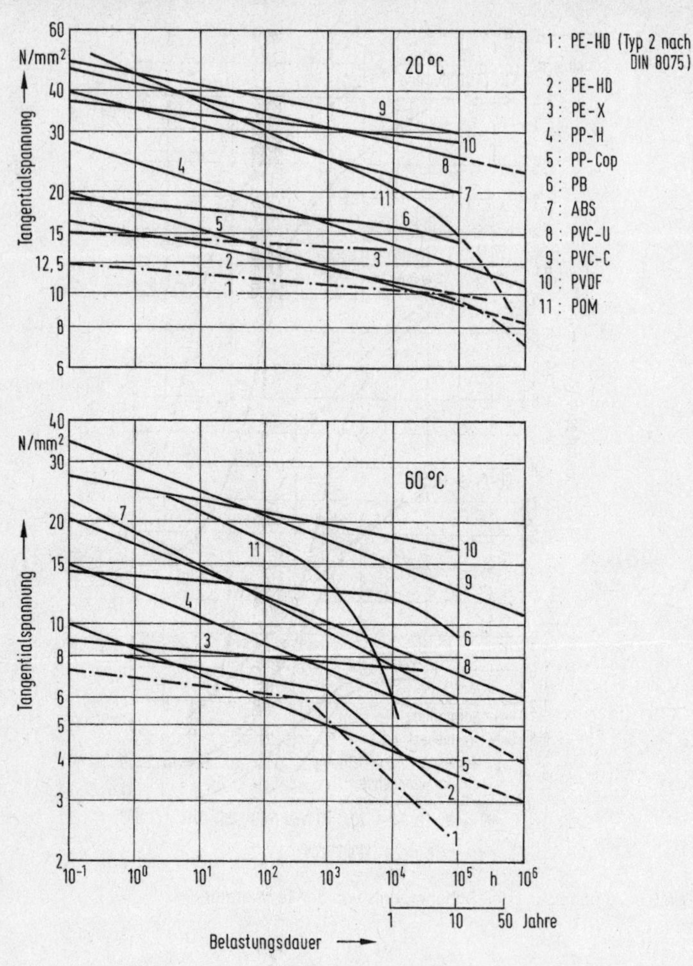

Bild 5.7. Zeitstandfestigkeit von Rohren; Prüfbedingung: bei 20 °C außen Luft, innen Wasser, bei 60 °C außen und innen Wasser

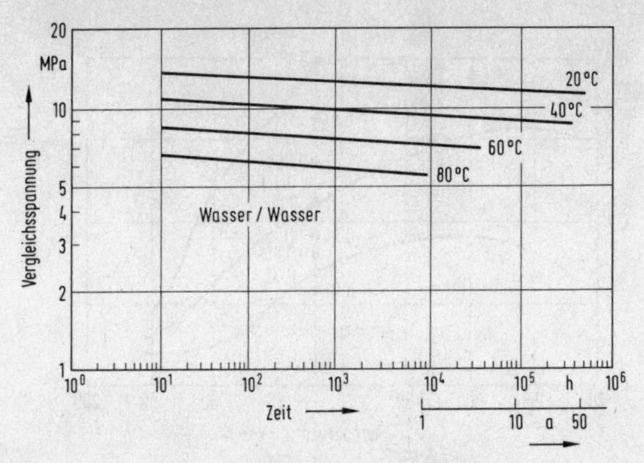

Bild 5.8. Zeitstand-Innendruckdiagramm für ein typisches PE 100.

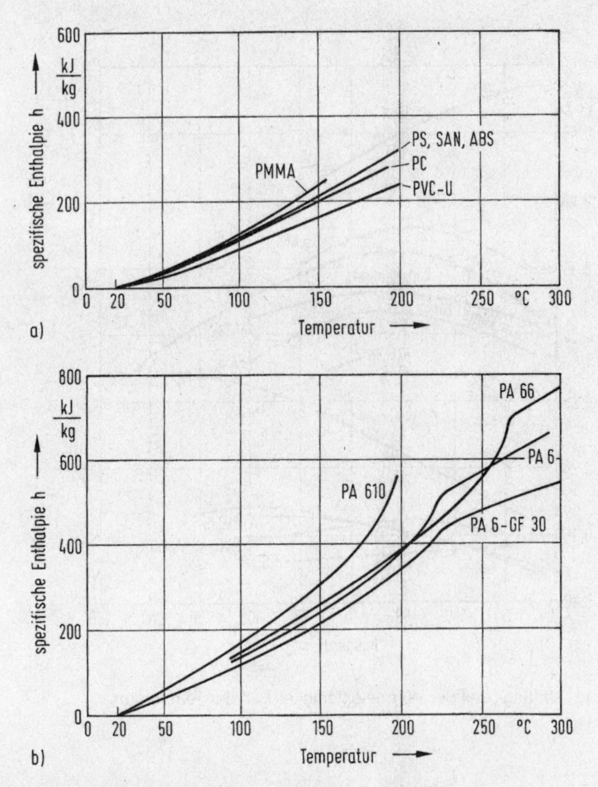

Bild 5.9. Abhängigkeit der spezifischen Enthalpie von der Temperatur

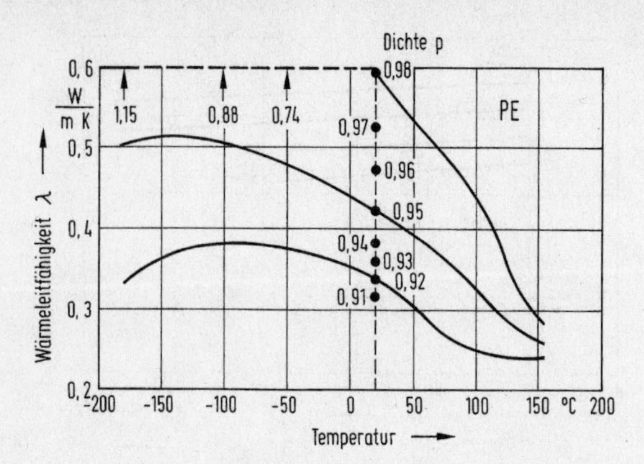

Bild 5.10. Abhängigkeit der Wärmeleitfähigkeit von der Temperatur

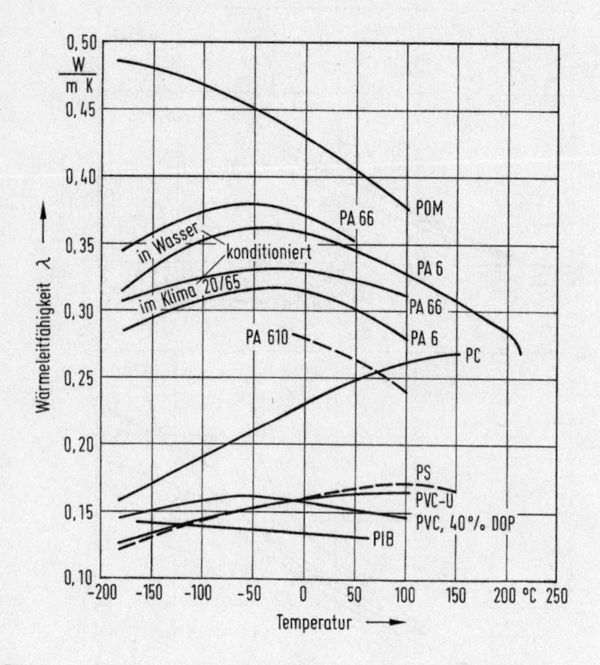

Bild 5.11. Abhängigkeit der Wärmeleitfähigkeit von der Temperatur

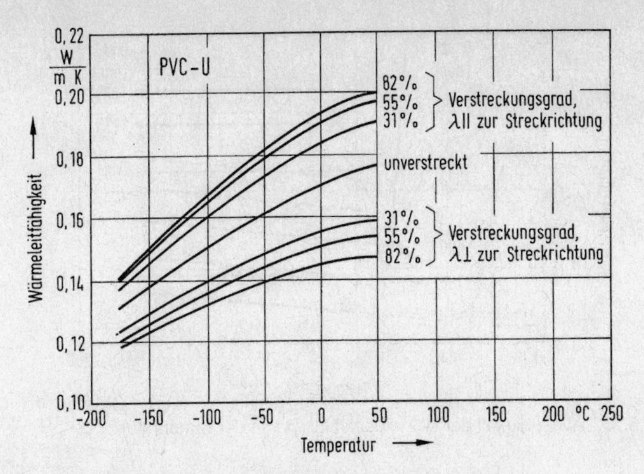

Bild 5.12. Abhängigkeit der Wärmeleitfähigkeit von der Temperatur

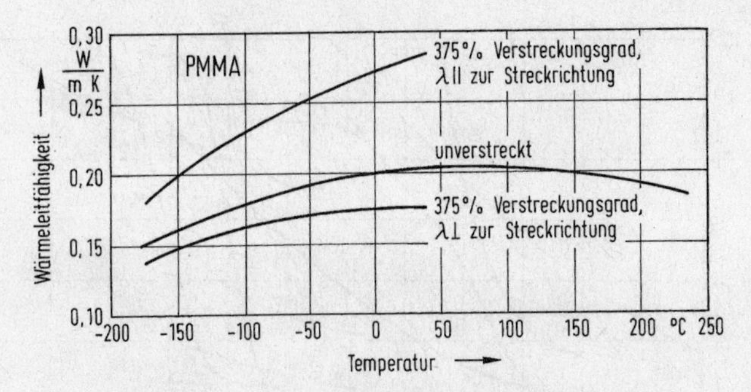

Bild 5.13. Abhängigkeit der Wärmeleitfähigkeit von der Temperatur

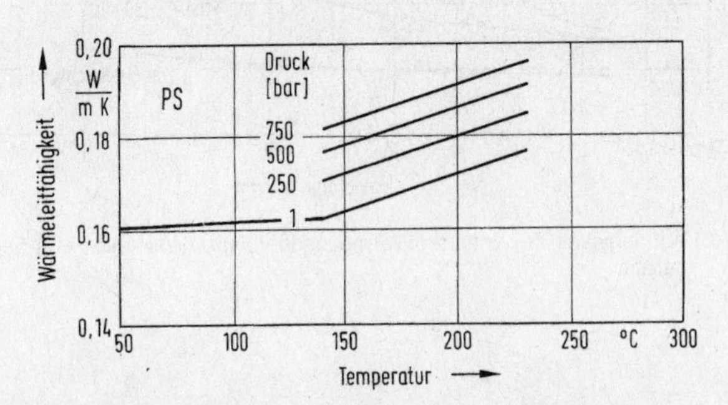

Bild 5.14. Abhängigkeit der Wärmeleitfähigkeit von der Temperatur

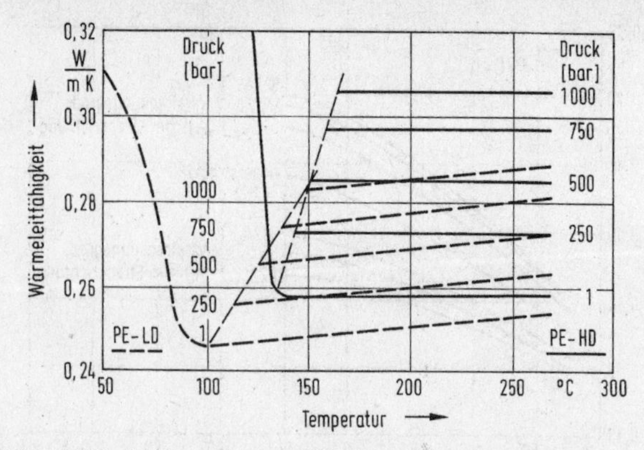

Bild 5.15. Abhängigkeit der Wärmeleitfähigkeit von der Temperatur

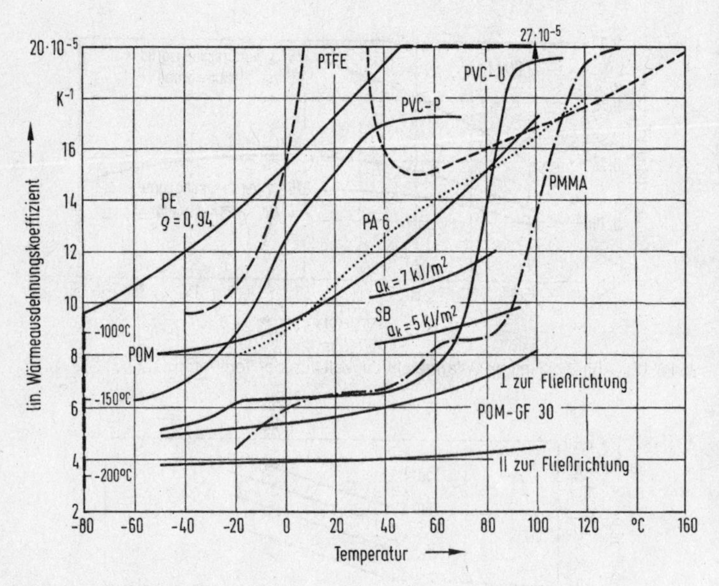

Bild 5.16. Abhängigkeit des linearen Wärmeausdehnungskoeffizienten von der Temperatur

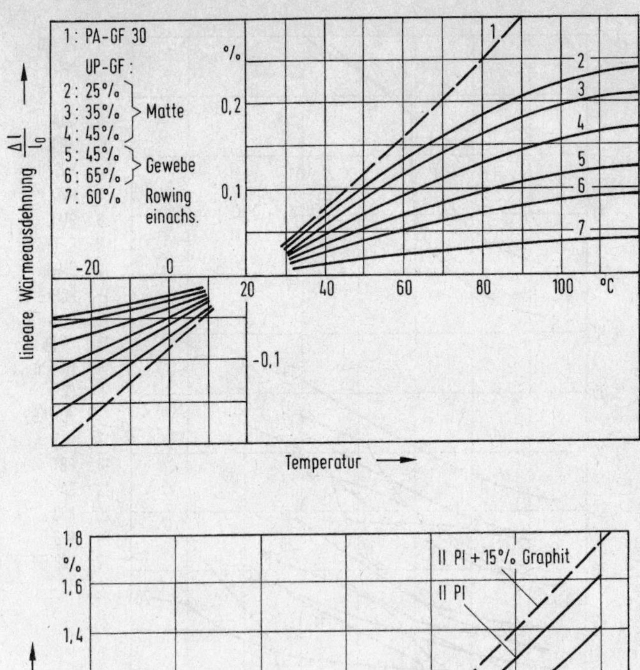

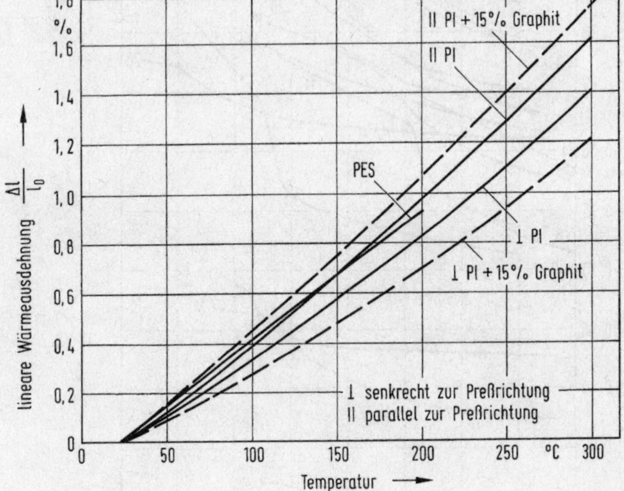

Bild 5.17. Relative Längenänderung in Abhängigkeit von der Temperatur

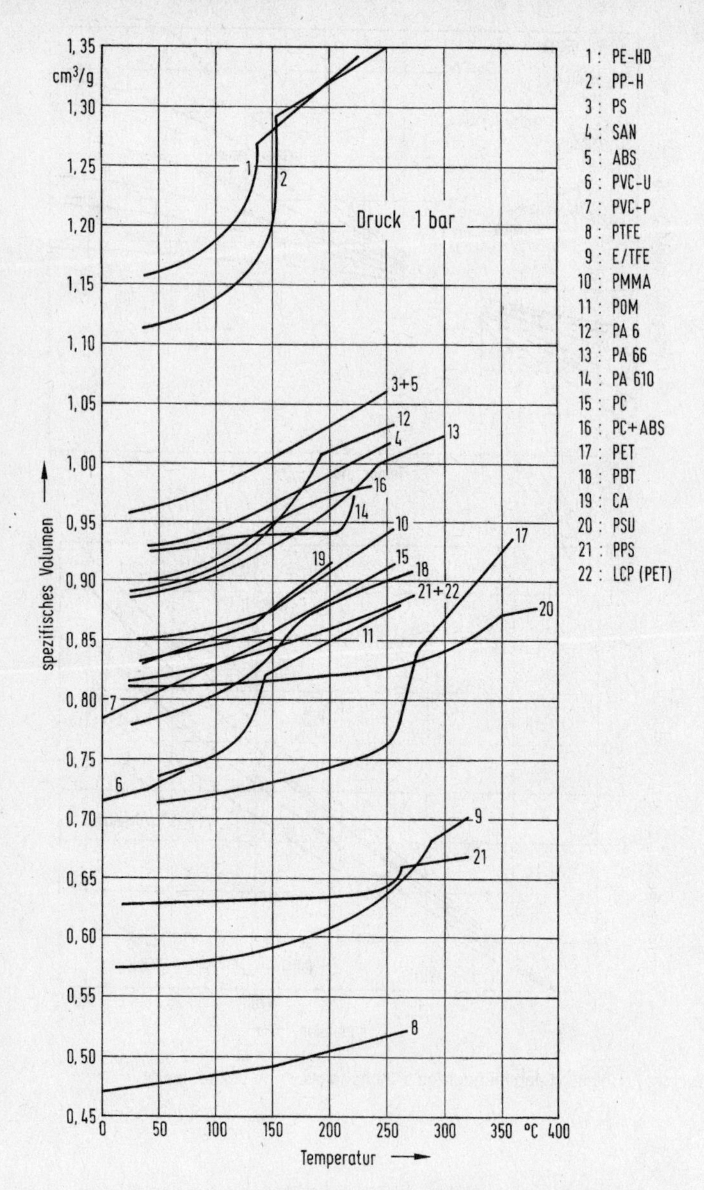

Bild 5.18. Spezifisches Volumen bei 1 bar in Abhängigkeit von der Temperatur (1-bar-Kurve aus den entsprechenden pvT-Diagrammen)

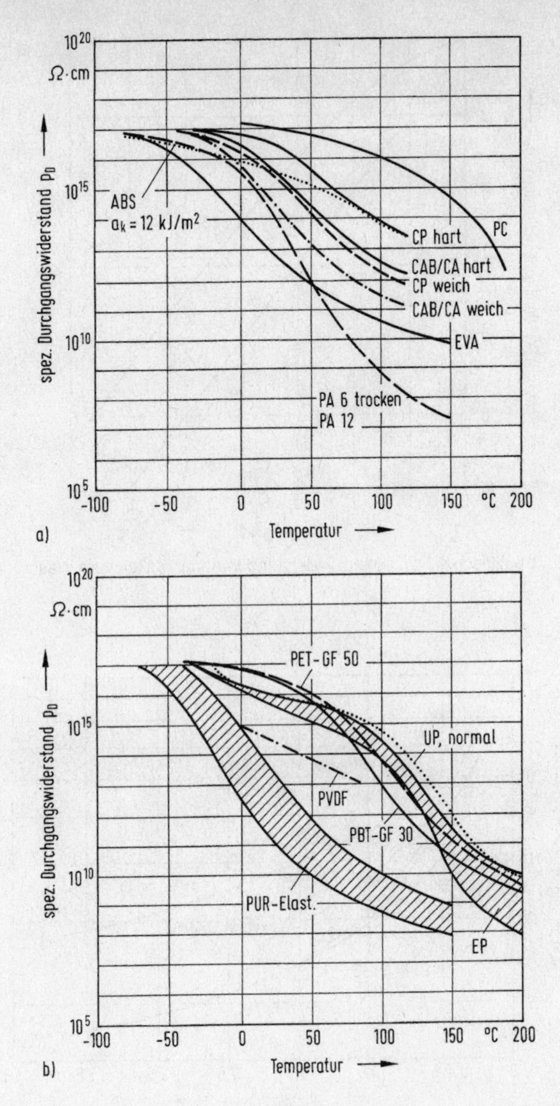

Bild 5.19. Spezifischer Durchgangswiderstand in Abhängigkeit von der Temperatur

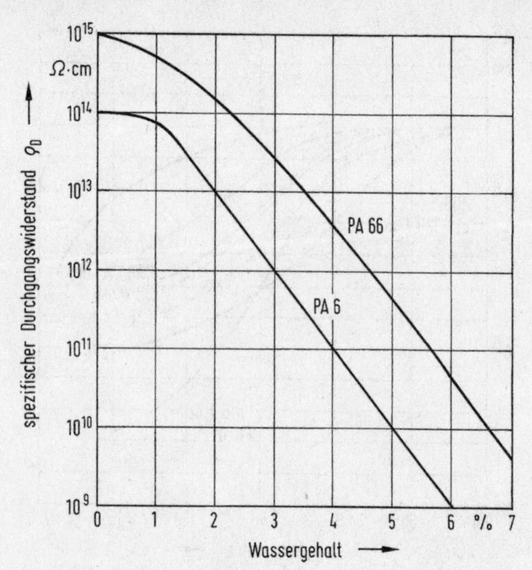

Bild 5.20. Spezifischer Durchgangswiderstand in Abhängigkeit vom Wassergehalt

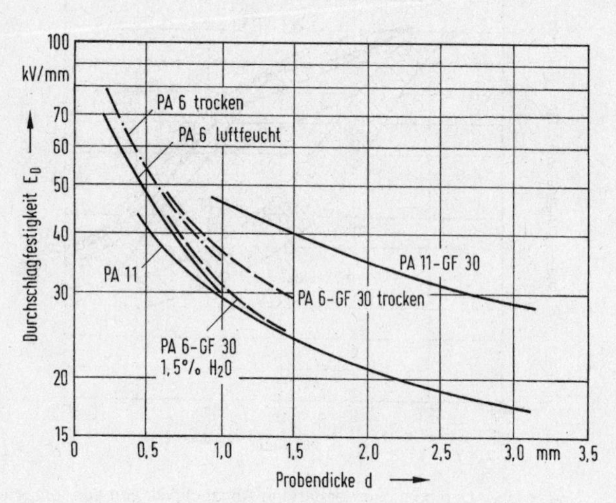

Bild 5.21. Durchschlagfestigkeit von Polyamiden in Abhängigkeit von der Probendicke

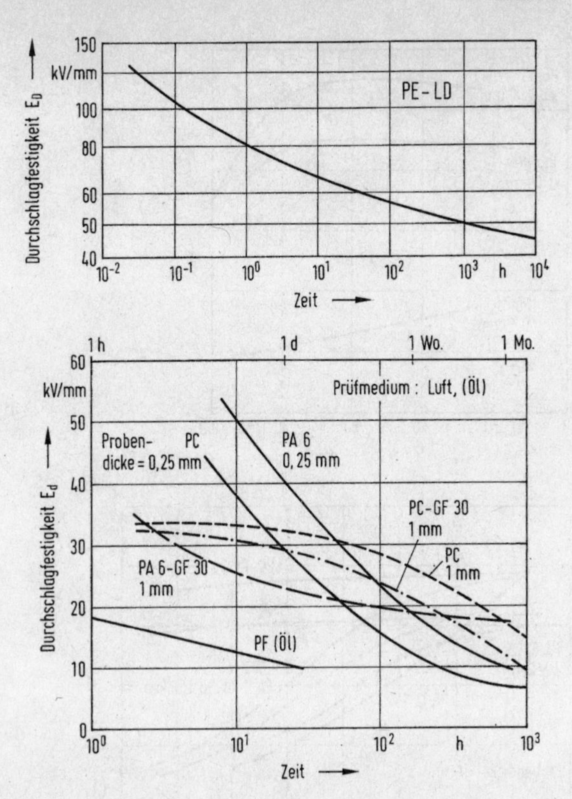

Bild 5.22. Durchschlagfestigkeit in Abhängigkeit von der Zeit

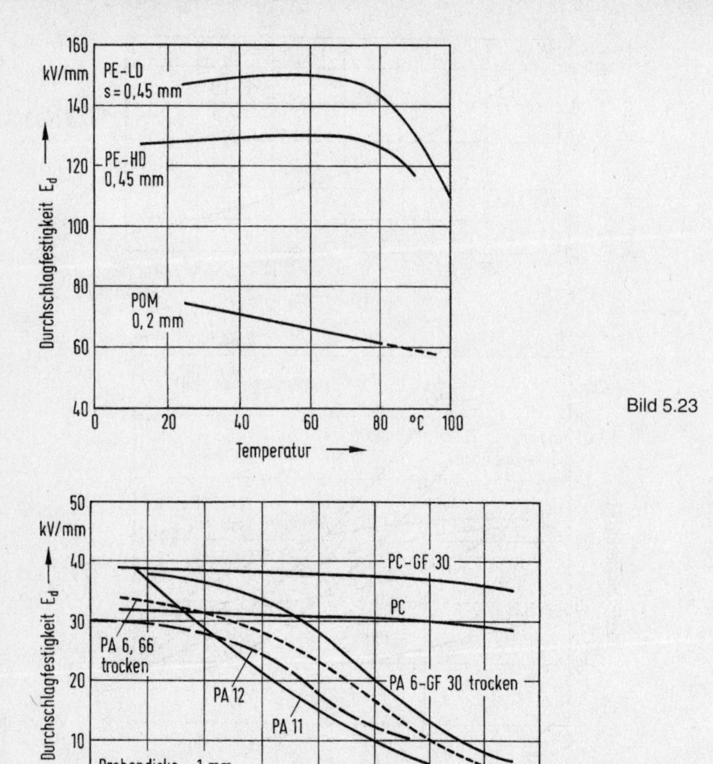

Bild 5.23

Bild 5.24

Bild 5.23 bis 5.26. Durchschlagfestigkeit in Abhängigkeit von der Temperatur

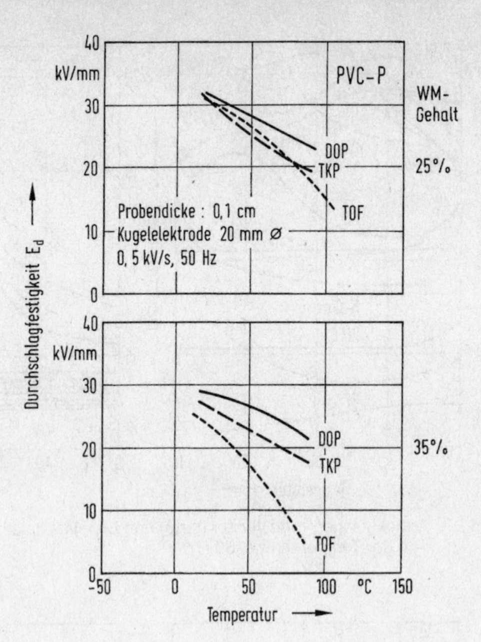

Bild 5.25

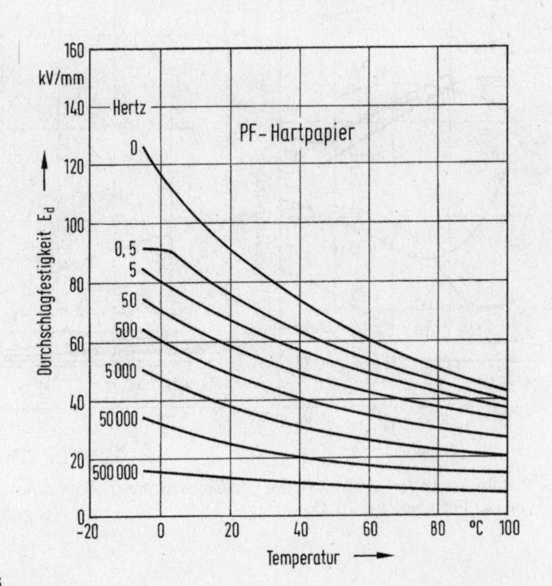

Bild 5.26

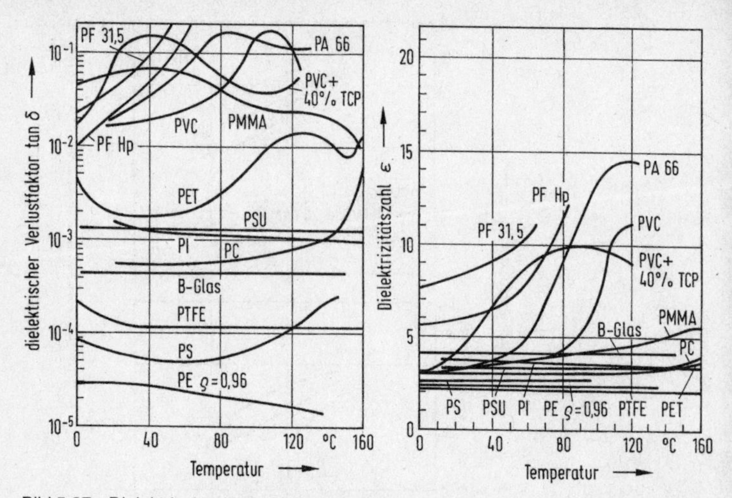

Bild 5.27. Dielektrischer Verlustfaktor (tanδ) und Dielektrizitätszahl (ε) in Abhängigkeit von der Temperatur bei 50 Hz

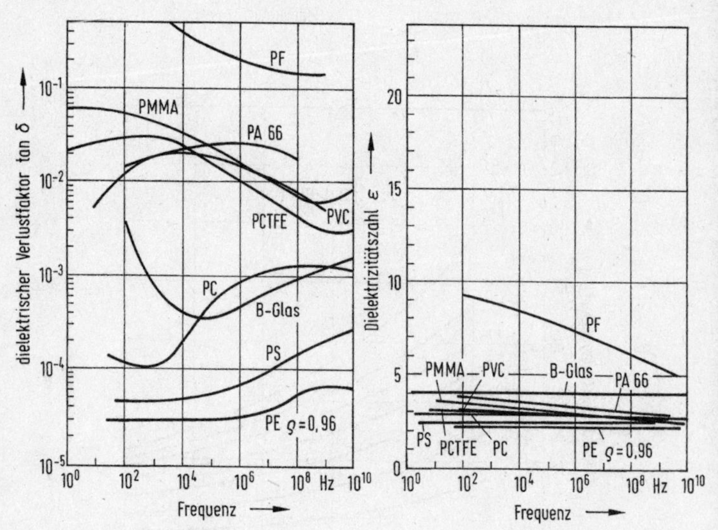

Bild 5.28. Dielektrischer Verlustfaktor (tanδ) und Dielektrizitätszahl (ε) in Abhängigkeit von der Frequenz bei 20 °C

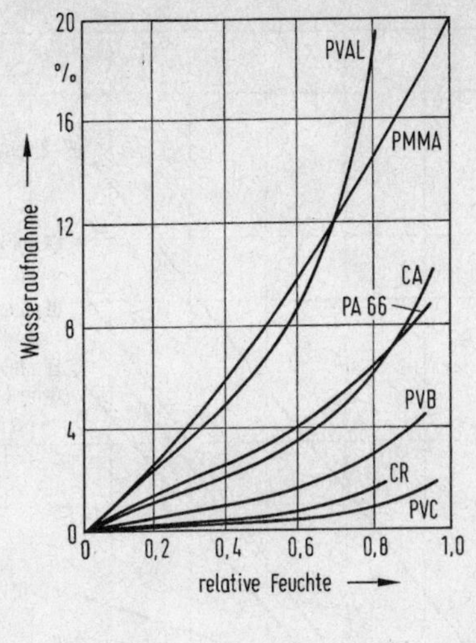

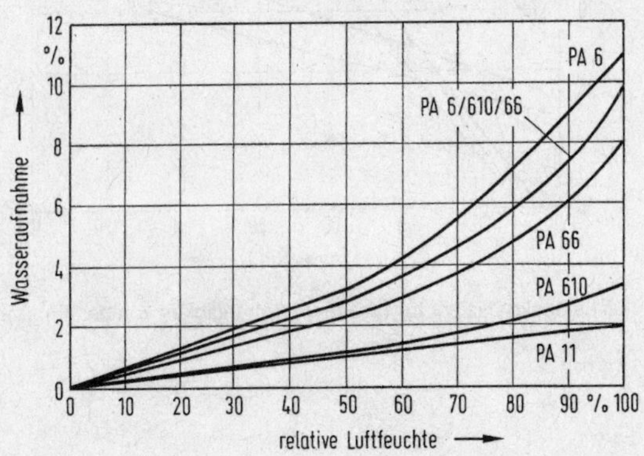

Bild 5.29 u. 5.30.
Gleichgewichts-Wasseraufnahme in Abhängigkeit von der relativen Luftfeuchte

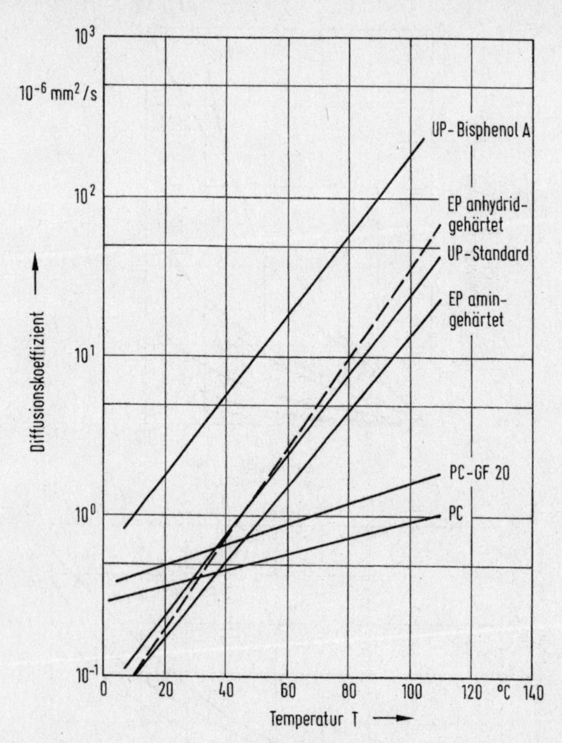

Bild 5.31. Diffusionskoeffizient für Wasser in Abhängigkeit von der Temperatur

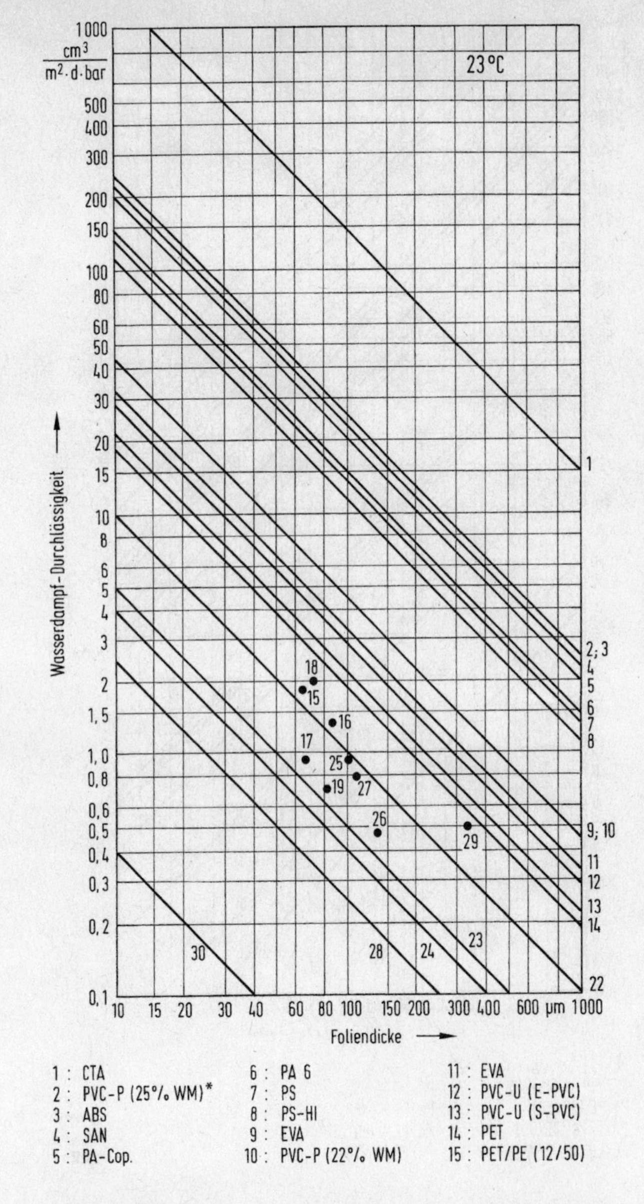

Bild 5.32. Wasserdampfdurchlässigkeit in Abhängigkeit von der Foliendicke nach DIN 53380

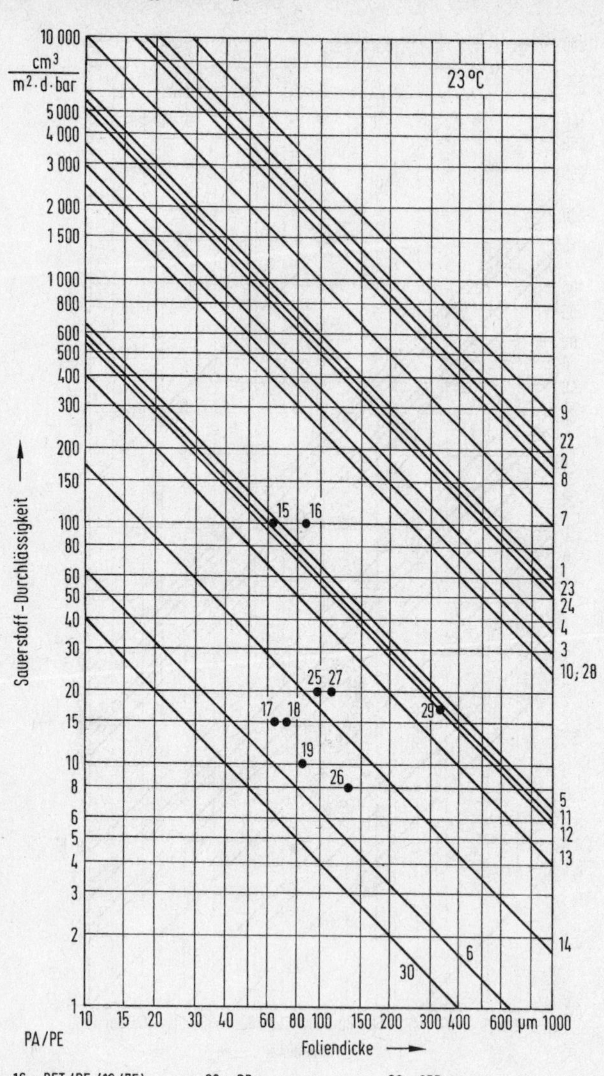

Bild 5.33. Sauerstoff-Durchlässigkeit in Abhängigkeit von der Foliendicke nach DIN 53380

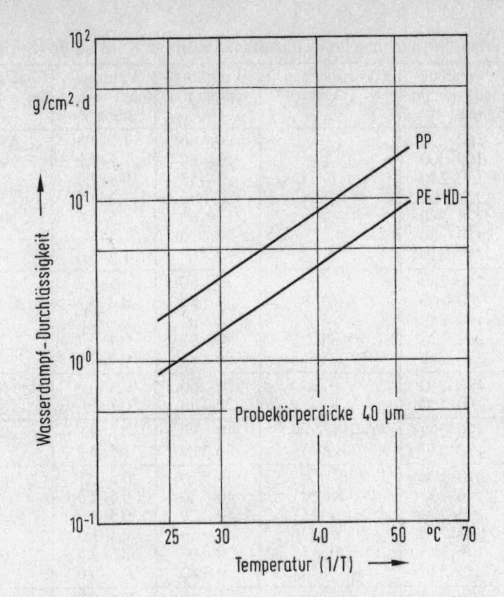

Bild 5.34. Wasserdampf-Durchlässigkeit in Abhängigkeit von der Temperatur

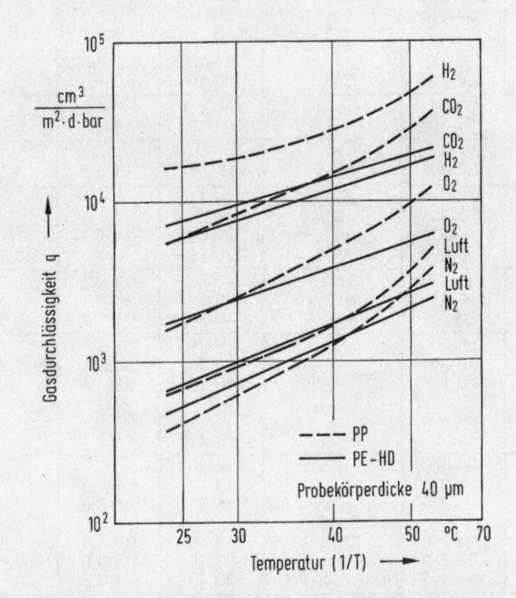

Bild 5.35. Gasdurchlässigkeit in Abhängigkeit von der Temperatur

Tafel 5.1. Verarbeitungstechnische Kennzahlen für einige Kunststoffe (Spritzgießen).

Kunststoff	Verarbeitungstemperatur °C	Vortrocknen °C/h	Werkzeugtemperatur °C	Verarbeitungsschwindung %	Fließweglänge[1] bei 2 mm Wanddicke
PE-LD	160–270	–	20– 60	1,5–5,0	550–600
PE-HD	200–300	–	10– 60	1,5–3,0	200–600
EVAC	130–240	–	10– 50	0,8–2,2	320
PP	220–300	–	20– 90	1,3–2,5	250–700
PB normal	220–290	–	10– 60	1,5–2,6	300–800
PIB	150–250	–	50– 80	–	
PMP	280–310	–	ca. 70	1,5–3,0	
PS	170–280	–	10– 60	0,4–0,7	200–500
SAN	200–260	85/2–4	50– 80	0,4–0,7	–
SB	190–280	–	10– 80	0,4–0,7	200–500
ABS	200–275	70–80/2[2]	50– 90	0,4–0,7	320
ASA	220–260	70–80/2–4	50– 85	0,4–0,7	–
PVC-U	170–210	–	20– 60	0,4–0,8	160–250
PVC-P	160–190	–	20– 60	0,7–3,0	150–500
PMMA	190–290	70–100/2 bis 6	40– 90	0,3–0,8	200–500
POM	180–230	110/2[2]	60–120	1,5–2,5	500
PA 6	240–290	80/8–15[2]	40–120	0,5–2,5	400–600
PA 66	260–300	80/8–15[2]	40–120	0,5–2,5	810
PA 610	230–290	80/8–15	40–120	0,5–2,0	–
PA 11	200–270	70–80/4–6	40– 80	0,5–1,5	–
PA 12	190–270	100/4[2]	20–100	0,5–1,5	200–500
PA 6-3-T	250–320	80–90/10	70– 90	0,5–0,6	–
PC	270–320	110–120/4	80–120	0,6–0,8	150–220
PET	260–300	120/4[2]	130–150 20[3]	1,2–2,0 0,2[3]	200–500
PBT	230–280	120/[2]	40– 80	1,0–2,5	250–600
PPE + PS	260–310	100/2	40–110	0,5–0,8	260
PSU	340–390	120/5	100–160	0,6–0,8	–
PPS	320–380	–	20–200	ca. 0,2	–
PES	320–390	160/5	100–190	0,2–0,5	–
PVDF	250–270	–	90–100	3–6	–
PTFE	320–360	–	200–230	3,5–6,0	–
Perfluoralkoxy normal	380–400	–	95–230	3,5–5,5	80–120
PEEK	350–390	150/3	120–150	ca. 1	–
PA I	330–380	180/8	ca. 230	–	–
PE I	340–425	150/4	65–175	0,4–0,7	–
PEK	360–420	150/3	120–160	ca. 1	–
CA	180–220	80/2–4	40–80	0,4–0,7	350
CP	190–230	80/2–4	40–80	0,4–0,7	500
CAB	180–220	80/2–4	40–80	0,4–0,7	500
PF Typ 31	60–80	–	170–190	1,2	–
MF Typ 131	70–80	–	150–165	1,2–2	–
MF/PF Typ 180/82	60–80	–	160–180	0,8–1,8	–
UP Typ 802	40–60	–	150–170	0,5–0,8	–
EP Typ 891	ca. 70	–	160–170	0,2	–
TPO	180–200	75/2 oder 65/3	10–80	1,5–2,0	–
SBS	175–250	–	10–90	0,3–2,2	–
TPA	170–230	110/2–4 oder 100/3–6	15–80	1,0–2,0	–
TPE	170–250	120/3–4	50–80	0,3–1,4	–
TPEA	120–280	80/4 oder 70/6	20–40	0,5–1,0	–
TPU	180–250	110/0,5 oder 100/2	20–40	0,8–1,5	–

[1]) bei mittlerer Massetemperatur, Massedruck und Spritzgießwerk-Wandtemperatur [2]) zum Teil nicht nötig, da vorgetrocknet angeliefert. [3]) für amorphe Typen

Tafel 5.2. Richtwerte für die Verarbeitung härtbarer Formmassen

Verfahren	Pressen		Spritzgießen					
Formmassen	Preß-temperatur °C	Preß-druck bar	Zylinder-temperaturen[1]) Förderzone °C	Zylinder-temperaturen[1]) Düse °C	Werkzeug-Temperaturen °C	Stau-druck bar	Spritz-druck bar	Nach-druck bar
PF, Typ 11–13	150–165	150–400	60–80	85–95	170–190	bis 250	600–1400	600–1000
Typ 31 u. ä.	155–170	150–350	70–80	90–100	170–190	300–400	600–1400	800–1200
Typ 51, 83, 85	155–170	250–400	70-80	95–110	170–190	bis 250	600–1700	800–1200
Typ 15, 16, 57, 74, 77	155–170	300–600						
MF, Typ 131	135–160	250–500	70–80	95–120	150–165	300–400	1500–2500	1000–1400
Typ 150–152	145–170	250–500	70–80	95–105	160–180	bis 250	1500–2500	800–1200
Typ 156, 157	145–170	300–600	65–75	90–100	160–180	bis 150	1500–2500	800–1200
MF/PF, Typ 180, 182	160–165	250–400	60–80	90–110	160–180		1200–2000	
UP, Typ 802 u. ä.	130–170	50–250	40–60	60–80	150–170	ohne	200–1000	600–800
EP	160–170	100–200	ca. 70	ca. 70	160–170	ohne	bis 1200	600–800
PE, vernetzbar	120 °C Schmelz-, bis 200 °C Vernetzungstemperatur		135–140	135–140	180–230			

[1]) Die Masse-Temperaturen sind wegen des Beitrags von Reibungs- und Reaktionswärme nicht genau bestimmbar.

Tafel 5.3. Verträglichkeit verschiedener Kunststoffe bei der thermoplastischen Verarbeitung (nach Rink u. a.)

Mischungskomponente	Überschußkomponente																		
	ABS	ASA	PA	PBT	(PBT+PC)	PC	(PC+ABS)	(PC+PBT)	PE	PET	PMMA	POM	PP	PPO	(PPE+PS)	PS	PVC	SAN	TPU
ABS	+	+	○	+	+	+	+	+	○	○	+	○	○	○	○	○	+	+	+
ASA	+	+	○	+	+	+	+	+	○	○	+	○	○	○	○	○	+	+	+
PA	○	○	+	○	○	–	–	–	○	○	○	○	○	–	○	○	–	○	+
PBT	+	+	○	+	+	+	+	+	○	○	○	○	○	○	○	○	–	+	○
PBT+PC	+	+	○	+	+	+	+	+	○	○	○	–	○	○	○	○	–	+	+
PC	+	+	–	+	+	+	+	+	○	+	+	–	○	○	○	○	–	+	○
PC+ABS	+	+	○	+	+	+	+	+	○	+	+	○	○	○	○	○	–	+	+
PC+PBT	+	+	–	+	+	+	+	+	○	+	+	○	○	○	○	○	–	+	+
PE	–	–	○	–	–	○	–	–	+	–	–	–	+	–	○	–	○	–	○
PET	+	+	○	+	+	+	+	+	○	+	○	○	○	○	○	○	○	○	○
PMMA	+	+	○	–	–	+	+	+	○	○	+	○	○	○	○	○	○	○	○
POM	○	○	○	○	○	–	–	–	○	○	–	+	○	○	○	○	○	○	○
PP	–	–	○	–	–	–	–	–	○	–	–	–	+	–	○	–	○	–	○
PPE	○	○	○	○	○	○	○	○	○	○	○	○	○	+	+	+	–	○	○
PPO+PS	○	○	+	○	○	○	○	○	○	○	○	○	○	+	+	+	–	○	○
PS	○	○	○	○	○	○	○	○	○	○	○	○	○	○	+	+	○	○	○
PVC	+	+	–	–	–	–	–	–	○	–	+	+	○	–	○	○	+	+	+
SAN	+	+	○	+	+	+	+	+	○	○	+	○	○	○	○	○	+	+	○
TPU	+	+	+	–	+	+	+	+	○	+	+	+	○	○	○	○	+	+	+

+ Gute Verträglichkeit über weite Mischungsverhältnisse
○ Bedingte Verträglichkeit bei geringen Mengenanteilen
– Unverträglichkeit

Tafel 5.4 Eignung von Kunststoffkombinationen beim 2-Komponenten-Spritzgießverfahren, nach H.Eckard.
+: gute Verbindung, ○: mögliche Verbindung, - keine Verbindung

	Kunststoff	1	2	3	4	5	6	7	8	9	10	11	12	13	14	15	16	17	18	19	20	21	22	23	24	25	26	27	28
1	PE-HD	+	+	+	-		-	-	-	-	○		○	○	○	○	-	-	-		-		-				+	+	-
2	PE-LD	+	+	+	+		-	-	-	-			○	○	○	○	-	-	-	-	-		-				+	+	-
3	EVAC	+	+	+	+				+		-												○						-
4	PP	-	+	+	+	○	-	-	-	-	○		○	○	○	○	-	-	-		-		-	+	-	+	+		-
5	PPE+PS				○	+	+	-	-	-	-							-	-		-		-					+	-
6	PS, PS-HI	-	-		-	+	+	-	-	-	○		-	-	-	-	-	-	-		-		-	-	-	-	+	+	-
7	SAN	-	-		-	-	-	+	+	+	+	○	+				+	+	+	+	+		+						+
8	ASA	-	-	+	-	-	-	+	+	+	+	○	+				+	+	+		+		+						+
9	ABS	-	-	○	-	-	-	+	+	+	+	○	+				+	+	+	+	+		+	-	-	-	+	+	+
10	PVC-P	○		-	○	-	○	+	+	+	+		+				+	+			+		+	-	-	-	-		+
11	PVAC							○	○	○		+																	
12	PMMA	○	○		○		-	+	+	+	+		+																
13	POM	○	○		○		-							+										-	-	-	-		+
14	PA 6	○	○		○		-								+	+								+	+	○	○	+	○
15	PA 66	○	○		○		-								+	+	○							+	+	○	○	+	○
16	PC	-	-		-		-	+	+	+	+					○	+	+	+	+	+	+		-	-	-	-	+	+
17	PC+ABS	○	○		○	○	○	+	+	+	+						+	+		+								+	+
18	PC+PBT	○	○		○	○	○	+	+	+							+		+	+							-	+	+
19	PET							+	+								+	+	+	+				-	+	-	-	+	-
20	PBT	-	-		-	-	-	+	+	+	+						+				+		+	-	+	-	-	+	○
21	PPSU																+					+							
22	CA	-	-	○	-	-	-	+	+	+	+	-									+		+						+
23	TPE-A				+		-			-	-			-	+	+	-			-	-			+					
24	TPE-E				-		-			-	-			-	+	+	-			+	+				+				
25	TPE-O				+		-			-	-			-	○	○	-			-	-					+			
26	TPE-S	+	+		+		+			+	-			-	○	○	-			-	-	-					+		
27	TPE-Spez.	+	+			+	+			+					+	+	+	+	+	+	+		+					+	
28	TPE-U	-	-	-	-	-	-	+	+	+	+			+	○	○	+	+	+	-	○		+						+

Tafel 5.5 Übersicht über die Möglichkeiten der Nachbearbeitung für einige Kunststoffe

Kunststoff	Nacharbeitung[1]							
	Galvanisieren	Spritzlackieren und Bedrucken	Heißprägen	Bedampfen	Ultraschallschweißen	Spiegelschweißen	Lösungskleben	HF-Schweißen
PE-LD	–	+	++	+	–	++	–	–
PE-HD	–	+	++	+	++	++	–	–
EVA	–	+	++	+	++	++	–	–
PP	++[2]	+	++	+	++	++	–	–
PB	–	+	++	++	++	++	+	–
PS	–	++	++	+	++	++	++	–
SAN	–	++	++	+	++	++	++	–
SB	+[2]	++	++	+	++	++	++	–
ABS	++[2]	++	++	+	++	++	++	++
ASA	–	++	++	+	++	++	++	–
PVC-U normal	+[2]	++	++	+	++	++	++	++
PVC-U geschäumt	–	+	++	+	++	++	++	++
PVC-P normal	–	+	++	–	–	++	++	++
PVC-P geschäumt	–	+	++	–	–	++	++	++
PMMA	–	++	++	+	++	++	++	
POM	–	+	++	+	++	++	++[3]	
PA 6	–	++	++	+	++	+	++[3]	++
PA 66	–	++	++	+	++	+	++[3]	++
PA 610	–	++	+	+	++	+	++[3]	++
PA 11			++	++	++	++	++[3]	++
PA 12	–	+	++	++	++	++	++	++
PA 6-3-T	–	++	++	+	++	++	++	++
PC	+	++	++	+	++	++	++	
PET	–	++	++	+	++	++	–	
PBT	–	+	++	–	++	++	–	
PPE + PS	+	++	++	+	++	++	++	
PSU	+	++	++	+	++	++	++	
PPS	–	+	++	+			–	
PES	–	++	++	+	++	++	++	
PVDF	–	++	++	+	++	++	++	–
PTFE	–	+	+		–	–	–	–
Perfluoralkoxy normal	+	+	+	+	–	++	–	
PEEK		++	++	+	++	++		
PA I		++	++	+	++	++		
PE I								
PEK		++	++	+	++	++		
CA	–	++	++	+	–	–	++	
CP	–	++	++	+	–	–	++	
CAB	–	++	++	+	–	–	++	
PF Typ 31		++	–	+	–	–	–	–
MF Typ 131		++	–	+	–	–	–	–
MF/PF Typ 180/182		++	–	+	–	–	–	–
UP Typ 802		++	–	+	–	–	–	–
EP Typ 891		++	–	+	–	–	–	–
TPO	–	+	++	+	–	+	–	
SBS	–	+	++	+	–	+	++	
TPA	–	++	++	+	–	+	++	
TPE	–	++	++	+	–	+	–	
TPEA	–	++	++	+	–	+	+	
TPU	–	++	++	+	–	+	++	

[1]) ++ ohne Vorbehandlung; + mit Vorbehandlung bedingt möglich; – nicht möglich
[2]) für bestimmte Typen
[3]) nicht zu empfehlen

Tafel 5.6 Schweißbarkeit bei der Mischmaterial-Schweißung.
+ = gute Verbindung, ○ = mögliche Verbindung, - = keine Verbindung, ( ) = bedingt

Heizelement-schweißen \ Ultraschall-schweißen	ABS	ASA	CA	EVAC	PA 6	PA 66	PC	PE-HD	PE-LD	PMMA	POM	PP	PPE+PS	PS-GP	PS-HI	PBTP	TPU	PVC-P	SAN	Blend PC+PBTP	Blend PC+ABS	PPS	LCP
ABS	+				–	–	+	–	–	+		–	–	–	–	○		○	(+)	○	+	–	
ASA		+						–	–			–											
CA			+					–	–														
EVAC																							
PA 6	–				(+)\+	+	–			–				–	–	–				–	–	–	
PA 66	–				(+)	(+)\+	–			–				–	–	–				–	–	–	
PC	+				–	–	+	–	–	(+)		–		–	–	○				(+)	+	(○)	
PE-HD	–	–	–				–	+															
PE-LD	–	–	–				–		+														
PMMA	+				–	–	(+)			+						–		○	○	(○)	(+)		
POM											+												
PP	–	–					–					+									–	–	
PPE+PS	–												+								–	–	
PS-GP	–				–	–	–							+					○				
PS-HI	–				–	–	–								+				○				
PBTP	○				–	–				–						+				(+)		–	
TPU																	+						
PVC-P	○									○								+					
SAN	(+)									○				○	○				+				
Blend PC+PBTP	○				–	–	(+)			(○)		–	–			(+)				+			
Blend PC+ABS	+				–	–	+			(+)		–	–								+		
PPS	–				–	–	(○)									–						(+)\+	
LCP																							○

Tafel 5.7 Verbindungsmöglichkeiten von Faserwerkstoffen mit Thermoplasten beim Vibrationsschweißen

	Verbindung mit							
	PR	HF	TF	PUR	PUR/ GF	HW	BF	Edel- holz
PS		○	○	○	○		■	
ABS	■	■	■	■	■	■	■	■
PMMA		○	○	○	○			
PVC		■	○	○	○			
PPE+PA	■	■	■	■	■	■	■	
PPE+PS	■	■	■	○	○			
PC	■	■	■	○	○	■	■	■
PC+ABC	■	○	○	○	○			
PE-HD, LD		○	○	○	○			
PP	■	■	■	○	○	■		
PA	■	■	■	■	■	■	■	■
PAA		○	○	○	○			
POM	■	■	■	○	○			
PET		○	○	○	○			
PBT		○	○	○	○			
PBT+PC		○	○	○	○			
SAN		○	○	○	○			
PSU		○	○	○	○			
PEI		○	○	○	○			

PR = Preßspan
HF = Holzfaser
TF = Textilfaser
GF = PV-Langglasfaser
HW = Holzmehl
BF = Bastfaser

■ = durch Versuche belegt
○ = Mechanische Verbindung möglich

nach W. Klos

Tafel 5.8. Klebbarkeit einiger Kunststoffe

Klebbarkeit	Kunststoff	Polarität + polar – unpolar	Löslichkeit + löslich – unlöslich bzw. schwer löslich	Möglichkeit der Diffusions- klebung	 Adhäsions- klebung
gut	Polystyrol (PS)	+/–	+	+[1]	+
	Polyvinylchlorid – hart (PVC-U)	+	+	+	+
	Polyvinylchlorid – weich (PVC-P)	+	+	+[2]	+
	Polymethylmethacrylat (PMMA)	+	+	+/–	+
	Polycarbonat (PC)	+	+	+	+
	ABS-Copolymere	+	+	+	+
	Celluloseacetat (CA)	+	+	+	+
	Polyurethane (auch geschäumt) (PUR)	+	–	–	+
	Polyesterharze (UP)	+	–	–	+
	Epoxidharze (EP)	+	–	–	+
	Phenolharze (PF)	+	–	–	+
	Harnstoff-/Melaminharze (UF/MF)	+	–	–	+
bedingt	Polyamid (PA)	+	–	+/–	+
	Polyacetal (POM)	+	–	–	+
	Polyethylenterephthalat (PET)	+	–	–	+[3]
	Kautschuk	+	–	+/–	+
schwer	Polyethylen (PE)	–	–	–	+/–[4]
	Polypropylen (PP)	–	–	–	+/–[4]
	Polytetrafluorethylen (PTFE)	–	–	–	+/–[4]
	Siliconharz (SI)	+/–	–	–	+

[1]) nicht möglich bei PS-geschäumt; [2]) nach Vorschrift des PVC-P-Lieferanten; [3]) nach Vorbehandlung mit Natronlauge (80° C, 5 min); [4]) nur nach Vorbehandlung, PP + PE lassen sich bis zur Materialfestigkeit gut kleben, geringe Schälfestigkeit

Tafel 5.9. Mechanische und thermische Kennwerte von Kunststoffen

Kunststoff	Kurzzeichen	Dichte	Mechanische Kennwerte			Thermische Kennwerte		
		g/cm^3 DIN 53479	Zugfestigkeit N/mm^2 DIN 53455	Reißdehnung % DIN 53455	Zug-E-Modul N/mm^2 DIN 53457	linearer Ausdehnungskoeffizient $K^{-1} \cdot 10^6$	Wärmeleitfähigkeit W/mK	spezifische Wärme kJ/kg K
Weich-Polyethylen	PE-LD	0,914/0,928	8/23	300/1000	200/500	250	0,32/0,40	2,1/2,5
Hart-Polyethylen	PE-HD	0,94/0,96	18/35	100/1000	700/1400	200	0,38/0,51	2,1/2,7
Ethylen-Vinylacetat	EVAC	0,92/0,95	10/20	600/900	7/120	160/200	0,35	2,3
Ionomere	PE ion	0,94	21/35	250/500	180/210	120	0,24	2,20
Polyvinylcarbazol	PVK	1,19	20/30	–	3500	–	0,29	–
Polypropylen	PP	0,90/0,907	21/37	20/800	1100/1300	150	0,17/0,22	2,0
Polybuten-1	PB	0,905/0,920	30/38	250/280	250/350	150	0,20	1,8
Polyisobutylen	PIB	0,91/0,93	2/6	>1000	–	120	0,12/0,20	–
Poly-4-methylpenten-1	PMP	0,83	25/28	13/22	1100/1500	117	0,17	2,18
Polystyrol, normal	PS	1,05	45/65	3/4	3200/3250	70	0,18	1,3
Styrol/Acrylnitril-Copolymer	SAN	1,08	75	5	3600	80	0,18	1,3
Styrol/Polybutadien-Pfropfpolymer	S/B	1,05	26/38	25/60	1800/2500	70	0,18	1,3
Acrylnitril/Polybut./Styrol-Pfropfpolymer	ABS	1,04/1,06	32/45	15/30	1900/2700	60/110	0,18	1,3
AN/A-Elastomer/Styrol-Pfropfpolymer	ASA	1.04	32	40	1800	80/110	0,18	1,3
Hart-PVC	PVC-U	1,38/1,55	50/75	10/50	1000/3500	70/80	0,14/0,17	0,85/0,9
Weich-PVC	PVC-P	1,16/1,35	10/25	170/400	–	150/210	0,15	0,9/1,8
Polytetrafluorethylen	PTFE	2,15/2,20	25/36	350/550	410	100	0,25	1,0
Tetrafluorethylen/Hexafluorpropylen-Copolymer	PFEP	2,12/2,17	22/28	250/330	350	80	0,25	1,12
Polytrifluorchlorethylen	PCTFE	2,10/2,12	32/40	120/175	1050/2100	60	0,22	0,9
Ethylen/Tetrafluorethylen	PETFE	1,7	35/54	400/500	1100	40	0,23	0,9
Polymethylmethacrylat	PMMA	1,17/1,20	50/77	2/10	2700/3200	70	0,18	1,47
Polyacetal	POM	1,41/1,42	62/70	25/70	2800/3200	90–110	0,25/0,30	1,46

Polyamid 6	PA 6	1,13	70/85	200/300	1400	80	0,29	1,7
Polyamid 66	PA 66	1,14	77/84	150/300	2000	80	0,23	1,7
Polyamid 11	PA 11	1,04	56	500	1000	130	0,23	1,26
Polyamid 12	PA 12	1,02	56/65	300	1600	150	0,23	1,26
Polyamid 6-3-T	PA-6-3-T	1,12	70/84	70/150	2000	80	0,23	1,6
Polycarbonat	PC	1,2	56/67	100/130	2100/2400	60/70	0,21	1,17
Polyethylenterephthalat	PETE+PS	1,37	47	50/300	3100	70	0,24	1,05
Polybutylenterephthalat	PBTE+PS	1,31	40	15	2000	60	0,21	1,30
Polyphenyloxid, modifiziert	PPE+PS	1,06	55/68	50/60	2500	60	0,23	1,40
Polysulfon	PSU	1,24	50/100	25/30	2600/2750	54	0,28	1,30
Polyphenylensulfid	PPS	1,34	75	3	3400	55	0,25	–
Polyethersulfon	PES	1,37	85	30/80	2450	55	0,18	1,10
Polyamidimid	PAI		100	12	4600	36	0,26	
Polyetherimid	PEI	1,27	105	60	3000	62	0,22	
Polyimid	PI	1,43	75/100		3000/3200	50/60	0,29/0,35	
Polyetheretherketon	PEEK	1,32	90	50	3600	47	0,25	
Celluloseacetat, Typ 432	CA	1,30	38 (σ_s)	3 (ε_g)	2200	120	0,22	1,6
Cellulosepropionat	CP	1,19/1,23	14/55	30/100	420/1500	110/130	0,21	1,7
Celluloseacetobutyrat, Typ 413	CAB	1,18	26 (σ_s)	4 (ε_g)	1600	120	0,21	1,6
Vulkanfiber	VF	1,1/1,45	85/100	–	–	–	–	–
Polyurethan-Gießharz	PUR	1,05	70/80	3/6	4000	10/20	0,58	1,76
thermoplastische PUR-Elastomere	TPU	1,20	30/40	400/450	700	150	1,7	0,5
Phenol/Formaldehyd, Typ 31	PF	1,4	25	0,4/0,8	5600/12000	30/50	0,35	1,30
Harnstoff/Formaldehyd, Typ 131	UF	1,5	30	0,5/1,0	7000/10500	50/60	0,40	1,20
Melamin/Formaldehyd, Typ 152	MF	1,5	30	0,6/0,9	4900/9100	50/60	0,50	1,20
unges. Polyesterharz, Typ 802	UP	2,0	30	0,6/1,2	14000/20000	20/40	0,70	1,20
Polydiallylphthalat (GF)-Formmasse	DAP	1,51/1,78	40/75	–	9800/15500	10/35	0,60	–
Siliconharz-Formmasse	SI	1,8/1,9	28/46	–	6000/12000	20/50	0,3/0,4	0,8/0,9
Polyimid-Formstoff	PI	1,43	75/100	4/9	23000/28000	50/63	0,6/0,65	–
Epoxidharz, Typ 891	EP	1,9	30/40	4	21500	11/35	0,88	0,8

Tafel 5.10. Elektrische Eigenschaften von Kunststoffen

Kunststoff	Kurzzeichen	spezifischer Durchgangswiderstand	Oberflächenwiderstand	Dielektrizitätszahl DIN 53485		dielektrischer Verlustfaktor tan δ DIN 53483		Durchschlagfestigkeit	Kriechstromfestigkeit DIN 53480 Stufe		
		Ω cm DIN 53482	Ω DIN 53482	50 Hz	10^6 Hz	50 Hz	10^6 Hz	kV/cm DIN 53481	KA	KB	KC
Weich-Polyethylen	PE-LD	$>10^{17}$	10^{14}	2,29	2,28	$1,5 \cdot 10^{-4}$	$0,8 \cdot 10^{-4}$	–	3 b	>600	>600
Hart-Polyethylen	PE-HD	$>10^{17}$	10^{14}	2,35	2,34	$2,4 \cdot 10^{-4}$	$2,0 \cdot 10^{-4}$	–	3 c	>600	>600
Ethylen-Vinylacetat	EVAC	$<10^{15}$	10^{13}	2,5/3,2	2,6/3,2	0,003/0,02	0,03/0,05	620/780	–	–	–
Ionomere	PE ion	$>10^{16}$	10^{13}								
Polyvinylcarbazol	PVK	$>10^{16}$	10^{14}	–	3	$6/10 \cdot 10^{-4}$	$6/10 \cdot 10^{-4}$	–	3 b	>600	>600
Polypropylen	PP	$>10^{17}$	10^{13}	2,27	2,25	$<4 \cdot 10^{-4}$	$<5 \cdot 10^{-4}$	500/650	3 c	>600	>600
Polybuten-1	PB1	$>10^{17}$	10^{13}	2,5	2,2	$7 \cdot 10^{-4}$	$6 \cdot 10^{-4}$	–	3 c	>600	>600
Polyisobutylen	PIB	$>10^{15}$	10^{13}	2,3	–	$4 \cdot 10^{-4}$	–	–	3 c	>600	>600
Poly-4-methylpenten-1	PMP	$>10^{16}$	10^{13}	2,12	2,12	$7 \cdot 10^{-5}$	$3 \cdot 10^{-5}$	700	3 c	>600	>600
Polystyrol, normal	PS	$>10^{16}$	$>10^{13}$	2,5	2,5	$1/4 \cdot 10^{-4}$	$0,5/4 \cdot 10^{-4}$	300/700	1/2	140	150/250
Styrol/Acrylnitril-Copolymer	SAN	$>10^{16}$	$>10^{13}$	2,6/3,4	2,6/3,1	$6/8 \cdot 10^{-3}$	$7/10 \cdot 10^{-3}$	400/500	1/2	160	150/260
Styrol/Polybutadien-Pfropfpolymer	S/B	$>10^{16}$	$>10^{13}$	2,4/4,7	2,4/3,8	$4/20 \cdot 10^{-4}$	$4/20 \cdot 10^{-4}$	300/600	2	>600	>600
Acrylnitril/Polybut./Styrol-Pfropfpolymer	ABS	$>10^{15}$	$>10^{13}$	2,4/5	2,4/3,8	$3/8 \cdot 10^{-3}$	$2/15 \cdot 10^{-3}$	350/500	3 a	>600	>600
AN/AN-Elastomer/Styrol-Pfropfpolymer	ASA	$>10^{15}$	$>10^{13}$	3/4	3/3,5	0,02/0,05	0,02/0,03	360/400	3 a	>600	>600
Hart-PVC	PVC-U	$>10^{15}$	10^{13}	3,5	3,0	0,011	0,015	350/500	2/3 b	600	600
Weich-PVC	PVC-P	$>10^{11}$	10^{11}	4,8	4/4,5	0,08	0,12	300/400	–	–	–
Polytetrafluorethylen	PTFE	$>10^{18}$	10^{17}	<2,1	<2,1	$<2 \cdot 10^{-4}$	$<2 \cdot 10^{-4}$	480	3 c	>600	>600
Tetrafluorethylen/Hexafluorpropylen-Copolymer	PFEP	$>10^{18}$	10^{17}	2,1	2,1	$<2 \cdot 10^{-4}$	$<7 \cdot 10^{-4}$	550	3 c	>600	>600
Polytrifluorchlorethylen	PCTFE	$>10^{18}$	10^{16}	2,3/2,8	2,3/2,5	$1 \cdot 10^{-3}$	$2 \cdot 10^{-2}$	550	3 c	>600	>600
Ethylen/Tetrafluorethylen	PETFE	$>10^{16}$	10^{13}	2,6	2,6	$8 \cdot 10^{-4}$	$5 \cdot 10^{-3}$	400	3 c	>600	>600
Polymethylmethacrylat	PMMA	$>10^{15}$	$>10^{15}$	3,3/3,9	2,2/3,2	0,04/0,04	0,004/0,04	400/500	3 c	>600	>600
Polyacetal	POM	$>10^{15}$	$>10^{13}$	3,7	3,7	0,005	0,005	380/500	3 b	>600	>600

Polyamid 6	PA 6	10^{12}	10^{10}	3,8	3,4	0,01	0.03	400	3 b	>600	>600
Polyamid 66	PA 66	10^{12}	10^{10}	8,0	4,0	0,14	0,08	600	3 b	>600	>600
Polyamid 11	PA 11	10^{13}	10^{11}	3,7	3,5	0,06	0,04	425	3 b	>600	>600
Polyamid 12	PA 12	10^{13}	10^{11}	4,2	3,1	0,04	0,03	450	3 b	>600	>600
Polyamid 6-3-T	PA 6-3-T	10^{11}	10^{10}	4,0	3,0	0,03	0,04	350	3 b	>600	>600
Polycarbonat	PC	$>10^{17}$	$>10^{15}$	3,0	2,9	$7 \cdot 10^{-4}$	$1 \cdot 10^{-2}$	380	1	120/160	260/300
Polyethylenterephthalat	PET	10^{16}	10^{16}	4,0	4,0	$2 \cdot 10^{-3}$	$2 \cdot 10^{-2}$	420	2	–	–
Polybutylenterephthalat	PBT	10^{16}	10^{13}	3,0	3,0	$2 \cdot 10^{-3}$	$2 \cdot 10^{-2}$	420	3 b	420	380
Polyphenyloxid, modifiziert	PPE+PS	10^{16}	10^{14}	2,6	2,6	$4 \cdot 10^{-4}$	$9 \cdot 10^{-4}$	450	1	300	300
Polysulfon	PSU	$>10^{16}$	–	3,1	3,0	$8 \cdot 10^{-4}$	$3 \cdot 10^{-3}$	425	1	175	175
Polyphenylensulfid	PPS	$>10^{16}$	–	3,1	3,2	$4 \cdot 10^{-4}$	$7 \cdot 10^{-4}$	595	–	–	–
Polyethersulfon	PES	10^{17}	–	3,5	3,5	$1 \cdot 10^{-3}$	$6 \cdot 10^{-3}$	400	–	–	–
Polyamidimid	PAI	10^{17}	–	–	–	–	–	–	–	–	–
Polyetherimid	PEI	10^{18}	–	–	–	–	–	–	–	–	–
Polyimid	PI	$>10^{16}$	$>10^{15}$	–	–	–	–	–	1	>300	>380
Polyetheretherketon	PEEK	$5 \cdot 10^{16}$	–	–	–	$3 \cdot 10^{-3}$	–	–	–	–	–
Celluloseacetat, Typ 432	CA	10^{13}	10^{12}	5,8	4,6	0,02	0,03	400	3 a	>600	>600
Cellulosepropionat	CP	10^{16}	10^{14}	4,2	3,7	0,01	0,03	400	3 a	>600	>600
Celluloseacetobutyrat, Typ 413	CAB	10^{16}	10^{14}	3,7	3,5	0,006	0,021	400	3 a	>600	>600
Vulkanfiber	VF	10^{10}	10^{8}	–	–	0,08	–	–	–	–	–
Polyurethan-Gießharz	PUR	10^{16}	10^{14}	3,6	3,4	0,05	0,05	240	3 c	–	–
thermoplastische PUR-Elastomere	TPU	10^{12}	10^{11}	6,5	5,6	0,03	0,06	300/600	3 a	>600	>600
Phenol/Formaldehyd, Typ 31	PF	10^{11}	$>10^{8}$	6	4,5	0,1	0,03	300/400	1	140/18	125/175
Harnstoff/Formaldehyd, Typ 131	UF	10^{11}	$>10^{10}$	8	7	0,04	0,3	300/400	3 a	>400	>600
Melamin/Formaldehyd, Typ 152	MF	10^{11}	$>10^{8}$	9	8	0,06	0,03	290/300	3 b	>500	>600
unges. Polyesterharz, Typ 802	UP	$>10^{12}$	$>10^{10}$	6	5	0,04	0,02	250/530	3 c	>600	>600
Polydiallylphthalat (GF)-Formmasse	DAP	$10^{13}/10^{16}$	10^{13}	5,2	4	0,04	0,03	400	3 c	>600	>600
Siliconharz-Formmasse	SI	10^{14}	10^{12}	4	3,5	0,03	0,02	200/400	3 c	>600	>600
Polyimid-Formstoff	PI	$>10^{16}$	$>10^{15}$	3,5	3,4	$2 \cdot 10^{-3}$	$5 \cdot 10^{-3}$	560	1	>300	>380
Epoxidharz, Typ 891	EP	$>10^{14}$	$>10^{12}$	3,5/5	3,5/5	0,001	0,01	300/400	3 c	> 300	200/600

Tafel 5.11. Eigenschaftsübersicht harter Schaumstoffe

Schaumstoff-Gruppe		zäh-hart						spröd-hart	
Rohstoff-Gruppe		Polystyrol			Polyvinyl-chlorid	Polyether-sulfon	Poly-urethan	Phenol-harz	Harnstoff-harz
Schäumverfahren		Partikel-schaum	Extruderschaum ohne Schäumhaut	Extruderschaum mit Schäumhaut	hochdruck-geschäumt	block-geschäumt	blockgeschäumt ohne Deckschicht	blockgeschäumt mit Deckschicht	Spritz-schaum
Rohdichte-Bereiche	kg/m³	15–30	30–35	25–60	50–130	45–55	20–100	40–100	5–15
Druckfestigkeit	N/mm²	0,06–0,25	> 0,15	> 0,2	0,3–1,1	0,6	0,1–0,9	0,2–0,9	0,01–0,05
Bruchspannung	N/mm²	0,15–0,5	0,5	> 0,2	0,7–1,6	0,7	0,2–1,1	0,1–0,4	
Scherfestigkeit.	N/mm²	0,09–0,22	0,9	1,2	0,5–1,2	–	0,1–>1	0,1–0,5	
Biegefestigkeit	N/mm²	0,16–0,5	0,4	0,6	0,6–1,4	0,2	0,2–1,5	0,2–1,0	0,03–0,09
Biege-E-Modul	N/mm²			> 15	16–35	3	2–20	6–27	
Wärmeleitfähigkeit, Meßwert	W/mK	0,032–0,037*)	0,025–0,035		0,036–0,04	0,05	0,018–0,024	0,02–0,03	0,03
max. Gebrauchstemperatur kurzzeitig.............	°C	100	100		80	210	> 150	> 250	> 100
langzeitig.............	°C	70–80	< 75		60	180	80	130	90
Wasserdampfdiffusions-Widerstandszahl	µ	30–70	100–130	80–300	200–> 300	9	30–130	30–300	4–10
Wasseraufnahme bei 7 Tagen Wasserlagerung	Vol.-%	2–3	2	< 0,5	< 1	15	1–4	7–10	> 20

Tafel 5.12. Eigenschaftsübersicht halbharte bis weichelastische Schaumstoffe

Schaumstoff-Struktur		überwiegend geschlossenzellig						offenzellig	
Rohstoff-Gruppe		Polyethylen			Polyvinylchlorid		Melaminharz	Polyurethan	
Schäumverfahren		Partikel-schaum	extrusions-vernetzt		hochdruckgeschäumt		band-geschäumt	blockgeschäumt Polyester- Typen	blockgeschäumt Polyether- Typen
Rohdichtebereich	kg/m³	25–40	30–70	100–200	50–70	100	10,5–11,5	20–45	20–45
Bruchspannung	N/mm²	0,1–0,2	0,3–0,6	0,8–2,0	0,3	0,5	0,01–0,15	ca. 0,2	ca. 0,1
Bruchdehnung	%	30–50	90–110	130–200	80	170	10–20	200–300	200–270
Stauchhärte (40%)	N/mm²	0,03–0,06	0,07–0,16	0,25–0,8	0,02–0,04	0,05	0,007–0,013	0,003–0,006	0,002–0,004
Druckverformungsrest (70 °C, 50%)	%	–	10–4	3	33–35	32	ca. 10	4–20	ca. 4
Stoßelastizität	%	40–50	45	–		ca. 50	–	20–30	40–50
Temperatur-Anwendungsbereich	°C	bis 100	–70 bis 85	–70 bis 110	–60 bis 50		bis 150	–40 bis 100	
Wärmeleitfähigkeit	W/mK	0,036	0,04–0,05	0,05	0,036	0,041	0,033	0,04–0,05	
Wasserdampf-Diffusions-Widerstandszahl	μ	400–4000	3500–5000	15 000–22 000	50–100	–	–	–	–
Wasseraufnahme bei 7 Tagen Wasserlagerung	Vol.-%	1–2	0,5	0,4	1–4	3	ca. 1	–	–
Dielektrizitätszahl (50 Hz) ε		1,05	1,1	1,1	1,31	1,45	–	1,45	1,38
Diel. Verlustfaktor (50 Hz) tan δ		0,0004	0,01	0,01	0,06	0,05	–	0,008	0,003

Tafel 5.13 Eigenschaften von Schaumstoffen

Kunststoff	s. Abschn. Nr... in Kap 4	Raumgewicht	Wärmeleitfähigkeit.	Stauchhärte bei 10% Verf.	Druckfestigkeit	Zugfestigkeit	Dauergebrauchs-Temperatur
		kg/m^3	W/mK,ca	Mpa	Mpa	Mpa	°C
PS	2,1	15	0.037	0,07-0,12		0,15-0,23	70
		20	0,035	0,12-0,16		0,25-0,32	80
		30	0,032	0,18-0,26		0,37-0,52	70
PVC	2.6	50-130	0,036-0,04		0,3-1,1		60
PES	7.4	45-55	0,05		0,6		180
PF	16.1	40-100	0,02-0,03		0,2-0,9		130
MF	16.2		0,054	0,0284 bei 40%			150
UF, Spritzschaum	16.2	5-15	0,03		0,01-0,05		

Tafel 5.14 Temperaturkennwerte von Kunststoffen und Kautschuken

Abschn. Nr.... in Kap. 4	Kunststoff	Glasgehalt	HDT / A	Gebrauchstemperatur °C			T_S/T_M	T_G
		%	°C	max. kurzzeitig	max. dauernd	min. dauernd	°C	°C
1,1	PE-LD	0	ca. 35	80-90	60-75	-50	110	-30
1,1	PE-HD	0	ca 50	90-120	70-80	-50		
1,1	PE-LD-UHMW	0	ca 50	150	100	-260		
1,2	PE-X	0	40-60	200	120			
1,4	EVAC	0		65	55	-60		66
1,4	EIM	0		120	100	-50		
1,5	PP	0	55-70	140	100	0- -30	160-170	0 b.-10
1,5	PP	30	120	155	100	0- -30	160-170	0 b.-10
1,8	PB	0	55-60	130	90	0		
1,8	PIB	0		80	65	-40		-70
1,9	PMP	0	40	180	120	0		
1,9	PDCPD	0	90-115					
2,1	PS	0	65-85	75-90	60-80	-10		95-100
2,2	SAN	0	95-100	95	85	-20		110
2,2	SB	0	72-87	60-80	50-70	-20		
2,2	ABS	0	95-105	85-100	75-85	-40		80-110
2,2	ASA	0	95-105	85-90	70-75	-40		100
2,9	PVC-U	0	65-75	75-90	65-70	-5		85
2,6	PVC-C	0		100	85			85
2,10	PVK	0	150-170	170	150	-100		173
2,10	PVC-P	0		55-65	50-55	0- -20		ca.80
3,1	PTFE	0	50-60	300	260	-270	327	127

Tafel 5.14 (Forts.) Temperaturkennwerte von Kunststoffen und Kautschuken

Abschn. Nr.... in Kap. 4	Kunststoff	Glasgehalt	HDT / A	Gebrauchstemperatur °C			T_S/T_M	T_G
		%	°C	max. kurzzeitig	max. dauernd	min. dauernd	°C	°C
3,1	PCTFE	0	65-75	180	150	-40		
3,1	PVDF	0	95-110		150	-60	140	40
3,1	PVF	0			120	-60	198	-20
3,2	FEP	0		250	205	-200	290	
3,2	ECTFE	0	75	160	140	-75	190	45
3,2	ETFE	0	75	200	155	-190	270	
3,2	ETFE	25	210	220	200		270	
3,2	PFA	0	45-50	250	200	-200		
3,2	[AF], (Teflon AF)	0		300/570	260/500	-58/-50		160/240
3,2	THV	0			130	-50	160-180	
4,2	PMMA	0	75-105	85-100	65-90	-40		105-115
4,2	AMMA	0	73	80	70			80
4,9	PPE mod.	0	135	120-130	100-110			
4,9	PPE mod.	30	160					
4,9	PPE+PA 66	0		210				
3.2	TFB	0			130	-100		
5,1	POM-H	0	100-115	150	110	-40	175	25
5,1	POM-H	30	160	150	110	-60	175	25
5,1	POM-R	0	110-125	110-140	90-110		165	
5,1	POM-R	30	160	110-150	90-110		165	
6,1	PA 6	0	55-85				220	55
6,1	PA 6	30	190-215	140-180	80-110	-30	220	55
6,1	PA 11	0	55	140-150	70-80	-70	185	50

Tafel 5.14 (Forts.) Temperaturkennwerte von Kunststoffen und Kautschuken

6,1	PA 12	0	40-50	140-150	70-80	-70	180	50
6,2	PA 66	0	70-100	170-200	80-120	-30	260	80
6,2	PA 66	30	235-250	190-240	100-130		260	80
6,2	PA 46	0	160		140		295	85
6,2	PA 46	30	285		160		295	85
6,2	PA 610	0	90	140-180	80-110		215	55-60
6,2	PA 612	0		130-150	80-100			55-60
6,3	PA-MXD6	30	228	190-230	110-140		240	85-100
6,4	PA 6-3-T	0	120	130-140	80-100	-70	240	150
6,4	PA 6T	0		120-130	70-90		(500)	
6,4	PA 6/6T	0					295	115
6,4	PA PACM 12	0	105		ca. 100		250	140
6,4	PA 6T/6I	0					330	130
6,5	PMPI	0		260				
6,5	PPTA	0		>250	>200			
6,6	PPA	0	120				Ts	Tg
6,6	PPA	33	285					
6,6	PPA	45	290					
7,1	PC	0	125-135	115-150	115-130	-150	220-260	150
7,1	PC+ABS	0	105					
7,1	PC+ASA	0	109					
7,1	PC	30	135-150	115-150	115-130	-150		
7,1	PC-TMC	0						239
7,3	PET	0	80	200	100-120		255	98
7,3	PET	30	220-230	220	100		255	98
7,3	PBT	0	65	165	100		225	60

Tafel 5.14 (Forts.) Temperaturkennwerte von Kunststoffen und Kautschuken

Abschn. Nr.... in Kap. 4	Kunststoff	Glasgehalt	HDT / A	Gebrauchstemperatur °C			T_S/T_M	T_G
		%	°C	max. kurzzeitig	max. dauernd	min. dauernd	°C	°C
7,3	PBT	30	200-210	220	100		225	60
7,3	PET+PS	0		200	100	-20		
7,3	PBT+PS	0		165	100	-30		
7,3	TPE-E	0		100	80	-40		
7,4	PEC	0	150-160	185	175			
7,4	PSU	30	185		160			190
7,4	PES	0	203	260	190			225
7,4	PPSU	0						221
7,4	PAR	0	155-175	170	150		420	
7,4	PAR 15	0	237	200				250
7,4	PAR 25	0	307	300				325
8,1	PPS	0	135	300	200-240		285	85
8,1	PPS	30	255	300	200-240		285	85
8,2	PES	0	200-210	180-260	160-200			225
8,2	PES	30	210-220	180-260	160-200			225
8,2	PSU	0	175	170	160	-100		190
8,2	PSU	30	185	180	160	-100		190
9	PPE+PS	0	115/130	120	100	-30		140
9	PPE+PS	30	137/144	130	110	-30		140
11	PAEK	0	200				380	170
11	PAEK	30	320		240-250		380	140-170
11	PEK, PEKEKK	0	170	300	260		365-380	175
11	PEEKK	0					360	160

Tafel 5.14 (Forts.) Temperaturkennwerte von Kunststoffen und Kautschuken

11	PEEK	0	140	300	250		335-345	145
11	PEEK	30	315	300	250		335-345	145
11	PEEEK	0					324	110
11	PEEKEK	0					345	148
11	PEEKK	0	103	260	220		365	167
11	PEEKK	30	165	300	250		365	167
11	PEKEK	0					384	160
11	PEKK	0		350	260		391	165
12,1	PI	0	280-360	400	260			250-270
12,1	PI	30	360	400	260			250-270
12,1	PI-Formstoff	diverse		400	260	-240		
12,1	PBMI	40	>300	250	190			
12,1	PBO	0			<500		525	
12,2	PEI	0	190-200		170	-170		215
12,2	PEI	30	195-215		170	-170		215
12,2	PAI	0	280	300	260	-260		240-275
12,2	PAI	30		300	260	-260		240-275
12,2	PISO	0		>250	210		250-350	273
12,2	PMI (Schaum)	0			180			
12,2	PMMI	0	130-160		120-150			
12,2	PESI	0			200			
13	LCP, Vectra	0	170		220		285	
13	LCP, Vectra	30	230		220		285	
13	LCP	0	180-240		185-250		275-330	160-190
13	LCP-A	50	235					
13	LCP-C	50	250					

Tafel 5.14 (Forts.) Temperaturkennwerte von Kunststoffen und Kautschuken

Abschn. Nr.... in Kap. 4	Kunststoff	Glasgehalt	HDT / A	Gebrauchstemperatur °C			T_S/T_M	T_G
		%	°C	max. kurzzeitig	max. dauernd	min. dauernd	°C	°C
15	PUR-Gießharz	0		70-100	50-80			15-90
15	TPE-U	0		110-130	80	-40		-40
16	PF Typ 31, 51, 74, 84	diverse	160-170	140	110-130			
16	PF Typ 13	diverse	170	150	120			
16	PF Typ 4111	diverse	240		170			
16	UF	diverse		100	70			
16	MF Typ 150/52	diverse	155	120	80			
16	MF Typ 156	diverse	180					
16	MF Typ 156	diverse	180					
16	MPF 1206	diverse	190		160			
16	MPF Typ 4165	20-30	165					
16	EP Typ 891	ca.20		180	130			
16	EP Typ 8414	25-35	150	180	130			
17,4	UP	0	50-80	160-180	120-140			70-120
16	UP Typ 802/4	10-20	250	200	150			
16	UP Typ 3620	diverse	110					
16	UP Typ 3410	diverse	270		200			
16	PDAP	diverse	160-280	190-250	150-180	-50		
16	SI	30	480	250	170-180	-50		
18,1	TPE-A, PEBA 6	0		160	80	-40		
18,1	TPE-A, PEBA 12	0			85	-60		80
18,1	TPE-A, (PEBA)	0		145-170	80-135	-40		
18,2	TPE-E, Ether/Ester	0		150	120/150	-65		160/120

Tafel 5.14 (Forts.) Temperaturkennwerte von Kunststoffen und Kautschuken

18,2	TPE-E, [TE-(PE-STEST)]	0		140	115	-55/-65		160-220
18,2	TPE-E, [TE-(PEEST)]	0		120	110	-55/-65		160-220
18,3	TPE-O	0			115	-50		160
18,3	TPE-O, EVA-PVDC	0		100		-40		
18,3	TPE-V, PP-EPDM	0		145	125	-50		160
18,3	TPE-V, PP-NBR	0		110		-40		160
18,3	TPE-O	0		110-120	95	-50/-60		160
18,3	TPE-V	0		125-135	110	-50/-60		160
18,4	TPE-S, SES	0		90	80	-40		95
18,4	TPE-S, SEBS	0		150	130	-50		
18,4	TPE-S	0		110-120	80-85	-60/-70		95
18,5	TE-U(ET/ES)	0		110	100/80	-50		130/200
18,5	TE-U(ES)ES	0		110	80	-50/-60		130-200
18,5	TE-(PEUR)	0		130	100	-50/-60		130-200
19,1	CA	0		80	70	-40		
19,1	CP	0		80-120	60-115	-40		
19,1	CAB	0		80-120	60-115	-40		
19,1	VB	diverse		180	105	-30		

Tafel 5.15. Gebrauchstemperaturen von Kautschuken

Abschn. Nr.... in Kap.7	Kautschuk	Gebrauchstemperatur °C		
		max. kurzzeitig	max. dauernd	min. dauernd
3	NR	90	70	-50
3	CR	130	110	-40
3	SBR	120	100	-40
3	NBR	130	100	-30
3	IIR		130	-40
3	NBR hydriert	150		
4	EP(D)M	150	130	-40
4	AECM	200	170	-25
4	EAM		150	-10
4	CSM		120	-20
4	ACM,ABR,ANM		150	-25
4	FKM	250	200	-20
5	CO,ECO,ETER		120	-40
6	Q-Kautschuk	ca. 300	ca. 180	-60 b. -100
6	MVFQ		175	-60
6	PNF		150	-50

Tafel 5.16. Heizwerte von Polymeren und Brennstoffen

Heizwert in kWh/kg	Polymere (ohne Zusatzstoffe)	Brennstoffe (Beispiele)
>10	Polyolefine, Dien- und Olefinkautschuk, PS, S/B, SAN, ABS, ASA, E/VA, E/VAL, (PPE+S/B)	Heizöl, Benzin
>7 – 10	A/MMA, MBS, S/MMA, S/MA/B, Polyamide, PVAL, PC, PEC, PBT, PPS, PSU, PPSU, PEI, PEEST, EP, PF, UP, LCP (Copolyester), PAEK	Steinkohle
>4 – 7	PMMA, PUR, POM, PET, PVC, VC/VAC, PVF, CSF, PEESTUR, PEBA, PBI, PES, Cellulose, Celluloseester und -ether, Stärke	Holz, Papier, Braunkohlenbrikett
>1,5 – 4	PVC-C, VDC/VC, PVDF, VDF/HFP, E/TFE, E/CTFE, UF, MF, VF	Rohbraunkohle
bis 1,5	PTFE, FEP, PCTFE, PFA	keine Brennstoffe

Tafel 5.17 Elektrische Kennwerte leitfähiger Kunststoff-Compounds

Kunst-stoff	Füllstoff-Art	Füllstoff-Gehalt	spez. Durchgangs-widerstand	Spez. Oberflächen-widerstand	Schirm-dämpfung 30-1.000MHz
		%	Ωcm	W	dB
PVC	Polyanilin	30	1		>40
PA 66	Polyanilin	30	4		
PE	Ruß	7	7		18-20
PP	Ruß	20	10-20		
PVC	Ruß	7	2		35-40
PS	Ruß	25	10^1		
PC	C-Fasern	10	10^1-10^4	10^5-10^6	
PC	C-Fasern	20	10^1-10	10^1-10^4	
PC	C-Fasern	30	10^1-10	10^1-10^4	
PC	C-Fasern	40	10^0-10^1	10 -10^1	
PEI	C-Fasern	30	10 -10^1	10^1-10^4	
PPS	C-Fasern	40	10^0-10^1	10 -10^1	
PET	C-Fasern	30	10^0-10^1	10 -10^1	
PBT	C-Fasern	30	10^0-10^1	10 -10^1	
PA 66	C-Fasern vernickelt	40	10^{-2}-10^{-1}		64-78
PPS	C-Fasern vernickelt		10^{-2}-10^{-1}		45-70
ABS	Al-Flocken	30	ca 10		
PA 66	Stahlfasern	5	1-10		30-40
PA 66	Stahlfasern	15	10^{-2}-10^{-1}		43-68
PC	Stahlfasern		1-10		28-36
PC	Stahlfasern		10^{-2}-10^{-1}		39-58

Tafel 5.18. Leitfähigkeit intrinsisch leitfähiger Kunststoffe
(S.auch Abschn. 4.20.2. Weitere Werte s.: Werkstoffe und Bauelemente der Elektronik, Polymere, H. Schaumburg, B.G. Teubner, Stuttgart 1997)

Kunststoff	Kurzzeichen	Dotierung	Leitfähig-keit
			S/cm
Polypyrrol	PPY	BF_4	100
Polypyrrol	PPY	SO_3	160
Polyacetylen	PAC	AsF_5	970
Polyacetylen verstreckt	PAC	AsF_5	3.200
Polyanilin		BF_4	10
Poly(p-phenylen)	PPP	AsF_5	500
Poly(p-phenylen)	PPP	Na	3.000
Polyfuran		CF_3SO_3	50
Poly(p-phenylvinyliden) verstreckt	PPV	AsF_5	500
Polythiophene		CF_3SO_3	20

Tafel 5.19. Kennwerte der elektrostatischenAufladbarkeit für einige Kunststoffe und verschiedene Reibpartner.

Kunststoff	Reibpartner	Grenzaufladung in V/cm		Halbwertzeit in s	
		40% r.F.	65% r.F.	40% r.F.	65% r.F.
ABS	PA 66-Gewebe	−1300 bis −2200	−950 bis −1900	28 bis 42	9 bis 24
	PAN-Gewebe	+290 bis +820	+120 bis +600	13 bis 45	6 bis 30
ABS (antistatisch)	PA 66-Gewebe	+1000 bis +2000	+1000 bis +3000	1000 bis 3000	300 bis 600
	PAN-Gewebe	+2000 bis +4300	+1000 bis +2300	1000 bis 3000	500 bis 600
SB	PA 66-Gewebe	−7200	−6200	>3600	>3600
	PAN-Gewebe	−5600	+600	>3600	>3600
PC	PA 66-Gewebe		+5100		>3600
	PAN-Gewebe	+7200	+5600	>3600	>3600
POM	PA 66-Gewebe	+5400	+3000	3000	1600
	PAN-Gewebe	+5600	+5500	3200	1200
CA	PA 66-Gewebe	−3000	−3900	35	3
	PAN-Gewebe	+1200	+1100	30	3
CP	PA 66-Gewebe	−3400	−500	>3600	360
	PAN-Gewebe	+6900	+5100	>3600	500
CAB	PA 66-Gewebe	+3800	–	1100	
	PAN-Gewebe	+5900	+5700	850	180
PP (normal)	Wollfilz	−3900		1080	
PP (antistatisch)	Wollfilz	− 800		300	
PMMA	Wollfilz	+7800		–	
PF Typ 31	Wollfilz	+1200		60	
SAN	Chromleder	+4800		1200	

Tafel 5.20 Eigenschaften transparenter Kunststoffe

s. Abschn. Nr.... in Kap. 4	Werkstoff	Lichtdurchlässigkeit	Brechungs-index n_D bei 20°C	E-Modul Mpa	Streckspannung Mpa	Dichte g/cm^3
	Krongläser	glasklar	1,4-1,6			
	Flintgläser	glasklar	1,53-1,59			
	Wasser	glasklar	1,33			
1,1	PE	transparent bis opak	1,51	200-1400	8-30	0,915-0,96
1,4	EIM	transparent	1,51	150-200	7-8	0,94-0,95
1,5	PP	transparent bis opak	1,5	800-1100		0,9
1,9	PMP	glasklar bis opak	1,46	1200-2000	10-15	0,83-0,84
2,1	PS	glasklar	1,58-1,59	3100-3300	42-65	1,05
2,2	SB	opak		2000-2800	25-45	1,03-1,05
2,2	ABS	transparent bis opak	1,52	220-3000	45-65	1,03-1,07
2,2	SAN	glasklar bis opak	1,57	3600-3900	70-85	1,08
2,2	SMMA	transparent		3400	70-83	1,08-1,13
2,2	SMSA	transparent		3500	60	1,07-1,17
2,4	SBS	glasklar		1100-1900		1,0-1,2
2,6	PVC-U	glasklar bis opak	1,52-1,54	2900-3000		1,37
2,6	PVC-HI	glasklar bis opak		2300-3000	40-55	1,36
3,1	PTFE	opak	1,35	400-700		2,13-2,23
3,1	PCTFE	opak	1,43	1300-1500		2,07-2,12
3,1	PVDF	transparent bis opak	1,42	2000-2900	50-60	1,76-1,78
4,1	PBA	transparent	1,467			
4,2	PMMA	glasklar	1,49	3100-3300	62-75	1,18

Tafel 5.20 (Forts.) Eigenschaften transparenter Kunststoffe

s. Abschn. Nr.... in Kap. 4	Werkstoff	Lichtdurchlässigkeit	Brechungs-index n_D bei 20°C	E-Modul Mpa	Streckspannung Mpa	Dichte g/cm^3
4,2	MBS	transparent		2000-2600		1,11
4,2	MABS	transparent		2000-2100		1,08
4,3	PMMA-HI	glasklar		600-2400	20-60	1,12-1,17
5	POM	opak	1,49	2800-3200	60-75	1,39-1,42
6	PA 6/11/12/66	transparent bis opak	1,52-1,53			
6,4	PA 6-3-T kond.	transparent	1,57	2800-3000	80-90	1,12
7,1	PC	glasklar	1,58-1,59	2400	55-65	1,2
7,3	PBT	opak	1,55	2500-2800		1,30-1,32
7,3	PET amorph	glasklar bis transparent	1,57	2100-2400	55	1,34
7,3	PET	transparent bis opak		2800-3000	60-80	
7,3	PET glykolmod.	opak		1900-2100		1,23-1,26
7,4	PSU	transparent bis opak	1,63	2500-2700	70-80	1,24-1,25
7,4	PES	transparent bis opak	1,65	2600-2800	80-90	1,36-1,37
7,4	APE (PEC)	transparent	1,57-1,58	2300	65	1,15-1,18
9	PPE+PS	opak		1900-2700	45-65	1,04-1,06
16,1	PF	transparent	1,63			
16,4	EP	glasklar bis opak	1,,47			
16,5	UP	glasklar	1,54-1,58			
19,1	CA	glasklar	1,47-1,50	1000-3000	25-55	1.26-1,32
19,1	CAB	glasklar	1,48	800-2300	20-55	1,16-1,22
19,1	CAP	glasklar	1,47	1000-2400	20-50	1,17-1,24
19,1	CAP	glasklar bis transparent		1000-2100		1,19-1,22

Tafel 5.21. Wasseraufnahme bis zur Sättigung und Diffusionskoeffizienten für Wasser

Kunststoff	Wasseraufnahme		Diffusionskoeffizient D
	Normklima 23 °C/50% r. F.	Wasser 23 °C	10^{-6} mm²/s
PE-LD		0,002 bis 0,2	ca. 0,14
PE-HD		0,002 bis 0,2	ca. 0,74
PP		>0,02	ca. 0,24
PMP		ca. 0,05	
PS		0,2 bis 0,3	
SAN		ca. 0,2	
ABS		ca. 0,7	
E-PVC	ca. 0,18	0,5 bis 3,5 (60 °C)	
S-PVC		0,3 (60 °C)	
PMMA		1,6 bis 2	
POM	ca. 0,3	ca. 0,6	
PPE + PS		ca. 0,15	
PPE + PS-GF	ca. 0,03	ca. 0,15	
PC	ca. 0,2	ca. 0,4	
PET	ca. 0,35	0,5 bis 0,7	
PET-GF 33	ca. 0,2	0,25	
PBT	ca. 0,45	ca. 0,45	
PBT-GF 33	0,1 bis 0,2	0,1 bis 0,2	
PSU	ca. 0,25	ca. 0,6	
PA 6	2,8 bis 3,6	9 bis 10	ca. 0,4
PA 8	1,8 bis 2,1	3,5 bis 4,2	
PA 9		ca. 2,5	
PA 11	0,8 bis 1,2	ca. 1,8	
PA 12	0,7 bis 1,1	1,3 bis 1,9	
PA 66	2,5 bis 3,5	7,5 bis 9	ca. 0,2
PA 68	ca. 3	4 bis 4,5	
PA 610	1,5 bis 2	3 bis 4	
PA 612	1,3 bis 2	2,5 bis 2,8	
PA 6-3-T	2,6 bis 3	6,2 bis 7	
PA Guß	2,3 bis 2,7	7 bis 8	ca. 0,32
PA 6-GF 30	1,5 bis 2	ca. 6	ca. 0,4
PA 66-GF 30	1 bis 1,5	ca. 5,5	ca. 0,2
PA 11-GF 30	ca. 0,54	ca. 1,2	
PA 12-GF 30	ca. 0,45	ca. 1,1	
CA		3,8 bis 5	
CAB		2 bis 2,5	
CP		2,3 bis 2,7	
UP		ca. 0,4	
UP-GF		0,5 bis 2,5	
EP	0,5 bis 0,8	0,7 bis 1,5	0,2 bis 0,3
EP-GF 55	0,3 bis 0,5	ca. 0,8	
PAI		0,22 bis 0,28	
PVDF		ca. 0,25	
PES	ca. 0,15	ca. 2,1	
PI	ca. 1,2	ca. 3	

Tafel 5.22. Chemikalienbeständigkeit

Kunststoff-Kurzzeichen		Säuren			Laugen					Lösungsmittel												
	Wasser	schwach	stark	Flußsäure	schwach	stark	anorganische Salze	Halogene	oxyd. Verbindungen	Paraff. Kohlenwasserst.	Halogen-Alkane	Alkohole	Äther	Ester	Ketone	Aldehyde	Amine	org. Säuren	aromat. Verbindungen	Kraftstoffe	Mineralöl	Fette, Öle
PE-LLD	+	+	+	+	+	+	+	−	−	⊗	−	○	−	○	○			+	−	⊗	○	⊕
PE-LD	+	+	+	+	+	+	+	−	−	⊗	−	+	○	⊕	⊕	⊕	+	+	⊕	⊕	⊕	⊕
PE-HD	+	+	+	+	+	+	+	−	−		⊗	+	○	+	+			+	⊕	⊕	⊕	+
PE-C	+	+	+		+	+	+	○	○	⊕	⊗	+	○	−	○	⊗	+	⊕	⊗	○	⊕	○
EVA		+	⊗		+	+	+	−	⊗	⊗	−	⊕	⊗	⊗	−	+	⊕	⊕		○	○	⊕
PIB	+	+	+	+	+	+	+	○	○	−	−	+	−	−	⊗	⊕	+	+	−	−	−	
PP	+	+	⊕	⊕	+	+	+	⊗	−	⊕	⊗	+	○	⊕	⊕	+	+	⊕	⊗	⊕	+	+
PMP	+	+	+		+	+	+	−	⊗	−	⊗	⊕	−	⊗	○	+		⊕	⊗	○	⊕	+
PS	+	+	⊕	⊕	⊕	+	+	−	○	⊗	−	+	⊗	−	−	⊗	+	⊕	⊗	⊗	○	+
S/B	+	+	○	○	+	+		−	−		−	⊕	−	−	−				−	⊗	○	+
SAN	+	+	⊕	+	+	+	+	−	−	⊕	−	⊕	−	−	−	⊗	+	⊕	−	⊕	+	+
ABS	+	+	⊕	+	+	+	+	−	⊗	○	−	⊕	−	−	−	⊗	+	+	−	+	+	+
PVC-U	+	+	+	+	⊕	+	+	○	⊕	⊕	⊗	+	⊗	−	−	⊗	⊕	⊕	⊗	⊗	+	+
PVC/VAC		+	○		+		+		○		−	+		−	−	+	+	⊕	−	+		+
PVC-P	+	+	⊕		+	○	+	○	⊕		−	⊗	⊗	−	−	+	+	⊕	−	−	○	○
PTFE	+	+	+	+	+	+	+	+	+	+	+	+	+	+	+	+	+	+	+	+	+	+
PCTFE	+	+	+	+	+	+	+	⊕	⊕		⊗	+	−	⊗	+	+		⊗	⊗	+	+	+
PMMA	+	⊕	⊗	○	+	+	+	○	○	⊕	−	○	⊕	−	○	+	+	⊗	⊗	⊕	+	+
AMMA	+	+	+	○	⊕	⊕		○	○		⊗	+	+	+	−				⊕	+	+	+
POM	+	⊕	−		+	+	+	−	⊗	+	⊗	+	+	⊕	+	⊕		⊕	⊕	+	+	+
PPE + PS	+	+	+		+	+	+											+				
CA	+	+	−	−	○	−	+	−	−	+	⊗	○	+	−	−	○	⊗	⊗	⊕	⊕	+	+
CTA	+	⊕	−	−	○	−	+	−	−	+	⊗	○	+	−	−	+	⊕	⊗	⊕	⊕	+	+
CAB	+	+	−	−	⊕	○	+	−	⊗	+	−	⊗	⊗	−	−	+	⊕	⊕	−	+	+	+
CP	+	○	−	−	−	−	+	−	−	+	−	−	−	−	−	+	⊕	⊕	−	+	+	+
PC	+	+	⊗	⊕	−	−	⊕	+	○	⊕	−	⊕	−	○	○	−	−	○	−	⊕	+	+
PETP		+	⊕		⊕		+		+	+	⊗	⊕	+	+	+			+	+	+	+	+
PBT		○	⊗		+	+	+			+	⊗	+	+	○	⊗			⊕	⊕	+	+	+
PA 6	+	−	−	−	⊕	+	+	−	−	⊕	⊕	⊕	+	+	+	⊕	+	⊕	⊕	+	+	+
PA 12	+	−	−	−	⊕	⊕	+	−	−	+	⊕	⊕	+	+	+	○	+	⊕	⊕	+	+	+
PA 66	+	−	−	−	⊕	+	+	−	−	⊕	⊕	⊕	+	+	+	⊕	+	⊕	⊕	+	+	+
PA 610	+	−	−	−	⊕	+	+	−	−	⊕	⊗	⊕	+	+	+	⊕	+	⊕	⊕	+	+	+
PA arom.	+	⊗	⊗	○	⊕	+	+		+	+	⊕	⊗	+	+	⊕	○		⊗	⊕	+	+	+
PSU	⊕	+	+		+	+	+		+	⊕	−	+			−				−			
PF	+	○	−		○	−					⊕	⊕	⊕	⊕	⊕				⊕	⊕	+	+
UF	+	⊗	−		○	−					⊕	⊕	+	⊕	⊕				⊕	⊕	+	+
MF	+	○	−		⊕	−					⊕	+	⊕	⊕	⊕				⊕	⊕	+	+
UP	+	⊕	○	−	⊕	−	+	⊗	⊗	+	⊗	⊕	⊗	⊗	⊗	⊗	⊕	⊗	⊗	+	+	+
UP*)	+	+	○	−	⊕	+	+	⊗	⊗	+	⊗	+	⊗	⊗	⊗	⊗	⊕	⊗	⊗	+	+	+
EP	+	⊕		+	⊕	⊕	+	+	−		○	+	+	⊗	⊕	⊗	⊕	+	⊗	+	+	+
TPU	+	⊕	○	−	⊕	⊕	+	−	⊗	+	⊗	⊕	⊕	⊕	+	+	+	○	⊕	+	+	+

Tafel 5.23 Chemikalienbeständigkeit von Platten und Dichtungsbahnen.

H = handelsüblich, GL = gesättigte Lösung, TR = technisch rein, S = Suspension oder Aufschlämmung;
+ = beständig, ○ = bedingt beständig, – = nicht beständig

Angriffsmittel	Chemische Bezeichnung	Konzentration %	PVC-U			PVC-P		PE-HD		PP			PE-HD-Dichtungsbahnen[1]	PS	
			20 °C	40 °C	60 °C	20 °C	40 °C	20 °C	60 °C	20 °C	60 °C	100 °C	23 °C±2 °C	20 °C	50 °C
Akkusäure	H_2SO_4	H	+	+	+	+		+	+	+	+				
Aluminiumchlorid	$AlCl_3$	≤ GL	+	+	+	+	○	+	+	+	+	+	+	+	+
Aluminiumsulfat	$Al_2(SO_4)_3$	≤ GL	+	+	+	+	○	+	+	+	+	+	+	+	+
Ameisensäure	$HCOOH$	≤ 85	+	+	○			+	+	+	○		+	+	○
Ammoniakwasser	NH_4OH	≤ GL	+	+	○	+	○	+	+	+	+		+	+	+
Ammoniumchlorid	NH_4Cl	≤ GL	+	+	+	+	+	+	+	+	+	+	+		
Ammoniumnitrat	NH_4NO_3	≤ GL	+	+	+	+	+	+	+	+	+	+	+	+	+
Ammoniumsulfat	$(NH_4)_2SO_4$	≤ GL	+	+	+	+	+	+	+	+	+	+	+	+	+
Ammoniumsulfid	$(NH_4)_2S$	≤ GL	+	+	+			+	+	+	+		+		
Arsensäure	H_3AsO_4	≤ 30%	+	+				+	+	+	+				
Benzin (C_5-C_{12}-Gemisch)		≤ H	+			–	–	+	○	○	–		+	○	–
Bleiacetat	$Pb(CH_3COO)_2$	≤ GL	+	+	+			+	+	+	+			+	+
Bleichlauge	$NaOCl$	12% aktives	+	+	○	+		○	–	○	○	–	+	+	+
(Natriumhypochlorit)		Chlor													
Borax (Natriumtetraborat)	$Na_2B_4O_7$	≤ GL	+	+	+	+		+	+	+	+	+		+	+
Borsäure	H_3BO_3	TR	+	+				+	+	+	+	+		+	+
Calciumchlorid	$CaCl_2$	≤ GL	+	+	+	+	+	+	+	+	+	+	+	+	+
Calciumnitrat	$CA(NO_3)_2$	≤ GL	+	+	+	+	+	+	+	+	+	+	+		

[1] Wassergefährdende Flüssigkeiten, die in einem Auffangraum gelagert werden dürfen, wenn die Saxolen-PE-HD-Dichtungsbahn als Abdichtungsmittel verwendet wird. Die vollständige Medienliste ist im Prüfbescheid (Prüfzeichen PA-VI 222.270) enthalten

Tafel 5.23 (Forts.) Chemikalienbeständigkeit von Platten und Dichtungsbahnen.

Angriffsmittel	Chemische Bezeichnung	Konzentration %	PVC-U			PVC-P		PE-HD		PP			PE-HD-Dichtungsbahnen[1)]	PS	
			20 °C	40 °C	60 °C	20 °C	40 °C	20 °C	60 °C	20 °C	60 °C	100 °C	23 °C±2 °C	20 °C	50 °C
Chloressigsäure (Monochloressigsäure)	$CH_2ClCOOH$	≤ 20%	+	+	○			+	+	+	+			+	○
Chromsäure	H_2CrO_4	≤ 10%	+	+	+	+	+							+	○
Chromschwefelsäure	$CrO_3+H_2SO_4$	150 g/l + 50 g/l	+	+				–		–				○	
Chromschwefelsäure	85,5 Vol% H_2SO_4 4,5% Vol% H_2CrO_4 10 Vol% H_2O	96% 50%	+	○	–	–		–		–				○	
Dieselkraftstoff			+	○	–			+	○	+	○		+		
Eisen(II)-Chlorid	$FeCl_2$	≤ GL	+	+	+	+	+	+	+	+	+		+	+	+
Eisen(III)-Chlorid	$FeCl_3$	≤ GL	+	+	+	+	+	+	+	+	+	+	+	+	+
Essigsäure	CH_3COOH	≤ 60%	+	+		○		+	+	+	+	+	+	+	+
Essigsäure (Eisessig)	CH_3COOH	100%	○	–	–	–		+	○	+	○	–		○	–
Fettsäuren	RCOOH	TR	+	+				+	○	+	+				
Fotoentwickler		H	+	+		○		+	+	+	+		+		
Fotofixierbäder		H	+	+		+	+	+	+	+	+		+		
Flußsäure	HF	≤ 40%	+	+	○	+	○	+	○	+				+	+
Formaldehyd	HCHO	≤ 15%	+	+	○			+	+	+	+			+	+
Glycerin	$C_3H_8O_3$	≤ 100%	+	+		○	+	+	+	+	+			+	+
Glykol (Ethylenglykol)	$C_2H_6O_2$	TR	+	+	+	+	+	+	+	+	+	+		+	+
Glykolsäure	$C_2H_4O_3$	≤ Gl	+	+	+			+	+	+			+		

Tafel 5.23 (Forts.) Chemikalienbeständigkeit von Platten und Dichtungsbahnen.

Harnstoff	$CO(NH_2)_2$	≤ GL	+	+	+	+	○	+	+	+	+		+	+	+
Heizöl EL		100%	+	+		○	–	+	○	+	○		+		
Hydroxylaminsulfat	$(NH_3OH)_2SO_4$	≤ 12%	+	+	+			+	+	+	+		+		
Kalilauge	KOH	≤ 50%	+	+	○	○	–	+	+	+	+	+	+	+	+
Kaliumborat	K_3BO_3	≤ GL	+	+	○			+	+	+	+		+		
Kaliumbromat	$KBrO_3$	≤ GL	+	+	○			+	+	+	+	+	+	+	+
Kaliumbromid	KBr	≤ GL	+	+	+			+	+	+	+	+	+	+	+
Kaliumcarbonat	K_2CO_3	≤ GL	+	+	+	+		+	+	+	+	+	+	+	+
Kaliumchlorid	KCl	≤ GL	+	+	+	+	+	+	+	+	+	+	+	+	+
Kaliumnitrat	KNO_3	≤ GL	+	+	+			+	+	+	+		+	+	+
Kaliumpermanganat	$KMnO_4$	≤ 10%	+	+				+	+	+				+	○
Kaliumpersulfat	$K_2S_2O_8$	≤ GL	+	+	○	+	○	+	+	+	+				
Kohlendioxyd gasförmig	CO_2	jede	+	+	+	+	+	+	+	+	+			+	+
Kupfer(II)-chlorid	$CuCl_2$	≤ GL	+	+	+			+	+	+			+		
Kupfer(II)-sulfat	$CUSO_4$	≤ GL	+	+	+			+	+	+	+		+	+	+
Magnesiumchlorid	$MgCl_2$	≤ GL	+	+	+			+	+	+	+		+	+	+
Magnesiumsulfat	$MgSO_4$	≤ GL	+	+	+	+	+	+	+	+	+	+	+	+	+
Methylalkohol	CH_3OH	alle	+	+	○	–	–	+	+	+	+		+	+	+
Natriumchlorat	$NaClO_3$	≤ GL	+	+	+	+	+	+	+	+	+	+	+		
Natriumchlorid	NaCl	≤ GL	+	+	+	+	+	+	+	+	+	+	+	+	+
Natriumhypochlorit	NaOCl	12% aktives	+	+	○	+		○	–	○	○	–	+	+	+
Natronlauge	NaOH	> 40–60%	+	+	○	–	–	+	+	+	+	+	+	+	+
Natronlauge	NaOH	15%	+	+	○	+	○							+	+
Nickel(II)-sulfat	$NiSO_4$	≤ GL	+	+	○	+	+	+	+	+	+		+	+	+

Tafel 5.23 (Forts.) Chemikalienbeständigkeit von Platten und Dichtungsbahnen.

Angriffsmittel	Chemische Bezeichnung	Konzentration %	PVC-U			PVC-P		PE-HD		PP			PE-HD-Dichtungsbahnen[1]	PS	
			20 °C	40 °C	60 °C	20 °C	40 °C	20 °C	60 °C	20 °C	60 °C	100 °C	23 °C±2 °C	20 °C	50 °C
Ölsäure		TR	+	+	+	–	–	+	○	+	○	–		+	○
Oxalsäure	$(COOH)_2$	≤ GL	+	+	+	+	○	+	+	+	+	+		+	+
Phenol	C_6H_5OH	50%	+	○	–	○	–	+	+	+	+			○	–
Phosphorsäure	H_3PO_4	≤ 75%	+	+	+			+	+	+	+	+	+	+	+
Quecksilbernitrat	$Hg(NO_3)_2$	S	+	+	+	+		+	+	+	+		+		
Salpetersäure	HNO_3	65%	+	○	–								+	○	–
Salpetersäure	HNO_3	50%	+	○	○	–		○	–	○	–		+	○	–
Salpetersäure	HNO_3	30%	+	+	○	○	○	+	+	+	–		+	+	○
Salpetersäure	HNO_3	10%	+	+	+	○	○						+	+	○
Salzsäure	HCl	≤ 35%	+	+	+	+	○	+	+	+	+	○	+	+	○
Schwefelsäure	H_2SO_4	≤ 90%	+	+	+			+	+	+	○		+	+	–
Schwefelsäure	H_2SO_4	≤ 96%	+	+	○			○	–	○	–		+		
Silbernitrat	$AgNO_3$	≤ GL	+	+	○			+	+	+	+		+	+	+
Stärke (industriell)	$(C_6H_{10}O_5)x$	H	+	+	+			+	+	+	+		+		
Stearinsäure	$C_{18}H_{36}O_2$	TR	+	+	+			+	○	+	○			+	+
Wasserstoffperoxid	H_2O_2	≤ 70%	+	+	○	+	○	○	–	+	○	+	+		
Weinsäure (industriell)	$C_4H_6O_6$	≤ GL	+	+	+	+		+	+	+	+		+	+	+
Zinksulfat	$ZnSO_4$	≤ GL	+	+	+	+	+	+	+	+	+	+	+	+	+
Zinn(IV)-chlorid	$SnCl_4$	≤ GL	+	○		+	+	+	+	+	+		+	+	+
Zitronensäure (industriell)	$C_6H_8O_7$	≤ GL	+	+	+	+	○	+	+	+	+	+	+	+	+

Tafel 5.24. Medien, die Spannungsrisse auslösen

Spannungsrißauslösende Medien	Spannungsrißanfällige Kunststoffe										
	ABS	AMMA	PA	PC	PE	PMMA	PP	PS	PVC	SAN	SB
Aceton	*		*	*				*		*	*
Ethanol	*	*				*		*		*	*
Ether	*				*			*		*	*
Alkohole					*						
Anilin					*		*				
Benzin	*		*		*			*		*	*
Erdöl					*						
Essigsäure					*		*				
Ester					*						
Glyzerin		*				*					
Heizöl					*						
Heptan	*							*		*	*
Hexan	*							*		*	*
Isopropanol	*							*		*	*
Kaliumhydroxid					*						
Ketone				*	*						
Kohlenwasserstoffe, aromat.				*							
Metallhaologenide			*								
Methanol	*							*	*	*	*
Natriumhydroxid		*			*	*					
Natriumhypochlorid					*		*				
Paraffinöl		*				*					
Pflanzenöl	*							*		*	*
Quellmittel, chlorhaltig				*							
Salpetersäure					*		*				
Silikonsäure					*						
Schwefelsäure							*				
Tenside					*						
Terpentin				*			*				
Tetrachlorkohlenstoff			*	*	*						
Wasser		*			*	*					

Tafel 5.25. Empfehlungen für rißauslösende Medien bei Prüfung der Spannungsrißneigung verschiedener Kunststoffe

Kunststoff-Kurzzeichen	Rißauslösende Medien	Eintauchzeit
PE	Tensid-Lösung (2%), 50 °C Tensid-Lösung (2%), 70 °C Tensid-Lösung (5%), 80 °C	>50 h 48 h 4 h
PP	Chromsäure, 50 °C	
PS	n-Heptan Petroleum-Benzin, Siedebereich 50–70 °C n-Heptan : n-Propanol (1:1)	

Tafel 5.25. (Forts.) Empfehlungen für rißauslösende Medien bei Prüfung der Spannungsrißneigung verschiedener Kunststoffe

Kunststoff-Kurzzeichen	Rißauslösende Medien	Eintauchzeit
S/B	n-Heptan	
	Petroleum-Benzin, Siedebereich 50–70 °C	
	n-Heptan : n-Propanol (1:1)	
	Ölsäure	
SAN	Toluol : n-Propanol (1:5)	15 min
	n-Heptan	
	Tetrachlorkohlenstoff	
ABS	Dioctylphthalat	
	Toluol : n-Propanol (1:5)	
	Methanol	15 min
	Essigsäure (80%)	20 min
	Toluol	1 h
PMMA	Toluol : n-Heptan (2:3)	15 min
	Ethanol	
	n-Methylformamid	
PVC	Methanol	
	Methylenchlorid	30 min
	Aceton	3 h
POM	Schwefelsäure (50%), örtliche Benetzung	bis 20 min
PC	Toluol : n-Propanol (1:3 bis 1:10)	3–15 min
	Tetrachlorkohlenstoff	1 min
	Natronlauge (5%)	1 h
(PC + ABS)	Methanol : Ethylacetat (1:3)	
	Methanol : Essigsäure (1:3)	
	Toluol : n-Propanol (1:3)	
PPE + PS	Tributylphosphat	10 min
PBT	ln-Natronlauge	
PA 6	Zinkchloridlösung (35%)	20 min
PA 66	Zinkchloridlösung (50%)	1 h
PA 6-3-T	Methanol	
	Aceton	1 min
PSU	Ethylenglykolmonoethylether	1 min
	Essigsäure-Ethylester	
	1,1,1-Trichlorethan : n-Heptan (7:3)	
	Methylglykolacetat	
	Tetrachlorkohlenstoff	
	1,1,2-Trichlorethan	1 min
	Aceton	1 min
PES	Toluol	1 min
	Ethylacetat	1 min
PEEK	Aceton	
PAR	Natronlauge (5%)	1 h
	Toluol	1 h
PEI	Propylencarbonat	

Tafel 5.26. Beständigkeit von Kunststoffen.
Beständigkeit: 1 = sehr gut, 2 = durchschnittlich, 3 = wenig beständig

Kunststoff	Bewitterung		Beständigkeit gegen	
	nicht-stabilisiert	stabilisiert	Mikro-organismen	Makro-organismen
PE-LD	3	1 bis 2	1 bis 2	2 bis 3
PE-HD	3	1 bis 2	1 bis 2	2 bis 3
PP	3	2	1 bis 2	2 bis 3
PB	3	2		
PMP	3			
PS	3	2	1	2 bis 3
SB	3			
SAN	3			
ABS	3	2	1	2 bis 3
ASA	3	2		
PVC-U	2	1 bis 2	1 bis 2	1
PVC-P	3	2	2 bis 3	3
PVDC	2 bis 3			
PTFE	1		1	1 bis 2
PCTFE	1		1	1 bis 2
PVF			1	1 bis 2
PVDF	1			
PMMA	1		1 bis 2	1 bis 2
POM	3			
PPO	3			
CA	2 bis 3		2 bis 3	3
CAB	2 bis 3		2 bis 3	3
PC	2			
PET	2			
PA	3		1 bis 2	1 bis 2
PSU	3			
PI	3			
PUR	3		3	1
GF-UP	1 bis 2		1 bis 2	1
EP	2		1	1 bis 2
PF	1 bis 2		1 bis 3	1
MF	1 bis 2		2 bis 3	1
UF	3		1 bis 3	3

Tafel 5.27. Strahlenbeständigkeit von Thermoplasten; Halbwertsdosis (Reißdehnung) bei 20 °C

Kunststoff	Bestrahlung unter O_2-Ausschluß			Bestrahlung in Luft	
	Abbau oder Vernetzung	Gasentwicklung	Halbwertsdosis	Halbwertsdosis bei 500 Gy/h	Halbwertsdosis bei 50 Gy/h
	A/V	$mm^3/(kg \cdot Gy)$	kGy	kGy	kGy
PE-HD	V		60 bis 300	25 bis 95	10 bis 40
PE-LD	V	7	400 bis 1300	180	130
PE-LD-X	V		600 bis 1000	780	640
PE-C			250 bis 600	650 bis 1000	450 bis 1000
PE-LD-X flammgeschützt	V		250	450	450
EPDM	V		100 bis 1000	200 bis 1000	200 bis 600
PP	V	6	30	10 bis 25	6 bis 15
PS	V	0,05	10000	590	560
SAN	V		2000		
SB	V	0,2	2000		550
PVC-U	V	10 bis 30	9000		
PVC-P	V		2000		
PVDC	A			750	370
PA	V	2	140 bis 430	85	47
PC	A		500		
PET	V	0,4	2100	750	400
POM	A	3	200		
PPE + PS	A	9	26	26	
PTFE	A			1,4 bis 4,0	1,4 bis 4,0
PCTFE	A		400		
PVAL	V		330	330	
PVB	V		2000		
CA	A	2	160	160	
CAB	A	3	200		
CN	A	13	130		
CP	A	3	120		
EC	A	3	10		

Tafel 5.28. Einsatzmöglichkeit von Polymeren im nuklearen Bereich (nach Schönbacher)

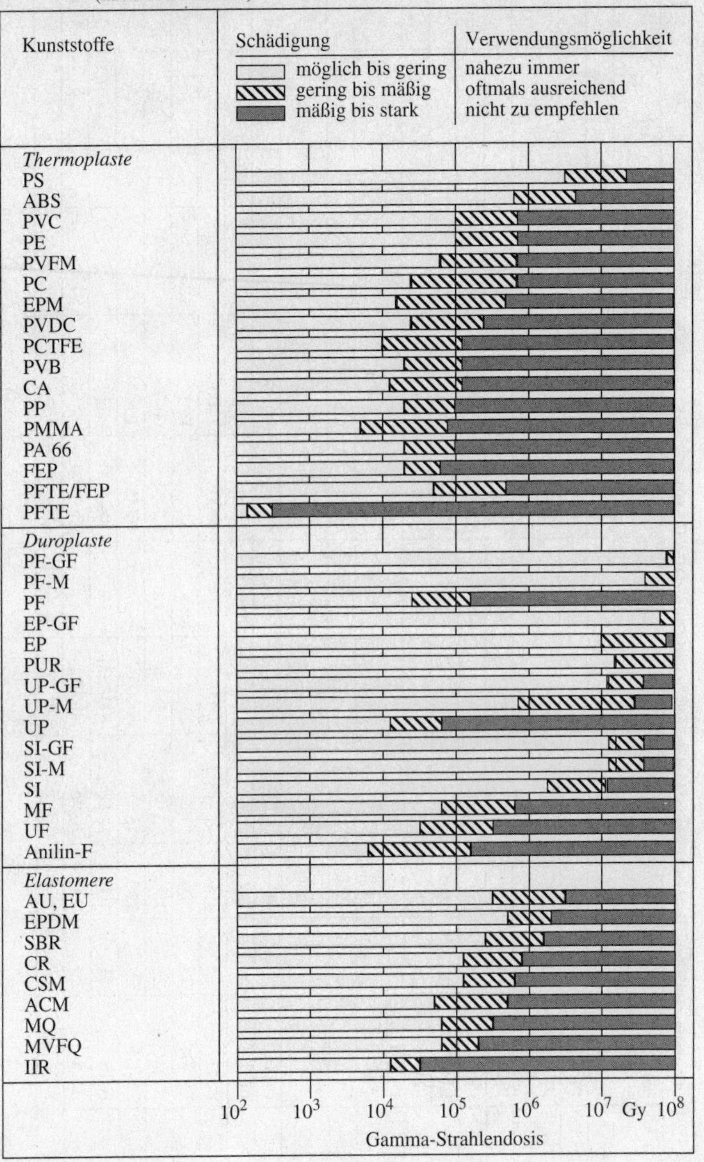

Tafel 5.29 Durchlässigkeiten für Wasserdampf (DIN 53122) und Gase (DIN 53380)

s. Abschn. Nr.... in Kap. 4	Kunststoff	Temperatur	Foliendicke	Wasserdampf	N_2	Luft	O_2	CO_2	H_2	Ar	He	CH_4
		°C	µm	g/m2*d	$cm^3/m^2*d*bar$							
1,1	PE-LD	23	100	1	700	1100	2000	10000	8000			
1,1	PE-LD	20	25	5			5400 (23°C)					
1,1	PE-HD	25	40	0,9	525	754	1890	7150	6000			
1,1	PE-HD	23	100	0,6-1	700	1100	1600-2000	10000	8000			
1,4	EVAL	20	20				0,2-1,8					
1,4	EIM	25	25	25			9300					
1,4	EVAC, 20% VAC	23	100	455	1400		4000	17000				
1,5	PP	23	100	0,7-0,8			600					
1,5	PP	20	25	ca 3,5	2300 (23°C)							
1,5	PP-0	20	25	ca 1,3								
1,5	PP	25	40	2,1	430	700	1900	6100	17700	1480	1920	
2,1	PS	23	100	12	2500		1000	5200				
2,1	PS -0	25	50	14	27	80	235	800	1260			
2,10	PVDC	25	25	0,1-0,2	1,8-2,3	5-10	1,7-11	60-700	630-1400			
2,2	PS-HI	23	100	13	4000		1600	10000				
2,2	ABS	23	100	27-33	100-200		400-900					
2,2	ASA	20	100	30-35	60-70		150-180	6000-8000	50			100-110
2,2	SBS	23	250	6	230		830	4300				

Tafel 5.29 (Forts.) Durchlässigkeiten für Wasserdampf (DIN 53122) und Gase (DIN 53380)

2,6	PVC-U	23	100	2,5	2,7-3,8		33-45	120-160				
2,6	PVC-U	20	40	7,6	12	28	87	200				
2,7	PVC-P	20	40	20	350	550	1500	8500				
3,1	PTFE	23	300	0,03	60-80	80-100	160-250	450-700			1700-2100	
3,1	PVDF	23	60	2,4 (90 µm)	28		94		345		975	
3,1	PCTFE	40	25	0,4-0,9	39		110-230	250-620	3400-52oo			
3,1	PVF	23	25	50	3,8		4,7	170	900			
3,2	ETFE	23	25	0,6	470		1560	3800				
3,2	ECTFE	23	25	9	150		39	1700				
4,1	PAN	20	20	ca 80			15					
5	POM	23	80	12	5	8	24	470	210			12
6	PA 6 u.66	23	100	10-20	1-2		2-8	80-120				
6,1	PA 6	20	20	30			30 (23°C)					
6,1	PA11 u. 12	23	100	2,4-4	0,5-0,7		2-3,5	6-13				
7,1	PC	23	25	4	680		4000	14500	22000			
7,3	PET	23	40	4,5-5,5 (50°C)	6,6	12	30	140	850	16	1170	8
7,3	PET	23	100	5	4		25	90				
7,3	PE T-0	23	25	0,6	9-15		80-110	200-340	1500			
7,4	PSU	23	25	6	630		3600	15000	28000			
12,1	PB1	25	100	6	500		1800	6000	7100			
12,1	PI	23	25	25	94		390	700	3800			
16,1	PF	20	40	43								
16,1	PF Typ 31			300-560								

Tafel 5.29 (Forts.) Durchlässigkeiten für Wasserdampf (DIN 53122) und Gase (DIN 53380)

s. Abschn. Nr.... in Kap. 4	Kunststoff	Temperatur	Foliendicke	Wasserdampf	N_2	Luft	O_2	CO_2	H_2	Ar	He	CH_4
		°C	µm	g/m2*d	cm³/m²*d*bar							
16,2	MF Typ 152	20	40	400								
18,5	TPE-U	23	25	13-25	550-1600		1000-4500	6000-22000				
19,1	CH	20	25	500			250 (23°C)					
19,1	CH lackiert	20	25	5,5			150 (23°C)					
19,1	CA	25	25	150-600	470-630	1800-2300	13000-15000	14000				
19,1	CAB	25	25	460-600	3800		15000	94000				
Folienverbund	SBS+PS 50/50	23	250	4,4	110		530	2300				
Folienverbund	PET-G/ SBS+PS/ PET-G 10/230/10	23	250	4		30190	700					

Tafel 5.30 Temperatur- und Feuchteabhängigkeit der Sauerstoffdiffusion von Barrierefolien

Folie	Temperatur °C	Durchlässigkeit für O_2 in $cm^3/m^2 \cdot d \cdot bar$ bei rel. Luftfeuchtigkeit in %					
		0	50	75	85	95	100
EVAL	23	0,1	0,24		1,5		15
PVDC	23	2,0	2,2	2,2	2,2	2,2	2,2
PAN	23	9	12	12	12	12	12
Verbundfolie PE--LD/EVAL/PE-LD 20/10/30µm	23 30 40	0,3 0,8 1,7	0,45 1,4 4	1,5 5 16		15 38 80	

Tafel 5.31 Permeationswerte für Mischungen aus amorphem PA (Selar PA) und EVAL bzw. PA 6; Foliendicke 25 µm

Selar-PA-Anteil: 0 → 45 %	Mol-% Ethylen in EVAL					
O_2 ($cm^3/m^2 \cdot d \cdot bar$)	32		38		44	
trocken: 23°C / 35% r.F.	< 0,1 →0,2		0,2 →0,4		0,4 →1,8	
feucht: 23°C / 80% r.F.	1,1 →2,3		2,9 →4,0		5,3 →5,7	
	% Selar PA in der Mischung mit PA 6					
O_2 ($cm^3/m^2 \cdot d \cdot bar$)	0	20	30	50	80	100
0°C / 0-5% r.F.	15	15	15	15	15	13
0°C / 95-100% r.F.	55	30	20	8	6	4
30°C / 0-5% r.F.	60	59	59	59	59	57
30°C / 95-100% r.F.	225	210	180	136	84	
H_2O ($g/m^2 \cdot d$)						
23°C / 95% r.F.	186	92	77	44	30	28

Tafel 5.32. Diffusionswiderstandsfaktoren von Bau- und Isolierstoffen

Stoff		Rohdichte kg/m³	Diffusionswiderstandsfaktor μ
Mauerziegel		1360 bis 1860	6,8 bis 10,0
Dachziegel		1880	37 bis 43
Klinker		2050	384 bis 469
Kalksandsteine, Betone		1500 bis 2300	8 bis 30
Gas- und Schaumbeton		600 bis 800	3,5 bis 7,5
Platten aus	Phenolharz-Schaumstoff	23 bis 95	30 bis 50
	Polystyrol-Schaumstoff	14 bis 40	32 bis 125
	Polyurethan-Schaumstoff	40	51
	Polyvinylchlorid-Schaumstoff	43 bis 66	170 bis 328
	Harnstoff-Formaldehyd-Harz-Schaumstoff	12	1,7
Platten aus	Polyesterharz	2000	6180
	Polystyrol	1050	21300
	Polyvinylchlorid	1400	52000
Polyvinylchlorid-Lacke		1400	25000 bis 50000

Tafel 5.33. Brennbarkeitseinstufung nach UL 94

Kunststoff-Kurzzeichen	Flammschutz-ausrüstung	Einstufung nach UL 94	Probekörperdicke mm
PE-LD		HB	
PE-LD	×	V2	
PE-HD		HB	
PE-HD	×	V2	
PP		HB	
PP	×	V2	
PS		HB	
SAN		HB	
SB		HB	
SB	×	V2	
SB	×	V0	
ABS		HB	0,8 bis 3,2
ABS	×	V0	0,8 bis 3,2
ASA		HB	
PVC			
POM		HB	
PA 6		V2	
PA 6	×	V0	
PA 6-GF		HB	0,8 bis 3,2
PA 66		V2	≥0,8
PA 66	×	V0	
PA 61		V2	
PC		V2	1,6 bis 3,2
PC	×	V2/V0	1,6/≥1,6
PC-Cop./TMC		HB	1,6 bis 3,2
PC-Cop./TMC	×	V2/V0	1,6 bis 3,2
PC + ABS		HB	1,6
PC + ABS	×	V0	1,6

Tafel 5.33. (Forts.) Brennbarkeitseinstufung nach UL 94

Kunststoff-Kurzzeichen	Flammschutz-ausrüstung	Einstufung nach UL 94	Probekörperdicke mm
PBT		HB	0,8 bis 3,2
PBT	×	V2/V0	≥0,8/0,8
PBT-GF		HB	0,8 bis 3,2
PBT-GF	×	V0	
PES		V0	
PES-GF		V0	
PAI		V0	≥0,2
PAR		V2	1,6 bis 3,2
PAR	×	V0	≥0,4
PPS		V0	≥0,4
PPS-GF40		V0/5V	≥0,4/≥1,7
PPS-M65		V0/5V	≥0,8/≥6,1
PEEK		V0	≥2
PEK		V0	≥0,8
PEI		V0	≥0,4
PEI-GF		V0	≥0,25
PSU		HB/V0	≥1,5/≥4,47
PSU	×	V0	≥1,5
PPE + PS		HB	≥1,6
PPE + PS	×	V1/V0	≥1,6

Tafel 5.34. Kennzahlen des Stahlsandverschleißes beim Strahlwinkel $\alpha = 45°$

Werkstoff	Härte		Stahlsand Nr.*	Verschleiß-verhältnis** $\dot{V}/\dot{V}_{St 37}$
	Shore D	Vickers		
Stahl TH 80		590	2	0,109
PUR-Elastomer	18		2	0,143
PVC-P	5		2	0,143
PUR-Elastomer	34		2	0,403
PVC-P	10		2	0,42
Gummi	17		2	0,57
PVC-P	14		2	0,96
Stahl St 37		126	1	1,0
PE-HD	60		1	1,06
Stahl St 34		124	1	1,07
PVC-P	17		2	1,12
PA 6	62		1	1,33
PA 6	64		1	1,33
Kupfer		99	1	1,36
PE-LD	42		2	1,4
PE-HD	58		2	1,4
PA 11	71		1	1,81
PE-HD	58		1	2,0
PE-HD	60		2	2,0
PA 6	70		1	2,21
Aluminium		39	2	2,68
Messing		150	1	2,76
Aluminium		29	2	3,23
PA 11	69		1	3,31
PE-HD	52		2	4,2
PE-HD	78		2	6,3
PF-Hartpapier	89		2	8,2
PVC-U	76		2	8,5
Glas	(6 … 7 Mohs)		2	9,7
Blei	(4 Brinell)		2	10,5
PMMA	85		2	10,75
PF-Hartgewebe	92		2	18,5
EP-Glasfaser	86		2	19,5
EP-Quarzmehl	84		2	31

* Nr. 1: Vickershärte 500, Korngröße 0,9 mm;
Nr. 2: Vickershärte 720 bis 810, Korngröße 0,3 bis 0,5 mm.

** auf Stahl St. 37 bezogene Verschleißgeschwindigkeit.

Tafel 5.35. Relative volumetrische Verschleißwerte verschiedener Werkstoffe in einer Sandaufschlämmung

Werkstoff	Dichte g/cm^3	rel. volumetr. Verschleißwert
PE-HD	0,95	330
PE-MD	0,92	600
PE-HD-UHMW	0,94	100
PE-HD-UHMW glaskugelgefüllt	1,14	165
PE-HD-UHMW flammwidrig	0,99	150
PE-HD-UHMW antistatisch	1,02	150
POM-Copolymer	1,42	700
Pertinax	1,4	2500
PMMA	1,31	1800
PVC-U	1,33	920
PP	0,90	440
PTFE	1,26	530
PTFE-GF 25	2,55	570
PTFE + 25% Ruß	2,04	960
PTFE-GF 25 + Metallverbindungen	2,33	750
PET	1,4	610
Buchenholz	0,83	2700
EP + 50 Quarzmehl	1,53	3400
PA 66	1,13	160
PA 12	1,02	260
Gußpolyamid	1,14	150
Stahl St 37	7,45	160

Tafel 5.36. Erosionsgeschwindigkeit bei der Regenerosion

Kunststoffe	Erosionsgeschwindigkeit $\dot{E}_{m2}$ µm/s
PUR-Elastomer, 79 Shore A	0,20
PUR-Elastomer, 93 Shore A	0,58
PUR-Elastomer, 80 Shore A	0,77
PUR-Elastomer, 92 Shore A	0,96
PUR-Elastomer, 91 Shore A	3,64
PA 616	1,49
PA 6	1,92 bis 2,37
PA 610	4,17
PA 11	8,63
PE-LD	3,56 bis 18,3
PE-HD	2,65 bis 19,5
PE-X	10,5
PP	8,48 bis 8,93
PMMA	26,8 bis 113,7
AMMA	100
PVC	26,20
PVC (2% Weichmacher)	38,45
PVC (4% Weichmacher)	111
POM-Copolymer	2,40
PC	20,3
ABS	20,35 bis 21,4
CAB	61,5
UP-GF	244
PS	384,5

Tafel 5.37. Belastbarkeit und Verschleiß von Querlagern beim Gleiten auf Stahl

Kunststoff	p · v-Wert $N/mm^2 \cdot m/s$ Gleitgeschwindigkeit			Relativer Verschleißfaktor (PA 6 = 1)
	0,05 m/s	0,5 m/s	5 m/s	
PE-HD		0,2		–
PE/PTFE 80/20		–		0,22
PS	0,02	0,05	0,02	15
ABS		–		17,5
				–
PTFE		0,09 bis 0,03		5
PFEP				
POM Copolymer	0,13	0,12	0,08 bis 0,05	0,32
PPE + PS	0,02	0,02	0,02	–
PC	0,02	0,02	<0,02	12,5
PBT	0,14		0,1–0,08	1,05
PA 6	0,04	0,08	0,07	1
PA/PE 90/10		0,25		–
PA/PTFE 80/20	0,40	0,7	0,5	0,075
PA 11, PA 12	0,06		0,03	–
PA 66	0,10	0,08	0,05	1
PA/PTFE 80/20	0,5	0,6	0,3	
PA 610, PA 612	0,08	0,07	<0,07	0,9
PSU	0,2	0,2	0,1	7,5
PES	0,6	1,0	0,57	0,3
PPS	0,08	0,1	0,13	2,7
PI		1		
PUR-Elastomer	0,07	0,05	<0,05	1,7

Tafel 5.38. Einfluß von Zusätzen auf das Gleitverhalten von PA 6 bzw. PTFE

Zusätze (Gew.-%) zu PA 6				Relativwerte				
Schmierstoffe		Verstärkungsstoffe		p · v-Wert Gleitgeschwindigkeit v			relativer dyn. Reibungskoeffizient	relativer Verschleißfaktor
PTFE	Silicon	Glasfasern	Kohlefasern	0,05 m/s	0,5 m/s	5 m/s		
–	–	–	–	1	1	1	1	1
20	–	–	–	5	10	4	0,7	0,075
–	2	–	–	1,5	2	5	0,5	0,25
18	2	–	–	5	12	7	0,4	0,055
–	–	30	–	4	4	4	1,2	0,45
15	–	30	–	7	10	9	1	0,085
15	2	30	–	8	8	10	0,8	0,05
–	–	–	30	7	11	5	0,8	0,15
Zusätze (Gew.-%) zu PTFE								
Glasfasern	Bronze	Graphit	MoS_2					
–	–	–	–	1	1	1	1	
15	–	–	–	8	7	6	1,2	
25	–	–	–	8	7	6	1,3	
–	60	–	–	12	9	11	1,2	
20	–	5	–	9	8	9	1,3	
15	–	–	5	9	8	7	1,2	

Tafel 5.39. Gleitreibungskoeffizient von Kunststoffen

Kunststoff	Gleitreibungskoeffizient
PE-HD-HMW	0,29
PE-HD	0,25
PE-LD	0,58
PP	0,30
PS	0,46
SAN	0,52
PTFE	0,22
PMMA	0,54
PET	0,54
POM Homopolymer	0,34
POM Copolymer	0,32
POM + Graphit	0,29
POM + 22% PTFE-Fasern	0,26
PPE + PS	0,35
PA 6	0,38 bis 0,45
PA 6-Guß	0,36 bis 0,43
PA 6-GF 35	0,30 bis 0,35
PA 11	0,32 bis 0,38
PA 66	0,25 bis 0,45
PA 66 + 11% PE	0,19
PA 66 + 3% MoS_2	0,32 bis 0,35
PA 66-GF 35	0,32 bis 0,36
PA 610	0,36 bis 0,44
PES	0,30
PES + 15% PTFE + 30% GF	0,20
PES + 15% PTFE	0,14
PSU (0,5 bis 5 m/s)	0,50 bis 0,23
PBMI + 25% Graphit	0,25
PBMI + 40% Graphit	0,20
PBMI + PTFE	0,17

6 Kunststoff-Halbzeuge in der Anwendung

6 Kunststoff-Halbzeuge in der Anwendung

In diesem Kapittel sollen Einsatzgebiete von Kunststoffen in Form von Halbzeugen beispielhaft aufgezeigt werden.

Aus den Anforderungen eines speziellen Einsatzgebietes und den Eigenschaften des Kunststoffs leitet sich die Qualifikation eines Kunststoffs ab. Die in Kap. 4 den Produkten zugeordneten Kennwerte und die in Kap. 5 nach Eigenschaften sortierten Werte alleine lassen jedoch nicht immer eine Aussage über die Eignung eines Kunststoffs für eine bestimmte Anwendung zu. Die hier dargestellten, in der Praxis bewährten oder durch Normen abgesicherten Anwendungen können jedoch in diesem Zusammenhang z.B. durch Vergleich oder Analogieschlüsse hilfreich sein.

6.1 Rohre und Rohrverbindungen

6.1.1 Grundlagen der Rohrnormung

Rohre werden aus vielen Kunststoffen und für die unterschiedlichsten Einsatzgebiete angeboten. Da mit dem Einsatz von z. B. druckbelastbaren Rohren sicherheitstechnische und rechtliche Aspekte verbunden sein können, gibt es auf dem Kunststoffrohrsektor viele Normen, Verordnungen und Empfehlungen, die von Fall zu Fall zu beachten sind: DIN-Normen,

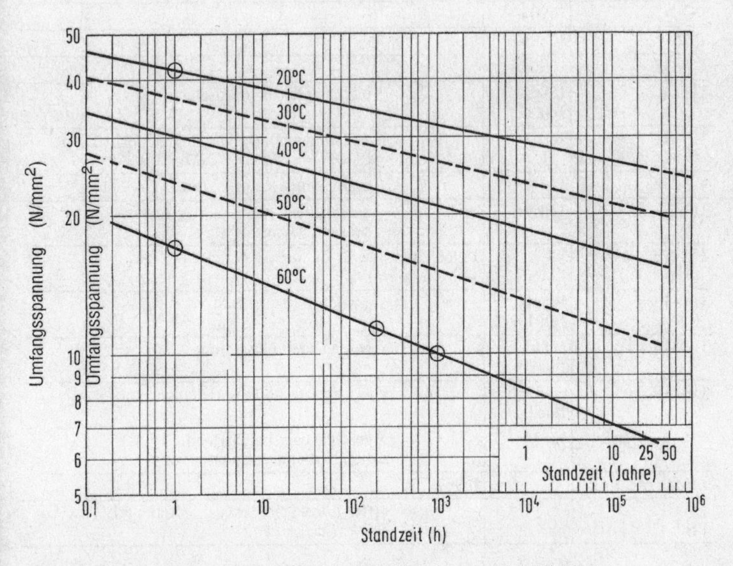

Bild 6.1. Mindest-Zeitstandfestigkeit von PVC-U-Rohren nach DIN 8061

Tafel 6.1 Normen für Rohre und Rohrverbindungen

DIN (Q+M) bedeutet: DIN-Normen für Rohre, Qualitätsanforderungen und Maße
DIN (V+L) bedeutet: DIN-Normen für Rohr-Verbindungen und -Leitungsteile

Kunststoff	DIN (Q+M)	DIN (V+L)	Sonstige Normen, Bemerkungen
PE-LD	8072, 8073	8076 Teil 1	
PE-HD	8074, 8075	8076 Teil 3	
PE-HD		16963 Teile 1-15, 25	DIN 8075, chem. Beständigkeit
PE-X	16892, 16893		DVGW-Arbeitsblatt W 532 Klemmverbindungen
PE, PP, PVC	16961, Teile 1, 2		Wickelrohre
PE, PP, PVC-U, PMMA, AMMA			VDI Richtlinie 2008, Umformen von Halbzeugen
PP	8077, 8078	16962 Teile 1-13	
PB	16868, 16869		
ABS, ASA	16891		
PVC-U	8061	8063 Teile 1-12 16451 Teile 1-7	DIN 16970, Kleben DIN 8061, chem. Beständigkeit.
PVC-HI	8061		
PVC-C	8079, 8080		
PVDF			in Vorbereitung
PA	16982		
PC	16903		
PET, PBT	16808		
UP-GF	16964		
UP-GF	16965 Teil 1		mit harzreicher Innenschicht
UP-GF	Teil 2		Auskleidung mit PVC, PVC-C, PE-HD, PP, PVDF, PF, NR, CR, CSM, NBR
UP-GF	Teil 4		mit „Chemieschutzschicht"
UP-GF	Teil 5		durchgehend gewickelt für Außenbeanspruchung
UP-GF		16966 Teil 1, 2, 4-8	
UP-GF	16868 Teil 1 u. 2		gewickelt bzw. gefüllt
UP-GF	16869 Teil 1 u. 2		geschleuderte Kanalrohre
UP-GF	E 19565 Teil 1		erdverlegte Abwasserleitungen und -kanäle
EP-GF	16871		geschleudert, heißhärtend, Reinharz-Innenschicht
EP-GF		16967	
EP-GF, PHA-GF			(RAL R 9 9 1/8) Industrierohre und Formstücke

Arbeitsblätter des DVGW(Deutscher Verband für Gas- und Wasserfachleute), die in Zusammenarbeit mit der Gütegemeinschaft Kunststoffrohre e. V. erstellt werden, Richtlinien der Gütegemeinschaft Kunststoffrohre, Anweisungen des KRV(Kunststoff-Rohrverein), Merkblätter und Arbeitsanweisungen des DVS(Deutscher Verband für Schweißtechnik), Richtlinien des IfBt(Institut für Bautechnik) und Normen des FTZ (Fernmeldetechnisches Zentralamt der Post).

Kunststoffrohre werden dimensioniert aufgrund der Ergebnisse mehr als 30 Jahre laufender Innendruck-Zeitstandversuche. Aus den Zeitpunkten des Versagens bei bestimmten Druck- und Temperaturwerten werden Zeitstanddiagramme (z. B. Bild 2.38, s. Abschn. 2.2.3.2 oder Bild 6.1) unter Umrechnung des Drucks p in die Umfangsspannung σ_V mit der vereinfachten Kesselformel

$$\sigma_V = p\frac{d-s}{2s}$$

d Außendurchmesser, s Wanddicke

gebildet. Für die Maßnormung von Rohrreihen mit einem für alle Rohrarten gleichartig gestuften Außendurchmesser d werden danach die Wanddicken s festgelegt.

Bezugsgröße für die zulässige Beanspruchung ist der *Nenndruck PN,* definitionsgemäß der Innendruck in bar, dem die Rohre bei Beaufschlagung mit Wasser oder anderen ungefährlichen (*ungefährlich:* selbst bei unsachgemäßer Handhabung) Durchflußstoffen bei 20 °C mindestens 50 Jahre standhalten. Hierbei ist ein werkstoffspezifischer Sicherheitsfaktor berücksichtigt.

Für höhere Temperaturen enthält Bild 6.2 Anwendungsgrenzwerte für einige Rohrtypen. Die zulässigen Spannungen wurden für eine Lebensdauer von 25 Jahren berechnet (nach Fa. Georg Fischer). Medieneinflüsse müssen ggf. durch Resistenzfaktoren berücksichtigt werden; s. Abschn. 2.2.3.2

Für die Festsetzung der zulässigen Spannung σ_{zul} wird die aus dem Zeitstand-Diagramm zu entnehmende Mindestspannung $\sigma_{V\ 50\ J,\ 20°C}$ durch den Sicherheitsfaktor S dividiert, der für spröde Werkstoffe einen Abminderungsfaktor enthält, der die Zähigkeit des Werkstoffes berücksichtigt, s. entsprechende DIN Nummern in Tafel 6.1. Eine Qualitätsüberwachung erfolgt unter bestimmten Prüfbedingungen, die in Bild 6.1 für PVC-U nach DIN 8061 durch Kreise gekennzeichnet sind.

6.1.2 Rohre und Rohrleitungen in der Anwendung

Im Folgenden sind wichtige Einsatzgebiete für Kunststoffrohre gelistet, Tafel 6.2. Tafel 6.3 enthält für Rohrleitungen wichtige Normen und Vorschriften.

Tafel 6.2 Einsatzgebiete Rohre und Rohrleitungen

Es bedeuten: (s. 6.1.1)

- DIN: DIN für Werkstoff / Rohrleitungen, Verlegerichtlinien, Planung, Bau, Betrieb
- DVGW: DVGW für Technische Regeln für Herstellung, Gütesicherung und Prüfung, W(G)
  DVGW fürAusbildung u. Prüfung von Rohrlegern und Schweißern, GW
- RAL: RAL (Gütegemeinschaft Kunststoffrohre)-R-Nr.: Richtlinien Kunststoffrohre
- KRV: KRV-Nr. für Verlegeanleitungen

Einsatzgebiet	Kunststoff	DIN	DVGW	RAL	KRV	Bemerkung
Trinkwasser-	PVC-U	8061, 19532	W 320	R 1.1.1	A 115	
Versorgung	PE-HD	8075, 19533	W 323/1	R 14.3.1	A 135	PE 100: $\sigma_{zul=10MPa}$,
	PE-LD	8073, 19533	W 900	R 1.3.1		PE 80: $\sigma_{zul=8MPa}$,
			GW 326			PE 50: $\sigma_{zul=5MPa}$
			GW 330			bei 20 °C für 50 Jahre
	PE-X	16892		R 10.10.1		bis DA 50mm
	PVC-C	8080		R 10.2.1/8		bis DA 160mm
	PB	16968		R 10.0.1		bis DA 50mm
Gasleitungen	PVC-U	8061	G 744	R 4.1.1	A 415	DA 63, 75mm
	PE-HD	8075	G 471	R 14.3.1	A 435	
Trinkwasser-	PVC-C	1988	W 531			
Hausinstallation	PP Typ 3	Teil 1	W 532			
70°C / 50 Jahre	PB, PE-X	bis 8	W 534			
Heizungsleitungen	PP	8077/8		R 6.0.1		
	PB	16968/9		R 6.4.1		
	PE-X	16892/3				
	PE-MDX	16894/5				
...Fußbodenheizung	PP	4726/9		R 6.10.1		Sperrschicht EVOH
......Zeitstandfestigkeit		4726				

Tafel 6.2 (Forts.) Einsatzgebiete Rohre und Rohrleitungen

Hausentwässerung	PVC-U	19534		R 7.1.1/8		DA 150-600mm
	PVC-U					Schaumkern
Abwasser	PE-HD	19535				DA bis 1,4m
...Heißwasser	PP	19560		R 2.6.1/8		
...Heißwasser	ABS, ASA	19561		R 2.6.1/8		
...Heißwasser	PVC-C	19538				
...Heißwasser	PE-HD	19535		R 2.3.1/8		
Abwasser-Druckleitung	PE-HD	8075		R 14.3.1		DA 160, 180mm
Hängedachrinnen ....Fallrohre, Formstücke	PVC-HI PVC-U	18469		R 8.1.1/8	A 815	
Kanalisation	PVC-U	19534, 4033		R 7.1.15	A 715	DA 150-600mm
	PVC-U			R 7.1.12 R 7.1.19		profilierte Kanalrohre DA 150-600mm
	PE-HD	19537, 4033		R 7.3.1/8	A 735	DA>600mm
...Kanalleitungen, Düker	PE, PP	16961				
...gewickelt	UP-GF	16868		R 7.8.24		DA>900mm
...geschleudert,	UP-GF	19565		R 7.8.1/8		
Dränage, Wellrohre	PVC-U	1187				NW 50-200mm
..............Sickerrohre	PVC-U, PE	4262				
Kabelschutzrohre	PVC-U	8061		R 5.1.1		
Mantelrohre	PE-HD	EN 253		R 9.3.17		DA 75-1000mm
Fahrrohre, Rohrpost	PVC	6660, 6665				
	PA 66					Duchm. bis ca 800mm
Lüftungsleitungen	PVC-U, PP	4740/1				
Elektroisolierrohre	PE, PP, PVC	49016/9				
Feststofftransport	PE, PVC, PA					

Tafel 6.2 (Forts.) Einsatzgebiete Rohre und Rohrleitungen

Einsatzgebiet	Kunststoff	DIN	DVGW	RAL	KRV	Bemerkung
Kraftstoffleitungen	PA 12, PA 12/6					s.Tafel 6.4
Industrieleitungen	PP	8078		R 9.4.1		
	EP-GF, PHA GF			R 9.9.1/8		bis ND 500mm
	GFK	16869, 16964/65		R 1.8.1		geschleudert, DA bis 2000mm
	GFK, EP	16870/71, 16967				
	GFK	16868		R 1.8.24		gewickelt, Da bis 2,4m
Rohre allgem.	PTFE bis 600 ∅					Auskleidung
... Druckrohre	PVDF					-40 bis 140°C
	PA	16982				
	PC	16803				
	PET, PBT	16808				

Tafel 6.3 Weitere wichtige Normen für Rohrleitungen aus Kunststoff, nach G. Fischer+GF+

	Rohre	Fittings	Armaturen	Verbindungen
PVC	DIN 8062 CEN SS19-2* (Wasser) CEN SS175-1* (Industrie) ISO 264, 4065	DIN 8063-1, 2, 5, 6 DIN 8063-7, 8, 9, 10 DIN 8063-11, 12 CEN SS19-3* CEN SS175-1* (Industrie) ISO 264	DIN 3441-1, 2, 3 DIN 3441-4, 5, 6 DIN 3543-1 CEN SS19-4* CEN SS175-1* (Industrie)	DIN 8063-3, 4, 5 DIN 16970 ISO 727 CEN SS19-5* CEN SS175-1* (Industrie) ISO 264, 727, 2536, 3460 ISO 4034
PP	CEN SS21-2* (Wasser) CEN SS174-1* (Industrie) ISO 4065	DIN 16962-1, 2 3, 5, 6 DIN 16962-7, 8, 9, 10, 11 CEN SS21-3* (Wasser) CEN SS174-1* (Industrie)	DIN 3442-1, 2, 3 CEN SS21-4* (Wasser) CEN SS174-1* (Industrie)	DIN 16962-4, 5, 12, 13 CEN SS21-5* (Wasser) CEN SS174-1* (Industrie) ISO 7279
PVDF	ISO 10931-2* CEN SS31-1* (Industrie) sonst analog zu PP-Normen ISO 4065	ISO 10931-3* CEN SS31-1* (Industrie) sonst analog zu PP-Normen	ISO 10931-4* CEN SS31-1* (Industrie) sonst analog zu PP-Normen	ISO 10931-5* CEN SS31-1* (Industrie) sonst analog zu PP-Normen
PE	DIN 8074 CEN SS20-2* (Wasser) CEN SS34-2* (Gas) CEN SS174-1* (Industrie) ISO 4065	DIN 16963-1, 2, 3, 5, 6 DIN 16963-7, 8, 9, 10 DIN 16963-13, 14 CEN SS20-3* (Wasser) CEN SS34-3* (Gas) CEN SS174-1* (Industrie)	DIN 3543-4 DIN 3544-1 CEN SS20-4* (Wasser) CEN SS34-4* (Gas) CEN SS174-1* (Industrie)	DIN 16962-4, 5, 11, 15 CEN SS20-5* (Wasser) CEN SS34-5* (Gas) CEN SS174-1* (Industrie)

* Normen werden zur Zeit erstellt

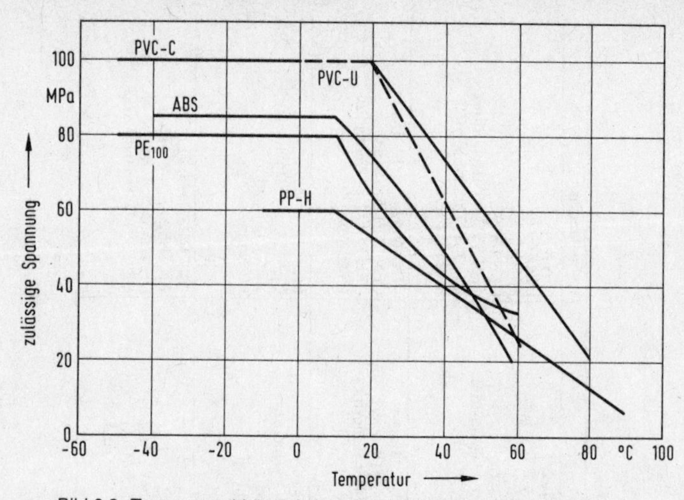

Bild 6.2 Temperaturabhängigkeit zulässiger Spannungen für Rohre, Lebensdauer 25 Jahre.

Tafel 6.4 Beispiele für den Aufbau von Kraftstoffleitungen aus PA 12, weich und hart, nach H. Ries.

Sperrschicht / Dicke in mm	Schichtenzahl	Fertigungsverfahren	Haftvermittler	leitfähige Innenschicht	Sperrfaktor a)
EEVAC / 0,15	5	Coextrusion	ja	nein	ca. 6
mod PBT / 0,2	3	Coextrusion	nein	nein	ca. 6
mod PBT / 0,2	4	Coextrusion	nein	ja	ca. 6
PVDF / 0,1	3	Coextrusion	ja	nein	ca. 15
mod PVDF / 0,2	3	Coextrusion	nein	nein	ca. 15
mod PVDF / 0,2	4	Coextrusion	nein	ja	ca, 15
ETFE oder THV / 0,25	2	Beschichtung	nein	nein	ca. 30
ETFE oder THV / 0,25	3		nein	ja, b)	ca. 30

a) Der Sperrfaktor gibt die Reduzierung der Permeationsrate bei 60 °C eines Kraftstoff-Testgemischs (M15) gegenüber einem einwandigen Rohr aus weichgemachtem PA 12 an

b) aus mod. ETFE

Einen Überblick über Verbindungsverfahren für Kunststoffrohre gibt Tafel 6.5.

Tafel 6.5. Verbindungsverfahren für Kunststoff-Rohre

Rohr-Werkstoff	Einsatzgebiet	Lösbare Verbindungen		Unlösbare Verbindungen	
		Steckmuffen	Flansch, Schraub- und Klemmverbindungen	Klebmuffen	Stumpf- oder Muffenschweißung
PE	Trinkwasser	(+)	+		++
	Hausentwässerung, Kanalrohre	+	(+)		++
PE-X	Fußbodenheizung, Trinkwasser		+		
PP	Industrie-Rohrleitungen		+		++
	Hausentwässerung	+			
PP, Typ 3[1]	Fußbodenheizung, Trinkwasser[2]		+		+
PB	Fußbodenheizung, Warmwasserinstallation		+		+
PVC	Industrie-Rohrleitungen	+	+	++	(+)
	Gasleitungen[3], Rohrpost	+	(+)	+	
	Wasserleitungen[4], Kanalrohre	++	+	(+)	
	Hausentwässerung, Fallrohre	++		(+)	
	Dränrohre	+			
	Elektrorohre	++		+	
PVC-C	Industrie-Rohrleitungen			+	+
	Warmwasser-Installation		+	+	
	Hausentwässerung	+			
ABS	Meiste Anwendungen		(+)	++	
	Hausentwässerung, kombiniert i. a. mit PVC-Elementen	+			

[1]) PP, Typ 3 entspricht PP-R nach DIN 16 774
[2]) Keine Zulassung in erdverlegten Gas- und Wasserversorgungsanlagen.
[3]) Gasleitungen aus PVC-U finden kaum noch Anwendung.
[4]) Bei Wasserleitungen aus PVC-U im erdverlegten Rohrleitungsbau sind Klebverbindungen nicht mehr Stand der Technik.

6.2 Profile (außer Rohre)

Profile können aus fast allen Kunststoffen hergestellt werden. Hier werden genormte oder solche für spezielle Einsatzgebiete beispielhaft aufgeführt, s. Tafel 6.6.

Tafel 6.6 Profile, Einsatzgebiete und Normen.

Einsatzgebiete	Kunststoff	Norm	Bemerkungen, Anwendungsbeispiele
SCHLÄUCHE			
Wasser, Getränke, Medizin	PVC-P	DIN 16940/2	
Verpackungsschläuche	PVC-P		verschweißte Portionspackungen, Tuben
Schrumpfschläuche	PVC-P, PTFE, FEP, ETFE, PFA		
Druckschläuche	PA		für Schmieröl, Kühlmittel, Bremsflüssigkeit
	PA 612, PA 11, PA 12	DIN 53378	LKW Anschlußspirale, Benzin- u. Entlüftungsschl.
	TPE-U, PUR Elast.		Auskleidung von Feuerwehrschläuchen
Kraftstoffschläuche			s.Tafel 6.4
PROFILE		DIN 16985	Techn. Lieferbedingungen
Rundstäbe	POM, PTFE		Halbzeug für Maschinenelemente
	PA	DIN 16980	Durchmesser 3-300 mm
	PC	DIN 16800	Länge 1-3 m
	PPE+PS		
	PET, PBT	DIN 16807	
	PF, MF, EP, UP, SI Hart-Papier, -Matten, -Gewebe	DIN EN 60893-1/3 VDE 01318 DIN ISO E 1642	Schichtpreßstoffe mit diversen Harzträgern für Elektrotechnik, gedr. Schaltungen, Lagerwerkstoffe [1])
Hohlstäbe	POM	DIN 16978, DIN 16979	Außendurchmesser 20-300 mm
	PA	DIN 16983, DIN 16985	Innendurchmesser 14-150 mm
	PET, PBT	DIN 16809	
	PF, MF, EP, UP, SI Hart-Papier, -Matten, -Gewebe	DIN EN 60893-1/3 VDE 01318 DIN ISO E 1642	Schichtpreßstoffe mit diversen Harzträgern für Elektrotechnik, gedr. Schaltungen, Lagerwerkstoffe [1])
Flachstäbe	PA	DIN 16986,	Breite 300 mm, 500 mm
	PC	DIN 16802	Dicke 5-100 mm
	PET, PBT	DIN 16811	
	PPE+PS	DIN 16814	
	PF, MF, EP, UP, SI Hart-Papier, -Matten, -Gewebe	DIN EN 60893-1/3 VDE 01318 DIN ISO E 1642	Schichtpreßstoffe mit diversen Harzträgern für Elektrotechnik, gedr. Schaltungen, Lagerwerkstoffe [1])

Tafel 6.6 (Forts.) Profile, Einsatzgebiete und Normen.

Einsatzgebiete	Kunststoff	Norm	Bemerkungen, Anwendungsbeispiele
Vierkantstäbe	POM	DIN 16981, DIN 16979	Kantenlänge 30-150 mm
Hohl-u. Vollprofile aus GFK, CFK, AFK	UP, EP, PI	s.Tafel 6.7	hochfest, stranggezogen: Spannbetonbewehrung, Mastabspannung, Luftfahrt
Fenster- und Türrahmen	PVC-HI	DIN 16830 T. 1 u. 2	
Rolladenprofile			
Transparente Profile	PMMA, PC		Lichttechnik
Zierleisten	CA, CAB, CP		auch mit Metalleinlage, Al fürKfz, Möbel
weiche und Kantenprofile	PVC-P	IVK-Güterichtlinie	Teschnerware, Bau, Kfz
Faser-Kunststoff-Verbund, FKV, (GMT)	Fasern: Glas, Kohlenstoff, Aramid Stahl, Aluminium	Matrix: praktisch alle Thermoplaste werden erprobt	Flächige Gebilde zur Weiterverarbeitung zu Formteilen durch Warm-Pressen
Glasfaser-Thermoplast-Filamente	Glasrovings+ PP, PE, PET		Weiterverarbeitung zu Formteilen durch Warm-Pressen/Wickeln, Glasgehalt bis 74 %
Weitere Normen: DIN 16810, 16982, DIN EN ISO 11963			

[1]) Schichtpreßstoffe und deren Eigenschaften s. DIN 7735

6.3 Platten/Tafeln, Bahnen, Folien

Flächige Halbzeuge aus Kunststoffen werden durch Zuschneiden, Schweißen, Kleben, kraftschlüssige Verbindungen oder Warmformung zu Bauelementen, Apparaten, größeren Gebilden wie Deponieabdichtungen, oder Verpackungen weiterverarbeitet. Platten oder Bahnen aus Glasmattenkunststoff (GMT) oder thermoplastischen Hochleistungs-Prepregs werden durch Warmpresen bei 20 bis 60 K oberhalb der Erweichungstemperatur des Thermoplasten verformt, s. Abschn. 3.2.9.1. Solche Formteile haben im Vergleich zu den aus Kurzfaser-Spritzgußmassen hergestellten höhere Festigkeit, Steifigkeit, Schlagzähigkeit und finden zunehmend Eingang z.B. im Kfz-Bau.

6.3.1 Platten/Tafeln

Platten/Tafeln werden in der Regel durch Extrusion über Breitschlitzdüsen oder durch Pressen (PVC-U) hergestellt und sind aus Transportgründen in der Regel nicht in beliebigen Längen lieferbar. Einsatzgebiete und Normen s. Tafel 6.8.

Tafel 6.7 Beispielwerte für faserverstärkte Composite-Halbzeuge

Produktgruppe		Stranggezogene Rohre und Profile[1])			
Harz/Faser-Gruppe		UP/GF	EP/GF	EP/AF	EP/CF
Verstärkt mit		Rovings			
Harz-Gehalt	%	ca. 30			
Spez. Gewicht	g/cm^3	1,9	2,1	1,4	1,6
Wasseraufnahme	%	ca. 1	0,2–0,3	0,5	0,2
Bruchspannung	N/mm^2	700	700	1300	1400
Bruchdehnung	%	2	2	1,8	0,6
E-Modul aus Zug	kN/mm^2	35	35	75	130
Biegefestigkeit RT	N/mm^2	800	900	600	1500
bei – 55 °C	N/mm^2				
+ 80 °C	N/mm^2				
+ 160 °C	N/mm^2				
+ 250 °C	N/mm^2				
E-Modul aus Biegung RT	kN/mm^2	–	–	–	–
bei – 55 °C	kN/mm^2				
+ 80 °C	kN/mm^2				
+ 160 °C	kN/mm^2				
+ 250 °C	kN/mm^2				
Druckfestigkeit	N/mm^2	450	450	270	1100
Interlaminare Scherfestigkeit	N/mm^2	–	–	–	–
Temperatur-Gebrauchsbereich	°C	<150	<180	–	–
Isolierstoffklasse		F	H	–	–
nach Luftfahrtnorm	°C	–	–	–	–
Längenausdehnungskoeffizient	$10^{-6} \cdot K^{-1}$	10	10	0	0,2
Wärmeleitfähigkeit	W/mK	0,20	0,24	–	–

[1]) Wacosit

Tafel 6.7 (Forts.) Beispielwerte für faserverstärkte Composite-Halbzeuge

Faserverstärkte Kunststoffplatten						
EP/GF		PI/GF	EP/GF	EP/AF	PI/CF	
Bisphenol-Typ	TGDA-Typ					
Gewebe			Unidirektional-Gewebe	Gewebe		Unidirektional-Gewebe
35			32	–	50	40
1,9–2,0			2,1	–	1,5	1,6
0,2	0,2	0,2	0,2	–	0,8	0,8
300	350	350	900	350–500	550/450	1400
2	2	2	<2	–	–	–
23	22	21	35	29	–	–
ca. 300	500/400	500/400	900	350–390	760	1650
				390	760	1440
				240	–	–
				–	720	1520
				–	580	1350
20	20	20	35	17–18	57	120
				17–18	59	130
				15	–	–
				–	55	110
				–	43	85
500–600	450–500	450	–	110–170	–	–
–	–	–	–	25	57	96
≤ 130	155	200	130	allg. –55 bis 80 °C		
B	F	C	B			
80	150	200	80/100			
–	–			0	–	

Tafel 6.8 Platten/Tafeln, Einsatzgebiete und Normen

Einsatzgebiete	Kunststoff	Normen	Bemerkungen, Anwendungsbeispiele
PLATTEN / TAFELN			
Platten für Behälter,	PE-HD	DIN 16925, DIN EN ISO 14632	
Apparate,	PP	DIN 16971, DIN EN ISO 15013	
Auskleidungen	PVC-U	DIN 16927	hohe chem. Beständigkeit
	PVC-HI		Außenanwendung im Bauwesen
	PVC-C		für Chlorbetriebe
Flexible Platten	EVAC		Bergbau, Gleisbau, Dichtungen, auch elektr. leitfähig
	PVC-P	DIN 16959	Auskleidungen, transp. Pendeltüren, Dichtungen
Platten für Lichttechnik (s. auch Tafel 6.9)	PS UV-stab., CA, CAB, CP		Leuchtschilder
	PMMA, gegosse	DIN 16957, DIN EN ISO 7823-1	Verglasungen, Sanitär: Badewannen usw.
	PMMA, extrudiert	DIN 16958, DIN EN ISO 7823-2	Verglasungen
	PMMA, 70% gereckt		schwer entflammbar nach DIN 4102, Dacheindeckung
	PET, PET-G (glykolmodifiziert)		Verglasungen, bis 6mm Dicke
	PC		Verglasungen, auch Kratzfestbeschichtung
	UP-GF		Lichtplatten und -bahnen
PKW-Leichtverglasung	Glas/TPU-E/PC/TPU-E/Glas		15-33% leichter als normales Sicherheitsglas
Dachverglasung	PMMA, 70% gereckt		schwer entflammbar nach DIN 4102,
	PC, 5-wandig		wärmeisolierend
Sicherheitsverglasung	PC/TPE-U/PC, PET		schußsicher
Wellplatten	PVC-P, PC, PMMA, UP-GF		für Innen- und Außeneinsatz
Stegplatten	PMMA, PC		Verscheibungen
	PP, PPE		Trocken-Wärmeaustauscher

Tafel 6.8 (Forts.) Platten/Tafeln, Einsatzgebiete und Normen

Dekorative Schichtstoffplatten	UF-, MF-Dekorpapier	DIN 53799	HPL-Platten, (high pressure laminates)
	PF-, MF-Kernschicht	DIN EN 468-1/2	CPL-Platten, kontinuierlich hergestellt
	MF-Dekorpapier	DIN 78765 / 53799	KF-Platten, Spanplatte als Trägerplatte
		DIN 68751 / 53799	KH-Platten, Hartfaserplatte als Trägerplatte
Platten für Warmformung	SB, PS	DIN 16955, DIN EN ISO 15015	Kühlmöbel-Innengehäuse, Koffer, Oberflächen: matt, hochglänzend, mit Dekor
	ABS, ASA	DIN 16956,,DIN EN ISO 15015	Coextrusion mit PMMA, PVDF
Thermoplast-Prepregs	PE-HD, PP, TPE-U		Glasmatten-Kunststoffe, GMT
(Platten für Warmpressen)	PP+Kreide, Holzmehl, GF		SPPF-Verfahren
Hochleistungs-Prepregs	PEEK, PPS, PSU, PET, PBT, PA6, PA+PPE		Verstärkung mit GF, CF, Aramidfasern
Platten f. Karosserieteile (thermoformbar)	ABS, ASA, PMMA, PMMA/ABS- u. ASA/PC-Verbund		wetterbeständig, kratzfest, kälteschlagzäh, in der Masse einfärbbar
	PA+PPE		für on line-Lackierung
	PC+PBT		für off line-Lackierung
Platten allgemein	PTFE		1,5-120 mm dick
	PA	DIN 16984	Dicke 1-6 mm, gegossen bis 200 mm
	POM	DIN 16977, DIN 16979	Breite 1-2 m
	PC	DIN 16801	
	PET, PBT	DIN 168100	
	UP, EP, PI	s.Tafel 6.7	GFK, CFK, AFK
	PF, MF, EP, ÜP, SI	DIN 7535, DIN ISO E 1642, s. Bemerkung 1 zu Tafel 6.6	Schichtpreßstoffe mit diversen Harzträgern für Elektrotechnik, gedr. Schaltungen, Lagerwerkstoffe
Kunstharz-Preßholz (PK)	PF	DIN 7707	aus Rotbuchenfurnier
Vulkanfiber	Cellulose	DIN 7737	
Sperrholz	UF, MF, PF	DIN 68705 T. 2	unverdichtete Lagenhölzer
Bausperrholz	UF, MF, PF	DIN 68705 T. 2, 4 u. 5	

Tafel 6.9 Eigenschaften transparenter Kunststoffplatten, nach U. Murschall, s. auch Tafel 5.20

Eigenschaft	Einheit	PMMA	PC	PET-G, (glykol-modifiziert)	PET
Lichttransmission	(Dicke 4mm)	91	87	85	90
Trübung	(Dicke 4mm)	0,2	0,4	2,1	0,3
Glanz	(Dicke 4mm)	120	140	140	150
Brandverhalten	(DIN 4105)	B1	B1/B2	B2	B1
Chem.-Beständigkeit		schlecht	schlecht	mäßig	sehr gut
FDA- u. BGA-Zulassung		nein, nur Sondertypen	nein, nur Sondertypen	mit Einschränkung, bei alkohol / CO_2-haltigen Getränken	ohne Einschränkung
E-Modul	MPa	3500	2400	1900	2400
Glastemperatur	°C	105	145	73	82
Vicattemperatur	°C (F=50 N)	100	141	73	76
Schädigungsenergie	J, (Dicke 4mm, ISO 6603-2)	0,8	192	135	132

6.3.2 Bahnen

Unter „Bahnen" sollen hier „dickere Folien" verstanden werden, die im Gegensatz zu „Platten" eine gewisse Flexibilität aufweisen und endlos geliefert werden können. Sie unterscheiden sich auch im Einsatzgebiet von Platten und Folien. Beispiele s. Tafel 6.10.

6.3.3 Folien

Folien werden durch Flach-oder Schlauch-Extrusion oder durch Gießen aus Lösungen hergestellt. Dabei können die mechanischen, die Barriere-Eigenschaften und andere durch axiale oder biaxiale Verstreckung (warm oder kalt) wesentlich beeinflußt werden.

Kennzeichnung und Eigenschaften dünner Folien

Als Verpackungs- und Elektroisolierfolien braucht man aus mechanischen, verpackungs- und elektrotechnischen Gründen (fast) weichmacherfreie Folien in Dicken unter 0,1 mm. Verpackungsfolien sind überwiegend 0,02 bis 0,05 mm dick, Elektroisolierfolien bis zu 0,002 mm dick. Diese nach DIN 53373 (Erläuterungen) „harten" (Schubmodul $5 \cdot 10^2$ N/mm^2), aber schmiegsamen Feinfolien sind durch besondere Eigenschaftswerte gekennzeichnet, die in
Tafel 6.11: Eigenschaftskennzahlen von Verpackungsfolien*),
Tafel 6.12: Eigenschaftskennzahlen von Elektroisolierfolien
zusammengestellt sind.

*) Zusammenstellung von Prüfnormen in DIN 16995 Packstoff Kunststoff-Folien.

Tafel 6.10 Bahnen, Einsatzgebiete und Normen

Einsatzgebiete	Kunststoff	Normen	Bemerkungen, Anwendungsbeispiele
Baudichtungsbahnen Auskleidungen	PE-HD		Mülldeponie, Absetzbecken, bis 10m Breite
	PE-C	DIN 16736/7	weichmacherfrei
(allgem. Normen für	ECB	DIN 16729	Dacheindeckungen, mit Vlieseinlagen
Auskleidungs-technik:	PVC-P	DIN 16937/8	bitumenbeständig / nicht bitumenbeständig
DIN 28051		DIN 16730	trägerlos
DIN 28053		DIN 16734	mit Synthesefädenverstärkung
DIN 28055 T 1 u. 2)		DIN 16735	mit Glasvlieseinlage
	PIB	DIN 16935	Baudichtungsbahnen
		DIN 16731	Dachbahnen
		VDI Richtl. 2537 Bl. 2	Korrosionsschutzauskleidungen
	PVDF		mit Faservlies als Haftvermittler
	EVAC, CSM, EPDM EVAPVC		Dachbahnen
Teichbahnen	PVC-P	IVK-Güte-richtlinien	auch synthesefaserverstärkt
Bauinnen-anwendungen	PVC-P+ Mineralien	DIN EN 649 bis 655	Fußbodenbeläge
	PE+Mineralien		Fußbodenbeläge, leitfähig
Teschnerware,	PVC-P	DIN 16922	
Kunstleder	TPE-U		
Zeltkonstruktion, Bekleidung	PVC-P, TPE-U		Gewebekaschierung
LKW-Planen	PVC-P + PET-Gewebe	IVK-Güte-richtlinien	

Die Anforderungen an Elektroisolierfolien und deren Prüfung sind DIN 40634 zu entnehmen. Die Tafeln enthalten zu Vergleichszwecken brauchbare Mittelwerte.

Extrudierte Mehrschicht-Verbundmaterialien

Kunststoffpackmittel für empfindliche Güter – Lebensmittel, Getränke, Chemikalien, medizinischen Bedarf – stellen vielfältige Anforderungen an die Gebrauchstauglichkeit der Packstoffe. Einerseits müssen sie inert gegen das Packgut sein und meistens – beidseitig – eine untragbare Permeation von O_2, CO_2, Wasserdampf, Aromen und anderen flüchtigen Stoffen, auch bei Langzeitlagerung, verhindern, in manchen Fällen (Kaltsterilisation, CAP – controlled atmosphering packing – für Frischfleisch) Gasdurchgang definiert ermöglichen. Andererseits müssen sie mechanischen Beanspruchungen bei verschiedenen Temperaturen (Heißabfüllen bei 80 °C, Konservieren und Sterilisieren bei 120 bis 125 °C, Kochbeutel,

Tafel 6.11. Richtwerte für Verpackungsfolien

Beschreibung s. Abschn.	Material	Dichte g/cm^3	Reißfestigkeit längs/quer N/mm^2	Reißdehnung längs/quer %	Gebrauchstemperaturbereich °C	Permeations-Koeffizienten Vergleichszahlen (Wasserdampf u. Gase nicht vergleichbar), s. Abschn. 2.6.7/5.6.7					
						Wasserdampf	Luft	Sauerstoff	Stickstoff	Kohlendioxid	Wasserstoff
5.4.2.4	PE, niedere Dichte	0,92	22/15	300/700	–60 bis 80	1,5	9	19	6	75	55
	PE, hohe Dichte	0,95	33/25	800/1000	–50 bis 100	0,5	3,5	8	2	32	25
	PP, ungereckt	0,90	50/40	430/540	–20 bis 100	1,1	2,8	7	2	25	65
	PP, monoaxial gereckt	0,90	250/40	10/700	–50 bis 90	0,4	–	5	–	18	–
	PP, biaxial gereckt	0,91	200/200	80/80							
5.4.4	PS, biaxial gereckt	1,05	70/70	10/10	bis 80	25	3,5	14	2,2	85	150
4.1.9.4	Polyvinylalkohol	1,28	28	360	–10 bis 100	ca. 500	–	90	–	–	–
5.4.5	PVC-E-, therm. vergütet,	1,38	53/50	90/30	–15 bis 80	6,5	0,12	0,4	0,05	0,9	10
	gereckt	1,38	110/45	30/10							
	PVC-S, glasklar	1,4	55/55	30/30	–10 bis 70	5	0,1	0,4	0,03	0,8	8
4.3.2.3	PVDC Cop.	1,6	~80	~30	–20 bis 100	< 0,2	–	0,2	0,08	1,1	6
5.4.6	PVDF, extrudiert	1,78	–/60	400	–30 bis 135	5,2	–	0,7	0,2	< 1	3
	CTFE, extrudiert	2,10	–/40	150	–200 bis 180	<0,1	–	~ 2	< 0,1	1,5	15
5.4.8	PA 6, ungereckt	1,13	80/60	400/–	–30 bis 120	35	0,25	0,6	0,1	3,5	5
	PA 6, biaxial gereckt	1,13	300/300	70/70		~20	–	0,3	–	–	–
	PA 12, extrudiert	1,03	60/40	400/250		~10	–	~10	~0,1	~70	15
5.4.9	PC, Gießfolie	1,20	> 80	~100	–100 bis 130	30	7,5	37	1,2	110	200
	PET, amorph, biaxial gereckt	1,40	200/220	130/110	–60 bis 130	4	0,06	0,13	0,03	0,65	4
5.4.10	CA, $2^1/_2$-Acetat	1,3	90	20	–10 bis 120	225	1,6	5	1	34	52
6.1	Kautschukhydrochlorid	1,1	39	800	–30 bis 85	3	3,5	9	2	–	40
4.13.1.4	Zellglas	1,45	155/55	20/55	kurzzeitig 150	> 300	–	1	1	–	10
	Zellglas, polymerlackiert	1,45				< 4	–	1–2	~2	–	2

Tafel 6.12. Eigenschaften von Elektroisolierfolien

Kunststoffbasis der Folie	s. Abschn.	Einstellung	Mechanische Eigenschaften		Elektrische Eigenschaften				Thermische Eigenschaften	
			Zugfestigkeit längs N/mm²	Reißdehnung längs %	Dielektrizitätszahl bei 50 Hz/20 °C	Dielektrischer Verlustfaktor bei 50 Hz/20 °C $\tan\delta \cdot 10^3$	Spez. Durchgangswiderstand Ω · cm	Durchschlagfestigkeit kV/mm	Formbeständigkeit unter Zug bei kurzzeitiger thermischer Beanspruchung °C	Verhalten bei Langzeitbeanspruchungen (Grenztemperatur) °C
Polypropylen	5.4.2.4	biaxial verstreckt	150	75	2,3	0,7	10^{17}	300	150	105
Polystyrol	5.4.4	wärmebeständig	70	4	2,5	< 0,2	10^{17}	200	110	90
Polytetrafluorethylen	5.4.6		17	350	2,1	< 0,3	10^{17}	100	190	< 180
Polyethylenterephthalat	5.4.9	biaxial verstreckt	210	111	3,3	2	10^{17}	300	240	130
Polycarbonat		normal	> 80	~100	3,0	1	10^{17}	350*)	150	130
	5.4.9	kristallisiert und verstreckt	>220	~40	2,8	1	$2 \cdot 10^{17}$	350*)	240	140
Polyphenylenether	4.12.4		65	25	2,7	1,5	10^{16}	300	170	110
Polysulfon	4.9.2		80	65	3,1	1,2	$5 \cdot 10^{14}$		185	165–170
Polyhydantoin			100	119	3,3	1,5	$4 \cdot 10^{16}$	250	260	160
Polyamidimid	4.10.2.1		180	45	4,2	9	$3,5 \cdot 10^{17}$	200	>250	
Polyimid	4.10		180	70	3,5	2	10^{17}	270	>350	>180
Cellulosetriacetat	5.4.10	normal	90	23	4,5	12	10^{14}	220	190	120
		weich	80	27	4,3	21	10^{15}	200	170	120
Celluloseacetobutyrat	5.4.10	normal	80	25	4,1	11	10^{15}	230	150	120

*) Foliendicke 0,04 mm (Prüfung bei 50 Hz unter Einbettisolierstoff, Kugel/Platte)

Mikrowellenherd-Portionspackungen, Tiefkühlkost) standhalten, oft wird auch Heißsiegelbarkeit gefordert.

Für diese komplexen Anforderungen stellt man auf Mehrschicht-Coextrusionsanlagen, in denen bis zu fünf Extruder zusammenarbeiten, Verbund-Blasfolien für Beutelpackungen, Verbund-Schläuche für das Blasformen von Flaschen und Dosen, Verbund-Flachfolien für das Warmformen von Standpackungen her.

Oft besteht dabei die Aufgabe, eine dünne O_2- und/oder CO_2-undurchlässige Kernschicht über aufextrudierte Haftvermittlerschichten beidseitig mit Deckschichten zu verbinden, die – zumindest einseitig – wasserdampfdicht und innen packgutverträglich sind, als äußere Tragschicht auch die mechanische Beanspruchbarkeit, ggf. verformungsfreie Standfestigkeit beim Abfüllen und Gebrauch des Packmittels gewährleisten. Das erfordert einen insgesamt fünfschichtigen Verbund, der bei beidseitig gleichen Deckschichten von drei, bei unterschiedlichen Deckschichten von vier Extrudern zu speisen ist. Bringt man zwischen Kern- und einer Deckschicht (aus wirtschaftlichen Gründen) noch eine Zwischenschicht aus wiederaufbereitetem Betriebsabfall ein, so kommt man zum sechsschichtigen Verbund mit vier Extrudern.

Für *Gassperr-Kernschichten* verwendet man überwiegend EVAL (4.1.4) oder hoch PVDC-haltige Extrusionsmassen (4.2.10), auch PAN (4.4.1.), s. auch Tafel 6.13. EVAL ist, vor allem in Verbindung mit Polyolefinen, leicht verarbeitbar und zum gemischten Recyclat wiederaufarbeitbar, erfordert aber eine äußere Abdeckung mit einer Wasserdampf-Sperrschicht und ist nur in begrenztem Temperaturbereich wirksam. PVDC ist schwieriger und nur mit korrosionsbeständiger Ausrüstung verarbeitbar. Es beeinträchtigt die Wiederverwendbarkeit von Betriebsabfällen, ist aber temperaturstandfester und sperrt auch gegen Wasserdampf.

Bei Mehrschicht-Verbunden aus Kunststoffen, die bei der thermoplastischen Verarbeitung nicht aufeinander haften, werden Haftvermittler in dünnsten Schichten coextrudiert. Dieses sind Copolymere, deren Moleküle sich einerseits durch Diffusion (z.B. PE mit PE) und andererseits durch chemische Reaktion (z.B. EVAL oder PA mit Maleinsäureanhydrid [MSA]) mit den zu verbindenden Kunststoffen verbinden, s. Tafel 6.14.

Tafel 6.13 Barriereeigenschaften einiger Kunststoffe

Barriere gegen	Kunststoff	Bemerkung
Wasserdampf	PE-HD, PP	1
	PE-LLD, EVA, EMMA, PVDC, LCP (Polyester), (weniger gut: PVC, PET, PEN)	4
	PTFE, PVDF, PCTFE, ETFE	2
O_2,	TPE-U, EVAL+PA 6I/PA 6T, PA 6/66, PA 11/12, PVF, LCP (Polyester), (weniger gut: PA 6, PA 66, PVC)	
	EVAL, Abmischungen mit EIM oder amorphes PA	3
	PVDC	4
	PAN	5
	PET, PEN, PET/PEN	6
CO_2	EVAL	3
	PET, PEN, PET/PEN	6
	PA 11/12	
N_2	EVAL	3
Kraft-u. Aromastoffe	EVAL	3
	PET, PEN, PET/PEN, (PEN beser als PET)	6
Fette, Öle, Kohlenwasserstoffe u. andere Lösemittel	PA 6, TPE-U, EVAL+PA 6I/PA 6T	

Bemerkung: 1. nicht gegen N_2, O_2, CO_2; 2. schlechte Haftung, teilweise nur Beschichtung möglich; 3. reines EVAL: hohe Wasserdampfdurchlässigkeit und Feuchteabhängigkeit der Durchlässigkeit; 4. PVDC: geringe Verarbeitungsstabilität, Bedeutung sinkt; 5. keine Lebensmittelzulassung, kein Haftvermittler; 6. Durchlässigkeiten abhängig von Verarbeitung und Verstreckung (Orientierung und Kristallinität)

Tafel 6.14 Haftvermittler für EVAL, nach A. S. Gasse

Haftvermittler	Haftung zu
anhydridmodifiziertes EMMA, EAA	PET, PE, PC, EIM
anhydridmodifiziertes EVAC	PE, EIM, PS, PC, PET
säure-/acrylatmodifiziertes EVAC	PET, PE, EIM
anhydridmodifiziertes PE	PE, EIM
anhydridmodifiziertes PP	PP

Sonderprodukte

Hohe Festigkeitswerte haben Verbundfolien mit eingearbeiteten Gelegen aus PP- oder PA-Fasern und schräglaufend im Winkel zueinander kaschierten längsverstreckten PE-HD-Bahnen.

Eine weitere Sonderform sind Luftpolster-Verbundfolien für stoßempfindliche Güter (z.B. Alkorthylen L.P.). Es gibt auch große, nur an den Kanten verschweißte Luftpolsterkissen aus Verpackungfolien (Pneupak).

Tafel 6.15 zeigt beispielhaft Folien für bestimmte Einsatzgebiete, Tafel 6.16 charakterisiert Folien aufgrund weiterer Eigenschaften.

Tafel 6.15 Folien, Einsatzgebiete

Einsatzgebiete	Kunststoff	Bemerkungen, Anwendungsbeispiele
MONO-FOLIEN		
Verpackungsfolien	s. Tafel 6.11 Richtwerte für Verpackungsfolien Tafel 6.16: Charakterisierung eingesetzter Kunststoffe	Zusammenstellung von Prüfnormen s. DIN16995
Sichtpackungen, glasklar	PP, PP-O, PP-BO	Blumen, Textilien, Lebensmittel, Zigaretten
Tiefziehverpackung	PS, PS-O, PVC-U	Molkereiprodukte, Kühlkette, Backwaren
Tiefziehfolien	PP-H nukleiert, PS biax. verstr., SB, SAN, ABS, PVC, CA	Warmformen von Verpackungen
Vakuumverpackung	PA	z.B. für Speck
Säcke	PE-LLD, PE-LD, PVC-P, PP	
Tragetaschen	PE-LLD, PE-LD	
Mikrowellen-Folie	PET mit (örtlich) absorbierenden Zonen (heating layers)	
Blister- u. Skinpackungen	PS, PVC-U	
medizinische Verpackung	PCTFE	extrem niedrige Wasserdampdurchlässigkeit
Folien für Medizinanwendung	PSU	dampf-sterilisierbar bei 134°C, transparent
Kochbeutel	PC, PE-HD	
wasserlösliche Beutel	EVAL	
„Papier"-Folie	PE-UHWHD, stark verstreckt	seidenpapierartiger Griff
Heißabfüllfolien	PB	
Elektrofolien	s. Tafel 6.12	Anforderungen s. DIN 40634
	PC	Feinfolien 0,75-500 µm, auch leitfähig
Piezoelektr. Folien	PVDF	elektr./mechanische Membrane
Baufolien, Landwirtschaft	PE-LLD, PE-LD	auch mit Gittergewebe verstärkt
	PTFE	imprägniertes Glasgewebe, Hallendächer
	PVF	glasklar, wetter- u. korrosionsbeständig
(Dach)-Dichtungsfolie	PVC-P	IVK-Güterichtlinie

Tafel 6.15 (Forts.) Folien, Einsatzgebiete

Auskleidungsfolie	PTFE, FEP, PFA	für Chemie-Behälter
Kaschierfolien	PS-BO, CA	brillant, glasklar, Bucheinbände
	PVC-U, PVC-P	Möbeldekor, IVK-Güterichtlinie
	PVF	dauerhafter Witterungsschutz
	TPE-U	für Textilien, wasserdicht, dampfdurchlässig.
Streulichtfolien	PC	„Lisa", lichtsammelnd
In-Mould-Dekorfolien	MF, UF, MP	zum Verpressen mit entsprechenden Preßmassen
	PE, PP, PS, SAN, ABS, PMMA, PC	Zum Hiterspritzen von entsprechenden Thermoplasten
Deckfolien	PC, PC-Blends	für Tastaturen u. Kfz-Instrumente, Streulichtfolien
Folien für Bürobedarf	PVC-U, PVC-P	Klarsichtfolien, Bucheinbände, IVK-Güterichtlinien
Folien für Filme/Datenträger	PET	Fotofilm-, Reprographie-, Zeichen-Folie Computer-, Audio-, Video-Bänder
Poröse Folien	PTFE	Filter, Regenkleidung (Gore.., Zitex)
Schrumpffolien	PE-LLD, PE-LD, PVC-P, PET, PP, PO-Copolymere	Schrumpftemperatur 60 - 160°C
Streckfolien	PE-LLD, PE-LD, EVAC (VA-Gehalt 3-15%)	Ballensilagefolie (PE-LLD)
	PE-LLD/PE-Copolymer	bessere Haftung/Klebrigkeit
Klebebänder	PVC-P	
Selbstklebefolien	PET+Acrylat-Kleber	lasergravierbar, Seriennummern, Barcodes
	PUR, 75-200µm	transparent, Schutzfolie gegen Steinschlag
Haftfolien	PE-VLD, PE-VLD+EVAC	transparent für Haushalt u. Lebensmittelhandel
Schmelzkleber-Folien	EVAC-Copol, TPE-U, TPE-E, TPE-A	s. auch Abschn. 7.2.1
Klebefolie	PVFM	für Metallverbindungen
Sicherheitsfolie für Verbundglas	PVB	hervorragende Haftung zum Glas
Backfolien	PET	
Trennfolie, Anti-Haftfolie	PVF	beim Pressen von Kunststoffteilen

Tafel 6.15 (Forts.) Folien, Einsatzgebiete

Einsatzgebiete	Kunststoff	Bemerkungen, Anwendungsbeispiele
VERBUNDFOLIEN: FÜR (Coexbeschichtung)	HV⇒ Haftvermittler, s. Tafel 6.14	
Kaffee, Wurstwaren, Kartoffelprodukte, Snack Foods	PA (PP-O, PET)/HV/**AL**/HV/PE/EIM	EIM ⇒ Hot Tack
Hypaverpackung für Fruchtsäfte	PE/**Karton**/PE/HV/**AL**/HV/PE-LD/PE-LLD	völlige Gas- und Dampfdichtigkeit
Erfrischungstücher	Papier/HV/**AL**/HV/PE/EIM	
Milch, Fruchtsäfte	PE-LD/**Karton**/PE-LD/**AL**/HV/PE-LD	
Tuben	PE-LD (PE-LLD)/HV/**AL**/HV/PE-LD (PE-LLD)	
COEX-HARTFOLIEN-VERBUNDE FÜR:		
Margarine, Marmelade	PS/PE-LD	
Öle, Fette, Lösemittel, Backwaren	PP-BO mit Heißsiegelschicht (PP/PE o. VA)	
Kakaobutter, Erdnußbutter	PP-O/HV/PA/EVAL/HV/EIM	
Fisch, Hundefutter	PS/PE-HD	erhöhte Formbeständigkeit
Molkereiprodukte	PS/PVC, PA/PE	mit hohem Fettgehalt
Wurstwaren	PVC/PE	Transparenz, Haltbarkeit
Margarine, Pharmazie	PS/PE/PS	
H-Sahne, H-Milch, H-Pudding	PS/PVDC/PS oder PS/PVDC/PE	sehr gute Sperreigenschaften
Schmelzkäse, Marmelade, Fruchtsäfte	PS/PVDC/PP	Heißabfüllung, sterilisierbar
Menüschalen, Molkereiprodukte, Fleischkonserven	PP/PVDC/PP	sterilisierbar
Menü-, Dessert-Verpackungen, glasklar	SBS, Mischungen SBS+PS	
Fruchtsäfte, Ketchup, Barbecuesoße, Fertiggerichte	PP/EVAL/PP	Heißabfüllung
Fleischwaren, Wurstwaren	PA/EVAL/PP oder PE	Transparenz, sterilisierbar
Frischfleisch	EVA/SBS/EVA, EVAC/PE-LLD/EVA, PVC	
Tiefkühlkost	PET	mikrowellenfest

Tafel 6.15 (Forts.) Folien, Einsatzgebiete

Medizin, Fruchtsäfte, Fertiggerichte	PC/EVAL/PP	Transparenz, sterilisierbar
Sanitärbereich	PMMA/ABS	Glanz, Härte
Identitätskarten	PVC-U/bedruckte Kernfolie/PVC-U (laminiert)	Kredit-, Ausweis-, Fernsprechkarten
Surfbretter	PC/ABS	Zähigkeit, Härte
COEX-WEICHFOLIEN-VERBUNDE FÜR:		
Fleisch, Käse, Wurst, Wein, Fruchtsäfte (Bag-in-Box)	PE-LD (PE-LLD)/HV/EVAL/HV/PE-LD (PE-LLD)	
Leicht verderbl. Lebensmittel, Medikamente	PA 6/EVAL/PA 6	stirilisierbar 30 min bei 120 °C
Fleisch-, Wurst-, Schinken-Schrumpf-verpackung	EIM/PA/EVAL/PA/EIM, PA/EVAL/EIM (EVA)	
Erdnuß-und Kakaobutter, Kokosnußriegel	PET/PA/EVAL/PE-LD 0-PP/PA/EVAL/EIM (EVA)	
Säcke, Tragetaschen, Müllbeutel	PE-LD (PE-LLD)/PE-HD/PE-LD (PE-LLD)	erhöhte Steifigkeit
	PE-LD (PE-LLD)/PP/PE-LD (PE-LLD)	
Frischgemüse	EVAC+PE/SB-Copol.	erhöhte O_2- und H_2O-Durchlässigkeit
Folien erhöhter Siegelfähigkeit	PE-LD/PE-LLD (EVAC) oder PE-HD/EVA	
	PP/PPataktisch oder PP-H/PP-Terpolymer	
	PE-LD (PE-HD)/EIM oder PP/PP+PE-VLD	
Kaschierfolien	PE-LD/HV/EVAL/HV/EVAC, PE-LD/PE-LD-Regen./PE-LD	
Sichtpackungen, glasklar	PP/EVAC	geringe Gas-, hohe Wasserdampfdurchlässigkeit
	PP/PVDC	geringe Gas- u. Wasserdampfdurchllässigkeit
Haushalts-/Stretchfolien	PE-LD (PE-LLD)/EVAC>15% VAC, PE-LLD/PE-LLD-Regenerat/PE-LLD	
Windelfolien	PE-LLD/PE-LD (EVAC)/PE-LLD	
	PE-LD/EVAC/PE-LD	
Schrumpfhauben	PE-LD/EVAC/PP	

Tafel 6.16 Charakterisierung der im Verpackungsbereich eingesetzten Polymere

Kunststoff	Siegel-eigenschaften	WD-Barriere	Gas-barriere	Trans-parenz	Druck-träger	Tiefzieh-eigenschaften
PE-LD	+	++	–	++	+	–
PE-LLD	++	++	–	++	+	–
PE-VLLD	+++	++	–	+++	–	+
PE-Metallocen	+++	++	–	+++	–	+
PE-HD	+	++	–	–	+	+
EVAL	–	–	+++	++	–	–
EIM	+++	+	–	+++	–	++
PP, Cast	++	++	–	+++	++	+
PP, orientiert	–/+/++	+++	–	+++	+++	–
PET	–/+	–	–	++	+	++
PBT	–/+	–	–	++	+	++
PETG	–/+	–	+	++	+	++
PET, orientiert	–/+	–	+	+++	+++	–
PA	–	–	++	+	+	+++
PA, orientiert	–	–	++	+++	+++	–
PVC	++	+	++	++	+	+++
PVDC	++	+++	+++	++	–	–
PAN	–/+	+	++	++	–	+++
PS	–/+	–	–	++	++	+++

6.4 Flaschen, Behälter

Flaschen und Behälter werden durch Spritzgieß- oder Extrusions-Blasformen hergestellt. Ähnlich wie bei der Folienherstellung können auch hierbei die Eigenschaften wesentlich durch axiales oder biaxiales Verstrecken beeinflußt werden. Bezüglich des Einsatzes von Barrierekunststoffen und Haftvermittlern vgl. auch Abschn. 6.3.3, Tafel 6.13. und Tafel 6.14.

Anwendungsbeispiele s. Tafel 6.17.

6.5 Kabel

Auf dem Kabelsektor tritt der Kunststoff mit Kautschuk in Wettbewerb. Letzterer wird fast ausschließlich als Mantelwerkstoff, Kunststoff sowohl als Mantelwerkstoff als auch als hochwertiger Isolationswerkstoff eingesetzt. Tafel 6.18 gibt einen Überblick über Eigenschaften von im Kabelsektor eingesetzten Polymeren. Die aufgeführten Werte sollen einen qualitativen Vergleich ermöglichen. Als Dauergebrauchstemperatur wird die Temperatur angegeben, die nach einer Temperaturlagerung von

Tafel 6.17 Flaschen, Behälter, Einsatzgebiete

Einsatzgebiete	Kunststoff Barr = Barrierekunststoff, s. Tafel 6.13 HV = Haftvermittler, s. Tafel 6.14	Bemerkungen, Anwendungsbeispiele
CO_2-haltige Getränke, Ein- u. Mehrweg,	PET, PC/amorph PA/PC, PC/PET/PC	heißabfüllbar bis ca 90°C, sterilisierb. bis 120°C
Speiseöl, Kosmetik, Non-Food	PET, PET/PEN	PET/PEN: höhere Wärmestabilität
Ketchupflaschen	PET/Barr/PET/Barr/PET PP/HV/Barr/HV/Regen./PP	Barr = EVAL
Bierflaschen	PEN	sehr geringe CO_2-Durchlässigkeit, teuer
Bleichwasser, Detergentien, Frostschutzmittel	PE-HD	
Babyflaschen	PC	bei 140 °C sterilisierbar
Milchflaschen/Beutel	PE-schwarz/PE-HD	schwarze Innenschicht
Mehrwegflaschen für Milch, Fruchtsaft	PC, PC/(PC-Regen.)/Barr/(PC-Regen.)/PC	Barr = PA gegen CO_2, für Milch braun eingefärbt
Druckflaschen		
Joghurt	PP, PS, PC, PET	spritzreckgeblasen
Lebensmittel	PP(PE-HD)/HV/Barr/Regen./PP(PE-HD)	Barr = EVAL gegen O_2
Lebensmittel, Getränke (ohne CO_2) Wasch- u. Reinigungsmittel, Infusionslösung Blutplasma, Pharmazie	PP-BO	transparent, Heißabfüllung bis 90°C, sterilisier- u. pasteurisierbar, nicht für CO_2- u. O_2-empfindliche Produkte
Getränkeflaschen, Leichtglasflaschen	Glas (ca 1,4mm) +TPE-U (ca 0,1mm)	Glasflasche mit äußerem Splitterschutz
Kosmetik	PE-HD/(PE-Regen.)/HV/Barr	Barr = PA, EVAL
Chemikalien	innen--Barr/HV/PE-HD/(Regen.)Dekor--außen	Barr = PA, EVAL, PAN
Kraftstoffkanister	PA-6, PE-HD	
Kraftstofftanks	PE-UHMW	
	PE-HD/HV/Barr/HV/Regen./PE-HD, Schichtaufbau: 40/3/4/3/38/12 %	Barr = EVAL
	PE-HD innen fluoriert, sulfoniert	s. Abschn. 3.4.4.9, Fluorbeigabe zum Blasgas
	PE HD + PA 6	Selar®RB-Verfahren, s. Abschn. 3.2.5.8
Medizintechnik	PSU	dampf-sterilisierbar bei 134°C, transparent
	SBS, PES	transparent
Ölbehälter, Kühlwasserausdehnungsbehälter	PA 6, PA 66	

Tafel 6.18 Im Kabelsektor verwendete Polymere
(nach H. Eilentrop GmbH & Co. KG, Wipperfürth)

Polymer	s. Abschnitt Nr.•••• in Kap. 4..	Einsatzgebiet 1)	Brandverhalten 2)	Rauchentwicklung 3)	halogenhaltig	Dauergebrauchstemperatur nach DIN/VDE (Temperaturindex) ca. °C		Strahlenbeständigkeit J/kg (Gray) (* 10^{-4})
						3000 h	20000 h	
PE-HD	1,1	I	ef-sv	g	nein	90	70	10-100
PE-LD	1,1	I	ef-sv	g	nein	90	70	10-100
PE-X	1,2	I, M	ef-sv	g	nein	105	80	40-100
PP	1,5	I, M			nein			ca 4
EPDM	1,6	I						
PVC-P	2,7	I, M	sef-sv	s		120	70	ca 400
PTFE	3,1	I, M	nef	k	ja	300	255	0,02-0,05
PVDF	3,1	I, M	sef-sv	g		155	130	0,02-0,05
ETFE	3,2	I, M	sef-sv	g	ja	170	140	1,8-200
FEP	3,2	I	nef	k	ja	220	190	1,5-8
PFA	3,2	I, M	nef	k	ja	270	255	0,02-0,05
ECTFE	3,2	I						
PA	6	I, M				105	90	1,5-10
PMPI	6,4	M						
PPE	9	I, M				130	120	
PEEK	11	I, M				255	220	600-5000
PI	12,1	I, M	nef	k	nein	310	220	500-5000
PEI	12,2	I, M				160	140	
PUR-M	15	M	ef-sv	s	(ja)	110	80	500-1500
TPE-A	18,1	I						
TPE-E	18,2	I				145	120	
TPE-O	18,3	M				110	80	10-100
TPE-V	18,3	I				110	80	10-100
TPE-S	18,4	I, M				145	120	10-100
TPE-U	18,5	M				110	80	500-1500
Kautschuk	**7,1....**							
NR	3,1	M						
HNBR	3,12	M						
CR	3,4	M						
SIR	3,9	M	ef-sv	g	nein			
EPM	4,1	M						
EAM	4,3	M						
CSM	4,4	M	sef-sv	s	ja			
CM	4,5	M						
ACM	4,6	M						
FPM	4,8	M						
SiR	6	M						

Erläuterungen:
1) I: Isolation, M: Mantelwerkstoff
2) sv = selbstverlöschend, ef = entflammbar, sef = schwerentflammbar, nef = nicht entflammbar
3) k = keine, g = gering, s = stark

3.000 bzw. 20.000 Stunden zu einem Abfall der Reißdehnung des Polymeren auf 50% des Ausgangswertes führt. Bei der Strahlenbeständigkeit ist die entsprechende Strahlendosis in J/kg angegeben.

Tafel 6.19 gibt einen Überblick über Einsatzgebiete und Normen für Kabel aus Kunststoff und Gummi.

Tafel 6.19 Einsatzgebiete und Normen für Kabel aus Kunststoff und Gummi

Einsatzgebiet / Thema	Normen	Kunststoff **I** = Isolierung, **M** = Mantelwerkstoff
Isolierschläuche	Din 40621	PVC-P
Isolierschläuche	DIN 40628	SiR
Isolierbänder	DIN/VDE 0304 T. 2 DIN/VDE 0340 T. 1–2	
Isolierfolien	DIN 40634	
Starkstromleitungen bis 1000V	VDE 025 T. 1–816	
I- u. M-Mischungen für Starkstrom- und Fernmeldeanlagen	VDE 0207 T. 2–22	PE (T. 2. u. 3), PE-X (T. 22), EVAC, EPM, EPDM, PVC-P (T. 4 u. 5), PTFE, FEP, RTFE (T. 6), NR, SiR (T. 20), CR (T. 21),
Heizleitungen bis 500 V	VDE 0253	**I:** PVC, EVAC, PP (80–90 °C), FEP, SI (100–150 °C); **M:** PA, CR
Kabel bis U_0/U = 6/10 kV	VDE 0271	PVC-P
Starkstromkabel bis 1 kV	VDE 0272	**I:** PE-X; **M:** PVC-P
Starkstromkabel bis U_0/U = 12/20 u. 10/30 kV	VDE 0273	**I:** PE oder PE-X; **M:** PVC-P
Freileitungsseile bis 1000 V	VDE 0274	**I:** PE-X
Starkstromkabel bis U_0/U = 450/750 kV	VDE 0281 T. 1–404	**I:** PVC-P
Schaltdrähte und -litzen	VDE 0812	**I:** PVC-P
Schaltkabel für Fernmeldeleitungen	VDE 0813	**I** u. **M:** PVC-P
Fernmeldeschnüre	VDE 0814	**I:** PVC-P
Fernmelde- und Installationsleitungen	VDE 0815	**I** u. **M:** PVC-P, PE
Außen- u. Gruben-Signal- u. Meß- u. Fernsprechkabel	VDE 0816	**I** u. **M:** PVC-P, PE
Schlauchleitungen für Fernmeldeanlagen	VDE 0881	**I:** PVC-P, PE; **M:** PVC-P
Schaltdrähte u. -litzen für innere Verdrahtung	VDE 0881	**I:** ETFE (max.Temp. 135 °C), FEP (180 °C), PTFE (250 °C)
Prüfverfahren und Prüfeinrichtungen für die Prüfungen von isolierten Kabeln und Leitungen	VDE 0472	

6.6 Geschäumte Kunststoff-Halbzeuge

Schaumstoffe werden als spröd-harte, zäh-harte und weich-elastische Formteile oder Halbzeuge hergestellt. Die Zellen können geschlossen, offen oder teilweise offen sein und unterschiedlich in der Größe und Verteilung über dem Querschnitt eines Bauteils. Damit sind auch unterschiedliche Dichteverläufe über dem Querschnitt gegeben, s. Bild 3.71 in Abschn. 3.2.8.

Wenn die Zellen völlig von Zellwänden umschlossen sind, spricht man von *geschlossenzelligen* Schaumstoffen (Beispiel: PS). Hier ist ein Gas- oder Flüssigkeitsaustausch zwischen den Zellen nur durch Diffusion möglich. Bei *gemischtzelligen* Schaumstoffen (UF) sind die Zellwände teilweise perforiert. Bei *offenzelligen* Schaumstoffen stehen die Zellen untereinander über die Gasphase in Verbindung. Sie bestehen im Extremfall nur noch aus den Zellstegen (MF).

Nach ihrem Verformungswiderstand im Druckversuch (Druckspannung bei 10% Stauchung, DIN 53421) unterscheidet man *harte* (<80 kPa), *halbharte* (80–15 kPa) und *weiche* (<15 kPa) Schaumstoffe. Bei den harten Schaumstoffen steigt dieser Druckspannungswert etwa logarithmisch mit der Rohdichte an.

Das Zellengefüge *sprödharter* Schaumstoffe (Beispiel PF) kann bei Belastung zusammenbrechen; *zähharte* (PVC) werden dabei zum Teil, *weichelastische* (MF) weitgehend elastisch reversibel verformt. PUR-Schäume, s. Abschn. 4.15, lassen sich von sprödhart bis superweich einstellen.

Aus nahezu allen thermoplastischen Kunststoffen werden im Thermoplast-Schaum-Gießverfahren (TSG), s. Abschn. 3.2.2.6 Strukturschaumstoff-Formteile hergestellt, s. Bild 3.71. Diese sind bei gleichem Gewicht

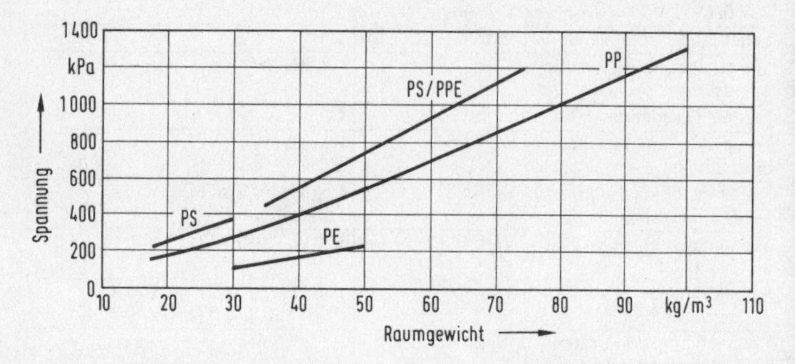

Bild 6.3 Druckspannung bei 50% Verformung in Abhängigkeit von der Dichte bei Schaumstoffen

Tafel 6.20 Temperaturbeständigkeit von PSPPE-Partikelschaum

Anteil PPE im PS %	Tg °C	Kurzzeit-Temperatur-beständigkeit, °C	Langzeit-Temperatur-beständigkeit, °C
0	100	>95	>85
10	110	>105	>95
20	120	>110	>105
30	130	>117	>108

steifer als kompakte Formteile und gestatten größere Wanddickenunterschiede ohne Entstehung von Einfallstellen, s. entsprechende Abschn. in Kap. 4. Die Belastbarkeit läßt sich durch Einstellung des Raumgewichts in weiten Grenzen variieren, s. Bild 6.3.

Geschäumte Halbzeuge aus Thermoplasten werden nach dem TSE-Verfahren (Thermoplast-Schaum-Extrusion), s. Abschn.3.2.5.7, oder als Partikelschäume (PE, PP, PS, PEPPE, PSPB, auch als Formteile), s. Abschn. 3.2.8, hergestellt. Schäume aus vernetzten Kunststoffen entstehen bei der Polymer-Bildungsreaktion, s. entsprechende Abschn. in Kap. 4, insbesondere PUR-Schäume in Abschn. 4.15.

Die Temperaturbeständigkeit von PS-Partikelschaum kann durch Copolymerisation bzw. durch Compoundierung mit PPE erhöht werden, s. Tafel 6.20.

Eigenschaften, Einsatzgebiete und Normung

Die Größe der Zellen, ihre Art und Verteilung, vor allem aber das Polymer selbst und seine Rohdichte bestimmen die Eigenschaften eines Schaumstoffs. Das thermische, das Brand-Verhalten sowie die Beständigkeit gegenüber chemischen Agentien werden vom Schaumstoff-Substrat bestimmt. Die Zellstruktur ist für die akustischen Eigenschaften und das Wärmedämm-Verhalten verantwortlich. Substrat und Zellstruktur wiederum bestimmen das Verhalten gegenüber Wasser und Wasserdampf.

DIN 53420/30 für harte, DIN 53570/8 für weichelastische Schaumstoffe enthalten Prüfvorschriften für die technologischen Eigenschaften homogener Schaumstoffe geringer Raumgewichte, die in den Tafeln 6.21 und 6.22 für einige wichtige Produktgruppen zusammengestellt sind.

Hartschaumstoffe im RG-Bereich von 10 bis 35 kg/m^3 finden als *gütegesicherte Wärme- und Trittschall-Dämmstoffe* breite Anwendung im Bauwesen. Maßgeblich dafür sind folgende Normen:

DIN 4102 hinsichtlich des Brandverhaltens: mindestens B 2 normal entflammbar

DIN 4108 Wärmeschutz im Hochbau mit Rechenwerten der Wärmeleitfähigkeit und Angaben über Wasserdampf-Diffusionswiderstandszahlen

Tafel 6.21. Harte Schaumstoffe

Schaumstoff-Gruppe		zäh-hart						spröd-hart	
Rohstoff-Gruppe		Polystyrol			Polyvinyl-chlorid	Polyether-sulfon	Poly-urethan	Phenol-harz	Harnstoff-harz
Schäumverfahren		Partikel-schaum	Extruderschaum ohne Schäumhaut	Extruderschaum mit Schäumhaut	hochdruck-geschäumt	block-geschäumt	blockgeschäumt ohne Deckschicht	blockgeschäumt mit Deckschicht	Spritz-schaum
Rohdichte-Bereiche	kg/m³	15–30	30–35	25–60	50–130	45–55	20–100	40–100	5–15
Druckfestigkeit	N/mm²	0,06–0,25	> 0,15	> 0,2	0,3–1,1	0,6	0,1–0,9	0,2–0,9	0,01–0,05
Bruchspannung	N/mm²	0,15–0,5	0,5	> 0,2	0,7–1,6	0,7	0,2–1,1	0,1–0,4	
Scherfestigkeit	N/mm²	0,09–0,22	0,9	1,2	0,5–1,2	–	0,1–>1	0,1–0,5	
Biegefestigkeit	N/mm²	0,16–0,5	0,4	0,6	0,6–1,4	0,2	0,2–1,5	0,2–1,0	0,03–0,09
Biege-E-Modul	N/mm²			> 15	16–35	3	2–20	6–27	
Wärmeleitfähigkeit, Meßwert	W/mK	0,032–0,037*)	0,025–0,035		0,036–0,04	0,05	0,018–0,024	0,02–0,03	0,03
max. Gebrauchstemperatur kurzzeitig	°C	100	100		80	210	> 150	> 250	> 100
max. Gebrauchstemperatur langzeitig	°C	70–80	< 75		60	180	80	130	90
Wasserdampfdiffusions-Widerstandszahl	μ	30–70	100–130	80–300	200–> 300	9	30–130	30–300	4–10
Wasseraufnahme bei 7 Tagen Wasserlagerung	Vol.-%	2–3	2	< 0,5	< 1	15	1–4	7–10	> 20

*) Rechenwerte nach DIN 4108 (Wärmeschutz im Hochbau) mit 5% Zuschlag zu den Meßwerten für EPS.

Tafel 6.22. Halbharte bis weichelastische Schaumstoffe

Schaumstoff-Struktur		überwiegend geschlossenzellig						offenzellig	
Rohstoff-Gruppe		Polyethylen			Polyvinylchlorid		Melaminharz	Polyurethan	
Schäumverfahren		Partikel-schaum	extrusions-vernetzt		hochdruckgeschäumt		band-geschäumt	blockgeschäumt Polyester-Typen	blockgeschäumt Polyether-Typen
Rohdichtebereich	kg/m³	25–40	30–70	100–200	50–70	100	10,5–11,5	20–45	20–45
Bruchspannung	N/mm²	0,1–0,2	0,3–0,6	0,8–2,0	0,3	0,5	0,01–0,15	ca. 0,2	ca. 0,1
Bruchdehnung	%	30–50	90–110	130–200	80	170	10–20	200–300	200–270
Stauchhärte (40%)	N/mm²	0,03–0,06	0,07–0,16	0,25–0,8	0,02–0,04	0,05	0,007–0,013	0,003–0,006	0,002–0,004
Druckverformungsrest (70 °C, 50%)	%	–	10–4	3	33–35	32	ca. 10	4–20	ca. 4
Stoßelastizität	%	40–50	45	–		ca. 50	–	20–30	40–50
Temperatur-Anwendungsbereich	°C	bis 100	–70 bis 85	–70 bis 110	–60 bis 50		bis 150	–40 bis 100	
Wärmeleitfähigkeit	W/mK	0,036	0,04–0,05	0,05	0,036	0,041	0,033	0,04–0,05	
Wasserdampf-Diffusions-Widerstandszahl	μ	400–4000	3500–5000	15 000–22 000	50–100	–	–	–	–
Wasseraufnahme bei 7 Tagen Wasserlagerung	Vol.-%	1–2	0,5	0,4	1–4	3	ca. 1	–	–
Dielektrizitätszahl (50 Hz) ε		1,05	1,1	1,1	1,31	1,45	–	1,45	1,38
Diel. Verlustfaktor (50 Hz) tan δ		0,0004	0,01	0,01	0,06	0,05	–	0,008	0,003

Tafel 6.23. Geschäumte Kunststoff-Halbzeuge und deren Einsatzgebiete

Kunststoff	Raumgewicht, kg/m³	Lieferform	Zellen	Einsatzgebiete
PE	25-40	Platten, Blöcke, Formstücke	geschlossen	Polster, Verpackung, (Partikelschaum)
PE-LD	10-35	Platten	geschlossen	Wärme- u. Trittschalldämmung, auch PE-X
	200	Strukturschaum-Brettprofile	geschlossen	
PP	10-35	Platten		Wärme- u. Trittschalldämmung
	20-90	Formstücke, Platten		Energieabsorber im PKW (Stoßfänger, Sitze, Autohimmel PP-X textilbeschichtet), Hinterschäumen v. Deckschichten, inmould skinning
	100-500	Folien, tiefziehbar	geschlossen	Fleischverpackung, Menüschalen, Geschirr, Flaschendichtungen
	500-700	Strukturschaum-Folien u. Bänder		Verpackungsbänder, Isolierfolien
EVAC-X	40-260	Bahnen, aufgerollt	geschlossen	Kälteschutzkleidung, gummiartig
PS	10-30	Blöcke, Formteile		Wärmedämmung, Verpackung, (Partikelschaum)
	>20	extrudierte Platten u. Bahnen mit u. ohne Schäumhaut,	geschlossen	Frostschutz für Rohrleitung, Straße u. Eisenbahn
	60-200		geschlossen	Kartonagen, Papierbeschichtung
	60-200	Warmformfolien		Eierbehälter, Menüschalen, Einweggeschirr
	ca 60	Platten, gewalkt		Trittschalldämmung
		Platten	geschlossen	Straßenuntergründung, Erhöhung der Tragfähigkeit
	400-500	Platten, Profile	geschlossen	Innenausbau mit Oberflächenstruktur, Deckendekorplatten
	20-25	Formteile (lost foam), auch PS/PMMA-Copol.		Modelle zum Vollformgießen von z.B. Leichtmetallzylindern Gießschaumstofftechnik
PSPPE		Platten, Formteile		wie PS, höhere Temperaturbeständigkeit, s. Tafel 6.20 PKW-Innenteite, leichte Fahrradhelme
PVC-U	40-130	Tafeln u. Blöcke	geschlossen	Sandwich-Kernmaterial, Flüssiggasisolierung, Rettungsflöße usw.
	500-700	Extrusionsplatten, warmformbar, d=2-20mm		Konstruktionsmaterial, Bau-Innen- u. Außenverkleidung
PVC-P	50-150	Tafeln u. Blöcke	geschlossen	Turnmatten, Dämpfung von Maschinenschwingungen
	70-130	Tafeln u. Blöcke	offen	Schallschutz, atmende Polsterung
	250	Bahnen		Bodenbelag-Rücken
MF	ca 10	Platten	offen	Schallabsorber, Hitzeschilde, Deckendekorplatten, Isolierschalen für Rohre u. Behälter
PMI	30-300	Tafeln, d=1-65mm	geschlossen	Strukturbauteile im Flugzeugbau, Sandwichkerne
UP		Leichtbauelemente	gemischt	Reaktionsharz-Schaumbeton
PUR		s. Abschn. 4.15		

DIN 4109 Schallschutz im Hochbau, insbes. Trittschalldämmung;
für die Wärmedämmung:

DIN 18159 Teil 1 PUR-Ortschäume

DIN 18159 Teil 2 UF-Ortschäume

DIN 18164 Teil 1 Unbeschichtete, beschichtete und profilierte Hartschaum-Platten und -Bahnen, Mindestrohdichten für PF 30 bis 35 kg/m^3, PS-Partikelschaum 15 bis 30 kg/m^3, PS-Extruderschaum 25 bis 30 kg/m^3, PUR 30 kg/m^3 (Tafel 6.21) in den Gruppen W, WD, WS nicht zulässiger bis erhöhter Druckbelastbarkeit;
für die Trittschalldämmung:

DIN 18164 Teil 2 PS-Partikelschaum elastifiziert auf dynamische Steifigkeit ≤ 30 MN/m^3 bis ≤ 10 MN/m^3.

Einige PE-Schaumprodukte sind für Trittschalldämmung allgemein zugelassen. Offenzellige harte und weich-elastische Schaumstoffe werden in der Raumakustik als Schallschlucker verwendet.

Die Güte- und Prüfbedingungen der Güteschutzgemeinschaften Hartschaum (s. Abschn. 8) regeln u. a. die Kennzeichnung normgerechter Erzeugnisse durch Etiketten und Farbstreifen und die Überwachung der Ortschaum-Herstellung auf der Baustelle*).

Für die *Anwendung weich-elastischer Schaumstoffe* als stoßdämpfende und -dämmende Pufferungs- und Abpolsterungsmaterialien sind die nach einschlägigen Normen bei verschiedenen Zusammendrückungen zu bestimmende Stauchhärte, die Stoßelastizität und der Druckverformungsrest nach dem Zusammendrücken in verschiedenem Ausmaß bei erhöhten Temperaturen die wichtigsten Kennwerte. Tafel 6.22 gibt dafür einige Vergleichszahlen, für technische Anwendungen sind die in den Druckschriften der Hersteller enthaltenen Federungs-Kennlinien heranzuziehen.

Das Prinzip der optimierten Dichteverteilung im Struktur-Schaumstoff bzw. in hoch belastbaren, leichten Verbundwerkstoffen wird z. B. in kontinuierlich zu fertigenden *Sandwichplatten* mit einem schubsteifen Verbund eines Schaumstoffkerns mit beiderseits zugfesten Deckschichten realisiert. Ein optimales Dichteprofil (Bild 3.71) strebt man auch mit den *Struktur-* oder *Integral-Schaumgußerzeugnissen* an, die im Thermoplast-Schaumguß-Spritzgieß- und -Extrusions-Verfahren (TSG und TSE), aus harten und halbharten PUR im RIM- und RRIM-Verfahren gefertigt werden.

*) Einzelinformationen können von der Geschäftsstelle der Gütegemeinschaften, Mannheimer Straße 97, 60327 Frankfurt/M., angefordert werden.

6.7 Fasern, Fäden, Borsten, Bänder

Unter *Chemiefasern* versteht man alle nach chemisch-technischen Verfahren hergestellten Faserstoffe aus natürlichen oder synthetischen Polymeren. Chemiefasern aus synthetischen Polymeren werden auch als „Synthesefasern" bezeichnet. Als Ausgangsstoffe dienen meist die auch für Formmassen verwendeten Polymeren (s. Kapitel 4).

Chemiefasern werden je nach Schmelzpunkt oder thermischer Stabilität nach folgenden Verfahren verarbeitet:

- nach dem *Schmelzspinnverfahren* aus der Schmelze. Abzugsgeschwindigkeit je nach Polymerenart und Verfahren zwischen 500 und 4000 m/min;
- nach dem *Trockenspinnverfahren* aus der Lösung in den Heißluftschacht, in dem das Lösungsmittel verdampft wird. Abzugsgeschwindigkeit bis zu 1000 m/min;
- nach dem *Naßspinnverfahren* aus der Lösung in ein Fällbad. Abzugsgeschwindigkeit bis zu 150 m/min.

Gesponnen wird durch Lochdüsen unterschiedlicher Lochzahl und Lochdurchmesser. Düsen mit einem Loch liefern Monofile; Düsen mit bis zu mehreren 100 Löchern werden für die Herstellung endloser Filament-Garne verwendet und Viellochdüsen für Spinnkabel, die meist zu Stapelfasern verarbeitet werden.

Anschließend werden die Monofile, Endlosfäden bzw. Kabel in einem Gang oder getrennt verstreckt und je nach gewünschten Eigenschaften noch einer Wärmebehandlung unterzogen.

Stapelfasern werden nach unterschiedlichen Verfahren zu Garnen bzw. Zwirnen umgewandelt.

Monofile werden zur Herstellung von Nähfäden, Schnüren oder Seilen verwendet. Multifile (glatt oder texturiert) sowie Garne und Zwirne aus Spinnfasern werden zur Herstellung von Geweben, Gestricken oder Gewirken für Bekleidung oder Heimtextilien verwendet.

Für Fußbodenbeläge gibt es neben dem normalen Herstellverfahren von textilen Flächengebilden auch noch das Tuftingverfahren. Hier werden die Schlaufen auf der Rückseite durch Gummi- oder Kunststoff-Beschichtungen verfestigt.

Aus Fasern bzw. Endlosfäden können auch Vliese hergestellt werden. Diese können mechanisch, durch Bindemittel bzw. durch thermische Behandlung verfestigt werden (engl. non woven bzw. bonded fabrics).

Aus Fibriden kann man auch synthetisches Papier und auch wasserabweisende textile Flächengebilde herstellen.

Monofile von 360 bis 1100 dtex bezeichnet man als Borsten. Sie werden für Bürsten, Besen, Pinsel verwendet; Monofile von mehr als 0,08 mm

Durchmesser werden als Drähte bezeichnet; sie werden für Angelschnüre, Tennisschläger, Taue, Seile u. ä. verwendet.

Extrudierte Folien werden zu verstreckten *Folienbändchen* oder *Flachfäden* längs aufgeschnitten, bei starkem Verstrecken (1 : 12) als *Spleißfolien* zu Längsfibrillen (Splittfasern) aufgespalten, die zu reißfesten groben Bindegarnen zusammengedreht werden. Diese und Flachfäden werden auch zu textilen Flächengebilden – Sackgewebe, Teppich-Grundgewebe, Wandbespannungen – verarbeitet.

Über Markenbezeichnungen und Herstellfirmen siehe Chemiefaser-Lexikon, *R. Bauer/H. J. Koslowski;* Deutscher Fachverlag GmbH, 9. Aufl.

6.7.1 Polyethylen, Polypropylen (s. Abschnitt 4.1.1 bis 4.1.6)

PE-LLD und PE-HD; PP

Monofile und Folienbändchen.

Seile, Taue, Netze (schwimmend) für Seefahrt und Fischerei, technische Artikel. PP-Spleißfasern (>97% isotaktischer Anteil): Erntebindegarne, Asbest-Austausch.

PE- und PP-„Fibride“. Spinngebundene PP-Faservliese dienen zur Befestigung von Erdschichten im Straßen- und Wasserbau. Aus Folien geschnittene, durch Verstrecken verfestigte Flachfäden werden u. a. als verstärkende Gelege in Verbundfolien einkaschiert, als Sack-Gewebe im Extrusionsverfahren mit PE beschichtet.

Höchstfeste PE-Monofile s. Abschnitt 4.1.1, Verarbeitung.

Handelsnamen: z. B. für PE: Hostalen strip, Northylen, Eltex;

für PP: Lenzing s-band, Meraklon

6.7.2 Polystyrol (s. Abschnitt 4.2.1), PS

Durchmesser von 10 μm aufwärts zum Umspinnen und Umklöppeln von Leitungsdrähten und Kabeln, vor allem in der Fernsehtechnik, Monofile für Borsten.

Handelsnamen: z. B. Syroflex

6.7.3 Vinyl-(Co-)Polymerisate

1. *Polyvinylchlorid,* PVC, s. Abschn. 4.2.6, *mit verschiedenen Mischkomponenten.* PeCe-Faser aus nachchloriertem Polyvinylchlorid hat wegen ihrer geringen Temperaturstandfestigkeit nur noch geringe Bedeutung. Andere Fasern dieser Gruppe (Rhovyl) sind Copolymerisate. Fasern aus syndiodaktischem PVC sind kochfest.

Anwendungsgebiete: Korrosionsfeste Filtertücher, Säureschutzkleidung, Treibriemen, Fischereigerät, Anti-Rheumaunterwäsche.

Flache Borsten aus PVC werden aus Folie geschnitten.

2. *Vinyliden-Vinylchlorid-Copolymere,* PVDC, s. Abschn. 4.2.10.

Es werden nur Fäden hergestellt. Polyvinylidenchlorid ist korrosionsfest und verrottungsfest unter allen Witterungsbedingungen, abriebfest, unbrennbar und kann kochfest eingestellt werden.

Anwendungsgebiete: Sitzbespannungen, Insektenschutznetze, Markisen, Armierung von Dachbahnen.

Handelsnamen: z. B. Sarnafil

3. *Polyvinylalkohol,* PVAL, s. Abschn. 4.10.

Gereckte Polyvinylalkoholfasern, aus wäßriger Lösung in Salzlösungen als Fällbäder gesponnen, besitzen hervorragende mechanische Eigenschaften, sind aber wasserempfindlich. Sie werden, durch Formaldehyd gegerbt, Garnen aus Acrylnitril-(Co)-Polymerisaten oder Polyamiden zur Regelung der Wasseraufnahme zugesetzt.

6.7.4 Polyfluorcarbone, PTFE, PVF, s. Abschn. 4.3

Extrudiert, gesintert, unbrennbar, Filtergewebe, Arbeitsschutzkleidung.

6.7.5 Acrylnitril-(Co-)Polymerisate, PAN, s. Abschn. 4.4.1

1. *PAN-Spinnfasern,* aus Copolymeren mit mindestens 85 % Acrylnitril in Dimethylformamid-Lösung trocken oder naß versponnen, gehören mit guter Kräuselfähigkeit und Anfärbbarkeit zu den wichtigsten Synthesefasern für allgemeine Verwendung. Sie zeigen hohe Licht- und Wetterbeständigkeit, Säure- und Laugenbeständigkeit, sind scheuer- und reißfest bei guter Elastizität und Wärmehaltung.

Anwendungsgebiete: Bekleidungstextilien (Maschen- und Webware), Heimtextilien (Möbelstoffe, Decken, Dekorationsstoffe), Markisen und Gartenmöbelstoffe, Bootsverdecks, Zelte, Säureschutzgewebe, Textil- und Teppichindustrie. Spezialtypen für Asbest-Austausch.

Handelsnamen: z. B. Acrilan, Courtelle, Dolan, Dralon, Leacril, Velicren.

2. *Modacrylfasern* und Fäden, Copolymere aus 40 bis 60 % Acrylnitril und 60 bis 40 % Vinylchlorid und/oder Vinylidenchlorid für schwer brennbare Arbeitsschutzkleidung, Gardinen, Teppiche, Möbelstoffe.

6.7.6 Polyamide, PA66, PA610, PMPI, PPTA, s. Abschnitt 4.6

1. PA-Fasern werden überwiegend im Schmelzspinnverfahren hergestellt. Sie zeigen hohe Scheuer- und Reißfestigkeit, Wetter- und Laugenbeständigkeit und gute Elastizität.

Anwendung: Auf allen Gebieten der Textilindustrie, Teppichgarne, Reifencord, Monofile als Schnüre, Saiten, Borsten, Gurte und Bänder.

Handelsnamen: z. B. Dorix, Perlon, Bri-Nylon, Celon, Lilion, Nivion, Nylon, Ultron, Qiana.

2. PA11, minimale Wasseraufnahme, Seile.

3. Aus vollaromatischen Polyamiden (Polyaramide, PMPI, PPTA) werden die hochfesten, temperaturstandfesten Aramidfasern für Feuerschutzkleidung und Kunststoffverstärkung hergestellt (s. Abschnitt 4.5).

Handelsnamen: z. B. Kevlar, Kermel, Nomex, Twaron.

6.7.7 Polyurethane, PUR, s. Abschnitt 4.15

Elastische PUR-Fäden bestehen zu mindestens 85 % aus elastomerem PUR. Sie sind besser beständig gegen Sauerstoff, Ozon, Öle als „Elastodien"-Gummifäden, gut einfärbbar, reiß- und scheuerfest.

Anwendung: Stützstrümpfe, Miederwaren, Badekleidung.

Handelsnamen: z. B. Dorlastan, Elastan, Lycra.

6.7.8 Polyterephthalat, PET, s. Abschnitt 4.7.3)

Aus der Schmelze gesponnen, anschließend heiß verstreckte PET-Fasern sind hochkristallin und schrumpfarm. Sie eignen sich für gut formbeständige, knitterfreie, chemikalien- und lichtbeständige, scheuerfeste Textilien. Ihre Einfärbung erfordert spezielle Verfahren.

Anwendungen: auf allen Gebieten der Textiltechnik, Cordfäden für Autoreifen, Förderbänder, Treibriemen, unverrottbare Faservliese für Tiefbau und Dachbahnen, beschichtete Gewebe für das textile Bauen. Für Heimtextilien auch besser anfärbbare PBT- u. a. PTP-Fasern (Kodel-Typ).

Handelsnamen: z. B. Diolen, Trevira, Crimplene, Dacron, Fidion, Tergal, Terylene, Wistel.

6.7.9 Chemiefasern aus Cellulose, s. Abschnitt 4.19.1)

Nach dem Viskoseverfahren aus Cellulose hergestellte Filamentgarne und Spinnfasern werden als Viskosefasern bezeichnet. Frühere Namen waren Kunstseide oder Rayon.

Geht man von acetylierter Cellulose aus, so kann die Acetylcellulose in Aceton gelöst werden. Durch Trockenverspinnen gelangt man zu Acetatfäden bzw. -fasern.

Cuprofasern bzw. -fäden erhält man durch Lösen von Cellulose in einem Gemisch aus Kupferoxid und Ammoniak und Ausspinnen der Lösung in schwach alkalischem Wasser.

Neuerdings verwendet man zum Lösen von Cellulose auch ein Gemisch aus N-Methylmorpholinoxid und Wasser. Durch Naßspinnen gelangt man zu Fasern mit den Handelsnamen Lycocell oder Tencel.

Polynosics sind Fasern, die durch Einspinnen in schwache Säurebäder baumwollähnlich gemacht werden (niederer Quellwert, hohe Naßfestigkeit).

6.7.10 Natürlich vorkommende Fasern

Zur Abrundung der Übersicht über Fasern sind in Tafel 6.24 die natürlich vorkommenden Fasern mit ihrer Herkunft zusammengestellt. Eigenschaften von Pflanzenfasern, die zunehmend als Verstärkungsfasern für Kunststoffe eingesetzt werden, s. Tafel 7.9 in Abschn. 7.4.5.

Tafel 6.24 Natürlich vorkommende Fasern

Pflanzenfasern, Cellulose	Herkunft:	Tierfasern, Wolle, Keratin (Protein)	Herkunft:
Alfa	Espartogras	Alpaka	Alpaka, Kamelart
Ananas	Ananas	Angora	Angorakaninchen
Baumwolle	Baumwollstrauch	Guanako	Guanako, Kamelart
Ginster	Binsenginster	Kamal	Kamel
Hanf, Leinen	Flachs	Kaschmir	Kaschmirziege
Jute	Tiliazeen	Lama	Lama, Kamelart
Kenaf	Kenafpflanze	Mohair	Angoraziege
Kokos	Kokosnuß	Seide	Seidenraupe
Manila	Faserbanane	Vikunja	südamerikanisches Lama
Ramie	Chinagras	Yak	tibetischer Yak
Sisal	Sisalagave		
Asbest, einzige natürliche Mineralfaser, wegen Krebsgefährdung verboten	verwitterte Mineralien Serpentin und Hornblende		

6.8 Kunststoffe im medizinischen Sektor

Das Einsatzspektrum der Kunststoffe im medizinischen Sektor reicht von sterilen Einmalartikeln über chirurgisches Nahtmaterial und Geräte bis hin zu Implantaten und der Verpackung dieser Produkte, s. Tafel 6.25. In der Regel kommen spezielle Modifizierungen der Polymeren zum Einsatz.

Tafel 6.25 Kunststoffe im medizinischen Sektor

Verwendung	Kunststoff
Implantate und künstliche Organe	
künstliche Gelenke, (Kniegelenke, Hüftpfanne, Schulter)	PE-UHMW
künstliche Venen und Arterien, in Herzschrittmachern und Herzklappen	PTFE
künstliche Blutgefäße, Herzklappen, Verstärkung in Silikonimplantaten	PET
Herzklappen, Knochenimplantate	PSU
Herzschrittmacher, künstliche Herzventrikel, Produkte mit Blutkontakt wie Venenkatheter	PUR auf Ether-Basis
Plastische Chirurgie, Ersatz von Fingern, Zehen, Handgelenken und Sehnen, zentrale Venenkatheter	SI
Intraokular-Linsen	PMMA
Instrumente und Ausrüstungen	
Blutbeutel	PVC-P
Blutvorratsbehälter	PC
Dialyseausrüstung	PSU
Dialysemembran	EVAL, PA
Einmalartikel	PS
Filter für Blut- und Dialyse	PC
Filtermembranen	PTFE
Kanülen	PE, PP, PA, PTFE
Katheter	PE, PA, PVC, PTFE, PUR
Katheterschläuche	PTFE
Komponenten von IV-Sets	PVC
Laborartikel	PP, PS, PC
Nadeln	PVC
Nahtmaterial	PA, PET, PVC
Oxygeneratoren	PP, PC, PVC, SI, PSU
Pumpen, peristaltische	SI
Pumpenkammern für künstliche Herzen, Pumpen	PUR
Schläuche	PE, PP, EVAC, PA, PVC-P, PUR, SI
Spritzen, (Spritzenkolben)	PE, PP, EVAC, PS, PA
Tuben, englumige	PA
Verpackungen	PE-Vlies, PA, PSU

7 Kunststoff-Grenzgebiete

7 Kunststoff-Grenzgebiete

7.1 Kautschuke

7.1.1 Generelle Beschreibung

Alle makromolekularen Stoffe, die vernetzbar sind, werden als Kautschuk bezeichnet. Sie sind bei Raumtemperatur weitgehend amorph und besitzen eine niedrige Glasübergangstemperatur. Sie haben im unvernetzten Zustand thermoplastische Eigenschaften, d. h. mit steigender Temperatur werden sie weicher und die durch die Knäuelstruktur bewirkte Kautschukelastizität geht immer mehr zurück. Durch Vulkanisation mit Schwefel oder einem vergleichbaren chemischen oder physikalischen Prozeß werden die Makromoleküle weitmaschig zu Elastomeren (Weichgummi), oder engmaschig zu Hartgummi (Ebonit) vernetzt. Erstere weisen ein hohes reversibles Dehnungsvermögen auf, wobei Elastomere eine Zwischenstellung zwischen den noch fließbaren Thermoplasten (Kautschuk) und den starren Duroplasten (Hartgummi) einnehmen. Sie erweichen bei höheren Temperaturen nicht mehr, sind also nicht thermoplastisch verarbeitbar.

Die Klassifizierung der Kautschuke in DIN ISO 1629 beruht auf anderen Grundlagen als die für Kunststoffe und führt daher zu anderen Kurzzeichen als nach DIN 7728/ISO 1043 üblich. In den folgenden Kurzbeschreibungen sind deshalb den verwendeten Kurzzeichen die chemischen Bezeichnungen und die chemischen Grundstrukturen zugeordnet.

Naturkautschuk und strukturanaloge Synthesekautschuke, Polymerisate aus konjugierten Dienen (z. B. Isopren, Butadien, Chlorbutadien) sowie Copolymerisate aus konjugierten Dienen und Vinylderivaten (z. B. Styrol, Acrylnitril) – es handelt sich hier um die weitaus bedeutsamsten Kautschukklassen mit ca. 80 % Marktanteil – enthalten in den Molekülketten zahlreiche ungesättigte Doppelbindungen, von denen beim herkömmlichen Vulkanisieren mit Schwefel und organischen Beschleunigern zu Weichgummi nur ein Teil abgesättigt wird. Je mehr Doppelbindungen im Vulkanisat übrigbleiben, um so geringer ist dessen Oxidations- und Witterungsbeständigkeit, allerdings kann diese durch Antioxidantien sehr verbessert werden. Produkte mit geringem Diengehalt, die z. B. durch Polymerisation von Isobutylen mit kleinen Mengen Isopren hergestellt werden, zeigen entsprechend verbesserte Alterungsbeständigkeit, aber wegen der geringen Anzahl von Doppelbindungen Vulkanisationsträgheit. Auch durch ringöffnende Polymerisation können Produkte mit geringem Doppelbindungsgehalt hergestellt werden, z. B. Trans-1,5-Polypentenamer (aus Cyclopenten durch ringöffnende Polymerisation) und Polyoctenamer (aus Cycloocten), von denen letzteres als Kautschuk kaum, wohl aber als Verarbeitungshilfsmittel eine gewisse Rolle spielt. Durch Copolymerisation von Ethylen und Propylen entstehen Ethylen-Propylen-Kautschuke, die völlig gesättigt und daher nicht mit Schwefel vulkanisierbar sind (EPM). Durch Terpolymerisation von Ethylen und Propylen mit nicht konjugierten Dienen, wie vor allem Ethylidennorbornen, entstehen gesättigte Polymerketten mit Doppelbindungen in der Seitenkette, die mit Schwefel, aber auch vorteilhaft mit Peroxiden (R–O-O-R') vulkanisierbar sind (EPDM). Die EP-Kautschuke zeichnen sich durch eine hervorragende Alterungsbeständigkeit aus und haben erhebliche Marktbedeutung. Weitere Synthese-Kautschuke sind: Propylenoxidkautschuk, Polyphosphazene, Polynorbornen. Polymere ohne Doppelbindungen erfordern andersartige Vulkanisationsverfahren: Für einige braucht man basische Vernetzungsmittel, für andere ist dagegen eine oxidative Vernetzung mit Peroxiden erforderlich. Mit Elektronenstrahlen werden gesättigte und ungesättigte Polymere ohne Fremdstoffzusatz vernetzt. Die meisten Synthesekautschuk-Arten können miteinander verschnitten werden, eine kombinierte Vulkanisation mit Schwefel und Peroxiden ist aber nicht üblich.

7.1.2 Allgemeine Eigenschaften

Ein maßgebliches Auswahlkriterium bei der Verwendung von Kautschuken ist deren Hitzebeständigkeit, insbesondere bei Anwendungen in der Automobilindustrie.

Die durch Zunahme der Temperaturen unter der Motorhaube gewachsenen Ansprüche an die Hitze- und Ölbeständigkeit von Spitzenprodukten für den Einsatz in der Kfz-Industrie nach international anerkannter ASTM-Norm zeigt Bild 7.1.

Der Aufschluß der herkömmlicherweise als Ballen angelieferten Rohstoffe für die Kautschuk-Verarbeitung ist arbeitsaufwendig. Bisher haben sich Bestrebungen kaum durchgesetzt, Synthese-Kautschuke als leichter zu verarbeitende Krümel oder unmittelbar extrudierbare oder spritzgießfähige gepuderte Granulate und Pulver-Batches mit allen zur Vulkanisation erforderlichen Zuschlägen auf den Markt zu bringen sowie durch relativ niedermolekulare „Flüssig-Kautschuke" mit reaktiven Endgruppen einfachere Verarbeitungstechniken flüssiger Kunststoffvorprodukte auch der Gummiindustrie zugänglich zu machen.

Sehr wesentlich ist für die Kautschuktechnologie die „Verstärkung" der Mischungen durch aktive Füllstoffe, das sind Ruße für schwarze, hochdisperse Kieselsäure für helle Erzeugnisse. Zuweilen werden die Füllstoffe schon in den Latex eingearbeitet. Höher molekularer Syntesekautschuk herkömmlicher Art ergibt mit Öl gestreckt (Oil extended Rubber) gut zu verarbeitende Mischungen. Viele Kautschuk-Mischungen enthalten auch Weichmacher.

Im folgenden werden die wichtigsten Elastomere kurz beschrieben. Einen Überblick über einige Eigenschaften und die chemische Beständigkeit der wichtigsten Kautschuktypen geben die Tafeln 7.1 und 7.2.

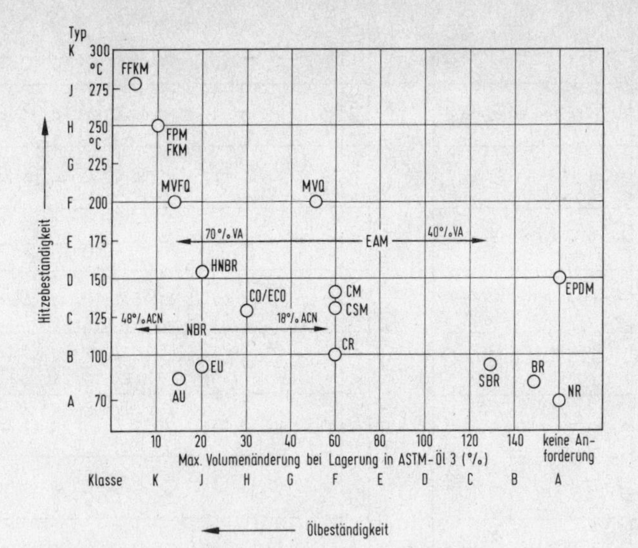

Bild 7.1 Klassifizierung von Elastomeren nach Hitze- und Ölbeständigkeit (in Anlehnung an ASTM-D 2000/SAE J200)
Kurzzeichen nach DIN ISO 1629 sind in den Abschnitten 7.1.3 bis 7.1.10 erläutert

7.1.3 R-Kautschuke NR, IR, BR, CR, SBR, NBR, NCR, IIR, SIR, TOR, HNBR

ungesättigte Ketten, ganz oder teilweise aus Diolefinen aufgebaut.

Naturkautschuk, NR

$$\left[-CH_2 - \underset{\displaystyle CH_3}{\underset{|}{C}} = CH - CH_2 - \right]$$

NR weist auch im ungefüllten Zustand hohe Festigkeit und Elastizität auf. Thermischer Einsatzbereich: dauernd −50 bis +70 °C, Spezialtypen bis +90 °C, kurzzeitig bis 120 °C. NR hat sehr geringe mechanische Dämpfung, neigt bis 50 °C wenig zum Kriechen, ist nicht ölbeständig und muß gegen Ozon stabilisiert werden.

Einsatzgebiete: Gummifedern, Lkw-Reifen

Handelsnamen: z. B. Smoked Sheets, Crepe, SMR-Kautschuk

Tafel 7.1. Vergleich einiger Eigenschaften von Vulkanisaten aus den wichtigsten Kautschuktypen (stark vereinfachte, schematische Darstellung, nach Fa. Freudenberg). Bewertungsskala: 1 = ausgezeichnet; 2 = sehr gut; 3 = gut; 4 = ausreichend; 5 = schlecht

	NR	BR	CR	SBR	IIR	NBR	EPDM	CSM	EAM	ACM	ECO	AU	MVQ	FKM	FVMQ
Zugfestigkeit	1	5	2	2	4	2	3	3	3	3	3	1	4	3	4
Elastizität	1	1	2	4	5	4	3	5	5	5	3	2	2	5	3
Verschleißbeständigkeit	3	1	2	2	4	3	4	3	4	4	4	1	5	4	5
Wetter- und Ozonbeständigkeit	5	5	4	5	3	5	1	1	1	2	2	2	1	1	1
Wärmebeständigkeit	5	5	4	4	3	4	2	3	2	2	3	3	1	1	2
Kälteflexibilität	1	1	3	2	3	4	2	4	4	5	3	4	1	5	2
Gasdurchlässigkeit	4	4	2	4	1	2	3	2	2	3	2	2	5	2	5
Dauergebrauchstemperatur (°C)*	100	100	120	110	130	120	140	130	170	160	130	130	200	210	180

* für optimalen Werkstoff ca. 1000 Stunden

Tafel 7.2. Chemische Beständigkeit von Vulkanisaten aus den wichtigsten Kautschuktypen (bis 100 °C) (nach Freudenberg)

	NR	BR	CR	SBR	IIR	NBR	EPDM	CSM	EAM	ACM	ECO	AU	MVQ	FKM	FVMQ
Paraffin-Kohlenwasserstoffe	C	C	B	C	C	A	C	C	A	A	B	A	C	A	A
Kraftstoff	C	C	C	C	C	B	C	C	C	B	B	B	C	A	B
Aromaten	C	C	C	C	C	C	C	C	C	C	C	C	C	A	B
Chlorierte Kohlenwasserstoffe	C	C	C	C	C	C	C	C	C	C	C	C	C	A	C
Motorenöle	C	C	B	C	C	A	C	C	B	A	B	B	B	A	A
Hypoidöle	C	C	C	C	C	B	C	C	C	A	B	B	C	A	A
Mineralische Schmierstoffe	C	C	C	C	C	B	C	C	B	A	B	B	B	A	A
Alkohole	A	A	A	A	A	A	A	A	B	B	B	B	B	C	C
Ketone	A	A	B	A	A	C	A	B	C	C	C	C	C	C	C
Ester	B	B	C	B	C	C	C	C	C	C	C	C	C	C	C
Wasser	A	A	A	A	A	A	A	A	A	B	B	C	B	A	C
Säuren (verdünnt)	A	A	A	A	A	A	A	A	B	C	B	C	B	A	C
Alkalien (verdünnt)	A	A	A	A	A	A	A	A	B	C	B	C	B	A	C
Bremsflüssigkeiten	A	A	B	A	A	C	A	C	C	C	C	C	A	C	A

[illegible]

Isopren-Kautschuk, IR

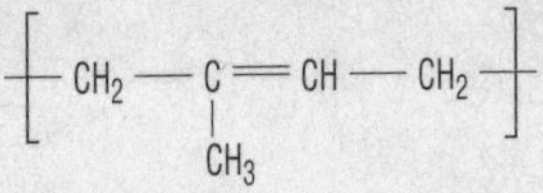

$$\left[-CH_2-\underset{\displaystyle CH_3}{\underset{|}{C}}=CH-CH_2- \right]$$

IR ist die synthetische Nachstellung des NR und diesem in den Eigenschaften vergleichbar. Er weist eine etwas höhere Elastizität auf.

Einsatzgebiete wie NR.

Handelsnamen: z. B. Afprene, Cariflex IR, Carom, Europrene IP, Natsyn, Nipol.

Butadien-Kautschuk, BR

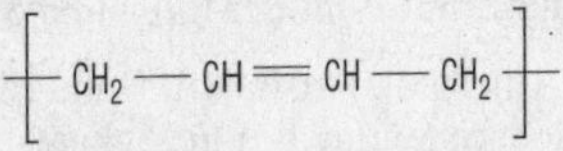

$$\left[-CH_2-CH=CH-CH_2- \right]$$

BR wird in reinem Zustand fast nicht eingesetzt sondern nur im Verschnitt mit anderen Kautschuken. Er ergibt verschleiß- und kältestandfeste Mischungen.

Einsatzgebiete: z. B. Kfz.-Laufflächen.

Handelsnamen: z. B. Afdene BR, Ameripol CP, Asadene, Budene, Buna CB, Cariflex BR, Cis-4, Cisdene, Duragen, Escorez, Europrene cis, Finaprene BR, Intene, Plioflex, Polysar, Solprene BR, Synpol BGR, Taktene, Tufsyn.

Als flüssiges BR: Butarez HTS, Hycar CTP, Hystl CWG, Ricon 150.

Chloropren-Kautschuk, CR

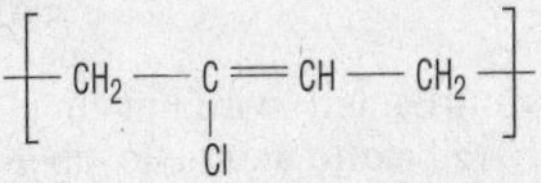

$$\left[-CH_2-\underset{\displaystyle Cl}{\underset{|}{C}}=CH-CH_2- \right]$$

CR weist eine bessere Alterungsbeständigkeit auf als NR, IR und SBR, ist schwer entflammbar und in gewissem Maße beständig gegen Öle und Fette. Thermischer Einsatzbereich: dauernd −40 bis +110 °C, kurzzeitig bis +130 °C. Unter 0 °C erfolgt bei längerer Lagerung reversible Verhärtung durch Kristallisation. Geringe Gasdurchlässigkeit.

Einsatzgebiete: Faltenbälge, Achsmanschetten, Kühlwasserschläuche, Bau-Dichtungsprofile, Dachbeläge, Förderbänder, Kabelummantelung, Schutzkleidung.

Handelsnamen: z. B. Baypren, Butaclor, Denkachloropren, Nairit, Neoprene, Skyprene, Switprene.

Styrol-Butadien-Kautschuk, SBR

$$\left[\begin{array}{l} CH - CH_2 - CH_2 - CH = CH - CH_2 \\ | \\ C_6H_5 \end{array} \right]$$

SBR, meist in einem Verhältnis von etwa 75% Butadien: 25% Styrol durch Kaltpolymerisation hergestellt und in vielen Sorten mit unterschiedlichen Stabilisatoren für hell- und dunkelfarbige Erzeugnisse und anderen Zusätzen geliefert, wird vielfach anstelle von NR als Allzweckkautschuk eingesetzt. Er stellt die größte Kautschukklasse dar. Thermischer Einsatzbereich: dauernd –40 bis 100 °C, kurzfristig bis 120 °C. SBR ist nicht beständig gegen Mineralöle.

Einsatzgebiete: z. B. Reifenmischungen, Kabelummantelung, technische Gummiartikel, Schläuche und Profile, Moos- und Schaumgummi.

Handelsnamen: z. B. Ameripol, Austrapol, Buna EM, Cariflex S, Carom, Copo, Europrene, Flosprene (auch Flüssigkautschuk), FR-S, Gentro, Emaprene, Humex, Intol, ISR, Jetron, Krylene, Krynol, Krymix, Nipol, Petroflex, Philprene, Polysar S, Poly bd R 45 und Ricon 100 als Flüssigkautschuk, Sircis, Sirel, SKS, Sumitome SBR, Synapren, Synaprene, Tufprene, Ugipol.

In Lösung polymerisierte SBR-Typen: Duradene, Solprene.

SBR-Latices (z. B. Bunatex) gibt es u. a. auch in Sondereinstellung für Anstrichmittel (Litex) und carboxyliert als Bindemittel für Nadelfilze und Teppichrückbeschichtungen (Bayer-SBR-Latex).

Nitril-Butadien-Kautschuk, NBR

$$\left[\begin{array}{l} CH - CH_2 - CH_2 - CH = CH - CH_2 \\ | \\ CN \end{array} \right]$$

NBR (20 bis 50% Acrylnitrilanteil) wird mit zunehmendem ACN-Anteil beständiger gegen Öle, Treibstoffe und Fette, aber weniger kälteflexibel. Thermischer Einsatzbereich: dauernd ca. –30 bis +100 °C, kurzzeitig bis 130 °C. Geringe Gasdurchlässigkeit. NBR + PVC ist ozonbeständig. NBR + Phenolharz ist zähelastisch und heißwasserfest.

Einsatzgebiete: Wichtigster Dichtungswerkstoff im Kfz- und Maschinenbau, Schläuche.

Handelsnamen: z. B. Breon, Butacril, Butaprene FR-N, Chemigum, Elaprim, Europrene N, Hycar, Krynac, Marbon, Nilac, Nipol N, Nitrex, Paracril, Perbunan-N, SKN, Tylac.

Flüssigkautschuke: Hycar CTBN, MTBN, 1312, Poly bd CN-15.

NBR + PVC: Perbunan-N/VC, Breon-Polyblend, Paracril OZO.

Nitril-Chloropren-Kautschuk, NCR

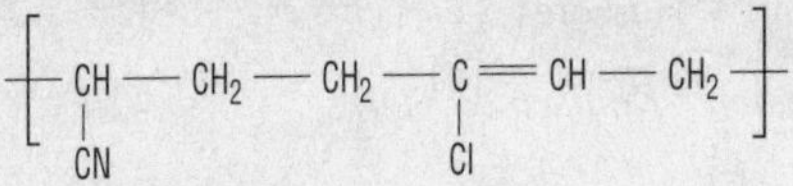

$$\left[\underset{\displaystyle CN}{\underset{|}{CH}} - CH_2 - CH_2 - \underset{\displaystyle Cl}{\underset{|}{C}} = CH - CH_2 \right]$$

NCR weist eine etwas höhere Ölbeständigkeit auf als CR

Handelsnamen: z. B. Denca DCR

Butyl-Kautschuk, IIR, (CIIR, BIIR)

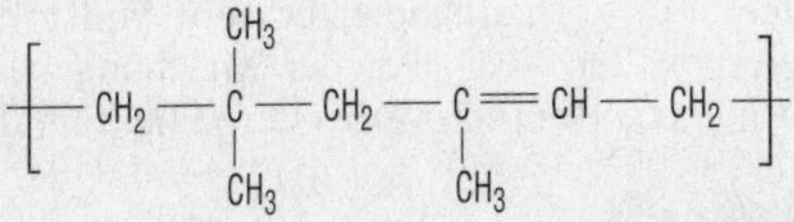

$$\left[CH_2 - \underset{\displaystyle CH_3}{\underset{|}{\overset{\displaystyle CH_3}{\overset{|}{C}}}} - CH_2 - \underset{\displaystyle CH_3}{\underset{|}{C}} = CH - CH_2 \right]$$

IIR ist ein Copolymerisat. Der sehr hohe Anteil von Isobutylen (s. Abschnitt 4.1.7) ist bestimmend für die gute Chemikalien- und Alterungsbeständigkeit und die geringe Gasdurchlässigkeit (Luft), der geringe Anteil Isopren für die Vulkanisierbarkeit. Thermischer Einsatzbereich: dauernd −40 bis +130 °C. Chlor-(CIIR) und bromhaltiger (BIIR) Butylkautschuk zeichnet sich durch gute Verarbeitbarkeit und Alterungsbeständigkeit bei sehr geringer Luftdurchlässigkeit aus.

Einsatzgebiete: Reifenschläuche, Innenliner von Reifen, gasdichte Membranen, Pharmastopfen, Dachbeläge.

Handelsnamen: z. B. Enjay-Butyl, Hycar-Butyl, Petrotex-Butyl, Polysar-Butyl, Soca-Butyl.

IIR + Cl: Esso-Chlorobutyl, IIR + Br: Esso-Brombutyl.

Isopren-Styrol-Kautschuk, SIR

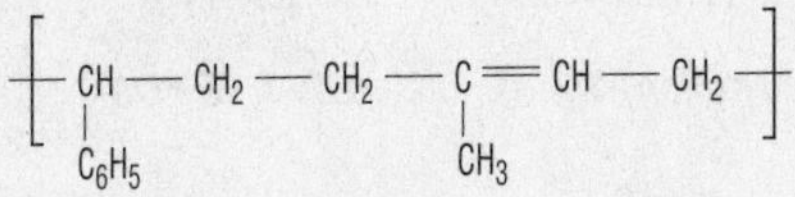

$$\left[\underset{\displaystyle C_6H_5}{\underset{|}{CH}} - CH_2 - CH_2 - \underset{\displaystyle CH_3}{\underset{|}{C}} = CH - CH_2 \right]$$

Spezialkautschuk von geringer Bedeutung.

Polynorbornen-Kautschuk, PNR

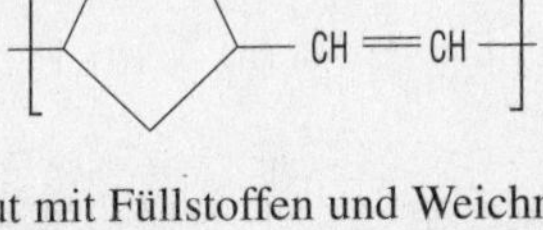

$$\left[\text{(Cyclopentan-Ring)} - CH = CH \right]$$

PNR läßt sich sehr gut mit Füllstoffen und Weichmachern füllen und somit zu sehr weichen Elastomeren verarbeiten. Wärmebeständigkeit und Kriechneigung sind ungünstiger als bei NR, Ozonbeständigkeit wie bei NR.

Einsatzgebiete: Weiche Walzenbeläge, Moosgummi.

Handelsnamen: z.B. Norsorex

Trans-Polyoctenamer-Kautschuk, TOR

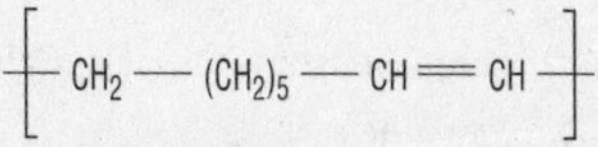

$$\left[CH_2 - (CH_2)_5 - CH = CH \right]$$

TOR wird in erster Linie als polymere Verschnittkomponente mit anderen Kautschuken mit einem Anteil von 5 bis 30% verwendet. Man erreicht hierdurch leichtere Füllstoffaufnahme, bessere Füllstoffverteilung, beachtliche Reduzierung der Viskosität der Mischung bei den Verarbeitungstemperaturen und wesentlich verbesserte Fließfähigkeit bei der Verarbeitung.

Handelsnamen: z.B. Vestenamer

Hydrierter NBR-Kautschuk, HNBR

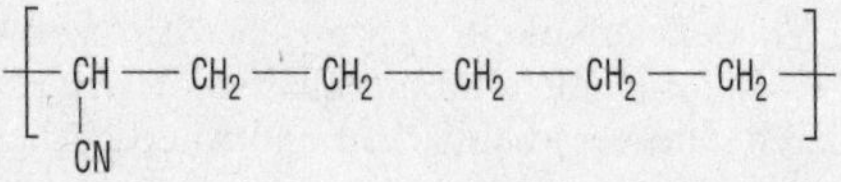

$$\left[\underset{\displaystyle CN}{\underset{|}{CH}} - CH_2 - CH_2 - CH_2 - CH_2 - CH_2 \right]$$

HNBR ist, peroxidisch vernetzt, bis 150 °C hoch öl-, oxidations-und abriebbeständiger als NBR.

Einsatzgebiete: Kraftfahrzeugbau, Erdölförderanlagen.

Handelsnamen: z.B. Therban, Tornac, Zetpol.

7.1.4 M-Kautschuke, EPM, EPDM, AECM, EAM, CSM, CM, ACM, ABR, ANM, FKM, FPM, FFKM

gesättigte Ketten vom Polymethylen-Typ

Ethylen-Propylen-(Dien)-Kautschuke, EPM, (EPDM)

$$\text{EPM:} \quad \left[CH_2 - CH_2 - \overset{\displaystyle CH_3}{\overset{|}{CH}} - CH_2 \right]$$

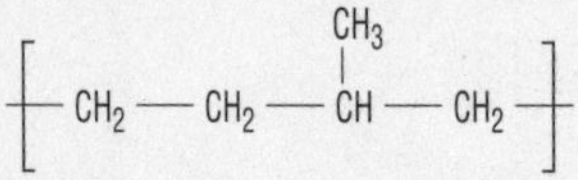

$$\text{EPDM:} \quad \left[CH_2 - CH_2 - CH_2 - \overset{\displaystyle CH_3}{\overset{|}{CH}} - CH_2 - \overset{\displaystyle CH_2 - CH = CH - CH_3}{\overset{|}{CH}} \right]$$

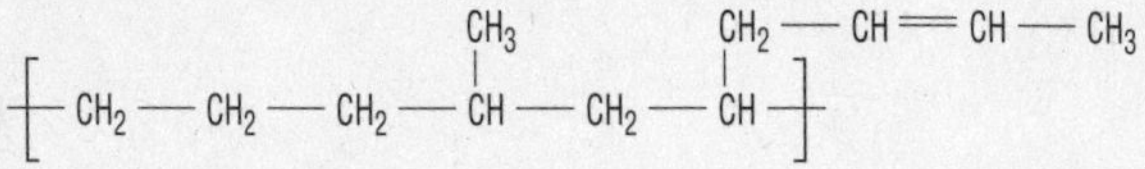

EP(D)M sind ataktische Copolymere von Ethylen und Propylen, s. Abschnitt 4.1.5.2. EPM ist nur mit Peroxiden vernetzbar, EPDM auch mit Schwefel vulkanisierbar. Da bei den Terpolymeren die ungesättigten Stellen außerhalb der Hauptkette liegen, weisen diese die Chemikalienbeständigkeit und bei entsprechender Stabilisierung die gute Witterungs-, Ozon- und Alterungsbeständigkeit gesättigter Polyolefine auf. Thermischer Einsatzbereich: dauernd –40 bis +130 °C, Spezialtypen bis +150 °C.

Einsatzgebiete: Außenteile am Kfz, massive und Moosgummi-Dichtungsprofile, O-Ringe, Schläuche, Baudichtungsbahnen, Kabelummantelungen.

Handelsnamen: *EPM*: z. B. Buna AP, Dutral, Estprene, Intolan, Keltan, Polysar, Vistalon.

EPDM: z. B. Buna AP, Dutral Ter, Epcar, Epsyn, Esprene, Intolan, Keltan, Mitsui EPT, Nordel, Polysar, Royalene, Vistalon.

Ethylen-Acrylester-Kautschuk, AECM

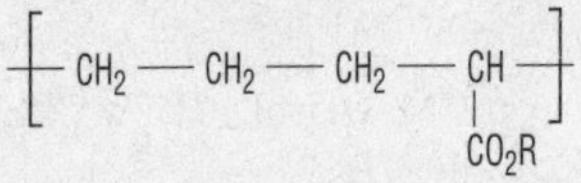

$$\left[CH_2 - CH_2 - CH_2 - \underset{\displaystyle CO_2R}{\underset{|}{CH}} \right]$$

AECM ist ein neueres Elastomeres mit ausgezeichneter Wärmebeständigkeit und mittlerer Ölbeständigkeit. Thermischer Einsatzbereich in Luft: dauernd –25 bis +170 °C, kurzzeitig bis 200 °C.

Einsatzgebiete: Spezialdichtungen im Kfz., Kühlwasserschläuche, Kabelsektor.

Handelsnamen: z. B. Vamac.

Ethylen-Vinylacetat-Kautschuk, EAM

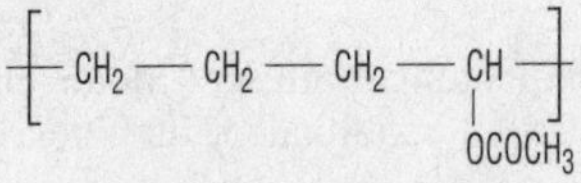

$$\left[CH_2 - CH_2 - CH_2 - \underset{\displaystyle OCOCH_3}{\underset{|}{CH}} \right]$$

EAM verbindet die hohe Wärmebeständigkeit mit einer gewissen Ölbeständigkeit. Die Kältezähigkeit ist jedoch gering. Thermischer Einsatzbereich: dauernd –10 bis +150 °C.

Handelsnamen: z. B. Alkathene EVA, Elvax, Evathene, Levapren, Ultrathene, Vinathene VAE, Wacker VAC.

Chlorsulfonierter PE-Kautschuk, CSM

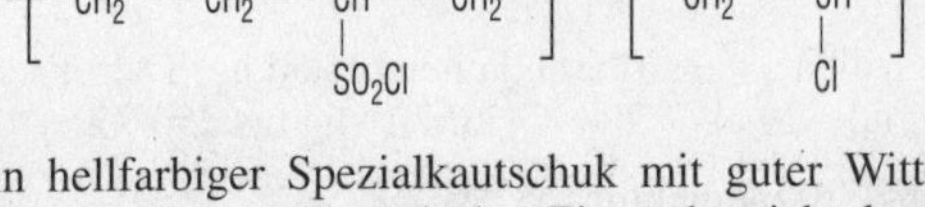

$$\left[CH_2 - CH_2 - \underset{\displaystyle SO_2Cl}{\underset{|}{CH}} - CH_2 \right] \left[CH_2 - \underset{\displaystyle Cl}{\underset{|}{CH}} \right]$$

CSM ist ein hellfarbiger Spezialkautschuk mit guter Witterungs- und Chemikalienbeständigkeit. Thermischer Einsatzbereich: dauernd –20 bis +120 °C. Selbstvulkanisierend eingestellte, mineralisch gefüllte Ansätze werden als Spritzmassen oder schweißbare Bahnen für Dachhäute und Auskleidungen verwendet.

Handelsnamen: z. B. Hypalon

Chlorierter PE-Kautschuk, CM

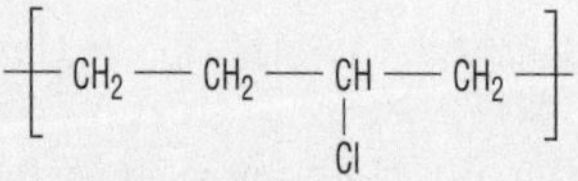

$$\left[CH_2 - CH_2 - \underset{\substack{| \\ Cl}}{CH} - CH_2 \right]$$

chloriertes Polyethylen mit statistischer Verteilung des Cl

CM weist eine etwas bessere Heißluft- und Heißölbeständigkeit sowie eine tiefere Versprödungstemperatur auf als CSM und ist preisgünstiger.

Einsatzgebiete: Technische Gummiartikel, Kabelmäntel, Schläuche im Motorbereich.

Handelsnamen: z. B. Bayer CM, Daisolac, Dow CPE, Elaslen, Hostapren, Kelrinal.

Acrylat-Kautschuk, ACM (ABR, ANM)

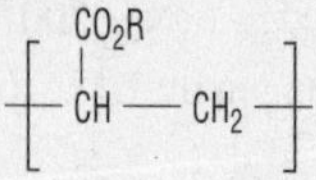

$$\left[\overset{\substack{CO_2R \\ |}}{CH} - CH_2 \right]$$

ACM hat eine höhere Wärmebeständigkeit als NBR. Einsatzbereich: dauernd −25 bis +150 °C, kurzzeitig bis 170 °C. Beständig gegen Öl, Ozon, UV-Strahlung.

Einsatzgebiete: Wellendichtungen im Kfz-Motor und -Getriebe. Selbstvulkanisierender Acrylat-Latex (Acralen) für Vliesverfestigung.

Handelsnamen: z. B. Cyanacryl, Elaprim AR, Europrene, Hycar 4000, HY Temp, Nipol.

(Ethylenacrylesterterpolymer): Vamac

Fluor-Kautschuk, FKM

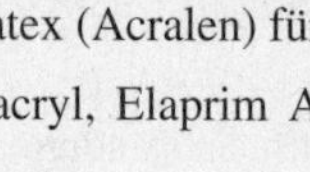

$$\left[\overset{\substack{F \\ |}}{CH} - \overset{\substack{F \\ |}}{CH} \right]$$

FKM ist gegen die meisten Flüssigkeiten beständig. Thermischer Einsatzbereich: dauernd −20 bis +200 °C, kurzfristig bis 250 °C.

Einsatzgebiete: Spezialdichtungen.

Handelsnamen: z. B. Viton, Tecnoflon, Fluorel, Daiel.

Propylen-Tetrafluorethylen-Kautschuk, FPM

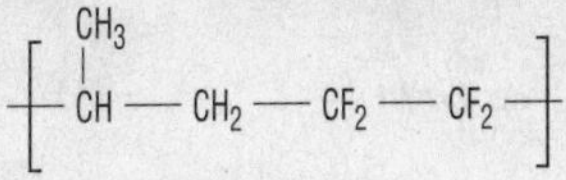

$$\left[-CH(CH_3)-CH_2-CF_2-CF_2- \right]$$

FPM ist ein Copolymer aus Polypropylen und Tetrafluorethylen und weist eine besonders hohe Chemikalienbeständigkeit auf.

Handelsnamen: z. B. Alfas

Perfluor-Kautschuk, FFKM

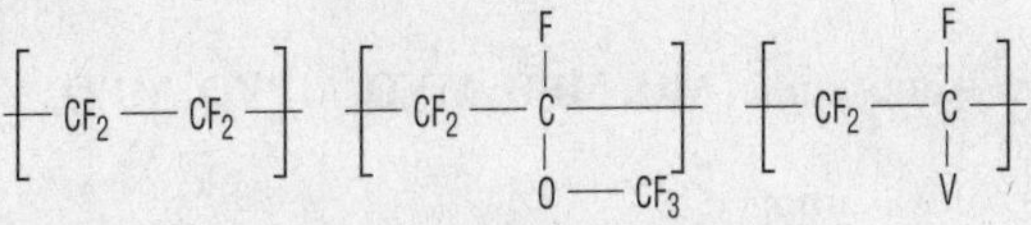

$$\left[-CF_2-CF_2- \right] \quad \left[-CF_2-CF(O-CF_3)- \right] \quad \left[-CF_2-CF(V)- \right]$$

V = Vernetzer-Komponente

FFKM wird wegen des sehr hohen Preises nur für Spezialdichtungen in der chemischen Industrie oder bei Ölbohrgeräten eingesetzt.

Handelsnamen: z. B. Kalrez

7.1.5 O-Kautschuke, CO, ECO, ETER, GPO, Ketten mit Sauerstoff

Epichlorhydrin-Homopol.-, Copol.-und Terpolym.-Kautschuk, CO, ECO, ETER

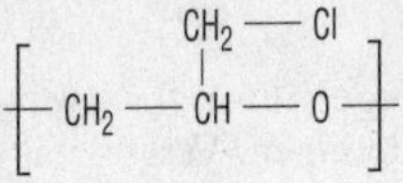

$$\left[-CH_2-CH(CH_2-Cl)-O- \right]$$

CO

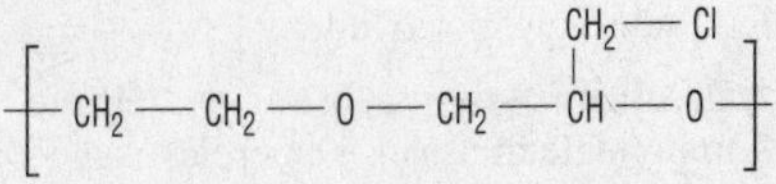

$$\left[-CH_2-CH_2-O-CH_2-CH(CH_2-Cl)-O- \right]$$

ECO

$$\left[-CH_2-CH_2-O-CH_2-CH(CH_2-Cl)-O-CH_2-CH(CH_2-O-CH_2-CH{=}CH_2)-O- \right]$$

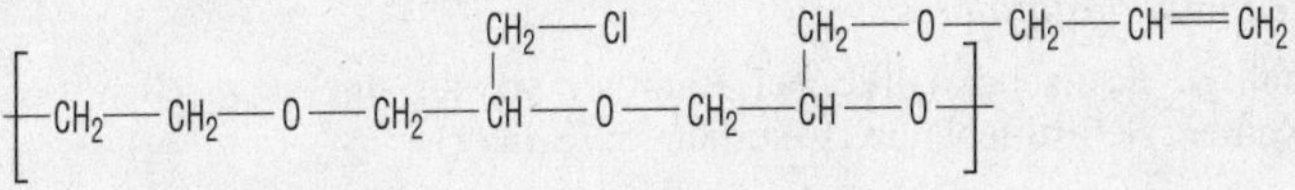

ETER

Epichlorhydrin Elastomere sind homopolymere (CO) oder mit Ethylenoxid copolymere (ECO) Polyether. Sie sind mit Aminen vernetzbar. Vinylgruppenhaltige Terpolymere (ETER) sind auch mit Schwefel oder Peroxid vulkanisierbar. Sie sind von vergleichbarer Öl- und etwas besserer Wärmebeständigkeit als NBR. Kälteschlagzähigkeit und Elastizität sind deutlich höher. Thermischer Einsatzbereich: dauernd −40 bis +120 °C.

Einsatzgebiete: Schläuche und Spezialdichtungen im Kfz-Bereich.

Handelsnamen: z. B. *CO*: Hydrin 100, Herclor H.

ECO: Hydrin 200, Herclor C.

ETER: Epichlormer

Propylenoxid-Kautschuk, GPO

$$\left[-CH_2-\underset{}{\overset{CH_3}{\overset{|}{C}H}}-O- \right]$$

GPO weist eine gute Wärme- und Kältebeständigkeit, aber nur eine geringe Ölbeständigkeit auf.

Handelsnamen: z. B. Parel 58.

7.1.6 Q-(Silicon)-Kautschuke, MQ, MPQ, MVQ, MPVQ, MFQ, MVFQ

Ketten mit Siloxangruppen

Allgemeine Eigenschaften

Silicon-Kautschuke sind elektrisch hochwertig, physiologisch unbedenklich und wie viele Silicone schwer benetzbar. Die meisten Eigenschaften ändern sich über einen Temperaturbereich von – 100 °C bei speziellen, – 60 °C bei normalen Typen bis dauernd 180 °C, kurzzeitig bis 300 °C trockener Hitze nur wenig. In Dampf wird Silicon-Kautschuk von 100 °C an zunehmend angegriffen.

Einsatzgebiete: Bei 200 °C mit Peroxiden vulkanisierbarer Kautschuk: Bewegte und ruhende Dichtungen, Schläuche, Elektoisolierungen, nicht haftende Transportbänder.

Kaltvulkanisierbare, lösungsmittelfreie, pastenförmige Ein- oder Zweikomponentenmassen: Dauerelastische Baufugendichtungen, Vergußmassen für weichelastische Formen und im Elektrosektor. Copolymerisate mit Thermoplasten zur Erhöhung der Temperaturbeständigkeit, *Verarbeitbarkeit und Flexibilität.*

Borhaltige Kautschuke, die bei Raumtemperatur mit sich selbst verschweißen: Selbstklebende Isolierbänder (Silicor).

Handelsnamen: z. B. Fluorsilicone, GE-Silicon-Rubber, ICI-Silicon-Rubber, KE-Rubber, Rhodorsil, Silastene, Silastic, Silastomer, Silopren, SKT, Wacker-Siliconkautschuk.

Methyl-Silicon-Kautschuk, MQ

$$\left[-\underset{CH_3}{\underset{|}{\overset{CH_3}{\overset{|}{Si}}}}-O- \right]$$

Methyl-Phenyl-Silicon-Kautschuk, MPQ

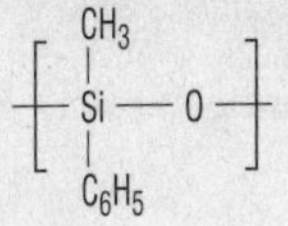

$$\left[-\underset{C_6H_5}{\overset{CH_3}{\underset{|}{\overset{|}{Si}}}} - O - \right]$$

Methyl-Vinyl-Silicon-Kautschuk, MVQ

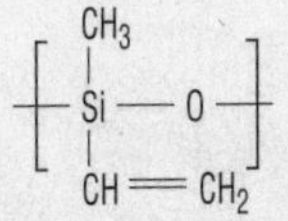

$$\left[-\underset{CH=CH_2}{\overset{CH_3}{\underset{|}{\overset{|}{Si}}}} - O - \right]$$

Methyl-Phenyl-Vinyl-Kautschuk, MPVQ

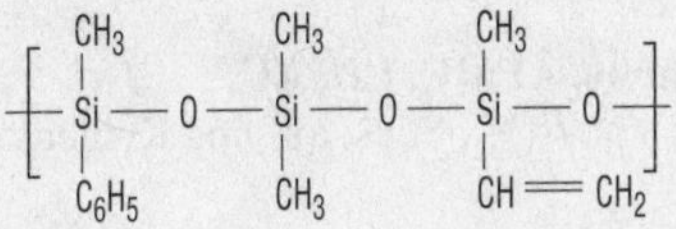

$$\left[-\underset{C_6H_5}{\overset{CH_3}{\underset{|}{\overset{|}{Si}}}} - O - \underset{CH_3}{\overset{CH_3}{\underset{|}{\overset{|}{Si}}}} - O - \underset{CH=CH_2}{\overset{CH_3}{\underset{|}{\overset{|}{Si}}}} - O - \right]$$

Methyl-Fluor-Silicon-Kautschuk, MFQ

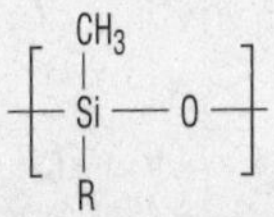

$$\left[-\underset{R}{\overset{CH_3}{\underset{|}{\overset{|}{Si}}}} - O - \right]$$

R: fluorierter Alkylrest

Fluor-Silicon-Kautschuk, MVFQ

Grundstruktur wie MFQ, enthält aber zusätzlich ungesättigte Seitengruppen. MVFQ ist weniger quellend als MVQ und besser kältebeständig als FKM. Thermischer Einsatzbereich: dauernd –60 bis +175 °C.

Einsatzgebiete: Dichtungen gegen Kraftstoffe, ATF-Öle, Luft-und Raumfahrt.

Handelsnamen: z. B. Fluorsilicone

7.1.7 T-Kautschuke, TM, TE, TCF

Ketten mit Schwefel

Polysulfid-Kautschuk, TM, TE

$$\left[- S - CH_2 - CH_2 - S - \right]$$

TM/TE sind hervorragend lösungsmittelbeständig (Ester, Ketone, Aromaten) und alterungsbeständig. Geruch, geringe Festigkeit und Wärmebeständigkeit sind Nachteile.

Einsatzgebiete: Behälterauskleidungen, Baufugen-Dichtungsmassen (Flüssigkautschuk).

Handelsnamen: z. B. Thiokol

Thiocarbonyldifluorid-Copolymer-Kautschuk, TCF

$$\left[-\overset{\displaystyle F}{\underset{\displaystyle F}{\overset{|}{\underset{|}{C}}}} - S - \right]$$

Neuer Kautschuktyp, in der Entwicklung.

7.1.8 U-Kautschuke, AFMU, EU, AU

Ketten mit Sauerstoff, Stickstoff und Kohlenstoff

Nitrose-Kautschuk, AFMU

Neuer Kautschuktyp, in Entwicklung

Urethan-Kautschuk, Polyester/Polyether, EU, AU

$$\left[- R_1 - O - \overset{\displaystyle O}{\overset{\|}{C}} - \underset{\displaystyle H}{\underset{|}{N}} - R - \underset{\displaystyle H}{\underset{|}{N}} - \overset{\displaystyle O}{\overset{\|}{C}} - O - R_2 - O - \right]$$

R = Diisocyanatrest, R_1 = Polyesterkette (EU), R_2 = Polyetherkette (AU)

Polyurethane werden im Gegensatz zu den übrigen Elastomeren durch Polyaddition aus niedermolekularen und damit niedrigviskosen Vorprodukten hergestellt, s. Abschnitt 4.14. Die Verarbeitung erfolgt entweder durch thermoplastische Umformung von speziell hergestelltem Granulat (thermoplastische PUR-Elastomere), durch Gießen eines reaktionsfähigen Gemisches, oder nach den klassischen Methoden der Elastomerverarbeitung durch Herstellung eines Prepolymeren und Einmischen von Füllstoffen und Vernetzern auf Walzwerken und anschließender Vulkanisation in beheizten Formen.

AU und EU besitzen eine außerordentlich hohe Festigkeit, Flexibilität und Elastizität und liegen damit in ihren Eigenschaften zwischen den anderen Elastomeren und den Thermoplasten bzw. Duroplasten. Sie sind verschleißfest, öl-, treibstoff- und ozonbeständig, weisen aber eine relativ hohe mechanische Dämpfung auf. AU weist eine bessere Wasserbeständigkeit auf als EU.

Einsatzgebiete: Hydraulikdichtungen, Kettenräder, Laufrollen, Vollreifen, Faltenbälge, Treibriemen, Puffer, Fender.

Handelsnamen: Peroxidisch vernetzbare: z.B. Adipren, Elastothane, Genthane, Urepan, Vibrathan.

7.1.9 Polyphosphazene, PNF, FZ, PZ

Ketten alternierend mit Phosphor und Stickstoff.

Fluor-Phosphazen-Kautschuk, PNF.

PNF werden durch ringöffnende Polymerisation trimeren chlorierten Phoshazens und anschließenden Austausch der Chloratome durch Alkoxy-Seitengruppen aufgebaut:

$$\left[-N=\underset{O-CH_2-(CF_2)_3-CHF_2}{\overset{O-CH_2-CF_3}{\overset{|}{\underset{|}{P}}}}- \right]$$

PNF mit hoch fluorierten, ungesättigten Stellen enthaltenden Substituenten kann sowohl mit Schwefel als auch mit Peroxid vernetzt werden. Die nur aus Phosphor und Stickstoff bestehende Hauptkette macht ihn völlig unempfindlich gegen Sauerstoff und Ozon. Er ist von –50 bis +150 °C gummielastisch und schwingungsdämpfend, im Brandfall nicht schmelzend, nicht tropfend und nicht rauchentwickelnd, beständig gegen Treibstoff, Öle und Hydraulikflüssigkeiten.

Einsatzgebiete: Dichtungen in hoch fliegenden Flugzeugen und arktischen Öl- und Treibstoffleitungen.

Handelsnamen: z.B. Firestone PFN, Eypel F.

Halogenfreie Typen mit gleich gutem Brandverhalten werden als offen- und geschlossenzellige Schäume für Schiffsisolierungen und Flugzeugsitz-Polster verwendet.

Handelsnamen: z.B. Eypel F, Orgaflex.

Weitere Polyphosphazene, FZ, PZ

Phosphazen-Kautschuk mit Fluoralkyl- oder Fluoroxyalkylgruppen.
Phosphazen-Kautschuk mit Phenoxygruppen.

7.1.10 Weitere Kautschuke

Polyperfluortrimethyltriazin-Kautschuk, PFMT

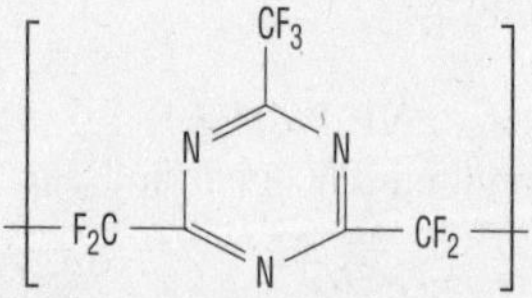

Neuer Kautschuktyp, in der Entwicklung.

7.2 Klebstoffe, andere Bindemittel

7.2.1 Klebstoffe

Richtlinien für das Metallkleben sind enthalten in VDI 2229.

Richtlinien für das Kleben von Kunststoffen s. Abschnitt 3.4.3.1.

Nach DIN 16920 (Juni 1981), Richtlinien zur Einteilung von Klebstoffen, versteht man unter einem Klebstoff einen nichtmetallischen Stoff, der Fügeteile durch Flächenhaftung und innere Festigkeit (Adhäsion und Kohäsion) verbinden kann, s. Abschnitt 3.4.3.1.

Grundstoffe von Klebstoffen sind mit wenigen Ausnahmen (Glutinleim, Stärkekleister, Wasserglasklebstoffe, Zement-Klebmörtel) thermoplastische oder vernetzbare Kunstharze, in begrenztem Bereich auch Natur- oder Synthesekautschuk.

Physikalisch abbindende Klebstoffe, d. h. solche, bei denen die Klebung nur durch physikalische Vorgänge entsteht, enthalten als Grundstoffe thermoplastische Kunststoffe oder Kautschuke.

1. *Lösungsmittelklebstoffe* – eine ältere Bezeichnung für diese ist „Kleblacke" – binden durch Verdunsten des Lösungsmittels ab. Bei der Diffusionsklebung thermoplastischer Kunststoffe wird die Klebwirkung durch Anlösen der Fügeflächen verstärkt, beim sogenannten „Quellschweißen" nur mit Lösungsmittel kommt sie allein dadurch zustande. Untergruppen von Lösungsmittelklebstoffen sind:

Kontaktklebstoffe, sie werden grundsätzlich beidseitig aufgetragen. Nach weitgehendem Ablüften des Lösungsmittels wird durch Fügen unter kurzem, starken „Kontaktdruck" sofort nahezu die Endfestigkeit der Klebung erreicht. Grundstoffe sind Natur- und Synthesekautschuke und ähnliche Polymere.

Haftklebstoffe, sie ergeben dauernd klebfähige Schichten, z. B. auf Klebebändern, Briefumschlagsrändern oder Etiketten mit verhältnismäßig geringer Haftfestigkeit. Grundstoffe sind Polyisobutylene (PIB), s. Abschnitt 4.1.8, Polyvinylether ((PVME), s. Abschnitt 4.2.10, Polyacrylester, s. Abschnitt 4.4, oder auch Natur- bzw. Synthesekautschuke, s. Abschnitt 7.1.

2. *Dispersionsklebstoffe* enthalten thermoplastische Kunstharze (s. Abschnitt 4.20) oder Kautschuke in Wasser dispergiert. Sie eignen sich für Flächenklebungen poröser Werkstoffe, die Wasser aufnehmen und abführen können, untereinander oder mit dichten Werkstoffen. Typische Anwendungen: PVAC-Dispersion, s. Abschnitt 4.2.10, als „weißer Holzleim" (Mowicoll, Ponal), Leder- und Papierklebstoffe, gegen chemische Reinigung und Feinwäsche beständige Kaschierklebstoffe in der Textilindustrie.

3. *Plastisol-Klebstoffe:* i.a. lösungsmittelfreie PVC-Pasten (s. Abschnitt 4.2.9), die z. B. aus einer Dispersion von feinverteiltem PVC in Weichmachern bestehen, mit reaktivem Haftvermittler, die beim Gelieren in der Wärme fugenfüllend abbinden. Anwendung im Karosseriebau.

4. *Schmelzklebstoffe* sind lösungsmittelfreie, bei Raumtemperatur feste Produkte. Aus diesem Zustand (z. B. Folien) zwischen Fügeflächen aufgeschmolzen oder als Schmelze heiß aufgetragen, verbinden sie die Fügeteile beim Abkühlen. Schmelz-Klebfolien (Hot Melts) aus thermoplastischen Kunststoffen finden in der Fügetechnik zunehmenden Einsatz, da sie ein rationelles Arbeiten ermöglichen. Der Verbund zweier Substratoberflächen entsteht durch einen Aufschmelzvorgang und anschließendes Erstarren des Schmelzklebers beim Abkühlen. Tafel 7.2 enthält eine Übersicht über Schmelzklebstoffe und deren Eigenschaften und Anwendung.

Aus den Monomeren Ethylen, Propylen und Buten-1 werden durch Niederdruckpolymerisation mit Ziegler Katalysatoren Rohstoffe zur Herstellung von Hot-Melt-Klebstoffen mit einem breiten Spektrum von Eigenschaften hergestellt: Erweichungspunkt <70 bis 160 °C, Schmelzeviskosität bei 190 °C <2.500 bis > 120.000 mPa s. Einsatzgebiet: vom Haftkleber bis zu konstruktiven Verklebungen z. B. im Möbelsektor. Handelsname z.B. Vestoplast.

Reaktionsharz-Schmelzklebstoffe (s. Abschnitt 7.2.4) härten zugleich chemisch aus.

7.2.2 Leime

Leime sind wäßrige Lösungen von tierischen, pflanzlichen oder synthetischen Grundstoffen für Kalt- oder Warmverarbeitung, jedoch gehört zu diesen auch der unter 7.2.1 aufgeführte „weiße Holzleim". Wäßrige Lösungen sind auch die chemisch abbindenden Phenol-, Resorcin-, Melamin- und Harnstoff-Formaldehydharz-Montage- und Heißleime (s.u. und Abschnitt 4.17).

Tafel 7.2. Eigenschaften und Anwendung gebräuchlicher Schmelzklebstoff-Rohstoffe (nach Wolff Walsrode AG)

Hot Melt-Rohstoffe, s. Abschn.4.18	EVAC Ethylenvinylacetat-Copolymere	TPE-E Polyester-Elastomer	TPE-A Copolyamid-Elastomer	TPE-U Polyurethan-Elastomer
Wärme-standfestigkeit, °C	60-80	55-115	100-120	65-110
Aktivierungs-temperatur, °C	80-160	90-170	100-160	90-180
Besondere Merkmale	weich bis zähelastisch; beste Fett-, Öl-, Weichmacher-, Oxidations-Beständigkeit	zäh bis hart-spröde, fett- u. ölbest.; z.T. weichmacher-, reinigungs-, lösem.- u. waschbest.; hydrolyseempfindlich	zäh bis hart/spröde; fett- u. ölbest.; z.T. weichmacher-, reinigungs-, lösem.- u. waschbest.; oxidationsempfindlich	weich, elastisch; fett-, öl- u. weichmacherbest.; z.T. waschbest.; hydrolyseempfindlich
Geeignete Substratmaterialien	Holz, Papier, Pappe, Leder, Baumwolle, PE, PP	Holz, Kork, Naturfasern, PVC-P	Holz, Papier, Pappe, Metall	Leder, ABS, PVC, PC, PUR, Metall
Bevorzugte Einsatzgebiete	Polyolefin-Gewebe/Vliese, Holzprodukte	Schaumstoffe, Gewebe	Gewebe, Vliese, Filze	Schaumstoffe, Gewebe, Holzprodukte, flächige Kunststoffe

7.2.3 Kleister

Kleister sind hochviskose, auch pastenartige, aber nicht fadenziehende wäßrige Lösungen oder Aufquellungen von Celluloseethern, Polyvinylalkohol, Polyvinylpyrrolidon u. ä. s. Abschnitt 4.19.1 und 4.2.10. Auch Malerleime und Klebstifte gehören dazu.

7.2.4 Chemisch abbindende Reaktionsklebstoffe

Chemisch abbindende Reaktionsklebstoffe enthalten als Grundstoffe Reaktionsharze, die in der Klebschicht vernetzen. Häufig, z.B. bei Polyolefinen, ist für optimale Haftung Anätzen und/oder der Auftrag eines Haftvermittlers (Primer) auf die Klebflächen erforderlich.

1. *Einkomponenten-Reaktionsharzklebstoffe sind u.a.* Cyanacrylsäureester, z.B. Methyl-2-cyanacrylat, (Cyanacrylat M, Cynolit, Eurecryl, Siconit, Terotop), dünnflüssig bis hochviskos einstellbar, die bei Zutritt von Luftfeuchtigkeit oder schwacher Alkalität (Glas) in 3 bis 15 s standfest, in einigen Stunden hochfest auspolymerisieren. Der rationellen Klebtechnik wegen werden Cyanacrylatklebstoffe für Kleinklebungen in Serienfertigungen der Elektronik-, Spielwaren- und Gummiwarenindustrie trotz hohen Preises allgemein angewandt. Sie sind kurzzeitig bis 160 °C belastbar.

Auch spezielle Siliconharz- und Isocyanatklebstoffe binden kalt mit Feuchtigkeit ab, Dimethylacrylester dagegen „anaerob“, d.h. nach Entfernung der Luft durch Zusammenpressen der Fügeteile.

Warm härtende Einkomponenten-Schmelzkleber als Pulver, Stränge oder Folien haben Melaminharze, kautschukmodifizierte PF-Harze, spezielle EP-Harze als Grundstoffe.

2. *Zweikomponenten-Reaktionsharzklebstoffe* auf Basis von MMA-, UP-, EP- und Polyisocyanat-Reaktionsharzen (s. Abschnitt 4.2, 4.15, 4.17.4, 4.17.6 u. 4.15.4), lösungsmittelfrei und lösungsmittelhaltig, erfordern für das Anbinden nur Berührungsdruck und keine langen Standzeiten. Sie ermöglichen hochbelastbare Verbindungen fast aller Werkstoffe mit- und untereinander. Kleben ist dadurch zu einem ingenieurtechnisch weithin konstruktiv angewandten Fügeverfahren geworden. In der Bautechnik wird Reaktionsharz-Klebemörtel mit mineralischen Zuschlägen u.a. für große Brücken u.ä. Ingenieurbauwerke verwendet.

Besonders Duroplaste werden als Bindemittel in vielen Bereichen der Technik eingesetzt. Einen Überblick gibt Tafel 7.3.

7.2.5 Papierleime und Textilappreturen

Papierleime und Textilappreturen aus Kunstharzen sind in Aufbau und Aufgabe den Klebstoffen verwandt. Zur Verbesserung der Naßfestigkeit von Papier dienen Harnstoff- oder Melaminharze sowie Ethyleniminpolymerisate, die dem Papierbrei zugesetzt werden. Für waschfeste Appreturen werden thermoplastische Kunstharze in Lösung oder Dispersion ver-

Tafel 7.3. Anwendungsbeispiele und -bereiche für duroplastische Bindemittel, nach A. Gardziella.

Anwendung	Bindemittel
Elektrogießharze	EP, PUR
Elektrolaminate	EP, PF, MF
Faserverbundwerkstoffe	UP, EP, PF, FA*
Feuerfeste Erzeugnisse	PF, FA
Formmassen	PF, UF, UP, MF
Gießereibindemittel	PF, PUR, UF, EP, FA
Gummiindustrie	PF
Holzleime	UF, PF, MF
Imprägnierung	PF, MF
Klebstoffe	PF, MF, EP
Lacke und Beschichtungen	MF, UP, EP, PF, UF
Reibbeläge	PF, MF, EP
Säurefeste Kitte und Massen	PF, EP, FA
Schaumstoffe	MF, PF, UF
Schleifmittel	UF, PF
Schleifscheiben	PF, FA
Technische Schichtpreßstoffe	MF, PF
Textilhilfsmittel	UF, MF
Vergußmassen	EP, PUR, EP
Wärme- und Schallisolation	PF

* PA: Harze auf Furfurylalkohol-Basis

wandt. Die Behandlung von Geweben mit speziellen Carbamidharzen erhöht deren Naßreißfestigkeit, Scherfestigkeit und Knitterfestigkeit. Wasserlösliche Kunstharze werden auch als Textilschlichten gebraucht.

7.3 Lacke

7.3.1 Generelle Beschreibung

Lacke sind flüssige oder pulverförmige Produkte, die in verschiedenen Verfahren als dünne Beschichtungen auf Substrate aufgetragen werden und schützende und/oder dekorative Funktionen ausüben. DIN 55945 (12/1988) enthält folgende Definition: „Lacke sind Beschichtungsstoffe auf der Basis organischer Bindemittel. Je nach Art der organischen Bindemittel können Lacke organische Lösemittel und/oder Wasser enthalten oder auch frei davon sein".

Aus folgenden Rohstoffen können Lacke formuliert werden: Lackharze, Lösemittel/Wasser, Pigmente, Farbstoffe, Füllstoffe, Hilfsmittel. Eine

Einteilung und Unterscheidung der Vielzahl der Lackarten ist nach folgenden Kriterien möglich und gebräuchlich: Nach dem Aussehen der Lackierung bzw. Beschichtung, nach dem Applikationsverfahren, aufgrund des Trocknungs-/Härtungsprinzips, nach ökologischen Aspekten und aufgrund der Bindemittelcharakteristik. Eine Zuordnung dieser Unterscheidungs-Kriterien zu den einzelnen Lackharz-Typen ist nicht sinnvoll, da fast alle Kombinationen möglich sind.

Aussehen der Lackierungen und Beschichtungen

Die getrockneten bzw. gehärteten Lackierungen und Beschichtungen können klar oder pigmentiert, glänzend, seidenglänzend oder matt sein. Von Effektlacken spricht man bei Metallik-, Hammerschlag- und Eisblumenlackierungen.

Applikationsverfahren

Lackierungen und Beschichtungen lassen sich nach folgenden Verfahren auf die Substratoberfläche aufbringen: Streichen; Rollen; Spritzen mit Preßluft, ohne Luft (airless) oder elektrostatisch; Tauchen - normal und/oder mit Elektrophorese (electrodeposition); Walzen (coil coating); Gießen und Fluten.

Trocknungs- und Härtungsprinzipien

Verfahren bei Normaltemperatur (lufttrocknend)

Durch Verdunsten der Lösemittel trocknen z. B. Nitrocelluloselacke physikalisch.

Dispersionslacke trocknen durch Verdunsten des Wassers.

Öl- und Alkydharzlacke trocknen chemisch durch Oxidation mit Sauerstoff.

Chemisch mit Luftfeuchte härten Lacke z. B. auf Basis reaktiver Polyurethanharze (moisture curings).

Ungesättigte Polyester als Beispiel härten unter Einwirkung von UV-Strahlen.

Zweikomponenten-Reaktionsharze, die nach dem Vermischen von aufeinander abgestimmten Harz- Härter und/oder Katalysator-Komponenten eine zeitlich begrenzte Verarbeitbarkeit haben, härten chemisch aus. Beispiele: mit Säure härtende Lacke, 2K-Polyurethanlacke, 2K-Epoxidharzlacke, mit Peroxiden härtende ungesättigte Polyester-Harze.

Einbrennlacke

Sie härten bei Temperaturen zwischen ca. 80 und 180 °C.

Beispiele:

Alkydharzlacke auf Basis schwach oder nicht trocknender Öle und Fettsäuren in Kombination mit Harnstoff- und/oder Melaminharzen.
Acrylatharz-Kombinationslacke.
Phenolharz-Kombinationslacke.
Siliconharzlacke

Einteilung nach ökologischen Aspekten

Da Lösemittel die Umwelt belasten, werden Lacke ohne oder mit geringem Lösemittelgehalt angestrebt. Normale lösemittelhaltige Lacke enthalten ca. 10 bis 50 % Feststoff (nicht flüchtige Anteile).

Wenig Lösemittel enthaltende Lacke haben einen Feststoffanteil von >50 % (hight solids).

Lösemittelfreie Lacke sind z. B. die Pulverlacke, die durch Aufschmelzen plastifiziert werden.

Wasserlacke, z. B. Dispersionen, enthalten kein oder nur wenig Lösemittel.

7.3.2 Lackharze (Bindemittel)

Vielfach werden für Lackharze die gleichen, eventuell modifizierten Grundpolymeren eingesetzt wie für die in Kapitel 4 bzw. Abschnitt 7.1 beschriebenen Kunststoffe bzw. Kautschuke. Die Eigenschaften der Lackierungen sind dann denen der Kunststoffe in vielen Fällen ähnlich. Hinweise auf die entsprechenden Abschnitte und die dort verwendeten Kurzzeichen werden gegeben.

Naturstoffe

Reine Naturstoffe sind Leinöl, Holzöl, Kolophonium, Kopalharz, Schellack.

Modifizierte Naturstoffe

Celluloseester: Cellulosenitrat (CN). Celluloseacetat, -butyrat und -acetobutyrat (CA, CP, CAB),
Handelsnamen: z. B. Cellit.

Celluloseether: Methyl- und Oxyethylcellulose (MC, CMC), Handelsnamen: z. B. Glutolin, Tylose.
Ethylcellulose (EC), Handelsnamen: z. B. EC-Cellulose.
Cellulose-Derivate s. Abschnitt 4.19.1.

Kautschukderivate: Chlorierter Kautschuk, Handelsnamen: z. B. Pergut. Cyclisierter Kautschuk, s. Abschnitt 7.1, Handelsnamen: z. B. Alpex.

Öl- und Fettsäuremischester mit z. B. Pthalsäure und mehrwertigen Alkoholen. Der Leinöl/Sojaölgehalt liegt oberhalb 70 %. Handelsnamen: z. B. Alftalat, Alkydal.

Synthetische Lackharze, Polymerisate

Polyvinylchlorid und Copolymere, PVC, s. Abschnitt 4.2.6, Handelsnamen: z. B. Hostaflex, Laroflex, Lutofan, Vilit, Vinnol.

Polyvinylidenchlorid, PVDC, s. Abschnitt 4.2.10, Handelsnamen: z. B. Diofan.

Chloriertes Polypropylen, PP-C, s. Abschnitt 4.1.6, Handelsnamen: z. B. Adekapren.

Polyvinylacetat und -propionat, PVAC. Propionat enthält statt der CH_3-Gruppe (Zeile 20 in Tafel 4.5, S. 391) eine C_2H_5-Gruppe, s. Abschnitt 4.2.10, Handelsnamen: z. B. Mowilith, Propiofan, Vinnapas.

Polyvinylalkohol, PVAL, s. Abschnitt 4.2.10, Handelsnamen: z. B. Mowiol, Polyviol.

Polyvinylether, PVME, s. Abschnitt 4.2.10, Handelsnamen: z. B. Lutonal.

Polyvinylbutyral, PVB, Polyvinylformal, PVFM, s. Abschnitt 4.2.10,, Handelsnamen: z. B. Mowital, Pioloform.

Polyacryl/Polymethacrylsäureester, s. Abschnitt 4.4, Handelsnamen: z. B. Acronal, Baycryl, Degalan, Larodur, Luhydran, Luprenal, Macrynal, Neo-Cryl, Plexigum, Plexisol, Plextol, Resydrol, Synthacryl.

Polystyrol und Copolymerisate, PS, s. Abschnitt 4.2.1/2, Handelsnamen: z. B. Litex, Emu-Pulver.

Synthetische Lackharze, Polykondensate

Polyester-Harze, UP, s. Abschnitt 4.17.4: Mischester aus Phthalsäure und mehrwertigen Alkoholen, Handelsnamen: z. B. Alkydal, Phthalopal. Alkydharze, das sind modifizierte Phthalatharze mit trocknenden und nichttrocknenden Öl- und Fettsäuren. Handelsnamen z. B.: Alftalat, Alkydal, Icdal, Setal.
Acrylierte Alkydharze, Handelsnamen: z. B. Plexalkyd.
Ungesättigte Polyester, Handelsnamen: z. B. Alpolit, Ludopal, Roskydal, Vestopal.

Phenol-Formaldehyd-Harze, PF, s. Abschnitt 4.17.1, Handelsnamen: z. B. Durophen, Phenodur, Resophen, Resydrol, Tungophen.

Harnstoff-Formaldehyd-Harze, UF, s. Abschnitt 4.17.2, Handelsnamen: z. B. Beckurol, Laropal, Plastigen, Plastopal, Resamin, Resimene.

Melamin- und andere Triazin-Formaldehyd-Harze, MF, s. Abschnitt 4.17.2, Handelsnamen: z. B. Cibamin, Dynomin, Luwipal, Maprenal, Resamin, Setamin.

Keton-Harze, entstehen durch alkalische Kondensation von Ketonen und werden in Kombination mit Chlorkautschuk, nachchloriertem PVC, Cellulosederivaten usw. eingesetzt. Handelsnamen: z. B. Kunstharz AFS, Laropal.

Polyamide, PA, *Polyamidimide*, PAI, s.Abschnitt 4.6 u. 4.12.2, Handelsnamen: z. B. Eurelon, Ultramid, Versamid.

Synthetische Polyadditions-Harze

Polyurethan-Harze, PUR, s. Abschnitt 4.15, Handelsnamen: z. B. Bekkocoat, Desmodur, Desmophen, Phtalopal.

Ölmodifizierte Polyurethan-Harze, PUR, s. Abschnitt 4.15, Handelsnamen: z. B. Beckurane, Desmalkyd, Unithane.

Blockierte Polyisocyanate, PUR, s. Abschnitt 4.15, Handelsnamen: z. B. Desmocap, Desmodur B2.

Epoxid-Harze, EP, s. Abschnitt 4.17.6, Handelsnamen: z. B. Araldit, Bekkopox, Duroxyn, Epikote, Grilonit.

Epoxidharz-Härter, EP, s. Abschnitt 4.17.6, Handelsnamen: z. B. Bekkopox-Spezialhärter, Epikure, Versamid, Versaduct.

Epoxidharz-Ester sind luft- und heißtrocknendeVeresterungsprodukte von Epoxidharzen mit ungesättigten Fettsäuren, Handelsnamen: z. B. Duroxyn.

Silicon-Harze, SI

(s. Abschnitt 4.16.1, SI, u. 7.1.6, Q-Kautschuke), Handelsnamen: z. B. Baysilon, Silikoftal, Silikopon.

7.4 Füllstoffe, Verstärkungsmittel (-fasern)

Füllstoffe dienen nicht nur als Streckmittel zur Einsparung von Kunststoff und dadurch zur Kostenreduzierung, sondern verbessern auch die Verarbeitbarkeit (kürzere Zykluszeit durch Erhöhung der Wärmeleitfähigkeit) und Eigenschaften wie Steifigkeit, Schlagzähigkeit, Wärmestandfestigkeit, elektrische Leitfähigkeit und Maßhaltigkeit und verringern die thermische Ausdehnung. Längliche oder faserförmige Zusatzstoffe erhöhen zusätzlich die Festigkeit. Maßgeblich hierfür ist neben den mechanischen Eigenschaften der Zusatzstoffe ihr l/d-Verhältnis, das Verhältnis von Länge (oder Länge und Breite) zur Dicke.

Kurzzeichen s. auch Abschn. 1.2 Tafel 1.8, DIN ISO1043 und DIN 16913.

7.4.1 Füll- und Verstärkungsstoffe

In Tafel 7.4 sind einige anorganische Stoffe zusammengestellt, Tafel 7.5 enthält chemische Formeln. Tafel 7.6 vermittelt einen Eindruck vom Einfluß von Füll- und Verstärkungsstoffen auf Kunststoffe.

Tafel 7.4. Eigenschaften von anorganischen Füllstoffen

Füllstoff	Form/ Kurzzeichen	Durch- messer	Dichte	Verhältnis l/d	spez. Oberfläche	Oberfl.- Spannung	E-Modul	Hersteller z. B.
		µm	g/cm^3		m /g	mN/m	GPa	
Aerosil	Kugeln	0,01	2,2	1	380	1200		Degussa
Alum. Nitit	Pulver	20-150						Adv. Refrac-tory,Buffalo
Alum. Silikat	Kugeln/Q	<300	0,63	1				
Calciumcarbonat, Kreide	Würfel/K	3-7, <30	2,7	ca.1		200	35	Plüss-Staufer
Calciumsulfat	Würfel	4	2,96					
Glas	Kugeln/G	5	2,5	1	1,3	1200	70	Potters Ind.
Glas	Hohlkugeln/G	2-250	0,2-1,1					3M, PQ-Korp., Zeelan Ind.
Glimmer	Plättchen/P	<20	2,85	20-100				Kemira OY, Helsinki
Kaolin	Plättchen	1-10		<10	10-40			
Keramik	Hohlkugeln	10-300	0,4-0,7					PQ-Korp., Zeelan Ind.
Nano-Glaspartikel	Kugeln/G	0,25	2,5	1				Merk
Nano-Whisker	Nadeln	0,35	3,3	50		650	280	Otsuka
Talk	Plättchen/T	10, <30	2,8	2-20	3,6	120	20	Lucenac
Wollastonit		<20	2,85	10-50				

Tafel 7.5. Chemische Formeln anorganischer Füllstoffe

Füllstoff	chem. Formel
Aluminiumhydroxid	$Al(OH)_3$
Aluminiumnitrit	AlN
Aluminiumsilikat	AlSi
Bariumsulfat	$BaSO_4$
Calciumcarbonat, Kreide usw.	$CaCO_3$
Calciumsulfat	$CaSO_4$
Kaolin	$Al_2(Si_2O_5)(OH)_4$
Kieselsäure, Quarzmehl, Aerosil	SiO_2
Talk	$Mg_6(OH)_4(Si_8O_{20})$
Tonerde	Al_2O_3
Wallostonit	$CaSiO_3$

Mahlgut aus *Kreide, Kalkstein, Marmor* und gefälltes Calciumcarbonat werden als preiswerte Mittel zur Erhöhung der Temperaturstandfestigkeit und Oberflächengüte z. B. bei BMC und SMC, PP, PVC-U und-P eingesetzt. *Aluminiumhydroxid* wirkt gleichzeitig flammhemmend, Calciumcarbonat bindet im Brandfall aus PVC entstehende Salzsäure. Das weiße wasserfreie Calciumsulfat ist für den Lebensmittelgebrauch zugelassen. Das schwere Bariumsulfat wird in Schallschutzmatten oder zum Strahlenschutz eingesetzt. *Quarzmehl* ist zwar sehr korrosionsbeständig, aber abrasiv (Werkzeugverschleiß). *Calciniertes Kaolin* wird in der Hochspannungstechnik, Feldspat, eine Mischung aus kristallinischen Felsarten, wegen seines Brechungskoeffizienten für transparente Erzeugnisse eingesetzt. *Aluminiumnitrit* erhöht die Wärmeleitfähigkeit bei geringem Viskositätsanstieg.

Talk, Glimmer, Wollastonit oder *Microfasern* aus kristallisiertem Calziumsulfat (∅ 4-6µm, l/d>100) dienen auch in Kombination mit anderen Fasern als Ersatz für Asbest. In Polyolefin-Folien wirken geringe Zusätze von fein dispersem *Calciumcarbonat, Silica* oder speziellen Silikaten als Antiblockiermittel und ergeben bei PE-Folien einen papierähnlichen Griff. Bei PVC-U verbessern sie die Verarbeitbarkeit.

Kugeln

Kugelförmige Zuschläge verbessern den Fluß von Formmassen bei der Verarbeitung und in hoch gefüllten Produkten das Schrumpfverhalten und die Formstandfestigkeit der Formteile. Massive Glas-„Microspheres", auch Ballotini genannt (∅ <50 μm), verbessern zudem den E-Modul, die Druckfestigkeit, Härte und Oberflächenglätte. „Cenospheres" sind gemischt massiv/hohle Kugeln aus der Flugasche von Kohlekraftwerken (d_r ca. 0,6 g/cm^3), Microloy sind ähnliche Leichtfüllstoffe (d_r 0,18 bis 0,26 g/cm^3). „Microballons" sind Borsilikat- oder Silica-Hohlkugeln (∅ 5 bis

Tafel 7.6. Einfluß von Füll- und Verstärkungsstoffen auf das Eigenschaftsbild von Kunststoffen

	Textilglas	Asbest	Wollastonit	C-Fasern	Whiskers	Synthesefasern	Cellulose	Glimmer	Talkum	Graphit	Sand-/Qaurzpulver	Silica	Kaolin	Glaskugeln	Calciumcarbonat	Metalloxide	Ruß
Zugfestigkeit	+ +	+		+	+ –			+	○					+			
Druckfestigkeit	+								+		+			+	+		
E-Modul	+ +	+ +	+ +	+ +	+			+ +	+		+	+		+	+	+	+
Schlagzähigkeit	– +	–	–	–	–	+ +	+	– +	–		–	–	–	–	– +	–	+
reduzierte thermische Ausdehnung	+	+			+			+	+		+	+	+			+	
reduzierte Schwindung	+	+	+	+				+	+	+	+	+	+	+	+	+	+
bessere Wärmeleitfähigkeit		+	+	+					+	+	+	+			+		+
bessere Wärmestandfestigkeit	+ +	+	+	+ +				+	+				+		+	+	
elektrische Leitfähigkeit				+						+							+
elektrischer Widerstand			+					+ +	+			+	+ +			+	
Wärmebeständigkeit			+					+	+		+	+	+			+	+
chemische Beständigkeit		+	+					+	○	+			+	+			
besseres Abriebverhalten				+				+	+	+			+				
Extrusionsgeschwindigkeit	– +	+						+					+		+		
Abrasion in Maschinen	–	○			○	○	○		○	○	–			○	○		○
Verbilligung	+	+	+				+	+	+	+	+ +	+	+	+	+ +		
	faserförmige Füllstoffe und Verstärkungsmittel							plättchenförmige Typen			kugelige Füllstoffe						

+ + starke Wirkung, + schwächere Wirkung, ○ ohne Wirkung, – negative Wirkung

250 μm, d_r 0,18 bis 0,50 g/cm^3 (Microcel, BE; Q-cel, 3M Glass Bubbles, US; Fillite, JP). Gewichtsmäßig geringe Anteile (2 bis 4%) dieser voluminösen, aber bei Wanddicken von nur 0,5 bis 2 μm druckfesten und die Schlagzähigkeit verbessernden Leichtfüllstoffe (zu thermoplastischen Formmassen oder Reaktionsharz-Systemen) können Gewichtseinsparungen von 20 bis 30% erbringen.

7.4.2 Einsatzgebiete Verstärkungsfasern

Die im Vergleich zu metallischen Konstruktionswerkstoffen geringe Festigkeit und Steifigkeit der reinen Kunststoffe kann durch Einarbeitung von Verstärkungsfasern wesentlich verbessert werden. Bei spröden Kunststoffen wie z.B. gehärteten Harzen wird auch die Schlagzähigkeit erhöht. Mit elektrisch leitfähigen Fasern kann eine Leitfähigkeit und elektromagnetische Abschirmung in weiten Grenzen eingestellt werden, s. Abschn. 4.20.2. Man unterscheidet folgende Einsatzgebiete von Verstärkungsfasern :

Faserverstärkte Thermoplaste, s. entspr. Abschnitte in Kap. 4.

In die in Granulatform vorliegenden Formmassen sind vorwiegend Glasfasern (Länge wenige µm bis mm) eingearbeitet. Verarbeitung wie ungefüllte Thermoplaste.

Härtbare Formmassen, s. Abschn. 4.16.

Es kommen folgende Faserwerkstoffe zum Einsatz: Holzmehl, Zellstoff, Baumwollfasern, Baumwollgewebe-Schnitzel, Kunstseidenstränge, mineralische Fasern, Kurz- und Langglasfasern, Glasmatten u.a. und Füllstoffe entsprechend Tafel 7.4. Verarbeitung durch Pressen, Spritzpressen, Spritzgießen.

Vorimprägnierte härtbare Harze und Thermoplaste, s. Abschn. 3.2.1.5 und 4.16.

Es kommen vorwiegend Glasfasern in regelloser, biaxialer bis uniaxialer Orientierung zum Einsatz, in neuerer Zeit auch Naturfasern auf Cellulosebasis, bei Hochleistungsverbunden Kohlenstoff und Aramidfasern, auch im Verbund. Verarbeitung durch Pressen.

Gießharze, s. Abschn. 4.17.

Matten, Gewebe, Rovings usw. werden mit den Harzen getränkt und anschließend nach in Abschn. 3.3.2 beschriebenen Verfahren zu Formteilen geformt und ausgehärtet. Glas-, Kohlenstoff und Aramidfasern kommen zum Einsatz. Abdeckvliese aus Polyester-, Acryl- oder PVC Fasern bewirken eine höhere Bruchdehnung der Oberfläche. Einsatzgebiete reichen von der Wellplatte bis zu Hochleistungsteilen im Flugzeugbau.

Tafel 7.7 gibt einen Überblick über zur Verstärkung von Kunststoffen eingesetzte Fasern.

Tafel 7.7 Eigenschaften von Verstärkungsfasern
HM = hochsteif, HMS = hight modulus/strength, HT = hochfest, HST = hochdehnbar, IM = mittelsteif, LM = wenig steif

Gruppe	Faser	Dichte	Zugfestigkeit	Elastizitätsmodul		Bruchdehnung	Ausdehnungskoeffizient	
		g/cm¹	GPa	GPa		%	$10^{-6}*K^{-1}$	
			II	II	⊥		II	⊥
Glas,	E-Glas	2,6	2-3,5	ca. 70	ca. 70	3,0-4,8	5	5
GF	S-Glas	2,48	4,3	87	8,7	5	2,9	2,9
Kohlenstoff,	HM1	1,96	1,75	500	5,7	0,35	-1,5	15
CF	HM2	1,8	3,0	300		1,0	-1,2	12
	HT	1,78	3,6	240		1,5	-1	10
	HST	1,75	5,0	240	15	2,1	-1	10
	IM	1,77	4,7	295		1,6	-1,2	12
	HMS		3-4	350-600		>2		
Aramid	HM	1,45	3,0-(4,2)	130-170	5,4	2,1	-4	52
AF	LM	1,44	2,8-3,7	65-90		4,3	-2	40

Neben den erwähnten Faserwerkstoffen kommen für spezielle Anwendungen noch folgende Fasern zum Einsatz: aromatische Polyamide, Polyvinylalkohol; polykristalline Fasern aus Bor, Siliciumkarbid, Bornitrid, Borkarbid, Aluminium- und Zironiumoxid; Stahl, Aluminium, Wolfram. Hierauf soll nicht weiter eingegangen werden. Fasern auf Cellulosebasis s. weiter unten.

7.4.3 Glasfasern, GF

Bei der Verstärkung von Thermoplasten und Duroplasten (Gießharzen) spielen Glasfasern die wichtigste Rolle. Tafel 7.8 gibt einen Überblick über die verschiedensten Glasfaserprodukte. Hauptsächlich wird Textilglas aus alkaliarmem E-Glas eingesetzt. Die Glasfilamente (5 bis 25µm dicke Elemantarfäden) werden im Düsenziehverfahren endlos hergestellt. 100 bis 250 dieser Glasfäden werden zu Glasfasersträngen (Rovings) oder zu Spinnfäden vereinigt, die zu geschnittenen Fäden und Kurzfasern, Matten von 250 bis 900 g/cm^2 und weiteren textilen Erzeugnissen verarbeitet werden (Tafel 7.8). Kurze Stapelfasern werden durch Abblasen der aus der Düse austretenden Fasern hergestellt. Ihr Hauptanwendungsgebiet sind leichte (30 bis 150 g/cm^2) kunstharzgebundene Matten oder Vliese für harzreiche, glatte Oberflächen. Dafür gebraucht man auch das besser säurebeständige C-Glas. E-CR-Glas ist ein Begriff für korrosionsbeständiges E-Glas-Material für die chemische und Abwassertechnik. Unter

Tafel 7.8.
Überblick über Glasfaserprodukte

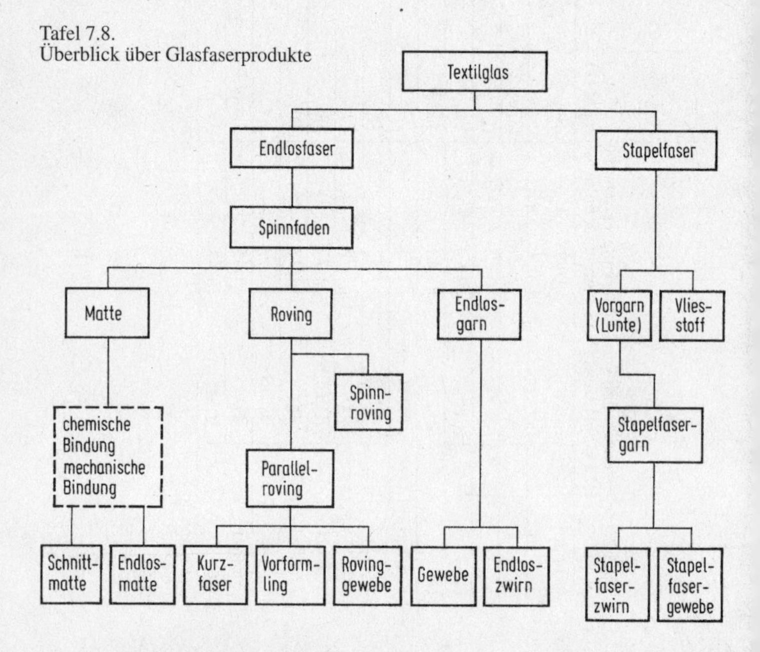

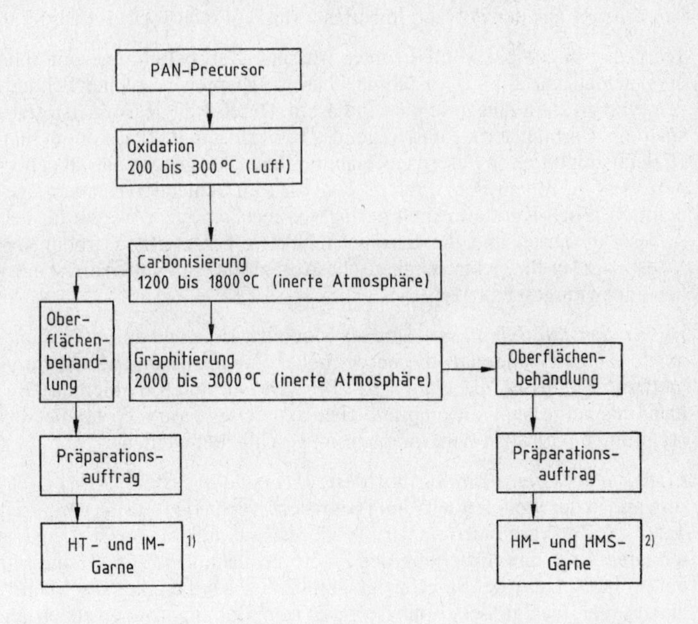

Bild 7.1. Chemische Reaktionen und Ablaufschema für C-Fasern aus PAN-Precursor

[1)] HT High tenacity, IM Intermediate modulus. 2) HM High modulus, HMS High modulus/strength. Typ-Eigenschaften s. Tafel 7.7.

Handelsbezeichnungen wie R-, S-, S-2-, M-Glas sind Textilglas-Verstärkungsfasern mit gegenüber E-Glas erheblich höheren mechanischen Eigenschaften, allerdings auch entsprechend höheren Preisen für Hochleistungs-Verbundwerkstoffe mit einer EP-Harz-Matrix auf dem Markt.

Die für die Vorverarbeitung von Glasfilament erforderliche *Schlichte* (bei Stapelfasern *Schmälze*) enthält stoffspezifische Chrom- oder Silan-Haftvermittler (s. Abschn. 7.5), für mattenverstärkte Thermoplaste (GMT) ein für die Festigkeitserhöhung gleichfalls wesentliches Kunstharzbindemittel z. B. auf PUR-Basis.

Bloße Textil-Schlichten müssen vor der Weiterverarbeitung abgebrannt werden (z. B. Finish 112 für Glasgewebe: <0,1% Restschlichtegehalt). Matten und Vliese werden durch schwer oder leicht in Kunstharz lösliche Binder verfestigt.

7.4.4 Kohlenstoff-Fasern, CF

Den zweistufigen Aufbau *carbonisierter* und *graphitierter CF-Verstärkungsfasern* aus der Polyacrylnitrilfaser-(PAN-)Precursor zeigt Bild 7.9.

Teerpeche bilden bei >350 °C unter Wasserstoffabspaltung mesomorphe oder nematische flüssig-kristalline Phasen. Verspinnen solcher Schmelzen führt zu stark längsorientierten Fasern. Durch weitere Wasserstoffabspaltung, Carbonisierung und folgendes Erhitzen auf 3000 °C kommt man zu hoch graphitierten Fasern aus einem billigen Ausgangsmaterial (Thornel). Aus isotropem Pech-Precursor werden im Schleuderverfahren „general purpose"-Kurzfasern mit geringeren mechanischen Werten für den Asbest-Austausch und die Beton-Verstärkung hergestellt. Carbonfaser-Vliese werden für elektromagnetische Abschirmungen und Widerstandsheizungen eingesetzt.

Die *Kohlenstoff-Spinnfasern* sind als Monofilamente und uni- oder multiaxiale textile Gebilde aus diesen verfügbar. Zwecks ausreichender Polymerhaftung müssen die glatten Faseroberflächen durch oxidierende Behandlung aufgerauht, die empfindlichen aktivierten Fasern für textile Verarbeitung mit einer Polymerpräparation geschlichtet werden.

Eigenschafts-Grenzwerte für hochfeste (HT) und hochsteife (HM) C-Fasern und in der Weiterentwicklung begriffene Typen (IM, HMS) vermittelt Tafel 7.7. Zur Verminderung der Sprödbruchanfälligkeit von CF-Laminaten strebt man eine Erhöhung der Faserbruchdehnung auf >2% an. Für eine volle Nutzung der Faserfestigkeit muß die Dehnfähigkeit des Matrix-Harzes mehrfach größer als die der Faser sein. Damit gewinnen neben den überwiegend verwendeten EP- oder Bismaleinimid(BMI)-Prepreg-Matrixharzen für CF-Hochleistungsverbundwerkstoffe (s. VDI-2014 Bl. 1) hochtemperaturstandfeste und dehnfähige Thermoplaste Bedeutung als Matrixstoffe. Zugleich tragen diese zur Verbesserung des Brandverhaltens bei.

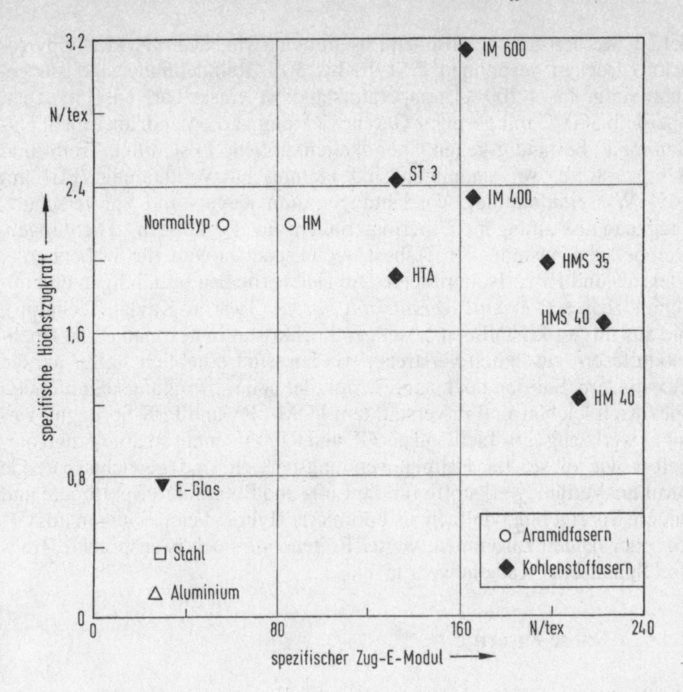

Bild 7.2. Gewichtsbezogene Eigenschaftswerte von Aramid- und Kohlenstoff-Fasern (Enka-Typen) sowie von E-Glas, Stahl und Aluminium.

Die auf das spezifische Leichtgewicht der CF-Fasern bezogenen Festigkeits- und Steifigkeitswerte sind höher als die von Metallen und E-Glas (Bild 7.2). Die dadurch erzielbaren Gewichtsverminderungen sind von ausschlaggebender wirtschaftlicher Bedeutung für die wachsende Verwendung – derzeit ca. 70% der CF-Produktion – von CF-Schichtverbundwerkstoffen für Struktur- und Ausbauteile in der Luft- und Raumfahrt. Ganzkunststoff-Segel-, Kampf- und Geschäftsflugzeuge, auch Helikopter, gibt es bereits. Das nächstgrößte Anwendungsfeld (20%) sind Hochleistungs-Sportgeräte. Im Maschinen-, Fahrzeug- und Apparatebau – Gebiete, für die eine extreme Gewichtsverminderung nicht von gleicher Bedeutung ist – tritt CFK gegen überwiegend mit UP- und Acrylatharzen abgebundene GFK-Verbunde mengenmäßig zurück.

7.4.5 Hochtemperatur-Kunststoff-Fasern

Hochtemperatur-Textilfasern (Monofilamente und Stapelfasern) aus m-Aramid, s. Abschnitt 4.6.5 (Nomex, Conex, ähnlich P 84), Polyamidimid, s. (Abschnitt 4.12.2 Kermel), Polybenzimidazol (PBI), s. Abschnitt

4.12.1, werden aus spezifischen Lösemitteln (wie NMP = N-Methylpyrrolidon) trocken gesponnen. Mit 10 bis 50% Reißdehnung sind sie geschmeidig, bis >200 °C temperaturstandfest einsetzbar, unschmelzbar, oberhalb 500 °C mit geringer Gasentwicklung verkohlend, aber nicht entflammbar, beständig gegen Chemikalien, übliche Lösemittel, Treib- und Schmierstoffe. Anwendungen sind Flammschutzverkleidung (PBI mit 15% Wasseraufnahme), Vorrichtungen zum Kugel- und Splitterschutz, Flugzeugausstattungen, Filtermaterialien, in Packungen, Dichtungen, Reibbelägen anstelle von Asbest, technische Papiere für Wabenkerne, Elektro- und Hitze-Isolierungen. Die gleichermaßen beständigen und unschmelzbaren *P-Aramid-Verstärkungsfasern* (Twaron, Kevlar, Technora), die aus flüssig-kristallinen Lösungen hochkristallin gesponnen, zu Hochmodulfasern zusätzlich verstreckt werden, sind erheblich steifer als die Textilfasern. Sie sind hoch zugfest, duktiler und schwingungsdämpfender, spezifisch leichter und in verstärktem POM-, PA und PPS-Spritzguß weniger werkzeugverschleißend als GF und CF, aber nicht so druck- und biegefest wie diese. Ihr Hauptanwendungsbereich sind gewichtssparende Struktur-Verbundwerkstoffe für die Luft- und Raumfahrt, Sportboote und andere Sportgeräte, vielfach als optimierte Hybrid-Verstärkungen mit CF, GF oder beiden zusammen; weiter Reifencord, hoch beanspruchte Trag- und Spannseile, Kabelbewehrungen.

7.4.6 Natur-Fasern

Der Einsatz von Naturfasern zur Verstärkung von Kunststoffen wird besonders unter dem Aspekt der Umweltverträglichkeit stetig gesteigert. Tafel 6.24 in Abschn. 6.7 gibt eine Übersicht über Naturfasern. Von diesen kommen die Pflanzenfasern auf Cellulosebasis in Frage. Tafel 7.9 listet einige Eigenschaften auf.

Die Vorteile dieser Fasern liegen in der Recycling-Fähigkeit und der geringen Dichte, so daß die dichtebezogenen mechanischen Kennwerte mit denen von Glasfasern vergleichbar sind, obwohl die Absolutwerte geringer sind. Die Verarbeitung ist unproblematisch, da die Fasern wenig abrasiv sind und Gesundheitsaspekte keine Rolle spielen.

Nachteilig sind die von Charge und Erntejahr abhängigen Faserqualitäten, die geringe thermische Stabilität (max. Verarbeitungstemperatur 250 °C) und die schlechte Benetzbarkeit der Fasern.

Einsatzgebiete sind vor allem härtbare Formmassen und Thermoplast-Prepregs auf Basis Jute oder Ramie/Polypropylen.

Tafel 7.9. Pflanzenfasern auf Cellulosebasis

Faser	Herkunft	Dichte	Länge der Fasern	Durchmesser der Fasern	Zugfestigkeit	E-Modul	Reißdehnung
		g/cm^3	mm	µm	GPa	GPa	%
Alfa	Espartogras		0,5-3,5	9			
Ananas	Ananas	1,4	5-6	3-8			
Baumwolle	Baumwollstrauch		15-55	12-25	0,3-0,8	55-110	5,5-7
Ginster	Binsenginster						
Hanf, Leinen	Flachs	1,2-1,4	13-55	12-50	0,25-0,4	12-26	1,8-3,3
Jute	Tiliazeen	1,45		40	0,2-0,5	43	1,5-2
Kenaf	Kenafpflanze						
Kokos	Kokosnuß	1,15-1,3	0,3-1,8	12-25	0,13-0,18		1,5-4
Manila	Faserbanane	1,25	2,5-5,5	50-250	0,5-0,8		1,8-3,5
Nessel	Brennessel		5-55	20-80			
Ramie	Chinesische Brennessel				0,2-0,5	0,25-0,30	1,5-2
Sisal	Sisalagave				0,1-0,8	0,15-0,2	3-7

7.5 Hilfsstoffe, Additive

Die Polymeren werden nur in Ausnahmefällen als reine Stoffe eingesetzt. Zur Beeinflussung der Verarbeitbarkeit, der Struktur und der Eigenschaften werden z. B. bei der Compoundierung Hilfsstoffe zugegeben. Hierzu gehören: Gleitmittel, Antiblockmittel, Trennmittel, Stabilisatoren, Antistatika, leitfähige Zusatzstoffe, Flammschutzmittel, Farbmittel, Flexibilisatoren, Weichmacher, Haftvermittler, Füllstoffe, Verstärkungsmittel, Treibmittel. Reste dieser Hilfsmittel sowie von Synthese-Hilfsstoffen wie Katalysatoren, Emulgatoren, Fällmittel, Härter und Beschleuniger können in den Formteilen als gewollte oder auch ungewollte Stoffe enthalten sein und deren Gebrauchswert beeinflussen. Neben der Verträglichkeit der einzelnen Bestandteile untereinander und mit den Polymeren sind auch sicherheitstechnische, gewerbe-hygienische und toxikologische Aspekte zu beachten.

7.5.1 Gleitmittel, Antiblockmittel, Trennmittel

Die in Tafel 7.10 angeführten Gleitmittel reduzieren die Schmelzeviskosität von Formmassen (innere Gleitmittel) und/oder wirken als Schmiermittel (äußere Gleitmittel) zwischen Schmelze und Metallwandung schon bei Zusätzen von < 0,5%. Antiblockmittel verhindern das Aneinanderkleben von Folien und sind meist Gleitmittel mit der Tendenz zur Wanderung an die Oberfläche. Beispiel: Polydimethylsiloxan (PDMS), als 50% Masterbatch mit PP, PS, POM, PE, TPE, ABS, und PA erhältlich. Auch Kreide oder Talkum können, vor allem bei weichmacherhaltigen Kunststoffen, das Blocken verhindern, indem sie die Oberfläche trocken halten.

Trennmittel, die in das Formwerkzeug eingesprüht werden, sind von ähnlicher Art. Für nachzubehandelnde Teile sollten sie siliconfrei sein. Auch PTFE - als Pulver oder Trockenspray - wird als Gleit- oder Trennmittel eingesetzt.

Prinzipiell verbessern alle Flüssigkeiten das Reib- und Gleitverhalten von Kunststoffen mit sich selbst oder mit anderen Werkstoffen. Die *Schmierstoffe* müssen jedoch chemisch neutral sein und dürfen bei den Kunststoffen keine Spannungsrisse auslösen. Fette und Öle auf Silicon-Basis haben sich z. B. bei PP, PS, PVC, ABS, POM, PMMA, PC, PBT, PPO, PA 6, PA66 bewährt. S. auch Abschn. 2.6.9.

7.5.2 Stabilisatoren

Stabilisatoren haben die verschiedensten Aufgaben. Hydrochinon soll z. B. eine unerwünschte oder vorzeitige Polymerisation polymerisationsfähiger Monomerer behindern.

Andere Stabilisatoren werden zur Verhinderung des thermischen Abbaus bei der Verarbeitung eingesetzt. Beim *PVC-U* hat sich die Bleistabilisie-

Tafel 7.10 Gleitmittel für Kunststoff-Schmelzen

Gleitmittel	Merkmale	Einsatzbeispiele
Niedermolekulare Fettsäureester	hohe Flüchtigkeit	PVC-U
Butylstearat	hohe Flüchtigkeit	
Glycerinmonooleat	hohe Flüchtigkeit	
Glycerindioleat	verringerte Flüchtigkeit	
Metallseifen, Calciumstearat		PO
Fettsäure Komplexester (oligomere Ester aus Fettsäuren, Dicarbonsäuren und Polyolen)	relativ teuer	
niedermolekulare Mischester	Neigung zu Düsen- u. Formbelag	PVC-Flaschen
Fettsäureester von Polyolen (Pentaerythrit-Tetrastearat, PETS)	keine Trübung	PC
Sorbitanester, Montansäure		PBT
Glycerinmonostearat		PO, techn. Thermoplaste
Fettsäureamide, Stearinsäure-Ethylendiamid	hochbrillante Folien	PVC-U, PP, PE
Ölsäureamid	Antiblockmittel	
Langkettiges Keton	Antiblockmittel (PP), hohe Temp.-Best.	ABS, EVAC, PA, PP
Gemisch aliphatischer Monocarbonsäuren (Montanwachse)	gute Wirkung, verträglich, hohe Temp.-Best.	viele Kunststoffe
Polypropylen-Wachs	Schmelzpunkt 160 °C	PVC-Profile
Hochmolekul. oxidiertes Polyethylen-Wachs	kurze Plastifizierzeiten	PVC-Profile
Fluorelastomere	Schmelzebruchverhinderung, Antiblock-/Haftmittel	PE-LLD-Folien PP-Kalanderfolie

rung gegenüber der früheren Barium-Cadmium-(BaCd) und Blei-Barium-Cadmium-(PbBaCd)-Stabilisierung durchgesetzt, für hochtransparente Flaschen Zinn, für PVC-P Barium-Zink (BaZn) statt Barium-Cadmium, für den Lebensmittelbereich Calcium-Zink (CaZn), dieses und Zinn auch in zunehmendem Maße statt Blei.

Man teilt die *Antioxidantien* je nach Wirkungsweise in primäre und sekundäre ein. Primäre Antioxidantien besitzen reaktive H_2-Atome, die mit freien Radikalen reagieren: Radikalfänger. Sterisch gehinderte Phenole und aromatische Amine, aber auch die sterisch gehinderten Amine gehören zu dieser Gruppe. Sekundäre Antioxidantien zersetzen Hydroperoxide und verhindern somit eine Kettenverzweigung. Organische Phosphite oder Phosphonite und Thioester sind Vertreter dieser Gruppe. Die erforderlichen Konzentrationen liegen zwischen 0,03 und 0,3 (1%)gew.-%.

Wieder andere Stabilisatoren sollen im Gebrauch sowohl Oxidation als auch den Abbau durch Licht- und UV-Einstrahlung verhüten bzw. vermindern. Für fast alle Kunststoffanwendungen braucht man Stabilisatorsysteme, die in ihrer Zusammensetzung sowohl auf das verwendete Polymer als auch auf die jeweiligen Gebrauchsanforderungen abgestimmt sein müssen. Ruß ist ein nahezu universell anwendbarer UV-Stabilisator, weiterhin ist die Stoffklasse der sterisch gehinderten Amine (HALS) in synergistischer Zusammenwirkung mit anderen Komponenten von hervorragender Bedeutung. UV-Absorber wie substituierte Benzophenone, Salicylsäureester oder Hydroxyphenylbenztriazole werden in Mengen von 0,1 bis 1% zugesetzt und wandeln die Energie der UV-Strahlen in Wärmeenergie um.

Eine Stabilisierung gegen energiereiche Strahlung hat bisher kaum, gegen Schimmel- und Mikrobenbefall (Fungizide) nur für einzelne Kunststoffe eine Bedeutung erlangt.

7.5.3 Antistatika

s. auch Abschnitt 4.20.2

Antistatika sind hydrophile Stoffe (z.B. ethoxylierte Amine, Polyethylenglykolester, Glycerinmono- oder -distearate, Alkylsulfonate, Cyanophthalocyanine), die Oberflächenwiderstände von Kunststoffen $>10^{15}$ Ohm so weit herabsetzen (auf etwa $<10^{11}$ bis 10^{10} Ohm), daß Staubanziehung u.a. Störungen durch eine reibungselektrische Aufladung verhütet werden. Die Wirkung „temporärer“ Antistatika, die zur Oberfläche auswandern oder auf diese aufgebracht werden (Antistatic C, Statexon AN, Plexiklar), ist zeitlich begrenzt. „Inkorporierte“ Dauerantistatika behalten ihre Wirkung.

Mit *Leitfähigkeitsrußen* (ca. 15%) in Thermoplasten, vor allem in Polyolefincompounds, erreicht man spezifische Durchgangswiderstände von $10^2 \div 10^5$ Ohm·cm, Anwendungen reichen von Mantelmassen bis zu elektrischen Flächenheizkörpern.

Leitfähige Zusatzstoffe, die in geringen Mengen den spezifischen Widerstand bis < 1 Ohm · cm vermindern können, sind von Bedeutung für die *Abschirmung hochfrequenter Emissionen* von Geräten der Elektronik- und Elektroindustrie. Mit Haftvermittlern beschichtete Aluminiumflocken, Mikro-Stahlfasern, versilberte Glasfasern und -kugeln, in geringen Zusatzmengen hoch wirksame, vernickelte Graphit-Feinstfasern (∅ 8 μm + 0,5 μm Ni-Schicht), Spezial-Ruße und Carbonfasern werden für die behördlich geforderten EMI (= Electro-Magnetic-Interference) und Radio-Frequenz-(RFI-)Dämpfung im 10 kHz- bis 140 GHz-Bereich mit mittlerer bis guter Schirmwirkung um > 60 db angewandt. Gehäuse-Innenflächen werden zur Abschirmung mit Leitlacken, 5 μm Al-Vakuumbedampfung (*Elamet*-Verfahren), Metall-Sprühen oder chemogalvanisch (s. Abschnitt 3.4.4) beschichtet. Konstitutiv („intrinsisch") leitfähige Kunststoffe („Dotierte" Polyacetylene und Polypyrrole) s. Abschnitt 4.20.2.

7.5.4 Flammschutzmittel

Flammschutzmittel braucht man, um die Entflammbarkeit und Brennbarkeit von Kunststoff-Erzeugnissen herabzusetzen, so daß sie diesbezügliche Prüfanforderungen der Elektrotechnik, des Fahrzeugbaus und des Bauwesens erfüllen (s. Abschn. 2.6.8). Sie können den Brennmechanismus entweder physikalisch durch Kühlen, Schutzschichtbildung oder Verdünnung der entstehenden Gase oder chemisch durch Reaktion in der Gasphase (Beseitigung der die Verbrennung stützenden energiereichen Radikale) oder in der festen Phase (Ausbildung einer schützenden Kohle- oder Ascheschicht) beeinflussen. Chlor oder Brom enthaltende organische Verbindungen spalten bei Flammeneinwirkung Produkte ab, die den Sauerstoffzutritt erschweren und Brandreaktionen chemisch abbremsen. Phosphorhaltige (Arylphosphate, alkylsubstituierte Arylsulfate) begünstigen zudem die Verkohlung und Krustenbildung. Beide Gruppen können (auch kombiniert) in Monomere chemisch eingebaut oder in Polymere als Additive eingearbeitet werden. Die Wirkung von Halogenen wird durch den Weiß-Pigment-Füllstoff Antimontrioxid synergistisch verstärkt. Relativ hohe Additiv-Zusätze können das Gebrauchsverhalten der Erzeugnisse ungünstig beeinflussen. Die Bildung ätzender Stoffe und eine starke Rauchentwicklung im Brandfall sind weitere Brandschutz-Probleme.

Anorganische Füllstoffe verdünnen den brennbaren Stoffanteil im Kunststoff und begünstigen eine flammenhemmende Krustenbildung im Brandfall. Spezifisch flammschützend ohne Rauchentwicklung wirken Füllstoffe wie Aluminiumhydroxid $Al(OH)_3$ oder das mikrofasrige Dawsonite $Na\,Al(OH)_2CO_3$, die bei ca. 200 °C unter Wärmeverbrauch Wasserdampf bzw. Wasserdampf und CO_2 abspalten. Ähnlich wirken der plättchenförmige Weiß-Füllstoff Ultracarb ($Ca/Mg\ CO_3 \cdot H_2O$) ab 230 °C, $Mg\,CO_3 \cdot H_2O$ bei > 300 °C, Zinkborat $Zn(BO_2)_2 \cdot 2\ H_2O$ (vor allem für PVC-P). Wasserhaltiges Natriumsilikat (Wasserglas) wird für Folieneinlagen in Polsterungen und für Brand-Abschlüsse (Palusol) verwendet.

7.5.5 Farbmittel

(Nach R. Jonas, Lacufa AG)

Farbmittel für Kunststoffe sind speziell aufbereitete unlösliche anorganische und organische Pulverpigmente (Tafel 7.11) sowie in Kunststoffen lösliche Farbstoffe.

Tafel 7.11. Anorganische Pigmente
(In [ ] aufgeführte Pigmente aus ökologischen Gründen nicht verwenden!!)

Farbton	Chemische Klasse	Temp. Best. in PE-HD, °C	Chemische Formel
WEISS	Lithopone	300	$ZnS*BaSO_4$
	Titandioxid	300	TiO_2
	Zinkoxid		ZnO
SCHWARZ	Eisenoxidschwarz	240	Fe_3O_4 , $(Fe,Mn)_2O_3$
	Spinellschwarz	300	$Cu(Cr,Fe)_2O_4$, $Cu(Cr,Mn)_2O_4$, $(Fe,Co)Fe_2O_4$
GELB / ORANGE	[Cadmiumgelb]	300	CdS , $(Cd,Zn)S$
	[Chromgelb]	260/290	$PbCrO_4$, $Pb(Cr,S)O_4$
	Chromrutilgelb	300	$(Ti,Sb,Cr)O_2$, $(Ti,Nb,Cr)O_2$, $(Ti,W,Cr)O_2$
	Eisenoxidgelb	220/260	α-FeO(OH) , χ-FeO(OH)
	Nickelrutilgelb	300	$(Ti,Sb,Ni)O_2$, $(Ti,Nb,Ni)O_2$
	Bismutvanadat/ molybdat	280	$BiVO_4$ Bi_2 MoO_6
	Zinkferrit		$ZnFe_2O_4$
BRAUN	Chromeisenbraun	300	$(Fe,Cr)_2O_3$
	Eisenoxid (Mangan)-braun	260/300	$(Fe,Mn)_2O_3$
	Rutilbraun		$(Ti,Mn,Sb)O_2$, $(Ti,Mn,Cr,Sb)O_2$
	Zinkferritbraun	260	$ZnFe_2O_4$
ROT	[Cadmiumrot/-orange]	300	$Cd(S,Se)$ $(Cd,Hg)S$
	Eisenoxidrot	300	α-Fe_2O_3
	[Molybdatrot]	260/300	$Pb(Cr,Mo,S)O_4$
GRÜN	Chromoxidgrün	300	Cr_2O_3
	Cobalt (Spinell)-grün	300	$(Co,Ni,Zn)_2(Ti,Al)O_4$
BLAU	Cobaltblau	300	$CoAl_2O_4$, $Co(Al,Cr)O_4$
	Ultramarinblau	300	$Na_8(Al_6,Si_6,O_{24})S_x$
METALLISCH	Aluminium	300	Al
	Kupfer	260	Cu/Zn-Legierungen

Aus der Aufgliederung der Gesamtmenge der zur Einfärbung von Kunststoffen eingesetzten Farbmittel geht die große Bedeutung der Pigmente im Vergleich zu den Farbstoffen hervor:

FARBMITTEL	%
Titandioxid	72
Farbruß	14
Anor. Buntpigmente	8
Organische Buntpigmente	4,5
Farbstoffe	1,5

Organische Pigmente, lösliche und fluoreszierende Farbmittel und Farbstoffe, Masterbatchhersteller s. Kunststoffe 86 (1996) 7, S. 965 ff, S. 938 ff.

Anorganische Pigmente sind in der Regel licht- und temperaturstabiler, organische Pigmente farbbrillanter. Viele spezielle Effekte sind mit speziellen Farbmitteln machbar. Leuchteffekte mit fluoreszierenden Farbmitteln, z. B. 30% Zinksulfid ZnS, Metalleffekte mit Metallpulvern, Metamerieeffekte mit metameriestabilen Farbmitteln. Metamerie ist die unterschiedliche farbliche Erscheinung in unterschiedlichem Licht. Nicht zu vergessen sind optische Aufheller.

Wichtig bei der Auswahl der Farbmittel ist ihre Verträglichkeit im Kunststoff. Schließlich können Farbmittel z. B. Fließ-, Härtungs- und elektrische Eigenschaften wesentlich beeinflussen, was jeweils zu überprüfen ist. Zu beachten ist auch, daß verschiedene einzufärbende Kunststoffe selbst nicht licht-/farbstabil sind, weil sie unter Lichteinwirkung vergilben. Das wirkt sich trotz Einfärbung besonders in hellen Farben in Form von Nachdunkeln aus.

Weil pulvrige Substanzen aufwendig zu dispergieren sind, färbt man Kunststoffe oft mit in Bindemitteln und/oder Weichmachern angeteigten Pigmentkonzentraten ein. Dies sind entweder granulierte Masterbatche oder insbesondere Flüssigkunststoffe mit Pigmentpasten. Bei der Herstellung dieser Farbkonzentrate ist eine genügende Dispergierung/Zerreibung der Farbmittelpartikel wichtig. Ist das nicht der Fall, können z. B. beim Einfärben mit mehreren verschiedenen Farbpasten – um eine bestimmte Mischfarbe zu erzielen – erhebliche Farbabweichungen von Produktionsansatz zu Produktionsansatz auftreten, weil diese Farbmittelpartikel dann in den verschiedenen Produktionsansätzen noch einmal unterschiedlich stark nachdispergiert werden können.

Bei der Herstellung der Farbkonzentrate ist also auf eine vollständige gleichmäßige Verteilung der Farbmittelpartikel im Farbkonzentratbindemittel zu achten. Oft verwendet man wegen dieser Problematik zum Einfärben der Kunststoffe auch Endfarbtonkonzentrate, die mehrere Farbmittel im Gemisch enthalten, mit welchen die Kunststoffe direkt auf den gewünschten Farbton eingestellt werden können. Entscheidend für gute

Farbmittelkonzentrate ist einerseits absetzstabile/lagerstabile und andererseits leicht verarbeitbare/nicht zu steife Konsistenz. Das soweit möglich ohne die in den Kunststoffen oft störenden Netz-/Dispergiermitteln zu erreichen, ist das Geheimnis der Hersteller von Farbmittelkonzentraten. Ein „stabiles" Farbkonzentrat ist allein schon deshalb wichtig, weil nur so während des Aushärtevorganges der Kunststoffe die Pigmentflokkulation vermieden werden kann. Pigmentteilchen können, wenn nicht stabil dispergiert, während des Aushärtens „zusammenbacken"/flockulieren. Sind wie bei Mischfarben üblich verschiedenfarbige/-artige Pigmente in einer Kunststoffmischung enthalten, kann diese Erscheinung bis hin zu unterschiedlichen Farbschattierungen/-"punkten" an der Kunststoffoberfläche führen.

Durch chemische Verknüpfung von Chromophoren (farbigen organischen Strukturen) und polymeren Ketten mit endständigen Hydroxylgruppen entstehen Farbstoffpolyole, die mit Isocyanat reagieren und so Bestandteil von PUR-Schaumstoffen werden. Auf diese Weise entstehen völlig homogen eingefärbte Polyurethane: Schaumstoffe, harte und gummielastische Formteile, letztere auch transparent einfärbbar.

7.5.6 Flexibilisatoren und Weichmacher

Flexibilisatoren (Schlagzähmacher) werden spröden Kunststoffen beigemischt (Blends) oder auch als Copolymer-Komponente chemisch eingebaut, s. Kap. 4.

Weichmacher (s. Abschn. 4.2.7) werden für gummielastische PVC-Massen, zur Regulierung der Zähigkeit harter Kunststoffe (z. B. von Celluloseester-Formmassen) und für Lackharze verwendet. Flexibilatoren sind im Gegensatz zu diesen nicht flüchtig. Der Übergang zwischen Flexibilisierung und innerer Weichmachung bzw. der Beigabe von Polymer-Weichmachern ist fließend.

7.5.7 Haftvermittler

Haftvermittler bilden Molekularbrücken an den Grenzflächen zwischen anorganischen Zuschlagstoffen und der organischen Polymermatrix. Sie enthalten hydrolysierbare Gruppen zur Bindung an das anorganische Material und organofunktionelle Gruppen im gleichen Molekül. Halborganische Silane und Titanate braucht man für glasfaserverstärkte Reaktionsharz-Kunststoffe, mit spezifischen organofunktionellen Gruppen für thermoplastische Verbundwerkstoffe. „Coating" (auch mit Stearaten) ist die Vorbehandlung des anorganischen Zuschlags als gesonderter Arbeitsgang. Haftvermittler werden zur Verbesserung der Haftung von Kunststoffen oder Anstrichstoffen auf metallischen und anderen Untergründen und bei der Herstellung von Verbundfolien, bei denen die Komponenten von sich aus keine gute Haftung miteinander erbringen, eingesetzt. Verwendet werden VC-Copolymerisate, polymerisierbare Polyester oder Vi-

Tafel 7.12 Chemische Treibmittel für Kunststoffe und Kautschuk, (nach Hurnik und Facklam).

Treibmittel	Kurzzeichen	Zersetzungs-temp. in Luft,	abgespaltene Gasmenge	Verwendung für	Treibgas
		°C	ml/g		
Azodicarbonsäurediamid	ADC	205-215	220	PVC, PE, PP, ABS, PS, PA, PPO, TPE	N_2, CO, (NH_3, CO_2)
Azodicarbonsäurediamid, aktiviert	ADC aktiviert	155-215	150-220	PVC, PE, PP, EVAC, PS, ABS, EPDM, NBR, SBR, CR, IR, NBR/PVC	N_2, CO, (NH_3, CO_2)
p-Toluolsulfohydrazid	THS	155-165	115	EVAC, EPDM, SBR; IR, CR, NBR	N_2, H_2O
4,4-Oxybis(benzolsulfo-hydrazid)	OBSH	145-285	120-125	PE-LD, EVAC,NBR/PVC, EPDM/CR, SBR, CR, NBR, NR, PUR	N_2, H_2O
2,4,6-Trihydrazino-1,3,5-triazin	THT	245-285	185	ABS, PE, PP, PA, PET, PPO	N_2, NH_3
p-Toluolsulfonylsemi-carbazid	TSS	226-235	210	PP, ABS, PE-HD, PVC-U; PS-HI	N_2, CO_2, NH_3
5-Phenyl-tetrazol	5-PT	240-250	120-140	ABS, PPE, PC, PA, PBT, LCP	N_2,
Dinitrosepentamethylen-tetramin	DNPT	195	190-200	NR, SBR, PS-HI, CR, BR, PVC-P	N_2, (NH_3) HCHO
Carbonat	$NaHCO_3$ Zitronensäure	150-230	140-185	PS, ABS, PA, PE, PP, PVC-U	CO_2, H_2O

nylpyridin-Polymerisate in Kombination mit EP-Harzen, Butadien-Acrylnitril-Methacrylsäure-Copolymerisate, Phenolharze, Kautschukderivate oder Acrylharze ohne oder mit PF- bzw. EP-Harzen. Auch bei der Herstellung von Kunststoff-Mischungen aus nicht oder schwer verträglichen Komponenten (Recycling) werden z.B. VC-Copolymerisate als Haftvermittler eingesetzt.

7.5.8 Treibmittel

Treibmittel bewirken eine nach Bedarf abzustufende „Füllung" von Kunststofferzeugnissen mit Gasblasen als disperser Phase (s. Abschn. 6.6). In Tafel 7.12 sind Eigenschaften und Einsatzgebiete von Treibmitteln aufgeführt.

Am Beispiel von ADC zeigt Tafel 7.13 verschiedene Einsatzgebiete. Lieferformen: Pulver, flüssig meist in Weichmachern, Granulat in Form von Masterbatches mit Treibmittelkonzentrationen von 10 bis 70 Gew.-%.

7.5.9 Nukleierungsmittel

Da die Eigenschaften teilkristalliner Kunststoffe durch Art und Höhe des kristallinen Anteils wesentlich mitbestimmt werden, versucht man die Kristallinität und die Kristallstruktur durch Zugabe von Nukleierungsmitteln (Keimbildnern) zum Polymeren zu beeinflussen. Sie bewirken eine Erhöhung der Temperatur, bei der eine Kristallisation der Schmelze beginnt (schnellere Erstarrung der Schmelze), eine Erhöhung der Wachstumsgeschwindigkeit der Sphärolite (10 bis 5.000 μm/min) und des kristallinen Anteils und eine Verringerung der Sphärolitgröße. Als Nukleierungsmittel dienen meist unlösliche anorganische Füllstoffe wie Metalloxide, Metallsalze, Silikate oder Bornitrid mit Teilchengrößen von ca. 3μm und in einer Konzentration von ca. 0,5%, s. auch Abschn. 7.4, Füll- und Verstärkungsmittel und 7.5.5, Farbmittel.

Tafel 7.13 Einsatzbeispiele von Azodicarbonsäurediamid, ADC (nach Hurnik und Facklam).

Einsatzgebiet	Gewichts-%
Vermeidung von Einfallstellen beim Spritzgießen mit Wanddickenunterschieden	0,05-0,15
Aufschäumen von Thermoplasten zur Gewichtsreduzierung, TSG, TSE	0,3-1
Verschäumen von PVC-Plastisolen	0,7-2
Moosgummi, Schwammgummi	2-6
Zellgummi, Expansionsverfahren	3-15
Extrusion mit nachgeschalteter Expansion von vernetzten PO	3-20
Blockschaumstoffe aus PO, PVC-P und Elastomeren	3-20

Mit „Clarifier“ bezeichnete Nukleierungsmittel sind in der Schmelze (PP) löslich und bilden dort bei der Abkühlung ein dreidimensionales „Fasernetz“, dessen Oberfläche als Nukleierungskeim wirkt, Fa. Milliken Chemical. Die so bewirkte Nukleierungsdichte ist um Größenordnungen größer als die mit nicht löslichen erreichte, so daß die Produkte hoch transparent sind (Zigarettenfolien aus PP). Transparenzverstärker für PP sind: Dibenzylidensorbitol (DBS), Methyldibenzylidensorbitol (MDBS) und eine Weiterentwicklung mit der Bezeichnung Millad 3988.

8 Normung und Gütesicherung

8 Normung und Gütesicherung

8.1 Kunststoff-Normung national und international[1])

Das DIN Deutsche Institut für Normung e. V., Burggrafenstraße 6, 10787 Berlin, ist die nationale Organisation für alle in selbstverantwortlicher Gemeinschaftsarbeit von Wirtschaft, Wissenschaft und Behörden betriebene nationale Normungsarbeit und federführend für die Vertretung bei den internationalen Normungsarbeiten. In Zusammenarbeit mit den nationalen Normungsgremien von Großbritannien (BSI) und Frankreich (AFNOR) bringt DIN eine multinationale und mehrsprachige Normen-Datenbank PERINORM auf einer CD-Rom (Compact Disc Read Only Memory) heraus, die für alle geltenden Normen und Norm-Entwürfe Deutschlands, Großbritanniens, Frankreichs, Österreichs, der Schweiz und der Niederlande die bibliographischen Daten enthält. Die internationalen Normungsvorhaben werden durchgeführt bei

ISO (International Organization for Standardization)
IEC (International Electrotechnical Commission),

die für den Gemeinsamen Markt in Europa wesentlichen Vorhaben bei

CEN (Comité Européenne Normalisation)
CENELEC (Comité Européenne Normalisation Electrotechnique).
In den Beratungen der ISO werden, unter Federführung der Normenorganisation jeweils eines Mitgliedslandes für ein Einzelgebiet, aufeinander folgend

ISO-CD (Committee Draft) Normen-Vorschläge
ISO-DIS (draft international standards) Normen-Entwürfe

und schließlich die nur mit ISO und Nummer bezeichneten Internationalen Normen erarbeitet. Zahlreiche unter Mitwirkung des Normenausschusses Kunststoffe seit 1952 erarbeitete Dokumente der Technischen Komitees

ISO/TC 61 Plastics
ISO/TC 138 Plastics pipes, fittings and valves for the transport of fluids
ISO/TC 45 Rubber and rubber products
IEC/TC 15 Insulating materials

sind seither ganz oder teilweise als DIN-ISO-Normen übernommen worden. In diesen wird jeweils erläutert, inwieweit sie mit den betreffenden ISO-Unterlagen übereinstimmen oder in Einzelheiten noch von ihnen ab-

[1]) DIN-Normblätter, ISO-Standards und alle anderen hier genannten Informationsmittel sind zu beziehen von der Beuth Verlag GmbH, Postfach 1145, 10772 Berlin. Maßgeblich ist die jeweils neueste Original-Ausgabe der DIN-Normblätter im Format DIN A4, deren Vervielfältigung für DIN-Mitglieder unter bestimmten Bedingungen für innerbetriebliche Zwecke gestattet ist. Die informative Veröffentlichung von Auszügen aus Normen und Norm-Entwürfen in diesem Buch erfolgt mit Genehmigung des DIN.

weichen. Es wird angestrebt, in die nationale Normung zunehmend ISO-Normen als DIN EN ISO-Normen zu übernehmen, EN = Europäische Norm.

Solche Normen werden durch das sog. Harmonisierungsverfahren übernommen. Die deutsche Fassung erscheint dann als DIN-EN-Norm. Bei CEN arbeitet der FNK (Normenausschuß Kunststoffe) derzeit in folgenden Technischen Komitees mit:

CEN/TC 88 Wärmedämmstoffe und wärmedämmende Produkte
CEN/TC 89 Wärmeschutz von Gebäuden und Bauteilen
CEN/TC 134 Elastische und textile Bodenbeläge
CEN/TC 155 Kunststoff-Rohrleitungssysteme und Schutzrohrsysteme
CEN/TC 189 Geotextilien und geotextil verwandte Produkte
CEN/TC 193 Klebstoffe
CEN/TC 248 Textilien und textile Erzeugnisse
CEN/TC 249 Kunststoffe
CEN/TC 254 Abdichtungsbahnen.

Von allen neuen oder überarbeiteten Normen werden durch den Buchstaben E gekennzeichnete Entwurfsfassungen veröffentlicht (Gelbdrucke für den nationalen Bereich, für DIN-ISO- bzw. DIN EN-Normentwürfe Rosadrucke), zu denen jedermann binnen drei Monaten Stellung nehmen kann. V im Weißdruck bezeichnet eine „Vornorm" (Entwürfe: Blaudruck).

Der *Normenausschuß Kunststoffe (FNK) im DIN* bearbeitet in zahlreichen Arbeitsausschüssen mit rund 600 ehrenamtlichen Mitarbeitern z.Z. etwa 700 Hauptnormungsthemen. Wichtige Kunststoff-Normen werden zusammengefaßt in DIN-Taschenbücher, z.Z.:

21 Duroplast-Kunstharze, Duroplast-Formmassen (11. Auflage 1995)

51 Halbzeuge aus thermoplastischen Kunststoffen (4. Auflage 1991)

150 Kunststoff-Dachbahnen, -Dichtungsbahnen, -Folien, Bodenbeläge, Kunstleder (1. Auflage 1987)

52 Rohrleitungsteile aus thermoplastischen Kunststoffen, Grundnormen (4. Auflage 1990)

131 Kautschuk und Elastomere, Normen für chemische Prüfverfahren, Bodenbeläge, Latex, Ruße und Schaumstoffe (3. Auflage 1991)

149 Thermoplastische Kunststoff-Formmassen (1. Auflage 1990)

190 Rohrleitungsteile aus thermoplastischen Kunststoffen, Anwendungsnormen (1. Auflage 1985)

171 Rohre, Rohrleitungsteile und Rohrverbindungen aus duroplastischen Kunststoffen (2. Auflage 1989)

Allgemeine Prüfnormen in

18 Kunststoffe, Mechanische und thermische Eigenschaften (10. Auflage 1997)

48 Kunststoffe, Prüfung chemischer und optischer Gebrauchs- und Verarbeitungs-Eigenschaften (5. Auflage 1988)

47 Kautschuk und Elastomere, Physikalische Prüfverfahren (6. Auflage 1992)

ISO- und JIS-Handbücher (über Beuth-Verlag):

ISO: Handbuch 21, Bd. 1: Terminology and symbols, 2. Aufl. 1990
Handbuch 21, Bd. 2: Thermosetting materials, 2. Aufl. 1990
Handbuch 21, Bd. 3: Plastics products, 2. Aufl. 1990
Handbuch 28, Bd. 1: Pipes, fittings and valves, 1986
Handbuch 28, Bd. 2: Plastics products, 1986

JIS-Handbook „Plastics", 2. Aufl. 1988 (Japanische Normen)

Für Baukunststoff-Erzeugnisse werden die Grundnormen vom FNK, Anwendungsnormen vom Normenausschuß Bauwesen erstellt, entsprechendes gilt für Kunststoff-Rohre und -Rohrleitungen mit Bezug auf den Normenausschuß Wasserwesen.

DIN-Normen für Isolierstoffe sind zugleich VDE-Bestimmungen im Sinne des VDE-Vorschriften-Werks. Die Bearbeitung aller Prüfverfahren zur Bestimmung elektrischer Eigenschaften von Kunststoffen und Kunststoff-Erzeugnissen ist vom FNK an die Deutsche Elektrotechnische Kommission, Fachnormenausschuß Elektrotechnik im DIN gemeinsam mit Vorschriftenausschuß VDE, abgegeben worden. Die Ergebnisse internationaler Zusammenarbeit in diesem Bereich sind IEC-Publikationen.

8.1.1 Gegenüberstellung von DIN-, ISO- und ASTM-Prüfmethoden

Eine weltweite Harmonisierung der Prüfmethoden für Kunststoffe ist bisher noch nicht verwirklicht, so daß eine Vergleichbarkeit der Prüfergebnisse nicht immer gegeben ist. Tafel 8.1 gibt einen Anhalt über die Vergleichbarkeit, wenn sich die Probekörper in Ihrer Struktur nicht allzusehr unterscheiden.

8.2 Fachbereiche der Kunststoff-Normung

Einen Überblick über die Kunststoff-Formmassen gibt Tafel 8.2, über Kunststoff-Halbzeuge s. Kap. 6.

8.2.1 Kennbuchstaben und Kurzzeichen (s. auch Abschn. 1.2)

DIN 7728, Teil 1 (Jan. 1988), identisch mit dem entsprechenden Teil von ISO 1043, gibt Regeln zur Bildung von international üblichen Kurzzeichen für Polymere, wie sie am Anfang des Buches alphabetisch geordnet zusammengestellt sind.

Tafel 8.1. Deutsche und amerikanische Prüfvorschriften für Kunststoffe (nach Domininghaus)

Prüfart	Vorschrift	Symbol	Einheit	Vergleichsmöglichkeit
Dichte	DIN 1306	d		
Rohdichte	DIN 53 479	d_R	g/cm^3 bei 20 °C	vergleichbar bei gleicher Temperatur
Density	ASTM D 792	d^{23C}	g/ml bei 23 °C	
Schmelz-Masse-fließrate	DIN ISO 433 (~ISO/R 292)	MFR	g/10 min	vergleichbar bei gleichen Bedingungen
Melt mass-flow rate	ASTM D 1238	–	g/10 min	
Mechanische Eigenschaften				
Elastizitätsmodul	DIN EN ISO 527-2	E_t	MPa	
Elastic Modulus	ASTM D 638 (Tensile)	E	psi (= lb/sq. in.)	vergleichbar nur bei gleichen Bedingungen: Probekörperform und -zustand, Meßlänge u. Prüfgeschwindigkeit
	DIN EN ISO 604	E_c	MPa	
	ASTM D 695 (Compression)	–	psi	
	DIN EN ISO 178	E_f	MPa	
	ASTM D 790 (Flexural)	E_B	psi	
	DIN EN ISO 527-3	E_t	MPa	
	ASTM D 882 (Film)	–	kgf/cm^2*)	
Schubmodul	DIN EN ISO 6721-2	G	kN/mm^2	vergleichbar
Torsion Modulus	ASTM D 2236	G	dyn/cm^2 psi	
Torsionssteifheit	DIN 53 447 (ISO 458)	T	kN/mm^2	vergleichbar
Stiffness Properties	ASTM D 1043	G (!)	dN/cm^2	
Zugversuch				
Zugfestigkeit	DIN EN ISO 527-1	σ_B	N/mm^2	
Tensile Strength (at maximum load)	ASTM D 638	–	psi	vergleichbar, jedoch nur bei gleichen Bedingungen: Probekörperform und Meßlänge und -zustand, Prüfgeschwindigkeit
	ASTM D 882	–	dN/cm^2	
Dehnung bei Höchstkraft		ε_B		
Percentage Elongation	ASTM D 882, 638	%	%	
Reißfestigkeit	DIN EN ISO 527-1	σ_R	N/mm^2	
Tensile Strength (at break)	ASTM D 882, 638	σ_R	psi	
Reißdehnung	DIN EN ISO 527-1	ε_R	%	
Percentage Elongation (at break)	ASTM D 638	–	%	
	ASTM D 882	–	%	

Tafel 8.1. Fortsetzung

Prüfart	Vorschrift	Symbol	Einheit	Vergleichsmöglichkeit
Streckspannung	DIN EN ISO 527-1	σ_S	N/mm²	vergleichbar, jedoch nur bei gleichen Bedingungen: Probekörperform und -zustand, Meßlänge u. Prüfgeschwindigkeit
Yield Point	ASTM D 638	–	psi	
Yield Strength	ASTM D 882	–	dN/cm²	
Dehnung bei Streckspannung	DIN 53 455	ε_S	%	
Percentage Elongation (at yield)	ASTM D 882	–	%	
Biegeversuch				
Biegefestigkeit	DIN EN ISO 178	σ_{bB}	N/mm²	bedingt vergleichbar
Flexural Strength	ASTM D 790	_	psi	
Grenzbiegespannung	DIN EN ISO 178	σ_{bG}	N/mm²	
Flexural Stress (at 5% strain resp. at conventional deflection)	ASTM D 790	_	psi	
Schlagbiegeversuch				
Schlagzähigkeit	DIN EN ISO 179	a_n	kJ/m²	nicht vergleichbar
Impact Strength	ASTM D 256 (ISO 180)	–	J/m²	
Kerbschlagzähigkeit	DIN EN ISO 179	a_K	kJ/m²	nicht vergleichbar
Impact Strength (notched)	ASTM D 256 (ISO 180)	–	J/m	
Shore Härte	DIN 53 505	–	Shoreskala A, C, D	vergleichbar
Durometer (Shore Hardness)	ASTM D 1706	–	Skala A, D	
	ASTM D 2240	H	gramforce	
Kugeldruckhärte	DIN EN ISO 2039-1	H	N/mm²	nicht vergleichbar
α-Rockwell Hardness	ASTM D 785	–	Rockwell Skala	
Thermische Eigenschaften				
Vicat-Erweichungspunkt (VSP)	DIN EN ISO 306	VST	°C	vergleichbar, wenn bei gleicher Belastung im Flüssigkeitsbad gemessen wird
Vicat Softening Point	ASTM D 1525	–	°C	
Formbeständigkeit in der Wärme nach Martens	DIN 53 462	–	°C	vergleichbar, wenn Belastung, Probekörperform und -zustand gleich sind
Wärmeformbeständigkeit	DIN EN ISO 75-1/-2	T_f	°C	
Deflection Temperature (früher HDT)	ASTM D 648	–	°C, °F	

Tafel 8.1. Fortsetzung

Prüfart	Vorschrift	Symbol	Einheit	Vergleichsmöglichkeit
Wasseraufnahme	DIN 53 495: 1984 (ISO 62)	–	mg	vergleichbar (umgerechnet), wenn Vor- bzw. Nachbehandlung, Probekörper und Zeiten gleich sind
Water Absorption	ASTM D 570	–	%	
Elektrische Eigenschaften				
Spezifischer Durchgangswiderstand	DIN IEC 60 093 (VDE 0303 Teil 30)	ρ_D	$\Omega \cdot cm$	vergleichbar
Volume Resistivity	ASTM D 257	ρ	$\Omega \cdot cm$	
Oberflächenwiderstand	DIN IEC 60167 (VDE 0303 Teil 31)	R_O	Ω	vergleichbar
Surface Resistivity	ASTM D 257	σ	Ω	
Dielektrizitätszahl (relative Dielektrizitätskonstante)	DIN 53 48-1 (VDE 0303 Teil 4)	ε_r	–	vergleichbar
Dielectric Constant	ASTM D 150	ε	–	
Dielektrischer Verlustfaktor (tan δ)	DIN 53 48-1 (VDE 0303 Teil 4)	–	–	vergleichbar
Dissipation Factor (tan δ)	ASTM D 150	D	–	
Dielektrischer Schweißfaktor	–	–	–	
Dielectric Loss Factor (= ε tan δ)	ASTM D 150	–	–	
Durchschlagfestigkeit	DIN IEC 60 243-2 (VDE 0303 Teil 22)	E_d	kV/mm	nicht vergleichbar
Dielectric Strength	ASTM D 149	–	V/mil (1 mil = 25 µm)	
Lichtbogenfestigkeit	DIN VDE 0303 Teil 5	–	s	nicht vergleichbar
Arc Resistance	ASTM D 495	–	s	
Kriechstromfestigkeit	DIN IEC 60 112 (VDE 0303 Teil 1)	–	–	nicht vergleichbar
Tracking Resistance	ASTM D 2132	–	–	

*) kgf = kilogramforce = dN

Das Polymer-Kennzeichen kann ergänzt werden durch eine – mit einem Mittelstrich nach diesem einzustellende – Kombination der Kennbuchstaben für die besonderen Eigenschaften

C	chloriert	I	schlagzäh	R	erhöht, Resol
D	Dichte	L	linear, niedrig (=low)	U	ultra, weichmacherfrei
E	verschäumt, verschäumbar	M	Masse, mittel, molekular	V	sehr
F	flexibel, flüssig	N	normal, Novolak	W	Gewicht
H	hoch	P	weichmacherhaltig	X	vernetzt, vernetzbar

Beispiel: Lineares Polyethylen niedriger Dichte: PE-LLD. Der Buchstabe P für „Poly" ist für Homopolymerisate zu verwenden, für Copolymere nur, wenn sein Weglassen zu Mißverständnissen führt. Copolymer-Kurzzeichen werden aus denen der Monomeren in der Reihenfolge abnehmender Anteile zusammengesetzt, z.B. E/P, EVA, SB, VCEMMA. Polymerengemische sind durch die Kurzzeichen der Grundpolymeren mit Pluszeichen zwischen ihnen in Klammern zu kennzeichnen, z.B. (PMMA+ABS).

DIN ISO 1043 Teil 2 „Kunststoffe, Kurzzeichen; Füll- und Verstärkungsstoffe" gibt allgemeine Richtlinien zur Kennzeichenbildung für verstärkte Kunststoffgruppen wie GFK, CFK, für Reaktionsharz-Formmassen ergänzt durch DIN 16913-1: 1981, s. Abschn. 4.16.

Kennbuchstaben und Kurzzeichen für Weichmacher nach DIN 7723 (ISO 1043-3) s. Abschn. 4.2.7.

Genormte Kurzzeichen für Natur- und Synthesekautschuke (DIN ISO 1629: 1992, Abschn. 7.1) und für Textilien werden nach andersartigen Regeln als die für Kunststoffe gebildet, mit diesen besteht keine Übereinstimmung.

8.2.2 Stoff-Normen für thermoplastische Formmassen

Vom ISO TC 61 ist im letzten Jahrzehnt eine international einheitliche Form für den Aufbau von Formmasse-Normen erarbeitet worden, die vom FNK, zunächst für die DIN-Normung thermoplastischer Formmassen, inhaltlich voll übernommen und weiter vorangetrieben worden ist. Jede dieser Normen (s. Tafel 8.2) besteht aus

Teil 1: Einteilung und Bezeichnung

Teil 2: Herstellung von Probekörpern und Bestimmung von Eigenschaften.

Ausgehend von der Erkenntnis, daß eine vollständige, die Austauschbarkeit von Formmassen verschiedener Herkunft ermöglichende Kennzeichnung für den internationalen Warenverkehr nicht realisierbar ist, hat man Teil 1 eingegrenzt auf ein System für die Einteilung und Bezeichnung von

Tafel 8.2. Stoff-Normen für Formmassen und Vorprodukte

		DIN	ISO
Thermoplastische Kunststoffe			
Polyethylen		DIN EN ISO →	1872
E/VA-Copolymere		DIN EN ISO →	4613
Polypropylen		DIN EN ISO →	1873
Styrolpolymere	PS	7741	1622
	SAN	16775	4894
	S/B	16771	2897
	ABS	16772	2580
	ASA	16777	2580
Vinylchlorid-Homo- und Co-Polymere		7746	1060
Weichm.-freie Formmassen	PVC-U	7748	1163
Weichm.-haltige Formmassen	PVC-P	7749	2898
Polymethylmethacrylat		7745	8257
Methacrylat-Gießharz		16946	–
Polyoxylmethylen		16781	9988
Polyamide		DIN EN ISO →	1874
Polycarbonat		7744	7391
Polyalkylenterephthalate		16779	7792
Polymergemische		16780	–
Celluloseester		7742	–
Reaktionsharze und Reaktionsharz-Formstoffe			
MMA, UP, EP, PUR gemeinsam			
Vorprodukte, Prüfungen		16945	–
Gießharz-Formstoffe		16946	–
GF-verstärkte Formstoffe		16948 16870-1	–
Phenolharze		16916	–
Ungesättigte Polyesterharze			3672-1
Epoxidharze und Reaktionsmittel			3673-1/4597-1
Polyurethan-Formstoffe			–
Duroplast-Formmassen			
Übersichts-Tafeln*)		7708-8	
Phenoplast-Formmassen		7708-2	800
Aminoplast- und Aminoplast/ Phenoplast-Formmassen		7708-3 -9, -10	2112 4896
Kaltpreßmassen		7708-4	–
Polyesterharz-Formmassen		16911	–
Verstärkte Reaktionsharz-Formmassen		16913	–

*) für rieselfähige Duroplaste

Formmassen nach
(1) dem chemischen Aufbau, dem Polymerisationsverfahren
(2) der hauptsächlichen Anwendung, den wesentlichen Additiven
(3) den kennzeichnenden Eigenschaften
(4) Füllstoffart und -gehalt.

Der Einteilung und Bezeichnung („Designation") thermoplastischer Formmassen liegt ein computergerecht ausgearbeitetes Blocksystem zugrunde, das nur Großbuchstaben (die Stoff-Kurzzeichen stets beginnend mit dem Grundstoff), Ziffern, Kommas und Mittestriche verwendet. Es ist gegliedert in

<table>
<tr><td colspan="7">Norm-Bezeichnung</td></tr>
<tr><td rowspan="2">Benennungsblock</td><td colspan="6">Identifizierungs-Block</td></tr>
<tr><td>Norm-Nummern-Block</td><td colspan="5">Merkmale-Block</td></tr>
<tr><td colspan="2"></td><td colspan="5">Datenblock</td></tr>
<tr><td colspan="2"></td><td>1</td><td>2</td><td>3</td><td>4</td><td>5</td></tr>
</table>

Der allgemeine „Benennungs-Block" (z. B. Formmasse) muß im Einzelfall nicht unbedingt angegeben werden. Wichtig ist der „Identifizierungs-Block". Dieser ist untergliedert in den Norm-Nummern-Block und den Merkmale-Block, der aus den aufeinander folgenden Daten-Blöcken 1–4 zusammenzusetzen ist. Die Datenblöcke 1, 2 und 4 bestehen aus Code-Buchstaben, die für alle Kunststoffe die gleiche, aber in den einzelnen Blöcken jeweils unterschiedliche Bedeutung haben, s. Tafel 8.3 a und 8.3 b.

Daten-Block 5 bleibt frei für die Aufstellung von „Spezifikationen" nach besonderer Vereinbarung im Einzelfall. Der Inhalt dieses Datenblocks ist nicht Gegenstand der Formmasse-Normung.

Daten-Block 3 gibt Kennzahlen für als normativ gewählte *kennzeichnende Eigenschaften* der einzelnen Formmasse-Gruppen. Diese kennzeichnenden Eigenschaften sind in den Formmassenormen (s.Tafel 8.2) festgelegt. Die Kennzahlen sind nach dem „Zellen"-System differenziert, d. h. als Mittelwerte von Meßwertbereichen, die in den einzelnen Normen jeweils stoffgerecht abgegrenzt sind. Die Ziffern in diesem Block entsprechen realen Eigenschaftswert-Zahlen, aus praktischen Gründen im einzelnen manchmal durch Verschieben des Kommas, einem niedrigen Wert vorgesetzte Null oder Aufnahme nur der letzten variablen Stellen (z. B. von Dichte-Werten) vereinfacht.

Nach DIN-Richtlinien für die Ausarbeitung von *Formmassen-DIN-Normen, Teil 2: Herstellung von Probekörpern und Bestimmung von Eigenschaften* sind deren Aufbau und Rahmentexte für alle thermoplastischen Formmassen gleich. Zur Zeit werden auch entsprechende internationale Normen (ISO TC 61) erstellt.

Mit ihnen wird über den Zweck der Bereitstellung von Prüfverfahren für

Tafel 8.3. Bedeutung der Kennzeichen in den Daten-Blöcken 2 und 4
8.3 a) Merkmale im Daten-Block 2
Daten-Block 2, Postition 1: Kennzeichen der hauptsächlichen Anwendung, Positionen 2–4: In alphabetischer Reihenfolge Additive und Zusatzinformationen bis zu 3 Angaben, codiert durch die Buchstaben

Zeichen	Position 1	Zeichen	Position 2–4
A	Klebstoff	A	Verarbeitungsstabilisator
B	Blasformen	B	Antiblockmittel
C	Kalandrieren	C	Farbmittel
D	Für Schall- bzw. Video-Platten	D	Pulver (Dryblend)
E	Extrusion von Rohren, Profilen und Platten	E	Treibmittel
F	Extrusion von Folien	F	Brandschutzmittel
G	allgemeine Anwendung	G	Granulat
H	Beschichtung	H	Wärmealterungsstabilisator
J	–	J	–
K	Kabel- und Drahtisolierung	K	Metall-Desaktivator
L	Monofilextrusion	L	Licht- und/oder Witterungsstabilisator
M	Spritzgießen	M	–
N	–	N	ohne Farbzusatz (naturfarben)
		O	*keine Angabe*
P	Pastenherstellung	P	schlagzäh modifiziert
Q	Pressen	Q	–
R	Rotationsformen	R	Entformungshilfsmittel
S	Pulversintern	S	Gleit-, Schmiermittel
T	Bandherstellung	T	erhöhte Transparenz
U	–	U	–
V	Warmformen	V	–
W	–	W	Hydrolysestabilisator
X	*keine Angabe*	X	vernetzbar
Y	Faserherstellung	Y	verbessert elektrisch leitend
Z	–	Z	Antistatikum

„Kennzeichnende Eigenschaften“ gemäß Teil 1 der Normen hinaus angestrebt, eine Grundlage für rationelle Beschaffung weltweit gleichartiger, damit weitgehend vergleichbarer Norm-Kennwerte auch für Datensammlungen (Abschn. 2.0, DIN EN ISO 10350 und Datenbank Campus) zu bieten.

Der in der Prüfpraxis hohen Aufwand verursachenden Vielzahl von Probekörpern nach unterschiedlichen nationalen Normen wird als *„Vielzweckprobekörper“* (DIN EN ISO 3167) der Schulterstab in 4 mm Dicke nach DIN EN ISO 527-2 entgegengestellt, aus dem man kleinere herausarbeiten kann. Für das gesamte Prüfprogramm muß außer diesem nur noch eine 1 mm dünne Platte für elektrische und einige andere physikalische Prüfungen urgeformt werden. Für die Fertigung von Thermoplast-Vielzweckprobekörpern im „Referenzzustand“ hat sich Spritzgießen in genormte Formwerkzeuge mit vorbestimmter Fließfrontgeschwindigkeit, Formnesttemperatur und Massetemperatur bewährt. Jedenfalls müssen

Tafel 8.3 b) Kennzeichnung von Art und Menge der Zusatzstoffe im Daten-Block 4
Daten-Block 4 enthält in codierter Form Buchstaben zur Kennzeichnung der Art, Zahlen des Massenanteils, ggf. verwendeter Füllstoffe und Verstärkungsmittel.

	Position 1	Position 2		Position 3	
Zeichen	Material	Zeichen	Form	Zeichen	Masseanteil (in %)**)
A	Asbest	A	–	.	.
B	Bor	B	Kugeln, Perlen	05	<7,5
C	Kohlenstoff*)	C	Schnitzel, Späne	10	7,5–12,5
D	–	D	Mehl, Pulver	15	12,5–17,5
E	–	E	–	20	17,5–22,5
F	–	F	Faser	25	22,5–27,5
G	Glas	G	Fasermahlgut	30	27,5–32,5
H	Hybrid	H	Whiskers	35	32,5–37,5
J	–	J	–	40	37,5–42,5
K	Calcium-carbonat	K	Gewirk	45	42,5–47,5
L	Cellulose*)	L	Schicht	50	47,5–55
M	Mineralien*), Metall*)	M	Matte	60	55–65
				70	65–75
N	–	N	Non Woven	80	75–85
P	Glimmer*)	P	Papier	90	<85
Q	–	Q	–	.	.
R	Aramid	R	Roving	.	.
S	Synthetics*)	S	Blättchen	.	.
T	Talkum	T	Schnur	.	.
U	–	U	–	.	.
V	–	V	Furnier	.	.
W	Holz*)	W	Gewebe	.	.
X	*nicht spezifiziert*	X	*nicht spezifiziert*	.	.
Y	–	Y	Garn	.	.
Z	andere*)	Z	andere*)	.	.

*) In einzelnen Normen können nur für diese gültige Detailzusatzangaben gemacht werden.
**) Masseanteile schwanken, Genaueres ist den jeweiligen Formmasse-Normen zu entnehmen.

die Herstellungs-Parameter für Probekörper (DIN 16770-1 bis -4) Bestandteil der Normen sein.

Aus der für umfassende Wertevergleiche nicht zu bewältigenden, auch nicht geeigneten Vielfalt der Prüfverfahren sind in der Aufstellung der als Norm-Kennwerte *vorzugsweise zu ermittelnden Eigenschaften* (Tafel 2.1, Abschn. 2.0) rund dreißig durch ISO-Standards geregelte Prüfverfahren erfaßt. Die mechanischen Eigenschaften (σ, ε, E, E_c) werden aus dem Zugversuch ermittelt, weil nur dieser mit homogenem Spannungsfeld in der Meßlänge realistische Dehnungs-, Spannungs- und Modulwerte liefert, die mit Umrechnung auf andere Geometrien und Lastfälle als Bemessungskennwerte (Abschn. 2.2.0) auswertbar sind.

Die in Einzelheiten noch weiter zu entwickelnden Richtlinien berücksichtigen auch die Rationalisierungsmöglichkeiten durch Automatisierung und Computerisierung der Prüfverfahren für die Qualitätssicherung.

8.2.3 Stoff-Normen für Reaktionsharze und Duroplast-Formmassen

(Die gesamte Normenreihe 7708 soll durch DIN EN ISO-Normen ersetzt werden.)

Die Normen für *Reaktionsharze* (auch mit Füll- oder Verstärkungsstoffen, Tafel 8.2) sind entsprechend der Lieferform und Verarbeitungsverfahren dieser Produkte anderer Art als diejenigen für feste gefüllte *Duroplast-Formmassen*, die durch Formpressen oder Spritzgießen verarbeitet werden. Die Kunstharz-Basis für die chemische Vernetzung beim Urformen aushärtender Duroplast-Vorprodukte ist für beide Gruppen gleichartig, s. Abschn. 4.16 und 4.17.

Die Formmassen-Normen enthalten *Typentafeln* mit isoliertechnischen und anderen an gepreßten Prüfstäben zu ermittelnden Typwerten, die mittels vereinbarter Überwachung durch die als erste Kunststoff-Gütegemeinschaft gegründete T.V. (Abschn. 8.3.1, heute mit AVK vereinigt) gewährleistet werden.

Die ausgewählten, auch international eingeführten Typwerte für die duroplastischen Formmassen sind zwar für die Aufgabe unterscheidender Qualitätssicherung aussagekräftig, hinsichtlich der mechanischen und thermischen Eigenschaften aber schon wegen der praxisfernen Gestalt und Fertigung der bisherigen Probestäbe (120 mm × 15 mm × 10 mm) als Vergleichskennwerte nur bedingt, zur rechnerischen Auswertung bei der Formteilkonstruktion nicht brauchbar.

Mit der Neuausgabe (Entwurf) von DIN 7708 (1992/93) wird eine schon lange diskutierte Angleichung der Probekörper-Maße für duroplastische Formmassen an die der thermoplastischen Formmassen vollzogen. Damit werden sich die Werte der mechanischen Eigenschaften (und z.B. der Wärmeformbeständigkeit) gegenüber den bisherigen Werten für duroplastische Formmassen ändern. Unter Beachtung von ISO 2818 (1991) kann man Probekörper durch spanabhebende Bearbeitung z.B. aus Platten 120 mm × 120 mm × 4 mm oder aus Halbzeug herausschneiden. Dies gilt zukünftig auch für duroplastische Probekörper mit den Maßen 80 mm × 10 mm × 4 mm (oder kleiner). Der Vielzweckprobekörper nach DIN EN ISO 3167 (Schulterstab) kann nach ISO 294 gepreßt oder nach ISO 10724 spritzgegossen werden. In der erwähnten Neuausgabe von DIN 7708 sind die aus Platten oder aus dem Vielzweckprobekörper entnommenen Probekörper (80 mm × 10 mm × 4 mm) vorgesehen für die Bestimmung der Kennwerte für mechanische und thermische Eigenschaften, und zwar in Teil 2 für PF-, Teil 3 für UF-, Teil 9 für MF- und Teil 10 für MPF-Formstoffe. Damit gibt es nun erstmals normgerechte Vergleichswerte für Thermoplaste und Duroplaste bezüglich der mechanischen und thermischen Eigenschaften. Der bisherige Probekörper 120 mm × 15 mm × 10 mm wird danach abgelöst werden durch den Vielzweckprobekörper Typ A DIN EN ISO 3167 bzw. den Stab 80 mm × 10 mm × 4 mm, so daß nach einer Übergangszeit einheitliche Normwerte für Duroplaste vorliegen werden, die vergleichbar mit den Werten für Thermoplaste sind. Der Grunddaten-Katalog in DIN 7708 Teil 8 (Febr. 1992) enthält genaue Angaben über die Geometrie und Herstellung der jeweiligen Probekörper (z. B. Spritzgießen (Verfahren A), Pressen (Verfahren B)).

Tafel 8.2 gibt einen Gesamt-Überblick über das Stoff-Normenwerk für Formmassen und Vorprodukte.

8.2.4 Halbzeuge und Fertigerzeugnisse

(s. auch Kap. 6)

Welche Merkmale von Kunststofferzeugnissen normativ festzulegen sind, hängt weitgehend von den Anforderungen der Anwender an die Erzeugnisse ab. Neben den einschlägigen Kunststoff-DIN-Normen über stoffliche Zusammensetzung, Eigenschaften, Abmessungen, Prüf- und Verarbeitungsverfahren sind u. a. VDE-Bestimmungen, VDI-Richtlinien, Normen und Leistungsblätter der Normenstelle Luftfahrt, bauaufsichtliche Zulassungsvorschriften, Empfehlungen des Bundesgesundheitsamtes auf Grund des Lebensmittelgesetzes, im internationalen Verkehr auch entsprechende ausländische Vorschriften zu beachten. Der Normeninhalt ist hier unter anwendungstechnischen Gesichtspunkten abzugrenzen. Beispiele hierfür bieten neben den allgemeinen technischen Halbzeugnormen insbesondere das tief gegliederte umfangreiche Normenwerk für *Kunststoff-Rohre und Rohrleitungen*, die Anforderungs- und Prüfnormen für *Dichtungs- und Dachbahnen* aus verschiedenen Kunststoffen, Spezifikationen und Prüfvorschriften für *Kunstleder* und für *Bodenbeläge*, Randgebiete betreffen DIN 68751 und DIN 68765 kunststoffbeschichtete Holzfaser- und Spanplatten, DIN 68705 Vielschichtsperrholz sowie die hier sonst nicht behandelten DIN EN 60641-1 bis -3 Preßspan und DIN EN 60626-1 bis -3 Verbundspan für technische Zwecke; ausführliche Informationen s. Kap. 5.

International harmonisierte Halbzeug-Normen gibt es bisher nur im ISO/TC 138-Normenwerk für das Rohrgebiet (Grundnorm für Nenn-Maße und -Drücke ISO 161-1996) und im elektrotechnischen Anwendungsbereich als IEC-Publikationen (s. Abschn. 8.1).

8.3 Güte-Sicherung und -Überwachung

Grundsätzlich ist die Gewährleistung von Abnahme-Werten Sache der Vereinbarung zwischen Hersteller und Abnehmer, wobei die Bezugnahme auf in DIN-Normen festgelegte Eigenschafts-Werte oder verbandseigene Güterichtlinien rechtlichen Anspruch auf Einhaltung der darin niedergelegten Anforderungen gibt. Für beträchtliche Marktbereiche besteht – einerseits aus Gründen der öffentlichen Sicherheit (Elektrotechnik, Bauwesen), andererseits der Markttransparenz für den Verbraucher wegen – das Bedürfnis sichtbarer Kennzeichnung bestimmte Qualitätsanforderungen erfüllender Erzeugnisse, die zur Verhütung von Mißbrauch technisch überwacht und rechtlich abgesichert sein muß. Auf dem Kunststoff-Gebiet werden solche Aufgaben von den folgenden Organisationen wahrgenommen (Anschriften der Fachverbände und Organisationen s. Abschn. 9.5):

8.3.1 *Die Technische Vereinigung der Hersteller und Verarbeiter typisierter Kunststoff-Formmassen e. V.* (abgekürzt T. V.), heute vereint mit der Arbeitsgemeinschaft verstärkte Kunststoffe AVK, s. Abschn. 9.5, wurde 1924 zur Durchführung der von der Elektrotechnik geforderten Kennzeichnung werksintern geprüfter und von neutralen Prüfanstalten (BAM, Berlin, und MPA Darmstadt) vertragsgemäß überwachter Preßmassen-Typen und daraus hergestellter Formteile gegründet. Das Überwachungszeichen (Bild 8.1) mit dem von der T. V. erteilten Firmenkennzeichen und dem Typ-Zeichen nach einschlägigen DIN-Normen für duroplastische Formmassen (s. Abschn. 4.16) ist auf der Formmassen-Verpackung und – durch Schriftstift im Formwerkzeug eingeprägt – auf überwachten Formteilen anzubringen. Die Hersteller typüberwachter Formmassen und Formteile werden alljährlich von der Zeitschrift Kunststoffe bekannt gemacht. Lediglich betriebsintern geprüfte, nicht in die Überwachung einbezogene Formmassen, welche die technischen Anforderungen der einschlägigen DIN-Normen erfüllen, dürfen – mit der Typenbezeichnung unter Zusatz eines N ohne Überwachungszeichen – gekennzeichnet werden.

Bild 8.1

8.3.2 Die *Gütegemeinschaft Kunststoffrohre e. V.* (Gütezeichen, Bild 8.2) betreibt die Gütesicherung von Kunststoffrohren für Trinkwasser- und Gas-Leitungen und von Trinkwasser-Hausinstallationen in Zusammenarbeit mit dem DVGW, Deutscher Verband für Gas- und Wasserfachleute, von prüfzeichenpflichtigen Hausabflußrohren und Entwässerungskanälen samt zugehöriger Formteile und Dichtungen, von Sicherheitsvorschriften entsprechenden Dachrinnen, Kunststoffrohren für Heizungsleitungen, Kabelschutzleitungen, Dränleitungen, wie auch von GFK-Industrierohrleitungen auf Basis heiß härtender EP- und Vinylesterharze und von GFK-Rohren und -Bauteilen für Abwasserkanäle.

GÜTEZEICHEN
RAL
KUNSTSTOFFROHRE

Bild 8.2

Die *Gütegemeinschaft flexible Dränrohre und Dränverlegung* führt für die Rohre die Gütezeichen Bild 8.2 und 8.4 im Verbund, für Dränmaschinen das K-Zeichen 8.4 mit Umschrift „Kunststoff-Dränrohrverlegung“.

Die Eigenüberwachung der Betriebe wird durch Prüfingenieure der Gütegemeinschaft und amtliche Prüfanstalten (BAM, Berlin, MPA Darmstadt, SKZ Würzburg), weiter auch hinsichtlich der hygienischen Eignung der Werkstoffe für Trinkwasserleitungen und der Schwerentflammbarkeit von Abflußleitungen kontrolliert.

Bild 8.3

8.3.3 Der *Güteschutzgemeinschaft Hartschaum e. V.* (Gütezeichen Bild 8.3) gehören die Hersteller der nach Vorschriften von DIN 18164 zu überwachenden und zu kennzeichnenden Schaumstoff-Dämmplatten für den Hochbau sowie von PUR-Ortschaum für den Hoch- und Industriebau nach DIN 18159, Teil 1, an.

8.3.4 Der *Qualitätsverband Kunststofferzeugnisse e. V.* ist als Dachverband für die Gütesicherung von Kunststofferzeugnissen von dem RAL, dem deutschen Treuhandorgan für alle Gütesicherungen, anerkannt und vom Bundesminister für Wirtschaft bestätigt. Der Qualitätsverband überträgt die Durchführung der Gütesicherung seinen fachlich geordneten „Gütegemeinschaften". Die unter 8.3.1/3 aufgeführten Organisationen mit eigenem Gütezeichen sind dem Qualitätsverband als solche kooperativ verbunden. Sonstige Gütegemeinschaften führen das K-Gütezeichen (Bild 8.4) mit der Bezeichnung der jeweils gütegesicherten Erzeugnisgruppe anstelle oder mit einem zusätzlichen Zeichen zu der Umschrift „Kunststofferzeugnisse".

Bild 8.4

Das gilt z. Z. für die Gütegruppen Aminoplast-Montageschaum (s. Abschn. 4.17.2, DIN 18159, Teil 2), Kunststoff-Flaschenkästen, -Verbandkästen, -Paletten, -Mülltonnen, -Müll-Großbehälter, Sitzmöbel, Glasfaser-Polyesterplatten, geschweißte und andere Thermoplastbehälter, Transport- und Lagerbehälter.

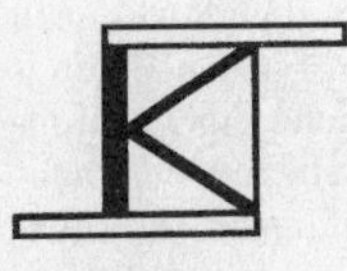
Bild 8.5a

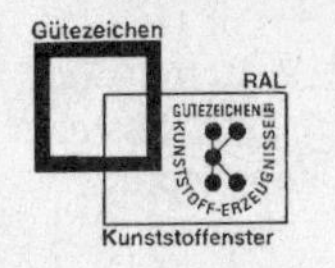

Bild 8.5b

Die Verwendung durch das Gütezeichen 8.5a gekennzeichneter Kunststoff-Fensterprofile ist eine der Voraussetzungen dafür, daß Kunststoff-Fenster aufgrund der Systemprüfung und Fertigungsüberwachung durch das Institut für Fenstertechnik e. V., Rosenheim, mit dem Gütezeichen 8.5b der *Gütegemeinschaft Kunststoff-Fenster e. V.* gekennzeichnet werden dürfen.

Bild 8.6

8.3.5 Die *Gütegemeinschaft Kunststoff-Baubahnen e. V.*, welche die Gütesicherung von PVC-Dachbahnen jeder Art betreibt, führt das Gütezeichen

Bild 8.6 für Dachbahnen aus PVC weich, nicht bitumenbeständig, trägerlos und mit Verstärkung durch Synthesefasern nach DIN 16730.

Bild 8.7

8.3.6 Die 1978 gegründete *Gütegemeinschaft Kalandrierte PVC-Hart-Folien für Verpackungszwecke* führt das Gütezeichen Bild 8.7 für 100–400 μm dicke normale und erhöht schlagzähe Folien bezüglich ihrer allgemeinen Gebrauchseigenschaften und ihrer Eignung für die Lebensmittelverpackung.

8.3.7 Die *Gütegemeinschaft Kunststoffverpackungen für gefährliche Güter* weist durch das Gütezeichen Bild 8.8 die gesetzlichen Vorschriften entsprechende Transportsicherheit blasgeformter Behältnisse bis 250 l bzw. 400 kg Fassungsvermögen, Säcken aus Kunststoff-Geweben oder -Folie und zusammenlegbarer Massengut-Behältnisse (IBC) nach. Das gleiche Zeichen wird (mit abgeänderter Unterschrift) für *Verpackungen aus schwer entflammbarem EPS-Hartschaum* geführt. Die Qualitätssicherung von PE-Baufolien ist an gleicher Stelle im Gange.

Kunststoffverpackungen für gefährliche Güter

Bild 8.8

Jede Gütesicherung umfaßt: 1. Festlegung von Güte- und Prüfbestimmungen durch Gremien, in denen Kunststoffverarbeiter, Kunststofferzeuger und neutrale Organisationen des öffentlichen Vertrauens zusammenarbeiten; 2. Anerkennung der Gütevorschriften durch den RAL nach Zustimmung aller mitbeteiligter Kreise; 3. Prüfung von Firmen-Erzeugnissen vor Gütezeichenverleihung; 4. Laufende betriebliche Eigenprüfungen mit kontrollfähigen Aufzeichnungen, ergänzt durch 5. Überwachungsprüfungen durch staatlich anerkannte Materialprüfanstalt; 6. Gütezeichen dürfen nur in Verbindung mit Herstellerangaben angewandt werden.

Die zerstörungsfreien Gebrauchsprüfungen für Fertigteile betreffen Aussehen und sachgemäße Gestaltung. Unter entsprechender Prüfbelastung wird Standfestigkeit bei maximaler Gebrauchsbeanspruchung geprüft.

8.3.8 Weitere Überwachungszeichen sind:

Das *Prüf- und Überwachungszeichen des Süddeutschen Kunststoffzentrums* (Bild 8.9) wird nach gleichen Grundsätzen für Erzeugnisse vergeben, für die eine RAL-Gütesicherung (noch) nicht besteht. Z.Z. machen davon Hersteller spezieller Kunststoff-Rohrarten (u.a. Heizungsrohren) und Dachbahnen, Trinkwasser-Hausinstallationen, luftgetragener Membranbauten, Treppen aus Reaktionsharzbeton, kalthärtenden Methacrylatharzes u.a. Gebrauch.

Bild 8.9

Bild 8.10

Ein *Gütezeichen für Haushaltswaren,* die bestimmungsgemäß *mit Lebensmitteln* in Berührung kommen. Es gewährleistet deren gesundheitliche Unbedenklichkeit nach dem Lebensmittelgesetz. Das Kennzeichen nach DIN 7725 (Bild 8.10) kann mit Hersteller-Kennummer auch für Erzeugnisse ohne Gütezeichen nach Registrierung beim RAL geführt werden.

Zur Kennzeichnung prüfzeichen- und *überwachungspflichtiger Erzeugnisse für das Bauwesen* wird das jeweilige Gütekennzeichen ergänzt durch ein großes umlaufendes U. Bild 8.11 gibt dafür ein Beispiel. Das innenstehende DIN-Symbol dient – mit entsprechend geänderter Beschriftung – auch zur Kennzeichnung andersartiger DIN-gerecht geprüfter und überwachter Erzeugnisse (z. B. für Einmalspritzen aus Kunststoff nach DIN 13098).

Bild 8.11

Verbindliche Lieferbedingungen für Kunststofferzeugnisse enthalten weiter u. a. die VOB-Vorschriften (Teil C), z. B. für Entwässerungskanalarbeiten (DIN 18306), Gas- und Wasserleitungsarbeiten (DIN 18307), Estricharbeiten (DIN 18353), Bodenbelagsarbeiten (DIN 18365), Anstricharbeiten (DIN 18363), die AIB-Vorschriften der Bundesbahn (Baudichtungen s. Abschn. 4.1.7, PIB und 4.3.3, PVC-P), die VDE-Fallhammerprüfung für Schalterdichtungen, die Kugelfallprüfung für Schutzhelme, die Zulassungsvorschriften für Kunststoffbehälter zur Beförderung gefährlicher Flüssigkeiten, für Heizöl- und Dieselkraftstoff-Lagerbehälter (entspr. AD-Merkblatt N 1 GFK-Druckbehälter), für Reservekraftstoffbehälter und Treibstofftanks in Kraftfahrzeugen.

Die Vorschriftenwerke werden ergänzt durch z. B. VDI-Richtlinien (hier jeweils aufgeführt), DVS-Merkblätter für den Apparatebau, Arbeitsblätter der Arbeitsgemeinschaft Industriebau (C. R. Vincentz-Verlag, Hannover) und des Bundesverbands Estriche und Beläge, Industriestr. 19, 53840 Troisdorf Bonn.

Für die Normen im Gemeinsamen Markt (EN-Normen) ist die Zertifizierung von erheblicher Bedeutung. Die hierfür notwendigen Regelungen werden derzeit intensiv diskutiert.

8.4 Kunststofferzeugnisse im bauaufsichtlichen Verfahren

Für den Brandschutz klassifizierte Baustoffe mit Ausnahme von Holz und einigen mineralischen Baustoffen müssen im Zustand der Anlieferung auf die Baustelle hinsichtlich des Brandverhaltens gekennzeichnet sein. Baustoffe, die nach Einbau noch der Klasse „DIN 4102-B3 leichtentflammbar“ zuzuordnen sind, dürfen bei Errichtung oder Änderung baulicher Anlagen nicht verwendet werden. Weitergehende bauaufsichtliche Vorschriften betreffen insbesondere Baustoffe, Bauteile und Bauarten, an die Anforderungen aus Gründen der öffentlichen Sicherheit und Ordnung gestellt werden, wie tragende, aussteifende und raumabschließende Bauteile, Bedachungen, Baustoffe für den Wärme- und Feuchte-, Schall- sowie Brandschutz, Installations- und Abwasseranlagen. Allgemein ist das in der Bundesrepublik Deutschland durch Landesbauordnungen geregelt, die gemäß einer Musterbauordnung vereinheitlicht worden sind.

Neue, noch nicht in hinreichend langem Gebrauch erprobte Erzeugnisse müssen zur Verwendung im bauaufsichtlichen Bereich für den Einzelfall oder allgemein zugelassen sein, manche sind prüfzeichenpflichtig. In der Bundesrepublik Deutschland ist für dieses Gebiet das Institut für Bautechnik (IfBt) zuständig. Das für andere europäische Länder erforderliche „Agrément“, der UEATc ist bei der BAM zu beantragen. UEATc-Richtlinien für dieses bestehen u. a. für Fenster aus PVC, Kunststoff-Fußbodenbeläge, Dämmsysteme und Dachbahnen. Nach Vereinbarung CEN-UEATc sind sie bevorzugte Grundlage für europäische Normung.

Für einzelne Bereiche, für die vom Ausschuß für Einheitliche Technische Bestimmungen (ETB) übernommene oder als allgemein anerkannte Regeln der Baukunst zu beurteilende DIN-Normen vorhanden sind, begnügt sich die Bauaufsicht mit amtlichen Prüfzeugnissen oder Gutachten, z. B. für die Feuchtigkeitsabdichtung von Bauwerken, den Nachweis des Schall- und Wärmeschutzes und hinsichtlich der Klassifizierung des Brandverhaltens von Baustoffen und Bauteilen mit Ausnahme von Feuerschutzabschlüssen.

Für das Brandverhalten von Kunststoffen nach DIN 4102, Teil 1 (s. Abschn. 2.6.8.4) kommt die Klassifizierung B 1 schwer oder B 2 normal entflammbar in Betracht. Verbundbaustoffe mit geringem Kunststoffanteil können die Prüfgruppe A 2 nicht brennbar erreichen. Tragende Bauteile (Wände, Decken, Stützen, Unterzüge, Gruppe F), Sonderbauteile wie nichttragende Außenelemente und Brüstungen (W), Brandabschnitte überbrückende Lüftungsleitungen und Installationsschächte (L) werden nach DIN 4102, Teil 2 mit entsprechend vorgesetztem F, W, L nach ihrer Feuerwiderstandsdauer bei einem Normbrand im Brandraum in 30, 60, 90 (120, 180) min klassifiziert und gekennzeichnet. Verbundbauteile mit Kunststoffen können F 60 feuerhemmend, in Sonderfällen (z. B. aus PS-Schaumstoff-Beton) F 90 feuerbeständig erreichen. Für Dächer unterscheidet DIN 4102, Teil 7 nach einer simulierten Flugfeuerbeanspruchungsprüfung allgemein zulässig „harte“ und beschränkt anwendbare „weiche“ Bedachung. Maßgeblich für die brandtechnischen Anforderungen an Kunststoffbauteile sind die „Richtlinien für die Anwendung brennbarer Baustoffe im Hochbau (RbBH)“, die nach Mustervorlage des IfBt von den Innenministerien der Länder erlassen werden. Zur Vorbereitung von Zulassungen und Prüfzeichen-Zuteilungen hat das IfBt Sachverständigenausschüsse (SVA) errichtet. Welche Unterlagen und Nachweise für

Anträge, z. B. hinsichtlich der Standsicherheit von Bauteilen, erforderlich sind, kann beim IfBt erfragt werden. Prüfzeichenpflichtige Erzeugnisse, die ganz oder teilweise aus Kunststoffen bestehen können, werden in den Bereichen folgender SVA bzw. Prüfausschüsse (PA) bearbeitet:

SVA „Abwasserrohre und Formstücke“ (PA I)

SVA „Dichtmittel für Abwasserleitungen“ (PA I)

SVA „Sanitärausstattungsgegenstände“ (PA I)

SVA „Abwasserhebeanlagen und Abscheider“ (PA II)

SVA „Klärtechnik“ (PA II)

SVA „Brandschutz von Baustoffen“ (PA III)

SVA „Holzschutzmittel“ (PA V)

SVA „Gewässersichernde Gegenstände“ (PA VI)

SVA „Bindemittel und Betonzusatzmittel“ (PA VII)

SVA „Geräuschverhalten von Armaturen und Geräten der Wasserinstallation“ (PA IX)

SVA „Brandschutz für Lüftungsleitungen“ (PA X).

8.5 Zertifizierung

Der Markt erwartet heute von den Unternehmen einen Qualitätsnachweis in Form einer unabhängigen und neutralen Zertifizierung. Eine solche wird von bei der „Trägergemeinschaft für Akkreditierung GmbH“ (TGA) zugelassenen Zertifizierern entsprechend DIN ISO 9000 ff durchgeführt. Ausführliche Informationen zu diesem Thema und eine Zusammenstellung von Zertifizierungsorganen enthält ein Sonderteil der Zeitschrift Kunststoffe 85 (1995) 5. ZG 3 ff.

9 Literatur, Software, Fachinstitute, Bildungseinrichtungen, Verbände

9 Literatur, Software, Fachinstitute, Bildungseinrichtungen, Verbände

9.1 Literatur

In den folgenden Verzeichnissen werden unter Abschnitt 9.1.1 deutschsprachige und einige wichtige fremdsprachige Kunststoff-Fachzeitschriften, unter Abschnitt 9.1.2 allgemein informierende deutschsprachige Fach- und Lehrbücher sowie Nachschlagewerke aufgeführt. Für die umfangreiche speziellere Fachliteratur auf Einzelgebieten der Kunststoff-Verarbeitungs- und -Anwendungstechnik sei auf die Zusammenstellung der Fachverlage unter Abschnitt 9.1.3 verwiesen, deren Gesamt-Programme leicht beschaffbar sind.

Der aktuelle Stand der Technik wird auch in Tagungs- und Seminar-Berichten, Dokumentationen, Merkblatt-, Richtlinien- und Normen-Sammlungen technisch-wissenschaftlicher Organisationen erfaßt. Diese Unterlagen sind über diese Institutionen oder die ihnen nahestehenden Verlage zu beziehen. Weitere wichtige Informationsquellen, auch für Entwicklungen allgemeiner Art, sind Merkblatt-Reihen, auf Disketten gespeicherte Produktdaten und technische Druckschriften der Firmen der Kunststoff-Industrie. Diese Unterlagen sind allerdings nur im direkten Verkehr mit den Firmen erhältlich.

Inzwischen sind Informationen über und aus der Kunststoffindustrie auch im Internet abrufbar. So stehen dem Nutzer z. B. unter der Internet-Adresse *http://www.kunststoffweb.de* rund um die Uhr Brancheninformationen und technische Hintergrundinformationen zur Verfügung, die täglich aktualisiert und erweitert werden. Hingewiesen sei auch auf die inzwischen zahlreichen „Homepages" von Firmen, Verbänden und Institutionen der Kunststoffindustrie.

9.1.1 Fachzeitschriften (Stand 1998)

9.1.1.1 Deutschsprachige Kunststoff-Fachzeitschriften

Aus Deutschland:

Kunststoffe (Hanser), derzeit 88. Jg.

Organ deutscher Kunststoff-Fachverbände. Internationale Fachzeitschrift für Maschinen, Geräte, Verarbeitung – Werkstoffeigenschaften, Prüftechnik – Anwendung, Konstruktion, Design – Kunststoffe und Umwelt

Originalaufsätze und Kurzberichte aus allen Bereichen der Kunststofftechnik, Informationen über Unternehmen und Märkte, Tagungs- und Messeberichte, Mitteilungen über Normung und Typisierung, Berichte und Ankündigungen der VDI-Gesellschaft Kunststofftechnik sowie anderer Organisationen und Verbände.

„*Kunststoffe plast europe*" enthält zusätzlich englische Übersetzungen aller Originalaufsätze.

Plastverarbeiter (Hüthig), derzeit 49. Jg.

Internationales Magazin für Verarbeitung, Konstruktion und Anwendung von Kunststoffen – Kunststofftechnik – Neue Werkstoffe und Maschinen – Kunststoffmarkt; behandelt in Kurzberichten und einem Fachteil mit Aufsätzen und Aufsatzreihen Entwicklungen aus allen Bereichen der Kunststofftechnik.

Gummi-Fasern-Kunststoffe (Gupta), derzeit 51. Jg.

Internationale Fachzeitschrift für die Polymer-Verarbeitung, vorwiegend für die kautschukverarbeitende Industrie.

KGK Kautschuk Gummi Kunststoffe (Hüthig), derzeit 51. Jg.

Internationale Fachzeitschrift für polymere Werkstoffe. Organ der Deutschen Kautschuk-Gesellschaft.

Kunststoffberater (Giesel), derzeit 43. Jg.

Fachmagazin für Rohstoffe – Verarbeitung – Konstruktion – Maschinen – Marktlage – Anwendung.

K-Plastic-+Kautschuk-Zeitung (Giesel), derzeit 29. Jg.

Zweimal monatlich erscheinende Fachzeitschrift, informiert über wirtschaftliche und technische Neuigkeiten aus der Kunststoff- und Kautschukbranche.

Kunststoff-Magazin (Verlag Hoppenstedt GmbH, 64201 Darmstadt), derzeit 36. Jg.

Kennziffer-Fachzeitschrift der Kunststoff- und Kautschukbranche mit Kurzberichten zu Werkstoffen, Verfahren, Maschinen, Geräten, Anwendungen.

Aus Österreich:

Österreichische Kunststoff-Zeitschrift (Verlag Lorenz, A-1010 Wien 1), derzeit 29. Jg.

Offizielles Organ der Gesellschaft zur Förderung der Kunststofftechnik, der Vereinigung österreichischer Kunststoffverarbeiter, Fachzeitschrift für Kunststofftechnik.

Aus der Schweiz:

Kunststoffe – Synthetics (Verlag Vogt-Schild AG, CH-4501 Solothurn), derzeit 45. Jg.

Fachzeitschrift für Herstellung, Verarbeitung und Anwendung von Kunststoffen und neuen Werkstoffen.

Swiss Plastics (Dr. Felix Wüst AG, CH-8700 Küsnacht), derzeit 20. Jg.

Offizielles Organ des Kunststoff-Verbandes Schweiz (KVS), Fachzeitschrift für Herstellung, Verarbeitung und Anwendung von Kunststoffen; branchenpolitische Beiträge, Verbandsberichterstattung.

9.1.1.2 *Einige fremdsprachige Zeitschriften* mit internationaler Berichterstattung

Englisch

Canadian Plastics (Southam Business Publications, 1450 Don Mills Road, Don Mills, Ont. M3B 2X7, Kanada)

European Plastics News (EMAP MacLaren, 233 High Street, Croydon CR9 9XT, England)

Injection Moulding Magazine (Abby Communications, Inc., 55 Madison St., Suite 770, Denver, Col. 80206, USA)

Injection Moulding International (Abby/Hanser, Abby Communication, Inc., 55 Madison St., Suite 770, Denver, Col. 80206, USA)

Plastics + Rubber Weekly (MacLaren, P.O. Box 109, Croydon CR9 IQH, England)

Modern Plastics (MacGraw Hill Inc., 1221 Avenue of the Americas, New York, NY 10020, USA)

Modern Plastics International (McGraw Hill Inc., 14, Avenue d'Ouchy, 1006 Lausanne, Schweiz)

Plast europe (Hanser, Kolbergerstraße 22, D-81679 München)

Plastics Engineering. Offizielles Organ der Society of Plastics Engineers. Inc. (14 Fairfield Drive, Brookfield Center, Conn. 06804-0403, USA)

Plastics News (Crain Publications, 740 N. Rush Street, Chicago, IL 60611, USA)

Plastics News International (The Editors Desk Pty Ltd, P.O. Box 487, Mt Eliza Vic 3930, Australien)

Plastics Southern Africa (George Warman Publications, P.O. Box 704, 8000 Cape Town, Südafrika)

Plastics Technology (Bill Communications. Inc., 355 Park Avenue South, New York, NY 10010, USA)

International Polymer Processing (Hanser, Kolbergerstraße 22, D-81679 München)

Französisch

Caoutchoucs et Plastiques (Société d'Expansion Technique et Economique, 4, rue de Sèze, 75009 Paris, Frankreich)

Plastiques Flash (S.E.P.E., 78, rue de la Reine, 92100 Boulogne-Billancourt, Frankreich)

Plastiques Modernes & Elastomères (Editions Montmartre, 142, rue Montmartre, 75002 Paris, Frankreich)

Italienisch

Materie Plastiche ed Elastomeri (Via Simone d'Orsengio 22, 20135 Milano, Italien)

Macplas (Promaplast, P.O. Box 24, 20090 Assago Mi, Italien)

Spanisch

Plásticos Universales (Plastic Communicación, La Llacuna, 162, 08018 Barcelona, Spanien)

Plásticos Modernos (Calle Juan de la Cierva 3, 28006 Madrid, Spanien)

Plast 21 (Ediciones Tecnicas Izaro, c/Mazustegui 21, 48006 Bilbao, Spanien)

9.1.2 Fachbücher in deutscher Sprache

9.1.2.1 Handbücher, größere Sammelwerke

Becker/Braun (Hrsg.), Kunststoff-Handbuch, 2., völlig neu bearbeitete Ausgabe (Hanser 1983 ff.)

Band 1, Die Kunststoffe, B. Carlowitz (Hrsg.) (1990)
Band 2, Polyvinylchlorid, 2. Teilbände, H. K. Felger (Hrsg.) (1986)
Band 3, Technische Thermoplaste, Bottenbruch (Hrsg.)
3.1 Polycarbonate, Polyacetale, Polyester, Cellulosederivate (1992)
3.2 Technische Polymer-Blends (1993)
3.3 Hochleistungs-Kunststoffe (1994)
3.4 Polyamide (1998)
Band 4, Polystyrol, H. Gausepohl, R. Gellert (Hrsg.) (1996)
Band 7, Polyurethane, 2. Ausgabe, G. Oertel (Hrsg.) (1992)
Band 10, Duroplaste, W. Woebcken (Hrsg.) (1988)

Elias, Makromoleküle, 5. Aufl. (Hüthig + Wepf)

Band 1: Grundlagen (1990)
Band 2: Technologie (1992)

Brandrup/Bittner/Michaeli/Menges, Die Wiederverwertung von Kunststoffen (Hanser 1995)

Domininghaus, Die Kunststoffe und ihre Eigenschaften, 5. Aufl., (Springer 1998)

9.1.2.2 Lehrbücher und Nachschlagewerke

Chemie und Werkstoffkunde

Ehrenstein, Polymer-Werkstoffe (Hanser 1978)

Ehrenstein, Faserverbund-Kunststoffe (Hanser 1992)

Ehrenstein/Bittmann, Duroplaste (Hanser 1997)

Franck, Kunststoff-Kompendium, 4. Aufl. (Vogel 1996)

Gächter/Müller (Hrsg.), Taschenbuch der Kunststoff-Additive, 3. Aufl. (Hanser 1989)

Gnauck/Fründt, Einstieg in die Kunststoffchemie, 3. Aufl. (Hanser 1991)

Hellerich/Harsch/Haenle, Werkstoff-Führer Kunststoffe, 7. Aufl. (Hanser 1996)

Käufer, Arbeiten mit Kunststoffen, 2. Aufl., Bd. 1 Aufbau und Eigenschaften, Bd. 2 Verarbeitung (Springer 1978 und 1981)

Menges, Werkstoffkunde der Kunststoffe, 4. Aufl. (Hanser 1998)

Michaeli/Wegener, Einführung in die Technologie der Faserverbundwerkstoffe (Hanser 1989)

Michler, Kunststoff-Mikromechanik (Hanser 1992)

Nentwig, Kunststoff-Folien (Hanser 1994)

Retting, Mechanik der Kunststoffe (Hanser 1992)

Retting/Laun, Kunststoff-Physik (Hanser 1991)

Schwarz, Kunststoffkunde, 4. Aufl. (Vogel 1992)

Uhlig, Polyurethan-Taschenbuch (Hanser 1998)

Ulbricht, Grundlagen der Synthese von Polymeren (Hüthig 1992)

Kunststoff-Verarbeitung

Fourné, Synthetische Fasern (Hanser 1995)

Gastrow (Lindner/Unger – Hrsg.), Spritzgießwerkzeugbau in 130 Beispielen, 5. Aufl. (Hanser 1998)

Grefenstein, Reaktive Extrusion (Hanser 1996)

Hensen/Knappe/Potente (Hrsg.), Handbuch der Kunststoff-Extrusionstechnik (Hanser)
Band 1: Grundlagen (1989)
Band 2: Extrusionsanlagen (1986)

Illig, Thermoformen (Hanser 1997)

Johannaber, Kunststoff-Maschinenführer, 3. Ausg. (Hanser 1992)

Jungbauer, Recycling von Kunststoffen (Vogel 1994)

Knappe/Lampl/Heuel, Kunststoffverarbeitung und Werkzeugbau (Hanser 1992)

Kohlert/Reher/Krasovskij/Voskresenskij, Kalandrieren von Polymeren (Enke 1992)

Lapresa, Industrielle Kunststoff-Coloristik (Hanser 1998)

Limper/Barth/Grajewski, Technologie der Kautschukverarbeitung (Hanser 1989)

Mack/Schäfers, Arbeits- und Prüfungsbuch Kunststoffverarbeitung, 3. Aufl. (Vogel 1993)

Mack/Schäfers, Programmierte Prüfungsfragen Kunststoffverarbeitung, 3. Auflage (Vogel 1992)

Menges/Mohren, Anleitung für den Bau von Spritzgießwerkzeugen, 4. Aufl. (Hanser 1998)

Mennig (Hrsg.), Werkzeuge für die Kunststoffverarbeitung (Hanser 1995)

Mennig, Verschleiß in der Kunststoffverarbeitung (Hanser 1990)

Meyer, Kunststoffverarbeitung automatisieren (Hanser 1995)

Michaeli, Extrusionswerkzeuge für Kunststoffe und Kautschuk, 2. Aufl. (Hanser 1991)

Michaeli, Einführung in die Kunststoffverarbeitung (Hanser 1992)

Michaeli/Greif/Wolters/Vossebürger, Technologie der Kunststoffe (Hanser 1998)

Michaeli/Greif/Kretzschmar/Kaufmann/Bertuleit, Technologie des Spritzgießens (Hanser 1993)

Neitzel/Breuer, Die Verarbeitungstechnik der Faser-Kunststoff-Verbunde (Hanser 1997)

Rao, Formeln der Kunststofftechnik (Hanser 1989)

Schwarz/Ebeling/Lüpke/Schelter, Kunststoff-Verarbeitung, 6. Aufl. (Vogel-Verlag 1991)

Wolters u. a., Kunststoff-Recycling (Hanser 1997)

Wortberg, Qualitätssicherung in der Kunststoffverarbeitung (Hanser 1996)

Konstruieren mit Kunststoffen/Anwendung

Ahlhaus, Verpacken mit Kunststoff (Hanser 1997)

Ehrenstein, Mit Kunststoffen konstruieren (Hanser 1995)

Erhard, Konstruieren mit Kunststoffen (Hanser 1993)

Kunz/Land/Wierer, Neue Konstruktionsmöglichkeiten mit Kunststoffen, Lose-Blatt-Werk, 4 Bände (Weka 1994)

Leute, Kunststoffe und EMV (Hanser 1997)

Michaeli/Brinkmann/Lessenich-Henkys, Kunststoff-Bauteile werkstoffgerecht konstruieren (Hanser 1995)

Michaeli/Huybrechts/Wegener, Dimensionieren mit Faserverbundkunststoffen (Hanser 1994)

Moser, Faser-Kunststoff-Verbund (VDI 1992)

Puck, Festigkeitsanalyse von Faser-Matrix-Laminaten (Hanser 1996)

Starke, Toleranzen, Passungen und Oberflächengüte in der Kunststofftechnik (Hanser 1996)

Kunststoff-Prüfung, -Analytik

Arndt/Müller, Polymercharakterisierung (Hanser 1996)

Braun, Erkennen von Kunststoffen (Hanser, 3. Aufl. 1998)

Carlowitz, Tabellarische Übersicht über die Prüfung von Kunststoffen (Giesel Verlag 1992)

Ehrenstein, Kunststoff-Schadensanalyse (Hanser 1992)

Ehrenstein/Riedel/Trawiel, Praxis der Thermischen Analyse von Kunststoffen (Hanser 1998)

Hummel, Atlas der Polymer- und Kunststoffanalyse, 3. Aufl. (Hanser/VCH ab 1991)

Spektren und Methoden zur Identifizierung von Polymeren, technischen Produkten, Additiven und Verarbeitungshilfsmitteln und Abbauprodukten. Band 1 Definierte Polymere erschienen 1991.

Kämpf, Industrielle Methoden der Kunststoff-Charakterisierung (Hanser 1996)

Schmiedel (Hrsg.), Handbuch der Kunststoffprüfung (Hanser 1992)

9.1.2.3 Fach-Lexika, Tabellenbücher

Carlowitz, Kunststoff-Tabellen, 4. Aufl. (Hanser 1995)

Nentwig, Lexikon Folientechnik (VCH 1991)

Schnetger, Lexikon der Kautschuktechnik (Hüthig 1991)

Stoeckhert/Woebcken, Kunststoff-Lexikon, 9. Aufl. (Hanser 1998)

9.1.2.4 Normen und Richtlinien

DIN-Normen: s. Kapitel 2, 5, 8 und unter Beuth-Verlag (Abschnitt 9.1.3)

Franck, Kunststoffe im Lebensmittelverkehr
Empfehlungen der Kunststoff-Kommission des Bundesgesundheitsamtes (Heymanns, Köln – Berlin, Loseblatt-Ausgabe, fortlaufend)

*DVS-, VDE-, VDI-*Richtlinien: erhältlich von den entsprechenden Verlagen (Abschnitt 9.1.3)

9.1.2.5 Fach-Wörterbücher

Durzok, parat Wörterbuch Kunststoffprüfung, Englisch – Deutsch, Deutsch – Englisch (VCH 1991)

Glenz, Glossary of Plastics Terminology in 5 Languages, English – Deutsch – Français – Español – Italiano (Hanser 1998)

Kaliske, Fachwörterbuch der Kunststofftechnik (Hüthig 1983) Englisch – Deutsch – Spanisch – Französisch – Russisch

Welling/Junge, parat Wörterbuch Kunststoff- und Kautschuktechnologie, Deutsch – Englisch und Englisch – Deutsch (2 Bände VCH 1994)

Wittfoht, Kunststofftechnisches Wörterbuch (Hanser)
Teil 1: Alphabetisches Wörterbuch Englisch – Deutsch, 4. Aufl. (1981)
Teil 2: Alphabetisches Wörterbuch Deutsch – Englisch, 3. Aufl. (1983)
Teil 3: Systematischer Informationsband Illustrierte Sachgruppen Englisch – Deutsch/Deutsch – Englisch (1978)
Teil 1 bis 3 in einem Band (Nachdruck, Hanser 1992)
Español – Alemán (1982)
Deutsch – Spanisch (1962)

9.1.2.6 Adreßbücher

Einkaufsführer Kunststoff-Rohstoffe (Hanser/KI), auch auf Diskette erhältlich

Die Kunststoffindustrie und ihre Helfer (Fachadreßbuch Industrieschau-Verlagsgesellschaft mbH, Darmstadt, jährlich)

Kunststoff-Recycling – Verwerterbetriebe von Kunststoff-Abfällen (Hanser, KI, FKuR, auf CD-ROM)

9.1.3 Verlage

Carl Hanser Verlag, Kolbergerstraße 22, 81679 München
Zeitschriften, Handbücher, Nachschlagewerke, Monographien, Lehr- und Fachbücher in deutscher, englischer und spanischer Sprache zu allen wichtigen Gebieten der Kunststofftechnik (Verarbeitung, Werkstofftechnik, Anwendung), Tabellenwerke, Software, Datenbanken

Beuth Verlag, Postfach 1145, 10772 Berlin
Auslieferungsstelle für DIN-Normen, Normen-Verzeichnisse und -Taschenbücher sowie andere nationale und internationale Normen und normenartige Vorschriftenwerke

DVS – Deutscher Verlag für Schweißtechnik, Postfach 101965, 40010 Düsseldorf
Fachliteratur über Kunststoffschweißen in DVS-Berichten und Fachbuchreihen Schweißtechnik und Schweißtechnische Praxis, DVS-Merkblätter und -Richtlinien – Kunststoffe, Schweißen und Kleben

Giesel Verlag, Postfach 120161, 30907 Isernhagen
Fachzeitschriften und Nachschlagewerke

Dr. Gupta Verlag, Postfach 104125, 40852 Ratingen
Fachzeitschrift und Fachbücher über Kautschuke

Hüthig Verlag, Im Weiher 10, 69121 Heidelberg
Wiss. u. Fachzeitschriften, Fach- und Lehrbücher in deutscher und englischer Sprache

Hüthig & Wepf Verlag, Eisengasse 5, CH-4001 Basel, s. Hüthig

Springer-Verlag, Heidelberger Platz 3, 14197 Berlin
Wiss. Zeitschriften auf dem Polymergebiet, Polymer-Chemie- u. -Physik-Buchreihen: Advances in Polymer Science, 120 Bände (1967–1995), Fach- und Lehrbücher zu allen Gebieten der Polymerwissenschaft

VCH (Wiley-VCH), Postfach 10 11 61, 69451 Weinheim
Chemie und Physik der Polymeren

VDI Verlag, Postfach 10 10 54, 40001 Düsseldorf

Buchreihe „Kunststofftechnik", hrsg. VDI-Gesellschaft Kunststofftechnik: Referate der VDI-Fachtagungen über Einzelbereiche der Kunststoff-Aufbereitungs-, Verarbeitungs-, Bearbeitungs- und Anwendungstechnik, z. T. auch in englischer Übersetzung
VDI-Richtlinien: Kunststoffwerkstoffe – Gestalten und Berechnen – Maschinenelemente – Verarbeiten und Bearbeiten – Oberflächenschutz mit organischen Werkstoffen, einzeln oder als „VDI-Handbuch Kunststofftechnik" in Ringbuchform beziehbar vom Beuth-Verlag

Vincentz Verlag, Postfach 62 47, 30062 Hannover
Fachzeitschriften und Fachbücher über Rheologie und Lacktechnik

Vogel-Verlag, Postfach 67 40, 97064 Würzburg 1
Fachbücher zur Kunststofftechnik

Weka Fachverlage, Römerstraße 4, 86438 Kissing
Lose-Blatt-Werke

9.2 Software

9.2.1 Datenbanken

Die Datenbank Campus® ist wohl die wichtigste Datenbank mit Kunststoff-Kennwerten, da sie von vielen Rohstofflieferanten des In- und Auslands (z. Zt. ca. 46) mit untereinander vergleichbaren Werten und mit gleicher Software geliefert wird, s. Abschn. 2.0. Neben Übersetzungen ins Englische, Französische und Spanische existieren amerikanische und japanische Versionen. Ab „Version 2" enthalten die Campus-Datenbanken zusätzlich zu den Werten des Grundkennwerte-Katalogs folgende Funktionen: isotherme und isochrone Spannungs-Dehnungs-Linien, Schubmodul-Temperatur-Kurven und Viskositäts-Schergeschwindigkeits-Kurven. Ab Version 3.0 entfallen die Koeffizienten für die Viskositätsfunktion (z. B. 5 Carreau-WLF-Koeffizienten). Jede zum Campus-Arbeitskreis gehörende Firma liefert eine komplette Datenbank mit Kennwerten der eigenen Kunststoffpalette in Diskettenform ($3^1/_2''$ oder $5^1/_4''$), s. Auflistung weiter unten.

Die Campus-Datenbanken werden laufend überarbeitet. Interessenten, die bei den jeweiligen Firmen registriert sind, erhalten dann die überarbeiteten Versionen zugesandt. Eine Reihe der Kunststoff-Rohstoffhersteller bietet außerdem eine „Schnittstellen-Diskette“ für ASCII an, mit der Daten der Campus-Datenbank in eigene Datenbanken übernommen werden können. Dadurch kann der Anwender seine eigene Datenbank mit diesen Daten ergänzen bzw. vervollständigen. Darüber hinaus bietet die Firma M-Base mit MCBase eine Software ohne Werte an, in die alle vorhandenen Campus-Datenbanken integriert werden können. Es kann somit mit allen Campus-Datenbanken gleichzeitig gearbeitet werden.

Analog zu Campus wurde, unter der Federführung der AVK, die Datenbank Fundus® entwickelt, die die Eigenschaften faserverstärkter Duroplaste und glasmattenverstärkter Thermoplaste beinhaltet. Sie enthält Daten für SMC, BMC und GMT. Z. Zt. beteiligen sich daran 26 Firmen (Rohstoffhersteller und Verarbeiter). Die Disketten mit den Daten werden von den einzelnen Firmen kostenlos (3½″ und 5¼″) auf Anforderung abgegeben.

Rohstoffhersteller, Institute, Verlage und Softwarehäuser bieten darüber hinaus eine Reihe unterschiedlicher Datenbanken an, von denen die wichtigsten nachfolgend aufgeführt sind (Stand Ende 1997).

Firma	Name	weitere Angaben	Kosten
(Bei der Spalte Kosten bedeutet: ohne = keine Berechnung, mit = Berechnung)			
Amoco, Düsseldorf	*Cisar 1.0*	eigene Datenbank	ohne
as Strömungstechnik, Filderstadt	*Chembank*	Medienbeständigkeit von Werkstoffen, davon 47 Polymere mit Angaben der physikalischen Eigenschaften	mit
Bakelite, Iserlohn	*Campus*		ohne
BASF AG, Ludwigshafen	*WIS*	Werkstoff-Informations-System	ohne
	Campus		ohne
	Graph 1+2	Spannungs-Dehnungsfunktionen	ohne
	Ageing-Tep	Kennwerte für die thermische Alterung	ohne
	Fundus		ohne
Bayer AG, Leverkusen	*Baydisk*	Bayer-Disketten-Informations-System für Kunststoffe	ohne
	Campus		ohne
Bergmann, Gaggenau	*Campus*		ohne
BMW, München	*Fundus*		ohne
Borealis, Düsseldorf	*Campus*		ohne
BSL, Schkopau	*Campus*		mit
BWR, Rastatt	*Fundus*		ohne
Ciba Geigy, Basel	*Campus*		ohne
Cray Valley, Zwickau	*Fundus*		ohne
Degussa, Hanau	*Campus*		ohne
DKI, Darmstadt	*Polymat*	über 12000 Kunststoff-Typen von > 120 Herstellern, Campuswerte integriert	mit

Firma	Name	weitere Angaben	Kosten
	Polyres	Medienbeständigkeit > 2000 Medien u. 3 Beständigkeitsstufen, eigene Eingabe möglich	mit
	Polytrade	> 3500 Handelsnamen von > 900 Herstellern (Thermoplaste, Duroplaste, thermoplastische Elastomere, Gießharze, Halbzeuge), eigene Eingabe möglich	mit
	PolyVoc	Elektronisches Wörterbuch, Deutsch/Englisch und Englisch/Deutsch	mit
Dow-Chemical, Düsseldorf	*Campus*		ohne
DV-Datentechnik, Meerbusch	*i-Bank*	Medienbeständigkeit sowie physikalische, chemische, sicherheitstechnische Daten (> 1200 Chemikalien von 18 Werkstoffen)	mit
3M, Neuss	*Leitfaden f. Elastomere*		ohne
DSM, Düsseldorf	*Campus*		ohne
	Fundus		ohne
DuPont, Bad Homburg	*Campus*		ohne
Duroform, Miehlen	*Fundus*		ohne
Elastogran, Lemförde	*Campus*		ohne
Elf Atochem, Düsseldorf	*Ato-cups*		ohne
	Technische Kunststoffe		ohne
	Fundus		
Ems Chemie, CH-Domat	*Campus*		ohne
ECP-EniChem, Eschborn	*Campus*		ohne
EOC, Lüdenscheid	*CAD-Werkzeugnormalien*	Herstellerbezogene Normalien	mit
Exxon, B-Kraainem	*Fundus*		ohne
Fibron, Bretten	*Fundus*		ohne
	ASM Data	Werkstoffdatenbank m. > 70 000 Einträgen	mit
Frisetta, Schönau	*Friadat*	ähnl. Campus	ohne
General Electric Plastics, NL-Bergen op Zoom	*Campus*		ohne
	Fundus		ohne
C. Hanser Verlag, München	*Kuhan*	Analog zum Kunststoff-Taschenbuch „Saechtling“ u. a. > 3300 Handelsnamen von > 1000 Herstellern mit > 360 Suchkriterien	mit

Firma	Name	weitere Angaben	Kosten
	Polchem	Chemikalien- und Hydrolysebeständigkeit von Kunststoffen, mehr als 110 Einzelmedien und 346 Kunststoff-Grundtypen	mit
	Polselec	Werkstoffauswahlsystem, ca. 11 000 Handelsprodukte für 800 Produktfamilien, ca. 300 Auswahlkriterien, mit Zuordnung zu Campus	mit
	Polrecyc	Angaben von Eigenschaftsänderungen durch Zumischungen mit ca. 180 Masterkurven	mit
Hasco, Lüdenscheid	*CAD-Werkzeugnormalien V7*	Herstellerbezogene Normalien	mit
Himont, Eschborn	*Campus*		ohne
Hoppenstedt, Darmstadt	*Ampro*	Klebstoffdatenbank mit >2000 Stoffdaten	mit
IKV, Aachen	*Medex*	Expertensystem zur Bestimmung der Medienbeständigkeit von Kunststoffen	mit
IM Tech, Eschborn	*Fundus*		ohne
Leuna, Miramid, Leuna	*Campus*		ohne
Lorenz, Wallenhorst	*Fundus*		ohne
M-Base, Aachen	*MCBase*	DB ohne Werte, zur Eingabe von Campus-Daten, es können somit alle Campus-DB gemeinsam bearbeitet werden, Schnitt zu CAE	mit
Menzolit, Kraichtal	*Fundus*		ohne
Mercedes-Benz, Stuttgart	*Fundus*		ohne
Mitras, Weiden	*Fundus*		ohne
Monsanto, Düsseldorf	*Campus*		ohne
Nyltech GmbH, Freiburg	*Campus*		ohne
OCF Fiberglas, B-Battice	*Fundus*		ohne
Owens-Corning, B-Brüssel	*Fundus*		ohne
PCD Petrochem.	*Campus*		ohne
Danubia, Wiehl	*Fundus*		ohne
Pergan, Bocholt	*Fundus*		ohne
Phillips-Petroleum Chem., B-Overijse	*Campus*		ohne
Porsche, Stuttgart	*Plastix*	Entwicklung v. Porsche, >1700 Typen, >49 Kennwerte	mit
PPG, Düren	*Fundus*		ohne
Preßwerk-Köngen, Köngen	*Fundus*		ohne
Reichold- Chemie, Frankfurt/M.	*Fundus*		ohne

Firma	Name	weitere Angaben	Kosten
Röhm, Darmstadt	*Campus*		ohne
Rubber and Plastics Research Association RAPRA, GB-Shrewsbury	*Plascams*	DB mit 350 Typen	mit
	Chermes II	Medienbeständigkeit von 63 Materialien gegenüber 192 Chemikalien	mit
Shell, Deutsche, Eschborn	*Campus*		ohne
Solvay, Rheinberg	*Campus*		ohne
Strack Norma, Lüdenscheid	*CAD-Werkzeugnormalien SNWF 23*	Herstellerbezogene Normalien	mit
Ticona, Frankfurt	*Campus*		ohne
	Fundus		ohne
Universität Dortmund, Dortmund	*Wekeb*	Werkstoffdatenbank mit 450 Daten von Kunststoffen, Metallen, Keramiken	mit
Vetrotex, Herzogenrath	*Fundus*		ohne
Weka Fachverlag, Augsburg	*Kai*	ca. 10 000 Kunststoff-Typen von >70 Herstellern	mit
Wientjes-Emmen, NL-Emmen	*Fundus*		ohne

9.2.2 Software für Berechnungen und Simulation

Einige Kunststoff-Lieferanten wie auch Institute und Softwarehäuser bieten Software für die Konstruktion von Kunststoff-Bauteilen, den Werkzeugbau und die Verarbeitung (Spritzgießen, Extrudieren, Weiterverarbeitung) an. Darüber hinaus existieren Programme für die betriebliche Organisation (BDE, Maschinenbelegung usw.) sowie für die Prozeßsimulation. Einige dieser Programme wurden für die Ausbildung entwickelt (computer based training). Da dieser Markt laufend Veränderungen unterworfen ist und diese Programme ständig verbessert und erweitert werden, kann ein aktueller Stand vom dargestellten abweichen (Stand Mitte 1997).

2D-Spritzgieß-Simulationsprogramme haben heute nur noch für die Angußbalancierung (als sehr einfache Geometrien) Bedeutung, weil sie das „Plattdrücken" der Formteilgeometrie (ggf. durch gezieltes Aufschneiden) in eine Ebene, die manuelle Füllbildkonstruktion und die füllbildgerechte manuelle Segmentierung in „makroskopische" Grundgeometrien (Zylinder, Rechteck, Kreissegment) voraussetzen. 3D-Programme basieren dagegen auf der Unterteilung der Geometrie in drei- oder viereckige ebene oder in zylinderförmige „mikroskopische" Finite Elemente und berechnen damit das Füllbild selbst. Diese universelle Geometrie-Darstellung ist allerdings nur anwendbar, wenn sich die Formteilgeometrie als miteinander verknüpfte dünnwandige Schalenflächen modellieren läßt. Die rheologische und thermische Berechnung in diesem Schalenmodell erfolgt auch bei aktuellen 3D-Programmen in der Regel zweidimensional. Wegen der Verwendung von Schalenmodellen ohne sichtbare Wanddicke ist die unbearbeitete Übernahme von CAD-Dateien oder Zeichnungen nicht möglich. Spritzgieß-Simulationsprogramme sind meist modular gestaltet: Geometriegenerierung, Berechnung (unterschiedliche Prozeßphasen, Werkstoffe und Verfahrensvarianten), Materialdatenbank, Ergebnisdarstellung, Schnittstellen.

Neu am Markt sind Simulationsprogramme für das Thermoformen von Kunststoffen.

Firma	Name	weitere Angaben	Kosten
(Bei der Spalte Kosten bedeutet: ohne = keine Berechnung, mit = Berechnung, * = nur Schutzgebühr)			
AGS, Leonberg	*Cadkey*	alle Cadkey Programme	mit
	APS	2-D- und 3-D-Fräsmodule für den Werkzeugbau	mit
	Adina	FEM-Programmsystem zur Berechnung von Temperaturfeldern	mit
ASCAM, Schorndorf	*Quick Slice*	3-D-Software für Rapid-Prototyping-Verfahren	mit
	Support Works	Software für Rapid-Prototyping-Verfahren mit Informationen für das Bass-System zur Herstellung von Prototypen aus Kunststoffen	mit
BASF, Ludwigshafen	*Viscosity*	Viskositätsberechnungen für die Kunststoff-Verarbeitung	ohne
	Beams	Berechnung von biegebeanspruchten Teilen	ohne
	Screws	Auslegung von selbstprägenden Schrauben	ohne
	Snap	Berechnung von Schnappverbindungen	ohne
Bayer, Leverkusen	*Lucolor*	Produktinformationssystem für Farbpigmente	ohne
	Ralph	Ermittlungen zulässiger Beanspruchungen	mit*
	Flaemo	Ermittlung von Flächenträgheitsmomenten	mit*
	IXdiag	Expertensystem für Fehleranalyse beim Spritzgießen	mit
	Finel	Berechnung von biegebeanspruchten Teilen	mit*

Firma	Name	weitere Angaben	Kosten
	Baymat	Stoffdaten für rheologische und thermische Berechnung	mit*
	Tfeld	Berechnung von Temperaturfeldern bei der Verarbeitung	mit*
	Dfeld	Berechnung von Diffusionsvorgängen	mit*
Cadfem, Grafing	*C-Mold 96.7*	Spritzgieß-Software für Formfüllen, Verdichten, Faserorientierung, Eigenspannungen, Schwindung, Verzug, Kühlanalyse. Module für FEM, integrierte Materialdatenbank, Schnittstellen zu CAD- und CAE-Programmen, Verfahrensmodifikationen (Gasinjektionsverfahren, Kaskaden- und Mehrkomponenten-Spritzgießen, reaktive Formmassen), experimentelle Kennwertbestimmungen	mit
	C-Mold Blow Molding	Software für die Simulation des Blasformens; u. a. Wanddickenverteilung, Dehnung	mit
	C-Mold Thermoforming	Software für die Simulation des Thermoformens; u. a. Wanddickenverteilung, Dehnung	mit
DuPont, Bad Homburg	*Flint*	Programm zur Fehleranalyse beim Spritzgießen von Fluorpolymeren PFA + PFE	ohne
EOS, Planegg/München	*Stereos*	STL-Modellherstellung nach RPT-System	mit
	Eosint 350	LSS-System zur Modellherstellung aus PA, PC	mit
Euro KMI, Lüdenscheid	*WinCool*	Kühlzeitermittlung beim Spritzgießen mit Stoffwerten	mit
FH Merseburg, Uni Halle	*Valost*	Berechnung von technologischen Vergleichskosten der Kunststoffverarbeitung	mit
GFS Gesellschaft für Strukturanalyse, Aachen	*Dia/Dago + Dia/DigiS*	Meßdatenerfassung, Meßdatenverarbeitung	mit
Hanser Verlag, München	*SGS*	Lernprogramm Spritzgießen, 10 Kapitel zur theoretischen Spritzgießverarbeitung am PC, Spritzgieß-Simulation	mit
	STS	Seminar-Trainer Spritzgießen, PC gestütztes Lernsystem mit 9 Prüf- und Lernabschnitten	mit
	PICAT	Lernprogramme für das Spritzgießen, Blasformen sowie für die Rohr-. Profil- und Blasfolienextrusion	mit
Hasco, Lüdenscheid	*V 5*	CAD Werkzeugnormalien	mit

Firma	Name	weitere Angaben	Kosten
Hewlett Packard, Böblingen	*Solid Designer*	3-D-Programm für Konstruktion	mit
IBM, München	*Catia*	CAD-System für Entwicklung von Kunststoffbauteilen und Werkzeugen	mit
Ibos, Aachen	*HPS-Plus*	Handels- und Produktions-Software	mit
	ZMS-Plus	Zeitmanagementsystem	mit
	BDE-Plus	Betriebsdatenerfassung	mit
IKV, Aachen Vertrieb durch Simcon, Herzogenrath	*Cadform*	CAE/CAD System für rechnerunterstützte Konstruktion von Bauteilen mit rheologischen Daten	mit
	Cadmould	Spritzgießsoftware: Angußbalancierung, Formfüllung, Verdichten, Schließkraft, Orientierung, Verzug, Kühlanalyse, Module für FEM, integrierte Materialdatenbank, Schnittstellen zu CAD und CAE. Verfahrensmodifikation: Gasinjektion, Kaskaden- und Mehrkomponentenspritzguß, reaktive Formmassen	mit
	Cadfiber CADWIND	Auslegung und Fertigung von Faserverbundbauteilen. Datenbank in Verbindung mit Cadmould und Cadform	mit
	Motex	Modelltheoretische Auslegung von Extrudern	mit
	Micropus	Programm für Konstruktion von Extrusionswerkzeugen – rheologische und thermische Auslegung –	mit
	Prowex	Rheologische Auslegung von Fließkanälen in Extrusionswerkzeugen, mit 5 Unterprogrammen	mit
IKT, Stuttgart	*Simflow*	Software für die Auslegung von Spritzgieß- und Extrusionswerkzeugen auf CAE-Basis	mit
IngKuTec, Fürstenwalde	*Polymod*	Softwarelösung für unterschiedliche Problemlösung in der Kunststofftechnik	mit
	Polyexact	Maßtoleranzbestimmungen, Maßhaltigkeitskontrolle	mit
	Polybund	Auswahl, Dimensionierung für Verbindungselemente	mit
	Polytech	Auswahl Maschinen, Materialbedarf, Kalkulation, Abfall-Regenerat-Information	mit

Firma	Name	weitere Angaben	Kosten
	Polysafe	Arbeitssicherheit, Brandschutz	mit
	Polcon	Konditionierung von Kunststoffteilen	mit
	Poltherm	Wärmeübertragungsrechnung, Wärmebeanspruchungskontrolle	mit
	Polperm	Diffusionstechnische Berechnung	mit
	Popflow	Rheologische Berechnung	mit
	Polorg	Maschinenbelegungs- und Durchlaufplanung	mit
	Polymech	Festigkeits/Stabilitätsrechnung	mit
KIM, Lüdenscheid	*Wings*	Software für die Qualitätsüberwachung beim Spritzgießen	mit
Kistler, Ostfildern	*Dataflow-plus*	Software für die Spritzgießverarbeitung (p, T)	mit
KRZ/TU Berlin, Berlin	*ICX-R*	Expertensystem für recyclinggerechtes Konstruieren	mit
KSU, Unna	*Calc-Master 3.0*	Software für Konstruktion, Werkzeuggestaltung, Spritzgießen, Wirtschaftlichkeit	mit
Kunststoff-Zentrum, Leipzig	*DataPro*	kompaktes Betriebsdaten-Erfassungsprogramm für (kleine) Spritzgießbetriebe	mit
	DiagBes	Diagnose von Fehlern an Spritzgußteilen und dazugehörige Beseitigungsstrategie. Bilder und Texte durch Anwender erweiterbar	mit
	Sim Pro	Simulationsprogramm für eine Gruppe gleichzeitig arbeitender Spritzgießmaschinen	mit
Macrotron Systems, München	*Toolbox*	Datenbank für Werkzeug-, Formen- und Modellbau	mit
Matra Datavision, München	*Strim*	Software für die Konstruktion von Bauteilen und Werkzeugen und Fertigung der Werkzeuge; Qualitätssicherung	mit
	Strimflow	Kunststoff-Fließberechnung: Füllen, Verdichten, Kühlanalyse, thermische Verwerfung	mit
		Spritzgieß-Software für Formfüllen, Verdichten, thermischen Verzug, Kühlanalyse. Module für FEM (Flächen- und Volumenvernetzung), integrierte Materialdatenbank, Schnittstellen zu CAD- und CAE-Programmen	

Firma	Name	weitere Angaben	Kosten
	Moldmaker	Spritzgieß-Werkzeugherstellung und Konstruktion mit Standardkomponenten der Normalienhersteller	mit
M-Base, Aachen	*Pro-Sim*	Simulation des Werkstoffverhaltens, z. B. Kriechkurven, Langzeitverhalten (in Zusammenarbeit mit IKV)	mit
	Pro-Concept	Bauteil-Datenbank für Anforderungslisten, Einbinden von Werkstoffen, Kostenabschätzung (in Zusammenarbeit mit IKV)	mit
	Express	Fließsimulationsprogramm für GFK (SMC, BMC, GMT) aus Fundus-Datenbank, in Zusammenarbeit mit IKV	mit
	BEM	Simulationsprogramm für Fließprobleme: Schnecken, Mischelemente, Zahnradpumpen	mit
	Mini Flow	zur Errechnung von Fließweg-Wanddicken-Diagrammen	mit
MCS, Langen	*Anvil-5000*	3-D-CAM/CAE-Schnittstelle für Stereolithographie	mit
	Anvil-Quick	Software für automatisierte Konstruktion	mit
	Nurb-Splines	Zusatzprogramm für 3-D-Flächenmodellierung, Darstellung	mit
	Dytran	Software für Kurzzeitdynamik, Aufpralltests, Crash-Tests	mit
	MVision	Datenmanagementsystem, auch Einbinden von eigenen Datenbanken möglich	mit
	Fatigue	Software für Lebensdauerberechnungen	mit
	Flowcheck	Software für die Spritzgießsimulation und das Füllverhalten von Spritzgießwerkzeugen	mit
Moldflow, Hürth	*Moldflow*	Spritzgießsoftware für Formfüllen, Verdichten, Orientierung, Verzug, Kühlanalyse GIT. Module für FEM (Flächenvernetzung, Mittelflächengenerierung), integrierte Materialdatenbank, Schnittstellen zu CAD- und CAE-Programmen	mit
	Moldmech	mechanische Auslegung von Spritzgießwerkzeugen	mit
Partplan, München	*Qualis top*	CAQ-System für die Kunststoff- und Kautschukindustrie	mit

Firma	Name	weitere Angaben	Kosten
Plastics & Computer Int., Reichenberg	*TMconcept*	Software für die Bauteil- und Werkzeugauslegung beim Spritzgießen, 2D und 3D	mit
	MCO	Kostenanalyse beim Spritzgießen	
	FA	Werkzeug-Füllanalyse beim Spritzgießen	
	CSE	Formteil-Schwindungsanalyse beim Spritzgießen	
	MTA	Berechnung von Werkzeugkühlung	
	PP	Spritzgießmaschinen, Einstelldaten	
	SAS	Expertensystem für Fehleranalyse	mit
Polyflow s. a. Belgien	*Polyflow*	FEM-Programm zur Simulation von Strömungen	mit
SDRC, Neuisenburg	*I-DEAS Master Series Release*	Spritzgießsoftware für Formfüllen, Verdichten, Verzug, Kühlanalyse. Module für FEM (Flächen- und Volumenvernetzung) und Duroplaste, integrierte Materialdatenbank, Schnittstellen zu CAD- und CAE-Programmen	mit
	Metaphase-Ser.2	Client-Server-Architektur mit 6 Unterprogrammen mit direkter Einbindung von CAE/CAD/CAM-Daten, PPS-Daten, weitere Informationen, Dokumente	mit
	Sigraph-Design	Neue Modellierungstechnik, Simulationsmöglichkeit	mit
Simcon, Herzogenrath	*Simcalc*	Formteilkostenkalkulation	mit
Spirex, Youngstown	*The Extruder's Technician*	Extrusions-Software. U. a. Teile-Volumen und -Gewicht, Erklärung von Prozeßproblemen und Störungsmeldungen, Maschinendaten, Werkstoffdaten	mit
SPR-Scientific Process Research, USA – Somerset	*Extrud-PC*	Verarbeitungssoftware für die Extrusion (Folien, Platten, Rohre, Schläuche, Profile) mit Datenbank von 1500 Kunststoff-Typen	mit
SWF Software	*Elapplus*	PPS-Software für Spritzgieß-, Extrusions-, Formschaum- und Tiefziehteile aus Kunststoffen und Elastomeren	mit
Tebis, Gräfelfing	*Tebis CAD*	CAD für Modell-, Formen- und Werkzeugbau, Spritzgießen	mit

Firma	Name	weitere Angaben	Kosten
T-SIM Software, Schwaigern	*T-SIM*	3D-Software zur Thermoformsimulation: mit Optimierung von Technologie und Formteil; wahlweise elastisches oder viskoelastisches Modell	mit
TU Hamburg-Harburg, Hamburg	*Effekt*	Expertensystem zur Fehlerbeseitigung bei der Fertigung von Elastomeren und anderen Kunststoffteilen	mit
Universität Dortmund, Dortmund	*Event*	Expertensystem für Konstruktion mit Verbundwerkstoffen	mit
	PaudiPac	Expertensystem für Auswahl und Dimensionierung von Verpackungen	mit
	Polster	Berechnungsprogramm für Dimensionierung von Verpackungspolstern	mit
Universität GH Paderborn, Paderborn	*Rex*	Rechnergestützte Extruderauslegung, Simulations-Software für Druck-Durchsatzverhalten, Aufschmelzprozeß, Temperaturentwicklung	mit
VW-Gedas, Berlin, und *Geiß,* Seßlach	*thermodedran*	3D-Software zur Thermoformsimulation. Mit Werkzeugentwicklung und Prozeßoptimierung; u. a. Spannungen, Dehnungen, Temperaturverteilung, Wanddickenverteilung	mit

9.3 Fachinstitute, Bildungseinrichtungen

(Gliederung nach Bundesländern)

Baden-Württemberg

Forschungs- und Materialprüfungsanstalt Baden-Württemberg, Otto Graf Institut
Pfaffenwaldring 4, 70569 Stuttgart
Tel: 0711/685-3323
Fax: 0711/685-6820

Institut für Kunststoffprüfung und Kunststoffkunde (IKP) der Universität Stuttgart
Forststraße 86, 70176 Stuttgart
Tel: 0711/685-2660
Fax: 0711/685-2066

Institut für Kunststofftechnologie (IKT) der Universität Stuttgart
Böblinger Straße 70, 70199 Stuttgart
Tel: 0711/641-2317
Fax: 0711/641-2335

Institut für Werkstoffkunde Universität Karlsruhe (TH)
Kaiserstraße 12, 76128 Karlsruhe
Tel: 0721/6082345
Fax: 0721/691889

Süddeutsches Kunststoff-Zentrum (SKZ)
Zweigstelle Baden-Württemberg
Institut für Kunststoffverarbeitung, -anwendung und -prüfung
Holderäckerstraße 37, 70499 Stuttgart
Tel: 0711/866-1010
Fax: 0711/866-1196

Bayern

Institut für physikalisch-chemische Werkstoffprüfung
an der FH Rosenheim
Marienhenger Straße 26, 83024 Rosenheim
Tel: 08031/67250
Fax: 08031/805-105

Lehrstuhl für Kunststofftechnik, KT
Demonstratrionszentrum für Faserverbundwerkstoffe, Universität Erlangen-Nürnberg
Am Weichselgarten 9, 91058 Erlangen-Tennenlohe
Tel: 09131/8597-00
Fax: 09131/8597-09

Lehrstuhl für Polymerwerkstoffe, LSP
Institut für Werkstoffwissenschaften der Universität Erlangen-Nürnberg
Martenstraße 7, 91058 Erlangen
Tel: 09131/85-8593
Fax: 09131/85-8321

Staatliches Materialprüfamt für Maschinenbau der TU München
Arcisstraße 21, 80333 München
Tel: 089/289152-59
Fax: 089/289152-48

Süddeutsches Kunststoff-Zentrum (SKZ)
Institut für Kunststoffverarbeitung, -anwendung und -prüfung
Frankfurter Straße 15-17, 97082 Würzburg
Tel: 0931/4104-0
Fax: 0931/4104-177

TÜV Bayern Sachsen, Anlagen- und Umwelttechnik GmbH
Institut für Kunststoff
Westendstraße 199, 80686 München
Tel: 089/5190-0
Fax: 089/5190-3100

Berlin/Brandenburg

Bundesanstalt für Materialforschung und -prüfung (BAM)
Fachgruppe 3.1 Polymerwerkstoffe
Unter den Eichen 87, 12205 Berlin
Tel: 030/810416-10
Fax: 030/810416-17

Institut für Polymertechnik/Kunststofftechnikum TU Berlin
Fasanenstraße 90, 10623 Berlin

TÜV Rheinland - Product safety GmbH
Prüfstelle für Gerätesicherheit Berlin
Magirusstraße 5, 10883 Berlin
Tel: 030/7562-1362
Fax: 030/7562-1364

TÜV Rheinland/Berlin-Brandenburg - Anlagentechnik GmbH
Magirusstraße 5, 10883 Berlin
Tel: 030/7562-1366
Fax: 030/7562-1720

Bremen

Fraunhofer Institut für angewandte Materialforschung (IFAM)
Lesumer Hausstraße 36, 28717 Bremen
Tel: 0421/638-30
Fax: 0421/638-3190

Fraunhofer Institut für angewandte Materialforschung
Institutsteil Klebtechnik und Polymere
Neuer Steindamm 2, 28719 Bremen
Tel: 0421/63846-0
Fax: 0421/63846-30

Hamburg

FH Hamburg, Institut für Werkstoffkunde und Schweißtechnik
Berliner Straße 21, 20099 Hamburg
Tel: 040/2488-3096
Fax: 040/2488-2654

Technische Universität Hamburg-Harburg (KVW)
Arbeitsbereich Kunststoffe/Verbundwerkstoffe
Denickestraße 15, 21073 Hamburg
Tel: 040/7718-3038
Fax: 040/7718-2002

Hessen

Deutsches Kunststoff-Institut (DKI)
Schloßgartenstraße 6, 64289 Darmstadt
Tel: 06151/162104
Fax: 06151/292855

Institut für das Bauen mit Kunststoffen e. V. (IBK)
Osannstraße 37, 64285 Darmstadt
Tel: 06151/48097
Fax: 06151/421101

Institut für Werkstofftechnik, Kunststoff- und Recyclingtechnik Uni-GH Kassel
Mönchebergstraße 3, 34125 Kassel
Tel: 0561/8043690

Staatliche Materialprüfungsanstalt Darmstadt (MPA)
Abteilung Kunststoffe
Grafenstraße 2, 64283 Darmstadt
Tel: 06151/162741
Fax: 06151/165658

Technologiezentrum der Deutschen Telekom
Darmstadt
Tel: 06151/830
Fax: 06151/834866

Niedersachsen

Amtliche Materialprüfanstalt für Werkstoffe des Maschinenwesens und Kunststoffe beim Institut für Werkstoffe
Appelstraße 11 a, 30167 Hannover
Tel: 0511/762-4362
Fax: 0511/762-5245

Deutsche Forschungsanstalt für Luft- und Raumfahrt (DLR)
Forschungszentrum Braunschweig - Institut für Strukturmechanik
Postfach 32 67, 38022 Braunschweig
Tel: 0531/259-2300
Fax: 0531/259-2875

Deutsches Institut für Kautschuktechnologie e. V.
Eupener Straße 33, 30519 Hannover
Tel: 0511/842010
Fax: 0511/8386826

Institut für Baustoffe, Massivbau und Brandschutz und amtliche Materialprüfanstalt
Abteilung Polymerwerkstoffe und Umweltanalytik, TU Braunschweig
Hofgarten 20, 38102 Braunschweig
Tel: 0531/2207-70
Fax: 0531/2207-744

Physikalisch-Technische Bundesanstalt (PTB)
Bundesallee 100, 38116 Braunschweig
Tel: 0531/59-20
Fax: 0531/59-29292

Nordrhein-Westfalen

Forschungsinstitut Kunststoff und Recycling GmbH
Siemensring 79, 47877 Willich
Fax: 02154/428876

Institut für Konstruktionslehre und Kunststoffmaschinen
Universität-GH Essen
Schützenbahn 70, 45117 Essen
Tel: 0201/832902
Fax: 0201/832877

Institut für Kunststoffe im Maschinenbau GmbH (IKM) an der Universität-GH Essen
Altendorfer Straße 39, 45127 Essen
Tel: 0201/827300
Fax: 0201/229704

Institut für Kunststoffverarbeitung in Industrie und Handwerk (IKV)
RWTH Aachen
Pontstraße 49, 52062 Aachen
Tel: 0241/803806
Fax: 0241/8888262

Kunststoff-Institut Lüdenscheid K.I.M.W. NRW GmbH
Karolinenstraße 8, 58507 Lüdenscheid
Tel: 02351/10641-91
Fax: 02351/10641-90

Kunststoffmaschinen-Institut für Europa GmbH (K.I.M.W.)
Karolinenstraße 8, 58507 Lüdenscheid
Tel: 02351/10642-13
Fax: 02351/10642-10

Materialprüfungsamt Nordrhein-Westfalen
Marsbruchstraße 186, 44287 Dortmund
Tel: 0231/45-020
Fax: 0231/45-8549

TÜV Rheinland e. V. Zentralabteilung Werkstoff-, Schweiß- und Kunststofftechnik, Qualitätsmanagement
Konstantin-Wille-Straße 1, 51105 Köln
Tel: 0221/806-2459
Fax: 0221/806-1753

Universität-GH Paderborn
Fachbereich 10/Kunststofftechnologie
Pohlweg 47-49, 33098 Paderborn
Tel: 05251/60-2451
Fax: 05251/60-3821

Rheinland-Pfalz

Max-Planck-Institut für Polymerforschung
Ackermannweg 10, 55128 Mainz
Tel: 06131/379-0
Fax: 06131/379-100

Institut für Verbundwerkstoffe GmbH
Erwin-Schrödinger-Straße 58, 67663 Kaiserslautern
Tel: 0631/2017-0
Fax: 0631/2017-198

Saarland

DEKRA-ETS Gesellschaft für technische Sicherheit mbH, Materialprüfanstalt
Am Homburg 3, 66123 Saarbrücken
Tel: 0681/93619-0
Fax: 0681/93619-27

Sachsen

IMA Materialforschung und Anwendungstechnik GmbH
Flughafenstraße 100, 01109 Dresden
Tel: 0351/8837-404
Fax: 0351/8804313

Institut für Leichtbau und Kunststofftechnik ILK, TU Dresden
Dürerstraße 26, 01062 Dresden
Tel: 0351/463-8142
Fax: 0351/463-8143

Kunststoff-Zentrum in Leipzig (KuZ)
Erich-Zeigner-Allee 44, 04229 Leipzig
Tel: 0341/4941-500
Fax: 0341/4941-555

Sachsen-Anhalt

Fraunhofer Institut für Werkstoffmechanik
Heideallee 19, 06120 Halle
Tel: 0345/5589-0
Fax: 0345/5589-101

Thüringen

Thüringisches Institut für Textil- und Kunststoff-Forschung e. V. (TITK)
Breitscheidstraße 97, 07407 Rudolstadt-Schwarza
Tel: 03672/3573-0
Fax: 03672/3573-82

9.4 Fachhochschulen mit Studienrichtung Kunststofftechnik

Aalen

Fachhochschule Aalen
Beethovenstraße 1, 73430 Aalen
Tel: 07361/576-0
Fax: 07361/576-250

Darmstadt

Fachhochschule Darmstadt
Schöfferstraße 3, 64295 Darmstadt
Tel: 06151/16-8521
Fax: 06151/16-8949

Fachhochschule Darmstadt, Kunststofftechnik
Haardtring 100, 64294 Darmstadt
Tel: 06151/16-02
Fax: 06151/16-8977

Iserlohn

Märkische Fachhochschule
Frauenstuhlweg 31, 58644 Iserlohn
Tel: 02371/566-0
Fax: 02371/566-74

Rosenheim

Fachhochschule Rosenheim
Marienberger Straße 26, 83024 Rosenheim
Tel: 08031/805-0
Fax: 08031/805-105

Würzburg

Fachhochschule Würzburg - Schweinfurt
Röntgenring 8, 97070 Würzburg
Tel: 0931/304-0
Fax: 0931/304-260

9.5 Fachverbände, Fachorganisationen

(siehe auch 9.3)

Arbeitsgemeinschaft PVC und Umwelt e. V. (AGPU)
Pleimesstraße 3, 53129 Bonn
Tel: 0228/91783-0
Fax: 0228/91783-90

Arbeitsgemeinschaft Deutsche Kunststoff-Industrie (AKI)
Karlstraße 31, 60329 Frankfurt/Main
Tel: 069/25-561303
Fax: 069/25-1060

Arbeitsgemeinschaft Verstärkte Kunststoffe - Technische Vereinigung der Hersteller und Verarbeiter typisierter Kunststoff-Formmassen e. V. (AVK-TV)
Am Hauptbahnhof 10, 60329 Frankfurt/Main
Tel: 069/2509-20
Fax: 069/2509-19

Arbeitskreis Verpackungen aus Polyolefinschaumstoffen (AVP)
über IK, Bad Homburg

Arbeitskreis selbständiger Kunststoff-Ingenieure und -Berater, K.I.B.
Korporativmitglied im
Gesamtverband Kunststoffverarbeitende Industrie e. V. (GKV)
Am Hauptbahnhof 12, 60329 Frankfurt/Main
Tel: 069/27105-0
Fax: 069/232799

Association of Plastics Manufacturers in Europe (APME)
Avenue E. van Nieuwenhuyse 4, B-1160 Brüssel, Belgien
Tel.: (32-2) 6753258
Fax: (32-2) 6753939

Bundesgesundheitsamt (BGA)
Thielallee 88–92, 14191 Berlin
Tel.: 030/8308-0
Fax: 030/8308-2830

Bundesverband Kunststoff- und Schwergewebekonfektion e. V. (BVKS)
Worringer Straße 99, 40210 Düsseldorf
Tel: 0211/362696
Fax: 0211/358986

Chemie Wirtschaftsförderungsgesellschaft mbH (CWFG)
Karlstraße 21, 60321 Frankfurt/Main
Tel: 069/2556-460
Fax: 069/2556-471

Deutsche Gesellschaft für Kunststoff-Recycling mbH (DKR)
Frankfurter Straße 720–726, 51145 Köln
Tel.: 02203/9317745
Fax: 02203/9317774

Deutsche Gesellschaft für Qualität e. V. (DGQ)
August-Schanz-Straße 21 a, 60433 Frankfurt
Tel: 069/9542-40
Fax: 069/9542-4133

Deutsche Kautschuk-Gesellschaft e. V.
Zeppelinallee 69, 60487 Frankfurt am Main
Tel: 069/7936-153
Fax: 069/7936-156

Deutsche PVC-Recycling GmbH (DPR)
Pleimestraße 3, 53129 Bonn
Tel: 0228/91783-0

Deutscher Verband für Gas- und Wasserfachleute (DVGW)
Hauptstraße 71-79, 65727 Eschborn

Deutscher Verband für Schweißtechnik e. V. (DVS)
Aachener Straße 172, 40223 Düsseldorf
Tel: 0211/1591-0
Fax: 0211/1591-200

Deutsches Institut für Bautechnik (IfBt)
Kolonnenstraße 30, 10829 Berlin
Tel.: 030/787300

Deutsches Institut für Gütesicherung und Kennzeichnung e. V. (RAL)
Siegburger Straße 39, 53757 St. Augustin
Tel: 02241/1605-0
Fax: 02241/1605-11

Deutsches Institut für Kautschuktechnologien (DIK)
Eupenerstraße 33, 30519 Hannover
Tel: 0511/84210-0
Fax: 0511/8386826

Deutsches Institut für Normung e. V. NA Kunststoffe (FNK) im DIN
Burggrafenstraße 6, 10787 Berlin
Tel: 030/2601-2352
Fax: 030/2601-1152

Duales System Deutschland GmbH (DSD)
Frankfurter Straße 720-726, 51145 Köln-Porz

European Plastics Converters - Verband Europäischer Kunststoffverarbeiter (EuPC)
Avenue de Cortenbergh 66, Bte 4, B-1040 Bruxelles
Tel: (32-2) 7324124
Fax: (32-2) 7324218

Fachgemeinschaft Gummi- und Kunststoffmaschinen im VDMA
Postfach 710109, 60491 Frankfurt
Tel: 069/6603-0
Fax: 069/6603-1840

Fachverband Bau-, Möbel- und Industrie-Halbzeuge aus Kunststoff
Am Hauptbahnhof 12, 60329 Frankfurt
Tel: 069/27105-29
Fax: 069/232799

Fachverband Kunststoff-Konsumwaren (FVKK)
Am Hauptbahnhof 12, 60329 Frankfurt
Tel: 069/27105-31
Fax: 069/232799

Fachverband Technische Teile (FVTT)
Am Hauptbahnhof 12, 60329 Frankfurt
Tel: 069/27105-35
Fax: 069/239836

Fachverband Verpackung und Verpackungsfolien aus Kunststoff
Am Hauptbahnhof 12, 60329 Frankfurt
Tel: 069/27105-27
Fax: 069/232799

Fachgruppe Makromolekulare Chemie der Gesellschaft Deutscher Chemiker e. V.
Varrentrappstraße 40-42, 60486 Frankfurt
Tel: 069/7917-0
Fax: 069/7917-322

Fachverband Schaumkunststoffe e. V. (FSK)
Korporativmitglied im
Gesamtverband Kunststoffverarbeitende Industrie e. V. (GKV)
Am Hauptbahnhof 12, 60329 Frankfurt/Main
Tel: 069/27105-37
Fax: 069/232799

Food and Drug Administration (FDA)
1390 Piccard Drive, Rockville, MD 20850, USA

Gesamtverband Dämmstoffindustrie
Ferdinand-Porsche-Straße 16, 60386 Frankfurt
Tel: 069/423896
Fax: 069/419178

Gesamtverband Kunststoffverarbeitende Industrie e. V. (GKV)
Am Hauptbahnhof 12, 60329 Frankfurt
Tel: 069/27105-12
Fax: 069/232799

Gesamtverband Dämmstoffindustrie (GDI)
Maximilianstr. 5, 67433 Neustadt
Fax: 06321/34754

Geschäftsbereich Dach- und Dichtungsbahnen im IVK (DUD)
Postfach 100803, 64208 Darmstadt
Tel: 06151/21180
Fax: 06151/23856

Gesellschaft für Kunststoffe in der Landwirtschaft (GKL)
Bartningstraße 49, 64289 Darmstadt

Gütegemeinschaft Kunststoffrohre e. V. (GKR)
Dyroffstraße 2, 53113 Bonn
Tel: 0228/222050
Fax: 0228/211309

Gütegemeinschaft Müll- und Kunststoff-Großbehälter (GMK)
Hammanstraße 3, 60322 Frankfurt
Tel: 069/598093
Fax: 069/598-289

Gütegemeinschaft Recycling-Kunststoff-Profile und -Formteile e. V. (GRKF)
Postfach 2427, 61294 Bad Homburg

Gütegemeinschaft Recyclate aus Standardpolymeren (GRS)
über FKuR, Willich (siehe dort)

Güteschutzgemeinschaft Hartschaum e. V. (GSH)
Mannheimer Straße 27, 60235 Frankfurt
Tel: 069/235565
Fax: 069/232924

Hauptverband der Deutschen Holz- und Kunststoffe verarbeitenden Industrie und verwandter Industriezweige e. V. (HHK)
An den Quellen 10, 65183 Wiesbaden
Tel: 0611/17090
Fax: 0611/378908

Hauptverband der Papier, Pappe und Kunststoffe verarbeitenden Industrie e. V. (HPV)
Arndtstraße 47, 60325 Frankfurt
Tel: 069/9757350
Fax: 069/97573530

Industrieverband Hartschaum e. V. (IVH)
Postfach 103006, 69020 Heidelberg
Tel: 06221/776071
Fax: 06221/775106

Industrieverband Kunststoffbahnen (IVK)
Emil-von-Behring-Straße 4, 60439 Frankfurt
Tel: 069/572064
Fax: 069/574537

Industrieverband Kunststoffverpackungen e. V. (IK)
Kaiser-Friedrich-Promenade 89, 61348 Bad Homburg
Tel: 06172/926667
Fax: 06172/926669

Industrieverband Papier- und Plastikverpackung e. V. (IPV)
Große Friedberger Straße 44-46, 60313 Frankfurt
Tel: 069/281209
Fax: 069/296532

Industrieverband Polyurethan-Hartschaum e. V. (IVPU)
Kriegerstraße 17, 70191 Stuttgart
Tel: 0711/29-1716
Fax: 0711/29-4902

Interessenverband Geokunststoffe e. V. (IVG)
Schluchtstraße 24, 42285 Wuppertal
Tel: 0202/84988

Kunststoffrohrverband e. V. (KRV)
Dyroffstraße 2, 53113 Bonn
Tel: 0228/914770
Fax: 0228/211309

Normenausschuß Kunststoffe im DIN (FNK)
Burggrafenstraße 6, 10787 Berlin
Tel: 030/2601-2352
Fax: 030/2601-1723

Physikalisch-Technische Bundesanstalt (PTB)
Bundesalle 100, 38116 Braunschweig
Tel: 0531/892-3005
Fax: 0531/592-3008

Qualitätsverband Kunststofferzeugnisse e. V. (QKE)
Dyroffstraße 2, 53113 Bonn
Tel: 0228/223571
Fax: 0228/211309

Rationalisierungs-Gemeinschaft Verpackung im RKW (RGV)
Düsseldorfer Straße 40, 65760 Eschborn
Tel: 06196/495-1
Fax: 06196/495303

Society of Plastics Engineers (SPE)
14 Fairfield Drive, Brookfield CT, 06804-0403, USA
Tel.: (001) 203-7750471
Fax: (001) 203-7758490

Technische Arbeitsgruppe Kunststoff- und Kautschukbahnen (TAKK)
Grafenstraße 2, 64283 Darmstadt
Tel: 06151/16-2351
Fax: 06151/16-6051

Technische Vereinigung der Hersteller und Verarbeiter von Kunststoff-Formmassen e. V. (TV)
Postfach 11807, 97034 Würzburg
Tel: 0931/784078-2
Fax: 0931/784078-1

Technische Vereinigung Zertifizierungsgesellschaft mbH
Postfach 110807, 97034 Würzburg
Tel: 0931/784078-0
Fax: 0931/784078-1

The Society of the Plastics Industry (SPI)
1275 K-Street, NY 400, Washington DC 20005, USA

Thüringer Verband der Kunststoff-Recycler e. V.
Breitscheidstraße 97, 07407 Rudolstadt-Schwarza
Tel: 03672/3573-28
Fax: 03672/3573-82

Thüringisches Institut für Textil- und Kunststoff-Forschung e. V. (TITK)
Breitscheidstraße 97, 07407 Rudolstadt-Schwarza
Tel: 03672/3573-0
Fax: 03672/3573-82

Trägergemeinschaft für Akkreditierung GmbH (TGA)
Stresemannallee 13, 60596 Frankfurt
Tel: 069/630091-11

Underwriter's Laboratories (UL)
12 Laboratory Drive, Research Triangle Park, NC 27709, USA

Verband der Automobilindustrie e. V. (VDA)
Westendstraße 61, 60325 Frankfurt
Tel: 069/7570-0
Fax: 069/7570-261

Verband der Chemischen Industrie e. V. (VCI)
Karlstraße 21, 60329 Frankfurt
Tel: 069/2556-0
Fax: 069/2556-471

Verband der Fenster- und Fassadenhersteller e. V.
Bockenheimer Anlage 13, 60322 Frankfurt
Tel: 069/550068
Fax: 069/5973644

Verband der Schaumstoff-Verarbeiter e. V. (VSV)
Am Hauptbahnhof 12, 60329 Frankfurt
Tel: 069/27105-37
Fax: 069/232799

Verband Deutscher Maschinen- und Anlagenbau e. V. (VDMA)
Fachgemeinschaft Gummi- und Kunststoffmaschinen
Lyoner Straße 1, 60528 Frankfurt/Main
Tel: 069/6603-0
Fax: 069/6603-1840

Verband Kunststofferzeugende Industrie e. V. (VKE)
Karlstraße 21, 60329 Frankfurt
Tel: 069/25561303
Fax: 069/251060

Verband Qualitätssicherung für PE-Baufolien (VQB)
siehe Industrieverband Kunststoffverpackungen (IK)

Verein Deutscher Elektrotechniker (VDE)
Stresemannallee 15, 60596 Frankfurt
Tel: 069/63080
Fax: 069/6312925

Verein Deutscher Ingenieure - VDI-Gesellschaft Kunststofftechnik (VDIK)
Graf-Recke-Straße 84, 40239 Düsseldorf
Tel: 0211/621-4223
Fax: 0211/621-4575

Wirtschaftsverband der deutschen Kautschukindustrie e. V. (W.D.K.)
Zeppelinallee 69, 60487 Frankfurt
Tel: 069/7936-0
Fax: 069/7936-150

9.6 Normungsgremien

American Society of Testing and Materials (ASTM)
100 Barr Harbor Drive, West Conshohocken, PA 19428-2959
Tel: +1-610-832-9585
Fax: +1-610-832-9555

Association Française de Normalisation (AFNOR)
Tour d'Europe, 92049 Paris-La Défense Cedex
Tel: +33-142-91-55-55
Fax: +33-142-91-55-56

British Standards Institution (BSI)
389 Chiswick High Road, GB-London W4 4AL
Tel.: +44-181-996-90-00
Fax: +44-181-996-74-00

Comité Européen Normalisation (CEN)
Rue de Stassart 36, B-1050 Brüssel
Tel.: +32-2-550-08-11
Fax: +32-2-550-08-19

Comité Européen Normalisation Electrotechnique (CENELEC)
Rue de Stassart 35, B-1050 Brüssel
Tel.: +32-2-519-68-71
Fax: +32-2-519-69-19

Comission International d'Eclairage (CIE)
Kegelgasse 27, A-1030 Wien
Tel.: +43-1-7143187-0
Fax: +43-1-7143187-0

International Electrorechnical Commission (IEC)
Rue de Varembé 3, Postfach 131, CH-1211 Genf 20
Tel.: +41-22-919-02-11
Fax: +41-22-919-03-00

International Organisation for Standardisation (ISO)
Rue de Varembé 1, Postfach 56, CH-1211 Genf 20
Tel.: +41-22-749-01-11
Fax: +41-22-733-34-30

Japanese Industrial Standards Committee (JISC)
c/o Standards Department
Agency of Industrial Science and Technology
Ministry of International Trade and Industry
1-3-1, Kasumigaseki, Chiyoda-Ku, Tokio 100
Tel.: +81-3-35-01-20-96
Fax: +81-3-35-80-86-37

10 Handelsnamen für Kunststoffe als Rohstoff und Halbzeug

10 Handelsnamen für Kunststoffe als Rohstoff und Halbzeug

10.1 Vorbemerkung

Das folgende Verzeichnis erfaßt die weltweit in Gebrauch befindlichen Handelsnamen (z.T. sind diese als Warenzeichen registriert und geschützt) für Kunststoff-Rohstoffe und -Formmassen sowie wichtige Halbzeuge in Verbindung mit den gebräuchlichsten Kurzzeichen, der Lieferform sowie Namen und Sitz der Herstellerfirma. Veraltete, nicht mehr als Markenbezeichnungen benutzte Namen sind ausgeschieden worden, sie können bei Bedarf in früheren Ausgaben des Kunststoff-Taschenbuchs nachgeschlagen werden.

Die Angaben im Verzeichnis beruhen auf Auskünften der Namens-Inhaberfirmen, ergänzt durch die Auswertung der internationalen Fachliteratur einschließlich Anzeigen und technischen Firmenschriften.

10.2 Einteilung des Verzeichnisses

Jedem Handelsnamen folgen nach Herstellerfirma mit Kurzadresse die zugehörige chemische Kurzbezeichnung des entsprechenden Kunststoffs bzw. der Kunststoffklasse (vgl. Abschn. 10.2.1) sowie als Zahlengruppe verschlüsselt die Lieferform des Kunststoffs (vgl. Abschn. 10.2.2). Die Gliederung der Kunststoffklassen folgt weitgehend dem Aufbau von Kapitel 4.

Wenn in den Rubriken „Kunstharz“ bzw. „Lieferform“ mehrere Kurzzeichen bzw. Kennziffern mit Komma aufgeführt sind, gilt der betreffende Handelsname für die so gekennzeichneten verschiedenen Kunststoffgruppen bzw. Lieferformen. Sind Kurzzeichen durch ein + Zeichen verbunden, so geben sie die Polymerkomponenten eines *Blends* wieder.

Einteilung des Handelsnamen-Verzeichnisses:

10.2.1 Kurzzeichen und zugehörige chemische Bezeichnungen

Die Gliederung erfolgt nach chemischen Gesichtspunkten und folgt im wesentlichen dem Aufbau von Kapitel 4.

Lfd. Nr.	Kurzzeichen	Chemische Bezeichnung
0	**Thermopl., allg.**	**Thermoplaste allgemein**
1	**PO**	**Polyolefine, Polyolefin-Derivate und Olefin-Copolymerisate**
1.1	PE	Polyethylen-Homopolymerisate
1.1.1	PE-HD	Polyethylen-High Density
1.1.2	PE-HMW	Polyethylen-High Molecular Weight
1.1.3	PE-LD	Polyethylen-Low Density
1.1.4	PE-LLD	Polyethylen-Linear Low Density
1.1.5	PE-UHMW	Polyethylen-Ultra High Molecular Weight
1.2		Polyethylen-Derivate
1.2.1	PE-X	Vernetztes PE
1.2.2	PE+PSAC	Polyethylen+Polysaccharide (Stärke)
1.3		Polyethylen, chloriertes- und chlorsulfonier-tes
1.3.1	PE-C	Chloriertes PE
1.3.2	CSM	Chlorsulfoniertes PE
1.4	PE-Cop	Polyethylen-Copolymere
1.4.1	COC	Cyclopolyolefinpolymere
1.4.2	EAA	Ethylen/Methacrylsäure-Cop.
1.4.3	EBA	Ethylen/Butylacrylat-Cop.
1.4.4	ECB	Ethylencopolymer-Bitumen-Blend
1.4.5	EEA	Ethylen/Ethylacrylat-Cop.
1.4.6	EIM	Polyethylen Ionomere
1.4.7	EMA	Ethylen/Methacrylat-Cop.
1.4.8	EMAA	Ethylen/Methacrylsäure-Cop.
1.4.9	EP	Ethylen/Propylen-Cop.
1.4.10	EVA	Ethylen/Vinylacetat-Cop.
1.4.11	EVAL	Ethylen/Vinylalkohol-Cop., s. EVOH
1.4.12	EVOH	Ethylen/Vinylalkohol-Cop., s. EVAL
1.4.14	PE-ULD	Ethylen-α Olefin-Cop.: Polyethylen-Ultra (Very) Low Density
1.4.15	PE-VLD	Ethylen-α Olefin-Cop.: Polyethylen-Very (Ultra) Low Density
1.5	PP	Polypropylen-Homopolymerisate

Lfd. Nr.	Kurzzeichen	Chemische Bezeichnung
1.6	PP-Cop	Polypropylen-Copolymerisate und -Derivate, Blends
1.6.1	EP(D)M	Ethylen/Propylen/(Dien)-Kautschuke
1.6.2	PP-B	Polypropylen-Block-Copolymere
1.6.3	PP-C	PP, chlorierte
1.7		Polypropylen, gefüllt und verstärkt
1.8		Polybutene
1.8.1	PB-1	Polybuten-1
1.8.2	PIB	Polyisobutylen
1.9		Höhere Poly-α-Olefine
1.9.1	PDCPD	Polydicyclopentadien
1.9.2	PMP	Poly-4-methylpenten-1
2		**Vinylpolymere**
2.1		Polystyrole, Homopolymerisate
2.1.1	PS	Polystyrol
2.1.2	MS	Poly-α-Methylstyrol
2.2	S-Cop	Polystyrole, Copolymere
2.2.1	ABAS	Acrylnitril/Butadien/Acrylat -Cop.
2.2.2	ABS	Acrylnitril/Butadien/Styrol-Cop.
2.2.3	ACS	Acrylnitril/Polyestercarbonat-Elastomer/Styrol-Cop.
2.2.4	AEPDMS	Acrylnitril/Ethylen-Propylen-Dien/Styrol-Cop.
2.2.5	AES	Acrylnitril/Ethylen-Propylen-Dien/Styrol-Cop.
2.2.6	APE-CS	Acrylnitril/chloriertes Polyethylen/Styrol-Cop.
2.2.7	ASA	Acrylnitil/Styrol/Acrylester-Cop.
2.2.8	PPMS	Polyparamethylstyrol
2.2.9	PS-HI	Polystyrol, schlagzäh, Styrol+BR o. SBR
2.2.10	SAN	Styrol/Acrylnitril-Cop.
2.2.11	SB	Styrol/Butadien-Cop.
2.2.12	SBMMA	Styrol/Butadien/Methylmethacrylat-Cop.
2.2.13	SEPDM	Styrol/Ethylen/Propylen/Dien-Kautschuke
2.2.14	SIMA	Styrol/Isopren/Maleinsäureanhydrid-Cop.
2.2.15	SMA	Styrol/Maleinsäureanhydrid-Cop.
2.2.16	SMAB	Styrol/Maleinsäureanhydrid/Butadien-Cop.
2.2.17	SMAH	Styrol/Maleinsäureanhydrid-Cop.
2.2.18	SMMA	Styrol/Methylmethacrylat-Cop.
2.2.19	SMS	Styrol/-α-Methylstyrol-Cop.
2.3		Polystyrol-Blends
2.3.1	ABS+PC	ABS + Polycarbonat
2.3.2	PS+PC	Polystyrol+PC
2.3.3	PS+PE	Polystyrol+PE
2.3.4	PS+PE-HD	Polystyrol+PE-HD

Lfd. Nr.	Kurzzeichen	Chemische Bezeichnung
2.3.5	PS+PPE	Polystyrol+PPE
2.4	TPE-S	Styrol-Cop., Thermoplastische Elastomere
2.4.1	SB	Styrol/Butadien-Block-Cop.
2.4.2	SBS	Styrol/Butadien/Styrol-Block-Cop.
2.4.3	SEBS	Styrol/Ethenbuten/Styrol-Block-Cop.
2.4.4	SIS	Styrol/Isopren/Styrol-Block-Cop.
2.5	PS-E	Polystyrol-Schaumstoffe
2.6	PVC	Polyvinylchlorid hart
2.6.1	PVC-U	Polyvinylchlorid, Homopolymerisate, PVC-hart
2.6.2	PVC-C	Polyvinylchlorid, chloriert
2.6.3	PVC-HI	Polyvinylchlorid, schlagzäh
2.7	PVC-P	Polyvinylchlorid, Homopolymerisate, PVC-weich
2.8	VC-Cop	Polyvinylchlorid, Copolymerisate und Blends
2.8.1	VCE	Vinylchlorid/Ethylen-Cop.
2.8.2	VCEMA	Vinylchlorid/Ethylen/Methylmethacrylat-Cop.
2.8.3	VCEVAC	Vinylchlorid/Ethylen/Vinylacetat-Cop.
2.8.4	VCMA	Vinylchlorid/Methacrylat-Cop.
2.8.5	VCMAAN	Vinylchlorid/Maleinsäureanhydrid/Acrylnitril-Cop.
2.8.6	VCMAH	Vinylchlorid/Maleinsäureanhydrid-Cop.
2.8.7	VCMAI	Vinylchlorid/Maleinimid-Cop.
2.8.8	VCMMA	Vinylchlorid/Methylmethacrylat-Cop.
2.8.9	VCOA	Vinylchlorid/Octylacrylat-Cop.
2.8.10	VCPAEAN	Vinylchlorid/Acrylatkautschuk/Acrylnitril-Cop.
2.8.11	VCPE-C	Vinylchlorid/chloriertes Ethylen-Cop.
2.8.12	VCVAC	Vinylchlorid/Vinylacetat-Cop.
2.8.13	VCVDC	Vinylchlorid/Vinylidenchlorid-Cop.
2.8.14	VCVDCAN	Vinylchlorid/Vinylidenchlorid/Acrylnitril-Cop.
2.9		Polyvinylchlorid, Pasten, Plastisole, Organosole, Schäume
2.10		Vinylpolymere, weitere Homo- und Copolymerisate
2.10.1	PVAC	Polyvinylacetat
2.10.2	PVAL	Polyvinyalkohol
2.10.3	PVB	Polyvinylbutyral
2.10.4	PVDC	Polyvinylidenchlorid
2.10.5	PVFM	Polyvinylformal
2.10.6	PVK	Polyvinylcarbazol
2.10.7	PVME	Polyvinylmethylether
2.10.8	PVP	Polyvinylpyrrolidon

Lfd. Nr.	Kurzzeichen	Chemische Bezeichnung
3	**F-Pol**	**Fluorpolymere**
3.1		Fluor-Homopolymere
3.1.1	PCTFE	Polychlortrifluorethylen
3.1.2	PTFE	Polytetrafluorethylen
3.1.3	PVDF	Polyvinylidenfluorid
3.1.4	PVF	Polyvinylfluorid
3.2	F-Cop	Fluor-Copolymerisate und -Elastomere
3.2.1	PTFEAF	Tetrafluorethylen/Bistrifluormethyl-Difluor-Dioxalan
3.2.2	ECTFE	Ethylen/Chlortrifluorethylen-Cop.
3.2.3	ETFE	Ethylen/Tetrafluorethylen-Cop.
3.2.4	FEP	Tetrafluorethylen/Hexafluorpropylen-Cop.
3.2.5	PFA	PTFE/Perfluoralkylvinylether-Cop., Perfluor-alkoxy
3.2.6	TFE/HFP/VDF	TFE/Hexafluorpropylen/Vinylidenfluorid-Cop.
4		**Polyacryl-und Methacrylpolymere**
4.1	A-Pol	Polyacrylate, Homo- und Copolymerisate
4.1.1	PAA	Polyarylamid
4.1.2	ANBA	Acrylnitril/Butadien/Acrylat-Cop.
4.1.3	ANMA	Acrylnitril/Methacrylat-Cop.
4.1.4	PAA	Polyacrylsäureester
4.1.5	PAN	Polyacrylnitril
4.1.6	PBA	Polybutylacrylat
4.1.7	PMA	Polymethylacrylat
4.1.8		Sonstige Acrylate
4.2	MA-Pol	Polymethylmethacrylate, Homo- und Copolymerisate
4.2.1	AMMA	Acrylnitril/Methylmethacrylat
4.2.2	MABS	Methylmethacrylat/Acrylnitril/Butadien/Styrol-Cop.
4.2.3	MBS	Methylmethacrylat/Butadien/Styrol-Cop.
4.2.4	PMMA	Polymethylmethacrylat
4.3		Polymethacrylate, Modifizierungen und Blends
4.3.1	EML	exo-Methylenlacton
4.3.2	MMAEML	Methylmethacrylat/exo-Methylenlacton-Cop.
4.3.3	PMMA+ABS	PMMA+ABS
4.3.4	PMMA-HI	Polymethylmethacrylat, schlagzäh
4.3.5	PMMI	Polyacrylesterimid
5	**POM**	**Polyoxymethylen (Polyacetalharz, Polyformaldehyd)**
5.1	POM-H	Polyoxymethylen-Homopolymerisat
5.2	POM-R	Polyoxymethylen-Copolymerisat
5.3		Polyoxymethylen, Modifizierungen und Blends

Lfd. Nr.	Kurzzeichen	Chemische Bezeichnung
5.3.1	POM+PUR	Polyoxymethylen+PUR-Elastomer
6	**PA**	**Polyamide**
6.1	PA	AB+AA/BB-Polymere
6.1.1	PA 11	Polyamid 11
6.1.2	PA 12	Polyamid 12
6.1.3	PA 1313, 613	Polyamid 1313, 613
6.1.4	PA 4, 7, 8, 9	Polyamid 4, 7, 8, 9
6.1.5	PA 46	Polyamid 46
6.1.6	PA 6	Polyamid 6
6.1.7	PA 610	Polyamid 610
6.1.8	PA 612	Polyamid 612
6.1.9	PA 66	Polyamid 66
6.1.10	PA 69	Polyamid 69
6.2	PA-Cop	Polyamide, Copolymere und Blends
6.2.1	PA 6/12	Polyamid 6/12
6.2.2	PA 66/6	Polyamid 66/6
6.2.3	PA 66/6/610	Polyamid 66/6/610
6.2.4	PA+ABS	Polyamid+ABS
6.2.5	PA+E/VA	Polyamid+E/VA
6.2.6	PA+EPDM	Polyamid+EPDM
6.2.7	PA+Kautschuk	Polyamid+Kautschuk
6.2.8	PA+PPE	Polyamid+PPE
6.2.9	PA+PPS	Polyamid+PPS
6.3		Polyamide, Spezialpolymere
6.3.1	PA 6 T	Polyamid 6-T
6.3.2	PA 6-3-T	Polyamid 6-3-T
6.3.3	PA 6-G, 12-G	Gußpolyamide, PA6 und 12
6.3.4	PA 6/6-T	Polyamid 6/6-T
6.3.5	PA 6I	Polyamid 6I
6.3.6	PA 6I/6T	Polyamid 6I/6T
6.3.7	PA MXD6	Polyamid MXD6
6.3.8	PA PDA T	Polyamid-PDA-T
6.3.9	PA RIM	Polyamid-Block-Cop. für RIM-Verfahren
6.4		Polyamide, aromatische; Aramide
6.4.1	PMPI	Poly-m-Phenylen/Isophthalamid, Aramid
6.4.2	PPTA	Poly-m-Phenylen/Terephthalamid, Aramid
6.5		Polyamide, teilaromatische
6.5.1	PPA	Polyphthalamid
7	**SP**	**Polyester, aromatische, gesättigte**
7.1	PC	Polycarbonate
7.1.1	PC-BPA	Bisphenol-A-Polycarbonat
7.1.2	PC-TMBPA	Trimethyl/Bisphenol-A-Polycarbonat
7.1.3	PC-TMC	Trimethylcyclohexan- Polycarbonat
7.2		Polycarbonat-Blends

Lfd. Nr.	Kurzzeichen	Chemische Bezeichnung
7.2.1	PC+ABS	Polycarbonat+ABS
7.2.2	PC+AES	Polycarbonat+AES
7.2.3	PC+ASA	Polycarbonat+ASA
7.2.4	PC+PBT	Polycarbonat+PBT
7.2.5	PC+PE-HD	Polycarbonat+PE-HD
7.2.6	PC+PET	Polycarbonat+PET
7.2.7	PC+PMMA+PS	Polycarbonat+PMMA+PS
7.2.8	PC+PPE	Polycarbonat+PPE
7.2.9	PC+PPE+SB	Polycarbonat+PPE+S/B
7.2.10	PC+PS-HI	Polycarbonat+PS-HI
7.2.11	PC+SMA	Polycarbonat+SMA
7.2.12	PC+TPU	Polycarbonat+TPE-U
7.3	PTP	Polyester der Terephthalsäure, Blends, Block-copolymere
7.3.1	PET	Polyethylenterephthalat
7.3.2	PET+Elastomer	Polyethylenterephthalat+Elastomer
7.3.3	PET+MBS	Polyethylenterephthalat+MBS
7.3.4	PET+PBT	Polyethylenterephthalat+PBT
7.3.5	PET+PMMA	Polyethylenterephthalat+PMMA
7.3.6	PET+PSU	Polyethylenterephthalat+PSU
7.3.7	PBT	Polybutylenterephthalat
7.3.8	PTT	Polytrimethyleterephthalat
7.3.9	PCT	Polycyclohexandimethylterephthalat
7.4		Polyester aromatischer Diole und Carbonsäu-ren
7.4.1	APE	Aromatische Polyester,
7.4.2	PAR	Polyarylate, hochtemperaturbeständige
7.4.3	PBN	Polybutylennaphthalat
7.4.4	PEC	Polyestercarbonat
7.4.5	PEN	Polyethylennaphthalat
7.4.6	PHBA	Polyhydroxybenzoat
8		**Polysulfide und Polysulfone, aromatische**
8.1	PPS	Polyphenylensulfid
8.2		Polyarylsulfone und -Blends
8.2.1	PASU	Polyarylsulfone
8.2.2	PES	Polyethersulfone
8.2.3	PPSU	Polyphenylensulfon
8.2.4	PSU	Polysulfone
8.2.5	PSU+ABS	Polysulfon+ABS
9		**Polyether und -Blends, aromatische**
9.1	PPE	Polyphenylenether, alt PPO
9.2	PPE+PA 66	Polyphenylenether+PA 66
9.3	PPE+PBT	Polyphenylenether+PBT
9.4	PPE+PS	Polyphenylenether+PS

Lfd. Nr.	Kurzzeichen	Chemische Bezeichnung
10		**Polyester, aliphatische**
10.1	PEOX	Polyethylenoxid
10.2	PPOX	Polypropylenoxid
10.3	PTHF	Polytetrahydrofuran
11		**Polyaryletherketone, -Blends und -Derivate**
11.1	PAEK	Polyaryletherketon
11.2	PAEK+PEI	Polyaryletherketon+Polyetherimid
11.3	PEK	Polyetherketon
11.4	PEEK	Polyetheretherketon
11.5	PEEEK	Polyetheretheretherketon
11.6	PEKK	Polyetherketonketon
11.7	PEEKK	Polyetheretherketonketon
11.8	PEEKEK	Polyetheretherketonetherketon
11.9	PEKEEK	Polyetherketonetheretherketon
12		**Polyimide, aromatische**
12.1	PI, duropl.	Polyimide, duroplastisch
12.1.1	PI	Polyimidimid
12.1.2	PBMI	Polybismaleinimid
12.1.3	PBI	Polybenzimidazol, Triazinpolymer
12.1.4	PBO	Polyoxadiabenzimidazol
12.2	PI, thermopl.	Polyimide,.thermoplastisch
12.2.1	PAI	Polyamidimid
12.2.2	PEI	Polyetherimid
12.2.3	PISO	Polyimidsulfon
12.2.4	PMI	Polymethacrylimid
12.2.5	PMMI	Polyacryesterlimid
12.2.6	PARI	Polyarylimid
12.2.7	PESI	Polyesterimid
13	**LCP**	**Liquid Crystal Polymere**
13.1	PET-LCP	LCP auf Basis Polyethylenterephthalat
13.2	PBT-LCP	LCP auf Basis Polybutylenterephthalat
13.4	PMPI-LCP	LCP auf Basis PMPI-Aramide,
13.5	PPTA-LCP	LCP auf Basis PPTA-Aramid
13.6	PAR-LCP	LCP auf Basis Polyarylate
13.7	PEC-LCP	LCP auf Basis Polyestercarbonate
14		**Leiterpolymere**
14.1	HT-P	Pyrrone, Polycyclone
14.2	HT-PP	Polyphenylene (Polyarylene)
14.3	HT-PT	Polytriazine
15	**PUR**	**Polyurethane**
15.1	PUR-R	Polyurethan-Rohstoffe
15.2		Polyurethan-Kunststoffe
15.2.1	PUR-H	Polyurethan-Hartschaumstoffe

Lfd. Nr.	Kurzzeichen	Chemische Bezeichnung
15.2.2	PUR-I	Polyurethan-Integralschaumstoffe
15.2.3	PUR-M	Polyurethane, massive Kunststoffe, Elastomere
15.2.4	PUR-W	Polyurethan-Weichschaumstoffe
16		**Duroplaste: härtbare Formmassen, Prepregs**
16.1	CF	Kresol-Formaldehyd
16.2	EP	Epoxid-Harze, Polyadditions-Harze
16.3	FF	Furan/Formaldehyd
16.4	MF	Melamin/Formaldehyd
16.5	MF+UP	Melamin/Formaldehyd+ungesättigter Polyester
16.6	MPF	Melamin/Phenol-Formaldehyd
16.7	MUF	Melamin/Harnstoff/-Formaldehyd
16.8	MUPF	Melamin/Harnstoff/Phenol/Formaldehyd
16.9	PDAP	Polydiallylphthalat
16.10	PF	Phenol/Formaldehyd
16.11	PF+EP	Phenol/Formaldehyd+Epoxid
16.12	PFMF	Phenol/Formaldehyd/Melamin/Formaldehyd
16.13	RF	Resorcin/Formaldehyd
16.14	SI	Silikone, Silikonharze
16.15	UF	Harnstoff/Formaldehyd
16.16	UP	Ungesättigte Polyester-Harze
16.17	VE	Vinylester, Phenylacrylat, PHA
16.18	XF	Xylenol/Formaldehyd
17		**Duroplaste: härtbare Gieß- und Laminierharze**
17.1	PF	Phenol/Formaldehyd
17.1	CF	Kresol-Formaldehyd
17.1	RF	Resorcin/Formaldehyd
17.1	XF	Xylenol/Formaldehyd
17.2	UF	Harnstoff/Formaldehyd
17.2	MF	Melamin/Formaldehyd
17.3	FF	Furan/Formaldehyd
17.4	UP	Ungesättigte Polyester-Harze
17.5	VE	Phenylacrylat, PHA
17.6	EP	Epoxid-Harze, Polyadditions-Harze
17.7	PDAP	Polydiallylphthalat
17.8	KWH	Kohlenwasserstoffharz
18	**TPE**	**Elastomere, thermoplastische**
18.1	TPE-A, TPA	TPE, Basis Polyamide
18.1.1	TE-(PEBA 12)	TPE, Basis PA 12
18.1.2	TE-(PEBA 6)	TPE, Basis PA 6
18.2	TPE-E, TPE	TPE, Basis Polyester
18.2.1	TE-(PEEST)	TPE, Basis Polyetherester

Lfd. Nr.	Kurzzeichen	Chemische Bezeichnung
18.2.2	TE-(PESTEST)	TPE, Basis Polyesterester
18.3	TPE-O, TPO	TPE, Basis Olefin-Copolymere
18.3.1	EVA	TPE, Basis Ethylen/Vinylacetat
18.3.2	EVA/VDC	TPE, Basis Ethylen/Vinylacetat+Polyvinylidenchlorid
18.3.3	NBRPP	TPE, Basis Nitril/Butadien-Kautschuk/Polypropylen
18.3.4	TE-(EPDM+PP)	TPE, Basis Ethylen/Propylen-Terpolymer/Propylen
18.3.5	TE-(EPDM+PP-X)	TPE, Basis Ethylen/Propylen-Terpolymer/Propylen, vernetzt
18.3.6	TE-(NR+PP-X)	TPE, Basis Naturkautschuk/Polypropylen, vernetzt
18.3.7	TE-(NR+PP-X)	TPE, Basis Naturkautschuk/Polypropylen, vernetzt
18.3.8	TP-(EPDM+PP)	TPE, Basis Ethylen/Propylen-Terpolymer/Propylen
18.3.9	TP-(EPDM+PP-X)	TPE, Basis Ethylen/Propylen-Terpolymer/Propylen, vernetzt
18.4	TPE-S, TPS	TPE, Basis Styrolcopolymere
18.4.1	TE-(SB)	TPE, Basis Styrol/Butadien
18.4.2	TE-(SBS)	TPE, Basis Styrol/Butadien/Styrol
18.4.3	TE-(SEBS)	TPE, Basis Styrol/Ethenbuten/Styrol1
8.4.4	TE-(SIS)	TPE, Basis Styrol/Isopren
18.4.5	TE-(PBBS+PP)	TPE, Basis Styrol/Butylen/Styrol+Propylen
18.4.6	TE-(PEBBS+PPE)	TPE, Basis Styrol/Ethylen-Butylen/Styrol+Polyphenylenether
18.4.7	TE-(PEBS+PP)	TPE, Basis Styrol/Ethylen-Butylen/Styrol+Polypropylen
18.4.8	TE-S(SBS+PP)	TPE, Basis Styrol/Butadien/Styrol+Propylen
18.5	TPE-U, TPU	TPE, Basis Polyurethan
18.5.1	TE-U(ES)	TPE, Basis Polyesterurethan
18.5.2	TE-U(ET/ES)	TPE, Basis Polyetheresterurethan
18.5.3	TE-(PEUR)	TPE, Basis Polyetherurethan
18.5.4	ATPU	TPE, Basis Aliphatisches Polyurethan
19		**Natürlich vorkommende Polymere**
19.1		Cellulose, Stärke und Derivate
19.1.1	CA	Celluloseacetat
19.1.2	CAB	Celluloseacetobutyrat
19.1.3	CAP	Celluloseacetopropionat
19.1.4	CH	Hydratisierte Cellulose, Zellglas
19.1.5	CMC	Carboxymethylcellulose
19.1.6	CN	Cellulosenitrat, Celluloid
19.1.7	CP	Cellulosepropionat
19.1.8	CTA	Cellulosetriacetat
19.1.9	EC	Ethylcellulose
19.1.10	MC	Methylcellulose

Lfd. Nr.	Kurzzeichen	Chemische Bezeichnung
19.1.11	PHA	Polyhydroxyalkalin
19.1.12	PSAC	Polysaccharide, Stärke
19.1.13	TPS	Thermoplastische Stärke
19.1.14	VF	Vulkanfiber
19.2		Casein-Kunststoffe
19.2.1	CS	Casein-Kunststoffe
19.2.2	CSF	Casein-Formaldehyd, Kunsthorn
19.2.3	PLA	Polylactid
19.3		Naturharze
19.4	PESTA	Polyesteramid
20		**Neue/sonstige Polymere**
20.1	PN-OB	Wasserunlösliche Poly-N-Verbindungen
20.2		Elektrisch leitfähige Polymere
20.2.1	PAC	Polyacetylen, Polyen
20.2.2	PPV	Polyphenylenvinylen
20.2.3	PPY	Polypyrrol, Polyfuran, Polythiophen
20.2.4		B-Carotin
20.2.5		C50 Astaxanthin
20.2.6		Polyacen
20.2.7		Polyanilin
20.2.8		Polyfuran
20.2.9%%		Polyheteroaromaten
20.2.10%%		Polyphenylenamin
20.2.11%%		Polyphenylenbutadien
20.2.12%%		Polyphenylene
20.2.13%%		Polythiophen
20.2.14%%		Vitamin A
20.3	PK	Aliphatisches Polyketon
21		**Synthesekautschuk**
21.1	BR	Polybutadien
21.2	CR	Polychloropren
21.3	SBR	Styrol-Butadien-Kautschuk
21.4	IR	Polyisopren
21.5	NBR	Nitril-Butadien-Kautschuk
21.6	NCR	Nitril-Chloropren-Kautschuk
21.7	IIR	Isopren-Isobuten-Kautschuk, Butylkautschuk
21.8	SIR	Isopren-Styrol-Kautschuk
21.9	PNR	Polynorbornen-Kautschuk
21.10	TOR	Trans-Polyoctenemer-Kautschuk
21.11	FKM	Fluorkautschuk
21.12	Q	Silikon-Kautschuk
21.13	ACM	Acrylat-Kautschuk

10.2.2 Lieferform

	Lieferform
1	**Rohstoffe**
1.1	Vorprodukte, flüssig
1.2	Dispersionen, wäßrig
1.3	Lösungen
1.4	Pasten
1.5	Harze, schmelzförmige Massen
2	**Formmassen**
2.1	Pulver
2.2	Granulat
2.3	Prepregs, Matten
3	**Halbzeug**
3.1	Profile, Stäbe
3.2	Rohre, Schläuche
3.3	Folien, Bahnen
3.4	Platten, Blöcke
3.5	Verbunde
3.6	Fasern, Vliese, Borsten
3.7	Schaumstoffe

10.3 Handelsnamen

Name	Firma	Kunststoff/ Kunstharz (siehe 10.2.1, Seite 834)	Lieferform (siehe 10.2.2, Seite 844)
A			
Abselex	Courtaulds PLC, Bradford BD1 1EX W. Yorkshire, GB	ABS	3.3
Absrom	Daicel Chemical Ind., Ltd. Tokyo, JP	ABS	2.1
Abstat	Mitech Twinsburg, OH 44087, USA	ABS	2.2
A-C Polyethylene	Allied Signal Europe N.V. 3001 Heverlee, BE	PE	2.2
Accord	Bayer AG 51368 Leverkusen, DE	PESTA	2.2
Accpro	Amoco Performance Products Richfield, CT 06 877, US	PP	2.2
Acctuf	–„–	PP-B	2.2
Acell	BP Chemicals International Ltd. London SW1W OSU, GB	PE, PF	3.7
Acella	J. H. Benecke GmbH 30007 Hannover, DE	PO	3.3, 3.6
Acetron	Polypenco GmbH 51437 Bergisch Gladbach, DE	POM	3, 3.4
Aclacell	Acla-Werke GmbH 51065 Köln, DE	PUR	3.7
Aclaflex	–„–	PUR	3.7
Aclait	–„–	CF	3.5
Aclamid	–„–	PA	2.2, 3.1, 3.2, 3.4
Aclan	–„–	PUR, TPE-U, TPU	2.2
Aclathan	–„–	PUR, TPE-U, TPU	2.2, 3.7
Aclon	Allied Signal Europe N.V. 3001 Heverlee, BE	ECTFE	2.2
Aclyn	Allied Color Ind. Inc. Broadview Heights, OH 44 147, US	PE-Cop	1.2
Acme	Acme Chemicals Div. New Haven, CT 06 505, US	EP	2.2
Acorn	Hepworth Water Systems 41748 Viersen, DE	PB-1	3.2
Acpol	Freeman Chemical Corp. Port Washington, WI 53 074, US	UP	1.1, 2.2
Acrifix	Röhm GmbH 64293 Darmstadt, DE	PMMA	1.1

Name	Firma	Kunststoff/ Kunstharz (siehe 10.2.1, Seite 834)	Lieferform (siehe 10.2.2, Seite 844)
Acriglas	Acrilex Inc. Jersey City, NJ 07 305, US	PMMA	3.4
Acriplex	Röhm GmbH 64293 Darmstadt, DE	SI+MF	1.3
Acrivue	Pilkington Aerospace Inc. Birmingham B38 8SR, GB	PMMA	3.4
Acrolex	Ferro Corp. Evansville, IN 47 711, US	PC+PMMA+ PS	2.2
Acronal	BASF Aktiengesellschaft 67056 Ludwigshafen, DE	PAA	1.1, 1.2
Acrosol	–„–	PAA	1.2
Acryalloy V	Mitsubishi Rayon Co., Ltd. Tokyo, JP	PMMA+PVC	2.2
Acrycal	Continental Polymers Inc. Compton, CA 90 220, US	PMMA	3.4
Acrycon	Mitsubishi Rayon Co., Ltd. Tokyo, JP	PMMA	2.2
Acryester	–„–	PMMA	1.1
Acrylamate	Ashland Chemical Corp. Columbus, OH 43 216, US	UP+PUR	2.2
Acrylite	Cyro Industries Woodcliff, NJ 07 675, US	PMMA	2.2
Acrylivin	Gen. Corp. Polymer Products Newcomerstown, OH 43 832, US	PMMA+F-Pol.	3.4
Acryloy	Resolite, Div. Robertson Ceco Co. Zelienople, PA 16 063, US	UP	3.5
Acrylux	Schock & Co. GmbH 73605 Schorndorf, DE	PMMA, PMMA	3.1, 3.4
Acrypanel	Mitsubishi Rayon Co., Ltd. Tokyo, JP	PMMA	3.4
Acrypet	–„–	PMMA	2.2
Acryrex	Chi Mei Industrial Co., Ltd. Tainan, Shien, Taiwan	PMMA	2.2
Acrysol	Rohm & Haas Co., Research Triangle Park, NC 27 709, US	PMMA	1.2
Acrysteel	Aristech Chemical Co. Florence, KY 41 042, US	PMMA	3.4
Acrytex	Röhm GmbH 64293 Darmstadt, DE	PAA	1.1
ACS	Showa Denko K.K. Tokyo 105, JP	PE-C	2.2
Adder	Tufnol Ltd. Birmingham B42 2TB, GB	PF	3.5
Adell	Adell Plastics Inc. Baltimore, MD 21 227, US	PP, PA, PC	2.2

Name	Firma	Kunststoff/ Kunstharz (siehe 10.2.1, Seite 834)	Lieferform (siehe 10.2.2, Seite 844)
Adflex	Montell International 2130 AP Hoofddorp, NL	PP, PP-Cop	2.2
Adiprene	Du Pont Deutschland GmbH 61343 Bad Homburg, DE	PUR	1.1
Admer	Mitsui Petrochemical Ind., Ltd. Tokyo, JP	PE-Cop, TPE-O	1.1
Adstif	Montell International 2130 AP Hoofddorp, NL	PP, PP-Cop	2.2
Adsyl	–„–	PP, PP-Cop	2.2
Advex	Geon OH 44131 Cleveland, USA	PVC	2.2
Aecithene	Aeci (Pty) Ltd. Johannesburg 2000, ZA	PE-LLD	2.2
Aerodux	Ciba Spezialitätenchemie AG 4002 Basel, CH	RF	1.1
Aeroflex	Anchor Plastics Inc. Great Neck, NY 11 021, US	PE-LD	3
Aerolam	Ciba-Geigy, Composites Div. Anaheim, CA 9207-2018, US	EP	3.5
Aerotuf	Anchor Plastics Inc. Great Neck, NY 11 021, US	PP	3
Aeroweb	Ciba-Geigy, Composites Div. Anaheim, CA 9207-2018, US	EP	3.5
Aerowrap	BP Chemicals International Ltd. London SW1W OSU, GB	PE-HD	3.3
A-fax	Himont Inc. Wilmington, DE 19 894, US	PP	2.2
Aflas	Dyneon GmbH 41460 Neuss, DE	ECTFE	2.2
Aftex	Asahi Glass Co. Tokyo 100, JP	FKM	2.2
Agepan	Glunz AG 66265 Heusweiler, DE	PF	3.5
Agomet	Degussa AG 60287 Frankfurt, DE	UP, PMMA	1.5
Agovit	Degussa AG 60287 Frankfurt, DE	PMMA	1.5
Ahlstrom RTC	Ahlstrom Glasfibre Ltd. 48 601 Karhula, FI	PP	2.3
Aicarfen	Aicar S.A. 08010 Barcelona, ES	PF	2.2
Aim	Dow Europe 8810 Horgen, CH	PS	2.2
Aipor	Associazione Italiana Polistirolo Espanso, IT	PS	3.7

Name	Firma	Kunststoff/ Kunstharz (siehe 10.2.1, Seite 834)	Lieferform (siehe 10.2.2, Seite 844)
Airdec	Isovolta AG 2355 Wiener Neudorf, AT	CF	3.5
Airex	Airex AG 5643 Sins, CH	PEI, PVC, PVC-P	3.5
Airline Xtra	Glynwed Int. Inc. Sheldon, Birmingham, GB	ABS	3.2
Airofoam	Airofom AG 4852 Rothrist, CH	PE	3.3, 3.7
Airvol	Air Products and Chemicals PURA GmbH & Co. 22851 Norderstedt, DE	PVAL	2.2
Aislanpor	Aiscondel S.A. Barcelona 13, ES	PS	3.6
Aisloplastic	–„–	PVC-P	3, 3.3
Akromid	Akro-Plastic	PA 66	2.2
Akrylon	PCHZ np Zilina, CSFR	PMMA	3.4
Akulon	DSM, Polymers & Hydrocarbons 6130 AA Sittard, NL	PA	2.2
Akylux	Kaysersberg Packaging 68 240 Kaysersberg, FR	PP-Cop	3.4
Akyplen	–„–	PP	3.4
Akyver	–„–	PC	3.4
Alathon	Oxychem Vinyls Div. Berwyn, PA 19 312, US	TPE-O	2.2
Alcantara	Iganto SpA Nera Montoro/Terni, IT	PUR	3.3
Alcryn	Du Pont Deutschland GmbH 61343 Bad Homburg, DE	EVA+PVDC	2.2
Alcudia	Repsol Quimica, ES 28046 Madrid, ES	PE-LLD	2.2
Alfane	Atlas Minerals & Chemicals Inc. Mertztown, PA 19 539, US	EP	1.1
Alflon	Alpha Precision Houston , Texas, US	PTFE	2.2
Alflow	Ahlstrom Glasfibre Ltd. 48 601 Karhula, FI	PP	2.3
Algoflon	Ausimont Deutschland GmbH 65760 Eschborn, DE	PTFE	2.1, 2.2
Algo-Stat	Algostat AG 29201 Celle, DE	PS	3.7
Alkathermic	Alkudia Empresa para la Industria Madrid 20, ES	PE-LD	3.3
Alkorflex	Solvay Deutschland GmbH 30173 Hannover, DE	PVC	3.3

Name	Firma	Kunststoff/ Kunstharz (siehe 10.2.1, Seite 834)	Lieferform (siehe 10.2.2, Seite 844)
Alkorfol	–„–	PVC-P, PVDF	3.3
Alkorpack	–„–	PVC-P	3.3
Alkorplan	–„–	PVC	3.3
Alkortop	–„–		
ALKOzell	Alfelder Kunststoffwerke 31044 Alfeld, DE	PE-LD	3.7
Allacast	Allaco Div., Bacon Industries, Inc. Watertown, MA 02 172, US	EP	1.1, 2.2
Allbond	–„–	EP	1.5
Alpha	Alpha Plastics Corp. Pineville, NC 28 134, US	PVC, PVC-P	2.2
Alphamid	Putsch GmbH 90427 Nürnberg, DE	PA	2.2
Alphamide	Alpha Precision Houston , Texas, US	PAI	2.2
Alstamp	Ahlstrom Glasfibre Ltd. 48 601 Karhula, FI	PP	2.3
Altair	Aristech Chemical Co. Florence, KY 41 042, US	PMMA	3.4
Alton	International Polymer Corp. Houston, TX 77 092, US	PPS+F-Pol.	2.2
Altubat	Elf Atochem Deutschland GmbH 40474 Düsseldorf, DE	PMMA	3.4
Altuglas	Atohaas, 92062 Paris, La Défense 10, FR	PMMA	2.2
Altulex	Elf Atochem Deutschland GmbH 40474 Düsseldorf, DE	PMMA	3.4
Altulor	–„–	PMMA	3.4
Alveolen	Alveo GmbH 63303 Dreieich, DE	PE-X, PP	3.7
Alveolit	–„–	PE-X, PP	3.3, 3.7
Alveolux	–„–	PE-X, PE-Cop	3.3, 3.7
Amberlite	Rohm & Haas Co., Research Triangle Park, NC 27 709, US	S-Cop, AMMA	1.5
Ameripol	B. F. Goodrich Chemical Group Cleveland, OH 44 131, US	CR	2.2
Amilan	Toray Industries, Inc. Tokyo, JP	PA	2.2
Amilon	–„–	PA	2.2
Amodel	Amoco Performance Products Richfield, CT 06 877, US	PA PDA T	2.2
Amotech-T	–„–	PAI	2.2
Ampacet	Ampacet Intern. Corp. Mount Vernon, NY 10 550, US	PE, PE-Cop, PP, PS	1.1, 2.2

Name	Firma	Kunststoff/ Kunstharz (siehe 10.2.1, Seite 834)	Lieferform (siehe 10.2.2, Seite 844)
Ampal	Raschig AG 67061 Ludwigshafen, DE	UP	2.2
Ampcoflex	Atlas Plastics Corp. Cape Girardeau, MO 63 701, US	PVC	3.2, 3.4
Amres	Georgia-Pacific Atlanta, GA 30 348, US	PF, UF, MF	1.1, 2.2
Ancorene	Anchor Plastics Inc. Great Neck, NY 11 021, US	SB	3
Ancorex	–„–	ABS	3
Andrez	Anderson Development Co. Adrian, MI 49 221, US	SB	2.1, 2.2
Andur	–„–	PUR-R	2.2
Anjablend	Janßen & Angenendt GmbH 47800 Krefeld, DE	ABS+PC, PC+PTP	2.2
Anjadur	–„–	PTP	2.2
Anjalin	–„–	ABS	2.2
Anjalon	–„–	PC	2.2
Anjamid	–„–	PA	2.2
Antiflex	Tupaj-Technik-Vertrieb GmbH 82538 Geretsried, DE	PMMA	3.4
Anti-Static	Marley Floors 21029 Hamburg, DE	PVC-P	3.3
Antothane	Kemira Polymers Ltd. Stockport, Cheshire SK12 5BR, GB	PUR	3.7
Antron	Du Pont Deutschland GmbH 61343 Bad Homburg, DE	PA	3.6
Apec	Bayer AG 51368 Leverkusen, DE	TMBPA-PC	2.2
Apec HT	–„–	PC-TMC	2.2
Apel	Mitsui Plastics Inc. White Plans, NY 10 606, US	PE-Cop	2.2
Apex	Atlas Fibre Co. Skokie, IL 60 076, US	PMMA	3.4
Aphro Trays	deltaplastic GmbH & Co. KG 27721 Ritterhude, DE	PS	3.3
Aphrolan	–„–	PS	3.3
Appryl	Appryl SNC 92 807 Puteaux Cedex, FR	PDCPD	2.2
Aquaflex	Pantasote Inc. Passaic, NJ 07 055, US	PVC, PVC-P	3.3
Aquakeep	Elf Atochem Deutschland GmbH 40474 Düsseldorf, DE	PAA	2.2
Aqualoy	A. Schulman GmbH 50170 Kerpen, DE	PP, SAN, ABS, PA, PC, PTP, PPS, PES	2.2

Name	Firma	Kunststoff/ Kunstharz (siehe 10.2.1, Seite 834)	Lieferform (siehe 10.2.2, Seite 844)
Aracast	Ciba Spezialitätenchemie AG 4002 Basel, CH	EP	1.1
Araldit	–,,–	PI, EP	1.1, 1.3, 1.5, 2.1, 2.2
Araloy	MRC Polymers Chicago, IL 60614, USA	PPE+PA 66	2.2
Aramid	general name	PA	3.6
Arapol	Reichhold Chemicals Inc. Jacksonville, FL 32 245, US	UP	1.1, 2.2
Aratronic	Ciba Spezialitätenchemie AG 4002 Basel, CH	EP	1.1, 2.2
Arcel	Arco Chemical Co. Newton Square, PA 19 073, US	PE/PS, PE-Cop	1.1, 3.7
Arcoblend			
Arcolac	–,,–	ABS	2.2
Arcomid	–,,–	PA	2.2
Arcoplen	–,,–	PP	2.2
Arcosulf	–,,–	PUR-R	2.2
Arcoter	–,,–	PTP	2.2
Arcoxan	–,,–	PC	2.2
Ardel	Amoco Performance Products Richfield, CT 06 877, US	PAR	1.1, 1.5
Ardylan	Ind. Petroquimicas Argentinas Koppers S.A., Buenos Aires, Argentinien	PE	2.2
Ardylux	–,,–	SAN	2.2
Arenka	Akzo Fibers Division 6800 AB Arnhem, NL	PA	3.6
Arjomix	Deutsche Exxon Chemical GmbH 50667 Köln, DE	PP	3.5
Arlen	Mitsui Petrochemical Ind., Ltd. Tokyo, JP	PA	2.2
Arlon	Tweed Eng. Plastics Hartfield, GB	PAEK	2.3
Arloy	Arco Chemical Co. Newton Square, PA 19 073, US	SMA+PC	2.2
Armaflex	Armstrong World Industries GmbH 40004 Düsseldorf, DE	CR	3.3, 3.7
Armaveron	Armaver AG 4617 Gunzgen, CH	UP	3.2
Armite	Spaulding Composites Co. Tonawanda, NY 14 150, US	VF	3.4

Name	Firma	Kunststoff/ Kunstharz (siehe 10.2.1, Seite 834)	Lieferform (siehe 10.2.2, Seite 844)
Arnar	Ross & Roberts Inc. Stratford, CT 06 497, US	PE, PE-Cop, PUR, PVC, PVC-P	3.3, 3.4
Arnite	DSM, Polymers & Hydrocarbons 6130 AA Sittard, NL	PET, PBT	2.2
Arnitel	–„–	TPE-E	2.2
Arofene	Ashland Chemical Corp. Columbus, OH 43 216, US	PF	1.1
Aron	Toa Gosei Chemical Ind., Co., Ltd. Tokyo, JP	PVC, VC-Cop	2.2
Aropol	Ashland Chemical Corp. Columbus, OH 43 216, US	UP	1.1, 2.2
Arotech	–„–	BEBA 12	2.2
Arotone	Du Pont Deutschland GmbH 61343 Bad Homburg, DE	PAEK	2.2
Arpak	Arco Chemical Co. Newton Square, PA 19 073, US	PE	1.1
Arpro	–„–	PS	1.1
Arpylene	TBA Industrial Products Ltd. Rochdale, Lancs., GB	PP, PS, PA, PC	2.2
Arset	Arco Chemical Co. Newton Square, PA 19 073, US	PUR-R	1.1
Artgranit	Schock & Co. GmbH 73605 Schorndorf, DE	UP	1.5
Artimer	–„–	UP	1.5
Artonyx	–„–	UP	1.5
Arylon	Du Pont Deutschland GmbH 61343 Bad Homburg, DE	PAR	2.2
Asaprene	Asahi Chemical Ind. Co., Ltd. Tokyo, JP	SBS	2.2
Ashlene	Ashley Polymers Inc. 3090 Overijse, BE	Thermopl., allg., ABS, POM, PA, PC, PTP, PPE	2.2
Aslan	Aslan 51491 Overath, DE	PE-HD, PVC-P	3.3
Asp	Tufnol Ltd. Birmingham B42 2TB, GB	PF	3.5
Assil	Henkel KGaA 40589 Düsseldorf, DE	PUR	3.7
Asterite	ICI PLC Welwyn Garden City, Herts. AL7 1HH,	PMMA	1.1
Astra	Drake (fibres) Ltd. Huddersfield, W. Yorks., GB	PP	3.7

Name	Firma	Kunststoff/ Kunstharz (siehe 10.2.1, Seite 834)	Lieferform (siehe 10.2.2, Seite 844)
Astra Star	–„–	PP	3.6
Astralon	HT Troplast AG 53840 Troisdorf, DE	PVC, PMMA	3.3, 3.4
Astro Glaze	Commercial Decal, Inc. Mt. Vernon, NY 10 550, US	MF	3.3
Astro Turf	Monsanto Chemical Co., Plastics Div. St. Louis, MO 63 167, US	PA	3.3
Astryn	Himont Inc. Wilmington, DE 19 894, US	PP-Cop	2.2
Atlac	DSM Resins BV 8000 AP Zwolle, NL	VE	1.1, 2.2
Atlantic	Norplex Oak Inc. La Crosse, WI 54 601, US	PI, EP, PTFE	3.2
Attane	Dow Europe 8810 Horgen, CH	PE-LD	2.2
Aurum	Mitsui Toatsu Chemicals Inc. Tokyo, JP	PI, thermopl.	2.2
Autan	Acla-Werke GmbH 51065 Köln, DE	PUR	3.4, 3.7
Avalon	ICI Polyurethanes 3078 Kortenberg, BE	PUR-R	1.1
Avimid	Du Pont Deutschland GmbH 61343 Bad Homburg, DE	PI	2.2
Avotone	–„–	PAEK	2.2
Avron	ICI PLC Welwyn Garden City, Herts. AL7 1HH,	PMP	3.4
Axpet	Erta Plastic GmbH 56101 Lahnstein, DE	PTP	3.4
Axxis -PC	–„–	PC	3.4
Axxis -Sunlife	–„–	PC	3.4
Azdel	Azdel B.V. 4612 PL Bergen op Zoom, NL	PP	2.2, 2.3, 3.5
Azfab	–„–	PTP	2.3
Azloy	–„–	PC, PC+PBT, PPE	2.3
Azmet	–„–	PBT	2.3
B			
BAK	Bayer AG 51368 Leverkusen, DE	PESTA	2.2
Bakelite	Bakelite GmbH 58642 Iserlohn, DE	PF, RF, UF, UP, FF, MF	2.2
Bamberko	Claude Bamberger Molding Compounds Carlstadt, NJ 07 072, US	PMMA	1.5

Name	Firma	Kunststoff/ Kunstharz (siehe 10.2.1, Seite 834)	Lieferform (siehe 10.2.2, Seite 844)
Bapolan	Bamberger Polymers Inc. New Hyde Park, NY 11 042, US	PS, SAN, ABS	2.2
Bapolene	–„–	PE, PE-LD, PE-LLD, PP	2.2
Bapolon	–„–	PA	3.3
Barex	BP Chemicals International Ltd. London SW1W OSU, GB	PAN	2.2
Baricol	BCL, Bridgewater, Somerset, TA6 4PA, GB	PE-Cop/PVAL	3.3
Basofil	BASF Aktiengesellschaft 67056 Ludwigshafen, DE	MF	3.6
Basonat	–„–	PUR-R	1.1
Basotect	–„–	MF	3.7
Bauder PUR	Paul Bauder GmbH & Co. 70499 Stuttgart, DE	PUR	3.7
Bayblend	Bayer AG 51368 Leverkusen, DE	ABS+PC	2.2
Baydur	–„–	PUR-R	1.1
Bayfill	–„–	PUR-R	1.1
Bayfit	–„–	PUR	1.1
Bayflex	–„–	PUR-R	1.1
Bayfol	–„–	PC	3.3
Baygal	–„–		
Baymer	–„–	PUR-R	1.1
Baymidur	–„–		
Baymod	–„–	PE-Cop, EVA, TPE-U, TPU, S-Cop, ABS	2.2
Baymoflex	–„–	MABS	3.3
Baynat	–„–	PUR	1.1
Baypreg	–„–	PUR	2.3
Baypren	–„–	SBR	1.1, 2.2
Baysilone	–„–	SI	2.2
Baytec	–„–	PUR	1.1
Baytherm	–„–	PUR-R	1.1
Bear	Tufnol Ltd. Birmingham B42 2TB, GB	PF	3.5
Beaulon	Mitsui Petrochemical Ind., Ltd. Tokyo, JP	PB-1	2.2
Beauron	Mitsubishi Petrochemical Co., Ltd. Tokyo, JP	TPE-O	2.2
Bedacryl	Cray Valley Products Int. Farnborough, Kent, BR6 7EA, GB	PMMA	1.1

Name	Firma	Kunststoff/ Kunstharz (siehe 10.2.1, Seite 834)	Lieferform (siehe 10.2.2, Seite 844)
Bedesol	–„–		
Beetle	BIP Chemicals Ltd. Warley, West Midl., B69 4PG, GB	PI, PF, UF, PA, PTP	2.2
Begra	Begra GmbH & Co. KG 13407 Berlin, DE	PVC	2.2
Bekaplast	Steuler Industriewerke GmbH 56203 Höhr-Grenzhausen, DE	PE, PP, PVC, PVDF	3.4
Benecor	J. H. Benecke GmbH 30007 Hannover, DE	PVC-P	3.3
Benefol	–„–	PVC-P	3.3
Benelit	–„–	PVC, PVC-P	3.3
Beneron	–„–	ABS	3.3
Benova	–„–	PVC-P	3.3
Benvic	Solvay Deutschland GmbH 30173 Hannover, DE	PVC, PVC-P	2.2
Bergacell	Theodor Bergmann Kunststoffwerk GmbH 76560 Gaggenau, DE	CA	2.2
Bergadur	–„–	PTP	2.2
Bergaflex	–„–	TPE-S	2.2
Bergamid	–„–	PA	2.2
Bergaprop	–„–	PP	2.2
Berlene	Gurit-Worbla AG 3063 Ittigen-Bern, CH	PO	3.3, 3.4
Betamid	Putsch GmbH 90427 Nürnberg, DE	PA	2.2
Bexfilm	Bexford Ltd., Manningtree, Essex CO11 1NL, GB	CA, CTA, PTP	3.3
Bexloy	Du Pont Deutschland GmbH 61343 Bad Homburg, DE	PE-Cop, PA, PTP	2.2
Bexphane	Moplephan UK Brantham, GB	PP	3.3
Biafol	TVK Tisza Chemical Combine 3581 Leninvaros, HU	PP	3.3
Biapen	Chemolimpex 1805 Budapest, HU	PPE	2.2
Bicor	Mobil Chemical Co., Films Dept. Macedon, NY 14 502, US	PP	3.3
Bifan	Showa Denko K.K. Tokyo 105, JP	PP	3.3
Bimoco	DSM Italia s.r.l. 22 100 Como, IT	UP	2.2
Biodrak	Antonios Drakopoulos S.A. Athen, Griechenland	PS, PVC, PMMA	3.4, 3.5

Name	Firma	Kunststoff/ Kunstharz (siehe 10.2.1, Seite 834)	Lieferform (siehe 10.2.2, Seite 844)
Bio-Net	Norddeutsche Seekabelwerke AG 26954 Nordenham, DE	PE-HD	2.2, 3.6
Biopol	Monsanto Comp. (Deutschland) 40210 Düsseldorf, DE	PHA	2.2
Biopolymer	Biopolymers Ltd. Dassenberg, ZA	SB	2.2
Bipeau	Elf Atochem Deutschland GmbH 40474 Düsseldorf, DE	PVC	3.2
Bisol	–„–	PVAC	2.2
Blak-Stretchy	The Perma-Flex Mold Co. Inc. Columbus, OH 43 209, US	PPS	1.1
Blak-Tufy	–„–	PPS	1.1
Blane	Blane Polymers Div. Vista Chemical Mansfield MA 02 048, US	PVC-P	2.2
Blavin	–„–	PVC	2.2
Blaze Master	B. F. Goodrich Chemical Group Cleveland, OH 44 131, US	VC-Cop	2.2
Blendex	GE Speciality Chemicals Parkersburg, WV 26 102, US	ABS	1.1
Blendur	Bayer AG 51368 Leverkusen, DE	EP+UP+PUR	1.1, 2.2
Blu-Sil	The Perma-Flex Mold Co. Inc. Columbus, OH 43 209, US	PPS	1.1, 2.2
Bocithane	General Latex & Chemical Corp. Cambridge, MA 02 139, US	PUR	1.1
Boltamask	Gen. Corp. Polymer Products Newcomerstown, OH 43 832, US	PVC	3.3
Boltaron	–„–	PVC, VC-Cop, MABS	3.3, 3.4
Bondfast	Sumitomo Chemical Co., Ltd. Tokyo 103, JP	PP-Cop	1.5
Bondstrand	Ameron PCD Brea, CA 92 621, US	UP, EP	3.2
Bondwave	Flexible Reinforcements Ltd. Clitheroe, Lancaster, GB	PVC	2.2
Bonosol	Ernst Jäger & Co., OHG 40599 Düsseldorf, DE	PMMA	1.3
Borecene	Borealis Deutschland GmbH 40409 Düsseldorf, DE	PE	2.2
BP Polystyrene	BP Chemicals International Ltd. London SW1W OSU, GB	PS	2.2
Bralen	Slovnaft SK	PE-LD	2.2
Breon	Zeon Deutschland GmbH 40547 Düsseldorf, DE	CR	2.2

Name	Firma	Kunststoff/ Kunstharz (siehe 10.2.1, Seite 834)	Lieferform (siehe 10.2.2, Seite 844)
Breox	–,,–	PE-Cop	2.2
Bricling	BCL, Bridgewater, Somerset, TA6 4PA, GB	PE-LD, PE-LLD	3.3
Brilen	Brilen SA Barbastro/Huesca, ES	PTP	3.6
Bri-Nylon	Du Pont Deutschland GmbH 61343 Bad Homburg, DE	PA	3.6
Brithene	–,,–	PE-LD, PE-LLD	3.3
Bromobutyl	Polymer Corp. Ltd. Reading, PA 19 603, US	IR	2.2
Budene	Goodyear Tire & Rubber Co. Akron, OH 44 316, US	BR	2.2
Buflon	Solvay Deutschland GmbH 30173 Hannover, DE	PVC-P	3.3
Bulen	–,,–	PE	2.2
Bultex	Recticel Foam Corp., Morristown Div. Morristown, TN 37 816-1197, US	PUR-R	3.7
Buna CB	Bayer AG 51368 Leverkusen, DE	BR	2.2
Buna EP	–,,–	PP-Cop	2.2
Buna NB 186	Buna AG 06258 Schkopau, DE	CR+PVC	2.2
Buna SL,VSL	Bayer AG 51368 Leverkusen, DE	SB	2.2
Buna VI	–,,–		
Bustren	–,,–	SB	1.1
Butacite	Du Pont Deutschland GmbH 61343 Bad Homburg, DE	PVB	3.3
Butaclor	Distugil 92408 Courbevoie, FR	BR, SBR	2.2
Butaprene	Firestone Synthetics Rubber and Latex Co., Akron, OH 44 301, US	CR	2.2
Butofan	BASF Aktiengesellschaft 67056 Ludwigshafen, DE	SB	1.2
Butvar	Monsanto Chemical Co., Plastics Div. St. Louis, MO 63 167, US	PVB	2.2
Butylex	Nordmann Rassmann GmbH & Co. 20459 Hamburg, DE	PE-HD+IR, PE-LD+IR	2.2
C			
Cabelec	Cabot Corp. Billerica, MA 01 821, US	PE-HD, PE-LD, PE-Cop, PP, PS, PVC	2.2
Cablon-Flex	–,,–	PUR	2.2

Name	Firma	Kunststoff/ Kunstharz (siehe 10.2.1, Seite 834)	Lieferform (siehe 10.2.2, Seite 844)
Cabocell	Cabon Plastics Corp. Newark, NJ 07 102, US	CAB	3.2
Cadon	Bayer AG 51368 Leverkusen, DE	SMA	2.2
Calibre	Dow Europe 8810 Horgen, CH	PC	2.2
Calmica	Isovolta AG 2355 Wiener Neudorf, AT	EP	3.5
Calmicaflex	–,,–	EP	3.5
Calmicaglas	–,,–	EP	3.5
Calthane	Cal Polymers, Inc. Long Beach, CA 90 813, US	TPE-U, TPU	1.1
Cambrelle	ICI PLC, Fibres Div. Harrogate, HG2 8QN, GB	PA, PTP	3.6
Campco	Chicago Wheel & Mfg. Co. Michigan, IN 46 360, US	PE, PP, S-Cop, PC	3.4
Canevasit	Von Roll Isola 4226 Breitenbach, CH	CF	3.5
Cantrece	Du Pont Deutschland GmbH 61343 Bad Homburg, DE	PA	3.6
Canusaloc	Shrink Tubes & Plastics Ltd. Redhill, Surrey, RH1 2LH, GB	PE-Cop	3.2
Capilene	Carmel Olefins Ltd. Haifa 31 014, IL	PP	2.2
Caprez DPP	Alloy Polymers Inc. Richmond, VA 23 234, US	PP	2.2
Capron	Allied Signal Europe N.V. 3001 Heverlee, BE	PA	2.2
Caradate	Deutsche Shell Chemie GmbH 65760 Eschborn, DE	PUR-R	1.1
Caradol	–,,–	PUR-R	1.1
Caraplas	Caraplas Dublin, IR	PTP	3.3, 3.4
Carbaicar	Aicar S.A. 08010 Barcelona, ES	UF	2.2
Carbofol	HT Troplast AG 53840 Troisdorf, DE	PE-HD, PE-LD	3.3
Carboglass	Carbolux S.p.A. 05 027 Nera Montoro (Terni), IT	PC	3.4
Carb-o-life	Carbolux S.p.A. 05 027 Nera Montoro (Terni), IT	PC	3.4
Carbolux	–,,–	PC	3.4
Carboprene	P-Group 70794 Filderstadt/ Stuttgart	PP	2.2
Carbowax	Union Carbide Corp. Danbury, CT 06 817, US	PEOX	1.5

Name	Firma	Kunststoff/ Kunstharz (siehe 10.2.1, Seite 834)	Lieferform (siehe 10.2.2, Seite 844)
Cardon	Advanced Elastomer Systems L.P. St. Louis, MO 63 167, US	SMA	2.2
Cardura	Deutsche Shell Chemie GmbH 65760 Eschborn, DE	PUR-R	1.1, 2.2
Cariflex	–„–	BR, CR, IR	2.2
Cariflex TR	–„–	SBS	2.2
Caril	–„–	PS+PPE	3.7
Carilon	–„–	PK	2.2
Carina	–„–	PVC	2.2
Caripak	–„–	PTP	2.2
Carlex	Carlon, Cleveland OH 44 122, US	PE, PVC	3.2
Carlona	Deutsche Shell Chemie GmbH 65760 Eschborn, DE	PP, PP-Cop	2.2
Carom	Chemisches Kombinat Borzesti, RO	CR	2.2
Carp	Tufnol Ltd. Birmingham B42 2TB, GB	PF	3.5
Carpran	Allied Signal Europe N.V. 3001 Heverlee, BE	PA	3.3
Carrilen	Rio Rodano, S.A. Madrid 20, ES	CR	2.2
Carta	Isola Werke AG 52353 Düren, DE	PF, EP, MF	3.2, 3.5
Cartonplast	Antonios Drakopoulos S.A. Athen, Griechenland	PP	3.4
Cascomelt	–„–	PE-Cop	1.1, 1.5
Cascophen	–„–	PF, RF	1.1
Casco-Resin	Borden Chemical Co. Geismar, LA 70 734, US	UF	1.1
Cascorez	–„–	PVAC	1.1
Cashmilon	Asahi Chemical Ind. Co., Ltd. Tokyo, JP	PAN	3.6
Casocryl	Elf Atochem Deutschland GmbH 40474 Düsseldorf, DE	PMMA	3.4
Casoglas	–„–	PMMA	3.5
cast-film	Karl Dickel & Co. KG 47057 Duisburg, DE	PP	3.3
Castomer	Baxenden Chemical Co. Ltd. Accrington, Lancs. BB5 2SL, GB	PUR	1.1
Catalloy	Montell 2130 AP Hoofddorp, NL	PP	2.2
Cebian	Daicel Chemical Ind., Ltd. Tokyo, JP	SAN	2.2

Name	Firma	Kunststoff/ Kunstharz (siehe 10.2.1, Seite 834)	Lieferform (siehe 10.2.2, Seite 844)
Cefor	Deutsche Shell Chemie GmbH 65760 Eschborn, DE	PP-Cop	2.2
Celanese Nylon	Ticona GmbH 65926 Frankfurt, DE	PA 66	2.2
Celanex	Ticona GmbH 65926 Frankfurt, DE	PBT	2.2
Celazole	–„–	PBI	3.4
Celcon	–„–	POM	2.2
Cellasto	Elastogran GmbH 49440 Lemförde, DE	PUR	3.7
Cellidor	Albis Plastic GmbH 20531 Hamburg, DE	CAB, CP	2.1, 2.2
Cello M	BCL, Bridgewater, Somerset, TA6 4PA, GB	CA	3.3
Cellobond	BP Chemicals International Ltd. London SW1W OSU, GB	PF, UF, UP, EP, MF	1.1, 2.2
Celmar	Courtaulds Chemicals & Plastics Ltd. Spondon, Derby DE2 7BP, GB	PP	3.2
Celoron	Budd Co., Polychem. Div. Phoenixville, PA 19 460, US	PA	2.2, 3.2
Celsir	Sirlite Srl. 20 161 Milano, IT	UF	2.2
Celstran S	Ticona GmbH 65926 Frankfurt, DE	Thermopl., allg.	2.2
Celuform	Caradon Celuform Ltd. Aylesford, Maidstone, Kent ME20 75X, GB	PVC	3.1
Celulon	Unitex Ltd., Knaresborough, North Yorks., HG5 OPP, GB	PUR	3.7
Celuvent	Caradon Celuform Ltd. Aylesford, Maidstone, Kent ME20 75X, GB	PVC	3.1
Celvin	Courtaulds Chemicals & Plastics Ltd. Spondon, Derby DE2 7BP, GB	PVC-P	3.3, 3.4
Ceno	Carl Nolte 48268 Greven, DE	PE-LD, PE-LLD, PVC-P	3.3
Centrex	Bayer AG 51368 Leverkusen, DE	ASA	2.2
Cestidur	Erta Plastic GmbH 56112 Lahnstein, DE	PE-HD	3.1, 3.2, 3.4, 3.5
Cestilene	–„–	PE-HD	3.1, 3.2, 3.4, 3.5
Cestilite	–„–	PE-HD	3.1, 3.2, 3.4, 3.5
Cetex	Ten Cate Composites bv NL - 7440 AA Nigverdal	PEI, PA, PES	2.3
Cevian	Daicel Chemical Ind., Ltd. Tokyo, JP	SAN	2.2

Name	Firma	Kunststoff/ Kunstharz (siehe 10.2.1, Seite 834)	Lieferform (siehe 10.2.2, Seite 844)
C-Flex	Deutsche Shell Chemie GmbH 65760 Eschborn, DE	SEPDM	2.2
Chemigum	Goodyear Tire & Rubber Co. Akron, OH 44 316, US	CR	2.2
Chemigum SL	–„–	PUR	1.1
Chemlon	Chemlon AS Humenne, CSFR	PA	3.6
Chempex	Golan Plastics Products Jordan Valley 15145, IL	PE-X	3.2
Chempol	Freeman Chemical Corp. Port Washington, WI 53 074, US	PUR-R	1.1
Chissonyl	Chisso Corp. Tokyo, JP	PVAC	2.2
Cibamin	Ciba Spezialtätenchemie AG 4002 Basel, CH	UF, MF	1.1
Cibatool	–„–	EP	3.4
Cisamer	Indian Petrochemicals Corp. 391 346 Gujarat State, IN	BR	2.2
Cisdene	American Synthetic Rubber Corp. Louisville, KY, US	BR	2.2
Cisrub	Indian Petrochemicals Corp. 391 346 Gujarat State, IN	BR	2.2
Citax	Henkel KGaA 40589 Düsseldorf, DE	Thermopl., allg.	1.5
Civic	Neste Oy Chemicals 02 151 Espoo, FI	UP	2.2
Clarifoil	Courtaulds Chemicals & Plastics Ltd. Spondon, Derby DE2 7BP, GB	CA	3.3
Clarino	Kuraray JP	PUR	3.3
Claryl	Rhône-Poulenc Films, 92 080 Paris, La Défense, Cedex 6, FR	PTP	3.3
Clarylene	–„–	PTP+PE	3.3
Clarypac	–„–	PVC	3.3
Clearen	Denki Kagaku Kogyo Tokyo 100, JP	SB	2.2
Clearflex	Polimeri Europa 65760 Eschborn, DE	PE-LLD	1.5
Clearlac	Mitsubishi Rayon Co., Ltd. Tokyo, JP	S-Cop	2.2
Clearseal	Columbus Coated Fabrics Columbus, OH 43 216, US	PVC	3.3
Cleartuf	Goodyear Tire & Rubber Co. Akron, OH 44 316, US	PTP	2.2
Clocel	Baxenden Chemical Co. Ltd. Accrington, Lancs. BB5 2SL, GB	PUR	1.1

Name	Firma	Kunststoff/ Kunstharz (siehe 10.2.1, Seite 834)	Lieferform (siehe 10.2.2, Seite 844)
Clysar	Du Pont Deutschland GmbH 61343 Bad Homburg, DE	PO	3.3
Coathylene	Herberts GmbH 50968 Köln, DE	PE-HD, PE-LD, PE-LLD, PE-Cop, PP, TPE-U, TPU	1.1, 2.1, 2.2
Cobocell	Cobon Plastics Corp. Newark, NJ 07 102, US	CAB	3.2
Cobothane	–„–	PE-Cop	3.2
Cobovin	–„–	PVC-P	3.2
Cole	Himont Inc. Wilmington, DE 19 894, US	PP/ABS, S-Cop, SAN	2.2
Collacral	BASF Aktiengesellschaft 67056 Ludwigshafen, DE	PVP, PAA	1.1, 1.3
Collimate	Mitsubishi Monsanto Chemical Co. Tokyo, JP	TPE-S	2.2
Colo-Fast	Recticel Foam Corp., Morristown Div. Morristown, TN 37 816-1197, US	PUR	1.1, 3.3
Comalloy	Comalloy Intern. Corp. Nashville, TN 37 027, US	PP+PC, PA	2.2
Combidur	Gebr. Kömmerling Kunststoffwerke GmbH, 66954 Pirmasens, DE	VC-Cop	3.1
Combithen	Wolff Walsrode AG 29655 Walsrode, DE	PE	3.3
Combitherm	–„–	PE	3.3
Comco	Commercial Plastics and Supply Corp. Cornwells Heights, PA 19 020, US	PO, PMMA, PA	3.3
Commax	Tecknit Cranford, NJ 07 016, US	SI	3.4
Comp	Putsch GmbH 90427 Nürnberg, DE	PP	2.2
Compimide	Boots Comp. PLC Nottingham NG2 3AA, GB	PBMI	1.1, 2.2
Compodic F	Dainippon Ink. & Chemicals Inc. Tokyo 103, JP	PA	2.2
Compolet	Nobel Industries Sweden, Compolet 86 302 Sundsbruk, SE	PF	2.3
Comshield	A. Schulman GmbH 50170 Kerpen, DE	PP, SAN, ABS, PA, PC, PTP, PPS, PES	2.2
Comtuf	–„–	PP, SAN, ABS, PA, PC, PTP, PPS, PES	2.2
Conapoxy	Conap Div. of WFI Olean, NY 14 760, US	EP	1.1

Name	Firma	Kunststoff/ Kunstharz (siehe 10.2.1, Seite 834)	Lieferform (siehe 10.2.2, Seite 844)
Conaspray	–„–	PUR	1.1
Conathane	–„–	PUR, TPE-U, TPU	1.1, 2.1, 2.2
Conductherm	Isovolta AG 2355 Wiener Neudorf, AT	EP	3.5
Conductofol	–„–	EP	3.5
Conolite	Pioneer Valley Plastics Inc. Bondsvillers, MA 01 009, US	UP	2.3
Contafel	Isovolta AG 2355 Wiener Neudorf, AT	EP	2.3
Contapreg	–„–	EP	2.3
Contaval	–„–	EP	2.3, 3.5
Copolene	Asahi Chemical Ind. Co., Ltd. Tokyo, JP	PE-Cop	2.2
Cordoglas	Ferro Corp. Evansville, IN 47 711, US	PVC	3.3
Cordopreg	–„–	UP	2.3
Cordura	Du Pont Deutschland GmbH 61343 Bad Homburg, DE	PA	3.6
Coremat	Firet B.V. 3900 AA Veenendaal, NL	PTP	3.6
CoRezyn	IMI-Tech Corp. Elk Grove Village, IL 60 007, US	UP, VE	1.1
Corial Grund	BASF Aktiengesellschaft 67056 Ludwigshafen, DE	PAA, PAN	1.2
Corian	Du Pont Deutschland GmbH 61343 Bad Homburg, DE	PMMA	3.4
Corkelast	Edilon B. V. Haarlem, NL	PUR	1.1
Corlar	Du Pont Deutschland GmbH 61343 Bad Homburg, DE	EP	2.3, 3.2
Cornex CMR	Teijin Ltd. Osaka 541, JP	PA	2.2
Coroplast	Coroplast Fritz Müller 42279 Wuppertal, DE	PO, PP, S-Cop, Q, PO, PP, S-Cop, Q	3, 3.3, 3.4
Correx	Cordek Ltd. Billinghurst, W. Sussex, GB	PP	3.5
Corrolite	Reichhold Chemicals Inc. Jacksonville, FL 32 245, US	VE	2.2
Corvic	European Vinyls Corp. (EVC) 1160 Bruxelles, BE	PVC	2.2
Cosmax	Asahi Chemical Ind. Co., Ltd. Tokyo, JP	PMMA	3.3
Courtelle	Courtaulds PLC, Bradford BD1 1EX W. Yorkshire, GB	PAN	3.6

Name	Firma	Kunststoff/ Kunstharz (siehe 10.2.1, Seite 834)	Lieferform (siehe 10.2.2, Seite 844)
Courthene	Courtaulds Chemicals & Plastics Ltd. Spondon, Derby DE2 7BP, GB	PE-LD	3.3, 3.4
Courtoid	–„–	CA	3.4
Cova	Forbo-CP, Cramlington, North. NE23 8AQ, GB	PVC-P	3.3
Crastin	Du Pont Deutschland GmbH 61343 Bad Homburg, DE	PET, PBT	2.2
CR-Compound	Borealis Deutschland GmbH 40409 Düsseldorf, DE	SBR	2.2
Cremonil	La Nuova Cremonese 26 025 Pandino (CR)	PA	2.2
Crestomer	Scott Bader Co., Ltd. Wollaston, Wellingborough, Norths. NN9 7RL, GB	UP	1.1
Crilux	Critesa S.A. Barcelona, ES	PMMA	3.3, 3.4
Cristalite	Schock & Co. GmbH 73605 Schorndorf, DE	PMMA	1.1
Cristamid	Elf Atochem Deutschland GmbH 40474 Düsseldorf, DE	PA	2.2
Cropolamid	SCM Chemicals Corp. Baltimore, MD 21 202, US	PA	1.1
Crow	Tufnol Ltd. Birmingham B42 2TB, GB	PF	3.5
Crylor	Rhône-Poulenc 92 097 Paris, La Défense 2, FR	PAN	3.6
Cryovac	Cryovac Div. W.R. Grace & Co. Duncan, SC 29 334, US	PE, PVDC, PVC, PA	3.3
Crystalene	Crystal-X Corp. Darby, PA 19 023, US	PE	3.3
Crystic	Scott Bader Co., Ltd. Wollaston, Wellingborough, Norths. NN9 7RL, GB	UP	1.1
Crystic Fireguard	–„–	UP	1.1
Crystic Impel	–„–	UP	2.2, 2.3
Crystic Impreg	–„–	UP	2.3
CSM-Compound	Borealis Deutschland GmbH 40409 Düsseldorf, DE	CSM	2.2
Cumar	Neville Chemical Co. Pittsburgh, PA 15 225, US	HT-PP	1.1
Curon	Reeves Brothers Canada Ltd., Toronto, Ontario M8W 2T2, CA	PUR-R	3.7
Cuticulan	Odenwald-Chemie GmbH 69250 Schönau, DE	PE-LD	3.3
Cutiflex	–„–		
Cutilan	–„–	PE-HD	3.3

Name	Firma	Kunststoff/ Kunstharz (siehe 10.2.1, Seite 834)	Lieferform (siehe 10.2.2, Seite 844)
Cutipylen	–„–	PP	3.3
Cuvolt	Isovolta AG 2355 Wiener Neudorf, AT	CF	3.5
CX-Serie	Unitika Ltd. Osaka, JP	PA	2.2
Cyanacryl	American Cyanamid Corp. Wayne, NJ 07 470, US	ACM	2.2
Cyanaprene	–„–	TPE-U, TPU	2.2
Cyandrothane	–„–	PUR-R	1.2
Cycolac	GE Plastics Europe B.V. 4600 AC Bergen op Zoom, NL	ABS	1.1, 2.2
Cycoloy	–„–	ABS+PC	2.2
Cycom	Cyanamid Aerospace Products Ltd. Wrexham, Clwyd LL13 9UF, GB	EP	2.3
Cycovin	GE Plastics Europe B.V. 4600 AC Bergen op Zoom, NL	ABS+PVC	2.2
Cymel	American Cyanamid Corp. Wayne, NJ 07 470, US	MF	2.2
CyRex	Cyro Industries Woodcliff, NJ 07 675, US	PC+PMMA+ PS	2.2
Cyrolite	–„–	MBS, PMMA, MBS, PMMA	2.2
Cyrolon	–„–	PC	2.2
Cytop	Asahi Glass Co. Tokyo 100, JP	F-Pol.	1.3
Cytor	American Cyanamid Corp. Wayne, NJ 07 470, US	PUR-R	2.2
D			
Dacron	Du Pont Deutschland GmbH 61343 Bad Homburg, DE	PTP	3.6
Daiamid	Daicel Chemical Ind., Ltd. Tokyo, JP	PA	2.2
Daicel	–„–		
Daiel	Daikin Kogyo Co. Ltd. Osaka, JP	FKM	2.2
Daiflon	–„–	ECTFE	2.2
Daisolac	Osaka Soda Co., Ltd. Osaka, JP	PE-C	2.2
Daltocel	ICI Polyurethanes 3078 Kortenberg, BE	PUR-R	1.1
Daltolac	–„–	PUR-R	1.1
Daltorez	–„–	PUR-R	1.1, 2.2
Daltotherm	–„–	PUR	1.1

Name	Firma	Kunststoff/ Kunstharz (siehe 10.2.1, Seite 834)	Lieferform (siehe 10.2.2, Seite 844)
Danar 1000	Dixon Industries Corp. Bristol, RI 02 809, US	PEI	3.3
Danat	–„–	PEI	3.3
Danulon	Viscosefaserfabrik Nyergesujfalo, HU	PA	3.6
Daplen	PCD Polymere GmbH 4021 Linz, AT	PP	2.2
Daran	W. R. Grace & Co., Organic Chemicals Lexington, MA 02 173, US	PVDC	
Daratak	–„–	PVAC	1.2, 2.2
Darex	–„–	CR	2.2
Daron	DSM Resins BV 8000 AP Zwolle, NL	UP	1.1, 2.2
Dartek	Du Pont Deutschland GmbH 61343 Bad Homburg, DE	PA	3.3
Dayplas	Dayton Plastics Inc. Dayton OH 45 419, US	PTFE	3
d-c-fix	Konrad Hornschuch AG 74679 Weissbach, DE	PVC-P	3.3
Decarglas	Degussa AG 60287 Frankfurt, DE	PC	3.4
Decelith	ECW-Eilenburger Chemie Werk AG i.GV. 04838 Eilenburg, DE	PVC, PVC-P, VC-Cop, PVC, PVC-P, VC-Cop	2.2
Declar	Du Pont Deutschland GmbH 61343 Bad Homburg, DE	PAEK	2.2
Deconyl	Plascoat Int. Ltd. Sheerwater, Woking, Surrey, GB	PA	2.2
decospan	André & Gernandt 69434 Hirschhorn, DE	MF	3.5
Dectolex	Mitsubishi Chemical Industries Ltd. Tokyo, JP	PAEK	2.2
Degadur	Degussa AG 60287 Frankfurt, DE	PMMA	1.3, 1.5
Degalan	–„–	PAA, PMMA	1.1
Degaroute	–„–	PMMA	1.1
Deglas	–„–	PMMA, PMMA	3.3, 3.4
Dehoplast	A. & E. Schmeing 57399 Kirchhundem, DE	PE-HD, PP	3.1, 3.3, 3.4
Dekadur	DEKA Rohrsysteme 35228 Dautphetal, DE	PVC, PVC-U, VC-Cop	3.2
Dekadur-C	–„–	PVC-U	3.2
Dekalen H	–„–	PE-HD	3.2

Name	Firma	Kunststoff/ Kunstharz (siehe 10.2.1, Seite 834)	Lieferform (siehe 10.2.2, Seite 844)
Dekaprop	–„–	PP, PP-Cop, PPS	3.2
Dekasab	–„–	ABS	3.2
Dekazol	–„–	CAB	3.2
dekodur	André & Gernandt 69434 Hirschhorn, DE	MF	3.4
Dekorit F	Raschig AG 67061 Ludwigshafen, DE	PF	3.4
Dekorit M	–„–	PF	3.4
Delifol	DLW AG, Deutsche Linoleum-Werke 74301 Bietigheim-Bissingen, DE	PVC-P	3.3
Delignit	Blomberger Holzindustrie, B. Hausmann GmbH & Co. KG 32817 Blomberg, DE	PF	3.5
Dellit	Von Roll Isola 4226 Breitenbach, CH	CF	3.5
Delmer	Asahi Chemical Ind. Co., Ltd. Tokyo, JP	PMMA	1.1
Delpet	–„–	PMMA	2.2
Delrin	Du Pont Deutschland GmbH 61343 Bad Homburg, DE	POM	2.2
Delta-Folie	Ewald Dörken AG 58313 Herdecke, DE	PE	3.3
Deltra	Porvair P.L.C. King's Lynn, Norfolk PE30 2HS, GB	PUR	3.3, 3.7
Denka Arena	Denki Kagaku Kogyo Tokyo 100, JP	PTP	2.2
Denka ER	–„–	EVA	1.1
Denka LCS	–„–	VC-Cop	2.2
Denka Malecca	–„–	PI, thermopl.	2.2
Denkastyrol	–„–	S-Cop	2.2
Denkavinyl	–„–	PVC, VC-Cop	2.2
Densite	General Foam Corp. Paramus, NJ 07 652, US	PUR	3.7
Depron	Hoechst Diafoil GmbH 65174 Wiesbaden, DE	PS	3.3
Desmobond	Miles Chemical Corp. Pittsburgh, PA 15 205, US	EP+PUR	1.1
Desmocoll	–„–	PUR-R	1.1, 1.5
Desmodur	–„–	PUR-R	1.1
Desmoflex	–„–	PUR	1.1
Desmopan	–„–	TPE-U, TPU	2.2
Desmophen	–„–	PUR-R, PAA	1.1
Desmorapid	–„–		

Name	Firma	Kunststoff/ Kunstharz (siehe 10.2.1, Seite 834)	Lieferform (siehe 10.2.2, Seite 844)
Destex	DSM Resins BV 8000 AP Zwolle, NL	PTP	2.2, 2.3
Dexcarb	Dexter Corp. Windsor Locks, CT 06 096, US	PC+PUR	2.2
Dexel	Courtaulds Chemicals & Plastics Ltd. Spondon, Derby DE2 7BP, GB	CA	2.2
Dexlon	Dexter Corp. Windsor Locks, CT 06 096, US	PP+PA	2.2
Dexpro	–„–	PP+PA	2.2
Diaclear	Mitsubishi Chemical Industries Ltd. Tokyo, JP	PA	2.2
Diafoil	Hoechst Diafoil GmbH 65174 Wiesbaden, DE	PTP	3.3
Diakon	ICI PLC Welwyn Garden City, Herts. AL7 1HH,	PMMA	2.2
Diamid	Daicel Chemical Ind., Ltd. Tokyo, JP	PA	2.2
Diamiron	Mitsubishi Plastics Industries Ltd. Tokyo, JP	PA	3.3
Diapet	Mitsubishi Rayon Co., Ltd. Tokyo, JP	ABS	2.2
Diaprene	Advanced Elastomer Systems L.P. St. Louis, MO 63 167, US	PP+EP(D)M	2.2
Diarex	Mitsubishi Monsanto Chemical Co. Tokyo, JP	PS, SB	2.2
Diaron	Reichhold Ltd. Mississauga, ON L4Z 1S1, CA	MF	1.1
Diawrap	Mitsubishi Plastics Industries Ltd. Tokyo, JP	PVC-P	3.3
Dieglas	Glastic Corp. Cleveland, OH 44 121, US	UP	2.2
Dielektrite	Industrial Dielectrics Inc. Noblesville, IN 46 060, US	UP	1.1, 2.2
Dielon	Dr. F. Diehl & Co. 88718 Daisendorf, DE	PE-HD	3.2
Diene 1000	Firestone Synthetics Rubber and Latex Co., Akron, OH 44 301, US	CR	2.2
Dimension	Allied Signal Europe N.V. 3001 Heverlee, BE	PA 6	2.2
Diofan	BASF Aktiengesellschaft 67056 Ludwigshafen, DE	PVDC	1.2
Diorez	Kemira Polymers Ltd. Stockport, Cheshire SK12 5BR, GB	PUR-R	1.1
Diprane	–„–	PUR	1.1, 2.1

Name	Firma	Kunststoff/ Kunstharz (siehe 10.2.1, Seite 834)	Lieferform (siehe 10.2.2, Seite 844)
Dispercoll	Bayer AG 51368 Leverkusen, DE	PMMA	1.2
Divinycell	Divinycell International GmbH 30966 Hemmingen, DE	PVC+PA	3.7
Diwit	Dr. F. Diehl & Co. 88718 Daisendorf, DE	PE-HD, CA, CAB, S-Cop, PVC, PA	2.2, 3.3
DLW-EPDM	DLW AG, Deutsche Linoleum-Werke 74301 Bietigheim-Bissingen, DE	EP(D)M	3.3
DLW-Hypalon	–„–	PE-C/CSM	3.3
Doctolex	Mitsubishi Chemical Industries Ltd. Tokyo, JP	PAEK	2.2
Doeflex	Doeflex Ind. Ltd. Redhill, Surrey RH1 2NR, GB	PP	2.2, 3.3
Dolphon	John C. Dolph Co., Monmouth Junction, NJ 08 852, US	UP, EP	2.2
Dorfix	Egyesült Negyimüvek 1172 Budapest, HU	FF	1.1
Dorlyl	Dorlyl 92100 Boulogne Billancourt, FR	PVC	2.2
Dorolac	Egyesült Negyimüvek 1172 Budapest, HU	PF	1.1
Doroplast	–„–	CF, PF	2.2
Dowlex	Dow Europe 8810 Horgen, CH	PE	2.2
Draimoco	DSM Italia s.r.l. 22 100 Como, IT	UP	2.2
Drakafoam	British Vita Co. Ltd. Manchester M24 2D3, GB	PUR-R	3.7
Driscopipe	Phillips Petroleum Chemicals NV 3090 Overijse, BE	PE	3.2
Dryflex	Perstorp AB 28 480 Perstorp, SE	TPE-S	2.2
Dry-Stat	Web Technologie Oakville, CT 06 779, US	PTP	1.5
Dryton XL	Monsanto Chemical Co., Plastics Div. St. Louis, MO 63 167, US	EP(D)M, CR	2.2
Dualoy	Ciba-Geigy, Composites Div. Anaheim, CA 9207-2018, US	EP	3.2
Dularit	Henkel KGaA 40589 Düsseldorf, DE	EP	1.1
Dumilan	Mitsui Polychemical Co., Ltd. Tokyo, JP	PE-Cop	2.1
Duoflex	Röhrig & Co. 30453 Hannover, DE	PE/PVC-P	3.1, 3.2

Name	Firma	Kunststoff/ Kunstharz (siehe 10.2.1, Seite 834)	Lieferform (siehe 10.2.2, Seite 844)
Duplothan	H. Hützen GmbH 41747 Viersen, DE	PUR	3.7
Duplotherm	–„–	PUR	3.7
Durabit	Durabit Bauplast GmbH & Co. KG 4050 Traun, AT	PE-HD, PE-Cop	3.3
Duracap	B. F. Goodrich Chemical Group Cleveland, OH 44 131, US	PVC	2.2
Duracarb	PPG Industries Inc. Pittsburgh, PA 15 272, US	PUR-R	2.2
Duracon	Daicel Polyplastics Osaka, JP	POM	2.2
Duraflex	Deutsche Shell Chemie GmbH 65760 Eschborn, DE	PIB	2.2
Duragen	Goodyear Tire & Rubber Co. Akron, OH 44 316, US	BR	2.2
Duragrid	London Artid Plastics London, GB	PP	3.3
Dural	Alpha Plastics Corp. Pineville, NC 28 134, US	VC-Cop	2.2
Duralast	Alpha Presision Houston , Texas, US	PPS	2.2
Duralex	Alpha Plastics Corp. Pineville, NC 28 134, US	TPE-U, TPU, VC-Cop	2.2
Duramix	Isola Werke AG 52353 Düren, DE	UP	2.2
Durane	Swanson, Inc. Wilmington, MA 01887-3398, US	TPE-U, TPU	2.2
Duranex	Daicel Polyplastics Osaka, JP	PBT	2.2
Durapipe	Glynwed Int. Inc. Sheldon, Birmingham, GB	ABS, PVC	3.2
Durapol	Isola Werke AG 52353 Düren, DE	UP	2.2, 2.3
Durapox	–„–	EP	2.2
Durapreg	–„–	UP	2.3
Duraver E-Cu	–„–	SI, EP, MF	2.3, 3.2
Durax	–„–	PF, UF, UP	2.2
Durayl	American Filtrona Corp. Richmond, VA 23 233, US	PMMA	2.2
Durel	Ticona GmbH 65926 Frankfurt, DE	PAR	2.2
Durelast	Kemira Polymers Ltd. Stockport, Cheshire SK12 5BR, GB	TPE-U, TPU	1.5
Durestos	TBA Industrial Products Ltd. Rochdale, Lancs., GB	PF, EP	3.5

Name	Firma	Kunststoff/ Kunstharz (siehe 10.2.1, Seite 834)	Lieferform (siehe 10.2.2, Seite 844)
Durethan	Bayer AG 51368 Leverkusen, DE	PA, PA+BR	2.2
Durette	Durette-Kunststoff GmbH & Co. KG 52304 Düren, DE	PVC	3.1
Durex	Oxychem, Durez Div. Tonawanda, NY 14 120, US	UP	2.2
Durez	Occidental Chemical Corp. Niagara Falls, NY 14 303, US	PF, UP	1.1, 2.2
Duripor	Binné & Söhne 25421 Pinneberg, DE	PS	3.7
Durocron	Mitsubishi Rayon Co., Ltd. Tokyo, JP	PMMA	2.2
Durodet	Mitras Kunststoffe GmbH 92637 Weiden, DE	PP, UP	2.3, 3.5
Duroform Composite	Duroform GmbH & Co. KG 56357 Miehlen, DE	UP, VE	2.2, 2.3
Durolite	Mitras Kunststoffe GmbH 92637 Weiden, DE	UP	2.3, 3.5
Durolon	Policarbonatos do Brasil S.A. 06412-140 Barueri-Sao Paulo, BR	PC	2.2
Duropal	Duropal-Werk E. Wrede GmbH & Co KG. 59717 Arnsberg, DE	MF	3.4
Durostone	Röchling Haren KG 49733 Haren, DE	PF, UP, VE, EP	2.3, 3.1, 3.2, 3.4
Dutral	Himont Italia s.p.a. 20 124 Mailand, IT	PP-Cop, TPE-O	2.2
Dutralene	–„–	TPE-O	2.2
Dyflor	Creanova 45764 Marl, DE	PVDF	2.2
Dylark	Arco Chemical Co. Newton Square, PA 19 073, US	S-Cop, SMA	2.2
Dylene	–„–	PS	2.2
Dylite	–„–	TPE-U, TPU	2.2
Dymetrol	Du Pont Deutschland GmbH 61343 Bad Homburg, DE	PTP	1.1
Dynamar	3 M Co. St. Paul, MN 55 144, US	FKM	2.2
Dynapol	Creanova 45764 Marl, DE	PTP	1.1
Dyneema	DSM, 6160 AP Geelen, NL/ Toyobo Co., Ltd., Osaka, JP	PE	3.6
Dynodren	Dyno Industrier A.S. Oslo 1, NO	PVC	3.2
Dynofen	–„–	PF	1.1
Dynoform	–„–	CF	2.2

Name	Firma	Kunststoff/ Kunstharz (siehe 10.2.1, Seite 834)	Lieferform (siehe 10.2.2, Seite 844)
Dynomin	Dyno Industrier A.S. Oslo 1, NO	UF, MF	1.1
Dynopon	–„–	EP	1.1
Dynorit	–„–	UF	1.1
Dynos	HT Troplast AG 53840 Troisdorf, DE	VF	
Dynosol	Dyno Industrier A.S. Oslo 1, NO	PF	1.1
Dynotal	–„–	PTP	1.1
Dynoten	–„–	PE	3.3
Dynova	–„–	PF	1.1
Dytherm	Arco Chemical Co. Newton Square, PA 19 073, US	SMA	1.1, 2.2
Dytron	Advanced Elastomer Systems L.P. St. Louis, MO 63 167, US	TPE-U, TPU	2.2
E			
Eastapak	Eastman Chemical Intern. Kingsport, TN 37 662, US	PET	2.2
Eastar	–„–	PTP	2.2
Eastobond	–„–	PTP	2.2
Easypoxy	Conap Div. of WFI Olean, NY 14 760, US	EP	1.1
Ebecryl	UCB N.V. Filmsector 9000 Gent, BE	EP, PMMA	1.1
Ebolon	Chicago Gasket Co. Shokie, IL 60 067, US	F-Pol.	2.2
Eccofoam	Emerson & Cuming Inc. Canton, MA 02 021, US	EP	1.1
Eccogel	–„–	EP	1.1
Eccomold	–„–	EP	2.2
Eccoseal	–„–	EP	1.1
Eccosorb	W. R. Grace & Co., Organic Chemicals Lexington, MA 02 173, US	PUR	3.7
Eccothane	–„–	PUR	1.1, 1.5
Ecdel	Eastman Chemical Intern. Kingsport, TN 37 662, US	PTP	2.2
Ecocryl	Elf Atochem Deutschland GmbH 40474 Düsseldorf, DE	SMA	2.2
Ecofelt	Chemie Linz AG 4040 Linz, AT	PP	3.6
Ecoflex	BASF Aktiengesellschaft 67056 Ludwigshafen, DE	APE	2.2
Ecolo F	Mitsubishi Petrochemical Co., Ltd. Tokyo, JP	PP-Cop	2.2

Name	Firma	Kunststoff/ Kunstharz (siehe 10.2.1, Seite 834)	Lieferform (siehe 10.2.2, Seite 844)
Ecolyte	Ecolyte Atlantic Baltimore, MD 21 224, US	PE, PP	2.2
Econol	Sumitomo Chemical Co., Ltd. Tokyo 103, JP	PTP	2.2
Ecostarplus	DSM Compounds UK Ltd. Eastwood, Lancs., GB	PE+TPS, PE+TPS	
Ecothene	Quantum Chemical Corp. Cincinnati, OH 42 249, US	PE-HD	2.2
Edenol	Henkel KGaA 40589 Düsseldorf, DE		
Edistir	Enichem Deutschland GmbH 65760 Eschborn, DE	PS, SB	2.2
Editer	–„–	ABS	2.2
Efroit	Ernst Frölich GmbH 37520 Osterode, DE	PVC, PVC-P	2.2, 3.2
Efweko	Degussa AG 60287 Frankfurt, DE	PUR	2.2
Egelen	Egeplast, Werner Strumann GmbH & Co. 48282 Emsdetten, DE	PE, PE-HD	3.2
Egerit	Gehr-Kunststoffwerk GmbH 68219 Mannheim, DE	PVC	3
Ekabon	Chemie AG Bitterfeld-Wolfen 06749 Bitterfeld, DE	PVC, VC-Cop	2.2
Ekadur	E.K. Sattler Carl-Zeiss-Str. 3, 63165 Mühheim/M., DE	PBT	2.2
Ekalit	Chemie AG Bitterfeld-Wolfen 06749 Bitterfeld, DE	PVC-P	2.2
Ekaloy	E.K. Sattler Carl-Zeiss-Str. 3, 63165 Mühheim/M., DE	POM	2.2
Ekamid A	–„–	PA 66	2.2
Ekanyl	–„–	ABS	2.2
Ekatal C	–„–	POM	2.2
Ekonol	Carborundum Corp. Niagara Falls, NY 14 302, US	LCP	2.2
Ektar	Eastman Chemical Intern. Kingsport, TN 37 662, US	PTP, PPS	2.2
Elamed	Chemitex-Elana Torun, PL	PTP	2.2
Elan	Putsch GmbH 90427 Nürnberg, DE	PP	2.2
Elana	Chemitex-Elana Torun, PL	PTP	3.6

Name	Firma	Kunststoff/ Kunstharz (siehe 10.2.1, Seite 834)	Lieferform (siehe 10.2.2, Seite 844)
Elapor	EMW-Betrieb 65582 Diez, DE	PE-X, PUR	3.7
Elaslen	Showa Denko K.K. Tokyo 105, JP	PE-C	2.2
Elastalloy	GLS Plastics Woodstock, IL 60 098, US	TPE	2.2
Elastan	Elastogran GmbH 49440 Lemförde, DE	PUR	1.1
Elaster	Zeon Deutschland GmbH 40547 Düsseldorf, DE	VC-Cop	2.2
Elastocoat	Elastogran GmbH 49440 Lemförde, DE	PUR	1.5
Elastoflex	Elastogran GmbH 49440 Lemförde, DE	PUR	1.1
Elastofoam	–„–	PUR	1.1
Elastolen	–„–	PUR	1.1
Elastolit	–„–	PUR	1.1
Elastollan	–„–	TPE-U, TPU	2.2
Elaston	Chemitex, Cellviskoza Torun, PL	PUR	3.6
Elastonat	Elastogran GmbH 49440 Lemförde, DE	PUR	1.1
Elastopal	–„–	PUR	3.7
Elastopan	–„–	PUR	1.1
Elastophen	–„–	PUR	1.1
Elastopor	–„–	PUR	1.1
Elastopreg	BASF Aktiengesellschaft 67056 Ludwigshafen, DE	PP	2.3
Elastopren	Record-Kunststoffwerke GmbH 79232 March, DE	PUR	3.7
Elastosil	Wacker-Chemie GmbH 81737 München, DE	Q	1.1
Elastotec	Elastogran GmbH 49440 Lemförde, DE	TPE-U, TPU	2.2
Elastotherm	–„–	PUR	1.1
Elastuf	Goodyear Tire & Rubber Co. Akron, OH 44 316, US	PTP	2.2
Elasturan	Elastogran GmbH 49440 Lemförde, DE	PUR	1.1
Elaxar	Deutsche Shell Chemie GmbH 65760 Eschborn, DE	SEPDM	2.2
Electroglas	Glasflex Corp. Stirling, NJ 07 980, US	PMMA	3.1, 3.2, 3.4
Elektroguard	The Perma-Flex Mold Co. Inc. Columbus, OH 43 209, US	SI	2

Name	Firma	Kunststoff/ Kunstharz (siehe 10.2.1, Seite 834)	Lieferform (siehe 10.2.2, Seite 844)
Elektroplast	Egyesült Negyimüvek 1172 Budapest, HU	PF	2.2, 3.5
Elisol	Werner Hahm GmbH & Co. KG 42109 Wuppertal, DE	PVC-P	3.2
Elit	Chemitex-Elana Torun, PL	PTP	2.2
Elite HH	Monsanto Chemical Co., Plastics Div. St. Louis, MO 63 167, US	PPMS	2.2
Elitel	Chemitex-Elana Torun, PL	PTP	2.2
Elitrex	AEG Isolier- und Kunststoff GmbH 34123 Kassel, DE	UP	2.3
Elix	Monsanto Chemical Co., Plastics Div. St. Louis, MO 63 167, US	S-Cop	2.1
Elkalite	Elkaplast Bruxelles, BE	ABS+PVDF	3.5
Elkoflex	Elkoflex Isolierschlauchfabrik 10553 Berlin, DE	PTP	3.2
Elkosil	–„–	SI, Q	3.2
Elkotherm	–„–	PUR	3.2
Elmit	Mitsui Petrochemical Ind., Ltd. Tokyo, JP	PE-Cop, PP+PA, PA	2.2
Eltex	Solvay Deutschland GmbH 30173 Hannover, DE	PE-HD, PE-LD	2.2
Eltex P	–„–	PP, PP-Cop	2.2
Elvacite	Du Pont Deutschland GmbH 61343 Bad Homburg, DE	PMMA	1.1, 2.2
Elvaloy	–„–	PE/PVC, PVC	2.2
Elvamide	–„–	PA	1.1, 2.2
Elvanol	–„–	PVAL	1.1
Elvax	–„–	PE-Cop	1.5
Emac	Chevron TX 77253 Houston, USA	EMA	2.2
Emblem	Unitika Ltd. Osaka, JP	PVDC+PVAC	3.3
Emdicell	Elastogran GmbH 49440 Lemförde, DE	PUR	3.7
Emflon	Pallflex Products Corp. Putnam, CT 06 260, US	F-Pol.	3.3
Emi-X	LNP Plastics Nederland BV 4940 Raamsdonksveer, NL	PO	2.2
Empee	Monmouth Plastics Inc. Freehold, NJ 07 728, US	PE-HD, PP, TPE-O	2.2
Enathene	Quantum Chemical Corp. Cincinnati, OH 42 249, US	PE/PAA	2.2

Name	Firma	Kunststoff/ Kunstharz (siehe 10.2.1, Seite 834)	Lieferform (siehe 10.2.2, Seite 844)
Enduran	GE Plastics Europe B.V. 4600 AC Bergen op Zoom, NL	PBT	2.2
Enplex	Kanegafuchi Chemical Ind. Co., Ltd. Osaka, JP	ABS+PVC	2.2
Ensolite	Uniroyal, Mishawaka IN 46 544, US	PVC	3.7
Envirez	PPG Industries Inc. Pittsburgh, PA 15 272, US	UP	1.1
Enviroplastic	Planet Packaging Technologies San Diego, CA, US	PEOX	2.2
Epacron	Loes Enterprises Inc. St. Paul, MN 55104, US	EP	1.1, 2.2
Epcar	B. F. Goodrich Chemical Group Cleveland, OH 44 131, US	EP (D)M	2.2
EPDM Semicon	Borealis Deutschland GmbH 40409 Düsseldorf, DE	EP (D)M	2.2
EPDM-Compound	–„–	EP(D)M	2.2
Eperan	Kanegafuchi Chemical Ind. Co., Ltd. Osaka, JP	PE, PP	3.7
Epibond	Ciba Spezialitätenchemie AG 4002 Basel, CH	EP	1.1
Epichlomer	Osaka Soda Co., Ltd. Osaka, JP	EP(D)M	2.2
Epidian	Ciech Chemikalien GmbH 00013 Warschau 1, PL	EP	1.1
Epikote	Deutsche Shell Chemie GmbH 65760 Eschborn, DE	EP	1.1
Epocast	Ciba Spezialitätenchemie AG 4002 Basel, CH	EP	1.1, 2.2
Epocryl	Ashland Chemical Corp. Columbus, OH 43 216, US	EP	1.1
Epodil L	Anchor Plastics Inc. Great Neck, NY 11 021, US	KWH	1.1
Epodite	Showa High Polymer Co., Ltd. Tokyo, JP	EP	2.2
Epoflex	Von Roll Isola 4226 Breitenbach, CH	EP	3.3
Epolene	Eastman Chemical Intern. Kingsport, TN 37 662, US	PE, PP	2.2
Epolite	Hexcel Corp. Chemical Div. Chatsworth, CA 93 111, US	EP	1.1
Epon	Deutsche Shell Chemie GmbH 65760 Eschborn, DE	EP	2.2
Eponac	AMC-Sprea S.p.A. 20 101 Milano, IT	EP	2.2

Name	Firma	Kunststoff/ Kunstharz (siehe 10.2.1, Seite 834)	Lieferform (siehe 10.2.2, Seite 844)
Eponol	Deutsche Shell Chemie GmbH 65760 Eschborn, DE	PUR-R	2.2
Epophen	Borden Chemical Co. Geismar, LA 70 734, US	EP	1.1
Eposet	Hardman Inc. Belleville, NJ 07 109, US	EP	2.2
Eposir	Sirlite Srl. 20 161 Milano, IT	EP	1.1
Eposyn	Copolymer Rubber & Chemical Corp. Baton Rouge, LA 70 821, US	EP(D)M	2.2
Epotal	BASF Aktiengesellschaft 67056 Ludwigshafen, DE	PE	1.2
Epo-tek	Epoxy Technology Inc. Billerica, MA 01 821, US	EP	2.2
Epotuf	Reichhold Chemicals Inc. Jacksonville, FL 32 245, US	EP	1.1
Epovoss	FAW Jacobi AB SE	EP	1.1
Epoxical	United States Gypsum Co. Chicago, IL 60 606, US	EP	1.1
Epsyn 70 A	Monsanto Chemical Co., Plastics Div. St. Louis, MO 63 167, US	EP(D)M	2.2
Era	Gustav Ernstmeier GmbH & Co. KG 32049 Herford, DE	PUR, PVC-P	3.3
Eraclear	Polimeri Europa 65760 Eschborn, DE	PE-LLD	2.2
Eraclene	–„–	PE-HD	2.2
Eref	Solvay Deutschland GmbH 30173 Hannover, DE	PA+PP	2.2
Ergeplast	Roga KG Dr. Loose GmbH & Co. 50389 Wesseling, DE	PE, PVC, PVC-P	3.1, 3.2
Ertacetal	Erta-Plastics N.V. 8880 Tielt, BE	POM	3.1, 3.2, 3.4
Ertalon	–„–	PA	3.1, 3.2, 3.4
Ertalyte	–„–	PTP	3.1, 3.2, 3.4
Esall	Sumitomo Chemical Co., Ltd. Tokyo 103, JP	PP/TPE-S	2.2
Esbrite	–„–	PS	2.2
Escalloy	A. Schulman GmbH 50170 Kerpen, DE	PP, SAN, ABS, PA, PC, PTP, PPS, PES	2.2
Escor	Deutsche Exxon Chemical GmbH 50667 Köln, DE	PE-Cop	2.2
Escorene	–„–	PP	2.2
Escorene alpha	–„–	PE-LLD	2.2

Name	Firma	Kunststoff/ Kunstharz (siehe 10.2.1, Seite 834)	Lieferform (siehe 10.2.2, Seite 844)
Escorene Micro	Deutsche Exxon Chemical GmbH 50667 Köln, DE	PE	2.1
Escorene ultra	–„–	PE-Cop	2.2
Escorez	–„–	KWH	1.1
Esdash	Deutsche Nichimen GmbH 40211 Düsseldorf, DE	PP	2.2
Eska	Mitsubishi Rayon Co., Ltd. Tokyo, JP	PMMA	3.6
Eslon FFU	Sekisui Chemical Co. Ltd. Osaka 530, JP	PUR	2.3
Espet	Toyobo Co. Ltd. Osaka 530, JP	PTP	2.2, 3.3
Esprene	Sumitomo Chemical Co., Ltd. Tokyo 103, JP	EP(D)M	2.2
Esprit	Caradon Celuform Ltd. Aylesford, Maidstone, Kent ME20 75X, GB	PVC	3.1
Estaloc	B. F. Goodrich Chemical Europe NV 2230 Brüssel, BE	TPE-U, TPU	2.2
Estane	–„–	TPE-U, TPU	2.2
Estar	Mitsui Toatsu Chemicals Inc. Tokyo, JP	UP	2.2
Este	Max Steier GmbH & Co. 25337 Elmshorn, DE	PO, PVC-P	3.3
Esteform	Chromos - Ro Polimeri 4100 Zagreb, Croatia	UP	2.2
Estemix	–„–	UP	2.2
Esteral	Makhteshim Chemical Works, Ltd. Beer-Sheva, Israel	UP	1.1, 2.2
Estomid	Deutsche Nichimen GmbH 40211 Düsseldorf, DE	PA	2.2
Estyrene	–„–	S-Cop	2.2
Ethylux	Westlake Plastics Co. Lenni, PA 19 052, US	PE	3, 3.3, 3.4
Etinox	Aiscondel S.A. Barcelona 13, ES	PVC	2.2
ET-Polymer	Borealis Deutschland GmbH 40409 Düsseldorf, DE	PE	2.2
Etronax	Elektro-Isola A/S 7100 Vejle, DK	CF, EP	3.5
Etronax G	–„–	CF, SI, UP, EP, MF, PPE	2.3, 3.2
Etronit	–„–	CF, EP, MF	3.5
ET-Semicon	–„–	PE/IR	1.1

Name	Firma	Kunststoff/ Kunstharz (siehe 10.2.1, Seite 834)	Lieferform (siehe 10.2.2, Seite 844)
Eucarigid	Manufactures de Cables electriques et de Coutchouc S.A., Eupen, BE	PVC, PVC-U	3.2
Eurelon	Witco GmbH 59180 Bergkamen, DE	PA	1.1
Euremelt	–„–	PA	1.5
Eurepox	–„–	EP	1.1
Euresyst	–„–	EP	2.2
Eurocell	Europlastic Pahl & Pahl GmbH & Co, 40472 Düsseldorf, DE	PUR	3.7
Eurodrain	Hegler Plastik GmbH 97714 Oerlenbach, DE	PVC	3.2
Euroflex M	Scheuch GmbH & Co. KG 64367 Mühltal, DE	PO+PTP	3.3
Europan	Europlastic Pahl & Pahl GmbH & Co, 40472 Düsseldorf, DE	PUR	3.7
Europhan	4P Folie Forchheim GmbH 91301 Forchheim, DE	PVC	3.3
Europlastic	Europlastic Pahl & Pahl GmbH & Co, 40472 Düsseldorf, DE	PUR-R	3.7
Europrene	Enichem Deutschland GmbH 65760 Eschborn, DE	S-Cop, SBS, IR	2.2
Eutan	ACLA-Werke GmbH 51065 Köln, DE	PUR	3.4
Evaflex	Du Pont-Mitsui Polychemical Co. Ltd. Tokyo, JP	PE-Cop	2.2
Eval	Quantum Chemical Corp. Cincinnati, OH 42 249, US	PE-Cop	2.2, 3.3
Evalastic	Alwitra KG, Klaus Göbel 54296 Trier, DE	PP+EP(D)M	3.3
Evalon	–„–	PE-Cop/PVC	3.3
Evatane	Elf Atochem Deutschland GmbH 40474 Düsseldorf, DE	PE-Cop	1.1, 2.2
Evatate	Sumitomo Chemical Co., Ltd. Tokyo 103, JP	PE-Cop	2.2
Evazote	BP Chemicals International Ltd. London SW1W OSU, GB	PE-Cop	3.7
Everlite	Everlite A/S Skaevinge, DK	Thermopl., allg., PVC	2.3, 3.5
Evoprene	Evode Plastics Ltd. Syston, Leicester LE7 8PD, GB	PF, UF	2.2
Exac	Norton	F-Pol.	2.2
Exact	DSM, Polymers & Hydrocarbons 6130 AA Sittard, NL	PE-LLD	1.1, 1.5
Excelon	Armstrong World Industries GmbH 40004 Düsseldorf, DE	PVC-P	3.3

Name	Firma	Kunststoff/ Kunstharz (siehe 10.2.1, Seite 834)	Lieferform (siehe 10.2.2, Seite 844)
Excelprint	Scott Bader Co., Ltd. Wollaston, Wellingborough, Norths. NN9 7RL, GB	S-Cop	1.2
Exolite	Cyro Industries Woodcliff, NJ 07 675, US	PMMA, PC	3.4
Expancel	Expancel, Casco Nobel AB 85 013 Sundsvall, SE	PAN	1.1
Extir	Enichem Deutschland GmbH 65760 Eschborn, DE	PS, PS-E	2.2
Extrel	Deutsche Exxon Chemical GmbH 50667 Köln, DE	PP	3.3
Exulite	Cyro Industries Woodcliff, NJ 07 675, US	PMMA	3.4
Exxtraflex	Deutsche Exxon Chemical GmbH 50667 Köln, DE	PO	3.3
Eymyd	Ethyl Corp. Baton Rouge, LA 70 801, US	Thermopl., allg.	2.3
Eypel F	–„–	FKM	2.2
F			
F . . .	Makhteshim Chemical Works, Ltd. Beer-Sheva, Israel	EP	1.1
Fabeltan	–„–	TPE-U, TPU	2.2
Fablon	Forbo-CP, Cramlington, North. NE23 8AQ, GB	PE, PVC-P	3.3
Fabtex	Clopay Corp. Plastics Products Div. Cincinnati, OH 45 202, US	PE	3.3
Faradex	DSM, Polymers & Hydrocarbons 6130 AA Sittard, NL	PP, ABS, ABS+PC	2.2
Fardem	Fardem Ltd. Louth, Lincs., GB	PE	3.3
Farfen	Fabbrica Adesivi Resine S.p.A. Cologno Monzese, IT	PF	1.1, 1.3, 1.5
Feinmicaglas	Isovolta AG 2355 Wiener Neudorf, AT	EP	3.5
Felor	Du Pont Deutschland GmbH 61343 Bad Homburg, DE	PA	3.6
Femso	Franz Müller & Sohn, Femso Werk 61440 Oberursel, DE	PO, PE-Cop, TPE-O, TPE-U, TPU, S-Cop, TPE-S, PVC, PVC-P, PVDF, POM, PA, PTP	3
Fenlac	AMC-Sprea S.p.A. 20 101 Milano, IT	PF	1.1

Name	Firma	Kunststoff/ Kunstharz (siehe 10.2.1, Seite 834)	Lieferform (siehe 10.2.2, Seite 844)
Fenochem	Chemiplastics S.p.A. 20 151 Mailand, IT	PF	1.1
Fenoform	Chromos - Ro Polimeri 4100 Zagreb, Croatia	CF	2.2
Fenolit	PL	CF	2.2
Ferobestos	Tenmat Ltd., Trafford Pk., Manchester M17 1RU, GB	PF	3.5
Feroform	–„–	CF, SI	3.5
Feroglas	–„–	PF, UP	2.3
Ferrene	Ferro Corp. Evansville, IN 47 711, US	PE-Cop	2.2
Ferrex	–„–	PP-Cop	2.2
Ferrocon	–„–	PP	2.2
Ferroflex	Ferrozell GmbH 86199 Augsburg, DE	CF, PF, SI, UP, EP, MF	3.1, 3.2, 3.3, 3.5
Ferro-Flex	–„–	PP+EP(D)M	2.2
Ferroflo	Ferro Corp. Evansville, IN 47 711, US	PS	2.2
FerroLene	Ferro Eurostar 95470 St. Landre, FR	PP, TPE-O	2.2
Ferropak	Ferro Corp. Evansville, IN 47 711, US	PP	2.2
Ferroplast	Ferrozell GmbH 86199 Augsburg, DE	PF	2.3
Ferropreg	Ferro Corp., Composites Div. Los Angeles, CA 90 016, US	PI, PF, UP, EP	2.2, 2.3
Ferrostat	Ferro Eurostar 95470 St. Landre, FR	Thermopl., allg.	2.2
Ferrotron	Polypenco GmbH 51437 Bergisch Gladbach, DE	PTFE	3, 3.4
Ferrozell	Ferrozell GmbH 86199 Augsburg, DE	CF, SI, UP, EP, MF	2.2, 2.3, 3.2, 3.5
FF ...	Fränkische Rohrwerke GmbH + Co. 97486 Königsberg, DE	PE, PE-X, PP-C, PB-1, PS, PVC, PA	3.2
FF-Kabuflex	–„–	PE-HD	3.2
FF-pordrän	–„–	PS	
FF-therm	–„–	PE-X, PB-1	3.2
Fib	Putsch GmbH 90427 Nürnberg, DE	PP	2.2
Fibercast	Fibercast Co. Sand Springs, OK 74 063, US	UP, EP	3.2
Fiberesin	Fiberesin Industries Inc. Oconomowoc, WI 53 066, US	MF	3.4

Name	Firma	Kunststoff/ Kunstharz (siehe 10.2.1, Seite 834)	Lieferform (siehe 10.2.2, Seite 844)
Fiberfil TN	DSM RIM Nylon vof 4202 YA Maastricht, NL	PA	2.2
Fiberform	Fiberesin Industries Inc. Oconomowoc, WI 53 066, US	PF	3.5
Fiberloc	B. F. Goodrich Chemical Group Cleveland, OH 44 131, US	PVC	2.2, 2.3
Fibredux	Ciba-Geigy, Composites Div. Anaheim, CA 9207-2018, US	UP, EP	3.5
Fibrelam	–„–	UP, EP	3.5
Fibrolux	Fibrolux 65719 Hofheim, DE	UP	3
Fibron	Fibron GmbH 75015 Bretten, DE	UP	2.3
Filmon	Nyltech Deutschland 79108 Freiburg, DE	PA	3.3
Fina X	Isofoam S.A. 7170 Manage, BE	PS	3.7
Finaclear	Fina Deutschland GmbH 60313 Frankfurt, DE	SBR	2.2
Finaprene	–„–	BR, CR	2.2
Finapro	–„–	PP, PP-Cop	2.2
Finathene	–„–	PE-HD, PE-LD	2.2
Firewall FRB	Coroplast Inc., Irving, TX 75 038, US	PP	3.4
Fish-paper	Weston Hyde Products (EVC) Hyde, Cheshire SK14 4EJ, GB	VF	3.4
Flakeglas	Owens Corning Fiberglas Corp. Toledo, OH 43 659, US	UP	2.3
Flakeline	–„–	UP	1.5
Flex	Röhrig & Co. 30453 Hannover, DE	PVC-P	3.1, 3.2
Flexibel	Felten & Guilleaume 51063 Köln, DE	PI	2.3
Flexifilm	Tredegar Film Products B.V. Kerkrade, NL	PE	3.3
Flexipol	Flexible Products Co. Marietta, GA 30 061, US	PUR	2.2
Flexirene	Polimeri Europa 65760 Eschborn, DE	PE-LLD	2.2
Flexline	Elf Atochem Deutschland GmbH 40474 Düsseldorf, DE	PTP	3.6
Flexocel	Baxenden Chemical Co. Ltd. Accrington, Lancs. BB5 2SL, GB	PUR	1.1
Flex-O-Crylic	Flex-O-Glass Inc. Chicago, IL 60 051, US	PMMA	3.4

Name	Firma	Kunststoff/ Kunstharz (siehe 10.2.1, Seite 834)	Lieferform (siehe 10.2.2, Seite 844)
Flex-O-Film	–„–	PE-Cop, CAB, CP	3.3
Flexom	Sommer B.T.P. Dtschl. GmbH 6000 Frankfurt/M. 60, DE	PE-Cop/PVC, PVC-P	3.3
Flexomer	Union Carbide Corp. Danbury, CT 06 817, US	PE-LLD	2.2
Flexvin	Techno-Chemie Kessler & Co., GmbH 64546 Mörfelden-Walldorf, DE	PVC-P	3.2
Flo-Blen	Sumitomo Seika Chemicals Co., Ltd. 40474 Düsseldorf, DE	PO	2.2
flo-foam	Flo-pak GmbH 89542 Herbrechtingen, DE	PUR	1.1
Flomat	DSM Compounds UK Ltd. Eastwood, Lancs., GB	UP, UP	2.3
flo-pak	–„–	PS	3.7
Floratroop	Hegler Plastik GmbH 97714 Oerlenbach, DE	PP-Cop	3.2
Florit	Mayer Enterprises Ltd., Coating Dept., Tel Aviv, IL	KWH	1.1
Flo-Thene	Sumitomo Seika Chemicals Co., Ltd. 40474 Düsseldorf, DE	PO	2.2
Flo-Vac	–„–	PO	2.2
Fluobond	James Walker & Co. Ltd. Woking, Surrey GU22 8AP, GB	PTFE	3.1,3.3, 3.4
Fluon	ICI PLC Welwyn Garden City, Herts. AL7 1HH,	PTFE	1.2, 2.2
Fluorel	3 M Co. St. Paul, MN 55 144, US	FKM	2.2
Fluorocomp	LNP Plastics Nederland BV 4940 Raamsdonksveer, NL	F-Pol.	2.2
Fluoroloy	Fluorocarbon Anaheim, CA 92 803, US	PTFE	2.2
Fluoromelt	LNP Plastics Nederland BV 4940 Raamsdonksveer, NL	PTFE, PVDF, ECTFE	2.2
Fluorosint	Polypenco GmbH 51437 Bergisch Gladbach, DE	PTFE	3, 3.3, 3.4
Foamex	Airex AG 5643 Sins, CH	PVC	3.4
Foamosol	Watson Standard Co. Pittsburgh, PA 15 238, US	PVC	1.1
Foamspan	A. Schulman GmbH 50170 Kerpen, DE	PP, SAN, ABS, PA, PC, PTP, PPS, PES	2.2
Folitherm	4P Folie Forchheim GmbH 91301 Forchheim, DE	PP	3.3

Name	Firma	Kunststoff/ Kunstharz (siehe 10.2.1, Seite 834)	Lieferform (siehe 10.2.2, Seite 844)
Fomblin	Ausimont Deutschland GmbH 65760 Eschborn, DE	PFA	2.2
Fomrez	Witco Corp. Organics Div. New York, NY 10 017, US	PUR-R	1.1
Foraflon	Elf Atochem Deutschland GmbH 40474 Düsseldorf, DE	PTFE, PVDF	2.2
Foramine	Reichhold Chemicals Inc. Jacksonville, FL 32 245, US	UF	1.5
Forasite	–„–	PF	1.5
Forbon	NVF Container Div. Hartwell, GA 30 643, US	VF	3.4
Forco	4P Folie Forchheim GmbH 91301 Forchheim, DE	PP	3.3
Forex	Airex AG 5643 Sins, CH	PVC	3.4
Forflex	So.F.Ter SpA 47100 Forli, I	PP/EP(D)M	2.2
Formica	Formica Vertriebs GmbH 53842 Troisdorf, DE	MF	3.4
Formion	A. Schulman GmbH 50170 Kerpen, DE	TPE-O	2.2
Formolene	Formosa Plastic Taiwan	PE-HD, PP	2.2
Formosir	Sirlite Srl. 20 161 Milano, IT	PF	1.1
Formula Format	Marley Floors 21029 Hamburg, DE	PVC-P	3.3
Formula P	Putsch GmbH 90427 Nürnberg, DE	PP	2.2
Formvar	Monsanto Chemical Co., Plastics Div. St. Louis, MO 63 167, US	PVFM	1.1
Forprene	So.F.Ter SpA 47100 Forli, I	PP/EP(D)M	2.2
Forsan	Kaucuk n. Vlt. 27 852 Kralupy, CSFR	ABS	2.2
Fortiflex	Solvay Deutschland GmbH 30173 Hannover, DE	PE-HD	2.2
Fortilene	–„–	PP, PP-Cop	2.2
Fortron	Ticona GmbH 65926 Frankfurt, DE	PPS	2.2
Fostafoam	–„–	PS	1.1
Fostalite	–„–	PS	2.2
Fostarene	–„–	PS	2.2
Fosta-Tuf-Flex	Huntsman Chemical Corp. Chesapeake, VA 23 320, US	SB	2.2

Name	Firma	Kunststoff/ Kunstharz (siehe 10.2.1, Seite 834)	Lieferform (siehe 10.2.2, Seite 844)
Foundrez	Reichhold Chemicals Inc. Jacksonville, FL 32 245, US	PF	1.1
FPM-R	Borealis Deutschland GmbH 40409 Düsseldorf, DE	FKM	2.2
Franklin Fibre	Franklin Fibre-Lamitex Corp. Wilmington, DE 19 899, US	VF	3.1, 3.2, 3.4
Freemix	DSM Compounds UK Ltd. Eastwood, Lancs., GB	UP, UP	2.2
Fresh-Pak	UCB N.V. Filmsector 9000 Gent, BE	PE-HD	3.3
frianyl	Frisetta GmbH 79677 Schönau, DE	PA	2.2
friatherm	Friatec AG 68229 Mannheim, DE	PE-X, PVC-U	3.2
Fric	Oy Wijk & Höglund AB Vase, FI	PE	3.3
Friedola	Friedola Gebr. Holzapfel GmbH&Co. KG 37276 Meinhard, DE	PP, PVC-P	3.3, 3.4
Frisetta	Frisetta GmbH 79677 Schönau, DE	PA	2.2
FR-PET	Teijin Chemicals Ltd. Tokyo, JP	PTP	2.2
Fudowlite	Fudow Chemical Co. Ltd. Tokyo, JP	PF, UF, UP, MF	2.2
Fulcon	Sakai Kasei Kogyo Co. Ltd. Osaka, JP	PVC	3.3
Fulton	LNP Plastics Nederland BV 4940 Raamsdonksveer, NL	F-Pol.+POM	2.2
Fundopal	Funder Ind. Ges.mbH. 9300 St. Veit a. d. Glan, AT	MF	3.4
FurCarb	QO Chemicals Inc. Oak Brook, IT 60 251, US	FF	1.1
Furesir	Sirlite Srl. 20 161 Milano, IT	FF	1.1
Fürkaform	Regeno-Plast 42697 Solingen, DE	POM	2.2
Fürkalan	–„–	ABS	2.2
Fürkamid	–„–	PA	2.2
Furnidur	Hoechst Diafoil GmbH 65174 Wiesbaden, DE	VC-Cop	3.3
furnit	Konrad Hornschuch AG 74679 Weissbach, DE	PVC	3.3
Füron	Regeno-Plast 42697 Solingen, DE	PS	2.2

Name	Firma	Kunststoff/ Kunstharz (siehe 10.2.1, Seite 834)	Lieferform (siehe 10.2.2, Seite 844)
Furset	Raschig AG 67061 Ludwigshafen, DE	FF	1.1
G			
Gabotherm	Thyssen Polymer GmbH 81671 München, DE	PB-1	3.2
Gaflon	Plastic Omnium S.A. Levallois-Perret, FR	PTFE	3
Gafone	Gharda Chemicals Ltd. Bandra (W), Mumbai-50, India	PES	2.2
Galden	Ausimont Deutschland GmbH 65760 Eschborn, DE	F-Pol	2.2
Galirene	Carmel Olefins Ltd. Haifa 31 014, IL	PS	2.2
Gardglas	American Filtrona Corp. Richmond, VA 23 233, US	PMMA	3.3, 3.4
Gealan	Gealan Werk Fickenscher GmbH 95145 Oberkotzau, DE	PVC-P	3.1, 3.2
Geax	AEG Isolier- und Kunststoff GmbH 34123 Kassel, DE	PF	3.5
Geberit	Geberit GmbH 88617 Pfullendorf, DE	PE-HD	3.2
Gecet	GE Plastics Europe B.V. 4600 AC Bergen op Zoom, NL	PPE	3.7
Gedexcel	Elf Atochem Deutschland GmbH 40474 Düsseldorf, DE	S-Cop	1.1
Gehr	Gehr-Kunststoffwerk GmbH 68219 Mannheim, DE	PE, PP, PAEK, PEI, PUR, S-Cop, ABS, PVC, PVDF, PES	3.1, 3.2, 3.4
Gekaplan	Benecke-Kaliko AG 73004 Göppingen, DE	PVC-P	3.3
Geloy	GE Plastics Europe B.V. 4600 AC Bergen op Zoom, NL	ASA	2.2
Genesis	Novacor Chemicals Ltd. Calgary, Alberta T2P 2H6, CA	PO, PS	2.2
Genotherm	Rhein Chemie Rheinau GmbH 68219 Mannheim, DE	PVC	3.3
Gensil	GE Silicones Waterford, NY 12 188, US	Q	2.2
Geolast	Advanced Elastomer Systems L.P. St. Louis, MO 63 167, US	PP + BR	2.2
Geon	B. F. Goodrich Chemical Group Cleveland, OH 44 131, US	PVC, PVC-U, PVC-P	1.1, 2.1, 2.2
Gerodur	Gerodur AG 8717 Benken SG, CH	PE, PP, PVC	3.2

Name	Firma	Kunststoff/ Kunstharz (siehe 10.2.1, Seite 834)	Lieferform (siehe 10.2.2, Seite 844)
Gesadur	G. H. Sachsenröder 42285 Wuppertal, DE	CF	3.5
Getadur	Westag & Getalit AG 33378 Rheda-Wiedenbrück, DE	MF	3.5
Getaform	–„–	MF	3.3
Getalan	–„–	MF	3.5
Getalit	–„–	MF	3.3, 3.4
Getaplex	–„–	MF	3.5
Gilco	Gilman Brothers Co. Gilman, CT 06 336, US	PE, S-Cop, SB	3.3, 3.4
Gillcoat	M. C. Gill Corp. El Monte, CA 91731, US	MF	3.4
Gillfab	–„–	PI, PF, SI, UP, EP, PMMA	2.3, 3.5
Gillfoam	–„–	PF, UP	3.7
Gillite	–„–	PF, UP	3.5
Gislaved	Gummifabriken Gislaved AB 33200 Gislaved, SE	PVC-P	3.3
Glad	Union Carbide Corp. Danbury, CT 06 817, US	PE	3.3
Glaskyd	American Cyanamid Corp. Wayne, NJ 07 470, US	UP	1.1
Glasotext	AEG Isolier- und Kunststoff GmbH 34123 Kassel, DE	EP	2.3
Glasrod	Glastic Corp. Cleveland, OH 44 121, US	UP	3.5
Glasspack	Enichem Deutschland GmbH 65760 Eschborn, DE	PS	3.3
Glastic	Glastic Corp. Cleveland, OH 44 121, US	UP, EP	2.2, 2.3
Glendion	Enichem Deutschland GmbH 65760 Eschborn, DE	PUR-R	1.1
Glitex	Sybron Chemicals Inc. Birmingham, NJ 08 011, US	PVC-P	3.2
Godiflex	Godiplast Kunststoffgranulate GmbH, 66636 Tholey, DE	VC-Cop	2.2
Godigum	–„–	VC-Cop	2.2
Godiplast	–„–	PVC, PVC-P	2.2
Gohsenol	Nippon Synthetic Chemical Ind. Co. Ltd., Osaka, JP	PVAL	2.2
Gohsenyl	–„–	PVAC	2.2
Golan Profiles	Golan Plastics Products Jordan Valley 15145, IL	PVC	3.1
Gölzalit	Pipelife International Holding 06369 Weissandt-Gölzau, DE	PVC	3.2

Name	Firma	Kunststoff/ Kunstharz (siehe 10.2.1, Seite 834)	Lieferform (siehe 10.2.2, Seite 844)
Gölzathen	Pipelife International Holding 06369 Weissandt-Gölzau, DE	PE	3.2
Gore-tex	W. L. Gore Ass. Inc. Elkton, MD 21 921, US	PTFE	3.6
Gotalene	Herberts GmbH 50968 Köln, DE	PE, EVA, PS	2.2
Gran	TBA Industrial Products Ltd. Rochdale, Lancs., GB	PA	2.2
Granlar	Montedison S.p.A. 20 121 Milano, IT	PEC	2.2
Granulit	Gurit-Worbla AG 3063 Ittigen-Bern, CH	SI	2.2
Gra-Tufy	The Perma-Flex Mold Co. Inc. Columbus, OH 43 209, US	PPS	1.1
Greenflex	Enichem Deutschland GmbH 65760 Eschborn, DE	PE-Cop	1.1
Green-Sil	The Perma-Flex Mold Co. Inc. Columbus, OH 43 209, US	SI	1.1
Gremodur	Gremolith AG 9602 Bazenheid, CH	CF	1.1
Gremolith	–„–	CSF	3.1, 3.4
Gremopal	–„–	UP	1.1
Gremothan	–„–	PUR	1.1
Gresintex	Soc. del Gres Ing. Sala & Co. 20123 Milano, IT	PVC	3.2
Grilamid	–„–	BEBA 12, PA	2.1, 2.2
Grilamid 7ELY	–„–	BEBA 12	2.2
Grilamid TR 55	–„–	PA	2.2
Grilene	–„–	PTP	3.6
Grilesta	–„–	PTP	1.5
Grillodur	Fibron GmbH 75015 Bretten, DE	UP	2.3, 3.1, 3.4
Grilon	Ems Chemie (Deutschland) GmbH 50933 Köln, DE	BEBA 12, PA	2.2, 3.6
Grilon ELY	–„–	BEBA 12	2.2
Grilonit	–„–	EP	1.1, 1.5
Grilpet	–„–	PTP	2.2
Gril-tex	–„–	PA	1.1, 1.5
Grisuten	Märkische Faser AG 14723 Premnitz, DE	PTP	3.6
Grivory	Ems Chemie (Deutschland) GmbH 50933 Köln, DE	PTP+PA	2.2
Gumiplast	Saplast S.A. 67 100 Straßburg-Neuhof, FR	PVC-P	2.2

Name	Firma	Kunststoff/ Kunstharz (siehe 10.2.1, Seite 834)	Lieferform (siehe 10.2.2, Seite 844)
Gurimur	Gurit-Worbla AG 3063 Ittigen-Bern, CH	PO	3.3
Gurit	–„–	PO, S-Cop	3.3, 3.4
Guron	Koepp AG 65375 Oestrich-Winkel, DE	PE-LD	3.7
Gymlene	Drake (fibres) Ltd. Huddersfield, W. Yorks., GB	PP	3.6
H			
Hagulen	Hagusta GmbH 77867 Renchen, DE	PE-HD	3.2
Hakathen	Haka 9202 Gossau SG 1, CH	PE, PE-HD, PE-LD, PP, PB-1	3.2
Halar	Ausimont Deutschland GmbH 65760 Eschborn, DE	ECTFE	2.1, 2.2
Haloflex	ICI PLC Welwyn Garden City, Herts. AL7 1HH,	PE-C, PAA	1.1, 2.2
Halon	Ausimont Deutschland GmbH 65760 Eschborn, DE	PTFE	2.2
Halweftal	Hüttenes-Albertus 40505 Düsseldorf, DE	UP	1.1
Halwemer	–„–	PMMA	1.1
Halweplast	–„–	UP	1.1
Halwepol	–„–	PTP	1.1
Halwepox	–„–	EP	1.1
Halwetix	–„–	PTP	1.1
Hanaden	Miwon Korea	ABS	2.2
Hanalac	–„–	ABS	2.2
Hanarene	–„–	PS	2.2
Hanasan	–„–	SAN	2.2
HAP	Colorant GmbH 65555 Limburg, DE	F-Pol.	2.2
Harden	Toyobo Co. Ltd. Osaka 530, JP	PA	3.3
Harex	Resopal GmbH 64828 Groß-Umstadt, DE	CF, UP	2.2, 3.5
Haysite	Haysite Corp. Erie, PA 16 509, US	UP	2.2, 2.3
HD Acoustic	Marley Floors 21029 Hamburg, DE	PVC-P	3.3
HD Hitech	–„–	PVC-P	3.3
HD Vinyl	–„–	PVC-P	3.3

Name	Firma	Kunststoff/ Kunstharz (siehe 10.2.1, Seite 834)	Lieferform (siehe 10.2.2, Seite 844)
HDPEX	Borealis Deutschland GmbH 40409 Düsseldorf, DE	PE-X	2.2
Heglerflex	Hegler Plastik GmbH 97714 Oerlenbach, DE	PE, PP, PVC	3.2
Heglerflex med	–„–	PE	3.2
Heglerplast	–„–	PVC	3.2
Hekaplast	–„–	PE-HD	3.2
Helidur	A. G. Petzetakis SA 10210 Athen, GR	PE, VC-Cop	3.2
Heliflex	–„–	VC-Cop	3.2
Helioflex	Papeteries de Belgique, Bruxelles, BE	PE	3.3
Helioplast	–„–	PP	3.3
Heliothen	–„–	Thermopl., allg.	3.3
Heliovir	–„–	PVC	3.3
Hep O	Hepworth Water Systems 41748 Viersen, DE	PB-1	3.2
Heralan	–„–	ABS	2.2
Heramid	–„–	PA	2.2
Herex	Airex AG 5643 Sins, CH	PVC	3.5
Herox	Du Pont Deutschland GmbH 61343 Bad Homburg, DE	PA	3.6
Hesaglas	Bally CTU 5012 Schönenwerd, CH	PMMA	3.4
Hetron	Ashland Chemical Corp. Columbus, OH 43 216, US	VE	2.2
Hexcel	Hexcel Corp. Chemical Div. Chatsworth, CA 93 111, US	PI, PF, UP, EP	3.5
Hexcelite	–„–	UP	2.3
Hexene	TVK Tisza Chemical Combine 3581 Leninvaros, HU	PE-HD, PE-LD	2.2
Heydeflon	Chemiewerk Nünchritz GmbH 01612 Nünchritz, DE	PTFE	3, 3.4
Hidens	Nissan Chemical Industries, Ltd. Tokyo, JP	PE-HD	2.1
Hifax	Montell International 2130 AP Hoofddorp, NL	PP	35828
Hi-Fax	Himont Inc. Wilmington, DE 19 894, US	PE	2.2
Hiflon	Hindustan Fluorocarbons Ltd. Andrah Pradesh, Medak, IN	PTFE	1.2, 2.2
Hi-Glass	Montell International 2130 AP Hoofddorp, NL	PP	2.2

Name	Firma	Kunststoff/ Kunstharz (siehe 10.2.1, Seite 834)	Lieferform (siehe 10.2.2, Seite 844)
Hilex	Courtaulds Chemicals & Plastics Ltd. Spondon, Derby DE2 7BP, GB	PE-HD	3.3, 3.4
Hiloy	A. Schulman GmbH 50170 Kerpen, DE	Thermopl., allg., PP, SAN, ABS, PA, PC, PTP, PPS, PES	2.2
Himet	Himac Inc. Danbury, CAT 06 811, US	PP-C	3.3
Himiran	Du Pont-Mitsui Polychemical Co. Ltd. Tokyo, JP	PE-Cop	2.2
Hi-Selon	Nippon Synthetic Chemical Ind. Co. Ltd., Osaka, JP	PVAC	3.3
Hishi plate	Mitsubishi Plastics Industries Ltd. Tokyo, JP	PVC	3.4
Hishi Tube	–„–	PVC-P, PTP	3.2
Hishi-metal	–„–	PVC	3.5
Hishirex	–„–	PVC	3.3
Hitafran	Hitachi Chemical Co. Ltd. Tokyo, JP	FF	1.1
Hitanol	–„–	PS	2.2
Hi-Therm	John C. Dolph Co., Monmouth Junction, NJ 08 852, US	BR	1.5
Hivalloy	Montell International 2130 AP Hoofddorp, NL	PE-Cop	2.2
Hi-Zex	Mitsui Petrochemical Ind., Ltd. Tokyo, JP	PE-HD, PE-LD	2.2
HM 50	Teijin Ltd. Osaka 541, JP	PA	3.6
HMS	Montell International 2130 AP Hoofddorp, NL	PP	2.2
Hobas-Rohre	Armaver AG 4617 Gunzgen, CH	UP	3.2
Homapal	Homapal Plattenwerk GmbH & Co. KG 37412 Herzberg, DE	MF	3.4, 3.5
Hornex	Vulkanfiberfabrik Ernst Krüger + Co. KG., 47608 Geldern, DE	VF	3.4
Hornit	Hornitex Werke Gebr. Künnemeyer 32805 Horn-Bad Meinberg, DE	MF	3.4
Hornitex MB	–„–	MF	3.5
Hostacom	Targor GmbH 55116 Mainz, DE	PP, PP-Cop	2.2
Hostaflon	Dyneon GmbH 41460 Neuss	F-Pol.	1.2, 2.2
Hostaform	Ticona GmbH 65926 Frankfurt, DE	POM	2.2

Name	Firma	Kunststoff/ Kunstharz (siehe 10.2.1, Seite 834)	Lieferform (siehe 10.2.2, Seite 844)
Hostalen	Hostalen GmbH 65929 Frankfurt, DE	PE-HD	2.2
Hostalen GUR	Ticona GmbH 65926 Frankfurt, DE	PE-UHMW	2.1
Hostalit	Vinnolit Kunststoff GmbH 85737 Ismaning, DE	PVC, PVC-U, VC-Cop	2.2
Hostaphan	Hoechst Diafoil GmbH 65174 Wiesbaden, DE	PET	3.3
Hot-Hard	Dexter Corp. Specialty Coating Div. Waukegan, IL 60085, US	PI	1.1
howelon	Konrad Hornschuch AG 74679 Weissbach, DE	PVC-P	3.3
H-Resin	Hercules Powder Company Inc. Wilmington, DE 19 894, US	HT-PP	2.1
Hutex	A. Huppertsberg KG 65520 Bad Camberg, DE	PVC-P	3.1, 3.2
Hy Comp	Hysol Div., Dexter Corp. Seabrook, NH 03 874, US	PI	3, 3.4
Hy-Bar	BCL, Bridgewater, Somerset, TA6 4PA, GB	PE, PE-LLD, PE-Cop, PP	3.3
Hycar	B. F. Goodrich Chemical Group Cleveland, OH 44 131, US	CR, IR	2.2
Hydrex	Reichhold Chemicals Inc. Jacksonville, FL 32 245, US	UP	2.2
Hyfax	Himont Italia s.p.a. 20 124 Mailand, IT	PP	2.2
Hyflo MC 18	Hysol Div., Dexter Corp. Seabrook, NH 03 874, US	EP	2.2
Hyflon	Ausimont Deutschland GmbH 65760 Eschborn, DE	F-Pol.	2.1, 2.2
Hygel	W. R. Grace & Co., Organic Chemicals Lexington, MA 02 173, US	PUR	1.1
Hylak	Hylam Ltd. Hyderabad 18, IN	PF, UP	1.1, 2.2
Hylam	–„–	PF	3.5
Hylar	Ausimont Deutschland GmbH 65760 Eschborn, DE	PVDF	2.1, 2.2
Hypalon	Du Pont Deutschland GmbH 61343 Bad Homburg, DE	PE-C/CSM	2.2
Hyperlast	Kemira Polymers Ltd. Stockport, Cheshire SK12 5BR, GB	PUR	1.1, 2.1
Hypol	W. R. Grace & Co., Organic Chemicals Lexington, MA 02 173, US	PUR	1.1
Hysol	Hysol Div., Dexter Corp. Seabrook, NH 03 874, US	EP	2.3

Name	Firma	Kunststoff/ Kunstharz (siehe 10.2.1, Seite 834)	Lieferform (siehe 10.2.2, Seite 844)
Hytemp	Zeon Deutschland GmbH 40547 Düsseldorf, DE	CR	2.2
Hytrel	Du Pont Deutschland GmbH 61343 Bad Homburg, DE	TPE-E	2.2
Hyvex	Ferro Corp. Evansville, IN 47 711, US	PPS	2.2
Hyvis	BP Chemicals International Ltd. London SW1W OSU, GB	PIB	2.2
Hyzod	Sheffield Plastics Inc. Sheffield, MA 01 257-0428, US	PC	3.3
I			
Icosolar	Isovolta AG 2355 Wiener Neudorf, AT	PTP	3.3
Igoform	Faigle AG IGOPLAST 9434 Au, CH	PO+POM	2.2
Igopas	–„–	PE-HD, PP, F-Pol., POM, PA	3.1, 3.2, 3.4
Illandur	Ems-Polyloy GmbH 64823 Groß-Umstadt, DE	UP	2.2
Illen	–„–	PC, PTP	2.2
Illenoy	–„–	PTP	2.2
Illmid	Illbruck GmbH Schaumstofftechnik 51381 Leverkusen, DE	PI	3.7
Illtec	–„–	MF	3.7
Imidex	GE Plastics Europe B.V. 4600 AC Bergen op Zoom, NL	PESI	1.1
Imipex	–„–	PESI	2.2
Impet	Ticona GmbH 65926 Frankfurt, DE	PTP	2.2
Implex	Rohm & Haas Co. Philadelphia, PA 19105, US	PMMA	2.2
Impolene	Gould Inc. Milwaukee, WI 53 216, US	PP	3.2
Impolex	ICI PLC Welwyn Garden City, Herts. AL7 1HH,	UP	1.1, 2.3
Impranil	Miles Chemical Corp. Pittsburgh, PA 15 205, US	PUR	1.1
Imprenal	Raschig AG 67061 Ludwigshafen, DE	CF, PF	1.1, 1.3
Imprez	ICI PLC Welwyn Garden City, Herts. AL7 1HH,	KWH	1.1

Name	Firma	Kunststoff/ Kunstharz (siehe 10.2.1, Seite 834)	Lieferform (siehe 10.2.2, Seite 844)
Inbord	Isovolta AG 2355 Wiener Neudorf, AT	CF	3.5
Incoblend	Zipperling Kessler & Co. 22926 Ahrensburg, DE	VC-Cop	2.2
Indothene	Indian Petrochemicals Corp. 391 346 Gujarat State, IN	PE-LD, PE-LLD	2.2
Indovin	–„–	PVC	2.2
Innovex	BP Chemicals International Ltd. London SW1W OSU, GB	PE-LLD	2.2
Inspire	Dow Europe 8810 Horgen, CH	PP	2.2
Insul F	Mateson Chemical Corp. Philadelphia, PA 19125, US	PUR	2.2
Insular	Occidental Chemical Corp. Niagara Falls, NY 14 303, US	PVC	2.2
Insultrac	Industrial Dielectrics Inc. Noblesville, IN 46 060, US	UP	1.1
Insurok	Spaulding Composites Co. Tonawanda, NY 14 150, US	CF, MF	3.4, 3.5
Intec	Intec Ltd. Plymouth, Dev. PL6 8LA, GB	PA	3.2
Intene	International Synthetic Rubber Co. Ltd., Southampton SO9 3AT, GB	BR	2.2
Intol	–„–	CR	2.2
Intolan	–„–	EP(D)M	2.2
Intrasol	Kibbuz Ginegar Israel	PE-LD	3.3
Intrex	Sierracin Corp. Sylmar, CA 91 342, US	PTP	3.3
Intrile	International Synthetic Rubber Co. Ltd., Southampton SO9 3AT, GB	CR	2.2, 3.2, 3.3
Iotek	Deutsche Exxon Chemical GmbH 50667 Köln, DE	PE-Cop	2.2
Ipethene	Carmel Olefins Ltd. Haifa 31 014, IL	PE	2.2
Irodur	Morton International Inc. Chicago, IL 60 606, US	PUR-R	1.1
Irogran	–„–	TPE-U, TPU	2.2
Irophen	–„–	PUR-R	1.1
Irostic	–„–	PUR	1.1
Irracure	Reichhold Chemicals Inc. Jacksonville, FL 32 245, US	PE-X	2.2
Isaryl	Isovolta AG 2355 Wiener Neudorf, AT	PAR	2.1, 3.3

Name	Firma	Kunststoff/ Kunstharz (siehe 10.2.1, Seite 834)	Lieferform (siehe 10.2.2, Seite 844)
Isofix-M	Fränkische Rohrwerke GmbH + Co. 97486 Königsberg, DE	PVC	3.2
Isofoam	Witco Corp. Organics Div. New York, NY 10 017, US	PUR-R	1.1
Isoglas	Isovolta AG 2355 Wiener Neudorf, AT	UP	2.3
Iso-Glasnetz	Isovolta AG 2355 Wiener Neudorf, AT	POM	2.2
Isolac	Polymerland Kunststoff GmbH 68519 Viernheim, DE	ABS	2.2
Isolama	L.M.P. S.p.A. 10156 Turin, IT	PS	3.3
Isolant	–„–	PS	3.3
Isolene D	Hardman Inc. Belleville, NJ 07 109, US	IR	2.2
Isomat	Chemie Linz AG 4040 Linz, AT	PS	3.7
Isomid	Polymerland Kunststoff GmbH 68519 Viernheim, DE	PA6, PA66	2.2
Isonate	Dow Europe 8810 Horgen, CH	PUR-R	35796
Isonom	Isovolta AG 2355 Wiener Neudorf, AT	EP	2.3
Isopak	Great Eastern Resins Taiwan	ABS	2.2
Isophen	Isovolta AG 2355 Wiener Neudorf, AT	CF	1.1
Isopreg	–„–	EP	2.3
Isosan	Great Eastern Resins Taiwan	SAN	2.2
Isoschaum	Schaum-Chemie Wilhelm Bauer GmbH & Co. KG, 45001 Essen, DE	UF	3.7
Isoseal	Isovolta AG 2355 Wiener Neudorf, AT	EP	3.5
Isospan	–„–	EP	3.5
Isotal	Polymerland Kunststoff GmbH 68519 Viernheim, DE		
Isothane	Recticel Foam Corp., Morristown Div. Morristown, TN 37 816-1197, US	PUR	3.7
Isoval	Isovolta AG 2355 Wiener Neudorf, AT	CF	3.5
Isphen	Repsol Quimica, ES 28046 Madrid, ES	PP, PP-Cop	2.2
Isplen	–„–	PP	2.2

Name	Firma	Kunststoff/ Kunstharz (siehe 10.2.1, Seite 834)	Lieferform (siehe 10.2.2, Seite 844)
Itenite	Iten Industries Ashtabula, OH 44 004, US	PF, MF, VF	2.3, 3.5
Iupiace	Mitsubishi Gas Chem. Comp. Inc. Tokyo, JP	PPE	2.2
Iupilon	–„–	PC	2.2, 3.3, 3.4
Iupital	–„–	POM	2.2
Ixan	Solvay Deutschland GmbH 30173 Hannover, DE	PVDC	1.2, 2.2
Ixef	–„–	PA	2.2
Ixol	–„–	PUR-R	1.1
J			
Jackodur	Gefinex Jackon GmbH, 33803 Steinhagen, DE	PF	3.3
Jägalux	Ernst Jäger & Co., OHG 40599 Düsseldorf, DE	PMMA	1.1
Jägalyd	–„–	EP	1.1
Jägapol	–„–	UP	1.1
Jägotex	–„–	PMMA	1.2
Jectothane	Dunlop Holdings Ltd. London SW1Y 6PX, GB	TPE-U, TPU	2.2
Jeffamine	Texaco Chemical Co. Bellaire, TX 77 401, US	PUR-R	1.1
Jekrilan	J. K. Synthetics Ltd. Kota (Rajarthan), IN	PMMA	3.6
Jet-Flex	Multibase ZI du Guiers, 38380 St. Laurent du Pont, FR	AES	2.2
Jonylon	BIP Chemicals Ltd. Warley, West Midl., B69 4PG, GB	PA	2.2
Julon	Jung-Wehbach GmbH 57548 Kirchen, DE	PA	3.2
K			
KaCepol	Kali-Chemie Akzo GmbH 30173 Hannover, DE	PUR	1.1
Kadel	Amoco Performance Products Richfield, CT 06 877, US	PAEK	2.2
Kaifa	Beijing Chemical Ind. R. & D. Corp. Hongkong, HK	PTP	2.2
Kaladex	ICI PLC Welwyn Garden City, Herts. AL7 1HH,	PEN	3.3
Kalar	Hardman Inc. Belleville, NJ 07 109, US	IR	2.2

Name	Firma	Kunststoff/ Kunstharz (siehe 10.2.1, Seite 834)	Lieferform (siehe 10.2.2, Seite 844)
Kalen	Emil Keller AG 9220 Bischofszell/TG, CH	PE, PE-HD, PE, PE-HD	3.2, 3.4
Kalene	Hardman Inc. Belleville, NJ 07 109, US	IR	2.2
Kalex	–„–	PUR, TPE-U, TPU	2.2
Kalidur	Emil Keller AG 9220 Bischofszell/TG, CH	S-Cop, PVC	3.2, 3.4
Kalit	–„–	PVC	3.1
Kaliten	–„–	PE-HD	3.2
Kalrez	Du Pont Deutschland GmbH 61343 Bad Homburg, DE	FKM	3.1, 3.3
Kamax	Rohm & Haas Co. Philadelphia, PA 19105, US	PMMI	2.2
Kanalite	Creators Ltd. Woking, Surrey GU21 5RX, GB	PVC-P	3.2
KaneAce	Kanegafuchi Chemical Ind. Co., Ltd. Osaka, JP	ABS, MBS	2.1
Kanebian	–„–	PVAL	3.6
Kaneka	–„–	PVC-U	2.2
Kaneka CPVC	–„–	VC-Cop	2.2
Kaneka Telalloy	–„–	S-Cop+PMMA	2.2
Kanelite	–„–	PS	3.3, 3.7
Kanevinyl	–„–	VC-Cop	2.2
Kapex	Airex AG 5643 Sins, CH	TPE-U, TPU	3.5
Kapton	Du Pont Deutschland GmbH 61343 Bad Homburg, DE	PI	3.3
Kardel	Union Carbide Corp. Danbury, CT 06 817, US	PS	3.3
Karlex	Ferro Corp. Evansville, IN 47 711, US	PTP	2.2
Kartex	Fabbrica Adesivi Resine S.p.A. Cologno Monzese, IT	PVAC	1.1, 1.5, 2.2
Kartothene	Plastona Ltd. Subs. John Waddington, GB	PO, PP	3.3
Kasobond	Kaso-Chemie GmbH & Co. KG 49733 Haren, DE	PUR	1.1
Kasothan	–„–	PUR	2.2
Kauramin	BASF Aktiengesellschaft 67056 Ludwigshafen, DE	MF	1.5
Kauranat	–„–	PUR-R	1.1
Kauresin	–„–	CF, RF	1.3, 1.5
Kaurit	–„–	UF	1.5

Name	Firma	Kunststoff/ Kunstharz (siehe 10.2.1, Seite 834)	Lieferform (siehe 10.2.2, Seite 844)
Kauropal	BASF Aktiengesellschaft 67056 Ludwigshafen, DE	UP	1.5
Kayfax	Toa Gosei Chemical Ind., Co., Ltd. Tokyo, JP	PI	1.1
KaZepol	Kali-Chemie Akzo GmbH 30173 Hannover, DE	PUR	1.1
Keebush	APV Kestner Ltd. Greenhithe, Kent, GB	PF	2.2
Keeglas	–„–	PF, UP	3.2
Kelanex	Ticona GmbH 65926 Frankfurt, DE	PTP	2.2
Kelburon	DSM, Polymers & Hydrocarbons 6130 AA Sittard, NL	PP/EP(D)M	2.2
Keldax	Du Pont Deutschland GmbH 61343 Bad Homburg, DE	PE-Cop	2.2
Kel-F	Dyneon GmbH 41460 Neuss	PCTFE, PVF, ECTFE, PCTFE, PVF, ECTFE	1.1, 2.2
Kellco	Novopan-Keller AG 4314 Kleindöttingen, CH	MF	3.4
Kelon	LATI Industria Thermoplastici Deutschland GmbH 65205 Wiesbaden, DE	PA	2.2
Kelprox	DSM, Polymers & Hydrocarbons 6130 AA Sittard, NL	PP+EP(D)M	2.2
Kelrinal	–„–	PE-C+TPE-O	2.2
Keltaflex	–„–	TPO	2.2
Keltan	–„–	PP+EP(D)M	2.2
Kematal	Ticona GmbH 65926 Frankfurt, DE	POM	2.2
Kemipur	Kemipur-Polyurethane-Systeme GmbH, Solymßr, HU	PUR	2.2
Kemplex	Ferro Corp. Evansville, IN 47 711, US	POM	2.2
Kepital	Korea Engineering Plastics Co. Ltd. Korea	POM	2.2
Keraphen	Keramchemie GmbH 56427 Siershahn, DE	CF	2.3
Kerimid	Rhône-Poulenc Specialites Chim 69 006 Lyon, FR	PI	1.1
Keripol	Phoenix AG 21079 Hamburg, DE	UP	2.2
Kermel	Rhône-Poulenc S.A. 92 408 Courbevoie, FR	PAI	1.1

Name	Firma	Kunststoff/ Kunstharz (siehe 10.2.1, Seite 834)	Lieferform (siehe 10.2.2, Seite 844)
Kerni	Oy Finlayson AB Tampere 10, FI	PVC-P	3.3
Kevlar	Du Pont Deutschland GmbH 61343 Bad Homburg, DE	PPTA	3.6
KF Film	Kureha Chemical Industry Co., Ltd. Tokyo, JP	PVF	3.3
KF Piezo Film	–„–	PVF	3.3
KF Polymer	–„–	PVDF	2.2, 3.3
K-Flex	Kureha Chemical Industry Co., Ltd. New York, NY 10 170, US	PVDC	3.3
Kialite	Heuvelmans B.V. Tilburg, NL	UP, VE, EP	3.2, 3.5
Kibisan	Chi Mei Industrial Co., Ltd. Tainan, Shien, Taiwan	SAN	2.2
Kibiton	–„–	TPE-S	35828
Kinel	Rhône-Poulenc Specialites Chim 69 006 Lyon, FR	PI	2.2
Kite	Tufnol Ltd. Birmingham B42 2TB, GB	PF	3.5
Kleer Kast	Kleer Kast Inc. Kearny, NJ 07 032, US	PMMA	3.4
Kleiberit	Klebchemie M. G. Becker GmbH+Co. KG 76356 Weingarten, DE	EVA, PVAC, SBR, PAA	1.5
Klemite	Garfield Mfg. Co. Garfield, NJ 07 026, DE	MF	2.2
Klingerflon	Rich. Klinger GmbH 65510 Idstein, DE	PTFE	3, 3.3, 3.4
Klucel	Hercules Powder Company Inc. Wilmington, DE 19 894, US	EC	2.2
Koblend	Enichem Deutschland GmbH 65760 Eschborn, DE	PE/SB	2.2
Kodacel	Eastman Chemical Intern. Kingsport, TN 37 662, US	CTA	3.3
Kodapak PET	–„–	PTP	2.2
Kodar	–„–	PTP	2.2
Kodel	–„–	PTP	3.6
Kohinor	Pantasote Inc. Passaic, NJ 07 055, US	PVC, PVC-P	2.2, 3.3
Koit	Koitwerk Herbert Koch GmbH & Co. 83253 Rimsting, DE	PVC-P	3.3
Kollerdur	Scott Bader Co., Ltd. Wollaston, Wellingborough, Norths. NN9 7RL, GB	PUR	1.1
Kollernox	–„–	EP	1.1

Name	Firma	Kunststoff/ Kunstharz (siehe 10.2.1, Seite 834)	Lieferform (siehe 10.2.2, Seite 844)
Kollidon	BASF Aktiengesellschaft 67056 Ludwigshafen, DE	PVP	2.2
Kömabord Ce	Gebr. Kömmerling Kunststoffwerke GmbH, 66954 Pirmasens, DE	PVC	3.7
Kömacel	–„–	PVC	3.7
Kömadur	–„–	VC-Cop	3.4
Kömalen	–„–	PS, PVC	3.4
Kömapan	–„–	PVC	3.1
Kömapor	–„–	PVC	3.7
Kömatex	–„–	PVC	3.7
Konlux	G. Roggemann GmbH 49504 Lotte, DE	UP	3.4
Kopa	Kolon Korea	PA	2.2
Koplen	Kaucuk n. Vlt. 27 852 Kralupy, CSFR	PS	1.1
Kö-Profile	Gebr. Kömmerling Kunststoffwerke GmbH, 66954 Pirmasens, DE	PVC-P	3.1
Korad	Polymer Extruded Products Newark, NJ 07 105, US	PMMA	3.3
Koresin	BASF Aktiengesellschaft 67056 Ludwigshafen, DE	PF	1.1
Korez	Atlas Minerals & Chemicals Inc. Mertztown, PA 19 539, US	PF	1.3
Koroseal	B. F. Goodrich Chemical Group Cleveland, OH 44 131, US	PVC-P	2.2
Korvex	–„–	F-Pol.	3.2
Kostil	Enichem Deutschland GmbH 65760 Eschborn, DE	SAN	2.2
Koylene	Indian Petrochemicals Corp. 391 346 Gujarat State, IN	PP, PP-Cop	2.2
Krasten	Kaucuk n. Vlt. 27 852 Kralupy, CSFR	PS	2.2
Kraton D	Deutsche Shell Chemie GmbH 65760 Eschborn, DE	SBS	2.2
Kraton G	–„–	SEBS	2.2
Krehalon	Mitsui Petrochemical Ind., Ltd. Tokyo, JP	PVDC	3.3
Krene	Union Carbide Corp. Danbury, CT 06 817, US	VC-Cop	3.3
K-Resin	Phillips Petroleum Chemicals NV 3090 Overijse, BE	S-Cop, SB	2.2
Kronospan	Kronospan Ltd. Chirk, Wrexham, GB	MF	3.5

Name	Firma	Kunststoff/ Kunstharz (siehe 10.2.1, Seite 834)	Lieferform (siehe 10.2.2, Seite 844)
Krylene	Bayer AG 51368 Leverkusen, DE	SB	2.2
Krynac	–„–	CR	2.2
Krynol	–„–	SB	
Krystaltite	Allied Signal Europe N.V. 3001 Heverlee, BE	PVC	3.3
Kunsto -ABS	Kunstoplast-Chemie GmbH 61440 Oberursel, DE	ABS	2.2
Kunstolen	–„–	PE, PP	2.2
Kunstomid	–„–	PA	2.2
Kunstonyl	–„–	PVC	1.4, 2.2
Kunstyrol	–„–	PS	2.2
Kydene	Rohm & Haas Co. Philadelphia, PA 19105, US	VC-Cop	2.2
Kydex	–„–	VC-Cop	2.2, 3.3, 3.4
Kynar	Atochem	PVDF, PVDF	1.2, 2.2, 3.3
Kynol	Carborundum Corp. Niagara Falls, NY 14 302, US	PF	2.2
L			
Lacovyl	Elf Atochem Deutschland GmbH 40474 Düsseldorf, DE	PVC	1.4, 2.2
Lacqrene	–„–	S-Cop	2.2
Lacqtene	–„–	PE-HD, PE-LD, PE-LLD	2.2
Ladene	Saudi Basic Industries Corp. (Sabic) Riyadh 11 422, Saudi Arabien	PE-HD, PE-LLD, MF, S-Cop, PVC	1.1, 2.2
laif	Konrad Hornschuch AG 74679 Weissbach, DE	PUR	3.6
Lamigamid	G. Schwartz GmbH & Co. 46509 Xanten, DE	PE, POM, PA	3.1, 3.2, 3.4
Lamilux	Lamilux-Werk GmbH 95111 Rehau, DE	UP	2.3, 3.4
Laminex	G. Schwartz GmbH & Co. 46509 Xanten, DE	CF	3.5
Lamitex	Franklin Fibre-Lamitex Corp. Wilmington, DE 19 899, US	PF, SI, UP, EP	3.2, 3.5
Laprene	So.F.Ter SpA 47100 Forli, I	SEBS	2.2
Larc	U.S. Polymeric Santa Ana, CA 92 707, US	PI	2.2
Larflex	Lati Industria Thermoplastici Deutschland GmbH 65205 Wiesbaden, DE	PP/EP(D)M	2.2

Name	Firma	Kunststoff/ Kunstharz (siehe 10.2.1, Seite 834)	Lieferform (siehe 10.2.2, Seite 844)
Laril	–„–	PPE	2.2
Laripur	Larim S.p.A. 20 019 Settimo Milanese (MI), IT	TPE-U, TPU	1.1, 2.2
Larodur	BASF Aktiengesellschaft 67056 Ludwigshafen, DE	PAA	1.1
Laroflex	–„–	VC-Cop	1.1
Laromer	–„–	PAA	1.1
Laropal	–„–	UF	1.1
Larton	LATI Industria Thermoplastici Deutschland GmbH 65205 Wiesbaden, DE	PPS	2.2
Lastane	–„–	PUR	2.2
Lastiflex	–„–	ABS+PVC-P	2.2
Lastil	–„–	SAN	2.2
Lastilac	–„–	ABS+PC	2.2
Lastirol	–„–	S-Cop	2.2
Lasulf	–„–	PSU	2.2
Latamid	–„–	PA	2.2
Latamid FE	–„–	PA	1.1, 2.2
Latan	–„–	POM	2.2
Latekoll	BASF Aktiengesellschaft 67056 Ludwigshafen, DE	PAA	1.3
Latene	Lati Industria Thermoplastici Deutschland GmbH 65205 Wiesbaden, DE	PE-HD, PP, PP-Cop	2.2
Later	–„–	PTP	2.2
Latilon	–„–	PC	2.2
Latilub	–„–	POM, PA	1.1, 2.2
Latirol	–„–	PS	2.2
Latishield	–„–	PA, PC, PTP	1.1, 2.2
Latistat	–„–	PA, PC, PTP	1.1, 2.2
Lauramid	Albert Handtmann GmbH & Co. 88400 Biberach, DE	PA	1.1
Lavella	Sondex AB Malmö, SE	PVC	3.1
Leben	Dainippon Ink. & Chemicals Inc. Tokyo 103, JP	PVC	2.2
Lemac	Borden Chemical Co. Geismar, LA 70 734, US	PVAC	2.2
Lemaloy	Mitsubishi Petrochemical Co., Ltd. Tokyo, JP	PPE	2.2
Lemapet	–„–	PE	2.2

Name	Firma	Kunststoff/ Kunstharz (siehe 10.2.1, Seite 834)	Lieferform (siehe 10.2.2, Seite 844)
Lennite	Westlake Plastics Co. Lenni, PA 19 052, US	PE	3, 3.4
Lenser	Lenser Kunststoff-Preßwerk GmbH+Co. KG, 89250 Senden, DE	PE, PS, F-Pol.	3.4
Lenzing Modal	Lenzing Deutschland Syncell GmbH 71254 Ditzingen, DE	CH	3.6
Lenzing P84	–„–	PI	3.6
Lenzing Profilen	–„–	PTFE	3.6
Lenzing PTFE	–„–	PTFE	3.6
Lenzingtex	–„–	PO	3.3
Lenzingtex Alu	–„–	PE	3.3
Leona	Asahi Chemical Ind. Co., Ltd. Tokyo, JP	PA	2.2
Leotel	Nichimen + Co. Tokyo, JP	PA	2.2
Lerille	Courtaulds PLC, Bradford BD1 1EX W. Yorkshire, GB	PTP	3.6
Lerite	Industrie Chimiche Leri s.p.a. 20 121 Mailand, IT	CF	2.2
Leschuplast	Leschuplast Kunststoffabrik GmbH 42899 Remscheid, DE	PE-LD, PE-Cop, PVC-P	3.3
Leukorit	Raschig AG 67061 Ludwigshafen, DE	PF	3.4
Levapren	Bayer AG 51368 Leverkusen, DE	PE-Cop, EVA	1.1, 2.2
Lexan	GE Plastics Europe B.V. 4600 AC Bergen op Zoom, NL	PC	2.2, 3.3, 3.4
Lexan PPC	–„–	PEC	2.2
Lexgard	–„–	PC	3.4
Lighter	INCA International s.p.a. 75 010 Pisticci (MT), IT	PTP	2.2
Lightlon	Sekisui Chemical Co. Ltd. Osaka 530, JP	PE-LD	3.3, 3.7
Lignoform	Kunststoffwerk Voerde 58256 Ennepetal, DE	PVC	2.2
Lignostone	Lignostone Ter Apel B.V. 9560 AB Ter Apel, NL	PF, UF	3.4, 3.5
Lindolen	A. u. E. Lindenberg GmbH 51436 Bergisch Gladbach, DE	PO, PP	2.2, 3.4
Linklon	Mitsubishi Petrochemical Co., Ltd. Tokyo, JP	PP	2.2
Liquiflex H	Krahn Chemie GmbH, 20457 Hamburg, DE	PUR	1.1
Litac	Mitsui Toatsu Chemicals Inc. Tokyo, JP	SAN, ABS	2.2

Name	Firma	Kunststoff/ Kunstharz (siehe 10.2.1, Seite 834)	Lieferform (siehe 10.2.2, Seite 844)
Liten	Litvinov 43670 Litvinov, CZ	PE-HD	2.2
Lithene	Revertex Chemicals Ltd. Harlow, Essex CM20 2AH, GB	BR	1.1
Llumar	Martin Processing, Film Div. Martinsville, VA 24112, US	PTP	3.3
Lomod	GE Plastics Europe B.V. 4600 AC Bergen op Zoom, NL	TPE-E	2.2
Lotader	Elf Atochem Deutschland GmbH 40474 Düsseldorf, DE	PE-Cop	2.2
Lotrene	Sofrapo/EniChem 92 080 Paris, La Défense 2, FR	PE-LLD, PE-Cop	2.2, 3.3
Lotrex	–„–	PE-LLD	2.2
Lotryl	Elf Atochem Deutschland GmbH 40474 Düsseldorf, DE	PE-Cop	1.1, 2.2
Lubmer	Mitsui Petrochemical Ind., Ltd. Tokyo, JP	PE-UHMW	2.2
Lubonyl	N. Lundbergs Fabriks AB Fristad, SE	PE-X, PVC	3.2
Lubricomp	ICI PLC Welwyn Garden City, Herts. AL7 1HH,	PC	2.2
Lubrilon	A. Schulman GmbH 50170 Kerpen, DE	PP, SAN, ABS, PA, PC, PTP, PPS, PES	2.2
Lucalen	BASF Aktiengesellschaft 67056 Ludwigshafen, DE	PE-Cop	1.1
Lucalor	Elf Atochem Deutschland GmbH 40474 Düsseldorf, DE	PVC-U	2.2
Lucarex	–„–	PVC	2.2
Lucel	Standard Polymers Lake Grove, NY 11 755, US	POM	2.2
Lucet	Lucky Englewood Cliffs NJ 07632, USA	POM	2.2
Lucite	Du Pont Deutschland GmbH 61343 Bad Homburg, DE	PMMA	2.2
Lucky	Standard Polymers Lake Grove, NY 11 755, US	ABS	2.2
Lucobit	Elenac GmbH 67065 Ludwigshafen, DE	PE-Cop	1.1, 3.3
Lucorex	Elf Atochem Deutschland GmbH 40474 Düsseldorf, DE	PVC	2.2
Ludopal	–„–	UP	1.1
Luhydran	–„–	PMMA	1.1
LUMAsite	American Acrylic Corp. West Babylon, NY 11 704, US	UP, PMMA	2.3, 3.4

Name	Firma	Kunststoff/ Kunstharz (siehe 10.2.1, Seite 834)	Lieferform (siehe 10.2.2, Seite 844)
Lumax	Standard Polymers Lake Grove, NY 11 755, US	ABS+PC	2.2
Lumiflon	ICI PLC Welwyn Garden City, Herts. AL7 1HH,	F-Pol.	1.5
Lumitol	BASF Aktiengesellschaft 67056 Ludwigshafen, DE	PAA	1.1
Lupan	Standard Polymers Lake Grove, NY 11 755, US	SAN	2.2
Luphen	BASF Aktiengesellschaft 67056 Ludwigshafen, DE	PUR-R	1.1
Lupol	Lucky Englewood Cliffs NJ 07632, USA	PO	2.2
Lupolen	Elenac GmbH 67088 Strassburg, FR	PE, PE-HD, PE-LD, PE-LLD, PE-Cop	2.2
Lupon	Lucky Englewood Cliffs NJ 07632, USA	PA 66	2.2
Lupos	Standard Polymers Lake Grove, NY 11 755, US	ABS	2.2
Lupox	–„–	PTP	2.2
Lupox TE	–„–	PC+PTP	2.2
Lupoy	–„–	PC+PPMS	2.2
Lupragen	Elastogran GmbH 49440 Lemförde, DE	PUR	1.1
Lupranat	–„–	PUR-R	1.1
Lupranol	–„–	PUR-R	1.1
Lupraphen	–„–	PUR-R	1.1
Luran	BASF Aktiengesellschaft 67056 Ludwigshafen, DE	SAN	2.2
Luran S	–„–	MABS	2.2
Luranyl	–„–	SB+PPE	2.2
Lusep	Standard Polymers Lake Grove, NY 11 755, US	PPS	2.2
Lustran ABS	Bayer AG 51368 Leverkusen, DE	ABS	2.2
Lustran SAN	–„–	SAN	2.2
Lutofan	BASF Aktiengesellschaft 67056 Ludwigshafen, DE	VC-Cop	1.3
Lutraflor	Fränkische Rohrwerke GmbH + Co. 97486 Königsberg, DE	PTP	3.2
Luviskol	BASF Aktiengesellschaft 67056 Ludwigshafen, DE	PVP	2.2

Name	Firma	Kunststoff/ Kunstharz (siehe 10.2.1, Seite 834)	Lieferform (siehe 10.2.2, Seite 844)
Luvocom	Lehmann & Voss & Co. 20354 Hamburg, DE	PA6, PA66, PC, POM, PPS, PES, PAEK, PEEK	2.2
Luvoflex	–„–	TPE-U, TPU	2.2
Luwax	BASF Aktiengesellschaft 67056 Ludwigshafen, DE	PO	1.5
Luwipal	–„–	MF	1.1
Luxacryl	Tupaj-Technik-Vertrieb GmbH 82538 Geretsried, DE	PMMA	3.4
Lycra	Du Pont Deutschland GmbH 61343 Bad Homburg, DE	PUR	3.6
Lynx	Tufnol Ltd. Birmingham B42 2TB, GB	PF	3.5
Lytex	Quantum Chemical Corp. Cincinnati, OH 42 249, US	EP	2.3
Lytron	Monsanto Chemical Co., Plastics Div. St. Louis, MO 63 167, US	PS, S-Cop	1.1
Lyvertex	Brochier S. A. 69 152, Decines Charpieù, FR	PA	3.6
M			
Macromelt	Henkel Corp. Ambler, PA 19 002, US	PA	1.5
Macromer	Guttacoll Klebstoffe GmbH & Co. 21614 Buxtehude, DE	TPE-S	2.2
Macroplast	Henkel KGaA 40589 Düsseldorf, DE	PUR, SBR	1.5
Magnacomp	LNP Plastics Nederland BV 4940 Raamsdonksveer, NL	PA	2.2
Magnoval	Isovolta AG 2355 Wiener Neudorf, AT	CF	3.5
Magnum	Dow Europe 8810 Horgen, CH	ABS	2.2
Maicro	Savid S.p.A. 22 100 Como, IT	EP	1.1
Makroblend	Bayer AG 51368 Leverkusen, DE	PC+PBT	2.2
Makrofol	–„–	PC	3.3
Makrofol LT	–„–	PC	3.3
Malecca	Denki Kagaku Kogyo Tokyo 100, JP	PI, thermopl.	2.2
Malon	M.A. Industries Peachtree City, GA 30269, USA	PTP	2.2
Mamax	–„–	PET	2.2

Name	Firma	Kunststoff/ Kunstharz (siehe 10.2.1, Seite 834)	Lieferform (siehe 10.2.2, Seite 844)
Mantopex	Golan Plastics Products Jordan Valley 15145, IL	PE-X	3.2
Maraglas	Acme Chemicals Div. New Haven, CT 06 505, US	EP	1.1
Maranyl	ICI PLC Welwyn Garden City, Herts. AL7 1HH,	PA	2.2
Maraset	Acme Chemicals Div. New Haven, CT 06 505, US	EP	1.1
Margard	GE Plastics Europe B.V. 4600 AC Bergen op Zoom, NL	PC	3.4
Maricon	Riken Vinyl Ind. Co., Ltd. Tokyo, JP	ABS+PVC	2.2
Marlex	Phillips Petroleum Chemicals NV 3090 Overijse, BE	PE-HD, PE-LD	2.2
Marley Elite	Marley Floors 21029 Hamburg, DE	PVC-P	3.3
Marley Premier	–„–	PVC-P	3.3
Marleyflex	–„–	PVC-P	3.3
Marleyflor Plus	–„–	PVC-P	3.3
Marvec	Brett Martin Ltd. Antrim BT 368 RE, IR	PVC	3.4
Marvyflo	–„–	VC-Cop	2.1
Marvylan	Limburgse-Vinyl Maatschapij Tessenderlo, NL	PVC	2.2
Marvylex	–„–	VC-Cop	2.2
Marvyloy	–„–	VC-Cop	2.2
Mater-Bi	Novamont Italia Srl. 20 123 Mailand, IT	PO	2.2
Max-Platte	Isovolta AG 2355 Wiener Neudorf, AT	CF	3.4
Maxprene	Sumitomo Seika Chemicals Co., Ltd. 40474 Düsseldorf, DE	IR	2.2
Mecanyl-Rohr	Mecano-Bundy GmbH 69123 Heidelberg, DE	PC	2.2
Megablend	megaPlast Bilbao, ES	PC+ABS	2.2
Megaflex	–„–	TPE	2.2
Megalac	–„–	ABS	2.2
Megalon	–„–	PC	2.2
Megamid	–„–	PA	2.2
Megaplen	–„–	PP	2.2
Megater	–„–	PBT	2.2

Name	Firma	Kunststoff/ Kunstharz (siehe 10.2.1, Seite 834)	Lieferform (siehe 10.2.2, Seite 844)
Melacel	Pallflex Products Corp. Putnam, CT 06 260, US	MF	3.3
Meladurol	SKW Stickstoffwerke Piesteritz GmbH 06886 Lutherstadt Wittenberg, DE	MF	1.1
Melaform	Chromos - Ro Polimeri 4100 Zagreb, Croatia	MF	2.2
Melaicar	Aicar S.A. 08010 Barcelona, ES	MF	2.2
Melamite	Pioneer Valley Plastics Inc. Bondsvillers, MA 01 009, US	MF	3.4
Melan	Henkel KGaA 40589 Düsseldorf, DE	MF	1.1
Melana	Chemiefaserwerk Savinesti Piatra Neamt, RO	PAN	3.6
Melbrite	Montedison S.p.A. 20 121 Milano, IT	MF	2.2
Meldin	Dixon Industries Corp. Bristol, RI 02 809, US	PI	3.4, 3.5
Melfeform	Chromos - Ro Polimeri 4100 Zagreb, Croatia	MF	2.2
Melinar	ICI PLC Welwyn Garden City, Herts. AL7 1HH, GB	PTP	2.2
Melinex	–„–	PTP	3.3
Melinite	–„–	PTP	2.2
Melit	Sirlite Srl. 20 161 Milano, IT	MF	1.1
Melmex	BIP Chemicals Ltd. Warley, West Midl., B69 4PG, GB	MF	2.2
Melmorite	M/s Rattanchand Harjasrai Pvt. Ltd. Faridabad, IN	UF, MF	2.2
Melochem	Chemiplastics S.p.A. 20 151 Mailand, IT	MF	2.2
Melopas	Raschig AG 67061 Ludwigshafen, DE	MF	2.2
Melsir	Sirlite Srl. 20 161 Milano, IT	MF	2.2
Melsprea	AMC-SPREA S.p.A. 20 101 Milano, IT	MF	2.2
Menzolit	Menzolit-Werke, Albert Schmidt GmbH 76703 Kraichtal, DE	UP, EP	1.5, 2,2
Meraklon	Moplefan S.p.A. 20124 Milano, IT	PP-Cop	3.6
Merporal	Makhteshim Chemical Works, Ltd. Beer-Sheva, Israel	UP	1.1, 2.2

Name	Firma	Kunststoff/ Kunstharz (siehe 10.2.1, Seite 834)	Lieferform (siehe 10.2.2, Seite 844)
Metablen	Mitsubishi Chemical Co. Tokyo, JP	MBS	2.2
Metallogen-Metadur	Metallogen GmbH 4630 Bochum-Wattenscheid, DE	PUR, EP	1.5
Metallon	Henkel KGaA 40589 Düsseldorf, DE	UP, EP	1.1, 1.5
Metamarble	Teijin Chemicals Ltd. Tokyo, JP	ABS+PC, PMMA+PC, PC	2.2
Metocene	Targor GmbH 55116 Mainz, DE	PP	2.2
Metton	Himont Inc. Wilmington, DE 19 894, US	KWH	1.1
Metylan	Henkel KGaA 40589 Düsseldorf, DE	MC	2.2
Metzoplast	Metzeler Schaum GmbH (British Vita PLC) 87700 Memmingen, DE	Thermopl., allg., PE, EP(D)M, S-Cop, ABS+PC, PMMA, PPE	2.2, 3.6
Micares	Micafil AG 8048 Zürich, CH	PUR	1.1
Micarta	Westinghouse Electric Corp. Manor, PA 15 665, US	MF	3.4
Microflex	Clopay Corp. Plastics Products Div. Cincinnati, OH 45 202, US	PE	3.3
Microlen	Sekisui Chemical Co. Ltd. Osaka 530, JP	PE	3.7
Microlite	Web Technologie Oakville, CT 06 779, US	PTP	3.3
Microthene	Quantum Chemical Corp. Cincinnati, OH 42 249, US	PE-LD, PE-LLD, PE-Cop	2.1, 2.2
Milastomer	Mitsui Petrochemical Ind., Ltd. Tokyo, JP	TPE-O	2.2
Millathane HT	Notedome Ltd. Coventry CV3 2RQ, GB	PUR	2.2
Milrol	Canadian Industries Ltd. Montreal/Quebec, CA	PE	3.3
Miltite	–„–	PE	3.3
Min	Putsch GmbH 90427 Nürnberg, DE	PP	2.3
Mindel	Amoco Performance Products Atlanta, GA 30 350, US	PAEK, PUR+ABS	2.2
Minicel	Sekisui Chemical Co. Ltd. Osaka 530, JP	PP	3.7

Name	Firma	Kunststoff/ Kunstharz (siehe 10.2.1, Seite 834)	Lieferform (siehe 10.2.2, Seite 844)
Minlon	Du Pont Deutschland GmbH 61343 Bad Homburg, DE	PA	2.2
Mipofolie	Aslan 51491 Overath, DE	PVC, PVC-P	3.3
Mipolam	HT Troplast AG 53840 Troisdorf, DE	PO, PVC	3.3
Mipoplast	–„–	PVC	3.3
Mirason	Mitsui Polychemical Co., Ltd. Tokyo, JP	PE-LD, PE-LLD	2.2
Mirathen	Buna AG 06258 Schkopau, DE	PE-LD	2.2
Mirex	Mitsui Toatsu Chemicals Inc. Tokyo, JP	PF	1.1
Mirvyl	Rio Rodano, S.A. Madrid 20, ES	PVC	2.2
Mistapox	M-R-S Chemicals, Inc. Maryland Heights, MO 63 043, US	EP	2.2
Modar	ICI PLC Welwyn Garden City, Herts. AL7 1HH,	PMMA	1.1
Modular	Polyù Italiana s.r.l. 20 010 Arluno, Milano, IT	PC	3.4
Moform	Chemische Betriebe a. d. Waag CSFR	UF	2.2
Moldesite	AMC-Sprea S.p.A. 20 101 Milano, IT	PF	2.2
Monarfol	Billerud AB Abt. Nya Produkter Säffle, SE	PE-LD	3.3
Mondur	Miles Chemical Corp. Pittsburgh, PA 15 205, US	PUR, PUR-R	1.1, 3.7
Monocast	Polypenco GmbH 51437 Bergisch Gladbach, DE	PA	3, 3.4
Monosol	Mono-Sol Div. Chris Craft Ind., Inc. Gary, IN 46403, US	MC, EC, PVAL	3.3
Monothane	Synair Corp. Chattanooga, TN 37 406, US	PUR	1.1
Montac	Monsanto Chemical Co., Plastics Div. St. Louis, MO 63 167, US	PESI, PA	1.5, 2.2
Moplefan	Montell 2130 AP Hoofddorp, NL	PP	3.3
Moplen	–„–	PP, PP-Cop	2.2
Morthane	Morton International Inc. Chicago, IL 60 606, US	TPE-U, TPU	1.1
Mosten	Litvinov 43670 Litvinov, CZ	PP	2.2

Name	Firma	Kunststoff/ Kunstharz (siehe 10.2.1, Seite 834)	Lieferform (siehe 10.2.2, Seite 844)
Multican	Unitex Ltd., Knaresborough, North Yorks., HG5 OPP, GB	PUR	1.1, 1.5
Multifil	Chemie Linz AG 4040 Linz, AT	PP	3.6
Multi-Flow	Norplex Oak Inc. La Crosse, WI 54 601, US	PI, EP	2.3
Multilon	Teijin Chemicals Ltd. Tokyo, JP	PP-Cop/PC	2.2
Multranol	Miles Chemical Corp. Pittsburgh, PA 15 205, US	PUR-R	2.2
Multrathane	–„–	PUR-R	1.1
Multron	–„–	PUR-R	2.2
Murdopol	Murtfeldt GmbH & Co. KG 44309 Dortmund, DE	PA	3.1, 3.4
Murlubric	–„–	PA	3.1, 3.4
Murtex	–„–	PF	3.5
Mylar	Du Pont Deutschland GmbH 61343 Bad Homburg, DE	PET	3.3
Myoflex	Von Roll Isola 4226 Breitenbach, CH	EP+PA	3.3
Myosam	–„–	EP	3.3
N			
Nabutene	Ets. G. Convert 01100 Oyonnax, FR	ABS, MABS	3.4
Nafion	Du Pont Deutschland GmbH 61343 Bad Homburg, DE	F-Pol.	3.3
Nakan	Elf Atochem Deutschland GmbH 40474 Düsseldorf, DE	PVC	2.2
Naltene	Ets. G. Convert 01100 Oyonnax, FR	PE-LD	3.4
Nandel	Du Pont Deutschland GmbH 61343 Bad Homburg, DE	PAN	3.6
NAP resin	Kanegafuchi Chemical Ind. Co., Ltd. Osaka, JP	PTP	2.2
Naprene	Ets. G. Convert 01100 Oyonnax, FR	PP	3.4
NAS	Novacor Chemicals Inc., Plastics Div. Leominster, MA 01 453, US	S-Cop	2.2
Natsyn	Goodyear Tire & Rubber Co. Akron, OH 44 316, US	IR	2.2
Naugahyde	Uniroyal, Mishawaka IN 46 544, US	PVC-P	3.3
Naugapol	–„–	CR	2.2

Name	Firma	Kunststoff/ Kunstharz (siehe 10.2.1, Seite 834)	Lieferform (siehe 10.2.2, Seite 844)
Naxoglas	Ets. G. Convert 01100 Oyonnax, FR	PMMA	3.4
Naxoid	–„–	CA	3.4
Naxolene	–„–	SB	3.4
Necirès	Nevcin Polymers B.V. 1420 AD Uithoorn, NL	KWH	1.1
Necofene	Ashland Chemical Corp. Columbus, OH 43 216, US	PPE	2.2
Nelco	New England Laminates Corp., Inc. Walden, NY 12 586, US	EP	2.3, 3.2
Neocryl	Polyvinyl Chemie BV Holland 5140 AC-Waalwijk, NL	PMMA	1.1
Neoflon	Daikin Kogyo Co. Ltd. Osaka, JP	PTFE, ECTFE	1.2
Neofrakt	Elastogran GmbH 49440 Lemförde, DE	PUR	1.1
Neolith	Fabbrica Adesivi Resine S.p.A. Cologno Monzese, IT	PVAC	1.2, 1.3, 1.5, 2.2
Neonit	Ciba Spezialitätenchemie AG 4002 Basel, CH	EP, MF	2.2
Neopolen	BASF Aktiengesellschaft 67056 Ludwigshafen, DE	PP	3.7
Neopor	–„–	PS-E	2.2
Neoprene	Du Pont Deutschland GmbH 61343 Bad Homburg, DE	SBR	2.2
Neoprex	Fabbrica Adesivi Resine S.p.A. Cologno Monzese, IT	UF	1.2, 1.5
NeoRez	Polyvinyl Chemie BV Holland 5140 AC-Waalwijk, NL	PUR	1.5
Neox	Matsushita Electric Works, Ltd. Mie, JP	UP	2.2
Neo-zex	Mitsui Petrochemical Ind., Ltd. Tokyo, JP	PE-LD, PE-LLD	2.1, 2.2
Nepol	Borealis Deutschland GmbH 40409 Düsseldorf, DE	PP	2.2
Net-O-Fol	Billerud AB Abt. Nya Produkter Säffle, SE	PE	3.3
Neuthane	Notedome Ltd. Coventry CV3 2RQ, GB	PUR-R	1.1
Nevchem	Nevcin Polymers B.V. 1420 AD Uithoorn, NL	KWH	1.1
Nevex	–„–	KWH	1.1
Nevillac	–„–	KWH	1.1
Nevroz	–„–	KWH	1.1

Name	Firma	Kunststoff/ Kunstharz (siehe 10.2.1, Seite 834)	Lieferform (siehe 10.2.2, Seite 844)
New-PTI	Mitsui Toatsu Chemicals Inc. Tokyo, JP	PI	2.2
News	Borealis Deutschland GmbH 40409 Düsseldorf, DE	PE-LLD	2.2
Niax	Union Carbide Corp. Danbury, CT 06 817, US	PUR-R	1.1
Nika Temp	Nippon Carbide Ind. Co. Inc. Tokyo, JP	PVC-U	2.2
Nikalet	–„–	MF	2.2
Nipeon	Zeon Deutschland GmbH 40547 Düsseldorf, DE	PVC	2.2
Nipoflex	Toyo Soda Mfg. Co. Ltd. Tokyo, JP	PE-Cop	1.5, 2.2
Nipol	Zeon Deutschland GmbH 40547 Düsseldorf, DE	BR	2.2
Nipolit	Chisso Corp. Tokyo, JP	PVC, VC-Cop	2.2
Nipolon	Toyo Soda Mfg. Co. Ltd. Tokyo, JP	PE-LD	2.2
Nipren	Nuova Italresina 20 027 Rescaldina (Milano), IT	PP	3.2
Nirlene	–„–	PE-LD	3.2
Nivion	Enichem Deutschland GmbH 65760 Eschborn, DE	PA	3.6
Nivionplast	P-Group 70794 Filderstadt/ Stuttgart, DE	PA	2.2
Noan	Richardson Polymer Corp. Madison, CT 06443, US	S-Cop	2.2
Noblen	Mitsubishi Petrochemical Co., Ltd. Tokyo, JP	PP, TPE-O	2.2
Nolimold	Rhône-Poulenc Films, 92 080 Paris La Défense, Cedex 6, FR	PAI	2.2
Nomelle	Du Pont Deutschland GmbH 61343 Bad Homburg, DE	PAN	3.6
Nomex	Du Pont Deutschland GmbH 61343 Bad Homburg, DE	PMPI	3.6
Nopinol	Raschig AG 67061 Ludwigshafen, DE	PF	1.1
NorCore	Norfield Corp. Danbury, CT 06 810, US	PE-HD, PP, PS, ABS, PEC	3.5
Nordcell	–„–	PVC	1.1
Nordel	Du Pont Deutschland GmbH 61343 Bad Homburg, DE	PP/EP(D)M	2.2
Nord-ht	Nordchem S.p.A. 33035 Martignacco (Ud), IT	PVC-U	2.2

Name	Firma	Kunststoff/ Kunstharz (siehe 10.2.1, Seite 834)	Lieferform (siehe 10.2.2, Seite 844)
Nordvil	Nordchem S.p.A. 33035 Martignacco (Ud), IT	PVC	2.2
Norflex	Norddeutsche Seekabelwerke AG 26954 Nordenham, DE	PS	3.3, 3.4
Nor-Pac	Norddeutsche Seekabelwerke AG 26954 Nordenham, DE	PE-HD	2.2, 3.6
Norplex	Norplex Oak Inc. La Crosse, WI 54 601, US	PI, PUR, CF, EP, MF	2.2, 2.3, 3.5
Norpol	Jotun (Deutschland) GmbH 22525 Hamburg, DE	UP	1.1, 3.5
Norsorex	Elf Atochem Deutschland GmbH 40474 Düsseldorf, DE	TPE	2.2
Nortuff	Quantum Chemical Corp. Cincinnati, OH 42 249, US	PE-HD/PP	2.2
Norvinyl	Norsk Hydro A/S. Oslo 2, NO	PVC	2.2
Noryl	GE Plastics Europe B.V. 4600 AC Bergen op Zoom, NL	PPE	2.2, 3.3
Noryl GTX	–„–	PPE+PA	2.2
Nosaflex	Von Roll Isola 4226 Breitenbach, CH		
Novaclad	Sheldal Inc. Northfield, MN 55 057, US	PI	3.5
Novacor	Novacor Chemicals Ltd. Calgary, Alberta T2P 2H6, CA	PS	2.2
Novadur	Mitsubishi Chemical Industries Ltd. Tokyo, JP	PBT	2.2
Novamid	–„–	PA	2.2
Novapol LL	Novacor Chemicals Ltd. Calgary, Alberta T2P 2H6, CA	PE-LD, PE-LLD	2.2
Novarex	Mitsubishi Chemical Industries Ltd. Tokyo, JP	PC	2.2
Novatec	–„–	PE-HD, PE-LD, PE-LLD, PP	2.2
Novatron	Polypenco GmbH 51437 Bergisch Gladbach, DE	PTP	3, 3.4
Novex	BP Chemicals International Ltd. London SW1W OSU, GB	PE-LD	2.2
Novoaccurate	Mitsubishi Chemical Industries Ltd. Tokyo, JP	PEC	2.2
Novodur	Bayer AG 51368 Leverkusen, DE	ABS	2.2
Novoid	Ets. G. Convert 01100 Oyonnax, FR	CN	3.3

Name	Firma	Kunststoff/ Kunstharz (siehe 10.2.1, Seite 834)	Lieferform (siehe 10.2.2, Seite 844)
Novolak	general name	PF	1.1
Novolen	Targor GmbH 55116 Mainz, DE	PP, PP-Cop	2.2
Novomikaband	Elektrotechn. Werke Hennigsdorf, DE	CF, SI	3.5
Novomikaflex	–„–	SI	2.3
Novomikanit	–„–	SI	3.5
Novon	Novon Products Div. Morris Plains, NJ, US	PO	2.2
Nucrel	Du Pont Deutschland GmbH 61343 Bad Homburg, DE	PE, PE-Cop, PE-Cop/PAA	2.2
Nupol	Freeman Chemical Corp. Port Washington, WI 53 074, US	PMMA	1.1
Nupreg	Scott Bader Co., Ltd. Wollaston, Wellingborough, Norths. NN9 7RL, GB	UP	2.3
Nybex	Ferro Corp. Evansville, IN 47 711, US	PA	2.2
Nycoa	Nylon Corp. of America Manchester, NH 03 103, US	PA	2.2
Ny-Kon	LNP Plastics Nederland BV 4940 Raamsdonksveer, NL	PA	2.2
Nylaflow	Polypenco GmbH 51437 Bergisch Gladbach, DE	CSM	3.2
Nylane	Rhône-Poulenc 92 097 Paris, La Défense 2, FR	PE+PA	3.3
Nylasint	Polypenco GmbH 51437 Bergisch Gladbach, DE	PA	3.1, 3.2
Nylatrack	–„–	PA	3.1
Nylatron	–„–	PA	2.2, 3, 3.4
Nylind	Du Pont Deutschland GmbH 61343 Bad Homburg, DE	PA 66	2.2
Nylon	generic name	PA	
Nypel	Allied Signal Europe N.V. 3001 Heverlee, BE	PA	2.2
Nyrim	DSM RIM Nylon vof 4202 YA Maastricht, NL	PA	1.1
O			
OC-Plan 2000	Odenwald-Chemie GmbH 69250 Schönau, DE	PE-Cop	3.3
Oekolex-G	Gurit-Worbla AG 3063 Ittigen-Bern, CH	PO, S-Cop	3.3, 3.4
Oekolon G	–„–	PO, S-Cop	3.3, 3.4

Name	Firma	Kunststoff/ Kunstharz (siehe 10.2.1, Seite 834)	Lieferform (siehe 10.2.2, Seite 844)
Ohmoid	Wilmington Fibre Specialty Co. New Castle, DE 19 720, US	PF, MF	3.5
Oilamid	Nylontechnik Licharz GmbH 53757 St. Augustin, DE	PA	3.1, 3.2, 3.4
Oilex	Schüder Oilex KG 56412 Nentershausen, DE	POM, PA	3.1, 3.2, 3.4
Oilon Pv 80	Cadillac Plastic & Chemical Co. Troy, MI 48 007, US	POM	2.2, 3, 3.3
Olapol	Philippine GmbH & Co. KG 56112 Lahnstein, DE	PUR-R	3.7
Oldoflex	Büsing & Fasch GmbH & Co. 26123 Oldenburg, DE	PUR	1.1
Oldopal	–„–	UP	1.1
Oldopren	–„–	TPE-U, TPU	2.1
Oldopur	–„–	PUR	1.1
Oltvil	Chemisches Kombinat Pitesti, RO	PVC	2.2
Omniplast	Alphacan Omniplast GmbH 35627 Ehringshausen, DE	PE, PS, PVC	3.3
Ondex	Adriaplast S.p.A. 34074 Monfalcone, IT	PVC, PVC-P, PVC, PVC-P	3.4
Onduline	Onduline S.A. Paris 17, FR	PVC	3.4
Ongrodur	BorsodChem Rt. 3702 Kazincbarcika, HU	PVC	3.4
Ongrofol	–„–	PVC	3.3
Ongrolit	–„–	PVC, PVC-P	2.2
Ongromix	–„–	PVC	2.2
Ongronat	–„–	PUR-R	2.2
Ongropur	–„–		
Ongrovil	–„–	PVC	2.2
Ontex	Dexter Corp. Windsor Locks, CT 06 096, US	PE/PE-Cop	2.2
Opalen	UPM Walki Pack 37 601 Valkeakoski, FI	PA+PE	3.3
Opax	–„–	PE/PA	3.3
Opet	Owens Brockway Plastics Toledo, OH 43 666, US	PTP	1.1
Oppalyte	Mobil Polymers US, Inc. Norwalk, CT 06 856, US	PP	3.3
Oppanol -B	BASF Aktiengesellschaft 67056 Ludwigshafen, DE	PIB	2.2
Opssalak	OPSSA 08850 Gava (Barcelona), ES	UF	2.2

Name	Firma	Kunststoff/ Kunstharz (siehe 10.2.1, Seite 834)	Lieferform (siehe 10.2.2, Seite 844)
Opssalit	–„–	PS	2.2
Opssalkyd	–„–	UP	1.5
Opssamin	–„–	UF, MF	1.5
Opssapol	–„–	UP	1.5
Optema	Deutsche Exxon Chemical GmbH 50667 Köln, DE	EMA	2.2
Opti . . .	Fränkische Rohrwerke GmbH + Co. 97486 Königsberg, DE	PVC	3.2
Optum	Ferro Corp. Evansville, IN 47 711, US	PO	2.2
Orel	Du Pont Deutschland GmbH 61343 Bad Homburg, DE	PTP	3.6
Orevac	Elf Atochem Deutschland GmbH 40474 Düsseldorf, DE	PO	1.1, 2.2
Orgalloy	–„–	PP+PA	2.2
Orgamid	–„–	PA	2.2
Orgasol	–„–	PA	2.1
Orit	Mayer Enterprises Ltd., Coating Dept., Tel Aviv, IL	PVC-P	3.3
Orlon	Du Pont Deutschland GmbH 61343 Bad Homburg, DE	PAN	3.6
Ornamenta	Tarkett Pegulan AG 67227 Frankenthal, DE	PVC-P	3.3
Oroglas	Atohaas 92062 Paris, La Défense 10, FR	PMMA	3.4
Oromid	NYLTECH Deutschland 79108 Freiburg, DE	PA	2.2
Or-on	Mayer Enterprises Ltd., Coating Dept., Tel Aviv, IL	PVC-P	3.3
Orthane	Ohio Rubber Co. Denton, TX 76 201, US	PUR-R	1.1
OSMOpane	Ostermann & Scheiwe GmbH & Co. 48155 Münster, DE	PVC	3.1
Osstyrol	A. Hagedorn & Co. AG 49078 Osnabrück, DE	SAN, SB, ABS	3.4
Oxy	Occidental Chemical Corp. Niagara Falls, NY 14 303, US	VC-Cop	2.2
Oxyblend	–„–	VC-Cop	2.2
Oxycal	–„–	ABS, PVC	3.3
Oxyclear	–„–	PVC	1.1
Oxyloy	–„–	ABS+PVC	2.2
Oxyshield	Allied Signal Europe N.V. 3001 Heverlee, BE	PA	3.3

Name	Firma	Kunststoff/ Kunstharz (siehe 10.2.1, Seite 834)	Lieferform (siehe 10.2.2, Seite 844)
Oxytuf	Occidental Chemical Corp. Niagara Falls, NY 14 303, US	VC-Cop	2.2
P			
P 84	Lenzing Deutschland Syncell GmbH 71254 Ditzingen, DE	PI	3.6
Pacrosir	Sirlite Srl. 20 161 Milano, IT	PMMA	1.3
Pagholz	PAG Preßwerk AG 45356 Essen, DE	PF	3.4
Paja	Paja Kunststoffe Jaeschke 51503 Rösrath, DE	PE-LD	3.3
Palapet	Kyowa Gas Chemical Co., Ltd. Tokyo, JP	PMMA	1.1, 2.2
Palapreg	DBSR Deutschland GmbH 67056 Ludwigshafen, DE	UP	2.2
Palatal	–„–	UP	1.1, 2.2
Palatinol	BASF Aktiengesellschaft 67056 Ludwigshafen, DE		
Pallaflon	Schieffer GmbH & Co. KG 59557 Lippstadt, DE	PTFE	3, 3.4
Pallanorm	–„–	PTP, PPS	3.5
Panaflex	3 M Co. St. Paul, MN 55 144, US	PVC-P	3.3
Pandex	Dainippon Ink. & Chemicals Inc. Tokyo 103, JP	TPE-U, TPU	2.2
Panlite	Teijin Chemicals Ltd. Tokyo, JP	PC	2.2
Pantalast	Pantasote Inc. Passaic, NJ 07 055, US	VC-Cop	2.2
Pantarin	Koepp AG 65375 Oestrich-Winkel, DE	PUR	3.7
Panzerholz	Blomberger Holzindustrie, B. Hausmann GmbH & Co. KG 32817 Blomberg, DE	PF	3.5
Papertex	Lenzing Deutschland Syncell GmbH 71254 Ditzingen, DE	PE	3.3
Papia	Mikuni Lite Co. Osaka, JP	PP	2.2
Paracril	Uniroyal, Mishawaka IN 46 544, US	VC-Cop, CR	2.2
Paraglas	Degussa AG 60287 Frankfurt, DE	PMMA	3.3, 3.4
Paraloid	Rohm & Haas Co. Philadelphia, PA 19105, US	SB, CR, AMMA, PMMA	1.1, 2.2

Name	Firma	Kunststoff/ Kunstharz (siehe 10.2.1, Seite 834)	Lieferform (siehe 10.2.2, Seite 844)
Paraplex	–„–	UP, EP	1.1
Parapol	Deutsche Exxon Chemical GmbH 50667 Köln, DE	PE	2.2
Paraprene	Hodogaya Ltd. JP	TPE-U, TPU	2.2
Parcloid	Parcloid Chemical Co. Ridgewood, NJ 07 451, US	VC-Cop	1.2, 1.4
Parel	Zeon Deutschland GmbH 40547 Düsseldorf, DE	EP(D)M	2.2
Parlon	Hercules Powder Company Inc. Wilmington, DE 19 894, US	CR	2
Parylene	Union Carbide Corp. Danbury, CT 06 817, US	HT-PP	2.2
Patix	Chemische Betriebe a. d. Waag CSFR	UP	2.2
Pattex	Henkel KGaA 40589 Düsseldorf, DE	SBR	1.5
Paulownia	Mitsui Toatsu Chemicals Inc. Tokyo, JP	PP	3.3
Pavex	Pavag AG/SA Nebikon, CH	PP	3.3
PCI . . .	PCI Augsburg GmbH 86159 Augsburg, DE	PUR, SI, EP, PMMA	1.5
Pebax	Elf Atochem Deutschland GmbH 40474 Düsseldorf, DE	PEBA 12	2.2
Pecolit	Pecolit Kunststoffe GmbH & Co KG 67105 Schifferstadt, DE	UP	2.3, 3.4, 3.5
Pectran	Alpha Precision Houston , Texas, US	PAEK	2.2
Pedigree	P. D. George Co. St. Louis, MO 63 147, US	UP	2.2, 2.3
PEEK	ICI PLC Welwyn Garden City, Herts. AL7 1HH,	PAEK	2.2
Peerless	NVF Container Div. Hartwell, GA 30 643, US	VF	3.5
Pegulan	Tarkett Pegulan AG 67227 Frankenthal, DE	PVC-P	3.3
Pegutan	–„–	PVC-P	3.3
Pekevic	Borealis Deutschland GmbH 40409 Düsseldorf, DE	PB-1	2.2
Pellethane	Dow Europe 8810 Horgen, CH	TPU	22
Pelprene	Toyobo Co. Ltd. Osaka 530, JP	TPE-U, TPU	2.2

Name	Firma	Kunststoff/ Kunstharz (siehe 10.2.1, Seite 834)	Lieferform (siehe 10.2.2, Seite 844)
Pennlon	Dixon Industries Corp. Bristol, RI 02 809, US	PO	3, 3.4
PEN-resin	NKK Corp. Tokyo, JP	PEN	2.2
Pentacite	Reichhold Chemicals Inc. Jacksonville, FL 32 245, US	KWH	1.1
Pentaclear	Klöckner-Pentaplast GmbH 56410 Montabaur, DE	PVC	3.3
Pentadur	–„–	PVC	3.3
Pentafood	–„–	PS, PP, PVC	3.3
Pentaform	–„–	PS, PP, PVC	3.3
Pentalan	–„–	PVC	3.3
Pentapharm	–„–	PS, PP, PVC	3.3
Pentaplus	–„–	PS, PP, PVC	3.3
Pentaprint	–„–	PVC-U	3.3
Pentatec	–„–	PA, PC, PPS, PSU	3.3
Pentatherm	–„–	PVC	3.3
Perbunan	Bayer AG 51368 Leverkusen, DE	CR	2.2
Perfluorogum	Daikin Kogyo Co. Ltd. Osaka, JP	FKM	2.2
Peripor	BASF Aktiengesellschaft 67056 Ludwigshafen, DE	PS-E	35828
Perl	Van Besouw, BV Kunststoffen 5050 AA Goirle, NL	PO	3.3
Perlon	generic name	PA	3.6
Permair	Porvair P.L.C. King's Lynn, Norfolk PE30 2HS, GB	PUR	3.3, 3.7
Permaloc	Ma-Bo AS 1760 Berg, NO	PVC	3.2
Permapol	Enichem Deutschland GmbH 65760 Eschborn, DE	PSU	1.1
Perspex	ICI PLC Welwyn Garden City, Herts. AL7 1HH,	PMMA	3.3, 3.4
Perstorp Compounds	Perstorp AB 28 480 Perstorp, SE	PF, UF, MF	2.2
Petlite	Goodyear Tire & Rubber Co. Akron, OH 44 316, US	PTP	3.6
Petlon	Miles Chemical Corp. Pittsburgh, PA 15 205, US	PET	2.2
Petra	Allied Signal Europe N.V. 3001 Heverlee, BE	PET	2.2

Name	Firma	Kunststoff/ Kunstharz (siehe 10.2.1, Seite 834)	Lieferform (siehe 10.2.2, Seite 844)
Petrothene	Quantum Chemical Corp. Cincinnati, OH 42 249, US	PP	2.2
Pevikon	Norsk Hydro A/S. Oslo 2, NO	PVC	2.2
Pe-vo-lon	Räder-Vogel, Räder+Rollenfabrik GmbH 21109 Hamburg, DE	PA	2.2
Pexgol	Golan Plastics Products Jordan Valley 15145, IL	PE-X	3.2
P-Flex	Putsch GmbH 90427 Nürnberg, DE	ABS	2.2
Phenmat	DSM Compounds UK Ltd. Eastwood, Lancs., GB	CF, CF	2.3
Phenolite	NVF Container Div. Hartwell, GA 30 643, US	PF, SI, UP, EP, MF	3.5
Phenorit	Lautzenkirchener Kalksandsteinwerk GmbH, 66440 Blieskastel, DE	PF	3.7
Phenox	Glunz AG 66265 Heusweiler, DE	PF	3.5
Philan	Philippine GmbH & Co. KG 56112 Lahnstein, DE	PUR	3.4
Phoenolan	Phoenix AG 21079 Hamburg, DE	PUR	3, 3.3, 3.7
Phophazene	Firestone Synthetics Rubber and Latex Co., Akron, OH 44 301, US	FKM	2.2
Phtalopal	BASF Aktiengesellschaft 67056 Ludwigshafen, DE	PUR-R	1.1
Piadurol	SKW Stickstoffwerke Piesteritz GmbH 06886 Lutherstadt Wittenberg, DE	UF, MF	1.1
Piamid	–„–	MF	1.1
Piapox	–„–	PA	1.1
Pibiflex	P-Group 70794 Filderstadt/ Stuttgart, DE	TPE	2.2
Pibiter	–„–	PET	2.2
Pibiter Hi	Enichem Deutschland GmbH 65760 Eschborn, DE	PC	2.2
Pibiter N	–„–	PBT	2.2
Pierson	Pierson Industries Palmer, MA 01 069, US	PE-Cop	3.3
Pioloform	Wacker-Chemie GmbH 81737 München, DE	PVB	1.5
Planolen	Rethmann Plano GmbH 48356 Nordwalde, DE	PE-HD, PE-LD, PP	2.2
Planomid	–„–	PA	2.2
Planox	Glunz AG 66265 Heusweiler, DE	PF	3.5

Name	Firma	Kunststoff/ Kunstharz (siehe 10.2.1, Seite 834)	Lieferform (siehe 10.2.2, Seite 844)
Plaper	Mitsubishi Monsanto Chemical Co. Tokyo, JP	SB	3.3
Plascoat	Plascoat-Systems Ltd. Farnham, Surrey GU9 9NY, GB	PP	2.2
Plaskon	Plaskon Electronic Inc. Philadelphia, PA 19 105, US	PF, UF, UP, EP, PA	2.2
Plastazote	BXL Plastics Ltd. London, SW1W OSU, GB	PE	3.7
Plasticell	Permali Gloucester Ltd. Gloucester, GB	PVC	3.7
Plasticon	KTD Plasticon GmbH 46339 Dinslaken, DE	UP	2.3, 3.2
Plastigen	BASF Aktiengesellschaft 67056 Ludwigshafen, DE	UF	1.1
Plastilit	Solvay Deutschland GmbH 30173 Hannover, DE	PVC	3.2
Plastin	4P Folie Forchheim GmbH 91301 Forchheim, DE	PE-HD	3.3
Plastiroll	Hermann Wendt GmbH 12103 Berlin, DE	ABS, PVC, PVC-P	3.2
Plastoflex	Elkoflex Isolierschlauchfabrik 10553 Berlin, DE	PVC-P	3.2
Plastolein	Quantum Chemical Corp. Cincinnati, OH 42 249, US	EP	1.5
Plastopal	BASF Aktiengesellschaft 67056 Ludwigshafen, DE	UF	1.1
Plastopil	Mayer Enterprises Ltd., Coating Dept., Tel Aviv, IL	PE, PVC-P	3.3
Plastopreg	Reichhold Chemicals Inc. Jacksonville, FL 32 245, US	UP	2.2, 2.3
Plastor	Mayer Enterprises Ltd., Coating Dept., Tel Aviv, IL	PVC-P	3.3
Plastotex	Elkoflex Isolierschlauchfabrik 10553 Berlin, DE	CH, PVC-P	3.2
Plastothane	Morton International Inc. Chicago, IL 60 606, US	TPE-U, TPU	2.2
Plastotrans	4P Folie Forchheim GmbH 91301 Forchheim, DE	PE-LD	3.3
Platamid	Elf Atochem Deutschland GmbH 40474 Düsseldorf, DE	PA	1.2, 1.3
Plathen	–„–	PE	1.5
Platherm	–„–	PTP	1.5
Platilon	–„–	PP, TPE-U, TPU, PA	3.3
Platon	–„–	PA, PTP	3.6

Name	Firma	Kunststoff/ Kunstharz (siehe 10.2.1, Seite 834)	Lieferform (siehe 10.2.2, Seite 844)
Plenco	Plastics Engineering Company Sheboygan, WI 53 082, US	PF, UP, MF	1.1, 2.2
Plex	Röhm GmbH 64293 Darmstadt, DE	PMMA	1.1, 1.5
Plexalloy	–„–	MBS	2.2
Plexar	Quantum Chemical Corp. Cincinnati, OH 42 249, US	PE-HD, PE-Cop	1.1
Plexidon	Röhm GmbH 64293 Darmstadt, DE	PMMA	1.5
Plexifix	–„–	PMMA	1.5
Plexiglas	–„–	PMMA	2.2, 3.1, 3.2, 3.4
Plexigum	–„–	PMMA	1.1
Plexileim	–„–	PAA	1.1, 1.3
Plexilith	–„–	PMMA	1.1
Pleximid	–„–	PMMI	2.2
Pleximon	–„–	PMMA	1.1
Plexisol	–„–	AMMA	1.1, 1.3
Plexit	–„–	PMMA	1.1, 1.5
Plextol	–„–	PMMA	1.2
Pliocord VP 107	Goodyear Tire & Rubber Co. Akron, OH 44 316, US	PVP	1.1
Plioflex	–„–	SBR	2.2
Pliolite	–„–	SBR	1.1, 2.2
Pliovic	–„–	PVC	1.1
Pluracol	BASF Corp. Parsippany, NJ 07 054, US	PUR-R	1.1
Pluronic	–„–	PUR-R	1.1
Plyamin	Reichhold Chemicals Inc. Jacksonville, FL 32 245, US	UF	1.1
Plyamul	–„–	PVAC	1.1
Plyocite	–„–	PF	2.2
Plyophen	–„–	PF	1.1
Plytron	ICI PLC Welwyn Garden City, Herts. AL7 1HH,	Thermopl., allg.	2.3
PMI-Resin	Mitsubishi Co., Ltd. Tokyo, JP	PC-TMC	2.2
Pocan	Bayer AG 51368 Leverkusen, DE	PET, PBT	2.2
Pokalon	Lonza-Folien GmbH 79576 Weil am Rhein, DE	PC	3.3
Polathane	Polaroid Chemicals Assonet, MA 02 702, US	TPE-U, TPU	1.1

Name	Firma	Kunststoff/ Kunstharz (siehe 10.2.1, Seite 834)	Lieferform (siehe 10.2.2, Seite 844)
Policril	Fabbrica Adesivi Resine S.p.A. Cologno Monzese, IT	PMMA	1.1
Polidux	Aiscondel S.A. Barcelona 13, ES	PS	2.2
Polinat	Raschig AG 67061 Ludwigshafen, DE	PUR	1.1
Polisul	Polisul	PE-HD	
Politarp	ICI PLC Welwyn Garden City, Herts. AL7 1HH,	PE	3.3
Polivar	Polivar S.p.A. Rom, IT	PMMA	3.1, 3.4
Polnac	AMC-Sprea S.p.A. 20 101 Milano, IT	UP	1.1
Poly 129u	Polyù Italiana s.r.l. 20 010 Arluno, Milano, IT	PC	3.4
Poly bd	Elf Atochem Deutschland GmbH 40474 Düsseldorf, DE	BR	1.1
Poly Pearl	Chi Mei Industrial Co., Ltd. Tainan, Shien, Taiwan	PS	1.1
Polyabs	Polykemi AB 27 100 Ystad, SE	ABS	2.2
Polyathane XPE	Polaroid Chemicals Assonet, MA 02 702, US	TPE-U, TPU	2.2
Polyblend	Polykemi AB 27 100 Ystad, SE	PC+ABS	2.2
Polybond	BP Chemicals International Ltd. London SW1W OSU, GB	PE-HD, PP-Cop, PMMA	
Polycar	Polyon-Barkai, Kibbutz Barkai M. P. Menashe 37 860, IL	PVC-P	3.3
Polychem	Budd Co., Polychem. Div. Phoenixville, PA 19 460, US	PF, EP, MF	2.2
Polyclad	GE Plastics Europe B.V. 4600 AC Bergen op Zoom, NL	PC	3.4
Polyclip	Polyù Italiana s.r.l. 20 010 Arluno, Milano, IT	PC	3.4
Polycoat	EMW-Betrieb 65582 Diez, DE	PUR	1.5
Polycom	Huntsman Chemical Corp. Chesapeake, VA 23 320, US	PP	2.2
Polycomp	LNP Plastics Nederland BV 4940 Raamsdonksveer, NL	F-Pol.	2.2
Polycril	Irpen S.A. Barcelona 13, ES	PMMA	3.3, 3.4

Name	Firma	Kunststoff/ Kunstharz (siehe 10.2.1, Seite 834)	Lieferform (siehe 10.2.2, Seite 844)
Polycup	Polyù Italiana s.r.l. 20 010 Arluno, Milano, IT	PC	3.4
Polydene	Scott Bader Co., Ltd. Wollaston, Wellingborough, Norths. NN9 7RL, GB	PVDC	1.1, 1.2
Polydet	Mitras Kunststoffe GmbH 92637 Weiden, DE	UP	3.4, 3.5
Polyfelt	Chemie Linz AG 4040 Linz, AT	PP	3.6
Polyfill	Polykemi AB 27 100 Ystad, SE	PP	2.2
Polyfine	A. Schulman GmbH 50170 Kerpen, DE	TPE	2.2
Polyflam	–„–	PE, PP, SB, ABS, PC+ABS, PPS	2.2
Polyflon	Daikin Kogyo Co. Ltd. Osaka, JP	PTFE	2.2
Polyfluron	Dr. Schnabel GmbH 65549 Limburg, DE	PTFE	3.2, 3.3
Polyfoam Plus	Lin Pac Insulation Products Hartlepool, GB	PS	3.7
Polyfort	A. Schulman GmbH 50170 Kerpen, DE	PE, PE-HD, PP, PP-Cop, SAN	2.2
Polygard MR	Polytech Inc., Owensville, M 65 066, US	PC	3.4
Polyglad	GE Plastics Europe B.V. 4600 AC Bergen op Zoom, NL	PC	3.4
Polyimidal	Raychem Corp. Menlo Park, CA 94 025, US	PI	1.1
Polykarbonat	Polykemi AB 27 100 Ystad, SE	PC	2.2
Polykor	Koro Corp. Hudson, MA 01 749, US	PE, PP, ABS, TPE-S	2.2
Polylac	Chi Mei Industrial Co., Ltd. Tainan, Shien, Taiwan	ABS	2.2
Polylam	Polyon-Barkai, Kibbutz Barkai M. P. Menashe 37 860, IL	PO	3.3
Polylam AF	–„–	PO	1.5
Polylite	Reichhold Chemicals Inc. Jacksonville, FL 32 245, US	UP	2.2
Polyloy	Ems-Polyloy GmbH 64823 Groß-Umstadt, DE	PA+PE	2.2
Polymag	A. Schulman GmbH 50170 Kerpen, DE	PE, PP, PA, PTP, PPS	2.2

Name	Firma	Kunststoff/ Kunstharz (siehe 10.2.1, Seite 834)	Lieferform (siehe 10.2.2, Seite 844)
Polyman	A. Schulman GmbH 50170 Kerpen, DE	SAN, SMA, ABS, ABS+PA, MABS, MBS, PMMA, PC+ABS	2.2
Polymar	Hammersteiner Kunststoffe GmbH 41836 Hückelhoven, DE	PVC-P	3.3
Polymeg	QO Chemicals Inc. Oak Brook, IT 60 251, US	PUR-R	1.1
Polymist	Ausimont Deutschland GmbH 65760 Eschborn, DE	PTFE	2.1, 2.2
Poly-Net	Norddeutsche Seekabelwerke AG 26954 Nordenham, DE	PE-HD, PE-LD, PP	3.4, 3.6
Polyorc	Uponor, Stourton, Leeds, LS10 1UJ, GB	PE, PVC	3.2
Polyox	Union Carbide Corp. Danbury, CT 06 817, US	PEOX	1.1
Polyphon	Steinbacher 6383 Erpfendorf/Tirol, AT	PUR	3.7
Poly-Pro	Mitsui Petrochemical Ind., Ltd. Tokyo, JP	PP	2.2
Polypur	A. Schulman GmbH 50170 Kerpen, DE	TPE-U, TPU	2.2
Polyrex	Chi Mei Industrial Co., Ltd. Tainan, Shien, Taiwan	PS	2.2
Polyrite	Polyply Inc. Amsterdam, NY 12 010, US	UP	1.1, 2.3
Polysan	Polykemi AB 27 100 Ystad, SE	SAN	2.2
Polysar Bromobutyl	Bayer AG 51368 Leverkusen, DE	IIR	2.2
Polysar Butyl	–„–	IIR	2.2
Polysar Chlorobutyl	–„–	IIR	2.2
Polysar S/SS	–„–	SBR	2.2
Polyset	Morton International Inc. Chicago, IL 60 606, US	EP	2.2
Polyshine	Polykemi AB 27 100 Ystad, SE	PBT	2.2
Polysizer	Showa High Polymer Co., Ltd. Tokyo, JP	PVAL	1.1
Polysol	–„–	PVAC	1.2
Polystat	A. Schulman GmbH 50170 Kerpen, DE	PE, PP, S-Cop, ABS, PC, PC+ABS	2.2

Name	Firma	Kunststoff/ Kunstharz (siehe 10.2.1, Seite 834)	Lieferform (siehe 10.2.2, Seite 844)
Polystone	Scobalitwerk Wagner GmbH 56626 Andernach, DE	PE-HD, PP	3.1, 3.3, 3.4
Polystron	Svenska Polystyren Fabriken AB Malmö, SE	PS, SB, PVC, PS, SB, PVC	2.2
Polythan	Steinbacher 6383 Erpfendorf/Tirol, AT	PUR	3.7
Polytherm	4P Folie Forchheim GmbH 91301 Forchheim, DE	PVC	3.3
Polytron Alloy	Geon OH 44131 Cleveland, USA	VC-Cop	2.2
Polytrope	A. Schulman GmbH 50170 Kerpen, DE	TPE-O	2.2
Polyvin	–„–	PVC, VC-Cop	2.2
Polyviol	Wacker-Chemie GmbH 81737 München, DE	PVAL	2.2
Polywood	Polykemi AB 27 100 Ystad, SE	PS	2.2
Ponal	Henkel KGaA 40589 Düsseldorf, DE	PVAC	1.5
Poolliner	Van Besouw, BV Kunststoffen 5050 AA Goirle, NL	PVC-P	3.3
Porelle	Porvair P.L.C. King's Lynn, Norfolk PE30 2HS, GB	PUR	3.3
Porene	Thai Petrochemical Industry Thailand	ABS	2.2
Poret	EMW-Betrieb 65582 Diez, DE	PUR	3.7
Poroband	Isovolta AG 2355 Wiener Neudorf, AT	EP	3.5
Porofol	–„–	EP	2.3
Poromat	–„–	EP	2.3
poronor	Fränkische Rohrwerke GmbH + Co. 97486 Königsberg, DE	PS	3.2
Porovlies	Isovolta AG 2355 Wiener Neudorf, AT	EP	3.5
Porvair	Porvair P.L.C. King's Lynn, Norfolk PE30 2HS, GB	PUR	3.7
Porvent	–„–	PE-HD, PP	3.3, 3.7
porzyl	Fränkische Rohrwerke GmbH + Co. 97486 Königsberg, DE	PS	3.4
Positano	Dr. F. Diehl & Co. 88718 Daisendorf, DE	PVAC	1.2
Poticon	Biddle-Sawyer Corp. New York, NY 10 121, US	POM, PA, PTP	2.2
Poval	Denki Kagaku Kogyo Tokyo 100, JP	PVAL	2.2

Name	Firma	Kunststoff/ Kunstharz (siehe 10.2.1, Seite 834)	Lieferform (siehe 10.2.2, Seite 844)
Powersil	Wacker-Chemie GmbH 81737 München, DE	Q	1.1
Pre-Elec	Premix Oy 05201 Rajamäki, FI	PO, HT-PP, S-Cop	2.2
Pregnit	August Krempel Soehne GmbH & Co. 71665 Vaihingen, DE	PI	2.3., 3.5
Premi-Dri	Premix Inc. North Kingsville, OH 44 068, US	UP	2.2
Premi-Glas	–„–	UP	2.2, 2.3
Premi-Ject	–„–	UP	2.2
Pres-Rite	M/s Rattanchand Harjasrai Pvt. Ltd. Faridabad, IN	UF, MF	2.2
Pressal-Leime	Henkel KGaA 40589 Düsseldorf, DE	MF	1.5
Prester	Soc. Provencale de Résines Appliquées, Sauveterre, FR	UP	2.2
Presto	Reynolds Consumer Europe, S.A. 1853 Strombeck Bever, BE	PE-LD, PE-LLD	3.3
Prevail	Dow Europe 8810 Horgen, CH	ABS+TPE-U, TPU	2.2
Prevex	GE Plastics Europe B.V. 4600 AC Bergen op Zoom, NL	PPE	2.2
Prima	European Vinyls Corp. (EVC) 1160 Bruxelles, BE	VC-Cop	2.2
Primacor	Dow Europe 8810 Horgen, CH	EAA	2.2
Primal	Rohm & Haas Co. Philadelphia, PA 19105, US	PMMA	1.1, 1.2
Primef	Solvay Deutschland GmbH 30173 Hannover, DE	PPS	2.2
Primocel	HPP-Profile GmbH Primoplast 21629 Neu-Wulmsdorf, DE	PVC	3.5
Prinem	Isovolta AG 2355 Wiener Neudorf, AT	EP	3.6
Probimage	Ciba Spezialitätenchemie AG 4002 Basel, CH	EP	2.2
Probimer	–„–	EP	1.1
Probimid	–„–	PI	1.1
PROCO	Hüni + Co. 88046 Friedrichshafen, DE	F-Pol.	1.5
Procor	Mobil Chemical Co. Pittsford, NY 14 534, US	PMMA+PP	3.3
Prodoral	T. I. B. Chemie (Shell) 68219 Mannheim, DE	PUR, EP	1.1, 1.5
Prodorit	–„–	EP	1.5

Name	Firma	Kunststoff/ Kunstharz (siehe 10.2.1, Seite 834)	Lieferform (siehe 10.2.2, Seite 844)
Pro-fax	Himont Italia s.p.a. 20 124 Mailand, IT	PP, PP-Cop, TPE-O, PP, PP-Cop, TPE-O	2.2
Profilon	Ticona GmbH 65926 Frankfurt, DE	PTP	3.3
Prolam	ProLam Inc. Waterbury, CT 06 708, US	MF	2.2
Prolastic	–„–	TPE-O, TPE-U, TPU	2.2
Propafilm	ICI PLC Welwyn Garden City, Herts. AL7 1HH, GB	PP	3.3
Propafoil	–„–	PP	3.3
Propaply	–„–	PP	3.3
Propathene	–„–	PP, PP-Cop	2.2
Propilven	Propilven SA Venezuela	PP	2.2
Proponite	Borden Chemical Co. Geismar, LA 70 734, US	PP	3.3
Propylex	Courtaulds Chemicals & Plastics Ltd. Spondon, Derby DE2 7BP, GB	PP, PP+EP(D)M	3.3, 3.4
Propylux	Westlake Plastics Co. Lenni, PA 19 052, US	PP	3, 3.3, 3.4
Pro-Seal	Products Research & Chemical Corp. Woodland Hills, CA 91 365-4226, US	EP	1.1
Protax	Hercules Powder Company Inc. Wilmington, DE 19 894, US	EP (D)M	2.2
Protefan	T. I. B. Chemie (Shell) 68219 Mannheim, DE	PVC-P	1.1
Pryphane	Rhône-Poulenc Films 69 398 Lyon, Cedex 3, FR	PP	3.3
Pulse	Dow Europe 8810 Horgen, CH	PC+ABS	2.2
Pure-CMC	The Perma-Flex Mold Co. Inc. Columbus, OH 43 209, US	PUR	1.1
Purenit	Puren-Schaumstoff GmbH 88662 Überlingen, DE	PUR	3.7
Purez	ICI Polyurethanes 3078 Kortenberg, BE	PUR-R	1.1
Pyralin	Du Pont Deutschland GmbH 61343 Bad Homburg, DE	PAI	2.2
Pyro-Chek	Ferro Corp. Evansville, IN 47 711, US	PS	2.2
Pyrofil	Mitsubishi Rayon Co., Ltd. Tokyo, JP	PAN	3.6

Name	Firma	Kunststoff/ Kunstharz (siehe 10.2.1, Seite 834)	Lieferform (siehe 10.2.2, Seite 844)
Pyroguard	Recticel Foam Corp., Morristown Div. Morristown, TN 37 816-1197, US	PUR	3.7
Q			
Q200.5	Polypenco GmbH 51437 Bergisch Gladbach, DE	S-Cop	3.1, 3.4
Q-Thane	Quinn & Co., Inc. Malden, MA 02 148, US	TPE-U, TPU	1.3, 2.2
QuaCorr	QO Chemicals Inc. Oak Brook, IT 60 251, US	FF	1.1, 2.2
Qualiprint	Scott Bader Co., Ltd. Wollaston, Wellingborough, Norths. NN9 7RL, GB	S-Cop	1.2
Quarite	Aristech Chemical Co. Florence, KY 41 042, US	PMMA	2.2, 3.4
Quelflam	Baxenden Chemical Co. Ltd. Accrington, Lancs. BB5 2SL, GB	PUR	1.1
R			
Rabalon	Mitsubishi Petrochemical Co., Ltd. Tokyo, JP	TPE-S	2.2
Radel	Amoco Performance Products Richfield, CT 06 877, US	PSU	2.2, 3.3
Radil	Radici Novacips S.p.A 24020 Villa d'Ogna (BG), IT	PP	3.3
Radilon	–„–	PA	2.2
Raditer B	–„–	PTP	2.2
Radlite	Azdel B.V. 4612 PL Bergen op Zoom, NL	Thermopl., allg.	3.6
Ralupol	Raschig AG 67061 Ludwigshafen, DE	UP	2.2
Rapok	–„–	PF	1.1
Rau ...	Rehau AG & Co. 95111 Rehau, DE	PO, SI, S-Cop, PC	3, 3.4
Ravemul	Enichem Deutschland GmbH 65760 Eschborn, DE	PVAC	2.2
Raventer	–„–	VC-Cop	2.2
Ravepox	–„–	EP	2.2
Ravinil	–„–	PVC, VC-Cop	2.2
Rayopp	UCB/Sidac 1620 Drogenbos, BE	PP	3.3
Reconyl	Frisetta GmbH 79677 Schönau, DE	PA 6	2.2
Recticel	Recticel NV SA. 1150 Brüssel, BE	PUR	3.7

Name	Firma	Kunststoff/ Kunstharz (siehe 10.2.1, Seite 834)	Lieferform (siehe 10.2.2, Seite 844)
Recyclen	Recyclen Kunststoffprodukte GmbH 74706 Osterburken, DE	Thermopl., allg.	2.2
Redux	Ciba-Geigy, Composites Div. Anaheim, CA 9207-2018, US	PF, PVFM	1.5
Reedex-F	Berndt Rasmussen 3460 Birkerod, DK	PP	3.3
Reevane	Reeves Brothers Canada Ltd., Toronto, Ontario M8W 2T2, CA	PUR	3.3
Regulus	Mitsui Toatsu Chemicals Inc. Tokyo, JP	PI	3.3
Relatin	Henkel KGaA 40589 Düsseldorf, DE	EC	2.2
Reliapreg	Ciba-Geigy, Composites Div. Anaheim, CA 9207-2018, US	EP, PS	2.3, 3.5
Relon	Chemiefaserwerk Savinesti Piatra Neamt, RO	PA	3.6
Reny	Mitsubishi Gas Chem. Comp. Inc. Tokyo, JP	PA	2.2
Repak	AB Akerlund & Rausing SE	PO	2.2
Repete	Goodyear Tire & Rubber Co. Akron, OH 44 316, US	PTP	2.2
Replay	Huntsman Chemical Corp. Chesapeake, VA 23 320, US	PS	2.2
Repolem	Elf Atochem Deutschland GmbH 40474 Düsseldorf, DE	SMA	2.2
Reproflon	Mikro-Technik GmbH 63927 Bürgstadt, DE	PTFE	2.2, 3.1, 3.2, 3.3, 3.4
Repsol	Repsol Quimica, ES 28046 Madrid, ES	PE, PP	2.2
Resart PC	Resart GmbH 55120 Mainz, DE	PC	3.3, 3.4
Resartglas GS	–„–	PMMA	3.3, 3.4
Resartglas XT	–„–	PMMA	3.3, 3.4
Resicast	DSM, Polymers & Hydrocarbons 6130 AA Sittard, NL	PUR	1.1
Resifix	Raschig AG 67061 Ludwigshafen, DE	FF	1.1
Resifoam	DSM, Polymers & Hydrocarbons 6130 AA Sittard, NL	PUR	1.1
Res-I-Glas	Micafil AG 8048 Zürich, CH	UP, PMMA	2.3
Resimene	Cargill Inc. Lynwood, CA 90 262, US	MF	1.1
Resinite	Borden Chemical Co. Geismar, LA 70 734, US	PVC	3.3

Name	Firma	Kunststoff/ Kunstharz (siehe 10.2.1, Seite 834)	Lieferform (siehe 10.2.2, Seite 844)
Resinol	Raschig AG 67061 Ludwigshafen, DE	PF	2.2
Resinoplast	Resinoplast Reims, FR	PVC	2.2
Resiplast	Raschig AG 67061 Ludwigshafen, DE	CF, PF	1.1
Resistit	Phoenix AG 21079 Hamburg, DE	SBR	3.3
Resiten	Iten Industries Ashtabula, OH 44 004, US	PF, SI, EP, MF	2.3, 3.5
Resocel	Micafil AG 8048 Zürich, CH	CF	3.5
Resofil	–„–	CF	3.5
Resolam	–„–	EP	3.5
Resopal	Rethmann Plano GmbH 48356 Nordwalde, DE	MF	3.4
Resopalan	–„–	UP, MF	3.3
Resopalit	–„–		
Resoplan	–„–	MF	3.4
Resoweb	Micafil AG 8048 Zürich, CH	EP+PTP	3.5
Resproid	Goodyear Tire & Rubber Co. Akron, OH 44 316, US	PVC-P	3.3
Resticel	Sirlite Srl. 20 161 Milano, IT	PF	1.1
Restil	Montedison S.p.A. 20 121 Milano, IT	SAN	2.2
Restiran	–„–	ABS	2.2
Restiran ML	–„–	ABS	2.2
Restirolo	–„–	PS, S-Cop	2.2
Retain	Dow Europe 8810 Horgen, CH	PE	2.2
Retiflex	Montedison S.p.A. 20 121 Milano, IT	PP	3.3
Retipor	EMW-Betrieb 65582 Diez, DE	PUR	3.7
Rexene	Rexene Products Co. Dallas, TX 75 244, US	PE-LD, PE-LLD, PE-Cop, PP, PP-Cop	2.2
Rextac	Rexene Products Co. Dallas, TX 75 244, US	PE-LLD	2.2
Reynolon	Reynolds Consumer Europe, S.A. 1853 Strombeck Bever, BE	PVC, PA	3.3

Name	Firma	Kunststoff/ Kunstharz (siehe 10.2.1, Seite 834)	Lieferform (siehe 10.2.2, Seite 844)
Rezibond	Chromos - Ro Polimeri 4100 Zagreb, Croatia	PF	2.2
Rezolin	Hexcel Corp. Chemical Div. Chatsworth, CA 93 111, US	EP	2.2
Reztex	Erez Thermoplastic Products M.P. Ashkelon 79150, IL	PE, PVC-P	3.3
Rhenoflex	Vestolit GmbH 45772 Marl, DE	PVC-U	1.1, 2.2
Rhenofol	Braas Flachdachsysteme GmbH 61440 Oberursel, DE	PVC-P	3.3
Rhenogran	Rhein Chemie Rheinau GmbH 68219 Mannheim, DE		
Rhenoverit	Rhenowest, Kunststoff- u. Spanplatten-werk GmbH 56759 Kaisersesch, DE	MF	3.5
Rhepanol	Braas Flachdachsysteme GmbH 61440 Oberursel, DE	PIB	3.3
Rhino Hyde	Cargill Inc. Lynwood, CA 90 262, US	PUR	3.4
Rhodeftal	Rhône-Poulenc 92 097 Paris, La Défense 2, FR	PAI	2.2
Rhodester CL	–„–	APE	2.2
Rhodopas	Rhône-Poulenc S.A. 92 408 Courbevoie, FR	PS, PVAC, SB, MABS	1.2
Rhodorsil	–„–	Q	2.2
Rhodoviol	Rhône-Poulenc 92 097 Paris, La Défense 2, FR	PVAL	2.2
Rhonacryl	Chemotechnik Abstatt GmbH & Co. 74232 Abstatt, DE	PMMA	1.1
Rhonaston	–„–	EP	1.1
Riacryl	Rias A/S 4000 Roskilde, DK	PMMA	3.4
Riblene	Enichem Deutschland GmbH 65760 Eschborn, DE	PE-LD, PE-Cop	1.1, 2.2
Richform	Richmond Technology, Inc. Redlands, CA 92373, US	MABS	3.4
Ricolor	Holztechnik GmbH-Ricolor 95336 Mainleus, DE	MF	3.4, 3.5
Rigidex	BP Chemicals International Ltd. London SW1W OSU, GB	PE-HD	2.2
Rigidsol	Watson Standard Co. Pittsburgh, PA 15 238, US	PVC	1.2, 1.4
Rigilene	Stanley Smith & Co. Plastics Ltd. Isleworth, Middx. TW7 7AU, GB	PE	3.4
Rigipore	BP Chemicals International Ltd. London SW1W OSU, GB	PS	1.1

Name	Firma	Kunststoff/ Kunstharz (siehe 10.2.1, Seite 834)	Lieferform (siehe 10.2.2, Seite 844)
Rigiwall	Gen. Corp. Polymer Products Newcomerstown, OH 43 832, US	VC-Cop	3.4
Rigolac	Showa High Polymer Co., Ltd. Tokyo, JP	UP	1.1
Rilsan	Elf Atochem Deutschland GmbH 40474 Düsseldorf, DE	PA	1.1, 2.2, 3.6
Rimline	ICI Polyurethanes 3078 Kortenberg, BE	PUR-R	1.1
Ripolit	Rilling & Pohl KG 70469 Stuttgart, DE	PE, PP, VC-Cop	3.4
Ripoxy	Takeda Chemical Industries, Ltd. Osaka, JP	PMMA+EP	1.1
Riteflex	Ticona GmbH 65926 Frankfurt, DE	TPE-E	2.2
Robalon	–„–	PE-HD	2.2
Roblon	Roblon A/S 9900 Frederikshavn, DK		
Rocel	Courtaulds Chemicals & Plastics Ltd. Spondon, Derby DE2 7BP, GB	CA	3.3, 3.4
Röco	Röhrig & Co. 30453 Hannover, DE	PVC	3.1, 3.2
Röcothene	–„–	PE	3.1, 3.2
Rodrun	Unitika Ltd. Osaka, JP	PEC	2.2
Roga	Roga KG Dr. Loose GmbH & Co. 50389 Wesseling, DE	PE, SI, PVC, PVC-P	3.1, 3.2
Rohacell	Röhm GmbH 64293 Darmstadt, DE	PMMI	3.7
Rohafloc	–„–	PAN	1.2, 1.3, 2.2
Rohagit	–„–	PAA	1.2, 1.3
Rohatex	–„–	PMMA	1.1
Rolan	Chemiefaserwerk Savinesti Piatra Neamt, RO	PAN	3.6
Romicafil	Micafil AG 8048 Zürich, CH	EP	3.3
Romicaglas	–„–	SI, EP	2.3
Romicapreg	–„–	EP	3.3
Ronfalin	DSM, Polymers & Hydrocarbons 6130 AA Sittard, NL	ABS	2.2
Ronfaloy	–„–	ABS+EP(D)M, ABS+PUR, ABS+PC	2.2
Ropet	Rohm & Haas Co. Philadelphia, PA 19105, US	PTP+PMMA	2.2

Name	Firma	Kunststoff/ Kunstharz (siehe 10.2.1, Seite 834)	Lieferform (siehe 10.2.2, Seite 844)
Ropol	Chemisches Kombinat Borzesti, RO	PE-LD	2.2
Ropoten	–„–	PE	2.2
Rosevil	–„–	PVC	2.2
Rosite	Rostone Corp. Lafayette, IN 47 903, US	UP	2.2, 2.3
Rotothene	Rototron Corp. Babylon, NY 11 704, US	PE-LD, PE-LLD	2.1
Rotothon	–„–	PP	2.1
Routimpreg	Routtand S.A., Soc. Nouvelle Aubervilliers 93, FR	UP	2.3
Rovel	Dow Europe 8810 Horgen, CH	TPE	2.2
Roxan	Roxan Folien GmbH 70469 Stuttgart, DE	PVC, PVC-P	3.3
Roy . . .	J. H. Benecke GmbH 30007 Hannover, DE	PUR, PVC-P	3.3
Royalene	Polycast Technology Corp. Stamford, CT 06 904, US	EP(D)M	2.2
Royalex	Royalite Thermopl. Div., Uniroyal Technology Corporation Mishawaka, IN 46 546-0568, US	ABS, PVC	3.5
Royalite	–„–	ABS+PVC	3.1, 3.3, 3.4, 3.6
Royalstat	–„–	ABS+PVC	3.3
Royaltherm	Polycast Technology Corp. Stamford, CT 06 904, US	EP (D)M	2.2
Roylar	B. F. Goodrich Chemical Group Cleveland, OH 44 131, US	TPE-U, TPU	2.2
Ruco	Occidental Chemical Corp. Niagara Falls, NY 14 303, US	PVC	3.3, 3.4
Rucoblend	–„–	PVC	2.2
Rucodur	–„–	VC-Cop	2.2
Rucoflex	Ruco Polymer Corp. Hicksville, NY 11 802, US	PUR-R	2.1
Rucothane	–„–	PUR, TPE-U, TPU	2.2
Rulon	Dixon Industries Corp. Bristol, RI 02 809, US	PTFE	3.5
Rütamid	Bakelite GmbH 58642 Iserlohn, DE	PA	2.2
Rütaphen	–„–	PF, RF, FF	1.5
Rütapox	–„–	EP	1.5
Rütapur	–„–	PUR	1.1
Rynite	Du Pont Deutschland GmbH 61343 Bad Homburg, DE	PET	2.2

Name	Firma	Kunststoff/ Kunstharz (siehe 10.2.1, Seite 834)	Lieferform (siehe 10.2.2, Seite 844)
Ryton	Phillips Petroleum Chemicals NV 3090 Overijse, BE	PPS	2.2
Ryulex	Dainippon Ink. & Chemicals Inc. Tokyo 103, JP	PS+PC	2.2
Sabre	Dow Europe 8810 Horgen, CH	PC+PET	2.2
Saduren	BASF Aktiengesellschaft 67056 Ludwigshafen, DE	MF	1.1
Safecoat	Chemie Linz AG 4040 Linz, AT	PP	3.3
Safetred	Marley Floors 21029 Hamburg, DE	PVC-P	3.3
Safetred Universal	–„–	PVC-P	3.3
Saflex	Monsanto Chemical Co., Plastics Div. St. Louis, MO 63 167, US	PVB	3.3
Salvex	Mitsubishi Petrochemical Co., Ltd. Tokyo, JP	PO	2.2
Samicaflex Si	Von Roll Isola 4226 Breitenbach, CH	SI	3.3
Samicanit	–„–	EP	3.5
Samicatherm	–„–	EP	3.5
Sanprene	Sanyo Chemical Ind., Ltd. Kyoto, JP	PUR	1.1
Sanrex	Mitsubishi Monsanto Chemical Co. Tokyo, JP	SAN	2.2
Santoclear	–„–	PS	3.3
Santolite	Advanced Elastomer Systems L.P. St. Louis, MO 63 167, US	PAEK	2.2
Santoprene	–„–	PP+EP(D)M	2.2
Sapedur	Saplast S.A. 67 100 Straßburg-Neuhof, FR	VC-Cop	2.2
Sapelec	–„–	PVC	2.2
Sarafan	Karl Dickel & Co. KG 47057 Duisburg, DE	PE, PE-LLD, PP, PVC	3.3
Sarleim	Elf Atochem Deutschland GmbH 40474 Düsseldorf, DE	UF	1.5
Sarlink	DSM, Polymers & Hydrocarbons 6130 AA Sittard, NL	TPE-O	2.2
Sarnafil	Sarna Kunststoff AG 6060 Sarnen, CH	PO, PE-HD, PVC-P	3.3
Sarnatex	–„–	PVC-P	3.3
Sasolen	Sasol Polymers Johannesburg, ZA	PP	2.2
Saterflex	Saplast S.A. 67 100 Straßburg-Neuhof, FR	TPE-S	2.2

Name	Firma	Kunststoff/ Kunstharz (siehe 10.2.1, Seite 834)	Lieferform (siehe 10.2.2, Seite 844)
Satinflex	Clopay Corp. Plastics Products Div. Cincinnati, OH 45 202, US	PE	3.3
Savilit SPP	DSM, Polymers & Hydrocarbons 6130 AA Sittard, NL	UP	2.3
Saxerol	ECW-Eilenburger Chemie Werk AG i.GV. 04838 Eilenburg, DE	S-Cop, ABS	3.3, 3.4
Saxolen	–„–	PE	3.3, 3.4
Scarab	BIP Chemicals Ltd. Warley, West Midl., B69 4PG, GB	UF	2.2
Schuladur	A. Schulman GmbH 50170 Kerpen, DE	PTP	2.2
Schulaform	–„–	POM	2.2
Schulamid	–„–	PA	2.2
SchuLink	–„–	PE-HD	2.2
Schwarzafol	Polymer und Filament GmbH 07407 Rudolstadt, DE	PTP	2.2
Schwarzamid	–„–	PA	2.2
Sclair	Du Pont Deutschland GmbH 61343 Bad Homburg, DE	PE, PE-LD, PE-LLD	2.2
Sclairfilm	–„–	PE	3.3
Sclairlink	–„–	PE	2.1
Sclairpipe	–„–	PE	3.2
Scobalit	Scobalitwerk Wagner GmbH 56626 Andernach, DE	UP	3.4
Scolefin	Buna AG 06258 Schkopau, DE	PE-HD	2.2
Scona	–„–	TPE-O	2.2
Sconapor	–„–	PS-E	2.2
Sconaran	–„–	UP	1.1
Sconarol	–„–	SAN	2.2
Sconater	–„–	ABS, TPE-S	2.2
Sconatex	–„–	PVDC	1.2
Scotchcast	3 M Co. St. Paul, MN 55 144, US	EP	1.1
Scotchpak	–„–	PTP	3.3
Scotchpar	–„–	PTP	3.3
Scotchply	–„–	PF, EP	2.2, 2.3
Scovinyl	Buna AG 06258 Schkopau, DE	PVC	1.4, 2.2
Sculpture	Marley Floors 21029 Hamburg, DE	PVC-P	3.3
Scuranate	Rhône-Poulenc S.A. 92 408 Courbevoie, FR	PUR-R	2.2

Name	Firma	Kunststoff/ Kunstharz (siehe 10.2.1, Seite 834)	Lieferform (siehe 10.2.2, Seite 844)
Sea-Lok	Blomberger Holzindustrie, B. Hausmann GmbH & Co. KG 32817 Blomberg, DE	PVC	3.1, 3.4
SEBS-Compound	Borealis Deutschland GmbH 40409 Düsseldorf, DE	TPE-O	2.2
Seemilite	Saurastra Electrical & Metal Ind. Pty. Ltd., Bombay 2, IN	PF	2.2
Selapet	PET Plastics GmbH 53539 Kelberg, DE	PTP	3.3
Selar	Du Pont Deutschland GmbH 61343 Bad Homburg, DE	PE-Cop/PA, PA	2.2
Selar PT	–„–	PET	2.2
Selectrofoam	PPG Industries Inc. Pittsburgh, PA 15 272, US	PUR	1.1
Selectron	–„–	UP	1.1, 2.2
Semicon	Borealis Deutschland GmbH 40409 Düsseldorf, DE	PE/IR	1.1
Semper	Schütte-Lanz 50321 Brühl, DE	PF	3.4
Senocryl	Senoplast Klepsch & Co. 85521 Ottobrunn, DE	PMMA	3.4
Senosan	–„–	PS, ABS	3.3
Serfene	Morton International Danvers, MA 01 923, US	PVDF	2.1
Serinil	Rio Rodano, S.A. Madrid 20, ES	PVC	2.2
Sevinil	Rio Rodano, S.A. Madrid 20, ES	PVC	2.2
SG laminat	Saar-Gummiwerk GmbH 66687 Wadern-Büschfeld, DE	EP(D)M	3.3
SG tan	–„–	EP(D)M	3.3
SG tyl	–„–	IR	3.3
Sheldal	Sheldal Inc. Northfield, MN 55 057, US	PI, PTP	3.3
Shell PP	Deutsche Shell Chemie GmbH 65760 Eschborn, DE	PP	2.2
Shellvis	–„–	SEPDM	2.2
Shimoco	DSM Italia s.r.l. 22 100 Como, IT	UP	2.3
Shinblend	Shinkong Taiwan	PC+PBT	2.2
Shindex	ICI PLC Welwyn Garden City, Herts. AL7 1HH,	PUR	3.7
Shinite	Shinkong Taiwan	PBT	2.2

Name	Firma	Kunststoff/ Kunstharz (siehe 10.2.1, Seite 834)	Lieferform (siehe 10.2.2, Seite 844)
Shinko-Lac	Mitsubishi Rayon Co., Ltd. Tokyo, JP	ABS	2.2
Shinkolite	–„–	PMMA	1.1, 2.2, 3.4
ShinkoLite-A	Mitsubishi Gas Chem. Comp. Inc. Tokyo, JP	PMMA	2.2
Sho-Allomer	Showa Denko K.K. Tokyo 105, JP	PP	2.2
Sholex	–„–	PE-HD, PE-LD	2.2
Sicalit	Mazzucchelli Vinyls S.R.L. 21 043 Castiglione Olona/Varese, IT	CA	2.2
Sicoamide			
Sicobox	Mazzucchelli Vinyls S.R.L. 21 043 Castiglione Olona/Varese, IT	PVC	3.3
Sicodex	–„–	PVC	3.4
Sicofarm	–„–	PVC	3.3
Sicoffset	–„–	PVC	3.3
Sicoflex	Mazzucchelli Polimer 21 043 Castiglione Olona/Varese, IT	ABS	2.2
Sicoklar	–„–	PC	2.2
Sicolene	Mazzucchelli Vinyls S.R.L. 21 043 Castiglione Olona/Varese, IT	PE, PVC	3.3
Sicoplast	–„–	PVC	3.3
Sicoprint	–„–	PVC	3.3
Sicoreg	–„–	PVC	3.3
Sicostirolo	Mazzucchelli Polimer 21 043 Castiglione Olona/Varese, IT	PS	2.2
Sicothene	UCB N.V. Filmsector 9000 Gent, BE	Thermopl., allg.	3.3
Sicovimp	Mazzucchelli Vinyls S.R.L. 21 043 Castiglione Olona/Varese, IT	VC-Cop	3.3
Sicovinil	–„–	PVC, VC-Cop	3.3, 3.4, 3.6
Sicron	Enichem Deutschland GmbH 65760 Eschborn, DE	PVC, PVC-P	2.2
Sidamil	UCB N.V. Filmsector 9000 Gent, BE	PA	3.3
Sidanyl	–„–	PTP+PA	3.3
Sidathene	–„–	PP	3.3
Sika Norm	Sika AG. Flexible Waterproofing 8048 Zürich, CH	PE-C/CSM	3.3
Sikaplan	–„–	PVC-P	3.3
Silacron	Schock & Co. GmbH 73605 Schorndorf, DE	PMMA	1.1

Name	Firma	Kunststoff/ Kunstharz (siehe 10.2.1, Seite 834)	Lieferform (siehe 10.2.2, Seite 844)
Silamid	Chemische Betriebe a. d. Waag CSFR	PA	2.2
Silastic	Metallogen GmbH 4630 Bochum-Wattenscheid, DE	Q	2.2
Silbione	Rhône-Poulenc Silicones 92 5207 Neuilly sur Seine, FR	Q	1.1, 1.5
Silmar	Sohio Chemical Co. Cleveland, OH 44 115, US	UP	1.1, 2.2
Silon	Bio Med Sciences Inc. Bethlehem, PA 18 015, US	SI, PTFE	3.3
Silres	Wacker-Chemie GmbH 81737 München, DE	Q	1.1
Siltem	GE Plastics Europe B.V. 4600 AC Bergen op Zoom, NL	PUR+SI	2.2
Siluminite	Tenmat Ltd., Trafford Pk., Manchester M17 1RU, GB	PF	2.3, 3.5
Simona	Simona AG Kunststoffwerke 55606 Kirn, DE	PE-HD, PP, PVC, PVDF, ECTFE, PTP	3.1, 3.2, 3.3, 3.4
Sinalloy	Himont Italia s.p.a. 20 124 Mailand, IT	PP	2.2
Sinaplast	Aluminium Walzwerke GmbH 78201 Singen, DE	PVC-P	3.5
Sinkral	Enichem Deutschland GmbH 65760 Eschborn, DE	ABS	2.2
Sintimid	Hochleistungskunststoff GmbH Reutte, AT	PARI	2.2, 3.4, 3.6
Sintrex	Airex AG 5643 Sins, CH	PS	3.4
Sinvet	Enichem Deutschland GmbH 65760 Eschborn, DE	PC	2.2
Siraldehyd	Sirlite Srl. 20 161 Milano, IT	UF	1.1
Siramide	–„–	PA	1.1
Sirban	–„–	CR	2.2
Sircel	–„–	PS	1.1
Sircis	–„–	BR	2.2
Sirel	–„–	CR	2.2
Sirester	–„–	UP	2.2
Sirfen	–„–	CF	1.1, 2.2
Sirit	–„–	UF	1.1
Sirminol	–„–	UF	1.1
Siroplan	Hegler Plastik GmbH 97714 Oerlenbach, DE	PVC	3.2
Siroplast	–„–	PE-HD	3.2

Name	Firma	Kunststoff/ Kunstharz (siehe 10.2.1, Seite 834)	Lieferform (siehe 10.2.2, Seite 844)
Sirowell	–„–	PVC	3.2
Skai	Konrad Hornschuch AG 74679 Weissbach, DE	PVC-P	3.3
Skailan	–„–	PUR	3.3, 3.7
Skybond	Monsanto Chemical Co., Plastics Div. St. Louis, MO 63 167, US	PI	1.1
Skypet	Sunkyong Korea	PET	2.2
S-lec	–„–	PVB	2.2, 3.3
Snialoy	Nyltech Deutschland 79108 Freiburg, DE	PA 6	2.2
Sniamid	–„–	PA	2.2
Sniatal	–„–	POM	2.2
Snowpearl	Nihon Polystyrene Co., Ltd. Kawasaki, JP	PS	1.1
Soarblen	Nippon Gohsei Chemical Ind. Co. Ltd., Osaka, JP	PE-Cop	2.2
Soarlex	–„–	PE-Cop	2.2
Soflex	Von Roll Isola 4226 Breitenbach, CH	PVC-P	3.2
Sofprene	So.F.Ter SpA 47100 Forli, I	SEBS	2.2
Softlex	Nippon Petrochemicals Co. Tokyo, JP	PE-Cop	2.2
Softlite	Gilman Brothers Co. Gilman, CT 06 336, US	PE-Cop	3.3, 3.4
Softlon	Sekisui Chemical Co. Ltd. Osaka 530, JP	PE-X	3.3, 3.7
Solarflex	Pantasote Inc. Passaic, NJ 07 055, US	PE-C	3.3
Solef	Solvay Deutschland GmbH 30173 Hannover, DE	PVDF	2.2
Solidur	Solidur Deutschland GmbH & Co. KG 48691 Vreden, DE	PE-HD	3, 3.3, 3.4
Solimide	IMI-Tech Corp. Elk Grove Village, IL 60 007, US	PI	3.7
Solithane	Morton International Inc. Chicago, IL 60 606, US	PUR-R	1.1
Soluphene	Elf Atochem Deutschland GmbH 40474 Düsseldorf, DE	UF	1.5
Solvic	Solvay Deutschland GmbH 30173 Hannover, DE	PVC, VC-Cop	2.2
Sonit	Chemie-Werk Weinsheim GmbH 67547 Worms, DE	PUR	3.7

Name	Firma	Kunststoff/ Kunstharz (siehe 10.2.1, Seite 834)	Lieferform (siehe 10.2.2, Seite 844)
Sonite	Smooth-On Inc. Gillette, NJ 07 933, US	EP, TPE-U, TPU, PPS	1.1, 2.2
Soplasco	American Filtrona Corp. Richmond, VA 23 233, US	PVC	3.3, 3.4
Sorane	ICI Polyurethanes 3078 Kortenberg, BE	PUR	3.7
Sorbothane	–„–	PUR	3.7
Spandal	Baxenden Chemical Co. Ltd. Accrington, Lancs. BB5 2SL, GB	PUR	3.5
Spandofoam	–„–	PUR	3.7
Sparlux	Solvay Deutschland GmbH 30173 Hannover, DE	PC	3.4
Spauldite	Spaulding Composites Co. Tonawanda, NY 14 150, US	CF, EP, MF, VF	2.3, 3.5
Spaulrad	–„–	PI	2.3, 3.5
Spectar	Eastman Chemical Intern. Kingsport, TN 37 662, US	PTP	2.2
Spectra 900	Allied Signal Europe N.V. 3001 Heverlee, BE	PE	3.6
Spectrum	Royalite Thermopl. Div., Uniroyal Technology Corporation Mishawaka, IN 46 546-0568, US	PE-HD, PE-LD, PP, PP-Cop	3.1, 3.3, 3.4, 3.6
Spesin	Kolon Korea	PBT	35828
Spherilene	Daeilim Industrial Co. Korea	PO	2.2
Spilac	Showa Denko K.K. Tokyo 105, JP	VE	1.3
Spiral-bauku	Troisdorfer Bau- u. Kunststoff GmbH 51674 Wiehl, DE	PO	3.2
Spreacol	AMC-Sprea S.p.A. 20 101 Milano, IT	UF	1.5
Sprelacart	Sprela-Schichtstoff GmbH 03130 Spremberg, DE	MF	3.4
Sprelaform	–„–	UP	3.3
Sprigel	Soc. Provencale de Résines Appliquées, Sauveterre, FR	UP	1.1
Springvin	Eurohose Stroud, GB	PVC-P	3.2
Sprunglow	Ross & Roberts Inc. Stratford, CT 06 497, US	PE, PVC-P	3.3
Sriver	Soc. Provencale de Résines Appliquées, Sauveterre, FR	UP	1.5
Stabar	ICI PLC Welwyn Garden City, Herts. AL7 1HH,	PAEK, PES	3.3

Name	Firma	Kunststoff/ Kunstharz (siehe 10.2.1, Seite 834)	Lieferform (siehe 10.2.2, Seite 844)
Staflene	The Nisseki Plastic Chemical Co. Ltd Tokyo, JP	PE-HD, PE-Cop	2.2
Sta-Form	Georgia-Pacific Atlanta, GA 30 348, US	UF	2.2
Staloy	DSM, Polymers & Hydrocarbons 6130 AA Sittard, NL	ABS+PA	2.2
Stamycom	–„–	PP	2.2
Stamylan HD	–„–	PE-HD	2.2
Stamylan LD	–„–	PE-LD	2.2
Stamylan P	–„–	PP	2.2
Stamylex	–„–	PE-LLD	2.2
Stamyroid	–„–	PP	2.2
Stanyl	–„–	PA	2.2
Stapron C	–„–	PC+ABS	2.2
Stapron E	–„–	PC+PET	2.2
Stapron S	–„–	SMAHB	2.2
Star L	Ferro Eurostar 95470 St. Landre, FR	Thermopl., allg.	2.2
Star Xlam	–„–	PA	2.2
Star XX	–„–	PA	2.2
Staralloys	–„–	Thermopl., allg.	2.2
Staramid	–„–	PA	2.2
Staramide	Ferro Corp. Evansville, IN 47 711, US	PA 6	2.2
Star-C	–„–	PUR, PA, PC, PTP, PPS	2.2
Starex	Cheil Industries/Tekuma GmbH 21465 Reinbek, DE	ABS	2.2
Star-Flam	–„–	PE, PP, PS, PA	2.2
Starglas	Ferro Eurostar 95470 St. Landre, FR	PE-HD, PAEK, PS, SAN, ABS, POM, PC, PTP, PPS	2.2
Starpylen	–„–	PP	2.2
Stat-Kon	LNP Plastics Nederland BV 4940 Raamsdonksveer, NL	PP, ECTFE, PC	2.2, 2.4
Stat-Kon Z	–„–	PPE	2.2
Steier	Max Steier GmbH & Co. 25337 Elmshorn, DE	PE, PVC	3.3
Steierpack	–„–	PE	3.3
Steierplast	–„–	PVC-P	3.3
Stereon	Firestone Synthetics Rubber and Latex Co., Akron, OH 44 301, US	SBS	2.2

Name	Firma	Kunststoff/ Kunstharz (siehe 10.2.1, Seite 834)	Lieferform (siehe 10.2.2, Seite 844)
Steriweb	Wihuri Oy Wipak 15561 Nastola, FI	PE/PA, PP+PA, PA	3.3
Sternite	Elf Atochem Deutschland GmbH 40474 Düsseldorf, DE	PS, ABS	1.1, 2.2
Sterocoll	BASF Aktiengesellschaft 67056 Ludwigshafen, DE	PAA, PMMA	1.2, 1.3
Sterpon	Ets. G. Convert 01100 Oyonnax, FR	UP	2.2
Stevens Urethane	JPS Elastomeric Corp. Northampton, MA 01 061-0658, US	TPE-U, TPU	3.1, 3.2, 3.3, 3.4
Strapan	Chemie Linz AG 4040 Linz, AT	PE	3.5
Stratimat	Stratinor S.A. 87000 Limoges, FR	UP	2.3, 3.5
Stratoclad	Spaulding Composites Co. Tonawanda, NY 14 150, US	PF	2.3
Stren	Du Pont Deutschland GmbH 61343 Bad Homburg, DE	PA	3.6
Strippex	Borealis Deutschland GmbH 40409 Düsseldorf, DE	PE-Cop	2.2
Structual	Planox B. V. 5705 AL-Helmond, NL	PVC-P	3.3
Stycast	Emerson & Cuming Inc. Canton, MA 02 021, US	EP	2.2
Stylac	Asahi Chemical Ind. Co., Ltd. Tokyo, JP	ABS	2.2
Stylex	Mitsubishi Kasei Corp. Tokyo, JP	PS	3.3
Stypol	Freeman Chemical Corp. Port Washington, WI 53 074, US	UP	1.1, 2.3
Styritherm	Kulmbacher Spinnerei AG, Kunststoffwerk Mainleus 95336 Mainleus, DE	PS	3.7
Styroblend	BASF Aktiengesellschaft 67056 Ludwigshafen, DE	PS+PE	2.2
Styrocell	Deutsche Shell Chemie GmbH 65760 Eschborn, DE	PS	1.1
Styrodur	BASF Aktiengesellschaft 67056 Ludwigshafen, DE	PS	3.4, 3.7
Styrofan	–„–	PS	1.2
Styroflex	Norddeutsche Seekabelwerke AG 26954 Nordenham, DE	PS	3.3, 3.6
Styrolux	BASF Aktiengesellschaft 67056 Ludwigshafen, DE	S-Cop, SBS, S-Cop, SBS	2.2, 3, 3.4
Styromull	–„–	PS	3.7

Name	Firma	Kunststoff/ Kunstharz (siehe 10.2.1, Seite 834)	Lieferform (siehe 10.2.2, Seite 844)
Styron	Dow Europe 8810 Horgen, CH	PS	2.2
Styronal	BASF Aktiengesellschaft 67056 Ludwigshafen, DE	SB	1.2
Styroplus	–„–	SB	2.2
Styropor	–„–	PS	3.7
Sucorad	Huber & Suhner AG 9100 Herisau, CH	PE-X	3.2
Sumiepoch	Sumitomo Chemical Co., Ltd. Tokyo 103, JP	PE-Cop	1.1
Sumiflex	–„–	VC-Cop	2.2
Sumigraft	–„–	PE-Cop/PVC-P	2.2
Sumika Flex	–„–	PE-Cop, TPE-O	2.2
Sumikadel	–„–	PMMA+PVAL	2.2
Sumikagel	–„–	PE-Cop	3.3
Sumikathene	–„–	PE-HD, PE-LD, PE-LLD, PE-Cop	2.2
Sumilit	–„–	PVC	2.2
Sumilite FST	–„–	PES	3.3
Sumipex	–„–	PMMA	2.2, 3.3
Sunlet	Mitsui Petrochemical Ind., Ltd. Tokyo, JP	PP	2.2
Sunloid	Tsutsunaka Plastic Ind. Co. Ltd. 1102 BR Amsterdam, NL	PVC	3.4
Sunloid KD	–„–	VC-Cop	3.4
Sunloid PC	–„–	PEC	3.4
Sunprene	A. Schulman GmbH 50170 Kerpen, DE	VC-Cop	2.2
Suntec	Asahi Chemical Ind. Co., Ltd. Tokyo, JP	PE-HD	2.2
Suntra	Sunkyong Korea	PPS	2.2
Supaboard	Caradon Celuform Ltd. Aylesford, Maidstone, Kent ME20 75X, GB	PVC	3.1
Supaliner	–„–	PVC	3.1
Supastik	–„–		
Supec	GE Plastics Europe B.V. 4600 AC Bergen op Zoom, NL	PPS	2.2
Super Dylan	Arco Chemical Co. Newton Square, PA 19 073, US	PE-HD	2.2

Name	Firma	Kunststoff/ Kunstharz (siehe 10.2.1, Seite 834)	Lieferform (siehe 10.2.2, Seite 844)
Superex	Mitsubishi Monsanto Chemical Co. Tokyo, JP	SMA	2.2
Superkleen	Alpha, Div. Dexter Plastics Newark, NJ 07 105, US	PVC-P	2.2
Supernaltene	Ets. G. Convert 01100 Oyonnax, FR	PE-HD	3.4
Superohm	A. Schulman GmbH 50170 Kerpen, DE	PE-X	2.2
Superpolyorc	Uponor, Stourton, Leeds, LS10 1UJ, GB	PVC	3.2
Supra-Carta	Isola Werke AG 52353 Düren, DE	PF, EP	3.5
Supra-Carta -Cu	–„–	PF, EP	3.5
Supramid	VIS Kunststoffwerk GmbH 77652 Offenburg, DE	PA	3, 3.4
Suprane	Rhône-Poulenc Films, 92 080 Paris La Défense, Cedex 6, FR	PE-HD	3.3
Supraplast	Süd-West-Chemie GmbH 89231 Neu-Ulm, DE	PF, UF, UP, EP	1.1, 2.2, 2.3
Suprasec	ICI Polyurethanes 3078 Kortenberg, BE	PUR, PUR-R	1.1, 3.7
Suprel	Vista Chemical Co. Houston, TX 77 079, US	S-Cop/PVC/ PAN	2.2
Sur-Flex	Flex-O-Glass Inc. Chicago, IL 60 051, US	PE-Cop	3.3
Suritex	Isovolta AG 2355 Wiener Neudorf, AT	SI	3.5
Surlyn	Du Pont Deutschland GmbH 61343 Bad Homburg, DE	PE-Cop	1.5, 3.3
Sustamid	Röchling Sustaplast KG 56112 Lahnstein, DE	PA	3, 3.3, 3.4
Sustarin	–„–	POM	3, 3.4
Sustatec	–„–	PAEK, PES	3, 3.4
Susteel	Tosoh Susteel Nagoya, JP	PPS	2.2
Sustodur	Röchling Sustaplast KG 56112 Lahnstein, DE	PTP	3, 3.4
Sustonat	–„–	PC	3, 3.4
Suwide	Planox B. V. 5705 AL-Helmond, NL	PVC-P	3.3
Swan	Tufnol Ltd. Birmingham B42 2TB, GB	PF	3.5
Syfan	Syfan Europe B.V. 3047 Rotterdam, NL	PP	3.3
Sylphane	UCB N.V. Filmsector 9000 Gent, BE	PVC	3.3

Name	Firma	Kunststoff/ Kunstharz (siehe 10.2.1, Seite 834)	Lieferform (siehe 10.2.2, Seite 844)
Symalen	Symalit AG 5600 Lenzburg 1, CH	PE	3.2
Symalit	–„–	Thermopl., allg.	2.3, 3.1, 3.2, 3.4
Syncomat	N.V. Syncoglas S.A. Zele, BE	UP	2.3
Syncopreg	–„–	UP, EP	2.2, 2.3
Synergy	N. V. Allied Corp. Int. S. A. 3030 Heverlee, BE	PPE+PA	2.2
Synlon	Synlon Limited Elland, W. Yorkshire HX5 9DZ, GB	PO, PUR, PA	3.1
Synolite	DSM Resins BV 8000 AP Zwolle, NL	UP	1.1
Syntac	W. R. Grace & Co., Organic Chemicals Lexington, MA 02 173, US	PI	3.7
Synthopan	Synthopol Chemie, 21614 Buxtehude, DE	UP	1.1, 2.2
Synthoplex	Röhm GmbH 64293 Darmstadt, DE	PMMA	1.1, 1.3
SYStanat	Elastogran GmbH 49440 Lemförde, DE	PUR-R	1.1
SYStol S	–„–	PUR-R	1.1
SYStol T	–„–	PUR-R	1.1
T			
Ta-adin	Mayer Enterprises Ltd., Coating Dept., Tel Aviv, IL	PVC-P	3.3
Ta-or	P-Group 70794 Filderstadt/Stuttgart	PVC-P	3.3
Taff-a-flex	Clopay Corp. Plastics Products Div. Cincinnati, OH 45 202, US	PO, PP	3.3
Taffen	Deutsche Exxon Chemical GmbH 50667 Köln, DE	PP	2.3
Taflite	Mitsui Petrochemical Ind., Ltd. Tokyo, JP	S-Cop	2.2
Tafmer	–„–	TPE-O	2.2
Taktene	Bayer AG 51368 Leverkusen, DE	BR	2.2
Talcoprene	P-Group 70794 Filderstadt/ Stuttgart	PP	2.2
Taradal	BAT taraflex 69170 Tarare, FR	PVC-P	3.3
Taraflex	–„–	PVC-P	3.3
Taralay	–„–	PVC-P	3.3

Name	Firma	Kunststoff/ Kunstharz (siehe 10.2.1, Seite 834)	Lieferform (siehe 10.2.2, Seite 844)
Tarflen	Stickstoffwerke Tarnow Tarnow, PL	F-Pol.	2.2
Tarnamid T	–„–	PA	2.2
Tarnoform	–„–	PPE	2.2
Tatren	Slovnaft SK	PP	2.2
Tauride	Veritex B.V. 7300 AA Appeldoorn, NL	PVC-P	3.3
Taylorclad	Synthane-Taylor Corp. La Verne, CA 91 750, US	EP	2.3
Taylorite	–„–	VF	3, 3.4
Teamex	DSM, Polymers & Hydrocarbons 6130 AA Sittard, NL	PE-LD	2.2
Technoduct	Techno-Chemie Kessler & Co., GmbH 64546 Mörfelden-Walldorf, DE	PVC-P, SBR	3.2
Technoflex	Hegler Plastik GmbH 97714 Oerlenbach, DE	PA	3.2
Technoply	Howe Industries Inc. Van Nuys, CA 91 402, US	PI, EP	2.3
Technora	Teijin Ltd. Osaka 541, JP	PA	3.6
Technyl	Nyltech Deutschland 79108 Freiburg, DE	PA6, PA66	2.2
Techster	Rhône-Poulenc Specialites Chim 69 006 Lyon, FR	PTP	2.2
Techtron	Polypenco GmbH 51437 Bergisch Gladbach, DE	PPS	3, 3.4
Tecnoflon	Ausimont Deutschland GmbH 65760 Eschborn, DE	FKM	2.2
Tecnopet	P-Group 70794 Filderstadt/ Stuttgart	PET	35828
Tecnoprene	P-Group 70794 Filderstadt/ Stuttgart, DE	PP	2.2
Tecoflex	Thermo Electron Corp. Waltham, MA, GB	PUR	1.1, 2.2
Tecolite	Toshiba Chemical Product Co., Ltd. Tokyo, JP	CF	2.2
Tediflex	Enichem Deutschland GmbH 65760 Eschborn, DE	PUR	1.1
Tedilast	–„–	PUR	1.1
Tedimon	–„–	PUR-R	1.1
Tedirim	–„–	PUR	1.1
Tedistac	STAC Erstein Gare, FR	PUR, PUR-R	1.1

Name	Firma	Kunststoff/ Kunstharz (siehe 10.2.1, Seite 834)	Lieferform (siehe 10.2.2, Seite 844)
Teditherm	Enichem Deutschland GmbH 65760 Eschborn, DE	PUR	1.1
Tedlar	Du Pont Deutschland GmbH 61343 Bad Homburg, DE	PVF	3.3
Tedur	Albis Plastic GmbH 20531 Hamburg, DE	PPS	2.2
Teflon	Du Pont Deutschland GmbH 61343 Bad Homburg, DE	F-Pol.	2.2, 3.3, 3.6, 3.7
Teflon FEP	–„–	FEP	2.2
Teflon PFA	–„–	PFA	2.2
Teflon PTFE	–„–	PTFE	2.2
Tefzel	–„–	PE-Cop/PTFE	2.2
Tegit	Garfield Mfg. Co. Garfield, NJ 07 026, DE	CF	2.2
Tegocoll	–„–	EP	1.5
Tegophan AC	–„–	UP, PMMA	3.3
Tegophan UP	–„–	UP	3.3
Tego-Tex	Th. Goldschmidt AG 45127 Essen, DE	PF, MF	2.2
Tehadur	Tehalit-Kunststoffwerk GmbH 67716 Heltersberg, DE	PVC	3.2
Tekmilon	Mitsui Polychemical Co., Ltd. Tokyo, JP	PE	3.6
Tekol K	Gummiwerk Kraiburg 84478 Waldkraiburg, DE	PIB	2.2
Tekudur	Tekuma Kunststoff GmbH 21465 Reinbek, DE	PBT	2.2
Tekuform	–„–	POM	2.2
Tekulac	–„–	ABS	2.2
Tekulon	–„–	PC	2.2
Tekumid	–„–	PA	2.2
Tekusan	–„–	SAN	2.2
Telalloy	Kanegafuchi Chemical Ind. Co., Ltd. Osaka, JP	PMMA+S-Cop	2.2
Telcar	Teknor Apex Co. Pawtucket, RI 02 862, US	PP+EP(D)M	2.2
Telcon	Telcon Plastics Ltd. Orpington, Kent BR6 6BH, GB	PO, S-Cop	3, 3.3, 3.4
Telcoset	–„–	EP	2.1
Telcothene	–„–	PE	2.1
Telcovin	–„–	VC-Cop	2.1
Telene	B. F. Goodrich Chemical Europe NV 1130 Brüssel, BE	PVC	2.2

Name	Firma	Kunststoff/ Kunstharz (siehe 10.2.1, Seite 834)	Lieferform (siehe 10.2.2, Seite 844)
Telstrene	Telcon Plastics Ltd. Orpington, Kent BR6 6BH, GB	PS	3.3
Tempalloy	A. Schulman GmbH 50170 Kerpen, DE	PP, SAN, ABS, PA, PC, PET, PBT, PPS, PES	2.2
TempRite	B. F. Goodrich Chemical Europe NV 1130 Brüssel, BE	PVC-U, VC-Cop	2.2
Tenac	Asahi Chemical Ind. Co., Ltd. Tokyo, JP	POM	2.2
Tenax	Akzo Fibers Division 6800 AB Arnhem, NL	PAN	2.2
Tenex	Teijin Chemicals Ltd. Tokyo, JP	CAB	2.2
Tenite	Eastman Chemical Intern. Kingsport, TN 37 662, US	PE, PE-LLD, PP, PP-Cop, CA, CAB/ CP, PTP	2.1, 2.2, 3.7
Tensar	Netlon Blackburg, GB	PE-HD	3.3
Tensiltarpe	BCL, Bridgewater, Somerset, TA6 4PA, GB	PE	3.3
Teramide	P. D. George Co. St. Louis, MO 63 147, US	PESI	2.2
Terate	Hercules Powder Company Inc. Wilmington, DE 19 894, US	PTP	2.2
Terathane	Du Pont Deutschland GmbH 61343 Bad Homburg, DE	PUR-R	2.2
Tercarol	Enichem Deutschland GmbH 65760 Eschborn, DE	PUR-R	1.1
Terene	Chemicals & Fibres of India Ltd. Bombay, IN	PTP	3.6
Tergal	Rhône-Poulenc Fibres 69 003 Lyon, FR	PTP	3.6
Teriber	Sosiedad Anonima de Fibras Artificiales, Barcelona, ES	PTP	3.6
Terluran	BASF Aktiengesellschaft 67056 Ludwigshafen, DE	ABS	2.2
Terlux	–„–	ABS	2.2
Termovil	Fabbrica Adesivi Resine S.p.A. Cologno Monzese, IT	PVAC	1.2, 1.3, 2.2, 3.1, 3.4
Termovir	Fiap Milano, IT	PVC	3.3
Terocor	Teroson GmbH 69123 Heidelberg, DE	PUR	3.7
Teroform	–„–	CS	1.1

Name	Firma	Kunststoff/ Kunstharz (siehe 10.2.1, Seite 834)	Lieferform (siehe 10.2.2, Seite 844)
Terokal	–„–	EP	1.5
Terolan	–„–	PVC	1.5
Terostat	–„–	PUR	1.5
Terphane	Rhône-Poulenc Films 69 398 Lyon, Cedex 3, FR	PTP	3.3
Terthene	–„–	PE+PET	3.3
Tesamoll	BDF Beiersdorf AG 20253 Hamburg, DE	PUR	3.3
Tetoron	Teijin Chemicals Ltd. Tokyo, JP	PTP	3.6
Tetradur	Tetra-Dur-Kunststoff-Produktion GmbH, 21220 Seevetal, DE	UP	2.2
Tetralene	Tetrafluor Inc. El-Segundo, CA 90 245, US	PE-LD	2.2
Tetralon	–„–	PTFE	2.2
Tetraloy	ICI PLC Welwyn Garden City, Herts. AL7 1HH,	F-Pol.	2.2
Tetraphen	Georgia-Pacific Atlanta, GA 30 348, US	PF	2.2
Texalon	Texapol Corp. Bethlehem, PA 18 017, US	PA	2.2
Texicote	Scott Bader Co., Ltd. Wollaston, Wellingborough, Norths. NN9 7RL, GB	UP	1.5
Texicryl	–„–	S-Cop, PMMA	1.2
Texigel	–„–	PMMA	1.2
Texin	Miles Chemical Corp. Pittsburgh, PA 15 205, US	PC+TPE-U, TPU	2.2
Texipol	Scott Bader Co., Ltd. Wollaston, Wellingborough, Norths. NN9 7RL, GB	PAA	1.2
Texon	Bonded Laminates Ltd. London E3 5NP, GB	MF	3.4
Textolite	GE Plastics Europe B.V. 4600 AC Bergen op Zoom, NL	PF, SI, UP, EP, MF	3.5
Thanate	Texaco Chemical Co. Bellaire, TX 77 401, US	PUR-R	2.2
Thanol	–„–	PUR-R	2.2
Thelan	Thelen & Co. 53757 St. Augustin, DE	PUR	3.3, 3.4, 3.7
Thelon	Interplastic Werk AG 4600 Wels, AT	PVC-P	3.3
Thelotron	–„–	PVC-P	3.3

Name	Firma	Kunststoff/ Kunstharz (siehe 10.2.1, Seite 834)	Lieferform (siehe 10.2.2, Seite 844)
Therban	Bayer AG 51368 Leverkusen, DE	CR	2.2
Thermaflow	Evode Plastics Ltd. Syston, Leicester LE7 8PD, GB	PF, UF	2.2
Thermalux	Westlake Plastics Co. Lenni, PA 19 052, US	PSU	3.1, 3.4
thermassiv	Schock & Co. GmbH 73605 Schorndorf, DE	PMMA	3.1
Thermex-1	A. Schulman GmbH 50170 Kerpen, DE	PP, ABS, PA, PC, PTP, PPS, PES	2.2
Thermid	National Starch & Chemical Corp. Bridgewater, NJ 08 807, US	PI	2.2
Thermo X	Thermofil Inc. Brighton, MI 48 116, US	CH, PA	2.2
Thermoclear	GE Plastics Europe B.V. 4600 AC Bergen op Zoom, NL	PC	3.4
Thermocomp	LNP Plastics Nederland BV 4940 Raamsdonksveer, NL	Thermopl., allg.	2.2
Thermodet	Mitras Kunststoffe GmbH 92637 Weiden, DE	S-Cop, SAN, ABS	3.3
Thermofilm IR	Polyon-Barkai, Kibbutz Barkai M. P. Menashe 37 860, IL	PE-Cop	3.3
Thermogreca	Polyù Italiana s.r.l. 20 010 Arluno, Milano, IT	PC	3.4
Thermolast	Gummiwerk Kraiburg 84478 Waldkraiburg, DE	TPE-S	2.2
Thermolast K	–„–	TPE-S	2.2
Thermonda	Polyù Italiana s.r.l. 20 010 Arluno, Milano, IT	PC	3.4
Thermoplast K	Gummiwerk Kraiburg 84478 Waldkraiburg, DE	SEBS	2.2
Thermoprene	Evode Plastics Ltd. Syston, Leicester LE7 8PD, GB	EP(D)M, CR	2.2
Thermx	Eastman Chemical Intern. Kingsport, TN 37 662, US	PTP	2.2
Thoprene	Thoprene Co. Yokkaichi, JP	PPS	2.2
Thor	Borden Chemical Co. Geismar, LA 70 734, US	UF, FF	1.1
Thornel	Amoco Performance Products Atlanta, GA 30 350, US	KWH	3.6
Timbrelle	ICI PLC, Fibres Div. Harrogate, HG2 8QN, GB	PA	3.6

Name	Firma	Kunststoff/ Kunstharz (siehe 10.2.1, Seite 834)	Lieferform (siehe 10.2.2, Seite 844)
Timbron	Plexite India Pot Ltd. Bombay (Glynwed Int. Birmingham), IN	S-Cop	3.5
Tipolen	TVK Tisza Chemical Combine 3581 Leninvaros, HU	PE-LD	2.2
Tipox	–„–	EP	1.1
Tipplen	–„–	PP	2.2
Tivar	Poly-Hi Fort Wayne, Indiana 46809, US	PE-UHMW	2.2
Toghpet	Mitsubishi Rayon Co., Ltd. Tokyo, JP	PTP	2.2
Tolonate	Rhône-Poulenc S.A. 92 408 Courbevoie, FR	PUR, PUR-R	1.1
Tonen	Tonen Sekiyukagaku K. K. Tokyo, JP	PP	2.2
Topamid	Ton Yang Nylon Co. Seoul, KR	PA	2.2
Topas	Ticona GmbH 65926 Frankfurt, DE	COC	2.2
Topex	Tong Yang Seoul, Korea	PBT	2.2
Toplex	Multibase ZI du Guiers, 38380 St. Laurent du Pont, FR	PC+ABS	2.2
Toporex	Mitsui Toatsu Chemicals Inc. Tokyo, JP	PS	2.2
Torayca	Toray Industries, Inc., Tokyo, JP Tokyo, JP	PA	2.3
Torayfan	Toray Plastics America North Kingstown, IR 02 852, US	PP	3.3
Toraylina	–„–	PPS	2.2
Torlen	Elana-Werke Torun, PL	PTP	3.6
Torlon	Amoco Performance Products Atlanta, GA 30 350, US	PAI	2.2
Toughlon	Idemitsu Petrochemical Co., Ltd. Tokyo, JP	PC	2.2
Toyolac	Toray Industries, Inc. Tokyo, JP	SAN, ABS	2.2
TPX	Mitsui Petrochemical Ind., Ltd. Tokyo, JP	PMP	2.2
Tradlon	Fluor Plastics Inc. Philadelphia, PA 19 134, US	PI	3.3
Transparene	Neste Oy Chemicals 02 151 Espoo, FI	PC	2.2

Name	Firma	Kunststoff/ Kunstharz (siehe 10.2.1, Seite 834)	Lieferform (siehe 10.2.2, Seite 844)
Transparit P	Ylopan Folien GmbH 34537 Bad Wildungen, DE	CH	3.3
TransVelbex	British Industrial Plastics Film Div. Turner & Newall, Manchester, GB	PVC	3.3, 3.4
Travertine	Marley Floors 21029 Hamburg, DE	PVC-P	3.3
Traytuf Ultra-Clear	Goodyear Tire & Rubber Co. Akron, OH 44 316, US	PTP	2.2
Treafilm	Trea Ind., Inc. Kingstown, RI 02 852, US	TPE	3.3
Trefsin	Advanced Elastomer Systems L.P. St. Louis, MO 63 167, US	PP/IR	1.1
Trespaphan	Hoechst Trespaphan GmbH 6651 Neunkirchen, DE	PP	3.3
Trevira	Hoechst Trevira GmbH & Co KG 65926 Frankfurt	PET	3.6
Triax	Bayer AG 51368 Leverkusen, DE	ABS+PA	2.2
Tribit	Sam Yang Seoul, Korea	PBT	2.2
Triform	Goodyear Tire & Rubber Co. Akron, OH 44 316, US	PVC	3.3, 3.4
Trilafilm	Dr. F. Diehl & Co. 88718 Daisendorf, DE	PVC	3.3
Trilene	Uniroyal, Mishawaka IN 46 544, US	EP(D)M	2.2
Tripet	Sam Yang Seoul, Korea	PET	2.2
Trirex	–„–	PC	2.2
Triron	Sunkyong Korea	PET	2.2
Tritherm 981	P. D. George Co. St. Louis, MO 63 147, US	PAI	2.2
Trivoltherm N	August Krempel Soehne GmbH & Co. 71665 Vaihingen, DE	PTP+PA	3.3
Trixene	Baxenden Chemical Co. Ltd. Accrington, Lancs. BB5 2SL, GB	PUR-R, PMMA+ PUR	1.1
Trocal	HT Troplast AG 53840 Troisdorf, DE	PVC	3.1, 3.3
Trocellen	–„–	PE, PE-X	3.7
Trogamid	Creanova 45764 Marl, DE	PA 6/6-T	2.2
Trosifol	HT Troplast AG 53840 Troisdorf, DE	PVB	3.3

Name	Firma	Kunststoff/ Kunstharz (siehe 10.2.1, Seite 834)	Lieferform (siehe 10.2.2, Seite 844)
Trovidur	HT Troplast AG 53840 Troisdorf, DE	PVC	3.3, 3.4
Trusurf	Owens Corning Fiberglas Corp. Toledo, OH 43 659, US	UP	1.1
Tubolit	Armstrong World Industries GmbH 40004 Düsseldorf, DE	PE	3.7
Tufcote	Speciality Composites Corp. Newark, DE 19 713, US	PUR	3.3
Tuffak	Atohaas 92062 Paris, La Défense 10, FR	PMMA	2.2
Tuff-a-tex	Clopay Corp. Plastics Products Div. Cincinnati, OH 45 202, US	PE, PP	3.3
Tuflin	Union Carbide Corp. Danbury, CT 06 817, US	PE-LLD	2.2
Tufnol	Tufnol Ltd. Birmingham B42 2TB, GB	PI, PF, SI, EP, MF	3.5
Tufpet	Toyobo Co. Ltd. Osaka 530, JP	PBT	2.2
Tufprene A	Asahi Chemical Ind. Co., Ltd. Tokyo, JP	SBS	2.2
Tufrex	Mitsubishi Monsanto Chemical Co. Tokyo, JP	ABS	2.2
Tufset	Tufnol Ltd. Birmingham B42 2TB, GB	PUR	3.1, 3.4
Tufsyn	Goodyear Tire & Rubber Co. Akron, OH 44 316, US	BR	2.2
Tuftane	London Artid Plastics London, GB	TPE-U, TPU	3.3, 3.4
Tuftec	Asahi Chemical Ind. Co., Ltd. Tokyo, JP	SEBS	2.2
Tuplin	Union Carbide Corp. Danbury, CT 06 817, US	PE-LLD	2.2
Turcite	W. S. Shamban & Co. Santa Monica, CA 90 404, US	PTFE, PA	2.3, 3.2, 3.5
Turcon	–„–	PTFE, POM	3.2, 3.5
Twaron	Nippon Aramid Yugen Kaisha, Tokyo, JP	PPTA	3.6
Tybon	Georgia-Pacific Atlanta, GA 30 348, US	PF	2.2
Tygaflor	Cyanamid Aerospace Products Ltd. Wrexham, Clwyd LL13 9UF, GB	PTFE	3.3
Tygan	–„–	PVDC	3.3
Tynex	Du Pont Deutschland GmbH 61343 Bad Homburg, DE	PA	3.6
Typar	–„–	PP	3.6

Name	Firma	Kunststoff/ Kunstharz (siehe 10.2.1, Seite 834)	Lieferform (siehe 10.2.2, Seite 844)
Tyril	Dow Europe 8810 Horgen, CH	SAN	2.2
Tyvek	Du Pont Deutschland GmbH 61343 Bad Homburg, DE	PE	3.6
U			
U Sheet	Tahei Chem. Prod. Co. Tokyo, JP	PAR	3.3
Ubec	Ube Industries Ltd. (America) Inc. Ann Arbor, MI 48 108, US	PE-LD, PE-LLD	2.2
Ubepol	–„–	BR	2.2
Ubesta	–„–	PA 12	35828
Ubetex	–„–	PI	3, 3.4
Ucar	Union Carbide Corp. Danbury, CT 06 817, US	PE-LD	1.5, 2.2
Ucarsil FR	–„–	PO	2.2
Ucefix	UCB N.V. Filmsector 9000 Gent, BE	TPE-U, TPU	2.2
Uceflex	–„–	TPE-U, TPU	2.2
Ucrete	ICI PLC Welwyn Garden City, Herts. AL7 1HH,	PUR	1.5
Udel	Amoco Performance Products Atlanta, GA 30 350, US	PES	2.2
Uformite	Reichhold Chemicals Inc. Jacksonville, FL 32 245, US	UF, MF	1.1
Ugiflex	Arco Chemical Co. Newton Square, PA 19 073, US	PUR-R	1.1
Ugipol	–„–	PUR-R	1.1
Ulon	British Vita Co. Ltd. Manchester M24 2D3, GB	PUR, PUR	3.4
Ultem	GE Plastics Europe B.V. 4600 AC Bergen op Zoom, NL	PEI	2.2
Ultimet	Hercules Powder Company Inc. Wilmington, DE 19 894, US	PP	3.3
Ultra Rib	Uponor Innovation AB 51300 Fristad, SE	PVC	3.2
Ultra Wear	Polymer Corp. Ltd. Reading, PA 19 603, US	PE-HD, PE-HD	3, 3.1, 3.2, 3.4
Ultrac	Allied Signal Europe N.V. 3001 Heverlee, BE	PE-HD	2.2
Ultracast	Baxenden Chemical Co. Ltd. Accrington, Lancs. BB5 2SL, GB	PUR	1.1
Ultracel	Union Carbide Corp. Danbury, CT 06 817, US	PUR	1.1

Name	Firma	Kunststoff/ Kunstharz (siehe 10.2.1, Seite 834)	Lieferform (siehe 10.2.2, Seite 844)
Ultradur	BASF Aktiengesellschaft 67056 Ludwigshafen, DE	PBT	1.1, 2.2
Ultraform	–„–	POM	1.1, 2.2
Ultralen	Lonza-Folien GmbH 79576 Weil am Rhein, DE	PP	3.3
Ultramid	BASF Aktiengesellschaft 67056 Ludwigshafen, DE	PA	1.1, 2.2
Ultramid RC	–„–	PA	2.2
Ultraphan	Lonza-Folien GmbH 79576 Weil am Rhein, DE	CA	3.3
Ultrason E	BASF Aktiengesellschaft 67056 Ludwigshafen, DE	PES	1.1, 2.2
Ultrason S	–„–	PSU	1.1, 2.2
Ultrastyr	Enichem Deutschland GmbH 65760 Eschborn, DE	PO, S-Cop, ABS	2.2
Ultrathene	Quantum Chemical Corp. Cincinnati, OH 42 249, US	PE-Cop, EVA	2.2
Ultrex	Spiratex Comp. Romulus, MI 48 174, US	PE-HD	2.2
Ultzex	Mitsui Petrochemical Ind., Ltd. Tokyo, JP	PE-LLD	2.2
Unican	British Vita Co. Ltd. Manchester M24 2D3, GB	PUR	1.5
Unichem	Colorite Europe Ltd. Clara, Co. Offaly, IR	PVC, PVC-P	3
Uniclene	Nippon Unicar Co. Ltd. Tokyo, JP	PE	2.2
Unidene	International Synthetic Rubber Co. Ltd., Southampton SO9 3AT, GB	CR	1.3
Uni-Flow	Fortin-Industries Inc. Sylmar, CA 91 342, US	EP	2.3
Unifoam	British Vita Co. Ltd. Manchester M24 2D3, GB	PUR	3.7
Unileaf	–„–	PUR	3.3
Unilok	–„–	PMMA	1.1, 1.5
Unipol	Union Carbide Corp. Danbury, CT 06 817, US	PE-LLD, PE-HD,	2.2
Uniseal	British Vita Co. Ltd. Manchester M24 2D3, GB	PUR	1.5
Uniset	Nippon Unicar Co. Ltd. Tokyo, JP	PE	2.2
Unithane	Cray Valley Products Int. Farnborough, Kent, BR6 7EA, GB	PUR	2.2
Unival	Union Carbide Corp. Danbury, CT 06 817, US	PE-HD	2.2

Name	Firma	Kunststoff/ Kunstharz (siehe 10.2.1, Seite 834)	Lieferform (siehe 10.2.2, Seite 844)
U-pica	Japan U-Pica Co. Ltd. Osaka, JP	UP	1.3
Upilex	ICI PLC Welwyn Garden City, Herts. AL7 1HH,	PI	3.3
Upirex	Ube Industries Ltd. (America) Inc. Ann Arbor, MI 48 108, US	PI	3.3
Upodur	Uponor, Stourton, Leeds, LS10 1UJ, GB	PVC	3.2
Upolar	–„–	PE-HD	3.3
Uponal	–„–	PVC	3.2
Uponyl	–„–	PVC	3.2
Upotel	–„–	PVC	3.2
Upoten	–„–	PE-LD	3.3
Urac	American Cyanamid Corp. Wayne, NJ 07 470, US	UF	1.1
Uracron	DSM Resins BV 8000 AP Zwolle, NL	PMMA	1.1
Uradur	–„–	PUR	1.1
Uraflex	–„–	PUR	2.2
Uralane	Ciba Spezialitätenchemie AG 4002 Basel, CH	PUR	1.1
Uramex	DSM Resins BV 8000 AP Zwolle, NL	UF	1.1
Uranox	–„–	EP	1.1
Uravar	–„–	PF	1.1
Urebade	Newage Industries Willow Grove, PA 19 090, US	PUR	3.2
Urecoll	BASF Aktiengesellschaft 67056 Ludwigshafen, DE	UF	1.1, 1.3
Ureol	Ciba Spezialitätenchemie AG 4002 Basel, CH	TPE-U, TPU	2.2
Urepan	Bayer AG 51368 Leverkusen, DE	PUR-R	2.2
Urochem	Chemiplastics S.p.A. 20 151 Mailand, IT	UF	2.2
Uroform	Chromos - Ro Polimeri 4100 Zagreb, Croatia	UF	2.2
Uromix			
Uroplas	AMC-Sprea S.p.A. 20 101 Milano, IT	UF	2.2
Uropreg			

Name	Firma	Kunststoff/ Kunstharz (siehe 10.2.1, Seite 834)	Lieferform (siehe 10.2.2, Seite 844)
Urotuf	Reichhold Chemicals Inc. Jacksonville, FL 32 245, US	PUR	2.2
Ursus	J.H.R. Vielmetter GmbH & Co. KG 12277 Berlin, DE	PVC-P	3.2
Urutuf	Reichhold Chemicals Inc. Jacksonville, FL 32 245, US	PUR	2.2
Utec	Polialden	PE-UHMW	2.2
Uthane	Urethanes India Ltd. (Chemicals and Plastics India), IN	TPE-U, TPU	2.2
Uvex	Eastman Chemical Intern. Kingsport, TN 37 662, US	CAB	3.3, 3.4
V			
Vac pac	Richmond Technology, Inc. Redlands, CA 92373, US	PVF	3.3
Vacuflex	Techno-Chemie Kessler & Co., GmbH 64546 Mörfelden-Walldorf, DE	PVC-P	3.2
Valeron	Van Leer Plastics Inc. Houston, TX 77 240, US	PE-HD	3.3
Valite	Lockport Thermosets Inc. Lockport, LA 70 374, US	PF	1.1, 2.2
Valox	GE Plastics Europe B.V. 4600 AC Bergen op Zoom, NL	PET, PBT	2.2, 3.3
Valtec	Montell 2130 AP Hoofddorp, NL	PP	2.2
Valtra	Chevron TX 77253 Houston, USA	PS	2.2
Vamac	Du Pont Deutschland GmbH 61343 Bad Homburg, DE	EVA	2.2
Vandar	Ticona GmbH 65926 Frankfurt, DE	PTP	2.2
Vantel	Porvair P.L.C. King's Lynn, Norfolk PE30 2HS, GB	PUR	3.3, 3.7
Varcum	Reichhold Chemicals Inc. Jacksonville, FL 32 245, US	PF	1.1
Variopox EP-C	BAVG GmbH 51381 Leverkusen, DE	EP	1.1
Varlan	DSM, Polymers & Hydrocarbons 6130 AA Sittard, NL	PVC, VC-Cop	2.2
Vaycron	Hydro Polymers Ltd., Newton Aycliffe Co. Durham DL5 6EA, GB	VC-Cop	2.2
Vector	Dexco Polymers Houston, TX 77 079, US	TPE-S	2.2

Name	Firma	Kunststoff/ Kunstharz (siehe 10.2.1, Seite 834)	Lieferform (siehe 10.2.2, Seite 844)
Vectra	Ticona GmbH 65926 Frankfurt, DE	PTP	2.2
Vegetalite	Sintesi s.r.l. 21050 Borsano, IT	CF	2.2
Vekaplan	Veka AG 48324 Sendenhorst, DE	PVC	3.5, 3.7
Velite	Atohaas 92062 Paris, La Défense 10, FR	PMMA	2.2
Velkor	Alkor GmbH 81479 München, DE	PS, PVC, PVC-P	3.3, 3.4
Veloflex	Veloflex Carsten Thormählen 25337 Köln, DE	PE, PVC	3.3
Velva-flex	Clopay Corp. Plastics Products Div. Cincinnati, OH 45 202, US	PE	3.3
Venilia	Solvay Deutschland GmbH 30173 Hannover, DE	PVC-P	3.3
Venipak	Alkor GmbH 81479 München, DE	PVC	3.3
Ventflex	DRG Flexible Packaging PTY Melbourne 3205, AU	PE-HD	3.3
Verdur	August Krempel Soehne GmbH & Co. 71665 Vaihingen, DE	EP	2.3
Veriskin	Veritex B.V. 7300 AA Appeldoorn, NL	PVC-P	3.3
VersAcryl	Gen. Corp. Polymer Products Newcomerstown, OH 43 832, US	VC-Cop	3.3
Versalon	Henkel Corp. Ambler, PA 19 002, US	PA	1.1
Versamid	–„–	PA	1.1
Verton	LNP Engineering Plastics Europe B.V. 4940 AA Raamsdonksveer, NL	Thermopl., allg.	2.2
Vespel	Du Pont Deutschland GmbH 61343 Bad Homburg, DE	PI	3, 3.4
Vestamid	Creanova 45764 Marl, DE	PA	1.5, 2.1, 2.2
Vestanat	–„–	PUR-R	1.1
Vestenamer	–„–	EP(D)M	2.2
Vesticoat	–„–	PUR	2.2
Vestoblend	–„–	PPE+PA	2.2
Vestodur	–„–	PET, PBT	2.2
Vestogrip	–„–	IR	2.2
Vestolen A	DSM, Polymers & Hydrocarbons 6130 AA Sittard, NL	PE-HD	2.2
Vestolen EM	–„–	TPE-O	2.2
Vestolen P	–„–	PP	2.2

Name	Firma	Kunststoff/ Kunstharz (siehe 10.2.1, Seite 834)	Lieferform (siehe 10.2.2, Seite 844)
Vestolit	Vestolit GmbH 45764 Marl, DE	PVC	1.1, 2.2
Vestopal	Creanova 45764 Marl, DE	UP	2.2
Vestoplast	–„–	PO	2.1
Vestopren	–„–	EP(D)M	2.2
Vestoran	–„–	PPE	2.2
Vestosint	–„–	PA	2.1
Vestoson	–„–	PA	2.2
Vestowax	–„–	PE	
Vestypor	–„–	PS	1.1
Vestyron	–„–	PS, SAN, SB	2.2
Vetrelam	Micafil AG 8048 Zürich, CH	EP	2.3, 3.5
Vetresit	–„–	UP, EP	2.3, 3.2
Vetronit	Von Roll Isola 4226 Breitenbach, CH	PF, SI, EP	2.3, 3.2
Vibrathane	Uniroyal, Mishawaka IN 46 544, US	PUR-R	1.1
Viclon	Kureha Chemical Industry Co., Ltd. Tokyo, JP	PVC	3.6
Vicora S	J. H. Benecke GmbH 30007 Hannover, DE	PVC-P	3.3
Victrex	ICI PLC Welwyn Garden City, Herts. AL7 1HH,	PAEK, PEKK, PES	2.2
Vidar	Solvay Deutschland GmbH 30173 Hannover, DE	PVDF	1.5
Videne	Goodyear Tire & Rubber Co. Akron, OH 44 316, US	PTP	3.3
Vigopas	Raschig AG 67061 Ludwigshafen, DE	UP	3.4
Vilit	Hüls AG 45764 Marl, DE	PVDC, VC-Cop	1.2, 2.1, 2.2
Vinacel	Goodyear Tire & Rubber Co. Akron, OH 44 316, US	PVC	3.7
Vinagel	Vinatex Ltd. (Norsk Hydro a.s.) Havant, Hampsh. PO9 2NQ, GB	PVC-P	1.4
Vinakon	–„–	TPE-S	2.2
Vinalit	Buna AG 06258 Schkopau, DE	PVAC, PVC, PVAC, PVC	1.2, 3.4
Vinamold	Vinatex Ltd. (Norsk Hydro a.s.) Havant, Hampsh. PO9 2NQ, GB	PVC-P	2.2

Name	Firma	Kunststoff/ Kunstharz (siehe 10.2.1, Seite 834)	Lieferform (siehe 10.2.2, Seite 844)
Vinatex	Hydro Polymers Ltd., Newton Aycliffe Co. Durham DL5 6EA, GB	PVC	1.4
Vinelle	Goodyear Tire & Rubber Co. Akron, OH 44 316, US	PVC-P	3.3
Vinex	Air Products and Chemicals PURA GmbH & Co. 22851 Norderstedt, DE	PVAL	2.2
Vinidur	BASF Aktiengesellschaft 67056 Ludwigshafen, DE	VC-Cop	1.1, 2.2
Vinika	A. Schulman GmbH 50170 Kerpen, DE	VC-Cop	2.2
Vinloc	Shrink Tubes & Plastics Ltd. Redhill, Surrey, RH1 2LH, GB	VC-Cop	3.2
Vinnapas	Wacker-Chemie GmbH 81737 München, DE	PE-Cop, PVAC	1.2, 1.3, 2.2
Vinnolit	Vinnolit Kunststoff GmbH 85737 Ismaning, DE	PVC, VC-Cop	2.2
Vinnylan	Werkstofftechnik Dr. Ing. H. Teichmann Nachf. GmbH 82538 Geretsried, DE	PE-LD, PE-Cop, TPE-U, TPU, PVC, PVC-P, PA	3.2
Vinofan	BASF Aktiengesellschaft 67056 Ludwigshafen, DE	PVAC	1.2
Vinoflex	–„–	PVC	2.2
Vinophane	BCL, Bridgewater, Somerset, TA6 4PA, GB	PVC-P	3.3
Vinora	Vinora AG 8645 Jona, CH	PE-HD, PE-LD, PE-LLD	3.3
Vintex	Werkstofftechnik Dr. Ing. H. Teichmann Nachf. GmbH 82538 Geretsried, DE	PE-LD, PE-Cop, TPE-U, TPU, PVC, PVC-P, PA	3.1, 3.2
Vinuran	BASF Aktiengesellschaft 67056 Ludwigshafen, DE	VC-Cop	2.2
Vinychlon	Mitsui Toatsu Chemicals Inc. Tokyo, JP	PVC, VC-Cop	2.2
Vinychlore	Saplast S.A. 67 100 Straßburg-Neuhof, FR	PVC-P	2.2
Vinyclair	Rhône-Poulenc Films 69 398 Lyon, Cedex 3, FR	PVC	3.3
Vinyfoil	Mitsubishi Gas Industries Ltd. Tokyo, JP	PVC	3.3
Vinylaire	Marley Floors 21029 Hamburg, DE	PVC-P	3.3
Vinylec-F	Chisso Corp. Tokyo, JP	PVFM	2.2

Name	Firma	Kunststoff/ Kunstharz (siehe 10.2.1, Seite 834)	Lieferform (siehe 10.2.2, Seite 844)
Vinylite	Union Carbide Corp. Danbury, CT 06 817, US	PVAC	2.2
Vipac	Rhône-Poulenc Films 69 398 Lyon, Cedex 3, FR	PVC	3.3
Vipathene	–„–	PE-HD+PVC	3.3
Vipla	Enichem Deutschland GmbH 65760 Eschborn, DE	PVC	2.2
Viplast	–„–	PVC-P	2.2
Viplavil	–„–	VC-Cop	2.2
Viplavilol	–„–	PVAL	2.2
Vipolit	Wacker-Chemie GmbH 81737 München, DE	PVAC	1.2
Vipophan	Lonza-Folien GmbH 79576 Weil am Rhein, DE	PVC	3.3
Viscacelle	BCL, Bridgewater, Somerset, TA6 4PA, GB	CA	3.3
Visico	Neste Oy Chemicals 02 151 Espoo, FI	PE-X/SI	2.2
Visqueen	ICI PLC Welwyn Garden City, Herts. AL7 1HH,	PE-LD, PE-LLD, PE-Cop	3.3
Vistaflex	Advanced Elastomer Systems L.P. St. Louis, MO 63 167, US	PO, TPE-O	2.2
Vistal	UCB N.V. Filmsector 9000 Gent, BE	PE-LD	3.3
Vistal Cling	–„–	PE-LLD	3.3
Vistalon	Advanced Elastomer Systems L.P. St. Louis, MO 63 167, US	PE-Cop/PP	2.2
Vistanex	–„–	PIB	2.2
Vistel	Vista Chemical Co. Houston, TX 77 079, US	PVC	2.2
Vitabond	British Vita Co. Ltd. Manchester M24 2D3, GB	PVC, PAN, PA	3.6
Vitacel	–„–	PVC	3.7
Vitacom TPE, TPO	–„–	TPE-O, TPE-S	2.2
Vitafilm	Goodyear Tire & Rubber Co. Akron, OH 44 316, US	PVC-P	3.3
Vitafoam	British Vita Co. Ltd. Manchester M24 2D3, GB	PUR	3.7
Vitapol	–„–	PVC	2.2
Vitawrap	–„–	PUR-R	3.7
Vitax	Hitachi Chemical Co. Ltd., Tokyo, JP Tokyo, JP	ASA	2.2
Vitel	Goodyear Tire & Rubber Co. Akron, OH 44 316, US	PTP	2.2

Name	Firma	Kunststoff/ Kunstharz (siehe 10.2.1, Seite 834)	Lieferform (siehe 10.2.2, Seite 844)
Viton	Du Pont Deutschland GmbH 61343 Bad Homburg, DE	FKM	2.2
Vitradur	Stanley Smith & Co. Plastics Ltd. Isleworth, Middx. TW7 7AU, GB	PE-HD	3.4
Vitralene	–„–	PP	3.4
Vitralex	–„–	ABS, PVDF	3.4
Vitrapad	–„–	PE, PP, PVC	3.4
Vitrathene	–„–	PE	3, 3.4
Vitron	Enichem Deutschland GmbH 65760 Eschborn, DE	PE	2.2
Vitrone	Stanley Smith & Co. Plastics Ltd. Isleworth, Middx. TW7 7AU, GB	PVC, PVC-P	3.3, 3.4
Vitrosil	Sirlite Srl. 20 161 Milano, IT	PF	1.1, 2.2
Vivak	Erta Plastic GmbH 56101 Lahnstein, DE	PTP	3.4
Vivak -UV	–„–	PTP	3.4
Vivyfilm	Enichem Deutschland GmbH 65760 Eschborn, DE	PTP	3.3
Vivyform C	–„–	PTP	3.3
Vivypak	–„–	PTP	3.3
Vixir	Sirlite Srl. 20 161 Milano, IT	PVC	1.2
Vliespreg	Isovolta AG 2355 Wiener Neudorf, AT	EP	3.6
Volara	Sekisui Chemical Co. Ltd. Osaka 530, JP	PE	3.3, 3.7
Vole	Tufnol Ltd. Birmingham B42 2TB, GB	PF	3.5
Volex	Comalloy Intern. Corp. Nashville, TN 37 027, US	PE, PTP, PE, PTP	2.2, 3.3
Volloy 100	–„–	PP-Cop	2.2
Volony	A. Schulman GmbH 50170 Kerpen, DE	PP, ABS, PA, PC, PTP, PPS, PES	2.2
Voloy	Comalloy Intern. Corp. Nashville, TN 37 027, US	Thermopl., allg.	2.2
Voltaflex	Isovolta AG 2355 Wiener Neudorf, AT	PVAC	2.3
Voltalef	Elf Atochem Deutschland GmbH 40474 Düsseldorf, DE	ECTFE	2.2
Voltis	Isovolta AG 2355 Wiener Neudorf, AT	CF	3.5
Voranate	Dow Europe 8810 Horgen, CH	PUR-R	1.1

Name	Firma	Kunststoff/ Kunstharz (siehe 10.2.1, Seite 834)	Lieferform (siehe 10.2.2, Seite 844)
Votafix	Isovolta AG 2355 Wiener Neudorf, AT	EP	2.3
Votastat	–„–	EP	2.3
Votastop	–„–	EP	3.5
Vova Tec	Polialden Petroquimica Camaçcari 42810-BA, BR	PE-HD	2.2
Vulcapas	Vulcascot London, GB	SB	3.5
Vulkaprene	ICI PLC Welwyn Garden City, Herts. AL7 1HH,	PUR	1.1
Vulkollan	Bayer AG 51368 Leverkusen, DE	PUR	1.1
Vycell	Goodyear Tire & Rubber Co. Akron, OH 44 316, US	PVC	1.1
Vydine	Monsanto Chemical Co., Plastics Div. St. Louis, MO 63 167, US	PA 66	2.2
Vyflex	Plascoat-Systems Ltd. Farnham, Surrey GU9 9NY, GB	PVC	2.1
Vygen	Continental General Tire Inc. Akron, OH 44 329, US	PVC	2.2
Vyloglass	Toyobo Co. Ltd. Osaka 530, JP	UP	2.2
Vylopet	–„–	PET	2.2
Vynalast	ICI PLC Welwyn Garden City, Herts. AL7 1HH,	VC-Cop	3.4
Vynaloy	B. F. Goodrich Chemical Group Cleveland, OH 44 131, US	PVC	3.3
Vynathene	Quantum Chemical Corp. Cincinnati, OH 42 249, US	EVA	2.2
Vyncolite	Vynckier N.V. 9000 Gent, BE	PF	2.2
Vynide	ICI PLC Welwyn Garden City, Herts. AL7 1HH,	PVC-P	3.3
Vynoid	Plastic Coatings Ltd. Melbourne, AU	PVC, PVC-P	3.3
Vyon	Porvair P.L.C. King's Lynn, Norfolk PE30 2HS, GB	PE-HD, PP	3.4
Vyram	Advanced Elastomer Systems L.P. St. Louis, MO 63 167, US	EP(D)M, CR	2.2
W			
Wacker Si-Dehäsive	Wacker-Chemie GmbH 81737 München, DE	SI	1.5

Name	Firma	Kunststoff/ Kunstharz (siehe 10.2.1, Seite 834)	Lieferform (siehe 10.2.2, Seite 844)
Wacker Sil Gel	–„–	SI	1.1
Wacker Silicone	–„–	Q	1.1, 1.5, 2.2
Wacosit	August Krempel Soehne GmbH & Co. 71665 Vaihingen, DE	EP	2.3, 3.1
Walkiflex	UPM Walki Pack 37 601 Valkeakoski, FI	PE/PA/PE	3.3
Walkivac	–„–	PE/PA	3.3
Walocel C	Wolff Walsrode AG 29655 Walsrode, DE	MC, EC	1.1
Walocel M	–„–	EC	1.1
Walomer	–„–	PAA	1.3
Walomid-Combi	–„–	PE, PP, PVAL	3.3
Waloplast	–„–	PA	3.3
Walopur	–„–	PE	3.3
Waloran	–„–	CN	1.1
Walothen	–„–	PP	3.3
Walsroder NC	–„–	CN	1.1
Warcétal	Isobelec S.A., Sclessin/Liége, BE	POM	3.1, 3.2, 3.3, 3.4
Warcide	–„–	PF	3.5
Warlène	–„–	PE	3.1, 3.2, 3.3, 3.4
Warlon	–„–	PA	3.1, 3.3, 3.4
Warolite	–„–	PF	3.5
Wartex	–„–	PF	3.5
Wavelene	Flexible Reinforcements Ltd. Clitheroe, Lancaster, GB	PE-LD, PA	2.2
Wavitube	Wavin-Repox GmbH 49763 Twist, DE	UP	3.2
Wefapress	Wefapress-Werkstoffe GmbH 48691 Vreden, DE	PE-HD	3.1, 3.4
Weholite Spiro	KWH Pipe GmbH 47877 Willich, DE	PE-HD	3.2
Wellamid	CP-Polymer Technik GmbH 27721 Ritterhude, DE	PA, PA	2.2
Welvic	ICI PLC Welwyn Garden City, Herts. AL7 1HH,	PVC, PVC-P	2.2
Werkstoff „S“	Murtfeldt GmbH & Co. KG 44309 Dortmund, DE	PE-HD	3.1, 3.4
Werzalit	Buna AG 06258 Schkopau, DE	PF, UF	3.4
Whale	Tufnol Ltd. Birmingham B42 2TB, GB	PF	3.5

Name	Firma	Kunststoff/ Kunstharz (siehe 10.2.1, Seite 834)	Lieferform (siehe 10.2.2, Seite 844)
Wicothane	Witco Corp. Organics Div. New York, NY 10 017, US	PUR	2.2
Wiegan	Dr. F. Diehl & Co. 88718 Daisendorf, DE	UP, PVC-P	3.3, 3.4
Wilflex	Flexible Products Co. Marietta, GA 30 061, US	PVC	1.2
Wilkoplast	Wilke-Säurebau 30179 Hannover, DE	PVC-P	3.3
Winlon	Winzen International Inc. Minneapolis, MN 55 420, US	PE-HD	3.3
WIPAK ...	Wihuri Oy Wipak 15561 Nastola, FI	PO, PA, PTP	3.3
Wirutex	Wirus-Werke Pfleiderer Industrie GmbH, 33332 Gütersloh, DE	MF	3.5
Wolfin	Chemische Werke Grünau, DE 89251 Illertissen, DE	PVC-P	3.3
Wolpryla	Märkische Faser AG 14723 Premnitz, DE	PAN	3.6
Woodlite	Sekisui Plastics Co. Ltd. Tokyo, JP	PS	3.7
Woodstock	GOR App. Speciali SpA Buriaso, IT	PP	3.5
Wood-Stock	Solvay Deutschland GmbH 30173 Hannover, DE	PP	3.5
Wopadur	Gurit-Worbla AG 3063 Ittigen-Bern, CH	VC-Pol	3.3
Wopal	–„–	VC-Pol	3.3
Wopavin	–„–	VC-Pol	3.4
Worblex	–„–	PO, S-Cop	3.3, 3.4
Worblex-Electra	–„–	PO, S-Cop	3.3, 3.4
Worpack	–„–	VC-Pol	3.3, 3.4
X			
Xantar	DSM, Polymers & Hydrocarbons 6130 AA Sittard, NL	PC	2.2
Xap haroco	Guttacoll Klebstoffe GmbH & Co. 21614 Buxtehude, DE	PO	1.5
Xenalak	Baxenden Chemical Co. Ltd. Accrington, Lancs. BB5 2SL, GB	PMMA	2.2
Xenoy	GE Plastics Europe B.V. 4600 AC Bergen op Zoom, NL	PC+PTP, PEC	2.2
Xirocoll puro	Guttacoll Klebstoffe GmbH & Co. 21614 Buxtehude, DE	PO	1.5
Xironet	–„–	PO	1.5
Xiropac	–„–	PO	3.3

Name	Firma	Kunststoff/ Kunstharz (siehe 10.2.1, Seite 834)	Lieferform (siehe 10.2.2, Seite 844)
X-sheet	Idemitsu Petrochemical Co., Ltd. Tokyo, JP	PP	2.2, 2.3
X-tal	Custom Resins, Div. of Bemics Co. Henderson, KY 42 420, US	PA	2.2
Xycon	Amoco Performance Products Richfield, CT 06 877, US	UP+PUR	2.2
Xydar	–„–	LCP	2.2
Xylan	Whitford Corp. West Chester, PA 19 380, US	PTFE, PVDF	2.1
Xyron	Asahi Chemical Ind. Co., Ltd. Tokyo, JP	PPE	2.2
Xytrabond	Allied Signal Europe N.V. 3001 Heverlee, BE	PA	2.2
Y			
Yery-or	Mayer Enterprises Ltd., Coating Dept., Tel Aviv, IL	PVC-P	3.3
YF-Serie	LNP Plastics Nederland BV 4940 Raamsdonksveer, NL	PESI	2.2
Ylopan	Ylopan Folien GmbH 34537 Bad Wildungen, DE	PE-LD, PP	3.3
Yukalon	Mitsubishi Petrochemical Co., Ltd. Tokyo, JP	PE-LD, PE-LLD, PE-Cop	2.2, 3.3
Z			
Zellamid	Zell-Metall GmbH 5710 Kaprun, AT	POM, PA, PTP	3.1, 3.2, 3.3, 3.4
Zellidur	–„–	PVC	3.4
Zelux	Westlake Plastics Co. Lenni, PA 19 052, US	PC	3.1, 3.4
Zemid	Du Pont Deutschland GmbH 61343 Bad Homburg, DE	PE	2.2
Zenite	–„–	LCP	2.2
Zeoforte	Zeon Deutschland GmbH 40547 Düsseldorf, DE		
Zeonex	Nippon Zeon	PO	2.2
Zetpol	Zeon Deutschland GmbH 40547 Düsseldorf, DE	CR	2.2
Zimek	Du Pont Deutschland GmbH 61343 Bad Homburg, DE	PE-Cop	2.2
Zyex	ICI PLC Welwyn Garden City, Herts. AL7 1HH,	PAEK	3.6

Name	Firma	Kunststoff/ Kunstharz (siehe 10.2.1, Seite 834)	Lieferform (siehe 10.2.2, Seite 844)
Zylar	Novacor Chemicals Inc., Plastics Div. Leominster, MA 01 453, US	MBS	2.2
Zypet	American Filtrona Corp. Richmond, VA 23 233, US	PTP	3.4
Zytel	Du Pont Deutschland GmbH 61343 Bad Homburg, DE	TPE-U, TPU, PA+EP(D)M	2.2

11 Sachwort-Register

Bezugsquellen

Produktinformationen aus der Industrie

Bezugsquellen

Liefer- und Leistungsangebote für alle kunststoffinteressierten Kreise. Die Eintragungen sind kostenpflichtig. Das Verzeichnis kann daher keinen Anspruch auf Vollständigkeit erheben. Hauptgruppen und Stichwörter sind in Abstimmung mit der AKI, Arbeitsgemeinschaft Deutsche Kunststoff-Industrie, und den deutschen Kunststoff-Fachverbänden zusammengestellt.

Außer Verantwortung der Herausgeber des Kunststoff-Taschenbuches.
Näheres durch den Carl Hanser Verlag, 81679 München

Gruppe 1: Chemikalien, Hilfs- und Rohstoffe

ABS-Kunststoffe

Acrylat

Additive

Bärlocher GmbH
Postf. 500108, 80971 München
ab 1.1.99 Freisinger Str.1
D-85716 Unterschleißheim
Tel. 089/143730, Fax 14373312

Byk-Chemie GmbH
Abelstr.45, D-46483 Wesel
Tel. 0281/670-0. Fax /65735

Clariant GmbH
Division Pigmente & Additive
D-65926 Frankfurt a. M.
Tel.+49/69/305-18756,Fax-23749
Intern:http://www.clariant.com

K.D. FEDDERSEN & CO. HAMBURG
T. 040/23507-01, Fax 23507-250

E. & P. Würtz GmbH & Co.
55411 Bingen/Rh.-Sponsheim
Tel. 06721/9690-0, Fax 969040

Additiv-Konzentrate

ALBIS PLASTIC GMBH
20531Hamburg,Tel.:040/78105-0

Bärlocher GmbH
Postf. 500108, 80971 München
ab 1.1.99 Freisinger Str.1
D-85716 Unterschleißheim
Tel. 089/143730, Fax 14373312

K.D. FEDDERSEN & CO. HAMBURG
T. 040/23507-01, Fax 23507-250

Nemitz, D-48341 Altenberge
Tel. 02505-674, Fax-3042
CORDUMA®, CORDUCELL®
CORDUSTAT, CORDULEN®

A. Schulman GmbH
Postfach 14 40, 50143 Kerpen
Tel. 02273/561-0 Fax: /561-350

Alterungsschutzmittel, allgem.

Bärlocher GmbH
Postf. 500108, 80971 München
ab 1.1.99 Freisinger Str.1
D-85716 Unterschleißheim
Tel. 089/143730, Fax 14373312

Aluminiumhydroxid

Martinswerk GmbH
Postf. 1209, D-50102 Bergheim
Tel. 02271/9020, Fax /902-710

Antioxidantien

Clariant GmbH
Division Pigmente & Additive
D-65926 Frankfurt a. M.
Tel.+49/69/305-18756,Fax-23749
Intern:http://www.clariant.com

Nemitz, D-48341 Altenberge
Tel. 02505-674, Fax-3042

RASCHIG GMBH
D-67061 Ludwigshafen
Tel.+49/621)56180, Fax /582885
e-mail: RASCHIG@T-Online.de
Internet:http://www.Raschig.de

Anti-plate-out Mittel

Bärlocher GmbH
Postf. 500108, 80971 München
ab 1.1.99 Freisinger Str.1
D-85716 Unterschleißheim
Tel. 089/143730, Fax 14373312

Anti-Schaummittel

Bärlocher GmbH
Postf. 500108, 80971 München
ab 1.1.99 Freisinger Str.1
D-85716 Unterschleißheim
Tel. 089/143730, Fax 14373312

Antistatika

Dr. Th. Böhme KG, Chem. Fabrik
Isardamm 79, 82538 Geretsried
Telefon 08171/628-0
Telefax 08171/628-388

Clariant GmbH
Division Pigmente & Additive
D-65926 Frankfurt a. M.
Tel.+49/69/305-18756,Fax-23749
Intern:http://www.clariant.com

Nemitz, D-48341 Altenberge
Tel. 02505-674, Fax-3042

Bariumsulfat-Schwerspat

Scheruhn, 95012 Hof, PF 13 29

Baryt, feinstgemahlen

Seitz+Kerler GmbH,D-97816 Lohr

Bautenschutzmittel

Bärlocher GmbH
Postf. 500108, 80971 München
ab 1.1.99 Freisinger Str.1
D-85716 Unterschleißheim
Tel. 089/143730, Fax 14373312

Beschichtungspulver

Herberts Polymer Powders SA
CH 1630 Bulle
Tel: ++41269135111
Fax: ++41269127989
Coathylene - Gotalene

Beschleuniger, allgem.

PERGAN GmbH, 46395 Bocholt

Peroxid-Chemie GmbH
82047 Pullach
Tel.089/74422-0 Fax 74422-203

Bindemittel

Herberts Polymer Powders SA
CH 1630 Bulle
Tel: ++41269135111
Fax: ++41269127989
Coathylene - Gotalene

Blends

ALBIS PLASTIC GMBH
20531Hamburg,Tel.:040/78105-0

Bayer AG
Geschäftsbereich Kunststoffe
D-51368 Leverkusen
Fax: 0214/3061277

DSM Deutschland GmbH
Tersteegenstraße 77
40474 Düsseldorf
Tel.0211/4557-600,Fax 4557-999
Internet: http://www.dsm.nl

K.D. FEDDERSEN&CO. HAMBURG
T. 040/23507-01, Fax 23507-250

A. Schulman GmbH
Postfach 14 40, 50143 Kerpen
Tel. 02273/561-0 Fax: /561-350

Ticona GmbH, 65926 Frankfurt
Tel. 069/305-7063
Fax 069/305-82802

Buntpigmente

Scheruhn, 95012 Hof, PF 13 29

Calciumcarbonate

OMYA GMBH
Brohler Str. 11a
D-50698 Köln
Telefon 0221/3775-0
Telefax 0221/371864

Scheruhn, 95012 Hof, PF 13 29

Celluloseacetat

ALBIS PLASTIC GMBH
20531Hamburg,Tel.:040/78105-0

Celluloseacetobutyrat

ALBIS PLASTIC GMBH
20531 Hamburg,Tel.040/78105-0

Celluloseacetopropionat

ALBIS PLASTIC GMBH
20531Hamburg,Tel.:040/78105-0

Compounds

ALBIS PLASTIC GMBH
20531Hamburg,Tel.:040/78105-0

cp-polymer technik gmbh
D-27717 Ritterhude, Postf.1158
Tel. 04292/8167-0, Fax/8167-49
Wellamid

DSM Deutschland GmbH
Tersteegenstraße 77
40474 Düsseldorf
Tel.0211/4557-600,Fax 4557-999
Internet: http://www.dsm.nl

K.D. FEDDERSEN & CO. HAMBURG
T. 040/23507-01, Fax 23507-250

A. Schulman GmbH
Postfach 14 40, 50143 Kerpen
Tel. 02273/561-0 Fax: /561-350

Ticona GmbH, 65926 Frankfurt
Tel. 069/305-7063
Fax 069/305-82802

Cycloolefincopolymere (COC)

Ticona GmbH, 65926 Frankfurt
Tel. 069/305-7063
Fax 069/305-82802

Desaktivatoren für Metall

Clariant GmbH
Division Pigmente & Additive
D-65926 Frankfurt a. M.
Tel.+49/69/305-18756,Fax-23749
Intern:http://www.clariant.com

Dispergiermittel

Dr. Th. Böhme KG, Chem. Fabrik
Isardamm 79, 82538 Geretsried
Telefon 08171/628-0
Telefax 08171/628-388

Byk-Chemie GmbH
Abelstr.45, D-46483 Wesel
Tel. 0281/670-0. Fax /65735

Elastomere, thermoplastisch

ALBIS PLASTIC GMBH
20531Hamburg,Tel.:040/78105-0

DSM Deutschland GmbH
Tersteegenstraße 77
40474 Düsseldorf
Tel.0211/4557-600,Fax 4557-999
Internet: http://www.dsm.nl

K.D. FEDDERSEN & CO. HAMBURG
T. 040/23507-01, Fax 23507-250

SCHÄFER POLYMER SEEVETAL
Beckedorfer Str. 142
Tel:04105-1444-0 Fax: -20
THEKA-flex (R)

A. Schulman GmbH
Postfach 14 40, 50143 Kerpen
Tel. 02273/561-0 Fax: /561-350

Entlüftungsmittel

Byk-Chemie GmbH
Abelstr.45, D-46483 Wesel
Tel. 0281/670-0. Fax /65735

Ethylen-Butyl-Acrylat-Copolymerisate (EBA)

Borealis Deutschland GmbH
Am Bonneshof 6
D-40474 Düsseldorf
Tel.: 0211/47 99 790
Fax: 0211/47 99 7990

Herberts Polymer Powders SA
CH 1630 Bulle
Tel: ++41269135111
Fax: ++41269127989
Coathylene - Gotalene

Ethylen-Ethyl-Acrylat-Copolymerisate (EEA)

Borealis Deutschland GmbH
Am Bonneshof 6
D-40474 Düsseldorf
Tel.: 0211/47 99 790
Fax: 0211/47 99 7990

Ethylen-Methyl-Acrylat-Copolymerisate (EMA)

Borealis Deutschland GmbH
Am Bonneshof 6
D-40474 Düsseldorf
Tel.: 0211/47 99 790
Fax: 0211/47 99 7990

Farbkonzentrate (Batches)

Color Service GmbH
63512 Hainburg
Offenbacher Landstr. 107-109
Tel. 06182/954-0, Fax /954-111
Spez. Universal Masterbatch

Farbpasten

Karl Finke GmbH & Co. KG
Hatzfelder Str. 174
42281 Wuppertal
Tel. (0202)70906-0
Fax. (0202)703929

Farbstoffe und Pigmente

BASF Aktiengesellschaft
Pigmente und Aditive
67056 Ludwigshafen
Tel.0621/600; Fax 0621/6072348

Clariant GmbH
Division Pigmente & Additive
D-65926 Frankfurt a. M.
Tel.+49/69/305-18756,Fax-23749
Intern:http://www.clariant.com

Karl Finke GmbH & Co. KG
Hatzfelder Str. 174
42281 Wuppertal
Tel. (0202)70906-0
Fax. (0202)703929

G.E. Habich's Söhne
34356 Reinhardshagen
Telefon: 05544/ 791-0
Telefax: 05544/ 8238

Fettsäuren

Bärlocher GmbH
Postf. 500108, 80971 München
ab 1.1.99 Freisinger Str. 1
D-85716 Unterschleißheim
Tel. 089/143730, Fax 14373312

Flammhemmende Mittel, Magnesiumhydroxid als

Martinswerk GmbH
Postf. 1209, D-50102 Bergheim
Tel. 02271/9020, Fax /902-710

Flammhemmende Mittel, allgem.

Clariant GmbH
Division Pigmente & Additive
D-65926 Frankfurt a. M.
Tel.+49/69/305-18756,Fax-23749
Intern:http://www.clariant.com

Flammschutzmittel

OMYA GMBH
Brohler Str. 11a
D-50698 Köln
Telefon 0221/3775-0
Telefax 0221/371864

Fluorelastomere

K.D. FEDDERSEN&CO. HAMBURG
T. 040/23507-01, Fax 23507-250

Formmassen, allgem.

A. Schulman GmbH
Postfach 14 40, 50143 Kerpen
Tel. 02273/561-0 Fax: /561-350

Formmassen, ASA-

ALBIS PLASTIC GMBH
20531Hamburg,Tel.:040/78105-0

Formmassen, CA-, CAB-, CP-

ALBIS PLASTIC GMBH
20531Hamburg,Tel.:040/78105-0

Formmassen aus Harnstoffharz

PERSTORP AB
Postfach 500, S-28480 Perstorp
+46 435 38000 Fax+46 435 38805

Formmassen aus Melaminharz

PERSTORP AB
Postfach 500, S-28480 Perstorp
+46 435 38000 Fax+46 435 38805

RASCHIG GMBH
D-67061 Ludwigshafen
Tel.+49/621)56180, Fax /582885
e-mail: RASCHIG@T-Online.de
Internet:http://www.Raschig.de

Formmassen aus Phenolharz

PERSTORP AB
Postfach 500, S-28480 Perstorp
+46 435 38000 Fax+46 435 38805

RASCHIG GMBH
D-67061 Ludwigshafen
Tel.+49/621)56180, Fax /582885
e-mail: RASCHIG@T-Online.de
Internet:http://www.Raschig.de

Formmassen aus PMMA

Agomer GmbH
Rodenbacher Chaussee 4
63457 Hanau

Formmassen aus Polyesterharz

RASCHIG GMBH
D-67061 Ludwigshafen
Tel.+49/621)56180, Fax /582885
e-mail: RASCHIG@T-Online.de
Internet:http://www.Raschig.de

Füllstoffe, allgem.

Gebr. Dorfner GmbH & Co KG
Scharhof 1, D-92242 Hirschau
Tel. ++49/(0)9622/82-0
Fax ++49/(0)9622/82-206
E-mail: webmaster@dorfner.de

LUZENAC DEUTSCHLAND GMBH
Heltorfer Str. 4
D-40472 Düsseldorf
Tel: 0049 211 47 113-0
Fax: 0049 211 47 113-31

Scheruhn, 95012 Hof, PF 13 29

Füllstoffe, Cellulosen als

Mikro-Technik, POB 1640
63886 Miltenberg, Fax 400570

Füllstoffe, Graphit als

TIMCAL AG
CH-5643 Sins
Tel. 041 7897700
Fax 041 7897710
E-Mail:sins@ch.timcal.com

Füllstoffe, Leicht-

Dennert Poraver GmbH
96130 Schlüsselfeld
Tel. 09552/71-141, Fax /71-255
PORAVER Blähglasgranulat

Expancel, Fax +46 60 56 95 18
Box 13000 Sundsvall Sweden

Scheruhn, 95012 Hof, PF 13 29

Füllstoffe, Silikate als

Hoffmann Mineral
Franz Hoffmann & Söhne KG
Münchener Str. 75
86633 Neuburg (Donau)
Telefon (08431) 53-0
Telefax (08431) 53-330
E-M.:info@hoffmann-mineral.com
Int.:www.hoffmann-mineral.com
Sillitin, Sillikolloid, Aktisil

Füllstoffe PTFE

Mikro-Technik, POB 1640
63886 Miltenberg, Fax 400570

Gleitmittel

Clariant GmbH
Division Pigmente & Additive
D-65926 Frankfurt a. M.
Tel.+49/69/305-18756,Fax-23749
Intern:http://www.clariant.com

Nemitz, D-48341 Altenberge
Tel. 02505-674, Fax-3042

NORDMANN, RASSMANN
GMBH & CO.
Kajen 2, 20459 Hamburg
Tel. 040/3687209, Fax 3687412

TIMCAL AG
CH-5643 Sins
Tel. 041 7897700
Fax 041 7897710
E-Mail:sins@ch.timcal.com

E. & P. Würtz GmbH & Co.
55411 Bingen/Rh.-Sponsheim
Tel. 06721/9690-0, Fax 969040

Glimmer

Scheruhn, 95012 Hof, PF 1329

Glyzerine

Bärlocher GmbH
Postf. 500108, 80971 München
ab 1.1.99 Freisinger Str. 1
D-85716 Unterschleißheim
Tel. 089/143730, Fax 14373312

Granulat, Polycarbonat-(Compound)

ALBIS PLASTIC GMBH
20531Hamburg,Tel.:040/78105-0

K.D. FEDDERSEN&CO. HAMBURG
T. 040/23507-01, Fax 23507-250

A. Schulman GmbH
Postfach 14 40, 50143 Kerpen
Tel. 02273/561-0 Fax: /561-350

Granulat, PVC-

A. Schulman GmbH
Postfach 14 40, 50143 Kerpen
Tel. 02273/561-0 Fax: /561-350

Granulate

Elastogran GmbH
GB Elastomere (E)
PF 11 40, 49400 Lemförde
Tel. 05443/12-0, Fax /12-2555

Graphit

K.W.Thielmann & Cie. KG
Alzeyer Str.36,55459 Grolsheim
Tel. 06727/9312-0, Fax/9312-13

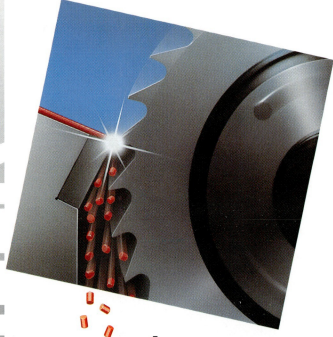

TIMCAL AG
CH-5643 Sins
Tel. 041 7897700
Fax 041 7897710
E-Mail:sins@ch.timcal.com

Härter für Epoxidharze

Duroplast-Chemie GmbH
53573 Neustadt/Wied
Fax 02683/32770

Härter für UP-Harze

PERGAN GmbH, 46395 Bocholt

Peroxid-Chemie GmbH
82047 Pullach
Tel.089/74422-0 Fax 74422-203

Haftvermittler

Clariant GmbH
Division Pigmente & Additive
D-65926 Frankfurt a. M.
Tel.+49/69/305-18756,Fax-23749
Intern:http://www.clariant.com

Agomer GmbH
Rodenbacher Chaussee 4
63457 Hanau

DSM Deutschland GmbH
Tersteegenstraße 77
40474 Düsseldorf
Tel.0211/4557-600,Fax 4557-999
Internet: http://www.dsm.nl

Harze, Epoxid-

Duroplast-Chemie GmbH
53573 Neustadt/Wied
Fax 02683/32770

Harze, Furan-

RASCHIG GMBH
D-67061 Ludwigshafen
Tel.+49/621)56180, Fax /582885
e-mail: RASCHIG@T-Online.de
Internet:http://www.Raschig.de

Harze, Gieß-

Agomer GmbH
Rodenbacher Chaussee 4
63457 Hanau

Harze, Kresol-

RASCHIG GMBH
D-67061 Ludwigshafen
Tel.+49/621)56180, Fax /582885
e-mail: RASCHIG@T-Online.de
Internet:http://www.Raschig.de

Harze, Melamin-

PERSTORP AB
Postfach 500, S-28480 Perstorp
+46 435 38000 Fax+46 435 38805

Harze, Phenol- und Kresol-

PERSTORP AB
Postfach 500, S-28480 Perstorp
+46 435 38000 Fax+46 435 38805

RASCHIG GMBH
D-67061 Ludwigshafen
Tel.+49/621)56180, Fax /582885
e-mail: RASCHIG@T-Online.de
Internet:http://www.Raschig.de

Harze, Polyester-, ungesättigt

RASCHIG GMBH
D-67061 Ludwigshafen
Tel.+49/621)56180, Fax /582885
e-mail: RASCHIG@T-Online.de
Internet:http://www.Raschig.de

Harze, technische

PERSTORP AB
Postfach 500, S-28480 Perstorp
+46 435 38000 Fax+46 435 38805

Inhibitoren

PERGAN GmbH, 46395 Bocholt

Peroxid-Chemie GmbH
82047 Pullach
Tel.089/74422-0 Fax 74422-203

Initiatoren

Peroxid-Chemie GmbH
82047 Pullach
Tel.089/74422-0 Fax 74422-203

Initiatoren für Polymerisation

PERGAN GmbH, 46395 Bocholt

Isocyanate (Di- und Poly-)

Elastogran GmbH
GB Automobilu.Spezialitäten(P)
Industriestr., 82140 Olching
Tel. 08142/178-0, Fax /178-213

Elastogran GmbH
GB Hartschaum u.Blockweich-
schaum (R)
PF 1140, 49440 Lemförde
Tel. 05443/12-0, Fax/12-2474

Kaliumpersulfat

Peroxid-Chemie GmbH
82047 Pullach
Tel.089/74422-0 Fax 74422-203

Kaolin

Scheruhn, 95012 Hof, PF 1329

Katalysatoren

Elastogran GmbH
GB Automobilu.Spezialitäten(P)
Industriestr., 82140 Olching
Tel. 08142/178-0, Fax /178-213

Elastogran GmbH
GB Hartschaum u.Blockweich-
schaum (R)
PF 1140, 49440 Lemförde
Tel. 05443/12-0, Fax/12-2474

Peroxid-Chemie GmbH
82047 Pullach
Tel.089/74422-0 Fax 74422-203

Kieselsäure

Wacker-Chemie GmbH
Hans-Seidel-Platz 4
81737 München
Telefon 089/6279-01
Telefax 089/6279-1771
silicones@wacker.de

Lackrohstoffe

Bärlocher GmbH
Postf. 500108, 80971 München
ab 1.1.99 Freisinger Str.1
D-85716 Unterschleißheim
Tel. 089/143730, Fax 14373312

Agomer GmbH
Rodenbacher Chaussee 4
63457 Hanau

Leichtspat, feinstgemahlen

Seitz+Kerler GmbH,D-97816 Lohr

Leitfähigkeitsverbesserer

TIMCAL AG
CH-5643 Sins
Tel. 041 7897700
Fax 041 7897710
E-Mail:sins@ch.timcal.com

Lichtschutzmittel

Bärlocher GmbH
Postf. 500108, 80971 München
ab 1.1.99 Freisinger Str.1
D-85716 Unterschleißheim
Tel. 089/143730, Fax 14373312

BASF Aktiengesellschaft
Pigmente und Aditive
67056 Ludwigshafen
Tel.0621/600; Fax 0621/6072348

Clariant GmbH
Division Pigmente & Additive
D-65926 Frankfurt a. M.
Tel.+49/69/305-18756,Fax-23749
Intern:http://www.clariant.com

Masterbatches

BASF Aktiengesellschaft
Pigmente und Aditive
67056 Ludwigshafen
Tel.0621/600; Fax 0621/6072348

Georg Deifel KG, Postf. 40 66
97408 Schweinfurt
Tel. 09721/1774-0,Fax /1774-44
http://home.t-online.de/home/
georg.deifelkg
eM.:Georg.DeifelKG@t-online.de

Karl Finke GmbH & Co. KG
Hatzfelder Str. 174
42281 Wuppertal
Tel. (0202)70906-0
Fax. (0202)703929

G.E. Habich's Söhne
34356 Reinhardshagen
Telefon: 05544/ 791-0
Telefax: 05544/ 8238

Nemitz, D-48341 Altenberge
Tel. 02505-674, Fax-3042
CORDUMA®, CORDUCELL®
CORDUSTAT, CORDULEN®

OMYA GMBH
Brohler Str. 11a
D-50698 Köln
Telefon 0221/3775-0
Telefax 0221/371864

Natriumpersulfat

Peroxid-Chemie GmbH
82047 Pullach
Tel.089/74422-0 Fax 74422-203

Nukleierungsmittel

LUZENAC DEUTSCHLAND GMBH
Heltorfer Str. 4
D-40472 Düsseldorf
Tel: 0049 211 47 113-0
Fax: 0049 211 47 113-31

Nemitz, D-48341 Altenberge
Tel. 02505-674, Fax-3042

Octen-1 Plastomere

DSM Deutschland GmbH
Tersteegenstraße 77
40474 Düsseldorf
Tel.0211/4557-600,Fax 4557-999
Internet: http://www.dsm.nl

Pasten, PVC-

A. Schulman GmbH
Postfach 14 40, 50143 Kerpen
Tel. 02273/561-0 Fax: /561-350

Peroxide

PERGAN GmbH, 46395 Bocholt

Peroxid-Chemie GmbH
82047 Pullach
Tel.089/74422-0 Fax 74422-203

Persulfate

Peroxid-Chemie GmbH
82047 Pullach
Tel.089/74422-0 Fax 74422-203

Phosphorverbindungen, organisch

Clariant GmbH
Division Pigmente & Additive
D-65926 Frankfurt a. M.
Tel.+49/69/305-18756,Fax-23749
Intern:http://www.clariant.com

Pigmente, allgem.

BASF Aktiengesellschaft
Pigmente und Aditive
67056 Ludwigshafen
Tel.0621/600; Fax 0621/6072348

Clariant GmbH
Division Pigmente & Additive
D-65926 Frankfurt a. M.
Tel.+49/69/305-18756,Fax-23749
Intern:http://www.clariant.com

Pigmente, Bunt-

BASF Aktiengesellschaft
Pigmente und Aditive
67056 Ludwigshafen
Tel.0621/600; Fax 0621/6072348

Clariant GmbH
Division Pigmente & Additive
D-65926 Frankfurt a. M.
Tel.+49/69/305-18756,Fax-23749
Intern:http://www.clariant.com

Pigmente, Perlglanz-

Merck KGaA,Frankfurter Str.250
D-64293 Darmstadt
Tel. 06151/72-6211,Tx 419328-0
Fax: 06151/727684
IRIODIN® Perlglanzpigmente
eMail: pkpigm@merck.de
Internet: www.merck.de

Pigmente, Titandioxid als

Kronos Titan-GmbH
Postf. 100720,51307 Leverkusen
Tel. 0214/356-0, Fax /42150

Pigmentverkollerungen

Georg Deifel KG, Postf. 40 66
97408 Schweinfurt
Tel. 09721/1774-0,Fax /1774-44
http://home.t-online.de/home/
georg.deifelkg
eM.:Georg.DeifelKG@t-online.de

G.E. Habich's Söhne
34356 Reinhardshagen
Telefon: 05544/ 791-0
Telefax: 05544/ 8238

Polyacetate (POM)

ALBIS PLASTIC GMBH
20531Hamburg,Tel.:040/78105-0

K.D. FEDDERSEN&CO. HAMBURG
T. 040/23507-01, Fax 23507-250

RHODIA-Nyltech Eng. Plastics
NYLTECH DEUTSCHLAND GMBH
Hermann-Mitsch-Str. 36a
79108 Freiburg
Tel. 0761/511-3610, Fax -3677

NYLTECH DEUTSCHLAND GMBH
siehe unter RHODIA-Nyltech

A. Schulman GmbH
Postfach 14 40, 50143 Kerpen
Tel. 02273/561-0 Fax: /561-350

Tekuma Kunststoff GmbH
21465 Reinbek, Tel.040/7277020

Ticona GmbH, 65926 Frankfurt
Tel. 069/305-7063
Fax 069/305-82802

Polyamid-Copolymere

ALBIS PLASTIC GMBH
20531Hamburg,Tel.:040/78105-0

K.D. FEDDERSEN&CO. HAMBURG
T. 040/23507-01, Fax 23507-250

Polyamide

ALBIS PLASTIC GMBH
20531Hamburg,Tel.:040/78105-0

Bayer AG
Geschäftsbereich Kunststoffe
D-51368 Leverkusen
Fax: 0214/3061277

cp-polymer technik gmbh
D-27717 Ritterhude, Postf.1158
Tel. 04292/8167-0, Fax/8167-49
Wellamid

DSM Deutschland GmbH
Tersteegenstraße 77
40474 Düsseldorf
Tel.0211/4557-600,Fax 4557-999
Internet: http://www.dsm.nl

K.D. FEDDERSEN&CO. HAMBURG
T. 040/23507-01, Fax 23507-250

RHODIA-Nyltech Eng. Plastics
NYLTECH DEUTSCHLAND GMBH
Hermann-Mitsch-Str. 36a
79108 Freiburg
Tel. 0761/511-3610, Fax -3677

NYLTECH DEUTSCHLAND GMBH
siehe unter RHODIA-Nyltech

Radicinovacips SpA
24020 Villa d'Ogna BG Italy
Tel.0039/0346/22453,Fax /23730

A. Schulman GmbH
Postfach 14 40, 50143 Kerpen
Tel. 02273/561-0 Fax: /561-350

Tekuma Kunststoff GmbH
21465 Reinbek, Tel.040/7277020

Polybutylenterephthalat

Bayer AG
Geschäftsbereich Kunststoffe
D-51368 Leverkusen
Fax: 0214/3061277

DSM Deutschland GmbH
Tersteegenstraße 77
40474 Düsseldorf
Tel.0211/4557-600,Fax 4557-999
Internet: http://www.dsm.nl

K.D. FEDDERSEN & CO. HAMBURG
T. 040/23507-01, Fax 23507-250

Tekuma Kunststoff GmbH
21465 Reinbek, Tel.040/7277020

Ticona GmbH, 65926 Frankfurt
Tel. 069/305-7063
Fax 069/305-82802

Polycarbonate

ALBIS PLASTIC GMBH
20531Hamburg,Tel.:040/78105-0

Bayer AG
Geschäftsbereich Kunststoffe
D-51368 Leverkusen
Fax: 0214/3061277

DSM Deutschland GmbH
Tersteegenstraße 77
40474 Düsseldorf
Tel.0211/4557-600,Fax 4557-999
Internet: http://www.dsm.nl

K.D. FEDDERSEN & CO. HAMBURG
T. 040/23507-01, Fax 23507-250

A. Schulman GmbH
Postfach 14 40, 50143 Kerpen
Tel. 02273/561-0 Fax: /561-350

Tekuma Kunststoff GmbH
21465 Reinbek, Tel.040/7277020

Polyester, allgem.

K.D. FEDDERSEN & CO. HAMBURG
T. 040/23507-01, Fax 23507-250

Polyester, thermoplastisch

ALBIS PLASTIC GMBH
20531Hamburg,Tel.:040/78105-0

DSM Deutschland GmbH
Tersteegenstraße 77
40474 Düsseldorf
Tel.0211/4557-600,Fax 4557-999
Internet: http://www.dsm.nl

K.D. FEDDERSEN & CO. HAMBURG
T. 040/23507-01, Fax 23507-250

Herberts Polymer Powders SA
CH 1630 Bulle
Tel: ++41269135111
Fax: ++41269127989
Coathylene - Gotalene

A. Schulman GmbH
Postfach 14 40, 50143 Kerpen
Tel. 02273/561-0 Fax: /561-350

Ticona GmbH, 65926 Frankfurt
Tel. 069/305-7063
Fax 069/305-82802

Polyester-Polyole

Elastogran GmbH
GB Automobilu.Spezialitäten(P)
Industriestr., 82140 Olching
Tel. 08142/178-0, Fax /178-213

Elastogran GmbH
GB Hartschaum u.Blockweich-
schaum (R)
PF 1140, 49440 Lemförde
Tel. 05443/12-0, Fax/12-2474

Polyetherketon

VICTREX EUROPA GmbH
Zanggasse 6
65719 Hofheim
Tel. 06192-964949
Fax 06192-964948
Victrex® PEEK TM

Polyether-Polyole

Elastogran GmbH
GB Automobilu.Spezialitäten(P)
Industriestr., 82140 Olching
Tel. 08142/178-0, Fax /178-213

Elastogran GmbH
GB Hartschaum u.Blockweich-
schaum (R)
PF 1140, 49440 Lemförde
Tel. 05443/12-0, Fax/12-2474

Polyethylen, allgem.

DSM Deutschland GmbH
Tersteegenstraße 77
40474 Düsseldorf
Tel.0211/4557-600,Fax 4557-999
Internet: http://www.dsm.nl

K.D. FEDDERSEN & CO. HAMBURG
T. 040/23507-01, Fax 23507-250

Herberts Polymer Powders SA
CH 1630 Bulle
Tel: ++41269135111
Fax: ++41269127989
Coathylene - Gotalene

A. Schulman GmbH
Postfach 14 40, 50143 Kerpen
Tel. 02273/561-0 Fax: /561-350

Polyethylen, hoher Dichte (HDPE)

ALBIS PLASTIC GMBH
20531Hamburg,Tel.:040/78105-0

Borealis Deutschland GmbH
Am Bonneshof 6
D-40474 Düsseldorf
Tel.: 0211/47 99 790
Fax: 0211/47 99 7990

DSM Deutschland GmbH
Tersteegenstraße 77
40474 Düsseldorf
Tel.0211/4557-600,Fax 4557-999
Internet: http://www.dsm.nl

K.D. FEDDERSEN & CO. HAMBURG
T. 040/23507-01, Fax 23507-250

Hostalen Polyethylen GmbH
Ein Unternehmen der
Hoechst Gruppe
D-65926 Frankfurt am Main
Telefon 069/305 15100
Fax 069/305 84662

A. Schulman GmbH
Postfach 14 40, 50143 Kerpen
Tel. 02273/561-0 Fax: /561-350

Polyethylen, linear (LPE)

DSM Deutschland GmbH
Tersteegenstraße 77
40474 Düsseldorf
Tel.0211/4557-600,Fax 4557-999
Internet: http://www.dsm.nl

Polyethylen, mittlerer Dichte

ALBIS PLASTIC GMBH
20531Hamburg,Tel.:040/78105-0

A. Schulman GmbH
Postfach 14 40, 50143 Kerpen
Tel. 02273/561-0 Fax: /561-350

Polyethylen, niedriger Dichte (LDPE)

ALBIS PLASTIC GMBH
20531Hamburg,Tel.:040/78105-0

Borealis Deutschland GmbH
Am Bonneshof 6
D-40474 Düsseldorf
Tel.: 0211/47 99 790
Fax: 0211/47 99 7990

DSM Deutschland GmbH
Tersteegenstraße 77
40474 Düsseldorf
Tel.0211/4557-600,Fax 4557-999
Internet: http://www.dsm.nl

K.D. FEDDERSEN & CO. HAMBURG
T. 040/23507-01, Fax 23507-250

A. Schulman GmbH
Postfach 14 40, 50143 Kerpen
Tel. 02273/561-0 Fax: /561-350

Polyethylen, ultrahochmolekular (PE-UHMW)

K.D. FEDDERSEN & CO. HAMBURG
T. 040/23507-01, Fax 23507-250

Ticona GmbH, 65926 Frankfurt
Tel. 069/305-7063
Fax 069/305-82802

Polyethylenterephthalat

DSM Deutschland GmbH
Tersteegenstraße 77
40474 Düsseldorf
Tel.0211/4557-600,Fax 4557-999
Internet: http://www.dsm.nl

K.D. FEDDERSEN & CO. HAMBURG
T. 040/23507-01, Fax 23507-250

Polymerbatches

ALBIS PLASTIC GMBH
20531Hamburg,Tel.:040/78105-0

Nemitz, D-48341 Altenberge
Tel. 02505-674, Fax-3042

Polymere, Flüssigkristalline (LCP)

K.D. FEDDERSEN&CO. HAMBURG
T. 040/23507-01, Fax 23507-250

Ticona GmbH, 65926 Frankfurt
Tel. 069/305-7063
Fax 069/305-82802

Polymerisationshilfsmittel

Peroxid-Chemie GmbH
82047 Pullach
Tel.089/74422-0 Fax 74422-203

Polymerlegierungen (Blends)

A. Schulman GmbH
Postfach 14 40, 50143 Kerpen
Tel. 02273/561-0 Fax: /561-350

Polymethacrylsäureester und Copolymere

Agomer GmbH
Rodenbacher Chaussee 4
63457 Hanau

Polyole

Resina Chemie B.V.
Korte Groningerweg 1A
NL-9607 PS Foxhol-Holland
Tel. +31 598 317902
Fax +31 598 390437
Handelsvertreter i.Deutschland
Herr J. Messing - Solingen
Tel.+Fax 0212 77867

Polyolefine, ataktische

A. Schulman GmbH
Postfach 14 40, 50143 Kerpen
Tel. 02273/561-0 Fax: /561-350

Polyolefine, verstärkt

Borealis Deutschland GmbH
Am Bonneshof 6
D-40474 Düsseldorf
Tel.: 0211/47 99 790
Fax: 0211/47 99 7990

Polyphenylensulfan (PPS02)

Ticona GmbH, 65926 Frankfurt
Tel. 069/305-7063
Fax 069/305-82802

Polyphenylensulfid

ALBIS PLASTIC GMBH
20531Hamburg,Tel.:040/78105-0

K.D. FEDDERSEN&CO. HAMBURG
T. 040/23507-01, Fax 23507-250

Ticona GmbH, 65926 Frankfurt
Tel. 069/305-7063
Fax 069/305-82802

Polyphthalamid

RHODIA-Nyltech Eng. Plastics
NYLTECH DEUTSCHLAND GMBH
Hermann-Mitsch-Str. 36a
79108 Freiburg
Tel. 0761/511-3610, Fax -3677

NYLTECH DEUTSCHLAND GMBH
siehe unter RHODIA-Nyltech

Polypropylen

ALBIS PLASTIC GMBH
20531Hamburg,Tel.:040/78105-0

Borealis Deutschland GmbH
Am Bonneshof 6
D-40474 Düsseldorf
Tel.: 0211/47 99 790
Fax: 0211/47 99 7990

DSM Deutschland GmbH
Tersteegenstraße 77
40474 Düsseldorf
Tel.0211/4557-600,Fax 4557-999
Internet: http://www.dsm.nl

K.D. FEDDERSEN & CO. HAMBURG
T. 040/23507-01, Fax 23507-250

Herberts Polymer Powders SA
CH 1630 Bulle
Tel: ++41269135111
Fax: ++41269127989
Coathylene - Gotalene

A. Schulman GmbH
Postfach 14 40, 50143 Kerpen
Tel. 02273/561-0 Fax: /561-350

Targor GmbH
Rheinstr. 4G
55116 Mainz

Polystyrol (PS)

K.D. FEDDERSEN & CO. HAMBURG
T. 040/23507-01, Fax 23507-250

Polysulfone

ALBIS PLASTIC GMBH
20531Hamburg,Tel.:040/78105-0

Polytetrafluorethylen

K.D. FEDDERSEN & CO. HAMBURG
T. 040/23507-01, Fax 23507-250

Polyurethan-Ausgangsstoffe

Elastogran GmbH
GB Automobilu.Spezialitäten(P)
Industriestr., 82140 Olching
Tel. 08142/178-0, Fax /178-213

Elastogran GmbH
GB Hartschaum u.Blockweich-
schaum (R)
PF 1140, 49440 Lemförde
Tel. 05443/12-0, Fax/12-2474

Polyurethane, thermopl.

ALBIS PLASTIC GMBH
20531Hamburg,Tel.:040/78105-0

Bayer AG
Geschäftsbereich Kunststoffe
D-51368 Leverkusen
Fax: 0214/3061277

BF Goodrich Chemical
(Deutschland) GmbH
Görlitzer Str. 1, 41460 Neuss
Tel: 02131/18050, Fax: 180530
Estane®, Estaloc™

Elastogran GmbH
GB Elastomere (E)
PF 11 40, 49400 Lemförde
Tel. 05443/12-0, Fax /12-2555

A. Schulman GmbH
Postfach 14 40, 50143 Kerpen
Tel. 02273/561-0 Fax: /561-350

Polyurethan-Elastomere

Elastogran GmbH
GB Elastomere (E)
PF 11 40, 49400 Lemförde
Tel. 05443/12-0, Fax /12-2555

Polyurethansysteme

Elastogran GmbH
GB Automobilu.Spezialitäten(P)
Industriestr., 82140 Olching
Tel. 08142/178-0, Fax /178-213

Elastogran GmbH
GB Hartschaum u.Blockweich-
schaum (R)
PF 1140, 49440 Lemförde
Tel. 05443/12-0, Fax/12-2474

PUROMER Kunststoff-Syst. GmbH
Hugenottenstraße 105
61381 Friedrichsdorf/Ts.
Tel.06172/733-262, Fax 733141

Resina Chemie B.V.
Korte Groningerweg 1A
NL-9607 PS Foxhol-Holland
Tel. +31 598 317902
Fax +31 598 390437
Handelsvertreter i.Deutschland
Herr J. Messing - Solingen
Tel.+Fax 0212 77867

Präparationen

BASF Aktiengesellschaft
Pigmente und Aditive
67056 Ludwigshafen
Tel.0621/600; Fax 0621/6072348

Pulver für Flammspritzen und Wirbelsintern

Herberts Polymer Powders SA
CH 1630 Bulle
Tel: ++41269135111
Fax: ++41269127989
Coathylene - Gotalene

PVC

A. Schulman GmbH
Postfach 14 40, 50143 Kerpen
Tel. 02273/561-0 Fax: /561-350

PVC-Additive

Bärlocher GmbH
Postf. 500108, 80971 München
ab 1.1.99 Freisinger Str.1
D-85716 Unterschleißheim
Tel. 089/143730, Fax 14373312

Dr. Th. Böhme KG, Chem. Fabrik
Isardamm 79, 82538 Geretsried
Telefon 08171/628-0
Telefax 08171/628-388

Agomer GmbH
Rodenbacher Chaussee 4
63457 Hanau

PVC-Copolymerisate

A. Schulman GmbH
Postfach 14 40, 50143 Kerpen
Tel. 02273/561-0 Fax: /561-350

PVC-hart (Compounds)

A. Schulman GmbH
Postfach 14 40, 50143 Kerpen
Tel. 02273/561-0 Fax: /561-350

PVC-Pulver

ALBIS PLASTIC GMBH
20531Hamburg,Tel.:040/78105-0

A. Schulman GmbH
Postfach 14 40, 50143 Kerpen
Tel. 02273/561-0 Fax: /561-350

PVC-Pulvermischungen

A. Schulman GmbH
Postfach 14 40, 50143 Kerpen
Tel. 02273/561-0 Fax: /561-350

PVC-weich (Compounds)

A. Schulman GmbH
Postfach 14 40, 50143 Kerpen
Tel. 02273/561-0 Fax: /561-350

Rußkunststoffkonzentrat

Nemitz, D-48341 Altenberge
Tel. 02505-674, Fax-3042

SAN-Copolymerisate

ALBIS PLASTIC GMBH
20531Hamburg,Tel.:040/78105-0

A. Schulman GmbH
Postfach 14 40, 50143 Kerpen
Tel. 02273/561-0 Fax: /561-350

Tekuma Kunststoff GmbH
21465 Reinbek, Tel.040/7277020

SB-Copolymerisate

ALBIS PLASTIC GMBH
20531Hamburg,Tel.:040/78105-0

A. Schulman GmbH
Postfach 14 40, 50143 Kerpen
Tel. 02273/561-0 Fax: /561-350

Schlagfestmacher für PVC, MBS

Rohm and Haas Deutschland GmbH
In der Kron 4
60489 Frankfurt
Tel. 069/78996-0, Fax 7895356

Schlagzähmacher für technische Kunststoffe

Rohm and Haas Deutschland GmbH
In der Kron 4
60489 Frankfurt
Tel. 069/78996-0, Fax 7895356

Schlagzähmodifier für PVC

Rohm and Haas Deutschland GmbH
In der Kron 4
60489 Frankfurt
Tel. 069/78996-0, Fax 7895356

Silane

Wacker-Chemie GmbH
Hans-Seidel-Platz 4
81737 München
Telefon 089/6279-01
Telefax 089/6279-1771
silicones@wacker.de

Silikone

Dr. Th. Böhme KG, Chem. Fabrik
Isardamm 79, 82538 Geretsried
Telefon 08171/628-0
Telefax 08171/628-388

Wacker-Chemie GmbH
Hans-Seidel-Platz 4
81737 München
Telefon 089/6279-01
Telefax 089/6279-1771
silicones@wacker.de

Silikon-Emulsionen

Wacker-Chemie GmbH
Hans-Seidel-Platz 4
81737 München
Telefon 089/6279-01
Telefax 089/6279-1771
silicones@wacker.de

Silikon-Öle

Wacker-Chemie GmbH
Hans-Seidel-Platz 4
81737 München
Telefon 089/6279-01
Telefax 089/6279-1771
silicones@wacker.de

Stabilisatoren, allgem.

Bärlocher GmbH
Postf. 500108, 80971 München
ab 1.1.99 Freisinger Str.1
D-85716 Unterschleißheim
Tel. 089/143730, Fax 14373312

RASCHIG GMBH
D-67061 Ludwigshafen
Tel.+49/621)56180, Fax /582885
e-mail: RASCHIG@T-Online.de
Internet:http://www.Raschig.de

Stabilisatoren, UV-

Bärlocher GmbH
Postf. 500108, 80971 München
ab 1.1.99 Freisinger Str.1
D-85716 Unterschleißheim
Tel. 089/143730, Fax 14373312

BASF Aktiengesellschaft
Pigmente und Aditive
67056 Ludwigshafen
Tel.0621/600; Fax 0621/6072348

Clariant GmbH
Division Pigmente & Additive
D-65926 Frankfurt a. M.
Tel.+49/69/305-18756,Fax-23749
Intern:http://www.clariant.com

Stabilisatoren für PUR-Schaum

Elastogran GmbH
GB Automobilu.Spezialitäten(P)
Industriestr., 82140 Olching
Tel. 08142/178-0, Fax /178-213

Elastogran GmbH
GB Hartschaum u.Blockweich-schaum (R)
PF 1140, 49440 Lemförde
Tel. 05443/12-0, Fax/12-2474

Stabilisatoren für PVC

Bärlocher GmbH
Postf. 500108, 80971 München
ab 1.1.99 Freisinger Str.1
D-85716 Unterschleißheim
Tel. 089/143730, Fax 14373312

BASF Aktiengesellschaft
Pigmente und Aditive
67056 Ludwigshafen
Tel.0621/600; Fax 0621/6072348

Stabilisatoren für Schaum

Bärlocher GmbH
Postf. 500108, 80971 München
ab 1.1.99 Freisinger Str.1
D-85716 Unterschleißheim
Tel. 089/143730, Fax 14373312

Stearate

Bärlocher GmbH
Postf. 500108, 80971 München
ab 1.1.99 Freisinger Str.1
D-85716 Unterschleißheim
Tel. 089/143730, Fax 14373312

Seitz+Kerler GmbH,D-97816 Lohr

Stearinsäure

Bärlocher GmbH
Postf. 500108, 80971 München
ab 1.1.99 Freisinger Str.1
D-85716 Unterschleißheim
Tel. 089/143730, Fax 14373312

Styrol-Copolymerisate

A. Schulman GmbH
Postfach 14 40, 50143 Kerpen
Tel. 02273/561-0 Fax: /561-350

Talkum

Gebr. Dorfner GmbH & Co KG
Scharhof 1, D-92242 Hirschau
Tel. ++49/(0)9622/82-0
Fax ++49/(0)9622/82-206
E-mail: webmaster@dorfner.de

LUZENAC DEUTSCHLAND GMBH
Heltorfer Str. 4
D-40472 Düsseldorf
Tel: 0049 211 47 113-0
Fax: 0049 211 47 113-31

Tenside

RASCHIG GMBH
D-67061 Ludwigshafen
Tel.+49/621)56180, Fax /582885
e-mail: RASCHIG@T-Online.de
Internet:http://www.Raschig.de

Scheruhn, 95012 Hof, PF 1329

Thermoplaste

ALBIS PLASTIC GMBH
20531Hamburg,Tel.:040/78105-0

cp-polymer technik gmbh
D-27717 Ritterhude, Postf.1158
Tel. 04292/8167-0, Fax/8167-49
Wellamid

Agomer GmbH
Rodenbacher Chaussee 4
63457 Hanau

DSM Deutschland GmbH
Tersteegenstraße 77
40474 Düsseldorf
Tel.0211/4557-600,Fax 4557-999
Internet: http://www.dsm.nl

K.D. FEDDERSEN & CO. HAMBURG
T. 040/23507-01, Fax 23507-250

NORDMANN, RASSMANN
GMBH & CO.
Kajen 2, 20459 Hamburg
Tel. 040/3687209, Fax 3687412

A. Schulman GmbH
Postfach 14 40, 50143 Kerpen
Tel. 02273/561-0 Fax: /561-350

Ticona GmbH, 65926 Frankfurt
Tel. 069/305-7063
Fax 069/305-82802

Thermoplaste, glasfaserverstärkt

ALBIS PLASTIC GMBH
20531Hamburg,Tel.:040/78105-0

DSM Deutschland GmbH
Tersteegenstraße 77
40474 Düsseldorf
Tel.0211/4557-600,Fax 4557-999
Internet: http://www.dsm.nl

Elastogran GmbH
GB Halbzeug, Bauteile (H)
PF 1140, 49440 Lemförde
Tel. 05443/12-0, Fax/12-2370

K.D. FEDDERSEN & CO. HAMBURG
T. 040/23507-01, Fax 23507-250

A. Schulman GmbH
Postfach 14 40, 50143 Kerpen
Tel. 02273/561-0 Fax: /561-350

thermoplastische Vulkanisate (TPV)

DSM Deutschland GmbH
Tersteegenstraße 77
40474 Düsseldorf
Tel.0211/4557-600,Fax 4557-999
Internet: http://www.dsm.nl

Titandioxid

Kronos Titan-GmbH
Postf. 100720,51307 Leverkusen
Tel. 0214/356-0, Fax /42150

Scheruhn, 95012 Hof, PF 13 29

Treibmittel, allgem.

Expancel, Fax +46 60 56 95 18
Box 13000 Sundsvall Sweden

Nemitz, D-48341 Altenberge
Tel. 02505-674, Fax-3042

UP-Harzsysteme

PUROMER Kunststoff-Syst. GmbH
Hugenottenstraße 105
61381 Friedrichsdorf/Ts.
Tel.06172/733-262, Fax 733141

UV-Absorber

BASF Aktiengesellschaft
Pigmente und Aditive
67056 Ludwigshafen
Tel.0621/600; Fax 0621/6072348

Clariant GmbH
Division Pigmente & Additive
D-65926 Frankfurt a. M.
Tel.+49/69/305-18756,Fax-23749
Intern:http://www.clariant.com

UV-Stabilisatoren

Nemitz, D-48341 Altenberge
Tel. 02505-674, Fax-3042

Verarbeitungshilfsmittel, allgem.

ALBIS PLASTIC GMBH
20531Hamburg,Tel.:040/78105-0

Agomer GmbH
Rodenbacher Chaussee 4
63457 Hanau

Rohm and Haas Deutschland GmbH
In der Kron 4
60489 Frankfurt
Tel. 069/78996-0, Fax 7895356

A. Schulman GmbH
Postfach 14 40, 50143 Kerpen
Tel. 02273/561-0 Fax: /561-350

Verdünner

RASCHIG GMBH
D-67061 Ludwigshafen
Tel.+49/621)56180, Fax /582885
e-mail: RASCHIG@T-Online.de
Internet:http://www.Raschig.de

Vernetzer

PERGAN GmbH, 46395 Bocholt

Peroxid-Chemie GmbH
82047 Pullach
Tel.089/74422-0 Fax 74422-203

Viskositätserniedriger

Dr. Th. Böhme KG, Chem. Fabrik
Isardamm 79, 82538 Geretsried
Telefon 08171/628-0
Telefax 08171/628-388

Byk-Chemie GmbH
Abelstr.45, D-46483 Wesel
Tel. 0281/670-0. Fax /65735

Wachse, allgem.

Clariant GmbH
Division Pigmente & Additive
D-65926 Frankfurt a. M.
Tel.+49/69/305-18756,Fax-23749
Intern:http://www.clariant.com

Wachse, Gleitmittel-

Clariant GmbH
Division Pigmente & Additive
D-65926 Frankfurt a. M.
Tel.+49/69/305-18756,Fax-23749
Intern:http://www.clariant.com

Wachse, Polyethylen-Wasserbindemittel

Clariant GmbH
Division Pigmente & Additive
D-65926 Frankfurt a. M.
Tel.+49/69/305-18756,Fax-23749
Intern:http://www.clariant.com

Weichmacher, allgem.

Dr. Th. Böhme KG, Chem. Fabrik
Isardamm 79, 82538 Geretsried
Telefon 08171/628-0
Telefax 08171/628-388

Wollastonit

Scheruhn, 95012 Hof, PF 1329

Zähelastifikatoren

BF Goodrich Chemical
(Deutschland) GmbH
Görlitzer Str. 1, 41460 Neuss
Tel: 02131/18050, Fax: 180530
Hycar®

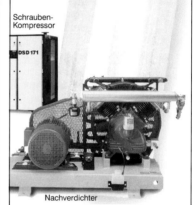

Gruppe 2: Abfallwertstoffe

Abfallwertstoffe, sortenrein

GEBA GmbH Compounding
Pf. 12 12, 59304 Ennigerloh
Tel. 02524/9312-0, Fax:9312-26

Regenerat-Granulate

ALBIS PLASTIC GMBH
20531Hamburg,Tel.:040/78105-0

GEBA GmbH Compounding
Pf. 12 12, 59304 Ennigerloh
Tel. 02524/9312-0, Fax:9312-26

MKV GmbH
Kunststoffgranulate
Siemensstr.5, 65779 Kelkheim
Tel. 06195/5005, Fax /3434

Regranulat, ABS-

ALBIS PLASTIC GMBH
20531Hamburg,Tel.:040/78105-0

Regranulat, allgem.

ALBIS PLASTIC GMBH
20531Hamburg,Tel.:040/78105-0

GEBA GmbH Compounding
Pf. 12 12, 59304 Ennigerloh
Tel. 02524/9312-0, Fax:9312-26

Regranulat, Polyamid-

ALBIS PLASTIC GMBH
20531Hamburg,Tel.:040/78105-0

Regranulat, Polycarbonat-

ALBIS PLASTIC GMBH
20531Hamburg,Tel.:040/78105-0

Regranulat, Polyethylen-

ALBIS PLASTIC GMBH
20531Hamburg,Tel.:040/78105-0

Regranulat, Polypropylen-

ALBIS PLASTIC GMBH
20531Hamburg,Tel.:040/78105-0

Regranulat, Polystyrol-

ALBIS PLASTIC GMBH
20531Hamburg,Tel.:040/78105-0

Regranulat, Stryrol-Copolymerisate-

ALBIS PLASTIC GMBH
20531Hamburg,Tel.:040/78105-0

Gruppe 3: Kunststoff-Verarbeitung (Dienstleistung), Lohnverarbeitung

Aufbereiten von Kunststoff-Abfällen

GEBA GmbH Compounding
Pf. 12 12, 59304 Ennigerloh
Tel. 02524/9312-0, Fax:9312-26

MKV GmbH
Kunststoffgranulate
Siemensstr.5, 65779 Kelkheim
Tel. 06195/5005, Fax /3434

Bandschneiden

Femso-Werk, PF. 1180
61401 Oberursel, Fax 4803

Bedrucken auf Kunststoff

plastic decor Wachsmann GmbH
P.O.B. 1805 - 89008 Ulm
Tel: 0731/41041, Fax: 47357

Behälterbau

Eichholz, D-48480 Schapen

Compoundieren

K.D. FEDDERSEN & CO. HAMBURG
T. 040/23507-01, Fax 23507-250

GEBA GmbH Compounding
Pf. 12 12, 59304 Ennigerloh
Tel. 02524/9312-0, Fax:9312-26

MKV GmbH
Kunststoffgranulate
Siemensstr.5, 65779 Kelkheim
Tel. 06195/5005, Fax /3434

Einfärben

K.D. FEDDERSEN & CO. HAMBURG
T. 040/23507-01, Fax 23507-250

Extrudieren

Femso-Werk, PF. 1180
61401 Oberursel, Fax 4803

Gurit-Worbla, CH-3063 Ittingen
Tel. 031/9254111, Fax 9254112

H. Hiendl GmbH & Co. KG
D-94327 Bogen; T. 09422/85180

Kaschieren

Gurit-Worbla, CH-3063 Ittingen
Tel. 031/9254111, Fax 9254112

Konstruktionen für Werkzeuge

ABC Kunststoffverarbeitung
TAUTENHAHN, D-89240 Senden
Tel. 07307/6051, Fax 32119

Prüfen von Kunststoffen

K.D. FEDDERSEN & CO. HAMBURG
T. 040/23507-01, Fax 23507-250

Prüfen von Werkstoffen

BRABENDER OHG,D-47055
Duisburg
T.+49(203)7788-0,Fax 7788-100
Plastics-Sales@BRABENDER.COM

K.D. FEDDERSEN & CO. HAMBURG
T. 040/23507-01, Fax 23507-250

Recycling

GEBA GmbH Compounding
Pf. 12 12, 59304 Ennigerloh
Tel. 02524/9312-0, Fax:9312-26

Regenerieren

MKV GmbH
Kunststoffgranulate
Siemensstr.5, 65779 Kelkheim
Tel. 06195/5005, Fax /3434

Siebdrucken

KUNSTSTOFF GMBH
HELMBRECHTS
Pf. 1109 - 95222 Helmbrechts
Tel. 09252/709-0, Fax -199

Spritzgießen

ABC Kunststoffverarbeitung
TAUTENHAHN, D-89240 Senden
Tel. 07307/6051, Fax 32119

R. Lesch GmbH, 96466 Rödental
Tel. 09563/72210, Fax /722122

LOLA-WERK
Dorfstr.73, 25376 Krempdorf
Tel. 04824/38060, Fax -380666

Josef Weber GmbH & Co.KG
Zeltinger Str. 7, 50969 Köln
Tel. 0221/3602697, Fax 365522

Stanzen von Kunststoff-Folien und -Platten

Karl G. Klemz Elektro-
Isolierstoffe-Technik GmbH
23711 Bad Malente, Postf. 209
Tel. 04523/99770, Fax 997777

Tampondruck

KUNSTSTOFF GMBH
HELMBRECHTS
Pf. 1109 - 95222 Helmbrechts
Tel. 09252/709-0, Fax -199

Verarbeiten von Acrylglas

Josef Weiss Plastic GmbH
Eintrachtstr.8, 81541 München
Tel. 089/62307-0, Fax 62307-35
Int.: http://www.plexiweiss.de
e-mail: plexiweiss@aol.com

Verarbeiten von Kunst- und Elektroisolierstoffen

Karl G. Klemz Elektro-
Isolierstoffe-Technik GmbH
23711 Bad Malente, Postf. 209
Tel. 04523/99770, Fax 997777

Werkzeugbau

ABC Kunststoffverarbeitung
TAUTENHAHN, D-89240 Senden
Tel. 07307/6051, Fax 32119

Gruppe 4: Kunststoff-Halbzeug

ABS-Platten

TERBRACK KUNSTSTOFF
GmbH & Co.
KG, D-48686 Vreden, Pf. 1353
Tel.02564/393-0, Fax/39360

Acrylglas, allgem.

Josef Weiss Plastic GmbH
Eintrachtstr.8, 81541 München
Tel. 089/62307-0, Fax 62307-35
Int.: http://www.plexiweiss.de
e-mail: plexiweiss@aol.com

Acrylglas, extrudiert

Agomer GmbH
Rodenbacher Chaussee 4
63457 Hanau

Acrylglasplatten

Agomer GmbH
Rodenbacher Chaussee 4
63457 Hanau

CA/CAB/CP-Platten und -Folien

Gurit-Worbla, CH-3063 Ittingen
Tel. 031/9254111, Fax 9254112

Folien, allgem.

Bayer AG
Geschäftsbereich Kunststoffe
D-51368 Leverkusen
Fax: 0214/3061277

Gurit-Worbla, CH-3063 Ittingen
Tel. 031/9254111, Fax 9254112

Norddt. Seekabelwerke GmbH
Pf. 1464, 26944 Nordenham
Tel. 04731/82-211, Fax 82-532

GFK-Preßplatten

Elektro-Isola A/S
DK-7100 Vejle
Telefon +45 76 42 82 00
Telefax +45 75 82 73 36
E-mail:ei@elektro-isola.dk

Halbzeug, extrudiert

ALUSUISSE Airex AG
SPEZIALSCHAUMSTOFFE
5643 Sins/Schweiz
Tel. +41 41 789 6600
Fax +41 41 789 6660
Liefernachweis D:
Gaugler+Lutz Tel.07367/966600
J. Marschall Tel. 069/5488042

Blomberger Holzindustrie
B. Hausmann GmbH & Co. KH
D-32825Blomberg,T.05235/966-0
DELIGNIT-Panzerholz

ENSINGER GmbH & Co.
Rudolf-Diesel-Str. 8
71154 Nufringen
Tel. 07032/819-0, Fax 819-100
http://www.ensinger-online.com

Gurit-Worbla, CH-3063 Ittingen
Tel. 031/9254111, Fax 9254112

Halbzeug, thermoplastisch

Murtfeldt Kunststoffe GmbH
Heßlingsweg 14, 44309 Dortmund
Tel. 0231/20609-0, Fax 251021

Hartgewebe

Elektro-Isola A/S
DK-7100 Vejle
Telefon +45 76 42 82 00
Telefax +45 75 82 73 36
E-mail:ei@elektro-isola.dk

Hochtemperatur-Thermoplaste

ENSINGER GmbH & Co.
Rudolf-Diesel-Str. 8
71154 Nufringen
Tel. 07032/819-0, Fax 819-100
http://www.ensinger-online.com

Kaschierfolien

Gurit-Worbla, CH-3063 Ittingen
Tel. 031/9254111, Fax 9254112

Platten, elektrisch leitend

SIMONA AG, D-55606 Kirn
Tel. 06752/140, Fax 14-211

Plattenware

AXXIS NV, Wakkensesteenweg 47
B-8700 Tielt, Belgien
Fax (32) 51 42 62 02

Gurit-Worbla, CH-3063 Ittingen
Tel. 031/9254111, Fax 9254112

Polyacetal-Halbzeug

ENSINGER GmbH & Co.
Rudolf-Diesel-Str. 8
71154 Nufringen
Tel. 07032/819-0, Fax 819-100
http://www.ensinger-online.com

Licharz GmbH
Industriepark Nord
D-53567 Buchholz-Mendt
Tel: 02683/977-0
Fax: 02683/977-111

Polyamid-Halbzeug

ENSINGER GmbH & Co.
Rudolf-Diesel-Str. 8
71154 Nufringen
Tel. 07032/819-0, Fax 819-100
http://www.ensinger-online.com

Licharz GmbH
Industriepark Nord
D-53567 Buchholz-Mendt
Tel: 02683/977-0
Fax: 02683/977-111

Murtfeldt Kunststoffe GmbH
Heßlingsweg 14, 44309 Dortmund
Tel. 0231/20609-0, Fax 251021

TERBRACK KUNSTSTOFF
GmbH & Co.
KG, D-48686 Vreden, Pf. 1353
Tel.02564/393-0, Fax/39360

Polycarbonat-Halbzeug

ENSINGER GmbH & Co.
Rudolf-Diesel-Str. 8
71154 Nufringen
Tel. 07032/819-0, Fax 819-100
http://www.ensinger-online.com

Gurit-Worbla, CH-3063 Ittingen
Tel. 031/9254111, Fax 9254112

Polycarbonat-Platten

ALUSUISSE Airex AG
SPEZIALSCHAUMSTOFFE
5643 Sins/Schweiz
Tel. +41 41 789 6600
Fax +41 41 789 6660
Liefernachweis D:
Gaugler+Lutz Tel.07367/966600
J. Marschall Tel. 069/5488042

AXXIS NV, Wakkensesteenweg 47
B-8700 Tielt, Belgien
Fax (32) 51 42 62 02

Agomer GmbH
Rodenbacher Chaussee 4
63457 Hanau

Polyester-Platten

AXXIS NV, Wakkensesteenweg 47
B-8700 Tielt, Belgien
Fax (32) 51 42 62 02

Polyethylen-Folien

Gurit-Worbla, CH-3063 Ittingen
Tel. 031/9254111, Fax 9254112

Polyethylen-Halbzeug

Murtfeldt Kunststoffe GmbH
Heßlingsweg 14, 44309 Dortmund
Tel. 0231/20609-0, Fax 251021

TERBRACK KUNSTSTOFF
GmbH & Co.
KG, D-48686 Vreden, Pf. 1353
Tel.02564/393-0, Fax/39360

Polyethylen-Platten

SIMONA AG, D-55606 Kirn
Tel. 06752/140, Fax 14-211

Wefapress Beck + Co. GmbH
D-48691 Vreden
Tel. 02564/9329-0, Fax/9329-45
(PE-HMW und PE-UHMW)

Polyethylen-Rohre

Kunststoffwerk Höhn GmbH
56462 Höhn/Westerwald
Tel. 02661/298-0
Telefax 02661/8922
BRANDALEN® -Rohre und Rohrformstücke aus PE-HD und PP

SIMONA AG, D-55606 Kirn
Tel. 06752/140, Fax 14-211

Polyethylen-Schaumstoff

Alfelder Kunststoffwerke
Postfach 1155, 31041 Alfeld
Tel. 05181/8018-0, Fax 1877

ALVEO AG
Postfach 2068, CH-6002 Luzern
Tel.++41(0)41 22892-92 Fax -00

Polypropylen-Folien

Gurit-Worbla, CH-3063 Ittingen
Tel. 031/9254111, Fax 9254112

Polypropylen-Platten

A.u.E. Lindenberg GmbH & Co.KG
Pf. 200620, 51436 Berg. Gladb.
Tel. 02202/95544-0,Fax/9554422
HM/PP. holzmehlgefülltes PP

SIMONA AG, D-55606 Kirn
Tel. 06752/140, Fax 14-211

TERBRACK KUNSTSTOFF
GmbH & Co.
KG, D-48686 Vreden, Pf. 1353
Tel.02564/393-0, Fax/39360

Polypropylen-Rohre

SIMONA AG, D-55606 Kirn
Tel. 06752/140, Fax 14-211

Polypropylen-Schaumstoff

Alfelder Kunststoffwerke
Postfach 1155, 31041 Alfeld
Tel. 05181/8018-0, Fax 1877

ALVEO AG
Postfach 2068, CH-6002 Luzern
Tel.++41(0)41 22892-92 Fax -00

Polystyrol-Folien

Norddt. Seekabelwerke GmbH
Pf. 1464, 26944 Nordenham
Tel. 04731/82-211, Fax 82-532

Polystyrol-Halbzeug

Gurit-Worbla, CH-3063 Ittingen
Tel. 031/9254111, Fax 9254112

Polystyrol-Platten

TERBRACK KUNSTSTOFF
GmbH & Co.
KG, D-48686 Vreden, Pf. 1353
Tel.02564/393-0, Fax/39360

Polystyrol-Schaumstoff

Alfelder Kunststoffwerke
Postfach 1155, 31041 Alfeld
Tel. 05181/8018-0, Fax 1877

Polytetrafluorethylen (PTFE) -Halbzeug

Fietz GmbH, PTFE Produkte
51388 Burscheid
Tel. 02174/674-0, Fax /674-222

Polyurethan-Halbzeug (PUR)

Elastogran GmbH
GB Halbzeug, Bauteile (H)
PF 1140, 49440 Lemförde
Tel. 05443/12-0, Fax/12-2370

Preßholz, Kunstharz-

Blomberger Holzindustrie
B. Hausmann GmbH & Co. KH
D-32825 Blomberg,T.05235/966-0
DELIGNIT-Panzerholz

Profile, allgem.

G. Binder GmbH u. Co.
D-71084 Holzgerlingen,Pf. 1161
Tel. 07031/683-0, Fax 683-179

Enitor B.V. Holland
Postfach 1, 9285 ZV Buitenpost
Tel. 0031 (0)511-541700
Fax 0031 (0)511-543332

Femso-Werk, PF. 1180
61401 Oberursel, Fax 4803

PUR-Elastomer-Halbzeug

Elastogran GmbH
GB Halbzeug, Bauteile (H)
PF 1140, 49440 Lemförde
Tel. 05443/12-0, Fax/12-2370

PVC-Halbzeug

Gurit-Worbla, CH-3063 Ittingen
Tel. 031/9254111, Fax 9254112

PVC-hart-Folien

Gurit-Worbla, CH-3063 Ittingen
Tel. 031/9254111, Fax 9254112

PVC-hart-Platten

ALUSUISSE Airex AG
SPEZIALSCHAUMSTOFFE
5643 Sins/Schweiz
Tel. +41 41 789 6600
Fax +41 41 789 6660
Liefernachweis D:
Gaugler+Lutz Tel.07367/966600
J. Marschall Tel. 069/5488042

SIMONA AG, D-55606 Kirn
Tel. 06752/140, Fax 14-211

PVC-Platten und -Folien

SIMONA AG, D-55606 Kirn
Tel. 06752/140, Fax 14-211

PVC-Profile

G. Binder GmbH u. Co.
D-71084 Holzgerlingen,Pf. 1161
Tel. 07031/683-0, Fax 683-179

PVC-weich-Folien

Gurit-Worbla, CH-3063 Ittingen
Tel. 031/9254111, Fax 9254112

PVDF-Platten

SIMONA AG, D-55606 Kirn
Tel. 06752/140, Fax 14-211

PVDF-Rohre/Fittings

SIMONA AG, D-55606 Kirn
Tel. 06752/140, Fax 14-211

RAM-Extrusionserzeugnisse

Murtfeldt Kunststoffe GmbH
Heßlingsweg 14, 44309 Dortmund
Tel. 0231/20609-0, Fax 251021

Rohre, allgem.

Elektro-Isola A/S
DK-7100 Vejle
Telefon +45 76 42 82 00
Telefax +45 75 82 73 36
E-mail:ei@elektro-isola.dk

SIMONA AG, D-55606 Kirn
Tel. 06752/140, Fax 14-211

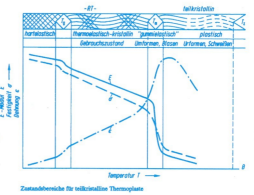

Sandwichkernmaterial

ALUSUISSE Airex AG
SPEZIALSCHAUMSTOFFE
5643 Sins/Schweiz
Tel. +41 41 789 6600
Fax +41 41 789 6660
Liefernachweis D:
Gaugler+Lutz Tel.07367/966600
J. Marschall Tel. 069/5488042

Schichtpreßstoffe, technisch

Elektro-Isola A/S
DK-7100 Vejle
Telefon +45 76 42 82 00
Telefax +45 75 82 73 36
E-mail:ei@elektro-isola.dk

Stäbe

SIMONA AG, D-55606 Kirn
Tel. 06752/140, Fax 14-211

Warmformplatten und -folien, allgem.

AXXIS NV, Wakkensesteenweg 47
B-8700 Tielt, Belgien
Fax (32) 51 42 62 02

Gurit-Worbla, CH-3063 Ittingen
Tel. 031/9254111, Fax 9254112

Gruppe 5: Kunststoff-Fertigerzeugnisse

Abflußrohre

SIMONA AG, D-55606 Kirn
Tel. 06752/140, Fax 14-211

Auto-Innenausstattungen

A.u.E. Lindenberg GmbH & Co.KG
Pf. 200620, 51436 Berg. Gladb.
Tel. 02202/95544-0,Fax/9554422
HM/PP. holzmehlgefülltes PP

Bänder

Femso-Werk, PF. 1180
61401 Oberursel, Fax 4803

Buchsen

Murtfeldt Kunststoffe GmbH
Heßlingsweg 14, 44309 Dortmund
Tel. 0231/20609-0, Fax 251021

Bürsten

LOLA-WERK
Dorfstr.73, 25376 Krempdorf
Tel. 04824/38060, Fax -380666

Dichtungen

Fietz GmbH, PTFE Produkte
51388 Burscheid
Tel. 02174/674-0, Fax /674-222

Dichtungseinlagen für Verschlüsse

Alfelder Kunststoffwerke
Postfach 1155, 31041 Alfeld
Tel. 05181/8018-0, Fax 1877

Drehteile

ENSINGER GmbH & Co.
Rudolf-Diesel-Str. 8
71154 Nufringen
Tel. 07032/819-0, Fax 819-100
http://www.ensinger-online.com

Fietz GmbH, PTFE Produkte
51388 Burscheid
Tel. 02174/674-0, Fax /674-222

Murtfeldt Kunststoffe GmbH
Heßlingsweg 14, 44309 Dortmund
Tel. 0231/20609-0, Fax 251021

TERBRACK KUNSTSTOFF
GmbH & Co.
KG, D-48686 Vreden, Pf. 1353
Tel.02564/393-0, Fax/39360

Fittings

SIMONA AG, D-55606 Kirn
Tel. 06752/140, Fax 14-211

Formteile nach Muster, Zeichnung od. Kundenwerkzeug

ABC Kunststoffverarbeitung
TAUTENHAHN, D-89240 Senden
Tel. 07307/6051, Fax 32119

G. Binder GmbH u. Co.
D-71084 Holzgerlingen,Pf. 1161
Tel. 07031/683-0, Fax 683-179

Elastogran GmbH
GB Halbzeug, Bauteile (H)
PF 1140, 49440 Lemförde
Tel. 05443/12-0, Fax/12-2370

A.u.E. Lindenberg GmbH & Co.KG
Pf. 200620, 51436 Berg. Gladb.
Tel. 02202/95544-0,Fax/9554422
HM/PP. holzmehlgefülltes PP

Josef Weber GmbH & Co.KG
Zeltinger Str. 7, 50969 Köln
Tel. 0221/3602697, Fax 365522

Winkel GmbH
58849 Herscheid-Hüinghausen
Fax 02357-4275

Gleitelemente

ENSINGER GmbH & Co.
Rudolf-Diesel-Str. 8
71154 Nufringen
Tel. 07032/819-0, Fax 819-100
http://www.ensinger-online.com

Murtfeldt Kunststoffe GmbH
Heßlingsweg 14, 44309 Dortmund
Tel. 0231/20609-0, Fax 251021

TERBRACK KUNSTSTOFF
GmbH & Co.
KG, D-48686 Vreden, Pf. 1353
Tel.02564/393-0, Fax/39360

Wefapress Beck + Co. GmbH
D-48691 Vreden
Tel. 02564/9329-0, Fax/9329-45

Gleitlager

Murtfeldt Kunststoffe GmbH
Heßlingsweg 14, 44309 Dortmund
Tel. 0231/20609-0, Fax 251021

Gleitleisten

Murtfeldt Kunststoffe GmbH
Heßlingsweg 14, 44309 Dortmund
Tel. 0231/20609-0, Fax 251021

Isolierschläuche

Elkoflex Isolierschlauchfabrik
Dipl.-Ing. H. Ebers GmbH & Co.
Huttenstr.41-44,D-10553 Berlin
Postfach 210467,D-10504 Berlin
Tel. 030/3444024, FS 181885
Telefax 030/3441659

Kanalrohre

SIMONA AG, D-55606 Kirn
Tel. 06752/140, Fax 14-211

Kettenführungen

Murtfeldt Kunststoffe GmbH
Heßlingsweg 14, 44309 Dortmund
Tel. 0231/20609-0, Fax 251021

TERBRACK KUNSTSTOFF
GmbH & Co.
KG, D-48686 Vreden, Pf. 1353
Tel.02564/393-0, Fax/39360

Wefapress Beck + Co. GmbH
D-48691 Vreden
Tel. 02564/9329-0, Fax/9329-45

Maschinenteile

Murtfeldt Kunststoffe GmbH
Heßlingsweg 14, 44309 Dortmund
Tel. 0231/20609-0, Fax 251021

TERBRACK KUNSTSTOFF
GmbH & Co.
KG, D-48686 Vreden, Pf. 1353
Tel.02564/393-0, Fax/39360

Monofile

Dr. Karl Wetekam & Co.
34212 Melsungen
Tel. 05661/7377-0/Fax-32
Kunststoff-Fäden u.-Bänder
-Wetelen Monofile-

Platten, allgem.

SIMONA AG, D-55606 Kirn
Tel. 06752/140, Fax 14-211

Polyethylen-Fertigteile

Wefapress Beck + Co. GmbH
D-48691 Vreden
Tel. 02564/9329-0, Fax/9329-45
Mechanisch bearbeitet

Preßteile

PV Kunststoffverarbeitung
PF 2120, 58560 Kierspe

Hermann Ros GmbH
Bamberger Str. 28,96450 Coburg
T. 09561/2705-0, Fax /2705-88
Kunstharz-Preß- u. Spritzw.
Eigener Formenbau

Preßteile, technisch

Spritzguß-Werk
LüdenscheidGmbH
Postf. 2550, 58475 Lüdenscheid
Lennestr. 7, 58507 Lüdenscheid
Telefon: 02351/9282-0
Telefax: 02351/12750

Profile, allgem.

G. Binder GmbH u. Co.
D-71084 Holzgerlingen,Pf. 1161
Tel. 07031/683-0, Fax 683-179

CARASYN PLASTICS GMBH
Hölzlestr.6b, 72768 Reutlingen
Tel. 07121/9685-0, Fax 9685-45

ENSINGER GmbH & Co.
Rudolf-Diesel-Str. 8
71154 Nufringen
Tel. 07032/819-0, Fax 819-100
http://www.ensinger-online.com

Profile nach Maß

Femso-Werk, PF. 1180
61401 Oberursel, Fax 4803

PTFE-Erzeugnisse

Fietz GmbH, PTFE Produkte
51388 Burscheid
Tel. 02174/674-0, Fax /674-222

PVC-Hartschaumplatten

SIMONA AG, D-55606 Kirn
Tel. 06752/140, Fax 14-211

Rohre, allgem.

Hegler Plastik GmbH
Pf. 60, 97712 Oerlenbach

Kunststoffwerk Höhn GmbH
56462 Höhn/Westerwald
Tel. 02661/298-0
Telefax 02661/8922
BRANDALEN® -Rohre und Rohrformstücke aus PE-HD und PP

SIMONA AG, D-55606 Kirn
Tel. 06752/140, Fax 14-211

Rohrverbindungen

SIMONA AG, D-55606 Kirn
Tel. 06752/140, Fax 14-211

Schläuche, allgem.

Femso-Werk, PF. 1180
61401 Oberursel, Fax 4803

Spritzguß, 2-Komponenten

Rauschert GmbH & Co. KG
D-54576 Oberbettingen/Eifel
Alter Bahnhof 13
Tel. 06593/98670, Fax 986799

Spritzgußteile, allgem.

ABC Kunststoffverarbeitung
TAUTENHAHN, D-89240 Senden
Tel. 07307/6051, Fax 32119

BBP Kunststoffwerk Marbach
Postf. 1163, 71666 Marbach/N.
Tel. 07144/902-0
Fax: 07144/902-49

H. Hiendl GmbH & Co. KG
D-94327 Bogen; T. 09422/85180

Magura 72562 Bad Urach
Tel. 07125/153-0, Fax -443

Hermann Ros GmbH
Bamberger Str. 28,96450 Coburg
T. 09561/2705-0, Fax /2705-88
Kunstharz-Preß- u. Spritzw.
Eigener Formenbau

Spritzguß-Werk
LüdenscheidGmbH
Postf. 2550, 58475 Lüdenscheid
Lennestr. 7, 58507 Lüdenscheid
Telefon: 02351/9282-0
Telefax: 02351/12750

Josef Weber GmbH & Co.KG
Zeltinger Str. 7, 50969 Köln
Tel. 0221/3602697, Fax 365522

Weinmayr GmbH & Co.
D-73349 Wiesensteig/Württ.
Tel.: (07335) 182-0
Fax : (07335) 182-82 T. -10 K.
Techn. Kunststoffteile in
Thermo- und Duroplast bis
2,5 kg, Fertigbearbeitung
und Baugruppenmontage
eigener Formenbau

Winkel GmbH
58849 Herscheid-Hüinghausen
Fax 02357-4275

Spritzgußteile, endlos gegurtete

H. Hiendl GmbH & Co. KG
D-94327 Bogen; T. 09422/85180

Spritzgußteile aus typisierten Formmassen

ABC Kunststoffverarbeitung
TAUTENHAHN, D-89240 Senden
Tel. 07307/6051, Fax 32119

Spritzgußteile aus thermopl. Kautschuk

Magura 72562 Bad Urach
Tel. 07125/153-0, Fax -443

Technische Spritzgußteile

ABC Kunststoffverarbeitung
TAUTENHAHN, D-89240 Senden
Tel. 07307/6051, Fax 32119

KUNSTSTOFF GMBH
HELMBRECHTS
Pf. 1109 - 95222 Helmbrechts
Tel. 09252/709-0, Fax -199

J. Koepfer u. Söhne GmbH
Postf. 1457, 78120 Furtwangen
Tel. 07723/655-0, Fax 655-133

LOLA-WERK
Dorfstr.73, 25376 Krempdorf
Tel. 04824/38060, Fax -380666

Magura 72562 Bad Urach
Tel. 07125/153-0, Fax -443

Josef Weber GmbH & Co.KG
Zeltinger Str. 7, 50969 Köln
Tel. 0221/3602697, Fax 365522

Technische Teile

ABC Kunststoffverarbeitung
TAUTENHAHN, D-89240 Senden
Tel. 07307/6051, Fax 32119

ENSINGER GmbH & Co.
Rudolf-Diesel-Str. 8
71154 Nufringen
Tel. 07032/819-0, Fax 819-100
http://www.ensinger-online.com

PV Kunststoffverarbeitung
PF 2120, 58560 Kierspe

Winkel GmbH
58849 Herscheid-Hüinghausen
Fax 02357-4275

Technische Teile nach Muster Zeichnung o. Kundenwerkzeug

BBP Kunststoffwerk Marbach
Postf. 1163, 71666 Marbach/N.
Tel. 07144/902-0
Fax: 07144/902-49

Elastogran GmbH
GB Halbzeug, Bauteile (H)
PF 1140, 49440 Lemförde
Tel. 05443/12-0, Fax/12-2370

R. Lesch GmbH, 96466 Rödental
Tel. 09563/72210, Fax /722122

Hermann Ros GmbH
Bamberger Str. 28,96450 Coburg
T. 09561/2705-0, Fax /2705-88
Kunstharz-Preß- u. Spritzw.
Eigener Formenbau

Ultraschall-Verbindungen

Rauschert GmbH & Co. KG
D-54576 Oberbettingen/Eifel
Alter Bahnhof 13
Tel. 06593/98670, Fax 986799

Verschlüsse, allgem.

G. Binder GmbH u. Co.
D-71084 Holzgerlingen,Pf. 1161
Tel. 07031/683-0, Fax 683-179

Zahnräder

J. Koepfer u. Söhne GmbH
Postf. 1457, 78120 Furtwangen
Tel. 07723/655-0, Fax 655-133

Murtfeldt Kunststoffe GmbH
Heßlingsweg 14, 44309 Dortmund
Tel. 0231/20609-0, Fax 251021

Gruppe 6: Maschinen, Geräte, Werkzeuge und Zubehör für die Kunststoff-Verarbeitung (MSR, DV)

Angußseparatoren

ALBIS PLASTIC GMBH
20531Hamburg,Tel.:040/78105-0

Aufbereitungsanlagen

Erema GmbH
Unterfeldstr.3/A-4052Ansfelden
Telefon 0043 (0) 732/3190-0
Telefax 0043 (0) 732/3190-23

MANN+HUMMEL ProTec GmbH
PF 3 64, D-71603 Ludwigsburg
T.07141/454-0,Fax/454-500
MANN+HUMMEL®, SOMOS®,
VOLLMARR

Aufbereitungsmaschinen

IKA-Maschinenbau
Postf. 1165, 79216 Staufen
Tel. 07633/831-0, Fax 831-98

Aufladegeräte, elektrostat.

Haug GmbH & Co. KG
Postfach 20 03 33 (PLZ 70752)
Friedrich-List-Straße 18
70771 Leinf.-Echterdingen
Tel.: 0711/94 98-0
Fax : 0711/94 98 298
www.haug-static-solutions.com
Info@haug-static-solutions.com

Auswerferstifte

DREI-S-WERK
91124 Schwabach
Fax 09122/1505-54

Automatisierungssystem

M.K.Juchheim GmbH, 36035 Fulda
Tel: 0661/6003-0, Fax: -500

Bahnentstaubungssysteme

Haug GmbH & Co. KG
Postfach 20 03 33 (PLZ 70752)
Friedrich-List-Straße 18
70771 Leinf.-Echterdingen
Tel.: 0711/94 98-0
Fax : 0711/94 98 298
www.haug-static-solutions.com
Info@haug-static-solutions.com

Bahnlaufregler

Erhardt + Leimer GmbH
86136 Augsburg,Tel.0821/2435-0
e-m:info@de.erhardt-leimer.com

Beistellextruder

IKA-Maschinenbau
Postf. 1165, 79216 Staufen
Tel. 07633/831-0, Fax 831-98

HANS WEBER
MaschinenfabrikGmbH
Postfach 1862, 96308 Kronach
Bamberger Str.19-21, 96317 KRO
Tel. 09261/4090, Fax 409199
e-mail: weber.kc@t-online.de

Beschichtungsanlagen, allgem.

Coatema Engineering GmbH
Erftstr. 62, D-41460 Neuss
Tel:02131/222063, Fax:/21738
Internet:http./www.coatema.de

Herbert Olbrich GmbH & Co. KG
Postfach 1964, D-46369 Bocholt
T. 02871/283-0, Fax 283-189

Beschichtungs-/Tauchanlagen

E. REINHARDT GmbH
D-78008 VS-Villingen
Tel. 07721/8441-0, Fax -44

Blasfolienanlagen (ein - + mehrschichtig)

PAUL KIEFEL
Extrusionstechnik GmbH
Cornelius-Heyl-Straße 49
D-67547 Worms
Tel: 06241/902-0
Fax: 06241/902-100

Blasformautomaten

R.Stahl
Blasformtechn.GmbH&Co.
70771 Leinf.-Echterdingen
Tel. 0711/9472-0
Fax 0711/9472-222

Blasformwerkzeuge

Formenbau Eck GmbH
Postfach 14 54, 76404 Rastatt
Tel.: 07222/9531-0
Fax : 07222/9531-40

Co-Extruder

EXTRUDEX Kunststoffmasch. GmbH
Postf. 1220, D-75402 Mühlacker
Tel. 07041/9625-0, Fax 9625-22

Compoundieranlagen

IKA-Maschinenbau
Postf. 1165, 79216 Staufen
Tel. 07633/831-0, Fax 831-98

Corona-Anlagen für Formteile

SOFTAL electronic GmbH
Postfach 930360, 21083 Hamburg
Tel.(040)75308-0 Fax 75308-129
SOFTALISIEREN

Corona-Vorbehandlungssysteme

SOFTAL electronic GmbH
Postfach 930360, 21083 Hamburg
Tel.(040)75308-0 Fax 75308-129
SOFTALISIEREN

Dispergiermaschinen

IKA-Maschinenbau
Postf. 1165, 79216 Staufen
Tel. 07633/831-0, Fax 831-98

Dosier- und Mischgeräte

MANN+HUMMEL ProTec GmbH
PF 3 64, D-71603 Ludwigsburg
T.07141/454-0,Fax/454-500
MANN+HUMMEL®, SOMOS®,
VOLLMARR

Dosiergeräte

ALBIS PLASTIC GMBH
20531Hamburg,Tel.:040/78105-0

Dosiermaschinen zur PUR-Verschäumung

Elastogran GmbH
GB Verarbeitungstechnologie(D)
Industriestr., 82140 Olching
Tel. 08142/178-0, Fax/178-213

Druckaufnehmer

Dynisco, 74078 Heilbronn
Tel. 07131/297-0

M.K.Juchheim GmbH, 36035 Fulda
Tel: 0661/6003-0, Fax: -500

Kistler Instrumente AG W'thur
CH-8408 Winterthur/Schweiz
(052) 224 11 11, Fax 224 14 14

Druckmaschinen, allgem.

Herbert Olbrich GmbH & Co. KG
Postfach 1964, D-46369 Bocholt
T. 02871/283-0, Fax 283-189

Düsen, allgem.

Hotset Heizpatronen und
Zubehör GmbH, PF 18 60
D-58468 Lüdenscheid
Tel.+49/2351/4302-0

Durchflußmengenregler

ALBIS PLASTIC GMBH
20531Hamburg,Tel.:040/78105-0

Einfärbe- und Mischgeräte

Colortronic GmbH
Otto-Hahn-Str. 10-14
61381 Friedrichsdorf
Tel. 06175/792-0, Fax 792179

MANN+HUMMEL ProTec GmbH
PF 3 64, D-71603 Ludwigsburg
T.07141/454-0,Fax/454-500
MANN+HUMMEL®, SOMOS®,
VOLLMARR

Motan GmbH, Postfach 1363
D-88307 Isny/Allgäu
Tel. 07562/76-0
Fax 07562/76-111

Entelektrisierungsgeräte

Haug GmbH & Co. KG
Postfach 20 03 33 (PLZ 70752)
Friedrich-List-Straße 18
70771 Leinf.-Echterdingen
Tel.: 0711/94 98-0
Fax : 0711/94 98 298
www.haug-static-solutions.com
Info@haug-static-solutions.com

Entgratungsmaschinen

FMW GmbH
31061 Alfeld
Tel. 05181/8439-0, Fax 8439-99

Max Mayer Maschinenbau GmbH
Postfach 8008, 89218 Neu-Ulm
Tel:07308/813-0, Fax: /813-170
MAKA

Entkalkungsgeräte

ALBIS PLASTIC GMBH
20531Hamburg,Tel.:040/78105-0

Entnahmegeräte für Spritzgießmaschinen

ALBIS PLASTIC GMBH
20531Hamburg,Tel.:040/78105-0

Engel Vertriebsges. m.b.H.
A-4311 Schwertberg, Österreich
Tel. 07262/620-0
Fax 07262/620-3009

Extruder

blake GmbH
PF 1269, 66432 Blieskastel
06842/4077 Fax 06842/53301
Kunststoffproduktionsanlagen
Internet:http://www.blake.de

EXTRUDEX Kunststoffmasch. GmbH
Postf. 1220, D-75402 Mühlacker
Tel. 07041/9625-0, Fax 9625-22

IKA-Maschinenbau
Postf. 1165, 79216 Staufen
Tel. 07633/831-0, Fax 831-98

HANS WEBER
MaschinenfabrikGmbH
Postfach 1862, 96308 Kronach
Bamberger Str.19-21, 96317 KRO
Tel. 09261/4090, Fax 409199
e-mail: weber.kc@t-online.de

Extruder-Folgeeinrichtungen

GRAEWE GmbH, 79395 Neuenburg
Tel. 07631/7944-0, Fax 7944-22

HANS WEBER
MaschinenfabrikGmbH
Postfach 1862, 96308 Kronach
Bamberger Str.19-21, 96317 KRO
Tel. 09261/4090, Fax 409199
e-mail: weber.kc@t-online.de

Extrusionsanlagen, allgem.

Erema GmbH
Unterfeldstr.3/A-4052Ansfelden
Telefon 0043 (0) 732/3190-0
Telefax 0043 (0) 732/3190-23

EXTRUDEX Kunststoffmasch. GmbH
Postf. 1220, D-75402 Mühlacker
Tel. 07041/9625-0, Fax 9625-22

HANS WEBER
MaschinenfabrikGmbH
Postfach 1862, 96308 Kronach
Bamberger Str.19-21, 96317 KRO
Tel. 09261/4090, Fax 409199
e-mail: weber.kc@t-online.de

Extrusionsanlagen für Platten

GRAEWE GmbH, 79395 Neuenburg
Tel. 07631/7944-0, Fax 7944-22

Extrusionsanlagen für Profile

blake GmbH
PF 1269, 66432 Blieskastel
06842/4077 Fax 06842/53301
Kunststoffproduktionsanlagen
Internet:http://www.blake.de

GRAEWE GmbH, 79395 Neuenburg
Tel. 07631/7944-0, Fax 7944-22

HANS WEBER
MaschinenfabrikGmbH
Postfach 1862, 96308 Kronach
Bamberger Str.19-21, 96317 KRO
Tel. 09261/4090, Fax 409199
e-mail: weber.kc@t-online.de

Extrusionsanlagen für Rohre

blake GmbH
PF 1269, 66432 Blieskastel
06842/4077 Fax 06842/53301
Kunststoffproduktionsanlagen
Internet:http://www.blake.de

EXTRUDEX Kunststoffmasch. GmbH
Postf. 1220, D-75402 Mühlacker
Tel. 07041/9625-0, Fax 9625-22

GRAEWE GmbH, 79395 Neuenburg
Tel. 07631/7944-0, Fax 7944-22

IKA-Maschinenbau
Postf. 1165, 79216 Staufen
Tel. 07633/831-0, Fax 831-98

HANS WEBER
MaschinenfabrikGmbH
Postfach 1862, 96308 Kronach
Bamberger Str.19-21, 96317 KRO
Tel. 09261/4090, Fax 409199
e-mail: weber.kc@t-online.de

Festphasen-Nachkondensations anlagen für PET und PA

Bühler AG
CH-9240 Uzwil/Schweiz
Tel. +41 (0) 71 955 11 11
Fax. +41 (0) 71 955 33 79
Internet: http://www.buhler.ch

Filament-Winding-Maschinen

BOLENZ&SCHÄFER, Lahnstr.34
D-35216 Biedenkopf
Tel. 06461/933-0, Fax 933-170
Wickelkerne, Zubehör

Förderanlagen, allgem.

Motan GmbH, Postfach 1363
D-88307 Isny/Allgäu
Tel. 07562/76-0
Fax 07562/76-111

Förderanlagen, mechanisch

ALBIS PLASTIC GMBH
20531Hamburg,Tel.:040/78105-0

Eichholz, D-48480 Schapen

Förderanlagen, pneumatisch

ALBIS PLASTIC GMBH
20531Hamburg,Tel.:040/78105-0

MANN+HUMMEL ProTec GmbH
PF 3 64, D-71603 Ludwigsburg
T.07141/454-0, Fax/454-500
MANN+HUMMEL®, SOMOS®,
VOLLMARR

Fördergeräte

ALBIS PLASTIC GMBH
20531Hamburg,Tel.:040/78105-0

Colortronic GmbH
Otto-Hahn-Str. 10-14
61381 Friedrichsdorf
Tel. 06175/792-0, Fax 792179

MANN+HUMMEL ProTec GmbH
PF 3 64, D-71603 Ludwigsburg
T.07141/454-0,Fax/454-500
MANN+HUMMEL®, SOMOS®, VOLLMARR

Motan GmbH, Postfach 1363
D-88307 Isny/Allgäu
Tel. 07562/76-0
Fax 07562/76-111

Folienreckmaschinen

Brückner-Maschinenbau
Gernot Brückner GmbH & Co.KG
Pf. 1161, 83309 Siegsdorf
Tel. 08662-630, Fax -220

Lindauer DORNIER GmbH
D-88129 Lindau/Bds.
Tel. 08382/7030, Fax 703378

Fräsmaschinen

FMW GmbH
31061 Alfeld
Tel. 05181/8439-0, Fax 8439-99

Gebrauchtmaschinen

blake GmbH
PF 1269, 66432 Blieskastel
06842/4077 Fax 06842/53301
Kunststoffproduktionsanlagen
Internet:http://www.blake.de

Herbold Zerkleinerungstechnik
GmbH, Petersbergstraße 9
74909 Meckesheim
Tel. 06226/932-0, Fax 60455

Granulatoren, allgem.

Herbold Zerkleinerungstechnik
GmbH, Petersbergstraße 9
74909 Meckesheim
Tel. 06226/932-0, Fax 60455

Granulatoren, Band-

H. Dreher GmbH & Co. KG
Postf. 500 545, 52089 Aaachen
Tel. 0241/522035*
Fax. 0241/526006

Granulatoren, Strang-

ALBIS PLASTIC GMBH
20531Hamburg,Tel.:040/78105-0

H. Dreher GmbH & Co. KG
Postf. 500 545, 52089 Aaachen
Tel. 0241/522035*
Fax. 0241/526006

EXTRUDEX Kunststoffmasch. GmbH
Postf. 1220, D-75402 Mühlacker
Tel. 07041/9625-0, Fax 9625-22

Granulat-Trocknungsanlagen

Bühler AG
CH-9240 Uzwil/Schweiz
Tel. +41 (0) 71 955 11 11
Fax. +41 (0) 71 955 33 79
Internet: http://www.buhler.ch

Granulieranlagen, allgem.

Erema GmbH
Unterfeldstr.3/A-4052Ansfelden
Telefon 0043 (0) 732/3190-0
Telefax 0043 (0) 732/3190-23

HANS WEBER
MaschinenfabrikGmbH
Postfach 1862, 96308 Kronach
Bamberger Str.19-21, 96317 KRO
Tel. 09261/4090, Fax 409199
e-mail: weber.kc@t-online.de

Granulieren von Additiven

Bühler AG
CH-9240 Uzwil/Schweiz
Tel. +41 (0) 71 955 11 11
Fax. +41 (0) 71 955 33 79
Internet: http://www.buhler.ch

Heiz- und Kühlgeräte für Werkzeuge

HTT GmbH D-32051 Herford
Tel. 05221-385-0 www.htt.de

LAUDA DR. R. WOBSER
GmbH & Co. KG
Postfach 1251
D-97912 Lauda-Königshofen
Telefon 0 93 43-503-0
Telefax 0 93 43-503-222
E-mail info@lauda.de
Internet http://www.lauda.de

Heizelemente, elektrisch

Hotset Heizpatronen und
Zubehör GmbH, PF 18 60
D-58468 Lüdenscheid
Tel.+49/2351/4302-0

Ihne + Tesch GmbH
Elektro-Wärmetechnik
Pf. 18 63, 58468 Lüdenscheid
Tel. 02351/666-0, Fax /666-24

Heizmischer

MIXACO
Dr. Herfeld GmbH & Co. KG
Ein Unternehmen der
GAH Anlagentechnik AG
Pf. 1147, D-58803 Neuenrade
Tel. 02392/9644-0, Fax /62013

Papenmeier GmbH Mischtechnik
Elsener Str. 7-9
D-33102 Paderborn
Tel: +49/(0)5251/309-112
Fax: +49/(0)5251/309-123
http://www.loedige.de
e-mail:info@loedige.de

Thyssen Henschel GmbH
Mischer und Anlagen
D-34112 Kassel, Pf. 102969
Tel.0561/801-6753,Fax/801-6943

Heizpatronen

Hotset Heizpatronen und
Zubehör GmbH, PF 18 60
D-58468 Lüdenscheid
Tel.+49/2351/4302-0

Ihne + Tesch GmbH
Elektro-Wärmetechnik
Pf. 18 63, 58468 Lüdenscheid
Tel. 02351/666-0, Fax /666-24

Imprägniermaschinen

Herbert Olbrich GmbH & Co. KG
Postfach 1964, D-46369 Bocholt
T. 02871/283-0, Fax 283-189

Industrieroboter

ABB Flexible Automation GmbH
GB Roboter Handhabungs- u.
Prozeßsysteme
Postfach 10 01 52
61141 Friedberg
Telefon 06031/85-0
Fax 06031/85-480

Infrarotstrahler

Krelus AG
CH-5042 Hirschthal/Schweiz
Fax 0627393089, Tel.0627393070

Ionisationssysteme

Haug GmbH & Co. KG
Postfach 20 03 33 (PLZ 70752)
Friedrich-List-Straße 18
70771 Leinf.-Echterdingen
Tel.: 0711/94 98-0
Fax : 0711/94 98 298
www.haug-static-solutions.com
Info@haug-static-solutions.com

Kalander, Glätt-

Herbert Olbrich GmbH & Co. KG
Postfach 1964, D-46369 Bocholt
T. 02871/283-0, Fax 283-189

Kalander, Präge-

Herbert Olbrich GmbH & Co. KG
Postfach 1964, D-46369 Bocholt
T. 02871/283-0, Fax 283-189

Knetmaschinen

IKA-Maschinenbau
Postf. 1165, 79216 Staufen
Tel. 07633/831-0, Fax 831-98

H. Linden, Hauptstr. 123
51709 Marienheide
T.02264/45910, Fax 02264/8715

Knetmischer

Papenmeier GmbH Mischtechnik
Elsener Str. 7-9
D-33102 Paderborn
Tel: +49/(0)5251/309-112
Fax: +49/(0)5251/309-123
http://www.loedige.de
e-mail:info@loedige.de

Kraftaufnehmer

Kistler Instrumente GmbH
Daimlerstr. 6
73760 Ostfildern
Tel.: 0711/3407-0
Fax.: 0711/3407-159

Kühlgeräte, allgem.

ALBIS PLASTIC GMBH
20531Hamburg,Tel.:040/78105-0

Kühlmischer

MIXACO
Dr. Herfeld GmbH & Co. KG
Ein Unternehmen der
GAH Anlagentechnik AG
Pf. 1147, D-58803 Neuenrade
Tel. 02392/9644-0, Fax /62013

Papenmeier GmbH Mischtechnik
Elsener Str. 7-9
D-33102 Paderborn
Tel: +49/(0)5251/309-112
Fax: +49/(0)5251/309-123
http://www.loedige.de
e-mail:info@loedige.de

Thyssen Henschel GmbH
Mischer und Anlagen
D-34112 Kassel, Pf. 102969
Tel.0561/801-6753,Fax/801-6943

Kühltürme

ALBIS PLASTIC GMBH
20531Hamburg,Tel.:040/78105-0

Kühltürme-Kaltwassersätze

GfKK Ges. f. Kälte-Klimat.mbH
Postf. 40 03 54, 50833 Köln
Tel. 02234/4006-0, Fax 48303

Labor-Mischer

MIXACO
Dr. Herfeld GmbH & Co. KG
Ein Unternehmen der
GAH Anlagentechnik AG
Pf. 1147, D-58803 Neuenrade
Tel. 02392/9644-0, Fax /62013

Lackieranlagen

Herbert Olbrich GmbH & Co. KG
Postfach 1964, D-46369 Bocholt
T. 02871/283-0, Fax 283-189

Lacktrockenanlagen und -öfen

E. REINHARDT GmbH
D-78008 VS-Villingen
Tel. 07721/8441-0, Fax -44

Vötsch Industrietechnik GmbH
Wärmetechnik
D-35447 Reiskirchen
Tel. 06408/84-73, Fax 84-444

Magnete

ALBIS PLASTIC GMBH
20531Hamburg,Tel.:040/78105-0

Mahlanlagen, Fein-

H. Dreher GmbH & Co. KG
Postf. 500 545, 52089 Aaachen
Tel. 0241/522035*
Fax. 0241/526006

Herbold Zerkleinerungstechnik
GmbH, Petersbergstraße 9
74909 Meckesheim
Tel. 06226/932-0, Fax 60455

Mahlmaschinen, Fein-

Herbold Zerkleinerungstechnik
GmbH, Petersbergstraße 9
74909 Meckesheim
Tel. 06226/932-0, Fax 60455

Meßumformer

M.K.Juchheim GmbH, 36035 Fulda
Tel: 0661/6003-0, Fax: -500

Metallabscheider

ALBIS PLASTIC GMBH
20531Hamburg,Tel.:040/78105-0

Metallausscheider

S+S Metallsuchgeräte
und Recyclingtechnik GmbH
94509 Schönberg
Tel. 08554/308-0, Fax 2606

Metallisierungsanlagen

Peter Irmscher, Pf. 10 06 14
D-32506 Bad Oeynhausen
Tel. 05731/27551, Fax /26195

Metallsuchgeräte

S+S Metallsuchgeräte
und Recyclingtechnik GmbH
94509 Schönberg
Tel. 08554/308-0, Fax 2606

Misch-, Silier-, Förder- und Dosieranlagen

Eichholz, D-48480 Schapen

MANN+HUMMEL ProTec GmbH
PF 3 64, D-71603 Ludwigsburg
T.07141/454-0,Fax/454-500
MANN+HUMMEL®, SOMOS®,
VOLLMARR

Misch- und Dosieranlagen

Thyssen Henschel GmbH
Mischer und Anlagen
D-34112 Kassel, Pf. 102969
Tel.0561/801-6753,Fax/801-6943

Mischanlagen

IKA-Maschinenbau
Postf. 1165, 79216 Staufen
Tel. 07633/831-0, Fax 831-98

Mischer, allgem.

ALBIS PLASTIC GMBH
20531Hamburg,Tel.:040/78105-0

H. Linden, Hauptstr. 123
51709 Marienheide
T.02264/45910, Fax 02264/8715

Papenmeier GmbH Mischtechnik
Elsener Str. 7-9
D-33102 Paderborn
Tel: +49/(0)5251/309-112
Fax: +49/(0)5251/309-123
http://www.loedige.de
e-mail:info@loedige.de

Mischer, Planeten-

H. Linden, Hauptstr. 123
51709 Marienheide
T.02264/45910, Fax 02264/8715
auch Planeten-Dissolver
und Butterfly-Mischer

Mischer, Schnell-

MIXACO
Dr. Herfeld GmbH & Co. KG
Ein Unternehmen der
GAH Anlagentechnik AG
Pf. 1147, D-58803 Neuenrade
Tel. 02392/9644-0, Fax /62013

IKA-Maschinenbau
Postf. 1165, 79216 Staufen
Tel. 07633/831-0, Fax 831-98

Papenmeier GmbH Mischtechnik
Elsener Str. 7-9
D-33102 Paderborn
Tel: +49/(0)5251/309-112
Fax: +49/(0)5251/309-123
http://www.loedige.de
e-mail:info@loedige.de

Mischmaschinen, allgem.

IKA-Maschinenbau
Postf. 1165, 79216 Staufen
Tel. 07633/831-0, Fax 831-98

Mischmaschinen, Plastisol-

H. Linden, Hauptstr. 123
51709 Marienheide
T.02264/45910, Fax 02264/8715

Modellbau

Formenbau Eck GmbH
Postfach 14 54, 76404 Rastatt
Tel.: 07222/9531-0
Fax : 07222/9531-40

Max Mayer Maschinenbau GmbH
Postfach 8008, 89218 Neu-Ulm
Tel:07308/813-0, Fax: /813-170
MAKA

Mühlen, allgem.

Herbold Zerkleinerungstechnik
GmbH, Petersbergstraße 9
74909 Meckesheim
Tel. 06226/932-0, Fax 60455

Mühlen, Schneid-

Herbold Zerkleinerungstechnik
GmbH, Petersbergstraße 9
74909 Meckesheim
Tel. 06226/932-0, Fax 60455

Naßmischer

IKA-Maschinenbau
Postf. 1165, 79216 Staufen
Tel. 07633/831-0, Fax 831-98

Papenmeier GmbH Mischtechnik
Elsener Str. 7-9
D-33102 Paderborn
Tel: +49/(0)5251/309-112
Fax: +49/(0)5251/309-123
http://www.loedige.de
e-mail:info@loedige.de

NIR-Messtechnik (on-/inline)

Bühler AG
CH-9240 Uzwil/Schweiz
Tel. +41 (0) 71 955 11 11
Fax. +41 (0) 71 955 33 79
Internet: http://www.buhler.ch

Normalien für den Werkzeugbau

HASCO-Normalien
Hasenclever GmbH + Co
Im Wiesental 77
D-58513 Ludenscheid
Tel. 02351/9570, Fax 957237
www.hasco.de; hasco@.hasco.de

Normteile für den Werkzeug- und Formenbau

DREI-S-WERK
91124 Schwabach
Fax 09122/1505-54

Öfen für Beschichtungsanlagen

Herbert Olbrich GmbH & Co. KG
Postfach 1964, D-46369 Bocholt
T. 02871/283-0, Fax 283-189

Prepeg-Anlagen

Herbert Olbrich GmbH & Co. KG
Postfach 1964, D-46369 Bocholt
T. 02871/283-0, Fax 283-189

Preßwerkzeuge

Formenbau Eck GmbH
Postfach 14 54, 76404 Rastatt
Tel.: 07222/9531-0
Fax : 07222/9531-40

Profilextrusionsanlagen

IKA-Maschinenbau
Postf. 1165, 79216 Staufen
Tel. 07633/831-0, Fax 831-98

Prozeßdatenerfassung

Kistler Instrumente GmbH
Daimlerstr. 6
73760 Ostfildern
Tel.: 0711/3407-0
Fax.: 0711/3407-159

Prozeßüberwachung

Kistler Instrumente AG W'thur
CH-8408 Winterthur/Schweiz
(052) 224 11 11, Fax 224 14 14

Kistler Instrumente GmbH
Daimlerstr. 6
73760 Ostfildern
Tel.: 0711/3407-0
Fax.: 0711/3407-159

Pulverlack-Aufbereitungsanlagen

MIXACO
Dr. Herfeld GmbH & Co. KG
Ein Unternehmen der
GAH Anlagentechnik AG
Pf. 1147, D-58803 Neuenrade
Tel. 02392/9644-0, Fax /62013

Pumpen, Schmelze-Zahnrad, Siebwechsler

Dynisco, 74078 Heilbronn
Tel. 07131/297-0

Pxx-Compounder®

Papenmeier GmbH Mischtechnik
Elsener Str. 7-9
D-33102 Paderborn
Tel: +49/(0)5251/309-112
Fax: +49/(0)5251/309-123
http://www.loedige.de
e-mail:info@loedige.de

Recyclinganlagen

Erema GmbH
Unterfeldstr.3/A-4052Ansfelden
Telefon 0043 (0) 732/3190-0
Telefax 0043 (0) 732/3190-23

Zimmer AG
Borsigallee 1, 60388 Frankfurt
Tel. 069/4007-01, Fax 4007-546

Regelungen für Druck

M.K.Juchheim GmbH,36035 Fulda
Tel: 0661/6003-0, Fax: -500

Regelungen für Extrusionsanlagen

M.K.Juchheim GmbH,36035 Fulda
Tel: 0661/6003-0, Fax: -500

Regelungen für Temperatur

M.K.Juchheim GmbH,36035 Fulda
Tel: 0661/6003-0, Fax: -500

Regenerieranlagen, allgem.

Erema GmbH
Unterfeldstr.3/A-4052Ansfelden
Telefon 0043 (0) 732/3190-0
Telefax 0043 (0) 732/3190-23

MIXACO
Dr. Herfeld GmbH & Co. KG
Ein Unternehmen der
GAH Anlagentechnik AG
Pf. 1147, D-58803 Neuenrade
Tel. 02392/9644-0, Fax /62013

SOREMA Div.of PREVIERO N. SRL
Via dei Platani, 11
I-22040 Alzate Brianza (Como)
Telefon: ++39/031/619224
Telefax: ++39/031/631911
previero.n@interbusiness.it

Reinigungsanlagen, Abluft-

Herbert Olbrich GmbH & Co. KG
Postfach 1964, D-46369 Bocholt
T. 02871/283-0, Fax 283-189

Rotationsformanlagen

E. REINHARDT GmbH
D-78008 VS-Villingen
Tel. 07721/8441-0, Fax -44

Rührwerke

IKA-Maschinenbau
Postf. 1165, 79216 Staufen
Tel. 07633/831-0, Fax 831-98

Schäumwerkzeuge

Formenbau Eck GmbH
Postfach 14 54, 76404 Rastatt
Tel.: 07222/9531-0
Fax : 07222/9531-40

Schaumstoff-Bearbeitungs-maschinen

Fomtex-Hüttemann GmbH
D-40789 Monheim
Tel. 02173/95719-50, Fax -59

Schnecken

Maschinenfabrik Oberlar GmbH
D-53825 Troisdorf, Postf. 1546
Tel. 02241/42031-32,Fax/404104

Schnecken und Zylinder

Blach Verfahrenstechnik GmbH
Hoher Steg 10, 74348 Lauffen
Tel. 07133/9817-0, Fax 21587
ELEMENTE FÜR
DOPPELSCHNECKENEXTRUDER

EST - GmbH, Postf. 20 01 49
51431 Bergisch Gladbach
Tel. 02202/30301, Fax /30308
Neufertigung u. Regeneration
EST-Silikon-Schnecke

Maschinenfabrik Oberlar GmbH
D-53825 Troisdorf, Postf. 1546
Tel. 02241/42031-32,Fax/404104

Schneidmühlen

ALBIS PLASTIC GMBH
20531Hamburg,Tel.:040/78105-0

H. Dreher GmbH & Co. KG
Postf. 500 545, 52089 Aaachen
Tel. 0241/522035*
Fax. 0241/526006

PREVIERO N. SRL
Via dei Platani, 11
I-22040 Alzate Brianza (Como)
Telefon: ++39/031/6355700
Telefax: ++39/031/619041
previero.n@interbusiness.it

Schneidtechnik/Problem-lösungen

Fomtex-Hüttemann GmbH
D-40789 Monheim
Tel. 02173/95719-50, Fax -59

Schweißgeräte, Ultraschall-

TELSONIC GmbH
Steinfeldstr.1, 90425 Nürnberg
Tel. 0911/523097, Fax 521131

Schweißmaschinen, allgem.

TELSONIC AG
Industriestrasse
CH-9552 Bronschhofen
Tel.+41 71/9139888 Fax 9139877

TELSONIC AG
Sieboldstr. 13
D-90411 Nürnberg
Tel. 0911/523097 Fax 521131

Schweißmaschinen, Ultraschall-

Herrmann
Ultraschalltechnik GmbH &Co.KG
76307 Karlsbad-Ittersbach
Tel. 07248/79-0,Fax 07248-7939

TELSONIC AG
Industriestrasse
CH-9552 Bronschhofen
Tel.+41 71/9139888 Fax 9139877

TELSONIC AG
Sieboldstr. 13
D-90411 Nürnberg
Tel. 0911/523097 Fax 521131

Siebvorrichtung Ultraschall-unterstützt

TELSONIC AG
Industriestrasse
CH-9552 Bronschhofen
Tel.+41 71/9139888 Fax 9139877

TELSONIC AG
Sieboldstr. 13
D-90411 Nürnberg
Tel. 0911/523097 Fax 521131

Siebwechseleinrichtungen

Erema GmbH
Unterfeldstr.3/A-4052Ansfelden
Telefon 0043 (0) 732/3190-0
Telefax 0043 (0) 732/3190-23

Silo-Anlagen

Eichholz, D-48480 Schapen

Silos

ALBIS PLASTIC GMBH
20531Hamburg,Tel.:040/78105-0

Spritzblasformmaschinen

Ossberger-Turbinenfabrik
GmbH + Co. Postfach 425
91773 Weißenburg/Bay.
Tel. 09141/977-0
Fax: 09141/97720
e-mail:ossberger t-online.de

Spritzgießmaschinen, allgem.

Arburg GmbH + Co.
Arthur-Hehl-Strasse
D-72290 Lossburg
Telefon 07446/33-0
Telefax 07446/33-3365
T-online * 44 600#
www.arburg.com
contact@arburg.com

Engel Vertriebsges. m.b.H.
A-4311 Schwertberg, Österreich
Tel. 07262/620-0
Fax 07262/620-3009

Spritzgießwerkzeuge

ABC Kunststoffverarbeitung
TAUTENHAHN, D-89240 Senden
Tel. 07307/6051, Fax 32119

Braun Formenbau GmbH
Untere Gereuth 14
D-79353 Bahlingen a. K.
Tel: 07663/9320-0, Fax /3727
http://www.braunform.com

Ehringhaus Werkzeugbau GmbH
Inh. Hans-Jürgen Koss
Postf. 1503, 58511 Lüdenscheid
Tel.(02351)8998, Fax 81008

Engel Vertriebsges. m.b.H.
A-4311 Schwertberg, Österreich
Tel. 07262/620-0
Fax 07262/620-3009

KUNSTSTOFF GMBH
HELMBRECHTS
Pf. 1109 - 95222 Helmbrechts
Tel. 09252/709-0, Fax -199

Stanz- und Schneidsysteme

FMW GmbH
31061 Alfeld
Tel. 05181/8439-0, Fax 8439-99

Streich- und Gelieranlagen

Herbert Olbrich GmbH & Co. KG
Postfach 1964, D-46369 Bocholt
T. 02871/283-0, Fax 283-189

Synthesefaseranlagen

Zimmer AG
Borsigallee 1, 60388 Frankfurt
Tel. 069/4007-01, Fax 4007-546

Tampondruckmaschinen

TAMPONCOLOR
TC-Druckmaschinen GmbH
Dornhofstr. 14
D-63263 Neu-Isenburg
Tel. 06102/7954-0, Fax 7954-99
E-mail:info@tamponcolor.de
Int.:http://www.tamponcolor.de

Temperanlagen

Herbert Olbrich GmbH & Co. KG
Postfach 1964, D-46369 Bocholt
T. 02871/283-0, Fax 283-189

Vötsch Industrietechnik GmbH
Wärmetechnik
D-35447 Reiskirchen
Tel. 06408/84-73, Fax 84-444

Temperatur-Regelgeräte

Hotset Heizpatronen und
Zubehör GmbH, PF 18 60
D-58468 Lüdenscheid
Tel.+49/2351/4302-0

Temperiergeräte

HTT GmbH D-32051 Herford
Tel. 05221-385-0 www.htt.de

LAUDA DR. R. WOBSER
GmbH & Co. KG
Postfach 1251
D-97912 Lauda-Königshofen
Telefon 0 93 43-503-0
Telefax 0 93 43-503-222
E-mail info@lauda.de
Internet http://www.lauda.de

Thermoelemente,-fühler

Ihne + Tesch GmbH
Elektro-Wärmetechnik
Pf. 18 63, 58468 Lüdenscheid
Tel. 02351/666-0, Fax /666-24

M.K.Juchheim GmbH,36035 Fulda
Tel: 0661/6003-0, Fax: -500

Transportbänder

ALBIS PLASTIC GMBH
20531Hamburg,Tel.:040/78105-0

Trockenförderanlagen

Arburg GmbH + Co.
Arthur-Hehl-Strasse
D-72290 Lossburg
Telefon 07446/33-0
Telefax 07446/33-3365
T-online * 44 600#
www.arburg.com
contact@arburg.com

Trockner, Granulat-

ALBIS PLASTIC GMBH
20531Hamburg,Tel.:040/78105-0

Arburg GmbH + Co.
Arthur-Hehl-Strasse
D-72290 Lossburg
Telefon 07446/33-0
Telefax 07446/33-3365
T-online * 44 600#
www.arburg.com
contact@arburg.com

Colortronic GmbH
Otto-Hahn-Str. 10-14
61381 Friedrichsdorf
Tel. 06175/792-0, Fax 792179

Karl Fischer Industrieanlagen
GmbH, Holzhauser Str. 157-159
D-13509 Berlin Tel.030/43567-5
Fax 030/43567-699/-799/-899
E-Mail:sales@karlfischer.de
Internet: www.karlfischer.de

MANN+HUMMEL ProTec GmbH
PF 3 64, D-71603 Ludwigsburg
T.07141/454-0,Fax/454-500
MANN+HUMMEL®, SOMOS®,
VOLLMARR

Motan GmbH, Postfach 1363
D-88307 Isny/Allgäu
Tel. 07562/76-0
Fax 07562/76-111

Trockner, Kammer-

Vötsch Industrietechnik GmbH
Wärmetechnik
D-35447 Reiskirchen
Tel. 06408/84-73, Fax 84-444

Trocknungsanlagen

MANN+HUMMEL ProTec GmbH
PF 3 64, D-71603 Ludwigsburg
T.07141/454-0,Fax/454-500
MANN+HUMMEL®, SOMOS®,
VOLLMARR

Trocknungsanlagen und Öfen

E. REINHARDT GmbH
D-78008 VS-Villingen
Tel. 07721/8441-0, Fax -44

Tubenautomaten

Ossberger-Turbinenfabrik
GmbH + Co. Postfach 425
91773 Weißenburg/Bay.
Tel. 09141/977-0
Fax: 09141/97720
e-mail:ossberger t-online.de

Umrollmaschinen

Herbert Olbrich GmbH & Co. KG
Postfach 1964, D-46369 Bocholt
T. 02871/283-0, Fax 283-189

Vorbehandlungsmaschinen zum Bedrucken

SOFTAL electronic GmbH
Postfach 930360, 21083 Hamburg
Tel.(040)75308-0 Fax 75308-129
SOFTALISIEREN

Vorwärmeöfen

E. REINHARDT GmbH
D-78008 VS-Villingen
Tel. 07721/8441-0, Fax -44

Vötsch Industrietechnik GmbH
Wärmetechnik
D-35447 Reiskirchen
Tel. 06408/84-73, Fax 84-444

Vorwärmgeräte

ALBIS PLASTIC GMBH
20531Hamburg,Tel.:040/78105-0

Walzen, allgem.

Leonhard Breitenbach GmbH
Postf. 111152, 57081 Siegen
Tel. 0271/37580, Fax /3758290

Walzenauftragswerke

Herbert Olbrich GmbH & Co. KG
Postfach 1964, D-46369 Bocholt
T. 02871/283-0, Fax 283-189

Waschanlagen

Herbold Zerkleinerungstechnik
GmbH, Petersbergstraße 9
74909 Meckesheim
Tel. 06226/932-0, Fax 60455

Wasseraufbereitung

WEHA ELZTAL Tel.06261/893989
WEHA-@t-online.de

Wellrohranlagen

Hegler Plastik GmbH
Pf. 60, 97712 Oerlenbach

Werkzeugbau

Formenbau Eck GmbH
Postfach 14 54, 76404 Rastatt
Tel.: 07222/9531-0
Fax : 07222/9531-40

Werkzeugbau-Werkstoffe

Eckart GmbH + Co.
82538 Geretsried
Wallensteinstr. 12
Tel. 08171/31096, Fax /32642
AMPCO-Metall

Werkzeugnormalien

HASCO-Normalien
Hasenclever GmbH + Co
Im Wiesental 77
D-58513 Lüdenscheid
Tel. 02351/9570, Fax 957237
www.hasco.de; hasco@.hasco.de

Wirbelschichtwärmetauscher

Bühler AG
CH-9240 Uzwil/Schweiz
Tel. +41 (0) 71 955 11 11
Fax. +41 (0) 71 955 33 79
Internet: http://www.buhler.ch

Zerkleinerungsmaschinen

Fomtex-Hüttemann GmbH
D-40789 Monheim
Tel. 02173/95719-50, Fax -59

Herbold Zerkleinerungstechnik
GmbH, Petersbergstraße 9
74909 Meckesheim
Tel. 06226/932-0, Fax 60455

Zerkleinerungstechnik

Herbold Zerkleinerungstechnik
GmbH, Petersbergstraße 9
74909 Meckesheim
Tel. 06226/932-0, Fax 60455

Zylinder, Bimetall-

Maschinenfabrik Oberlar GmbH
D-53825 Troisdorf, Postf. 1546
Tel. 02241/42031-32,Fax/404104

Zylinder, Schnecken-

Maschinenfabrik Oberlar GmbH
D-53825 Troisdorf, Postf. 1546
Tel. 02241/42031-32,Fax/404104

Gruppe 7: Analysen, Meß-/Prüftechnik, einschl. Zubehör

Bewitterungsgeräte

Weiss Umwelttechnik GmbH
Simulationsanlagen
D-35447 Reiskirchen
Tel. 06408/84-0, Fax /84-341

Inspektionssysteme

Erhardt + Leimer GmbH
86136 Augsburg,Tel.0821/2435-0
e-m:info@de.erhardt-leimer.com

Klimaprüfschränke

Weiss Umwelttechnik GmbH
Simulationsanlagen
D-35447 Reiskirchen
Tel. 06408/84-0, Fax /84-341

Laborextruder

BRABENDER OHG,D-47055
Duisburg
T.+49(203)7788-0,Fax 7788-100
Plastics-Sales@BRABENDER.COM

Laborkneter

BRABENDER OHG,D-47055
Duisburg
T.+49(203)7788-0,Fax 7788-100
Plastics-Sales@BRABENDER.COM

IKA-Maschinenbau
Postf. 1165, 79216 Staufen
Tel. 07633/831-0, Fax 831-98

H. Linden, Hauptstr. 123
51709 Marienheide
T.02264/45910, Fax 02264/8715

Labormischer

H. Linden, Hauptstr. 123
51709 Marienheide
T.02264/45910, Fax 02264/8715

Meß-, Steuer- und Regelgeräte

Kistler Instrumente AG W'thur
CH-8408 Winterthur/Schweiz
(052) 224 11 11, Fax 224 14 14

Meßgeräte für Druck

Dynisco, 74078 Heilbronn
Tel. 07131/297-0

Kistler Instrumente GmbH
Daimlerstr. 6
73760 Ostfildern
Tel.: 0711/3407-0
Fax.: 0711/3407-159

Meßgeräte für Feuchte Viskosimeter

Karl Fischer Industrieanlagen
GmbH, Holzhauser Str. 157-159
D-13509 Berlin Tel.030/43567-5
Fax 030/43567-699/-799/-899
E-Mail:sales@karlfischer.de
Internet: www.karlfischer.de

Meßgeräte für Kraft

Kistler Instrumente GmbH
Daimlerstr. 6
73760 Ostfildern
Tel.: 0711/3407-0
Fax.: 0711/3407-159

Meßgeräte für Schmelztemperatur

M.K.Juchheim GmbH,36035 Fulda
Tel: 0661/6003-0, Fax: -500

Meßgeräte für Schmelzindex

BRABENDER OHG,D-47055 Duisburg
T.+49(203)7788-0,Fax 7788-100
Plastics-Sales@BRABENDER.COM

Dynisco, 74078 Heilbronn
Tel. 07131/297-0

Göttfert GmbH, 74711 Buchen
Tel: 06281/408-0 Fax: 408-18
Email:germail@goettfert.com

Meßgeräte für Temperatur

Dynisco, 74078 Heilbronn
Tel. 07131/297-0

M.K.Juchheim GmbH,36035 Fulda
Tel: 0661/6003-0, Fax: -500

Meßwertaufnehmer

Erhardt + Leimer GmbH
86136 Augsburg,Tel.0821/2435-0
e-m:info@de.erhardt-leimer.com

M.K.Juchheim GmbH,36035 Fulda
Tel: 0661/6003-0, Fax: -500

Kistler Instrumente GmbH
Daimlerstr. 6
73760 Ostfildern
Tel.: 0711/3407-0
Fax.: 0711/3407-159

Ozonprüfschränke

Weiss Umwelttechnik GmbH
Simulationsanlagen
D-35447 Reiskirchen
Tel. 06408/84-0, Fax /84-341

Prüfgeräte für Dichte

BRABENDER OHG,D-47055 Duisburg
T.+49(203)7788-0,Fax 7788-100
Plastics-Sales@BRABENDER.COM

Prüfgeräte für dynamisch-mechanische Eigenschaften

Bohlin Instruments
Tel. 07041/9649-0, Fax -29

Prüfgeräte für Gummi und Kunststoff

BRABENDER OHG,D-47055 Duisburg
T.+49(203)7788-0,Fax 7788-100
Plastics-Sales@BRABENDER.COM

Prüfgeräte für Korrosion und Erosion

Weiss Umwelttechnik GmbH
Simulationsanlagen
D-35447 Reiskirchen
Tel. 06408/84-0, Fax /84-341

Prüfgeräte für Licht- und Wetterechtheit

Weiss Umwelttechnik GmbH
Simulationsanlagen
D-35447 Reiskirchen
Tel. 06408/84-0, Fax /84-341

Prüfgeräte für rheologische Eigenschaften

BRABENDER OHG,D-47055
Duisburg
T.+49(203)7788-0,Fax 7788-100
Plastics-Sales@BRABENDER.COM

Göttfert GmbH, 74711 Buchen
Tel: 06281/408-0 Fax: 408-18
Email:germail@goettfert.com

IKA-Maschinenbau
Postf. 1165, 79216 Staufen
Tel. 07633/831-0, Fax 831-98

Prüfgeräte für Schlagzähigkeit

Myrenne GmbH, 52159 Roetgen
Tel. 02471-12120, Fax -121212

Prüfgeräte für visuelle Prüfungen

BRABENDER OHG,D-47055
Duisburg
T.+49(203)7788-0,Fax 7788-100
Plastics-Sales@BRABENDER.COM

INTRAVIS GMBH
Kaiserstrasse 100
52134 Herzogenrath
Tel. 02407/96131, Fax /96136

Rheometer

Bohlin Instruments
Tel. 07041/9649-0, Fax -29

Dynisco, 74078 Heilbronn
Tel. 07131/297-0

Thermometer

M.K.Juchheim GmbH,36035 Fulda
Tel: 0661/6003-0, Fax: -500

Thermostate

M.K.Juchheim GmbH,36035 Fulda
Tel: 0661/6003-0, Fax: -500

LAUDA DR. R. WOBSER
GmbH & Co. KG
Postfach 1251
D-97912 Lauda-Königshofen
Telefon 0 93 43-503-0
Telefax 0 93 43-503-222
E-mail info@lauda.de
Internet http://www.lauda.de

Torsionsmeßgeräte

Myrenne GmbH, 52159 Roetgen
Tel. 02471-12120, Fax -121212

Viskosimeter

Bohlin Instruments
Tel. 07041/9649-0, Fax -29

LAUDA DR. R. WOBSER
GmbH & Co. KG
Postfach 1251
D-97912 Lauda-Königshofen
Telefon 0 93 43-503-0
Telefax 0 93 43-503-222
E-mail info@lauda.de
Internet http://www.lauda.de

Vulkameter

Göttfert GmbH, 74711 Buchen
Tel: 06281/408-0 Fax: 408-18
Email:germail@goettfert.com

Wärme- und Trockenschränke

Vötsch Industrietechnik GmbH
Wärmetechnik
D-35447 Reiskirchen
Tel. 06408/84-73, Fax 84-444

Widerstandsthermometer

M.K.Juchheim GmbH,36035 Fulda
Tel: 0661/6003-0, Fax: -500

Zeigerthermometer

M.K.Juchheim GmbH,36035 Fulda
Tel: 0661/6003-0, Fax: -500

Gruppe 8: Hilfsmittel für die Kunststoff-Verarbeitung

Entschäumer, Silikon-

Wacker-Chemie GmbH
Hans-Seidel-Platz 4
81737 München
Telefon 089/6279-01
Telefax 089/6279-1771
silicones@wacker.de

Imprägniermittel, Silikon-

Dr. Th. Böhme KG, Chem. Fabrik
Isardamm 79, 82538 Geretsried
Telefon 08171/628-0
Telefax 08171/628-388

Wacker-Chemie GmbH
Hans-Seidel-Platz 4
81737 München
Telefon 089/6279-01
Telefax 089/6279-1771
silicones@wacker.de

Klebstoffe aus Kunststoff

Agomer GmbH
Rodenbacher Chaussee 4
63457 Hanau

Klebstoffe für Kunststoffe

Agomer GmbH
Rodenbacher Chaussee 4
63457 Hanau

Lacke für Kunststoff-Oberflächenveredelung

Peter LACKE GmbH
Herforderstr. 80
32120 Hiddenhausen
Tel. 05221/9625-0, Fax -44

Lacke für Kunststoffe

Morton International GmbH
PF 5, 96127 Strullendorf
Tel.:+49(9543)65,-0,Fax/-65-66

Papiere und Folien, Silikon-

Wacker-Chemie GmbH
Hans-Seidel-Platz 4
81737 München
Telefon 089/6279-01
Telefax 089/6279-1771
silicones@wacker.de

Reinigungsgranulat

K.D. FEDDERSEN & CO. HAMBURG
T. 040/23507-01, Fax 23507-250

Schmiermittel, Silikon-

Wacker-Chemie GmbH
Hans-Seidel-Platz 4
81737 München
Telefon 089/6279-01
Telefax 089/6279-1771
silicones@wacker.de

Trennmittel, allgem.

Hans W. Barbe
Chemische Erzeugnisse GmbH
Postfach 13 03 64
65090 Wiesbaden
Tel. 0611/18292-0
Fax. 0611/18292-92
PROMOL-Trennmittel

E. & P. Würtz GmbH & Co.
55411 Bingen/Rh.-Sponsheim
Tel. 06721/9690-0, Fax 969040

Trennmittel, Silikon-

Wacker-Chemie GmbH
Hans-Seidel-Platz 4
81737 München
Telefon 089/6279-01
Telefax 089/6279-1771
silicones@wacker.de

Produkt-informationen aus der Industrie

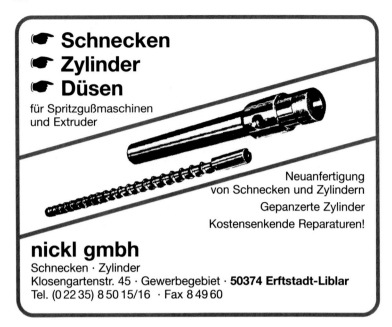

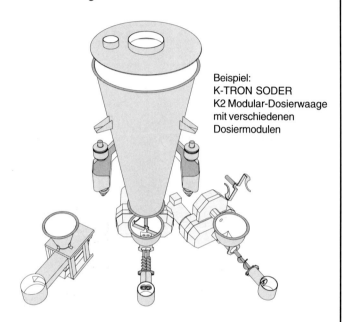

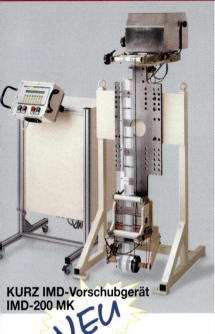

HERFURTH

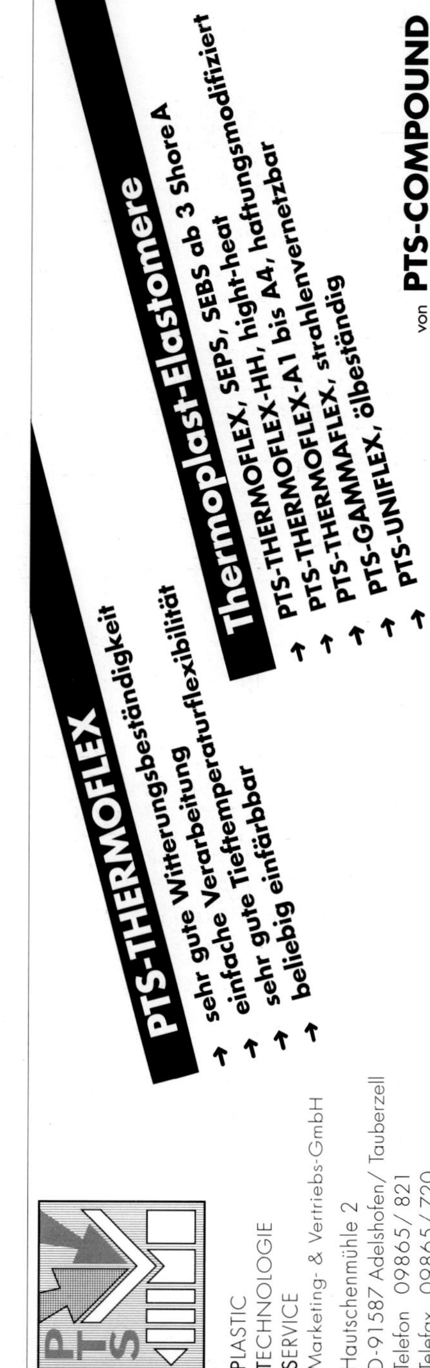

PTS-THERMOFLEX
sehr gute Witterungsbeständigkeit
einfache Verarbeitung sehr gute Tieftemperaturflexibilität
sehr gute Tieffärbbar
beliebig einfärbbar
Thermoplast-Elastomere
PTS-THERMOFLEX, SEPS, SEBS ab 3 Shore A
PTS-THERMOFLEX-HH, hight-heat
PTS-THERMOFLEX-A1 bis A4, haftungsmodifiziert
PTS-THERMAFLEX, strahlenvernetzbar
PTS-GAMMAFLEX, ölbeständig
PTS-UNIFLEX, ölbeständig
von PTS-COMPOUND
PLASTIC TECHNOLOGIE SERVICE
Marketing- & Vertriebs-GmbH
Hautschenmühle 2
D-91587 Adelshofen/Tauberzell
Telefon 09865/821
Telefax 09865/720

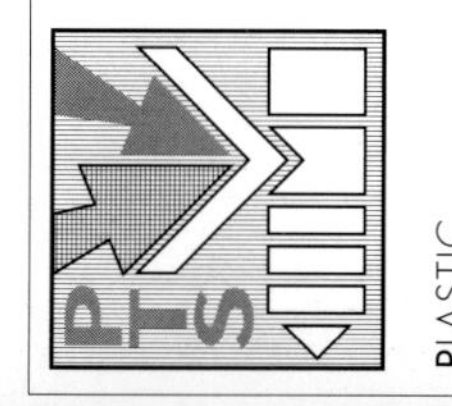

PTS

Inserentenverzeichnis

HOW DO YOU STAY ON TOP OF R & D?

Scope:
International Polymer Processing covers research and industrial application in the very specific areas of designing polymer products, processes, processing machinery and equipment:
Polymerization Engineering • Compounding and Mixing • Extrusion • Injection Molding • Blow Molding • Thermoforming • Rotational Molding • Compression Molding • Reactive Processing • Calendering and Rolling • Fiber Technology • Modeling and Computer Simulation • Rheology • Structure Development in Processing

INTERNATIONAL POLYMER PROCESSING
The Journal of the POLYMER PROCESSING SOCIETY
1998

ORDER YOUR FREE SAMPLE COPY NOW!

Carl Hanser Verlag
Kolbergerstraße 22 • 81679 München
Tel.: 089 / 9 98 30-131 • Fax: 089 / 98 48 09
Internet: http://www.hanser.de

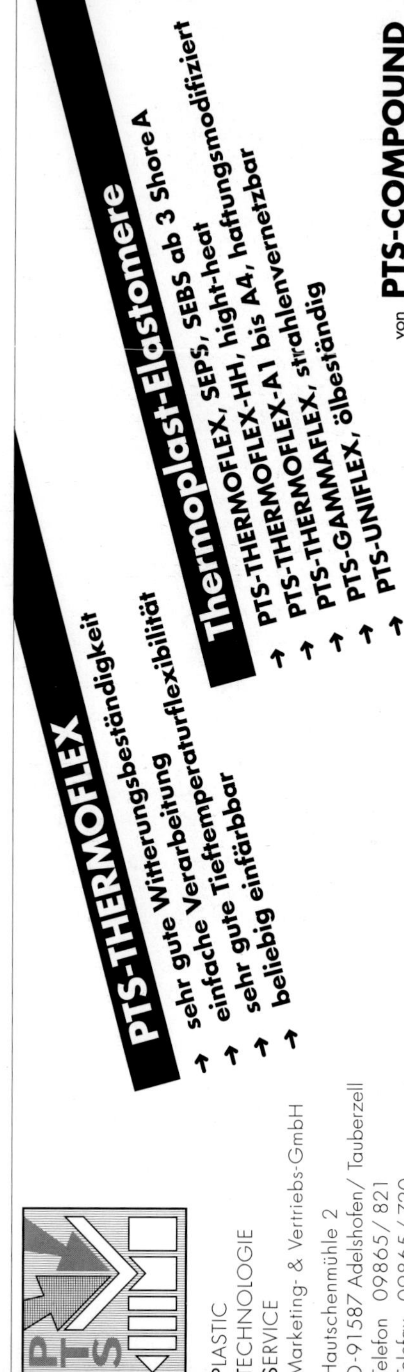

Inserentenverzeichnis